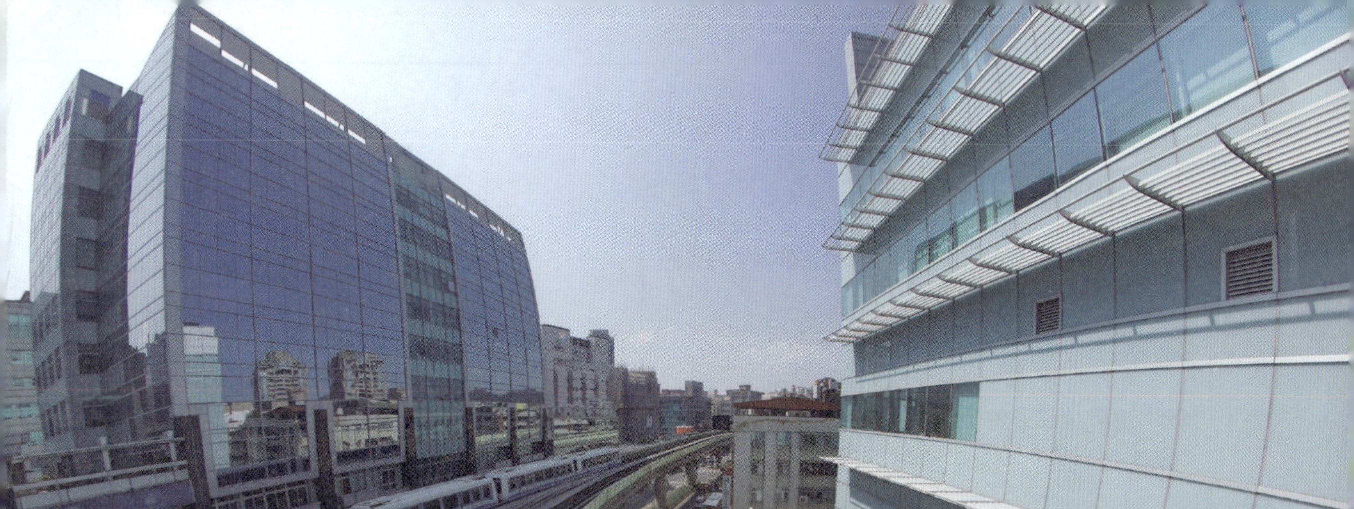

Contemporary
Intermediate Accounting   IFRS

張仲岳・蔡彥卿・劉啓群

當代
中級會計學

第 3 版

國家圖書館出版品預行編目資料

當代中級會計學 / 張仲岳, 蔡彥卿, 劉啓群著. -- 3 版.
-- 臺北市 : 臺灣東華, 2023.04

960 面 ; 19x26 公分

ISBN 978-626-7130-47-6 (平裝)

1. 中級會計

495.1　　　　　　　　　　　　　　112004226

當代中級會計學

著　　　者	張仲岳・蔡彥卿・劉啓群
特約編輯	鄧秀琴
發 行 人	蔡彥卿
出 版 者	臺灣東華書局股份有限公司
地　　址	臺北市重慶南路一段一四七號四樓
電　　話	(02) 2311-4027
傳　　眞	(02) 2311-6615
劃撥帳號	00064813
網　　址	www.tunghua.com.tw
讀者服務	service@tunghua.com.tw
出版日期	2025 年 9 月 3 版 2 刷

ISBN　　978-626-7130-47-6

版權所有 ・ 翻印必究　　　圖片來源：www.shutterstock.com & cn.depositphotos.com

作者簡介

張仲岳
美國休士頓大學會計博士
現任國立臺北大學會計學系教授

蔡彥卿
美國加州大學(洛杉磯校區)會計博士
現任國立臺灣大學會計學系教授

劉啟群
美國紐約大學會計博士
現任國立臺灣大學會計學系教授

三版序

IASB 於 2018 年修訂通過新的「財務報導之觀念架構 (Conceptual Framework for Financial Reporting」，並自 2020 年 1 月 1 日起開始適用。該觀念架構係 IASB 在制定「國際財務報導準則 (IFRSs)」時，所依據觀念上的基礎架構。此次修訂對於財務報表 (資產及負債) 之定義作出了較大幅度的修改，也對財務報表及報導個體、認列及除列、衡量作出了更多的闡述及說明。根據新的觀念架構，IASB 同時也連帶修改相關 IFRS 2, IFRS 3, IFRS 6, IFRS 14, IAS 1, IAS 8, IAS 34, IAS 37, IAS 38 等國際財務報導準則。

另依金管會的規定，我國公開發行公司已於 2018 年開始適用逐號認可版之 IFRSs，會計研究發展基金會就 2020 年適用之逐號認可版 IFRSs 與 2013 年版 IFRSs 間之差異，修訂更新了 IFRSs 釋例範本 (第四版)，以提供臺灣會計教育界及實務界之參考。

基於上述的緣由，本書又有改版之需要。各章之修改內容簡述如下：

第 1 章「財務報表與觀念架構」：更新章首故事，並依照 2022 年版 IFRS 內容撰寫觀念架構。

第 2 章「損益表與綜合損益表」：依金管會之「證券發行人財務報告編製準則」，及會計研究發展基金會之釋例，修改綜合損益表之會計項目用語。

第 3 章「資產負債表與權益變動表」：更新章首故事，並依金管會之「證券發行人財務報告編製準則」，及會計研究發展基金會之釋例，修改金融資產之會計項目用語。另，依據 2020 年修改之 IAS 1 修改負債區分為流動與非流動之內容。

第 4 章「複利和年金」：新增公允價值附錄及更新章首故事。

第 5 章「現金及應收款項」：修改應收票據之釋例、新增及修改習題與解答。

第 6 章「存貨」：前一版本內容符合金管會認可之 2020 IFRSs。

第 7 章「不動產、廠房及設備——購置、折舊、折耗與除列」：修訂測試資產是否正常運作所產出之樣品之會計處理；修訂借款成本文字用法與釋例；

增訂其他必要釋例；依照公報修改文字用法及訂正釋例與題目解答。

第 8 章「不動產、廠房及設備——減損、重估價模式及特殊衡量法」：改寫重估價模式之會計處理及釋例；增修投資性不動產之會計處理；依照公報修改文字用法及訂正釋例與題目解答。

第 9 章「無形資產和商譽」：增修無形資產重置之會計處理與釋例；依照公報訂正釋例與題目解答。

第 10 章「金融工具投資」：依金管會之「證券發行人財務報告編製準則」，及會計研究發展基金會之釋例，修改採用透過其他綜合損益按公允價值衡量投資相關之會計項目及表達；課本習題及解答也比照修改。

第 11 章「流動負債、負債準備及或有事項」：更新章首故事、配合 IFRS 16 之適用，刪除租賃虧損合約，另新增及修改習題與解答。

第 12 章「長期負債」：修改章首故事，依最新「國際財務報導準則年度改善計畫」加入債務人債務協商時納入 10% 計算範圍更明確之規定，並修改相關釋例，修改部分習題。

第 13 章「權益及股份基礎給付交易」：修改部分習題。

第 14 章「保留盈餘及每股盈餘」：修改章首故事，增加參加特別股對 EPS 計算之說明及釋例，修改部分習題。

第 15 章「收入」：增加內文釋例，並修改文字及格式。

第 16 章「租賃會計」：修改文字用法及訂正題目解答。

第 17 章「員工福利」：修改部分文字。

第 18 章「所得稅會計」：調整部分內容，修改文字用法及訂正題目解答。

第 19 章「現金流量表」：修改文字及格式。

第 20 章「會計政策、會計估計變動及錯誤」：配合 IAS 8 準則之修正調整估計值之定義與說明，另亦修改文字用法及增加相關題目。

　　本書能順利付梓，首先要感謝東華書局董事卓劉慶弟女士，她對於後學的照顧與提攜，讓我們深深感受幸福；董事長陳錦煌先生鼎力支持、編輯部鄧秀琴小姐及周曉慧小姐之努力配合，都讓我們銘感於心。也要特別感謝葉淑玲助理教授、沈維良、鄭馨屏、鄭淞元、李宗曜、杜昇霖及韓愷時等人之協助。

學生可透過東華書局網站：https://www.tunghua.com.tw 獲取本書課後之習題解答，包括問答題、選擇題及練習題所有解答。

張仲岳　蔡彥卿　劉啟群　謹識

2023 年 3 月

當代中級會計學一書經過多年的構思,以及努力不懈的耕耘,終於有機會能夠與讀者作專業的互動與學習。在寫作的過程中,我們所秉持的一個信念就是,希望能夠為國內財務會計環境在面臨採用國際財務報導準則(IFRS)的重大挑戰時,提供IFRS見解與知識建構的重要平台。透過理性及誠懇的討論過程,我們希望能精準地獲致IFRS各種特定議題,在準則制定精神與見解上之掌握。藉由許多清晰的釋例,以及專業的剖析與整理,我們亦謙卑的期待,讀者在學習以原則性規範為基礎的IFRS時,不僅能夠知其然,且能知其所以然的學習效益。

我國金管會規定,上市、上櫃和興櫃公司從2013年開始均應採用IFRS作為編製財務報表之依據;考試院亦已宣布國家考試之IFRS版本為前一年度年底之最新版「經金管會認可之IFRS」。雖然我國過去十餘年來係以跟IFRS接軌作為制定與修訂準則的方式,然而一旦宣布採用IFRS後,企業必須追溯調整財報,使開帳日的餘額像是企業一開始就採用IFRS一般,這對企業將是一項大的工程。另外一項挑戰則是心態的調整,IFRS較為強調原則,較不採用「界線測試」的方式決定會計處理方式,因此,了解IFRS的原則與精神比背誦條文與規定更為重要。為此,本書避免將公報規定整段直接引述,並儘量嘗試解釋IFRS規定之背景與原因,使讀者能活用IFRS原則,作為最高的學習目標。

在我國,金管會所頒布的財務報告編製準則,以及金管會及相關單位公告之IFRS問答集,其所規範之IFRS實務處理準則等,於國內IFRS之實施,除了可能有更詳盡的規定外,亦有可能將IFRS原則的選項限縮(例如:我國公司之投資性不動產不得適用公允價值法)。此外,亦有屬於國內特殊的會計處理,但在IFRS中並未強調的議題(例如:公司現金增資時,保留給員工認購之部分、我國員工分紅制度及限制員工權利新股等交易)。上述這些國內在實施IFRS過程之特別規定,均會使得IFRS的學習更具挑戰性。因此本書特別設計四個小單元,幫助讀者對於IFRS在國內實施的全貌,有充足的了解:

IFRS 一點通 ①
介紹較複雜 IFRS 之規定及背景原因。

 IFRS 實務案例 ②
透過真實公司的財務報導案例，增廣讀者對於 IFRS 原則與實務的知識。

 中華民國金融監督暨管理委員會認可之 IFRS ③
介紹國內對於 IFRS 實施之特別規定。

 研究發現 ④
全球的會計學術界對於 IFRS 之研究正在迅速增加，本書亦特別介紹過去及現在相關會計議題研究之發現，這些基礎研究亦將對 IFRS 之長遠發展產生重大影響。

　　本書之出版計有 20 章，每章後面均有實務和理論相關的習題，特別發售解答紙本，可供讀者檢驗學習成果。針對教師部分，我們亦另行提供教學投影片及題庫，以作為教學的輔助工具。

　　本書能順利付梓，首先要感謝東華書局董事長卓劉慶弟女士，她對於後學的照顧與提攜，讓我們深深感受幸福；陳森煌與謝松沅兩位先生殷切安排作者定期的專業討論，以及鄧秀琴小姐所帶領編輯部同仁之敬業表現與配合，特別是周曉慧和沈瓊英，在在都讓我們銘感於心。我們也要藉這個機會，感謝長久以來一直是我們精神最大支柱的父母及家人；在寫作的過程中，我們也得到許多同仁的關心與協助，特別要感謝陳玲玲、林千惠、廖琳娜、葉淑玲、呂昕睿、林君彬、周沛誼、許心燕、林德勝及韓愷時。真誠的期盼讀者能隨時給予支持與指正，讓我們一起在 IFRS 財務報導工程變革的時代，能夠攜手邁進最有效率的學習。

張仲岳　蔡彥卿　劉啟群　謹識

2013 年 8 月

目次 Contents

Chapter 1

財務報表與觀念架構   2

1.1　財務會計、財務報表與財務報告　　4
1.2　財務會計準則與制定機構　　8
1.3　觀念架構之地位及目的　　11
1.4　觀念架構之內容　　12
本章習題　　33

Chapter 2

損益表與綜合損益表   38

2.1　財務資本維持、財務績效與會計損益　　40
2.2　盈餘品質　　42
2.3　損益表　　43
2.4　損益及其他綜合損益表（綜合損益表）　　51
本章習題　　61

Chapter 3

資產負債表與權益變動表   68

3.1　資產負債表之功能與限制　　70
3.2　資產與負債之流動與非流動分類　　71

3.3	資產負債表	78
3.4	權益變動表	87
本章習題		93

Chapter 4

複利和年金   102

4.1	貨幣的時間價值	104
4.2	終值及現值概述	106
4.3	年　金	109
4.4	較為複雜的情況	118
附錄 A	公允價值	122
本章習題		125

Chapter 5

現金及應收款項   130

5.1	現金之意義	132
5.2	應收款項	135
5.3	應收帳款之衡量	136
5.4	應收帳款融資及除列	141
5.5	應收票據及貼現	152
附錄 A	銀行存款調節表	154
本章習題		157

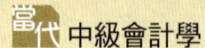

Chapter 6

存 貨　164

6.1　存貨的性質和分類　166
6.2　存貨的歸屬問題　167
6.3　存貨制度的會計處理　169
6.4　存貨之評價與表達　173
6.5　以毛利率法估計存貨　181
6.6　以零售價法估計存貨　183
6.7　生物資產與農產品　190
本章習題　199

Chapter 7

不動產、廠房及設備 ── 購置、折舊、折耗與除列　210

7.1　不動產、廠房及設備　212
7.2　自建資產　224
7.3　折　舊　235
7.4　遞耗資產與折耗　243
7.5　後續支出之會計處理　250
7.6　除　列　251
本章習題　254

Chapter 8

不動產、廠房及設備——減損、重估價模式及特殊衡量法　266

8.1	資產減損	268
8.2	重估價模式	282
8.3	投資性不動產	289
8.4	待出售非流動資產	300
	本章習題	314

Chapter 9

無形資產和商譽　326

9.1	無形資產的定義與認列條件	328
9.2	不同方式取得特定無形資產之原始認列與衡量	334
9.3	無形資產之後續衡量	343
9.4	增添或重置	350
9.5	無形資產之減損	352
9.6	無形資產之除列	359
	本章習題	360

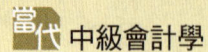

Chapter 10

金融工具投資   370

10.1 金融資產之定義   372
10.2 債務工具投資   373
10.3 債務工具投資之減損及減損迴轉   385
10.4 權益工具投資   397
10.5 採用權益法之投資   407
附錄 A 衍生工具定義及會計處理   416
附錄 B 混合工具定義及會計處理   418
本章習題   421

Chapter 11

流動負債、負債準備及或有事項   432

11.1 流動負債   434
11.2 金額確定的流動負債   435
11.3 金額依營運結果決定的流動負債   438
11.4 負債準備   443
11.5 或有事項   456
本章習題   458

Chapter 12

長期負債　468

12.1　金融負債之會計處理　470
12.2　應付公司債　471
12.3　長期應付票據　474
12.4　金融負債除列　475
12.5　金融負債係透過損益按公允價值衡量　488
12.6　金融資產與金融負債之互抵　496
附錄 A　買回權及提前清償　498
本章習題　507

Chapter 13

權益及股份基礎給付交易　518

13.1　權　益　520
13.2　發行權益工具　524
13.3　庫藏股票　536
13.4　股份基礎給付　537
本章習題　559

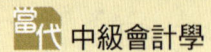

Chapter 14

保留盈餘及每股盈餘　　　　　570

14.1	保留盈餘	572
14.2	股　利	574
14.3	基本每股盈餘	581
14.4	稀釋每股盈餘	594
14.5	每股盈餘之追溯調整	606
附錄 A	每股淨值	607
本章習題		608

Chapter 15

收　入　　　　　620

15.1	收入認列之五大步驟	622
15.2	辨認履約義務	624
15.3	決定交易價格	627
15.4	將交易價格分攤至合約中之履約義務	634
15.5	於(或隨)企業滿足履約義務時認列收入	640
15.6	工程合約之收入認列	647
15.7	主理人或代理人	664
15.8	「客戶忠誠計畫」之收入認列	665
本章習題		671

Chapter 16

租賃會計   678

16.1　租賃定義與優點   680
16.2　租約之內容與常見條款   682
16.3　辨認租賃   686
16.4　租賃期間之評估與重評估   690
16.5　承租人租賃會計   693
16.6　出租人租賃會計   709
附錄 A　變動租賃給付   729
本章習題   731

Chapter 17

員工福利   742

17.1　員工福利之相關議題   744
17.2　退職後福利：確定提撥計畫與確定福利計畫   745
17.3　其他長期員工福利   764
17.4　離職福利   765
17.5　短期員工福利   767
本章習題   773

Chapter 18

所得稅會計　　　　　　　　　　　　　780

18.1	所得稅會計處理之目的	782
18.2	本期所得稅負債及本期所得稅資產之認列	784
18.3	遞延所得稅負債及遞延所得稅資產之認列	787
18.4	本期及遞延所得稅之認列於損益或損益外	803
18.5	我國未分配盈餘加徵所得稅之會計處理	809
18.6	未使用課稅損失及未使用所得稅抵減	810
18.7	表　達	815
附錄 A	非暫時性差異導致之遞延所得稅資產及負債金額變動	817
附錄 B	依照 IAS 12 觀念計算遞延所得稅及從損益表觀點方法計算的差異	820
本章習題		823

Chapter 19

現金流量表　　　　　　　　　　　　　832

19.1	現金流量表之內容與功能	834
19.2	編製現金流量表	839
19.3	編製現金流量表之進階討論	869
本章習題		880

Chapter 20

會計政策、會計估計值變動及錯誤 — 888

20.1　會計政策　890
20.2　會計估計值變動　899
20.3　錯　誤　904
20.4　關於追溯適用及追溯重編之實務上不可行　914
本章習題　915

附　表　926
索　引　930

Chapter 1 財務報表與觀念架構

學習目標

研讀本章後,讀者可以了解:
1. 財務會計、財務報表與財務報告的定義與關聯
2. 財務會計準則之施行與準則制定機構
3. 觀念架構之目的
4. 觀念架構之內容

本章架構

財務報表與觀念架構

- 財務會計、財務報表與財務報告
  - 財務會計之定義
  - 財務會計與財務報表之關聯
  - 財務報表與財務報告之定義
- 財務會計準則與制定機構
  - 準則制定機構
  - 準則適用現況
- 財務會計準則與觀念架構
  - 準則與觀念架構之關聯
  - 觀念架構目的
- 觀念架構
  - 財務報導之目的
  - 財務資訊之品質特性
  - 財務報表要素之定義
  - 財務報表要素之認列及除列
  - 財務報表要素之衡量
  - 財務報告之表達與揭露

國際會計準則委員會於 2018 年終於完成觀念架構之訂定，我國則於 2020 年認可此觀念架構。希望研讀本章後，讀者能輕易回答以下幾個問題：

1. 資產之定義需要機率門檻嗎？例如，產生經濟效益的機率必須要很有可能才能符合資產之認列條件。如果資產產生經濟效益的機率很低，是否在財務報表上認列此項資產是無法忠實表達公司之財務狀況？法律訴訟中之原告，若勝訴之機率甚低，在財務報告中認列求償可能產生之經濟效益，似乎並不恰當；但是，深度價外之股票選擇權，對持有公司而言，未來產生效益之機率也是非常低，但似乎大多數報表使用者認為這類衍生工具應於報表上認列。觀念架構中資產定義應該要能清楚討論此一議題。

2. 以未來現金流量折現後之現值就是在計算資產或負債之公允價值，此一敘述是正確的嗎？本書第 17 章討論退休金負債，精算師以估計之未來給付金額作折現，得到退休給付義務之現值，這個現值就是退休給付的公允價值嗎？公司擁有的公司債或發行的公司債，其預期未來現金流量之現值即為公允價值嗎？

3. 特定國際財務報導準則與「觀念架構」是否不能有衝突？觀念架構中必須對資產及收益作嚴謹之定義；而，IAS 20 規定之「政府補助」會計處理，即規定獲得與資產有關之補助時該收益應予遞延，並於資產耐用年限內認列於本期損益；但依「觀念架構」之認列條件，企業於獲得補助時即應認列資產與收益，不應將收益遞延。特定國際財務報導準則與「觀念架構」有衝突時，應以何項規定為準？

4. 上市公司台船曾因客戶取消訂單，獲得客戶依約支付之賠償金並立即認列收益；但因為造船期程相當久，客戶取消訂單，使公司乾船塢排程在未來一兩年將出現空檔，此種未來營業損失應否立即認列以配合賠償金收益之認列？

5. 觀念架構之目的為何？

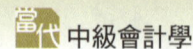

章首故事引發之問題
- 「觀念架構」之目的為何？
- 處理特定交易會計問題時，「觀念架構」與國際財務報導準則之相對位階為何？
- 「觀念架構」之功能與內容為何？

1.1 財務會計、財務報表與財務報告

學習目標 1
了解財務會計、財務報表與財務報告的定義與關聯

美國會計學會 (American Accounting Association) 對會計之定義如下：

> 「會計乃是對經濟資料的辨認、衡量與溝通之過程，以協助資訊使用者作審慎的判斷與決策」。

由此定義可清楚了解，會計為何有「**商業語言**」(business language) 之稱。語言的功能在傳遞資訊，會計將商業活動中之經濟資料依據特定的規則（文法）與詞語（字彙）整理彙總成特定格式，即為會計資訊，可供作判斷與決策之用。對於不同的決策，會計所依據特定的規則、詞語與格式亦有所不同。如依資訊係供企業內部或外部人士使用，會計可分為**管理會計**與**財務會計**兩大系統。

管理會計提供企業內部管理所需之會計資訊，其所依據的規則因企業不同性質與需求而有所差異，且因資訊使用人為能直接接觸企業活動的內部人士，故管理會計所使用的詞語與資訊格式亦無須標準化。**財務會計**則提供企業外部人士所需之會計資訊，包括企業的投資人與債權人等，均希望對企業的活動有所了解。針對企業外部人士投資與授信的需求，財務會計提供**一般用途財務報導** (general purpose financial reporting) 下之會計資訊，以利其進行持有或處分權益及債務工具，提供或結清貸款及其他形式之授信等決策。而因企業外部人士未直接接觸企業活動，加以其進行判斷與決策時往往需同時比較多家企業之會計資訊，故**財務會計**所依據的規則及使用的

財務報表與觀念架構

詞語格式均有嚴謹規範。所謂會計學 (或稱初級會計學)、中級會計學 (本書涵蓋範圍) 及高級會計學均屬財務會計範圍，成本會計及管理會計則屬管理會計範圍。

財務會計產出之財務資訊稱為**財務報告** (financial reports) 或**財務報表** (financial statements)，實務上通常認為這二個名稱可交互使用。IASB「財務報導之觀念架構」(The Conceptual Framework for Financial Reporting) 之條文中亦混用財務報告與財務報表。至於**財務報導** (Financial Reporting)，則係指編製產生財務報告或財務報表之過程。財務報表包括**資產負債表** (Balance sheet, 又稱**財務狀況表**, Financial Position Statement)、**綜合損益表** (Comprehensive Income Statement)、**權益變動表** (Statement of Changes in Equity)、**現金流量表** (Statement of Cash Flows) 及**附註**，實務上往往以「四大表 (及附註)」統稱之。

我國財務報告編製準則第 4 條規定：「財務報告指財務報表、重要會計項目明細表及其他有助於使用人決策之揭露事項及說明。財務報表應包括資產負債表、綜合損益表、權益變動表、現金流量表及其附註或附表。」而 IAS 1 定義之財務報表則包括：資產負債表、綜合損益表、權益變動表、現金流量表、附註 (包含重大會計政策及其他解釋性資訊) 及當企業追溯適用會計政策或追溯重編財務報表之項目，或重分類其財務報表之項目時，最早比較期間之期初資產負債表。本書各章不詳細區分財務報告與財務報表，而僅以財務報表通稱此二者。

財務報表的**一般特性** (general feature) 包括下列八項，**公允表達及遵循國際財務報導準則、繼續經營假設、應計基礎會計、重大性及彙總** (aggregation)、**互抵** (offsetting)、**報導頻率**、**比較資訊與表達之一致性** (consistency of presentation)。以下逐項說明之：

1. 公允表達及遵循國際財務報導準則：本項係假定凡採用國際財務報導準則所產生之財務報表 (必要時輔以額外揭露)，即能達成公允表達。而所謂遵循國際財務報導準則編製之財務報表，須遵循所有國際財務報導準則之規定，並於附註中明確聲明係遵循國際財

財務報告與財務報表

實務上財務報告與財務報表常被交互使用，但我國財務報告編製準則規定：「財務報告指財務報表、重要會計項目明細表及其他有助於使用人決策之揭露事項及說明。」

財務報表之一般特性

財務報表之一般特性包括下列八項：
公允表達及遵循國際財務報導準則、繼續經營假設、應計基礎會計、重大性及彙總、互抵、報導頻率、比較資訊，與表達之一致性。

務報導準則。

2. **繼續經營假設**：公司應按繼續經營個體基礎編製財務報表。編製財務報表時，公司應評估是否至少在報導期間結束日後十二個月內繼續經營假設是適當的。公司對繼續經營個體之能力產生重大疑慮時，應揭露該等不確定性。公司財務報表未按繼續經營個體基礎編製時，應揭露此一事實，並揭露其財務報表所用之基礎及其不被視為繼續經營個體之理由。

3. **應計基礎會計**：本項指除現金流量表外，企業應按應計基礎編製其財務報表。

4. **重大性及彙總**：本項指財務報表對不同性質或功能之重大項目，與類似項目之各重大類別，均應分別單獨表達。個別的不重大項目，則可與其他項目彙總表達於財務報表或附註。

5. **互抵**：本項指財務報表中應分別報導資產與負債，或收益與費損，不得以互抵後之淨額報導，因互抵將降低使用者對已發生交易或其他事項及情況之了解，與評估企業未來現金流量之能力。但須互抵方可反映交易或事項實質，而於國際財務報導準則另有規定者不在此限。

6. **報導頻率**：本項規定企業至少應每年編製一次財務報表，上市櫃公司則依法令規定須每季編製財務報告；而年度財務報導之期間亦得基於實務理由以 52 或 53 週等其他期間為報導期間。當企業之報導期間長於或短於一年時，除應揭露財務報表所涵蓋之期間外，尚應揭露採用該期間之理由，及若以前期間為 52 (53) 週，而當期期間為 53 (52) 週時，財務報表中金額不完全可比較之事實。

7. **比較資訊**：本項規定除國際財務報導準則另有規定外，企業應揭露當期財務報表所有金額之以前期間比較資訊。而如與當期財務報表之了解攸關，企業亦應提供說明性及敘述性之比較資訊。企業於揭露比較資訊時，至少應列報兩期之資產負債表、兩期之其他報表及相關附註。而當企業追溯適用會計政策、追溯重編財務報表，或重分類其財務報表項目時，至少應列報三期之資產負債表、兩期之其他報表及相關附註。三期之資產負債表之時點為當

期期末、前期期末(即當期期初),及最早比較期間之期初。

8. **表達之一致性**:本項指財務報表中各項目之表達與分類應前後期間一致,除非採用另一表達或分類明顯更為適當,或有國際財務報導準則規定應變更表達。

綜合損益表、權益變動表與資產負債表為應計基礎下的報表,本書將於第 2、3 章詳細說明個別之內容,其間之關聯則列示如圖 1-1。

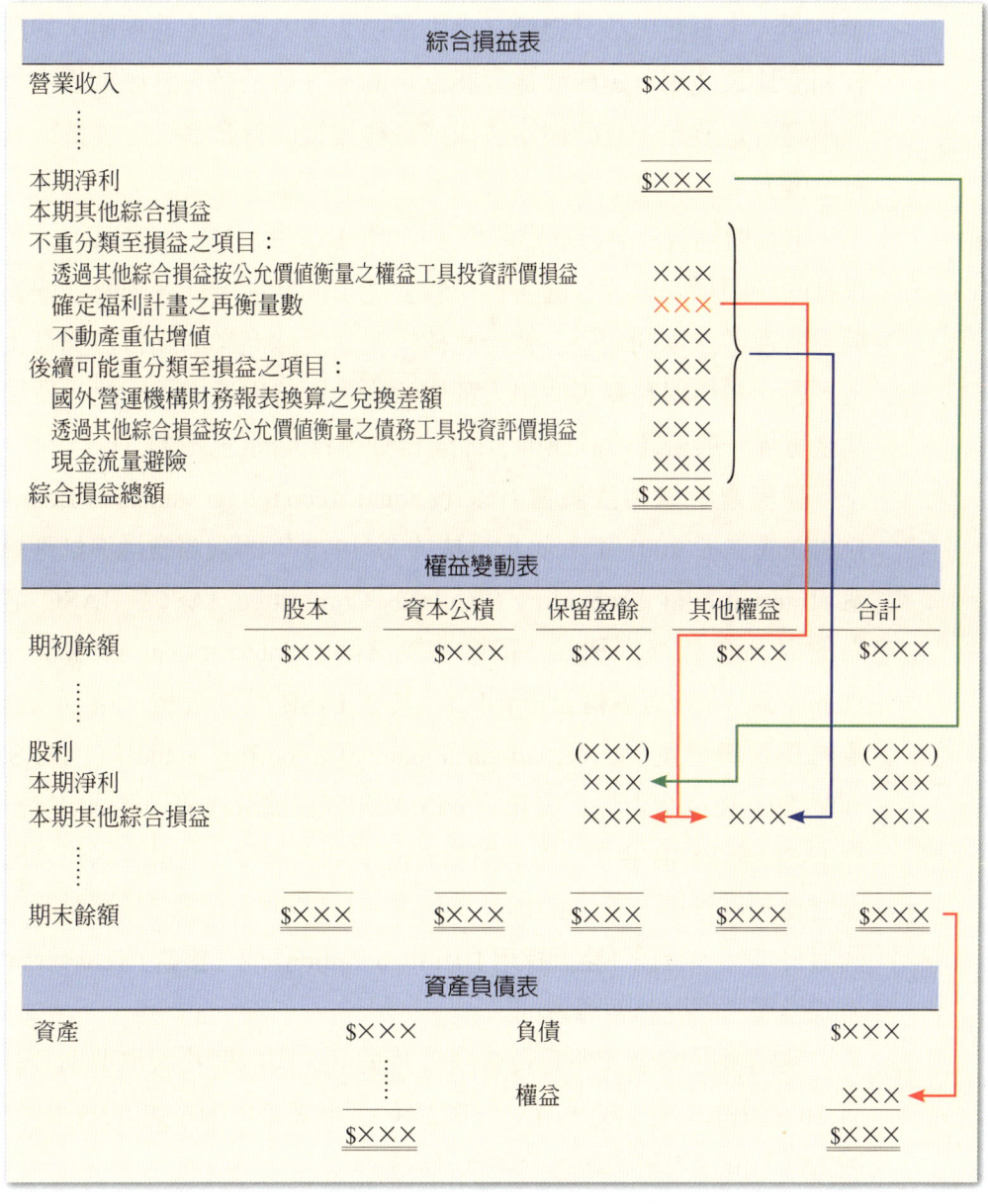

圖 1-1　綜合損益表、權益變動表與資產負債表間之關聯

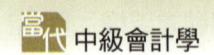

現金流量表之編製有直接法與間接法 (含改良式間接法) 兩種方式，本書將於第 19 章詳細說明。

1.2 財務會計準則與制定機構

學習目標 2
了解財務會計準則之施行與準則制定機構

　　財務會計提供主要讓企業投資人與債權人使用之財務報表，其遵循之準則通稱為「**一般公認會計原則**」(Generally Accepted Accounting Principles, GAAPs)。由此名稱亦凸顯財務會計係提供企業外部人士資訊，故其遵循之準則係由大眾共同認定而採用，如此有利於比較使用，達成溝通資訊之目的。一般公認會計原則係由權威團體訂定發布，且多經由法律或法律授權的行政命令之支持而具有公權力。

　　但在財務會計的發展階段中，所謂的「一般公認會計原則」，有很長的時間係處於「各國各自一般公認」的狀態，即各國財務報表編製所遵循之準則並不一致。此種情況在全球商業活動日益國際化後，對企業與財務報表使用人都增添許多困擾與成本。因此，發展「全世界一般公認會計原則」即成為會計界共同的認知方向。

　　國際會計準則委員會 (International Accounting Standards Board, IASB) 成立於 2001 年，前身為成立於 1973 年的**國際會計準則理事會** (International Accounting Standards Committee, IASC)。IASC 發布的財務會計準則稱為「**國際會計準則**」(International Accounting Standards, IAS) 與**解釋公告** (SIC)，其後 IASB 成立發布一系列「**國際財務報導準則**」(International Financial Reporting Standards, IFRS) 與**解釋** (IFRIC)，但原已發布的 IAS 與 SIC 在被取代前仍然適用。針對 IASC 與 IASB 發布之所有財務會計準則與解釋，會計界習以「國際財務報導準則」或「IFRS」統稱之。目前世界主要之經濟體除美國與日本外，皆以「**全面採用**」(fully adoption) 或「**接軌**」(converge) 方式遵循國際財務報導準則。

　　我國金融監督管理委員會歷來共認可之國際財務報導準則共計有 16 號 IFRS 與 27 號 IAS，2022 年適用者計有 16 號 IFRS 與 25 號 IAS，依其規範議題可分類為 9 大類：

1. 緒論類準則：本類準則係規範主要財務報表與會計政策。

IAS 1	財務報表之表達
IAS 7	現金流量表
IAS 8	會計政策、會計估計變動及錯誤
IAS 34	期中財務報導

2. **基礎類準則**：本類準則係規範與部分基礎項目相關之處理與表達揭露。

IFRS 15	收入
IAS 2	存貨
IAS 12	所得稅
IAS 33	每股盈餘
IAS 37	負債準備、或有負債及或有資產

3. **不動產、廠房及設備類準則**：本類準則係規範與不動產、廠房及設備項目相關之處理與表達揭露。

IFRS 16	租賃
IAS 16	不動產、廠房及設備
IAS 20	政府補助之會計及政府輔助之揭露
IAS 23	借款成本
IAS 36	資產減損
IAS 38	無形資產
IAS 40	投資性不動產

4. **專題類準則**：本類準則係規範與特定議題相關之處理與表達揭露。

IFRS 1	首次採用國際財務報導準則
IFRS 5	待出售非流動資產及停業單位
IFRS 13	公允價值衡量
IAS 21	匯率變動之影響
IAS 29	高度通貨膨脹經濟下之財務報導

5. **酬勞類準則**：本類準則係規範與酬勞項目相關之處理與表達揭露。

IFRS 2	股份基礎給付
IAS 19	員工福利
IAS 26	退休福利計畫之會計與報導

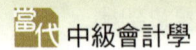

6. **揭露類準則**：本類準則係規範特定項目相關之處理與揭露。
   - IFRS 8　　營運部門
   - IAS 10　　報導期間後事項
   - IAS 24　　關係人揭露

7. **金融類準則**：本類準則係規範與金融項目相關之處理與表達揭露。
   - IFRS 7　　金融工具：揭露
   - IFRS 9　　金融工具
   - IAS 32　　金融工具：表達

8. **特定產業類準則**：本類準則係規範與特定產業相關之處理與表達揭露。
   - IFRS 4　　保險合約 (2026 年後通用 IFRS 17 保險合約)
   - IFRS 6　　礦產資源探勘及評估
   - IFRS 14　 管制遞延帳戶
   - IAS 41　　農業

9. **集團企業類準則**：本類準則係規範與集團企業相關之處理與表達揭露。
   - IFRS 3　　企業合併
   - IFRS 10　 合併財務報表
   - IFRS 11　 聯合協議
   - IFRS 12　 對其他個體之權益之揭露
   - IAS 27　　單獨財務報表
   - IAS 28　　投資關聯企業及合資

　　IASB 對國際財務報導準則制定之程序相當嚴謹。首先在考量投資人之資訊需求與現有準則狀況等因素後，排定其欲發展準則之議題，並決定係由 IASB 單獨執行或與其他準則制定機構合作。其後就排定之議題設立專案工作小組，經過發布**討論稿** (discussion paper) 與徵求**意見草案** (exposure draft) 等彙集與統整大眾意見的程序後，才發布國際財務報導準則。準則發布後，IASB 除舉辦相關之宣導教育活動外，亦與相關團體定期會議，就準則施行時可能之問題與影

響進行討論。

我國的財務會計準則，係由中華民國會計研究發展基金會下之財務會計準則委員發布。早年之財務會計準則多依據美國之一般公認會計原則訂立，後期始納入國際財務報導準則。而鑑於國際發展趨勢，我國於 2009 年宣布上市、上櫃及興櫃公司須自 2013 年開始依 IFRS 編製財務報表，並開始相關的「IFRS 正體中文版」計畫：即取得 IASB 授權後，由中華民國會計研究發展基金會下之臺灣國際財務報導準則委員會將國際財務報導準則翻譯覆審為中文，再由行政院金融監督管理委員會 (簡稱金管會) 認可及同意採用之 IFRS 正體中文版。我國財務報告編製準則亦配合修訂，明定「一般公認會計原則為經行政院金融監督管理委員會認可之國際財務報導準則、國際會計準則、解釋及解釋公告」。金管會並於 2015 年將適用 IFRS 正體中文版擴及所有公開發行公司。

臺灣國際財務報導準則委員會持續修訂 IFRS 正體中文版，且各年度金管會將認可當年度採用之「IFRS 正體中文版」，此亦即為我國公開發行公司各年財務報表所需遵循之財務會計準則。此外，我國考選部亦於如高普考、會計師等國家考試之財務會計相關類科的命題大綱中明載：「自民國 101 年起，試題如涉及財務會計準則規定，其作答以當次考試上一年度經行政院金融監督管理委員會認可之國際財務報導準則正體中文版為準」。亦即會計學子攸關之國家考試中的財務會計相關類科，均以「當年度應適用之 IFRS 正體中文版」為試題與答案之依據。本書介紹之財務會計準則，即以「IFRS 正體中文版」為主體，並另增加我國財務報告編製準則等相關法令之規定，以符合學子應考與實務應用的多重需求。「IFRS 正體中文版」準則內容則得自金管會證期局網站 http://163.29.17.154/ifrs/index.cfm 免費下載。

1.3 觀念架構之地位及目的

「觀念架構」並非國際財務報導準則，故此架構未對任何特定衡量或揭露議題界定準則。IASB 將依「觀念架構」之指引，進行未

學習目標 3
了解財務報表觀念架構之目的

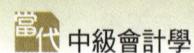

來準則之制定與現有準則之檢討，但當「觀念架構」與現有國際財務報導準則發生衝突時，應以國際財務報導準則為準。此外，「觀念架構」之目的如下：

1. 協助 IASB 制定以一致之觀念為基礎之準則；
2. 當特定交易或事項無準則可適用或準則允許作會計政策選擇時，協助編製者訂定一致之會計政策；及
3. 協助各方了解及解讀「準則」。

　　國際財務報導準則基金會及理事會之使命係制定使全球各金融市場具透明度、課責性及效率之「準則」，「觀念架構」有助於達成該使命。「觀念架構」為「準則」提供基礎：

(1)「準則」藉由強化財務資訊之品質及國際間可比性而有助於透明度，使投資者能依據財務資訊作經濟決策。

(2)「準則」藉由減少資金提供者與管理階層間之資訊落差以強化**課責性** (accountability)。以「觀念架構」為基礎之「準則」提供對管理階層課責之所需資訊。作為全球可比資訊之來源，「準則」亦對全球之主管機關極為重要。

(3)「準則」藉由協助投資者辨認全球之機會及風險促進經濟效率，因而改善資金配置。就企業而言，使用單一且受信任之會計語言，可降低資金成本並減少國際報導成本。

課責性
董事會須達成股東所要求之經營成果，即股東對經營階層課責，或稱管理階層之課責性。

1.4　觀念架構之內容

學習目標 4
了解財務報表觀念架構之內容

　　觀念架構之內容包括一般用途財務報導之目的、有用財務資訊之品質特性、財務報表及報導個體、財務報表之要素、認列及除列、衡量、表達與揭露，以及資本觀念及資本維持觀念等八章。其中財務報表及報導個體於本章第 1 節中介紹，資本觀念及資本維持觀念將在第 2 章中介紹，其餘六個部分在本節中詳細說明。

一般用途財務報導之目的
提供作成投資與授信決策時，評估企業未來淨現金流入之金額、時點及不確定性所需之資訊。

1.4.1　一般用途財務報導之目的

　　一般用途財務報導之目的係提供現在及潛在投資人與債權人(財務報告之主要使用者)作其決策時所需之有用財務資訊，該等決策

包括：

(1) 買賣或持有權益及債務工具；

(2) 提供或結清貸款之授信；或

(3) 對公司之管理階層行使表決或影響之權利。

　　作成前述 (1) 及 (2) 決策時，重要考量因素為投資可獲得的報酬。而企業未來淨現金流入之金額、時點及不確定性，又影響投資人與債權人預期可獲得之報酬 (利息、股利及漲跌價)。故為評估企業之未來淨現金流入，投資人與債權人需了解企業之經濟資源、請求權與其變動；並區分經濟資源與請求權的變動，係源於企業管理階層經營之財務績效，或發行權益及債務工具等其他事項或交易所致。

　　不同類型之經濟資源，對企業未來現金流量之評估會有不同影響。請求權之優先順序及付款需求亦有助於財務報表使用者預測未來現金流量將如何分配。一般用途財務報表中以應計會計為基礎之資產負債表即提供企業經濟資源與請求權及其變動之資訊。

　　而由一般用途財務報表中之權益變動表，即可分辨企業經濟資源與請求權的變動，係源於企業管理階層經營之財務績效，或發行權益及債務工具等其他事項或交易所致。同樣以應計會計為基礎之綜合損益表則說明財務績效之組成要素，藉由提供企業過去應用經濟資源所產生報酬之資訊，協助預測未來其經濟資源之報酬。現金流量表則提供企業如何取得及支用現金，包括其債務之舉借及償還、對投資者支付之現金股利或其他現金分配，以及可能影響個體流動性或償債能力之其他因素等資訊。有關現金流量之資訊則有助於了解企業之營運，評估其籌資及投資活動、評量其流動性或償債能力及解釋有關財務績效之其他資訊。

　　一般用途財務報導協助股東作成前述 (3) 決策，此有助於強化管理階層之課責性。前述經濟資源與請求權及其變動之資訊，不僅與 (1) 及 (2) 之決策有關，亦有助於使用者評估管理階層之個體經濟資源**託管責任** (stewardship)，並透過投票權或影響力強化管理階層之課責性。一般用途財務報導另要求提供經濟資源之使用之資訊，

有關經濟現象之資訊
有關經濟現象之資訊係指與企業之 (1) 經濟資源、(2) 請求權，及 (3) 經濟資源與請求權變動等三項有關之資訊。

以強化課責性。管理階層對使用個體經濟資源之託管責任包括保障個體之資源不受經濟因素（如價格與科技之變動）之不利影響及確保個體遵循適用之法令、規章及合約條款。例如，金融機構受法令規範的最低資本及公司違反合約所涉及之訴訟等皆為應揭露事項。

然而，「觀念架構」亦提醒我們，一般用途財務報表僅為企業投資人與債權人所需資訊之一，並無法提供所需之全部資訊，投資人與債權人仍須考量來自其他來源之適當資訊。而除投資者及債權人以外之大眾如主管機關等，雖亦可能發現一般用途財務報表有助決策，但一般用途財務報導之目的主要並非滿足其資訊需求。

1.4.2　有用財務資訊之品質特性

> **有用之財務資訊**
> 同時具備兩項基本品質特性「攸關性」與「忠實表述」之財務資訊即有用。

一般用途財務報導之目的在提供有關經濟現象之財務資訊，以滿足投資及授信決策所需；故所謂財務資訊的**有用** (useful) 與否，即以其對作成投資及授信決策有用與否而定。IASB 提出有用的財務資訊需同時具備**攸關性** (relevance) 與**忠實表述** (faithful representation) 兩項**基本品質特性** (fundamental qualitative characteristics)。而**可比性** (comparability)、**可驗證性** (verifiability)、**時效性** (timeliness) 及**可了解性** (understandability)，則為可進一步強化財務資訊有用性的四項**強化性品質特性** (enhancing qualitative characteristics)。

1.4.2.1　基本品質特性

> **具備攸關性**
> 具有預測價值或確認價值

基本品質特性係指有用的財務資訊應同時具備的品質特性，包括**攸關性**與**忠實表述**兩項。所謂**攸關性**，係指若某項財務資訊之有無，會使投資人與債權人作成之決策有所差異，則此項財務資訊具備攸關性。而具有**預測價值** (predictive value) 或**確認價值** (confirmatory value)，為財務資訊具備攸關性之必要條件。因財務資訊若具有預測價值與確認價值其中之一或兩者兼具，則將能使資訊使用人作成之決策不同，故其為攸關財務資訊。預測價值係指財務資訊能讓使用者用以預測未來結果，確認價值則指財務資訊能讓使用者確認或改變先前評估。值得注意的是，具有預測價值的財務資訊，其本身不一定須為預測型態，而係其可用於預測未來。例如去年與今年收入為實際已發生資訊（非預測型態），但能用以預測未來收入。而

預測價值與確認價值亦非互斥而係相互關聯，具有預測價值之財務資訊通常亦具有確認價值。例如，本年度收入資訊能用以預測未來年度收入(預測價值)，亦能與以前年度對本年度之收入預測比較(確認價值)。

若資訊之遺漏、誤述或模糊可被合理預期將影響一般用途財務報表之主要使用者以該等財務報表(其提供特定報導個體之財務資訊)為基礎所作之決策，則該財務資訊具**重大性**。重大性為是否具攸關性之門檻，不重大的財務資訊，因其不會使資訊使用人作成之決策不同，故其不是攸關的財務資訊。重大性非為統一的絕對數字，亦即同樣金額之財務資訊，可能對甲企業為重大，但對乙公司為不重大。故重大性是一**企業特定層面** (entity-specific) 之攸關性，因為個別企業可能有不同的攸關性門檻。重大性除受財務資訊之金額大小影響外，亦須考慮其性質。部分資訊因性質特殊而可能影響投資決策，則不論其金額大小，此類資訊亦為具重大性之資訊，例如，公司新網路行銷事業部門今年才開始營業，其營收及淨利之金額均不重大，但此新事業部門成長迅速且極具未來潛力，因此其部門資訊可能因性質特殊，而成為具重大性之資訊。

忠實表述為有用之財務資訊需同時具備之兩項基本品質特性之二。所謂忠實表述，係指財務資訊能**完整** (complete)、**中立** (neutral) 及**免於錯誤** (free from error) 的描述經濟現象。為能忠實表述財務資訊，經濟實質應重於法律形式。

完整指包括讓財務資訊使用者了解描述現象所需之所有資訊，包括所有必要之敘述及解釋。例如，一資產群組之完整描述至少應包括對群組內資產性質之敘述、群組內所有資產之數值描述，及該數值描述所代表意義(例如成本、淨變現價值或公允價值)之敘述。

中立指在財務資訊之選擇或表達上無偏誤，不以任何方式操縱財務資訊使其對使用者更有利或更不利。中立並非指財務資訊應對使用者之行為不造成影響，而係不蓄意操縱財務資訊以達成特定的影響。企業另須以**審慎性** (prudence) 支持中立性；審慎性係指在具不確定性之情況下作判斷時謹慎之運用。審慎性之運用意指不高估資產及收益，亦不低估負債及費損，該等誤述會導致未來期間收益

重大性
重大性為是否具攸關性之門檻，是一企業特定層面之攸關性。

忠實表述
財務資訊能完整、中立，及免於錯誤的描述經濟現象。

忠實表述財務資訊
經濟實質應重於法律形式

審慎性
在具不確定性之情況下作判斷時謹慎之運用；而非對資產或收益的認列標準應高於負債或損失；企業須以審慎性支持中立性。

或費損之高估或低估。過去會計文獻常將審慎性作不對稱解釋，即認列資產或收益的標準應高於認列負債或費損，但新的觀念架構強調對不確定情況的判斷須謹慎，而非對資產(或收益)及負債(或費損)的不對稱標準。

免於錯誤意指財務資訊在描述經濟現象時沒有錯誤或遺漏，且其選擇與應用產生該財務資訊之程序並無錯誤。免於錯誤**並非指所有方面皆完全正確** (accurate)。例如，不可觀察價格或價值之估計，無法決定其為正確或不正確。惟若該金額已清楚且明確地說明為一估計數，對估計程序之性質與限制亦已加以解釋，且選擇與應用產生估計之程序並無錯誤，則該估計即已忠實表述。

如何實際應用攸關性與忠實表述兩項基本品質特性，決定何者為有用之財務資訊？IASB提供一通常最有效率且最有效果之程序如下：

1. 辨認對企業財務資訊使用者可能有用之經濟現象，即可能有用之企業之經濟資源及請求權，以及這些經濟資源，及請求權之變動。
2. 辨認有關該現象之最攸關資訊。
3. 確認該資訊是否存在且忠實表述。如是，則滿足基本品質特性之程序到此結束；如否，將持續尋找次佳攸關資訊，直至該次佳資訊存在且可被忠實表述為止。

上述應用程序之主要重點在於先辨認攸關之財務資訊，再考慮其忠實表述的程度；無法獲得最佳且忠實表述資訊時，繼續尋找次佳且忠實表述者。為明確易於了解起見，該程序另以流程圖方式說明如圖1-2。

1.4.2.2 強化性品質特性

強化性品質特性

強化性品質特性包括：
1. 可比性
2. 可驗證性
3. 時效性
4. 可了解性

財務資訊同時具備攸關性與忠實表述兩項基本品質特性後，即為有用的財務資訊。而**可比性**、**可驗證性**、**時效性**與**可了解性**，則為可進一步強化財務資訊有用性的四項**強化性品質特性**。此四項強化性品質特性亦可幫助決定在兩種同等具攸關性且忠實表述的方法中，應採用何者來描述某一經濟現象。財務資訊具有之強化性品質特性愈多愈高愈好，但若財務資訊不具備攸關性與忠實表述兩項基

Chapter 1 財務報表與觀念架構

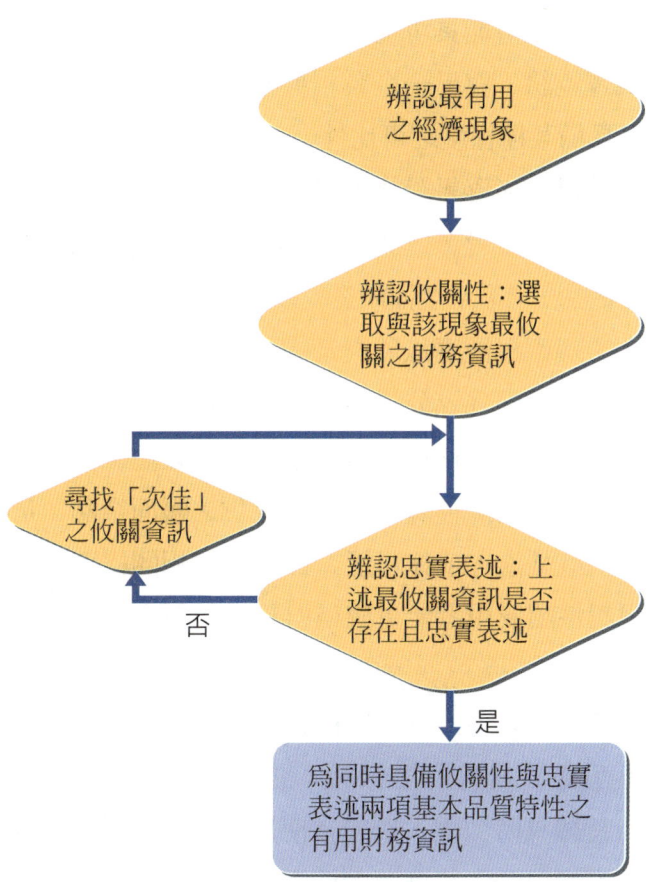

圖 1-2　基本品質特性應用程序流程圖

本品質特性，則無論具有再多或再高之強化性品質特性，均無法使資訊有用。

財務資訊需具**可比性**，因投資授信決策多涉及於不同選項作選擇，如投資於某企業或另一企業，賣出或繼續持有一項投資。因此，有關企業之資訊，若能與其他相關企業之類似資訊，或與企業本身以前期間或日期之類似資訊相比較，則較為有用。**可比性**與**一致性** (consistency) 有所不同。一致性係指無論是單一企業之各期間或同一期間之各企業，應對相同項目採用相同方法描述。單一經濟現象可以用多種方式忠實表述，但是對相同經濟現象允許採用多種會計方法會削弱可比性，故一致性有助達成可比性此項目標。**可比性**與**一致性**不完全相同，所謂資訊具可比性，應為該資訊對相似事物之描述使其看來確實相像，而不同事物看來確實不同。若使資訊對事物之描述使所有事物看來完全相同，則資訊不具可比性。已滿足基本

品質特性之資訊較可能具可比性,例如某企業有關某經濟現象之攸關且忠實表述資訊,與另一企業相似經濟現象之攸關且忠實表述資訊,應自然具備某種程度之可比性。

可驗證性指財務資訊對經濟現象的描述,能讓各獨立且具充分認知的經濟現象觀察者,達成上述經濟現象的描述為忠實表述的共識,且此共識程度不需至全面同意。驗證包括直接驗證與間接驗證。直接驗證指透過直接觀察以驗證金額或其他描述,如盤點現金。間接驗證指核對某一模式、公式或其他技術之輸入值,並採用相同方法重新計算其產出。如核對數量及成本等輸入值,再以相同的成本流動假設重新計算期末存貨,以驗證存貨之帳面金額。量化資訊無論係單一點估計型態,或係可能金額範圍與相關機率之描述均能被驗證。可驗證性讓使用者能更確信財務資訊係忠實表述其意圖表述之經濟現象。

時效性指讓決策者得及時取得資訊,以供其作成決策所需。一般而言,資訊愈舊其有用性愈低。惟某些資訊可能於報導期間結束後甚久仍持續具時效性,例如當使用者需要辨認並評估某種趨勢時。**可了解性**指財務資訊應清楚簡潔的分類、凸顯特性及表達,能使其可了解。而可了解與否之認定,係以對商業與經濟活動之具有合理認知且用心檢視分析資訊之使用者是否可了解為準。值得注意的是,對部分複雜不易了解的經濟現象而言,將其資訊排除在財務報表之外確可能使該財務報表資訊較易於了解,但如此報表將不完

 **IFRS 一點通**

舊資訊一定不具有時效性?

公司股票或公司債初次上市或上櫃時,需編製公開說明書,其中收入、銷貨成本等等重要財務資訊須編列五年之比較資訊,是否前五年之資訊即不具有時效性?但投資人可能需要做趨勢分析,因此這些財務數字雖然距離報導期間結束後多年仍具有協助投資人分析之功能,所以仍為具時效性之資訊。公司上市時,若其營收在上市前數年持續成長,通常在掛牌的第一天,會有相對較高之收盤股價。

整，損及忠實表述的基本品質特性，因而有可能誤導使用者。

如何實際應用可比性、可驗證性、時效性與可了解性四項強化性品質特性，以使已經具有攸關性與忠實表述之財務資訊，其有用性更為增加？IASB 認為，可不依照特定的順序反覆代入試驗以極大化財務資訊有用性。因為欲提高某一項品質特性往往須削弱某一項強化性品質特性。例如，若推延適用某一新財務報導準則可改善長期之攸關性或忠實表述，此時附帶造成之可比性暫時降低可能是值得的。適當之揭露亦可能彌補部分可比性之不足。

1.4.2.3　財務資訊有用性之成本限制

企業財務資訊之提供與使用均需耗費成本。企業財務資訊之提供者為管理階層，其成本來自蒐集、處理、驗證及散布財務資訊，且此資訊之提供成本最終將轉嫁給財務資訊使用者，即由企業的投資人與債權人承擔。財務資訊使用者之使用成本，則在分析解釋企業所提供之財務資訊，及當所需資訊未提供，由他處取得該資訊或估計該資訊之額外成本。這些成本與財務資訊之效益，亦即財務資訊有用性，需有所衡量。在追求極大化財務資訊有用性時，財務資訊之成本為一影響甚鉅之限制。IASB 於制定擬議之財務報導準則時，亦須就該準則之預期效益及成本之相關量化及質性資訊進行考量。

IASB 承認，雖然攸關且忠實表述之財務資訊能協助使用者作成更明智之決策而得到效益，並能增加資本市場之效率與降低整體資金成本，但要讓一般用途財務報表包含所有使用者認為攸關之所有資訊，在成本效益考量下勢必不可能。IASB 亦同意，不同個體對特定項目之財務資訊其效益與成本評估不同。而 IASB 係以一般而非個別企業角度評估財務資訊之效益與成本，這並不意味在效益與成本的考量後，所有企業應適用相同的財務會計準則。由於企業之規模、籌資方式 (公開或私募)、資訊使用者之需求與其他因素等之不同，適用差異的財務會計準則亦可能是適當的。

財務資訊之目的、品質特性與限制彙示如圖 1-3。

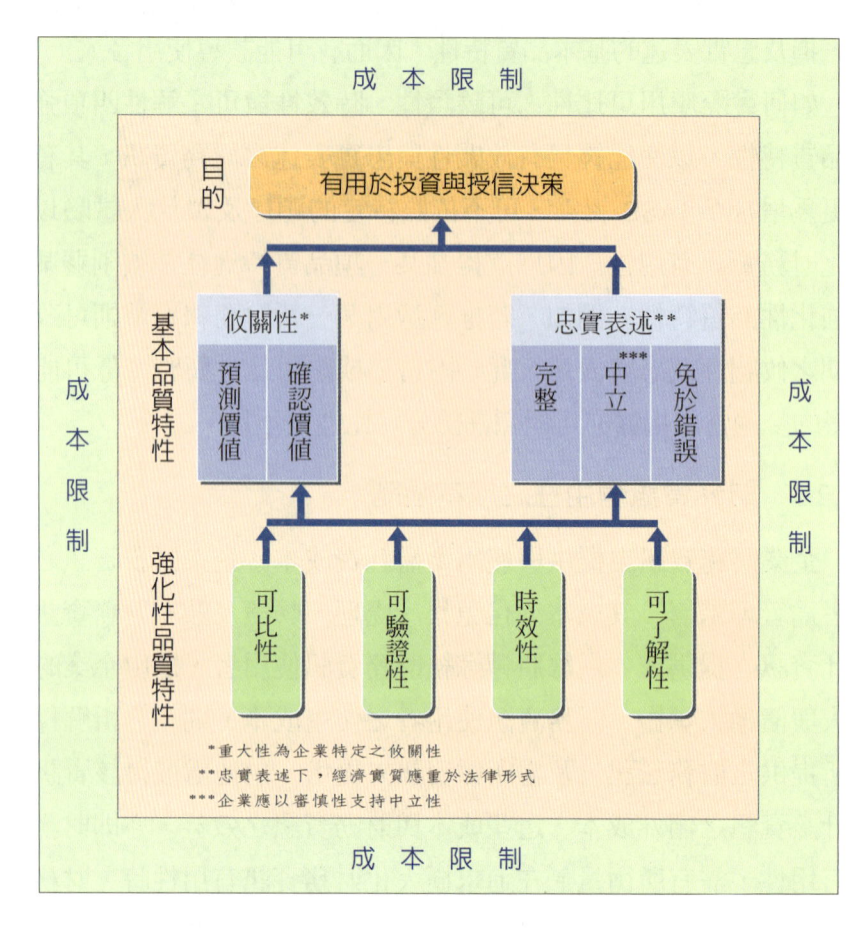

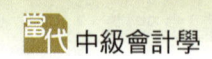

圖 1-3 「觀念架構」中財務資訊之目的與品質特性之關聯

1.4.3 財務報表要素之定義

財務報表編製時，係將交易及其他事項按其經濟特性彙集成主要類別，以描述交易及其他事項之財務影響。這些主要類別即稱為財務報表之要素。資產負債表中與企業財務狀況衡量有關之要素為資產、負債及權益。綜合損益表與損益表中與企業財務績效衡量有關之要素為收益及費損。權益變動表則係反映資產負債表要素變動及損益表要素之連結，並無專屬要素。亦即財務報表要素計有五類：**資產** (asset)、**負債** (liability)、**權益** (equity)、**收益** (income) 及**費損** (expense)。

資產之定義
因過去事項而由個體所控制之現時經濟資源。

1.4.3.1 資產之定義

資產係指因過去事項而由個體所控制之現時經濟資源。而經濟

資源係指具有產生經濟效益之可能性之一項權利。

此資產之定義，可分為下列三個層面討論之：

資產定義之三個層面
1. 權利
2. 經濟資源
3. 控制

1. 權利

(1) **與另一方之義務相應之權利**，例如：

　　a. 收取現金之權利 (對方有支付現金之義務)。

　　b. 收取商品或勞務之權利 (對方有提供商品或勞務之義務)。

　　c. 基於有利條款與另一方交換經濟資源之權利 (包括購買經濟資源之選擇權，或基於有利條款購買一項經濟資源之遠期合約)。

　　d. 於特定之不確定未來事項發生時自另一方移轉經濟資源之義務獲益之權利 (如訴訟之求償)。

(2) **非與另一方之義務相應之權利**，例如：

　　a. 對實體物品之權利，如對不動產、廠房及設備或存貨之權利，包括使用之權利或出售獲益之權利。

　　b. 使用智慧財產之權利。

上述權利係藉由合約或法律建立。但個體亦可能以其他方式取得權利：

　　a. 取得或創造非屬公共領域之訣竅之權利 (如可口可樂之秘密配方、台積電製造晶圓之商業秘密)；或

　　b. 透過另一方之推定義務（參見負債之定義）產生之權利。

2. 經濟資源

　　經濟資源係指具有產生經濟效益之可能性之一項權利。前述可能性無須確定，僅須該權利已存在且於至少一個情況下將為個體產生經濟效益；但此經濟效益須為所有其他方不可得之經濟效益 (排他性)。為何需要排他性呢？以公有道路說明如下：使用道路的權利對公司產生經濟效益，則此道路使用權是否為公司之資產？此使用權係公有權利，非公司特有權利，因此在資產定義中須予以排除。

3. 控制

　　控制將經濟資源連結至個體。若個體具有主導經濟資源之使用並取得可能自其流入之經濟效益之現時能力，則個體控制該經

濟資源。控制包括防止其他方主導經濟資源之使用並防止其他方取得可能自其流入之經濟效益之現時能力。因此，若一方控制某一經濟資源，且沒有其他方控制該資源 (與經濟資源須排他性之原因相同)。

公司可能控制某一土地 10%，則公司之資產係土地之份額；公司若有維持商業祕密不被外人得知的現時能力，則公司可控制該商業祕密；公司可能透過代理人 (代理商) 安排產品之銷售，則公司為主理人，對銷售之產品具有控制力。

1.4.3.2　負債之定義

> **負債之定義**
> 個體因過去事項而須移轉經濟資源之現時義務。
>
> **負債存在的三條件：**
> 1. 個體具有義務
> 2. 該義務係移轉經濟資源
> 3. 該義務係因過去事項而存在之現時義務

負債係指個體因過去事項而須移轉經濟資源之現時義務。負債之存在，必須滿足下列三項條件：

1. 個體具有義務 (義務係指個體不具有實際能力避免之職責或責任)

義務之另一方可能為個人、個體或社會整體 (如政府)；許多義務是因合約或法律而產生，而造成公司無實際能力避免責任。但公司亦可能有過去之實務慣例及主動發布之政策或聲明，若公司 (因顧慮公司聲譽、客戶關係等因素) 使公司不具有違反該等實務慣例、政策或聲明之實際能力，則公司負有之「推定義務」亦屬公司之義務。例如，對公司賣出之設備，雖然買賣合約上並無規定，但公司一向的保固政策是 5 年內設備有任何故障，皆提供免費維修服務，且潛在客戶對此項免費服務皆形成有效預期，在此狀況下公司亦無實際能力避免責任。該維修服務即為公司之推定義務。

2. 該義務係移轉經濟資源

移轉經濟資源之義務無須確定，即使可能性低，仍可能符合負債之定義。但是負債發生之可能性較低將影響公司是否應予認列或應提供何種資訊與如何提供資訊 (參見認列及衡量部分)。移轉經濟資源之義務有：

(1) 支付現金之義務，如應付帳款之清償義務。

(2) 交付商品或提供勞務之義務，如銷貨合約中之義務。

(3) 以不利條款與另一方交換經濟資源之義務。包括以目前為不利

之條件交易之遠期合約義務，或使另一方有權自公司購買經濟資源之選擇權義務 (發行選擇權之義務)。

(4) 於特定之不確定未來事項發生時移轉經濟資源，如被求償之訴訟中未來可能之支付。

(5) 發行金融工具之義務，如發行公司債之義務。

履行義務除了移轉經濟資源外，亦可能以下列方式清償義務：藉由協商義務之解除而清償該義務 (如透過債務協商而免除)、移轉該義務予第三方 (如透過三方協議) 或以另一義務取代該移轉經濟資源之義務 (如以新債取代舊債)。

3. 該義務係因過去事項而存在之現時義務

則公司因過去事項而存在現時之義務，同時符合下列兩條件時：

(1) 公司已取得經濟效益或已採取行動；且

(2) 個體將或可能須移轉經濟資源。

現時義務與未來承諾間需清楚劃分。企業管理階層決定於未來取得某資產，此決定本身並不產生現時義務。另需注意，前項 (1) 中已取得經濟效益 (如現金或商品)，此為有對價交易下產生之義務；而 (1) 中已採取行動則用以強調非對價交易亦可能產生義務，例如捐贈、稅賦等。強調活動或行動已發生，而 (2) 則強調因為已發生活動或行動之後果 (無須為確定後果，可能之經濟資源移轉亦為義務)。

1.4.3.3 同時涉及資產及負債之觀念

科目單位

科目單位 (Unit Account) 係指**認列條件**及**衡量觀念**所適用之權利或權利群組、義務或義務群組，或權利與義務之群組，在認列上或衡量上的科目單位可能不一致。觀念架構僅定義科目單位，而於各財務報導準則決議與制定所有財務報告中之科目單位，例如 IFRS 9 規定投資之股票的認列與衡量科目單位為 1 股。可能之科目單位包括：

> **科目單位**
> 認列條件及衡量觀念所適用之權利 (或權利群組) 或義務 (或義務群組)。

1. 個別權利或個別義務──如 1 股股票 (1 張債券) 投資或 1 筆應付帳款。

2. 源自單一來源(如一個合約、一棟廠房)之所有權利、所有義務或所有權利與所有義務——例如,持有之轉換公司債合約有收本息及轉換之權利,IFRS 9 規定所有權利為單一之科目單位;IFRS 9 規定發行之交換公司債,其所有支付本息及交換之義務,區分為兩個科目單位,即應付公司債及發行之選擇權金融負債(除非公司選擇將兩個科目單位合併為單一之交易目的金融負債);IAS 16 規定沒有重大組成部分之一棟建築物為單一之科目單位。

3. 源自單一來源之權利及/或義務之子群組——例如,IAS 16 規定一項設備,若耐用年限及耗用型態不同,一棟建物須區分為不同之重大組成部分作各自衡量,如建物及升降設備在衡量上為兩個科目單位。

4. 源自類似項目之組合之權利及/或義務群組——例如 IFRS 9 規定應收款之減損可以組合方式衡量。

5. 源自非類似項目之組合之權利及/或義務群組——例如,IFRS 5 規定待出售群組(將於單一交易中出售之資產及負債組合),在認列上待出售之資產及負債分別為單一科目單位,而其衡量係以資產及負債組合為單一科目單位,但若有減損時,減損金額應分攤至非流動資產,而流動資產及負債仍維持原衡量。及

6. 項目之組合中之一風險暴險——例如,若一組持有之債券投資被指定為利率公允價值組合避險之被避險項目,該組債券的無風險利率變動造成的公允價值變動部分,避險會計規定此部分之認列及衡量為單一之科目單位。

須注意的是,前述各項中的例子顯示**認列及衡量之科目單位可能不一致**;另以保險合約例釋不一致之狀況:IFRS 17 規範之保險合約以單一合約認列,但衡量係以合約群組作衡量。而前述 2. 項目更詳細說明如下:有些合約同時產生權利及義務,若這些權利及義務係相互依存且無法分離,則其構成單一不可分離之資產或負債並因此形成單一科目單位,如以現金買入股票之遠期合約(以股票總額交割),支付義務及收取股票權利相互依存且無法分離,因此整個遠期合約是一個科目單位。科目單位可能變動,例如除列部分應收帳款可能使科目單位由單一應收款改變為該應收款中之部分金額。

待履行合約

待履行合約係簽約雙方皆尚未履行任何義務之合約，或雙方均已部分履行義務至同等程度的合約。待履行合約產生一項合併之權利及義務時，該等權利及義務係相互依存且無法分離。因此，該合併權利及義務構成單一資產或負債。若合約條款目前為有利，則公司具有資產；若條款目前為不利，則公司具有負債。此一資產或負債是否納入財務報表中取決於該資產或負債之認列條件及所選擇之衡量基礎，包括該合約是否屬虧損性之測試(請參考認列與衡量部分)。

1.4.3.4 權益、收益及費損之定義

權益則係指企業之資產扣除其所有負債後之剩餘權利。資產負債表上所列示之權益金額取決於資產及負債之衡量。一般情形下，權益之總帳面金額與企業流通在外股份之總市值或企業淨資產之公允價值合計數並不相同。

> **權益之定義**
> 企業之資產扣除負債後之剩餘權利。

收益指於會計期間內之經濟效益增加，其表現形式為資產流入或增加或負債減少等使權益增加之型式，但權益持有者造成之權益增加不予計入(如股東對公司之捐贈，不列為收益)。收益包含收入及利益：收入係因企業之正常營業活動所產生，如銷貨、利息、股利、權利金及租金等。利益則為符合收益定義之其他項目，可能由個體之正常營業活動所產生，或可能非由個體正常營業活動所產生。利益通常以減除相關費用後之淨額報導。

費損指於會計期間內之經濟效益減少，其表現形式為資產之流出或消耗或負債增加等權益之減少，但分配予權益持有者造成之權益減少不予計入。費損包括費用及損失：費用係因企業之正常營業活動所產生，如銷貨成本、薪資及折舊等。損失則為符合費損定義之其他項目，可能由個體之正常營業活動所產生，可能非由個體正常營業活動所產生。損失通常以淨額報導。

1.4.3.5 認列及除列

認列將財務報表要素納入資產負債表(財務狀況表)或綜合損益表(財務績效表)中之程序，其中資產負債表要素(資產、負債

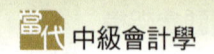

```
┌─────────────────────────────────────┐
│ 報導期間開始日資產負債表（財務狀況表）│
│   期初資產 ＝ 期初負債 ＋ 期初權益    │
└─────────────────────────────────────┘
                  ＋
┌─────────────────────────────────────┐
│         綜合損益表（財務績效表）      │
│  本期資產變動 － 本期負債變動 ＝ 收益 － 費損 │
└─────────────────────────────────────┘
                  ＋
┌─────────────────────────────────────┐
│      本期股東投入 － 本期對股東之分配  │
│  本期資產變動 － 本期負債變動 ＝ 本期權益變動 │
└─────────────────────────────────────┘
                  ＝
┌─────────────────────────────────────┐
│ 報導期間結束日資產負債表（財務狀況表）│
│   期末資產 － 期末負債 ＝ 期末權益    │
└─────────────────────────────────────┘
```

圖 1-4　認列如何連結財務報表要素

或權益) 所認列之金額為帳面金額。複式簿記系統下，一項目之認列須有其他項目之認列或除列，此同時發生之兩項記錄使資產負債表、綜合損益表及權益變動表產生連結。圖 1-4 顯示此認列產生之連結，該圖事實上即為會計恆等式自期初記錄至期末的過程，認列連結各要素、資產負債表及綜合損益表如下：

1. 期初及期末之資產負債表中，資產減負債等於權益；及
2. 報導期間內之權益變動包含：
   (1) 認列於綜合損益表之收益減除費損；加上
   (2) 股東之投入，減對股東之分配。

　　交易產生之資產或負債之原始認列可能導致同時認列收益及費損。例如，以現金銷售商品導致認列收益 (現金之認列) 及費損 (存貨之除列) 二者。收益及相關費損之同時認列有時稱為成本與收益配合。當配合係源自認列資產及負債之變動時，「觀念架構」中之觀念之應用導致此配合。惟成本與收益配合並非「觀念架構」

之目的。觀念架構不允許於資產負債表中認列不符合資產、負債或權益定義之項目,例如將員工教育訓練支出認列為資產是不符合資產要素定義的,因為公司無法控制(資產定義之第三項)員工。

> 觀念架構不允許於資產負債表認列不符合資產、負債或權益定義之項目。

財務報表要素之認列條件

資產或負債之認列及任何所導致之收益、費損或權益變動提供有用資訊時,始認列該資產或負債,亦即於財務報表中認列可提供:

> 財務報表要素認列條件:
> 1. 認列提供攸關資訊
> 2. 認列提供忠實表述之資訊

1. 該資產或負債及任何所導致之收益、費損或權益變動之攸關資訊;及
2. 該資產或負債及任何所導致之收益、費損或權益變動之忠實表述資訊。

上述兩個財務報表要素之認列條件係要求有用財務資訊應具有之兩項主要品質特性:攸關性與忠實表述。因為認列資產或負債必須以單一金額列入財務報告,所以在下列三種情況下,認列資產或負債可能無法提供有用資訊:

(1) 可能結果之範圍極廣且每一結果之可能性極難估計。
(2) 未來現金流入或流出發生之可能性極低,但若該等現金流入或流出發生則其金額將極大(結果不確定性,請參考下一頁 IFRS 一點通)。
(3) 衡量資產或負債須作極困難或極主觀之現金流量分配(衡量不確定性),例如嘗試衡量品牌公司營業費用中為了發展各品牌花費多少成本,而所有的營業費用很難區分多少是日常營運所須,而多少是為了增加公司或品牌形象的花費。

其中 (1) 及 (2) 情形下以單一金額認列(如期望值)可能誤導財務報告使用者,最具攸關性及最能忠實表述的資訊可能是在附註中揭露:可能流入或流出之金額、其可能時點及影響其發生可能性之因素資訊。例如,原告勝訴機率低的訴訟或原告勝訴後被告應賠償金額很難估計等狀況下,以單一金額認列原告與被告經濟效益的流入(流出)皆可能誤導。其中的 (3) 是衡量的困難度太高,將造成無法忠實表述。此外,IASB 特別強調,機率多小或可能範圍多大才會造成認列要素不能提供有用資訊,此門檻數字應於各

IFRS 一點通

觀念架構提及的三種資產或負債之不確定性

觀念架構提及的三種資產或負債之不確定性：

1. **存在不確定性**：資產或負債是否存在有時並不確定。
2. 當資產或負債將產生之任何經濟效益流入或流出之金額或時點有不確定性時，產生**結果不確定性**。
3. 衡量不確定性：當財務報告中之貨幣金額無法直接觀察而必須估計時，即產生**衡量不確定性**。

IASB 對此三項不確定性間之關係討論如下：

1. 存在不確定性可能導致結果不確定性及衡量不確定性。例如，涉訟被告公司之負債的存在性並不確定，此不確定性會導致結果不確定性及衡量不確定性。
2. 結果不確定性或存在不確定性之存在有時可能導致衡量不確定性：在財務報表中以單一數字衡量可能受結果不確定性或存在不確定性兩者之影響。
3. 結果不確定性或存在不確定性不必然導致衡量不確定性：若有市場交易之價格作衡量基礎，則結果之不確定性或存在之不確定性都不影響公允價值衡量，例如在公開市場交易之選擇權，沒有衡量之不確定性，因為可觀察之交易價格就可以用來衡量選擇權資產或負債的金額。
4. 衡量不確定性太高將影響忠實表述：當衡量不確定性過高，財務報表數字自然無法忠實表述資產或負債，但衡量不確定性的門檻應該由各準則分別考量，在觀念架構中無法制定統一標準。所以衡量不確定性很高時，各準則可能採取下列兩種處理方式：(1) 不確定太高而不認列，但須以附註揭露補充資訊；(2) 仍需認列，但另以附註揭露補充資訊。

準則中明訂，並非於觀念架構中制定。

另須注意的是，上述 (1) 及 (2) 情況下，是否屬交換交易（他人交換之交易）可能影響應否於財務報表上認列：

a. 因交換交易而得或發生之資產或負債：交換交易中成本金額通常能反映經濟效益之流出或流入；再者，不認列該資產或負債將導致於該交換時認列費損或收益，可能無法忠實表述該交易。例如買入之顧客名單，即使經濟效益流入的機率低亦可能認列資產。

b. 非屬交換交易取得或發生者：公司提供免費的商品體驗時認列了營業費用，同時亦可能取得良好的顧客關係及商譽，但

每一體驗之顧客產生未來經濟效益流入之可能性低，或產生未來經濟效益可能結果之範圍極廣且每一結果之可能性極難估計；此狀況不宜認列客戶關係資產及相對的收益。

認列財務報表要素之成本可能超過其效益，但在觀念架構中，精確地定義何時或何種情況下提供資訊的成本超過其效益是不可能的，這個成本限制的考量是制定個別準則時 IASB 應予考量者。在財務報表中認列要素，同時在附註揭露中描述了解經濟現象所需之所有資訊，此為忠實表述之一部分；即使財務報表中不作認列，在附註中增加解釋性之說明亦為忠實表述之一部分。

資產及負債之除列

除列係將一項已認列資產或負債之全部或部分自個體之資產負債表中移除。除列通常於項目不再符合資產或負債之定義時發生：

1. **就資產而言**：除列通常於公司喪失對該已認列資產之全部或部分之控制時發生；
2. **就負債而言**：除列通常於公司對該已認列負債之全部或部分不再具有現時義務時發生。

值得注意的是，公司出售存貨，並約定將於未來特定日期以固定價格買回，則外觀上公司已移轉一資產，但仍保留對該資產可能產生之經濟效益金額變動之風險，此顯示該公司可能持續控制該資產。此外，公司可能出售存貨給代理商，公司亦可能仍然維持對該存貨之控制。這些情況都可能使公司不能作資產(存貨)之除列。

1.4.3.6　衡　量

前節介紹的財務報表要素之認列需要衡量基礎之選擇。衡量基礎係指被衡量項目之某一已辨認特性(例如歷史成本、公允價值或履約價值)。財務報表使用之衡量基礎包括下列各項：

1. **歷史成本** (historical cost)：資產於取得(或創造)時之歷史成本係所發生成本(包含支付之對價加上交易成本)之價值。負債於發生或承擔時之歷史成本係收取之對價減除交易成本後之價值。若資產係政府或他人無償給予或在急售交易中取得，應以現時價值作

衡量基礎包括：
1. 歷史成本
2. 現時價值

為成本(稱為認定成本);由法規課予之負債(如碳稅)亦應以現時價值作為認定成本。資產之歷史成本可能隨時間經過而更新,例如通過攤銷、折舊、部分收回、加計利息或減損;負債之歷史成本亦可能隨時間經過而更新,例如公司全部或部分履約、加計利息或負債變為虧損性(如保險合約之負債)時。歷史成本為基礎之衡量,其資訊成本較低且容易驗證;但缺點是同樣的資產或負債因取得或承擔的時間不同,將有不同的帳面金額。

> 現時價值包括:
> 1. 公允價值
> 2. 使用價值及履約價值
> 3. 現時成本

2. 現時價值 (current value):現時價值反映衡量日情況所更新之資訊,以提供資產、負債及相關收益與費損之貨幣性資訊。現時價值於每一衡量日皆反映自先前衡量日後之變動。現時價值包括公允價值、資產之使用價值及負債之履約價值,以及現時成本三類,分別詳述如下:

> 本書第4章附錄A詳細介紹公允價值之定義及觀念

(1) **公允價值** (fair value):係指於衡量日,市場參與者間在有秩序之交易中出售某一資產所能收取或移轉某一負債所需支付之價格。公允價值不包括買入或賣出之交易成本(公允價值估計源自資產或負債之價值;如買入股票時公允價值不因交易成本而增加)。公允價值可藉由觀察活絡市場中之價格直接決定。於沒有活絡市場價格資訊時,公允價值係使用衡量技術間接決定,例如現金流量基礎衡量技術,現金流量基礎衡量技術反映所有下列因素:

a. 未來現金流量之估計值。

b. 未來現金流量之估計金額或時點之可能變異(現金流量固有之不確定性所導致)。

c. 貨幣之時間價值(無風險利率為決定因素)。

d. 承擔現金流量固有之不確定性之價格(即風險溢酬或風險折價)。衡量資產時,不確定性將使買方出價較低而產生溢酬(買方要求較高報酬率),此不確定性包括對方不履約之信用風險;衡量負債時,不確定使投資者對承擔負債要求收取較多,而產生風險折價,此不確定性包括公司本身不履約的信用風險(本身信用風險)。

e. 其他因素市場參與者會考慮之因素:例如買入債券時,買方

對流動性較低的債券出價較低而產生流動性溢酬。

(2) 使用價值 (value in use) 及履約價值 (fulfillment value)：使用價值係指個體預期源自使用資產及最終處分之現金流量(或其他經濟效益)之現值。履約價值係指個體預期隨其履行負債有義務移轉之現金(或其他經濟資源)之現值。此兩項價值，非市場參與者觀點之價值，無法直接自市場觀察，而須以現金流量折現之技術衡量。與公允價值類似之原因，此兩項價值不包含交易成本。

(3) 現時成本：資產之現時成本係約當之資產於衡量日之成本，包含於衡量日將支付之對價加上於該日將發生之交易成本。負債之現時成本係就約當之負債於衡量日將收取之對價減除於該日將發生之交易成本。現時成本與歷史成本均係進入價值，反映公司取得資產或發生負債之市場中之價格(另亦包含交易成本)；而公允價值、使用價值及履約價值均為退出價值，退出方式包含賣出資產、使用資產及對負債履約。現時成本可能有活絡市場交易價格直接決定(例如有活絡交易的二手車市場價格)，亦可能須以評價技術估計，例如以新資產價格，並依資產年齡及狀態作調整。

公允價值、使用價值及履約價值，以及現時成本等現時價值，通常比歷史成本更具預測價值，但觀念架構特別強調以歷史成本紀錄的銷貨成本及收取之對價計算而得之利潤，有助於評估未來現金流量之展望，並可用來確認過去之預測。因此，歷史成本或各種現時價值都可能具有攸關性。衡量基礎提供之資訊應為有用資訊，即該資訊須具攸關性且忠實表述，並應盡可能考量可比性、可驗證性、時效性及可了解性。衡量基礎應考慮之因素如下：

1. 與攸關性相關之衡量基礎應考慮因素
   (1) 資產或負債特性：資產或負債之價值對市場因素較敏感，例如利率變動對利率交換價值影響很大，則公允價值比歷史成本更具攸關性。
   (2) 該資產或負債如何對未來現金流量作貢獻：當公司之經營活動

涉及以收取利息及本金之目的管理金融資產及金融負債，攤銷後成本可能為攸關性資訊；但如果管理金融資產之目的係為賺取短期價差，則公允價值資訊較為具攸關性。存貨、不動產、廠房及設備等資產須結合使用以創造現金流量，則歷史成本與現時成本可能提供攸關性資訊。

2. 與忠實表述相關之衡量基礎應考慮因素：若資產與負債相關，則該等資產負債應以相同基礎衡量以免產生衡量不一致(會計配比不當)。例如，公司以利率交換對債券投資或所發行之債券作避險操作，則相關之資產負債皆以公允價值為基礎可以避免會計配比不當。

3. 與強化品質特性相關之衡量基礎應考慮因素：

   (1) 可比性：不同公司對相同項目採相同基礎衡量有助於可比性；同一公司之不同會計期間對相同項目採相同基礎衡量亦有助於可比性。

   (2) 可了解性：衡量基礎之變動會使財務報表較不具可了解性。惟若衡量基礎變動產生更攸關之資訊，則可對該變動之正當性提供依據。例如，債券投資組合的經營模式已經改變，則應改變衡量基礎，但此狀況應以附註增加解釋，以增加可了解性。

   (3) 可驗證性：現時價值相較於歷史成本之衡量與驗證通常較為困難，但以歷史成本記錄之資產在攤銷或折舊或進行減損時皆須要主觀判斷，將可能使歷史成本的可驗證性產生困難。公允價值若可於活絡市場直接觀察，則其衡量及驗證均相對容易；但若須採用評價技術時，成本通常較高，且因主觀選擇之輸入值使可比性、可驗證性相對較低，此情況亦須以附註增加解釋，以增加可了解性資訊。

一項資產或一項負債有時需要同時使用兩種衡量基礎，例如投資性不動產若以成本衡量，則附註揭露其公允價值可增加有用性；又如，透過其他綜合損益按公允價值衡量之債務工具投資以公允價值為資產負債表(財務狀況表)之衡量，但在綜合損益表之本期損益中係以攤銷後成本為衡量基礎。

1.4.3.7　表達及揭露

觀念架構聚焦於表達與揭露之原則，使 IASB 在制定各準則之表達與揭露規定時，能有所依循。財務報表資訊之有效溝通使資訊更具攸關性且有助於忠實表述，同時亦強化資訊之可了解性及可比性。財務報表表達與揭露須注意下列三項才能達到有效溝通之目的：

1. 聚焦於表達與揭露之目的及原則，而非聚焦於規則 (規則式規範在複雜多變之交易中，將無法使資訊具攸關性且又能忠實表述)；
2. 以歸集類似項目及區分非類似項目之方式分類資訊；及
3. 以省略不必要細節彙總資訊，且應避免因過度彙總而模糊資訊。

本章於 1.1 節介紹財務報表的一般特性，以及上述原則制定於 IAS 1 中之內容，此外本書第 2 章及第 3 章的資產負債表、綜合損益表及權益變動表，其資產負債之分類或彙總、綜合損益表項目之分類或彙總或表達、其他綜合損益之分類或彙總及權益變動表的分類或彙總，皆係 IASB 依據觀念架構制定於 IAS 1 中之內容。其他各準則之表達及揭露規定亦皆以觀念架構為依據，例如 IAS 32 與 IFRS 7 分別規定金融工具之表達及揭露。認列與衡量之準則須考慮成本限制，而制定表達及揭露規範時，亦須考量成本限制。

本章習題

問答題

1. 何謂會計？又何謂管理會計、財務會計？
2. 財務報表的一般特性包括哪些項目？試簡要敘述各項目。
3. 觀念架構有何功能？
4. IASB 之財務報表觀念架構之計畫範圍包括哪些項目？目前已完成之部分為何？
5. 一般用途財務報導之目的為何？
6. 基本品質特性係指有用的財務資訊同時具備的品質特性，包括攸關性與忠實表述兩項。實際應用攸關與忠實表述兩項基本品質特性時，以何種程序協助決定何者為有用之財務資訊較為有效率且最有效果？
7. 傳統財務會計中之「財務資訊保守穩健」與「實質重於形式」觀念，為何被 IASB 捨棄？
8. 財務報表要素之認列條件為何？

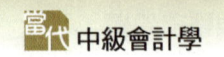

9. 財務報表使用之衡量基礎包括哪些？

選擇題

1. 財務報表包括哪些項目？
    (A) 資產負債表 (又稱財務狀況表)、綜合損益表
    (B) 資產負債表 (又稱財務狀況表)、綜合損益表、權益變動表
    (C) 資產負債表 (又稱財務狀況表)、綜合損益表、權益變動表、現金流量表
    (D) 資產負債表 (又稱財務狀況表)、綜合損益表、權益變動表、現金流量表及附註

2. 下列對國際財務報導準則之敘述何者正確？
    (A) 國際財務報導準則是世界各國企業編製財務報表時均須遵守之會計原則
    (B) 世界各國企業適用相同會計準則之目標，在各國公約下已無法律障礙
    (C) 國際財務報導準則委員會成立的目的之一為減少世界各國會計準則間之差異
    (D) 世界各國採用國際財務報導準則之原因是國際財務報導準則委員會能禁止不採用國際財務報導準則的企業跨國募集資金

3. 「繼續經營假設」要求管理階層於評估企業繼續經營能力時，至少考量有關未來多長時間之所有可得資訊？
    (A) 於報導期間結束日後六個月　　(B) 於報導期間結束日後十二個月
    (C) 至少但不限於報導期間結束日後十二個月　　(D) 非常非常地久遠

4. 根據 IFRS，企業至少應多久編製一次財務報表？
    (A) 至少應每年編製一次
    (B) 以 52 週為報導期間
    (C) 以 53 週為報導期間
    (D) 以上皆可，惟當企業之報導期間長於或短於一年時，除應揭露所涵蓋之期間外，尚應揭露採用該期間之理由及財務報表中金額不完全可比之事實

5. 哪一張財務報表非按應計基礎編製？
    (A) 資產負債表 (又稱財務狀況表)　　(B) 現金流量表
    (C) 綜合損益表　　(D) 權益變動表

6. 我國上市、上櫃及興櫃公司應自何時起開始依 IFRS 編製財務報表？
    (A) 2012 年　　(B) 2013 年
    (C) 2014 年　　(D) 2015 年

7. 我國何時將適用 IFRS 之範圍擴及全體公開發行公司？
    (A) 2010 年　　(B) 2011 年
    (C) 2012 年　　(D) 2015 年

8. 哪些情況下，企業應列報三期之資產負債表、兩期之其他報表及相關附註？

(A) 當企業追溯適用會計政策
(B) 當企業追溯適用會計政策、追溯重編財務報表
(C) 當企業追溯適用會計政策、追溯重編財務報表,或重分類其財務報表項目
(D) 當企業追溯適用會計政策、追溯重編財務報表、重分類其財務報表項目,或會計估計變動

9. 追溯重編財務報表時,列報比較資訊之資產負債表時點為何?
   (A) 本期期末、前一期期末、及前一期期初
   (B) 本期期末、前一期期末、及再前一期期末
   (C) 本期期末、前一期期末
   (D) 本期期末,及最早比較期間之期初

10. 當「觀念架構」與現有國際財務報導準則發生衝突時,應如何處理較為妥適?
    (A) 以觀念架構為準   (B) 以國際財務報導準則為準
    (C) 尋求 IASB 協助認定以何者為準 (D) 由各國準則制定機構自行認定

11. 下列何項並非觀念架構對國際財務報導準則制定工作之助益?
    (A) 企業財務報表會更具一致性與可比性
    (B) 各準則之目標及觀念會更一致性
    (C) 報表使用者將更容易了解財務報表
    (D) 企業管理當局對適用之會計原則得自由判斷選擇

12. 基本品質特性包括:
    (A) 攸關性與忠實表述   (B) 預測價值與重大性
    (C) 完整、中立及免於錯誤   (D) 預測價值、重大性、完整及免於錯誤

13. 忠實表述包括:
    (A) 預測價值與重大性   (B) 攸關性
    (C) 完整、中立及免於錯誤   (D) 預測價值、重大性、完整、中立及免於錯誤

14. 下列哪一觀念具企業特定層面之特性,為個別企業可能各有不同的攸關性門檻:
    (A) 預測價值   (B) 重大性
    (C) 攸關性   (D) 中立

15. 單一企業之各期間或同一期間之各企業,對相同項目採用相同方法描述為:
    (A) 可比性   (B) 一致性
    (C) 統一性   (D) 以上皆非

16. 下列關於重大性的敘述何者錯誤?
    (A) 重大性是企業特定層面之攸關性
    (B) 金額不重大之交易即不具重大性
    (C) 重大性並非強化性品質特性

(D) 某財務資訊之遺漏可能影響投資決策，則該資訊即具重大性

17. 下列關於基本品質特性的敘述何者正確？
    (A) 中立指財務資訊應對使用者之行為不造成影響
    (B) 免於錯誤指財務資訊在所有方面皆完全正確
    (C) 財務資訊若具有預測價值與確認價值其中之一，財務資訊即具攸關性。
    (D) 今年實際已發生收入非為預測型態之資訊，故僅具確認價值而無預測價值

18. 下列關於強化品質特性的敘述何者正確？
    (A) 不具備強化品質特性之財務資訊仍可具有用性
    (B) 可比性係指財務資訊具一致性
    (C) 報導期間結束甚久後之財務資訊即不具時效性
    (D) 將複雜不易了解之經濟現象之資訊排除能提高於財務報表之可了解性，故能提高財務報表之有用性

19. 下列關於個體繼續經營假設的敘述何者正確？
    (A) 企業並非須清算或停業而係僅須大幅縮減營運規模，此時並不違反個體繼續經營假設
    (B) 管理階層不得於按繼續經營假設基礎編製之財務報表揭露企業繼續經營有重大疑慮
    (C) 管理階層於評估企業繼續經營能力時，至少應考量有關報導期間結束日後十二個月之所有可得資訊。
    (D) 當企業僅係有清算或停業意圖而非定須清算或停業時，其財務報表仍得按繼續經營假設基礎編製

20. 下列有幾項為財務報表之衡量基礎？
    ①歷史成本、②現時成本、③變現價值、④履約現值
    (A) 僅①②   (B) 僅①③
    (C) 僅①②③   (D) ①②③④

21. 下列敘述有幾項是正確的？
    ①經濟效益流入可能性極低之資產可能認列於財務報表、②一項資產在財務報告中可以有兩個衡量基礎、③交換交易中之資產在原始衡量時不可認列損益，及④觀念架構中提及之收益為損益表項目而非其他綜合損益項目。
    (A) 僅 1 項   (B) 僅 2 項
    (C) 僅 3 項   (D) 4 項

22. 下列有關科目單位之敘述有幾項正確？
    ①一個資產的認列及衡量之科目單位須一致、②一項負債之表達之不能區為兩個科目單位、③一個科目單位不能同時包含資產與負債、④兩個合約可能須合併為一個科目單位及⑤資產認列後科目單位不能改變。

(A) 僅 1 項　　　　　　　　　　　(B) 僅 2 項
(C) 僅 3 項　　　　　　　　　　　(D) 僅 4 項

23. 下列有關衡量基礎之敘述有幾項正確？

①歷史成本沒有預測價值、②相對於使用價值，帳上以歷史成本衡量之資產之可驗證性較高、③履約價值屬於現時價值、④使用價值屬於現時價值及⑤現時成本不應包含交易成本。

(A) 僅 1 項　　　　　　　　　　　(B) 僅 2 項
(C) 僅 3 項　　　　　　　　　　　(D) 僅 4 項

24. 下列有關不確定性之敘述有幾項正確？

①衡量不確定性可能影響存在不確定性、②結果不確定性影響可能影響衡量不確定性、③存在不確定性可能影響結果不確定性、④衡量不確定性太高可能使認列之要素無法提供有用資訊及⑤結果不確定性變大必然造成衡量不確定性之增加。

(A) 僅 2 項　　　　　　　　　　　(B) 僅 3 項
(C) 僅 4 項　　　　　　　　　　　(D) 5 項

練習題

1. 【支出發生與資產之關聯】分析下列情況中，企業是否擁有資產：

情況一　企業投入現金 $1,000,000 以研究發現抗癌藥物。

情況二　企業簽訂影印機之租賃合約。租期 3 年，租金支付方式為每個月固定支付 $2,000，租約期滿企業可保有該台影印機。

情況三　企業對新招募 50 名員工並進行為期三個月之新進人員訓練。估計每人花費 $100,000 之訓練成本，共計 $5,000,000。

2. 【資產之定義】臺灣頂尖設計公司擁有許多具有創意之員工，並在國際間負有盛名，該公司設計出來之產品每每造成市場上的轟動。試問臺灣頂尖設計公司是否得將其所擁有之具高度開發及設計能力員工表達於資產負債表上？為什麼？

3. 【財務報表要素之認列與衡量】好厲害公司主張郝厲害公司涉及不當使用其專利權，雙方於 ×2 年底時達成和解，惟對於郝厲害公司侵害專利權尚未決議確切之賠償金。對於該筆賠償金款項，好厲害公司 ×2 年度之財務報表應該如何表示？

4. 【財務報表要素認列條件之例外】國內外有許多名聞遐邇的大企業，但這些公司之財務報表都沒有將自行所發展之品牌入帳。試問其理由為何？又在何種情況下，企業方有可能將品牌入帳呢？

Chapter 2 損益表與綜合損益表

學習目標

研讀本章後，讀者可以了解：
1. 會計損益的定義與衡量
2. 盈餘品質與盈餘操控的關聯
3. 損益表的格式與內容
4. 綜合損益表的格式與內容

本章架構

損益表與綜合損益表

會計損益
- 定義與衡量
- 資本維持觀念

盈餘品質
- 定義
- 盈餘操控

損益表
- 營業利益
- 營業外收入與支出
- 繼續營業單位損益
- 停業單位損益
- 本期損益

綜合損益表
- 本期損益
- 本期其他綜合損益
- 綜合損益總額

經過歷時良久的研擬修訂後，IFRS 9「金融工具」的完整版本終於在2014年發布，並取代 IAS 39「金融工具：認列與衡量」自2018年起開始適用。而自2017年開始，我國對 IFRS 便採逐號認可方式，與國際同步採用新發布與新修訂之 IFRS，故主管機關亦宣布我國自2018年起開始適用 IFRS 9「金融工具」。

在台灣積體電路製造股份有限公司(簡稱台積電，股票代號2330)2017年年度財務報告附註中，即就 IFRS 9 適用後對2018年期初財務報表之影響有所揭露。主要差異之一，在「備供出售金融資產」此 IAS 39 下之金融資產分類不再存在，但增加「透過其他綜合損益按公允價值衡量之金融資產」此類別。「透過其他綜合損益按公允價值衡量之金融資產」雖如「備供出售金融資產」一般，將公允價值變動之評價損益認列於其他綜合損益，但會計處理則有重大不同：「透過其他綜合損益按公允價值衡量之金融資產」中，僅債務工具之評價損益應於處分時重分類至損益，權益工具之評價損益則不得重分類；亦即綜合損益表中「透過其他綜合損益按公允價值衡量之金融資產」之評價損益須分列於「可能重分類至損益者」與「後續不得重分類至損益者」。

此外，依 IFRS 9 規定，「透過其他綜合損益按公允價值衡量之金融資產」中之債務工具須按12個月預期信用損失認列減損，且備抵損失認列為其他綜合損益而非資產減項；故台積電揭露2018年期初將有90,046,610千元之債券投資自「備供出售金融資產」重分類至「透過其他綜合損益按公允價值衡量之金融資產」，並為此調整「其他權益—透過其他綜合損益按公允價值衡量之金融資產評價損益」增加30,658千元，並減少保留盈餘30,658千元。至於「透過其他綜合損益按公允價值衡量之金融資產」中之權益工具，依 IFRS 9 規定不再提列減損；故台積電揭露2018年期初將有7,422,311千元之權益工具投資自「備供出售金融資產」重分類至「透過其他綜合損益按公允價值衡量之金融資產」，並為此調整「其他權益—透過其他綜合損益按公允價值衡量之金融資產評價損益」減少1,294,528千元，並增加保留盈餘1,294,528千元。

章首故事引發之問題
- 收益與費損如何區分係屬營業內或營業外？
- 本期損益、本期其他綜合損益與綜合損益總額之意義為何？
- 損益表與綜合損益表之內容為何？

2.1 財務資本維持、財務績效與會計損益

學習目標 1
了解會計損益的衡量與定義

2.1.1 資本維持的基本觀念

要了解會計損益的定義，必須先了解資本維持的觀念。在**資本維持** (capital maintenance) 的觀念下，所謂的會計損益，係於考慮維持企業期初原有資本之所需後，亦即將維持期初原有資本所需之調整列入費損後，所得與費損的差異數。而資本之定義包括**財務資本** (financial capital) 與**實體資本** (physical capital)，故資本維持觀念亦可分為以下二種：

1. 財務資本維持──名目金額或購買力之維持

企業之財務資本為投資人投資之名目金額或購買力，即權益或淨資產。在財務資本維持觀念下，會計損益係於排除投資人新投入與分配之名目金額或調整購買力之金額後，期末淨資產名目金額或調整購買力之金額與期初數的差異數。

2. 實體資本維持──經營產能之維持

企業之實體資本為其經營產能。在實體資本維持觀念下，會計損益係於排除投資人新投入與分配之經營產能後，期末經營產能與期初產能的差異數。

資產負債之價格變動是否列入會計損益，在不同資本維持觀念下有所差異，而此差異即清楚反映二種資本維持觀念的不同：在以名目金額衡量之財務資本維持觀念下，資產負債價格變動造成之持有損益，會於評價或處分時被列入會計損益；在以調整購買力衡量之財務資本維持觀念下，只有資產負債價格變動超過物價變動的部

分,才會列入會計損益。在實體資本維持觀念下,資產負債價格變動將被視為維持原有經營產能所需之調整,故資產負債價格變動造成之持有損益需由會計損益中扣除。

舉例來說,甲公司業務為買賣中古屋,×1年初,其唯一之資產為成本與公允價值均為 $5,000,000 之一中古屋,當期內以 $8,000,000 將其賣出,年底唯一資產為現金 $8,000,000;該公司並無其他負債。若當年物價水準上漲率為 10%,且期末與已出售中古屋相當房屋之公允價值為 $8,800,000。則於不同資本維持觀念下,甲公司 ×1 年之相關會計損益如下:

	財務資本維持		實體資本維持
	名目金額	調整購買力	
營業收入	$8,000,000	$8,000,000	$8,000,000
營業成本	(5,000,000)	(5,000,000)	(5,000,000)
維持期初資本所需之調整	–	(500,000)*	(3,800,000)**
會計損益	$3,000,000	$2,500,000	$ (800,000)

* $500,000 = $5,000,000 × (1 + 物價水準上漲率 10%) – 期初帳面金額 $5,000,000
**$3,800,000 = 期末相當房屋之公允價值 $8,800,000 – 期初帳面金額 $5,000,000

2.1.2 IASB 採取之資本維持觀念與會計損益之定義

會計損益又稱盈餘、損益,是最常用以衡量企業財務績效之數據。會計損益決定於**所得**與**費損**的認列與衡量。所得包括**收入**及**利益**,代表企業在特定會計期間內,扣除權益投資人新投入後所增加之經濟效益,其具體的表現形式為因資產增加或負債減少導致之權益增加。費損則包括**費用**及**損失**,代表企業在特定會計期間內,扣除分配予權益投資人之影響後所減少之經濟效益,其具體的表現形式為因資產消耗或負債發生導致之權益減少。

所得與費損之差異數即為會計損益,也就是扣除權益投資人之新投入與分配之影響後,企業在特定會計期間的權益淨增減數。因此,要衡量會計損益,就必須衡量期初及期末之權益。而權益為資產與負債之差異數,又稱淨資產,所以要適切地衡量權益,就須適切地衡量資產與負債,即能得到期初至期末之權益淨增減數,從而

會計損益之定義

會計損益又稱損益、盈餘,為排除權益投資人之新投入與分配後,企業在特定會計期間的權益淨增減數。

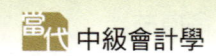

決定會計損益。此為 IASB 趨向「資產負債法」的根本核心理念。

財務報表之主要目的為提供投資及授信決策所需資訊。在此考量下，以「權益淨增減數」作為會計損益定義，並用以衡量企業財務績效之妥適性相當明顯。對投資人而言，所謂企業經營成果最直接的反應，便是企業在一定期間的經營後，在不損及其原有投資之名目金額或購買力(期初權益)的情況下，可以返還給投資人的報酬(期末權益與期初權益之差異數)，此即 IASB 與 FASB 共同採用的**財務資本維持** (financial capital maintenance) 的概念；亦即在物價平穩之環境下，採用名目金額的財務資本維持；在物價變動較大環境下，採用調整購買力的財務資本維持。

> FASB 與 IASB 均採財務資本維持觀念。

FASB 與 IASB 除於物價特殊波動時考慮購買力變動外，主要均採以名目金額衡量之財務資本維持觀念，故其會計損益的衡量均包含資產負債價格變動造成之持有損益在內：如存貨之跌價損失以及透過損益按公允價值衡量之金融資產之評價損益均列入會計損益。IASB 發布之相關國際財務報導準則與國際會計準則，更全面地將資產負債之未實現持有損益，計入包括本期損益與本期其他綜合損益二部分，稱為綜合損益總額的會計損益(詳細說明於 2.3 節與 2.4 節)：如透過其他綜合損益按公允價值衡量之債務(或權益)工具投資之評價損益以及不動產、廠房及設備與無形資產的重估增值之變動等所謂其他綜合損益，均列為會計損益(綜合損益總額)的一部分。

> **IASB 之會計損益**
> IASB 定義之會計損益稱為綜合損益總額，包括本期損益與本期其他綜合損益二部分。

2.2　盈餘品質

> **學習目標 2**
> 了解盈餘品質與盈餘操控

作為企業財務績效之衡量，會計損益是一個非常重要的指標。它有助於財務報表使用者了解企業運用其經濟資源之產出，並藉此評估管理當局的經營效率，此即會計的「家管」功能。此外，會計損益的組成內容與波動性，亦有助於財務報表使用者評估企業未來現金流量的金額、時間與不確定性，從而影響其投資與貸款等決策，因此能協助各類資源於市場達成最適配置，此即為會計的「評價」功能。所謂**盈餘品質** (earnings quality)，即是會計損益發揮「家管」與「評價」功能的程度，盈餘品質愈高，即代表會計損益愈能適切評估管理當局的經營效率與企業未來現金流量。

Chapter 2 損益表與綜合損益表

研究發現

損益操控之相關研究（方向、工具）

會計文獻對損益操控之探討十分豐富，包括操控方向、操控動機、與操控工具等。研究結論可歸納損益操控的方向包括向上操控、向下操控、與平穩化。向上操控包括避免報導赤字或避免盈餘低於預期的門檻操控；而向下操控包括俗稱洗大澡的操控，即公司在當期虧損時特意將盈餘向下操控，使未來損益能更輕易的成長，損益操控的工具則包括會計方法選擇、應計項目、營業外損益與實質交易等。

然而，負責編製財務報表的企業管理階層，基於其薪資報酬與財務數字有關等因素而產生之自利考量，自然存有動機影響會計損益數字，即所謂**盈餘操控** (earnings manipulation)，或稱**盈餘管理** (earnings management)。國內外許多會計弊案如 2001 年美國的安隆 (Enron) 案、2004 年我國的博達案、與 2011 年日本的奧林巴斯 (Olympus) 案均為著名之例證。此類操控將使盈餘品質受損，導致會計損益對企業財務績效之衡量功能下降。IASB 體認到傳統**規則基礎** (rule-based) 之會計規範，極易被有意操弄或規避，故採**原則基礎** (principle-based) 制定相關國際財務報導準則與國際會計準則，要求財務報表編製者更深入思考判斷相關交易之經濟實質，並依實質決定其報導方式，期能提高盈餘品質。

2.3 損益表

如 2.1 節所述，在 IASB 採用的財務資本維持觀念下，「權益名目金額淨增減數」即為會計損益。會計損益之表達區分為本期損益及本期其他綜合損益二部分，本期損益與本期其他綜合損益加總後之綜合損益總額，才是包含完整「權益淨增減數」之會計損益。本節先就傳統損益表中之損益，即本期損益部分加以說明，2.4 節再討論本期其他綜合損益之表達。

損益表中包括的收益與費損項目最後將結轉入保留盈餘，而收益總數與費損總數差異即為本期損益，或如我國證券發行人財務報

學習目標 3
了解損益表的組成與內容

綜合損益總額 = 本期損益 + 本期其他綜合損益

本期損益 = 本期收益 − 本期費損

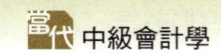

告編製準則(以下簡稱財務報告編製準則)之附表格式所稱「本期淨利」。財務報告編製準則要求之損益表格式(參見表 2-1)具有三項要點:

1. 採多站式損益表

所謂多站式損益表,即將特定類別之收益與費損合計,以呈現數個不同層次的績效衡量如毛利、營業利益、營業外收入及支出、及停業單位損益等。國際財務報導準則規定,由於企業各種活動、交易及其他事項於發生頻率、產生利益與損失之可能性及可預測性之影響不同,揭露財務績效之組成部分有助於使用者了解企業已達成之財務績效,與預測未來之財務績效。而將本期損益區分為來自繼續營業單位與停業單位者,則符合國際財務報導準則之規定。

2. 以「功能別」為分類基礎區分營業費用

以功能別區分費用又稱「銷貨成本法」,係將費用以銷貨成本、運送或管理成本等功能分類。此為我國之特殊規定,國際財務報導準則規定係可於「功能別」與「性質別」中選擇。

3. 將繼續營業單位淨利區分為營業利益與營業外收入與支出

此為我國之特殊規定,國際財務報導準則規定並無強制營業內外之區分。

本期淨利(本期損益)
= 繼續營業單位本期淨利
+ 停業單位利益

繼續營業單位本期淨利
= 營業利益 + 營業外收入及支出 − 所得稅費用

營業利益
= 營業收入 − 營業成本 − 營業費用 + 營業內之其他收益及費損淨額

表 2-1 中,本期淨利包括繼續營業單位本期淨利與停業單位利益。繼續營業單位本期淨利為未來可能持續發生之獲利,其中又區分為營業內的營業利益,以及營業外收入及支出,最後再扣除所得稅費用以稅後淨額表達。營業利益是以營業收入,減去營業成本與營業費用,再加計營業內之其他收益及費損淨額而得。營業收入為企業主要業務之銷售商品與提供勞務所得之收入,營業成本與營業費用則為因商品銷售與勞務提供而發生之支出。在買賣業與製造業中,其主要之營業成本為銷貨成本;在服務業中,其主要之營業成本為勞務成本。

根據國際財務報導準則,費用得進一步細分以凸顯財務績效之組成部分。細分方式之一為「費用性質法」,即將費用以性質如折舊、原料進貨、運輸成本等彙總,不再將其分攤於企業之各功能

表 2-1　功能別之損益表

甲公司
損益表(功能別)
×1 年 1 月 1 日至 12 月 31 日

單位：新臺幣千元，惟每股盈餘為元

營業收入		$314,991
營業成本		
銷貨成本(包含存貨跌價損失)	$156,905	
其他營業成本	2,458	(159,363)
營業毛利		$155,628
營業費用		
推銷費用	$ 4,025	
管理費用	9,595	
研發費用	22,279	
其他費用	600	
預期信用減損損失	26	(36,525)
其他收益及費損淨額		(517)
營業利益		$118,586
營業外收入及支出		
和解賠償收入	$ 5,204	
其他收入	1,288	
其他利益及損失	700	
除列按攤銷後成本衡量之金融資產淨損益	54	
財務成本	(300)	
預期信用減損損失	(19)	
採用權益法之關聯企業損益之份額	1,600	
金融資產重分類淨損益	89	
兌換淨損	(74)	8,542
稅前淨利		$127,128
所得稅費用		(4,248)
繼續營業單位本期淨利		$122,880
停業單位損失		0
本期淨利		$122,880

我國財務報告編製準則要求功能別之損益表，並以附註揭露性質別資訊。IFRS 則允許選擇以功能別或性質別編製損益表。

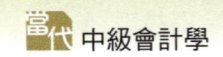

IFRS 實務案例

財務報告語言 XBRL

在我國供企業電子申報其財務報表及附註之財務報告語言 (eXtensible Business Reporting Language, XBRL) 的分類標準中，營業成本包括銷貨成本、投資支出(投資業)、租賃成本、營建工程成本、旅遊服務成本(觀光業)、服務業之勞務成本等。

細分方式之二則為「費用功能法」，將費用以銷貨成本、運送或管理成本等功能分類。例如商品生產機器之折舊，即歸屬於存貨成本中待出售時轉為營業成本；銷售人員配發平板電腦之折舊即分類為營業費用中之推銷費用；會計部門電腦設備之折舊則分類為營業費用中之管理費用。需特別注意的是，因賒銷而產生的呆帳乃因銷售而產生，按費用功能法原本應分類為營業費用中之推銷費用，但國際財務報導準則要求須單獨列報金融資產之預期信用損失，故仍須以單行項目列示因賒銷而產生之預期信用減損損失。表 2-1 為功能別區分下之損益表，性質別區分下之損益表則參見表 2-2。

財務報告編製準則要求採功能別作為費用之區分基礎，但對於折舊與攤銷費用、員工福利費用及重大之收益或費損項目，亦要求需單獨揭露其性質及金額之額外資訊。根據國際財務報導準則規定，下列收益或費損項目需單獨揭露：

1. 存貨降至淨變現價值或不動產、廠房及設備降至可回收金額之沖減；及該等沖減之迴轉。
2. 企業活動之重組，及重組成本負債準備之迴轉。
3. 不動產、廠房及設備之處分。
4. 投資之處分。
5. 停業單位。
6. 訴訟了結。
7. 其他之負債準備迴轉。

表 2-2　性質別之損益表

甲公司
損益表(性質別)
×1 年 1 月 1 日至 12 月 31 日

單位：新臺幣千元，惟每股盈餘為元

營業收入		$314,991
營業支出		
原物料費用	$36,025	
員工福利費用	51,033	
研究發展支出	22,279	
折舊與攤銷	65,858	
不動產、廠房及設備處分損失	475	
不動產、廠房及設備減損損失	30	
不動產、廠房及設備災害損失	143	
預期信用減損損失	26	
其他費用	20,536	(196,405)
營業利益		$118,586
營業外收入及支出		
和解賠償收入	$ 5,204	
其他收入	1,288	
其他利益及損失	700	
除列按攤銷後成本衡量之金融資產淨損益	54	
財務成本	(300)	
預期信用減損損失	(19)	
採用權益法之關聯企業損益之份額	1,600	
金融資產重分類淨損益	89	
兌換淨損	(74)	8,542
稅前淨利		$127,128
所得稅費用		(4,248)
繼續營業單位本期淨利		$122,880
停業單位損失		0
本期淨利		$122,880

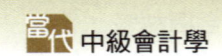

IFRS 實務案例

損益表未強制以功能別區分費用之國外實務

在法令未強制以功能別區分費用之地區，航空業多以性質別區分其費用。如聯合航空 (United Airlines)、達美航空 (Delta Air Lines)、國泰航空 (Cathay Pacific Airways Limited) 等均採性質別。例如，採 IFRS 且股票在香港上市的國泰航空年報之綜合損益表中，即按費用性質區分為人事 (staff)、客艙服務與乘客費用 (inflight service and passenger expenses)，油料 (fuel) 等類別，與一般功能別之營業成本、銷售費用、管理費用等分類不同。

營業利益中之其他收益及費損淨額則為一需特別解釋之項目。此項為我國財務報告編製準則於民國 100 年 7 月修正時，新加入之營業利益細項，包含某些傳統上原需歸屬於營業外收入及支出，但基於個別企業營業交易之性質，現宜歸屬於營業內之收益與費損項目。依會計理論而言，這些收益與費損亦應分別歸入營業收入、營業成本、或營業費用項下，但或因此為與傳統處理相異之變革，目前財務報告編製準則附表乃以另列一單行項目之方式表達。

營業外收入及支出則包括發生於企業繼續營業單位，但非與主要業務之商品銷售與勞務提供相關之收益與費損。區分營業內外之規定為我國財務報告編製準則之要求，國際財務報導準則規定並未強制。根據財務報告編製準則之附表，營業外收入及支出項下包括七個單行項目。各項目之名稱與定義如下：

> 損益項目區分營業內及營業外部分是財務報告編製準則之規定，IFRS 並未規定如何區分營業內外項目。

1. **其他收入**：包括租金收入、利息收入、權利金收入及股利收入中宜歸屬於營業外者。
2. **其他利益及損失**：包括不動產、廠房及設備處分損益、投資處分損益、淨外幣兌換損益、金融資產(負債)評價損益中宜歸屬於營業外者。
3. **除列按攤銷後成本衡量之金融資產淨損益**：除列按攤銷後成本衡量之金融資產所產生之淨損益。
4. **財務成本**：扣除符合資本化部分後，各類負債之利息費用、公允

價值避險工具與調整被避險項目之損益、現金流量避險工具公允價值變動自權益分類至損益等項目。

5. **預期信用減損損失**：金融資產之預期信用損失中宜歸屬於營業外者。

6. **採用權益法認列之關聯企業損益之份額**：以權益法認列之關聯企業及合資權益損益。

7. **金融資產重分類淨損益**：自按攤銷後成本衡量重分類至透過損益按公允價值衡量所產生之淨利益(損失)，以及自透過其他綜合損益按公允價值衡量重分類至透過損益按公允價值衡量所產生之累計淨利益(損失)。

停業單位損益為本期淨利中未來確定不再發生部分，以稅後淨額表達。依國際財務報導準則規定，停業單位為已處分或分類為待出售之企業組成部分，且符合下列三個條件之一：

> 停業單位損益＝停業單位之營業損益＋停業單位資產或處分群組之處分損益＋按公允價值減出售成本之衡量損益

1. 該部分為一單獨主要業務線或營運地區。
2. 為處分單獨主要業務線或營運地區統籌計畫中之一部分。
3. 專為再出售取得之子公司。

　　停業單位損益中，包含停業單位之營業損益、停業單位資產或處分群組之處分損益，及停業單位資產或處分群組按公允價值減出售成本之衡量損益。目前我國財務報告編製準則規定，損益表中得僅表達停業單位損益單行項目，其相關營業損益、處分損益、衡量損益之金額與組成則另於附註揭露(參見表 2-3)，舉例說明停業單位損益之相關計算如釋例 2-1。

釋例 2-1　停業單位損益之計算

　　甲公司董事會於 ×1 年 10 月中，核准並宣布開始執行處分其符合停業單位定義之化學部門。該部門於 ×1 年底前並未售出，當年營業損益為 $70,000，×1 年底淨資產之帳面金額為 $370,000，×1 年底淨資產之公允價值減出售成本金額為 $340,000。×2 年 1 月該部門發生營業損益為 $(30,000)，2 月初該部門以 $300,000 處分，當時淨資產之帳面金額為 $310,000。假設所得稅稅率為 20%，試求甲公司 ×1 年、×2 年損益表中列示之停業單位損益金額。

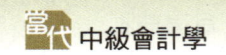

> **解析**
>
> ×1 年之停業單位損益包括以下二項項目：
>
> 　　營業損益 (稅後) = $70,000 × (1 – 20%) = $56,000。
> 　　按公允價值減出售成本衡量損益 (稅後) = ($340,000 – $370,000) × (1 – 20%)
> 　　　　　　　　　　　　　　　　　　　　 = $(24,000)。
> 　　故 ×1 年之停業單位損益 = $56,000 + $(24,000) = $32,000。
>
> ×2 年之停業單位損益包括以下二項項目：
>
> 　　營業損益 (稅後) = $(30,000) × (1 – 20%) = $(24,000)。
> 　　處分損益 (稅後) = ($300,000 – $310,000) × (1 – 20%) = $(8,000)。
> 　　故 ×2 年之停業單位損益 = $(24,000) + $(8,000) = $(32,000)。
>
> 　　此例中董事會於 ×1 年 10 月核准並宣布處分計畫，因此 ×1 年報表中此化學部門應列為停業單位。若董事會於 ×2 年 1 月 (×1 年期後期間) 核准並宣布處分計畫，則 ×1 年仍不應列為停業單位，×2 年才符合停業單位定義。

表 2-3　停業單位損益之表達與揭露

×× 公司
損益表
×2 年及 ×1 年 1 月 1 日至 12 月 31 日

⋮
繼續營業單位本期淨利
停業單位損失 (十四)
本期淨利

附註：

十四、停業單位損益及現金流量之揭露：
　　×× 公司為一食品公司，於 ×× 年初已核准並開始執行出售臺南地區之所有分店，並符合國際財務報導準則第 5 號「待出售非流動資產及停業單位」之規定分類為待出售處分群組，且該待出售處分群組符合停業單位之定義而表達為停業單位，有關該停業單位之損益揭露如下：

停業單位營業損益
　⋮
停業單位資產或處分群組處分損益 (稅後)
　⋮
停業單位資產或處分群組按公允價值減出售成本衡量損益 (稅後)
　⋮

2.4 損益及其他綜合損益表 (綜合損益表)

學習目標 4
了解綜合損益表的組成與內容

　　根據國際財務報導準則,綜合損益總額係某一期間內,來自與業主(以其業主之身分)交易以外之交易及其他事項所產生之權益變動,故綜合損益總額即為財務資本維持觀念下之完整會計損益。而報導綜合損益之報表稱為「**損益及其他綜合損益表**」(Statement of profit or loss and other comprehensive income),惟國際財務報導準則下亦明載企業得使用其他名稱如先前曾使用之「綜合損益表」代替。而自我國全面採用國際財務報導準則以來,財務報告編製準則即一直以「綜合損益表」為報導綜合損益報表之名稱,故以下亦均稱為「綜合損益表」。綜合損益表包括損益節及其他綜合損益節,損益節列示本期淨利,其他綜合損益節列示本期其他綜合損益,而本期淨利與本期其他綜合損益相加即為本期綜合損益。損益節之內容已於 2.3 節損益表說明;其他綜合損益節之內容則於以下說明。

　　其他綜合損益節中之其他綜合損益項目得以稅後淨額表達,亦得如財務報告編製準則中之附表,以稅前淨額表達再另行列示單一彙總金額以顯示相關所得稅之影響。此外,其他綜合損益之各項目中,部分後續可能進行**重分類調整** (reclassification adjustment),部分後續不得重分類調整,須區分為「後續可能重分類至損益者」與「不重分類至損益者」之「重分類」組與「不重分類」組加以列示。而關於其他綜合損益項目之所得稅影響若係以列示相關所得稅之單一彙總金額方式表達,亦須將所得稅分攤於「重分類」組與「不重分類」組。

　　所謂重分類調整,係指將本期或以前期間認列之其他綜合損益,於本期重分類至本期淨利。國際財務報導準則原稱重分類調整為**再循環** (recycling),後為與美國財務會計準則公報 FASB 130 趨同而改稱為重分類調整或重分類。本節後續將以釋例詳細說明進行重分類調整與不進行重分類調整之會計處理。

重分類調整之定義
重分類調整係指將曾於本期或以前期間認列之其他綜合損益,於本期重分類至本期淨利。

　　其他綜合損益之各項目後續是否得重分類調整,係由各項目之相關準則自行規定。根據財務報告編製準則之附表,「重分類」組之其他綜合損益項目有四個單行項目。各項目之名稱與說明其會計處理之後續章節如下:

IFRS 一點通

綜合損益表表達格式之兩項選擇

根據國際財務報導準則 IAS 1，綜合損益總額表達格式有兩項選擇：單一綜合損益表，或兩張報表。單一綜合損益表係將包括本期淨利內容之損益節與包括本期其他綜合損益內容之綜合損益節，以損益節在前、綜合損益節在後之順序列示於單一報表。組成部分的綜合損益表。兩張報表方式則係將損益節列示於單獨損益表，再於另張報表列示本期其他綜合損益節。即列示本期淨利內容之損益節的單獨損益表，與自本期淨利開始並列示本期其他綜合損益內容項目的綜合損益表。我國「證券發行人財務報告編製準則」係要求採單一綜合損益表。

> 重分類組之其他綜合損益項目有四項：透過其他綜合損益按公允價值衡量之債務工具投資評價損益、國外營運機構財務報表換算之兌換差額、避險工具之損益、採用權益法之關聯企業及合資其他綜合損益之份額。

1. **透過其他綜合損益按公允價值衡量之債務工具投資評價損益**：債務工具類金融資產之公允價值變動損益，詳細說明見本節後續釋例與本書第 10 章。
2. **國外營運機構財務報表換算之兌換差額**：屬高等會計學範圍，本書不予說明。
3. **避險工具之損益**：屬高等會計學範圍，本書不予說明。
4. **採用權益法之關聯企業及合資其他綜合損益之份額**：以權益法認列之關聯企業及合資權益其他綜合損益中屬「重分類」組者。

「不重分類」組之其他綜合損益項目有五個單行項目。各項目之名稱與說明其會計處理之後續章節如下：

1. **透過其他綜合損益按公允價值衡量之權益工具投資評價損益**：權益工具類金融資產之公允價值變動損益，詳細說明見本節後續釋例與本書第 10 章。
2. **不動產重估增值**：採重估價模式衡量之不動產之公允價值增加利益，詳細說明見本書第 8 章。
3. **確定福利計畫之再衡量數**：淨確定福利負債之影響數，詳細說明見本書第 17 章。
4. **避險工具之損益**：屬高等會計學範圍，本書不予說明。
5. **採用權益法之關聯企業及合資其他綜合損益之份額**：以權益法認列之關聯企業及合資權益其他綜合損益中屬「不重分類」組者。

在列示本期其他綜合損益之稅後淨額後，綜合損益表的底線數字即為本期淨利與本期其他綜合損益之加總數——本期綜合損益總額，即國際財務報導準則定義之完整會計損益。而於綜合損益表之下方，尚須揭露兩項分攤數——即本期淨利與本期綜合損益總額歸屬於母公司業主與非控制權益之分攤數與每股盈餘。

　　所謂非控制權益，係指當合併報表中包含非由母公司100%持有之子公司時，擁有子公司股權之其他股東。此時合併綜合損益表報表中之損益，是由母公司業主與非控制權益共同擁有的，故須揭露本期淨利與本期綜合損益總額分別歸屬之分攤數。需特別說明的是，在母公司之採權益法處理的個體綜合損益表中，因係按母公司之持股比例認列子公司損益為投資收益，故無此類分攤數之存在。

　　至於每股盈餘之揭露，在顯示對母公司普通股權益持有人而言，每股普通股得分享之本期損益數。基本每股盈餘之計算為將歸屬於母公司業主之本期淨利扣除特別股之股利、清償特別股之差額等特別股影響數後，除以當期流通在外普通股加權平均股數。稀釋每股盈餘則為考慮稀釋性潛在普通股影響後之每股盈餘，即將可轉換金融工具、選擇權、認股證等若轉換成普通股後，將造成之每股盈餘減少計入後之每股盈餘(相關處理詳見本書第14章)。惟需提醒讀者的是，目前每股盈餘僅表達母公司權益持有人每股普通股得分享之本期淨利數，但如前所述，完整的會計損益為包含本期淨利與本期其他綜合損益之本期綜合損益總額，且是由母公司業主與非控制權益共同擁有。是以，目前每股盈餘衡量與表達方式適切與否，明顯存在討論空間。

　　綜合上述規定，國際財務報導準則下單一之綜合損益表列示如表2-4。

　　以下釋例2-2與釋例2-3分別說明重分類及不重分類二種會計處理。釋例2-2以透過其他綜合損益按公允價值衡量之債務工具投資評價損益為例，說明將以前期間及本期認列於其他綜合損益之金額，重分類調整至本期淨利時之相關報表表達。

　　釋例2-2中有二個重分類調整之相關觀念需特別注意：

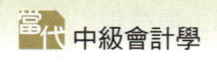

表 2-4　單一綜合損益表

甲公司
綜合損益表
×1 年 1 月 1 日至 12 月 31 日

單位：新臺幣千元，惟每股盈餘為元

營業收入		$314,991
營業成本		
銷貨成本	$156,905	
其他營業成本	2,458	(159,363)
營業毛利		$155,628
營業費用		
推銷費用	$ 4,025	
管理費用	9,595	
研發費用	22,279	
其他費用	626	(36,525)
其他收益及費損淨額		(517)
營業利益		$118,586
營業外收入及支出		
和解賠償收入	$5,204	
其他收入	1,288	
其他利益及損失	754	
財務成本	(319)	
採用權益法之關聯企業及合資損益之份額	1,689	
兌換淨損	(74)	8,542
稅前淨利		$127,128
所得稅費用		(4,248)
繼續營業單位本期淨利		$122,880
停業單位損失		0
本期淨利		$122,880
其他綜合損益		
不重分類至損益之項目：		
透過其他綜合損益按公允價值衡量之權益工具投資評價損益	1,000	
確定福利計畫之再衡量數	(1,880)	
不動產重估增值	26	
採用權益法之關聯企業及合資其他綜合損益之份額	(125)	
與不重分類之項目相關之所得稅	172	
後續可能重分類至損益之項目：		
國外營運機構財務報表換算之兌換差額	(4,999)	
透過其他綜合損益按公允價值衡量之債務工具投資評價利益(損失)	546	
避險工具之損益-現金流量避險	(611)	
採用權益法之關聯企業及合資其他綜合損益之份額	(144)	
與可能重分類之項目相關之所得稅	141	
本期其他綜合損益(稅後淨額)		(5,874)
本期綜合損益總額		$117,006
淨利歸屬於：		
母公司業主		$122,353
非控制權益		527
		$122,880
綜合損益總額歸屬於：		
母公司業主		$116,477
非控制權益		529
		$117,006
每股盈餘		
基本每股盈餘		$2.45
稀釋每股盈餘		2.38

損益表與綜合損益表

1. 其他綜合損益進行重分類調整，認列於本期淨利時，重分類調整金額需由其他綜合損益中減除，以免重複計入綜合損益總額中。
2. 國際財務報導準則亦要求，重分類調整金額需連同其相關之其他綜合損益項目，列報於重分類當期之綜合損益表或其附註。

釋例 2-2 係採列報於重分類當期之綜合損益表方式，列示透過其他綜合損益按公允價值衡量之債務工具投資評價損益總額，需減除之重分類調整金額，與減除後之透過其他綜合損益按公允價值衡量之債務工具投資評價損益淨額。

此外，由釋例 2-2 中可以發現，×2 年綜合損益表中與透過其他綜合損益按公允價值衡量之債務工具相關的綜合損益總額項目，可直接連結當期資產負債表中，與透過其他綜合損益按公允價值衡量之債務工具相關權益項目之本期淨增減數：「其他綜合損益—透過其他綜合損益按公允價值衡量之債務工具投資評價損益」淨額 $20,000，即連結「其他權益—透過其他綜合損益按公允價值衡量之債務工具投資評價損益」本期之淨增加數 $20,000，完全符合 2.1 節所述，損益之衡量即為本期權益淨增減數之財務資本維持觀念。

釋例 2-2　其他綜合損益—透過其他綜合損益按公允價值衡量之債務工具投資評價損益

甲公司於 ×1 年初成立，×1 年 1 月 1 日以平價購入 A、B 二筆債券並分類為透過其他綜合損益按公允價值衡量之債務工具投資，其相關資料如下：

	攤銷後成本	×1 年底公允價值	×2 年底公允價值
債券 A	$1,000,000	$1,020,000	已賣出
債券 B	$1,000,000	$1,050,000	$1,090,000

該公司於 ×2 年 10 月 15 日以 $1,030,000 出售債券 A。該公司無其他透過其他綜合損益按公允價值衡量之債務工具投資交易，且無與其他綜合損益相關之其他交易。試作其 ×1 年與 ×2 年透過其他綜合損益按公允價值衡量之債務工具相關之報表表達。

解析

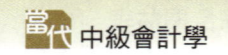

×1 年解析	債券 A	債券 B	總計
×1/1/1 帳面金額 (a)	$1,000,000	$1,000,000	$2,000,000
×1/12/31 公允價值 (b)	1,020,000	1,050,000	2,070,000
透過其他綜合損益按公允價值衡量之債務工具投資評價損益 (b) – (a)	$ 20,000	$ 50,000	$ 70,000

故 ×1 年之綜合損益表中「其他綜合損益—透過其他綜合損益按公允價值衡量之債務工具投資損益」為 $70,000，資產負債表中透過其他綜合損益按公允價值衡量之債務工具以公允價值 $2,070,000 表達，「其他權益—透過其他綜合損益按公允價值衡量之債務工具投資損益」為 $70,000。相關報表部分列示如下：

<table>
<tr><td colspan="2" align="center">甲公司
綜合損益表 (部分)
×1 年 1 月 1 日至 12 月 31 日</td></tr>
<tr><td>本期淨利</td><td>⋮</td></tr>
<tr><td>其他綜合損益</td><td></td></tr>
<tr><td>　透過其他綜合損益按公允價值衡量之債務工具投資評價損益</td><td>$70,000</td></tr>
<tr><td>　與其他綜合損益項目相關之所得稅</td><td>⋮</td></tr>
<tr><td>本期其他綜合損益 (稅後淨額)</td><td>⋮</td></tr>
<tr><td>本期綜合損益總額</td><td>⋮</td></tr>
</table>

<table>
<tr><td colspan="4" align="center">甲公司
資產負債表 (部分)
×1 年 12 月 31 日</td></tr>
<tr><td>資產</td><td></td><td>負債</td><td>⋮</td></tr>
<tr><td>⋮</td><td></td><td>⋮</td><td></td></tr>
<tr><td></td><td></td><td>權益</td><td></td></tr>
<tr><td>透過其他綜合損益按公允價值衡量
　之債務工具投資</td><td>$2,000,000</td><td>保留盈餘</td><td></td></tr>
<tr><td>透過其他綜合損益按公允價值衡量
　之債務工具投資評價調整</td><td>70,000
$2,070,000</td><td>其他權益</td><td>$70,000
⋮</td></tr>
</table>

×2 年解析	債券 A	
成本 (c)	$1,000,000	
×2/1/1 帳面金額 (a)	$1,020,000	
×2/10/15 公允價值 (b)	1,030,000	
評價損益 (b) – (a)	$10,000	本期其他綜合損益
重分類至處分損益 (b) – (c)	$30,000	本期淨利 (重分類調整)

	債券 B	
×2/12/31		
×2/1/1 帳面金額 (a)	$1,050,000	
×2/12/31 公允價值 (b)	1,090,000	
評價損益 (b) – (a)	$ 40,000	本期其他綜合損益

　　故 ×2 年之綜合損益表中本期淨利部分有「透過其他綜合損益按公允價值衡量之債務工具投資處分損益」$30,000，而「其他綜合損益—透過其他綜合損益按公允價值衡量之債務工具投資評價損益」總額為 $50,000 (= $40,000 + $10,000)，但減除重分類至處分損益 $30,000 後，淨額為 $20,000。資產負債表中透過其他綜合損益按公允價值衡量之債務工具投資以公允價值 $1,090,000 表達，「其他權益—透過其他綜合損益按公允價值衡量之債務工具投資評價損益」為 $90,000。「其他權益—透過其他綜合損益按公允價值衡量之債務工具投資評價損益」本期之變動，與相關報表部分分別列示如下：

	其他權益—透過其他綜合損益按公允價值衡量之債務工具評價損益
期初金額	$70,000
債券 A 自期初至處分時之本期投資評價損益	10,000
債券 B 本期投資損益	40,000
減：處分債券 A，將其相關之評價損益轉入處分損益（重分類調整）	(30,000)
其他權益—透過其他綜合損益按公允價值衡量之債務工具投資評價損益（期末）	$90,000

甲公司
綜合損益表（部分）
×2 年 1 月 1 日至 12 月 31 日

⋮		⋮
透過其他綜合損益按公允價值衡量之債務工具投資處分損益		$30,000
⋮		⋮
本期淨利		⋮
其他綜合損益		
透過其他綜合損益按公允價值衡量之債務工具投資評價損益	$ 50,000	
減：重分類調整	(30,000)	20,000
與其他綜合損益項目相關之所得稅		⋮
本期其他綜合損益（稅後淨額）		
本期綜合損益總額		⋮

甲公司
資產負債表 (部分)
×2 年 12 月 31 日

資產		負債	
⋮		⋮	
		權益	
透過其他綜合損益按公允價值衡量之債務工具投資	$1,000,000		⋮
透過其他綜合損益按公允價值衡量之債務工具投資評價調整	90,000	保留盈餘	×××註
	$1,090,000	其他權益	$90,000
⋮		⋮	

註：含處分債券 A 時，於本期淨利認列之處分損益 $30,000 結帳轉入。

釋例 2-3 則以透過其他綜合損益按公允價值衡量之權益工具投資評價損益之變動為例，說明其他綜合損益不重分類調整至本期淨利情況下之相關報表表達。

釋例 2-3 中，透過其他綜合損益按公允價值衡量之權益工具投資評價損益不得於處分時重分類，而係直接轉入保留盈餘。

釋例 2-3　不重分類之其他綜合損益—透過其他綜合損益按公允價值衡量之權益工具投資評價損益

甲公司於 ×1 年初成立，×1 年 1 月 1 日購入 A、B 二檔股票並分類為透過其他綜合損益按公允價值衡量之權益工具投資，其相關資料如下：

	成本	×1 年底公允價值	×2 年底公允價值
股票 A	$1,000,000	$1,020,000	已賣出
股票 B	$1,000,000	$1,050,000	$1,090,000

該公司於 ×2 年 10 月 15 日以 $1,030,000 出售股票 A，該公司無其他股票交易，且無其他與其他綜合損益相關之交易。試作其 ×1 年與 ×2 年股票投資相關之報表表達。

解析

×1/12/31

	股票 A	股票 B	總計
×1/1/1 帳面金額 (a)	$1,000,000	$1,000,000	$2,000,000
×1/12/31 公允價值 (b)	1,020,000	1,050,000	2,070,000
透過其他綜合損益按公允價值衡量之權益工具投資評價損益 (b)–(a)	$ 20,000	$ 50,000	$ 70,000

故 ×1 年之綜合損益表中「其他綜合損益—透過其他綜合損益按公允價值衡量之權益工具投資評價損益」為 $70,000，資產負債表中股票投資以公允價值 $2,070,000 表達，「其他權益—透過其他綜合損益按公允價值衡量之權益工具評價損益」為 $70,000。相關報表部分列示如下：

甲公司
綜合損益表 (部分)
×1 年 1 月 1 日至 12 月 31 日

本期淨利	⋮
其他綜合損益	
透過其他綜合損益按公允價值衡量之權益工具投資評價損益	$70,000
與其他綜合損益項目相關之所得稅	⋮
本期其他綜合損益 (稅後淨額)	⋮
本期綜合損益總額	⋮

甲公司
資產負債表 (部分)
×1 年 12 月 31 日

資產		負債	
⋮		權益	
		⋮	
透過其他綜合損益按公允價值衡量之權益工具投資評價損益	$2,000,000	保留盈餘	×××
透過其他綜合損益按公允價值衡量之權益工具投資評價調整	70,000	其他權益	$70,000
	$2,070,000	⋮	⋮

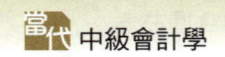

	股票 A
成本 (c)	$1,000,000
×2/1/1 帳面金額 (a)	$1,020,000
×2/10/15 公允價值 (b)	1,030,000
透過其他綜合損益按公允價值衡量之權益工具投資評價損益 (b) – (a)	$ 10,000　本期其他綜合損益
處分時轉入保留盈餘 (b) – (c)	$ 30,000　(不得重分類至本期淨利)

×2/12/31

	股票 B
×2/1/1 帳面金額 (a)	$1,050,000
×2/12/31 公允價值 (b)	1,090,000
透過其他綜合損益按公允價值衡量之權益工具投資評價損益 (b) – (a)	$ 40,000　本期其他綜合損益

故 ×2 年之綜合損益表中「其他綜合損益─透過其他綜合損益按公允價值衡量之權益工具投資評價損益」為 $50,000 (= $40,000 + $10,000)，資產負債表中股票以公允價值 $1,090,000 表達，「其他權益─過其他綜合損益按公允價值衡量之權益工具投資評價損益」為 $90,000。「其他權益─過其他綜合損益按公允價值衡量之權益工具投資評價損益」本期之變動，與相關報表部分分別列示如下：

	其他權益—透過其他綜合損益按公允價值衡量之權益工具投資評價損益
期初金額	$70,000
股票 A 自期初至處分時之增值	10,000
股票 B 本期之增值	40,000
減：處分股票 A，將其相關之其他權益轉入保留盈餘 (不重分類調整至損益)	(30,000)
期末金額	$90,000

<table>
<tr><td colspan="3" align="center">甲公司
綜合損益表 (部分)
×2 年 1 月 1 日至 12 月 31 日</td></tr>
<tr><td>本期淨利</td><td></td><td>：</td></tr>
<tr><td>其他綜合損益</td><td></td><td></td></tr>
<tr><td>透過其他綜合損益按公允價值衡量之權益
　　工具投資評價損益</td><td>$50,000</td><td>：</td></tr>
<tr><td>　與其他綜合損益項目相關之所得稅</td><td>：</td><td>：</td></tr>
<tr><td>本期其他綜合損益 (稅後淨額)</td><td>：</td><td></td></tr>
<tr><td>本期綜合損益總額</td><td></td><td>：</td></tr>
</table>

<table>
<tr><td colspan="4" align="center">甲公司
資產負債表 (部分)
×2 年 12 月 31 日</td></tr>
<tr><td>資產</td><td></td><td>負債</td><td></td></tr>
<tr><td>：</td><td></td><td>：</td><td></td></tr>
<tr><td>：</td><td></td><td>權益</td><td></td></tr>
<tr><td>：</td><td></td><td>：</td><td></td></tr>
<tr><td>透過其他綜合損益按公允價衡量
　之權益工具投資</td><td>$1,000,000</td><td>保留盈餘</td><td>×××註</td></tr>
<tr><td>透過其他綜合損益按公允價值衡
　量之權益工具投資評價調整</td><td>90,000</td><td>其他權益</td><td>$90,000</td></tr>
<tr><td></td><td>$1,090,000</td><td>：</td><td>：</td></tr>
</table>

註：含處分股票 A 時，其累計於其他權益之未實現損益 $30,000 直接轉入保留盈餘。

本章習題

問答題

1. 何謂財務資本維持？何謂實體資本維持？
2. 什麼是多站式損益表？
3. 什麼是費用性質法？什麼是費用功能法？
4. 何謂停業單位？
5. 停業單位損益包含哪些項目？
6. 何謂綜合損益總額？
7. 本期其他綜合損益項目計有哪些項目？

8. 什麼是其他綜合損益的重分類調整？其他綜合損益中哪些項目作重分類調整？哪些項目不重分類調整？

選擇題

1. 在何種資本維持觀念下，當年度出售之土地之價格超過物價變動的部分，會列入會計損益計算？
   (A) 財務資本維持
   (B) 實體資本維持
   (C) 財務資本維持及實體資本維持皆予列入
   (D) 財務資本維持及實體資本維持皆不予列入

2. 在何種資本維持觀念下，資產負債之價格變動造成之持有損益不列入會計損益？
   (A) 財務資本維持
   (B) 實體資本維持
   (C) 財務資本維持及實體資本維持皆予考慮
   (D) 財務資本維持及實體資本維持皆不予考慮

3. 下列何者係列於本期其他綜合損益項下？
   (A) 管理費用
   (B) 銷售成本
   (C) 利息收入
   (D) 國外營運機構財務報表換算之兌換差額

4. 禮人公司 ×3 年度中決議處分位於中壢一個主要生產模組的業務線，該業務線符合停業單位之定義。已知 ×3 年模組業務線的營業損失 $100,000，截至 ×3 年底已處分部分模組的生產設備獲得處分利益 $50,000，年底時按公允價值減出售成本衡量剩餘尚待處分設備計有損失 $30,000。於 ×4 年 2 月時禮人公司始將所有設備處分完畢，處分時額外產生損失 $5,000。試計算禮人公司 ×3 年停業單位損益 (不考慮所得稅影響)？
   (A) $(50,000)
   (B) $(100,000)
   (C) $(85,000)
   (D) $(80,000)

5. 下列何者不屬於應作重分類調整之其他綜合損益項目？
   (A) 現金流量避險中屬有效避險部分之避險工具利益及損失
   (B) 確定福利計畫之再衡量數
   (C) 透過其他綜合損益按公允價值衡量之債務工具投資評價損益
   (D) 國外營運機構財務報表換算之兌換差額

6. 已知麥杯杯公司於 ×3 年時帳上僅持有以平價購入 A 公司的債券，並將其帳列於透過其他綜合損益按公允價值衡量之債務工具項下。該公司於 ×3 年底時「其他綜合損益—透過其他綜合損益按公允價值衡量之債務工具投資評價損益」之餘額為 $30,000 (貸方)，×3 年底「其他權益—透過其他綜合損益按公允價值衡量之債務工具投資評價損益」之餘額為 $50,000 (貸方)。若 ×4 年時麥杯杯公司將 A 公司債券全數處分時，且認列處分

利益 $40,000，試問下列何項與該公司 ×4 年財務報表相關之資訊係屬正確 (不考慮所得稅影響)？

(A) 綜合損益表之「其他綜合損益—透過其他綜合損益按公允價值衡量之債務工具投資評價損益」淨額為 $40,000 (貸方)

(B) 綜合損益表之「透過其他綜合損益按公允價值衡量之債務工具處分利益」為 $40,000

(C) 資產負債表之資產項下應有「透過其他綜合損益按公允價值衡量之債務工具投資損益」$40,000 (借方)

(D) 資產負債表之權益項下應有「透過其他綜合損益按公允價值衡量之債務工具投資評價損益」$40,000 (貸方)

7. 威力公司 ×6 年時帳上與其他綜合損益項目相關資訊如下：

不動產、廠房及設備的重估增值	$50,000 (貸方)
無形資產的重估增值	$20,000 (貸方)
國外營運機構財務報表換算之兌換差額	$40,000 (貸方)
透過其他綜合損益按公允價值衡量之債務工具投資評價損失	$30,000
透過其他綜合損益按公允價值衡量之權益工具投資評價利益	$20,000
現金流量避險中屬有效避險部分之避險工具利益	$10,000
確定福利計畫之再衡量數	$80,000 (借方)

試計算威力公司帳上應作重分類調整之其他綜合損益組成部分，其加總之金額 (不考慮所得稅影響)？

(A) $20,000 (貸方)　　　　　　　(B) $10,000 (借方)
(C) $10,000 (貸方)　　　　　　　(D) $100,000 (借方)

8. 對財務報表使用者而言，損益表可以提供：

(A) 企業過去某個時點的財務狀況　　(B) 企業過去某段期間的財務績效
(C) 企業未來某段期間的現金流量　　(D) 企業未來某個時點的財務狀況

9. 啟思公司 ×6 年與損益相關之資訊如下：

推銷費用	$20,000
兌換淨利	$40,000
停業單位損失	$30,000
營業收入	$280,000
銷貨成本	$200,000

試問啟思公司本期淨利為何 (不考慮所得稅影響)？

(A) $80,000　　　　　　　　　　　(B) $70,000
(C) $(10,000)　　　　　　　　　　(D) $100,000

10. 下表為尼克公司 ×2 年度與損益相關之資訊如下：

營業收入	$800,000
營業成本	$650,000
營業費用	$30,000
營業外收入及支出	$50,000（貸方）
透過其他綜合損益按公允價值衡量之債務工具投資損失	$40,000
透過其他綜合損益按公允價值衡量之權益工具投資利益	$10,000
停業單位損失	$70,000

試問 ×2 年度之綜合損益總額為何（不考慮所得稅影響）？

(A) $70,000 (B) $100,000
(C) $130,000 (D) $170,000

11. 下表為熱火公司 ×3 年度與損益相關之資訊如下：

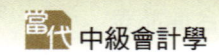

營業收入	$500,000
營業成本	$370,000
研發費用	$20,000
兌換利益	$30,000
國外營運機構財務報表換算之兌換損失	$30,000
透過其他綜合損益按公允價值衡量之債務工具投資損失	$40,000
透過其他綜合損益按公允價值衡量之權益工具投資利益	$20,000

試問 ×3 年度之本期其他綜合損益為何？

(A) $90,000 (B) $(50,000)
(C) $50,000 (D) $190,000

12. 騎士公司 ×4 年底時處分一個符合停業單位定義之重大部門，已知該部門當年度營業損失 $80,000，處分部門資產獲得處分利益 $70,000，試問騎士公司於損益表如何表達前述事項（不考慮所得稅影響）？

(A) 於繼續營業單位本期損益表達損失 $80,000，於停業單位損益表達利益 $70,000
(B) 於繼續營業單位本期損益表達利益 $70,000，於停業單位損益表達損失 $80,000
(C) 於繼續營業單位本期損益表達損失 $10,000
(D) 於停業單位損益表達損失 $10,000

練習題

1. **【不同資本維持觀念下會計損益計算】** 國王公司業務為土地買賣，×1 年初，其唯一之資產為成本與公允價值均為 $15,000,000 之土地，當期內以 $25,000,000 將其售出，×1 年底唯一資產為現金 $25,000,000；國王公司並無其他負債。若當年物價水準上漲率為 8%，且期末與已出售土地相當土地之公允價值為 $28,000,000。試分別計算財務資本維持—名目金額、財務資本維持—調整購買力、實體資本維持觀念下之會計損益。

2. 【財務資本維持—名目金額概念下會計損益計算】太陽公司 ×1 年度除保留盈餘以外的資產負債權益之變動金額如下：

增(減)		增(減)	
現金及約當現金	$43,500	短期借款	$51,000
應收帳款(淨額)	(19,500)	應付帳款	(30,000)
存貨	78,000	股本	108,000
不動產、廠房及設備(淨額)	55,500	資本公積	24,000

假設太陽公司 ×1 年保留盈餘除本期淨利(即會計損益)及發放現金股利 $18,000 外，並無其他變動。試計算太陽公司 ×1 年度財務資本維持—名目金額概念下之會計損益。

3. 【本期淨利計算】灰熊公司 ×1 年度營運資訊如下：

營業收入	$675,000
營業成本	315,000
推銷費用	50,000
管理費用	70,000
研發費用	68,000
其他收入	5,000
財務成本	23,000
兌換淨損	2,300
所得稅費用	26,000
停業單位損失(稅後淨額)	31,000

試分別計算灰熊公司 ×1 年度 (1) 營業毛利；(2) 營業利益；(3) 稅前淨利；(4) 繼續營業單位本期淨利；(5) 本期淨利。

4. 【其他綜合損益計算】小牛公司 ×1 年度之財務資訊如下：

繼續營業單位本期淨利	$300,000
本期綜合損益總額	210,000
本期淨利	157,500
營業利益	390,000
營業費用	900,000
營業毛利	1,200,000
稅前淨利	360,000

試分別計算小牛公司 ×1 年度 (1) 營業內之其他收益及費損淨額；(2) 營業外收入及支出；(3) 所得稅費用；(4) 停業單位損失(稅後淨額)；(5) 其他綜合損益(稅後淨額)。

5. 【功能別損益表】雷霆公司 ×1 年度之財務資訊如下：

營業收入	$3,200,000
銷貨成本	1,800,000
其他營業成本	240,000

推銷費用	$120,000
管理費用	230,000
研發費用	100,000
其他費用	20,000
其他收益及費損淨額	(55,000)
和解賠償收入	15,000
其他收入	8,000
其他利益及損失	(6,000)
財務成本	22,000
採用權益法之關聯企業及合資損益之份額	9,500（貸方）
兌換淨損	12,000
所得稅費用	125,000
停業單位損失（稅後淨額）	160,000
全年流通在外普通股加權平均股數	500,000 股

試依據 IFRS 規定，並依照我國財務報告編製準則規定區分為營業利益與營業外收入與支出，編製雷霆公司 ×1 年度按功能別分類之多站式損益表。每股盈餘四捨五入計算至小數點後 1 位。

6.【性質別損益表】承第 5 題，營業支出依費用性質別之資訊如下：

原物料成本	$1,080,000
員工福利費用	670,000
研究發展支出	165,000
折舊與攤銷	210,000
不動產、廠房及設備處分損失	40,000
不動產、廠房及設備減損損失	175,000
不動產、廠房及設備災害損失	200,000
其他費用	25,000

試依據 IFRS 規定，並依照我國財務報告編製準則規定區分為營業利益與營業外收入與支出，編製雷霆公司 ×1 年度按性質別分類之多站式損益表。每股盈餘四捨五入計算至小數點後 1 位。

7.【停業單位損益計算】火箭公司於 ×1 年 11 月中，核准並開始執行處分其符合停業單位定義之成衣製造部門。該部門於 ×1 年底前並未售出，當年營業損益為 $168,000，×1 年底淨資產之帳面金額為 $888,000，×1 年底淨資產之公允價值減出售成本金額為 $816,000。×2 年 1 月該部門發生營業損益為 $(80,000)，1 月底該部門以 $720,000 處分，當時淨資產之帳面金額為 $744,000。假設所得稅稅率為 20%，試計算火箭公司 ×1、×2 年度綜合損益表中列示之停業單位損益金額。

8.【停業單位損益於綜合損益表之表達及附註揭露】承第 7 題，若火箭公司選擇於綜合損益

表中以單一金額表達停業單位損益，試編製火箭公司 ×1 年度及 ×2 年度部分綜合損益表表達停業單位損益，並於財務報表附註揭露停業單位損益之相關組成及金額。

9. 【透過其他綜合損益按公允價值衡量之債務工具投資之會計分錄】湖人公司於 ×1 年初成立，×1 年 2 月 29 日以現金購入 A、B 二筆債券並分類為透過其他綜合損益按公允價值衡量之債務工具投資，其相關資料如下：

	成本	×1 年底公允價值
債券 A	$ 800,000	$1,100,000
債券 B	$1,000,000	$ 900,000

該公司於 ×2 年 3 月 1 日以 $1,300,000 出售債券 A，債券 B 於 ×2 年底公允價值為 $1,300,000。該公司無其他與其他綜合損益相關之交易。試作其 ×1、×2 年透過其他綜合損益按公允價值衡量之債務工具投資相關之會計分錄 (省略利息收入相關分錄)。

10. 【透過其他綜合損益按公允價值衡量之債務工具投資評價損益報表表達】承第 9 題，試編製湖人公司 ×1、×2 年透過其他綜合損益按公允價值衡量之債務工具投資相關之資產負債表與綜合損益表表達。該公司選擇於重分類當期之綜合損益表將重分類調整金額單行表達。

11. 【透過其他綜合損益按公允價值衡量之權益工具投資之會計分錄】拓荒者公司於 ×1 年初成立，×1 年 2 月 1 日以現金購入 A、B 兩筆透過其他綜合損益按公允價值衡量之權益工具投資，其相關資料如下：

	成本	×1 年底公允價值
股票 A	$1,500,000	$1,800,000
股票 B	1,200,000	1,700,000

該公司於 ×2 年 9 月 5 日以 $2,000,000 出售股票 A，股票 B 於 ×2 年底公允價值為 $2,100,000。該公司無其他與其他綜合損益相關之交易。試作其 ×1、×2 年透過其他綜合損益按公允價值衡量之權益工具投資相關之會計分錄。

12. 【土地重估增值之變動報表表達】承第 11 題，試編製拓荒者公司 ×1、×2 年股票投資相關之資產負債表與綜合損益表表達。

Chapter 3
資產負債表與權益變動表

學習目標

研讀本章後,讀者可以了解:
1. 資產負債表之功能與限制
2. 資產與負債之流動與非流動分類
3. 資產負債表之組成與內容
4. 權益變動表之組成與內容

本章架構

資產負債表與權益變動表

- 資產負債表
  - 功能
  - 限制
- 資產負債分類
  - 流動
  - 非流動
- 資產負債表格式及衡量
  - 組成部分
  - 衡量基礎
- 權益變動表
  - 組成部分
  - 損益及其他綜合損益之結轉

2021 年 3 月 31 日，美國波音公司 (The Boeing Company) 之淨值為負數，每股淨值為 −$3.15 美元，而當日股價每股 $254.72 美元。資產負債表看起來已發生財務危機的公司，為何股價仍然如此之高？資產負債表的衡量有何問題呢？

波音公司與歐洲空中巴士公司 (Airbus SE) 是世界僅有的兩家大型民航機製造商。波音公司所生產的 737 MAX 系列客機自 2018 年 10 月起半年內連續發生兩起重大空難，致使該款機型因安全顧慮於 2019 年遭全球停飛，影響所及讓波音公司 2019 年之飛機交貨量較去年大減超過 50%，自 2011 年來首次被空中巴士公司超越，波音公司亦於 2020 年 1 月起暫停 737 MAX 系列客機之生產。其後，737 MAX 系列客機雖於 2020 年開始獲准復飛，但新冠肺炎 (Covid-19) 疫情之全球蔓延又重創航空業，再度使波音公司面臨重大挑戰。波音公司 2019 年與 2020 年資產負債表之表現看來與前述困境與十分貼合：2019 年總資產約 1,336 億美元，總負債約 1,419 億美元；2020 年總資產約 1,521 億美元，總負債約 1,702 億美元。簡言之，波音公司於 2019 年底與 2020 年底之總負債均大於總資產，淨值已均呈負數。

然而，我們既未聽聞波音公司行將清算破產的訊息，亦未看到波音公司所上市之紐約證券交易所 (NYSE) 將其股票打入全額交割股。更有甚者，我們看到波音公司 2019 年與 2020 年之股價，以 2015 年股價為基期相較仍尚分別有 250% 與 165% 之成長!! 為何在如此的財務狀況表現下，波音公司之股價表現卻背道而馳？

投資人決策之攸關資訊存在於資產負債表中之單行項目金額，以及未符資產負債認列條件故僅得於表外揭露之項目：例如 2019 年與 2020 年資產負債表中之合約負債金額分別為 505 億美元與 516 億美元，於總負債之占比分別達 36% 與 30%，而合約負債並非須以現金清償之負債，而係未來將認列之收入，若亦包括表外揭露中說明 2019 年與 2020 年待交付訂單 (backlog) 金額分別為 4,634 億美元與 3,634 億美元，以及 2019 年與 2020 年分別為 32 億美元與 25 億美元之研究發展支出。這些資訊影響投資人之決策，使投資人對波音公司之未來獲利能力給予正面評價從而反映於其股價表現。

第一章觀念架構中曾說明，財務報表資訊無法提供投資者所有有用資訊。透過本個案更容易理解資產負債表有其限制，該等限制主要有表外項目，例如本例中之待交付訂單；也包括類似研發及廣告的支出，可能加強了公司的長期競爭力，但須列為本期費用；歷史成本為基礎的項目，亦可能無法完全顯示公司價值；另外，相關的產業知識，才為成功投資必備的資訊。

章首故事引發之問題

- 資產及負債分別之認列條件為何？
- 資產及負債之組成部分為何？
- 資產負債表的格式為何？
- 權益之組成部分為何？
- 權益變動表的格式及編製方法為何？

3.1 資產負債表之功能與限制

學習目標 1
了解資產負債表之功能與限制

資產為企業因過去事項所控制之資源，且預期未來將有經濟效益之流入；負債為企業因過去事項所產生之現時義務，且此義務之清償預期將造成具經濟效益資源之流出；權益則為資產與負債之差異數。此三者包含於資產負債表中，為直接衡量企業財務狀況的財務報表要素。

不同類型之資產(經濟資源)對企業未來現金流量有不同之影響。例如：應收帳款可使企業於短期內獲得現金流量；存貨則需要透過銷貨交易及收款程序方能產生現金流量；不動產、廠房及設備則需要更久的時間，透過生產、銷售及收款程序才能變現。因此，資產負債表的一個功能為提供企業經濟資源之性質及金額，使閱表者能更輕易地評估企業未來現金流量。有關負債(現有請求權)之優先順序及付款需求之資訊，則有助於資產負債表使用者預測未來現金流量將如何支付給企業之各順位債權人。而資產與負債資訊搭配使用，則使資產負債表使用者得以評估企業之流動性與償債能力、額外融資之需求及取得該資金之可能程度。簡言之，報表使用者可利用資產負債表資訊辨認企業之財務優勢及劣勢。

在國際財務報導準則中，更強調「資產負債表法」的根本核心理念。國際財務報導準則下定義的會計損益，就是扣除權益投資人之新投入與分配之影響後，企業在特定會計期間的權益淨增減數。而權益為資產與負債之差異數，所以要適切地衡量權益，就須適切地衡量資產與負債，則自然能得到本期之權益淨增減數，從而決定

資產負債表功能
- 列示資產之性質及金額，利於評估企業未來現金流量。
- 列示負債之償付順序與金額，利於預測未來現金流量將如何支付給企業之各順位債權人。
- 評估企業之流動性與償債能力、額外融資之需求及取得該資金之可能程度。

Chapter 3 資產負債表與權益變動表

會計損益。是以國際財務報導準則特別重視資產負債表,並更廣泛使用「公允價值衡量」之基礎,期能更確切衡量企業擁有之經濟資源與義務,以提供更攸關的資訊。

本章亦將介紹權益變動表,報表使用者藉由此報表上之資訊,得以了解特定期間之權益變動,何者是導因於企業之財務績效;何者源自業主投入與分配,例如:發行權益工具或發放股利所造成的。此二種變動之區分,讓報表使用者能更適當評估企業未來現金流量。

權益變動表功能
了解權益變動何者是導因於企業之財務績效;或是源自業主投入與分配造成的。

然而目前之國際財務報導準則下,資產負債表與權益變動表的有用性仍存在限制。包括傳統之歷史成本衡量仍被廣泛使用,而**會計估計值** (accounting estimate) 與會計方法選擇等企業之主觀選擇亦仍存在。會計估計值在公允價值導向之資產負債表上尤其重要,如企業認列負債準備即需進行估計,此亦使資產負債表之功能更受限於估計之準確度。資產負債表之另一項重要限制為表外項目之存在。凡是與企業財務狀況攸關,但根據國際財務報導準則無法或不需在資產負債表上認列的表外項目,即所謂表外資產與表外負債(表外融資)。如管理階層的才能顯然是企業的重要資產,但為無法認列的表外資產,又如許多在會計上分類為營業租賃之租賃合約,其實質上仍使企業在未來有確定之支付義務,但並未在報表中認列負債,即為表外融資項目。此外,國際財務報導準則雖然藉由「**原則基礎**」(principle-based) 之規定,期望讓財務報表之編製依照交易的經濟實質適切表達,而非如「**規則基礎**」(rule-based) 下,藉由操弄交易形式使其符合規則後,即得以達成特定表達。但基於操作之可行性,任何會計準則規範的財務報表中均無法包括所有攸關項目;再加上既有準則之存在,便有閃避權衡之空間,此為所有財務報表無法避免的先天限制。表 3-1 彙示資產負債表與權益變動表之功能與限制。

3.2 資產與負債之流動與非流動分類

原則上資產負債表中之資產與負債,需按流動與非流動的分類分別表達。但某些產業(如金融業)或其他無法明確辨認營業週期之產業,其資產及負債按**遞增**或**遞減**之流動性順序表達時能提供可

學習目標 2
了解資產與負債之流動與非流動分類

71

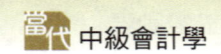

表 3-1　資產負債表與權益變動表之功能與限制

	資產負債表	權益變動表
功能	1. 列示資產之性質及金額，利於評估企業未來現金流量。 2. 列示負債之償付順序與金額，有助於預測未來現金流量將如何支付給企業之各順位債權人。 3. 資產與負債資訊搭配使用有助於評估企業之流動性與償債能力、額外融資之需求及取得該資金之可能程度。	了解權益變動是源自財務績效；或是源自業主之投入造成的。
限制	1. 以歷史成本衡量資產負債仍在報表中廣泛使用。 2. 會計估計值與會計方法選擇與政策等企業之主觀選擇。 3. 不在資產負債表上認列的表外項目：表外資產與表外負債 (表外融資)。	

靠而更攸關之資訊，因此應按流動性順序表達。另部分資產及負債按流動與非流動分類表達，而其他資產及負債按流動性順序表達的混合基礎表達方式，若能提供可靠而更攸關之資訊，亦得使用。惟企業不論採用何種表達方法，若各資產或負債項目其預期回收或清償之金額中，含有報導期間後十二個月內與超過報導期間後十二個月後者，應揭露超過十二個月之預期回收或清償之金額。

當企業之營業週期無法明確辨認時，其資產與負債應依遞增或遞減之流動性順序表達；而當企業於一明確可辨認之營業週期內提供商品或勞務時，應採流動與非流動之分類表達。所謂**營業週期** (operating cycle)，係指企業自取得原物料或商品存貨至其賣出商品並收取現金或約當現金之時間。當企業之正常營業週期小於十二個月時，IAS 1 之原則係假定其為十二個月。IAS 1 規定具有以下條件之一的資產分類為流動資產，其他則為非流動資產：

1. 企業預期於其正常營業週期中實現該資產，或意圖將其出售或消耗。
2. 企業主要為交易目的而持有該資產。
3. 企業預期於報導期間後十二個月內實現該資產。
4. 現金與約當現金，但不包括於報導期間後逾十二個月用以交換、清償負債或受有其他限制者。

> 資產負債表中之資產與負債，須 (1) 按流動與非流動的分類表達，或 (2) 按遞增或遞減之流動性順序表達。

就企業主要營業用之資產如製造業的原物料、製成品或機器設備等而言，在區分其屬流動或非流動資產時，係以條件 1 或 3 兩項之一作為流動資產的符合條件。故存貨及應收帳款等為企業正常營業週期中出售、消耗或實現之資產，即使將於超過報導期間後十二個月後才實現，亦應分類為流動資產。亦即就企業主要營業用之資產而言，若將於「營業週期及報導期間後十二個月內」二者之中較長者實現者即屬流動資產。此亦所謂若企業之正常營業週期小於十二個月者，即假定其為十二個月。但就其他非主要營業用之資產，如製造業持有之金融資產而言，若為現金與約當現金，或主要為交易目的而持有者則因符合條件 2 或 4 應分類為流動資產；其他非營業資產則以條件 3 之「報導期間後十二個月內實現」為區分標準，如透過其他綜合損益按公允價值衡量之債務工具分類為流動或非流動即以是否於十二個月內處分為區分標準。

　　IAS 1 規定具有以下條件之一的負債分類為流動負債，其他則為非流動負債：

1. 企業預期於其正常營業週期中清償該負債。
2. 企業主要為交易目的而持有該負債。
3. 企業預期於報導期間後十二個月內到期清償該負債。
4. 企業於報導期間結束日不具有將該負債之清償遞延至報導期間後至少十二個月之權利。

　　同樣就企業因主要營業而發生之負債而言，在區分其屬流動或非流動負債時，係以條件 1 或 3 兩項之一作為流動負債的符合條件。故應付帳款、應付員工款及應付其他營業成本等，其為企業正常營業週期中使用營運資金之一部分，即使將於超過報導期間後十二個月後才清償，亦應分類為流動負債。亦即就企業因主要營業而發生之負債而言，若將於「營業週期及報導期間後十二個月內」兩者之中較長者清償者即屬流動負債。但就其他非因主要營業而發生之負債，若其為交易目的而持有者，因符合條件 2 故應分類為流動負債。其他負債則以條件 3 之「報導期間後十二個月內清償」為區分標準，包括銀行透支、非流動金融負債之流動部分、應付股利、應付所得稅及其他應付款項均依此分類為流動負債。

　　流動負債之條件 4 則係配合條件 3 之「報導期間後十二個月內

清償」再加以補充的規定，其觀念較為複雜。先以釋例 3-1 與釋例 3-2 說明流動負債之條件 4 基本意義。

釋例 3-1　流動負債分類標準條件 4

流動負債分類標準條件 4：「企業於報導期間結束日不具有將該負債之清償遞延至報導期間後至少十二個月之權利」

×1 年 2 月 1 日甲公司發行面額 $1,000,000、5 年期、可賣回公司債，到期日為 ×6 年 1 月 31 日，**持有人**可於 ×4 年 1 月 31 日及 ×5 年 1 月 31 日以面額賣回。甲公司在各報導期間結束日對此可賣回公司債尚流通在外部分之流動與非流動分類應為何？

解析

×1 年 12 月 31 日與 ×2 年 12 月 31 日應分類為非流動負債。
　公司具有將該負債之清償遞延至報導期間後至少十二個月之權利。
×3 年 12 月 31 日與 ×4 年 12 月 31 日應分類為流動負債。
　因持有人在十二個月內可以賣回，公司不具有將該負債之清償遞延至報導期間後至少十二個月之權利。
×5 年 12 月 31 日應分類為流動負債。
　因該負債將在報導期間結束後十二個月內到期。

釋例 3-2　流動負債分類標準條件 4

流動負債分類標準條件 4：「企業於報導期間結束日不具有將該負債之清償遞延至報導期間後至少十二個月之權利」

×1 年 2 月 1 日甲公司發行面額 $1,000,000、5 年期、可買回公司債，到期日為 ×6 年 1 月 31 日，**發行人**(甲公司)可於 ×4 年 1 月 31 日及 ×5 年 1 月 31 日以面額買回。甲公司於 ×3 年底決定，並於 ×4 年 3 月 15 日 (×4 年財務報表通過發布前) 買回半數該公司債。甲公司在各報導期間結束日對此可買回公司債尚流通在外部分之流動與非流動分類應為何？

解析

　公司在年底前之預期之行動與在報導期間後買回公司債等兩種狀況均不影響流動與非流動之分類。
×1 年至 ×4 年每年之 12 月 31 日應分類為非流動負債。
　因公司具有將該負債之清償遞延至報導期間後至少十二個月之權利。
×5 年 12 月 31 日應分類為流動負債。
　因該負債將在報導期間結束後十二個月內到期。

Chapter 3 資產負債表與權益變動表

IFRS 一點通

流動負債分類標準條件 4 之改變

IASB 於 2020 年 7 月發布 IAS 1 之修正，將流動負債分類標準條件 4 由「企業不能無條件將清償期限遞延至報導期間後至少十二個月之負債」改變為「企業於報導期間結束日不具有將該負債之清償遞延至報導期間後至少十二個月之權利」，並明確規定僅考量是否具有將清償遞延至報導期間後至少十二個月之權利而不考量行使權利之可能性，亦即不再考量企業是否預期將債務展期至報導期間後至少十二個月。IASB 公布此修正時原定自 2022 年起適用，後又延至 2023 年起適用。

釋例 3-1 與釋例 3-2 係以報導期間後十二個月後到期之負債，在附有買(賣)回權之情況下，導致企業是否具有將該負債之清償遞延至報導期間後至少十二個月之權利，從而影響應將該負債分類為流動負債或非流動負債。以下以釋例 3-3 與釋例 3-4，說明若企業具有將負債之清償遞延至報導期間後至少十二個月之權利，此時即不應考量企業行使該權利之可能性而應將其分類為非流動負債[1]。反之，若企業不具有此種權利，則不應考量該債務再融資之可能性而應將債務分類為流動。

釋例 3-3　流動負債分類標準條件 4

流動負債分類標準條件 4：「企業於報導期間結束日不具有將該負債之清償遞延至報導期間後至少十二個月之權利」

×1 年 2 月 1 日甲公司向乙銀行借款 $1,000,000，到期日為 ×6 年 1 月 31 日。若甲公司於 ×5 年 10 月 1 日與乙銀行達成協議，該筆借款到期後，得由甲公司選擇是否延後還款期限至 ×8 年 1 月 31 日。以下各獨立情況中，甲公司於 ×5 年 12 月 31 日對此借款之分類應為何？
(1) ×5 年 12 月 31 日時，甲公司預期將會選擇延後該借款還款期限至 ×8 年 1 月 31 日。
(2) ×5 年 12 月 31 日時，甲公司預期將不會選擇延後該借款還款期限至 ×8 年 1 月 31 日。

解析

在 (1)、(2) 兩情況中，×5 年 12 月 31 日均應將該借款分類為非流動負債。

因甲公司於 ×5 年 12 月 31 日已與乙銀行達成協議得由甲公司選擇是否延後還款期限至 ×8 年 1 月 31 日，故甲公司於 ×5 年 12 月 31 日具有將負債之清償遞延至報導期間後至少十二個月之權利，此時即不應考量企業行使該權利之可能性 (與釋例 3-2 相同概念：公司預期之行動方案無須考慮) 而應將其分類為非流動負債。

---

[1] 此係國際財務報導準則規定之修正。詳見第本頁「IFRS 一點通」。

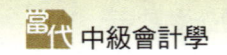

釋例 3-4　流動負債分類標準條件 4

流動負債分類標準條件 4：「企業不能無條件將清償期限遞延至報導期間後至少十二個月之負債應分類為流動負債」

×1年2月1日甲公司向乙銀行借款 $1,000,000，到期日為 ×6年1月31日。若甲公司於 ×5年10月1日向乙銀行提出，希望該筆借款到期後，得由甲公司選擇是否延後還款期限至 ×8年1月31日，並於 ×6年2月1日與乙銀行達成協議。若甲公司於 ×5年12月31日評估達成協議之可能性甚高，且 ×5年度之財務報告係於 ×6年3月15日發布，則甲公司於 ×5年12月31日之資產負債表對此借款之分類為何？

解析

×5年12月31日應將該借款分類為流動負債。

因甲公司於 ×5年12月31日尚未與乙銀行達成協議 (無須考慮達成協議之可能性)，故甲公司於 ×5年12月31日不具有將負債之清償遞延至報導期間後至少十二個月之權利，此時即不應考量再融資之可能性而應將其分類為流動負債。

此外，流動負債分類標準的四項條件中，1、2 與 4 均有關負債之清償。國際財務報導準則規定，就將負債分類為流動或非流動之目的而言，負債之清償包括以現金或其他經濟資源 (例如：商品或勞務) 清償，也包括以企業本身之權益工具清償。然而需特別說明的是，對轉換公司債此類依持有人選擇可能以企業本身之權益工具清償之負債，若該負債為**複合金融工具**而應將該選擇權作為權益組成部分與負債組成部分分別認列，則該負債分類為流動或非流動不受該選擇權之存在所影響。以下以釋例 3-5 說明此規定。

IFRS 實務案例

應付公司債揭露之資料

臺灣高速鐵路股份有限公司 (簡稱臺灣高鐵) 於其民國 97 年度財務報告之附註 (四)「8. 應付公司債」中，揭露 97 年底其應付公司債一年內到期部分金額為 $10,777,181。而由詳細揭露之資料可知，此一年內到期部分之金額包括該公司 92 年 4 月發行之 6 年期一次還本公司債餘額 $4,000,000，與 97 年 10 月發行之 3 年期一次還本可賣回公司債餘額 $6,777,181。該可賣回公司債之到期日雖在 97 年 12 月 31 日之 12 個月後，但其賣回權執行日 (98 年 9 月 30 日) 係在 97 年 12 月 31 日之 12 個月內，故全數分類為流動負債。臺灣高鐵對這項具賣回權公司債之分類，完全符合 IAS 1 之規定。

釋例 3-5　流動負債分類標準條件 4

流動負債分類標準條件 4：「企業於報導期間結束日不具有將該負債之清償遞延至報導期間後至少十二個月之權利」

×1 年 2 月 1 日甲公司平價發行面額 $1,000,000、5 年期、可賣回轉換公司債，到期日為 ×6 年 1 月 31 日，持有人可自發行日起滿 6 個月後至到期日前 10 日止，隨時要求甲公司將債券轉換為甲公司普通股，並得於 ×4 年 1 月 31 日及 ×5 年 1 月 31 日以面額賣回。以下各獨立情況中，甲公司在各報導期間結束日對此可賣回轉換公司債尚流通在外部分之流動與非流動分類應為何？

(1) 持有人要求將債券轉換為甲公司普通股時，甲公司將支付固定數量之普通股，亦即支付之股數為：擬轉換之公司債面額 / $40。
(2) 持有人選擇支付甲公司普通股時，甲公司將支付變動數量之普通股，亦即支付之股數為：擬轉換之公司債面額 / 當時普通股每股市價。

解析

(1) 此情況下，該轉換選擇權係將債券轉換成固定數量之普通股，故該公司債為**複合金融工具**而該轉換選擇權係權益組成部分。因此，該債券之分類不受該轉換選擇權所影響，僅考慮持有人之賣回權是否使甲公司於報導期間結束日具有將清償遞延至報導期間後至少十二個月之權利，故其分類與釋例 3-1 完全相同。亦即 ×1 年 12 月 31 日與 ×2 年 12 月 31 日應分類為非流動負債；×3 年 12 月 31 日與 ×4 年 12 月 31 日應分類為流動負債；×5 年 12 月 31 日應分類為流動負債。
(2) 此情況下，該轉換選擇權係將債券轉換成變動數量之普通股，故該公司債為**混合金融工具**而該轉換選擇權係負債組成部分。由於該轉換選擇權自發行日起滿 6 個月後即可行使，亦即甲公司自發行日起滿 6 個月後即可能須以普通股清償該債券，故自 ×1 年起至 ×5 年每年之 12 月 31 日，該負債均應分類為流動負債。

此外，由企業融資活動產生（並非由營業活動產生者）之長期借款金融負債，若其非於報導期間後十二個月內到期清償，則因不符流動負債分類條件 3 而應屬非流動負債。但企業如於報導期間結束日（或結束前）違反長期借款合約之條款，將使債權人得隨時要求清償該負債，則該負債應分類為流動負債。即使於報導期間後至通過發布財務報表前，債權人同意不因違反條款而隨時要求清償，企業仍須將該負債分類為流動負債，因其於報導期間結束日時，企業並未具有無條件將清償期限遞延至報導期間結束日結束日後至少十二個月之權利。但若於報導期間結束日前，債權人已同意提供至報導期間後至少十二個月之寬限期，即企業有權利遞延清償至報導

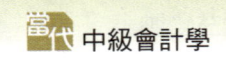

期間後至少十二個月，則該負債應分類為非流動負債。相關釋例參見釋例 3-6。

釋例 3-6　原屬非流動負債違反合約條款時之分類

×1年2月1日甲公司向乙銀行借款 $1,000,000，到期日為×6年1月31日。以下各獨立情況下，甲公司於×3年12月31日對此借款之分類應為何？

(1) 甲公司於×3年12月20日違反該借款合約條款，按合約需立即清償。
(2) 甲公司於×3年12月20日違反該借款合約條款，按合約需立即清償。甲公司於×3年12月29日取得乙銀行同意，提供清償寬限期至×5年6月20日。在寬限期內乙銀行不得要求甲公司立即清償該借款，且甲公司預期可於寬限期內改正違約情況。
(3) 甲公司於×3年12月20日違反該借款合約條款，按合約需立即清償。甲公司於×4年2月10日取得乙銀行同意，提供清償寬限期至×5年6月20日。在寬限期內乙銀行不得要求甲公司立即清償該借款，且甲公司預期可於寬限期內改正違約情況。甲公司×3年度之財務報告係於×4年3月15日發布。

解析

(1) 流動負債，因該公司需於當日後12個月內償付此借款。
(2) 非流動負債，因該公司於當日已能將清償期限遞延至12個月後。
(3) 流動負債，因該公司於當日尚未能將清償期限遞延至12個月後。

在流動與非流動之分類表達下，財務報表使用者可利用較充分之會計資訊，區分作為營運資金而連續循環之淨資產與用於企業長期營運之淨資產，並凸顯預期於當期營業週期內可實現之資產及應清償之負債，此一簡單之二分類法，提供評估企業流動性與償債能力所需之攸關資訊。

3.3　資產負債表

學習目標 3
了解資產負債表的組成與內容

財務報表編製及表達之架構 (Framework for the Preparation and Presentation of Financial Statements) 與**財務報導之觀念架構** (The Conceptual Framework for Financial Reporting) 均提及，為提供報表使用人更具決策有用性之資訊，資產與負債得以性質或功能進行次分類。IAS 1 亦提及，若因金額大小、性質或功能，使某一項目(或類似項目之彙總)之單獨表達有助於企業財務狀況之了解，則其應

列為財務報表中之單行項目。IAS 1 則亦規定，資產負債表至少應包括下列單行項目之金額，其中計有資產 12 項，負債 6 項，及權益 2 項：

- 不動產、廠房及設備
- 投資性不動產
- 無形資產
- 金融資產 (不包括採用權益法之投資、應收帳款及其他應收款、現金及約當現金)
- 採用權益法之投資
- 生物資產
- 存貨
- 應收帳款及其他應收款
- 現金及約當現金
- 分類為待出售資產及包括於分類為待出售處分群組中之資產 (依 IFRS 5「待出售非流動資產及停業單位」定義)
- 應付帳款及其他應付款
- 負債準備
- 金融負債 (不包括應付帳款及其他應付款、負債準備)
- 當期所得稅負債及資產 (依 IAS 12「所得稅」定義)
- 遞延所得稅負債及遞延所得稅資產 (依 IAS 12「所得稅」定義)
- 包括於分類為待出售處分群組中之負債 (依 IFRS 5「待出售非流動資產及停業單位」定義)
- 表達於權益項下之非控制權益
- 歸屬於母公司業主之已發行股本及準備

　　我國財務報告編製準則對資產負債表格式之規定，除資產與負債區分流動與非流動外，並要求如下之排列順序：資產在報表左方，先表達流動資產再表達非流動資產，且流動資產係以流動性遞減方式排列；負債在報表右上方，先表達流動負債再表達非流動負債；權益在報表右下方 (參見表 3-2)。

　　財務報告編製準則提供之附表中，「現金及約當現金」、「應收帳款」、「應收票據」、「其他應收款」、「當期所得稅資產」、「存貨」、「預付款項」、「待出售非流動資產」、與「其他流動資產」為流動資產下之項目。「現金及約當現金」包括庫存現金、活期存款及可隨時轉換成定額現金且價值變動風險甚小之短期並具高度流動性之投資 (如三個月內到期之定存單)。「應收帳款」係因出售商品或勞務而發生之債權，「應收票據」係應收之各種票據，「其他應收款」則係不屬於應收票據、應收帳款之其他應收款項。應收項目均應以攤銷後成本衡量，但因營業活動產生之未附息之短期應收票據與未附息之短期應收帳款若折現之影響不大，得以原始發票金額衡量。此外，應

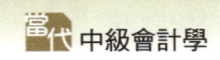

表 3-2　合併資產負債表

甲公司
合併資產負債表
××年××月××日
單位：新臺幣千元

流動資產		流動負債	
現金及約當現金	$110,915,216	短期借款	$ 23,410,458
透過損益按公允價值衡量之金融資產—流動	5,165	應付短期票券	7,232
透過其他綜合損益按公允價值衡量之權益工具投資—流動	21,662,796	透過損益按公允價值衡量之金融負債—流動	14,251
		避險之金融負債—流動	686
透過其他綜合損益按公允價值衡量之債務工具投資—流動	3,597,442	應付票據	—
		應付帳款	9,078,130
避險之金融資產—流動	7,638	其他應付款	54,320,307
按攤銷後成本衡量之金融資產—流動	2,492	當期所得稅負債	6,423,228
應收票據	37,894,392	合約負債—流動	—
應收帳款	22,736,635	負債準備—流動	5,659,698
其他應收款	226,738	與待出售非流動資產直接相關之負債	778
當期所得稅資產	—	××××(視企業實際狀況增加)	
存貨	21,304,488	其他流動負債	181,055
生物資產—流動	—	流動負債合計	$99,095,823
預付款項	1,206,737	非流動負債	
合約資產—流動	798	透過損益按公允價值衡量之金融負債—非流動	—
待出售非流動資產	54,698	避險之金融負債—非流動	—
××××(視企業實際狀況增加)		應付公司債	$ 3,375,000
其他流動資產	506,466	長期借款	226,170
流動資產合計	$220,121,701	合約負債—非流動	—
非流動資產		負債準備—非流動	4,902,255
透過損益按公允價值衡量之金融資產—非流動	$ 54,042	遞延所得稅負債	
透過其他綜合損益按公允價值衡量之權益工具投資—非流動	774,786	××××(視企業實際狀況增加)	
		其他非流動負債	2,939,605
透過其他綜合損益按公允價值衡量之債務工具投資—非流動	6,377,166	非流動負債合計	$ 11,443,030
		負債總計	$110,538,853
避險之金融資產—非流動	9,234	歸屬於母公司業主之權益	
按攤銷後成本衡量之金融資產—非流動	298,354	股本	
採用權益法之投資	21,662,796	普通股	$194,325,591
合約資產—非流動	298,354	特別股	—
不動產、廠房及設備	291,366,309	資本公積	41,776,271
投資性不動產	—		
使用權資產	—	保留盈餘	
無形資產	8,798,987	法定盈餘公積　　$64,679,621	
生物資產—非流動	—	特別盈餘公積　　984,785	
遞延所得稅資產	9,866,027	未分配盈餘(或待彌補虧損)　131,722,746	
××××(視企業實際狀況增加)		保留盈餘合計	197,387,152
其他非流動資產	6,354,047	其他權益	21,554,647
		庫藏股票	—
非流動資產合計	$348,879,903	母公司業主之權益合計	$455,043,661
		非控制權益	3,419,090
		權益總計	$458,462,751
資產總計	$569,001,604	負債及權益總計	$569,001,604

Chapter 3 資產負債表與權益變動表

收項目均應評估無法收回的金額後提列備抵損失，以表達其減損。要特別說明的是，應收帳款、應收票據與其他應收款，依其到期日應有流動與非流動之區分。但以國內企業而言，此類項目大多數為主要營業產生之應收款，所以財務報告編製準則之附表中僅於流動資產內列示。若因企業營運性質使應收款不符合流動資產之定義，則其仍應分類為非流動資產，可能列入非流動資產下之其他非流動資產中，亦可能因金額重大而需單行列示於非流動資產下。

「當期所得稅資產」即應收所得稅（應收之退稅），為與本期及前期有關之已支付所得稅金額超過該等期間應付金額之部分，以未折現之未來可收取金額衡量。「存貨」包括原物料、在製品與完成品，以成本與淨變現價值孰低衡量。「預付款項」係包括預付費用及預付購料款等，以成本衡量。「合約資產」係企業因已移轉商品或勞務予客戶而對所換得之對價之權利，該權利係取決於隨時間經過以外之事項（例如：完成剩餘服務或工程後，才能請款，而轉列為應收帳款）；而應收帳款係在合約規定下已經可以收取之款項，只要寄出帳單，只要隨時間經過，對方一定要付款（合約資產與應收帳款之區分請參考第15章）。合約資產應以未來金額折現入帳，但財務組成部分不重大者，得以不折現之金額列帳。「待出售非流動資產」係指依出售處分群組之一般條件及商業慣例，於目前狀態下可供立即出售，且其出售必須為高度很有可能之非流動資產或待出售處分群組內之資產，以重分類至待出售之日之帳面金額或公允價值減出售成本二者孰低者衡量。「其他流動資產」係不能歸屬於以上各類之流動資產。

> 「待出售非流動資產」以重分類日帳面金額或公允價值減出售成本二者孰低者衡量。

財務報告編製準則提供之附表中，「採用權益法之投資」、「不動產、廠房及設備」、「投資性不動產」、「使用權資產」、「無形資產」、「遞延所得稅資產」、與「其他非流動資產」為非流動資產下之項目。「採用權益法之投資」係指投資關聯企業或合資之權益，以第10章中介紹的權益法衡量。「不動產、廠房及設備」係指用於商品或勞務之生產或提供、出租予他人或供管理目的而持有，且預期使用期間超過一個會計年度之有形資產項目，其衡量得選擇成本模式或重估價模式（我國則規定僅得採成本模式）。「投資性不動

> 我國財務報告編製準則規定：「不動產、廠房及設備」，「投資性不動產」與「無形資產」僅得採成本模式衡量。

產」係指為賺取租金或資本增值或兩者兼具，而由所有者或融資租賃之承租人所持有之不動產，其衡量得選擇成本模式或公允價值模式（我國則規定僅得採成本模式）。「無形資產」係指無實體形式之可辨認非貨幣性資產，並同時符合具有可辨認性、可被企業控制及具有未來經濟效益，其衡量得選擇成本模式或重估價模式（我國則規定僅得採成本模式）。

> 遞延所得稅資產（負債）僅能分類為非流動資產（負債），不得分類為流動資產（負債）。

「遞延所得稅資產」係指與可減除暫時性差異、未使用課稅損失遞轉後期及未使用所得稅抵減遞轉後期有關之未來期間可回收之所得稅金額，以未折現之未來可回收金額衡量。特別注意的是，遞延所得稅資產(負債)不得分類為流動資產(負債)，故遞延所得稅資產只見於非流動資產項下。「其他非流動資產」則係不能歸類於以上各類之非流動資產。

財務報告編製準則提供之附表中，需區分為流動資產與非流動資產表達者，則為「生物資產」與「透過損益按公允價值衡量之金融資產投資」、「透過其他綜合損益按公允價值衡量之權益工具投資」、「透過其他綜合損益按公允價值衡量之債務工具投資」、「按攤銷後成本衡量之金融資產」、「避險之金融資產」、「合約資產」6項金融資產。「生物資產」為與農業活動有關具生命之動物或植物，區分為消耗性生物資產及生產性生物資產。消耗性生物資產應分類為流動資產，包括用以生產肉品之牛、豬等、持有供出售之雞、鴨、魚等或稻米及有機蔬菜等農作物以及成長後將作為原木之樹木。消耗性生物資產及生產性動物(如乳牛)除公允價值無法可靠衡量外，應按公允價值減出售成本衡量；無法可靠衡量公允價值者，應按折舊後成本衡量。生產性植物則通常分類為非流動資產且按折舊後成本衡量，如葡萄樹、芒果樹及採集天然橡膠的橡膠樹。而6項金融資產預期於12個月內實現者，應分類為流動資產，否則應分類為非流動資產。

「透過損益按公允價值衡量之金融資產」、「透過其他綜合損益按公允價值衡量之權益工具投資」、「透過其他綜合損益按公允價值衡量之債務工具投資」及「避險之金融資產」均以公允價值衡量。但「透過損益按公允價值衡量之金融資產」之所有公允價值變動應

計入本期損益。「透過其他綜合損益按公允價值衡量之權益工具投資」持有期間之公允價值變動則計入本期其他綜合損益，處分時累積之其他綜合損益(即其他權益)直接轉列保留盈餘；亦即，這類權益工具投資在處分時，亦不認列損益(參見第 2 章釋例 2-1)，只有在被投資公司分發股利時，才會認列股利收入。「透過其他綜合損益按公允價值衡量之債務工具投資」持有期間之公允價值變動則計入本期其他綜合損益，待處分時始將所有累積之公允價值變動重分類轉入本期損益(參見第 2 章釋例 2-2)。「按攤銷後成本衡量之金融資產」係指以攤銷後成本衡量。「避險之金融資產」其屬有效避險部分之公允價值變動，若為公允價值避險即計入本期損益(唯一例外是，若被避險項目為「透過其他綜合損益按公允價值衡量之權益工具投資」，則避險之金融資產所有損益均列入其他綜合損益。)；若為現金流量避險則計入本期其他綜合損益，並於被避險交易影響損益期間重分類至本期損益。

金融資產之細分為 6 項，其中「透過損益按公允價值衡量之金融資產」、「透過其他綜合損益按公允價值衡量之權益工具投資」、「透過其他綜合損益按公允價值衡量之債務工具投資」之區分，即符合 IAS 1 所要求：該等資產之性質或功能不同，因此企業應以個別單行項目表達。「避險之金融資產」之表達，亦因其具特定功能，而單行列式。IAS 1 除要求最低列示項目外，企業應就資產之性質及流動性、資產於企業內之功能及負債之金額、性質及時點加以評估，以判斷是否須表達額外之單行項目。各項資產之衡量基礎彙總如表 3-3。

財務報告編製準則提供之附表中，「短期借款」、「應付短期票券」、「應付帳款」、「應付票據」、「其他應付款」、「當期所得稅負債」、「與待出售非流動資產直接相關之負債」與「其他流動負債」為流動負債下之項目。「短期借款」係包括向銀行短期借入之款項、透支及其他短期借款；「應付短期票券」係為自貨幣市場獲取資金，而委託金融機構發行之短期票券，包括應付商業本票及銀行承兌匯票等；「應付帳款」係因賒購原物料、商品或勞務所發生之債務；「應付票據」係應付之各種票據，「其他應付款」則係不屬於應付票據；

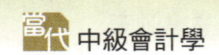

表 3-3　各項資產之衡量基礎彙總

資產項目	衡量基礎
現金及約當現金	--
透過損益按公允價值衡量之金融資產	公允價值
透過其他綜合損益按公允價值衡量之權益工具投資	公允價值
透過其他綜合損益按公允價值衡量之債務工具投資	公允價值
避險之金融資產	公允價值
按攤銷後成本衡量之金融資產	攤銷後成本
應收帳款、應收票據及其他應收款	攤銷後成本
當期所得稅資產	未折現之未來可收取金額
存貨	成本與淨變現價值孰低
預付款項	成本
合約資產	未來金額折現
待出售非流動資產	分類為此項資產時帳面金額與公允價值減出售成本孰低
採用權益法之投資	權益法決定之金額
不動產、廠房及設備	折舊後成本／重估價
投資性不動產	折舊後成本／公允價值
無形資產	攤銷後成本／重估價
生物資產 (生產性植物除外)	公允價值減出售成本 (無法可靠衡量者：折舊後成本)
生產性植物	折舊後成本
遞延所得稅資產	未折現之未來可回收金額

應付帳款之其他應付款項，如應付稅捐、薪工及股利等。此五類均為應付項目，均應以攤銷後成本衡量，但營業活動產生之未附息之短期應付票券若折現之影響不大，得以原始票面金額衡量，而未附息之短期應付票據與未附息之短期應付帳款若折現之影響不大，得以原始發票金額衡量。同樣需說明的是，應付帳款、應付票據與其他應付款，依其到期日應有流動與非流動之區分。但以國內企業而言，此類項目大多數均為主要營業產生之應付款，所以財務報告編製準則之附表中僅於流動負債內列示。

「當期所得稅負債」即應付所得稅，係指尚未支付之本期及前期所得稅，以未折現之未來需支付金額衡量。「與待出售非流動資產直接相關之負債」係指依出售處分群組之一般條件及商業慣例，於目前狀態下可供立即出售，且其出售必須為高度很有可能之待出售處分群組內之負債，而其以原適用公報之規定衡量(處分群組則依 IFRS 5 須以公允價值減出售成本衡量，請參見第 7 章)。「其他流動負債」則為不能歸屬於以上各類之流動負債。

> 「待出售非流動資產直接相關之負債」以其原適用公報之規定衡量

「應付公司債」、「長期借款」、「遞延所得稅負債」、與「其他非流動負債」為非流動負債下之項目。「應付公司債」係發行人發行之債券，以攤銷後成本衡量。「長期借款」係長期銀行借款及其他長期借款或分期償付之借款等，以攤銷後成本衡量。「遞延所得稅負債」係指與應課稅暫時性差異有關之未來期間應付所得稅金額，以未折現之未來需支付金額衡量。「其他非流動負債」則為不能歸屬於以上各類之非流動負債。

財務報告編製準則提供之附表中，需區分為流動負債與非流動負債表達者，則為「負債準備」、「透過損益按公允價值衡量之金融負債」及「避險之金融負債」3 項金融負債。「負債準備」為係指不確定時點或金額之負債，以最佳估計之未來金額折現後衡量(與攤銷後成本衡量類似)。合約負債係企業因已自客戶收取(或已可自客戶收取)對價而須移轉商品或勞務予客戶之義務(即預收收入)，此負債應以未來金額折現入帳(財務組成部分不重大者以未折現金額入帳)。

「透過損益按公允價值衡量之金融負債」及「避險之金融負債」均以公允價值衡量，但「透過損益按公允價值衡量之金融負債」之所有公允價值變動計入本期損益，「避險之金融負債」其屬有效避險部分之公允價值變動，若為公允價值避險，則計入本期損益(唯一例外與避險之金融資產相同)；若為現金流量避險，則計入本期其他綜合損益，並於被避險交易影響損益期間重分類至本期損益。各項負債之衡量基礎彙總如表 3-4。

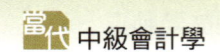

表 3-4　各項負債之衡量基礎彙總

負債項目	衡量基礎
短期借款、應付短期票券	攤銷後成本
透過損益按公允價值衡量之金融負債	公允價值
避險之金融負債	公允價值
應付帳款、應付票據及其他應付款	攤銷後成本
當期所得稅負債	未折現之未來需支付金額
合約負債	未來金額折現
負債準備	最佳估計之未來金額折現
與待出售非流動資產直接相關之負債	依原適用之公報衡量
應付公司債	攤銷後成本
長期借款	攤銷後成本
遞延所得稅負債	未折現之未來需支付金額

　　我國財務報告編製準則要求至少表達之權益項目，與 IAS 1 規定之差異僅在明文列示歸屬於母公司業主之權益需細分為 5 類，即「股本」、「資本公積」、「保留盈餘」、「其他權益」及「庫藏股票」。此細分符合財務報表編製及表達之架構與財務報導之觀念架構所載，權益雖為資產與負債相減之剩餘數，但亦得進行次分類，以提供財務報表使用者與決策攸關之資訊。如公司組織之權益得分類列示由股東 (如股本與資本公積)、保留盈餘、代表保留盈餘指撥之準備 (如法定盈餘公積)、及代表維持期初原有資本所需之調整 (如不動產、廠房及設備之重估價增值) 等不同來源所投入的資金。因其能顯示企業分配權益或將權益做其他運用之能力所受的法定及其他限制，亦反映持有各類權益持有者對股利收取與返還投入權益 (減資) 具有不同權利之事實。

　　歸屬於母公司業主之權益的分類中，「股本」係股東對發行人所投入之資本，並向公司登記主管機關申請登記者。「資本公積」係指發行人發行金融工具之權益組成部分及發行人與業主間之股本交易所產生之溢價，通常包括超過票面金額發行股票溢價、受領贈與之所得等所產生者等。「保留盈餘」係由營業結果所產生之權益，包括法定盈餘公積、特別盈餘公積及未分配盈餘等。「其他權益」則包括不動產、廠房及設備與無形資產之重估增值、國外營運機構財務報

Chapter 3 資產負債表與權益變動表

表換算之兌換差額、透過其他綜合損益按公允價值衡量之金融資產評價損益、現金流量避險中屬有效避險部分之避險工具利益及損失之累計餘額。「庫藏股票」為企業買回之其已發行股份。

「非控制權益」則係指子公司之權益中，非直接或間接歸屬於母公司之部分。此為合併資產負債表中才會出現的權益項目，母公司之個體資產負債表則無。

需特別提醒的是，前述 IAS 1 與我國財務報告編製準則附表中之單行項目，為「至少需列示」之最低標準。IAS 1 中亦明確指出，某一項目 (或類似項目之彙總) 如因其大小、性質或功能以致單獨表達時，能對企業之財務狀況之了解提供更攸關之資訊，則應列為單行項目。故企業之資產負債表所含項目，將因營運特性等因素而有所差異。

3.4 權益變動表

> **學習目標 4**
> 了解權益變動表的組成部分與內容

權益變動表係表達某一期間內各項權益組成部分暨權益總額之變動，具連結綜合損益表與資產負債表之功能。根據國際財務報導準則，完整的會計損益即綜合損益總額，係某一期間內，來自與業主 (以其業主之身分) 交易以外之交易及其他事項所產生之權益變動。故期初之權益總額，加計本期綜合損益總額，與各項業主交易產生之權益影響後，即得當期資產負債表中之期末權益總額。

國際財務報導準則與我國財務報告編製準則均要求，權益變動表至少需列示下列項目：

- 本期綜合損益總額，並分別列示歸屬於母公司業主之總額及非控制權益之總額。
- 各權益組成部分依 IAS 8 所認列追溯適用或追溯重編之影響。
- 各權益組成部分期初與期末帳面金額間之調節，並單獨揭露來自下列項目之變動：
    ✓ 本期淨利 (或淨損)。
    ✓ 其他綜合損益。
    ✓ 與業主 (以其業主之身分) 之交易，並分別列示業主之投入及分

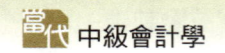

配予業主，以及未導致喪失控制之對子公司所有權權益之變動。

我國財務報告編製準則提供之權益變動表附表格式參見表 3-5。

此外，IAS 1 與我國財務報告編製準則均要求，企業應於權益變動表或附註中，表達當期認列為分配予業主之股利金額及其相關之每股金額。

由表 3-5 可見，各類權益組成部分之期初餘額加計「追溯適用及追溯重編之影響數」後，得到各類權益組成部分之期初重編後餘額。根據 IAS 8 規定，在實務可行範圍內，會計政策變動應予以追溯調整（其他國際財務報導準則之過渡條款中規定新適用者無須追溯者除外），會計錯誤之更正應追溯重編。追溯調整及追溯重編並非權益之變動，而係保留盈餘（或依國際財務報導準則規定應追溯調整之其他權益組成部分）之初始餘額之調整。此部分會計變動之處理將於本書後續專章說明。

表 3-5 導致權益變動之各項交易項目中，與綜合損益表中損益結轉相關以外之交易，將於本書後續專章說明。而於損益結轉至相關變動中，除傳統之本期損益結轉至保留盈餘外，與各項本期其他綜合損益相關之結轉需特別注意。

得重分類調整之本期其他綜合損益項目如「透過其他綜合損益按公允價值衡量之債務工具投資評價損益」，其進行重分類調整將曾於當期或以前期間認列之其他綜合損益結轉至本期損益時，需由其他綜合損益中減除以避免重複計算之重分類調整金額，將結轉至相關其他權益項目造成該項目減少（參見第 2 章釋例 2-2）。另二項得重分類調整之本期其他綜合損益項目「國外營運機構財務報表換算之兌換差額」與「現金流量避險中屬有效避險部分之避險工具利益及損失」亦同。

至於不得重分類調整之本期其他綜合損益項目中，「確定福利計畫之再衡量數」，係於認列當期即結轉至保留盈餘或其他權益中，故權益變動表中之各類其他權益中可能含「確定福利計畫之再衡量數」一項。「不動產、廠房及設備與無形資產重估增值之變動」則累積於其他權益中，得選擇於後續期間相關資產之使用或除列時，將累積之重估增值結轉至保留盈餘。本書第 2 章已就累計於其他權益中之

表 3-5 我國財務報告編製準則提供之權益變動表附表格式

甲公司
合併權益變動表
X年1月1日至12月31日

項目	股本	資本公積	法定盈餘公積	特別盈餘公積	未分配盈餘	國外營運機構財務報表換算之兌換差額	透過其他綜合損益按公允價值衡量之金融資產評價損益	現金流量避險	確定福利計畫之再衡量數	重估增值	庫藏股票	總計	非控制權益	權益總額
			保留盈餘			其他權益項目						歸屬於母公司業主之權益		
X年1月1日餘額	$194,325,591	$41,776,271	$64,672,863	$983,800	$131,703,988	$21,441,834	$0	$116,928	$0	$0	$0	$454,985,430	$3,418,561	$458,403,991
追溯適用及追溯重編之影響數					(35,845)									
X年1月1日重編後餘額	$194,325,591	$41,776,271	$64,672,863	$983,800	$131,668,143	$21,441,834	$0	$116,928	$0	$0	$0	$454,985,430	$3,418,561	$458,403,991
X年度盈餘指撥及分配														
法定盈餘公積			6,758		(6,758)									
特別盈餘公積				985	(985)									
股東現金股利					(58,246)							(58,246)		(58,246)
其他資本公積變動														
因合併而產生者														
因受領贈與而產生者														
XXXX(視企業實際狀況增加)														
X年度淨利(淨損)					122,353							122,353	527	122,880
X年度其他綜合損益					(1,761)	(3,535)	0	(580)	0	0		(5,876)	2	(5,874)
本期綜合損益總額					120,592	(3,535)	0	(580)	0	0		116,477	529	117,006
現金增資														
XXXX(視企業實際狀況增加)														
購入及處分庫藏股票														
X年12月31日餘額	$194,325,591	$41,776,271	$64,679,621	$984,785	$131,722,746	$21,438,299	$0	$116,348	$0	$0	$0	$455,043,661	$3,419,090	$458,462,751

IFRS 一點通

IFRS 正體中文版——採用權益法認列之關聯企業及合資之其他綜合損益份額於綜合損益表按性質分項列示

IFRS 正體中文版中，IAS 1.82A 要求「採用權益法認列之關聯企業及合資之其他綜合損益份額」，需於綜合損益表中按 5 類其他綜合損益項目分項列示，且須區分為得重分類調整至損益／不得重分類調整至損益兩組。

由此準則的改變，即顯示 IASB 認為其他綜合損益是否得重分類調整至損益為一攸關資訊，故需充分揭露。重分類調整之相關完整說明請見本書第 2 章。

透過其他綜合損益按公允價值衡量之權益工具投資評價損益，列示於處分時結轉至保留盈餘之狀況舉例說明 (參見第 2 章釋例 2-3) 土地重估增值應作相同處理。

要特別說明的是「採用權益法認列之關聯企業及合資之其他綜合損益份額」之結轉。此項目即權益法下按比例認列被投資公司之各種本期其他綜合損益，其於綜合損益表時係彙總以單行項目列示 (區分重分類者與不重分類者)，但其結轉至權益變動表時，則按其性質各自結轉至相關之權益項目。例如：若「採用權益法認列之關聯企業及合資之其他綜合損益份額」中，係包括按投資比例認列之被投資公司的「不動產、廠房及設備重估增值之變動」與「確定福利計畫之再衡量數」，則前者結轉至其他權益，後者可選擇結轉至其他權益或保留盈餘。

另需注意的是，綜合損益表中，本期其他綜合損益之項目得選擇以稅後淨額表達，或以稅前金額表達並列示相關之所得稅彙總金額。目前我國財務報告編製準則提供之附表格式中，係以後者方式表達。在此方式下，綜合損益表中顯示之本期其他綜合損益項目金額 (稅前數)，與權益變動表中結轉之稅後淨額不相等，此差額為所得稅之差異數。

釋例 3-7　其他綜合損益項目於權益變動表之表達

甲公司於 ×1 年初成立。相關交易資料如下：

1. 該公司於 ×1 年 1 月 7 日以現金 $1,000,000 購入土地一筆，採重估價模式後續衡量。該土地 ×1 年底公允價值 $1,200,000，×2 年 10 月 15 日進行重估價後，隨即以當時公允價值 $1,300,000 出售。此土地為甲公司唯一採重估價模式之資產，該公司選擇於處分時將其累計之重估增值轉入保留盈餘。
2. 該公司於 ×1 年 1 月 7 日以現金 $1,000,000 購入債券一筆，並分類為透過其他綜合損益按公允價值衡量之債務工具投資。該債券 ×1 年底公允價值 $1,200,000，×2 年 10 月 15 日進行評價後隨即以當時公允價值 $1,300,000 出售。此債券為該公司唯一之透過其他綜合損益按公允價值衡量之債務工具投資。
3. 該公司 ×2 年認列確定福利計畫之再衡量數為利益 $500,000，其會計政策為將此項結轉至保留盈餘。
4. 該公司 ×2 年認列本期淨利為 $7,450,800。

試作上述交易於公司 ×2 年之綜合損益表與權益變動表之表達 (不考慮所得稅影響)。

解析

甲公司
綜合損益表 (部分)
×2 年 1 月 1 日至 12 月 31 日

⋮		⋮
透過其他綜合損益按公允價值衡量之債務工具處分損益		300,000
⋮		⋮
本期淨利		$7,450,800
其他綜合損益		
透過其他綜合損益按公允價值衡量之債務工具投資損益	$100,000	
減：重分類調整	(300,000)	$ (200,000)
重估增值之變動		100,000
確定福利計畫之再衡量數		500,000
本期其他綜合損益		$ 400,000
本期綜合損益總額		$7,850,800

甲公司
權益變動表（部分）
×2年1月1日至12月31日

	保留盈餘	其他權益 透過其他綜合損益按公允價值衡量之金融資產損益	土地重估增值
×2年1月1日餘額	$ ×××	$200,000	$200,000
⋮			
結轉本期淨利	7,450,800		
透過其他綜合損益按公允價值衡量之債務工具投資損益		100,000	
結轉重分類調整		(300,000)	
結轉重估增值之變動			100,000
結轉確定福利計畫之再衡量數	500,000		
重估增值轉保留盈餘	300,000		(300,000)
⋮			

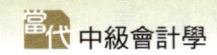

若依前述表3-5之權益變動表格式，將本期其他綜合損益之結轉以單行列示，並顯示本期淨利與本期其他綜合損益加總後之本期綜合損益總額，則甲公司權益變動表之相關部分如下：

甲公司
權益變動表（部分）
×2年1月1日至12月31日

	保留盈餘	其他權益 透過其他綜合損益按公允價值衡量之金融資產損益	土地重估增值
×2年1月1日餘額	$ ×××	$ 200,000	$200,000
⋮	⋮		
本期淨利	7,450,800	0	—
本期其他綜合損益	500,000註	(200,000)	100,000
本期綜合損益總額	$7,950,800	$(200,000)	$100,000
⋮			
重估增值轉保留盈餘	300,000		(300,000)
⋮			

註：本期再衡量數$500,000選擇結轉至保留盈餘，此項其他綜合利益使保留盈餘增加$500,000。

本章習題

問答題

1. 流動資產與非流動資產如何劃分？
2. 依 IAS 1 要求應於資產負債表中列示之資產、負債與權益之各單行項目為何？
3. 什麼是現金及約當現金？
4. 試說明資產負債表與權益變動表之功能與限制。
5. 試列出下列資產項目之衡量基礎：

資產項目	衡量基礎
透過損益按公允價值衡量之金融資產	
透過其他綜合損益按公允價值衡量之權益工具投資	
透過其他綜合損益按公允價值衡量之債務工具投資	
按攤銷後成本衡量之金融資產	
應收帳款、應收票據及其他應收款	
存貨	
待出售非流動資產	
不動產、廠房及設備	
投資性不動產	
無形資產	
生物資產	
生產性植物	

6. 試列出下列負債項目之衡量基礎：

負債項目	衡量基礎
短期借款、應付短期票券	
透過損益按公允價值衡量之金融負債	
應付帳款、應付票據及其他應付款	
負債準備	
應付公司債	
長期借款	

7. 試列舉數項其他權益之組成。
8. 什麼是非控制權益？帳列於資產負債表何項目之下？
9. 權益變動表需列示哪些項目？

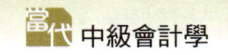

選擇題

1. 國際財務報導準則企望讓財務報表之編製依照交易的經濟實質適切表達,而非藉由操弄交易形式,促使符合特定規則後,即得以達成特定表達,是以國際財務報導準則較傾向何種規定?
   (A)「原則基礎」之規定　　　　　　　(B)「規則基礎」之規定
   (C) 兼具「原則基礎」與「規則基礎」　(D) 不具「原則基礎」與「規則基礎」

2. 不得重分類調整之本期其他綜合損益項目包括「確定福利計畫之再衡量數」,於認列為其他綜合損益之期間,即結轉至保留盈餘中,請問此時權益變動表應如何表達?
   (A) 列示於權益變動表之各類其他權益項下之「確定福利計畫之再衡量數」
   (B) 權益變動表中之各類其他權益中可能含「確定福利計畫之再衡量數」
   (C) 列示於權益變動表之「追溯適用及追溯重編之影響數」項下
   (D) 列示於權益變動表之「其他資本公積變動」項下

3. 資產負債表不具備下列何項功能?
   (A) 藉由資產之性質及金額評估企業未來之現金流量
   (B) 藉由負債之償付順序與金額以預測未來現金流量將如何支付予企業之各順位債權人
   (C) 了解權益變動是導因於該個體之財務績效;或是因業主之投入造成的
   (D) 資產與負債資訊搭配使用以評估企業之流動性與償債能力、額外融資之需求及取得該資金之可能程度

4. ×6 年 1 月 1 日尼克公司發行面額 $3,000,000、5 年期、可賣回公司債,到期日為 ×10 年 12 月 31 日。持有人於 ×8 年 2 月 1 日及 ×9 年 2 月 1 日有權利以面額賣回公司債。尼克公司在 ×7 年 12 月 31 日時對此流通在外可賣回公司債應分類為:
   (A) 非流動負債　　　　(B) 流動負債
   (C) 權益　　　　　　　(D) 非控制權益

5. ×3 年 1 月 1 日湖人公司發行面額 $2,500,000、10 年期、可賣回公司債,到期日為 ×12 年 12 月 31 日。持有人於 ×5 年 4 月 1 日及 ×6 年 4 月 1 日有權利以面額賣回公司債。湖人公司在 ×3 年 12 月 31 日時對此流通在外可賣回公司債應分類為:
   (A) 非流動負債　　　　(B) 流動負債
   (C) 權益　　　　　　　(D) 非控制權益

6. 萬能公司 ×2 年 12 月 31 日之試算表出現下列資訊,試問該公司 ×2 年流動資產金額為何?

不動產、廠房及設備	$200,000	現金	$80,000
無形資產	$120,000	投資性不動產	$150,000
應收帳款	$300,000	採用權益法之投資	$250,000
存貨	$100,000	遞延所得稅資產	$10,000

(A) $480,000 (B) $490,000
(C) $600,000 (D) $730,000

7. 寰宇公司×5年12月31日之試算表出現下列資訊，試問該公司×5年非流動負債金額為何？

長期借款	$600,000	應付帳款	$200,000
應付公司債	$500,000	遞延所得稅負債	$100,000
應付短期票券	$300,000	與待出售非流動資產直接相關之負債	$400,000

(A) $1,600,000 (B) $1,200,000
(C) $1,500,000 (D) $1,100,000

8. 下表為青天公司×3年度之財務資訊，試求算於×3年1月1日權益之餘額為何？

	×3年
1月1日資產	$5,000,000
1月1日負債	$3,000,000
1月1日權益	?
×3年度淨利	$1,000,000
×3年度發放股利	$800,000
×3年度其他綜合利益	$200,000

(A) $2,200,000 (B) $3,000,000
(C) $2,000,000 (D) $2,400,000

9. 承上題，試求算青天公司×3年12月31日權益之餘額為何？

(A) $2,000,000 (B) $3,000,000
(C) $2,200,000 (D) $2,400,000

10. 海藍公司×6年與其他綜合損益及其他權益項目相關資訊如下，且該公司決定將確定福利計畫之再衡量數結轉至保留盈餘，而非認列於其他權益，試計算該公司×6年底其他權益項目之餘額為何？

項目	金額
×6年度綜合損益表上列示其他綜合損益，明細如下：	
國外營運機構財務報表換算之兌換差額	$300,000
透過其他綜合損益按公允價值衡量之債務工具投資評價損益	$200,000
確定福利計畫之再衡量數	$100,000
×6年1月1日其他權益項目總計	$1,000,000（貸餘）

(A) $1,000,000 (B) $1,300,000
(C) $1,500,000 (D) $1,600,000

11. 大發公司於 ×1 年 6 月 1 日向臺灣銀行借款 $100,000，簽發一張票面利率 8%，票面額 $100,000，3 年到期之應付票據，利息每年 6 月 1 日支付，本金則於到期時償付。大發公司會計年度為曆年制。試問：大發公司有關該借款產生之應付利息及應付票據項目在 ×3 年 12 月 31 日資產負債表上應該如何報導？
    (A) 同時列為非流動負債
    (B) 同時列為流動負債
    (C) 應付利息列為流動負債，應付票據列為非流動負債
    (D) 應付利息不用認列，應付票據列為非流動負債

練習題

1. **【資產負債表中會計項目分類】** 依我國財務報告編製準則對資產負債表中會計項目之主要分類如下：

資產	負債及權益
a. 流動資產	e. 流動負債
b. 不動產、廠房及設備	f. 非流動負債
c. 無形資產	g. 股本
d. 其他非流動資產	h. 資本公積
	i. 保留盈餘
	j. 其他權益

試以上述 a. 至 j. 分類代碼，標示下列各會計項目之類別。非屬於資產負債表者標示 k.。

_____ (1) 質押之九個月期定期存款 (作為長期借款之擔保)
_____ (2) 預付保險費
_____ (3) 特別盈餘公積
_____ (4) 一年內到期之長期負債
_____ (5) 應付公司債 (5 年後到期)
_____ (6) 存貨
_____ (7) 專利權
_____ (8) 出租資產
_____ (9) 確定福利計畫之再衡量數
_____ (10) 按攤銷後成本衡量之金融資產 (1 年內到期)
_____ (11) 合約負債 (營業週期內交貨)
_____ (12) 遞延所得稅資產

Chapter 3 資產負債表與權益變動表

2.【資產負債表中會計項目分類】 暴龍公司 ×1 年 12 月 31 日資產負債表中會計項目之主要分類如下：

資產	負債及權益
a. 流動資產	e. 流動負債
b. 不動產、廠房及設備	f. 非流動負債
c. 無形資產	g. 股本
d. 其他非流動資產	h. 資本公積
	i. 保留盈餘
	j. 其他權益

試以上述 a. 至 j. 分類代碼，標示下列暴龍公司 ×1 年 12 月 31 日資產負債表中會計項目之類別，非屬於資產負債表者標示 k.。若屬於某類項目之評價項目或抵減項目，請以該類代碼加括號註明，如尚有五年到期公司債之折價標示為 (f.)。

_____ (1) 累計折舊
_____ (2) 預付貨款
_____ (3) 3 年期定期存款
_____ (4) 應計退休金負債
_____ (5) 償債基金 (作為長期借款之償債準備)
_____ (6) 待售房地
_____ (7) 商標權
_____ (8) 當期所得稅負債
_____ (9) 備抵損失
_____ (10) 處分不動產、廠房及設備損失
_____ (11) 應付薪資
_____ (12) 銀行長期借款

3.【資產負債表中權益部分之編製】 馬刺公司 ×1 年 12 月 31 日的部分財務資料如下：

項目	金額
普通股股本	$5,600,000
普通股股本溢價	800,000
特別股負債	2,000,000
負債準備—非流動	1,200,000
特別盈餘公積	420,000
法定盈餘公積	980,000
未分配盈餘	2,350,000
其他權益	(1,160,000)
非控制權益	230,000

97

試編製馬刺公司 ×1 年 12 月 31 日資產負債表之權益部分。

4. 【流動資產及非流動資產之區分及金額之決定】籃網公司 ×2 年底編製資產負債表前發現下列事項：

   (1) ×1 年 12 月 31 日用品盤存餘額為 $38,000，×2 年度購入用品金額為 $25,000，×2 年度領用用品金額為 $35,000。

   (2) ×2 年 12 月 31 日應收帳款金額為 $168,000、備抵損失金額為 $12,000、備抵銷貨退回及折讓金額為 $6,800。

   (3) ×2 年 12 月 31 日現金金額為 $10,000、活期存款金額為 $185,000、3 個月內到期之定期存款金額為 $1,200,000。

   (4) ×2 年 12 月 31 日不動產、廠房及設備（成本）金額為 $10,200,000、累計減損金額為 $1,380,000、累計折舊金額為 $5,830,000。

   試為上列事項分別決定應列為 ×2 年底流動資產或非流動資產之金額（如須計算，請列明算式）。

5. 【資產負債表中流動資產部分之編製】快艇公司 ×1 年 12 月 31 日的部分財務資料如下：

項目	金額
現金及約當現金	$ 50,000
透過損益按公允價值衡量之金融資產—流動	200,000
透過其他綜合損益按公允價值衡量之債務工具投資	190,000
按攤銷後成本衡量之金融資產	1,050,000
庫藏股票	600,000
特許權	200,000
應收票據	360,000
應收帳款（總額）	930,000
備抵損失	(15,000)
備抵銷貨退回及折讓	(22,000)
其他應收款	70,000
當期所得稅資產	15,000
遞延所得稅資產	28,000
存貨	350,000
生物資產—流動	80,000
銷貨成本	5,605,000
待出售非流動資產	275,000
其他流動資產	95,000

試編製快艇公司 ×1 年 12 月 31 日資產負債表之流動資產部分。

6. 【資產負債表中非流動資產部分之編製】溜馬公司 ×1 年 12 月 31 日的部分財務資料如下：

項目	金額
透過其他綜合損益按公允價值衡量之債務工具投資—非流動	$ 750,000
按攤銷後成本衡量之金融資產—非流動	2,500,000
避險之衍生金融資產—非流動	200,000
按攤銷後成本衡量之金融資產	2,000,000
採用權益法之投資	860,000
採用權益法認列之關聯企業及合資損失之份額	93,000
庫藏股票	70,000
不動產、廠房及設備(淨額)	1,515,000
投資性不動產	3,350,000
專利權	80,000
商譽	65,000
生物資產—非流動	135,000
遞延所得稅資產	36,000
其他非流動資產	38,000
待出售非流動資產	395,000

試編製溜馬公司×1年12月31日資產負債表之非流動資產部分。

7.【資產負債表中負債部分之編製】超音速公司×1年12月31日的部分財務資料如下：

項目	金額
短期借款	$1,500,000
應付短期票券	900,000
透過損益按公允價值衡量之金融負債—流動	550,000
避險之衍生金融負債—流動	600,000
應付票據	200,000
應付帳款	560,000
其他應付款	180,000
當期所得稅負債	88,000
遞延所得稅負債	123,000
負債準備—流動	22,000
與待出售非流動資產直接相關之負債	50,000
其他流動負債	37,000
透過損益按公允價值衡量之金融負債—非流動	385,000
應付公司債	1,350,000
一年內到期之長期借款	180,000
長期借款	540,000
負債準備—非流動	33,000
其他非流動負債	125,000
特別股負債	1,200,000
資本公積	250,000
其他權益	320,000

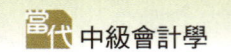

試編製超音速公司 ×1 年 12 月 31 日資產負債表之負債部分。

8. 【資產負債表中未知金額的求算】巫師公司 ×2 年底及 ×1 年底之資產負債表資料如下：

項目	×1 年底	×2 年底
流動資產合計	(1)	$310,000
不動產、廠房及設備	$ 600,000	710,000
無形資產	120,000	68,000
其他非流動資產	(2)	288,000
非流動資產合計	980,000	(6)
資產總計	1,230,000	(7)
流動負債合計	350,000	180,000
非流動負債合計	(3)	450,000
負債總計	590,000	(8)
股本	600,000	(9)
資本公積	90,000	100,000
保留盈餘	30,000	(10)
其他權益	(4)	120,000
權益總計	(5)	746,000

巫師公司 ×2 年度未發行新股，試計算上表中之未知金額。

9. 【由權益變動中計算本期損益】老鷹公司 ×2 年底及 ×1 年底之部分財務資料如下：

項目	×1 年底	×2 年底
資產總計	$360,000	$345,000
負債總計	225,000	未提供
股本	未提供	120,000
保留盈餘	未提供	46,500

×2 年底及 ×1 年底其他權益金額均為 $0
×2 年度發行新股 1,500 股，每股面額 $10
×2 年度發放放現金股利 $12,000

試計算老鷹公司 ×2 年度本期損益金額。

10. 【由權益變動中計算本期損益】勇士公司 ×2 年度財務資料變動如下：

項目	增（減）	項目	增（減）
現金及約當現金	$435,000	短期借款	$ 510,000
應收帳款 (淨額)	(195,000)	應付帳款	150,000
存貨	780,000	非流動負債	(450,000)
不動產、廠房及設備 (淨額)	525,000	股本	1,080,000
其他非流動資產	450,000	資本公積	240,000

×2 年度其他權益之變動金額為貸方增加 $125,000

×2 年度保留盈餘之變動為本期損益及發放現金股利 $180,000

試計算勇士公司 ×2 年度本期損益金額。

11. 【由其他權益變動項中計算本期其他綜合損益】塞爾提克公司 ×2 年度財務資料變動如下：

項目	增（減）
其他權益 (貸餘)	$750,000

×2 年度認列為其他綜合損益之「確定福利計畫之再衡量數」貸方金額為 $100,000，該公司之會計政策係將確定福利計畫之再衡量數結轉保留盈餘

×2 年度不動產、廠房及設備重估增值變動轉入保留盈餘 $200,000

試計算塞爾提克公司 ×2 年度本期其他綜合損益金額 (不考慮所得稅影響)。

12. 【土地重估增值之變動報表表達】承第 11 題，試編製塞爾提克公司 ×2 年相關之其他綜合損益表表達。

Chapter 4 複利和年金

學習目標

研讀本章後，讀者可以了解：
1. 貨幣的時間價值
2. 終值及現值的概念
3. 各種類型的年金
4. 較為複雜的年金問題

本章架構

複利和年金

- 貨幣的時間價值
  - 單利與複利
- 終值及現值概述
  - 終值
  - 現值
- 年金
  - 普通年金終值
  - 到期年金終值
  - 普通年金現值
  - 到期年金現值
- 較為複雜的情況
  - 遞延年金
  - 公司債的發行

美國紐約曼哈頓 (Manhattan) 位於美國東部哈德遜河的下游，是全球地價最高的精華區域，也是全球的金融中心。著名的紐約證券交易所和華爾街 (章首照片)、百老匯劇院區、第五大道時尚聖地、時代廣場、著名電影「金剛」為背景的帝國大廈、聯合國大廈，乃至於九一一恐怖攻擊中被摧毀的雙子星世貿大樓，均位於此區。如果您有機會到紐約一遊，很多人會建議您絕對不能錯過被列為世界三大博物館之一的紐約大都會博物館 (New York Metropolitan Museum)，其中的埃及館被一致推崇為必定要參觀的主題館，其他尚包括希臘羅馬館及中國館等。博物館旁邊則是世界聞名的中央公園，亦是著名的遊客景點。

曼哈頓的名字，原意為「多丘之島」或「陶醉之地」。1624 年荷蘭人在這裡定居，當時取名為新阿姆斯特丹 (New Amsterdam)，後來英國人驅走了荷蘭人，新阿姆斯特丹也因此改名為紐約。據傳此塊小島是 1626 年印地安原住民僅用 60 荷蘭盾 (折合 24 美元) 賣出，許多人會認為印地安土著被欺騙了，因為以今天紐約曼哈頓的繁榮景象來看，是不是當時的成交價格被嚴重低估了？

愛因斯坦 (Albert Einstein) 曾說：「宇宙中最強大的力量就是複利。」(The most powerful force in the universe is compound interest.) 我們將藉由複利的觀念來探討以上的問題。

假設當年的印地安土著將 24 美元以複利 7.2% 作為年報酬率，根據「72 法則」，每 10 年本金約可倍增一倍，我們現在來看這宗交易，以今年 2021 年推估，這 24 美元可以成長為 20,283,899,851,805 美元 (約 20 兆美元)，此價值似乎可以輕鬆的再買回紐約曼哈頓島。

本章即在探討貨幣的時間價值，包括終值及現值的概念，對於個人或公司的許多經濟決策，都有很大的幫助。藉由一些日常生活的釋例，你會發現複利和年金的相關問題，事實上是相當有趣的。

章首故事引發之問題
- 何謂貨幣的時間價值？
- 如何運用終值及現值的概念，作適當的經濟決策？
- 什麼叫做年金？如何運用年金現值與終值表，作最佳方案的選擇？

4.1 貨幣的時間價值

學習目標 1
如何以貨幣的時間價值，了解現值與終值

利息是使用貨幣的代價，當收得或償還的現金超過先前借出或借入金額(即本金)時，超出的部分即屬利息，因此利息常被定義為使用貨幣的時間成本。**貨幣的時間價值** (Time Value of Money) 即用以表示時間和貨幣的關係，例如今天收到 $100 會比未來 1 年後收到的 $100 更有價值，因為今天收到的 $100 可以作適當投資獲取利息，假使放在銀行，年利率 5%，則 1 年後此 $100 將會累積至 $105，這就是貨幣的時間價值。

貨幣的時間價值會產生現值和終值的概念，會計上常會應用現值和終值作為許多經濟決策的基礎。依上述的例子，本金 $100 投資一年的利率 5%，1 年後的終值為 $105 (本金 $100 加利息 $5)；另一方面，1 年後的 $105 之現值則是為了在 1 年後獲得 $105，今天所必須投資的本金 $100，所以 1 年後的 $105，在今天之現值為 $100。

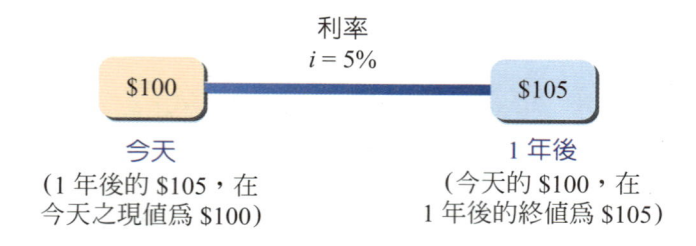

利率 $i = 5\%$

$100 ────────── $105

今天　　　　　　　　　1 年後
(1 年後的 $105，在　　(今天的 $100，在
今天之現值為 $100)　　1 年後的終值為 $105)

圖 4-1　現值和終值的概念

4.1.1 單利與複利

計算利息的方法有單利和複利兩種。單利的計算基礎僅為每期的原始本金金額，計算公式通常如下：

$$利息 = P \times i \times n$$

（其中 P 為本金，i 為每期利率，n 為利息期間之期數）

複利計算的基礎則為期初的本金金額加上先前各期累積的利息，若期間在兩期以上，則本金所產生的利息會加入本金繼續再衍生新的利息，亦即利上加利。因此，在利率條件相同的情況下，複利計算的結果，金額會較單利計算結果為大。此外，當複利計息的期間若短於 1 年，則必須注意每次計息之利率與期數的配合。例如，每季複利一次即代表 1 年複利四次，且複利期間的利率應為年利率的四分之一，而複利期數則為年數的四倍。茲以年利率 12%，4 年為期，說明不同複利情況下，每複利期間的利率及複利期數之計算方法。

> 複利計算的觀念為本金所產生的利息會加入本金繼續再衍生新的利息，亦即利上加利。

複利期間	複利期間之利率	複利期數
每年一次	12% ÷ 1 = 12%	4 × 1 = 4 期
每半年一次	12% ÷ 2 = 6%	4 × 2 = 8 期
每季一次	12% ÷ 4 = 3%	4 × 4 = 16 期
每月一次	12% ÷ 12 = 1%	4 × 12 = 48 期

釋例 4-1　單利與複利

1. 假設您每年以 6% 之單利借入 $10,000，期間 3 年，則 3 年間所需支付之利息總額為多少？

解析

利息總額 =（本金 × 利率）× 期數 =（$10,000 × 6%）× 3 = $600 × 3 = $1,800

2. 同上例，假設利息係以複利計算，則 3 年間累積支付之利息為多少？

解析

	複利計算	利息金額	年底本金與利息累積
第1年	$10,000 × 6%	$ 600	$10,600
第2年	$10,600 × 6%	$ 636	$11,236
第3年	$11,236 × 6%	$ 674	$11,910
		$1,910	

註：由以上分析得知，按單利計算之 3 年利息為 $1,800，而按複利計算之利息為 $1,910，多了 $110，係因第 1 年及第 2 年之未付利息 $600，持續加入本金一併再計息。

4.2　終值及現值概述

學習目標 2
了解終值與現值的概念

終值在金融、財務工程等相關專業領域，亦常以未來值一詞使用。

終值 (future value, FV) 及現值 (present value, PV) 均是屬於複利計算的方式。終值為某筆或多筆投資金額，經由複利計算後，在未來特定日所累積變成的金額；現值則是未來某筆或多筆金額，經由複利計算後，在今日折現後的金額。當分析相關的決策問題時，必先判斷要推算的是終值或是現值。若我們所要的是終值 (即投資在終點時的金額)，只要知道開始的投資金額、利率及複利期間之期數，就能推算投資終止時之終值。同樣地，如果知道投資終止時所能獲得或所需的金額 (終值)、利率和複利期間的期數，我們亦能推算投資剛開始時所需的金額 (現值)。現值和終值可以下面的時間圖表示。

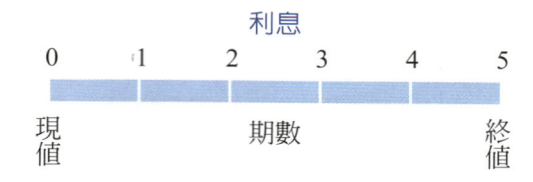

利息
0　1　2　3　4　5
現值　　期數　　終值

釋例 4-2　單一金額的終值

1. 隋唐企業投資 $100,000，單筆購買某一拉美基金，保證年報酬率為 5%，每年複利一次，則 3 年後總投資金額將為多少？

解析

Chapter 4 複利和年金

做法一：單一金額的本金，每期按複利計息，且每期期末利息亦加入本金，一併計息。所以
3 年後投資的終值 = $100,000 × (1+5\%)^3$ = $115,763

做法二：查閱複利終值表，$1 在 (利率 = 5%，期數 = 3) 之終值因子為 1.15763，因此這筆投資 3 年後的終值 = $100,000 × 1.15763 = $115,763

2. 經紀公司年初依承諾為卡卡存入 $1,000,000 至信託帳戶。若年利率為 6%，每半年複利一次，則在第 4 年底信託帳戶的金額累積為多少？

解析

因為半年複利一次，等於利率減半 (3%)，複利期數增加一倍 (期數為 8)。查閱複利終值表，$1 在 (利率 = 3%，期數 = 8) 之終值因子為 1.26677，所以
4 年後之終值 = $1,000,000 × 1.26677 = $1,266,770

釋例 4-3　單一金額的現值

1. 妍希想再接再勵至紐約影藝學院進修表演課程，預計 2 年後成行，所需經費為 $50,000。假設她要求片酬作為投資的市場報酬率每年為 7%，則現在應該投入的金額為多少？

解析

做法一：運用現值的觀念，現在應投入的金額為 $43,672，如以下圖示：

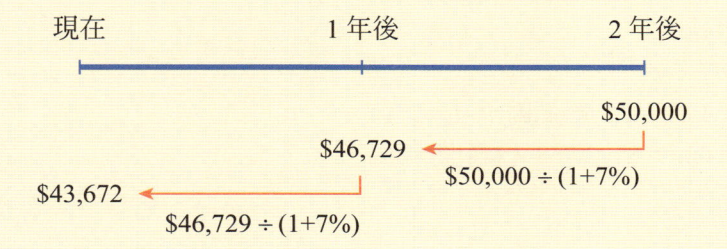

現在	1 年後	2 年後
		$50,000
	$46,729 ← $50,000 ÷ (1+7%)	
$43,672 ← $46,729 ÷ (1+7%)		

做法二：查閱複利現值表，在利率 = 7%，2 年後的 $1 (即 $i = 7\%$，$n = 2$)，其現值為 0.87344，因此妍希現在必須投入的金額 = $50,000 × 0.87344 = $43,672

2. 震東想在 3 年後成立經紀公司，所需資金為 $1,000,000，他向理財顧問要求基金的年報酬率為 8%，且每季複利計息，則今日應該投資基金的額度為多少？

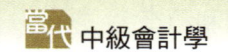

> **解析**
>
> 由於每季複利計息，所以利率應為 8% ÷ 4 = 2%，複利期數則為 3 × 4 =12。查閱複利現值表 (利率 = 2%，期數 = 12) 之現值因子為 0.78849，因此今日應投資的金額為 $1,000,000 × 0.78849 = $788,490。

以上的例子，不論是計算單一金額的終值或現值，均是在利率和期數已知的情況下進行。但在現實的決策過程中，常有許多情況的現值和終值為已知，而利率或期數未知，我們可以運用終值法或現值法求解未知的利率或期數。

釋例 4-4　求解其他未知數

1. 賽德克公司想以 $200,000 在廣場建立族人紀念碑。如果在本年初已募到款項 $172,768，並成立紀念基金的專戶，若以年利率 5% 每年複利一次，則需等待多少年才能實現願望？

> **解析**
>
> 本釋例之現值 $172,768 和終值 $200,000 為已知，另年利率為 5%，可以圖示如下：
>
> PV = $172,768　　　　　i = 5%　　　　　FV = $200,000
> ─────────────────────────────
> 　　　　　　　　　　　n = ?
>
> **做法一：查閱複利終值表**
>
> 　　FV = PV × 複利終值因子 (i = 5%，n = ?)
>
> 　　$200,000 = $172,768 × 複利終值因子
>
> 　　所以
>
> 　　複利終值因子 = $200,000 ÷ $172,768 = 1.15762
> 　　可在本章後所附之附表一 (行 = 5%，列 = 3) 之處，找到 1.15762，所以答案為 3 年。
>
> **做法二：查閱複利現值表**
>
> 　　PV = FV × 複利現值因子 (i = 5%，n = ?)
>
> 　　$172,768 = $200,000 × 複利現值因子
>
> 　　所以
>
> 　　複利現值因子 = $172,768 ÷ $200,000 = 0.86384

可在本章後所附之附表二 (行 = 5%，列 = 3) 之處，找到 0.86384，所以答案為 3 年。

2. 巴萊公司現在有 $100,000，想在 5 年後累積至 $201,135 成立生物科技的種子基金，則目前需求的投資報酬率為多少？

解析

本題之終值因子為 2.01135 (= $201,135 ÷ $100,000)，查閱附表一，在期間為 5 之列可找到 2.011357，所對應之利率為 15%。若運用現值因子 0.49717 (= $100,000 ÷ $201,135)，查閱附表二，可在期間為 5 的那一列找到，所對應的利率亦為 15%。

3. 德聖公司為一素食連鎖業者，其將 $1,000,000 存入中信貴賓理財，希望 4 年後順利籌措到 $1,500,000，以便至海外推廣素食環保概念。假設每年複利計算，則其要求的隱含報酬率為何？

解析

$1,500,000 = $1,000,000 × 複利終值因子 ($i = ?$，$n = 4$)，所需之複利終值為 1.5，但查閱複利終值表，在期數為 4 所對應之行並無 1.5 之終值，因此應用**插補法**求算利率。

本題之 1.5 乃是介於 1.464100 (利率 10%) 及 1.573519 (利率 12%) 之間，故推估方法如下：

	利率	終值因子	
	10%	1.464100	
2% [i − 10% [i		1.500000] 0.0359] 0.10942
	12%	1.573519	

經由等比關係：

$$\frac{i-10\%}{2\%} = \frac{0.03590}{0.10942}$$

$$i - 10\% = \frac{0.03590 \times 0.02}{0.10942} = 0.00656 = 0.656\% \Rightarrow i = 10.656\%$$

所以要求之隱含報酬率為 10.656%。

4.3　年　金

學習目標 3
了解年金的定義與類型

前文討論的情形僅限於單一金額的支付或收取，但個人或公司在實務上常會遇到連續定期且定額收付的情形，例如貸款之分期償還或壽險合約中，投保人定期支付定額保費等。此種在相等間隔

普通年金
期末收付定期定額者。

到期年金
期初收付定期定額者。

時間連續支付 (或收取) 相等金額，且每期計息之利率也相同，即所謂的**年金** (annuity)。由於各期金額的收付可於期初或期末為之，因此年金又區分為二類，於期末收付者，稱為**普通年金** (ordinary annuity)；於期初收付者，稱為**到期年金** (annuity due)。

年金的問題與前述的複利觀念相同，包括年金終值與年金現值的計算。以下將分別就 1. 普通年金終值；2. 到期年金終值；3. 普通年金現值；4. 到期年金現值，舉例說明。

4.3.1　普通年金終值

計算年金終值的方法之一即為將年金終值視為多個單一金額複利終值的總和。例如，假設在 4 年中每年年底存入 $1 (普通年金)，年利率為 5%，4 年後普通年金終值之計算，可以圖 4-2 示如下：

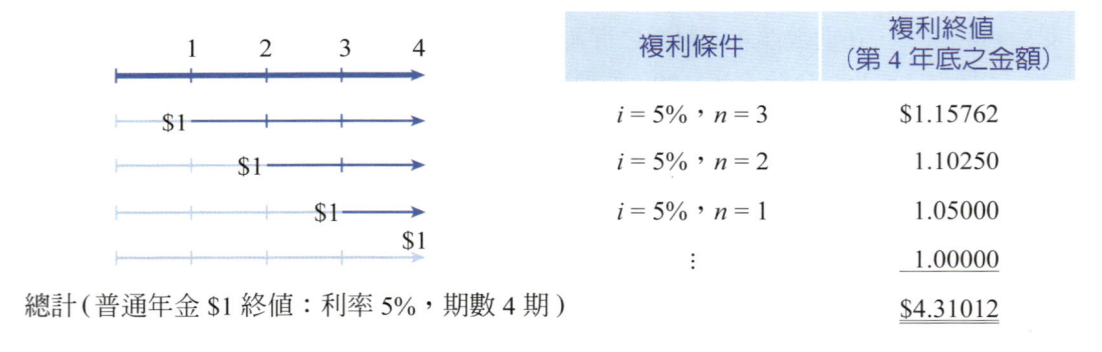

複利條件	複利終值 (第 4 年底之金額)
$i = 5\%$，$n = 3$	$1.15762
$i = 5\%$，$n = 2$	1.10250
$i = 5\%$，$n = 1$	1.05000
⋮	1.00000
總計 (普通年金 $1 終值：利率 5%，期數 4 期)	$4.31012

圖 4-2　普通年金終值的概念

圖 4-2 的普通年金 $1 終值中，共有四次支付，但由於是期末支付，因此觀念上僅有 3 期的利率期間。換言之，第一次支付之複利計算為 3 期，第二次支付之複利計算為 2 期，第三次支付為 1 期，第四次支付則無。運用複利終值計算並加總，雖然可以得出正確的結果，但較有效率的方法即是運用已編成的普通年金終值表。查閱表 4-1，在 $i = 5$，$n = 4$ 的交叉處，可找到所求之年金終值 4.31012。

表 4-1　$1 普通年金終值表（部分）

期數	3%	4%	5%
1	1.000000	1.000000	1.000000
2	2.030000	2.040000	2.050000
3	3.090900	3.121600	3.152500
4	4.183627	4.246464	4.310125

注意：此項普通年金終值因子與之前複利終值總和相同。較完整的普通年金終值表，請參閱本章後面之附表三。

到期年金終值 = 普通年金終值 × (1 + 複利率)

4.3.2　到期年金終值

上述普通年金之討論，係假設普通年金的收付均在每期期末發生，而到期年金之特徵則為每期年金均於期初支付，於支付當期的期末便有利息收入，因此支付期數與計息期數相同，亦即支付年金若為 4 期，則計算期間亦為 4 期。在計算年金終值時，到期年金的複利期數會比普通年金的複利期數多了一期；換言之，到期年金各期的終值因子等於普通年金各期的終值因子乘以 (1 + 複利率)，圖 4-3 圖示說明如下：

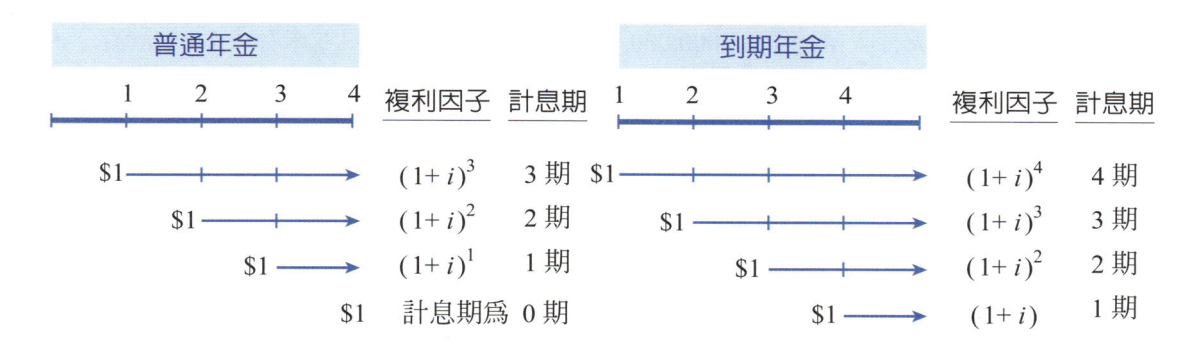

普通年金

複利因子	計息期
$(1+i)^3$	3 期
$(1+i)^2$	2 期
$(1+i)^1$	1 期
計息期為	0 期

到期年金

複利因子	計息期
$(1+i)^4$	4 期
$(1+i)^3$	3 期
$(1+i)^2$	2 期
$(1+i)$	1 期

圖 4-3　普通年金和到期年金之關係

由以上圖示分析可知，從第一筆到第四筆的支出，到期年金複利計息的期數均較普通年金多了一期，若僅能以普通年金終值表推算到期年金終值，則將普通年金終值再複利一期即可，公式如下：

到期年金終值 = 普通年金終值 × (1 + 複利率)

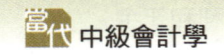

釋例 4-5　年金終值

1. 巨石公司決定在今後 3 年，以 6 個月為期，每期期末存入 $1,000,000，以累積足夠金額籌拍「地心冒險續集」，若與花旗銀行商談資金配置之年報酬率可達 12%，則第 3 年底之總累積金額為多少？

解析

由於每期期末支付定額，故屬於一種普通年金。又每半年支付一次，總期數為 6 次，查表之半年利率應為 6%。

第 3 年底累積金額
= $1,000,000 × 普通年金終值 ($i = 6\%$，$n = 6$)
= $1,000,000 × 6.97531
= $6,975,310

2. 周董想在兒子仔仔滿 20 歲生日的今天開始，每次生日時均定額存入 $1,000,000，希望能在兒子過 25 歲生日時 (假設這天並未存入 $1,000,000)，累積到一筆創業基金。假設周董要求的投資報酬率為 12%，每年複利一次，請問仔仔 25 歲生日時能累積多少創業金額？

解析

20 歲生日當天存入第一筆 $1,000,000，直至 25 歲生日 (當日並未存入)，總計存了 5 次。由於存款皆於期初進行，故本題情況屬於到期年金的概念。存款之終值計算如下：

(1)	參閱普通年金終值表 ($i = 12\%$，$n = 5$)	6.35284
(2)	多乘以一期之複利因子 (1 + 12%)	× 1.12
(3)	到期年金終值 ($i = 12\%$，$n = 5$)	7.11518
(4)	每期定額存入	× $1,000,000
(5)	25 歲生日時累積的創業基金	$7,115,180

以上的釋例均是在每期收付金額、利率與期數為已知的情況下，求算年金概念下的終值。在有些情況下，我們可能必須求出未知的每期收付金額、利率或期數，以下將舉例說明兩項未知數值的求算：(1) 每期收付款；(2) 收付期數。

Chapter 4 複利和年金

釋例 4-6　求解年金終值之相關數值

1. 大學剛畢業的春美想在 5 年後，能夠擁有 $1,000,000，以作為購買北大特區套房的頭期款，在此 5 年中能找到最好的年利率為 2%，每半年複利 1 次。請問春美若以每 6 個月為一期，則每期期末應存入多少？

解析

　　由於每半年複利 1 次，總計 10 期 (= 5 × 2)，且複利率為 1% (= 2% ÷ 2)，所需之年金終值為 $1,000,000。所以，每期期末應存入金額 × 普通年金終值 ($i = 1\%$，$n = 10$) = $1,000,000。

　　每期期末應存入金額 × 10.46221 = $1,000,000

⇒ 每期期末 (每 6 個月期) 應存入：$1,000,000 ÷ 10.46221 = $95,582

　　春美必須在每 6 個月期存入 $95,582，就能美夢成真。

2. 家庭主婦秋香兼職保險業務，她希望從今天開始，每年存款 $100,000，且存款之年利率為 2%，每年複利一次。請問辛苦的秋香媽媽必須存多少年，才能夠累積至 $1,241,208，以實現環球旅遊的心願？

解析

　　由於秋香是從今天即存入 $100,000，因此為到期年金的觀念。

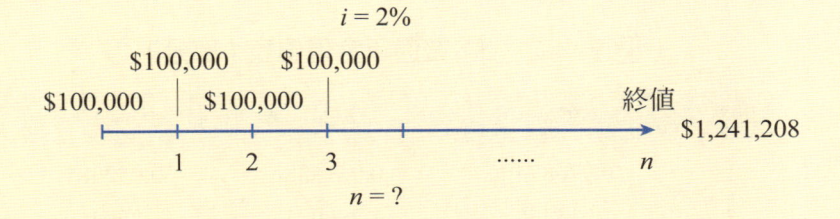

$i = 2\%$

$100,000　$100,000
$100,000　$100,000　　　　　　　　終值
　　　　　　　　　　　　　　　　　　$1,241,208
　1　　2　　3　　……　　n
　　　　n = ?

　到期年金終值 = 普通年金終值 × (1 + 複利率)

　$1,241,208 = 100,000 × 普通年金終值 ($i = 2\%$，$n = ?$) × (1 + 0.02)

⇒ 普通年金終值 ($i = 2\%$，$n = ?$) = 12.16871

　　經查普通年金終值表，利率為 2%，期數為 11，可找到對應的 12.16871。所以，秋香媽媽可以在第 11 年底 (或於第 12 年初存入第 12 筆 $100,000) 時，成功累積 $1,241,208，作為環球旅遊的經費。

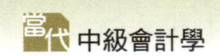

4.3.3 普通年金現值

計算年金現值的方法，其概念如同年金終值的計算一樣，可將年金現值視為每期收付金額之現值總和。以普通年金現值為例，在未來 4 期，每期期末所能收到之 $1 視為單一金額，因此，可運用複利現值表計算每 $1 之現值，予以加總。假設利率為 5%，則 4 年後普通年金現值之計算，可以圖示如下：

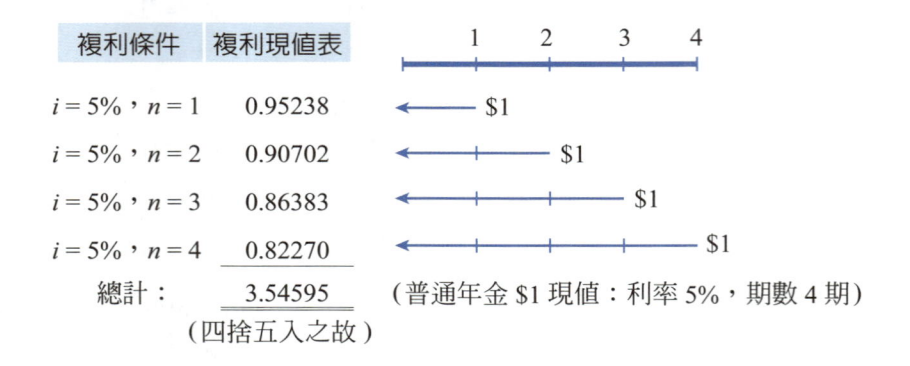

複利條件	複利現值表
$i = 5\%$，$n = 1$	0.95238
$i = 5\%$，$n = 2$	0.90702
$i = 5\%$，$n = 3$	0.86383
$i = 5\%$，$n = 4$	0.82270
總計：	3.54595

（普通年金 $1 現值：利率 5%，期數 4 期）
（四捨五入之故）

上圖說明乃運用單一金額複利現值之加總，即可得出普通年金現值之正確數值。通常我們可以運用普通年金現值表 (如表 4-2)，快速查閱適當的數字，以解決相關的決策問題。

表 4-2　$1 普通年金現值表 (部分)

期數	3%	4%	5%
1	0.970874	0.961538	0.952381
2	1.913470	1.886095	1.859410
3	2.828611	2.775091	2.723248
4	3.717098	3.629895	3.545951

注意：此項普通年金現值因子與之前複利現值總和相同。較完整的普通年金終值表，請參閱本章後面之附表三。

4.3.4 到期年金現值

由於到期年金是期初收付，所以在討論到期年金現值時，每一期收付金額的現值，在折現期數上，均較普通年金少了一期。如下圖所示：

Chapter 4 複利和年金

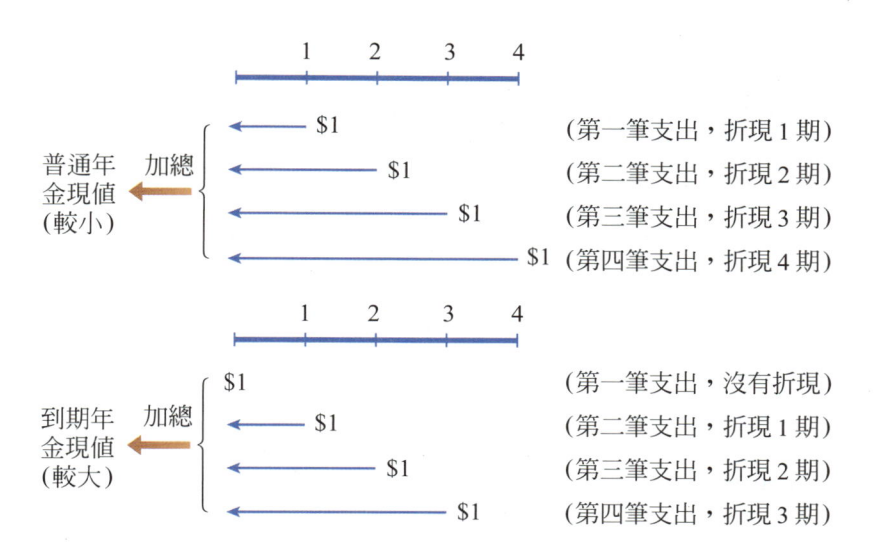

```
            1    2    3    4
         ├────┼────┼────┼────┤
         ←─── $1
普通年           (第一筆支出，折現 1 期)
         ←────── $1
金現值  加總     (第二筆支出，折現 2 期)
(較小)   ←─────────── $1
                (第三筆支出，折現 3 期)
         ←──────────────── $1
                (第四筆支出，折現 4 期)

            1    2    3    4
         ├────┼────┼────┼────┤
         $1
到期年           (第一筆支出，沒有折現)
         ←─── $1
金現值  加總     (第二筆支出，折現 1 期)
(較大)   ←────── $1
                (第三筆支出，折現 2 期)
         ←─────────── $1
                (第四筆支出，折現 3 期)
```

到期年金現值 = 普通年金現值 × (1 + 利率 i)；或
到期年金現值 = 1 + 普通年金現值 (利率 i，期數 $n-1$)

依上圖之分析，到期年金與普通年金之差別在於到期年金支付時間為期初，所以每一筆折現期均會少一期，現值因此會較大。欲運用普通年金現值表求算到期年金現值，僅須將普通年金的現值因子再複利一次，即乘以 (1 + 利率 i)，即可得出較大的到期年金現值，亦即

$$\underset{(\text{利率 } i, \text{期數 } n)}{\text{到期年金現值}} = \underset{(\text{利率 } i, \text{期數 } n)}{\text{普通年金現值}} \times (1 + \text{利率 } i)$$

另一種分析到期年金現值和普通年金現值關係，可將以上之到期年金現值圖，拆解為二部分：(1) 第一筆期初支付的 $1，現值也是 $1；(2) 第二筆至第四筆的 3 次支出，可視為 3 期的普通年金，因此

$$\underset{(\text{利率 } i, \text{期數 } n)}{\text{到期年金現值}} = 1 + \underset{(\text{利率 } i, \text{期數 } n-1)}{\text{普通年金現值}}$$

我們可以進一步證實，若以表 4-3 之普通年金現值表為例，求算到期年金 (利率 5%，期數 = 4) 之現值，做法有二：

做法一：到期年金現值 ($i = 5\%$, $n = 4$)
 = 普通年金現值 ($i = 5\%$, $n = 4$) × (1 + 5%)
 = 3.54595 × 1.05 = 3.72324

做法二：到期年金現值 ($i = 5\%$, $n = 4$)
 = 1 + 普通年金現值 ($i = 5\%$, $n = 3$)
 = 1 + 2.72324 = 3.72324

表 4-3　$1 普通年金現值表（部分）

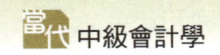

期數	3%	4%	5%
1	0.970874	0.961538	0.952381
2	1.913470	1.886095	1.859410
3	2.828611	2.775091	2.723248
4	3.717098	3.629895	3.545951

釋例 4-7　年金現值

1. 彬彬為小小彬規劃半年後開始進入雙語實驗小學之學費籌措。他打算將小小彬的部分片酬一筆交由理財顧問，並保證年報酬率為 10%。假設小小彬每學期的學雜費為 $160,000，請問彬彬現在應準備的價款為多少？

解析

小小彬半年後開始繳交學雜費，每學期 $160,000，就學 6 年間，總計需繳 12 次，且複利率應為 5%（= 10% ÷ 2）。

　　彬彬今日應準備的價款
　　= $160,000 × 普通年金現值（$i=5\%$，$n=12$）
　　= $160,000 × 8.86325
　　= $1,418,120

2. 志工阿姨行善有善報，中了樂透 $8,000,000。彩券公司告訴她可以立即領回中獎金額，或自今日開始領取 $1,000,000，每年領取一次，共可領 10 次。假設適當的利率水準為 6%，請幫志工阿姨作理性的選擇。

解析

若選擇分 10 次領取，且自今日開始，則本題之概念為到期年金。

　　到期年金現值（$i=6\%$，$n=10$）= 普通年金現值（$i=6\%$，$n=10$）× (1+6%)
　　　　　　　　　　　　　　　　　= 7.36008 × 1.06 = 7.80169

故分次領取的年金在今日之價值為 $1,000,000 × 7.80169 = $7,801,690。看來，志工阿姨應該選擇立即抱回 $8,000,000，較符合理性思考的抉擇。

普通年金現值或到期年金現值的計算過程中，常會出現需要計算利率、期數或每期支付的金額，茲以下面釋例說明。

釋例 4-8　求解年金現值之相關數值

1. 大雄買了一部金龜車，車款連同稅負總計 $1,449,377。假設車商建議大雄可以分 10 年付款，每次付款 $200,000，且第一次付款是在今天。請問此項付款條件的利率水準為何？

解析

本題之分期付款係於期初支付，乃到期年金問題。

到期年金現值 ($i = ?$, $n = 10$) = $200,000×[普通年金現值 ($i = ?$, $n = 9$) + 1]

$1,449,377 = $200,000×[普通年金現值 ($i = ?$, $n = 9$) + 1]

普通年金現值 ($i = ?$, $n = 9$) = ($1,449,377 ÷ $200,000) − 1 = 6.24688

查普通年金現值表 $n = 9$ 之一行中，$i = 8\%$ 時，現值為 6.24688，故此項分期付款之利率為 8%。

2. 胖虎簽發一張票據向銀行借款 $421,236，成立歌唱工作室。票據利率為 6%，約定 1 年後起每年償還 $100,000。請問胖虎需幾年始能將債務還清？

解析

本題借款係於期末償還，乃一普通年金問題。

$421,236 = $100,000×普通年金現值 ($i = 6\%$, $n = ?$)

普通年金現值 = $\dfrac{\$421,236}{\$100,000}$ = 4.21236

查普通年金現值表中，利率為 6% 之欄中，$n = 5$ 之現值為 4.21236，亦即胖虎的公司需 5 年始能償清債務。

3. 靜香在大學畢業時的助學貸款總計為 $947,130。她決定自半年後起，所貸款之本息每 6 個月償還一次，每次償還金額相等，5 年還清。假使青年助學貸款的年利率為 2%，則靜香每次應償還的金額為多少？

解析

助學貸款係於半年後償還，故為普通年金問題。本題之期數為 10，利率應減半為 1%。

$947,130 = 每次應償還的金額×普通年金現值 ($i = 1\%$, $n = 10$)

$947,130 = 每次應償還的金額×9.47130

因此靜香每半年應償還之助學貸款金額為 $100,000。

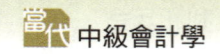

4.4 較為複雜的情況

有些企業或個人的交易行為與決策，常牽涉到須使用多個複利現值或終值表來解決，在此種情況下，若能正確的以時間圖，畫出現金流量與發生的期數，並分析所欲決定的是終值問題或是現值問題，將有助於容易了解問題及求解。以下我們將討論遞延年金和公司債的發行。

4.4.1 遞延年金

遞延年金
若干期後才發生收付的年金。

所謂**遞延年金** (deferred annuities)，係指於若干期後才發生收付的年金。例如，遞延 3 年至 5 年普通年金，意味前 3 年並無金額收付的發生，而第 1 期的收付是發生於第 4 年底，且連續 5 年。

有關遞延年金終值的計算，由於在開始的前數年並未有任何金額收付的發生，因此遞延年金的終值與沒有遞延的情況完全相同，在計算終值時，可以忽略前面幾期的遞延，亦即可以直接使用普通年金終值的計算。

釋例 4-9　遞延年金終值

1. 六福村預計於 5 年後在關西新購一片土地，作為野生動物園的擴建用途。公司的財務規劃顯示從第 3 年底開始，才有能力連續 3 年固定投入每期金額 $10,000,000，並以利率 5%，每年複利一次。請問六福村在第 5 年底能累積多少金額？

解析

依上所述，我們可以繪製時間圖以幫助了解。

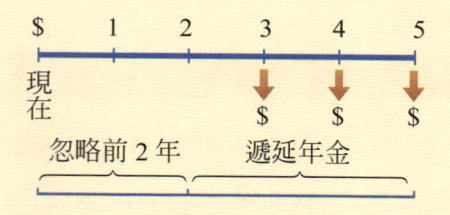

```
$      1    2    3    4    5
現                 ↓    ↓    ↓
在                $    $    $
       忽略前2年      遞延年金
```

本題在計算遞延年金終值時，可以忽略前 2 期之遞延效果，直接以普通年金終值處理連續三次於年底存入金額。

第 5 年底累積金額 = $10,000,000×普通年金終值 ($i=5\%$，$n=3$)
　　　　　　　　= $10,000,000×3.15250
　　　　　　　　= $31,525,000

至於遞延年金現值的計算，則必須考慮前面幾期的遞延效果，因為遞延期間愈長，折現回來的年金現值將會愈小。遞延年金現值的計算有兩種方法，以下面的釋例說明。

釋例 4-10　遞延年金現值

西田先生在鄉下有一塊農地，近來有兩位買主積極接洽。一位願意以 $3,000,000 現金立刻購買；另一位則允諾 3 年後，連續 5 年每年支付 $750,000 的方式購買。假設利率為 6%，西田先生應該接受哪一方案？

解析

依上所述，我們可以繪製時間圖以幫助了解。

做法一：

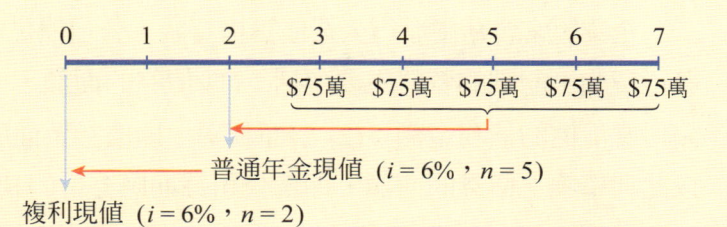

```
0     1     2     3     4     5     6     7
                 $75萬 $75萬 $75萬 $75萬 $75萬
```

　　　　　　　　　　　←────普通年金現值 ($i=6\%$，$n=5$)
　　　　←────複利現值 ($i=6\%$，$n=2$)

依上圖分析，本題可分兩個步驟處理，先求算第 3 年底至第 7 年底支付 5 期的普通年金現值 (時間點依以上圖示，乃落在第 2 年底)，再將此年金現值折回 2 期，計算今天的複利現值。

　　遞延年金現值
　　= $750,000×普通年金現值 ($i=6\%$，$n=5$)×複利現值 ($i=6\%$，$n=2$)
　　= $750,000×4.212364×0.889996
　　= $2,811,740

所以，西田先生應該選擇今天收取 $3,000,000 現金的方案，較為有利。

做法二：

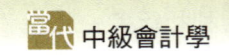

```
        0      1       2       3       4       5       6       7
        |_____|_____|_____|_____|_____|_____|_____|
              $75萬   $75萬   $75萬   $75萬   $75萬   $75萬   $75萬
                           (1) 普通年金 7 期

              $75萬   $75萬
        |_____|_____|
        (2) 普通年金 2 期
                              $75萬   $75萬   $75萬   $75萬   $75萬
                              |_____|_____|_____|_____|
                                    遞延年金 (1) – (2)
```

另一種方法則係以完整 7 期的普通年金現值減去實際並不存在的前 2 期 (即虛擬) 的普通年金現值，計算如下：

遞延年金現值
= $750,000 × 普通年金現值 ($i = 6\%$, $n = 7$) – $750,000 × 普通年金現值 ($i = 6\%$, $n = 2$)
= $750,000 × (5.582381 – 1.833393)
= $2,811,740 (與上述做法一之答案相同)

西田先生應該接受 $3,000,000 之現金購買。

4.4.2　公司債的發行

企業經常會藉由發行公司債籌措資金。公司債是一種債權憑證，發行契約上記載的資料主要包括：(1) 債券的面額，亦即債券到期時公司應清償的債務金額；(2) 票面利率，即債券票面所記載的利率，以此利率乘上債券的面額，即為公司每期應支付的利息；(3) 債券的發行日期、付息日期和到期日。根據上述，公司債的發行通常會產生兩種現金流量：到期前需定期支付的利息，以及公司債到期日需償還的本金。

另一方面，由於購買公司債的投資人也會評估公司債發行的契約條件和相關風險，用以決定所要求的投資報酬率，此即所謂的市場利率或有效利率，而市場利率和債券的票面利率不一定會相等，這就產生了債券發行折價或溢價的問題。

就債券到期的本金或面額言，係屬單筆款項的複利問題，而定期支付利息則屬於年金問題。至於公司債的發行市價，或投資人願意承購的價格，基本上乃以市場利率作為未來現金流量的折現基礎。茲以釋例說明如下。

釋例 4-11　公司債之發行

晶圓大廠台積電因為預測春燕即將來臨，於 ×4 年 1 月 1 日發行 5 年期的公司債擴充資本支出。假設公司債的面額為 10,000,000 美元，票面利率為 4%，每年 12 月 31 日付息。

試作在以下兩種情況下，台積電公司債之發行價格：(1) 發行時市場利率為 5%；(2) 發行時市場利率為 3%。

解析

(1) 台積電公司債發行後，產生兩種現金流量：(a) 自 ×4 年 12 月 31 日起連續 5 年支付之利息 $10,000,000 × 4% = $400,000；以及 (b) 到期日 ×8 年 12 月 31 日支付之本金 $10,000,000。

(2) 我們若以圖示相關現金流量之時間圖，分析如下：

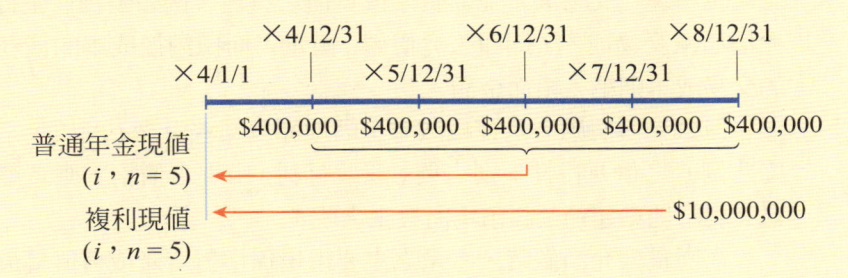

```
                    ×4/12/31       ×6/12/31       ×8/12/31
         ×4/1/1  |    ×5/12/31  |    ×7/12/31  |
            |────┼───────┼──────┼──────┼───────┤
               $400,000 $400,000 $400,000 $400,000 $400,000
普通年金現值
  (i, n = 5)  ←─────────────────────────────┘
複利現值                                    $10,000,000
  (i, n = 5)  ←─────────────────────────────
```

(3) 計算結果如下（假設發行時之市場利率為 5%）：

現金流量	現值表 ($i=5\%$, $n=5$)	現值因子	金額	現值
每期利息 $400,000	$1 年金	4.329477 × $400,000	=	$1,731,790
到期日面額 $10,000,000	$1 複利	0.783526 × $10,000,000	=	$7,835,260
				$9,567,050 (美元)

公司債之發行價格為 $9,567,050，低於面額之 $10,000,000，屬於折價發行，折價的金額為 $10,000,000 − $9,567,050 = $432,950。由於公司債之票面利率為 4% 較市場利率 5% 為低，所以折價的部分代表台積電補償給投資人的利率差距。

(4) 另一種計算結果如下（假設發行時之市場利率為 3%）：

現金流量	現值表 ($i=3\%$, $n=5$)	現值因子	金額	現值
每期利息 $400,000	$1 年金	4.579707 × $400,000	=	$1,831,882
到期日面額 $10,000,000	$1 複利	0.862609 × $10,000,000	=	$8,626,090
				$10,457,972 (美元)

公司債之發行價格為 $10,457,972，高於面額之 $10,000,000，屬於溢價發行，溢價的金額為 $10,457,972 − $10,000,000 = $457,972。由於發行時之利率為 3%，而台積電願意給付 4% 的票面利率，投資人因而願意支付較面額為高的價格購買。

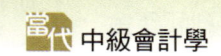

附錄 A　公允價值

本章所介紹的複利與年金之計算，目的在說明國際財務報導準則最常用的衡量基礎——公允價值評價技術中收益法的(即現值法)。以下說明公允價值之定義、市場參與者、評價技術、應用於非金融資產、應用於負債及企業本身權益工具的要點。

公允價值之定義

公允價值 (fair value) 係於衡量日，在現時市場狀況下，**市場參與者** (market participants) 在主要（或最有利）市場之有秩序之交易中出售資產所能最大收取或移轉負債所需最小支付之價格 [即 **退出價格** (exit price) 而非 **進入價格** (entry price)]，不論該價格係直接可觀察或使用其他輸入值的評價技術估計。該退出價格不得調整交易成本。交易成本應依其他 IFRS 之規定處理。交易成本並非資產或負債之特性。例如動物性生物資產採公允價值減交易成本 (即淨公允價值) 衡量，而攤銷後成本的債務工具投資的交易成本則納入帳面金額。

但公允價值應考量運輸成本，因地點為某些資產 (例如大宗商品可能屬此例) 之重要特性，則主要 (或最有利) 市場之價格，應調整將該資產自其現時地點運輸至該市場所發生之成本。

在衡量公允價值時，考量之主要市場係指對資產或負債具最大交易量及活絡程度之市場，但若無主要市場，則為該資產或負債之最有利市場。所謂最有利市場，係指考量交易成本及運輸成本後，最大化出售資產所能收取之金額或最小化移轉負債所需支付之金額之市場。例如：臺南玉里的芒果全省知名，假如它沒有主要市場，而是只考量最有利市場—臺北果菜市場或高雄果菜市場，相關資料如下：

	臺北果菜市場	高雄果菜市場
價格	$105	100
運輸成本	(5)	(2)
公允價值	100	98
交易成本	(4)	(1)
最有利市場	96	97

若單以這個芒果的公允價值 (即只考量運成本) 而言，臺北果菜市場的 $100 較高雄果菜市場的 $98 為高，但是如果進一步再考量最有利市場 (再扣掉交易成本後)，此時依 IFRS 13 之規定，這個芒果的公允價值應是

由最有利市場高雄果菜市場所決定的 $98，而非台北果菜市場的 $100。企業於衡量日必須能進入該主要市場 (或最有利市場)，但無須考量是否有能力於衡量日出售資產或移轉負債。

衡量公允價值時，企業應將資產或負債之特性納入考量，該資產之狀況與地點；及對該資產之出售或使用之限制。特定特性對衡量之影響將視該特性如何被市場參與者所考量而有所不同。按公允價值衡量之資產或負債可能為

- 某一單獨資產或負債；或
- 資產群組、負債群組；或
- 資產及負債群組 (例如某一現金產生單位或某一業務)。

市場參與者

市場參與者 (market particpants)，係指於資產或負債之主要 (或最有利) 市場中，具有下列所有特性之買方及賣方：

- 彼此間相互獨立，亦即他們並非 IAS 24 所定義之關係人。
- 具相當知識且運用所有可得資訊 (包括透過一般及慣例上實地查核之努力所能取得之資訊) 而對於資產或負債及交易有合理了解。
- 有能力達成交易。
- 有意願達成交易，亦即有成交之動機而非被迫或被強制成交。

這群市場參與者會依他們的最佳經濟利益，決定資產或負債的公允價值。

評價技術

企業應使用適合及可得充分資料之評價技術以衡量公允價值，應最大化使用攸關之**可觀察輸入值** (oberservable inputs)，並最小化使用**不可觀察輸入值** (unobservable inputs)。評價技術通常可分類為三類方法，如下表：

評價技術	內　容
1.市場法 (Market method)	使用涉及相同或類似資產、負債或群組之市場交易所產生之價格，及其他攸關資訊之評價技術。
2.成本法 (Cost method)	反映重置某一資產服務能量之現時所須金額 (常被稱為現時重置成本) 之評價技術。
3.收益法 (Income method)	將未來金額 (例如現金流量或收益及費損) 轉換為單一現時 (即折現) 金額之評價技術。公允價值衡量係以有關該等未來金額之現時市場預期所顯示之價值為基礎所決定。

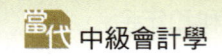

使用現值法應注意事項：

- 只考量與該資產或負債有關現金流量及折現率；
- 應避免重複考量風險因素；
- 假設應具一致性 (名目現金流量或實質現金流量，稅前現金流量或稅後現金流量)；
- 折現率應與相關現金流量幣別一致。

最有利市場
公允價值層級

公允價值的層級，依其使用輸入值種類之優先順序 (而非評價技術)，可分為三個優先等級。如下：

公允價值層級	判斷依據
第 1 等級輸入值 (Level 1)	相同資產或負債在活絡市場的報價。
第 2 等級輸入值 (Level 2)	資產或負債直接或間接之可觀察輸入值，除第1等級之報價者。
第 3 等級輸入值 (Level 3)	使用不可觀察輸入值。

應用於非金融資產之公允價值時

在衡量非金融資產之公允價值時，係以從市場參與者的角度，能夠以實質可能、合法及財務可行之方式，最佳使用資產所能創造最高的價值。惟企業對非金融資產之現時使用，係推定為其最高及最佳使用，除非市場或其他因素顯示市場參與者所採之不同用途將最大化該資產之價值。例如，企業之工廠用地，已重劃為住宅用。又例如，即使企業為保護其競爭地位，不積極使用所取得之非金融資產，企業仍應假設非金融資產由市場參與者作最高及最佳使用，以衡量其公允價值。例如買入專利權，卻將其故意閒置，只要阻止競爭對手就已達到企業的目的。

應用於負債及企業本身權益工具

公允價值衡量假設 (金融或非金融) 負債或企業本身權益工具 (例如發行作為企業合併對價之權益) 於衡量日移轉予市場參與者。其主要移轉假設如下：

Chapter 4 複利和年金

🐸 IFRS 一點通

企業特定價值 (entity specific value) vs 公允價值 (fair value) 兩個是對應的觀念

企業特定價值：係指**個別**企業預期從現有的資產(含存貨)之持續使用及於耐用年限屆滿時之處分中所產生之現金流量現值，或預期為清償負債而發生之現金流量現值。例如企業現金產生單位的**使用價值** (value in use) 的估計，或者是企業商勞務的**售價** (sale price)。

而公允價值是從**全部**的市場參與者的角度，對於資產或負債在主要(或最有利)市場之有秩序之交易中出售資產最大所能收取或移轉負債所需最小支付之價格。

兩者評價的出發點，是有極大的不同，因此兩者如果估計有所不同，是必然的結果。

- 負債將仍流通在外且市場參與之受讓人將被要求履行義務，該負債於衡量日將不會被消滅。
- 企業本身權益工具仍將流通在外，且市場參與之受讓人將承擔與該工具相關之權利及責任。該工具於衡量日將不會被消滅。

另外，負債之公允價值應反映**不履約風險** (non-performance) 之影響。不履約風險包括(但不限於)企業本身之信用風險。當衡量負債之公允價值時，企業應考量其信用風險及其他可能影響該義務將不被履行之可能性之影響。在衡量負債公允價值時，係假定不履約風險在負債移轉前後，都不會改變。

🔵 本章習題

問答題

1. 試問單利與複利的差別。
2. 何謂現值？何謂終值？
3. 何謂年金？何謂普通年金？何謂到期年金？
4. 何謂遞延年金？
5. 試問發行公司債時，計算折現值需要哪些項目？

選擇題

1. 計算利息時不需要下列何者變數？

(A) 本金　　　　(B) 利率　　　　(C) 資產　　　　(D) 時間

2. 假設投資 $100,000，可以賺得 10% 之利息，請問以下列何種複利方式，可以讓一年後賺得的報酬最多？

   (A) 每年複利　　(B) 每季複利　　(C) 每月複利　　(D) 每日複利

3. 建仔想要知道他每年年底存入 $30,000，總共存 5 年，若可賺得 8% 之複利，最後會累積多少金額。請問建仔該使用哪一張表？

   (A) 複利現值表　　　　　　　　(B) 複利終值表
   (C) 普通年金現值表　　　　　　(D) 普通年金終值表

4. 巴其的銀行定期存款可賺得 8% 之利息，若半年複利一次，總共存 4 年，巴其應使用複利終值表中的哪一項因子？

   (A) 4 期，8%　　(B) 4 期，4%　　(C) 8 期，8%　　(D) 8 期，4%

5. 培培有 $50,000 的額度可以投資，他想賺到 $114,600，若投資可獲得年報酬 5%，試問培培需要多少年可達成目標？

   (A) 16 年　　　　(B) 17 年　　　　(C) 18 年　　　　(D) 19 年

6. 納豆想要在 6 年後存到 $30,000，若他投資可以獲得 8% 的報酬，請問他現在要投入多少資金？

   (A) $15,600　　(B) $18,905　　(C) $9,610　　(D) $26,670

7. 花媽為了女兒橘子 10 年後出國念研究所的學費，現在開始存錢，每年年底存入相同的金額，存至橘子出國那一年年底。花媽估計總共要存到 $2,300,000，若利率為 6%，試問每次存款金額為何？

   (A) $312,496　　(B) $200,151　　(C) $174,497　　(D) $338,151

8. 雷歐力每兩個月月底存入 $6,000，共存 3 年。若存款利率為 15%，試問 3 年後雷歐力擁有多少錢？

   (A) $20,835　　(B) $134,318　　(C) $110,700　　(D) $120,825

9. 尼特羅會長想要於退休後環遊世界一周，現在距離退休還有 20 年，他預計花費 $13,000,000，若他現在開始每年年初存入 $161,093，他要有多少報酬率才夠達成目標？

   (A) 8%　　　　(B) 10%　　　　(C) 12%　　　　(D) 15%

10. 祐寧公司發行公司債，本金 $1,000,000，每年年底支付利息。公司債 6 年後到期，若市場利率為 6%，負債的現值為 $901,653，試求此負債之票面利率為何？

    (A) 3%　　　　(B) 4%　　　　(C) 6%　　　　(D) 8%

11. 現有一投資案顯示，接下來 5 年，每年底可賺得 $30,000，在第 5 年底也可拿到 $240,000。若利率為 12%，你會付多少錢在此投資案上？

(A) $244,327　　　(B) $153,206　　　(C) $257,304　　　(D) $973,291

12. 花爸之退休金每 3 個月領一次 $85,000，第一次領取的日期為 ×1 年 1 月 1 日，共領 9 年，若市場利率為 10%，花爸想要在 ×1 年 1 月 1 日一次領完的話可以拿多少元？

    (A) $904,754　　　(B) $538,469　　　(C) $2,052,339　　　(D) $694,462

13. 孝全公司準備購買 $2,000,000 的機器設備，由於資金欠缺，廠商提供孝全公司可分次付款，約定每年年初支付 $331,513，共支付 8 年。試問孝全公司將負擔多少利率之利息？

    (A) 8%　　　(B) 9%　　　(C) 10%　　　(D) 11%

14. 阿基師於 ×1 年 1 月 1 日中獎大樂透彩券，稅後獎金 $7,967,555，他打算先將獎金存入銀行 4 年 (×1 年初至 ×5 年初)。自 ×5 年開始，每年年初領取 $600,000。假設利率為 5%，試問阿基師可領多少次相同金額的錢？

    (A) 28 次　　　(B) 29 次　　　(C) 30 次　　　(D) 31 次

15. 公允價值衡量時，在考量出售資產或移轉負債之交易市場時，何者為最優先考量之市場？

    (A) 主要市場　　　(B) 最有利市場　　　(C) 都可以　　　(D) 以上皆非

16. A 資產在甲活絡市場的售價是 $50、交易成本 $2、運輸成本 $5，在考量該甲活絡市場是否為最有利市場時，應認定 A 資產在甲活絡市場的金額為何？

    (A) $50　　　(B) $48　　　(C) $45　　　(D) $43

17. 沿上題，若甲活絡市場係為最有利市場時，則 A 資產之公允價值為何？

    (A) $50　　　(B) $48　　　(C) $45　　　(D) $43

18. 將未來金額 (例如現金流量或收益及費損) 轉換為單一現時 (即折現) 金額之評價技術，係屬

    (A) 市場法　　　(B) 成本法　　　(C) 收益法　　　(D) 以上皆非

19. 在估計某資產之公允價值時，同時使用到兩種重要的輸入值，其中一個為第 2 等級輸入值，另外一個為第 3 等級輸入值，故該資產之公允價值係屬何種等級？

    (A) 第 1 等級　　　(B) 第 2 等級　　　(C) 第 3 等級　　　(D) 第 4 等級

練習題

1. 【單利與複利】辛巴找到一個可獲得年報酬 4% 的投資，期間為 6 年，現在他投資 $100,000，試問：(1) 利息為每年單利，(2) 利息為每年複利；在 6 年後，辛巴可拿回共多少？

2. 【終值】黑傑克將 $60,000 存入銀行，定期存款共 4 年，年利率 12%。依照以下利息複利之假設，計算第 4 年底之終值。

    試作：(1) 每年複利一次，(2) 每半年複利一次，(3) 每季複利一次。

3. 【現值】索隆先前向娜美借款 $1,300,000，不計息，從現在算起再過 7 年要全部還清。索

隆現在要存入多少元，才可以依 8% 的複利利率，於 7 年後償還借款？

4. 【現值與終值】試回答以下問題：
   (1) 投資 $130,000，報酬 12%，持有 6 年之最終價值為多少？
   (2) 2 年後能獲得的 $45,000，以 10% 折價之現值為多少？
   (3) 存款 $30,000，利率 4%，半年複利一次，存放 3 年後本息共為多少？
   (4) 不附息負債 $250,000，5 年期，市場利率 15%，現值為多少？

5. 【年金終值】靜香為了出國學習小提琴，從 ×1 年起，每半年存 $10,000，第一次存款時間為 ×1 年 6 月 30 日，預計存 3 年，若年利率為 10%，試問 ×3 年底總共累積了多少錢？

6. 【求解其他未知數】彭哥列公司欲提撥退休基金，預計從 ×1 年開始，每年年底提撥一筆錢。若想要在 ×11 年 12 月 31 日累積至 $14,000,000，以 8% 的利率計算，彭哥列公司每年要提撥多少元？

7. 【求解其他未知數】小新想要存到人生第一個 $1,000,000，從現在起每年初要存多少元，才可以在 6 年後，以 4% 的利率存到 $1,000,000？

8. 【求解其他未知數】花花想買價值 $840,000 的東西，從現在起每年年初投資 $108,871，若可以獲得固定利率 10%，請問花花要存幾年？

9. 【公司債發行】布馬公司發行公司債，本金 $500,000，票面利率 4%，每年底支付。公司債 8 年後到期，若市場利率 3%，試求此負債之現值為何？

10. 【年金現值】霍爾找到一基金投資案，每年底可獲得報酬 $125,000，共 5 期，若市場利率 12%，此基金要低於多少元，霍爾才可以投資？

11. 【年金決策題】哲普飲食公司為東海地方有名之餐廳，想要到西海地方增設分店。現找到三間適合的店面，各店面之顧客流動與消費狀況均相同，以下分別為各店面之條件：
    店面甲：現金購買價格 $50,000,000，耐用年限為 20 年。
    店面乙：以租賃方式承租店面，每年年初支付租金 $7,000,000，承租 20 年。
    店面丙：現金購買價格 $55,000,000，耐用年限為 20 年。由於店面丙的空間比哲普公司之需求還大，多餘的部分若另外出租，每年底可收到租金 $860,000，可出租 20 年。
    試問若哲普公司之資金成本為 15%，應選擇哪一間店面作為分店之地點？請說明原因。

12. 【年金現值】龍太郎之退休金每兩個月 $56,000，從 ×2 年 1 月 1 日開始領第一次，總共領 6 年。若市場利率 12%，龍太郎想要在 ×2 年 1 月 1 日一次領完的話可以拿多少元？

13. 【年金決策題】多惠於拍賣網站購買瘦身器材，現購價 $39,000，可分期付款 6 期，每 3 個月支付 $7,000，購買日支付首次款項。若市場利率 10%，且多惠資金充沛，請問多惠該選擇何種付款方式較划算？請說明原因。

14. 【遞延年金】櫻木花道想要於 ×14 年起每年年初領 $340,000，領至 ×20 年。他從 ×1 年

起每年底存一筆錢，共存 8 年，市場及存款利率皆為 8%，試問每年要存多少元？

15. 【遞延年金】海綿寶寶於 ×1 年 1 月 1 日購買一輛車子，付款條件為頭期款 $150,000，2 年後開始每半年支付 $70,000，共支付 5 年。第一次付款為 ×3 年 1 月 1 日，假設利率為 8%，試問車子若有現購價，會是多少元？

Chapter 5 現金及應收款項

學習目標

研讀本章後，讀者可以了解：
1. 現金和約當現金應包括哪些項目？
2. 應收款項包含哪些項目？
3. 應收帳款之認列及衡量？
4. 應收帳款備抵損失如何提列？
5. 應收款項融資及除列如何判斷及處理？
6. 應收票據之認列及評價？

本章架構

現金及應收帳款

現金及約當現金
- 現金
- 約當現金
- 零用金
- 銀行存款調節表

應收款項
- 應收帳款
- 應收票據
- 其他應收款項

應收帳款之認列及衡量
- 銷貨折扣及折讓
- 退款負債
- 備抵損失之提列

備抵損失
- 備抵法
- 準備矩陣

應收款項融資及除列
- 擔保借款
- 真實出售
- 除列原則
- 除列會計處理

應收票據
- 短期應收票據
- 應收票據貼現

企業一般在正常營運過程中，通常會以賒帳方式銷售商品或勞務，因而產生應收帳款(account receivable)。應收帳款雖然屬於具高流動性的資產，但它的本質其實企業用自有資金無息融資給客戶，應收帳款餘額愈高、收現期間愈久，表示企業對自有資金需求會愈高，對企業本身不是一件好事。此外，客戶也可能會倒帳，造成企業賠了夫人又折兵。

有鑑於此，國內有許多金融機構均有應有帳款承購及融資業務(factoring)，讓企業可以將其應收帳款「出售」給金融機構，以儘早取得現金，降低資金需求，更可以規避客戶信用風險，甚至消除匯率風險(如果該應收帳款為外幣時)。另外，也可提高應收帳款週轉率(因為應收帳款餘額下降)，達到美化財務報表及比率的效果。

但是此一應收帳款出售業務，有時也會被不肖銀行及企業所利用，造成不當的美化報表，使得投資人被誤導而作出錯誤的投資決策。例如，宏達科技公司曾是一家專門從事於現代航太與高級工業用途扣件設計、製造與行銷之上市公司。但該公司因出售應收帳款(金額達1,000萬美元)資料與帳載不符，被台灣證券交易所自2004年9月22日起列為全額交割股。宏達科技公司方面提出說明，指出：該項應收帳款為銷售美國、英國客戶帳款，已讓售給新竹商銀，未來收帳風險由新竹商銀承擔，所以除列該應收帳款。

但是這個讓售合約只是法律形式上而已，經濟實質上仍然保有該應收帳款的風險。因為該讓售合約雖以無追索權(factoring without recourse)的出售方式簽署，宏達科技似已將應收帳款的風險移轉給新竹商銀。新竹商銀將來如果收不到款項，也不能向宏達科技求償，如此一來，似乎符合一般會計教科書可以除列的規定。但是在該應收帳款讓售合約中，新竹商銀有加入一個重要的但書：

> 新竹商銀必須要等到收到相關應收帳款款項後，才會付給宏達科技出售應收帳款所得之價款。

因為這個但書，使得應收帳款的風險與報酬尚未移轉，只要新竹商銀一天沒有收到現金，就一天不付款給宏達科技。所以應收帳款的收回的風險實際依然由宏達科技承擔，所以不得除列，才算是允當表達。

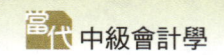

章首故事引發之問題
- 應收帳款應如何衡量？應如何認列預期信用減損？
- 企業若不想等到客戶付款才取得現款，企業有何方式可提早獲得現金？
- 企業除列應收帳款（金融資產）的判斷依據為何？會計應如何處理？

學習目標 1
現金及約當現金之定義及項目

5.1　現金之意義

　　會計上所謂「現金」，係指企業可隨時作為交易支付的工具，而且沒有任何指定用途，也沒有受到法令或其他約定之限制。它比一般所認知的現金（紙鈔及硬幣）更為廣泛。除了紙鈔及硬幣外，銀行支票存款、銀行活期存款、即期支票、即期本票及匯票、銀行本票及保付支票（可隨時向銀行要求兌現）及郵政匯票等，亦屬於會計上之現金。

　　至於**約當現金** (cash equivalent)，則係指具高度流動性之投資，該投資可隨時轉換成一固定金額之現金且其價值變動的風險很小。持有約當現金之目的必須在於滿足短期現金支付之需求，而不是作為賺取差價或享有高額利息收入之用。因此，通常只有短期內（如自投資日起 3 個月內）到期的投資才可視為約當現金，例如自投資日起，3 個月內到期之短期票券及附賣回條件之票券等。

　　在財務報表上，現金及約當現金通常加總在一起，以「現金及約當現金」項目表達，此乃因為兩者都能迅速滿足企業短期現金支付之需求。現金及約當現金可說是企業所有資產中流動性最高的資產。

　　至於**銀行定期存款** (certificate of deposit) 是否屬於現金或約當現金？根據許多其他國家銀行之實務，定期存款提早解約時，必須支付罰款，因此本金無法全部取回，所以不可視為現金或約當現金。但在我國銀行實務上，定期存款如果提前解約，雖然會喪失部分利息，但是本金仍可全數收回，因此符合約當現金之定義，

所以短期12個月內到期的定期存款，也算是符合IFRS約當現金之定義。

至於**償債基金** (sinking fund) 內的現金及約當現金，由於有必須清償債務的指定用途，故不是現金或約當現金。企業向銀行借款時，銀行若要求必須作**補償性回存** (compensated balance) 時，由於該回存銀行之存款有受到提領限制，故亦不屬現金。

有時銀行為保護客戶之信用及賺取利息收入，會提供**透支額度** (overdraft limit) 給企業，此一使用之透支其實為銀行對企業之短期放款，本來應屬於負債，但如果企業整體現金管理有包括該可隨時償還之銀行透支，則該銀行透支應與企業與在同一銀行的存款互抵。例如，企業向甲銀行A帳戶透支了$100，但企業在同一銀行尚有其他存款帳戶餘額$2,000，且此兩帳戶均屬企業現金管理系統之一部分。此時該企業的現金及約當現金餘額為$1,900。反之，如企業整體現金管理並未包括該銀行透支，此時銀行透支$100應單獨列為負債，而企業的存款餘額則為$2,000。

至於遠期支票在國內常作為信用工具，到期之前不能向銀行要求兌現，所以並非現金，而應歸類在應收票據項目。員工借款條係借款給員工而取得的收據，無法作為支付工具，故應歸屬於應收款。郵票及印花稅票則應歸屬於預付郵電費。

5.1.1 現金管理及內部控制

現金管理期望能達到下列目標：

1. 所有現金收支均能依照規定進行，並有良好的內部控制系統，以防止現金遭竊或被舞弊。
2. 維持適當現金水準，以因應企業各項例行支出及重大資本支出。
3. 因現金之收益通常很低，應避免過多之閒置現金。
4. 迅速且正確提供現金收支資訊，以利企業現金調度。

良好的現金內部控制程序，應包括下列：

1. 現金保管與會計記錄人員應由不同人員負責。
2. 任何交易應避免由一人或單一部門負責完成，以利相互核對勾稽。

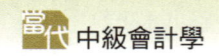

3. 盡可能集中收入及支出的現金作業，並且在收付後立刻入帳。
4. 編製銀行存款調節表 (其編製請參見本章附錄 A)，以管控及追蹤現金之收付。

5.1.2 零用金制度

企業在建立現金支出的內部控制系統後，所有支出都應依規定程序進行申請、審核，之後再開立支票或以銀行匯款方式進行支付。由於整個程序稍微冗長，因此對於企業一些日常小額支出，如到便利商店購物、購買郵票及搭乘計程車等，相當不方便。為便利小額交易之進行，企業可設置**零用金** (petty cash fund) 制度。

零用金制度可依下列方式進行：

1. 設置零用金

當企業決定設置零用金制度時，首先會決定一適當、固定金額的零用金，並將該金額之現金交付給零用金保管人。

2. 使用零用金

零用金領用人提供相關收據憑證，向零用金保管人申請報銷並領回代墊款。此時保管人只須作備忘錄即可，無須作任何會計分錄。

3. 撥補零用金

零用金保管人搜集相關收據憑證，並加以彙整後，申請核准撥補已支出之零用金，以便將零用金回復到原先設置之零用金額度。由於零用金小額支出頻繁，難免會有找零錯誤，因此造成零用金溢出或短少，因此可以用「現金短溢」項目作為調整。「現金短溢」項目如有借方餘額，應列為其他費用，貸方餘額則列為其他收入。

4. 增減零用金額度

有時企業基於實際小額交易之頻率變動，會增加或減少零用金之設定額度。增加零用金額度時，會借記「零用金」項目；反之，若減少零用金額度時，會貸記該項目。

Chapter 5 現金及應收款項

釋例 5-1　零用金

塔塔公司 ×1 年 1 月 1 日決定設置定額零用金 $10,000，其零用金使用及撥補情形如下：

1 月　5 日　　支付快遞費用 $3,000
1 月 10 日　　支付計程車車資 $4,000
1 月 18 日　　購買文具用品 $1,950
1 月 31 日　　該日零用金現金餘額僅剩 $1,000，申請撥補零用金至原先設置額度
2 月　1 日　　決定將零用金額度提高至 $15,000

解析

(1) 1 月 1 日設置零用金

| ×1/1/1 | 零用金 | 10,000 | |
| | 　銀行存款 | | 10,000 |

(2) 1 月 5 日至 18 日間，零用金領用人提供相關收據憑證，向零用金保管人申請報銷並領回代墊款。保管人只須作備忘錄。

(3) 1 月 31 日撥補零用金。

×1/1/31	郵電費用	3,000	
	交通費用	4,000	
	文具用品	1,950	
	現金短溢	50	
	銀行存款		9,000

(4) 2 月 1 日將零用金額度提高至 $15,000。

| ×1/2/1 | 零用金* | 5,000 | |
| | 　銀行存款 | | 5,000 |

*零用金在財務報表上列入「現金及約當現金」。

5.2　應收款項

應收款項 (receivables) 係指企業因直接提供金錢、商品或勞務予債務人，而產生有權利自債務人收取固定或可決定數額之現金。應收款項係**金融資產** (financial asset) 的其中一個類別，有時亦稱為「**放款及應收款**」(loans and receivables)。它可以是流動資產，也可能是非流動資產，端視企業何時將應收款項變現之意圖及能力而定。應收款項如果能夠在 12 個月 (或當企業營運週期超過 12 個月時，

> 學習目標 2
> 應收款項之定義及種類

則為以營運週期之期間)內收現,或者企業打算在12個月內將其處理變現,則該應收款項係屬流動資產。否則,應收款項應分類為非流動資產。

應收款項可分成**因營業交易所產生之應收款**(trade receivables)及**非因營業交易所產生之應收款**(non-trade receivables)。因營業交易所產生之應收款,通常係由企業提供商品或勞務給客戶而產生,可再細分為**應收帳款**(account receivables)及**應收票據**(note receivables)。應收帳款係因企業相信客戶之信用,且未要求客戶開立票據,就直接銷售商品或提供勞務給客戶而產生。至於應收票據則是因企業在提供商品或勞務時,同時也要求客戶開立票據而產生。

非因營業交易所產生之應收款則有許多種類。例如,預先借給員工之款項、與子公司之往來款、預繳履約保證金、預付訂金、應收股利或利息、應收保險理賠款等。

5.3 應收帳款之衡量

學習目標 3
應收帳款的認列及續後評價

應收帳款係企業因營業交易移轉商品或勞務之控制予客戶時(依IFRS 15「客戶合約之收入」,更詳細的討論請參見第15章),預期可取得的無條件收款權利,雖然依照合約到期才能收款(時間是唯一的條件),但時間一定會到期的,所以應收帳款亦稱為無條件之收款權利。

應收帳款在原始認列時,學理上應依預期可收取對價之公允價值(現值)入帳,但只要應收帳款不包含**重大財務組成部分**(significant financing component),如可在一年內收現時,則無須採用現值入帳。但是如果應收帳款有包含重大財務組成部分時,則應將未來可收取之對價予以折現入帳。大部分的應收帳款通常在一年內會收現。

企業應於財務報導日,評估期末應收帳款可能因客戶無法如期付款之**預期信用損失**(expected credit loss)之金額,並提列應有之「備抵損失(或備抵呆帳)」,並認列相關之「預期信用減損損失(或呆帳費用)」。

5.3.1 銷貨折扣及銷貨折讓

由於應收帳款係根據與客戶合約中交易價格為基礎，依商品或勞務之移轉控制程度預期可自客戶收取之對價來認列。前述合約交易價格可包括：固定對價或變動對價 (或兩者兼有)。變動對價可能包括因折扣、讓價、退款、抵減、價格減讓、誘因、罰款或其他類似項目而造成交易價格的變動。此外，若企業有權取得之對價係取決於某一未來事項之發生與否，則交易價格也可能因而變動，例如，若銷售附退貨權之產品，或者承諾以某一固定金額作為達成特明定里程碑之履約紅利，亦屬變動對價。

因此，商業折扣 (係指按價目表打折的額度，例如打七折出售)，非屬預期可收取之金額，故不應認列為應收帳款。至於現金折扣，如係為了鼓勵客戶提早付款，而給予的折扣。例如銷貨條件為 2/10、n/30 時，客戶若在 10 天內付款，可享有 2% 的現金折扣，其餘款項應在 30 天內完全付清。因此，現金折扣係屬變動對價，原則上現金折扣不應計入應收帳款之金額，以免高估應收帳款及收入之金額，除非企業認定客戶係高度很有可能不會享受這個現金折扣，始能將該現金折扣計入應收帳款中。之後，客戶付款的早晚與企業原先估計有所不同時，則應視為會計估計值變動處理。

釋例 5-2　應收帳款之現金折扣

(1) 7 月 1 日小小兵公司賒帳銷貨 $6,000 給客戶，銷貨條件為 2/10、n/30，小小兵公司無法認定客戶高度很有可能不會享受此一現金折扣

應收帳款 ($6,000 × 98%)	5,880	
銷貨收入		5,880

(2a) 若客戶在 7 月 10 日付款

現金	5,880	
應收帳款		5,880

(2b) 若客戶在 7 月 30 日付款，視為會計估計變動調整

現金	6,000	
應收帳款		5,880
銷貨收入		120

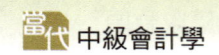

5.3.2 客戶有退貨權之銷售收入及相關應收帳款之處理

企業在銷售之後，有時會允許客戶在一定的期間擁有**退貨權** (right to return)，得以將產品退回給企業。依據 IFRS 15 之規定，企業對於已經銷售出去，但預期會被退回之產品，不應認列收入[1]，但應將該等已收取 (或應收) 金額認列為退款負債。後續於每一報導期間結束日，企業應對於退款金額之預期變動，更新退款負債之衡量，並將相應之調整認列為收入 (或收入之減少)。

例如，貳週刊於 ×1 年 12 月 31 日於便利商店舖貨 1,000 本，每本售價 $50，若未來沒有賣完，可全數退回給貳週刊。貳週刊可合理估計未來退貨比率 (20%)。於銷貨時，貳週刊作分錄如下：

×1/12/31	應收帳款 ($50 × 1000)	50,000	
	銷貨收入 ($50 × 800)		40,000
	退款負債 ($50 × 200)		10,000

之後，×2 年 1 月 15 日，便利商店售出 850 本，並退回 150 本及支付相關款項。貳週刊應作分錄如下：

×2/1/15	現金 ($50 × 850)	42,500	
	退款負債	10,000	
	應收帳款		50,000
	銷貨收入 ($50 × 50)		2,500

5.3.3 備抵損失 (備抵呆帳) 之認列

學習目標 4
應收帳款信用減損損失提列方法

由於有些客戶未來可能會倒帳，造成應收帳款的總額高估及導致其價值**減損** (impairment)，因此企業必須於認列相關備抵損失 (備抵呆帳)，以反映應收帳款的減損。關於呆帳之認列，通常用**備抵法** (allowance method) 予以處理。備抵法係指企業獨設立一個「備抵損失 (備抵呆帳)」的項目，該備抵損失係估計該應收帳款未來預期信用損失的金額，並作為應收帳款總額的減項。根據 IFRS 9 的規定，

---

[1] 只有企業能夠合理估計未來退貨比率的情況下，企業才能認列收入。反之，企業如果無法估計未來退貨比率，不得認列收入。

應收帳款是否含有重大財務組成部分，會使得估計未來預期信用損失之期間有所不同：

應收帳款是否 含有重大財務組成部分	估計預期信用損失（減損）的期間
沒有	• 一定要用整個存續期間
有	• 得選用整個存續期間（減損金額可能較高） • 或選用三階段減損模式（減損金額可能較低）

應收帳款若沒有重大財務組成部分（通常為一年以內的應收帳款）時，此時企業一定要用應收帳款整個存續期間，估計預期未來的預期信用損失。但應收帳款如果含有重大財務組成部分（通常為超過一年以上的應收帳款），此時企業得選用應收帳款整個存續期間，以估計未來預期信用損失，例如某長期應收帳款的**存續期間** (lifetime) 長達五年，企業如以整個五年存續期間內，估計該長期應收帳款的備抵損失，此時估計之減損金額可能會較高；企業亦得選用第 10.3 節的三階段減損模式，以估計該長期應收帳款的備抵損失，但依這個模式估計的減損金額可能會較低[2]。

企業在估計應收帳款的備抵損失時，得使用**準備矩陣** (provision matrix) 的方式。例如企業得採用帳齡分析法，亦即根據個別應收帳款付款準時與否及逾期時間長短，分別使用不同比率去評估應有之備抵損失餘額。企業亦得根據個別客戶的信用等級高低，採用不同的百分比率去評估應有之備抵損失餘額。信用等級較高的損失比率較低，而信用等級較低的損失比率較高。

根據前述方式，可計算出備抵損失期末應有之餘額，然後再去認列本期之預期信用減損損失（呆帳費用）。例如 ×1 年 12 月 31 日，雪山公司應收帳款之金額為 $125,000，其帳齡分析表如下：

---

[2] 企業如有應收票據及第 15.6 節的**合約資產** (contract asset) 時，亦應比照本節應收帳款認列預期信用減損損失。

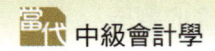

帳齡	應收帳款金額	損失比率	備抵損失金額
尚未到期	$90,000	1%	$ 900
30 天以下	25,000	6%	1,500
31-90 天	6,000	30%	1,800
90 天以上	4,000	70%	2,800
合計	$125,000		$7,000

雪山公司評估其中有 $7,000 預期會無法回收，此時備抵損失調整之前若有貸方餘額 $1,200，雪山公司本期應提列 $5,800 (= $7,000 – $1,200) 的預期信用減損損失，公司備抵損失期末的餘額才會變成 $7,000。分錄如下：

　　　預期信用減損損失 (呆帳費用)　　　5,800
　　　　　備抵損失 (備抵呆帳)　　　　　　　　5,800

	應收帳款			備抵損失	
				12/31	1,200
					5,800
12/31	125,000			12/31	7,000

又例如，備抵損失調整之前有借方餘額 $400 應如何處理？有借方餘額的備抵損失不是資產，而是損失提列不足所造成的現象。所以雪山公司本期應提列更多的預期信用減損損失 $7,400 (= $7,000 + $400)，公司備抵損失期末的餘額才會變成貸方餘額 $7,000。分錄如下：

　　　預期信用減損損失 (呆帳費用)　　　7,400
　　　　　備抵損失 (備抵呆帳)　　　　　　　　7,400

	應收帳款			備抵損失		
			12/31	400	12/31	7,400
12/31	125,000				12/31	7,000

5.3.4 應收帳款之沖銷及再收回

在備抵法下，某特定客戶的應收帳款若確定已經無法收回，則應該打消呆帳。例如，雪山公司若確定 B 客戶的 $2,000 的應收帳款無法收回，應作下列分錄：

    備抵損失 (備抵呆帳) 2,000
      應收帳款— B 客戶   2,000

從上述分錄可以看出：打消呆帳並不會減少應收帳款淨額，也不會增加信用減損損失，但會使備抵損失的貸方餘額減少。

後續，若原先已打消的應收帳款變成可再收回時，沿上例，雪山公司應作下列迴轉之分錄：

    應收帳款— B 客戶 2,000
      備抵損失 (備抵呆帳)   2,000

在收到 B 客戶的帳款時，應作下列分錄：

    現金 2,000
      應收帳款— B 客戶   2,000

5.4 應收帳款融資及除列

有時企業想要提早取得資金週轉，可是應收帳款的收現期限又還未到期，此時企業有兩種方法可從應收帳款取得資金。第一種方法，係以應收帳款作為擔保品，向金融機構借款。第二種方法，則是以「法律上出售」的方式移轉應收帳款給金融機構，以取得資金。

> 學習目標 5
> 應收帳款融資

5.4.1 擔保借款

企業向銀行借款若有提供擔保品，比較容易取得貸款，而且利率會較低。擔保品的種類繁多，例如不動產、廠房及設備，連應收帳款都可以是擔保品。應收帳款作為擔保品時，有兩種方式：(1) **一般擔保借款** (general assignment)；及 (2) **特定擔保借款** (specific assignment)。因為應收帳款只是擔保品而已，所以根本沒有應收帳款是否應該**除列** (derecognition) 的問題，它們仍然都還是企業帳上

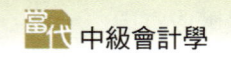

的資產。

1. 一般擔保借款

企業將應收帳款作為借款的一般擔保品時，通常會直接開立應付票據給金融機構，並取得相關資金的額度。現有的應收帳款若已收到現金，企業不必馬上去償還貸款；而且未來新發生的應收帳款繼續作為該貸款的擔保品。企業只需**借記：現金**；**貸記：應付票據**。應收帳款不得除列，只須在財務報表附註揭露應收帳款作為一般擔保即可。

2. 特定擔保借款

企業可將某些應收帳款作為貸款的特定擔保，通常也會直接開立應付票據給金融機構，並取得相關資金的額度。但由於未來新發生的應收帳款不會作為該貸款的擔保，因此企業現有的應收帳款若已收到現金，金融機構會要求企業必須儘快去償還該貸款，以免該貸款的擔保消失，未來債權可能會受損。其會計處理釋例如下：

釋例 5-3　應收帳款特定擔保借款

(1) 賽德克公司於×1年7月1日提供對巴萊公司的應收帳款 $30,000 作為向奇萊山銀行貸款的特定擔保，貸款之年利率為 12%，賽德克公司發行面額 $20,000 的票據給奇萊山銀行，取得現金 $19,800，手續費 $200。賽德克公司依據預期未來還款期間，決定7、8月份分別攤銷手續費 $130 及 $70。亦即在融資情況下，手續費(交易成本)必須在未來期間攤銷。
(2) 於7月中，賽德克向巴萊收取帳款 $8,000。
(3) 8月1日，賽德克將收取款項連同7月份利息，交付奇萊山銀行。
(4) 於8月中，賽德克向巴萊收取帳款 $12,000。
(5) 9月1日，賽德克將收取款項連同8月份利息，交付奇萊山銀行，並將剩餘的應收帳款轉回。

解析

(1) ×1年7月1日提供特定應收帳款 $30,000 作為擔保，特定應收帳款因為必須專款專還，所以必須重分類。發行面額 $20,000 的票據給銀行，取得現金 $19,800，手續費 $200。

×1/7/1	應收帳款—特定	30,000	
	應收帳款		30,000

	×1/7/1	現金	19,800	
		應付票據折價	200	
		應付票據		20,000

(2) 於 ×1 年 7 月中，賽德克向巴萊收取帳款 $8,000。

	×1/7	現金	8,000	
		應收帳款—特定		8,000

(3) ×1 年 8 月 1 日，賽德克將收取款項 ($8,000) 連同 7 月份利息，交付銀行。7 月份利息費用 = ($20,000 × 12%/12) + $130 = $330，所以應支付給銀行共 $8,200。

	×1/8/1	應付票據	8,000	
		利息費用	330	
		現金		8,200
		應付票據折價		130

(4) 於 8 月中，賽德克向巴萊收取帳款 $12,000。

	×1/8	現金	12,000	
		應收帳款—特定		12,000

(5) ×1 年 9 月 1 日，賽德克將收取款項 ($12,000) 連同 8 月份利息，交付銀行。8 月份利息費用 = ($12,000 × 12%/12) + $70 = $190，所以應支付給銀行共 $12,120，並將剩餘的應收帳款 $10,000 (= $30,000 − $8,000 − $12,000) 轉回。

	×1/9/1	應付票據	12,000	
		利息費用	190	
		現金		12,120
		應付票據折價		70
		應收帳款	10,000	
		應收帳款—特定		10,000

5.4.2 移轉應收帳款

　　企業得與金融機構簽署讓售合約，將應收帳款「出售」給金融機構。以提早取得資金。如果未來金融機構收不到款項時，金融機構只能自認倒楣，這個交易不論從法律形式或經濟實質面來看，這個交易都算是**真實出售** (true sale)。但是如果雙方約定：未來金融機構若收不到款項，企業必須負責賠償損失時，雖然這個交易在法律上是出售合約，但在經濟實質上，它真的是出售嗎？如果應收帳款真的已經出售了，為何金融機構（受讓人）收不到款項，企業（讓與

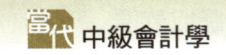

IFRS 實務案例

聲名狼藉的博達案

　　如果安隆 (Enron) 案是美國近年來最大的會計醜聞，博達案就是臺灣近年來最大的會計醜聞。博達公司在 1999 年上市後，股價一度高達 368 元，並在資本市場多次現金增加及發行可轉換公司債，又募得了超過 100 億元的資金。公司突然在 2004 年 6 月 14 日向法院聲請重整，因為沒有足夠現金支應即將在 6 月 17 日到期近 30 億元的公司債，可是根據公司 2004 年第 1 季財報，公司的現金及約當現金高達 63 億元。傑克，這也實在太神奇了吧！

　　原來博達公司一直在進行虛假不實的交易，以美化財務報表。但是假交易做久了，應收帳款餘額不斷膨脹。公司為避免東窗事發，找了不肖的外商銀行配合，將這些應收帳款以「假出售、真除列」的方式，將應收帳款轉換成現金及約當現金項目。這些外商銀行雖然不肖但並不笨，他們沒有傻到真的付現金給博達公司，他們提供了信用連結 (credit linked) 的存款證明，以供會計師函證之用。只要這些銀行沒有收到應收帳款的價款（事實上永遠也不會收到，因為是假交易），根本不會讓博達公司提領任何現金。這就是為何帳上有 63 億元現金，卻無法支付 30 億元公司債的真相。

人）未來可能還必須負責？還是這個交易根本只是**擔保借款** (secured borrowing) 而已？

5.4.3　金融資產除列判斷原則

學習目標 6
除列判斷原則

除列
將已認列的資產或負債從資產負債表上移除。

　　由於金融資產（含應收帳款）必須在經濟實質上已達真正出售的情況下，才能從資產負債表上移除（簡稱**除列**，derecognition），所以 IFRS 9 在制定除列判斷原則時，將法律上買賣交易稱之為「**移轉**」(transfer)，也將法律上的賣方（或讓與人），稱之為「**移轉人**」(transferor)。因為該移轉在經由除列原則判斷之後，在會計上可能視為真正銷售，也可能視為擔保借款。

　　金融資產的除列原則[3]，簡略來說須依下列 5 個步驟：A. 首先必須確認該金融資產的適用範圍；其次 B. 確認該資產收取現金流量的合約權利尚未失效；然後 C. 移轉人將該資產移轉給受讓人；然後再經由兩個重要的評估程序；D. 風險及報酬的移轉程度；與 E. 移轉

---

[3] 本除列原則，適用所有 IFRS 9 適用範圍內的金融資產，例如應收帳款、放款及應收款、股票投資、債券投資及衍生性金融資產等。

Chapter 5 現金及應收款項

```
A. 確認該金融資產除列原則的適用範圍
   (以下簡稱該金融資產)
            ↓
B. 確認該金融資產收取現金流量
   的合約權利尚未失效
            ↓
C. 企業已經移轉該金融資產
            ↓
D. 評估該金融資產所有權之風險
   及報酬之移轉程度
```

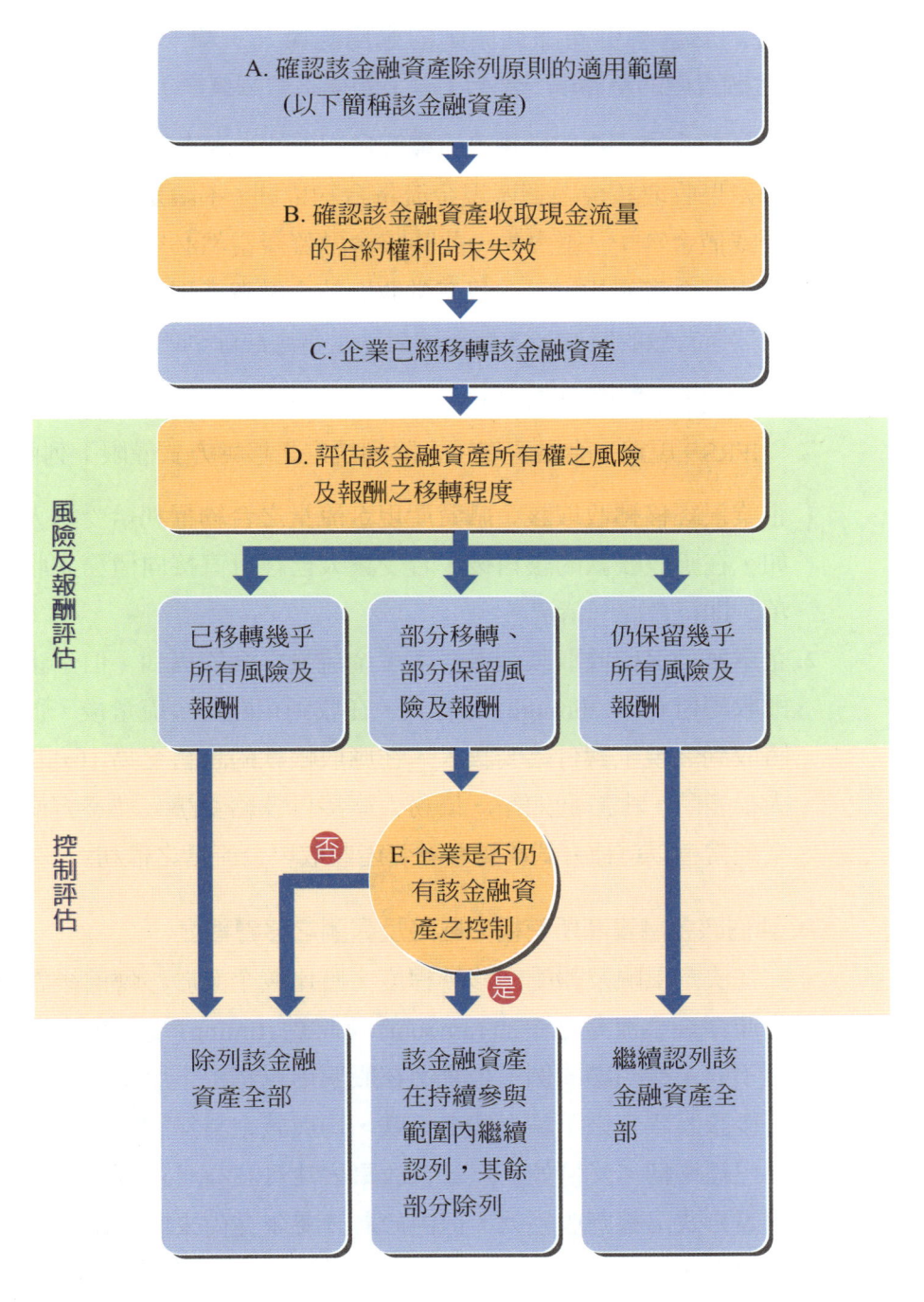

風險及報酬評估：
- 已移轉幾乎所有風險及報酬
- 部分移轉、部分保留風險及報酬
- 仍保留幾乎所有風險及報酬

控制評估：
- E. 企業是否仍有該金融資產之控制（否／是）

結果：
- 除列該金融資產全部
- 該金融資產在持續參與範圍內繼續認列，其餘部分除列
- 繼續認列該金融資產全部

圖 5-1　金融資產除列流程圖

人是否保留控制之後，即可判定該金融資產是否可全部除列、全部保留，或部分保留及部分除列 (見圖 5-1)。茲將上述 5 個步驟，分述如下：

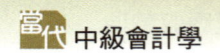

A. **確認該金融資產除列原則的適用範圍 ── 單一 (或一組類似) 金融資產的整體或一部分 (以下簡稱該金融資產)**

B. **確認該金融資產收取現金流量的合約權利尚未失效**

　　如果收取該金融資產現金流量合約權利 (不論是利息、股利、本金或價金等) 已經喪失，此時該金融資產當然必須除列，因為已經不再符合資產的定義。只有當收取該金融資產現金流量的合約權利仍然還有效的時候，才有繼續討論是否應該除列的必要。

C. **企業已經移轉該金融資產**

　　IFRS 9 規定，金融資產符合除列規定之移轉方式僅限下列兩種：

1. 企業已經移轉收取該金融資產現金流量之合約權利給受讓人。例如，在應收帳款的讓售後，若受讓人已經可直接向債務人收取款項，即符合此一情況。

2. 企業雖仍保留收取該金融資產現金流量之合約權利，但承諾將以**即收轉付** (pass through) 的方式，在收到相關現金流量後，很快地將收到之現金轉付給受讓人。在應收帳款的讓售交易中，若債務人很多時，由於通知每一債務人直接付款給受讓人並不方便，企業通常會以這種方式移轉金融資產收取現金流量之權利。

D. **評估該金融資產所有權之風險及報酬之移轉程度**

　　在決定風險及報酬之移轉程度，應比較企業於移轉前後對已移轉資產淨現金流量之金額 (amount) 及時點 (timing) 變異程度是否有明顯不同。最明顯的例子是企業在股票市場將手上股票出售，由於出售後該股票未來不論上漲或下跌，均與該企業無關，所以風險及報酬已經移轉。又例如，以章首故事宏達科技公司為例，雖以無追索權等方式出售應收帳款，但由於新竹商銀在尚未收到款項時，不會支付宏達科技公司任何現金，因此該移轉資產現金流量的金額及時點完全沒有改變，所以宏達科技公司的風險及報酬並未移轉。又例如，企業出售某金融資產，並協議未來必須按一固定價格或售價加計利息的方式買回時，則企業仍保留該金融資產的風險的報酬，此乃因即使該金融資產價格大跌，企業仍須應約定價格買回，所以幾乎所有的風險都尚未移轉。反之，企業若協議未來將按當時的公

允價值買回時，因為若該金融資產價格大跌，企業只須用較低的價格買回即可，所以風險及報酬均已移轉。

在評估該金融資產在移轉前後風險及報酬的改變程度時，會得到下列三種可能情況：

1. 已經移轉該金融資產幾乎所有的風險與報酬。此時，應全部除列該金融資產，並將該移轉所產生或保留的任何權利或義務，另外單獨認列為資產或負債。
2. 仍保留該金融資產幾乎所有的風險與報酬。此時，應持續認列該金融資產，不得除列。
3. 企業雖未移轉幾乎所有的風險與報酬，同時也未保留幾乎所有的風險與報酬 (亦即已移轉部分風險與報酬，也同時保留部分風險與報酬，介於 1. 及 2. 之間)。此時，應依下一個步驟 E，去評估企業是否仍然保留該金融資產之**控制** (control)。

E. 企業是否仍有該金融資產之控制

企業如果同時滿足下列兩個條件，則企業並未保留該移轉金融資產的控制，可全部除列該金融資產：

1. 受讓人有出售該金融資產給第三方之實際能力；及
2. 受讓人單方移轉時，無須對第三方加以額外限制。

此外，若該金融資產有在活絡市場中交易，即使受讓人將該金融資產出售給他人，但因受讓人在需要時，隨時可在市場買回相同的金融資產，亦可視為該企業已喪失對該金融資產的控制。

除上述情況外，企業被視為仍保有該金融資產之控制，必須在該金融資產**持續參與** (continuing involvement) 的範圍內繼續認列，其餘部分才可以予以除列。

5.4.4　金融資產移轉之會計處理

根據前述風險及報酬與控制兩個評估程序後，有下列三種可能的情況及相關會計處理：

1. 除列該金融資產全部；
2. 繼續認列該金融資產全部；

學習目標 7

除列會計處理

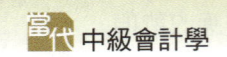

3. 在持續參與範圍內繼續認列該金融資產，其餘部分除列。

1. 除列該金融資產全部

因為已經判斷除列該金融資產之全部，故應於損益表認列除列（出售）損益，損益計算方式如下：

出售利益（或損失） ＝ 所收取之對價 － 除列日衡量之帳面金額

（現金 ＋ 取得之新金融資產公允價值 － 承擔之新金融負債公允價值）

釋例 5-4　無追索權方式出售

(1) ×1 年 9 月 1 日 SOGOOD 百貨將與客戶的應收帳款 $100,000，以**無追索權方式出售** (factor without recourse) 給 Visa 銀行，Visa 銀行負責向客戶收款，故未產生服務資產或服務負債 (servicing asset or servicing liability)。Visa 銀行保留 10% 應收帳款作為銷貨退回及折讓緩衝之用，並收取應收帳款總額 3% 作為手續費，SOGOOD 百貨獲得現金 $87,000。

(2) ×1 年 9 月中，Visa 銀行收現 $96,000，並有 SOGOOD 百貨銷貨退回及折讓 $4,000。

(3) ×1 年 9 月 30 日，雙方結算差額。

試作：SOGOOD 百貨相關之分錄。

解析

(1) 因為以無追索權方式出售、已收到價金，又無附加其他條件，所以該應收帳款的風險及報酬已經全部移轉，因此應予以全部除列，並認列出售損益。

除列產生的損失　＝　$87,000　－　[$100,000　－　$10,000]
　　　　　　　　　（收取之對價）　（該金融資產之帳面金額）　（對 Visa 銀行應收款項）
　　　　　　　　＝ －$3,000

分錄如下：

×1/9/1	現金	87,000	
	對銀行應收款項	10,000	
	出售金融資產損失	3,000	
	應收帳款		100,000

(2) SOGOOD 百貨有銷貨退回及折讓 $4,000，應沖減對銀行應收款項。分錄如下：

| ×1/9 | 銷貨退回及折讓 | 4,000 | |
| | 　對銀行應收款項 | | 4,000 |

(3) ×1年9月30日,雙方結算差額。Visa銀行尚應支付SOGOOD百貨$6,000 (= $10,000 – $4,000),分錄如下:

　　×1/9/30　　現金　　　　　　　　　　　6,000
　　　　　　　　　對銀行應收款項　　　　　　　　　6,000

2. 繼續認列該金融資產全部

由於未能通過風險及報酬評估而保留幾乎所有風險,只能繼續認列該金融資產全部,而所收到之價金,必須視為金融負債。此外,因為該金融資產雖已移轉但完全未除列,所以不得與因移轉產生的負債**互抵** (offset),必須分別列示,而且該金融資產的利息收入也不得與移轉產生金融負債的利息費用於損益表中互抵。

釋例 5-5　有完全追索權方式出售

(1) ×1年9月1日SOGOOD百貨將與客戶的應收帳款$100,000,以**有完全追索權方式出售** (factor with full recourse) 給Visa銀行,此乃因Visa銀行對SOGOOD百貨的客戶徵信狀況信心不足。Visa銀行負責向客戶收款,故未產生服務資產或服務負債。Visa銀行保留10%應收帳款應作為銷貨退回及折讓緩衝之用,並收取應收帳款總額3%作為手續費,SOGOOD百貨獲得現金$87,000。
(2) ×1年9月中,Visa銀行收現$96,000,並有SOGOOD百貨銷貨退回及折讓$4,000。
(3) ×1年9月30日,Visa銀行通知已完全收現,雙方結算差額。

試作,SOGOOD百貨相關之分錄。

解析

因為係以有追索權方式出售,雖已收到價金,但該應收帳款的風險及報酬仍然全部保留,故不得除列。所收到之價金,必須視為負債。「金融資產移轉負債折價」係金融資產移轉負債之減項,應隨著時間經過認列為利息費用。

(1)　×1/9/1　　現金　　　　　　　　　　　87,000
　　　　　　　對銀行應收款項　　　　　　　10,000
　　　　　　　金融資產移轉負債折價　　　　 3,000
　　　　　　　　金融資產移轉負債　　　　　　　　　100,000

(2) SOGOOD百貨有銷貨退回及折讓$4,000,應沖減對銀行應收款項。分錄如下:

　　×1/9　　銷貨退回及折讓　　　　　　　 4,000
　　　　　　　對銀行應收款項　　　　　　　　　　 4,000

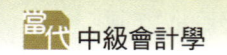

(3) ×1 年 9 月 30 日，銀行通知已完全收現，雙方結算差額。由於銀行已順利收現，應收帳款收取現金流量的權利也同時失效，所以應除列相關金融資產及負債，並認列相關利息費用。分錄如下：

×1/9/30	金融資產移轉負債	100,000	
	應收帳款		100,000
	利息費用	3,000	
	金融資產移轉負債折價		3,000

此外，Visa 銀行尚應支付 SOGOOD 百貨 $6,000 (= $10,000 − $4000)，

| ×1/9/30 | 現金 | 6,000 | |
| | 對銀行應收款項 | | 6,000 |

3. 在持續參與範圍內繼續認列該金融資產，其餘部分除列

企業在同時符合下列兩個條件時：

(1) 雖未移轉幾乎所有的風險與報酬，也未保留幾乎所有的風險與報酬 (亦即已移轉部分風險與報酬，也同時保留部分風險與報酬)；及

(2) 仍保留該金融資產之控制，企業應在持續參與範圍內，繼續認列該金融資產，其餘部分才予以除列。

所謂「持續參與範圍」係指企業仍暴露於該已移轉金融資產價值變動之範圍。例如企業可用**保證** (guarantee) 該金融資產未來現金流量回收的方式持續參與，此時持續參與範圍係指：

$$\text{持續參與範圍} = \text{孰低者} \begin{cases} \text{該資產之帳面金額}, & \text{企業可能被要求返還最大之金額} \end{cases}$$

因保證而持續參與的金融資產，因為繼續認列所產生的**關聯負債** (associated liability)，必須依下列方式計算：

$$\text{關聯負債} = \text{保證金額} + \text{保證負債的公允價值}$$

亦即關聯負債包含兩項：(1) 保證金額所產生的金融資產移轉負債；以及 (2) 保證負債的公允價值。保證負債通常於保證期間依直線法攤銷，轉認列為保證收入。

釋例 5-6　有限追索權方式出售

×1年11月1日三越百貨將與客戶的應收帳款 $100,000，以**有限追索權方式出售** (factor with limited recourse) 給小眾銀行，三越百貨保證移轉的應收帳款最少可收現 $60,000，3個月內可收現完畢，而且小眾銀行不得轉售該應收帳款。小眾銀行負責向客戶收款，故未產生服務資產或服務負債，並收取應收帳款總額 3% 作為手續費，三越百貨獲得現金 $97,000，保證負債的公允價值為 $6,600。

試作：三越百貨相關之分錄。

(1) ×1年11月1日之除列分錄。
(2) ×1年12月31日之調整分錄。
(3) 若×2年1月31日，小眾銀行全數收現時，須作之分錄。
(4) 若×2年1月31日，小眾銀行只收現 $50,000 時，須作之分錄。

解析

(1) 因為三越百貨保證移轉的應收帳款最少可收現 $60,000，所以該應收帳款風險及報酬既未完全移轉也未完全保留。三越百貨要求小眾銀行不得轉售該應收帳款，以致三越百貨仍保有該應收帳款之控制。綜合上述來研判：三越百貨應在持續參與範圍內繼續認列該金融資產，其餘部分始能除列。

$$\begin{matrix}\text{三越百貨}\\\text{持續參與}\\\text{範圍}\end{matrix} = \text{孰低者} \begin{cases}\text{該資產之帳面金額}\\ \$100,000\end{cases}, \begin{cases}\text{企業可能被要求返還最大之金額}\\ \$60,000\end{cases}$$

$$= \$60,000$$

因保證而持續參與的金融資產，其繼續認列所產生的**關聯負債** (associated liability) 等於

$$\begin{aligned}\text{關聯負債} &= \text{保證金額} + \text{保證負債的公允價值}\\ &\quad\ \ \ \$60,000 \quad\quad\ \ \$6,600\\ &= \$66,600\end{aligned}$$

三越百貨因金融資產移轉所產生的損益

出售利益 = 所收取之對價 $90,400　　　－ 除列日衡量之帳面金額
(或損失)　 (現金 $97,000 + 取得之新金融資產公允價　　 $100,000
　　　　　　值 － 承擔之新金融負債公允價值 $6,600)
　　　　 = ($9,600)

三越百貨應作下列分錄：

×1/11/1	現金	97,000	
	持續參與之移轉金融資產	60,000	
	出售金融資產損失	9,600	
	應收帳款		100,000
	金融資產移轉負債		60,000
	保證負債		6,600

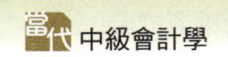

上述「出售金融資產損失」$9,600，其實同時包含出售損失及融資費用 (因為本例是部分保留、部分除列)。另外，上述「持續參與之移轉金融資產」項目 $60,000，仍視為原應收帳款的保留；亦得與分錄中的應收帳款 $100,000 互抵，亦即可作分錄如下：

×1/11/1	現金	97,000	
	出售金融資產損失	9,600	
	應收帳款 ($100,000 – $60,000)		40,000
	金融資產移轉負債		60,000
	保證負債		6,600

(2) ×1 年 12 月 31 日，應將保證負債 $6,600 按直線法攤銷 (2/3)，轉認列為保證收入，分錄如下：

×1/12/31	保證負債	4,400	
	保證收入		4,400

(3) 若 ×2 年 1 月 31 日，小眾銀行全數收現時，三越百貨可除列持續參與之移轉金融資產及負債，並認列保證收入。

×2/1/31	金融資產移轉負債	60,000	
	保證負債	2,200	
	持續參與之移轉金融資產		60,000
	保證收入		2,200

(4) 若 ×2 年 1 月 31 日，小眾銀行只收現 $50,000 時，三越百貨先除列持續參與之移轉金融資產及負債，再將保證負債提高至 $10,000 (因保證收現 $60,000，而實際只收現 $50,000)，最後支付小眾銀行 $10,000。

×2/1/31	金融資產移轉負債	60,000	
	持續參與之移轉金融資產		60,000
	保證損失 ($10,000 – $2,200)	7,800	
	保證負債		7,800
	保證負債	10,000	
	現金		10,000

5.5 應收票據及貼現

學習目標 8
應收票據之認列及衡量

與應收帳款相類似，應收票據於原始認列時，不論有無**附息** (interest bearing) 應以公允價值入帳。雖然公允價值係採**現值** (present value) 之觀念，但只要應收票據可在一年內收現，因現值與面額通常差異不大，所以通常與商品或勞務等主要營業收入有關之短期應

收票據以面額作為入帳基礎。應收票據之收現期間超過一年以上或對他人融資而產生之短期應收票據，就應該將這些票據預期可收取金額予以**折現** (discount)，以其現值作為入帳基礎，後續評價時，應收票據通常以**攤銷後成本** (amortized cost) 衡量。由於長期應收票據與長期債券投資會計處理方法相同，因此長期應收票據納入第 10 章「投資」一併討論，在此不予以討論。

假定大霸公司於 ×1 年 7 月 1 日因銷貨收到 3 個月到期的短期應收票據，面額為 $120,000，票面利率 4%。其分錄如下：

×1/7/1　　短期應收票據　　　　120,000
　　　　　　　銷貨收入　　　　　　　　120,000

若大霸公司為了想提早取得資金週轉，於 ×1 年 8 月 1 日將所持有的應收票據向金融機構**貼現** (discount)，銀行貼現利率為 6%，貼現期間為 2 個月（8 月 1 日至 10 月 1 日）。大霸公司應依下列 3 個步驟，來計算貼現後可得之金額，並作相關分錄：

1. 計算該票據的到期值 ＝面額 ×（1 + 票面利率 × 發行期間）	$121,200 ＝ $120,000 ×（1 + 4% × 3/12）
2. 計算貼現利息 ＝到期值 × 貼現率 × 貼現期間	$1,212 ＝ $121,200 × 6% × 2/12
3. 貼現後可得之金額 ＝到期值 − 貼現利息	$119,988 ＝ $121,200 − $1,212

×1/8/1　　現金　　　　　　　　　　　　119,988
　　　　　　短期應收票據貼現負債折價　　 1,212
　　　　　　　短期應收票據貼現負債　　　　　　　121,200

「短期應收票據貼現負債」$121,200 應視為負債，至於「短期應收票據貼現負債折價」為 $1,212 (= $121,200 − $119,988)，則應列為該負債之減項，此乃因持有票據向金融機構貼現，通常會被要求**背書** (endorse)。一旦背書之後，若開票人如果沒有付款，金融機構可向背書人要求清償，依前節金融資產除列之規定判斷，大霸公司仍保留該票據全部的風險及報酬，故不得除列，且貼現所得之金額應視為負債。此外，因為「短期應收票據」雖已移轉但並未除列，所以不得與「短期應收票據貼現負債」於資產負債表中**互抵**

(offset)，必須分別列示。

俟後，於×1年10月1日票據到期日，大霸公司應先認列短期應收票據3個月的利息收入$1,200，再除列該拿去貼現的短期票據並認列利息費用，分錄如下：

×1/10/1	應收利息	1,200	
	利息收入		1,200
	利息費用	1,212	
	短期應收票據貼現負債折價		1,212
	短期應收票據貼現負債	121,200	
	短期應收票據		120,000
	應收利息		1,200

如果金融機構屆時被開票人拒絕付款時，會轉向大霸公司求償，並額外再收取**拒付證書費用** (protest fee) $200，因此，大霸公司應先支付金融機構$121,400（= $121,200 + $200），再向開票人繼續催收該款項。除前述三個分錄之外，大霸公司應另作下列分錄：

×1/10/1	催收款項 ($121,200 + $200)	121,400	
	現金		121,400

最後，應收票據和應收帳款一樣，都必須提列備抵損失及預期信用減損損失，以認列其金融資產之減損，提列方法與5.3.3節備抵損失所述一致。

附錄A　銀行存款調節表

由於現金是流動性最高的資產，也是最容易遭受舞弊的資產。因此為了確保銀行存款的安全性，並確認企業與銀行雙方帳載金額係屬正確，企業可依據銀行送來之銀行對帳單及公司帳上存款餘額，來編製**銀行存款調節表** (bank reconciliation)，以檢視銀行存款是否有遭受挪用，並計算公司正確之銀行存款餘額。

A. 產生差異之原因

通常銀行對帳單上之存款餘額與公司帳列之存款餘額，兩者是不會相等的。產生差異的原因有下列兩種可能：

1. 公司已入帳，但銀行尚未入帳

(1) 公司已記存款增加，但銀行尚未記載

　　公司如果已將即期支票存入銀行，但因趕不及上班時間或支票仍在票據交換中，銀行並未及時入帳，此一存款通常稱為**在途存款** (deposit in transit)。在途存款應列為銀行對帳單餘額之加項，才能計算出正確的存款餘額。

(2) 公司已記存款減少，但銀行尚未記載

　　公司在開立即期支票支應債權人後，公司會減少公司帳上之銀行存款，但債權人可能尚未收到支票，或可能已收到支票但尚未存入銀行兌現，因此銀行並未減少銀行對帳單上之餘額，此一已開立但尚未兌現的支票，稱為**未兌現支票** (outstanding check)。未兌現支票應列為銀行對帳單餘額之減項，才能計算出正確的存款餘額。

2. 銀行已入帳，但公司尚未入帳

(1) 銀行已記存款增加，但公司尚未記載

　　公司將遠期支票或本票及匯票存入銀行時，銀行會先將這些票據列為代收票據，不會馬上增加公司存款餘額，而公司也仍將這些票據繼續視為應收票據。等到銀行收到相關票據款項後，即會增加公司在銀行之存款餘額，但公司因尚不知情，所以未將該款項列入存款餘額中。另外，若公司之客戶直接將款項直接電匯至公司在銀行的戶頭，公司在銀行存款的餘額會增加，但公司仍尚未入帳。又例如，銀行定期支付公司銀行存款的利息時，銀行存款會因此而增加，但公司仍未入帳。這些項目應該都列為公司帳上存款餘額之加項，才能計算出正確的存款餘額。

(2) 銀行已記存款減少，但公司尚未記載

　　若公司已存入的即期支票，因開票人**存款不足** (亦稱**存款不足退票**，not sufficient fund) 時，銀行會逕行減少公司存款餘額，但是公司直到收到銀行對帳單才會知道。又例如，銀行代公司支付相關費用 (如水電費、通訊費等)，或直接在帳戶先行扣除銀行服務費的時候，公司事先並不知情，也是等到銀行對帳單來時才會知道，因此這些項目應該都列為公司帳上存款餘額之減項，才能計算出正確的存款餘額。

B. 銀行存款調節表之格式

　　銀行存款調節表有三種可能的編製格式，分述如下：

1. 調節至正確餘額

　　同時將公司帳載存款餘額及銀行記錄餘額分別調整到正確的存款餘額。

2. 調節至公司帳載存款餘額

　　先將銀行記錄餘額調節至正確的存款餘額，再從正確的存款餘額調節至

公司帳載存款餘額。

3. **調節至銀行記錄餘額**

先將公司帳載存款餘額調節至正確的存款餘額，再從正確的存款餘額調節至銀行記錄餘額。

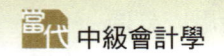

企業編製銀行存款調節表時，通常以上述第 1 種格式，較為常見。

釋例 5A-1

三分甜公司 ×1 年 6 月 30 日帳列之銀行存款餘額（調節前）$40,000，銀行對帳單之餘額為 $38,200，經比對之後發現下列情形：

1. 在途存款 $10,360。
2. 未兌現支票 $4,400。
3. 銀行存款利息 $200，公司尚未入帳。
4. 銀行直接轉帳代付水電費 $600，公司尚未入帳。
5. 委託銀行代收並已收現之票據 $5,000，銀行扣除 $50 手續費後，直接存入銀行存款，但公司尚未入帳。
6. 存款不足退票 $390。

試作：
(1) 三分甜公司 6 月份正確餘額之簡單銀行存款調節表。
(2) 6 月底應有之調整分錄。

解析

(1)

三分甜公司
銀行存款調節表
×1 年 6 月 30 日

銀行對帳單餘額	$38,200
加：在途存款	10,360
減：未兌現支票	(4,400)
正確餘額	$44,160
公司帳載存款餘額	$40,000
加：存款利息	200
銀行代收票據	5,000
減：水電費	(600)
銀行服務費	(50)
存款不足退票	(390)
正確餘額	$44,160

(2) 屬於公司帳載存款餘額之調整 (如銀行存款利息、代收票據、水電費、銀行服務費及存款不足退票等) 係公司原先不知情之交易事項，因此必須作適當的調整分錄。至於銀行對帳單上之調整項目，公司早已作相關分錄，故無須再作調整分錄。

6/30	現金	4,160	
	水電費	600	
	銀行服務費	50	
	應收款項	390	
	利息收入		200
	應收票據		5,000

本章習題

問答題

1. 試說明現金管理的目的？並說明如何保持良好的現金內部控制？
2. 試說明編製銀行存款調節表之目的與原因。
3. 試說明銀行對帳單上之存款餘額與公司帳列之存款餘額產生差異的原因。
4. 試簡要說明 IFRS 9 判斷應收帳款是否除列之 5 個步驟。
5. 根據 IFRS 9 除列規定，所謂「單一 (或一組類似) 金融資產的整體或一部分」包括哪三個情況？
6. 如何評估金融資產所有權之風險及報酬之移轉程度。
7. 根據 IFRS 9 規定，金融資產符合除列規定之移轉方式僅限兩種，試說明之。

選擇題

1. 若甲公司有下列資產，則甲公司現金及約當現金之金額為何？①指定作為購買設備之銀行存款 $10,000；② 3 個月到期之遠期支票 $20,000；③ 6 個月到期之定期存款 $30,000；④借款時銀行要求之補償性存款 $40,000；⑤郵政匯票 $50,000。

    (A) $70,000   (B) $80,000
    (C) $90,000   (D) $100,000   [108 年地特財稅]

2. ×7 年 1 月 1 日，曼谷公司以 11% 的年息向國家銀行借款 $4,000,000。國家銀行要求曼谷公司需做 $400,000 補償性回存並給予 5% 之利息。則曼谷公司借款的實際利率為：

    (A) 10.0%   (B) 11.0%
    (C) 11.5%   (D) 11.6%

3. 某公司 ×9 年 7 月 31 日銀行存款戶頭有關資料如下：銀行對帳單餘額 $40,000；7 月份利息收入 $100；未兌現支票 $3,000；客戶存款不足退票 $1,000；在途存款 $5,000。該公

司 ×9 年 7 月 31 日正確銀行存款餘額爲：

(A) $41,100　　　　　　　　　　　(B) $41,000
(C) $42,100　　　　　　　　　　　(D) $42,000　　　　　　　　[90 年會計師]

4. ×9 年 8 月 1 日甲公司將應收帳款 $500,000 以有限追索權方式出售給乙銀行，甲公司保證移轉的應收帳款至少可收現 8 成，3 個月內完成收現。乙銀行負責收款，且不得轉售該應收帳款，乙銀行向甲公司收取應收帳款總額的 3% 作爲手續費。若 8 月 1 日甲公司取得現金 $485,000，保證負債的公允價值爲 $24,000，則甲公司移轉應收帳款應認列之損益爲何？

(A) $0　　　　　　　　　　　　　(B) 損失 $15,000
(C) 損失 $24,000　　　　　　　　　(D) 損失 $39,000　　　　　　[108 年高考會計]

5. ×9 年 12 月 1 日甲公司將帳面金額 $1,000,000 的應收帳款以有限追索權方式出售給乙銀行，並保證移轉的應收帳款最少可收現 $600,000，3 個月內可收現完畢，乙銀行負責向客戶收款，且不得轉售該應收帳款。乙銀行向甲公司收取應收帳款總額 3% 作爲手續費，甲公司取得現金 $970,000，保證負債的公允價值爲 $45,000，試問甲公司移轉應收帳款對 ×9 年度損益之影響爲何？

(A) 淨利減少 $30,000　　　　　　　(B) 淨利減少 $45,000
(C) 淨利減少 $60,000　　　　　　　(D) 淨利減少 $75,000　　　　[109 年高考財政]

6. 甲公司帳上記載 ×8 年 3 月底銀行存款餘額爲 $72,000，而銀行對帳單餘額爲 $37,000。3 月底進行核對後發現下列狀況：

① 3 月底送存之存款 $7,500，銀行尚未入帳。
② 銀行代支付利息費用 $6,750 及手續費 $1,350，甲公司未入帳。
③ 甲公司所開支票尚未兌現者計有：第 163 號 $6,150 與第 167 號 $5,350（此兩張支票經銀行保付）。
④ 甲公司止付之支票 $12,500，銀行仍予支付。
⑤ 銀行代收現之票據 $4,700，甲公司未入帳。

甲公司已將收到客戶所開立的支票存入銀行，但有部分支票於存入後因客戶存款不足而遭銀行退票。試問因客戶存款不足遭銀行退票的金額是多少？

(A) $7,100　　　　　　　　　　　(B) $11,600
(C) $30,100　　　　　　　　　　　(D) $31,100　　　　　　　　[108 年高考會計]

7. 甲公司 ×4 年 1 月初向丁公司融借資金，並開立一張面額 $1,000,000，到期日爲 X6 年 12 月 31 日之公司票據給丁公司，該張票據票面利率 5%，市場利率 5%，甲公司每年年底付息。丁公司於 ×4 年 12 月 31 日收到應有利息後，判斷其對甲公司的債權自原始認列後信用風險已經顯著提高，已知各種情況預期未來 2 年收取的現金流量與可能發生違約機率如下：

Chapter 5 現金及應收款項

預期收取的現金流量

	預期收取的本金	每期預期收取的利息	違約機率
情況 1	$850,000	$40,000	20%
情況 2	900,000	45,000	35%
情況 3	1,000,000	50,000	45%

丁公司 ×4 年應認列的預期信用損失為何？
($1，5%，2 期普通年金現值因子 1.859410；$1，5%，2 期複利現值因子 0.907029)

(A) $0　　　　　　　　　　　　　　(B) $65,930
(C) $100,000　　　　　　　　　　　(D) $154,649　　　　　　　　［109 年高考財政］

8. 甲公司有一筆 5 年期、利率 10% 之應收款項，×1 年 6 月 1 日將本金 $5,000,000 及利率 5% 之利息以 $5,250,000 無追索權的方式出售給銀行。甲公司將持續提供相關服務，依合約規定保留利息 3% 作為提供服務之報酬，2% 未出售利息則視為「純利息分割型應收款」，預估提供服務之足額補償之公允價值為 $35,000，其中服務收入及純利息分割型應收款之公允價值分別為 $60,000 及 $40,000，×1 年 6 月 1 日之上述交易應認列多少出售金融資產損益？(計算分攤比率時，取到小數點後第四位)

(A) 利益 $336,000　　　　　　　　(B) 利益 $311,000
(C) 利益 $286,000　　　　　　　　(D) $0　　　　　　　　　　　［109 年高考會計］

9. ×1 年初甲公司銷貨予乙公司，產生一應收分期帳款，乙公司除頭期款 $250,000 外，×1 年至 ×3 年每年底需支付 $250,000，有效利率相當於 10%。×1 年底乙公司發生信用減損僅支付 $220,000，甲公司評估乙公司財務狀況後，估計 ×2 年度及 ×3 年度均僅可收取 $200,000。×1 年底該應收分期帳款之總帳面金額與攤銷後成本分別為 $403,884 及 $310,914，試問 ×2 年應認列利息收入金額？

(A) $31,091　　　　　　　　　　　(B) $40,000
(C) $40,388　　　　　　　　　　　(D) $43,388　　　　　　　　　［109 年地特財稅］

10. 甲公司 ×3 年 1 月 1 日應收帳款餘額為 $471,000，備抵損失餘額為 $16,500 (貸餘)。×3 年度甲公司賒銷金額為 $315,000，帳款收現 $319,000，另有 $2,500 因無法收現而沖銷，並收回前期已沖銷之信用減損帳款 $1,000。×3 年 12 月 31 日公司估計應收帳款總額中約有 4% 無法收回，則甲公司 ×3 年度應認列預期信用減損損失 (呆帳費用) 是多少？

(A) $2,180　　　　　　　　　　　　(B) $3,580
(C) $3,620　　　　　　　　　　　　(D) $4,580　　　　　　　　　　［102 年特考］

11. 捷克電腦 ×9 年 4 月以應收帳款 $800,000 向新竹銀行進行擔保借款，借款金額為 $670,000，新竹銀行收取借款金額的 2% 作為手續費，借款利息為 10%。×9 年 4 月，捷克電腦應收帳款收現 $220,000，同時並沖銷 $5,960 無法收回之應收帳款。捷克電腦於借款時，收到的現金金額為：

(A) $603,000 (B) $654,000
(C) $656,600 (D) $670,000

12. 承上題，捷克電腦 ×9 年 4 月的分錄將包含：
    (A) 借記現金 $220,760 (B) 借記預期信用減損損失（呆帳費用）$5,960
    (C) 借記備抵損失 $5,960 (D) 借記應收帳款 $229,420

13. 燦申公司將客戶的應收帳款 $800,000 以有完全追索權的方式出售給花旗金融公司。花旗金融公司保留 5% 作為沖抵銷貨折扣與銷貨退回及折讓使用，並要求收取應收帳款總額的 3% 作為手續費。請問燦申公司於出售應收帳款的記錄中收到現金的金額為：
    (A) $776,000 (B) $760,000
    (C) $736,000 (D) $800,000

14. ×5 年 9 月 1 日金山公司因銷貨收到 4 個月到期的短期應收票據，面額為 $160,000，票面利率 12%，10 月 1 日公司為了想提早取得資金週轉，將所持有的應收票據向金融機構貼現，銀行貼現利率為 14%，貼現期間為 3 個月。貼現後可得之金額為：
    (A) $161,600 (B) $161,498
    (C) $160,576 (D) $158,634

15. 宏大公司於 102 年 12 月 2 日持附年利率 10%，票面金額 $900,000 本票一張至臺灣銀行辦理貼現，貼現期間 30 天，今已知貼現率為 15%（一年以 360 天計息），貼現金額 $903,562.5，試問此本票開立之票期為多少天？
    (A) 80 (B) 70
    (C) 60 (D) 75   [102 年特考]

16. 甲公司於 20×1 年 1 月 1 日發行 6 年期之公司債，為吸引投資人認購，甲公司請乙銀行做財務保證，為期 6 年，甲公司支付 $120,000 給乙銀行。20×2 及 20×3 年 12 月 31 日，乙銀行財務保證應有之預期信用損失所需之備抵損失金額為 $90,000 及 $80,000。試問此保證合約對乙銀行 20×3 年淨利之淨影響為何（不考慮所得稅影響）？
    (A) 增加 $20,000 (B) 增加 $10,000
    (C) 減少 $20,000 (D) $0   [108 年高考會計]

練習題

1. 【現金與約當現金】查帳員在查核大仁公司時，發現以下資料：

1. 第一銀行支票帳戶調整後餘額	$25,500
2. 華南銀行支票帳戶調整後餘額	(1,500)
3. 第一銀行存款帳戶餘額	58,000
4. 定期存款單（2 個月到期）	30,000
5. 零用金	10,000

6. 郵票	$	1,250
7. 員工借款條		24,000
8. 預支員工差旅費		12,000
9. 旅行支票		18,000
10. 客戶的遠期支票		45,000

試作：

(1) 大仁公司的資產負債表上應報導多少「現金及約當現金」金額？

(2) 說明未包含在「現金及約當現金」帳戶的其他項目，應如何表達？

2. 【零用金設置與分錄】力威公司 ×2 年 4 月 1 日決定設置零用金 $20,000，4 月 1 日至 6 月 30 日使用與撥補情形如下：

4 月 16 日：支付文具用品費用 $3,400

5 月 11 日：支付郵資 $2,214

5 月 27 日：支付員工加班誤餐費 $1,500

6 月 10 日：支付計程車費 $1,800

6 月 28 日：該日零用金現金餘額剩 $11,082，同時申請撥補零用金至原先設置金額

6 月 30 日：決定將零用金設置金額調降至 $10,000

試作：力威公司 ×2 年 4 月 1 日至 6 月 30 日零用金有關分錄。

3. 【短期應收票據貼現】下列為研熙公司 ×9 年有關短期票據的部分交易資料：

6 月 30 日　研熙公司因銷貨收到宏海公司一張面額 $150,000，11%，3 個月到期的短期票據。

7 月 15 日　萬海公司簽發一張面額 $180,000，10%，2 個月到期的短期支票，用來支付 4 月 20 日的貨款。

7 月 30 日　研熙公司為了想提早取得資金，分別將宏海與萬海公司開立之票據向臺中銀行貼現，銀行貼現率為 12%。

9 月 15 日　臺中銀行通知研熙公司，萬海公司開立的支票已付款。

9 月 30 日　臺中銀行通知研熙公司，宏海公司開立的支票拒絕付款，並要求公司償付本金、利息以及拒付證書費用 $300。

試作：研熙公司上述交易之分錄。

4. 【現金折扣】敦煌電腦 ×1 年 7 月份之部分交易資料如下：

7 月 1 日　賒銷電腦給海霸皇公司，銷貨金額為 $600,000，銷貨條件為 3/15、n/60，敦煌電腦預期客戶高度很有可能不會享受該現金折扣。

7 月 10 日　收到海霸皇公司 7 月 1 日之全部貨款。

7 月 17 日　賒銷電腦給金龍公司，銷貨金額為 $500,000，銷貨條件為 2/10、n/30。敦煌電腦預期客戶高度很有可能不會享受該現金折扣。

7 月 30 日　收到金龍公司 7 月 17 日之全部貨款。

試作：記錄敦煌電腦上述交易之分錄。

5. 【預期信用減損損失】明湖公司×4年1月1日應收帳款餘額為 $126,000，備抵損失有貸方餘額 $2,800，×4年間公司賒銷總額為 $1,150,000，應收帳款收現金額為 $1,114,800，並沖銷了無法收回之應收帳款 $5,200。×4年12月31日明湖公司估計損失比率為應收帳款餘額之 4%。

    試作：

    (1) 列記明湖公司×4年提列預期信用減損損失之調整分錄。
    (2) 編列明湖公司×4年資產負債表中應收帳款之表達。

6. 【預期信用減損損失】下列為立倫公司×9年12月31日應收帳款的帳齡分析資料：

帳齡	借方餘額	損失比率
30 天以下	$289,500	0.8%
31-60 天	171,000	2.0%
61-120 天	109,500	5.0%
121-240 天	61,500	20.0%
241-360 天	37,500	35.0%
超過 360 天	28,500	60.0%
	$697,500	

    試作：

    (1) 利用立倫公司×9年12月31日應收帳款的帳齡分析表估計應收帳款無法回收之金額。
    (2) 假設×9年12月31日調整前備抵損失的餘額如下列，分別完成相關之調整分錄：
       (a) 備抵損失餘額為 0
       (b) 備抵損失有借方餘額 $4,500
       (c) 備抵損失有貸方餘額 $4,200

7. 【應收帳款擔保借款】清新公司於×1年4月1日以應收帳款 $1,000,000 向高雄銀行進行擔保借款，借款金額為 $600,000，借款期間為 3 個月，高雄銀行收取應收帳款金額的 2% 作為手續費，借款利息為 10%。

    試作：

    (1) 列記清新公司×1年4月1日之分錄。
    (2) 列記清新公司×1年4月1日到6月30日應收帳款收現 $700,000 之分錄。
    (3) 列記清新公司×1年7月1日將收取款項連同利息交付高雄銀行之分錄。

8. 【應收帳款】海角公司×9年部分資訊如下：

    7月 1日 海角公司賒銷出售了 $80,000 的商品給摩斯公司，條件為 2/10、n/60。海角公司預期客戶高度很有可能不會享有現金折扣。

    7月 3日 摩斯公司退回了售價 $7,000 的瑕疵品。

    7月 5日 以無追索權方式出售應收帳款 $90,000 給星光銀行，收款是由星光銀行來處理，銀行保留 10% 應收帳款作為銷貨退回及折讓緩衝之用，並收取應收帳款總額 5% 作為手續費，海角公司獲得現金 $76,500。

    7月 9日 以特定的應收帳款 $90,000 向 JJ 公司擔保借款 $60,000。此貸款金額

的 6% 作為手續費。JJ 公司負責收款。

7 月 10 日 摩斯公司支付 $30,000 貨款。

12 月 29 日 摩斯公司已破產，並通知海角公司僅能支付 10% 的帳款。海角公司使用備抵法來沖銷這筆信用減損。

試作：海角公司所有必要的分錄。

9. 【**應收帳款移轉——無追索權**】數來寶公司將應收帳款 $300,000 以無追索權的方式出售給雪山金融公司，×8 年 7 月 1 日，記錄應收帳款移轉給負責收款的雪山金融公司。雪山金融公司要求以應收帳款金額的 3% 作為財務費用，並保留了 4% 以沖抵銷貨折扣與銷貨退回及折讓。

試作：

(1) 數來寶公司 ×8 年 7 月 1 日的分錄，以記錄此項無追索權的應收帳款出售。

(2) 為雪山金融公司列記 ×8 年 7 月 1 日的分錄，以記錄這項無追索權的應收帳款購買。

10. 【**應收帳款移轉——完全追索權**】×9 年 3 月 1 日快樂福公司將客戶的應收帳款 $200,000 以有完全追索權的方式出售給 Master 銀行。Master 銀行保留 3% 作為沖抵銷貨折扣與銷貨退回及折讓使用，並要求收取應收帳款總額的 2% 作為手續費。×9 年 3 月 25 日，Master 銀行通知快樂福公司發生銷貨退回及折讓 $3,000，×9 年 4 月 1 日 Master 銀行通知快樂福公司該筆應收帳款已完全收現並結算差額。

試作：快樂福公司有關此項應收帳款出售之相關分錄。

11. 【**應收帳款移轉——有限追索權**】×6 年 6 月 15 日宏達公司將客戶的應收帳款 $400,000 出售給 Visa 銀行。宏達公司承諾移轉的應收帳款至少 8 成可收現，2 個月可完成收現，並要求 Visa 銀行不可轉售。Visa 銀行負責向客戶收取帳款，並要求收取應收帳款總額的 4% 作為手續費，保證負債的公允價值為 $7,200。×6 年 8 月 15 日 Visa 銀行收到全數的帳款。

試作：

(1) 宏達公司 ×6 年 6 月 15 日應收帳款移轉之分錄。

(2) 宏達公司 ×6 年 6 月 30 日之調整分錄。

(3) 宏達公司 ×6 年 8 月 15 日，Visa 銀行收現時須作之分錄。

(4) 假設 ×6 年 8 月 15 日 Visa 銀行收到 $350,000，則宏達公司於銀行收現時須作之分錄。

(5) 假設 ×6 年 8 月 15 日 Visa 銀行收到 $300,000，則宏達公司於銀行收現時須作之分錄。

Chapter 6 存 貨

學習目標

研讀本章後，讀者可以了解：
1. 存貨的性質以及存貨的分類
2. 存貨應該如何正確歸屬於買方或賣方
3. 定期盤存與永續盤存的會計處理
4. 存貨取得成本的決定以及存貨評價與表達
5. 如何運用毛利率法估計期末存貨
6. 如何運用零售價法估計期末存貨
7. 生物資產與農業產品會計處理

林邊區漁會提供

本章架構

存貨──成本衡量和成本流動假設

存貨的性質、分類與歸屬
- 性質與定義
- 存貨的種類
- 歸屬

存貨的會計處理
- 定期盤存制
- 永續盤存制

存貨的評價與表達
- 存貨成本的決定
- 成本流程假設
- 成本與淨變現價值孰低法

毛利率法
- 運用毛利率估計期末存貨

零售價法
- 不同成本流程假設之零售價法
- 加減價在零售價法之應用
- 特殊項目之處理

生物資產與農業產品之會計處理
- 定義
- 認列與衡量

豐田 JIT 存貨管理

日本豐田汽車曾經創造一種高質量、低庫存的生產方式──即時生產 (Just In Time, JIT)。JIT 技術與存貨管理息息相關，是一種追求無庫存理想的生產系統，在日本透過看板式的管理，JIT 大大地降低原材料的庫存，提高整個生產流程的效率，進而增加企業的利潤。日本汽車工業，特別是豐田汽車，因為 JIT 技術造成在全球工業競爭優勢的重要來源。豐田的引擎供應商洋馬柴油機公司 (Yanmar Diesel) 亦仿效豐田式的作業管理，不僅機型種類增加數倍，且在製品存貨卻能減少一半，有效提升整體勞動的生產率。

其實存貨若能有愈快速的週轉率，代表公司的營運狀況和流動性也愈佳。通常不同產業有不同的存貨水準和週轉率，例如，零售業的存貨週轉率一般較製造業高；在製造業之間，消費品又比耐久財為高；營建業的存貨轉週率則非常低，若參閱營建業的資產結構組成，不難發現存貨常以「完工餘屋」和「在建工程」為最重要的組成，存貨常占整體資產的 70% 以上。

臺灣的石斑魚養殖

臺灣的石斑魚養殖已經有超過 30 年以上的歷史，行政院農委會自民國 98 年起推動石斑魚產值倍增計畫，列入六大新興產業之「精緻農業」的重點發展項目，臺灣在石斑魚之產值已居世界第一，產量也居第二。

由於野生的石斑魚喜歡棲息在珊瑚礁海域，產量稀少且捕捉不易，加上不適當的撈捕更會影響珊瑚礁的生態環境，所以石斑魚的養殖便成為許多國家積極發展的農業技術，日本、挪威、西班牙和美國等均已開始海上箱網的養殖石斑魚作業。長期以來臺灣對石斑魚的養殖，包括魚苗和魚種的研發，均有不俗的成就。養殖石斑魚的產量和品質，透過有計畫性建立的產銷履歷機制，讓臺灣擁有「石斑魚養殖王國」的美名。

石斑魚性喜生長於溫暖的水域，在臺灣南部的臺南、高雄、屏東地區皆有漁民養殖，特別是林邊、佳冬地區更是主要產地，養殖的品種以點帶石斑 (俗稱青斑) 與龍膽石斑為主。石斑魚魚苗的價格高，養殖期間須達 10 個月以上，體型碩大的龍膽石斑更須 3 年至 4 年的養殖期間，養殖的技術與資金均有極高的門檻。國際會計準則委員會制定了 IAS 41「農業」，用以規範生物資產及收成點的農業產品之會計處理。

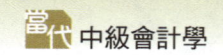

章首故事引發之問題

- 企業應如何進行存貨的管理？
- 存貨應如何評價？應如何在財務報表作適當的表達？
- 什麼是生物資產和農業產品？會計上應如何認列及後續的評價？

學習目標 1
了解存貨管理的重要性、存貨的意義，以及存貨的分類

6.1 存貨的性質和分類

存貨 (Inventory) 對大部分企業而言是一項非常重要的資產，也常代表對於零售商和製造商流動資產的最大部分。對買賣業或製造業而言，存貨之會計處理對於資產的評價和損益的衡量，影響頗為重大。另一方面，就存貨管理的角度而言，設計良好的存貨管理系統可以增加企業的獲利能力，但是不良的存貨管理則可能導致利益流失，並使企業失去競爭力。在供應鏈管理中常會考慮安全存量的問題，庫存不足容易造成銷售流失、較低的顧客滿意度和可能的生產瓶頸。相對地，提高安全存量可以避免當商品實際需求大於預期時產品的缺貨現象。若提高安全存量則會增加庫存量的持有成本，特別在高科技產業中產品生命週期較短的電子產品，面對需求多變時，持有過多的存貨可能造成新產品加入不易，以及舊產品庫存項目過多，將容易暴露於價格失控的風險。

依據國際會計準則第 2 號之規定，存貨係指符合下列任一條件之資產：

- 備供正常營業出售者；或
- 正在生產中且將於完成後供正常營業出售者；或
- 將於商品生產或勞務提供過程中消耗之材料或物料。

根據上述之定義，要判斷一項資產是否為存貨，應依據企業的正常營業活動過程或目的而定，例如汽車經銷商為正常營業銷售而購入之汽車，應視為存貨；至於將所購入之汽車供高階經理人使

Chapter 6 存貨

用，則應視為不動產、廠房及設備。另外，存貨的型態以及在報表中的表達方式，常因企業的營運方式不同，存貨的分類也各異。買賣業(包括零售商、進出口貿易商等)的主要業務是買入商品以供再售，其存貨通稱為**商品存貨** (merchandise inventory)。製造業則將買入的原料加工，變成製成品之後再行出售，因此其存貨常包含**原料存貨** (raw material inventory)、**在製品存貨** (work-in-process inventory) 及**製成品存貨** (finished goods inventory)。

> 買賣業的存貨通稱為商品存貨。製造業的存貨包含原料、在製品及製成品存貨。

原料存貨是指將於商品生產過程中消耗的直接原料。有時製造業存貨亦有可能包括物料存貨，此物料存貨係指製造過程中所需的間接材料，如機器的潤滑油、清潔用品及用來修補製成品微小部分的材料。在製品存貨是指原料已投入生產但尚未全部完成的存貨，其成本包括直接材料、直接人工及目前所分攤到的製造費用。其中**直接原料** (direct material) 是指企業在生產產品和提供勞務過程中所消耗的直接用於產品生產並構成產品實體的主要原料；**直接人工** (direct labor) 是指生產過程中直接改變材料的性質和型態所耗用的人工成本，包括生產工人的獎金、津貼及退休金等；**製造費用** (manufacturing overhead) 或稱為間接製造成本，包括間接人工(如領班的薪資)、間接原料(或稱物料，即間接用於生產，或直接用於生產但數量或金額較小，如鐵釘、磨砂紙)、其他間接生產成本，如機械折舊、廠房保險費用、水電費等。製成品存貨是指已製造完成且可供銷售的產品。

6.2 存貨的歸屬問題

> **學習目標 2**
> 如何正確判斷存貨究應歸屬於賣方或買方

存貨的所有權與存貨的實體存放情形有時並不一致，且在存貨買賣特定時點上，究竟應該歸屬於賣方的存貨或買方的存貨，亦有不易明確劃分的情形，企業在判定存貨的歸屬時，可以參考第 15 章介紹的 IFRS 15「收入」有關出售商品的收入認列條件(主要須判斷存貨控制權是否已移轉)作為參考。存貨的錯誤將對多期的財務報表產生重大的影響，且會影響流動資產總額、營運資金及流動比率等計算，因此應該正確處理存貨的歸屬。以下就各種不同的狀況說

167

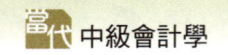

明：

1. 在途存貨

在商業實務中，進貨的條件有二種情況：一是**起運點交貨** (FOB shipping point)，另一個是**目的地交貨** (FOB destination)。起運點交貨是指賣方將貨品移交運送人 (如船運公司或快遞公司) 後，貨品即歸屬買方所有，經濟效益的控制權亦移轉給買方，故買方尚未收到在途存貨應包括在買方的存貨中；目的地交貨條件下，商品應運到買方指定地點交給買方，所有權及經濟效益才算移轉，故在途存貨應屬賣方的存貨。

2. 寄銷品

企業有時會和代銷商或零售商簽訂合約，將商品寄存對方代為銷售，運出寄銷的商品稱為寄銷品，對代銷公司而言則稱為代銷品。由於寄銷品的經濟效益和所有權仍屬於寄銷公司，必須等商品出售給第三者時，所有權才移轉給買方，因此寄銷品仍屬寄銷人之存貨，而代銷品不能包括在代銷公司的存貨。

3. 附買回合約之銷貨

附買回合約之銷貨係指公司將存貨出售給另一公司的同時，簽訂合約承諾在一定期間後，按約定價格買回該批存貨。此種交易提供了買方一個賺取財務手續費的機會，實質上是以存貨作為擔保的一般融資，而非真正的銷貨買賣。在考慮交易的經濟實質而非侷限於法律形式的情況下，應依照 IFRS 15 賣方不認列銷貨收入，故存貨仍為賣方的資產，且應於取得價款時認列相關的買回商品負債。

4. 分期付款銷貨

分期付款銷貨在顧客未交清貨款時，有帳款收回的不確定性，雖然貨品的所有權仍屬於賣方，但由於商品已供買方使用，因此賣方若能合理估計相關的預期信用減損損失 (呆帳費用) 時，經濟效益即移轉給買方，該批商品應自賣方的存貨中扣除。

Chapter 6 存貨

釋例 6-1　存貨成本認定

小智公司銷售運動用品，存貨採永續盤存制。其籃球存貨之相關資訊如下：

(1) ×1年12月31日實地盤點顯示，小智公司位於眞新鎭之倉庫，共有籃球存貨$75,000。
(2) 小智公司於×1年12月28日向小茂公司購買$10,000之存貨，起運點交貨，運費$350，×2年1月4日送達。
(3) 小智公司於×1年12月25日向小霞公司購買$30,000之存貨，目的地交貨，運費$250，×2年1月2日送達。
(4) 小智公司於×1年12月20日向小遙公司購買$20,000之存貨，目的地交貨，運費$400，×1年12月30日送達。兩間公司簽訂一買回合約，小遙公司承諾在兩個月後買回該批存貨。
(5) 小智公司之倉庫內，有小剛公司寄銷的存貨$5,000，其包含在盤點金額內。
(6) 小智公司額外有存貨$15,000寄銷在大木公司。
(7) 小智公司於×1年12月銷售成本$18,000之存貨予小光公司，起運點交貨，交易條件為分期付款。小光公司尚未付清貸款，回收帳款具不確定性，且小智公司無法合理估計相關呆帳費用。

試問：小智公司×1年12月31日之資產負債表中，正確之存貨金額。

解析

存貨

(1) 盤點金額	$75,000
(2) 12月28日之進貨條件為起運點交貨，已移轉所有權，應納入期末存貨中；進貨運費亦應認列為存貨成本	+10,350
(3) 12月25日之進貨條件為目的地交貨，1月2日始送達，故12月31日尚未移轉所有權，不應納入期末存貨中	—
(4) 附買回合約之銷貨，存貨亦仍為小遙公司之資產。此批存貨於小智公司帳上認列$20,000，不應納入期末存貨中	−20,000
(5) 小剛公司寄銷的存貨，公司並無取得所有權，不應納入期末存貨中	−5,000
(6) 寄銷在大木公司的存貨，公司仍擁有所有權，應納入期末存貨中	+15,000
(7) 分期付款銷貨，所有權仍屬於小智公司	+18,000
期末存貨金額	$93,350

6.3　存貨制度的會計處理

存貨制度係指存貨數量的盤點方法，企業對存貨的購入、持有及出售等相關交易的處理，有定期盤存制和永續盤存制兩種，說明

學習目標 3
如何區別定期盤存制與永續盤存制

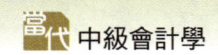

如下：

6.3.1　定期盤存制 (periodic inventory system)

定期盤存制
平時商品之購入以進貨項目記帳，而銷貨時並不記錄存貨的減少，至年終結帳時，以實地盤點庫存商品決定期末存貨。

此方法常為超級市場、百貨公司或零售業者所採用，在定期盤存制度下，企業平時並沒有可以隨時反映存貨數量現況的流水記錄，也無法知道庫存的存貨數量是否正確，企業必須按固定間隔時間，如每月或每季進行存貨的實際盤點而得知存貨數量，因此又稱為實地盤存制。處理要點如下：

1. **進貨時**，由於不立即反映存貨數量的增加，所以不計入商品存貨的項目，而是借記在一個暫時的虛帳戶「**進貨**」(Purchase)；若有商品規格或品質不符而將商品退回或有賣方同意減價的情形，則貸記在會計項目「**進貨退回**」(Purchase Return) 或「**進貨折讓**」(Purchase Allowance)，此二者均作為進貨成本的減項。至於應由買方負擔的**運費** (Freight-In)，則屬於進貨成本的一部分，應作為進貨成本的加項。

2. **銷貨時**，僅記載銷貨收入，而存貨減少的部分 (亦即轉入銷貨成本的部分) 並不作記錄。

3. **期末盤點與調整**：由於平日銷貨及進貨時均未記入存貨帳戶以表示存貨增減的情形，存貨帳戶的金額自期初以來一直在帳上保留不動，必須藉由期末的實際盤點得知期末存貨的數量與金額。另一方面，本期的銷貨成本則是藉由推算而得，推算的方法如下：本期期初存貨加上本期進貨成本，得出**可供銷售商品成本** (cost of goods available for sale)，再以可供銷售商品成本扣除本期期末存貨，得出銷貨成本。經由實際盤點而得出期末存貨並計算出銷貨成本後，企業應作以下的調整分錄：

存貨 (期末)	×××	
銷貨成本	×××	
存貨 (期初)		×××
進貨		×××

    上述調整分錄之效果，除了將期初存貨金額沖銷轉而在資產負債表上認列期末存貨金額外，亦同時達到了推算銷貨成本金額的功能。

6.3.2 永續盤存制 (perpetual inventory system)

永續盤存制涉及詳細的會計記錄，對於每個存貨項目均隨時提供數量及金額的進、銷、存的資訊，因此隨時可從會計記錄中得知存貨的實體數目及價值，實地盤點常用以比較實際存貨和永續盤存記錄差異之審計目的。永續盤存之執行和維持的成本通常較定期盤存為高，在資訊科技與相關軟體發展迅速的情況下，使得永續盤存制非常普及，幾乎所有的上市櫃公司均採用永續盤存制。會計處理說明如下：

永續盤存制
商品之購入與出售均立即反映於存貨帳戶記錄增減，至年終時，存貨帳戶的餘額即代表帳上應有之期末存貨。

1. **進貨時**，為立即反映存貨增加，直接借記存貨；進貨運費因直接歸屬於存貨成本的增加，亦直接借記存貨。至於進貨的退回與折讓，則直接貸記存貨，以反映存貨成本的減少。

2. **銷貨時**，須作兩個分錄：一為記錄銷貨收入；二為同時記錄存貨的減少並反映銷貨成本：借記銷貨成本，貸記存貨。此第二個分錄是永續盤存制下額外須作的分錄，藉由此分錄可以隨時得知銷貨成本和期末存貨的金額。

3. **期末盤點與調整**：雖然在永續盤存制中，不需要作期末調整分錄來計算銷貨成本和期末存貨，但就存貨管理的目的而言，仍應每年至少實地盤點存貨一次，以確定是否有存貨盤盈或盤虧的現象。當實際盤存數量大於帳上存貨時（亦即盤盈），則借記存貨，貸記銷貨成本；若盤損時，則存貨短缺的部分依成本金額，借記銷貨成本，貸記存貨。

釋例 6-2　定期與永續盤存制

伊莉莎白公司銷售木材存貨，所有的進貨及銷貨交易皆以現金付款及收款。以下為×1年度存貨相關資料：

進貨：現金購買 950 單位 @ $200
銷貨：現金銷售 850 單位 @ $260
存貨：期初存貨 150 單位 @ $200
　　　期末存貨實際盤點結果 230 單位

(1) 依永續盤存制與定期盤存制，試作伊莉莎白公司×1年存貨相關分錄。

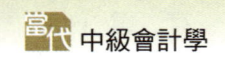

(2) 試比較兩種制度下，相關項目在損益表與資產負債表之表達。

解析

(1)

交易事項	永續盤存制			定期盤存制		
進貨	存貨	190,000		進貨	190,000	
	現金		190,000	現金		190,000
銷貨	現金	221,000		現金	221,000	
	銷貨收入		221,000	銷貨收入		221,000
	銷貨成本	170,000				
	存貨		170,000			
期末調整	銷貨成本	4,000		銷貨成本	174,000	
	存貨		4,000	存貨(期末)	46,000	
				進貨		190,000
				存貨(期初)		30,000

(2)
永續盤存制

部分損益表			部分資產負債表	
銷貨收入		$221,000	流動資產：	
銷貨成本		(174,000)	現金	$×× ×
銷貨毛利		$ 47,000	應收帳款	×× ×
			存貨	46,000

定期盤存制

部分損益表			部分資產負債表	
銷貨收入		$221,000	流動資產：	
銷貨成本			現金	$×× ×
期初存貨	$ 30,000		應收帳款	×× ×
進貨	190,000		存貨	46,000
減：期末存貨	(46,000)	(174,000)		
銷貨毛利		$ 47,000		

6.4 存貨之評價與表達

6.4.1 存貨取得成本的決定

存貨應當按照成本進行原始衡量。IAS 2 明定**存貨成本** (Inventory Cost) 應包括**購買成本** (Purchase Cost)、**加工成本** (Processing Cost) 及為使存貨達到目前之地點及狀態所發生之其他成本。

購買成本包含購買價格、進口稅捐與其他稅捐 (企業後續自稅捐主管機關可回收之部分除外)，以及運輸、處理與直接可歸屬於取得製成品、原料及勞務之其他成本。交易折扣、讓價及其他類似項目應於決定購買成本時減除。由以上說明可知，企業支付之稅捐若無法要求退回者，如營業稅，亦應記入存貨之取得成本。另存貨取得若伴隨快速付款而有貨價減項之折讓或補貼，應於原始衡量存貨成本時納入考慮。

存貨之加工成本包含與生產數量直接相關之成本 (如直接人工)，亦包含將原料加工為製成品過程中所發生並以有系統之方式分攤之固定及變動製造費用。固定製造費用係相對固定之金額且不隨產量變動之間接生產成本，包括廠房、設備的折舊費用和維護費用、廠房之租金及工廠行政管理費用等。固定製造費用應按生產設備的正常產能分攤至存貨，正常產能係考量既定維修情況下，企業預期未來各期間可達到之平均產能。若實際產量與正常產能差異不大，企業亦得按實際產量分攤固定製造費用。當產量異常偏低時，其所導致之未分攤固定製造費用應於發生當期認列為費用。當產量異常偏高時，企業應以實際產量分攤固定製造費用，以避免存貨帳列金額高於實際成本。

存貨之其他成本僅限於使存貨達到可供銷售或可供生產之狀態及地點所發生之支出。依據 IAS 23「借款成本」，借款成本僅在少數情況下，可列入存貨成本。通常企業為了經常性的製造或重複大量生產之存貨所發生的利息支出，不應列入存貨成本；但存貨若須經一段期間才能達到可供出售的狀態時，例如營建公司，建造期間係使資產達可供出售狀態之必要期間，故該期間發生之借款成本係使

學習目標 4

了解存貨的評價與表達，包括存貨成本的決定，不同的成本流程假設，以及後續評價

存貨成本包括購買成本、加工成本及為使存貨達到目前之地點及狀態所發生之其他成本。

借款成本

經常性的製造或重複大量生產之存貨所發生的利息支出，不應列入存貨成本。借款成本僅在存貨經一段期間才能達到可供出售的狀態時，才能作為存貨成本的一部分。

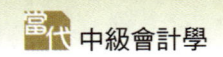

產品達可供出售狀態之可直接歸屬成本，因此該期間之借款成本可適當地資本化為存貨成本之一部分。

值得注意的是，IAS 2 特別指出下列成本不得列入存貨成本，應於發生時認列為費用：

- 異常耗損之原料、人工或其他製造成本；
- 儲存成本，但生產過程中所必須者除外；
- 對存貨達到目前狀態及地點無貢獻之管理費用；及
- 銷售費用。

6.4.2 以成本為基礎之存貨評價方法

由於存貨對於資產負債表和損益表都有重大的影響，因此存貨價值的決定是一個會計上重要的議題。一般企業在計算存貨成本時，如果期初存貨的單位成本和年度中每次進貨的單位成本都是相同的話，則決定期末存貨的成本非常容易，只須以期末存貨數量乘以單位成本即可。若每批進貨之單位成本不同，但進貨批次不多，而且存貨種類少，還可依**個別認定法** (specific identification method)，按商品實際流動的情況決定期末存貨之成本。但若存貨種類繁多，進貨批次也多，且每次進貨之單位成本又不同，使用個別認定法變成不可行，此時如何選擇單位成本，並用以乘上存貨數量，則須依賴存貨評價上所謂的**成本流程假設** (cost flow assumption)。在不同的成本流程假設下，有三種存貨評價方法：**先進先出法** (first-in, first-out method, FIFO)、**加權平均法** (weighted average method) 及**後進先出法** (last-in, first-out method, LIFO)。

IAS 2「存貨」明訂，企業存貨成本的計算方法可採用個別認定法，當採用個別認定法並不適當時，則允許使用加權平均法及先進先出法。後進先出法係假設將後期買進的商品先行出售，轉入銷貨成本，因此期末存貨成本來自於早期的進貨成本，造成資產負債表存貨的帳面金額偏離存貨於期末當時之成本水準，因此 IAS 2 不再允許使用後進先出法，IAS 2 同時規定，企業對於性質或用途相近的存貨，應採用相同的成本計算方法，因此性質或用途不同的存貨，可以使用不同的成本計算方式，但是存貨存放地點的不同或適

用稅法不同，不得作為使用不同存貨成本方法的依據。

1. 個別認定法

個別認定法係將特定成本歸屬至所認定的存貨項目，此法僅適用不能替代的存貨項目，以及依專案計畫或購買而生產且能區隔之產品或勞務。個別認定法不適用於大量生產且具可替代性的存貨，因企業可藉著選擇出售相同但成本較高或較低的存貨來操縱損益。在個別認定法下，企業逐項認定存貨係於何時購入，且其成本為何，以計算期末存貨價值。由於所包括於期末存貨的商品就是那些實際上未銷售出去的商品，因此商品流程與會計帳面的成本流程最為一致。

個別認定法
僅適用不能替代的存貨項目，以及依專案計畫或購買而生產且能區隔之產品或勞務。

2. 先進先出法

此法是 IAS 2 允許的存貨成本計算方法，假設先買進的商品先行出售，轉入銷貨成本，因此期末存貨成本來自於可供銷售商品中最近所購入者。不論定期盤存制或永續盤存制，採用先進先出法時，期末存貨的評價均以較近期購入商品的存貨量，配合各次進貨單位成本乘算加總而得，期末存貨金額在兩種盤存制度下相同，銷貨成本亦然。

先進先出法
假設先買進的商品先行出售，轉入銷貨成本，因此期末存貨成本來自於可供銷售商品中最近所購入者。

3. 加權平均法

加權平均法也是 IAS 2 允許的一種存貨成本計算方法，惟依據 IAS 2 之條文，企業可以依其情況，「定期」或「於每次新進貨時」計算加權平均成本。因此 IAS 2 的加權平均法，事實上廣義地涵括了定期盤存為基礎的加權平均法，以及永續盤存為基礎的移動平均法。

定期盤存制之下的加權平均法，以全部可供銷售商品總成本（含期初存貨與本期進貨），除以可供銷售商品的總數量，得出加權平均單位成本，再以此平均成本乘以期末存貨數量，即得期末存貨成本。另在永續盤存制之下**移動平均法** (moving average method)，因每次新進貨時即按加權平均法的精神，將上次剩餘存貨與本次進貨，重新計算一次新的平均單位成本，作為下次銷貨時銷貨成本之計算基礎。

加權平均法
以可供銷售商品總成本除以可供銷售商品總數量，得出加權平均單位成本。

移動平均法
每次新進貨時即按加權平均法的精神，將上次剩餘存貨與本次進貨，重新計算一次新的平均單位成本，作為下次銷貨時銷貨成本之計算基礎。

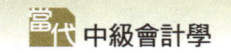

釋例 6-3　存貨成本流程假設

全虹公司之手機存貨採定期盤存制，其 ×1 年 7 月份手機存貨之相關資訊如下：

		單位	單位成本
7/1	期初存貨	20	@ $4,000
7/5	進貨	80	@ $4,500
7/12	銷貨	70	
7/17	進貨	90	@ $4,600
7/22	銷貨	80	

試分別以下列存貨計價方法計算全虹公司 ×1 年 7 月底之存貨及 7 月份之銷貨成本：(1) 先進先出法；(2) 加權平均法；(3) 個別認定法 (7 月 12 日之銷貨全部為 7 月 5 日之進貨，7 月 22 日之銷貨全部為 7 月 17 日之進貨)。

解析

		單位	單位成本	金額
7/1	期初存貨	20	$4,000	$ 80,000
7/5	進貨	80	$4,500	360,000
7/17	進貨	90	$4,600	414,000
可供銷售商品		190		$854,000

期末存貨單位 = 20 + (80 + 90) − (70 + 80) = 40

(1) 先進先出法

期末存貨 = $4,600 × 40 = $184,000

銷貨成本 = $854,000 − $184,000 = $670,000

(2) 加權平均法

單位平均成本 = $854,000 ÷ 190 = $4,494.7

期末存貨 = $4,494.7 × 40 = $179,788

銷貨成本 = $854,000 − $179,788 = $674,212

(3) 個別認定法

銷貨成本 = ($4,500 × 70) + ($4,600 × 80) = $683,000

期末存貨 = $854,000 − 683,000 = $171,000

6.4.3 成本與淨變現價值孰低法

存貨的後續評價是指已購入而尚未售出之商品所組成的期末存貨，應如何以適當的金額呈現於資產負債表上。IAS 2 規定，存貨應以**成本與淨變現價值孰低** (Lower of Cost or Net Realizable Value, LCNRV) 衡量。所謂的存貨成本計算方法，可採用前述個別認定法、加權平均法及先進先出法。至於**淨變現價值** (net realizable value) 係指正常營業情況下之估計售價減除至完工尚須投入成本及銷售費用後之餘額。存貨之淨變現價值可能因為毀損、過時、銷售價格下跌，或是估計完工成本及銷售費用的上升等許多因素而低於成本，此時應將沖減至較低的淨變現價值。

IAS 2 同時也強調存貨淨變現價值與公允價值的區別在於，公允價值係指所有市場參與者對交易事項已有充分了解並有成交意願，在整個市場正常交易下據以達成交換之金額；淨變現價值係指個別企業預期於正常營業中出售存貨所能取得之淨額，故為**企業特定價值** (entity specific value)。存貨淨變現價值不一定與淨公允價值 (公允價格減出售成本後之餘額) 相同。例如，麵粉的公允價值為一般麵粉中盤商之銷售價格。但如果三峽知名的金牛角麵包店買入麵粉後，因為金牛角麵包極為暢銷，該麵包店可藉由其企業專屬創造金牛角價值之能力，使得金牛角之售價提高，連帶亦使得其麵粉存貨之淨變現價值隨之提高。

上述提及存貨應以成本與淨變現價值孰低衡量，淨變現價值之決定應以資產負債表日為準。原則上，存貨之成本應與淨變現價值逐項比較。在某些情況下，類似或相關之項目得分類為同一類別。同時符合下列條件之項目得分類為同一類別：

1. 屬於相同產品線，且其目的或最終用途類似；
2. 於同一地區生產及銷售；及
3. 實務上無法與產品線之其他項目分離評價。

當使用逐項比較法或分類比較法，若淨變現價值低於成本時，會計處理有直接沖銷法與備抵法二種。在直接沖銷法下，存貨淨變現價值低於成本的部分應借記銷貨成本，貸記存貨 (即直接沖減存

淨變現價值

指企業預期在正常營業情況下，出售存貨所能取得的淨額，亦即在正常情況下之估計售價減除至完工尚須投入之成本及銷售費用後之餘額。

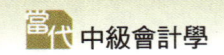

貨)。在備抵法下,會計處理則為借記存貨跌價損失,貸記備底存貨跌價損失。存貨跌價損失為銷貨成本的一部分,備抵存貨跌價損失則列在資產負債表上,作為存貨成本的減項。

企業應於各後續期間之報導期間結束日重新衡量存貨之淨變現價值。當後續評估顯示先前導致存貨淨變現價值低於成本之因素已消失,或有證據顯示經濟情況改變而使淨變現價值增加時,企業應迴轉先前沖減存貨所認列之損失,可迴轉金額係限定於原沖減金額之範圍內,所以存貨的新帳面金額係成本與重新衡量之淨變現價值孰低者。

釋例 6-4 成本與淨變現價值孰低法

瑪利歐公司為服飾銷售商,其使用成本與淨變現價值孰低法調整期末存貨。其 ×1 年期末之存貨資料如下:

存貨	帽子			吊帶褲		
顏色	紅	綠	黃	藍	紫	粉紅
成本	$20,000	$14,000	$22,000	$50,000	$55,000	$44,000
淨變現價值	23,000	13,000	23,000	52,000	49,000	40,000

試作:
(1) 計算存貨之期末金額,依照 (a) 逐項比較法;(b) 分類比較法。
(2) 若瑪利歐公司使用分類比較法,試依備抵法作其存貨調整分錄。
(3) 承上題 (2),若該批存貨在 ×2 年編製半年報表前皆尚未出售,而此時淨變現價值如下,試作其存貨調整分錄。

存貨	帽子			吊帶褲		
顏色	紅	綠	黃	藍	紫	粉紅
淨變現價值	$22,500	$12,500	$23,500	$47,000	$56,000	$45,000

解析

(1)

存貨	成本	淨變現價值	逐項比較法	分類比較法
帽子				
紅	$ 20,000	$ 23,000	$ 20,000	
綠	14,000	13,000	13,000	
黃	22,000	23,000	22,000	
小計	$ 56,000	$ 59,000		$ 56,000
吊帶褲				
藍	$ 50,000	$ 52,000	50,000	
紫	55,000	49,000	49,000	
粉紅	44,000	40,000	40,000	
小計	$149,000	$141,000		141,000
總計	$205,000	$200,000	$194,000	$197,000

(2) 在分類比較法下，存貨之期末金額應調成 $197,000。惟瑪利歐公司將不同顏色帽子 (或吊帶褲) 分類為同一類別作存貨之成本與淨變現價值孰低法之評估前，應檢視前述所列分類為同一類別存貨所須之三條件是否均同時符合。

認列跌價損失：$205,000 – $197,000 = $8,000

　　　　存貨跌價損失　　　　　　　　8,000
　　　　　　備抵存貨跌價損失　　　　　　　　8,000

公司編製綜合損益表時，此分錄中之存貨跌價損失應列入「銷貨成本」。

(3)

存貨	成本	淨變現價值	分類比較法
帽子			
紅	$ 20,000	$ 22,500	
綠	14,000	12,500	
黃	22,000	23,500	
小計	$ 56,000	$ 58,500	$ 56,000
吊帶褲			
藍	$ 50,000	$ 47,000	
紫	55,000	56,000	
粉紅	44,000	45,000	
小計	$149,000	$148,000	148,000
總計	$205,000	$206,500	$204,000

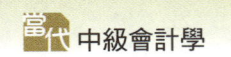

認列淨變現價值回升：$204,000 – $197,000 = $7,000

備抵存貨跌價損失	7,000	
存貨跌價損失		7,000

釋例 6-5　存貨跌價的帳務處理

鼓樂公司 ×1 年之存貨相關資訊如下表：

	1月1日存貨	×1 年進貨	12月31日存貨
成本	$70,000	$650,000	$90,000
淨變現價值	80,000		85,000

若鼓樂公司採成本與淨變現價值孰低法評價期末存貨，試依照下列情況個別記錄存貨相關分錄，並列示資產負債表與綜合損益表存貨相關項目的表達。

(1) 永續盤存制，直接沖銷法
(2) 永續盤存制，備抵法
(3) 定期盤存制，直接沖銷法
(4) 定期盤存制，備抵法

解析

永續盤存制

交易分錄	(1) 直接沖銷法			(2) 備抵法		
進貨	存貨	650,000		存貨	650,000	
	現金		650,000	現金		650,000
銷貨	銷貨成本	630,000		銷貨成本	630,000	
	存貨		630,000	存貨		630,000
期末存貨及調整	銷貨成本	5,000		存貨跌價損失	5,000	
	存貨		5,000	備抵存貨跌價損失		5,000

報表表達	(1) 直接沖銷法		(2) 備抵法	
資產負債表	存貨 (LCNRV)	$ 85,000	存貨 (成本)	$ 90,000
			減：備抵存貨跌價損失	(5,000)
			存貨 (LCNRV)	$ 85,000
綜合損益表	銷貨成本	$635,000	銷貨成本	
			(含存貨跌價損失 $5,000)	$635,000

定期盤存制

交易分錄	(3) 直接沖銷法			(4) 備抵法		
進貨	進貨	650,000		進貨	650,000	
	現金		650,000	現金		650,000
期末存貨及調整	銷貨成本	635,000		銷貨成本	630,000	
	存貨 (期末)	85,000		存貨 (期末)	90,000	
	存貨 (期初)		70,000	存貨 (期初)		70,000
	進貨		650,000	進貨		650,000
				存貨跌價損失	5,000	
				備抵存貨跌價損失		5,000

報表表達	(3) 直接沖銷法		(4) 備抵法	
資產負債表	存貨 (LCNRV)	$ 85,000	存貨 (成本)	$ 90,000
			減：備抵存貨跌價損失	(5,000)
			存貨 (LCNRV)	$ 85,000
綜合損益表	期初存貨	$ 70,000	期初存貨	$ 70,000
	加：進貨	650,000	加：進貨	650,000
	可供銷售商品	$720,000	可供銷售商品	$720,000
	減：期末存貨 (NRV)	(85,000)	減：期末存貨 (成本)	(90,000)
	銷貨成本	$635,000	銷貨成本 (調整前)	$630,000
			加：存貨跌價損失	5,000
			銷貨成本	$635,000

6.5　以毛利率法估計存貨

學習目標 5
如何使用毛利率法估計期末存貨的成本

當期末存貨無法盤點或存貨的實際盤點在實際上並不可行時，必須使用估計的方法推算存貨的金額。常見的情形包括：存貨因意外水、火災而毀損，必須估算保險賠償的參考；會計人員於編製期

IFRS 一點通

銷售合約與淨變現價值

當企業於報導期間結束日估計存貨之淨變現價值時，須考量持有存貨之目的。例如存貨係為供應銷售合約而保留時，淨變現價值之計算應以合約價格為基礎。若存貨持有數量大於銷售合約之約定數量，超過部分之淨變現價值則以一般銷售價格為基礎計算。

毛利率法

依據前後年度毛利率不變的假設，由當年度的銷貨金額估計銷貨成本，再由本期可供銷售商品成本減去估計的銷貨成本得到估計的期末存貨成本。

中報表或查帳時，用以決定存貨金額或驗證帳列存貨金額之合理性等。**毛利率法** (gross profit method) 即是利用以前年度之正常毛利率，估計本期的銷貨成本及期末存貨金額的方法。惟使用毛利率法估計存貨，應特別注意，一旦毛利率有任何重大變動時，應作適當之調整，且若各種商品的毛利率差異甚大時，應依不同商品之毛利率，分別估計存貨金額。

以毛利率法推估期末存貨之步驟如下：

1. 估計本期的銷貨毛利

$$\text{本期銷貨毛利估計數} = \text{本期銷貨淨額} \times \text{正常銷貨毛利率}$$

2. 估計本期的銷貨成本

$$\text{本期銷貨成本估計數} = \text{本期銷貨淨額} - \text{本期銷貨毛利估計數}$$

3. 估計本期的期末存貨

$$\text{本期期末存貨估計數} = \text{本期可售商品成本} - \text{本期銷貨成本估計數}$$

或

$$\text{本期期末存貨估計數} = \text{期初存貨} + \text{本期進貨淨額} - \text{本期銷貨成本估計數}$$

在大多數的情況下，毛利率係以銷售金額的百分比來表示，但有時毛利率是以成本 (而非售價) 的某一百分比來表示，因此須先轉換為以售價為基礎的比率。例如：以銷貨成本為基礎的毛利率若為 25%，則應先轉換為以售價為基礎之毛利率 20%，計算觀念如下：

$$\frac{\text{毛利}}{\text{銷貨成本}} = \frac{25}{100}$$

$$\Rightarrow \frac{\text{毛利}}{\text{銷貨金額}} = \frac{\text{毛利}}{\text{銷貨成本} + \text{毛利}} = \frac{25}{100 + 25} = 20\%$$

釋例 6-6　毛利率法

奧林帕司公司正在進行第 1 季季報表的編表，且平日對於商品管理係採用定期盤存制。截至第 1 季末相關存貨資料如下：

期初存貨	$100,000	進貨	$300,000	進貨運費	$5,000
銷貨	$526,000	銷貨退回	$16,000		

已知奧林帕司公司的定價慣例係依成本加 50% 作為售價，以毛利率法估算期末存貨金額應為多少？

解析

(1) 以成本表示之毛利率轉換為以售價表示之毛利率

$$\frac{50}{100} = 50\% \Rightarrow \frac{50}{100+50} = 33.33\%$$

(2)

期初存貨		$100,000
進貨淨額 ($300,000 + $5,000)		305,000
可售商品成本		$405,000
減：估計銷貨成本		
銷售淨額 ($526,000 − $16,000)	$510,000	
減：銷貨毛利 ($510,000 × 33.33%)	(170,000)	(340,000)
期末存貨 (估計)		$65,000

6.6　以零售價法估計存貨

以零售價法計算期末存貨，對於持有種類眾多，且交易量大的零售商 (例如百貨公司或超級市場等) 而言，在實務上相當普遍。通常大部分零售業所出售的商品均有一定的加價比率，且進貨尚待銷售的商品均有立即的標價處理，零售價法即是將存貨的零售價 (各存貨項目銷貨價格的合計數) 透過成本對零售價比率，或是所謂的成本率，轉換為存貨成本的一種方法。

學習目標 6
如何使用零售價法估計期末存貨的成本

零售價法使用零售價和實際成本兩種資料來計算成本對零售價的成本比率。

使用存貨零售價法估計期末存貨共分三個步驟，分述如下：

1. 先決定期末存貨之零售價

$$\begin{array}{c}\text{可供銷售商品}\\\text{之零售價}\end{array} - \begin{array}{c}\text{本期}\\\text{銷貨淨額}\end{array} = \begin{array}{c}\text{期末存貨}\\\text{零售價}\end{array}$$

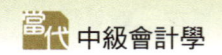

2. 依存貨成本流程假設，計算成本對零售價之比率 (亦即計算成本比率)

3. 決定期末存貨成本

$$\frac{期末存貨}{零售價} \times \frac{成本對零售價}{比率} = \frac{期末存貨}{成本估計數}$$

零售價法與毛利率法均是估計期末存貨成本的方法，但最大的不同處在於零售價法是基於當期成本與零售價之間的真實關係所計算出來的成本比率，而並非根據過去的毛利率作為主要的參考。此外，使用零售價法亦應注意，假使公司各部門的成本比率 (或毛利率) 不同時，以零售價法一體適用整體企業的存貨，將會扭曲期末存貨與純益的計算。因此有些公司會依毛利相近之商品或部門分類，採用零售價法，以正確計算期末存貨。

6.6.1　成本流程假設與成本比率的關係

上述步驟 2 有關成本比率之計算，尚須考慮存貨成本流程假設之選擇。若成本流程假設為平均成本法，則應以可供銷售商品成本除以可供銷售商品零售價計算而得；若成本流程假設為先進先出法，則期初存貨之成本比率與本期進貨之成本比率應分別計算，再依據期末存貨的組成，將期末存貨零售價適度的轉換為成本。

釋例 6-7　零售價法

家樂福公司正在編製第 1 季季報表 (×2 年 3 月 31 日)，由於每季進行存貨盤點過於費時且成本昂貴，公司決定以零售價法估計期末存貨，相關資料如下：

	成本	零售價
期初存貨	$15,000	$ 25,000
第 1 季進貨	80,000	115,000
進貨運費	3,000	
第 1 季銷貨收入		120,000

試作：依 (1) 平均成本零售價法；(2) 先進先出成本零售價法計算期末存貨。

解析

	以成本計	以零售價計
期初存貨	$15,000	$ 25,000
進貨	80,000	115,000
進貨運費	3,000	
可供銷售商品	$98,000	$140,000
減：第 1 季銷貨收入 (以零售價計)		(120,000)
期末存貨 (×2 年 3 月 31 日)(以零售價計)		$ 20,000

成本比率：

(1) 平均成本法

$98,000 ÷ $140,000 = 0.70

(2) 先進先出法之本季進貨成本比率

($80,000 + $3,000) ÷ $115,000 = 0.72 (取至小數點後第 2 位)

期末存貨成本：

(1) 平均成本法 ($20,000 × 0.70)　　　　　　　$14,000
(2) 先進先出法 ($20,000 × 0.72)　　　　　　　$14,400

6.6.2　零售價法之進一步探討

1. 零售價法之專有名詞

　　前例零售價欄所列示的金額是假設原始價格沒有改變。但零售業往往會因季節因素或進貨成本改變，而造成售價上漲或下跌的調整，所以使用零售價法時，公司亦須隨時保持原始售價改變的記錄，因為這些改變會影響到存貨成本計算的正確性。就零售業而言，**加價** (markup) 是指新售價超過原始零售價的部分，亦即原始售價之後再漲的部分；**加價取消** (markup cancellation) 是指加價後的降價，但至原始售價為止，若超過部分則屬於減價；**淨加價** (net markup) 則是「加價」減「加價取消」後之淨額。

　　減價 (markdown) 則是售價降低至原始零售價以下的部分，可能的因素包括物價水準調降、庫存過多、商品損壞或競爭因素等；**減價取消** (markdown cancellation) 是指減降之後價格回升的部分，但以回升至原始零售價為限，超過部分則又變為加價；至於**淨減價** (net markdown) 則是「減價」與「減價取消」的差額。

```
                          ┬ $118 (新售價)
                          ┤                    ┬      ┬
                          ┤ $115            加價   加價取消   ┬
                          ┤                  $8      $3     淨加價
         ┬    ┬    ┬      ┤ $110 (原始售價)    ┴      ┴     $5
       淨減價 減價取消 減價 ┤ $107                            ┴
        $3   $4   $7      ┤
         ┴    ┴    ┴      ┤ $103 (新售價)
                          ┤ $100 (商品成價)
```

圖 6-1　加減價舉例說明

2. 加減價在零售價法之應用

如前所述，零售價法乃是用成本比率 (即成本/零售價) 將期末存貨的零售價轉換為成本。成本包括期初存貨和本期進貨的成本，當有加價或減價發生時，則反映在零售價的計算，亦即零售價除了包括期初存貨和本期進貨以外，還包括淨加價和淨減價。在計算成本比率時應考慮成本流程假設究是平均成本法或先進先出法。若存貨之評價基礎為成本與淨變現價值孰低，則計算成本比率時，零售價應只考慮淨加價，但不包含淨減價。由以上討論可知，依零售價法估計期末存貨時，會因成本流程假設 (平均成本法、先進先出法) 與評價基礎 (成本、成本與淨變現價值孰低) 的不同而有不同的組合：

(1) 平均成本零售價法；
(2) 先進先出成本零售價法；
(3) 平均成本與淨變現價值孰低零售價法 (亦稱傳統零售價法)；
(4) 先進先出成本與淨變現價值孰低零售價法。

採用零售價法，若搭配之存貨評價基礎為成本與淨變現價值孰低，較常使用者為傳統零售價法。

> **平均成本與淨變現價值孰低零售價法**
> 亦稱傳統零售價法，計算成本比率時，分母的零售價應考慮淨加價，但不包含淨減價。

釋例 6-8　零售價法之進一步探討

馬哥孛羅公司 ×2 年度存貨之成本和零售價資料如下：

	成本	零售價
期初存貨	$ 5,000	$ 6,600
本期進貨	21,000	30,000
加價		5,000
加價取銷		1,200
減價		2,400
減價取銷		600
銷貨		32,000

試作：依 (1) 平均成本零售價法；(2) 先進先出零售價法；(3) 平均成本與淨變現價值孰低零售價法 (傳統零售價法)，估計 ×2 年度期末存貨金額。

解析

(1) 平均成本零售價法

	成本	零售價
期初存貨	$ 5,000	$ 6,600
本期進貨	21,000	30,000
加：淨加價 ($5,000 – $1,200)		3,800
減：淨減價 ($2,400 – $600)		(1,800)
可售商品總額	$26,000	$38,600
成本比率 ($26,000 ÷ $38,600 = 0.6736)		
減：銷貨收入		(32,000)
期末存貨零售價		$ 6,600
期末存貨估計成本 (加權平均法)($6,600 × 0.6736)	$4,446	

(2) 先進先出零售價法

	成本	零售價
期初存貨	$ 5,000	$ 6,600
本期進貨	21,000	30,000
加：淨加價		3,800
減：淨減價		(1,800)
合計 (僅本期進貨，不含期初存貨)	$21,000	$32,000
本期進貨成本比率 ($21,000 ÷ $32,000 = 0.6563)		
可售商品總額	$26,000	$38,600
減：銷貨收入		(32,000)
期末存貨零售價		$ 6,600
期末存貨估計成本 (先進先出法)($6,600 × 0.6563)	$ 4,332	

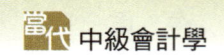

(3) 平均成本與淨變現價值孰低零售價法 (傳統零售價法)

	成本	零售價
期初存貨	$ 5,000	$ 6,600
本期進貨	21,000	30,000
加：淨加價		3,800
	$26,000	$40,400
成本比率 ($26,000 ÷ $40,400 = 0.6436)(註)		
減：淨減價		(1,800)
可售商品總額	$26,000	$38,600
減：銷貨收入		(32,000)
期末存貨零售價		$ 6,600
期末存貨估計成本 (平均成本與淨變現價值孰低法) ($6,600 × 0.6436)	$ 4,248	

註：期初存貨包含在分子和分母中；計算成本比率時，分母之零售價不減除淨減價。

6.6.3　進銷貨特殊項目之處理

使用零售價法時，有些特殊項目會使期末存貨的計算變得複雜，為了確保成本比率和估計的期末存貨零售價之正確性，以下說明數個特殊項目之處理。

進貨運費　應列為進貨成本的加項，但不包括在零售價中。

進貨退回　由於會減少可供銷貨商品的數量，應從可售商品的成本及零售價中減除。

進貨折扣與折讓　通常列為進貨成本的減項，其中進貨折讓 (例如進貨總額之尾數免付) 若未反映於售價之降低，亦不必調整零售價。

銷貨折扣、銷貨折讓與銷貨退回　銷貨折扣、折讓與退回均與成本比率之計算無關。銷貨折扣因屬現金流量理財之考慮，希能公司能早日收到現金，此銷貨收入之減少，並不會使未售商品之零售價增加，因此計算期末存貨零售價時，不作為銷貨的減項。同理，銷貨折讓也不會使未售商品零售價增加，所以也不作銷貨的減項。至於銷貨退回則會增加未售商品的數量及總零售價，故應自銷貨中減除。

上節中介紹之零售價法僅能估計存貨之成本，因此在 IFRS 下以零售價法估計成本，另需估計淨變現價值 (售價減銷售費用)，才能將存貨真正以成本與淨變現價值孰低衡量。即使所稱之平均成本與淨變現價值孰低零售價法，所估計亦為進貨市價 (非賣出價) 與成本之孰低金額。本書與其他中英文教科書均介紹此方法，但會計研究發展基金會出版之 IFRS 釋例範本中介紹零售價法時，僅用以估計成本才是嚴格遵守 IFRS 之作法。

員工特別折扣 常是企業鼓勵員工或當作員工福利的部分。當企業銷貨予員工時，因員工有特別折扣會使銷貨收入因原始零售價之降低而減少，所以員工折扣應自可售商品零售價中減除。然員工折扣不應列入成本比率計算，因其不代表整售價策略之改變。

正常損耗 係企業將某些商品之損耗或毀壞等視為正常，因此已將這些成本反映於售價，所以在計算成本比率時不考慮正常損耗，但在計算期末存貨零售價時，應自可售商品零售中減除。

非常損耗 則須同時自成本與零售價中減除以除去它們對於成本比率的影響，否則會扭曲成本比率的計算並高估期末存貨。

釋例 6-9　含進銷貨特殊項目之零售價法

特易購之存貨採零售價法，×2 年相關資料如下：

	成本	零售價
期初存貨	$ 1,000	$ 1,800
本期進貨	30,000	45,000
進貨運費	3,000	
進貨折扣	2,800	
進貨退回	1,200	2,200
淨加價		6,000
淨減價		2,000
銷貨總額		34,000
銷貨折扣		1,000
銷貨退回		1,600
員工折扣		4,000
正常損耗		3,000
非常損耗	700	1,400

試作：以 (1) 平均成本零售價法；(2) 平均成本與淨變現價值孰低零售價法，估計期末存貨。

解析

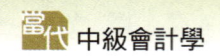

	成本	零售價
期初存貨	$ 1,000	$ 1,800
本期進貨	30,000	45,000
進貨運費	3,000	
進貨折扣	(2,800)	
進貨退回	(1,200)	(2,200)
非常損耗	(700)	(1,400)
淨加價	—	6,000
小計	$29,300	$49,200

平均成本與淨變現價值孰低之成本比率：$\dfrac{\$29,300}{\$49,200}=59.55\%$

淨減價		(2,000)
可供銷售商品	$29,300	$47,200

平均成本之成本比率：$\dfrac{\$29,300}{\$47,200}=62.08\%$

減：銷貨總額		$34,000
銷貨退回		(1,600)
銷貨淨額		(32,400)
員工折扣		(4,000)
正常損耗		(3,000)
期末存貨零售價		$ 7,800

估計期末存貨成本：

(1) 平均成本零售價法
　　$7,800 × 62.08% = $4,842

(2) 平均成本與淨變現價值孰低之零售價法
　　$7,800 × 59.55% = $4,645

註：本題之銷貨折扣 $1,000 不必作為銷貨之減項，因為它並不會使未銷售商品的零售價增加。

6.7 生物資產與農產品

學習目標 7
了解 IAS 41 有關生物資產與農產品的會計處理

　　國際會計準則第 41 號「農業」(agriculture) 是訂定與農業活動有關下列事項之會計處理及揭露：1. 生物資產；2. 農產品；3. 相關之政府補助。此號公報之發布實與全球農業之競爭、市場價格機制及高度爭議的各國農業補貼政策有密切的關係。以全球最大的農業產品出口國美國為例，美國政府長期對農業提供穩定、可靠的保護

和扶持。農業科技的高生產力和積極的農業補貼政策，是美國農業體制的兩大特色。為增強美國農業的競爭優勢，美國政府並建立各類農作物種植情況的詳細數據庫與至少 2 年以上平均數的指標，隨時掌握市場價格，並據以機動調整補貼政策。當全球的其他地區，包括歐盟與許多開發中國家也在積極尋求農業活動的快速成長與競爭力時，如何因應外部資金提供者 (如銀行) 的資訊需求，以及各國農業活動補貼政策的趨勢，IAS 41「農業」[1] 便應運而生，且開始適用以淨公允價值衡量生物資產與農業品 (生產性植物例外)。

依據 IAS 41 之定義，農業活動是指企業對生物資產之生物轉化及收成之管理，以供銷售、轉換為農業產品或轉換為額外之生物資產。生物資產若與農業活動無關，則不應適用 IAS 41，例如屏東海生館的生物資產白鯨係以對外觀賞為主，產出的小白鯨也不予出售，應列入「不動產、廠房及設備」，依照相關會計處理。農業活動的範圍相當廣泛，包括牲畜飼養 (例如以農牧食品事業為主的卜蜂集團，其禽畜以契約方式請農戶代養和電動屠宰；以及大成長城集團核心種雞、種豬之飼養、清潔與防疫等皆屬之。惟六福開發野生動物園區各類觀賞動物之餵養與清潔等，則非屬農業活動)、林業種植、果樹植栽、花卉栽培和水產之養殖等。海洋漁撈和原始森林砍伐，則因企業未具備使該生物資產進行轉化之任何管理活動，因此非屬農業活動。

上述的生物資產是指具生命之動物或植物。生物轉化包括導致生物資產品質或數量發生改變之成長、蛻化、生產及繁殖過程。例如小牛成長為乳牛；飼料添加瘦肉精，造成豬隻品質改變 (只長精肉不長脂肪)；運用天然的選種與交配或人為的基因改造，改善生物資產的品質或繁殖能力，此皆屬生物轉化。收成係指將產品從生物資產分離或生物資產生命過程之停止，農業產品則是企業生物資產在收成點的收成品，例如剛採收之乳膠、茶葉、羊毛及牛奶等，亦即一旦收成後，這些農業產品將立刻轉入存貨。

> IAS 41 所定義生物資產，必須與農業活動有關。

> IAS 所定義的農業活動，必須具備使生物資產進行轉化之任何管理活動有關。

---

[1] IASB 於 2014 年 7 月發布 IAS 41 之修改，將於 2016 年 1 月 1 日開始適用，截至本書出版前，我國金管會尚未認可此一修改。修改後 IAS 41 規定，生產性植物將轉為適用 IAS 16，改以成本模式或重估價模式衡量 (請參考本書第 8 章)；惟生產性植物產生之農業產品仍須適用 IAS 41。

> **釋例 6-10　生物資產**
>
> 「牛牽到北京還是牛」，但是相同的生物資產在不同的場所，存在不同的目的，所適用的會計準則與認列之財務報表項目卻不同。
>
> 木柵動物園的乳牛、瑞穗牧場的乳牛，在各自的資產負債表中，應認列為什麼項目？又應該怎麼衡量？
>
> **解析**
>
> 木柵動物園的乳牛以觀賞為主要目的，應認列為「不動產、廠房及設備」類別下的項目，依照成本模式或重估價模式衡量。
>
> 瑞穗牧場有部分乳牛是以觀賞為目的，則處理方式與木柵動物園相同；有部分乳牛是以生產牛奶為目的，則應適用 IAS 41，列入「生物資產」，以淨公允價值衡量。

> IAS 41 並不處理收成後農業產品之加工。收成後再加工的製品，非屬生物資產，亦非為農業產品，應適用存貨的會計處理。

就農業產品而言，IAS 41 僅適合至農業產品之收成點為止，並不處理收成後農業產品之加工。例如，那帕酒廠將所種植的葡萄（農業產品）加工成葡萄酒，雖然此加工可能是農業活動合理且自然之延伸，但此加工並不在本準則農業活動之定義內。又卜蜂集團將屠宰後之雞豬（農業產品）進行肉品加工，以及將產品透過自有的時時樂餐飲連鎖直接送達消費者，藉以控制成本和品質，亦不在 IAS 41 之活動定義內。收成後再加工的製品，非屬生物資產，亦非為農業產品，應適用存貨的會計處理。

生物資產、農業產品以及加工後產品（存貨）之釋例請參考表 6-1。生物資產可以區分為動物與植物，各自再區分為消耗性及生產性。其中生產性植物，並不適用 IAS 41，而應依照 IAS 16 之規範，以成本模式或重估價模式衡量（與作為觀光業使用之生物相同）。生產性植物係指符合下列所有條件且具生命之植物：

1. 用於農業產品之生產或供給；
2. 預期生產農產品期間超過一期；及
3. 將其作為農業產品出售之可能性甚低（偶發地作為殘料出售者除外）。

由此定義可知，類似蘋果樹這種多年生植物，若企業定期摘取產出之農業產品（蘋果），而不將整個植物作為農業產品出售（例如

表 6-1　生物資產、收成時點之農業產品與收成後經加工之產品

		生物資產	農業產品	收成後經加工之產品
依 IAS41 處理	非生產性植物之生物資產	綿羊	羊毛	毛線、地毯
		乳牛	牛奶	乳酪
		肉豬	屠宰後之豬隻	香腸、火腿
		肉雞	屠宰後之雞隻	烤雞
		植栽林之林木	已砍伐之林木	原木、木材
		棉花植株	已收成之棉花	棉線、衣服
		甘蔗植	已收成之甘蔗	蔗糖
		菸草植株	已採摘之葉片	菸草
依 IAS16 處理	生產性植物	茶樹	已採摘之葉片	茶
		葡萄樹	已採摘之葡萄	葡萄酒
		果樹	已採摘之果實	水果乾
		油棕樹	已採摘之果實	棕櫚油
		橡膠樹	已採摘之乳膠	橡膠製品

附註：茶樹、葡萄樹、果樹、油棕樹及橡膠樹合乎生產性植物之定義，但這些植物上生長中的茶葉、果實及乳膠屬於生物資產，應以淨公允價值衡量(無法可靠衡量者除外)。

作為原木用的檜木)，則其為生產性植物，而應依 IAS 16 處理。簡要的說，非屬農業的生物及生產性植物應適用 IAS 16，其他生物性資產(消耗性動物、生產性動物、消耗性植物)及農業產品都應該適用 IAS 41。前述會計處理分類圖請參考圖 6-2。

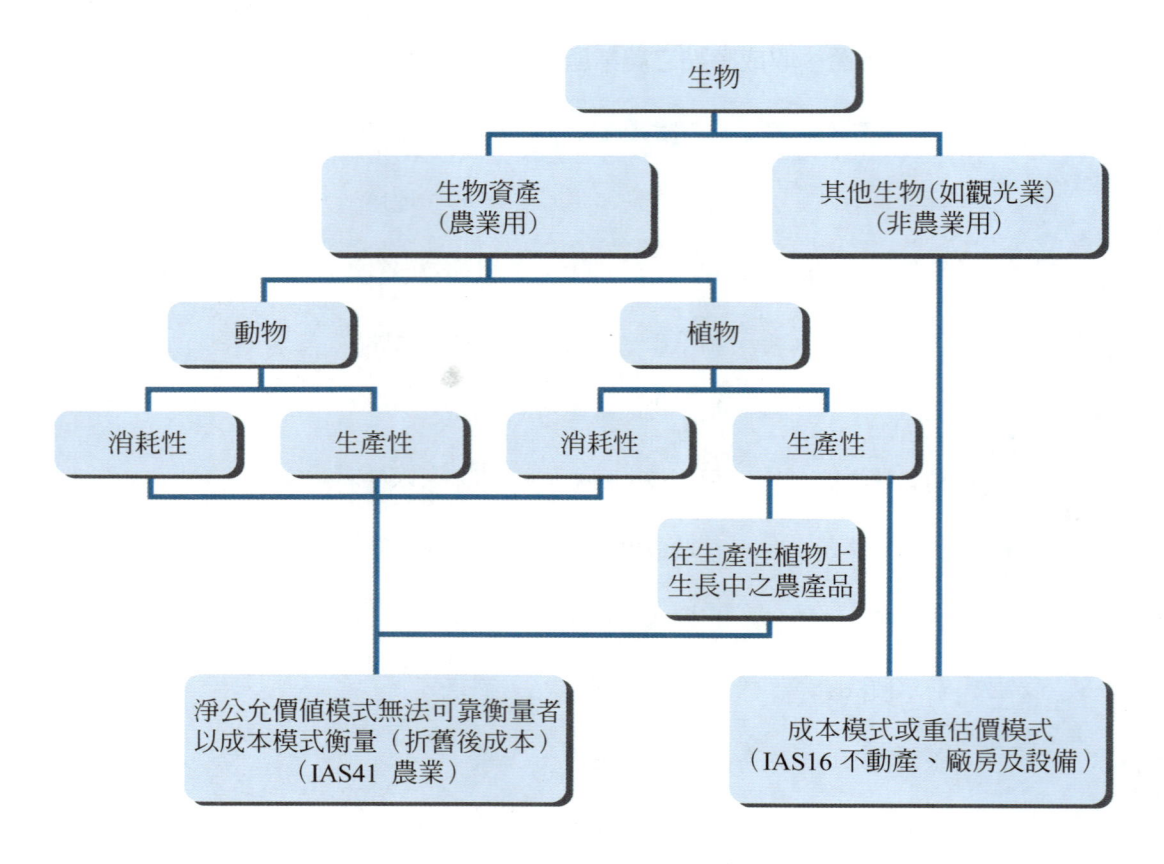

```
                        生物
                   ┌─────┴─────┐
              生物資產         其他生物(如觀光業)
              (農業用)          (非農業用)
         ┌────┴────┐
       動物         植物
      ┌─┴─┐       ┌─┴─┐
   消耗性 生產性  消耗性 生產性
                         │
                    在生產性植物上
                    生長中之農產品

   淨公允價值模式無法可靠衡量者    成本模式或重估價模式
   以成本模式衡量（折舊後成本）    (IAS16 不動產、廠房及設備)
        (IAS41 農業)
```

圖 6-2　生物之會計處理架構圖

6.7.1　生產性植物以外之生物資產及農業產品

> IAS 41 規定，生物資產應於原始認列時及每一財務報導期間結束日，以公允價值減出售成本（即淨公允價值）衡量。
>
> 生物資產之公允價值為右列 1. 2. 或 3. 項中之市場價格或估計價格扣除運送至該市場之運輸成本。例如，活絡市場報價之豬隻為 $10,000，甲公司據此衡量之豬隻公允價值為 $10,000 − 運輸成本 $200 = $9,800；乙公司則可能因所在地不同，衡量為 $10,000 − $300 = $9,700。

　　生物資產應於原始認列時及每一財務報導期間結束日，以公允價值減出售成本（即淨公允價值）衡量。出售成本係指除財務成本及所得稅外，直接可歸屬於資產處分之增額成本，例如依年齡或品質的分級與包裝成本皆屬之（不包括運輸成本，請參見邊欄之說明）。上述會計規範的前提假設是生物資產的公允價值能可靠衡量。

公允價值之決定

　　公允價值係指在公平交易下，已充分了解並有成交意願之雙方據以交換資產或清償負債的金額。IAS 41 與 IFRS 13 對生物資產公允價值則進一步定義為市價減除將資產運送至市場必要之運輸及其他成本，其中市價之決定或估計依下列順序為之：

1. 有活絡市場之報價：若生物資產或農業產品於目前地點及狀態下

存在活絡市場,則活絡市場之報價為決定該資產公允價值之適當基礎。企業若能進入不同的活絡市場,則應採用預期將執行交易所使用市場之價格作為最攸關之活絡市場。

2. 無活絡市場,但有其他市場價格可參考:例如以最近市場交易價格、經相關調整後已反映差異之類似資產市價或行業基準。

3. 生物資產預期淨現金流量按現時市場利率折現。

在例外的情況下,若符合 (1) 生物資產於原始認列無法取得其市場決定之價格或價值,且 (2) 決定公允價值之替代估計顯不可靠之情況,則生物資產應以其成本減所有累計折舊及所有累計減損衡量。後續一旦此生物資產之公允價值變成能可靠衡量時,企業應以其公允價值減出售成本衡量。

生物資產依淨公允價值衡量之特例(亦即採成本模式),僅限於原始認列時。若在原始認列時即已按公允價值減出售成本衡量生物資產之企業,仍應繼續按公允價值減出售成本衡量該生物資產直到處分為止。換言之,IAS 41 不允許將衡量基礎由公允價值改為成本,以避免企業在市場條件不利的時候,藉由停止採用公允價值會計得以不認列公允價值調整的損失。

至於自企業生物資產收成的農業產品,IAS 41 規定,在所有的

可靠性之例外

生物資產原則上應以淨公允價值衡量,但若公允價值無法可靠衡量而改採成本衡量時,即構成公允價值會計的例外,稱之為「可靠性之例外」。

在所有的情況下,企業於農業產品收成點,均應以其淨公允價值衡量。

IFRS 一點通

以成本模式衡量生物資產──可靠性之例外

生物資產原則上應以淨公允價值衡量,但若公允價值無法可靠衡量而改採成本衡量時,即構成公允價值會計的例外,稱之為「可靠性之例外」。在此情形下,生物資產即以其成本減所有累計折舊及所有累計減損衡量,此時企業應考量「存貨」、「不動產、廠房及設備」及「資產減損」相關之概念。

更進一步言,當企業的生物資產是用以生產肉品之禽畜或農作物等消耗性生物資產,則較適合應用存貨的觀念,將投入之成本累積至出售,尚未出售前依成本與淨變現價值孰低評價。當企業的生物資產是用以生產牛奶、羊毛及葡萄之乳牛、綿羊及果樹等生產性生物資產,則較適合應用不動產、廠房及設備之觀念,此時須判斷該生物資產應於何時開始提列折舊、適當的使用年限及減損的評估。

情況下，企業於農業產品收成點，均應以其公允價值減出售成本衡量。也就是說，國際會計準則理事會認為所有農業產品均有交易活絡的市場，且若要將農業活動累積的成本分攤至產出的農業產品，其估計並不可靠，因此農業產品在收成時之衡量不允許採用成本模式，而須以收成時之公允價值減出售成本作為帳面金額。至於農業產品之後續評價，則依本章所述之成本與淨變現價值孰低法處理。

原始認列生物資產或農業產品所產生的利益或損失，以及生物資產公允價值減出售成本之變動所產生之利益或損失，均應於發生當期計入損益。至於採淨公允價值衡量之生物資產，IAS 41 並未對其後續支出的會計處理作明確規範，因為此類支出列為營業費用，則每期以淨公允價值衡量之評價損益，將不會包括此類後續支出的金額；另若將此類支出列入生物資產帳面金額的增加，則每期以淨公允價值衡量之評估損益，將會包括此類後續支出的金額。但不論採用何種方法，對於企業本期淨利的計算結果是相同的。

釋例 6-11　生物資產之衡量——淨公允價值模式

咕咕雞牧場養殖雞隻，生產與銷售雞蛋、雞肉為業。其於 ×2 年 7 月 1 日購買小雞 400 隻，一隻價格 $20，共發生運費 $1,500；當日考量預期運費及出售成本後之淨公允價值為每隻 $18。其中四分之一的小雞屬於肉雞，四分之三的小雞屬於蛋雞。咕咕雞牧場於 7 月至 12 月間，歸屬於養小雞的飼料成本為 $25,000，人事成本為 $30,000。

×2 年底，每隻肉雞的淨公允價值為 $130，每隻蛋雞的淨公允價值為 $60。咕咕雞牧場於年底屠宰半數的肉雞，每隻可賣得 $200，將全部雞肉賣至市場的運費為 $1,400。×2 年 12 月間，蛋雞共產出雞蛋 5,000 顆，每顆雞蛋之淨公允價值為 $5.5，每顆以 $6 出售。假設雞肉與雞蛋全數在 ×2 年內以現金出售，試作 ×2 年相關之分錄。

解析

(1) 一隻小雞的購買為 $20，肉雞有 400 × 1/4 = 100 隻；蛋雞有 400 × 3/4 = 300 隻。運送費用 $1,500 認列為本期損失。

×2/7/1	消耗性生物資產（肉雞）	1,800	
	生產性生物資產（蛋雞）	5,400	
	當期原始認列生物資產之損失	2,300	
	現金		9,500

(2) 飼料與人事成本認列為飼料費用 $25,000 + $30,000 = $55,000

×2/7/1 ～ ×2/12/31

飼養費用	55,000	
原料		25,000
應付薪資		30,000

(3) 期末依照淨公允價值衡量生物性資產，差額認列本期損益。

肉雞：$130 × 100 – $1,800 = $11,200

蛋雞：$60 × 300 – $5,400 = $12,600

×2/12/31	消耗性生物資產 (肉雞)	11,200	
	生產性生物資產 (蛋雞)	12,600	
	生物資產當期公允價值減出售成本之變動之利益		23,800

(4) 收成雞肉與雞蛋，依照淨公允價值衡量存貨金額，並認列本期損益。

雞肉：$200 × 50 – $1,400 = $8,600

雞蛋：$5.5 × 5,000 = $27,500

沖銷半數的肉雞帳面金額：$13,000 ÷ 2 = $6,500

農業產品—雞肉	8,600	
生物資產當期公允價值減出售成本之變動之利益		2,100
消耗性生物資產 (肉雞)		6,500
農業產品—雞蛋	27,500	
生物資產當期公允價值減出售成本之變動之利益		27,500

(5) 認列銷貨收入與銷貨成本

銷貨收入：雞肉 $200 × 50 + 雞蛋 $6 × 5,000 = $40,000

銷貨成本：雞肉 $8,600 + 雞蛋 $27,500 = $36,100

現金	40,000	
銷貨收入		40,000
銷貨成本	36,100	
農業產品—雞肉		8,600
農業產品—雞蛋		27,500
運費	1,400	
現金		1,400

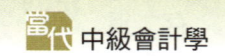

6.7.2　生產性植物

產出水果、棕櫚油、乳膠等農業產品的生產性植物，其性質較類似工廠中之設備且經常與農地合併出售。農地與其上生長的生產性植物整體而言，類似土地與廠房的作業方式，因此，IASB 特別規定生產性植物之會計處理應該與不動產、廠房及設備相同。另可注意的是，消耗性植物均係單獨出售，因此單獨售價即可作為公允價值之估計基礎；而生產性植物則因皆與土地合併出售，單獨售價無法輕易可得。

釋例 6-12　生物資產之衡量——淨公允價值模式

×1 年初，甲公司以 $5,400,000 買入並栽種油棕樹苗開始種植屬於生產性植物之油棕樹，預期於 ×5 年初可達成熟階段而開始收成。此樹種正常收成年限(耐用年限)為 20 年 (×5 年～×24 年)，且每年均可正常收成，估計殘值為 $0。×1 年薪資費用、肥料、租金及其他直接支出為 $100,000；×2 年至 ×5 年，該直接支出每年均下降為 $10,000。×5 年採收果實之支出 $100,000，採下之農業產品在主要市場之報價為 $920,000，考量預期運費及出售成本後之淨公允價值為 $900,000，且直接運送至甲公司在農場內之工廠。

試作：×1 年～×5 年所有相關分錄。

解析

×1 年初	生產性植物—油棕樹	5,400,000	
	現金 (樹苗)		5,400,000
	生產性植物—油棕樹	100,000	
	現金 (薪資費用、肥料、租金等)		100,000
×2～×4 每年	生產性植物—油棕樹	10,000	
	現金 (薪資費用、肥料、租金等)		10,000
×5 年	薪資費用、肥料、租金、採收等費用	110,000	
	現金		110,000
	存貨—農業產品	900,000	
	當期原始認列農業產品之利益		900,000
	折舊費用—生產性植物—油棕樹 (5,530,000 − 0) ÷ 20	276,500	
	累計折舊—生產性植物—油棕樹		276,500

Chapter 6 存貨

本章習題

問答題

1. 試依照 IAS 2 之規定，說明存貨係指符合何種之資產？
2. 試問存貨的歸屬，可能會產生哪些問題？
3. 試說明定期盤存制與永續盤存制之差異。
4. 試說明存貨取得成本之衡量。
5. 試說明存貨之各種成本流程假設。
6. 何謂成本與淨變現價值孰低法？「淨變現價值」為何？
7. 何謂毛利法？其適用的情況有哪些？
8. 何謂零售價法？其與毛利法有何異同？
9. IAS 41「農業」係訂定與農業活動有關之何種事項的會計處理與揭露？該如何衡量價值？

選擇題

1. 下列何者不應於財務報表中報導為「存貨」項目？
   (A) 原料 (B) 設備
   (C) 在製品 (D) 製成品

2. 下列何種情況，存貨已屬於買方之資產？
   (A) 附買回合約之銷貨
   (B) 分期付款銷貨，買方未交清貨款，賣方無法合理估計相關預期信用損失
   (C) 銷售合約准許商品可退還，且退貨率相當高，銷貨退回無法合理估計
   (D) 進貨條件為起運點交貨，貨品已運出，但買方尚未收到在途存貨

3. 臺北公司年底存貨包含一批寄銷於天一公司的商品 $50,000，年底這批商品仍未出售，而天一公司也將這批商品列為其存貨，下列敘述何者正確？
   (A) 兩家公司的存貨記錄正確，待出售後兩家都要將存貨轉出
   (B) 臺北公司存貨高估，天一公司存貨正確
   (C) 臺北公司存貨正確，天一公司存貨高估
   (D) 兩家公司都錯誤，應為寄銷品，而不是存貨 〔95 年會計師〕

4. 小蘭公司使用永續盤存制，於 6 月 20 日賒購 $35,000 之存貨，付款條件為 2/10、EOM、n/30、EOM。小蘭公司於 7 月 3 日支付貨款，此交易須貸記：
   (A) 存貨 $3,500 (B) 存貨 $700
   (C) 進貨折扣 $700 (D) 現金 $35,000

199

5. 下列存貨成本流程假設之敘述，何者正確？
   (A) 後進先出法只適用於永續盤存制
   (B) 先進先出法下，其銷貨成本一定低於後進先出法
   (C) 移動平均法不適用於定期盤存制
   (D) 採用個別認定法不會造成管理當局操縱損益的機會 [95年會計師]

6. 下列支出何者可能列為存貨成本？
   (A) 生產過程中所必須之儲存成本
   (B) 銷售費用
   (C) 對存貨達到目前狀態及地點無貢獻之管理費用
   (D) 異常耗損之原料、人工或其他製造成本 [改編100年會計師]

7. 下列何者為 IAS 2「存貨」不允許使用之存貨成本計算方法？
   (A) 移動平均法　　　　　　　(B) 後進先出法
   (C) 個別認定法　　　　　　　(D) 先進先出法

8. 淨變現價值係指：
   (A) 公允價值
   (B) 公允價值加至完工尚需投入成本及銷售費用
   (C) 估計售價加至完工尚需投入成本及銷售費用
   (D) 估計售價減至完工尚需投入成本及銷售費用

9. 初音公司販售 CD，其 ×1 年底之存貨成本為 $42,000，估計售價為 $58,500，估計銷售費用 $18,000。按照成本與淨變現價值孰低法，初音公司須認列多少備抵存貨跌價損失？
   (A) $ 0　　　　　　　　　　(B) $16,500
   (C) $1,500　　　　　　　　　(D) $34,500

10. 下列關於使用毛利法之敘述，何者錯誤？
    (A) 當編製期中報表時，用以決定存貨金額
    (B) 當會計師查帳時，用以驗證帳列存貨金額
    (C) 當編製年度報表時，用以決定存貨金額
    (D) 存貨因意外火災而毀損，必須估算保險賠償

11. 小李公司之銷貨毛利率為銷貨成本的 60%，若轉換成以銷貨淨額來表達，毛利率為何？
    (A) 16.67%　　　　　　　　(B) 37.50%
    (C) 40.00%　　　　　　　　(D) 60.00%

12. 香吉士公司為香菸經銷店，銷貨毛利率為銷貨淨額的 30%。×1 年 3 月底，香吉士公司之倉庫遭竊，其 3 月之存貨相關資訊如下：

    期初存貨　　　　　　　$ 26,000

進貨淨額	73,000
銷貨淨額	120,000

遭竊隔天檢查倉庫發現剩下一批成本 $3,200 之存貨。若使用毛利率法，香吉士公司之存貨因遭竊所造成之損失為何？

(A) $11,800　　　　　　　　(B) $12,760
(C) $17,800　　　　　　　　(D) $59,800

13. 下列資訊是樓蘭公司 10 月份之資料：

期初存貨	$100,000
進貨淨額	300,000
銷貨收入淨額	600,000
成本加成率	66.67%

樓蘭公司的倉庫在 10 月 31 日發生一場火災，經清點發現，有成本 $6,000 的存貨完好無損。請使用毛利率法，估算受火災損壞之商品存貨成本為：

(A) $34,000　　　　　　　　(B) $154,000
(C) $160,000　　　　　　　　(D) $200,000　　　　[97 年高考三級]

14. 若使用成本與淨變現價值孰低法作為存貨之評價基礎，則計算零售價法之成本比率時，應：

(A) 考慮淨加價，不包含淨減價　　(B) 考慮淨加價及淨減價
(C) 不包含淨加價及淨減價　　　　(D) 考慮淨減價，不包含淨加價

15. 何謂傳統零售價法？

(A) 平均成本零售價法
(B) 先進先出成本零售價法
(C) 平均成本與淨變現價值孰低零售價法
(D) 先進先出成本與淨變現價值孰低零售價法

16. 小櫻公司以傳統零售價法估計期末存貨，其 ×1 年之存貨相關資訊如下。

	成本	零售價
存貨，1 月 1 日	$ 15,200	$ 23,700
進貨	347,100	592,600
淨加價		34,800
淨減價		21,100
銷貨		516,700

請問小櫻公司之成本率為何？

(A) 55.32%　　　　　　　　(B) 57.51%
(C) 57.25%　　　　　　　　(D) 55.64%

17. (C) $123,370

18. (A) 葡萄

19. (D) $65,900

20. (B) $129,000

21. (A) $1,270,000

進貨運費	120,000
商品運送至乙零售商之運費	60,000
銷貨運費	420,000

存放甲公司之期末存貨 $1,740,000，存放乙零售商之期末存貨 $240,000（期末存貨成本已含運費）；試問甲公司 97 年度損益表中之銷貨成本為何？

(A) $6,084,000　　　　　　　　　(B) $6,144,000
(C) $6,324,000　　　　　　　　　(D) $6,564,000　　　　　　[100 年會計師]

23. 以下關於存貨的會計處理，何者正確：

(A) 附買回合約之銷貨，該商品非市場上隨時可得，賣方不認列銷貨收入，存貨仍列為資產，於取得現金時認列負債，並於附註說明存貨抵押借款的事實
(B) 高退貨率商品之銷貨，應待銷貨退回金額確定後，再依淨額認列銷貨收入
(C) 分期付款的銷貨，若於貸款繳清前商品的所有權仍為賣方所擁有，此時即便商品已經交付買方，賣方仍不得將商品自存貨中扣除
(D) 性質與用途類似之存貨，應就 (a) 平均法、(b) 先進先出法、(c) 後進先出法三種成本公式，一致採用相同的成本公式　　　　　　[改編自 103 年會計師]

24. 長春公司與大華公司約定，由大華公司代理長春公司進行商品銷售，大華公司取得銷貨金額的 10% 作為佣金。×1 年間，長春公司將成本 $80,000 的商品，運送至大華公司的展示中心，並由大華公司墊付該運費 $5,000，以及商品廣告費 $1,000。若大華公司於 ×1 年間以 $100,000 賣出 60% 的商品，並發生營業費用 $4,000，則長春公司 ×1 年底之存貨－寄銷品金額為何？

(A) $34,400　　　　　　　　　　(B) $34,000
(C) $32,000　　　　　　　　　　(D) $0　　　　　　　　　[103 年高考＿會計＿三級]

練習題

1. **【存貨制度】** 神樂公司採先進先出法作為存貨之計價方法，所有的進貨及銷貨交易皆以現金付款及收款。昆布是其唯一之商品，其 ×1 年度之期初存貨為 200 單位，單位成本 $250。以下為神樂公司 1 月份之存貨交易記錄：

進貨			銷貨		
1/3	100 單位	@ $260	1/8	150 單位	@ $450
1/12	200 單位	@ $265	1/20	200 單位	@ $460

期末實地盤得昆布存貨為 150 單位，試依 (1) 永續盤存制；(2) 定期盤存制，作神樂公司 ×1 年 1 月份存貨相關之分錄。

2. 【成本流程假設】魯夫橡膠公司之存貨採定期盤存制，其 ×1 年 5 月份橡膠存貨之相關資訊如下：

5/1	期初存貨	10 單位	@ $500	5/3	銷貨	8 單位	@ $800
5/6	進貨	13 單位	@ $510	5/10	銷貨	10 單位	@ $850
5/11	進貨	12 單位	@ $515	5/16	銷貨	14 單位	@ $900
5/20	進貨	15 單位	@ $520	5/23	銷貨	9 單位	@ $1,000

試分別以下列存貨計價方法計算魯夫橡膠公司 ×1 年 5 月底之存貨及 5 月份之銷貨成本：(1) 先進先出法；(2) 加權平均法。

3. 【成本流程假設】小傑公司採永續盤存制記錄存貨，剪刀係其產品之一，其 ×1 年 12 月 1 日之剪刀存貨為 1,200 單位，單位成本 $5。小傑公司 12 月之剪刀存貨交易記錄如下：

進貨				銷貨		
12/12	1,000 單位	@ $6		12/7	800 單位	@ $10
12/24	800 單位	@ $8		12/20	900 單位	@ $12

試依 (1) 先進先出法；(2) 移動平均法，計算小傑公司 ×1 年 12 月剪刀存貨之期末金額。

4. 【存貨歸屬】兩津公司係生活用品經銷商，存貨採永續盤存制。其腳踏車存貨與拖鞋存貨之相關資訊如下：

(1) ×1 年 12 月 31 日實地盤點顯示，兩津公司位於龜有地區之倉庫，共有腳踏車存貨 $537,000，拖鞋存貨 $231,000。

(2) 兩津公司於 ×1 年 12 月 28 日銷售腳踏車予寺井公司，當日即出貨，成本 $50,000，起運點交貨，運費 $350，×2 年 1 月 4 日送達。

(3) 兩津公司於 ×1 年 12 月 25 日銷售拖鞋予大原公司，當日即出貨，成本 $17,000，目的地交貨，運費 $250，×2 年 1 月 2 日送達。

(4) 兩津公司之倉庫內，有本田公司寄銷的腳踏車存貨 $164,000，其含在盤點金額內。

(5) 一批腳踏車已於 12 月 31 日送達並簽收，但尚未放進倉庫，金額為 $87,000。

(6) 兩津公司於 ×1 年 12 月 27 日向秋本公司購買 $230,000 之拖鞋，起運點交貨，運費 $1,500，×2 年 1 月 3 日送達且放進倉庫。

(7) 兩津公司於 ×1 年 12 月 23 日向中川公司購買 $300,000 之腳踏車，目的地交貨，運費 $2,400，×1 年 12 月 30 日送達且放進倉庫。

(8) 兩津公司額外有腳踏車 $152,000 及拖鞋 $127,000，寄銷在麻理公司。

試問：兩津公司 ×1 年 12 月 31 日之資產負債表中，腳踏車存貨與拖鞋存貨正確之金額。

5. **【存貨錯誤】** 龍馬公司之網球存貨採定期盤存制，存貨皆為賒購。試分別說明下列假設，對龍馬公司 ×1 年與 ×2 年，銷貨成本、保留盈餘、營運資金 (Working Capital) 之影響金額。(忽略所得稅之影響)
   (1) ×1 年期末存貨高估 $15,000，×2 年進貨與應付帳款高估 $34,200，其餘無誤。
   (2) ×1 年進貨與應付帳款低估 $62,000，其餘無誤。(假設該筆交易於 ×2 年記錄且付款)
   (3) ×1 年期初存貨低估 $43,000，期末存貨低估 $16,000，×2 年期末存貨高估 $24,000，其餘無誤。

6. **【成本與淨變現價值孰低法】** 浦雷衣公司銷售電玩主機，其 ×1 年期末之存貨資料如下：

存貨	家用主機		掌上主機	
品牌	弁天堂	左尼	弁天堂	左尼
成本	$600,000	$800,000	$1,200,000	$1,500,000
淨變現價值	480,000	1,000,000	1,350,000	1,000,000

   浦雷衣公司使用成本與淨變現價值孰低法調整期末存貨，試依：(1) 逐項比較法；(2) 分類比較法，計算存貨之期末金額。

7. **【成本與淨變現價值孰低法】** 賈修公司為書本經銷商，使用成本與淨變現價值孰低法調整期末存貨。其 ×1 年與 ×2 年之期末存貨相關資訊如下：

	成本	淨變現價值
×1 年 12 月 31 日	$800,000	$674,000
×2 年 12 月 31 日	845,000	761,000

   試作：賈修公司 ×1 年與 ×2 年期末之存貨調整分錄。

8. **【成本與淨變現價值孰低法】** 小紀公司使用成本與淨變現價值孰低法評價期末存貨，其存貨相關資訊如下表所示：

	成本	淨變現價值
×1 年 1 月 1 日存貨	$ 350,000	$370,000
×1 年度進貨	1,500,000	
×1 年 12 月 31 日存貨	400,000	380,000

   試依照下列情況個別記錄小紀公司 ×1 年之存貨相關分錄。
   (1) 永續盤存制，直接沖銷法
   (2) 永續盤存制，備抵損失法
   (3) 定期盤存制，直接沖銷法
   (4) 定期盤存制，備抵損失法

9. 【毛利率法】花媽公司之存貨盤點時間為每年 6 月底及 12 月底，現欲編製 ×1 年 7 月之月報表，故需要估計期末存貨，下列為 7 月份之存貨相關資訊：

存貨，6 月 30 日	$370,000	進貨運費	$ 4,500
進貨	785,000	銷貨淨額	1,230,000

試使用毛利率法配合上述資訊，計算 ×1 年 7 月底之期末存貨。假設：
(1) 銷貨毛利率為銷貨淨額的 25%　　(2) 銷貨毛利率為銷貨淨額的 60%
(3) 銷貨毛利率為銷貨成本的 25%　　(4) 銷貨毛利率為銷貨成本的 60%

10. 【毛利率法】大空公司為運動用品批發商，其放置足球存貨之倉庫遭竊，欲請求保險賠償。其遭竊當月之期初存貨為 $83,000，進貨 $463,500，進貨退回 $9,200，銷貨 $267,000，銷貨退回 $2,150。失竊隔天盤點得知剩下成本 $39,100 的存貨，其中包含 $18,500 係松山公司寄銷的存貨。假設大空公司之銷貨毛利率為銷貨成本的 25%，試使用毛利率法計算大空公司請求之保險賠償。

11. 【毛利率法】海馬公司販賣遊戲紙牌，其倉庫在 ×1 年 9 月 21 日颱風來襲時淹水，造成大多數存貨損壞，其 9 月份截至淹水前之存貨資料如下：

存貨，9 月 1 日	$ 170,000
進貨	1,370,000
進貨退回	51,000
進貨運費	33,000
銷貨淨額	1,690,000
銷貨毛利率	30%

9 月 22 日海馬公司檢查倉庫時發現，除一批存貨僅外盒損壞尚可販賣外，其餘存貨皆無法販賣或使用。該批存貨之售價為 $107,000，淨變現價值為 $54,300。假設無保險賠償，請使用毛利率法計算海馬公司因颱風淹水所造成之存貨損失。

12. 【零售價法】新一公司 ×1 年 6 月 30 日之存貨相關資料如下：

	成本	零售價
存貨，1 月 1 日	$ 42,000	$ 65,000
進貨	549,000	761,000
淨加價		53,000
淨減價		38,000
銷貨		794,000

試依照以下存貨假設，使用零售價法計算新一公司 ×1 年 6 月 30 日之存貨成本金額。
(1) 先進先出法　　　　　　　　　(2) 平均成本法

(3) 先進先出成本與淨變現價值孰低法　　(4) 平均成本與淨變現價值孰低法

13. 【零售價法】悟空公司使用零售價法計算期末存貨，存貨之評價採平均成本法。其 ×1 年之會計資訊如下，試問悟空公司 ×1 年之期末存貨成本。

期初存貨（成本）	$ 485,000	加價取消	$ 25,700
期初存貨（零售價）	893,000	減價	89,600
進貨（成本）	1,724,000	減價取消	18,400
進貨（零售價）	2,635,000	銷貨	2,743,000
加價	176,000		

14. 【零售價法】納茲公司欲編製月報表，其 ×1 年 8 月份之存貨相關資訊如下：

	成本	零售價
進貨	$ 1,001,200	$ 1,258,000
銷貨		1,494,100
淨加價		84,300
淨減價		43,500
進貨退回	50,025	65,200
銷貨退回		148,300
存貨，8 月 1 日	144,800	184,200

假設納茲公司採用傳統零售價法估計期末存貨，試問 ×1 年 8 月 31 日之存貨成本金額。

15. 【生物資產與農業產品】八戒養豬場於 ×1 年 9 月 1 日購入 500 隻仔豬，準備未來屠宰出售，每隻仔豬淨公允價值為 $1,500，購買仔豬之運費為 $3,000。購買仔豬後，八戒投入飼料成本 $130,000，人事成本 $20,000。×1 年 12 月 31 日，每隻仔豬的公允價值為 $2,300，若將該批仔豬出售，須另支付運費 $4,500 及處分成本 $3,000。

試作：八戒養豬場 ×1 年與生物資產相關之分錄。

16. 【生物資產與農業產品】藍波牧場於 ×1 年 5 月 1 日購入 20 隻乳牛，飼養在牧場內，擬未來生產牛奶出售。每隻乳牛之淨公允價值為 $50,000，另外發生運送費用 $4,000，交易成本 $2,500。×1 年度飼養期間藍波牧場發生飼料成本 $162,000，人事成本 $10,000。×1 年底每隻乳牛的淨公允價值為 $68,000。

×2 年度發生飼料成本共 $210,000，人事成本 $32,000。共生產出牛奶 7,000 瓶，每瓶牛奶之淨公允價值為 $24，每瓶以 $30 之價格售出，全數以現金交易。×2 年底每隻乳牛的淨公允價值為 $70,000。

試作：藍波牧場 ×1 年、×2 年與生物資產、農業產品存貨相關之分錄。

17. 【生物資產與農業產品】德華公司於 2014 年中開始從事養雞業務，其相關資料如下：
    A. 2014 年 11 月 1 日以每隻購價 $50 之成本購買 4,000 隻年齡 2 個月之小雞，準備飼養熟齡後作為肉雞出售，依公司估計若 4,000 隻小雞立即出售，應支付運送小雞至市場之運輸費用 $16,000、代理商及經銷商之佣金 $10,000、交易稅 $5,000。
    B. 飼養雞隻之後續支出作為當期費用處理。2014 年間共耗費 $93,000 之飼料費用，以及 $90,000 之飼育人員薪資。
    C. 2014 年 12 月 31 日估計 4 個月大的雞隻若立即出售，每頭雞隻售價為 $500，但另應支付運送雞隻至市場之運輸費用 $36,000、代理商及經銷商之佣金 $12,000、交易稅 $7,000。
    D. 2015 年 2 月 1 日將肉雞 3,000 隻屠宰出售，每隻肉雞售價為 $700。支付運輸費用 $45,000、代理商及經銷商之佣金 $8,500 及交易稅 $5,000。
    E. 2015 年間共耗費 $135,000 之飼料費用，以及 $310,000 之飼育人員薪資。
    F. 2015 年 12 月 31 日估計將年齡為 1 年 4 個月大的雞隻若立即出售，每頭雞隻售價為 $600，另應支付運送雞隻至市場之運輸費用 $20,000、代理商及經銷商之佣金 $13,000、交易稅 $4,000。

    試作：
    (1) 2014 年至 2015 年之有關分錄。
    (2) 2014 年及 2015 年本期損益各為多少金額？

18. 【成本與淨變現價值孰低法】和平公司於 2015 年初始營業，針對存貨跌價之帳務處理方式係採備抵法，其產銷單一製成品，於 2015 年底之在製品數量恰好可以產出與目前製成品存貨相同之數量，同日該公司存貨之相關資料如下：

種類	原始成本	若直接銷售估計售價	若直接銷售預計銷售費用	估計正常利潤率	估計至完工尚須投入成本	重製成本
原物料	$400,000	$380,000	$20,000	估計售價之1%	難以合理估計	$390,000
在製品	$500,000	$490,000	$30,000	估計售價之5%	$170,000	$440,000
製成品	$700,000	$650,000	$10,000	估計售價之5%	$0	$630,000

    試作：
    (1) 分別計算和平公司對原物料、在製品，以及製成品所應認列之存貨跌價損失。
    (2) 若製成品原始成本為 $620,000 而非 $700,000，其餘資料不變，試重新分別計算和平公司對原物料、在製品，以及製成品所應認列之存貨跌價損失。

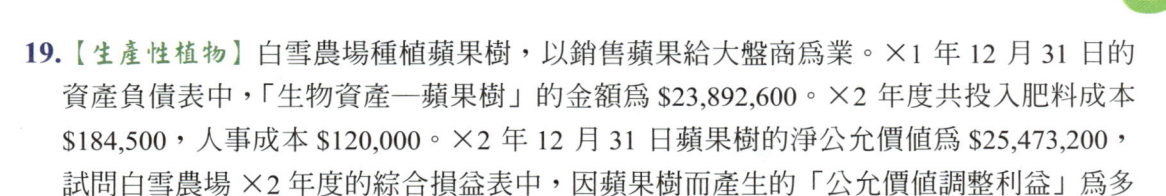

19.【生產性植物】白雪農場種植蘋果樹，以銷售蘋果給大盤商為業。×1 年 12 月 31 日的資產負債表中，「生物資產—蘋果樹」的金額為 $23,892,600。×2 年度共投入肥料成本 $184,500，人事成本 $120,000。×2 年 12 月 31 日蘋果樹的淨公允價值為 $25,473,200，試問白雪農場 ×2 年度的綜合損益表中，因蘋果樹而產生的「公允價值調整利益」為多少？

Chapter 7

不動產、廠房及設備
——購置、折舊、折耗與除列

學習目標

研讀本章後，讀者可以了解：
1. 不動產、廠房及設備之成本認定及其衡量方法
2. 資產交換之會計處理原則
3. 借款成本(利息)資本化之計算與處理方式
4. 折舊之概念及計算方法
5. 折耗之性質及計算方法
6. 購入後發生成本之會計處理方法
7. 除列之會計基本原則

本章架構

不動產、廠房及設備——購置、折舊、折耗與除列

定義與認列時之衡量
- 定義與特性
- 成本要素
- 評價

自建資產
- 資本化之借款成本
- 可資本化之期間
- 累積支出平均數與限額
- 其他議題

折舊
- 折舊基本觀念
- 常用折舊方法
- 折舊其他議題

遞耗資產與折耗
- 遞耗資產
- 折耗方法
- 探勘成本會計處理
- 探勘及評估資產

後續支出會計
- 維修
- 重置
- 重大檢查

除列
- 處分

固定資產(或不動產、廠房及設備)之投資常是企業資金壓力之主要來源,且由於市場變化迅速,及產品需求高度不確定性,使得不動產、廠房及設備之最適規模或產能及其相關投資風險很難掌控,然而,一個企業之成功與失敗常與該企業不動產、廠房及設備之投資策略息息相關。

英特爾(Intel)名譽董事長摩爾發現,晶片上可容納的電晶體數量,約每18個月會加倍,但售價卻相同,顯示生產製程技術之提升速度,稱為摩爾定律(Moore's Law)。台積電在摩爾定律下,能在晶圓製造上成為全球頂尖公司的原因,除了優秀研發製造人員與技術之外,大規模的廠房設備投資、汰換舊機台與蓋新晶圓廠也是重要因素。

台灣積體電路製造股份有限公司,成立於1987年2月21日,1994年9月5日於臺灣證券交易所上市,簡稱台積電或台積(Taiwan Semiconductor Manufacturing Company Limited, TSMC),是全球第一家,也是全球最大的專業積體電路製造服務(晶圓代工)公司。民國109年台積電共支付約5,072億元購置固定資產,是臺灣上市公司中投入資金最多的公司之一,台積電從民國94年至109年每年購置固定資產金額如下所示,合計約為3兆8,121億元。民國109年台積電固定資產總額約為4兆4,262億元,累計折舊及減損約為2兆8,716億元,固定資產淨額約為1兆5,546億元。試想假如你是台積電之負責主管,單純購置固定資產已是一個不小之資金壓力,你是否可以推估台積電民國109年固定資產占總資產之比率及折舊費用之金額?

	(千元)
民國 109 年	$ 207,238,722
民國 108 年	460,422,150
民國 107 年	315,581,881
民國 106 年	330,588,188
民國 105 年	328,045,270
民國 104 年	257,516,835
民國 103 年	288,540,028
民國 102 年	287,594,773
民國 101 年	246,137,361
民國 100 年	213,962,521
民國 99 年	186,944,203
民國 98 年	87,784,906
民國 97 年	59,222,654
民國 96 年	84,000,985
民國 95 年	78,737,265
民國 94 年	79,878,724
合計	$1,966,318,167

同樣之情況,華航109年度之固定資產占總資產之比率約50%,其中最重要之資產即為不動產、廠房及設備—飛行設備。

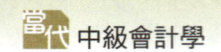

章首故事引發之問題

- 處理對財務報表有重大影響；台積電民國 109 年不動產、廠房及設備占總資產之比率約為 56% 及折舊費用金額約為 3,218 億元。
- 企業之成長常與不動產、廠房及設備之投資策略息息相關。
- 重大組成部分折舊提列方法。

7.1 不動產、廠房及設備

學習目標 1
了解不動產、廠房及設備之定義與特性、成本包含之要素，以及各種情況取得時之成本衡量方式

本章及第 8、9 章介紹企業主要非流動資產類別之觀念與會計處理 (金融資產除外)，非流動資產因其持有目的及狀況不同，會計上可分類為：(1) 營運目的之非流動資產 (如不動產、廠房及設備、遞耗資產、無形資產等)、(2) 投資用途之非流動資產 (如投資性不動產) 及 (3) 分類為流動資產之待出售非流動資產 (或處分群組)(詳見圖 7-1)。

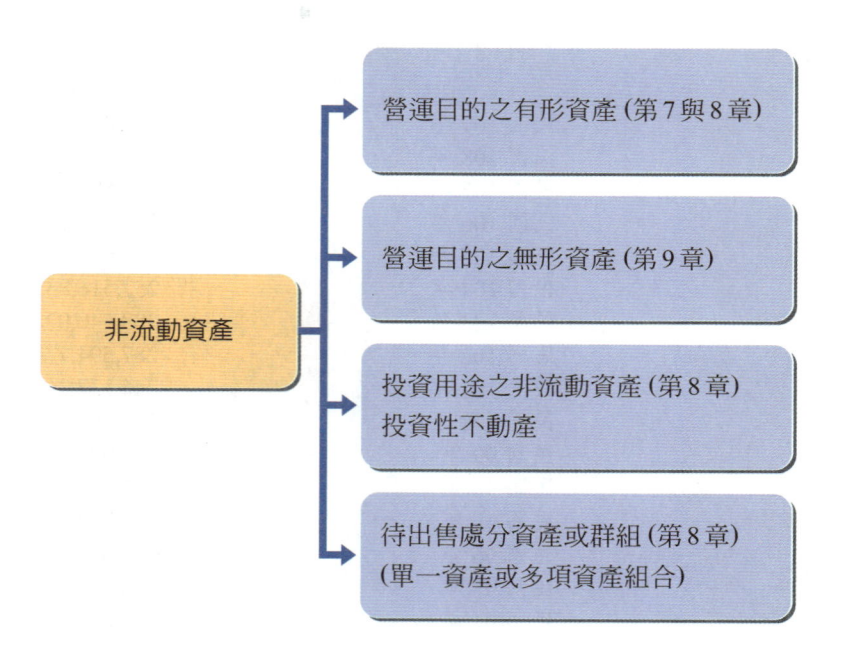

```
                    ┌─→ 營運目的之有形資產(第7與8章)
                    │
                    ├─→ 營運目的之無形資產(第9章)
        非流動資產 ──┤
                    ├─→ 投資用途之非流動資產(第8章)
                    │    投資性不動產
                    │
                    └─→ 待出售處分資產或群組(第8章)
                         (單一資產或多項資產組合)
```

圖 7-1　非流動資產之會計分類

7.1.1　不動產、廠房及設備之定義與特性

不動產、廠房及設備 (Property, Plant and Equipment) 係供企業正常營運而長期使用之有形資產，又稱**固定資產** (Fixed Assets) 或**營業資產** (Operational Assets)。其特性為：

1. 有形資產 (具有實體)。

2. 用於商品或勞務之生產或提供、出租予他人或供管理目的而持有。

即供營業使用而非作為投資或供出售之用，非供營業使用者，應按其性質列為長期投資或其他資產。

3. 預期使用期間超過一年 (長期使用目的)。

不動產、廠房及設備之認列條件為該資產之成本能可靠衡量，且企業有可能從該資產得到未來經濟效益。不動產、廠房及設備中之土地、折舊性資產 (如建築物與機器設備) 及折耗性天然資源 (如礦產資源)，應分別列示。

公共安全、衛生與防治環境污染設備

企業可能基於公共安全、衛生或防治環境污染之理由而取得不動產、廠房及設備，雖不會直接增加任何特定現有資產之未來經濟效益，但可能作為其他資產為取得未來經濟效益之必要項目。若該資產的取得能使企業自其他資產所獲得之未來經濟效益超過若未取得該等項目所能獲得者，且企業若無該等設備項目將無法製造及銷售產品，則該等設備項目即符合資產之認列要件。例如：企業依法必須在工廠周邊加裝防治空氣污染設備、污水處理設備、防止噪音

> 不動產、廠房及設備之特性為：
> 1. 有形資產。
> 2. 供營業使用而非作為投資或供出售之用。
> 3. 預期使用期間超過一年 (長期使用目的)。

> 公共安全、衛生與防治環境污染設備可間接提供企業未來經濟效益、亦符合資產之認列要件

IFRS 一點通

不動產、廠房及設備之衡量單位須專業判斷

IAS 16 並未強制規定認列不動產、廠房及設備之衡量單位，當企業於特定環境下考量認列條件時，須運用專業判斷，決定構成不動產、廠房及設備之項目係為何。

例如企業對多個個別不重大項目 (如 5,000 項金額較小之模具、工具及印模) 加以彙總成一項單一之衡量單位，並將認列條件運用於該彙總金額，可能係屬適當。

設備等,雖不會直接增加未來經濟效益,但係工廠營運過程中所必要之設備,為從其他資產獲得未來經濟效益之必要設施,即該設備間接提供企業未來經濟效益,故符合資產之認列要件。

備用零件、備用設備及維修設備

當備用零件、備用設備及維修設備等項目符合不動產、廠房及設備之定義時,應依 IAS 16 之規定認列。否則,此等項目應分類為存貨。例如:甲公司有一生產高度精密產品之廠房,為確保機器之正常運轉,有一備用設備作為非預期事件發生,有可能導致生產中斷時,可以隨時維持正常生產運轉之需,雖然,正常情況下,此備用設備實際運轉之時間不多,備用設備預期可使用 5 年,此備用設備符合不動產、廠房及設備之定義。同理,甲公司有一重大之維修設備,預期可使用 5 年,若符合不動產、廠房及設備之定義,亦可分類為「不動產、廠房及設備」而非存貨。另,甲公司有一批備用零件,作為機器設備零件損壞時替換之用,不符合不動產、廠房及設備之定義,應分類為存貨。

7.1.2 不動產、廠房及設備之成本要素

取得不動產、廠房及設備之**成本要素** (elements of cost) 係指為取得不動產、廠房及設備,而於取得或建造時所支付之現金、約當現金或其他對價之公允價值。除特殊情形外,依據**歷史成本原則** (Historical Cost Principle),不動產、廠房及設備應按照取得或建造時之成本入帳,包括為使資產達到能符合管理階層預期運作方式之必要地點及狀態之任何**直接可歸屬成本** (directly attributable costs)。換言之,資產之成本應包括使該項資產達到可用地點及狀態的一切必要而合理之支出。

> 以成本模式衡量,有兩個主要原因:
> 1. 歷史成本具有可驗證性及可靠性。
> 2. 不動產、廠房及設備是以繼續持有與長期使用為目的,比較不需要考量公允價值變動。

已處於「管理階層預期運作方式」後之使用或重新配置成本

不動產、廠房及設備項目處於能符合管理階層預期運作方式之必要地點及狀態時,應停止將後續成本資本化認列至該資產之帳面金額中。因此,使用或**重新配置** (redeploying) 資產所發生之成本及遷移或重組企業部分或全部營運所發生之成本,皆不得資本化增加

Chapter 7 不動產、廠房及設備 —— 購置、折舊、折耗與除列

不動產、廠房及設備項目之成本要素

- 購買價格，包含進口關稅 (import duties) 及不可退還之進項稅額 (nonrefundable taxes) 等，減除商業折扣 (trade discounts) 及讓價 (rebates)。
- 為使資產達到能符合管理階層預期運作方式之必要地點及狀態之任何直接可歸屬成本。
- 拆卸、移除該項目及復原其所在地點之原始估計成本 (亦稱除役成本)，該義務係企業於取得該項目時，或於特定期間非供生產存貨之用途 (如拆卸、移除或復原) 而使用該項目所發生者 (以該相關成本有認列負債準備者為限*)。

*詳細會計處理請參閱第 11 章 11.4.4 之說明。

直接可歸屬成本	非屬不動產、廠房及設備之成本
1. 建造或取得不動產、廠房及設備項目而直接產生之員工福利成本。	1. 開設新據點之成本。
2. 場地整理成本。	2. 推出新產品或服務之成本 (包括廣告及促銷活動成本)。
3. 原始交貨及處理成本 (initial delivery and handling cost)、運費。	3. 新地點或新客戶群之業務開發成本 (包括員工訓練成本)。
4. 安裝及組裝成本 (installation and assembly cost)。	4. 管理成本 (administration costs) 與其他一般費用成本 (general overhead costs)。
5. 測試資產是否正常運作之成本(即評估該資產之技術性及實體績效是否足以使其能用於商品或勞務之生產或提供、出租予他人或管理目的)。使不動產、廠房及設備之項目達到能符合管理階層預期運作方式之必要地點及狀態之時，可能有產出項目(諸如測試資產是否正常運作所產出之樣品)。企業依適用之準則將銷售任何此等項目之價款及該等項目之成本認列於損益。企業適用依國際會計準則第 2 號「存貨」之規定衡量該等項目之成本。	5. 使用或重新配置某項目所發生之成本。
6. 專業服務費 (professional fees)，例如：建築師或裝潢設計之成本。	6. 偶發性 (incidental operations) 之成本。

該資產之帳面金額。

產能運用不效率

不動產、廠房及設備項目已能符合管理階層預期運作方式，但尚未投入使用或其營運低於全部產能時所發生之成本，不得包含於該資產之帳面金額中；例如，若已添購四台自動化生產設備，卻只

使用其中兩台,此為企業本身資產的浪費或是不效率,同理,於市場建立產品需求前所發生之**初期營運損失** (initial operating losses),皆不屬於不動產、廠房及設備之成本。

7.1.2.1　土地之成本

土地之成本包括購買價格、代書費、過戶登記費、代前地主繳納之逾期稅捐、支付地上原住戶之搬遷費、地上物拆除費及填土整地等支出,地上拆除物或殘料之出售收入則列為土地成本的減項。若發生土地改良物的支出,視其使用年限長短而有不同處理方式;若使用期間無限,則列入土地之成本;若使用期間有限,例如:人行道、圍牆、停車場等不具永久性之設施,則另設「土地改良物」項目,並應按估計耐用年限提列折舊。

釋例 7-1　土地入帳成本

臺大公司於 ×1 年 4 月 24 日購買臺北市區一塊土地,建築自用之辦公大樓,相關資訊如下,請計算該土地會計應入帳之金額:

(a)　土地購價 $100,000,000
(b)　土地代書費用 $200,000
(c)　購買土地支付仲介佣金 $500,000
(d)　購買土地時,遭另一土地仲介公司騙取之佣金 $350,000
(e)　新辦公大樓建築師設計費用 $2,000,000
(f)　政府相關規費、稅賦 $300,000
(g)　拆除現有土地之舊建築物以備重新建造新辦公大樓 $1,000,000

解析

土地成本 = $100,000,000 + $200,000 + $500,000 + $300,000 + $1,000,000
　　　　 = $102,000,000

7.1.2.2　建築物之成本

建築物之成本包括買價或發包金額、過戶登記費、建築師費、建築執照、工寮、鷹架、材料倉庫、建築期間之責任保險等。買進土地並同時拆除舊屋改建新屋時,則處分舊建築物所發生之處分損

失或利益,應作為土地成本的增加或減少,而不是調整建築物之成本。但自有土地上拆除舊屋改建新屋,其拆除費用減殘值後應列為舊屋之處分損益。

7.1.2.3 設備之成本

設備之成本包括購買價格、運費、保險、關稅、倉儲費用、地基設備、安全設施、安裝及試俥檢驗等,使設備達可用地點及狀態的所有必要支出。設備運輸中不慎毀損的修護費不得列入成本中。定期課徵之稅捐如:牌照稅、燃料稅應列為費用(詳見表 7-1)。

表 7-1　不動產、廠房及設備之成本判斷

支出項目內容	是否包括於不動產、廠房及設備成本	
	是	否
1. 新辦公大樓建築師設計費用	● 建築物	
2. 新設備之標價(註)		●
3. 土地購買成本	● 土地	
4. 安裝成本	● 機器設備	
5. 造景成本	● 土地改良物	
6. 購買土地時,被另一仲介公司騙取之佣金		●
7. 因購買新機器,而對被解僱員工之給付		●
8. 建造新大樓而拆除 10 年前所購入舊建築之成本		●
9. 街道改良所徵收之工程受益費	● 土地	
10. 購車時,僅隨車課徵一次之牌照稅	● 運輸設備	
11. 拆除在新購入土地上之建築物成本	● 土地	
12. 擴充空調系統以適應廠房之擴建	● 空調設備或建築物	
13. 因採用新設備而支付之員工訓練成本		●

註:不應直接以出售設備廠商之定價列為成本,應以實際支出之金額列為成本,故應扣減相關折扣及讓價。

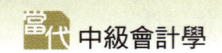

7.1.2.4 租賃權益改良

承租人在租約期間對租賃標的物加以改良,例如辦公室之隔間、裝修等,稱為租賃權益改良,應按本身之耐用年限或租約期限較短者提列折舊或攤銷。

7.1.3 不動產、廠房及設備原始認列之衡量

7.1.3.1 現金折扣

不動產、廠房及設備之購買價格如附有現金折扣,不論是否取得該折扣,均應將折扣自購價中減除,以其淨額作為資產成本;未享受之折扣則列為財務費用或其他損失。

7.1.3.2 遞延支付

採遞延支付 (Deferred Payment) 方式購買不動產、廠房及設備,例如:給付票據或發行公司債,企業應以票據或公司債之折現值作為取得成本入帳,遞延支付的設算利率應為現金購買價格與信用評等相當者所發行類似金融工具之通行利率中較能明確決定者。例如甲公司發行一張面額 \$30,000,2 年期無息票據去購買一部標價為 \$27,800 的機器。假設設算利率為 10%,2 年期 \$1 之折現率為 0.8264,則相關分錄如下:

機器設備	24,792	
應付票據折價	5,208	
應付票據		30,000

倘若以分期付款方式購置不動產、廠房及設備,需考慮其利息費用。例如:金石公司於 ×3 年 1 月 1 日購買一台設備,總價款為 \$2,000,000,×3 年 1 月 1 日付頭期款 \$200,000,其他餘款分 9 年平均攤還本息,每年 12 月 31 日支付 \$200,000,依當時市場利率水準和金石公司信用狀況,該分期付款的有效利率 10%

×3/1/1　設備	1,351,804	
應付設備款		1,151,804
現金		200,000

$200,000 + $200,000 × 普通年金現值 (9,10%)
= $200,000 + $200,000 × 5.75902 = $1,351,804

> 遞延支付
> 應以折現值作為取得成本入帳。

×3/12/31	利息費用	115,180	
	應付設備款	84,820	
	現金		200,000

利息費用 = $1,151,804 × 10% = 115,180

7.1.3.3 整批購買

採**整批購買** (Lump Sum Purchase) 方式購買不動產、廠房及設備，應將購入成本分攤於各項不動產、廠房及設備；因為假設成本與公允價值具有比例之關係，故分攤方法通常以各資產之個別公允價值相對比例作為分攤基礎。例如若臺南公司以 $1,200,000 取得土地及廠房，若當時土地之公允價值為 $1,080,000，廠房之公允價值為 $420,000，則土地及廠房之入帳成本計算如下：

> **整批購買**
> 通常以個別資產之公允價值相對比例作為分攤基礎。

	公允價值	比例	入帳成本
土地	$1,080,000	108/150	$ 864,000
廠房	420,000	42/150	336,000
總計	$1,500,000		$1,200,000

7.1.3.4 股票發行

企業以發行股票取得不動產、廠房及設備，應依據 IFRS 2 股份基礎給付交易之規定，以所取得不動產、廠房及設備之公允價值衡量，並據以衡量相對之權益增加。但所取得不動產、廠房及設備之公允價值若無法可靠估計，應依所給予股票之公允價值衡量。例如甲公司以發行每股面額 $10，1,000 股之普通股去取得一塊土地，普通股及土地之公允價值皆為 $70,000，則相關分錄如下：

土地	70,000	
普通股		10,000
資本公積—普通股發行溢價		60,000

7.1.3.5 捐　贈

捐贈包括一般私人或企業之捐贈，以及政府補助及捐助，接受捐贈資產，是一種單方面的行為，企業未支付對等之價款。企業取

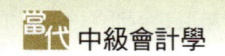

得私人或企業捐贈之資產時,應以公允價值認列捐贈資產,並同時於符合捐贈條件時認列捐贈收入,但若係屬股東(法人或自然人)之捐贈,則應貸記「資本公積—受領贈與」,作為權益之增加,不得認列捐贈收入。

企業有時可能經由政府補助以優惠價格或免費之方式取得不動產、廠房及設備資產;政府之補助通常具有政策意義、鼓勵性質,希望藉由政府補助鼓勵企業從事特定的活動;例如:政府以優惠價格或免費之方式移轉科學園區之土地,以鼓勵企業到科學園區設廠並創造就業。政府補助之不動產、廠房及設備,應依國際會計準則第20號「政府補助之會計及政府輔助之揭露」的規定,依公允價值或以名目金額認列不動產、廠房及設備。

政府之補助通常會附有其他義務或條件,包括限制資產之類型、設置地點、權利之移轉及持有、取得資產的時間等。當企業尚未完成所有附帶條件時,不得將政府補助認列為利益(應列為遞延利益),必須等到約定的條件完成時,才能轉列為利益。但若為無條件之補助時,可一次認列補助利益。

若該政府補助與有限年限之不動產、廠房及設備有關,應按該資產耐用年限依折舊費用之提列比率分期認列為補助利益。與土地資產有關者,若政府要求企業履行某些義務,企業應於履行義務所投入成本認列為費用之期間,認列該項政府補助利益。例如甲企業於×2年12月1日得到政府以免費方式移轉科學園區之土地及建築物,若政府要求企業履行某些義務,估計此土地及建築物公允價值分別為 $500,000 及 $2,500,000。其分錄為:

土地—政府補助	500,000	
建築物—政府補助	2,500,000	
遞延政府補助利益		3,000,000

遞延政府補助利益於未來依折舊費用比率或履行義務所投入成本比率,逐期轉列利益,其分錄為:

遞延政府補助利益	×××	
政府補助利益		×××

若捐贈未附有任何條件時，企業於取得受贈資產時應認列為收益，例如：甲公司接受政府贈與大樓一棟，當時其公允價值為 $1,000,000,000，則相關分錄如下：

建築物—政府補助	1,000,000,000	
政府補助利益		1,000,000,000

7.1.3.6　資產交換

非貨幣性資產交換 (non-monetary assets exchange) 係指企業交換非貨幣性資產 (可能另含貨幣性資產) 而取得之不動產、廠房及設備之資產 (詳見表 7-2)，對於非貨幣性資產的交換，換入資產之成本通常係以換出資產之公允價值衡量，同時認列換出資產的處分損益。僅有當換入資產之公允價值較換出資產之公允價值更明確時，才應使用換入資產的公允價值衡量，但符合下列情形之一時，換入資產應以換出資產的帳面金額衡量，並調整現金收付後之金額作為取得資產之成本：

> **非貨幣性資產交換**
> 非貨幣性資產交換應依公允價值衡量。

1. 交換交易缺乏**商業實質** (commercial substance)。
2. 換入資產及換出資產之公允價值均無法可靠衡量。

是否具有商業實質應考量交易所產生之未來現金流量預期改變之程度。交換交易符合下列 (1) 或 (2) 並同時符合 (3)，則該交易具有商業實質：

(1) 換入與換出資產現金流量型態 (風險、時點、金額) 不同；或
(2) 因交換交易而使企業營運中受該項交換交易影響，其部分之企業特定價值發生改變 (反映稅後現金流量)；及

表 7-2　資產交換項目

換入項目	換出項目
1. 換入之資產。 2. 收到之現金。 3. 其他權利、義務。	1. 換出之資產。 2. 付出之現金。 3. 其他權利、義務。

IFRS 一點通

判斷商業實質之條件

判斷商業實質之條件 (1) 或 (2) 二種方法，本質上皆是分析及預測未來現金流量，只是採 (1) 方法係對未考量折現前之現金流量型態作整體分析，採 (2) 方法係以考量折現後之總額予以分析，理論上，二種方法之分析結果應一致。

判斷商業實質之條件 (2) 方法，應以稅後現金流量分析，因有時資產交換之目的，即是單純基於稅負與稅法之原因而進行資產交換，且稅後金額才是企業真正之現金流量。

判斷商業實質之條件 (3) 是否重大，係以交換資產本身之公允價值比較，而非以企業本身之總資產或總市值比較。

上述商業實質之條件都是判斷性的規定，不論係有無差異或是否有重大差異，皆無明確的指標，惟有仰賴會計專業的判斷能力。

(3) 條件 (1) 或 (2) 所述情形之差異金額，相對於所交換資產之公允價值係屬重大。

釋例 7-2 具有商業實質之資產交換

年初時臺中公司以印刷設備換取高雄公司的裝訂設備，二項資產的資料如下：

	臺中公司	高雄公司
原始取得成本	$250,000	$200,000
帳列累計折舊	110,000	40,000
現金收（付）	20,000	(20,000)
公允價值	170,000	150,000

假設二家公司之資產交換具有商業實質，試作二家公司交換資產之會計處理。

解析

臺中公司

換出資產的帳面金額 = $250,000 − $110,000 = $140,000

交換（損）益 = $170,000 − $140,000 = $30,000

換入資產之成本 = $140,000 + $30,000 − $20,000 = $150,000

高雄公司

換出資產的帳面金額 = $200,000 − $40,000 = $160,000

交換（損）益 = $150,000 − $160,000 = $(10,000)

換入資產之成本 = $160,000 − $10,000 + $20,000 = $170,000

分錄為：

臺中公司		高雄公司	
裝訂設備	150,000	印刷設備	170,000
累計折舊—印刷設備	110,000	累計折舊—裝訂設備	40,000
現金	20,000	處分裝訂設備損失	10,000
印刷設備	250,000	裝訂設備	200,000
處分印刷設備利益	30,000	現金	20,000

釋例 7-3　不具有商業實質之資產交換（無現金交易）

花蓮公司以運輸設備向臺東公司交換類似的運輸設備，二項資產的資料如下：

	花蓮公司	臺東公司
原始取得成本	$600,000	$500,000
帳列累計折舊	120,000	100,000
公允價值	410,000	410,000

假設兩家公司之資產交換不具有商業實質，試作二家公司交換資產之會計處理。

解析

花蓮公司

換出資產的帳面金額 = $600,000 − $120,000 = $480,000

雖然依 IAS 16，不具有商業實質之資產交換，換入資產之成本係以換出資產之帳面金額衡量，但由於換出資產之公允價值 $410,000 低於其帳面金額 ($600,000 − $120,000 = $480,000)，企業應評估資產是否發生減損（詳見本書第 8 章）。

臺東公司

換出資產的帳面金額 = $500,000 − $100,000 = $400,000
交換（損）益 = $410,000 − $400,000 = $10,000（不得認列利益）
換入資產之成本 = $410,000 − $10,000 = $400,000

分錄為：

花蓮公司		臺東公司	
運輸設備（新）	480,000	運輸設備（新）	400,000
累計折舊—運輸設備（舊）	120,000	累計折舊—運輸設備（舊）	100,000
運輸設備（舊）	600,000	運輸設備（舊）	500,000

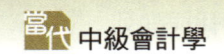

釋例 7-4　不具有商業實質之資產交換（有現金交易）

臺南公司以生產設備向新竹公司交換類似的生產設備，二項資產的資料如下：

	臺南公司	新竹公司
原始取得成本	$700,000	$640,000
帳列累計折舊	420,000	430,000
現金收（付）	(10,000)	10,000
公允價值	250,000	260,000

假設二家公司之資產交換不具有商業實質，試作二家公司交換資產之會計處理。

解析

臺南公司

換出資產帳面金額 = $700,000 − $420,000 = $280,000
換入資產之成本 = $280,000 + $10,000 = $290,000

同釋例 7-3 之情形，由於換出資產之公允價值 $250,000 低於其帳面金額加計所支付之現金 (= $700,000 − $420,000 + $10,000 = $290,000)，企業應評估資產是否發生減損（詳見本書第 8 章）。

新竹公司

換出資產帳面金額 = $640,000 − $430,000 = $210,000
交換（損）益 = $260,000 − $210,000 = $50,000（不得認列利益）
換入資產之成本 = $210,000 − $10,000 或 = $250,000 − $50,000 = $200,000

分錄為：

臺南公司			新竹公司		
生產設備（新）	290,000		生產設備（新）	200,000	
累計折舊—生產設備（舊）	420,000		累計折舊—生產設備（舊）	430,000	
生產設備（舊）		700,000	現金		10,000
現金		10,000	生產設備（舊）		640,000

7.2　自建資產

學習目標 2
了解自建資產應資本化之借款成本之相關流程與會計處理

企業可能自行建造不動產、廠房及設備資產，**自建資產** (self-constructed assets) 之建造成本，包括直接成本及應分攤之間接成本、稅捐及其他至建造完成為止所發生的必要支出。換言之，自建資產

之成本包括直接人工、直接材料、變動間接生產成本、建造期間資本化之利息(或稱借款成本)及固定製造費用等。

於計算自建資產成本時,任何內部利益均須消除,包括部門間之移轉訂價利潤及建造利潤皆不可列為自建資產成本。同樣地,自建資產過程中,原料、人工或其他資源之異常損耗,亦不包含於自建資產成本中。

釋例 7-5　自建不動產之原始認列及組成部分會計

秀泰公司建造一座耐用年限為 40 年之電影院,該電影院於 ×1 年 1 月 1 日完工,座椅之預期耐用年限為 10 年,電影院的總建造成本為 $1,000,000,包含座椅部分之成本 $50,000,假設該金額佔總建造成本經判斷屬重大。整間電影院及座椅部分均採直線法提列折舊,且估計殘值為零。假設認列後之衡量採成本模式。

(1) 試作 ×1 年資產認列之相關分錄。
(2) 沿情況一,假設秀泰公司於電影院建造時於鷹架上懸掛電影院場館介紹之廣告布幔,其支出為 $15,000,由於對於達到能符合管理階層對該電影院預期運作方式之必要狀態及地點而言,並非必要,因此認定為廣告費,試作相關分錄。

解析

(1)

×1/1/1	房屋及建築成本	950,000	
	未完工程		950,000

將電影院之成本 $1,000,000 − $50,000 = $950,000 資本化為不動產、廠房及設備。

×1/1/1	房屋及建築成本	50,000	
	未完工程		50,000

將座椅之成本 $50,000 資本化為不動產、廠房及設備前述兩分錄亦可合併表達,只須於財產目錄之明細紀錄中分別列示。

×1/12/31	折舊費用	23,750	
	累計折舊―房屋及建築		23,750

認列電影院之折舊金額 $950,000 ÷ 40 = $23,750。

×1/12/31	折舊費用	5,000	
	累計折舊―房屋及建築		5,000

認列座椅之折舊金額 $50,000 ÷ 10 = $5,000 前述兩分錄亦可合併表達。

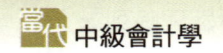

(2) 對於達到能符合管理階層對該電影院預期運作方式之必要狀態及地點而言，並非必要，因此其相關分錄如下：

廣告費	15,000	
現金 (或其他應付款)		15,000

7.2.1 資本化之借款成本

企業透過舉借外來資金而取得資產時，**借款成本** (borrowing costs) 是該資產之必要成本，由於該借款成本很有可能對企業產生未來經濟效益，且該借款成本能可靠衡量，因此應予以**資本化** (capitalization) 為資產成本之一部分，為資產成本衡量之要素之一。所以，可直接歸屬於購置、建造或生產**符合要件之資產** (qualifying asset) 之借款成本，係屬該資產成本之一部分，應認列為資產。其餘不符合資本化條件之借款成本，則於發生時認列為當期費用。

將資本化之借款成本列為資產成本，有助於：(1) 使資產之取得成本更能反映企業投資於資產之總成本；及 (2) 使取得資產之有關成本得在將來該資產提供效益的期間分攤為費用。

7.2.1.1 借款成本之內涵

IAS 23「借款成本」規定，借款成本包括企業因舉借資金而發生之利息及其他相關成本。故可資本化之借款成本僅限於實際舉債之成本，不包含權益自有資金之設算成本，例如公司不應包含因發行普通股所籌措資金之設算成本。借款成本可能包括[1]：

1. 按有效利息法計算之利息費用。
   (1) 長、短期借款及銀行透支之利息。
   (2) 借款折、溢價之攤銷，包含因借款而發生之**附屬成本** (ancillary costs) 之攤銷，例如：**仲介費** (placement fees)、**承諾費** (commitment fees)。
2. 與租賃負債有關之利息。

---

[1] 亦應包括外幣借款之兌換差額中視為對利息成本之調整者。

7.2.1.2　符合資本化要件之資產

所謂符合要件之資產,係指需經一段相當長期間之購置、建造或生產,始達到預定使用或出售狀態之資產。因為利息成本係由:(1) 取得資產支出金額大小;(2) 資金成本利率水準之高低,與 (3) 從投入資金至達到預定使用或出售狀態之期間長短等三個要素所構成,若資產不需經一段相當長期始能達到預定使用或出售狀態,則借款成本之影響較小,是否將資本化之借款成本已不重要。

依據不同的情況,可能符合資本化要件之資產包括:

1. 為供企業本身使用而購置,或由自己或委由他人建造之資產。
2. 為專案建造或生產以供出租或出售之資產,如建造船舶、開發不動產或營建業建造房屋等。

符合資本化要件之資產,依據其性質可能有下列項目:

(1) 存貨;(2) 生產廠房;(3) 電力生產設施;(4) 無形資產[2];(5) 投資性不動產。

金融資產及可於短期內製造或生產之存貨,非屬符合要件之資產。當資產於取得時已達預定使用或出售狀態者,非屬符合要件之資產。

免適用資本化之借款成本之資產

企業對於可直接歸屬於購置、建造或生產下列資產之借款成本得免適用本準則之規定(但企業得選擇適用資本化之借款成本):

(1) 以公允價值衡量之符合要件之資產,例如生物資產;或
(2) 大量且重複製造或生產之存貨。

換言之,對於上述免適用本準則之項目,係屬企業**會計政策** (accounting policy) 之選擇,但企業於選定後,應於未來財務報表一致採用。

利息成本之三要素
1. 取得資產支出金額大小。
2. 資金成本利率水準之高低。
3. 從投入資金至達到預定使用或出售狀態之期間長短。

---

[2] IAS 23 並未排除內部發展之無形資產,例如軟體開發期間之借款成本予以資本化。

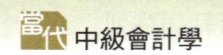

7.2.1.3 符合資本化條件之借款成本

符合資本化條件之借款成本，**必須符合要件之資產的支出若尚未發生，即無須負擔之**直接歸屬 (directly attributable) 借款成本，通稱可避免成本 (avoidable costs)。借款成本可分為 (如圖 7-2)：

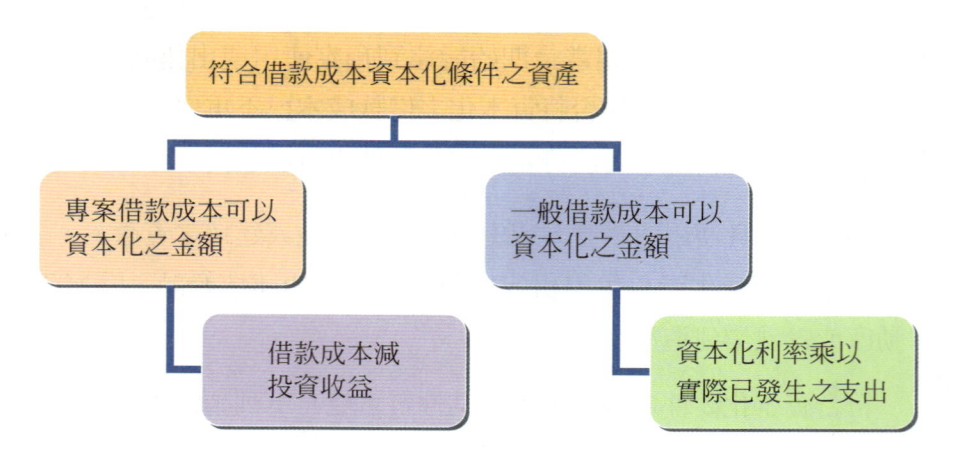

```
                符合借款成本資本化條件之資產
                          │
          ┌───────────────┴───────────────┐
    專案借款成本可以                 一般借款成本可以
    資本化之金額                     資本化之金額
          │                                 │
    借款成本減                       資本化利率乘以
    投資收益                         實際已發生之支出
```

圖 7-2 符合資本化條件之借款成本

1. **專案借款**：為取得符合要件之資產而專案舉借資金，該類借款成本可清楚立即辨認為可避免成本。
2. **非屬專案之一般借款**：辨認一般借款與符合要件之資產的直接關係，藉以決定此借款是否可以避免發生，實務運作有其困難度。例如：集團企業集中統籌籌資活動，當集團使用多種債務工具以不同的利率舉借資金，再將此資金以不同的基礎借給集團中的其他企業，會發生辨認之困難。

專案借款之借款成本

當企業為取得符合要件之資產而專案舉借資金，企業可資本化之借款成本應為：該期間內 (1) 實際發生之借款成本減除；(2) 專案借款未動用暫時投資所產生之投資收益後之金額。

為取得符合要件之資產之融資協議，企業可能在取得借入資金後，於產生該資金之部分或全部用於符合要件之資產之支出前，發生相關借款成本，在此情況下，通常企業會在符合要件之資產支出發生前進行暫時投資。而在決定當期符合資本化條件之借款成本

Chapter 7 不動產、廠房及設備——購置、折舊、折耗與除列

IFRS 一點通

營業活動現金流量與借款成本

若企業有好的經營績效且可藉由其營業活動產生足夠之現金流入,以支應資產建造期間之資金需求,借款成本是否仍應予以資本化?

依據 IAS 23 之規定,只要企業有實際舉債之成本,借款成本即應予以資本化,無須考量營業活動之實際現金流量多寡。

時,應將暫時投資所賺得之投資收益與實際發生之借款成本抵銷。

例如:甲公司為建造新竹廠房而向臺灣銀行借入 4 億元的借款,該筆借款係分期按月撥款。由於建造廠房之支出與銀行借款動撥金額並不一致,公司將尚未動用之專案借款資金作暫時性之投資。甲公司專案借款資本化之借款成本,係以新竹廠房建造期間實際產生之借款成本減除暫時性投資所產生之收益後的金額計算。

非屬專案之一般借款

針對企業舉借一般性資金以取得符合要件之資產者,企業應以某一資本化利率乘以該符合要件之資產之支出,以決定符合資本化條件之借款成本。該資本化利率應為該期間負擔借款成本之企業流通在外借款金額之加權平均利率(須排除為取得某項符合要件之資產的專案借款)。可資本化之借款成本金額不得超過該期間發生的借款成本。

當購建資產之累積支出大於專案借款之金額時,超出的金額必須以其他應負擔利息之債務(非屬專案之一般借款)的加權平均利率作為資本化利率計算。

7.2.1.4 符合要件之資產帳面金額高於可回收金額

當符合要件之資產帳面金額或預期最終成本超過**可回收金額** (recoverable amount) 或**淨變現價值** (net realizable value) 時,帳面金額應依其他準則予以沖減或沖銷,承認建造損失或認列減損,借款成本仍應繼續資本化,增加自建資產損失之金額。在某些情形下,若可回收金額高於符合要件之資產帳面金額時,該沖減或沖銷之金

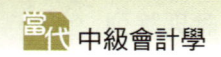

額可予以迴轉,將已認列之減損損失迴轉。

7.2.2　資本化之借款成本之期間

當企業有符合借款成本條件之資產時,另一重要議題則為借款成本可資本化之期間,包括 (1) 何時借款成本應開始資本化、(2) 何時借款成本應暫時停止資本化,及 (3) 何時借款成本應停止資本化。

7.2.2.1　資本化之開始

企業同時符合以下三個條件之日開始,應將借款成本予以資本化,認列為資產成本的一部分:

1. 資產之支出已經發生;
2. 借款成本已經發生;及
3. 正在進行使該資產達到預定使用或出售狀態之必要活動。

符合要件之資產之支出,以支付現金、移轉其他資產或承擔附息債務者為限。支出金額應減除與該資產相關所收到之任何預收款與政府捐助,例如:企業出售所生產之客製化產品,並要求客戶於資產建造期間,隨生產進度預收客戶貨款,則企業於計算累積支出時,應扣減相關款項。同理,無須支付利息之應付帳款,亦不應包含於資產之累積支出範圍,待實際支付現金時,才列為資產之支出;但預付給供應商之價款,應於支付時視為支出已發生。

使該資產達到預定使用或出售狀態之必要活動,非僅限於該資產之實體建造,還包含實體建造開始前的技術及管理工作 (technical and administrative work),例如,在實體建造開始前,為取得許可之相關活動,當土地在進行開發活動期間內所發生的借款成本,可予以資本化。但是,企業若僅是持有資產而未進行改變資產狀態的生產或開發工作 (如僅是持有土地而未進行任何相關開發活動),則該期間發生之借款成本不符合資本化條件。

7.2.2.2　資本化之暫停

企業於暫停使該資產達到預定使用或出售狀態之必要活動之一段期間內,雖然仍有可能繼續產生借款成本,但若於一段期間暫停

Chapter 7 不動產、廠房及設備——購置、折舊、折耗與除列

IFRS 一點通

建造期間暫時性的延遲

暫時性的延遲是否係建造期間必要之過程，有時並不明確，需要高度專業判斷。通常，員工罷工與天然災害（如火災或水災）所造成之暫時性的延遲與停工，非屬建造期間必要之過程。相反的，若因重要節慶或假期或等待政府之檢查等無法避免之程序或過程而導致暫時性的延遲，係企業正常經營之實務慣例，則屬建造期間必要之過程。

符合要件之資產之積極開發，則應暫停借款成本之資本化。

若暫時性的延遲係資產達到預定使用或出售狀態整個過程中之必要部分，不須暫停借款成本之資本化。例如：因高水位而延遲橋樑的建造，若該地區之高水位於橋樑建造期間係屬正常情形，該段期間仍應資本化，因為該暫時性的延遲係建造期間必要之過程。

7.2.2.3 資本化之停止

企業何時停止資本化借款成本，應考量符合要件之資產是否幾乎已完成達到預定使用或出售狀態之所有必要活動。

當資產之實體建造已完成時，即使例行性的管理工作仍持續進行，該資產通常已達預定使用或出售狀態，若僅餘諸如依買方或使用者的要求所進行之不動產裝潢等小部分修改工作尚未完成，此顯示幾乎所有必要活動已完成，企業應停止將借款成本繼續資本化。此外，建造之資產係作為出租之用，尋找承租人之期間，應停止借款成本之資本化，因該資產已達到預定出租目的之狀態。

當符合要件之資產部分完工時，是否應繼續或停止將借款成本予以資本化，取決於已完工之部分是否可以單獨使用或出售：

1. 已完工之部分可以單獨使用或出售：當符合要件之資產是依各部分分別完工，且已完工之每一部分可單獨使用或出售，而其餘部分仍繼續建造時，企業應於使某一部分達到預定使用或出售狀態之幾乎所有必要活動已完成時，停止該部分借款成本之資本化。例如：當商業園區包含數棟建築物，且各棟建築物可單獨使用，

> 自建資產部分完工時，資本化之借款成本，取決於已完工之部分是否可以單獨使用或出售。

231

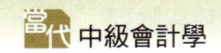

此係為符合要件之資產在繼續建造其他部分時，已完工之每一部分均可供使用之一例。

2. 已完工之部分不可以單獨使用或出售：當符合要件之資產須待整體完工後方能使用，當符合要件之資產僅部分完工時，仍應繼續將借款成本予以資本化。例如：工業廠房之建造(如鋼鐵廠)涉及數個流程，且該等流程係於同一地點內工廠之不同區塊依序完成，須待全部完工時才停止將借款成本予以資本化。

7.2.3 累積支出平均數的計算與資本化之借款成本的限額

累積支出平均數的計算，係以支出發生占全年比例加權計算，若金額重大時，亦允許依每月或每季計算累積支出平均數。資產在某一段期間之平均帳面金額(包含前期已資本化為資產成本之借款成本)，通常為支出之合理近似值，該支出數即當期適用資本化利率時所使用之數字。

每一會計期間資本化之借款成本總金額，不得超過該期間認列之借款成本。但為購建資產所作之專案借款，其資金如未全部動用而暫時投資，或一般性借款需作補償性存款時，則因投資或存款所生孳息收入應與借款成本(即利息支出)抵銷。

7.2.4 資本化土地之借款成本問題

土地如未進行開發或建造工作，借款成本不得資本化；如已進行開發或建造工作，才可於工作持續期間進行利息資本化，作為建築物之成本。

土地如未進行開發或建造工作，不得將購置土地之借款成本資本化；如已積極進行開發或建造工作，則在該工作持續期間，應將土地及開發成本之借款成本資本化，作為建築物之成本。惟若土地開發後係以分割後之土地作為出售標的，則資本化之借款成本應作為該土地之成本。長期投資持有之土地，其相關之借款成本不得資本化，因該土地已達到預定使用狀態之所有必要活動。表 7-3 彙總資本化之借款成本會計處理重要觀念。

不動產、廠房及設備——購置、折舊、折耗與除列

表 7-3　資本化之借款成本會計處理重要觀念彙總表

基本精神	企業透過舉借外來資金而取得資產時，借款成本 (borrowing costs) 是該資產之必要成本，直接可歸屬於取得、建造或生產符合要件之資產之借款成本，係屬該資產成本之一部分，應認列為資產。
借款成本之內涵	符合資本化條件之借款成本，必須是如果符合要件之資產的支出尚未發生，即無須負擔之借款成本，通稱可避免成本。其範圍包括： (1) 按有效利息法計算之利息費用； (2) 與租賃負債有關之利息；及 (3) 外幣借款之兌換差額中視為對利息成本之調整者。
符合資本化要件之資產	係指必須經一段相當長期間始能達到預期使用或出售狀態之資產。
資本化之開始	同時符合以下三種條件之日： (1) 資產之支出已經發生； (2) 借款成本已經發生；及 (3) 正在進行使該資產達到預定使用或出售狀態之必要活動。
資本化之暫停	於一段期間暫停符合要件之資產之積極開發，則應暫停借款成本之資本化。
資本化之停止	當符合要件之資產達到預定使用或出售狀態之幾乎所有必要活動已完成時，即應停止借款成本之資本化。

釋例 7-6　資本化之專案借款之借款成本

情況一 建造廠房之特定借款金額大於符合要件之資產之支出，且尚未動用之借款將暫存於銀行存款

　　舟山公司為建造廠房於 ×1 年 4 月 1 日特地向銀行舉借之專案借款為 $60,000,000，年利率為 8%，該廠房係 IAS 23 第 5 段所述符合要件之資產。此專案借款除支付利息外，並無其他借款成本。舟山公司尚未動用之專案借款暫時存於銀行作為活期存款，存款利率為 1%，舟山公司建造之廠房於 ×1 年 12 月 31 日完工，且建造廠房實際支出金額較預算金額減少 $2,000,000，茲將舟山公司於 ×1 年間為建造該廠房之相關支出列示如下：

支出日期	支出金額 (元)
×1/6/1	$ 20,000,000
×1/9/1	$ 28,000,000
×1/10/1	$ 10,000,000

專案借款實際發生之利息支出 = $60,000,000 × 9/12 × 8% = $3,600,000

期間	資產支出金額	累計支出金額	閒置借款資金用於投資	借款成本	投資收益	淨資本化之借款成本金額
×1/4/1~6/1	$0	$0	$60,000,000	$800,000	$100,000	$700,000
×1/6/1~9/1	$20,000,000	$20,000,000	$40,000,000	$1,200,000	$100,000	$1,100,000
×1/9/1~10/1	$28,000,000	$48,000,000	$12,000,000	$400,000	$10,000	$390,000
×1/10/1~12/31	$10,000,000	$58,000,000	$2,000,000	$1,200,000	$25,000	$1,175,000
合計				$3,600,000	$235,000	$3,365,000

×1年4月1日至12月31日尚未動用之專案借款暫時存於銀行存款之利息收入
= $60,000,000 × 2/12 × 1% + ($60,000,000 − $20,000,000) × 3/12 × 1% + ($40,000,000
− $28,000,000) × 1/12 × 1% + ($12,000,000 − $10,000,000) × 3/12 × 1%
= $235,000

由於資本化始於企業進行使該資產達到預定使用或出售狀態之必要活動，雖×1年4月1日至×1年6月1日尚未有支出發生，但可能因工程開始就有人力或成本的遞延支出，故該期間的利息仍可資本化。

為建造廠房而特地舉借之專案借款應資本化之借款成本金額＝專案借款

實際發生之利息支出－尚未動用之專案借款而暫時存於銀行存款之利息收入
= $3,600,000 − $235,000 = $3,365,000

相關分錄如下：

×1/12/31　房屋及建築　　　　　　　　　　3,365,000
　　　　　　利息費用(財務成本)　　　　　　　　　　　3,365,000

情況二　分期付款購建資產時，專案借款之借款成本

　　紅海公司於×1年1月1日以分期付款方式購買機器一部，機器價格為$50,000,000，該機器係IAS 23第5段所述符合要件之資產。該公司於同日支付機器價格之十分之一，其餘分9期平均償還，每期半年，並按未償還餘額加計年息10%之利息。此項機器於同年9月30日始安裝完成並正式啓用。該公司於×1年度除此項分期償還之債務外，並無其他附息債務，紅海公司資本化之借款成本金額計算如下：

　　×1年1月1日至9月30日購買機器實際發生之借款成本計算如下：

期數	期間	借款成本
第一期	×1/1/1~×1/6/30	$45,000,000 × 10% × 6/12 = $2,250,000
第二期	×1/7/1~×1/9/30	$40,000,000 × 10% × 3/12 = $1,000,000
合計		$3,250,000

資本化之借款成本金額為 $3,250,000

7.3 折 舊

不動產、廠房及設備於原始認列後，應以成本模式或重估價模式作為其會計政策。企業採用成本模式時，不動產、廠房及設備於認列為資產後，應以其成本減除所有累計折舊與所有累計減損損失後之金額作為帳面金額。

帳面金額 = 成本 − 累計折舊 − 累計減損損失

重估價模式將於第 8 章介紹。

學習目標 3
了解折舊之意義及各種折舊方法

7.3.1 折舊基本觀念

除土地外，多數不動產、廠房及設備所提供的服務潛能或經濟利益會隨時間或使用而逐漸消耗，**折舊** (Depreciation) 係依照資產未來經濟效益的使用型態，將資產之可折舊金額有系統地分攤於耐用年限內。換言之，折舊係以有系統且合理之方法，將成本於資產提供效益期間，逐期分攤認列為折舊費用；所以，會計之折舊，本質上為已耗**成本之分攤** (cost allocation)，而非資產價值之評估。

折舊計算首應考慮折舊基礎 (可折舊金額)，即為資產原始成本或其他替代成本 (如重估價金額) 之金額減除估計殘值後之餘額。資產之**殘值** (residual value) 係指假設該資產於**未來**耐用年限屆滿時所處之**預期狀態**，而企業於**目前**處分該**預期狀態下之資產**時，其估計之可回收金額，即可取得金額減除估計處分成本後之估計金額。例如，某一設備之剩餘耐用年限為 5 年，其殘值為該設備於目前若處於 5 年後耐用年限屆滿時預期之狀態下，處分該設備之估計可回

折舊基本要素：原始成本、殘值及耐用年限。

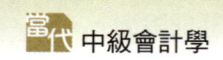

收之金額。

　　資產每期提列之折舊費用，通常認列當期損益。但若資產所含之未來經濟效益係作為產生其他資產之用時，折舊費用為構成其他資產成本之一部分，可包含於其他資產之帳面金額中。例如，廠房及設備之折舊為生產過程中存貨之必要加工成本。

1. 耐用年限

　　資產之耐用年限係指預期可使用資產之期間，或預期可由資產取得之產量或類似單位數量；企業估計耐用年限應同時考量下列因素：

(1) **物質因素**：考量定期的維修計畫下，因資產之預期使用程度而磨損及自然力之作用而殘舊。

(2) **經濟與功能因素**：**產能不足** (inadequacy)、**替換** (supersession)、技術或商業進步與時尚熱潮而導致**陳舊過時** (obsolescence)、使用該資產之法律或類似限制等因素。使用一資產所生產之項目之未來售價預期減少，可能顯示對該資產之技術或商業過時之預期，進而可能反映該資產所含之未來經濟效益減少。

　　資產耐用年限取決於該資產對企業之預期效用，若企業之資產管理政策係採資產於特定時間或未來經濟效益已消耗特定比率後，對該資產進行處分，則資產之耐用年限可能較其經濟效益年限為短。資產耐用年限之估計係屬判斷事項，該判斷係以企業對類似資產之經驗為基礎。

2. 折舊之基礎單位

　　折舊之基礎單位通常為單一個別資產，但是，當個別資產之任一組成部分，若其成本相對於個別資產之總成本而言係屬重大，則企業應將不動產、廠房及設備項目之原始認列金額分攤至其各重大部分，並單獨對重大組成部分個別提列折舊，例如，對飛機之機身及引擎單獨提列折舊可能係屬適當。換言之，單一個別資產可能由數個不同耐用年限或消耗型態之個別重大部分所組成。若個別資產之組成部分非屬重大時，且經專業判斷，於不影響投資人對財務報表之閱讀時，企業可基於時間與成本的限制與考量，對於不重大的部分以合併方式提列折舊，換言之，企業可採概括技術，以整體資

單獨對個別資產之重大組成部分分別提列折舊，係 IAS 16 之重要觀念。除不具重大性外，IASB 認為使用概括技術提列折舊，無法忠實表達企業折舊之實況。

產方式提列折舊，當然，亦得對個別資產之組成部分，單獨提列折舊。

不動產、廠房及設備項目之一重大部分可能與其另一重大部分之耐用年限及折舊方法相同，則該等部分得合併提列折舊費用。也就是說，其二項重大不動產、廠房及設備項目，可依據評估其使用年限和性質來合併提列折舊。

企業若對不動產、廠房及設備項目之某些部分單獨提列折舊時，亦應單獨對所有剩餘部分提列折舊。該剩餘部分係由該項目之個別不重大之部分所組成，企業對該剩餘個部分若具有不同的預期，可能須以概估技術對該部分整體提列折舊，以忠實表達該部分之消耗型態及（或）耐用年限。此概括技術，可請專家評估，以加權平均耐用年限提列折舊。

3. 折舊之起始與結束

資產之折舊始於該資產達可供使用時，亦即處於符合管理階層預期運作方式之必要地點及狀態時。資產之折舊止於依國際財務報導準則第 5 號將資產分類為待出售（或包括於分類為待出售之處分群組中）之日或資產除列日中，二者較早之日期。因此，於資產處於閒置狀態或不再積極使用時，除該資產已提足折舊外，不應停止提列折舊。惟採服務量為基礎之折舊方法（詳 7.3.2.1 節如生產數量法）提列折舊時，當該資產無產出，所提列之折舊費用可為零。

7.3.2　折舊方法之選擇

企業選擇折舊方法之考量因素，主要包括成本與收益配合原則、降低帳務處理成本、重大性原則、所得稅及財務報導績效衡量等。計提折舊不等同於企業已逐步備妥資產重置之必要資金，實體資產之重置資金，乃為另一個新的投資決策，與折舊多寡無關；折舊之計提與否，只影響損益及所得稅之計算，不會直接牽涉到企業的現金流量。折舊方法主要可分為二大類：**以服務量為基礎** (activity method、use method) 及**以時間為基礎**；另外，在特殊情況下，企業基於降低帳務處理成本及重大性原則，企業得採用特殊折舊法。

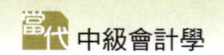

7.3.2.1　以服務量為基礎

以服務量為基礎之折舊方法，適用於資產經濟效益之耗用係隨使用量、服務量或生產量而有差異，並非只是單純隨時間之經過而耗損，又稱**變動折舊法** (Variable Charge Approach)，例如，貨車之折舊可按照行駛里程數予以估算。資產服務量之衡量可採用以下二種觀點：

(1) 從**投入項目** (input) 衡量：估計資產的工作量或工作時間來計提折舊的一種方法 (工作時間法)，例如：按照資產每期實際之工作時數計提折舊。

$$\frac{每工作小時計}{提折舊金額} = \frac{（資產成本－估計殘值）}{估計資產可工作的總時數}$$

每期折舊金額 = 每期實際之工作時數 × 每工作小時計提折舊金額

(2) 從**產出項目** (output) 衡量：估計資產可完成的生產數量來計提折舊的一種方法 (生產數量法)，例如：按照資產每期實際之生產數量計提折舊。

$$\frac{每單位生產數量}{計提折舊金額} = \frac{（資產成本－估計殘值）}{估計資產可生產的總數量}$$

折舊金額 = 每期實際之生產數量 × 每單位生產數量計提折舊金額

釋例 7-7　以服務量為基礎之折舊方法

×3 年 7 月 1 日甲公司以現金 $1,030,000 購入生產機器，預計可使用總時數為 250,000 小時，總共可為甲公司生產 100,000,000 件產品，殘值為 $30,000。試依下列資訊，分別依工作時間法及生產數量法為該生產機器作各年之折舊分錄。

期間	實際使用時數	實際產出數量
×3/7/1～×3/12/31	60,000	18,000,000
×4/1/1～×4/12/31	100,000	40,000,000

解析

可折舊金額：$1,030,000 – $30,000 = $1,000,000

(1) 工作時間法：

$1,000,000/250,000 = $4/小時

×3/12/31	折舊費用	240,000	
	累計折舊——機器設備		240,000
×4/12/31	折舊費用	400,000	
	累計折舊——機器設備		400,000

(2) 生產數量法：

$1,000,000/100,000,000 = $0.01/個

×3/12/31	折舊費用	180,000	
	累計折舊——機器設備		180,000
×4/12/31	折舊費用	400,000	
	累計折舊——機器設備		400,000

7.3.2.2　以時間為基礎

1. 以時間為基礎——直線法

直線法 (Straight-Line Method) 或稱固定折舊法，適用於維修費、使用效率或產生淨收益每年差異不大之情況。例如：甲公司購買一棟耐用年限為 40 年之辦公大樓，成本為 $40,000,000，假設認列後之衡量採成本模式，且以直線法提列折舊，估計殘值為零，則每年之折舊費用為 $40,000,000 ÷ 40 = $1,000,000；但若上述 $40,000,000 成本中，包含 $5,000,000 室內裝潢之成本，且室內裝潢的預期耐用年限為 10 年，單獨對重大組成部分 (室內裝潢) 個別提列折舊，以直線法提列折舊，估計殘值為零，則第一年之折舊費用為 [($40,000,000 − $5,000,000) ÷ 40] + ($5,000,000 ÷ 10) = $1,375,000。

2. 以時間為基礎——加速折舊法或遞減折舊法

加速折舊法 (Accelerated Depreciation) 或**遞減折舊法** (Decreasing Charge Method)，適用於服務數量、效率、價值逐年下降，或維修費用逐年升高之情況。常用方法有使用**年數合計法** (Sum-of-the Years'-Digits, SYD)、**定率遞減法** (Fixed-Percentage-on-Declining-Base Method) 及**倍數餘額遞減法** (Double Declining Balance Method,

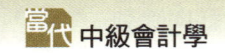

DDB)。公式如下：

(1) 使用年數合計法

$$折舊率 = \frac{剩餘使用年數}{使用年數合計數}$$ （係用可折舊金額為計算基礎）

(2) 定率遞減法

$$折舊率 = 1 - \sqrt[n]{\frac{估計殘值}{取得成本}}$$，n：估計耐用年限（係用成本為計算基礎）

(3) 倍數餘額遞減法

$$折舊率 = \frac{1}{估計使用年數} \times 2$$ （係用成本為計算基礎）

倍數餘額遞減法除了以 2 倍數之直線法比率作為計算基礎外，亦有企業採用 1.5 倍數計算。

釋例 7-8　加速折舊法

衛申公司於 ×6 年初購入一台機器，成本為 $1,000,000，估計可使用 4 年，殘值為 $100,000，試作年數合計法、定率遞減法及倍數餘額遞減法各年之折舊額。

解析

(1) 採用年數合計法
　　耐用年限合計數 = 1 + 2 + 3 + 4 = 10

年度	折舊基礎	折舊率	折舊費用	期末帳面金額
×6 年初	$900,000			$1,000,000
×6 年底	$900,000	4/10	$360,000	$640,000
×7 年底	$900,000	3/10	$270,000	$370,000
×8 年底	$900,000	2/10	$180,000	$190,000
×9 年底	$900,000	1/10	$90,000	$100,000

(2) 採用定率遞減法

$$折舊率 = 1 - \sqrt[4]{\frac{100,000}{1,000,000}} = 43.77\%$$

年度	期初帳面金額	折舊率	折舊費用	期末帳面金額
×6 年初	$1,000,000			$1,000,000
×6 年底	$1,000,000	43.77%	$437,700	$562,300
×7 年底	$562,300	43.77%	$246,119	$316,181
×8 年底	$316,181	43.77%	$138,392	$177,789
×9 年底	$177,789	43.77%	$77,789*	$100,000

＊因機器使用最後一年之期末帳面金額需等於估計殘值，故需調整最末期之折舊費用。

(3) 倍數餘額遞減法

折舊率 = 1/4 × 2 = 50%

年度	期初帳面金額	折舊率	折舊費用	期末帳面金額
×6 年初	$1,000,000			$1,000,000
×6 年底	$1,000,000	50%	$500,000	$500,000
×7 年底	$500,000	50%	$250,000	$250,000
×8 年底	$250,000	50%	$125,000	$125,000
×9 年底	$125,000	50%	$25,000*	$100,000

＊因機器使用最後一年之期末帳面金額需等於估計殘值，故需調整最末期之折舊費用。

7.3.3 折舊其他議題

1. 不滿一年折舊費用之計算

不滿一年折舊費用之計算得以「年」或「月」作為計算折舊之單位，亦可於購置與處分資產年度均提半年折舊（不論於何時購置或處分）。然而，實務上以一完整月份為單位者較為普遍。

釋例 7-9　完整月份計算折舊費用

和威公司在 ×5 年 7 月初以 $1,000,000 購入一輛汽車，估計可使用 4 年，殘值為 $100,000，採年數合計法提列折舊。則該汽車自購入後每年應提列之折舊費用計算如下：

使用期間	折舊基礎	折舊率	折舊費用
第一年	$900,000	4/10	$360,000
第二年	$900,000	3/10	$270,000
第三年	$900,000	2/10	$180,000
第四年	$900,000	1/10	$90,000

解析

各年度應提列之折舊費用為：

×5 年　$360,000 × 6/12 = $180,000
×6 年　($360,000 × 6/12) + ($270,000 × 6/12) = $315,000
×7 年　($270,000 × 6/12) + ($180,000 × 6/12) = $225,000
×8 年　($180,000 × 6/12) + ($90,000 × 6/12) = $135,000
×9 年　$90,000 × 6/12 = $45,000

2. 估計變動

> 資產耐用年限、折舊方法及殘值之估計，可能因未預期情況之發生，而加以修正，屬於會計估計值變動，不必調整前期損益，亦不計算累積影響數。

資產耐用年限、折舊方法及殘值之估計，可能因未預期情況之發生，而加以修正，屬於會計估計值變動，因此不必調整前期損益，而應將未折舊之餘額，改按新估計的剩餘使用年限、折舊方法及殘值計提折舊。企業至少應於每一年度結束日對資產之折舊方法、殘值及耐用年限進行檢視，以上有關估計變動依 IAS 8 規定處理。

例如：花蓮公司於 ×6 年初購置機器一部，成本為 $1,200,000，估計可使用 10 年，殘值為 $30,000，採直線法提列折舊。於 ×9 年初發現該機器只能再使用 3 年，且期末無殘值，則花蓮公司之會計處理為：

因屬會計估計值變動，故不調整以前各期折舊費用，亦不計算累積影響數。

計算自 ×9 年後應提列之折舊費用：

按舊估計每年應提列之折舊費用 = ($1,200,000 − $30,000) ÷ 10
　　　　　　　　　　　　　　　= $117,000

在 ×9 年初機器之帳面金額 = $1,200,000 − ($117,000 × 3)
　　　　　　　　　　　　　= $849,000

按新估計每年應提列之折舊費用 = ($849,000 − 0) ÷ 3
　　　　　　　　　　　　　　　= $283,000

釋例 7-10　折舊方法改變

常方公司於 ×1 年 4 月初購入一台生產機器，購價為 $1,785,714，另支付運費 $1,500，及試俥費用 $6,500。廠商為了及早取得貨款，約定若交貨時常方公司即支付貨

款，則給予購價的 2% 作為折扣，但常方公司因資金調度不及，無法取得折扣。當機器運到時，因常方公司內員工的疏忽造成機器損壞，使得常方公司需支付 $15,000 以修護機器。常方公司估計該機器可使用 6 年，殘值為 $150,000，採直線法提列折舊，但於 ×3 年初評估機器的使用情況後，決定自 ×3 年起改採倍數餘額遞減法，估計可再使用 4 年，殘值為 $125,000。試求該機器於 ×1 至 ×6 年度需提列之折舊費用。（請四捨五入取整數）

解析

機器取得成本 = $1,785,714 × (1 − 2%) + $1,500 + $6,500 = $1,758,000

折舊基礎 = $1,758,000 − $150,000 = $1,608,000

每一年度應提列之折舊費用 = $1,608,000 ÷ 6 = $268,000

×1 年折舊費用 = $268,000 × 9/12 = $201,000

×2 年折舊費用 = $268,000

×3 年初機器之帳面金額 = $1,758,000 − $201,000 − $268,000 = $1,289,000

折舊率 = 1 ÷ 4 × 2 = 50%

×3 年折舊費用 = $1,289,000 × 50% = $644,500

×4 年折舊費用 = ($1,289,000 − $644,500) × 50% = $322,250

×5 年折舊費用 = ($1,289,000 − $644,500 − $322,250) × 50% = $161,125

×6 年折舊費用 = $1,289,000 − $644,500 − $322,250 − $161,125 − $125,000 = $36,125

7.4 遞耗資產與折耗

7.4.1 遞耗資產

遞耗資產 (depletable assets) 又稱為**消耗性資產** (wasting assets, decaying assets)，係指如森林、礦藏、天然氣及油田等**自然資源** (natural resource)，其資源與蘊藏量將隨著砍伐、採掘或利用而逐漸耗竭與消耗，其價值也隨著資源儲存量的消耗而減少，以致無法重置、恢復或難以更新資源。

遞耗資產屬長期之非流動資產，取得時應按資產之成本衡量，遞耗資產之價值取決於其本身資產之質量，如礦藏的儲藏量、礦質與成分等。遞耗資產最重要之特性為經採伐與開發而逐漸減少，開

學習目標 4
了解遞耗資產之定義、折耗之觀念及方法、探勘成本會計處理，以及探勘及評估資產的意義與相關會計處理。

遞耗資產
遞耗資產通常無法透過重置恢復其價值。

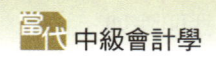

採後，遞耗資產成本隨著資源逐漸消耗，因此，企業應將此已消耗之成本予以轉銷，會計上將此種依合理方法攤銷成本的過程稱為**折耗** (depletion)；遞耗資產之折耗通常直接轉為流動資產中的存貨或由遞耗資產轉為折耗費用。

7.4.2 探勘及評估資產

7.4.2.1 探勘及評估支出之範圍

礦產資源探勘及評估活動 (Exploration for and Evaluation of Mineral Resources)，係指企業在取得法定探勘權利以後的活動，且是在探勘技術達到可行性與資源開採的商業價值可行性被證實之前的活動。換言之，只有企業在礦產實際開始進行探勘活動期間的支出，才屬礦產資源探勘及評估支出 (詳見圖 7-3)。

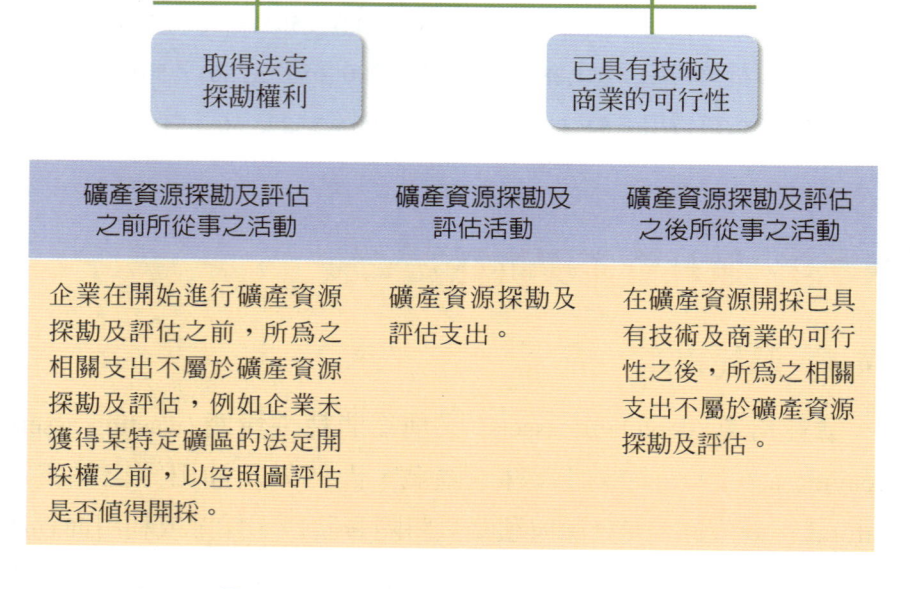

```
                    礦產資源探勘及評估活動
                    ┌──────────┴──────────┐
              取得法定                已具有技術及
              探勘權利                商業的可行性
```

礦產資源探勘及評估之前所從事之活動	礦產資源探勘及評估活動	礦產資源探勘及評估之後所從事之活動
企業在開始進行礦產資源探勘及評估之前，所為之相關支出不屬於礦產資源探勘及評估，例如企業未獲得某特定礦區的法定開採權之前，以空照圖評估是否值得開採。	礦產資源探勘及評估支出。	在礦產資源開採已具有技術及商業的可行性之後，所為之相關支出不屬於礦產資源探勘及評估。

圖 7-3 礦產資源探勘及評估活動

7.4.2.2 探勘及評估資產之衡量與表達

探勘及評估資產原始認列時應按成本衡量。有關探勘及評估資

> 探勘及評估資產原始認列時應按成本衡量。

產成本之要素，企業應訂定明確規範何項支出認列為探勘及評估資產之會計政策，並一致採用該政策。企業訂定會計政策時，應考量支出與發現特定礦產資源之關聯程度。以下列舉可能包含於探勘及評估資產之支出(但不以此為限)：

- 探礦權之取得
- 地形、地質、地球化學及地球物理之調查
- 探勘鑽孔
- 溝渠開挖
- 採樣
- 評估礦產資源開採之技術可行性及商業價值之相關作業

移除與復原義務

依國際會計準則第 37 號「準備、或有負債及或有資產」之規定，企業應認列因從事礦產資源探勘及評估而於特定期間產生之**移除與復原**義務。資源的探勘及評估過程，必然會對於環境造成一定程度的影響甚至是破壞，因此相關的移除和復原環境義務中，無法避免的支出須認列負債義務。相關會計處理請參閱第 11 章之說明。

探勘及評估資產續後衡量

探勘及評估資產於原始認列後，企業應採用成本模式或重估價模式衡量之。[3] 採用成本模式時，其帳面金額等於成本扣減累計折舊與累計減損後之金額；採用重估價模式時，其帳面金額等於前次重估價日之公允價值扣減後續之累計折舊與累計減損後之金額。

探勘及評估資產之表達

企業應依所取得資產之性質，將探勘及評估資產分類為**有形資產**或**無形資產**，並一致採用該分類。某些探勘及評估資產視為無形資產(如鑽探權)，某些視為有形資產(如運輸工具及鑽探機)；若有形資產之耗用係為發展無形資產，則反映此耗用之金額係屬該無形資產之成本；但使用有形資產以發展無形資產並未將有形資產變為無形資產。

---

[3] 由於同一資產分類之項目採用重估價模式，則屬於該類別之項目均應重估價，故採用重估價模式者，應與其資產之分類一致。請參閱第 8 章之介紹。

有形資產可能係用以發展無形資產。例如便攜式鑽探機可能用以鑽探測試井或礦樣，其無疑係探勘活動之一部分。就有形資產於無形資產發展中耗用之部分而言，其反映耗用之金額係無形資產成本之一部分。然而，使用鑽探機發展無形資產並不會使有形資產變為無形資產。雖然 IASB 尚未決定是否或如何將探勘及評估資產分類為有形或無形，但決議企業應依探勘及評估資產要素之性質將其分類為有形或無形，並一致採用該分類。

探勘及評估資產之重分類

礦產資源開採已達技術可行性，且商業價值得到證明後，相關探勘及評估資產不得再維持原分類，而應按照其性質分類為天然資源或其他項目；探勘及評估資產於重分類前，企業應評估其減損及應認列之減損損失。

7.4.3 折耗方法

遞耗資產的折耗之計算方法，可分為成本折耗法及百分比折耗法（又稱法定折耗法）。

7.4.3.1 成本折耗法

成本折耗法 (Cost Depletion) 係以遞耗資產總成本扣減殘值後之金額，除以估計可採掘之總數量（如噸、桶等），以算出單位產品的折耗費用，又稱「預計單位折耗額」；然後依各該期實際採掘數量乘以預計單位折耗額，計算每期的應計折耗費用（耗竭額）。遞耗性資產之總成本為計算折耗之基礎，此總成本包括**取得成本** (Acquisition Cost)、**探勘成本** (Exploration Cost)、**開發成本** (Development Cost) 及**復原成本** (Restoration Cost) 等之合計數。遞耗資產之各種開發成本，如鑽鑿油井、開礦除土、構築礦穴支柱等費用，應另入帳並分期攤折；若該礦場天然資源耗竭，但土地仍有價值者，其土地價值，亦應另入帳。折耗費用相關公式如下：

總成本 ＝ 取得成本＋探勘成本＋開發成本＋復原成本

每單位折耗成本（費用）
　＝（總成本－殘值）÷ 估計可採掘之數量單位

> 探勘及評估資產依資產之性質可分類為有形資產或無形資產，並一致採用該分類。

折耗費用 ＝ 每單位折耗成本 × 實際採掘數量

折耗之會計處理如下，若借記折耗費用，則期末應將屬於未出售礦藏部分之折耗費用轉為存貨；若借記存貨，則出售時即轉為銷貨成本。

折耗費用 (或存貨)	×××	
累計折耗 (或天然資源)		×××

若估計之開採量或開發成本有變動，應以當時之帳面金額與估計殘值，重新計算折耗率。過去已計提之折耗，不能因新發現礦藏而有所更動。

> 過去已計提之折耗，不能因新發現礦藏而有所更動。

釋例 7-11　成本折耗法

臺大公司 ×1 年 1 月 1 日以 $3,000,000 購買一塊含有礦產之土地，如無礦產，該土地之價值係為 $500,000；×1 年 2 月 1 日聘請專家探勘礦產，共支付 $500,000，支付 $1,000,000 購買開採礦產之設備，估計耐用年限 4 年且無殘值。另外，支付礦產隧道等無形開發成本 $6,500,000，預估礦產開採完畢時，無殘值且另須支付復原成本 $500,000。臺大公司預計可開採礦產 1,000,000 單位，×1 年實際開採 10,000 單位之礦產。

試作：臺大公司每單位礦產之折耗金額，並作 ×1 年之折耗分錄。

解析

土地與開採礦產之設備應分別認列，設備須另提列折舊，折舊金額亦應納入存貨成本。例如：開採礦產之設備第一年提列 $250,000 (＝ $1,000,000 ÷ 4) 之折舊，分錄如下：

存貨	250,000	
累計折舊		250,000

總成本 ＝ 取得成本 ＋ 探勘成本 ＋ 開發成本 ＋ 復原成本
　　　 ＝ ($3,000,000 − $500,000) ＋ $500,000 ＋ $6,500,000 ＋ $500,000
　　　 ＝ $10,000,000

每單位礦產之折耗金額 ＝ $10,000,000 ÷ 1,000,000 ＝ $10

×1 年折耗費用 ＝ $10 × 10,000 ＝ $100,000

×1 年折耗分錄：

存貨	100,000	
累計折耗—礦產		100,000

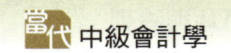

釋例 7-12　成本折耗法 (估計變動)

德敏公司於 ×8 年間取得一塊含礦藏之土地。依據合約規定，德敏公司在開採完後，須將土地改為適合休閒使用的狀況。該公司預估土地有 2,500,000 噸之資源，且整地後土地將有 $500,000 的價值。其他相關成本如下：

取得成本	$1,000,000
探勘成本	$2,350,000
開發成本	$1,150,000
估計復原整地成本	$750,000

試作：
(1) 若該公司不留資源存貨，則每一噸開採出的礦藏應分擔多少折耗費用？
(2) 若 ×9 年初發現總開發成本應為 $1,574,000，×8、×9 年之開採量分別為 380,000 噸及 714,000 噸，其他條件均不變，請作 ×9 年之折耗分錄。

解析

(1) 每單位礦產之折耗金額 = (總成本 – 殘值) ÷ 預估礦藏數量
[($1,000,000 + $2,350,000 + $1,150,000 + $750,000) – $500,000] ÷ 2,500,000
= ($5,250,000 – $500,000) ÷ 2,500,000
= $1.9 / 噸

(2) 原 ×8 年底之帳面金額：$5,250,000 – ($1.9 × 380,000) = $4,528,000
估計總開發成本變動金額 = $1,574,000 – $1,150,000 = $ 424,000

新每單位礦產之折耗金額 (折耗率)：
($4,528,000 + $424,000 – $500,000) ÷ (2,500,000 – 380,000) = $2.1 / 噸
$2.1 × 714,000 = $1,499,400

折耗費用 (或存貨)	1,499,400	
累計折耗 (或礦藏)		1,499,400

7.4.4　探勘成本會計處理

探勘成本會計處理，一直存在二種不同之爭論觀點：全部成本法與探勘成功法，目前二種方法實務上皆可採用。

1. 全部成本法 (Full-Costing Method)

係將所有探勘成本均予以資本化作為礦藏之成本，不論該筆探勘支出未來是否能有實際產出價值，即探勘成功與失敗之成本皆可

認列為資產。支持此觀點者認為探勘失敗之成本亦為整體探勘過程之必要成本，故資本化作為礦藏之成本。

2. 探勘成功法 (Successful-Efforts Method)

係僅將有實際產出之礦藏的探勘成本予以資本化，作為資產；未來沒有實際產出礦藏的探勘成本則列為費用，換言之，僅探勘成功之成本可認列為資產。支持此觀點者認為探勘失敗之成本代表已無具有未來經濟效益，故探勘失敗之成本不應資本化作為礦藏之成本。

釋例 7-13　全部成本法與探勘成功法

文山公司 ×8 年探勘油井發生下列支出：

油井甲	$350,000	油井丁	$270,000
油井乙	$250,000	油井戊	$340,000
油井丙	$180,000		

其中丙、丁二座油井已確定無開採價值，而甲、乙、戊則確定有礦產可開採，預計油井甲可開採 1,400,000 噸，油井乙可開採 540,000 噸，油井戊可開採 1,700,000 噸；當開採完畢，三座油井共需花費 $352,000 將土地恢復原狀，爾後將土地出售可得 $286,000。×8 年共開採 1,523,000 噸，售出 1,200,000 噸；×9 年共開採 1,829,000 噸，售出 1,586,000 噸。此外，文山公司在 ×9 年初另增加支出 $33,660，估計蘊藏量可再增加 200,000 噸。若文山公司將 ×8 年度探勘的油井視為同一資產，存貨流動採先進先出法以計算期末存貨成本。

試作：
(1) 以探勘成功法作 ×8 年度探勘成本有關分錄。
(2) 以全部成本法作 ×8 年度探勘成本有關分錄。
(3) 若文山公司採全部成本法入帳，請作 ×8、×9 年折耗分錄並求出 ×8、×9 年之銷貨成本。

解析

(1) 探勘成功法

資本化之成本 = $350,000 + $250,000 + $340,000 = $940,000（甲、乙、戊）

探勘費用 = $180,000 + $270,000 = $450,000（丙、丁）

油礦資源	940,000	
探勘費用	450,000	
現金（應付帳款）		1,390,000

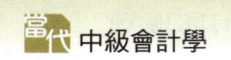

(2) 全部成本法

　　　油礦資源　　　　　　　　　　1,390,000
　　　　　現金 (應付帳款)　　　　　　　　　1,390,000

(3) 採全部成本法

×8 年度：

每單位折耗費用 = $\dfrac{\$1,390,000 - \$286,000 + \$352,000}{1,400,000 + 540,000 + 1,700,000}$ = $ 0.4

折耗費用 = $0.4 × 1,523,000 = $609,200

銷貨成本 = $0.4 × 1,200,000 = $480,000

期末存貨數量 = 1,523,000 − 1,200,000 = 323,000 噸

分錄為：

　　　存貨 (折耗費用)　　　　　　609,200
　　　　　累計折耗 (油礦資源)　　　　　　609,200

×9 年度：

每單位折耗費用 = $\dfrac{\$1,390,000 - \$286,000 + \$352,000 - \$609,200 + \$33,660}{1,400,000 + 540,000 + 1,700,000 - 1,523,000 + 200,000}$ = $0.38

折耗費用 = $0.38 × 1,829,000 = $695,020

銷貨成本 = ($0.4 × 323,000) + [$0.38 × (1,586,000 − 323,000)] = $609,140

期末存貨數量 = 1,829,000 + 323,000 − 1,586,000 = 566,000 噸

分錄為：

　　　存貨 (折耗費用)　　　　　　695,020
　　　　　累計折耗 (油礦資源)　　　　　　695,020

7.5　後續支出之會計處理

學習目標 5
了解不動產、廠房及設備後續支出之會計處理。

　　後續支出可區分為維持支出與增益支出，可是某些支出卻同時具有兩種性質。不論是後續支出與原始支出，IAS 16 皆使用相同之認列原則：若符合資本化的條件，則可認列為資產；若後續支出符合具有增加未來經濟效益 (如耐用年限的大幅增加)，且具有重大性時，則應認列為資產。

維修

維修只是維持未來經濟效益，發生時認列為費用。

　　企業**日常之維修成本** (day-to-day servicing costs)，主要為保養或修理時的人工成本及消耗品成本，亦可能包括小零件之替換成本，

因其只是維持未來經濟效益，不應認列於不動產、廠房及設備，而是在成本發生時認列為費用，例如客運公司為顧客安全及衛生，每3個月更換座椅頭套，或為維持客車正常運作，每年入廠之一般檢修等，皆應於支出時認列為費用。

重置

不動產、廠房及設備經使用數年後，常對其部分組成成分予以**重置** (replacement)，例如：熔爐設備可能須於使用特定時數後更新防火內襯，或飛機之內裝(如座位及廚房)於機身之耐用年限內可能須重置數次。不動產、廠房及設備項目也可能須作頻率不高之例行性重置(如更換建築物之內牆)或作非例行性之重置。

不動產、廠房及設備項目部分重置之成本認列為資產之帳面金額，同時應除列被重置部分之帳面金額，以免將該重置與被重置部分均認列為資產。不論企業是否對該被重置部分單獨提列折舊，均應除列被重置部分。若無法決定被替換部分帳面金額，得以替換部分的成本作為被替換部分的成本。

> 不動產、廠房及設備項目部分重置之成本認列為資產之帳面金額，同時應除列被重置部分之帳面金額。

重大檢查

在資產的使用年限期間內，定期性的主要檢驗支出，例如：飛機或設備之定期**重大檢查** (major inspection)，若符合資產的認列條件時，應將其視為重置，認列為不動產、廠房及設備，同時應除列被重置部分。任何先前發生之檢查成本，不論先前之檢查成本是否於不動產、廠房及設備項目取得或建造交易中已被個別辨認，其剩餘帳面金額應予以除列。若有必要，未來發生類似檢查之估計成本，可作為該項目取得或建造時已內含之檢查部分成本之參考。

7.6 除 列

不動產、廠房及設備項目之帳面金額，應於收受者取得對所處分不動產、廠房及設備項目控制之日或預期無法由使用或處分產生未來經濟效益時，予以除列；不動產、廠房及設備項目因除列而產生之利益或損失，應於該項目除列時認列出售或處分損益。不動產、廠房及設備項目之處分可能有多種方式，例如：出售、資產交換、簽訂租賃合約或捐贈。除列不動產、廠房及設備項目所產生之利益

> **學習目標 6**
> 了解不動產、廠房及設備除列時之會計處理

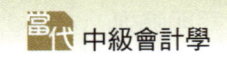

或損失金額，應為淨處分價款與該項目帳面金額間之差額。

因不動產、廠房及設備項目之減損、損失或廢棄，而自第三方取得之補償，應於補償可收取時，認列損益。為重置而修復、購買或建造之不動產、廠房及設備項目，應以成本認列。

釋例 7-14　處分不動產、廠房及設備

格新食品公司於×19年4月底出售一間廠房，成交價格為$2,400,000，建築物公允價值$1,800,000，土地公允價值$600,000，該廠房於×08年初以$1,900,000購置，建築物成本$1,500,000，土地成本$400,000，建築物預計使用20年，使用到期無殘值，採取直線法提列折舊。格新食品公司委託仁愛房屋代為出售，並協議仲介費用為成交價格的5%。

試作：上述事項之分錄。

解析

×19年1～4月折舊費用 = $1,500,000 ÷ 20 ÷ 12 × 4 = $25,000
×19年4月底之累計折舊 = $1,500,000 ÷ 20 × 11 + $25,000 = $850,000
仲介費用 = $2,400,000 × 5% = $120,000

仲介費用依土地及建築物之公允價值比例分攤，屬建築物部分為$90,000，屬土地部分為$30,000。

處分建築物利得 = $1,800,000 − ($1,500,000 − $850,000) − $90,000 = $1,060,000
處分土地利得 = $600,000 − $400,000 − $30,000 = $170,000

分錄為：

折舊費用	25,000	
累計折舊—建築物		25,000
現金	2,280,000	
累計折舊—建築物	850,000	
建築物		1,500,000
處分建築物利得		1,060,000
土地		400,000
處分土地利得		170,000

釋例 7-15　設備發生減損但自第三方取得補償

甲公司於×1年底新竹廠的營運廠房及設備在火災中全數燒毀損，當時廠房及設備帳面金額為$7,000,000(成本$15,000,000及累計折舊$8,000,000)；該公司於次年

度 ×2 年 4 月 1 日自保險公司獲得的可收取之保險金理賠為 $13,000,000，包含重建成本 $10,000,000 及營運損失 $3,000,000。於 ×2 年 12 月 31 日，廠房及設備實際重建成本為 $11,000,000。

試作：上述事件與交易之會計處理。

解析

×1/12/31	火災損失	7,000,000	
	累計折舊—廠房及設備	8,000,000	
	廠房及設備		15,000,000
×2/4/1	其他應收款—保險理賠	13,000,000	
	其他收入		13,000,000
×2/12/31	廠房及設備成本	11,000,000	
	現金 (或其他應付款項等)		11,000,000

釋例 7-16　於正常活動過程中將持有以供出租之設備項目例行性地對外銷售

伍玖壹公司經營套房出租業務，其營業模式中亦有出售套房的業務。該公司於 ×1 年 1 月 1 日以 $2,000,000 取得一層套房時，並作為出租之用，預計耐用年限為 10 年，採直線法提列折舊，經專家鑑價其殘值為 $1,600,000。該公司於 ×4 年 12 月 31 日停止出租該套房並轉供出售，且經評估該套房之帳面金額低於其淨變現價值。該套房於 ×5 年 1 月 31 日始實際以 $1,900,000 銷售予顧客。

試作：伍玖壹公司於 ×1 年至 ×5 年之相關分錄。

解析

| ×1/1/1 | 出租資產 | 2,000,000 | |
| | 　　現金 | | 2,000,000 |

於 ×1 年 1 月 1 日購入出租用套房時，認列所購入之出租資產金額。

| ×1/12/31~×4/12/31 | 折舊費用 | 40,000 | |
| | 　　累計折舊—出租資產 | | 40,000 |

於 ×1 年至 ×4 年提列折舊 ($2,000,000 － $1,600,000) ÷ 10 = $40,000。

×4/12/31	存貨	1,840,000	
	累計折舊—出租資產	160,000	
	出租資產		2,000,000

×4 年 12 月 31 日停止出租該套房並轉供出售時,依其帳面金額轉列存貨。

×5/1/31	銷貨成本	1,840,000	
	存貨		1,840,000
	現金 (或應收帳款)	1,900,000	
	銷貨收入		1,900,000

於 ×5 年 1 月 31 日實際銷售時,將收取之價款列為銷貨收入。

本章習題

問答題

1. 不動產、廠房及設備具備哪些特性?
2. 試舉出影響不動產、廠房及設備之耐用年限的可能因素?
3. 某甲認為會計上之折舊是定期為資產進行評價之過程。你是否同意上述說法?
4. 資本化之借款成本之開始日,係指符合 IAS 23 資本化之借款成本要件之資產,首次同時符合哪些條件之日?
5. 甲公司於 ×1 年初購買三筆土地,A 土地用於建造辦公大樓,建造工作持續進行中;B 土地已開始開發,預計完成開發後將分割作為出售標的;C 土地目前尚未規劃及開發。試說明 A、B、C 三筆土地之借款成本是否資本化;若資本化,亦請說明如何資本化。
6. 試解釋 IFRS 6 定義之「探勘及評估資產」?
7. 探勘及評估資產應於何時重分類?
8. 說明探勘成本之二種會計處理方法及支持該作法之論點。
9. 判斷交換交易是否具有商業實質為資產交換時的一大課題。試解釋商業實質之意義。
10. 依據 IFRS 2,企業以發行股票取得不動產、廠房及設備,應如何處理?

選擇題

1. 下列關於折舊之敘述,何者正確?
   (A) 個別資產之組成部分非屬重大時,不得對個別資產之組成部分,單獨提列折舊
   (B) 採用生產數量法提列折舊時,當資產無產出時,提列之折舊金額可為零
   (C) 資產之折舊止於將資產分類為待出售之日或資產除列日中,二者較晚之日期
   (D) 汽車之車體與其內建之數位導航系統為一體,不可分別提列折舊

2. 下列作法何者最符合國際會計準則對殘值之定義?
   (A) 將資產耐用年限屆滿時,預期藉由處分該資產所得之淨現金流量折現作為殘值

(B) 評估資產耐用年限屆滿時，預期於該時點下可由處分該資產所得之淨現金流量作為殘值
(C) 將資產耐用年限屆滿時之預期狀態，於目前市場處分時所可取得之淨現金流量作為殘值
(D) 以上皆非

3. 甲公司 ×7 年初買進某生產設備，成本為 $3,000,000，殘值 $600,000，依不同方法所提列之折舊費用如下：

	方法一	方法二	方法三	方法四
×7 年	$400,000	$705,827	$1,000,000	$685,714
×8 年	400,000	539,763	X	Y

請問方法一至方法四依序是哪種方法？
(A) 直線法、年數合計法、倍數餘額遞減法、定率遞減法
(B) 直線法、定率遞減法、倍數餘額遞減法、年數合計法
(C) 直線法、倍數餘額遞減法、定率遞減法、年數合計法
(D) 直線法、定率遞減法、年數合計法、倍數餘額遞減法

4. 承第 3 題，甲公司該項生產設備之耐用年限為？
(A) 3 年　　　(B) 6 年　　　(C) 7.5 年　　　(D) 10 年

5. 承第 3 題，請計算 X 之金額？
(A) $1,000,000　(B) $666,667　(C) $466,667　(D) $333,333

6. 承第 3 題，請計算 Y 之金額？
(A) $714,286　(B) $571,429　(C) $357,143　(D) $285,714

7. 下列敘述何者正確？
(A) 工廠加裝防制污染設備，無法直接為企業帶來未來經濟效益，故不能認列為設備
(B) 備用零件僅能列為存貨
(C) 維修設備僅能列為設備
(D) 以上皆非

8. 下列何者最不可能屬於不動產、廠房及設備成本要素之一部分？
(A) 購買價格所包含之進口關稅　　(B) 場地整理成本
(C) 重新配置資產所發生之成本　　(D) 安裝及組裝成本

9. 以下共有幾種項目應計入取得土地之成本？ (a) 代書費；(b) 在土地邊緣加蓋圍牆之支出；(c) 過戶登記費；(d) 代前地主繳納之逾期稅捐；(e) 支付地上原住戶之搬遷費；(f) 地上物拆除費；(g) 整地費用；(h) 支付給仲介之佣金；(i) 被另一仲介 (非取得土地所透過之仲介) 騙取之額外佣金

(A) 九項　　　　(B) 八項　　　　(C) 七項　　　　(D) 六項

10. 以下共有幾種項目應計入取得建築物之成本？(a) 發包金額；(b) 過戶登記費；(c) 建築師費；(d) 建築執照；(e) 工寮；(f) 鷹架；(g) 材料倉庫；(h) 建築期間之責任保險
　　(A) 八項　　　　(B) 七項　　　　(C) 六項　　　　(D) 五項

11. 以下共有幾種項目應計入設備之成本？(a) 購置時所發生的運費；(b) 從賣方倉庫運送設備至使用場所時所發生之保險支出；(c) 關稅；(d) 抵達企業並準備安裝前的倉儲費用；(e) 地基設備；(f) 必要之相關安全設施；(g) 安裝及試俥檢驗成本；(h) 設備運輸中不慎毀損的修護費；(i) 每期課徵之牌照稅；(j) 每期課徵之燃料稅
　　(A) 十項　　　　(B) 八項　　　　(C) 七項　　　　(D) 六項

12. 甲公司買進土地並同時拆除舊屋改建新屋。下列敘述何者正確？
　　(A) 處分舊屋所發生之處分利益，應減少新屋成本
　　(B) 處分舊屋所發生之處分損失，應增加土地成本
　　(C) 以上皆是
　　(D) 以上皆非

13. 乙公司在自有土地上拆除舊屋改建新屋。下列敘述何者正確？
　　(A) 拆除費用減舊屋殘值後之金額，應列為舊屋之處分損益
　　(B) 拆除費用應增加土地之成本
　　(C) 拆除費用應增加新屋之成本
　　(D) 拆除費用減舊屋殘值後之金額，應列入新屋之成本

14. 乙公司 ×1 年初向丙公司承租一間辦公室，租期 10 年。乙公司 ×2 年初開始在該辦公室內撤換隔間，估計撤換後之隔間 20 年內對使用者具有經濟效益。乙公司在提列撤換後之隔間的折舊時，耐用年限為何？
　　(A) 20 年　　　　(B) 10 年　　　　(C) 9 年　　　　(D) 不應提列折舊

15. IAS 23 規定自建資產可資本化之借款成本不包含下列何者？
　　(A) 按有效利息法計算之利息費用
　　(B) 採融資租賃所認列之財務費用
　　(C) 外幣借款之兌換差額中視為對利息成本之調整者
　　(D) 權益自有資金之設算成本

16. 以下資產，共有幾項不適用 IAS 23 之資本化之借款成本？(a) 生物資產；(b) 無形資產；(c) 投資性不動產；(d) 廠房；(e) 可於短期內製造或生產之存貨；(f) 大量且重複製造或生產之存貨；(g) 金融資產
　　(A) 一項　　　　(B) 二項　　　　(C) 三項　　　　(D) 四項

17. 下列項目中，共有幾項不應計入自建資產之成本？(a) 建造期間之借款成本；(b) 分攤之

固定製造費用；(c) 建造時企業內部利益；(d) 原料之異常損耗；(e) 變動間接生產成本；(f) 直接人工

  (A) 四項   (B) 三項   (C) 二項   (D) 一項

18. 下列有關資本化土地之借款成本之敘述，何者錯誤？
    (A) 長期投資持有之土地，其相關之借款成本不得資本化
    (B) 土地如未進行開發或建造工作，不得將購置資本化土地之借款成本
    (C) 若土地開發後將分割後作為出售標的，則資本化之借款成本屬土地成本之一部分
    (D) 若土地已積極進行建造工作，則在該工作持續期間，應將土地及開發成本之借款成本資本化，作為土地之成本

19. 丙公司一項應將資本化之借款成本之資產，在建造期間，曾因：(1) 全球金融危機而停工 5 個月；(2) 違反法令遭政府勒令停工一年；(3) 地震造成重大損壞而停工 1 年 2 個月。上述停工期間皆未重疊，且 (1)、(3) 二種情形並未使所有其他公司建造類似資產時發生長期停工。試問丙公司應將該資產資本化之借款成本的停工期間有多長？
    (A) 5 個月 (B) 1 年 7 個月 (C) 2 年 7 個月 (D) 零

20. 下列關於探勘及評估資產之敘述，何者有誤？
    (A) 可認列為探勘及評估資產的探勘及評估支出，因各企業會計政策而有所不同
    (B) 探勘及評估資產不可能分類為無形資產
    (C) 探勘及評估資產可能以重估價模式作續後衡量
    (D) 礦產資源開採已達技術可行性且商業價值得到證明後，探勘及評估資產應進行重分類，並在重分類前進行減損測試

21. 下列何者不可能分類為非流動資產？
    (A) 待出售非流動資產   (B) 無形資產
    (C) 遞耗資產   (D) 投資性不動產

22. 有關不動產、廠房及設備之後續支出，下列敘述何者有誤？
    (A) 維修成本通常只能維持資產未來經濟效益，故不宜增加資產帳面金額
    (B) 若無法決定資產被重置部分的帳面金額，得以重置部分的成本作為被重置部分的成本
    (C) 不動產、廠房及設備在使用期限內的重大檢查成本，不應作為不動產、廠房及設備成本的一部分
    (D) 以上皆非

練習題

1. 【工作時間法及生產數量法】丁公司 ×3 年 9 月 1 日以現金 $515,000 購入生產機器，預計可使用總時數為 250,000 小時，總共可為丁公司生產 100,000,000 件產品，殘值為 $15,000。試依下列資訊，分別依工作時間法及生產數量法為該生產機器作各年之折舊分錄。

期間	實際使用時數	實際產出數量
×3/9/1～×3/12/31	30,000	9,000,000
×4/1/1～×4/12/31	50,000	20,000,000
×5/1/1～×5/12/31	60,000	30,000,000
×6/1/1～×6/12/31	65,000	26,000,000

2. 【成本要素、直線法、年數合計法、定率遞減法及倍數餘額遞減法】乙公司於 ×1 年 1 月 1 日購入一項機器設備，乙公司於 ×1 年 2 月 28 日完成付款。其他資訊如下：

購買價格	$600,000,000
安裝成本	$30,000
場地整理成本	$60,000
折扣條件	1/20、n/60
訓練員工使用機器成本	$500,000
預計管理機器將產生之成本	$600,000
耐用年限	8 年
殘值	$600,000

請分別依直線法、年數合計法、定率遞減法及倍數餘額遞減法為此項機器設備計算 ×1 年及 ×2 年之折舊費用 (四捨五入至整數位；若需計算折舊率，則四捨五入至小數點後第四位，例如 43.33%)。

3. 【成本要素、直線法、延長耐用年限】貓空公司於 ×5 年底計算折舊費用原為 $600,000，但經分析後發現資產中的 A 設備因保養良好，耐用年限估計可延長 2 年，殘值不變，該設備購於 ×1 年 1 月 1 日，購入價格為 $230,000，公司另支付安裝測試費用 $30,000，當時估計耐用年限為 10 年，殘值為 $10,000，採直線折舊法；另公司亦發現其 ×4 年之折舊費用計算有誤，低估當年之折舊費用 $4,000，試問 ×5 年之折舊費用應為何？

[改編自 102 年高考會計]

4. 【年數合計法】丙公司 ×1 年初購買一部機器，依年數合計法計提折舊，殘值為 $500。另外，×2 年折舊金額為 $1,500，×4 年折舊金額為 $500。試計算此機器的原始成本與耐用年限。

[改編自 100 年會計師]

5. 【各種情況下取得不動產、廠房及設備】試依下列各情況，為甲公司作取得資產時之分錄。
   (1) 1/1 購入一輛汽車，金額 $200,000，付款條件為 2/10、n/30。甲公司於 1/12 付款。
   (2) 3/1 發行一張面額 $300,000，5 年期，無息之票據以購買一艘船，假設當時市場利率為 5%。($p_{5,5\%}$ = 0.78353, $P_{5,5\%}$ = 4.32948)
   (3) 5/1 以現金 $1,000,000 取得土地及建築物，當時土地公允價值為 $900,000，建築物之公允價值為 $200,000，假設成本與公允價值具有比例之關係。
   (4) 7/1 發行每股面額 $10，1,000 股之普通股去取得一台設備，普通股之公允價值為 $50,000，設備之公允價值無法可靠衡量。

不動產、廠房及設備——購置、折舊、折耗與除列

(5) 7/15 發行每股面額 $10，1,000 股之普通股去取得一台設備，設備之公允價值為 $20,000，普通股每股市價為 $21。

(6) 8/1 收到某大股東捐贈之設備，其公允價值為 $100,000。

(7) 9/1 收到乙公司捐贈之設備，其公允價值為 $400,000。

6.【各種情況下資產交換】A 公司將其機器設備與 B 公司之電腦設備進行交換，試依下列情況分別為二家公司作相關分錄：

(1) 交換交易具商業實質。機器設備之原始成本為 $2,200,000，累計折舊為 $200,000，公允價值為 $2,200,000；電腦設備之原始成本為 $2,200,000，累計折舊為 $100,000，公允價值為 $2,300,000，A 公司另支付現金 $100,000 給 B 公司。

(2) 二項資產之公允價值均無法可靠衡量；機器設備之原始成本為 $2,200,000，累計折舊為 $200,000；電腦設備之原始成本為 $2,200,000，累計折舊為 $100,000。

(3) 交換交易缺乏商業實質。機器設備原始成本為 $2,200,000，累計折舊為 $200,000，公允價值為 $2,200,000；電腦設備之原始成本為 $2,200,000，累計折舊為 $100,000，B 公司另支付現金 $200,000 給 A 公司。

(4) 交換交易具商業實質。機器設備之原始成本為 $2,200,000，累計折舊為 $200,000，公允價值為 $2,200,000；電腦設備之原始成本為 $2,400,000，累計折舊為 $100,000，公允價值無法可靠衡量。

(5) 交換交易具商業實質。機器設備之原始成本為 $2,200,000，累計折舊為 $200,000，公允價值為 $2,200,000；電腦設備之原始成本為 $2,200,000，累計折舊為 $100,000，公允價值為 $1,900,000；但電腦設備之公允價值較機器設備之公允價值明確。

7.【自建不動產認列、折舊】城品公司打造一個耐用年限為 40 年之藝文展覽空間，該藝文展覽空間於 ×5 年 1 月 1 日完工，展示櫃之預期耐用年限為 10 年，藝文展覽空間的總建造成本為 $2,000,000，包含展示櫃部分之成本 $400,000，假設該金額佔總建造成本經判斷屬重大。整個藝文展覽空間及展示櫃部分均採直線法提列折舊，且估計殘值為零。假設認列後之衡量採成本模式。

(1) 試作 ×5 年資產認列之相關分錄。

(2) 沿情況一，假設城品公司於藝文展覽空間建造時於出入口懸掛場館介紹之廣告看板，其所支出之廣告費 $50,000，試作相關分錄。

8.【資本化之借款成本，含投資收益】禮賢公司為在南科園區建造工廠於 ×1 年 2 月 1 日特地向銀行舉借之專案借款為 $12,000,000，年利率為 10%，該廠房係 IAS 23 第 5 段所述符合要件之資產。此專案借款除支付利息外，並無其他借款成本。禮賢公司尚未動用之專案借款暫時存於銀行作為活期存款，存款利率為 1.2%，禮賢公司建造之廠房於 ×1 年 12 月 31 日完工，且建造廠房實際支出金額較預算金額減少 $200,000 茲將禮賢公司於 ×1 年間為建造該廠房之相關支出列示如下：

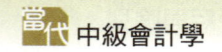

支出日期	支出金額 (元)
×1/4/1	$ 4,000,000
×1/8/1	$ 5,000,000
×1/11/1	$ 1,000,000

試問禮賢公司 ×1 年度資本化之借款成本金額及期末資本化的相關分錄。

9. 【資本化之借款成本，分期付款購建資產】管管公司於 ×1 年 1 月 1 日以分期付款方式購買一台設備，該設備售價為 $56,000,000，該設備係 IAS 23 第 5 段所述符合要件之資產。管管公司於同日支付設備價格之七分之一，其餘分 6 期平均償還，每期半年，並按未償還餘額加計年息 6% 之利息。此項機器於同年 11 月 30 日始安裝完成並正式啟用。該公司於 ×1 年度除此項分期償還之債務外，並無其他附息債務，試問 ×1 年 1 月 1 日至 11 月 30 日購買設備實際發生之借款成本。

10. 【資本利率之計算】甲公司 ×1 年 3 月 1 日開始建造廠房，該廠房經一段相當長期間始達到預定使用狀態，甲公司於 ×1 年 10 月 1 日為建造廠房而支付 $50,000,000，並向乙銀行辦理專案廠房貸款 $48,000,0000，期間 2 年，年利率 10%，經分析若該企業不建造該廠房，則無須負擔下列借款之利息，其他相關借款資訊如下：

   (a) 甲公司與文文銀行訂有透支額度之契約，年利率 9%，該企業於 10 月 1 日動支 $500,000，於 ×1 年 11 月 1 日還清。
   (b) ×1 年 9 月 1 日平價發行一無擔保之商業本票 $900,000，期間 6 個月，年利率 10%。
   (c) 甲公司帳上有一筆折價發行之應付公司債，於 ×0 年 1 月 1 日發行，期間 5 年，金額 $10,000,000，票面利率 6%，市場利率 8%，每年 12 月 31 日付息一次，採有效利息法攤銷。×1 年 10 月折價攤銷金額為 $17,913，公司債帳面金額為 $9,220,000。
   (d) 甲公司於 ×1 年 10 月 1 日向租賃公司以融資租賃方式承租建廠混凝土卡車一輛，×1 年 10 月 1 日應付租賃款為 S1,500,000，7 月份隱含利息支出 $6,000。

   試計算阿英公司於該工程中 10 月份資本化之借款成本金額。

11. 【資本化之借款成本—含應付款項】乙公司自行建造一座廠房，有以下資訊：

4 月 1 日累計支出 (不含預收價款)	$2,000,000
4 月份支出 (平均發生)	2,000,000
5 月份支出 (平均發生)	3,000,000
4 月 1 日預收客戶價款	1,000,000
5 月 1 日預收客戶價款	2,000,000
4 月份與該自建廠房相關之負債：	
因自建廠房累積之應付款項 (4 月 1 日，無息)	$ 400,000
因自建廠房累積之應付款項 (4 月 30 日，無息)	600,000
長期借款 (非專案，利率12%)	5,000,000

5月份與該自建廠房相關之負債：

因自建廠房累積之應付款項(5月31日，無息)	$ 300,000
長期借款(非專案，利率12%)	5,000,000

假設因自建廠房累積之應付款項各期間之變動平均發生，試分別計算上述自建廠房4月份及5月份借款成本資本化之金額。

12. 【資本化之借款成本、投資收益】大安公司於×3年12月31日向銀行借款$1,000,000以備興建廠房，利率10%，每年付息一次，3年到期，預計2年完工。×4年支付工程款如下：

1月1日$600,000；7月1日$800,000；10月1日$1,000,000；12月31日$300,000。大安公司尚有其他負債：×1年初借款$5,000,000、10年期，利率8%；×2年7月1日借款$2,000,000，5年期，利率9%。大安公司將未動用的專案借款回存銀行，利率4%，則大安公司×4年資本化利息金額為何？　　　　　　　[改編自103年高考會計]

13. 【資本化之借款成本】股狗公司於×1年1月1日在雲林建造廠房共支出三筆價款：

1月1日	$3,900,000
7月1日	$1,300,000
10月1日	$500,000

此項資產於12月31日建造完成並正式啟用。公司帳上有下列負擔利息之借款：

(a) 為建造廠房而於1月1日特地舉借之專案借款$2,600,000，年利率10%。
(b) 一般短期借款$1,000,000，年利率為9%。
(c) 一般長期借款$800,000，年利率為5%。

經分析若公司不建造廠房，則上列(b)及(c)筆借款即可償還。試問該年度連股狗公司可資本化之借款成本金額。

14. 【資本化之借款成本】廣答公司於×1年自行於南科園區建造工廠，該廠房符合資本化之借款成本之條件，各月份之出如下：

1月1日支出	$3,000,000
3月1日支出	$4,000,000
8月1日支出	$1,000,000

×1年負債情形：

專案銀行借款(×0年簽約借款，利率6%)	$6,000,000
5年期應付公司債(利率8%，×0年按面額發行)	$2,000,000
3年期應付票據(利率10%，×0年平價發行)	$1,000,000

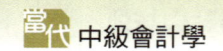

試作：

(1) 假設廣答公司 ×1 年專案銀行借款無暫時性投資收益，計算廣答公司 ×1 年資本化之借款成本之金額。
(2) 假設廣答公司 ×1 年專案銀行借款暫時性投資所產生之收益 $20,000，計算廣答公司 ×1 年資本化之借款成本之金額。

15. 【資本化之借款成本】甲公司 ×1 年 4 月開始建造辦公大樓，建造期間之相關支出如下：

×1 年 4 月 1 日支出	$900,000
×1 年 7 月 1 日支出	600,000
×1 年 9 月 1 日支出	720,000

其他資訊：
(a) ×1 年 12 月 31 日大樓建造完成。
(b) 為建造此辦公大樓，×1 年 4 月 1 日向外舉借專案借款 $1,000,000，利率 10%，其他 ×1 年全年流通在外之債務（若甲公司不自建辦公大樓，則這些債務可償還）如下：

長期借款，利率 6%	$1,000,000
應付公司債，利率 8% 按面額發行	600,000

試作：

(1) 計算甲公司 ×1 年資本化之借款成本之金額。
(2) 以季為單位，計算 ×1 年第 2 季至第 4 季各季資本化之借款成本金額。

16. 【含預收價款之資本化之借款成本】×3 年間，丙公司為丁公司承建一項建築物，該建築物於 ×3 年 4 月 1 日開工，同年 11 月 30 日建造完成。為建造該建築物，丙公司於 ×3 年 4 月 1 日、6 月 1 日以及 10 月 1 日分別支出 $1,500,000、$3,000,000 及 $2,000,000，並於 7 月 1 日預收該建築物價款 $2,000,000。×3 年間，丙公司有下列三項借款：
(a) 4 月 1 日為建造建築物，向銀行借款 $1,500,000，年利率 10%，×3 年底到期。
(b) 短期借款 $1,000,000，年利率 8%，×3 年整年流通在外。
(c) 長期借款 $1,500,000，年利率 12%，×3 年整年流通在外。
[若丙公司不承建該項建築物，則 (b)、(c) 二項債務可償還]

試作：

(1) 計算 ×3 年間建造該建築物資本化之借款成本金額。
(2) 計算承建該建築物之總成本。
(3) 試作 ×3 年 4 月至 11 月相關分錄。

17. 【資本化之借款成本之資產】瞎皮公司為購建一個倉庫作為物流中心，在 ×1 年 3 月 1 日特別向銀行辦理專案借款 $6,000,000，年利率 10%，並在同一天辦理一般用途之現金增

資並募足股款 $2,000,000，該公司 ×1 年 1 月 1 日帳上有一筆長期借款 $5,000,000，10 年期，年利率 6%，且經市調後發現瞎皮公司若不購建該資產則無須負擔該借款之利息。

試問瞎皮公司資本化之借款成本之金額。

18. 【資本化之借款成本—停工】乙公司 ×2 年 1 月 1 日開始自建廠房，×3 年底完工，相關資料如下：

   (a) ×2 年 1 月 1 日專案借款 $400,000，利率 12%，為期 3 年，每年底付息。
   (b) 其他 ×2 年及 ×3 年間全年流通在外借款：

   $1,000,000，利率 10%，每年底付息。
   $4,000,000，利率 8%，每年底付息。

   (c) 每年總支出（皆在每年年初一次付現，不含資本化之借款成本金額）

   ×2 年　　　　　　$1,000,000
   ×3 年　　　　　　$2,000,000

   (d) ×2 年最後 3 個月，乙公司因 ×2 年 9 月底颱風來臨前未做好防颱措施，工地遭嚴重破壞而停工。

   試作：
   (1) 計算 ×2 年及 ×3 年資本化之借款成本之金額。
   (2) 若 ×2 年最後 3 個月，乙公司停工為建廠前已預期之正常情況所造成，屬廠房達預定使用狀態之必要過程，其他條件不變。試計算 ×2 年資本化之借款成本之金額。

19. 【折舊方法改變】乙公司 ×3 年 9 月 1 日以 $600,000 購入一項設備，估計耐用年限 10 年，殘值 $50,000，並以年數合計法提列折舊。×5 年 1 月 1 日，乙公司將此項設備改以倍數餘額遞減法提列折舊，且估計耐用年限尚有 5 年，殘值不變。

   試作：×3 年至 ×5 年之所有分錄。

20. 【全部成本法與探勘成功法】甲公司 ×6 年開始探勘錫礦，該年發生下列支出：

	錫礦 A	錫礦 B	錫礦 C	錫礦 D	錫礦 E	錫礦 F
支出金額	$300,000	380,000	220,000	400,000	360,000	500,000

其中 A、D、F 三處錫礦已確定無開採效益，B、C、E 確定有錫礦供開採，預計錫礦 B 可開採 1,900 噸，錫礦 C 可開採 1,100 噸，錫礦 E 可開採 600 噸。甲公司將 ×6 年探勘的錫礦視為同一資產。另外，為開發相關作業，共支出 $600,000；購入開採設備共 $1,000,000。估計開採完成後，需支付 $450,000 使土地回復原狀，將使土地具備 $300,000 價值。×6 年共計開採 100 噸錫礦，出售 60 噸。甲公司選擇將開採之錫礦先行提列折耗。

263

試作：

(1) 若甲公司採全部成本法，作 ×6 年探勘成本相關分錄。

(2) 若甲公司採探勘成功法，作 ×6 年探勘成本相關分錄。

(3) 承 (1)，計算甲公司 ×6 年認列之折耗費用。

(4) 承 (2)，計算甲公司 ×6 年認列之折耗費用。

21. **【重大檢查】** 丙公司於 ×3 年 1 月 1 日以 $3,500,000 購買一項運輸設備，估計耐用年限為 10 年，採直線法提列折舊，殘值為 $500,000。另外，該運輸設備購入後每 2 年須進行一次重大檢查，檢查成本符合 IAS 16 之認列條件。×5 年底，為保障使用者安全，提高檢查頻率為每年一次。×4 年底實際支付之檢查成本為 $300,000，×5 年底實際支付之檢查成本為 $350,000，×6 年底實際支付之檢查成本為 $380,000。

    試作： ×3 年至 ×6 年之所有分錄。

22. **【處分】** 甲公司於 ×4 年 3 月底出售一組不動產，得款 $3,000,000，其中建築物之公允價值為 $1,200,000，土地之公允價值為 $1,800,000，該組不動產係 ×1 年初以 $5,000,000 購置，其中建築物成本 $3,500,000，土地成本 $1,500,000，建築物耐用年限 10 年，殘值為 $500,000，採直線法提列折舊。×4 年出售時並支付仲介費用 (成交價之 3%)。

    試作： 甲公司 ×4 年應有之分錄。

23. **【意外損失與保險理賠】** 乙公司 ×7 年 8 月 8 日所有設備在水災中全數損壞，該設備原始成本為 $1,000,000，已提列累計折舊 $300,000。乙公司 ×8 年 6 月 15 日自保險公司獲得保險理賠之現金為 $800,000。×9 年 1 月 14 日，設備實際支付復原成本為 $600,000。

    試作： 所有上述事件相關之分錄。

24. **【設備發生減損但自第三方取得補償】** 苦鐵公司之主要營運之設備於 ×1 年 12 月 31 日在因意外事故毀損，當時設備帳面金額為 $30,000,000，該公司至 ×2 年 8 月 1 日方確認自保險公司可收取之保險金理賠為 $50,000,000，包含重建成本 $40,000,000 及營運損失 $10,000,000，於 ×2 年 12 月 31 日，廠房及設備實際重建成本為 $45,000,000。

    試作： ×1 年到 ×2 年相關分錄。

25. **【於正常活動過程中將持有以供出租之設備項目例行性地對外銷售】** 核運公司汽車出租事業，其營業模式中亦有出售汽車的業務。該公司於 ×1 年 1 月 1 日以 $4,000,000 取得一輛轎車時，作為出租之用，預計耐用年限為 10 年，採直線法提列折舊，經專家鑑價其殘值為 $800,000。該公司於 ×5 年 12 月 31 日停止出租該輛轎車並轉供出售，且經評估汽車之帳面金額低於其淨變現價值。該汽車於 ×6 年 3 月 31 日始實際以 $3,000,000 銷售予顧客。

    試作： 核運公司於 ×1 年至 ×6 年之相關分錄。

Chapter 7

不動產、廠房及設備——購置、折舊、折耗與除列

Chapter 8

不動產、廠房及設備
——減損、重估價模式及特殊衡量法

學習目標

研讀本章後,讀者可以了解:
1. 資產減損之會計處理方法
2. 重估價模式與成本模式之差異
3. 投資性不動產之定義與會計處理
4. 待出售非流動資產之定義與會計處理

本章架構

不動產、廠房及設備——減損、重估價模式及特殊衡量法

資產減損
- 減損跡象
- 減損衡量
- 可回收金額
- 減損評估單位
- 減損損失
- 減損損失迴轉

重估價模式與成本模式
- 重估價類別
- 重估價頻率
- 重估價會計處理

投資性不動產
- 定義
- 認列與衡量
- 除列

待出售非流動資產
- 處分群組
- 分類條件
- 會計處理

聯陽合併失策，資產減損 1.2 個資本額

聯陽半導體(臺灣證券交易所上市，股票代號 3014)於 2008 年宣布合併集團旗下三家 IC 設計公司聯盛、晶瀚及繪展，合併基準日為 2009 年 1 月 1 日，2009 年聯陽當時表示，聯盛專精記憶體控制晶片及數位電視解調器晶片、晶瀚以 HDMI 介面晶片為主、繪展主攻多媒體晶片，四合一有助擴大聯陽產品線。

2011 年 12 月 29 日聯陽因 3 年前合併集團旗下的聯盛、晶瀚及繪展，合併成效遠不如原先預期，聯陽於股市盤後公告，評估資產減損達 24.58 億元，超過 1 個資本額，影響 2011 年業外虧損每股達 12.13 元，每股淨值將由 2011 年第三季的 30 多元減為低於 20 元，合併風險之高，為 IC 設計業少見。聯陽表示，這次資產減損並不涉及本年度之現金流量，對資金並無重大影響，但是，此資產減損資訊仍然造成 2011 年 12 月 30 日聯陽股價直接跳空跌停，並在跌停價位上一路鎖死到底，即使聯陽同時宣布祭出庫藏股護盤，決定首度實施庫藏股，買回 8,000 張庫藏股，還是讓投資人落荒而逃，跌停價位仍有近 4,000 張賣單高掛。

中租控股股份有限公司

在臺灣證券交易所上市的中租迪和租賃公司，出租資產主要為車輛，2010 年度出租車輛占全部出租資產總額約 33 億元中的 21 億元，故以車輛之減損測試分析之。所有車種係以新臺幣 200 萬元為基準劃分減損測試之方法，新臺幣 200 萬元以下之車種，參考權威車訊之中古車價格，考量品牌、年份、級等後，再依該價格打折扣。新臺幣 200 萬元以上車種，因中古車市場較小，故係向中古商詢價方式估計殘值。中租迪和出租資產減損損失測試係以未來可回收金額現值(包括各期租金現值及最後殘值)與帳面金額相較算出減損損失，其資產殘值係參考外部資料再打折後估算。

潤泰全加速活化閒置資產

百貨零售通路股潤泰全(臺灣證券交易所上市，股票代碼 2915)於 2010 年底召開股東臨時會，通過修訂「取得或處分資產處理辦法」案，加速處理閒置資產。潤泰全將廠房大致集中至楊梅廠，空出的中壢廠，占地面積 8,000 多坪，已從工業用地變更為一般用地，1 坪價格上看 20 萬元，另外新豐廠有 5,500 坪，取得成本 1 坪 3.5 萬元，市價 13.4 萬元，淡水竹圍辦公室大樓 3,500 坪，成本約 1 坪 11 萬元，市價 20 萬元，此二塊資產，未來隨時可處分；潤泰全概估全臺 2 萬多坪的閒置資產總市值約 30 億元，由於潤泰集團本身就有潤泰創新建商，相當具有優勢。

政德光電處分閒置資產

政德光電科技股份有限公司(臺灣證券交易所上市，股票代碼 8088)於 2011 年 2 月設立 COB(封裝事業群)部門時，屬產品研發性質，故購入相關資產設備以供使用，自設立後，從未對公司的營收帶來任何助益，其後新的經營團隊進駐，經過檢討後認為該研發團隊並未有具體的研發成果，因而於 2011 年 9 月予以資遣，致使該資產設備已無實用價值，故擬轉列待出售閒置資產，經董事會決議通過後，予以處分以充實營運資金。

章首故事引發之問題

- 資產減損之會計處理對財務報表有重大影響。
- 資產減損雖然不影響當期現金流量,但是,對未來現金流量有重大不利之影響。
- 資產減損訊息對企業股價有重大衝擊。
- 資產減損之評估與方法應考量行業特性與專業知識。
- 何謂間置資產?在資產負債表應如何表達?
- 待出售非流動資產之會計處理為何?有何重要之專業判斷條件?

8.1 資產減損

學習目標 1
了解資產減損之評估流程及會計處理

資產減損 (impairment of assets) 會計處理適用於**不動產、廠房及設備** (property, plant and equipment),例如:土地、建築物、機器與設備、採**成本法衡量之投資性不動產** (investment property with cost-based measurement)、**無形資產** (intangible assets)、**商譽** (goodwill)、採**權益法** (equity method) 評價之被投資公司及**合資企業** (joint venture) 之投資等。

學習資產減損有下列幾個重點:

1. 辨認可能減損之資產。
2. 了解資產減損評估之基本單位。
3. 進行資產**減損測試** (impairment test)。
4. 認列資產**減損損失** (impairment loss)。
5. 認列資產減損損失之**迴轉** (reversal)。

8.1.1 辨認可能減損之資產

進行資產減損測試涉及許多估計、假設與判斷,過程極為耗時複雜且承擔額外會計處理成本,若要求公司於每個資產負債表日均需進行資產減損測試,有時可能不符成本效益原則,故企業應於資產負債表日評估是否有跡象顯示資產可能發生減損[1],若有**減損跡象** (indicator of impairment) 存在時 (包括外來資訊或內部資訊),才進

---

[1] 商譽及非確定耐用年限無形資產因無須每年攤銷,所以不論有無減損跡象,須每年進行減損測試。

Chapter 8

不動產、廠房及設備──減損、重估價模式及特殊衡量法

IFRS 一點通

資產減損是會計穩健原則之運用

　　資產減損是會計穩健原則之運用,所有之資產(只有新臺幣現金除外)都有不同形式與方法之減損會計,本章介紹之資產減損主要係以長期性之資產為對象(如固定資產與無形資產)。

行必要的資產減損測試程序。企業於評估資產有可能發生減損的跡象時,至少應考慮下列資訊(詳見表 8-1)。所謂外來減損資訊,係指此類資訊不需要透過管理者提供,可由市場或媒體直接得知;內部減損資訊則通常必須透過管理者提供減損資訊,外部利害關係人無法透過其他管道獲悉。

表 8-1　資產減損跡象

外來資訊	內部資訊
A. 資產之價值於當期發生顯著大於因時間經過或正常使用所預期之下跌之可觀察跡象。	A. 資產過時或實體毀損之證據。
B. 企業營運所處之技術、市場、經濟或法律環境資產特屬市場),已於當期(或將於未來短期內)發生對企業具不利影響之重大變動。	B. 資產使用或預期使用之範圍或方式,已於當期(或將於未來短期)發生不利於企業之重大變動。該等變動包括資產閒置、資產所歸屬部門計畫停業或調整營業、較原預計日期提早處分資產、資產經重新評估由非確定耐用年限改為有限耐用年限等。
C. 市場利率或其他市場投資報酬率已於當期上升,且該等上升可能影響用以計算資產使用價值之折現率,並重大降低資產之可回收金額。	C. 內部報告可得之證據顯示,資產之經濟績效不如(或將不如)原先預期。
D. 企業淨資產帳面金額大於其總市值。	

釋例 8-1　判斷是否存在減損跡象

　　美國於 ×3 年通過一進口限制與配額法案,規定從 ×5 年開始大幅減少進口數量,因此,預期對甲公司之銷售金額有重大衝擊,試問甲公司應於 ×3 年或 ×5 年進行減損測試?

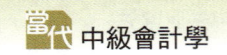

> **解析**
>
> 雖然該法案對本期(×3年)之銷售金額尚未有影響,但是,已預期於將於近期(×5年)開始對企業產生不利之重大變動,故符合外來資訊(B)之減損跡象,應於×3年進行減損測試。

8.1.2 資產減損衡量與可回收金額

資產減損測試之目的
係確保資產之帳面金額不超過預期之經濟效益(即可回收金額)。

進行資產減損測試時,應估計該資產之**可回收金額** (recoverable amount),並比較資產之**帳面金額** (carrying amount)是否超過可回收金額,若資產之帳面金額超過可回收金額,則產生資產減損。

資產減損損失金額 = 資產之帳面金額 − 資產之可回收金額

資產減損測試之目的係確保資產之帳面金額不超過預期之經濟效益(即可回收金額),當資產可回收金額低於帳面金額時,應將帳面金額降低部分認列為減損損失(詳見圖8-1)。

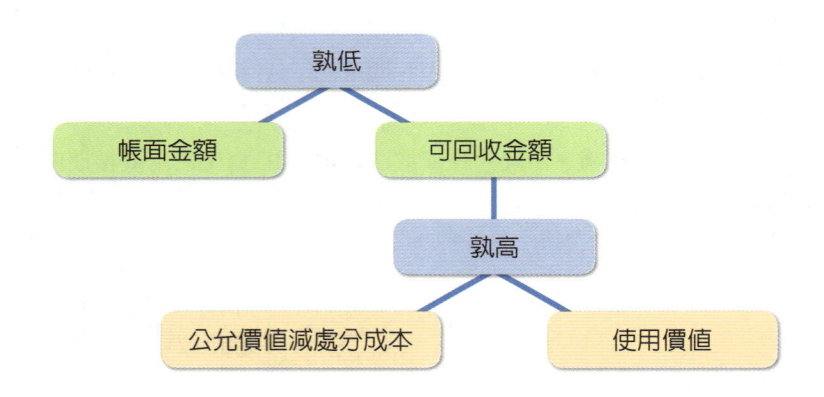

圖8-1 資產減損之衡量

使用價值 (value in use)之估計包括持續使用並可直接歸屬或以合理一致之基礎分攤之現金流出估計。使用價值涉及估計未來現金流量,估計時應僅考量資產之現時情況,不應反映:

1. 企業尚未承諾之未來**重組** (restructuring)所產生之預期現金流出、或相關成本節省(如人事成本之減少)或效益。所稱承諾,係指企業將受制於不可撤銷之合約或計畫。
2. 將改良或加強資產以提升其現有績效水準之未來現金流出,或預

期因該現金流出所產生之相關現金流入。

折現率 (discount rate) 係反映市場當時對**貨幣時間價值** (time value of money) 及資產特定風險評估之比率，亦係投資人選擇某項投資所要求之報酬率，而該投資之現金流量金額、時點及風險特性與企業預期由該資產產生者相當。此折現率之估計係採下列二者之一：

1. 類似資產於當時市場交易所隱含之報酬率。
2. 其他企業若僅持有與受評資產具相似服務潛能及風險之資產者，其加權平均資金成本。

企業評估減損時，所採用之折現率應採稅前基礎，若以稅後為基礎時，該基礎應予調整以反映稅前比率。企業通常採用單一折現率估計某一資產之使用價值，但當使用價值對不同期間之風險差異或利率結構具敏感性時，企業應就不同期間分別使用適當之折現率。

8.1.3 資產減損評估之單位（個別資產及現金產生單位）

資產減損評估之單位，係以能產生大部分獨立之現金流量為基礎，若個別資產能產生大部分獨立之現金流量，則可回收金額應就個別資產予以決定，以該個別資產為資產減損評估之單位，但個別資產如無法經由使用產生與其他資產或**資產群組** (group of assets) 大部分獨立之現金流量時，需要透過許多資產組合共同產生現金流量，則應就該資產所歸屬之**現金產生單位** (Cash Generating Unit, CGU) 予以決定。現金產生單位係指可產生現金流入之最小可辨認資產群組，其現金流入與其他個別資產或資產群組之現金流入大部分獨立。

資產減損評估之單位為單一個別資產或最小可辨認資產群組之現金產生單位，可確保估計之減損機會與減損金額較大，達到會計穩健處理之目的。因此，各現金產生單位不得大於依 IFRS 8「**營運部門**」(operating segments) 所定義之**彙總前**營運部門。

雖然，理論上資產減損評估之基本單位有單一個別資產或單一現金產生單位，但大部分企業之資產減損評估之單位多為現金產生單位，例如：廠房搭配機器設備生產產品，方能共同產生獨立之現

> 可回收金額原則上應就個別資產予以決定。若無法產生獨立之現金流量時，則應就現金產生單位評估。

> 由於部分企業報導之營運部門，已經過彙總方式，將數個營運部門彙總成一個營運部門報導，故各現金產生單位不得大於依 IFRS 8「營運部門」所定義之彙總前營運部門。

金流入，單獨之廠房或單獨之機器設備皆無法有獨立之現金流入。

共用資產 (corporate assets) 係指非商譽且對二個或二個以上之現金產生單位之現金流量有貢獻之個別資產。如總公司之建築物或研發中心之資產等，共用資產本身無法產生獨立現金流量。共用資產之帳面金額若可以合理一致之基礎分攤至現金產生單位，則以該現金產生單位為資產減損評估之單位。若無法以合理一致之基礎分攤共用資產帳面金額予現金產生單位，則擴大資產群組，將共用資產分攤至二個或二個以上之現金產生單位群組，進行資產減損評估。

決定現金產生單位之帳面金額與可回收金額時，應包括之會計項目，其帳面金額與可回收金額應彼此一致。此外，資產群組之產出若有**活絡市場** (active market)，即使該產出部分或全部供內部使用，仍應將該資產群組辨認為現金產生單位 (詳見圖 8-2 與 8-3)。

> 與商譽相關之減損，將於第 9 章說明。

圖 8-2　辨認現金產生單位 (CGU)

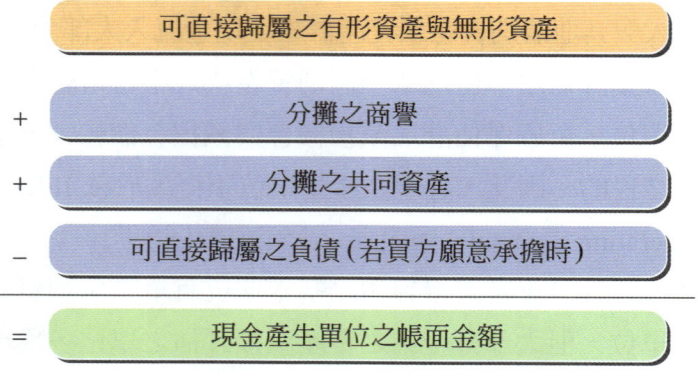

圖 8-3　辨認現金產生單位之組成部分

可直接歸屬之有形資產與無形資產
+ 分攤之商譽
+ 分攤之共同資產
− 可直接歸屬之負債 (若買方願意承擔時)
= 現金產生單位之帳面金額

表 8-2　資產減損評估之單位

資產減損評估之基本單位	
單一個別資產	能獨立產生現金流入之個別資產。
單一現金產生單位	需透過最小可辨認資產群組 (多項有形與無形資產) 之共同投入，方能產生獨立之現金流入。

特殊情況下，資產減損評估之單位為現金產生單位群組	
兩個或兩個以上之現金產生單位群組	若商譽或共用資產無法以合理且一致的方法分攤至現金產生單位時，則使用由上往下 (top-down) 法，將商譽或共用資產同時分攤至二個或二個以上之現金產生單位群組。

公司共用資產減損之處理

當共用資產有價值減損的跡象，其可回收金額必須與共用資產所歸屬的現金產生單位一同進行估計，帳面金額也是必須與共用資產所歸屬的現金產生單位一起計算。因此，共用資產所歸屬現金產生單位應以其含共用資產分攤之帳面金額與可回收金額相比較進行減損測試 (詳見表 8-2)。

8.1.4　個別資產減損損失之認列

當資產可回收金額低於帳面金額時，應將帳面金額降低部分認列為減損損失，減損後應以可回收金額作為新成本，估計剩餘使用年限，重新計提折舊。資產未辦理重估價，則其減損損失列為損益表下之損失。例如：資產 A 認列損失時，應作如下之分錄：

減損損失　　　　　　　　　　　　　××
　　累計減損─資產 A　　　　　　　　　　××

資產若已規定辦理重估價且有**重估增值** (revaluation surplus) 之狀況 (參閱 8.2 節重估價之說明)，則其減損損失應先減少權益項下之重估增值，如有不足，方列入損益表下之損失。例如：資產 A 認列損失時，應作如下之分錄：

資產減損損失於損益表上之表達方式，若企業採用性質別表達費損項目，資產減損損失應單獨列示；若採功能別表達費損項目，資產減損損失應歸屬於其相關之功能別費用。

減損損失	××	
其他綜合損益—重估增值	××	
累計減損—資產 A		××

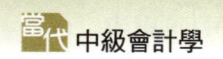

釋例 8-2　個別資產減損損失

祥瑞公司全自動化機器 A 於 ×1 年 12 月 31 日有減損跡象，相關資料如下：

成本	$400,000
累計折舊	40,000
可回收金額	300,000

祥瑞公司意圖繼續使用該機器。原始估計殘值為零與耐用年限 10 年不變，剩餘耐用年限 9 年。

試作：×1 年底認列資產減損之分錄。(1) 假設機器 A 未辦理重估價；(2) 假設機器 A 已辦理重估價，重估增值金額 $20,000。

解析

(1) 減損損失 = 帳面金額 − 可回收金額
　　　　　　 = ($400,000 − $40,000) − $300,000
　　　　　　 = $60,000

減損損失	60,000	
累計減損—機器 A		60,000

(2) 減損損失 = $60,000 − $20,000（重估增值）
　　　　　　 = $40,000

減損損失	40,000	
其他綜合損益—重估增值	20,000	
累計減損—機器 A		60,000

觀念釐清：本釋例只是為了讓學生容易了解個別資產減損相關會計處理，實務上，個別機器設備通常無法有個別產生獨立現金流量之能力，機器設備至少須搭配土地與廠房，成為一個現金產生單位，方能產生獨立現金流量。

8.1.5　個別資產減損損失之迴轉

企業應於資產負債表日評估是否有證據顯示，資產於以前年度所認列之減損損失，可能已不存在或減少，若估計資產之可回收金額發生變動而增加時，即應予迴轉。惟其迴轉後之帳面金額不可超過資產在未認列減損損失之情況下，減除應提列折舊後之帳面金額。

資產(商譽除外)如未辦理重估價，則其減損損失之迴轉應於損益表認列為利益。資產如已依規定辦理重估價者，則其減損損失之迴轉應先將過去之減損損失於損益表認列利益後，如有剩餘金額，再轉回重估增值。

> 迴轉後之帳面金額不可超過資產在未認列減損損失之情況下，減除應提列折舊後之帳面金額。

釋例 8-3　個別資產減損損失迴轉

承釋例 8-2，祥瑞公司全自動化機器 A 於 ×2 年 12 月 31 日，因評估其使用方式發生重大變動，預期將對企業產生有利之影響，且評估該機器可回收金額為 $380,000。
試作：×2 年底認列資產減損損失迴轉之分錄。

解析

×2 年底提列折舊費用 $33,333 (= $300,000 ÷ 9)。

折舊費用	33,333*	
累計折舊		33,333

*另一種分錄作法為借記折舊費用 $33,333，借記累計減損 $6,667，貸記累計折舊 $40,000。

(1) 假設機器 A 未辦理重估價

該機器 ×2 年 12 月 31 日帳面金額
　　= $300,000 – ($300,000 ÷ 9)
　　= $266,667 < 可回收金額 $380,000，可迴轉減損損失。

機器若從來未認列減損損失下之帳面金額 = $400,000 – $40,000 × 2
　　　　　　　　　　　　　　　　　　= $320,000 < $380,000

故減損損失迴轉金額 = 機器未認列減損損失下帳面金額 – 機器帳面金額
　　　　　　　　　= $320,000 – $266,667
　　　　　　　　　= $53,333

累計減損—機器 A	53,333	
減損迴轉利益		53,333

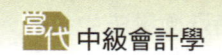

(2) 假設機器 A 已辦理重估價，重估增值金額 $20,000（假設重估增值處分時再轉出）。
$53,333 – $40,000 = $13,333

累計減損—機器 A	53,333	
減損迴轉利益		40,000
其他綜合損益—重估增值		13,333

8.1.6　現金產生單位減損損失認列

若無法估計個別資產之可回收金額時，則應以該資產所歸屬現金產生單位之可回收金額評估減損。於決定現金產生單位之帳面金額與可回收金額時，二者包括之會計項目應一致。

現金產生單位（已分攤商譽或共用資產之最小現金產生單位群組）之可回收金額若低於其帳面金額，應立即認列減損損失，並依下列順序分攤：

1. 就已分攤至現金產生單位之商譽，減少其帳面金額。
2. 就剩餘資產帳面金額等比例分攤至各資產。

依上述規定分攤減損損失時，帳面金額以減至下列金額最高者為限：

1. **公允價值減處分成本** (fair value less costs of disposal)
2. 使用價值
3. 零

因前項限制未分攤至該資產之減損損失金額，應將該未分攤部分依相對比例分攤至該現金產生單位之其他資產。

若無法以合理一致之基礎分攤共用資產帳面金額予現金產生單位，則依下列步驟認列減損損失：

1. 先採**由下往上** (bottom-up) 法

   排除共用資產後之現金產生單位帳面金額與可回收金額相比較。

2. 後採**由上往下** (top-down) 法
   a. 擴大辨認包含所評估之現金產生單位，直至可以合理一致之基礎分攤共用資產部分帳面金額之最小現金產生單位群組。

對於如何分攤共用資產至現金產生單位，IASB 並無強制性之規定，只要能符合「合理一致之基礎」之原則即可。常用方法之一，係現金產生單位的帳面金額，並以耐用年限加權後之相對金額比例，作為分攤基礎。

不動產、廠房及設備──減損、重估價模式及特殊衡量法

b. 將已分攤共用資產之現金產生單位帳面金額與可回收金額相比較，並進行減損測試。

釋例 8-4　現金產生單位減損認列及公司共用資產之分攤

甲公司擁有三個現金產生單位 A、B 與 C，×0 年 12 月 31 日，甲公司所屬產業環境對公司產生不利的重大變動，現金產生單位有減損跡象，該公司對其所有資產進行減損測試，因此需進行可回收金額之估計。在 ×0 年 12 月 31 日時，現金產生單位 A、B 與 C 之帳面金額 (不含共用資產) 如下：

×0 年底	A	B	C
帳面金額	$5,000	$7,500	$10,000

甲公司之營運統一由臺北總部指揮進行管理，總公司有關資產的帳面金額為 $10,000 (包括總部建築物 $7,500 與研發中心 $2,500)。臺北總部建築物及研發中心為 A、B 與 C 的共用資產。總部建築物可以合理分攤至 A、B、C 三個現金產生單位，但研發中心則無法合理分攤至現金產生單位。A、B、C 三個現金產生單位的剩餘使用年限分別為 10、20、20 年。總公司資產以直線法提折舊。

假設總部建築物之帳面金額可依據 A、B、C 三個現金產生單位的帳面金額，並以耐用年限加權後之相對金額比例，作為分攤基礎。此外，假設現金產生單位皆無法估計公允價值減處分成本，所以可回收金額僅以使用價值估計，稅前折現率為 15%。估計甲公司及 A、B、C 三個現金產生單位之使用價值如下：

×0 年底	A	B	C	甲公司 (A+B+C)
使用價值	$10,000	$8,200	$13,550	$31,750

解析

總公司建築物可合理分攤，故僅需使用由下往上法；研發中心無法合理分攤，因此先採用由下往上法後，再採用由上往下法。

(1) 先將總部建築物之帳面金額分攤至現金產生單位

×0 年底	A	B	C	合計
帳面金額	$5,000	$7,500	$10,000	$22,500
耐用年限	10 年	20 年	20 年	
根據耐用年限之加權	1	2	2	
加權後之帳面金額	5,000	15,000	20,000	40,000
分攤比率	12.5%	37.5%	50%	100%
分攤總部建築物之金額	937.5	2,812.5	3,750	7,500
分攤總部建築物後之帳面金額	$5,937.5	$10,312.5	$13,750	$30,000

277

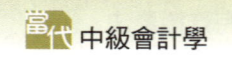

決定可回收金額

採用由下往上法需要個別現金產生單位之可回收金額，但由上往下法，則需要公司整體之可回收金額。

(2) 計算資產減損損失

採用由下往上法，包括總部建築物 $7,500

×0 年底	A	B	C
帳面金額 (含總部建築物)	$5,937.5	$10,312.5	$13,750
可回收金額	10,000	8,200	13,550
資產減損損失	$0	$(2,112.5)	$(200)

(3) 分攤資產減損損失

現金產生單位	B	
分攤至總部建築物	$ (576)	[$2,112.5 × $2,812.5/$10,312.5]
分攤至現金產生單位 B	(1,536.5)	[$2,112.5 × $7,500/$10,312.5]
	$(2,112.5)	

現金產生單位	C	
分攤至總部建築物	$(54.5)	[$200 × $3,750/$13,750]
分攤至現金產生單位 C	(145.5)	[$200 × $10,000/$13,750]
	$(200)	

建築物減損損失 = $ 576 + $54.5 = $630.5

(4) 採用由上往下法測試

×0 年底	A	B	C	建築	研發中心	甲公司
帳面金額	$5,000	$7,500	$10,000	$7,500	$2,500	$32,500
因由下往上法產生之減損	-	(1,536.5)	(145.5)	(630.5)	-	(2,312.5)
由下往上法後之帳面金額	$5,000	$5,963.5	$9,854.5	$6,869.5	$2,500	$30,187.5
可回收金額						$31,750
因由上往下法產生之減損						0

(5) 減損損失分錄

現金產生單位 A 與研發中心並未產生資產減損損失：

減損損失	2,312.5	
累計減損—現金產生單位 B 各項資產		1,536.5
累計減損—現金產生單位 C 各項資產		145.5
累計減損—總部建築物		630.5

Chapter 8 不動產、廠房及設備——減損、重估價模式及特殊衡量法

釋例 8-5　現金產生單位減損損失（二次分攤減損損失）

×4年12月31日 A 公司某一現金產生單位中包含甲、乙及丙（設均無商譽）三項機器設備，由於該公司相關產業之技術環境，於本期產生對其重大不利之變動，因此對該現金產生單位進行減損測試，甲、乙、丙機器帳面金額分別為 $150,000、$150,000 及 $200,000，除得知甲之公允價值減處分成本為 $134,000 外，無法就各機器設備取得使用價值或公允價值減處分成本，因此可回收金額係就該現金產生單位予以決定，該現金產生單位之可回收金額估計 $400,000。

解析

×4/12/31	甲	乙	丙	現金產生單位
帳面金額	$150,000	$150,000	$200,000	$500,000
可回收金額				400,000
減損損失				$(100,000)
分攤比例	3/10	3/10	4/10	
減損損失分攤	(30,000)(註)	(30,000)	(40,000)	100,000
分攤後帳面金額	$120,000	$120,000	$160,000	$400,000
二次分攤比例		3/7	4/7	
	14,000	(6,000)	(8,000)	0
二次分攤後帳面金額	$134,000	$114,000	$152,000	$400,000

註：雖然依比例分攤損失金額為 $30,000，但分攤後之帳面金額不得低於其公允價值減處分成本 $134,000，故僅分攤減損金額 $16,000（= $150,000 − $134,000）。

×4/12/31	減損損失	100,000	
	累計減損—機器設備甲		16,000
	累計減損—機器設備乙		36,000
	累計減損—機器設備丙		48,000

註：本釋例只是為了讓學生容易了解資產減損相關會計處理，現金產生單位之資產不會僅有機器設備。

8.1.7　現金產生單位之減損損失迴轉

現金產生單位減損損失之迴轉，應依該單位中之各資產（商譽除外）帳面金額，比例分攤至各資產。前述帳面金額增加部分應以個別資產減損損失迴轉處理。

現金產生單位中之各資產依前段規定分攤該現金產生單位減損損失之迴轉時，各資產迴轉後之帳面金額不得超過下列二者較低者：

1. 各資產可回收金額（若可決定時）。

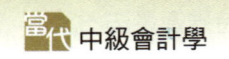

2. 各資產在未認列減損損失之情況下，減除應提列折舊或攤銷後之帳面金額。

因前項限制未分攤至某資產之減損損失迴轉金額，應依相對比例分攤至該現金產生單位之其他資產(商譽除外)。

釋例 8-6　現金產生單位減損損失迴轉

承釋例 8-5，A 公司於 ×6 年 12 月 31 日因評估該現金產生單位使用方式發生重大變動，預期將對企業產生有利之影響，且評估該現金產生單位可回收金額為 $360,000。假設 ×4 年 12 月 31 日機器設備甲、乙、丙之剩餘耐用年限皆為 10 年，無殘值，採直線法提列折舊，試作 ×6 年底認列資產減損損失迴轉之分錄。

解析

×4/12/31	甲	乙	丙	現金產生單位
帳面金額	$134,000	$114,000	$152,000	$400,000
提列 2 年折舊	(26,800)	(22,800)	(30,400)	(80,000)
×6/12/31 帳面金額	$107,200	$91,200	$121,600	$320,000

減損損失迴轉金額 = 可回收金額為 $360,000 − ×6/12/31 帳面金額 $320,000
　　　　　　　　 = $40,000

減損損失迴轉利益就各資產帳面值比例分攤：

×6/12/31	甲	乙	丙	現金產生單位
帳面金額	$107,200	$91,200	$121,600	$320,000
減損損失迴轉利益比例	33.5%	28.5%	38%	100%
減損損失迴轉利益金額	13,400	11,400	15,200	40,000
迴轉利益上限限額	(600)*			
二次分攤比例		42.9%	57.1%	100%
二次分攤迴轉利益金額		257	343	600
損失迴轉利益總金額	$12,800	$11,657	$15,543	$40,000
迴轉後帳面金額	$120,000*	$102,857	$137,143	$360,000

*若無減損之帳面金額，計算過程如下表所示：

×4/12/31	甲	乙	丙	現金產生單位
帳面金額	$150,000	$150,000	$200,000	$500,000
提列 2 年折舊	(30,000)	(30,000)	(40,000)	(100,000)
×6/12/31 帳面金額	$120,000	$120,000	$160,000	$400,000

甲機器設備只能迴轉至無減損時之帳面金額 $120,000，$600 須進行第二次分攤。A 公司應作分錄如下：

累計減損—機器設備甲	12,800	
累計減損—機器設備乙	11,657	
累計減損—機器設備丙	15,543	
減損迴轉利益		40,000

8.1.8　探勘及評估資產之減損

企業應於事實及情況顯示探勘及評估資產之帳面金額可能超過其可回收金額時，評估該資產是否發生減損。屬有關辨認**探勘及評估資產** (exploration and evaluation assets) 之減損評估層級，企業應擬定分攤探勘及評估資產至現金產生單位或現金產生單位群組之會計政策以評估該等資產之減損。

針對探勘及評估資產，應依 IFRS 6 之規定辨認可能減損之探勘及評估資產。下列一項或多項之事實及情況顯示企業應對探勘及評估資產進行減損測試：

1. 企業對特定區域之**探礦權** (right to explore) 於本期或近期到期且預期不再展期者；
2. 對特定區域內礦產資源進一步探勘及評估之必要支出未編列預算亦未作規劃；
3. 企業對特定區域內之礦產資源經探勘及評估後，未發現礦產資源達到商業價值之數量，且決定停止於該特定區域從事此類活動；
4. 有充分資料顯示，雖有可能進行特定區域之開發，但探勘及評估資產之帳面金額不可能經由成功開發或出售全數回收。

辨認探勘及評估資產之減損評估層級

企業應擬定分攤探勘及評估資產至現金產生單位或現金產生單位群組之會計政策以評估該等資產之減損，但分攤探勘及評估資產之各現金產生單位或單位群組不得大於依 IFRS8「營運部門」所定義之彙總前營運部門；**企業尚未取得充分資訊以確認技術可行性及商業價值之前無須評估探勘及評估資產之減損**；企業為測試探勘及

> 請參閱第 7 章有關探勘及評估資產之基本觀念。IASB 對探勘及評估資產之減損會計，有部分異於其他資產減損之特殊規範。

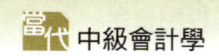

評估資產減損所辨認之層級可能包含一個或多個現金產生單位。

8.2 重估價模式

學習目標 2
了解重估價模式與成本模式之差異，並進一步學習重估價模式相關會計處理

不動產、廠房及設備於原始認列後，應以**成本模式** (cost model) 或**重估價模式** (revaluation model) 作為其會計政策。企業採用成本模式時，不動產、廠房及設備於認列為資產後，應以其成本減除所有**累計折舊** (accumulated depreciation) 與所有**累計減損損失** (accumulated impairment loss) 後之金額作為帳面金額。

以成本模式衡量，有兩個主要原因：
1. 歷史成本具有可驗證性及可靠性。
2. 不動產、廠房及設備是以繼續持有及長期使用為目的，比較不需要考慮公允價值變動。

帳面金額 = 成本 − 累計折舊 − 累計減損損失

企業採用重估價模式時，不動產、廠房及設備於原始認列後，應以重估價日公允價值，再減除重估價日後之累計折舊及累計減損損失後之金額作為帳面金額。

帳面金額 = 重估價日公允價值 − 重估價日後之累計折舊 − 重估價日後之累計減損損失

公允價值係指於衡量日，市場參與者間在有秩序之交易中出售某一資產所能收取或移轉某一負債所需支付之價格。若無法取得以市價為基礎之公允價值，則可能須採：(1) 收益法：透過預期資產未來收益 (現金流量) 的折現值，以估計公允價值；或 (2) 折舊後重置成本法：依資產目前的**重置成本** (replacement cost)，減除物質退化、過時陳舊及效率差異後的餘額，以估計公允價值。

8.2.1 相同類別資產之重估價

相同類別無形資產須同時進行重估價，重估價頻率使帳面金額貼近公允價值，可確保重估價會計資訊品質，並避免受到管理當局不當之操弄。

若對於不動產、廠房及設備之某一項目重估價，則屬於該類別之全部不動產、廠房及設備項目均應重估價。為避免對資產選擇性重估價及避免財務報表之報導金額混合了成本及不同時日之價值，企業應對同類別之不動產、廠房及設備項目同時重估價。惟某資產類別若可於短期間內完成重估價且重估價保持最新，則可採**滾動基礎** (rolling basis) 重估價，而無須同時點進行重估價。所謂**不動產、廠房及設備類別** (class of property, plant and equipment)，係企業於營運中具類似性質及用途之資產分組。

以性質來區分類別方式舉例如：(a) 土地；(b) 土地及建築物；(c) 機器；(d) 船舶；(e) 飛機；(f) 汽車；(g) 家具與裝修；及 (h) 辦公設備。以用途來區分類別方式，例如：以生產不同商品之生產線作為區分方式，將同一生產線之所有資產視為同一類別。

8.2.2　重估價之頻率

重估價應定期執行，以使**報導期間結束日** (end of the reporting period) 資產之帳面金額與公允價值間無重大差異。故重估價之頻率視被重估價不動產、廠房及設備項目公允價值之變動而定。當重估價資產之公允價值與其帳面金額有重大差異時，應進一步重估價。

某些不動產、廠房及設備項目之公允價值經歷重大且不規則之變動，故須每年重估價。對不動產、廠房及設備項目公允價值之變動不重大者，並無經常重估價之必要，該項目可能僅須每隔 3 年或 5 年重估價一次即可。

> **中華民國金融監督暨管理委員會認可之 IFRS**
>
> 我國金融監督管理委員會暫時僅允許企業採用成本模式衡量不動產、廠房及設備。企業不得採用重估價模式作為其會計政策。

8.2.3　重估價之會計處理

進行重估價時，資產之帳面金額調整為重估價金額。重估價日之資產應依下列方法之一處理：

1. 等比例重編法：總帳面金額應以與資產帳面金額之重估價一致之方式調整。例如：總帳面金額可能係參照可觀察市場資料而重新計算，或係依帳面金額之變動按比例重新計算。重估價日之累計折舊被調整為考量累計減損損失後，資產總帳面金額與帳面金額間之差額。
2. 消除累折淨額法：將累計折舊自資產總帳面金額中消除，即借記累計折舊並貸記原始成本。

8.2.3.1　重估增值之會計處理

帳面金額若因重估價而增加，則該增加數應認列於**其他綜合損益** (other comprehensive income) 並累計至權益中之重估增值項下。惟該相同資產過去若曾認列重估價減少數於損益者，則重估價之增

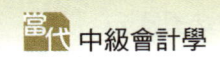

重估價模式與公允價值模式並不完全相同，重估價模式仍須提列折舊，且無須於每一資產負債表日評估公允價值。此外，重估增值係作為其他綜合損益，但在公允價值模式下，則認列為本期損益。

📗 表 8-3　重估增值之會計處理

重估增值	情況一	情況二	情況三
過去累計曾認列重估價減少數於損益	無	是 過去重估價減少數＞此次重估增值	是 過去重估價減少數＜此次重估增值
該資產重估增值項下貸方餘額	無／有(不限情況)	無(不會有資產重估增值之情況)	無(有資產重估增值之情況)
會計處理	此次重估增值全數認列於其他綜合損益	迴轉此次重估增值全數認列於損益	1. 過去重估價減少數認列於損益 2. 剩餘之差額認列於其他綜合損益

加數應於迴轉重估價減少數之範圍內認列於損益(詳見表8-3)。

　　於權益中之重估增值，於該資產除列時得直接轉入保留盈餘。此即該重估增值得於資產報廢或處分時全部轉出，惟亦可將該重估增值於使用該資產時逐步轉出；於此情況下，重估增值轉出之金額為該資產按重估價帳面金額應認列之折舊金額與按歷史成本應認列之折舊金額間之差額。**重估增值應直接轉入保留盈餘，不得透過損益。**

　　依據 IAS 16 重估價模式規定，於其他權益之重估價增值轉至保留盈餘有三種處理方式 如表8-4。

📗 表 8-4　重估增值轉出之三種方式

於除列時(報廢或處分時)轉出	不動產、廠房及設備項目於權益中之重估增值，於該資產除列時得直接轉入保留盈餘。即資產報廢或處分時，將其所有重估增值轉出。
逐步轉出	重估增值於使用該資產時逐步轉出，於此情況，重估增值轉出之金額為該資產按重估價帳面金額與按原始成本提列折舊間之差額。重估增值轉入保留盈餘時不得透過損益。
不轉出	企業可能基於節稅誘因或其他理由，亦可選擇將重估增值留在其他權益，不將其他權益中的重估增值轉出

IFRS 一點通

土地、房屋及建築物於資產負債表之表達

土地、房屋及建築物於資產負債表之表達如下：

土地成本	×××	房屋及建築成本	×××
土地—重估增(減)值	×××	房屋及建築—重估增(減)值	×××
累計減損—土地	(×××)	累計折舊—房屋及建築	(×××)
土地淨額	×××	累計減損—房屋及建築	(×××)
		房屋及建築淨額	×××

此外，企業辦理重估增值後，對財務報表之影響詳見表 8-5。

表 8-5　重估增值與成本模式之比較

重估增值	綜合損益表 第一年（重估年度）	綜合損益表 以後年度	資產負債表 第一年（重估年度）	資產負債表 以後年度
成本模式	每股盈餘相同	折舊費用少	每股淨值較低	差異逐漸縮小
重估價模式		折舊費用多	每股淨值較高	

8.2.3.2　重估減值之會計處理

　　帳面金額若因重估價而減少，則該減少數應認列於損益。惟於該資產重估增值項下貸方餘額範圍內，重估價之減少數應認列於其他綜合損益，所認列之其他綜合損益減少數，將減少權益中重估增值項下之累計金額(詳見表 8-6)。企業辦理重估減值後，對財務報表之影響詳見表 8-7。

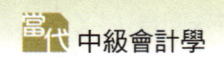

表 8-6　重估減值之會計處理

重估減值	情況一	情況二	情況三
過去累計曾認列重估價減少數於損益	無／有(不限情況)	無	無
該資產重估增值項下貸方餘額	無	是 重估增值項下貸方餘額＞此次重估減值	是 重估增值項下貸方餘額＜此次重估減值
會計處理	重估減值全數減少數應認列於損益	重估價之減少數應認列於其他綜合損益	1. 資產重估增值項下貸方餘額認列於其他綜合損益 2. 剩餘之差額認列於損益

表 8-7　重估減值與成本模式之比較

重估減值	綜合損益表 第一年(重估年度)	綜合損益表 以後年度	資產負債表 第一年(重估年度)	資產負債表 以後年度
成本模式	每股盈餘較高	折舊費用多	每股淨值較高	差異逐漸縮小
重估價模式	每股盈餘較低	折舊費用少	每股淨值較低	

釋例 8-7　土地資產重估價模式

×1年3月1日甲公司購買一塊土地作為營業資產，購買價格及其他必要交易成本合計 $200,000,000，甲公司以重估價模式作為其會計政策。由於土地沒有累計折舊，且假設甲公司未提列任何土地減損，使得土地之帳面金額等於重估價值。×1年12月31日及後續年度之重估價值分別為 $220,000,000、$208,000,000、$184,000,000 及 $228,000,000。

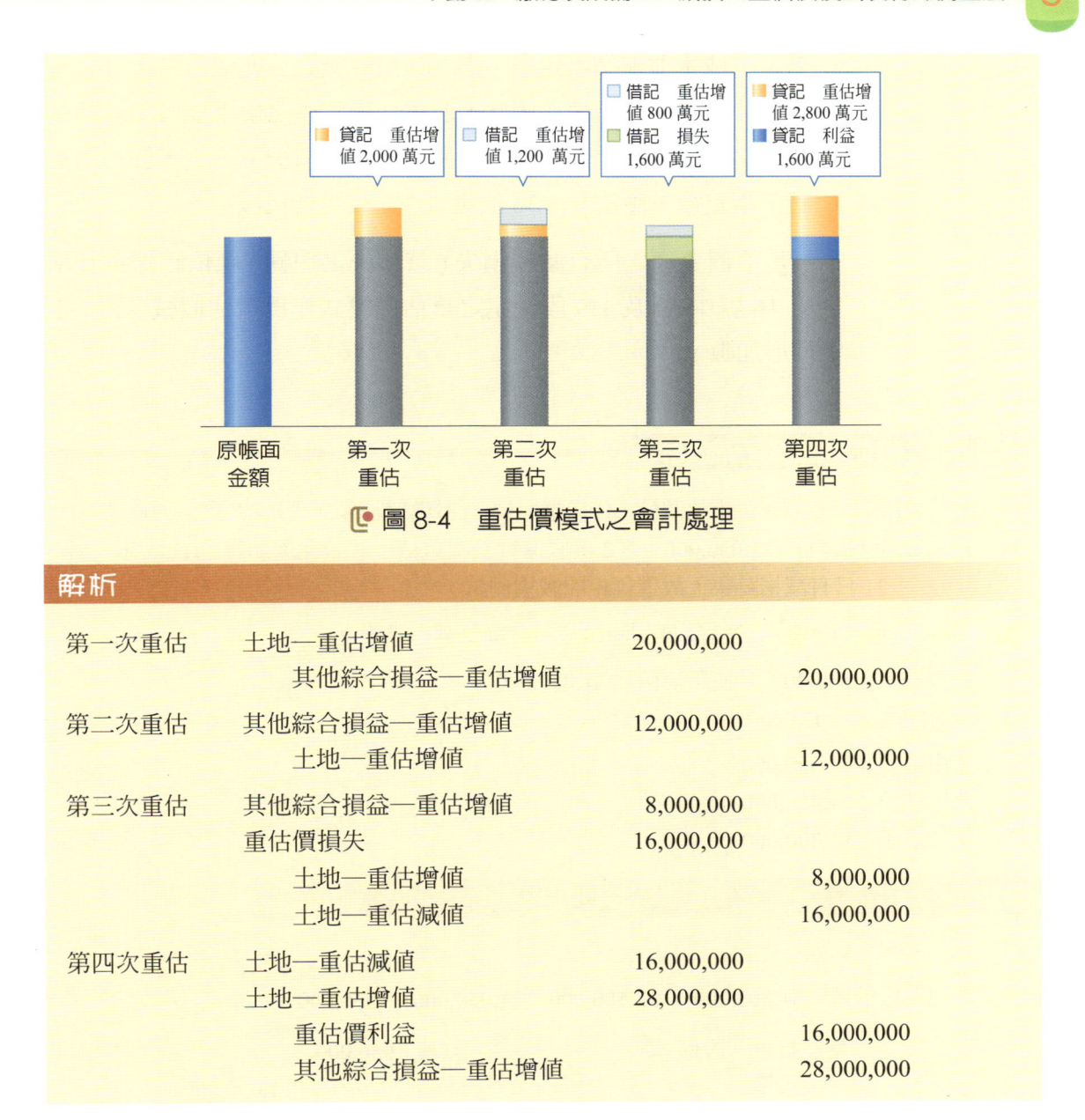

Chapter 8　不動產、廠房及設備——減損、重估價模式及特殊衡量法

圖 8-4　重估價模式之會計處理

解析

第一次重估	土地—重估增值	20,000,000	
	其他綜合損益—重估增值		20,000,000
第二次重估	其他綜合損益—重估增值	12,000,000	
	土地—重估增值		12,000,000
第三次重估	其他綜合損益—重估增值	8,000,000	
	重估價損失	16,000,000	
	土地—重估增值		8,000,000
	土地—重估減值		16,000,000
第四次重估	土地—重估減值	16,000,000	
	土地—重估增值	28,000,000	
	重估價利益		16,000,000
	其他綜合損益—重估增值		28,000,000

8.2.3.3　採用重估價模式下之資產減損

　　適用重估價金額列報之資產，其後續減損衡量應依照下列狀況處理：

1. 若處分成本微不足道，則重估價資產之可回收金額必然接近或大於其重估價金額。於此情況下，該重估價資產適用重估價規定後，該重估價資產不太可能減損，故無須估計其可回收金額。

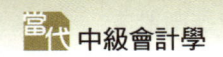

2. 若處分成本並非微不足道，則重估價資產之公允價值減處分成本必然小於其公允價值。因此，若重估價資產之使用價值小於其重估價金額，則該重估價資產已減損。於此情況下，企業於適用重估價規定後，應按 IAS 36 決定資產是否可能已減損。

重估價資產之所有減損損失 (該損失之迴轉) 應依國際會計準則第 16 號中 60 及 119 段規定之重估價模式作為重估價減少數 (重估價增加數)。

釋例 8-8　重估價之資產減損計算

A 公司購入一設備，以重估價模式作後續衡量。已知該設備之取得成本為 $2,500,000，×2 年底之累計折舊為 $1,050,000，×2 年底進行首次重估，其公允價值為 $1,500,00，另 ×2 年 12 月 31 日有減損跡象，故進行相關減損測試。

請依下列情況，試作 ×2 年底相關重估價分錄及減損分錄。

(1) 處分成本：$5,000，且使用價值為 $1,450,000
(2) 處分成本：$100,000
　a. 使用價值：$1,550,000
　b. 使用價值：$1,450,000
　c. 使用價值：$1,300,000

解析

(1) 處分成本：$5,000

認列重估增值：$1,500,000 – ($2,500,000 – $1,050,000) = $50,000

累計折舊—設備	1,050,000	
設備		1,050,000
設備—重估增值	50,000	
其他綜合損益—重估增值		50,000

因處分成本微不足道，該設備經重估後，不太可能減損，亦不必考量使用價值。

(2) 處分成本：$100,000

認列重估增值分錄如情況 (1)

因處分成本並非微不足道，此時淨公允價值已經小於重估價金額 (公允價值)，故依以下情況進行減損測試。

a. 當使用價值為 $1,550,000

   使用價值 $1,550,000 > 重估價金額 $1,500,000 > 淨公允價值 $1,400,000

   故無減損之情況。

b. 當使用價值為 $1,450,000

   使用價值 $1,450,000 > 淨公允價值 $1,400,000，故可回金額為 $1,450,000

   資產減損為 $1,500,000 − $1,450,000 = $50,000

其他綜合損益—重估增值	50,000	
累計減損—設備		50,000

   因帳上有重估增值，故減損損失應先減少重估增值。

c. 當使用價值為 $1,300,000

   使用價值為 $1,300,000 < 淨公允價值 $1,400,000，故可回收金額為 $1,400,000。

   資產減損為 $1,500,000 − $1,400,000 = $100,000

減損損失	50,000	
其他綜合損益—重估增值	50,000	
累計減損—設備		100,000

8.3 投資性不動產

8.3.1 投資性不動產之定義

投資性不動產，係指為賺取**租金** (rentals) 或**資本增值** (capital appreciation) 或二者兼具，而由所有者所持有或由承租人以使用權資產所持有之不動產 (土地或建築物之全部或一部分，或二者皆有)。

所謂資本增值目的，係指持有目的為持有資產一段期間後，資產市值與資產成本間之差額，即持有者動機為欲獲取增值利益。

投資性不動產不包括：(1) **自用不動產** (owner-occupied property)：用於商品或勞務之生產或提供，或供管理目的；(2) 存貨：正常營業過程出售而持有者。

8.3.1.1 判斷是否屬於投資性不動產之類別

投資性不動產之標的物大致上可分為三類，分別是土地、建築物及正在建造或開發之不動產，於符合賺取租金或資本增值特定條件時，屬投資性不動產之類別，若不符合條件時，則依其他公報之

> **學習目標 3**
> 了解投資性不動產之定義及認列與衡量方式，並了解其轉列自 (或轉列成) 其他持有目的使用時之會計處理。處分時之會計處理亦一併討論之

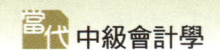

規定處理。詳見表 8-8 及表 8-9 判斷是否屬投資性不動產。

表 8-8　屬投資性不動產之類別

屬投資性不動產之類別	項目	持有目的
土地(含由承租人以使用權資產持有之土地)	為獲取長期資本增值，而非供正常營業過程短期出售。	資本增值
	目前尚未決定未來用途： 於決定用途之期間，土地已自然產生「增值」之效果，故符合投資性不動產中「資本增值」之持有目的。	資本增值
建築物(含由承租人以使用權資產持有之建築物)	企業所擁有(或企業所持有與建築物相關之使用權資產)，並以一項或多項營業租賃出租。	賺取租金
	空置且將以一項或多項營業租賃出租之建築物。	資本增值
正在建造或開發之不動產(含由承租人以使用權資產所持有之正在建造或開發之不動產)	不動產建成後將作為投資性不動產使用。	賺取租金、資本增值或二者兼具

表 8-9　非屬投資性不動產之類別

非屬投資性不動產之類別	項目	持有目的
存貨	意圖於正常營業過程出售，或為供正常營業過程出售而仍於建造或開發中之不動產。	以銷售為目的持有者
自用不動產	持有以供未來作自用不動產用途。	自用
	持有以供未來開發後作為自用不動產用途。	自用
	供員工使用之不動產(無論員工是否按市場行情支付租金)。	自用
	重分類為待出售項目。	待出售
融資租賃	以融資租賃出租予另一企業之不動產，幾乎所有風險與報酬已移轉與承租人。	應收融資租賃款

8.3.1.2 持有混合用途之不動產

持有混合用途之不動產，係指企業持有某些不動產之目的可能一部分係為賺取租金或資本增值，其他部分則係用於商品或勞務之生產或提供，或供管理目的（亦即自用之部分）。此時，應判斷不同用途部分之不動產，是否可以單獨出售，以作為區分條件。若不同用途部分之不動產可單獨出售（或以融資租賃單獨出租），則企業對各該部分應分別進行會計處理，亦即適用該部分之相關會計規定。然而，若不同用途部分之不動產無法單獨出售，則僅在該用於商品或勞務生產或提供，或供管理目的所持有部分（亦即自用之部分）係屬不重大時，該不動產始為投資性不動產。

8.3.1.3 允諾提供附屬服務之不動產

企業允諾提供**附屬服務** (ancillary services) 之不動產，係指除一般租賃合約外，企業對其出租資產尚須承擔提供額外服務之義務，而非僅有收取租金之權利。此時，應以該附屬服務重大與否作為區分條件，藉以辨明其是否應歸類於投資性不動產，分為以下二種情形：

1. 若附屬服務對整體協議係屬不重大，視為投資性不動產。
2. 附屬服務係屬重大，視為非投資性不動產。

然而，附屬服務是否重大到使該不動產無法符合投資性不動產，可能很難決定，因此尚須依賴專業判斷，方能決定該不動產之類別（詳見表 8-10）。

表 8-10 附屬服務重大性之判斷

項目	附屬服務對整體協議	是否為投資性不動產
辦公大樓之所有者對租用該大樓之承租人提供保全及維修服務。	不重大	是
企業擁有並經營一家飯店，對於飯店而言，提供予顧客之服務對整體協議係屬重大。	重大	否（屬自用不動產）
飯店之所有者根據管理合約移轉某些責任予第三方，且所有者實質上為一消極投資者，將其主要客服完全委外處理。	不重大	是
飯店之所有者根據管理合約移轉某些責任予第三方，且所有者僅將日常職能委外，仍保留營運飯店所產生之現金流量變動之重大風險。	重大	否（屬自用不動產）

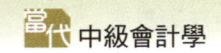

8.3.1.4　集團企業間之不動產租約

集團 (group) 企業間之不動產租約，對於擁有該不動產之企業而言，若該不動產符合投資性不動產之定義，則**出租人** (lessor) 於其個別財務報表中，應視為投資性不動產。但是，若以集團角度視之，該不動產仍屬自用不動產，故於合併財務報表中不應認列為投資性不動產。

8.3.2　自有之投資性不動產之認列與衡量

和一般資產之認列條件相同，於同時符合二條件時，方可認列為資產：

1. 未來經濟效益很有可能流入企業。
2. 成本能可靠衡量。

由承租人以使用權資產所持有之投資性不動產應依國際財務報導準則第 16 號認列。

自有之投資性不動產應按其成本進行原始衡量。交易成本應包括於原始衡量中。自有之投資性不動產原始成本包括與該不動產直接相關之必要支出 (交易成本)，若非為使該資產達到能符合管理階層預期運作方式之必要狀態所需之支出，則應將之認列為當期費用而非資本化。由承租人以使用權資產所持有之投資性不動產應依國際財務報導準則第 16 號之規定按其成本進行原始衡量。

8.3.2.1　認列後之衡量模式

中華民國金融監督暨管理委員會認可之 IFRS

金管會已公告自2014年起，開放企業之投資性不動產「後續衡量」，可選擇採用成本模式或公允價值模式。

投資性不動產認列後之衡量模式有公允價值模式及成本模式，企業得自由選擇採用公允價值模式或成本模式作為其會計政策，並將所選定之政策適用於所有投資性不動產。但對於投資性不動產會計政策一致性之規定。

有可自由選擇之例外：屬「**與負債連結之投資性不動產**」(investment property backing liabilities)，企業得選擇自由採用公允價值模式或成本模式，不需與其他投資性不動產採用相同會計政策。

所謂「與負債連結之投資性不動產」，係指此類負債所應支付給債權人之金額(債權人報酬)取決於包含該投資性不動產之特定資產之公允價值或報酬高低，即債權人之報酬與投資性不動產之報酬相連結。另外，當承租人使用公允價值模式衡量以使用權資產所持有之投資性不動產時，其應按公允價值衡量該使用權資產，而非標的不動產。

8.3.2.2　成本模式

投資性不動產於原始衡量後採成本模式衡量時，須參照國際會計準則第 16 號中之有關成本模式之明確規定，與一般機器設備之會計處理相同，投資性不動產於原始衡量後應以折舊後成本(減除任何累計減損損失)衡量，其相關會計處理請參閱第 7 章。符合分類為待出售 (held for sale)(或分類為待出售之處分群組中)之投資性不動產應依 IFRS 5「待出售非流動資產及停業單位」(Non-current Assets Held for Sale and Discontinued Operations) 規定處理，請參閱本章 8.4 節之相關規範。若由承租人以使用權資產所持有且依 IFRS 5 之規定非為待出售，應依 IFRS 16「租賃」之規定處理。此外，選擇成本模式之企業，應揭露其投資性不動產之公允價值。

釋例 8-9　採成本模式衡量投資性不動產

甲公司 ×1 年 1 月 1 日購買一棟敦化南路辦公大樓，預定將作為出租用途(營業租賃)以賺取租金，符合投資性不動產之條件與定義，支付總成本為 $120,000,000 (含購買價款、估價師服務費、房地產仲介費、代書及過戶登記費等)，估計辦公大樓建築物之公允價值 $80,000,000，辦公大樓土地之公允價值 $40,000,000，並於 ×1 年 4 月 1 日以營業租賃方式出租給乙公司，租期 4 年，每月期初收取租金 $500,000，×1 年 1 月 1 日估計辦公大樓建築物之耐用年限為 20 年，殘值為 $20,000,000，以直線法提列折舊，甲公司採成本模式衡量投資性不動產，相關分錄如下：

×1/1/1	投資性不動產—建築物	80,000,000	
	投資性不動產—土地	40,000,000	
	現金		120,000,000
×1/4/1	現金	500,000	
	租金收入		500,000

×1年5月1日至×1年12月1日認列租金收入分錄與×1年4月1日相同。

×1/12/31	折舊費用	3,000,000	
	累計折舊—投資性不動產—建築物		3,000,000

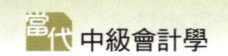

自購買日起之折舊費用 ($80,000,000 − $20,000,000) ÷ 20 = $3,000,000

×2年1月1日至×2年12月1日認列租金收入分錄與×1年4月1日相同。

×2/12/31	折舊費用	3,000,000	
	累計折舊—投資性不動產—建築物		3,000,000

8.3.2.3　公允價值模式

投資性不動產於原始認列後，企業得選擇按公允價值衡量所有投資性不動產，並將投資性不動產公允價值變動所產生之利益或損失，於發生當期認列為損益，不得另行提列折舊費用。

所謂公允價值，係指於衡量日，市場參與者間在有秩序之交易中出售某一資產所能收取或移轉某一負債所需支付之價格；故公允價值應排除特殊條件或情況下，所導致不實之價格，例如異常融資、售後租回協議，或與銷售相關之特殊考量或讓步等交易，所產生誇大之成交價格或減價。

企業於衡量公允價值時，應反映報導期間結束日之市場狀況，且無須減除因銷售或其他處分可能產生之交易成本。

釋例 8-10　採公允價值模式衡量投資性不動產

同釋例 8-9 之說明，甲公司採公允價值模式衡量投資性不動產，×1 年 12 月 31 日建築物與土地之公允價值分別為 $83,000,000 及 $42,000,000，×2 年 12 月 31 日建築物與土地之公允價值分別為 $81,000,000 及 $38,000,000，相關分錄如下：

×1/1/1	投資性不動產—建築物	80,000,000	
	投資性不動產—土地	40,000,000	
	現金		120,000,000
×1/4/1	現金	500,000	
	租金收入		500,000

×1年5月1日至×1年12月1日認列租金收入分錄與×1年4月1日相同。

×1/12/31	投資性不動產—建築物—累計公允價值變動數	3,000,000	
	投資性不動產—土地—累計公允價值變動數	2,000,000	
	公允價值調整利益—投資性不動產		5,000,000

×2 年 1 月 1 日至 ×2 年 12 月 1 日認列租金收入分錄與 ×1 年 4 月 1 日相同。

×2/12/31	公允價值調整損失—投資性不動產	6,000,000	
	投資性不動產—建築物—累計公允價值變動數		2,000,000
	投資性不動產—土地—累計公允價值變動數		4,000,000

8.3.2.4　無法可靠衡量公允價值之情況

　　極端情況下，企業首次取得投資性不動產或現有不動產於建造、開發或改變用途完成後，首次**轉列** (transfers) 為投資性不動產時，可能有明確證據顯示無法在持續基礎上可靠衡量投資性不動產之公允價值。此時若符合以下二種狀況時，符合公允價值無法可靠衡量之條件：

1. 可比不動產之市場並不活絡 (例如：少有交易，非現時報價或所觀察到之交易價格顯示賣者被迫出售)，且
2. 無法取得可靠之替代公允價值估計數 (例如：根據預估現金流量折現值)。

　　企業若判定無法在持續基礎上，可靠衡量投資性不動產 (建造中之投資性不動產除外) 之公允價值，則應依 IAS 16 之成本模式或對由承租人以使用權資產所持有之投資性不動產依 IFRS 16 之成本模式衡量投資性不動產，假定殘值為零。並依 IAS 16 或 IFRS 16 之規定處理，直至處分該投資性不動產 (詳見圖 8-5)。

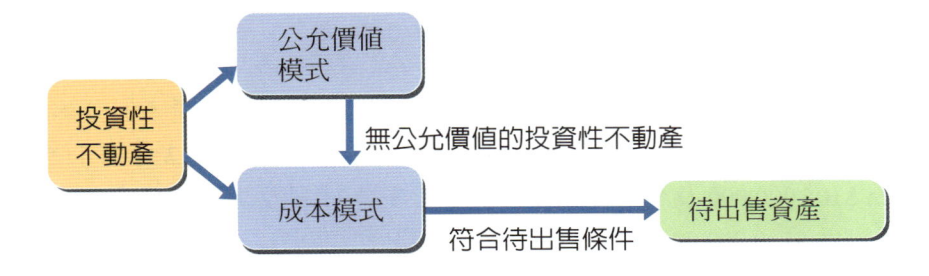

圖 8-5　投資性不動產認列後之衡量模式

8.3.2.5 自建投資性不動產

確定建造中之投資性不動產其公允價值確實無法可靠衡量，但若預期建造完成時其公允價值能可靠衡量，則對建造中之投資性不動產先按成本衡量，一旦其公允價值能可靠衡量或建造完成時 (以較早者為準)，應即改按公允價值衡量；而建造中之投資性不動產一旦完成，即先行推定其公允價值能可靠衡量，若並非如此，應依 IAS 16 之規定，或對由承租人以使用權資產所持有之投資性不動產依 IFRS 16 之規定繼續採用成本模式。被迫按 IAS 16 或 IFRS 16 採成本模式時，對於其他所有之投資性不動產 (包括建造中) 仍需採公允價值衡量，故在此狀況下，企業雖對某項不動產採成本衡量，但其他不動產仍需續採公允價值。

建造中投資性不動產之公允價值能可靠衡量之推定，僅可於原始認列時予以反駁，企業若已採公允價值衡量建造中之不動產，完工時不得主張公允價值無法可靠衡量。

對後續按公允價值衡量之自建投資性不動產，應於其建造或開發完成時，將該不動產之公允價值與原帳面金額間之差額，認列為**損益**。

釋例 8-11　自建投資性不動產 (公允價值無法可靠衡量)

甲公司於 ×1 年 1 月 1 日以 $100,000,000 買入一塊新北市之土地，準備興建一棟商業辦公大樓，作為出租之用，自 ×1 年 7 月 1 日開始投入工作，相關成本 (假設不考慮利息資本化) 資訊如下：

	×1/7/1 ~ ×1/12/31	×2/1/1 ~ ×2/12/31	×3/1/1 ~ ×3/3/31	累計支出
建造成本	$40,000,000	$70,000,000	$50,000,000	$160,000,000

×3 年 3 月 31 日完工，假設建造中之投資性不動產其公允價值無法可靠衡量，但於 ×3 年 3 月 31 日建造完成時其公允價值能可靠衡量，×3 年 3 月 31 日及 ×3 年 12 月 31 日土地之公允價值分別為 $105,000,000 及 $107,000,000，×3 年 3 月 31 日及 ×3 年 12 月 31 日建築物之公允價值分別為 $180,000,000 及 $200,000,000，甲公司相關分錄如下：

×1/1/1	投資性不動產—土地		100,000,000	
	現金			100,000,000
×1/7/1～×1/12/31				
	在建工程—投資性不動產—建築物		40,000,000	
	現金			40,000,000
×2/1/1～×2/12/31				
	在建工程—投資性不動產—建築物		70,000,000	
	現金			70,000,000
×3/1/1～×3/3/31				
	在建工程—投資性不動產—建築物		50,000,000	
	現金			50,000,000
×3/3/31	投資性不動產—建築物		160,000,000	
	在建工程—投資性不動產—建築物			160,000,000
	投資性不動產—建築物—累計公允價值變動數		20,000,000	
	投資性不動產—土地—累計公允價值變動數		5,000,000	
	公允價值調整利益—投資性不動產			25,000,000
×3/12/31	投資性不動產—建築物—累計公允價值變動數		20,000,000	
	投資性不動產—土地—累計公允價值變動數		2,000,000	
	公允價值調整利益—投資性不動產			22,000,000

8.3.2.6 維修與重置

　　日常維修成本包括人工及消耗品成本，亦可能包括小零件等，應立即認列為當期費用；重置取得之成本符合資產之認列條件，則應以資本化處理，在確認其符合資產認列條件後，應除列被替換部分之帳面金額，並依該投資性不動產原採用成本模式或公允價值模式衡量之不同，而採行不同的除列方式。

日常維修成本應立即認列為當期費用。

重置取得之成本符合資產之認列條件，則應以資本化處理。

1. 採成本模式衡量

　　若該投資性不動產之被重置部分已分開衡量，且亦獨立計算其折舊金額，則可依該部分之帳面金額除列，然而，若被重置部分並未分開計提折舊，且無法決定被重置部分的帳面金額時，則應以重置成本作為重置部分取得或建造時之參考，經判斷後方能決定除列金額。

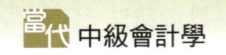

2. 採公允價值模式衡量

於公允價值模式下，投資性不動產之公允價值可能已反映被重置部分已損失其價值；於其他情況下，被重置部分之公允價值應減少之金額，可能難以辨別。於實務上若難以決定時，減少被重置部分公允價值之另一替代方法為將該重置視為增添，而將重置部分之成本計入該資產之帳面金額，然後再重新評估該資產之公允價值。

釋例 8-12　成本模式透過重置而取得投資性不動產之一部分

仁愛公司於 ×1 年 1 月 1 日購置辦公大樓以營業租賃出租，分類為投資性不動產，後續按成本模式衡量，成本 $80,000,000 估計可用 50 年，無殘值，依直線法提列折舊，×2 年 1 月 1 日仁愛公司決定將大樓電梯換新，更換新電梯之成本共計 $5,000,000。請依下列情況作與重置新內牆相關之分錄

(1) 仁愛公司有紀錄舊電梯之原始成本為 $3,000,000。
(2) 仁愛公司無法可靠估計舊電梯之帳面金額，以重置新電梯之成本 $5,000,000，考量通貨膨脹因素後，估計當初取得被重置部分之原始成本為 $4,500,000。

解析

(1) 舊電梯之原始成本為 $3,000,000

×2/1/1	處分投資性不動產損失	1,800,000	
	累計折舊—投資性不動產—建築物	1,200,000*	
	投資性不動產—建築物		3,000,000

* 3,000,000 ÷ 50 × 20 = $1,200,000

| ×2/1/1 | 投資性不動產—建築物 | 5,000,000 | |
| | 　　現金 | | 5,000,000 |

(2) 仁愛公司無法可靠估計舊電梯之帳面金額，以重置新電梯之成本 $5,000,000，考量通貨膨脹因素後，估計當初取得被重置部分之原始成本為 $4,500,000

×2/1/1	處分投資性不動產損失	2,700,000	
	累計折舊—投資性不動產—建築物	1,800,000**	
	投資性不動產—建築物		4,500,000

** $4,500,000 ÷ 50 × 20 − $1,800,000

| ×2/1/1 | 投資性不動產—建築物 | 5,000,000 | |
| | 　　現金 | | 5,000,000 |

釋例 8-13　公允價值模式─透過重置而取得投資性不動產之一部分 (IAS 40.15)

遠西公司於 ×1 年初以 $600,000 購買一空調設備，耐用年限 10 年，無殘值，以直線法提列折舊，遠西公司於 ×3 年 12 月 31 日將該空調設備安裝於以公允價值模式衡量之投資性不動產商辦大樓 (建築物)。空調設備於安裝於商辦大樓後已不再提列折舊，因其已包含於投資性不動產建築物之公允價值中。該空調設備於 ×4 年發生故障，因此須以 $900,000 之成本更換新空調設備。商辦大樓於 ×4 年 1 月 1 日之公允價值為 $600,000,000；於 ×4 年 12 月 31 日之公允價值則為 $607,000,000，請依下列情況作公允價值的揭露

(1) 假設被重置部分之公允價值可辨認為 $200,000。
(2) 假設被重置部分之公允價值難以辨認。

解析

(1) 被重置部分之公允價值可辨認為 $200,000

反映商辦大樓 (建築物) 空調設備重置之公允價值資訊揭露如下：

	投資性不動產─建築物
×4 年 1 月 1 日公允價值	$600,000,000
部分重置之成本	900,000
除列被重置部分之公允價值	(200,000)
公允價值調整產生之利益	6,300,000
×4 年 12 月 31 日公允價值	$607,000,000

(2) 被重置部分之公允價值難以辨認

	投資性不動產─建築物
×4 年 1 月 1 日公允價值	$600,000,000
增添-源自後續支出	900,000
公允價值調整產生之利益	6,100,000
×4 年 12 月 31 日公允價值	$607,000,000

說明：依據國際會計準則第 40 號「投資性不動產」(以下簡稱 IAS 40) 第 68 段之規定於公允價值模式下，投資性不動產之公允價值可能已反映被重置部分已損失其價值。於其他情況下，被重置部分應減少之金額可能難以辨別。於實務上難以決定時，減少被重置部分公允價值另一替代方法為將該重置視為增添，而將重置部分之成本計入該資產之帳面金額，然後再重新評估該資產之公允價值。

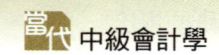

8.3.3 投資性不動產之除列

投資性不動產透過出售或融資租賃完成處分，或永久不再使用且預期無法由處分產生未來經濟效益時，應予除列。處分或報廢投資性不動產所產生之利益或損失金額，為淨處分價款與資產帳面金額間之差額，並應將該利益或損失於處分或報廢期間認列為損益。此外，自第三方取得之補償，應於該補償可收取時認列為損益。

在財務報導期間，若分類為投資性不動產之建物因火災燒毀，則應於財務報導結束日就燒毀情況對此大樓進行衡量，其保險給付額應於資產負債表認列為單獨的應收債權資產，該投資性不動產之衡量不應包含應收保險賠償款。

8.4 待出售非流動資產

學習目標 4
了解待出售非流動資產之定義與將資產分類為待出售非流動資產之條件，並學習其會計處理

待出售非流動資產 (non-current assets held for sale) 係指企業準備以出售之方式回收非流動資產之帳面金額，且符合待出售條件之單一非流動資產項目或一組資產及直接相關負債之組合 (或稱處分群組)。

8.4.1 處分群組

處分群組 (disposal group) 係指於單次交易中，以出售或其他方式一併處分之一組資產及直接相關之負債；處分群組可能為 (1) 一組現金產生單位；(2) 一個現金產生單位，或 (3) 一個現金產生單位之部分 (詳見圖 8-6)。現金產生單位係指可產生現金流入之最小可辨認資產群組，其現金流入與其他個別資產或其他資產群組之現金流入大部分獨立。處分群組之組成部分可能包括企業之任何資產或負債，包括流動資產與流動負債。若為含有商譽之現金產生單位，處分群組可能包括商譽；此外，亦可能包括處分群組直接相關之權益 (如其他權益—透過其他綜合損益按公允價值衡量之金融資產評價損益)。當企業對一群組資產採分多次方式出售而非一次單一交易出售時，企業應針對各次出售之資產，分別評估是否符合待出售之條件。

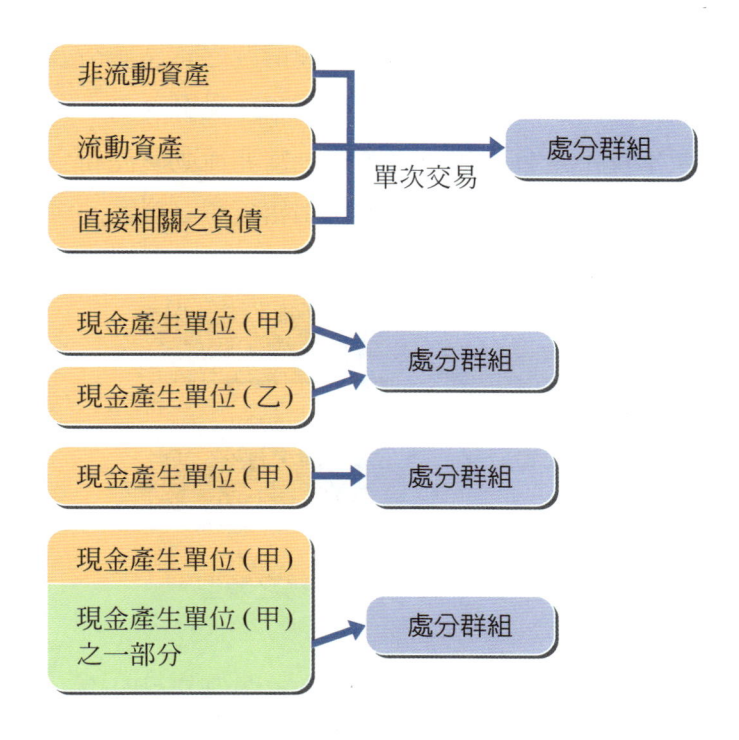

不動產、廠房及設備──減損、重估價模式及特殊衡量法

圖 8-6　處分群組之組成內容

8.4.2　分類為「待出售」之條件

當非流動資產符合待出售條件，才可以分類為待出售非流動資產。所謂待出售條件，係指於目前狀況下，企業依一般條件及商業慣例**可立即出售** (available for immediate sale)，且**高度很有可能** (highly probable) 於一年內完成出售 (詳見圖 8-7)。

「高度很有可能條件」需要專業判斷，從可能性之程度而言，應該已達幾乎會發生之程度。

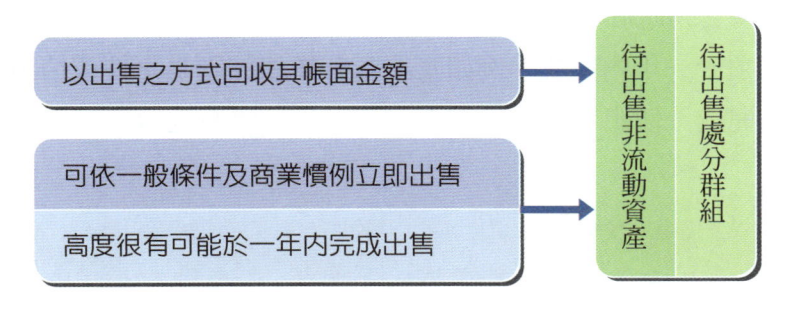

圖 8-7　分類為待出售之條件

換言之，企業有意圖及能力以目前狀態將非流動資產出售予買方，不能有不合常規的條件而影響出售的時間點，並造成處分交易時間

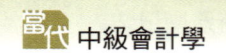

的重大延遲；所謂出售交易，包含一般情況之資產處分及具有**商業實質** (commercial substance) 之資產交換 (詳見圖 8-8)。分類為「待出售」資產本身不是會計政策之選擇，當非流動資產符合待出售條件時，其會計處理必須依照 IFRS 5 待出售資產之規定。

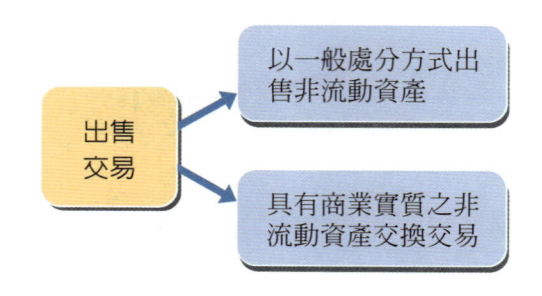

```
出售交易 → 以一般處分方式出售非流動資產
         → 具有商業實質之非流動資產交換交易
```

圖 8-8　出售交易之類型

8.4.2.1　條件一：可依一般條件及商業慣例立即出售

　　分類為「待出售」之條件需要高度專業判斷，而是否符合可依一般條件及商業慣例立即出售，須根據實際情況分析判斷，詳見表 8-11 待出售條件判斷之釋例。

8.4.2.2　條件二：高度很有可能於一年內完成出售

　　判斷符合高度很有可能於一年內完成出售之條件，企業須分別檢視是否已完成出售之基本必要工作事項，及預期未來是否可以完成尚未達成之工作事項 (詳見表 8-12)。

　　出售交易應於一年內完成，但 IFRS 5 允許若有特殊例外情形，可以無須於一年內完成。例如企業若有無法控制之事件或情況影響交易之完成，使出售交易延遲至一年以上，且有充分證據顯示企業

IFRS 一點通

承諾出售子公司股權而喪失控制力，是否應分類為待出售資產？

　　企業承諾之出售計畫涉及喪失對子公司控制力時，若符合待出售之條件，無論企業於出售後是否對先前之子公司保留部分股權 (非控制權益)，皆應將該子公司之所有資產及負債分類為待出售。

表 8-11　可依一般條件及商業慣例立即出售之判斷

	舉例情況	是否符合可依一般條件及商業慣例立即出售？
情況一	1. 企業已核准並開始執行出售其總部建築物之計畫，並已積極尋找買主。且 2. 企業意圖於遷離總部建築物後，移轉該建築物予買主，其遷離所需之時間係符合一般條件及商業慣例。	符合可立即出售之規定。 該資產於出售計畫核准時，即符合可立即出售之規定。
情況二	1. 企業已核准並開始執行出售其總部建築物之計畫，並已積極尋找買主。且 2. 企業將繼續使用該建築物直至新總部建築物建造完成，且於新總部建築物建造完成並遷離現有建築物前，無意圖移轉現有建築物予買主。	不符合可立即出售之規定。 現有建築物移轉時點之延遲，即顯示企業無法立即出售該建築物，不符合可立即出售之規定。 企業即使早已取得未來移轉現有建築物之確定購買承諾，於新建築物建造完成前，仍不符合可立即出售之規定。
情況三	1. 企業已核准並開始執行出售其製造設備之計畫，並已積極尋找買主。於計畫核准日仍有大量未完成之顧客訂單。 2. 企業意圖於出售製造設備時，同時出售其營運，所有未完成之顧客訂單將於出售日移轉予買主。且 3. 出售日未完成顧客訂單之移轉將不會影響該製造設備之移轉時點。	符合可立即出售之規定。 該資產於出售計畫核准時，即符合可立即出售之規定。
情況四	1. 企業已核准並開始執行出售其製造設備之計畫，並已積極尋找買主。於計畫核准日仍有大量未完成之顧客訂單。 2. 企業未意圖於出售製造設備時同時出售其營運，且於停止製造設備所有營運及履行顧客訂單前，無意圖移轉該製造設備予買主。且 3. 製造設備移轉時點之延遲，即顯示企業無法立即出售該製造設備。	不符合可立即出售之規定。 企業即使早已取得未來移轉製造設備之確定購買承諾，前述情況於製造設備停止營運前仍不符合可立即出售之規定。

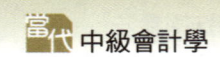

表 8-12　高度很有可能於一年內完成出售之五大條件

檢視已完成之工作事項	1. 管理當局已核准出售計畫 2. 管理當局已積極尋找買主 3. 管理當局已參照現時公允價值積極洽商交易
預期未來將完成之工作事項	4. 出售交易應於一年內完成 5. 出售計畫極少可能有重大變動或撤銷情事

企業不僅應於分類時，評估是否符合高度很有可能於一年內完成出售之五大條件；此外，尚未出售前仍須持續評估是否仍符合條件。

表 8-13　出售交易延遲一年以上之例外情形

	無法控制之事件或情況，使出售交易延遲至一年以上	符合下列條件時，可視為例外情形
情況一	合理預期除買主外之第三人對移轉增加條件。	1. 取得確定購買承諾後，始能因應第三人之條件。 2. 高度很有可能於一年內取得確定購買承諾。
情況二	取得確定購買承諾後，買主或第三人無預期地提出額外條件。	1. 未預期之條件發生時，已及時因應。 2. 造成延遲之因素預期一年內可妥善解決。
情況三	產生先前認為不可能發生之情況。	1. 已採取必要之措施因應情況之改變。 2. 已積極按情況改變下之合理價格洽商交易。 3. 符合可立即出售與高度很有可能出售之條件。

仍維持其出售承諾，則仍可將待出售之非流動資產或處分群組視為待出售性質(詳見表8-13)。

情況一之實例　甲公司為能源生產事業，已核准並開始執行出售一處分群組之計畫，且該處分群組係受管制業務項目之重大部分。因該出售須經主管機關許可，而使出售交易延遲至一年以上，且甲公司須於確認買主並取得確定購買承諾後，始得進行取得許可之程序。然而，其確定購買承諾高度很有可能於一年內取得。

情況二之實例　乙公司已核准並開始執行依目前條件出售製造設備

假如有出售交易延遲一年以上之例外情形(如表8-13情況一)，若因合理預期政府對移轉增加條件，使得預定出售之時間超過一年以上，處分成本應予以折現方式計算，差額視為利息支出，認列為損益；惟實務上，企業多無須考量折現問題，因通常皆可於一年內完成出售。

Chapter 8 不動產、廠房及設備——減損、重估價模式及特殊衡量法

IFRS 一點通

承諾分配予業主之資產，是否應分類為待分配予業主資產？

IFRS 5 亦適用於待分配予業主之非流動資產，若企業承諾將資產(或處分群組)分配予業主，且符合下列二項條件時，應將該非流動資產(或處分群組)分類為**待分配予業主** (held for Distribution to Owners)，其會計處理與待出售非流動資產一致，以帳面金額與公允價值減分配成本孰低者衡量。

1. 於目前狀態下可供立即分配。

2. 該分配應為高度很有可能：要符合分配高度很有可能，完成分配之行動須已開始，且應預期能自分類日起一年內完成。完成此分配所需之行動應顯示不大可能該分配會有重大變動或撤銷該分配。評估分配是否高度很有可能時，應包含考量股東核准之機率。

之計畫，並將其分類為待出售非流動資產。乙公司於取得確定購買承諾後，買主檢視資產發現存有先前未知之環境損害，而要求乙公司應改善該損害，使出售交易延遲至一年以上。乙公司已著手改善該損害，並高度很有可能於一年內符合應改善之標準。

情況三之實例 丙公司已核准並開始執行出售非流動資產之計畫，並將其分類為待出售非流動資產。第一年期間，資產最初分類為待出售非流動資產時，其所存在之市場條件惡化，以致該資產無法於年底出售。於該段期間，丙公司積極尋找買主但未有任何合理購買該資產之出價，故丙公司採取調降售價之因應措施。丙公司繼續於市場按資產之合理價格尋找買主，並符合可立即出售與高度很有可能出售之條件。

8.4.2.3　將報廢之資產

將於未來報廢或廢棄之非流動資產或處分群組，其帳面金額主要透過持續使用而回收，故不應分類為待出售非流動資產或待出售處分群組。所謂將於未來報廢之非流動資產或處分群組包括：(1) 將使用至經濟年限結束之非流動資產或處分群組，及 (2) 將以非出售方式廢棄之非流動資產或處分群組。

企業不宜將暫時停止使用之非流動資產視為已報廢之資產。例如企業因產品之需求下降而使企業停止使用製造設備，該設備仍維

> 將於未來報廢之非流動資產或處分群組包括：
> 1. 將使用至經濟年限結束之非流動資產或處分群組。
> 2. 將以非出售方式廢棄之非流動資產或處分群組。

IFRS 一點通

新取得非流動資產或處分群組

企業取得非流動資產或處分群組主要係以出售為目的時，須同時符合下列條件者，始應在取得日分類為待出售非流動資產或待出售處分群組：

1. 將於一年內完成出售者（符合企業無法控制之事件或情況者不在此限）；
2. 取得日雖尚未符合其他條件，惟將於短期內（通常不超過 3 個月）符合者。

企業應以若未分類為待出售非流動資產或待出售處分群組應有之帳面金額（如取得成本）與公允價值減處分成本孰低者衡量。但若係屬合併新取得者，應以公允價值減處分成本衡量。

持可使用之狀態，預期需求回升時仍可使用，該資產不應視為報廢資產。

8.4.3 待出售非流動資產及處分群組之會計處理

待出售非流動資產及處分群組之會計處理包括：

1. 分類為待出售非流動資產或待出售處分群組時之會計處理。
2. 分類為待出售非流動資產及處分群組後之後續衡量。

8.4.3.1 分類為待出售非流動資產或待出售處分群組時之會計處理

非流動資產或處分群組若主要將以出售之方式，而非透過持續使用回收其帳面金額，且符合「待出售」之條件時，應將其分類為待出售非流動資產或處分群組。分類為「待出售」前，應先依所適用國際財務報導準則內之衡量規定，調整資產或處分群組內所有資產及負債之帳面金額。再依調整後帳面金額轉列為待出售非流動資產或處分群組，並按帳面金額與公允價值減處分成本[2]孰低者衡量。

8.4.3.2 分類為待出售非流動資產及處分群組後之後續再衡量

---

[2] 本章節有關待出售非流動資產衡量時所使用的「處分成本」係配合 IAS 36 將「出售成本」改為「處分成本」，IFRS 5 仍維持「出售成本」的用法，本章節的用語雖與 IFRS 5 不同，但表達的意思是相同的。

非流動資產若分類為待出售非流動資產，後續不得再提列折舊、折耗或攤銷。每一資產負債表日，待出售非流動資產應按帳面金額與公允價值減處分成本孰低者衡量，於損益表認列減損損失或減損迴轉之利益。

待出售處分群組所包含之非屬 IFRS 5 衡量適用範圍之資產及負債，應於衡量待出售處分群組之公允價值減處分成本前，先依該等資產及負債所適用之國際財務報導準則規定衡量，待出售處分群組再按帳面金額與公允價值減處分成本孰低者衡量。例如：待出售處分群組所含負債之相關利息及其他費用應繼續認列，透過其他綜合損益按公允價值衡量之金融資產應先以公允價值再衡量。

待出售非流動資產之公允價值減處分成本若後續回升，應於損益表認列為利益，惟迴轉金額不宜超過依 IFRS 5 認列之累計減損損失及原依 IAS 36 得迴轉之金額 (請參閱 8.1.5 節之規定)。前項資產如已依規定辦理重估價，則其減損損失之迴轉應比照 IAS 36 之規定，不得超過若未認列減損應有之帳面金額辦理。例如：甲公司因市場競爭與策略之改變，於 ×1 年 1 月 1 日決定將其資產 A 分類為待出售非流動資產，帳面金額 $50,000，估計公允價值減去處分成本 $51,000。於 ×1 年 3 月 31 日，資產 A 的公允價值減去處分成本為 $48,000，應認列減損損失 $2,000，於 ×1 年 6 月 30 日，因景氣回升，其公允價值減去處分成本為 $52,500，因此有利得 $4,500，但因為不得超過上次因減損而產生的損失，所以只能認列 $2,000 的回升利益。換言之，待出售非流動資產之公允價值減處分成本若後續回升，迴轉上限為以下兩者之總和：

迴轉上限	=	依 IFRS 5 認列之累計減損	+	依 IAS 36 規定可迴轉金額
		分類為待出售後所認列之累計減損		資產減損之會計處理，迴轉金額不得超過若未認列減損損失應有之帳面金額

處分群組所認列之減損損失或後續迴轉利益，與 IAS 36 規定之分攤順序一致 (請參閱 8.1.6 節之說明)，減少或增加該群組中屬 IFRS 5 衡量規定範圍內非流動資產之帳面金額。

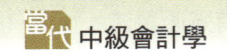

IFRS 一點通

待出售非流動資產認列減損損失及後續迴轉利益之會計分錄

本書有關待出售非流動資產認列減損損失及後續迴轉利益之會計分錄，皆採用分類為待出售時，即於累計減損帳上反映迴轉上限應有之金額，採用此方法，可以簡化後續再衡量之會計處理。然而，IFRS 並未禁止其他作法，只要財務報表能夠表達正確之餘額即可。請參閱以下釋例之作法。

釋例 8-14 待出售非流動資產之認列減損損失及後續迴轉利益

甲公司擁有全自動化運動服生產之機器設備，由於競爭與產品需求之變化，×1 年 12 月 31 日有減損跡象，相關資料如下：

成本	$1,000,000
使用價值	550,000
累計折舊	400,000
公允價值減處分成本	530,000

甲公司意圖繼續使用該機器。原始估計殘值為零與耐用年限 20 年不變，剩餘耐用年限 12 年，以直線法提列折舊。×2 年 3 月 31 日因市場之策略調整，甲公司決定將全自動化運動服生產之機器設備予以出售，且符合待出售之條件，3 月 31 日、6 月 30 日及 9 月 30 日該機器設備公允價值減處分成本 (淨公允價值) 分別為 $480,000、$550,000 及 $600,000。

試作：以下日期之分錄：
(1) ×1 年底認列資產減損；(2) ×2 年 3 月 31 日分類為待出售；(3) ×2 年 6 月 30 日後續再衡量；及 (4) ×2 年 9 月 30 日後續再衡量。

解析

(1) ×1 年底認列資產減損 (依 IAS 36 認列減損損失)

　　減損損失 = 帳面金額 – 可回收金額
　　　　　　 = ($1,000,000 – $400,000) – $550,000
　　　　　　 = $50,000

　　減損損失　　　　　　　　　　　　　　50,000
　　　累計減損—機器設備　　　　　　　　　　　　50,000

(2) ×2 年 3 月 31 日分類為待出售

　　補提折舊 ($550,000 ÷ 12) × 3/12 = $11,458

折舊費用	11,458	
累計折舊—機器設備		11,458

　a. 依 IFRS 5 認列減損損失＝帳面金額－公允價值減處分成本
　　　　　　　　　　＝($550,000 － $11,458) － $480,000
　　　　　　　　　　＝ $538,542 － $480,000
　　　　　　　　　　＝ $58,542
　b. 若無任何減損，×2 年 3 月 31 日機器設備應有之帳面金額
　　　＝ $1,000,000 － $1,000,000 ÷ 20 × (8 + 3/12) ＝ $587,500
　c. 依 IAS 36 規定可迴轉金額 ＝ $587,500 － $538,542 ＝ $48,958
　d. 計算減損損失最大可迴轉之金額 ＝ $58,542 + $48,958 ＝ $107,500

待出售機器設備	587,500	
累計折舊—機器設備	411,458	
累計減損—機器設備	50,000	
減損損失	58,542	
機器設備		1,000,000
累計減損—待出售機器設備		107,500

(3) ×2 年 6 月 30 日後續再衡量

$550,000 小於 $587,500，全數可認列迴轉利益。

迴轉利益 ＝ $550,000 － ($587,500 － $107,500) ＝ $550,000 － $480,000 ＝ $70,000

累計減損—待出售機器設備	70,000	
待出售非流動資產減損迴轉利益		70,000

(4) ×2 年 9 月 30 日後續再衡量

$600,000 大於 $587,500，可認列之迴轉利益只限於「累計減損—待出售機器設備」之餘額 $107,500 － $70,000 ＝ $37,500（亦等於 $587,500 與 $550,000 之差異金額）。

累計減損—待出售機器設備	37,500	
待出售非流動資產減損迴轉利益		37,500

釋例 8-15　待出售處分群組之認列減損損失及後續迴轉利益

　　×1 年 7 月 1 日甲公司計畫以出售方式處分飲料產品事業群，且符合待出售處分群組之條件。以下為該飲料產品事業群相關資產負債之帳面金額：

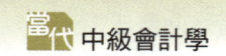

	分類日後續衡量前帳面金額
資產	
存貨	$ 400,000
透過其他綜合損益按公允價值衡量之金融資產	300,000
土地(成本)	3,000,000
折舊性資產(淨額)	4,000,000
商譽	500,000
負債	
抵押借款	(500,000)
淨資產	**$7,700,000**

×1 年 7 月 1 日其他資訊如下：

1. 存貨之淨變現價值為 $350,000。
2. 透過其他綜合損益按公允價值衡量之金融資產成本 $260,000，透過其他綜合損益按公允價值衡量之金融資產評價損益貸方餘額為 $40,000，×1 年 7 月 1 日透過其他綜合損益按公允價值衡量之金融資產之公允價值為 $280,000。
3. 折舊性資產 ×1 年 1 月 1 日之成本 $8,000,000，累計折舊 $4,000,000，假設以直線法提列折舊，無殘值，耐用年限 20 年。
4. 抵押借款之利率 10%，每年年初付息。
5. 待出售處分群組之公允價值減處分成本為 $6,405,000。

×1 年 12 月 31 日待出售處分群組尚未出售，其他資訊如下：

1. 待出售處分群組之公允價值減處分成本為 $6,690,000。
2. 存貨之淨變現價值為 $330,000。
3. 透過其他綜合損益按公允價值衡量之金融資產之公允價值為 $310,000。

試作：×1 年 7 月 1 日與 12 月 31 日相關之分錄。

解析

(1) ×1 年 7 月 1 日非屬 IFRS 5 衡量適用範圍之資產或負債，應分別依其所適用之公報規定衡量。

存貨跌價損失(或銷貨成本)	50,000	
透過其他綜合損益按公允價值衡量之金融資產評價損益	20,000	
折舊費用	200,000	
利息費用	25,000	
備抵存貨跌價損失		50,000
透過其他綜合損益按公允價值衡量之金融資產		20,000
累計折舊 ($8,000,000 ÷ 20 × 6/12)		200,000
應付利息 ($500,000 × 10% × 6/12)		25,000

分類日調整非屬 IFRS 5 衡量適用範圍之資產或負債後之帳面金額	
資產	
存貨（減備抵存貨跌價損失 $50,000）	$ 350,000
透過其他綜合損益按公允價值衡量之金融資產	280,000
土地（成本）	3,000,000
折舊性資產（減累計折舊 $4,200,000）	3,800,000
商譽	500,000
負債	
抵押借款	(500,000)
應付利息	(25,000)
淨資產	$7,405,000

分類為待出售處分群組時

待出售處分群組—存貨	350,000	
待出售處分群組—透過其他綜合損益按公允價值衡量之金融資產	280,000	
待出售處分群組—土地	3,000,000	
待出售處分群組—折舊性資產	3,800,000	
待出售處分群組—商譽	500,000	
備抵存貨跌價損失	50,000	
抵押借款	500,000	
應付利息	25,000	
存貨		400,000
透過其他綜合損益按公允價值衡量之金融資產		280,000
土地		3,000,000
折舊性資產		3,800,000
商譽		500,000
待出售處分群組—抵押借款		500,000
待出售處分群組—應付利息		25,000

分攤減損損失

　　7月1日待出售處分群組之公允價值減處分成本為 $6,405,000 < $7,405,000，則甲公司應認列減損損失 $1,000,000（= $7,405,000 − $6,405,000）。

　　$1,000,000 的減損損失，應先沖銷商譽 $500,000，剩餘的 $500,000，再依帳面金額比例，分攤給待出售處分群組中適用 IFRS 5 衡量規範之非流動資產（土地及折舊性資產），減少其帳面金額。分攤過程及分攤後之結果如下：

	分類日後續 衡量後	減損損失 之分攤	分攤後 之帳面金額
資產			
存貨(減備抵存貨跌價損失 $50,000)	$ 350,000		$ 350,000
透過其他綜合損益按公允價值衡量之金融資產	280,000		280,000
土地(成本)	3,000,000	$(220,588)	2,779,412
折舊性資產(減累計折舊 $4,200,000)	3,800,000	(279,412)	3,520,588
商譽	500,000	(500,000)	
負債			
抵押借款	(500,000)		(500,000)
應付利息	(25,000)		(25,000)
合計	$7,405,000	$(1,000,000)	$6,405,000

$500,000 × ($3,000,000 ÷ $6,800,000) = $220,588
$500,000 × ($3,800,000 ÷ $6,800,000) = $279,412

減損損失	1,000,000	
累計減損—待出售處分群組—土地		220,588
累計減損—待出售處分群組—折舊性資產		279,412
商譽		500,000

(2) ×1年12月31日非屬 IFRS 5 衡量適用範圍之資產或負債應分別依其所適用之公報規定衡量。

存貨跌價損失(銷貨成本)	20,000	
待出售處分群組—透過其他綜合損益按公允價值衡量之金融資產	30,000	
利息費用	25,000	
待出售處分群組—備抵存貨跌價損失		20,000
待出售處分群組—透過其他綜合損益按公允價值衡 　　量之金融資產評價損益		30,000
待出售處分群組—待出售處分群組—應付利息		25,000 *

* ($500,000 × 10% × 6/12)

減損損失迴轉利益之分攤

12月31日待出售處分群組之公允價值減處分成本為 $6,690,000 > 12月31日後續衡量後之帳面金額 $6,390,000，則甲公司應認列減損損失迴轉利益 $300,000 (= $6,690,000 − $6,390,000)，依帳面金額比例，分攤給待出售處分群組中適用 IFRS 5 衡量規範之非流動資產(土地及折舊性資產)，增加其帳面金額。分攤過程及分攤後之結果如下：

	12月31日後續衡量後之帳面金額	減損損失迴轉利益之分攤	分攤後之帳面金額
資產			
存貨(減備抵存貨跌價損失 $70,000)	$ 330,000		$ 330,000
透過其他綜合損益按公允價值衡量之金融資產	310,000		310,000
土地(成本)	2,779,412	$132,353	2,911,765
折舊性資產(減累計折舊 $4,200,000)	3,520,588	167,647	3,688,235
負債			
抵押借款	(500,000)		(500,000)
應付利息	(50,000)		(50,000)
合計	$6,390,000	$300,000	$6,690,000

$300,000 × 2,779,412 ÷ ($2,779,412 + $3,520,588) = $132,353
$300,000 × 3,520,588 ÷ ($2,779,412 + $3,520,588) = $167,647

　　累計減損—待出售處分群組—土地　　　　　　132,353
　　累計減損—待出售處分群組—折舊性資產　　　167,647
　　　　待出售處分群組減損迴轉利益　　　　　　　　　　　300,000

8.4.3.3　表達與揭露

　　企業應於資產負債表中,將分類為待出售非流動資產及分類為待出售處分群組之資產與其他資產分別表達,並列於流動資產項下(詳見表 8-14)。該等資產及負債不得互抵而以單一金額表達。如:資產負債表之表達如下:

　　流動資產
　　　　待出售處分群組　　　　　　　　　　$587,500
　　　　　累計減損—待出售處分群組　　　　(107,500)
　　　　待出售處分群組(淨額)　　　　　　　$480,000
　　流動負債
　　　　與分類為待出售處分群組直接相關之負債　$100,000
　　權益
　　　　其他權益—與待出售非流動資產相關之金額　$50,000

　　企業**不得**為反映最近期間資產負債表所表達之分類,而將以前

IFRS 一點通

閒置資產在資產負債表如何表達？

閒置資產不等同於待出售資產，目前在 IFRS 下，企業應將閒置之不動產、廠房及設備，依據其實際之情況判斷，若閒置資產符合 IFRS 5 待出售之條件，則應列為待出售非流動資產或處分群組；若企業取得不動產時，因暫時尚未決定其未來用途而閒置，則應列為 IAS 40 之投資性不動產；若不動產、廠房及設備因市場需求暫時減弱而閒置，則應繼續列為 IAS 16 之不動產、廠房及設備。

各期資產負債表中分類為待出售非流動資產或分類為待出售處分群組內資產及負債之表達金額，予以重分類或重行表達。

若於報導期間後方符合待出售之條件，則企業**不得**於發布之財務報表中將非流動資產（或處分群組）分類為待出售。惟若於報導期間後但於通過發布財務報表前符合該等條件，則企業應於附註中揭露相關之資訊。

表 8-14　待出售非流動資產及待出售處分群組之表達與揭露

待出售非流動資產	• 分類為流動資產於資產負債表單獨列示
待出售處分群組	• 群組內之資產及負債應於資產負債表單獨列示，分類為流動資產及流動負債，不得相互抵銷。 • 資產或負債之主要類別，應於資產負債表單獨列示或以附註揭露。 • 與待出售非流動資產或處分群組相關，而直接認列為業主權益調整項目者，亦應單獨列示。 • 取得時即分類為待出售子公司者，無須揭露資產及負債之主要類別。

本章習題

問答題

1. 不動產、廠房及設備適用的重估價模式與投資性不動產適用的公允價值模式皆是使用公允價值為資產作後續衡量的方式，試比較兩者差異所在。

2. A 國於 ×1 年立法，×2 年起開放從 B 國進口殘留某種人工添加物的肉品。某連鎖漢堡

Chapter 8 不動產、廠房及設備——減損、重估價模式及特殊衡量法

店乙公司×1年預期×2年起,該法案將使廣大消費者降低吃肉類漢堡的意願,對該公司產生重大不利之影響。上述情況下,乙公司應於何時進行減損測試?

3. 說明評估可回收金額時,如何從使用價值或公允價值減處分成本作選擇。

4. 試解釋現金產生單位的意義?

5. IAS 16 規定:若不動產、廠房及設備之某一項目重估價,則屬於該類別之全部不動產、廠房及設備項目均應重估價。試解釋上述規定中「類別」的意義,並舉出可能不適用上述條件的例外情形。

6. IAS 40 如何定義投資性不動產?

7. 哪種情況下,企業(原則上)所有投資性不動產皆須以公允價值模式衡量?

8. 說明企業於有明確證據顯示無法在持續基礎上可靠衡量投資性不動產之公允價值時,應如何處理。

9. 說明待出售非流動資產或待出售處分群組之定義。

10. 列舉 IFRS 5 規定企業高度很有可能於一年內完成出售其待出售非流動資產所需具備的全部條件。

11. 由承租人以使用權資產所持有之不動產是否可認列為投資性不動產?請詳細說明。

選擇題

1. 不動產、廠房及設備在使用重估價模式時,其公允價值之估計來源為?
    (A) 參考活絡市場報價
    (B) 由企業自行估計該資產未來現金流量之折現值
    (C) 藉資產目前之重置成本,減除物質退化、過時陳舊及效率差異後的餘額作估計
    (D) 以上皆可

2. 以下何種情況與企業之資產可能發生減損最不相關?
    (A) 影響資產使用價值之折現率下降
    (B) 資產之產出不如預期
    (C) 資產發生毀損
    (D) 資產之市價之下跌幅度顯著大於該期之折舊率

3. 依據國際會計準則第 16 號,不動產、廠房及設備於認列後之衡量模式有成本模式與重估價模式,試問下列敘述何者正確?
    (A) 企業可針對不同類別中之全部不動產、廠房及設備採取不同的衡量模式
    (B) 資產重估價應於每年 12 月 31 日執行
    (C) 企業應選定每年的同一日進行所有各類資產的重估價
    (D) 不動產、廠房及設備項目於權益中之重估增值,在該資產出售時應先結轉至本期損益,再轉至保留盈餘

4. 蘋果公司 ×1 年初以 $1,000,000 購入自用土地一筆，採重估價模式衡量，×1 年底按該土地當日公允價值 $1,200,000 進行重估價，該公司選擇將重估增值累積於權益直至處分該土地。×2 年底評估該土地已發生減損，估計可回收金額為 $950,000。×3 年底該公司評估該土地已認列之減損已不復存在，估計可回收金額為 $1,070,000。該公司應認列計入 ×3 年本期淨利之減損迴轉利益金額為：

   (A) $0　　　(B) $50,000　　　(C) $70,000　　　(D) $120,000

5. 在評估資產之使用價值時，下列項目中共有幾項不應列入考量？
   (a) 預期為提升資產之績效所支出之現金流量；(b) 企業尚未承諾之未來重組之預估淨現金流量；(c) 資產耐用年限屆滿時，處分資產將獲得之淨現金流量；(d) 經由資產持續使用所產生之預計現金流量

   (A) 一項　　　(B) 二項　　　(C) 三項　　　(D) 四項

6. 關於資產減損，下列敘述何者有誤？
   (A) 企業應採用單一折現率來評估某一資產之使用價值
   (B) 企業分攤商譽至現金產生單位以進行減損測試時，每一受攤商譽之現金產生單位不得大於 IFRS 8 所定義之彙總前營運部門
   (C) 資產群組之產出若有活絡市場，即使該產出係供企業內部所使用，仍應將該資產群組辨認為現金產生單位
   (D) 以上皆非

7. 下列關於採重估價模式作後續衡量之不動產、廠房及設備，其重估價頻率之敘述，何者有誤？
   (A) 原則上，企業應對同類別之不動產、廠房及設備項目同時重估價
   (B) 若某不動產、廠房及設備類別可於短期間內完成重估價且使不動產、廠房及設備之重估價金額保持最新，則可採滾動基礎重估價
   (C) 重估價需在每一個會計年度結束日前定期執行
   (D) 以上皆是

8. 甲公司某項設備初次重估價。下列敘述何者錯誤？
   (A) 若有重估增值，該年度之每股盈餘與採成本模式相同
   (B) 若有重估增值，該年度之每股淨值與採成本模式相同
   (C) 若有重估減值，往後年度也未重估價，則往後年度提列之折舊費用較採成本模式為低
   (D) 若有重估減值，該年度之每股淨值較採成本模式為低

9. 水水公司 ×1 年中以 $500,000 購入自用土地一筆，採重估價模式衡量，×1 年底按該土地當日公允價值 $600,000 進行第一次重估價，並於該公司 ×2 年中以公允價值 $800,000 出售該土地。若該公司係於當日進行第二次重估價再出售，則相較於未進行第二次重估價即出售，該土地出售對 ×2 年保留盈餘影響數之差異金額為（不考慮所得稅影響）：

   (A) $0　　(B) $100,000　　(C) $200,000　　(D) $300,000

   ［改編自 103 年高考金融會計］

10. 下列敘述何者正確？
    (A) 礦產資源開採已達技術可行性及商業價值得到證明後，探勘及評估資產於重分類前，應作減損測試
    (B) 特定區域之探礦權將於近期到期且預期不再展期時，企業應對探勘及評估資產作減損測試
    (C) 以上皆是
    (D) 以上皆非

11. 下列敘述何者錯誤？
    (A) 融資租賃之出租人，其出租之不動產，不適用 IAS 40 下投資性不動產之規定
    (B) 營業租賃之出租人，其出租之不動產，適用 IAS 40 下投資性不動產之規定
    (C) 承租人以使用權資產所持有之不動產，其承租之不動產，可作為 IAS 40 所定義之投資性不動產
    (D) 承租人以使用權資產所持有之不動產，其承租之不動產，不可作為 IAS 40 所定義之投資性不動產

12. 下列何者屬投資性不動產？
    (A) 目前尚未決定未來用途之土地
    (B) 供員工使用之不動產
    (C) 以融資租賃出租予另一企業之不動產
    (D) 為第三方建造或開發之不動產

13. 某公司持有一組不動產，一部分為賺取資本增值，另一部分則用於生產存貨於市場販售。若各部分不動產皆無法單獨出售，也無法以融資租賃單獨出租，則：
    (A) 整組不動產視為投資性不動產
    (B) 整組不動產視為自用不動產
    (C) 僅在生產存貨部分之不動產係屬不重大時，整組不動產才可依 IAS 40 投資性不動產處理
    (D) 以上皆非

14. 下列敘述，何者有誤？
    (A) 營業租賃下，若辦公大樓之所有者對租用該大樓之承租人提供保全及維修服務，相較租賃合約不具重大性，該大樓所有者可將此棟大樓視為投資性不動產處理
    (B) 母公司出租不動產予子公司，在合併報表中不應認列該不動產為投資性不動產
    (C) 承租人將以使用權資產所持有之不動產分類為投資性不動產時，須以成本模式衡量其下全部投資性不動產
    (D) 以上皆非

15. 甲公司將以使用權資產所持有之不動產分類為投資性不動產。若甲公司另持有一項與負債連結之投資性不動產，則該與負債連結之投資性不動產：
    (A) 應依成本模式衡量
    (B) 由甲公司自由選擇以公允價值模式或成本模式衡量
    (C) 應依公允價值模式衡量

317

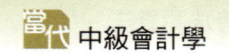

(D) 以上皆非

16. 承 15.題，甲公司除「與負債連結之投資性不動產」外之全部投資性不動產：
    (A) 應依成本模式衡量
    (B) 由甲公司自由選擇以公允價值模式或成本模式衡量
    (C) 應依公允價值模式衡量
    (D) 以上皆非

17. 乙公司首次取得一項投資性不動產(非自行建造)時，有明確證據顯示無法在持續基礎上可靠決定該投資性不動產之公允價值。上述情況下，下列敘述何者錯誤？
    (A) 應依成本模式衡量該投資性不動產
    (B) 應假定該投資性不動產殘值為零
    (C) 應依直線法提列折舊
    (D) 以上皆正確，本題無錯誤選項

18. 友友公司 ×1 年初租用 A 與 B 二棟商辦大樓，租期均為 3 年，每年年初給付租金 $500,000，租賃隱含利率 5%，租期屆滿後均返還出租人。二棟商辦大樓於 ×1 年底之公允價值相等。若該公司將該二棟商辦大樓均分類為投資性不動產，且此分類符合國際財務報導準則，則關於該公司對此二棟商辦大樓之會計處理，下列敘述何者正確？
    (A) A 商辦大樓租賃對 ×1 年本期淨利之影響數小於 B 商辦大樓租賃
    (B) A 商辦大樓租賃對 ×1 年本期淨利之影響數大於 B 商辦大樓租賃
    (C) A 商辦大樓與 B 商辦大樓均得選擇以公允價值模式或成本模式衡量
    (D) A 商辦大樓與 B 商辦大樓均可不提列折舊
    〔改編自 103 年高考金融會計〕

19. 以下資產，何者可能需要提列折舊？
    (A) 分類為待出售非流動資產之設備
    (B) 以公允價值模式衡量之投資性不動產
    (C) 以重估價模式衡量之土地
    (D) 以重估價模式衡量之建築物

20. 當待出售非流動資產不再符合 IFRS 5 所定義的待出售條件時，下列處理方式何者正確？
    (A) 該資產停止分類為待出售非流動資產時，應以其未分類為待出售非流動資產應有之帳面金額，與不再符合待出售條件時之公允價值減處分成本孰低者作衡量
    (B) 該資產停止分類為待出售非流動資產時，對資產帳面金額所作之調整，應列入繼續營業單位損益
    (C) 以上皆是
    (D) 以上皆非

21. 丁公司會計年度採曆年制。×3 年初，因市場需求下降，丁公司停止使用製造設備 A 長達一年。該設備採工作時間法提列折舊，至 ×3 年底仍維持可使用之狀態，預期市場需求回升時仍可使用。下列敘述有幾項正確？
    (a) ×3 年底資產負債表中應將該設備列為待出售非流動資產；(b) ×3 年初應將該設備依資產報廢相關規定處理；(c) ×3 年底應對設備進行重估價；(d) ×3 年該設備應提列折舊費用為 $0

(A) 一項　　　(B) 二項　　　(C) 三項　　　(D) 四項

22. 丁公司計畫將出售資產群組 A，且符合待出售之條件。該資產群組各資產之帳面金額分別為土地 $4,000，建築物 (淨額) $2,000，商譽 $1,000；估計資產群組 A 之公允價值為 $5,000，處分成本為 $2,000。試問資產群組 A 分類為待出售非流動處分群組後，建築物帳面淨額為何？

    (A) $1,000　　　(B) $2,000　　　(C) $3,000　　　(D) $0　　　[改編自 97 年會計師]

23. 甲公司承諾一項出售計畫，該計畫將使甲公司喪失對子公司乙之控制力。若該出售計畫符合待出售之條件，則：
    (A) 若甲公司完成出售計畫後，仍持有乙公司部分股權，則甲公司不應將乙公司之資產及負債分類為待出售處分群組
    (B) 若甲公司完成出售計畫後，不再持有乙公司任何股權，則甲公司應將乙公司之資產及負債分類為待出售處分群組
    (C) 以上皆是
    (D) 以上皆非

24. 下列敘述何者錯誤？
    (A) 將非流動資產分類為待分配予業主時，需考量股東核准之機率
    (B) 將於 ×6 年符合待出售非流動資產條件之資產，×5 年之資產負債表不得將該資產分類為待出售非流動資產
    (C) 將於 ×6 年報廢之非流動資產，應於 ×5 年底分類為待出售非流動資產
    (D) 待出售處分群組內之資產及負債應於資產負債表單獨列示，分類為流動資產及流動負債，不得相互抵銷

25. 丙公司於 ×6 年底完成收購丁公司。丁公司擁有 A 及 B 兩家子公司，丙公司取得 B 公司之目的為出售，且該 B 公司符合 IFRS 5 分類為待出售處分群組之條件，同時亦符合停業單位之定義。取得 B 公司時，B 公司之公允價值為 $1,000,000，可辨認負債之公允價值 $300,000，處分成本為 $200,000。×7 年底重新衡量後發現，B 公司之公允價值為 $800,000，可辨認負債之公允價值為 $400,000，處分成本為 $300,000。試問丙公司於 ×7 年合併綜合損益表中列示 B 公司之後續衡量 (損) 益為何？

    (A) $(100,000)　　　(B) $100,000
    (C) $(300,000)　　　(D) $300,000　　　[改編自 96 年會計師]

練習題

1. 【可回收金額、個別資產減損、重估價模式】甲公司中四項適用 IAS 36 之資產，假設皆可產生大部分獨立於其他資產或資產群組之現金流入。×2 年初因存在減損跡象，遂作減損測試。假設甲公司進行資產重估價時採用消除累折淨額法。×2 年 1 月 1 日這四項資產於資產負債表對應之相關項目金額如下：

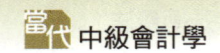

×2/1/1	資產 A	資產 B	資產 C	資產 D
成本（或×2年初前最近一次重估價日之公允價值）	$100,000	$200,000	$300,000	$400,000
累計折舊	$20,000	$50,000	$40,000	$90,000
累計減損	$10,000		$30,000	
權益—重估增值	—	$20,000	—	$9,000

×2年初甲公司管理階層評估之其他資訊如下：

×2/1/1	資產 A	資產 B	資產 C	資產 D
公允價值	$70,000	$160,000	$240,000	$310,000
使用價值	$55,000	$150,000	$220,000	$300,000
處分成本	$10,500	$11,000	$10,000	$15,000

試作：

(1) 評估四項資產之可回收金額。
(2) 評估哪些資產發生減損。
(3) 與減損相關之分錄。

2. 【個別資產減損與迴轉、折舊方式改變、重估價模式】乙公司 ×3 年初購入一項設備，成本 $210,000，耐用年限 4 年，殘值 $10,000，以年數合計法提列折舊。×4 年底此設備有減損跡象，估計使用價值為 $60,000，公允價值減處分成本為 $55,000，新估計之剩餘耐用年限為 1.5 年，殘值為 0，並改以直線法提列折舊。×5 年底之使用價值為 $21,000，淨公允價值為 $22,000。

試作：

(1) 假設此設備以成本模式作後續衡量，試作 ×4 年與減損相關之分錄。
(2) 假設此設備以重估價模式作後續衡量，×3 年底進行重估價時之公允價值為 $140,000，新估計之殘值為 $20,000，剩餘耐用年限延長為 4 年，並重新依年數合計法提列折舊。乙公司之會計政策係將重估增值於資產處分時全部實現。試作 ×4 年與減損相關之分錄。
(3) 承 (1)，試作 ×5 年減損迴轉分錄。
(4) 承 (2)，試作 ×5 年減損迴轉分錄。

3. 【重估價模式，先重估增值再重估減值，除列轉出】×1 年 1 月 1 日公館公司支付 $300,000 購入設備，耐用年限 5 年，無殘值，採直線法提列折舊，公館公司採重估價之會計政策，重估增值貸方餘額範圍內，重估價減少數認列於其他綜合損益，並於設備報廢或處分時，將所有重估增值轉入保留盈餘。×2 年底及 ×3 年底該設備重估後之公允價值分別為 $360,000 及 $10,000，耐用年限及殘值不變。

試作：

(1) ×2 年底及 ×3 年底重估價之分錄，消除累折淨額法處理。
(2) ×2 年底及 ×3 年底重估價之分錄，等比例重編法處理。

4. 【重估價模式，先重估減值再重估增值(除列轉)】×1 年 1 月 1 日臺大公司支付 $300,000 購入設備，耐用年限 5 年，無殘值，採直線法提列折舊，臺大公司採重估價之會計政策，重估增值貸方餘額範圍內，重估價減少數認列於其他綜合損益，並於設備報廢或處分時，將所有重估增值轉入保留盈餘。×2 年底及 ×3 年底該設備重估後之公允價值分別為 $90,000 及 $600,000，耐用年限及殘值不變。

試作：

(1) ×2 年底及 ×3 年底重估價之分錄，消除累折淨額法處理。
(2) ×2 年底及 ×3 年底重估價之分錄，等比例重編法處理。

5. 【先重估增值再重估減值 減損金額不超過增值】×1 年 1 月 1 日杜鵑花公司支付 $80,000 購入設備，耐用年限 8 年，無殘值，採直線法提列折舊，杜鵑花公司採重估價之會計政策，重估增值貸方餘額範圍內，重估價減少數認列於其他綜合損益，並於設備報廢或處分時，將所有重估增值轉入保留盈餘。×4 年底及 ×5 年底該機器重估後之公允價值分別為 $96,000 及 $24,000，耐用年限及殘值不變。

試作：

(1) ×4 年底及 ×5 年底重估價之分錄，消除累折淨額法處理。
(2) ×4 年底及 ×5 年底重估價之分錄，等比例重編法處理。

6. 【現金產生單位、共用資產之減損】A 公司有甲、乙及丙三個部門及一個研究中心，統一由臺南總公司管理。其中甲、乙及丙部門為現金產生單位，三者皆不含商譽，臺南總公司建築物及研究中心為甲、乙及丙部門的共用資產。由於本年度 A 公司所屬產業環境對 A 公司產生不利的重大變動，該公司對其所有資產進行減損測試。A 公司經評估後認為：

1. 將甲、乙及丙三部門資產的帳面金額，依耐用年限加權後之相對比例，作為分攤總部建築物帳面金額的基礎較為合理。
2. 研究中心之帳面金額無合理的分攤基礎。
3. 無法取得各現金產生單位的公允價值減處分成本。
4. 各現金產生單位及全公司使用價值為：甲部門 $400,000，乙部門 $940,000，丙部門 $620,000，全公司 $1,960,000。

×5 年底 A 公司各部門資產的帳面金額及估計剩餘耐用年限列示如下：

	帳面金額	估計剩餘耐用年限
甲部門	$400,000	8
乙部門	800,000	8
丙部門	400,000	16
總部建築物	500,000	20
研究中心	300,000	30

試作：計算 ×5 年度 A 公司應認列之減損損失總金額。　　[改編自 95 年公務人員高等考試]

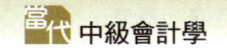

7. **【共用資產與現金產生單位之減損損失分攤】** 丁公司 ×3 年初評估該公司其中一個現金產生單位相關之減損。有一座廠房 C 為專供 A、B 二個現金產生單位使用之資產。A、B 二個現金產生單位下各資產皆適用 IAS 36，且均無法個別評估公允價值及未來現金流量。丁公司之管理階層評估後發現，將現金產生單位之帳面金額乘以耐用年限後之金額比，作為分攤共用廠房帳面金額之依據，符合 IAS 36 中「合理而一致之分攤基礎」。其他資訊如下表：

	現金產生單位 A	現金產生單位 B	廠房 C
帳面金額	$100,000	$200,000	$50,000
可回收金額	$100,000	$200,000	—
耐用年限	10	5	10

試作：分攤給現金產生單位 A 下各資產、現金產生單位 B 下各資產及廠房 C 之減損損失各為多少？（四捨五入至整數位）

8. **【現金產生單位減損分配到單位下各資產、二次分攤】** ×3 年底，甲公司某一現金產生單位進行減損測試，該現金產生單位共包含一座廠房、一項設備及一幢建築物，帳面金額分別 $200,000、$250,000 及 $250,000，除已知建築物之公允價值為 $230,000，使用價值為 $150,000，處分成本為 $20,000 外，無法評估其他二項資產之使用價值或公允價值。該現金產生單位之可回收金額為 $560,000。試計算三項資產分攤減損損失後之帳面金額（四捨五入至整數位），並作 ×3 年底應有之分錄。

9. **【現金產生單位下各資產之減損迴轉、二次分攤】** 承第 8 題，甲公司於 ×4 年底發現 ×3 年底存在之減損跡象已不復存在，且評估該現金產生單位公允價值為 $614,000，使用價值為 $590,000，處分成本為 $10,000。假設 ×3 年底減損後，甲公司延續之前的會計政策，所有資產耐用年限、殘值及折舊方式之估計皆和減損前相同：三項資產剩餘耐用年限皆為 10 年，皆無殘值，且皆依直線法提列折舊。試計算三項資產迴轉後之帳面金額，並作 ×4 年底迴轉減損損失之分錄。

10. **【重估價模式會計處理、報表表達】** ×1 年初乙公司以 $1,000,000 購買一塊土地，並以重估價模式作後續衡量。×1 年至 ×5 年每年年底均進行重估價，公允價值分別是 $980,000、$1,080,000、$1,020,000、$960,000 和 $980,000。

    試作：
    (1) 所有重估價相關之分錄。
    (2) 列出 ×2 年底乙公司資產負債表上與土地重估價相關之項目與金額。

11. **【重估價模式】** 丁公司 ×2 年底以 $300,000 購入電腦設備，採直線法提列折舊，無殘值，估計耐用年限 5 年，並以重估價模式作後續衡量。×4 年底，該設備之公允價值為 $270,000。×6 年底，該設備之公允價值為 $50,000。×7 年底，丁公司支付 $10,000 處分此項電腦設備。丁公司於每次重估價後，皆延續購入電腦設備時所訂定之會計政策。

    試作：

(1) 若重估增值於使用資產時逐步實現，試分別依消除累折淨額法與等比例重編法作 ×4 年、×6 年及 ×7 年之所有分錄。
(2) 若重估增值於處分資產時一次實現，試分別依消除累折淨額法與等比例重編法作 ×6 年及 ×7 年之所有分錄。

12. 【重估價模式、減損、處分成本】拉拉公司購入一建築物，以重估價模式作後續衡量。已知該建築物之取得成本為 $3,000,000，×2 年底之累計折舊為 $1,000,000，×2 年底進行首次重估，其公允價值為 2,100,00，另 ×2 年 12 月 31 日有減損跡象，故進行相關減損測試。

    試作：請依下列情況，試作 ×2 年底相關重估價分錄及減損分錄。
    (1) 處分成本：3,000 元，且使用價值為 1,500,000 元
    (2) 處分成本：500,000 元
        a. 使用價值：2,250,000 元
        b. 使用價值：1,800,000 元

13. 【投資性不動產—成本模式】民雄公司於 ×2 年 1 月 1 日購買一嘉義郊區土地，持有之目的為獲取長期資本增值，民雄公司除支付購買成本 $50,000,000 外，另發生移轉產生之稅捐 $70,000、法律服務費 $35,000 及公司承辦人員行政成本 $30,000。試問其 ×2 年與此交易相關分錄。

14. 【投資性不動產—成本模式】永康公司於 ×6 年 1 月 1 日以 $300,000,000 購買一棟商務大樓 (土地 $100,000,000 及房屋 $200,000,000)，持有之目的為藉由出租方式收取租金收益。此房屋之重大組成部分有二，一為房屋主體結構，其成本為 $180,000,000，預期耐用年限為 50 年；另一為電梯設備，其成本為 $20,000000，預期耐用年限為 10 年，該金額占房屋總成本屬重大，故為重大組成部分房屋主體結構及電梯設備均採直線法提列折舊，估計殘值為零。試作 ×6 年永康公司與此商辦大樓相關之分錄。

15. 【投資性不動產—公允價值模式】古亭公司於 ×1 年 6 月 1 日購買一棟商辦大樓，持有之目的為藉由出租方式收取租金收益。公司除支付購買成本 $700,000,000 外 (土地 $300,000,000 及房屋 $400,000,000)，另發生代書費 $50,000 及房屋移轉之契稅 $500,000，古亭公司於同年 7 月份起以每個月 $300,000 租金出租。古亭公司對該商辦大樓採用公允價值法模式，於 ×1 年 12 月 31 日該商辦大樓之公允價值為 $780,000,000 (土地 $360,000,000，房屋 $420,000,000)，試問古亭公司 ×1 年與此商辦大樓相關之分錄。

16. 【投資性不動產 成本模式】乙公司 ×2 年 1 月 1 日購買一棟商業大樓，預定將作為出租用途 (營業租賃) 以賺取租金，符合投資性不動產之條件與定義，支付總成本為 $110,000,000 (含所有應資本化之成本)，估計商業大樓建築物之公允價值 $60,000,000，商業大樓土地之公允價值 $50,000,000，並於 ×2 年 7 月 1 日以營業租賃方式出租給丙公司，租期 2 年，每月期初收取租金 $800,000，×2 年 1 月 1 日估計商業大樓建築物之耐用年限為 25 年，殘值為 $10,000,000，以直線法提列折舊，乙公司對於投資性不動產之後續衡量採用成本模式。

試作：

(1) ×2年1月1日取得投資性不動產(建築物以及土地)之分錄。
(2) ×2年7月1日收取租金之分錄。
(3) ×2年12月31日提列折舊費用之分錄。

17. 【投資性不動產　公允價值模式】同上題，若乙公司對投資性不動產之後續衡量採用公允價值模式，×2年12月31日建築物與土地之公允價值分別為 $50,000,000 及 $45,000,000，×3年12月31日建築物與土地之公允價值分別為 $55,000,000 及 $48,000,000。

試作：

(1) ×2年12月31日關於投資性不動產之後續衡量分錄。
(2) ×3年12月31日關於投資性不動產之後續衡量分錄。

18. 【投資性不動產，成本模式，重置而取得投資性不動產】安南公司於 ×1年1月1日購置辦公大以營業租賃出租，分類為投資性不動產，後續按成本模式衡量，成本 $3,000,000 估計可用 50 年，無殘值，採直線法提列折舊，×3年1月1日安南公司決定將大樓電梯換新，更換新電梯之成本共計 $800,000。請下列情況作與重置新內牆相關之分錄。

試作：

(1) 安南公司有紀錄舊電梯之原始成本為 $500,000。
(2) 安南公司無法可靠估計舊電梯之帳面金額，以重置新電梯之成本 $800,000，考量通貨膨脹因素後，估計當初取得被重置部分之原始成本為 $600,000。

19. 【投資性不動產，公允價值模式，重置而取得投資性不動產】熊讚公司於 ×1年初以 $400,000 購買一空調設備，耐用年限 10 年，無殘值，以直線法提列折舊，熊讚公司於 ×2年12月31日將該空調設備安裝於以公允價值模式衡量之投資性不動產商辦大樓(建築物)。空調設備安裝於商辦大樓後已不再提列折舊，因其已包含於投資性不動產建築物之公允價值中。該空調設備於 ×3年發生故障，因此須以 $840,000 之成本更換新空調設備。商辦大樓於 ×3年1月1日之公允價值為 $50,000,000；於 ×3年12月31日之公允價值則為 $560,000,000，請依下列情況作公允價值的揭露。

試作：

(1) 假設被重置部分之公允價值可辨認為 $300,000
(2) 假設被重置部分之公允價值難以辨認。

20. 【待出售非流動資產─減損─後續衡量】乙公司在 ×2年1月1日購入一部機器設備，購買成本 $2,000,000，估計耐用年限為 10 年，以直線法提列折舊，無殘值。由於競爭日益激烈，乙公司於 ×3年12月31日發現該機器設備有減損跡象，遂進行減損測試。估計設備使用價值為 $1,200,000，公允價值減處分成本為 $1,000,000，×3年12月31日乙公司仍意圖繼續使用該機器設備。×4年7月1日因公司策略上的調整，故決定將該機器予以出售，且符合待出售之條件，×4年7月1日以及 ×4年12月31日該機器設備公允價值減處分成本分別為 $900,000、$1,100,000。

試作：

(1) ×3 年 12 月 31 日認列資產減損之分錄。
(2) ×4 年 7 月 1 日機器設備分類為待出售之分錄。
(3) ×4 年 12 月 31 日後續再衡量之分錄。

21. 【待出售非流動資產—減損—後續衡量】丙公司於 ×1 年 1 月 1 日取得一部機器設備，成本 $6,000,000，耐用年限 10 年，無殘值，採直線法提列折舊。×2 年 12 月 31 日該機器有減損跡象，經減損測試後，估計該機器可回收金額為 $4,200,000。×4 年 3 月 1 日核准出售該機器之計畫，並符合分類為待出售非流動資產之條件，當時機器公允價值減處分成本為 $3,400,000，該機器在 ×4 年 9 月 1 日以 $4,280,000 出售，該機器在 ×4 年 3 月 31 日及 ×4 年 6 月 30 日之公允價值減處分成本分別為 $3,200,000 及 $4,300,000，由於公司要編製季報，故在每季季末須作必要之調整分錄。

試作：

(1) ×2 年 12 月 31 日認列資產減損之分錄。
(2) ×4 年 3 月 1 日機器分類為待出售非流動資產之分錄。
(3) ×4 年 3 月 31 日機器後續衡量分錄。
(4) ×4 年 6 月 30 日機器後續衡量分錄。
(5) ×4 年 9 月 1 日機器出售之分錄。

22. 【待出售處分群組】乙公司在 ×5 年 7 月 1 日計畫處分某一群組，且同日符合待出售處分群組之條件，當日後續衡量前帳面金額如下：

存貨	$ 40,000
透過其他綜合損益按公允價值衡量之金融資產	170,000
土地	300,000
機器設備—成本	500,000
累計折舊—機器設備（截至 ×5 年 1 月 1 日為止）	(200,000)
商譽	100,000
應付款項	(150,000)

其他資訊：

1. 存貨之淨變現價值：×5 年 7 月 1 日為 $35,000，×5 年 12 月 31 日為 $20,000。
2. 機器設備係於 ×1 年 1 月 1 日購入，估計耐用年限 10 年，無殘值，採直線法折舊。
3. 透過其他綜合損益按公允價值衡量之金融資產 ×5 年 7 月 1 日公允價值為 $150,000，×5 年 12 月 31 日公允價值為 $180,000。
4. 該待出售處分群組預計會在 ×6 年 3 月中處分完畢，×5 年 7 月 1 日整個群組淨資產的公允價值減處分成本為 $550,000，×5 年 12 月 31 日公允價值減處分成本為 $600,000。
5. 該公司會計年度採用曆年制。

試作：

(1) ×5 年 7 月 1 日分類為待出售處分群組之分錄。
(2) ×5 年 12 月 31 日待出售處分群組之後續後續衡量分錄。

Chapter 9 無形資產和商譽

學習目標

研讀本章後，讀者可以了解：
1. 無形資產之性質
2. 無形資產之定義與認列條件
3. 認識各種可明確辨認之無形資產
4. 內部產生與外部購買無形資產之會計處理
5. 研究與發展成本
6. 有限耐用年限與非確定耐用年限無形資產之會計處理
7. 熟悉與商譽相關之問題

本章架構

無形資產和商譽

定義與認列條件（商譽除外）
- 可辨認性
- 可被企業控制
- 未來經濟效益

原始認列與衡量
- 單獨取得
- 資產交換所取得
- 內部產生
- 商譽

無形資產之後續衡量
- 成本模式
- 重估價模式
- 攤銷之會計處理

增添或重置
- 可能情況
- 一般會計處理

減損
- 減損跡象評估
- 衡量減損金額
- 商譽相關減損

除列
- 報廢及處分
- 重置

技術移轉交互授權會計處理爭議

在知識經濟時代，隨著社會與科技的快速改變，企業競爭利基與價值常取決於其無形資產的投資與管理能力，也因此，無形資產的地位愈來愈不容小覷；此外，由於無形資產具有管理困難、風險高及市場交易複雜等特性，使得無形資產之認列、原始與後續衡量等會計處理爭議持續受到極大關注。

臺灣懷特生技新藥股份有限公司(懷特)於民國97年5月13日在櫃檯買賣中心上櫃，民國97年7月16日轉於臺灣證券交易所上市，股票代碼4108。懷特公司曾和海外生技公司交互授權，除了將海外公司支付的授權費認列營收之外，也自同一公司取得技術及市場授權，並在財報上認列為無形資產。會計研究發展基金會在民國97年5月5日，認定懷特公司交互授權而來的研發項目，屬於不具商業實質之「資產交換」，只能認列淨收入及淨支出，不得同時認列為無形資產與營業收入。

懷特公司重編過去3年財報，調整後，懷特公司自民國93年至96年的累計虧損由2,239萬元擴大為3.4億元，民國97年第1季稅後純益也由調整前的6,702萬元調降為1,555萬元，首季無形資產由7,065萬元調降為1,918萬元，以懷特公司股本9.42億元計算，首季每股稅後純益從0.75元下滑至0.2元。

會計處理應反映經濟實質，故常須運用專業判斷，例如：A公司於×1年12月20日支付600萬美元取得B公司C1專利權，數日後，B公司亦於×1年12月24日支付600萬美元取得A公司C2專利權，從經濟實質而言，如下圖所示，A公司與B公司猶如進行C1及C2專利權交換。

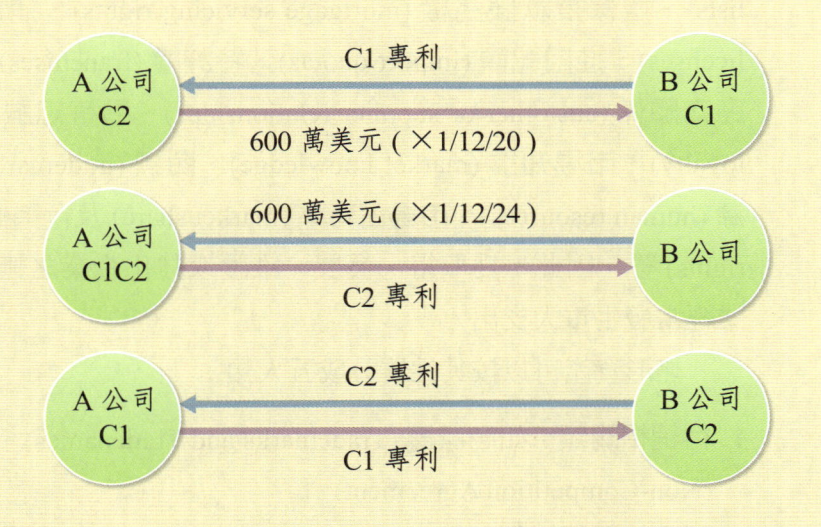

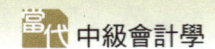

章首故事引發之問題

- 無形資產交換之會計處理對財務報表有重大影響。
- 無形資產交換之經濟實質意義一直有不同觀點之論戰。
- 相對於有形資產交換，無形資產交換是否具備商業實質條件所需之專業判斷，其困難度更高。

9.1　無形資產的定義與認列條件

學習目標 1
了解除商譽以外之無形資產的定義與認列條件

無形資產 (intangible assets) 為無實體形式之**非貨幣性資產** (non-monetary assets)，可提供企業**長期之經濟效益** (long-term economic benefit)。會計上之無形資產與一般用語不同，只包括非流動性、非貨幣性且**無法觸摸實體** (without physical substance) 之資產，因此不包括應收帳款、應收票據、投資及其他金融工具等項目。

9.1.1　取得無形資源之支出

無形資源之支出，雖然通常對企業有所助益，但不一定可以認列為無形資產。

在知識經濟時代，企業價值之來源可能來自於各式無形資產或無形資源，例如：**電腦軟體** (computer software)、**專利權** (patents)、**著作權** (copyrights)、**影片** (motion picture films)、**客戶名單** (customer lists)、**擔保貸款服務權** (mortgage servicing rights)、**捕魚證** (fishing licenses)、**進口配額** (import quotas)、**特許權** (franchises)、**顧客或供應商關係** (customer or supplier relationships)、**顧客忠誠度** (customer loyalty)、**市場知識** (market knowledge)、**商標** (trademarks)、**人力資源** (human resources)、**市場占有率** (market share) 及**行銷權** (marketing rights) 等。因此，為取得、發展、維護或強化企業之無形資產，企業經常發生重大支出。

無形資產可以按其性質分成五大類：

1. 行銷相關類：如**商標權** (Trademarks and Tradenames)、**非競業合約** (Non-Competition Agreement)
2. 顧客相關類：如**顧客名單** (Customer List)

3. **藝術相關類**：如**著作權** (Copy Rights)
4. **合約基礎類**：如**特許權** (Franchise)
5. **技術基礎類**：如**專利權** (Patents)、**秘方** (Secret Formula) 等

這些資產大多透過單獨購買或企業合併而取得。

與無形資源相關之支出，雖然通常對企業有所助益，但並不是全部都可以認列為無形資產。例如：人力資源無形項目之支出，包括企業人才培訓之支出，辦理或指派參加與公司業務相關之訓練活動支出等，雖然訓練活動支出可提升人力資源之素質，但是皆於支出時認列為費用。

需符合無形資產之定義與認列條件

除**商譽** (goodwill) 外，無形資源之支出，惟有同時符合無形資產之定義與認列條件，始得認列為無形資產 (詳見表 9-1)。

表 9-1　無形資產之定義與認列條件

		說　明
定義	1. 具有可辨認性。	可個別分離或組合分離；或屬合約或其他法定權利。
	2. 可被企業控制。	有能力取得未來經濟效益，且能限制他人使用該效益。
	3. 具有未來經濟效益。	收入增加、成本節省或其他利益。
認列條件	1. 資產之未來經濟效益很有可能流入企業。	判斷未來經濟效益之可能性。
	2. 資產之成本能可靠衡量。	支出明確與特定無形資產直接有關。

無形資產之定義，包括「無形」與「資產」二項定義。所謂「無形」係指非貨幣性且無實體形式；所謂「資產」係指具有可辨認性、可被企業控制及具有未來經濟效益等三項特性。

無形資源之支出若不符合無形資產之定義或認列條件時，該無形資源相關之取得或內部發展支出，均應於支出發生時認列為費用，惟該支出若係於企業合併時所取得者，則屬商譽之一部分 (詳見圖 9-1)。

329

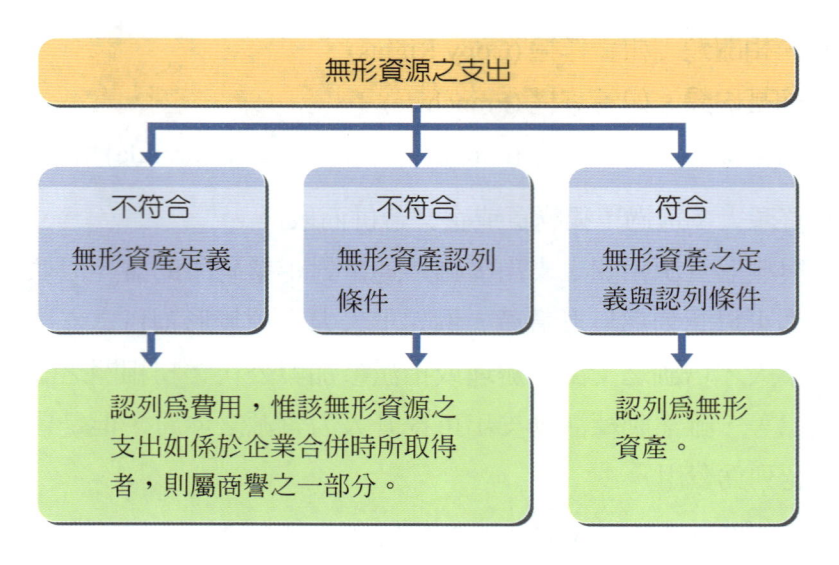

```
                    ┌─────────────────┐
                    │  無形資源之支出  │
                    └─────────────────┘
            ┌───────────┼───────────┐
            ▼           ▼           ▼
         ┌─────┐     ┌─────┐     ┌─────┐
         │不符合│     │不符合│     │ 符合 │
         │無形資│     │無形資│     │無形資│
         │產定義│     │產認列│     │產之定│
         │     │     │條件  │     │義與認│
         │     │     │     │     │列條件│
         └─────┘     └─────┘     └─────┘
            │           │           │
            ▼           ▼           ▼
         ┌──────────────────┐   ┌─────┐
         │認列為費用，惟該無形│   │認列為│
         │資源之支出如係於企業│   │無形資│
         │合併時所取得者，則屬│   │產。  │
         │商譽之一部分。      │   │     │
         └──────────────────┘   └─────┘
```

圖 9-1　無形資源支出之會計處理

9.1.2　無形資產的定義

9.1.2.1　可辨認性

　　無形資產須具有可與商譽明確區別之**可辨認性** (identifiability)，而所謂可辨認性係指符合下列條件之一：

> 分離包括出售、移轉、授權、租賃或交換。

1. **可分離** (separable)：無形資產可與企業個別分離或組合分離，即無形資產可依：(1) 個別資產方式予以出售、移轉、授權、租賃或交換，或 (2) 隨相關合約、資產或負債組合方式予以出售、移轉、授權、租賃或交換。(1) 項之實例，如電腦軟體或客戶名單；(2) 項之實例，如礦泉水之品牌 (商標) 與泉水來源之土地一起搭配出售。

2. **合約或其他法定權利**：無形資產係由**合約或其他法定權利** (contractual or other legal rights) 所產生，而不論該等合約或權利是否可移轉，或者是否可與企業或其他權利義務分離。如政府授權之有線電視台執照，雖然依據法令企業不得將其移轉或出售，但仍然具有可辨認之特性。

9.1.2.2　可被企業控制

　　企業有能力取得標的資源所流入之未來經濟效益，且能限制他

Chapter 9 無形資產和商譽

IFRS 一點通

可辨認性

會計上，所有已認列之資產與負債(商譽除外)皆應具備可辨認性之特性。

人使用該效益時，則企業**控制** (control) 該資產。企業控制無形資產所產生未來經濟效益之能力，通常源自於法律授予之權利，若無法定權利，企業較難證明能控制該項資產，舉例如下：

1. **專業技能之團隊**：企業可能擁有具備**專業技能之團隊** (a team of skilled staff)，並能辨認員工經訓練後技能之提升所產生未來經濟效益，亦可能預期員工將繼續提供專業技能予企業。因企業員工可能提前離職或不願充分運用其技能，導致企業無法充分控制該團隊及其訓練所產生之未來經濟效益，故此類項目不符合「可被企業控制」之定義。

2. **顧客關係及顧客忠誠度**：企業通常無法充分控制顧客關係與顧客忠誠度等項目所產生之預期經濟效益，因顧客是否於未來繼續購買企業之商品與勞務，決定權在顧客而非企業本身，致使該等項目不符合「可被企業控制」之定義。

3. **特定之管理或技術能力**：企業特定之管理或技術能力，通常沒有法定權利之保護，導致企業無法控制其未來經濟效益，致使不符合無形資產之定義，例如：麥當勞與星巴克無法防止其他企業學習其店面管理方式，包括點餐、付款、裝潢、店面氣氛、人員管理等；同理，餐飲行業之烹飪技術能力，亦無法阻止他人學習或仿效。但若可經由法定權利之保護，使企業取得其未來經濟效益時，仍可認列無形資產。

特定情況下，企業雖然沒有法定權利之保障，仍可能以其他方式控制資產之未來經濟效益，故具備執行效力之法定權利並非控制之必要條件。例如：企業可透過交換交易取得無合約之顧客關係，即使無法定權利保護顧客關係，亦可作為企業能控制自顧客關係所

交換或買賣交易代表控制權從賣方移轉至買方之證據。若賣方無控制力，買方則不會付款給賣方，故交換交易提供該資產可被企業控制之最佳證據。

產生之預期未來經濟效益之證據。因為「交換交易」或「買賣」皆可作為該顧客關係可自企業分離之證明，故此類顧客關係雖無合約所賦予的法定權利與保障，仍可視為符合無形資產之定義。無合約之顧客關係若屬企業合併之一部分時，且歷史資料顯示過去有相同或類似之無合約之顧客關係，可於市場進行交換交易者，亦符合無形資產之定義。

判斷是否符合無形資產定義與認列條件，以下幾個無形項目與「可被企業控制」有關且特別容易被誤解 (詳見表 9-2)：

表 9-2　易被誤解之無形項目

	單獨取得	合併取得	內部 (後續) 支出
專業技能之團隊 (人員)	不可認列為資產。	不可認列為資產。	不可認列為資產。
特定之管理或技術能力	不可認列為資產，但若可經由法定權利之保護，仍可認列無形資產。	不可認列為資產，但若可經由法定權利之保護，仍可認列為無形資產。	不可認列為資產。
無合約之顧客族群、市場占有率、顧客關係、顧客忠誠度	可認列為資產。	不可認列為資產，但歷史資料顯示可於市場進行交換交易者，可認列為無形資產。	不可認列為資產。
品牌、刊頭*、出版品名稱、客戶名單及其他於實質上類似項目	可認列為資產。	可認列為資產。	不可認列為資產。

* 刊頭係指信紙、雜誌報紙或其他文件用以區別目的之裝飾樣式。

9.1.2.3　具有未來經濟效益

未來經濟效益 (future economic benefits) 之流入，包括銷售商品或提供勞務之收入、成本之節省或企業因使用該資產而獲得之其他利益。例如：在生產過程中使用**智慧財產權** (intellectual property)，雖不能增加未來收入但可能降低未來生產成本，故也具有未來經濟

Chapter 9 無形資產和商譽

IFRS 一點通

無形資產認列門檻

「可被企業控制」為企業許多無形資源之支出無法符合無形資產定義之最主要原因，故「可被企業控制」為認列無形資產最大門檻之一。

效益。

9.1.3 無形資產的認列條件

無形資產之認列條件適用於原始向外部取得及內部產生無形資源之支出，亦適用於後續支出，例如：維護或強化無形資源之支出。無形資源之支出，於且僅於同時符合無形資產之定義與下列兩項認列條件時，才可以認列無形資產：

1. 可歸屬於該資產之未來經濟效益很有可能流入企業，及
2. 資產之成本能可靠衡量。

無形資產之特性，使企業多數情況下，無法對特定無形資產進行**增添** (additions) 與**重置** (replacements)，因此，多數無形資產之後續支出，僅能維持現存之未來經濟效益，故不符認列條件。例如：企業控告他人侵犯公司專利權所支付之**訴訟費用** (litigation expense)，即使是勝訴，大多情況也只能維持原來專利權之未來經濟效益，故仍無法認列無形資產。

品牌 (brands)、**刊頭** (mastheads)、**出版品名稱** (publishing titles) 客戶名單及其他於實質上類似項目之後續支出，於支出發生時，認列為費用，因為此類支出無法與企業整體發展之支出區別，無法明確證明可歸屬於該資產之未來經濟效益很有可能流入企業。

9.1.4 同時具備有形要素與無形要素

許多無形資產有時係存在於有形項目內，例如：電腦軟體儲存於磁碟片中，或專利權表彰於證書文件中等；資產同時具備有形要素與無形要素時，其會計處理需要企業運用專業判斷。

雖然無形資產之定義與認列條件適用於原始與後續支出，但事實上，因後續支出之特性，使其符合認列之門檻更難。

「於且僅於 (if, and only if)」為嚴謹之充分與必要條件，本段中所述之「於且僅於」，係指於符合無形資產之定義與兩項認列條件時，且僅於符合無形資產之定義與兩項認列條件時，方可認列無形資產。換言之，「符合無形資產之定義與兩項認列條件」為認列無形資產之充分與必要條件。

若有形要素與無形要素可以明確分離，企業應分別認列有形要素為有形資產與無形要素為無形資產。若資產同時具備不可分離之有形要素與無形要素，於判斷其屬不動產、廠房及設備或屬無形資產時，企業應評估何項要素較為重大。若無形要素較重大，則將整體資產認列為無形資產；反之，若有形要素較重大，則應將整體資產認列為有形資產 (詳見表 9-3)。

表 9-3　資產具備有形要素與無形要素之會計處理

	資產具**可分離**之有形要素與無形要素之處理	資產同時具備**不可分離**之有形要素與無形要素
會計處理	應分別認列有形要素資產與無形要素資產。	資產同時具備有形與無形要素，於判斷其屬不動產、廠房及設備或無形資產時，企業應評估何項要素較為重大。若無形要素較重大，則認列為無形資產；反之，則認列為不動產、廠房及設備。
釋例	分別認列不動產、廠房及設備與無形資產 一台經由電腦操控之機器設備，當電腦軟體(如應用軟體)並非相關硬體不可缺少之部分，軟體應視為無形資產，機器設備應認列為不動產、廠房及設備。	不動產、廠房及設備 一台經由電腦操控之機器設備，若無特定軟體(如作業系統)則無法運作時，該軟體為該硬體不可缺少之部分，此時應將其整體視為不動產、廠房及設備。 無形資產 儲存電腦軟體之磁碟片、表彰許可權或專利權之證書、研究與發展活動可能產出實體資產(例如完成品之原型或模型)。

9.2 不同方式取得特定無形資產之原始認列與衡量

學習目標 2
了解不同方式取得特定無形資產之原始認列與衡量，並了解商譽之定義及認列條件。

無形資產依取得方式可分類為外部取得之無形資產與內部產生之無形資產，企業在認列時，應依下列方式處理 (詳見表 9-4)。

表 9-4 無形資產之原始認列與衡量

取得方式之分類		原始認列 (衡量)	
		成本	公允價值 (fair value)
外部取得	1. 單獨取得	✓	
	2. 企業合併所取得		✓
	3. 政府補助所取得		✓ 若選擇不以公允價值作原始認列，則應以名目金額加計為使該資產達到預定使用狀態之直接可歸屬支出作為原始認列。
	4. 資產交換所取得		✓ 但缺乏商業實質、或換入資產及換出資產之公允價值均無法可靠衡量時，應以換出資產**帳面金額**衡量。
內部產生	發展中之無形資產	✓	除發展階段之支出符合國際會計準則第 38 號第 57 段技術可行性等之條件，應認列為無形資產外，其餘皆認列為費用。
	已完成之無形資產	✓	

9.2.1 單獨取得之無形資產

單獨取得 (separate acquisition) 之無形資產通常可以認列為資產，因所支付之對價通常已反映企業對隱含在該資產中未來經濟效益流入企業可能性之預期，且其成本通常能可靠衡量，故符合認列條件。

單獨取得無形資產之成本，若以現金或其他貨幣性資產作為對價時，包括購買價格 (包含相關稅捐，但不包括折讓金額)，及為使該資產達預定使用狀態前之可直接歸屬成本 (詳見表 9-5)。

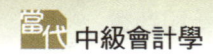

表 9-5　單獨取得無形資產相關成本之處理

使該資產達預定使用狀態前之支出		無形資產已達可供使用狀態後之支出
可直接歸屬成本	非屬可直接歸屬成本	
認列無形資產	認列為費用	認列為費用
(1) 為使資產達營運狀態而直接產生之員工福利成本。 (2) 為使資產達營運狀態之專業服務費。 (3) 測試資產是否正常運作之成本。	(1) 推出新產品或服務之成本(包括廣告及推銷活動成本等)。 (2) 新營業處所或新客戶之業務開發成本(包括員工訓練成本)。 (3) 管理成本及其他一般費用。	(1) 當資產已達可供使用狀態但尚未使用時所發生之成本。 (2) 初期營業損失，例如需求未達資產正常產出前所產生之損失。 (3) 使用或重新配置無形資產所產生之成本。

　　不是所有單獨取得無形資源之支出皆自動可認列為資產，例如：企業支付研發相關款項給**研發專案承包商**(R&D contractors)，企業需判斷該支出係為取得無形資產，或僅是將研發工作部分委外而取得承包商相關商品或勞務(即外包服務)，若屬研發外包服務，則應依據內部產生無形資產方式處理(猶如自行研發)，須符合特定條件方得認列資產(詳後述)。

9.2.2　資產交換所取得之無形資產

> 相較於有形資產交換，判斷無形資產交換是否具備商業實質更為困難，因為對未來現金流量之預期有極高之不確定性。
>
> 企業交換非貨幣性資產(可能包含貨幣性資產)而取得之無形資產，一般應依公允價值衡量。

　　企業交換非貨幣性資產(可能包含貨幣性資產)而取得之無形資產應依公允價值衡量。但符合下列情形之一時，換入資產應以換出資產之帳面金額衡量：

1. 交換交易缺乏**商業實質**(commercial substance)。
2. 換入資產及換出資產之公允價值均無法可靠衡量。

　　有關非貨幣性資產交換之會計處理請參閱第 7 章之說明。例如：甲公司與乙公司進行專利權交換，資訊如下：

	甲公司 A 專利權	乙公司 B 專利權
專利權帳面金額	$140,000	$160,000
公允價值	150,000	150,000

甲公司
　　換出資產之帳面金額 = $140,000
　　交換損益 = $150,000 – $140,000 = $10,000

乙公司
　　換出資產之帳面金額 = $160,000
　　交換損益 = $150,000 – $160,000 = $(10,000)

一、具備商業實質──依公允價值衡量

甲公司		乙公司	
無形資產─B 專利權　150,000		無形資產─A 專利權　150,000	
無形資產─A 專利權　140,000		處分無形資產損失　10,000	
處分無形資產利益　10,000		無形資產─B 專利權　160,000	

二、缺乏商業實質或換入資產及換出資產之公允價值均無法可靠衡量

甲公司		乙公司	
無形資產─B 專利權　140,000		無形資產─A 專利權　160,000	
無形資產─A 專利權　140,000		無形資產─B 專利權　160,000	

9.2.3　內部產生之無形資產

　　企業於評估**內部產生** (internally generated) 之無形資產是否符合認列條件時，應將資產之產生過程分為**研究階段** (research phase) 或**發展階段** (development phase)。研究係指原創與有計畫之探索，以獲得科學或技術性之新知識；發展係指產品量產與使用前，將研究發現或其他知識應用於全新或改良之材料、器械、產品、流程、系統或服務之專案或設計。若無法區分內部專案計畫係屬研究階段或發展階段，則僅能將相關支出全數視為發生於研究階段 (詳見表 9-6)。

> 企業於評估內部產生之無形資產是否符合認列條件時，應將資產之產生過程分為研究階段或發展階段。

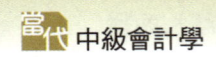

表 9-6　研究階段與發展階段之支出舉例

研究階段之支出	發展階段之支出
1. 致力於發現新知識之活動。 2. 對於研究發現或其他知識之應用之尋求、評估及選定。 3. 尋求材料、器械、產品、流程、系統或服務之可能方法。 4. 對於全新或改良之材料、器械、產品、流程、系統或服務之可行方法之草擬、設計、評估及最終選定。	1. 生產或使用前之原型及模型之設計、建造及測試。 2. 設計與新技術有關之工具、礦篩、模型及印模。 3. 尚未商業化量產之試驗工廠,其設計、建造與作業。 4. 對全新或改良之材料、器械、產品、流程、系統或服務之已選定方法,所為的設計、建造或測試。

　　企業內部專案計畫之研究階段之支出,無法證明未來經濟效益很有可能流入企業,故於發生時認列為費用。企業內部專案計畫之發展階段之支出,除同時符合國際會計準則第 38 號第 57 段所有條件,應認列為無形資產外,其餘於發生時認列為費用。內部研發支出認列無形資產之條件係為確保研發已有初步可行之成果 (已達技術可行性),能確保繼續完成研發後續之工作 (有意圖及證明能力),及符合認列條件 (經濟效益及成本衡量)。換言之,符合國際會計準則第 38 號第 57 段所有條件時,即已達成經濟可行性 (詳見表 9-7)。

　　內部產生之無形資產於同時符合定義及認列條件之日起,應將

IFRS 一點通

研究階段之成果是「知識」

　　研究階段係指企業從事的研發活動尚處在探索過程且無明確產品方向,研究階段之成果是「知識」,尚未有商業化之雛型,例如:尚在尋求可能之方法或可行方法之評估,皆無明確產品方向;反之,當研究活動已有較為具體的雛形或成果時,會有較明確方向,此後,即進入發展階段,發展階段之成果是具有商業化能力之商品或勞務;例如:已選定方法後,所為的設計、建造或測試。

表 9-7　發展階段之支出應認列為無形資產之條件

技術可行性	完成該無形資產已達技術可行性，使該無形資產將可供使用或出售。
意圖	意圖完成該無形資產，並加以使用或出售。
證明能力 (一)	具充足之技術、財務及其他資源，以完成此項研發專案計畫並使用或出售該無形資產。
證明能力 (二)	有能力使用或出售該無形資產。
認列條件 (一)	無形資產將很有可能產生未來經濟效益。企業能證明無形資產的產出或無形資產本身已有明確市場。若供內部使用，企業能證明該資產之有用性。
認列條件 (二)	發展階段歸屬於無形資產之支出 (成本) 能可靠衡量。

所發生之支出 (成本) 總和資本化並認列為無形資產。但是，已認列為費用的部分不得再資本化，例如：10 月 1 日達技術可行性及符合無形資產之認列條件 (表 9-7)，以前年度及 1 至 9 月之支出，仍須認列為費用，不得資本化。此外，開辦費、訓練支出、廣告與促銷活動支出、重新安排資產配置支出與組織改造支出等皆應認列為費用 (詳見表 9-8)。

表 9-8　判斷是否屬內部產生無形資產之成本

產生無形資產之成本	非屬內部產生無形資產之成本
開發、產生及準備資產以達可供使用狀態之必要且可直接歸屬之成本。	非屬左列之成本。
1. 產生無形資產所使用或消耗之材料成本與服務成本。 2. 產生無形資產所支付員工之福利成本。 3. 決定權利之登記規費。 4. 用以產生無形資產之專利權與特許權之攤銷金額。	1. 銷售費用及管理費用之支出。但該支出若可直接歸屬為使該資產達可供使用狀態者，不在此限。 2. 資產達預期績效前，所發生之無效率及初期營業損失。 3. 訓練員工操作資產之支出。

研究階段與發展階段之原始認列，依據其為內部產生或取得(合併或單獨取得)方式的不同，而有相對應的會計處理(如見表9-9之彙整)。另外，經內部產生、合併或單獨取得的研究發展專案計畫且已認列為無形資產者之後續支出，亦應依照該支出產生的階段做相關的會計處理(如表9-9)。例如經由合併取得一醫美技術研發專案，尚在研究階段，但因符合相關條件而將其認列無形資產，該專案之後續支出若為研究支出，則應認列為費用；若為發展階段支出且符合IAS 38第57段條件，則認列為無形資產。

表 9-9　研究階段與發展階段之原始認列與後續支出

	原始認列		後續支出	
	內部產生	合併或單獨取得	內部產生*	合併或單獨取得*
研究階段	費用	認列無形資產	×	費用
發展階段但不符合國際會計準則第38號第57段條件	費用	認列無形資產	×	費用
發展階段且符合國際會計準則第38號第57段條件	認列無形資產	認列無形資產	認列無形資產	認列無形資產

* 係指在無形資產原始認列階段之產生或取得方式，非指後續支出的產生或取得方式。

例如：臺一企業相關研究與發展支出如下：

研究階段	×1年	1月 1日	開始研究	$200,000
		9月 1日	董事會決定繼續完成研究計畫	
		12月31日		
	×2年	1月 1日		$400,000
		3月 1日	初擬商品發展構想	
發展階段		12月 1日	研究階段完成／發展階段開始	
		12月31日		
	×3年	1月 1日	達成技術可行性	$300,000
		6月30日		
		7月 1日	達成經濟可行性(符合國際會計準則第38號第57段)	$400,000
		12月31日	完成商品開發之發展階段	

各年度會計分錄為：

×1年	研究費用	200,000	
	現金(或其他項目)		200,000
×2年	研究與發展費用	400,000	
	現金(或其他項目)		400,000
×3年	發展費用	300,000	
	發展中無形資產	400,000	
	現金(或其他項目)		700,000

9.2.4 商　譽

　　凡是無法直接歸屬於企業特定有形資產及可明確辨認無形資產之獲利能力者，統稱為商譽。商譽依其產生來源可分為內部產生之商譽與購買合併所產生之商譽。自行發展的無形資產，若為無法獨立辨認的無形資產，則為內部產生之商譽，所有相關支出均應列為費用，不予資本化。

　　企業併購時，若收購價金高於被併企業所有可辨認淨資產之公允價值(包含可明確辨認但未於被併企業帳上認列的資產)，會產生購買合併之商譽，可認列為資產，由於商譽具有與企業不可分離的特性，其計算方式如下：

> **商譽**
> 雖然商譽不是 IAS 38 無形資產之適用範圍，但是會計上仍然是無形資產。

IFRS 一點通

無形資產之類型

　　依據國際財務報導準則 (IFRS) 第 3 號「企業合併」之釋例，無形資產依其類型可分為：

1. **行銷相關之無形資產**：商標權及商業(企業)名稱、服務標章、網域名稱、團體標章、報紙刊頭等。
2. **客戶相關之無形資產**：客戶名單、積壓訂單、客戶關係等。
3. **藝術創作相關之無形資產**：戲劇、歌劇、芭蕾、音樂作品、書籍、雜誌、報紙及其他文學作品等之版權或著作權。
4. **契約基礎之無形資產**：特許權及(特許經營權)執照、營造許可、服務合約等。
5. **科技基礎之無形資產**：專利權、商業機密、電腦軟體、資料庫等。
6. **商譽**。

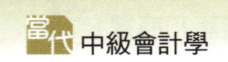

內部無形資源之支出，若為無法明確辨認，則屬內部產生之商譽，認列為費用；若為可明確辨認，則應判斷屬研究階段或發展階段。

購買之商譽 ＝ 支付總成本 － 所取得可明確辨認淨資產之公允價值
（包含可明確辨認但未入帳的資產）

但是，於特殊情況下，企業併購時，有可能收購價金低於被併企業所有可辨認淨資產之公允價值，即產生負商譽，差額應認列為廉價購買利益。

釋例 9-1　商譽及負商譽

臺大公司於 ×1 年 12 月 31 日購買 A 公司，當時 A 公司之資產負債表及公允價值列示如下。若臺大公司以現金 (1) $17,600,000，(2) $8,100,000 購買 A 公司，試計算商譽及負商譽，並分別作其分錄。

A 公司
資產負債表
×1 年 12 月 31 日

現金	$ 100,000	流動負債	$ 400,000
應收帳款	800,000	長期負債	2,500,000
存貨	3,000,000	普通股	5,000,000
機器設備	1,000,000	保留盈餘	2,000,000
土地	1,000,000		
廠房	3,000,000		
採用權益法之投資	1,000,000		
合計	$9,900,000	合計	$9,900,000

經評估，A 公司可辨認資產及負債之公允價值如下：

現金	$ 100,000
應收帳款	700,000
存貨	2,500,000
機器設備	1,200,000
廠房	3,800,000
土地	2,000,000
採用權益法之投資	1,200,000
流動負債	(400,000)
長期負債	(3,000,000)
未入帳之專利權	500,000
淨資產公允價值	$8,600,000

> **解析**
>
> (1) 商譽 = $17,600,000 - $8,600,000 = $9,000,000
>
> (2) 負商譽 = $8,600,000 - $8,100,000 = $500,000

	(1)	(2)
現金	$ 100,000	$ 100,000
應收帳款	700,000	700,000
存貨	2,500,000	2,500,000
機器設備	1,200,000	1,200,000
廠房	3,800,000	3,800,000
土地	2,000,000	2,000,000
採用權益法之投資	1,200,000	1,200,000
專利權	500,000	500,000
商譽	9,000,000	
流動負債	400,000	400,000
長期負債	3,000,000	3,000,000
現金	17,600,000	8,100,000
廉價購買利益		500,000

9.3　無形資產之後續衡量

9.3.1　成本模式或重估價模式

　　無形資產於原始認列後，應以**成本模式** (cost model) 或**重估價模式** (revaluation model) 作為其會計政策。惟於且僅於無形資產之公允價值可參考活絡市場予以衡量，企業才可以採用重估價模式。所謂活絡市場，係指有充分頻率及數量之資產或負債交易發生以在持續基礎上提供定價資訊之市場。

　　企業採用成本模式時，無形資產於原始認列後，應以成本，再減除**累計攤銷** (accumulated amortization) 及**累計減損損失** (accumulated impairment losses) 後之金額作為**帳面金額** (carrying amount)。

帳面金額 = 成本 – 累計攤銷 – 累計減損損失

　　企業採用重估價模式時，無形資產於原始認列後，應以重估價

> **學習目標 3**
>
> 了解成本模式與重估價模式之差異，並了解攤銷之會計處理。

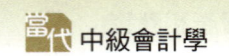

日公允價值,再減除重估價日後之累計攤銷及累計減損損失後之金額作為帳面金額。

$$帳面金額 = 重估價日公允價值 - 重估價日後之累計攤銷 - 重估價日後之累計減損損失$$

若重估價無形資產之公允價值無法再參考活絡市場予以衡量,則該資產之帳面金額應為最近重估價日,經參考活絡市場後所決定之重估價金額減除其後之所有累計折舊及所有累計減損損失後之金額。

其他有關相同類別無形資產之重估價、無形資產重估價之頻率及重估價之會計處理等規範,請參閱第 8 章有關重估價之說明。

釋例 9-2　非確定耐用年限無形資產重估價模式

北大公司擁有一項無到期日之特許經營執照,屬非確定耐用年限之無形資產,無須定期攤銷,成本 50 億元。後續期間之重估價值分別為 60 億元、54 億元、42 億元及 64 億元。其會計處理因沒有累計攤銷與累計減損,使得帳面金額等於重估價值。試作相關重估分錄。

解析

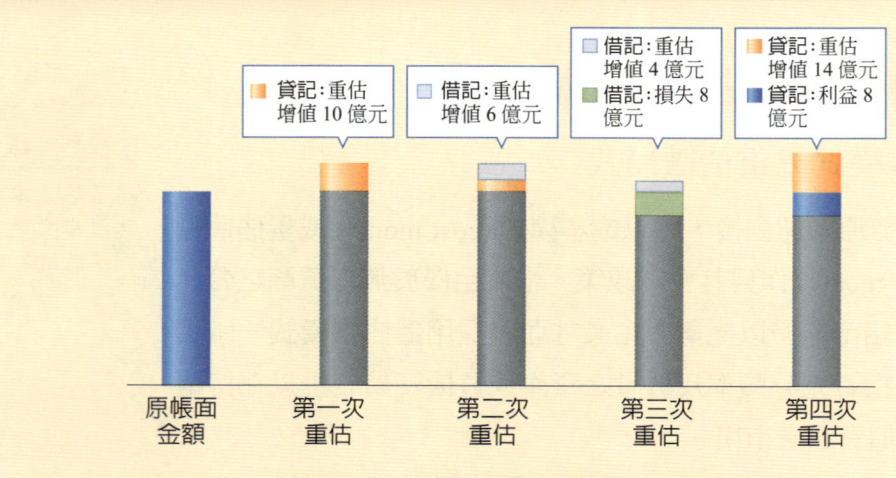

圖 9-2　重估價模式之會計處理

第一次重估	特許經營執照	1,000,000,000	
	其他綜合損益—重估增值		1,000,000,000
第二次重估	其他綜合損益—重估增值	600,000,000	
	特許經營執照		600,000,000

第三次重估	其他綜合損益—重估增值	400,000,000	
	重估價損失	800,000,000	
	特許經營執照		1,200,000,000
第四次重估	特許經營執照	2,200,000,000	
	重估價利益		800,000,000
	其他綜合損益—重估增值		1,400,000,000

註：
1. 依據臺灣證券交易所公布之會計項目及代碼中，土地、建物、設備等固定資產會分別以「成本」及「重估增(減)值」表達，然本書參照會計研究發展基金會最新釋例，在重估價模式下合併表達，不作區分。因此此處僅供讀者參考。
2. 「重估價損失」與「重估價利益」為一般損益項目，為簡化釋例之說明，釋例 9-2 之「其他綜合損益—重估增值」，以「重估增值」會計項目表達。此外，其他綜合損益應於期末作如下之結帳分錄：

$$\begin{bmatrix} 其他綜合損益—重估增值之變動 \\ 　　其他權益—重估增值之變動 \end{bmatrix} 或 \begin{bmatrix} 其他權益—重估增值之變動 \\ 　　其他綜合損益—重估增值之變動 \end{bmatrix}$$

釋例 9-3　有限耐用年限無形資產重估價模式

甲公司 ×3 年初以 $500,000 購入無形資產 A，以重估價模式作後續衡量，並將重估增值於使用該資產時逐步實現。估計該無形資產 A 耐用年限 10 年，殘值 0，依直線法作攤銷。試分別以 (1) 等比例重編法及 (2) 消除累攤淨額法作相關分錄。×3 年、×4 年與 ×5 年相關公允價值資訊如下：

	公允價值
×3/1/1	$500,000
×3/12/31	540,000
×4/12/31	480,000
×5/12/31	280,000

解析

(1) 等比例重編法：總帳面金額應以與資產帳面金額之重估價一致之方式調整。例如：總帳面金額可能係參照可觀察市場資料而重新計算，或係依帳面金額之變動按比例重新計算。重估價日之累計攤銷被調整為考量累計減損損失後，資產總帳面金額與帳面金額間之差額。

×3 年 12 月 31 日	重估價前帳面金額	重估價後應有帳面金額
原始成本	$500,000	$600,000
減：累計攤銷	(50,000)	(60,000)
帳面金額	$450,000	$540,000

345

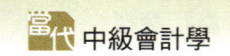

成本應調整至 $600,000 (= $500,000 × $540,000 ÷ $450,000)
　　　累計攤銷應調整至 $60,000 (= $50,000 × $540,000 ÷ $450,000)

×3/12/31	攤銷費用	50,000	
	累計攤銷—無形資產 A		50,000
	無形資產 A	100,000	
	累計攤銷—無形資產 A		10,000
	其他綜合損益—重估增值		90,000
	其他綜合損益—重估增值	90,000	
	其他權益—重估增值		90,000
×4/12/31	攤銷費用	60,000	
	累計攤銷—無形資產 A		60,000
	$600,000 ÷ 10 = $60,000		
	其他權益—重估增值	10,000	
	保留盈餘		10,000

　　　帳面金額等於公允價值 $600,000 − $60,000 × 2 = $480,000
　　　重估增值於使用該資產時逐期實現，並轉入保留盈餘 $90,000 ÷ 9 = $10,000
　　　(註：企業亦可選擇於除列時一次轉入保留盈餘。)

×5/12/31	攤銷費用	60,000	
	累計攤銷—無形資產 A		60,000
	其他權益—重估增值	10,000	
	保留盈餘		10,000
	累計攤銷—無形資產 A	60,000	
	其他綜合損益—重估增值	70,000	
	重估價損失	70,000	
	無形資產 A		200,000
	其他權益—重估增值	70,000	
	其他綜合損益—重估增值		70,000

　　帳面金額 $600,000 − $60,000 × 3 = $420,000
　　公允價值 − 帳面金額 = $(140,000)
　　先沖減重估增值 $70,000 並認列損失 $70,000
　　成本應調整至 $400,000 (= $600,000 × $280,000 ÷ $420,000)
　　累計攤銷應調整至 $120,000 (= $180,000 × $280,000 ÷ $420,000)

(2) 消除累攤淨額法：將累計攤銷自資產總帳面金額中消除，並將清除後之淨額重新計算至資產之重估價金額。累計攤銷所調整之金額構成依國際會計準則第 38 號第 85 及段規定處理帳面金額增加或減少之一部分。

Chapter 9 無形資產和商譽

日期	科目	借方	貸方
×3/12/31	攤銷費用	50,000	
	累計攤銷—無形資產 A		50,000
	累計攤銷—無形資產 A	50,000	
	無形資產 A		50,000
	無形資產 A	90,000	
	其他綜合損益—重估增值		90,000
	其他綜合損益—重估增值	90,000	
	其他權益—重估增值		90,000
×4/12/31	攤銷費用	60,000	
	累計攤銷—無形資產 A		60,000
	其他權益—重估增值	10,000	
	保留盈餘		10,000
×5/12/31	攤銷費用	60,000	
	累計攤銷—無形資產 A		60,000
	其他權益—重估增值	10,000	
	保留盈餘		10,000
	累計攤銷—無形資產 A	120,000	
	無形資產 A		120,000
	其他綜合損益—重估增值	70,000	
	重估價損失	70,000	
	無形資產 A		140,000
	其他權益—重估增值	70,000	
	其他綜合損益—重估增值		70,000

IFRS 一點通

無形資產重估價法之條件

國際會計準則規定，無形資產於原始認列後，企業得以成本模式或重估價模式作為其會計政策。但是，我國金管會「財務報告編製準則」暫時禁止企業採用重估價模式作為其會計政策。

無形資產重估價所使用之公允價值應參考活絡市場予以衡量。對無形資產而言，雖然活絡市場可能發生，但屬罕見。例如：於某些國家，對於可自由轉讓之計程車執照、捕魚證或生產配額而言，可能存在活絡市場。但對品牌、報紙刊頭、音樂及影片發行權、專利權或商標而言，因各該項資產均具有獨特性，故活絡市場不可能存在。

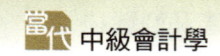

9.3.2 無形資產之攤銷

9.3.2.1 耐用年限

無形資產之經濟效益不確定性較高，價值常受競爭狀況影響而有巨幅波動，故經濟效益之期限亦較難以評估。無形資產屬因合約或其他法定權利所產生者，耐用年限為合約或其他法定權利期間與企業預期使用資產之期間二者較短者。合約或其他法定權利期間可展期者，於且僅於有證據證明無須支付重大展期成本，且需同時符合以下條件時，該耐用年限始應包含該展期之期間。

> 一般而言，無形資產屬因合約或其他法定權利所產生者，耐用年限為合約或其他法定權利期間與企業預期使用資產之期間二者較短者。

1. 證據顯示合約或其他法定權利將展期。若展期係視第三人是否同意而定，則應包含第三人將會同意之證據。
2. 證據顯示可符合達成展期之所有必要條件。
3. 展期成本與因展期而預期流向企業之未來經濟效益相較非屬重大。

企業於估計資產耐用年限時，係假設企業於維護該資產在既定績效標準下，有能力及意圖承擔之必要的未來維護支出。企業不宜就所計畫之未來支出超過維持無形資產績效標準之必要支出，而主張該資產係非確定耐用年限。

企業應評估無形資產之耐用年限係屬有限或非確定。若為有限，則應評估耐用年限之期限，或評估構成耐用年限之產量或類似單位之數量。於分析所有相關因素後，預期資產為企業產生淨現金流入之期間並未存在可預見之限制時，該無形資產應視為非確定耐用年限。

9.3.2.2 有限耐用年限無形資產之攤銷

> 有限耐用年限之無形資產，應於耐用年限期間按合理而有系統之方式，考量以時間或以活動量為基礎來進行攤銷。

有限耐用年限之無形資產，其可攤銷金額應於耐用年限期間，按合理而有系統之方式，考量以時間或以活動量為基礎來進行攤銷 (直線法、餘額遞減法、生產數量法等)，原則上，並沒有攤銷期間上限，不論攤銷期間是幾年，只要符合經濟實質之條件即可。攤銷應始於資產已達可供使用狀態時，止於將資產分類為待出售資產之日及資產除列日二者中較早之日期。

攤銷方法應反映企業對預期資產未來經濟效益之預期消耗型態。若該型態無法可靠決定時，應採直線法。有限耐用年限無形資產按其他攤銷方法計算之累計攤銷金額，通常不宜較直線法計算者低。

有限耐用年限無形資產之**殘值** (residual value) 應視為零，但符合下列情況之一者除外：

1. 第三人承諾於資產耐用年限屆滿時由第三人購買該資產，該承諾之交易條件已確定且不可取消。
2. 資產具活絡市場 (如 IFRS 13 所定義) 且同時符合下列條件：
   a. 殘值可依據活絡市場而決定。
   b. 其活絡市場於資產耐用年限屆滿時很有可能仍存在。

企業應至少於會計年度終了時評估無形資產之殘值。無形資產殘值之變動應視為會計估計值變動。無形資產之殘值增加而大於或等於其帳面金額時，該資產之當期攤銷金額應為零，續後該殘值減至小於其帳面金額時，仍應繼續攤銷。

有限耐用年限無形資產之攤銷期間及攤銷方法，應至少於會計年度終了時進行評估，若資產之預計耐用年限與先前之估計數不同，攤銷期間應隨之改變。若資產所隱含未來經濟效益消耗之預計型態已發生改變，則攤銷方法應予調整以反映該型態，該等調整應依會計估計值變動處理。

無形資產之攤銷分錄為

  攤銷費用　　　　　　　　　　×××
    無形資產 (或累計攤銷—無形資產)　　　×××

當無形資產係存貨或其他資產生產過程之必要支出時，攤銷費用亦可能資本化為存貨或其他資產。

9.3.2.3　非確定耐用年限與發展中之無形資產及商譽

非確定耐用年限與發展中之無形資產及商譽不得攤銷，非確定耐用年限之無形資產應於資產負債表日評估其耐用年限，以決定是否有事件及環境繼續證明該資產之耐用年限仍屬非確定；若耐用年限由非確定改為有限時，應視為會計估計值變動。

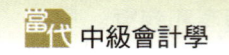

研究發現

商譽攤銷方式

實務和學術研究證據顯示，商譽以直線法的方式攤銷，並不能提供有用的訊息，無法提高會計訊息的有用性，即無法反映商譽價值變化之經濟實質。因此，以定期進行商譽減損測試代替每年固定金額之商譽攤銷，反而能提供更有用的資訊。

9.4 增添或重置

學習目標 4
了解無形資產增添或重置之可能情形及其會計處理

無形資產通常較少增添或重置之情況，因此多數無形資產之後續支出可能僅維持現存無形資產之預期未來經濟效益，而不符合國際會計準則第 38 號對無形資產之定義及認列條件之規定。例如：專利權被同產業之競爭公司所侵犯，產品之銷售因而受到不利影響，故企業聘請律師打官司，最終雖然勝訴而保有原專利權的價值與權利。聘請律師的成本 (即為後續支出) 通常並無法提升專利權價值，只是確保專利權不被侵犯 (即維持原專利權價值)，並沒有增加未來經濟效益，故將這項後續支出認列為費用。

此外，將後續支出歸屬於特定無形資產，通常較歸屬於整體營運更加困難，故後續支出於且僅於少數情況下，方可能併入無形資產之帳面金額。由於品牌、刊頭、出版品名稱、客戶名單及其他於實質上類似項目 (不論向外購入或內部發展) 之後續支出無法與企業整體發展之支出區別，故應於發生時認列為費用。

釋例 9-4　無形資產之重置 (IAS 38.115)

汪宏公司於 ×1 年 1 月 1 日以 $18,000,000 向鼎薪公司購買企業資源規劃系統 (Enterprise Resource Planning, ERP)，該公司管理階層估計該系統之經濟效益將於未來 10 年內平均發生，且系統耐用年限屆滿時無殘值。汪宏公司於 ×6 年 1 月 1 日重置原 ERP 系統中之財務會計系統，共支出 $600,000，管理階層認為該支出可為汪宏公司產生未來經濟效益。

試問：

(1) 汪宏公司原財務會計系統之原始成本為 $300,000，截至 ×6 年 1 月 1 日已提列之累

計攤銷 $150,000。試作汪宏公司 ×1 年 1 月 1 日至 ×6 年 1 月 1 日與此系統相關之分錄

(2) 假設汪宏公司無法決定原財務會計系統應除列之帳面金額，但已知整體系統重置成本為 $3,000,000，並以財務會計系統之重置成本估計當初取得被重置部分 (即原系統) 之原始成本，作為應除列之金額。試作汪宏公司於 ×6 年 1 月 1 日之相關分錄

(3) 假設汪宏公司無法決定原財務會計系統應除列之帳面金額，亦無法取得整體系統重置之成本，故以重置該財務會計系統之成本 $600,000，於考量通貨膨脹因素後，估計當初取得被重置部分之原始成本 $550,000，作為應除列之金額。試作汪宏公司於 ×6 年 1 月 1 日之相關分錄

解析

(1) 情況一：已知建置原財務會計系統之原始成本為 $300,000

×1 年 1 月 1 日至 ×6 年 1 月 1 日之相關分錄如下：

| ×1/1/1 | 無形資產—電腦軟體 | 1,800,000 | |
| | 　現金 | | 1,800,000 |

×1/12/31～×5/12/31(每年)

| | 攤銷費用 | 180,000 | |
| | 　累計攤銷—電腦軟體 | | 180,000 |

×6/1/1	累計攤銷—電腦軟體	150,000	
	處分無形資產損失	150,000	
	無形資產—電腦軟體		300,000

除列被重置之財務會計系統並認列處分損失 ($300,000－$300,000÷10×5＝$150,000)

| ×6/1/1 | 無形資產—電腦軟體 | 600,000 | |
| | 　現金 | | 600,000 |

(2) 情況二：無法決定原財務會計系統應除列之帳面金額，但已知「整體」系統重置之成本為 $3,000,000，並以 ERP 系統之重置成本估計當初取得被重置部分 (即原財務會計系統) 之原始成本作為應除列之金額。

汪宏公司於 ×6 年 1 月 1 日之相關分錄如下：

×6/1/1	累計攤銷—電腦軟體	180,000	
	處分無形資產損失	180,000	
	無形資產—電腦軟體		360,000

以企業資源規劃系統之重置成本，估計重置部分之原始成本為 $360,000 (＝$1,800,000 × $600,000÷$3,000,000)，累計攤銷為 $180,000 (＝$360,000÷10×5)

×6/1/1	無形資產－電腦軟體	600,000	
	現金		600,000

(3) 情況三：無法決定原財務會計系統應除列之帳面金額，亦無法取得整體系統重置之成本，故以重置該系統之成本 $600,000，於考量通貨膨脹因素後，估計當初取得被重置部分之原始成本 $550,000，作為應除列之金額

汪宏公司於 ×6 年 1 月 1 日之相關分錄如下：

×6/1/1	累計攤銷－電腦軟體	275,000	
	處分無形資產損失	275,000	
	無形資產－電腦軟體		550,000

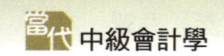

除列被重置之財務會計系統並認列處分損失 ($550,000 − $550,000 ÷ 10 × 5 = $275,000)

×6/1/1	無形資產－電腦軟體	600,000	
	現金		600,000

9.5　無形資產之減損

學習目標 5
了解與無形資產相關之減損的辨認與衡量等流程，並了解商譽相關之減損的會計處理

第 8 章已介紹不動產、廠房及設備資產減損相關規範，包括辨認可能減損之資產、衡量**減損損失** (impairment loss) 與**迴轉利益** (gain on reversal) 等，本章延伸至無形資產之處理。詳細規範請參閱第 8 章。

辨認可能減損之資產

第 8 章已介紹如何辨認可能減損之資產，若有外來資訊與內部資訊顯示有減損跡象時，企業應進行減損測試，並估計資產之可回收金額。此外，因為 (1) 仍於研究或發展中而尚未供使用之無形資產、(2) 非確定耐用年限之無形資產及 (3) 商譽等無形資產在判斷是否能產生足夠未來經濟效益以回收其帳面金額時，通常面臨較高之不確定性，且上述三類無形資產無需定期提列攤銷金額，故企業應每年定期進行減損測試。同一現金產生單位應以同一時點進行減損測試，不同單位得於不同時點進行測試。

若耐用年限由非確定改為有限時，例如政府決定將電視廣播執照於 5 年後收回重新開放競標，係該資產可能發生減損之跡象，企業應比較無形資產帳面金額與其可回收金額，進行減損測試。

資產減損衡量與可回收金額

進行資產減損測試時，應估計該資產之**可回收金額** (recoverable amount)，比較資產之帳面金額是否超過可回收金額，若資產之帳面金額超過可回收金額，則表示已發生資產減損。

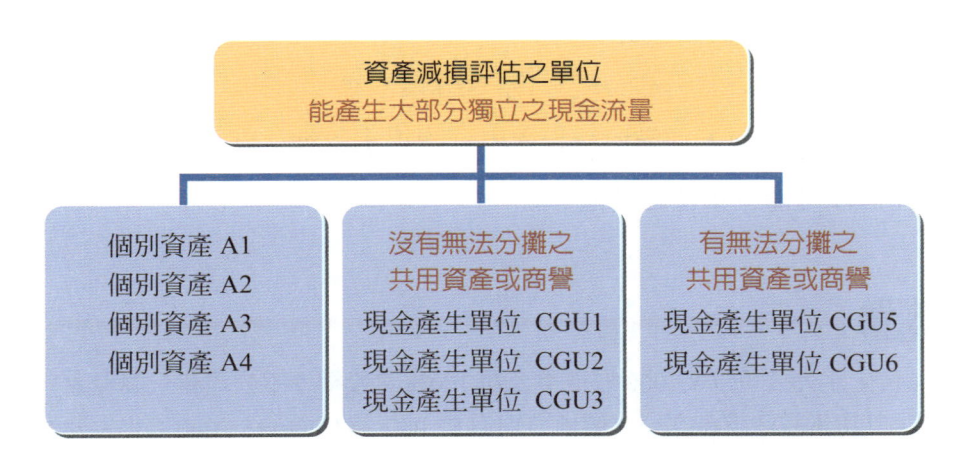

資產減損評估之單位

資產減損評估之單位包括個別資產與**現金產生單位** (cash-generating unit)，可回收金額應就個別資產予以決定，但個別資產如無法經由使用而產生與其他資產或資產群組大部分獨立之現金流量時，則應就該資產所屬之現金產生單位予以決定。現金產生單位組成部分之決定應與可回收金額之估計基礎一致。

商譽所屬現金產生單位之減損測試

商譽本身無法獨立產生現金流量，其可回收金額必須與商譽所歸屬的現金產生單位一同進行估計，帳面金額也必須與商譽所歸屬的現金產生單位以一致之基礎計算。

資產減損評估之單位(詳見圖9-3)，係以能產生大部分獨立之現金流量為基礎，若個別資產能產生大部分獨立之現金流量，則以該個別資產為資產減損評估之單位，若個別資產無法產生大部分獨立之現金流量，則需要透過許多資產組合以共同產生現金流量，稱為現金產生單位。

商譽之帳面金額若可以合理一致之基礎分攤至現金產生單位，

資產減損評估之單位
能產生大部分獨立之現金流量

- 個別資產 A1
- 個別資產 A2
- 個別資產 A3
- 個別資產 A4

沒有無法分攤之共用資產或商譽
- 現金產生單位 CGU1
- 現金產生單位 CGU2
- 現金產生單位 CGU3

有無法分攤之共用資產或商譽
- 現金產生單位 CGU5
- 現金產生單位 CGU6

圖 9-3　資產減損評估之單位

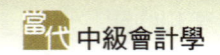

則以該現金產生單位為資產減損評估之單位，將已分攤商譽之現金產生單位帳面金額與可回收金額相比較，以進行減損測試。

若無法以合理一致之基礎分攤商譽帳面金額予現金產生單位，則依下列步驟認列減損損失：

1. 先採由下往上 (bottom-up) 法

排除商譽後之現金產生單位帳面金額與可回收金額相比較。

2. 後採由上往下 (top-down) 法

a. 擴大辨認包含所評估之現金產生單位，直至可以合理一致之基礎分攤商譽部分帳面金額之最小現金產生單位群組。

b. 將已分攤商譽之現金產生單位帳面金額與可回收金額相比較，並進行減損測試。

商譽所屬現金產生單位減損認列

此作法與共用資產的作法是一樣的

現金產生單位(已分攤商譽或共用資產之最小現金產生單位群組)之可回收金額若低於其帳面金額，應立即認列減損損失，並依下列順序分攤：

1. 就已分攤至現金產生單位之商譽，減少其帳面金額。
2. 就剩餘資產帳面金額等比例分攤至各資產。

依上述規定分攤減損損失時，帳面金額以減至下列金額之最高者為限：

1. **公允價值減處分成本** (fair value less costs of disposal)
2. **使用價值** (value in use)
3. 零

因前項限制未分攤至該資產之減損損失金額，應依相對比例分攤至該現金產生單位之其他資產。

釋例 9-5　商譽減損

×0年12月31日，北大公司以$5,000取得甲公司100%之股權；甲公司有三個現金產生單位A、B、C，其可辨認淨資產之公允價值分別為$2,000、$1,000、$1,000；北大公司在此交易中認列了$1,000之商譽(= $5,000 − $4,000)。

×2年底，現金產生單位 A 有減損跡象，其可回收金額估計為 $2,000；現金產生單位 A、B 與 C 之帳面金額(不含商譽)如下：

×2年底	A	B	C	商譽	合計
帳面金額	$1,800	$900	$900	$1,000	$4,600

解析

情況一：商譽之帳面金額若可以合理一致之基礎分攤至現金產生單位

於 ×0 年 12 月 31 日分攤商譽：假設以相對公允價值比例分攤

	A	B	C	合計
公允價值(×0年)	$2,000	$1,000	$1,000	$4,000
百分比	50%	25%	25%	100%
分攤商譽(依百分比)	500	250	250	1,000
×0年帳面金額(含商譽)	$2,500	$1,250	$1,250	$5,000
帳面金額(×2年)	$1,800	$900	$900	$3,600
商譽	500	250	250	1,000
×2年帳面金額(含商譽)	$2,300	$1,150	$1,150	$4,600

現金產生單位 A 之帳面金額(含商譽)	$2,300
現金產生單位 A 之可回收金額	2,000
資產減損損失	$ 300

$300 的資產減損損失將全部用以減少商譽之帳面金額，分錄如下：

減損損失	300	
商譽		300

情況二：商譽之帳面金額若可以合理一致之基礎分攤至現金產生單位(與情況一完全相同，惟現金產生單位 A 之可回收金額改為 $1,400)

現金產生單位 A 之帳面金額(含商譽)	$2,300
現金產生單位 A 之可回收金額	1,400
資產減損損失	$ 900

$900 的資產減損損失將先減少商譽之帳面金額 $500，就現金產生單位 A 之剩餘資產帳面金額等比例分攤減損損失 $400 至各資產，分錄如下：

減損損失	900	
商譽		500
累計減損—A 各項資產		400

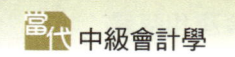

情況三：無法以合理一致之基礎分攤商譽帳面金額予現金產生單位

現金產生單位 A、B 及 C 之可回收金額分別為 $2,000、$1,000 及 $1,100。

(i) 排除商譽後之現金產生單位 A 帳面金額與可回收金額相比較。

現金產生單位 A 之帳面金額	$1,800
可回收金額	2,000
資產減損損失	$ 0

在由下往上法測試之下，無須認列現金產生單位 A 之減損損失。

(ii) 擴大辨認包含所評估之現金產生單位，直至可以合理一致之基礎分攤商譽部分帳面金額之最小現金產生單位群組（假設只能以 A＋B＋C 一起評估）

	A	B	C	商譽	合計
帳面金額（×2 年）	$1,800	$900	$900	$1000	$4600
由下往上法後之認列損失	0	—	—	—	0
由下往上法後之帳面金額	$1,800	$ 900	$ 900	$1,000	$4,600
可回收金額	2,000	1,000	1,100		4,100
由上往下法後之減損損失					$ 500

此 $500 之損失應全部減少商譽之帳面金額，分錄如下：

減損損失	500	
商譽		500

情況四：無法以合理一致之基礎分攤商譽帳面金額予現金產生單位（與情況三完全相同，惟現金產生單位 A 之可回收金額改為 $1,400）

	A	B	C	商譽	合計
帳面金額（×2 年）	$1,800	$ 900	$ 900	$1,000	$4,600
由下往上法後之認列損失	(400)	—	—	—	(400)
由下往上法後之帳面金額	$1,400	$ 900	$ 900	$1,000	$4,200
可回收金額	1,400	1,000	1,100		$3,500
由上往下法後之減損損失					$ 700

此 $1,100 之損失應先減少現金產生單位 A 之各項資產 $400，再減少商譽之帳面金額 $700，分錄如下：

減損損失	1100	
商譽		700
累計減損－A 各項資產		400

認列減損損失

無形資產認列減損損失後，其攤銷金額以新帳列金額與重估計之耐用年限進行。若無形資產有價值減損跡象，但經過可回收測試後發現可回收金額仍高於帳面金額，則該無形資產並無發生價值減損，無須認列資產減損損失；然而該資產之耐用年限與殘值等仍應重新估計。

現金產生單位減損損失之迴轉

損失迴轉金額應就各資產帳面金額比例分攤，但各資產迴轉後帳面金額不得超過下列二者較低者：

1. 各資產可回收金額；
2. 各資產在未認列減損損失之情況下，減除應提列折舊或攤銷後之帳面金額。但已認列之商譽減損損失不得迴轉。

表 9-10 彙總前述有關無形資產(含商譽)後續衡量攤銷與減損規定。

表 9-10　無形資產攤銷與減損相關規範

	有限耐用年限	尚未可供使用（發展中）	非確定耐用年限	商譽
攤銷與否	要攤銷。		不得攤銷。	
會計年度終了	評估殘值、攤銷期間、攤銷方法。依會計估計值變動處理。			
資產負債表日		於資產負債表日評估耐用年限。耐用年限由非確定改為確定時，應加以攤銷，視為會計估計值變動處理。		
評估減損跡象	於資產負債表日評估是否有減損跡象，若有則進行減損測試。			
減損測試	減損事件發生時。	減損事件發生時，且無論是否有減損跡象，應每年定期進行減損測試。		
減損損失迴轉	可迴轉。			不得迴轉。

> 無形資產認列減損損失後，其攤銷金額以新帳列金額與重估計之耐用年限進行。

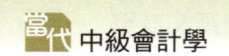

釋例 9-6　商譽所屬現金產生單位之減損損失迴轉

承釋例 9-5 之情況二，若 ×3 年底進行評估時，已有跡象顯示現金產生單位 A 原先之減損原因已不存在，故重新估計現金產生單位 A 之可回收金額。假設 ×2 年底現金產生單位 A 各資產 A1、A2 及 A3 都尚有 10 年，採直線法作攤銷，殘值為 0。

	A1	A2	A3	合計
減損前帳面金額(×2 年)	$900	$450	$450	$1,800
減損金額	(200)	(100)	(100)	(400)
減損後帳面金額(×2 年)	$700	$350	$350	$1,400
增加之折舊(攤銷)	(70)	(35)	(35)	(140)
×3 年帳面金額	$630	$315	$315	$1,260

解析

情況一：現金產生單位 A 之可回收金額為 $1,380

1. 計算上限

   現金產生單位 A 各資產在未認列減損損失之情況下，減除應提列折舊或攤銷後之帳面金額。

	A1	A2	A3	合計
減損前帳面金額(×2 年)	$900	$450	$450	$1,800
增加之折舊(攤銷)	(90)	(45)	(45)	(180)
無減損情況 ×3 年帳面金額	$810	$405	$405	$1,620

2. 確定未超限

   由於可回收金額 $1,380 < 無減損情況下 ×3 年帳面金額 $1,620，故確定未超限。
   減損損失迴轉金額 = 可回收金額為 $1,380 – ×3 年帳面金額 $1,260 = $120

3. 比例分攤

   減損損失迴轉利益按各資產帳面金額比例分攤

	A1	A2	A3	合計
×3 年原帳面金額	$630	$315	$315	$1,260
減損損失迴轉利益比例	50%	25%	25%	100%
減損損失迴轉利益金額	60	30	30	120
迴轉後帳面金額	$690	$345	$345	$1,380

迴轉後帳面金額皆在未認列減損損失之情況下之上限範圍，迴轉分錄為

累計減損—A1	60	
累計減損—A2	30	
累計減損—A3	30	
減損迴轉利益		120

情況二：現金產生單位 A 之可回收金額為 $1,720

減損損失迴轉金額 = 可回收金額為 $1,720 – ×3 年帳面金額 $1,260 = $460

現金產生單位 A 各資產在未認列減損損失之情況下，減除應提列折舊或攤銷後之帳面金額只有 $1,620。減損損失迴轉利益金額上限為 $1,620 – $1,260 = $360。

減損損失迴轉利益就各資產帳面金額比例分攤

	A1	A2	A3	合計
×3 年原帳面金額	$630	$315	$315	$1,260
減損損失迴轉利益比例	50%	25%	25%	100%
減損損失迴轉利益金額	230	115	115	460
迴轉後帳面金額	$860	$430	$430	$1,720
迴轉後帳面金額之上限	$810	$405	$405	$1,620
迴轉利益金額	$180	$ 90	$ 90	$ 360

迴轉分錄為

累計減損—A1	180	
累計減損—A2	90	
累計減損—A3	90	
減損迴轉利益		360

現金產生單位內之部分營運出售

現金產生單位內之部分營運出售時，應以部分分攤商譽後之帳面金額計算處分損益，分攤該商譽的方法以出售及未出售部分之市價比例分攤，若有更好之分攤方法，則不在此限。

9.6　無形資產之除列

無形資產有下列情況之一，應予除列 (derecognition)：(1) 處分 (disposals)。(2) 報廢 (retirements)：預期無法由使用或處分產生未來經濟效益。

無形資產之處分日係收受者取得對該資產控制之日 (依國際財務報導準則第 15 號中何時滿足履約義務之規定判定)。企業除列無形資產時，應以所取得淨額與其帳面金額之差額，決定除列無形資產所產生之利益或損失，認列為本期損益，但以售後租回方式處分時，應依國際財務報導準則第 16 號「租賃」之規定處理。

學習目標 6
了解無形資產除列之條件，並了解相關之會計處理

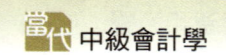

無形資產應於符合下列所有情況，方視為處分：

1. 企業將無形資產之顯著風險及報酬移轉予買方。
2. 企業對於已處分之無形資產既不持續參與管理，亦未維持其有效控制。
3. 處分金額能可靠衡量。
4. 與交易有關之經濟效益很有可能流向企業。
5. 與交易相關之已發生及將發生之成本能可靠衡量。

構成無形資產之部分如有重置，且若符合無形資產定義及認列條件而應認列為無形資產者，將重置部分之成本認列至其帳面金額時，應同時除列被重置部分之原帳面金額。企業若實務上無法決定應除列之帳面金額，得採用重置成本估計當初取得或內部產生被重置部分之原始成本，作為應除列金額。

本章習題

問答題

1. 無形資產與非無形資產之主要差異為何？
2. 無形資產之定義及認列條件為何？
3. 甲公司帳上之商標權係以重估價模式作後續衡量。此衡量方式是否合理？
4. 乙公司收購丙公司時，發現丙公司有一未入帳之無形項目具有以下特性：(1) 由合約產生，但不得移轉；(2) 可證明為丙公司所控制；(3) 可為丙公司節省未來之支出。上述無形項目於企業合併時應如何處理？
5. 研究階段與發展階段之主要差異為何？
6. 商譽與其他無形資產之主要差異為何？
7. 有限耐用年限之無形資產過去已認列重估價損失，今年有重估增值之情況時，企業應如何認列此重估增值金額？重估增值與資產減損損失迴轉之會計處理有何差異？
8. 試說明非確定耐用年限之無形資產，即使不存在減損跡象，仍需每年定期作減損測試的原因。
9. 丁公司在併購戊公司時，發現戊公司某一未入帳之無形項目雖符合無形資產定義，但公允價值之估計卻相當困難，因此不認列該無形項目於合併資產負債表中。試評論上述處理方式是否恰當。
10. 無形資產與不動產、廠房及設備在採用重估價模式的適用條件有何不同？

Chapter 9 無形資產和商譽

選擇題

1. 下列何者是許多無形資源難以認列為無形資產的最主要原因？
   (A) 難以證明是否可被企業控制
   (B) 缺乏可辨認性
   (C) 不具有未來經濟效益
   (D) 缺乏法令保障

2. 下列關於無形資產的敘述何者有誤？
   (A) 企業預期無法由使用或處分無形資產產生未來經濟效益時，應除列之
   (B) 若有第三方承諾於無形資產耐用年限屆滿時購買該資產，該無形資產之殘值可能為非零之金額
   (C) 當有限耐用年限之無形資產未來經濟效益之消耗型態無法可靠決定時，不作攤銷，改以每年定期及在有減損跡象時作減損測試
   (D) 透過政府補助之方式取得無形資產時，企業得選擇以公允價值或名目金額加計為使該資產達到預定使用狀態之直接可歸屬支出作原始認列

3. 下列何者應認列為無形資產？
   (A) 於企業合併時取得被收購者尚在研究及發展階段中的計畫，此計畫符合無形資產之定義
   (B) 屬企業合併一部分的無合約之顧客關係，依歷史經驗無同樣或類似的無合約之顧客關係可於市場進行交換交易
   (C) 企業能證明其有能力使用或出售其在發展階段中產生之無形資產
   (D) 企業內部產生之刊頭

4. 下列何者最可能符合 IAS38 對無形資產之定義？
   (A) 企業特定之技術能力
   (B) 客戶忠誠度
   (C) 生產配額
   (D) 認購權證

5. 下列何者不是滿足無形資產定義之無形項目所需具備的條件？
   (A) 具可辨認性
   (B) 能為企業帶來未來經濟效益
   (C) 價值能可靠衡量
   (D) 為企業所控制

6. 在評估無形資產之耐用年限時，以下共有幾項可能是應考量的因素？(1) 競爭者或潛在競爭者之預期行動；(2) 該資產所屬營運產業之穩定性；(3) 企業對該資產之預期用途；(4) 使用該資產之法律限制
   (A) 一項
   (B) 二項
   (C) 三項
   (D) 四項

7. 下列敘述何者正確？
   (A) 企業之主要生產設備需工程師撰寫某種特殊且無形的韌體 (firmware) 才可運作，且設備重要性遠大於韌體時，此韌體應視為設備之一部分
   (B) 某軟體安裝檔儲存於光碟片中，該光碟片即可視為無形資產
   (C) 某企業可使用各式作業系統操作其電腦硬體從事主要經濟活動。當某作業系統被安裝後，該作業系統應視為電腦硬體之一部分

361

(D) 某表彰專利權之證書，該專利權與證書紙本之重要性相等

8. 下列敘述，何者最能說明某無形資產可被企業控制？
   (A) 該無形資產可隨相關之負債與其他個體交換
   (B) 該無形資產由合約產生
   (C) 該無形資產之未來經濟效益無法由其他個體所取得
   (D) 該無形資產可個別出售

9. A 公司支付相關規費向政府機關註冊其自行研發完成之專利，該專利每 5 年可以極低之成本向政府機關申請展期。在可預見之未來，該專利可為 A 公司持續產生淨現金流入。關於上述專利，以下敘述何者正確？
   (A) 為無年限限制之無形資產 (B) 為非確定耐用年限之無形資產
   (C) 為耐用年限 5 年之無形資產 (D) 為無形資產，耐用年限為無限大

10. 承上題，關於該無形資產之後續衡量，下列敘述何者正確？
    (A) 不得攤銷 (B) 不得提列減損損失 (C) 需分 5 年攤銷 (D) 僅能以直線法攤銷

11. B 公司 ×4 年購買一專利權花費 $1,000,000，訓練員工使用專利技術花費 $100,000，自行研究一項新技術支出 $200,000。B 公司 ×4 年應認列無形資產之金額為何？
    (A) $1,300,000 (B) $1,200,000 (C) $1,100,000 (D) $1,000,000

12. 下列何種情況下可能認列商譽？
    (A) 以超過他公司可辨認淨資產公允價值之金額收購該公司
    (B) 公司之市值大於帳面金額
    (C) 以上皆是
    (D) 以上皆非

13. 以下資產中，共有幾種不得迴轉減損損失？(1) 非確定耐用年限無形資產；(2) 發展中之無形資產；(3) 有限耐用年限無形資產；(4) 商譽
    (A) 四種 (B) 三種 (C) 二種 (D) 一種

14. 下列何種情況最可能認列無形資產？
    (A) 企業透過合併取得之研究活動，其後續研究支出
    (B) 企業內部產生之研究活動，其後續研究支出
    (C) 企業原始認列其自行向外購買之研究活動
    (D) 企業原始認列其內部產生之研究活動

15. 以下共有幾種無形資產需要作攤銷？(1) 有限耐用年限之無形資產；(2) 非確定耐用年限之無形資產；(3) 發展中之無形資產；(4) 商譽
    (A) 四項 (B) 三項 (C) 二項 (D) 一項

16. 甲公司收購乙公司時，取得乙公司某一不具可辨認性的無形項目 C。以下敘述哪些正確？
    (1) 甲公司應將無形項目 C 單獨認列為無形資產；(2) 乙公司於收購日前取得無形項目 C

時，應將支出費用化；(3) 乙公司於收購日前取得無形項目 C 時，應認列無形資產；(4) 此無形項目 C 構成甲公司收購日所認列之商譽金額的一部分

(A) (2)   (B) (1)(2)   (C) (2)(4)   (D) (3)

17. 下列何種情況最可能認列無形資產？
    (A) 透過合併取得釀酒秘方   (B) 付費給管理顧問公司以獲取策略管理新知
    (C) 向他公司購買出版品名稱   (D) 企業自行建構客戶名單資料庫

18. 下列何者應計入無形資產之取得成本？
    (A) 為使無形資產達營運狀態之專業服務費
    (B) 初期營運損失
    (C) 無形資產尚未投入使用時所發生之管理費用
    (D) 員工訓練成本

19. 有關無形資產之減損，下列敘述何者錯誤？
    (A) 當無形資產之耐用年限由非確定變成有限時，可能有減損之跡象
    (B) 非確定耐用年限之無形資產的減損損失不得迴轉
    (C) 非確定耐用年限之無形資產每年一定要做減損測試
    (D) 有限耐用年限之無形資產在有減損跡象時須做減損測試

20. 小熊公司在 ×3 年 12 月 31 日資產負債表上有一項專利權，取得成本為 $2,000,000，取得日期為 ×1 年 12 月 31 日，取得時估計使用年限為 10 年；但在 ×3 年底，由於專利權所生產的產品銷路差，公司認為該專利權價值已減損，重估未來使用年限為 3 年，每年淨現金流入為 $500,000 (假設在年底發生)，設合理的折現率為 10% (×3 年的複利現值因子為 0.7513，年金現值因子為 2.4868)。請問該公司在 ×3 年底應認列專利權減損損失多少金額？   [改編自 102 年地方特考會計學]
    (A) $356,600   (B) $500,000   (C) $756,600   (D) $1,224,350

21. 方濟公司於 ×2 年初買入一專利權，成本為 $3,000,000，法定年限為 10 年，預估經濟年限為 6 年，無殘值。×3 年初因該專利權受他公司侵害而提起訴訟，故而發生訴訟費 $500,000，方濟公司獲得勝訴，使該專利權之效益得以維持，惟效益僅與當初預期相同，並未增加，該專利權 ×3 年底之帳面金額為多少？   [改編自 102 年高考會計]
    (A) $2,000,000   (B) $2,200,000   (C) $2,400,000   (D) $2,500,000

練習題

1. 【定義與認列條件】下列哪些項目應認列為無形資產？
   (1) 洽詢財務顧問探討如何增加公司價值所支付的顧問費
   (2) 應收帳款
   (3) 發行股票相關之手續費
   (4) 自行創造之商譽價值

(5) 自行研發新專利於研究階段之支出
(6) 自行研發新專利於發展階段之全部支出
(7) 申請專利所支付之相關規費
(8) 向外購買專利之成本
(9) 改良產品所花費之金額
(10) 取得航道權之成本
(11) 公司債溢價
(12) 塑造公司形象所支付的廣告費
(13) 收購他公司之成本超過其淨資產公允價值之金額
(14) 訓練經理人所發生之支出
(15) 支付權利金

2. 【外部取得 後續衡量 減損】甲公司於×4年初以現金$5,000,000取得新型抗癌藥品之專利權。受此專利權保護之新型抗癌藥品預期可產生現金流入至少10年。乙公司承諾於×8年底前按甲公司專利權取得成本之50%購買該專利權，且甲公司有意圖於×8年底前出售該專利權，甲公司將依此資訊衡量專利權殘值。另外，此專利權未來經濟效益之消耗型態無法可靠決定。×4年底，此專利權有減損跡象，估計可回收金額為$4,300,000。

試作：

(1) 評估上述專利權之耐用年限。
(2) ×4年所有與專利權相關之分錄。

3. 【內部產生之無形資產】丙公司×5年開始一項研發活動如下：

×5/1/1　　開始從事新知識之發掘
×5/6/1　　開始致力改善製造流程，並接著作流程測試
×6/1/1　　開始進行模具之設計
×6/7/1　　此時丙公司已符合IAS 38第57段之經濟可行性
×7/4/30　　研發活動成功完成

相關支出如下：

×5/1/1 ～ ×5/5/31　　$688,000
×5/6/1 ～ ×5/12/31　　633,000
×6/1/1 ～ ×6/6/30　　615,000
×6/7/1 ～ ×6/12/31　　689,000
×7/1/1 ～ ×7/4/30　　609,000

請問：

(1) 若×5年6月1日開始之活動，難以區分為研究或發展階段，應如何處理？
(2) ×6年7月1日開始的活動所描述之「經濟可行性」，包含以下哪幾項？
　　(a) 完成無形資產之技術可行性已達成，將使該無形資產可供使用或出售
　　(b) 意圖完成該無形資產，並加以使用或出售
　　(c) 有能力使用或出售該無形資產
　　(d) 無形資產存在活絡市場

(e) 具充足之技術、財務及其他資源以完成此項發展，並使用或出售該無形資產

(f) 歸屬於該無形資產發展階段之支出，能夠可靠衡量

(3) 承 (1)，試作 ×5 至 ×7 年所有分錄。

4. 【處分與重置】丁研究中心 ×6 年底以 $100,000 購買一統計軟體，耐用年限 5 年，採直線法作攤銷。×8 年初，因研究需要，重置該統計軟體中的 Y 套件，花費 $20,000，丁研究中心認為此一支出可為該公司帶來未來之經濟效益。試問：

(1) 若丁研究中心無法決定原 Y 套件應除列之帳面金額，亦無法取得整套統計軟體重置之成本，試作 ×6 年底至 ×8 年初之相關分錄。

(2) 若丁研究中心無法決定原 Y 套件應除列之帳面金額，但已知整套統計軟體重置之成本為 $160,000，試作 ×6 年底至 ×8 年初之相關分錄。

5. 【無形資產之重置 (IAS38.115)】廣茂公司於 ×1 年 1 月 1 日以 $20,000,000 向文中公司購買顧客關係管理系統 (Customer Relationship Management, CRM)，該公司管理階層估計該系統之經濟效益將於未來 10 年內平均發生，且系統耐用年限屆滿時無殘值。廣茂公司於 ×4 年 1 月 1 日重置原 CRM 系統中之訂單管理系統，共支出 $800,000 管理階層認為該支出可為廣茂公司產生未來經濟效益。

試作：

(1) 廣茂公司原訂單管理系統之原始成本為 $400,000，截至 ×4 年 1 月 1 日已提列之累計攤銷 $120,000。試作廣茂公司 ×1 年 1 月 1 日至 ×4 年 1 月 1 日與此系統相關之分錄

(2) 假設廣茂公司無法決定原訂單管理系統應除列之帳面金額，但已知整體系統重置成本為 $5,000,000，並以系統之重置成本估計當初取得被重置部分 (即原訂單管理系統) 之原始成本，作為應除列之金額。試作廣茂公司於 ×4 年 1 月 1 日之相關分錄

(3) 假設廣茂公司無法決定原訂單管理系統應除列之帳面金額，亦無法取得整體系統重置之成本，故以重置該系統之成本 $800,000，於考量通貨膨脹因素後，估計當初取得被重置部分之原始成本 $600,000，作為應除列之金額。試作廣茂公司於 ×4 年 1 月 1 日之相關分錄。

6. 【取得成本】A 公司 ×5 年初購買一項無形資產，購買價格為 $105,000，其中包含進口稅捐及不可退還之進項稅額各 $2,500；另外，為測試此資產是否正常運作，額外支出 $500。A 公司於購買後立即投入 $500,000 以開發此無形資產預期可帶來之新客戶。A 公司 ×5 年初應認列無形資產之成本為何？

7. 【原始認列與後續衡量】B 公司 ×9 年初申請一項新晶片技術之專利權。申請過程中，支付相關申請費共計 $600,000。該專利權法定年限為 10 年，可否成功展期須視未來相關單位同意。該專利權未來經濟效益之消耗型態無法可靠決定。B 公司除於 ×9 年初申請案通過後，將晶片後續改良之研發工作委外，並於 ×9 年底支付相關勞務承攬契約之相關費用 $800,000，已知 ×9 年底尚未有可商業化之雛型產生。

試作：

(1) 請評估並說明該專利權之耐用年限。
(2) 請評估並說明該專利權之殘值。
(3) 請說明該專利權應使用之攤銷方法。
(4) 晶片後續改良之委外工作是否可增加專利權之成本？
(5) ×9年之所有分錄。

8. 【定義、認列與攤銷】B公司×1年發生下列交易：
   1. 年初以$24,000購買一項專利權，耐用年限為4年，採年數合計法作攤銷
   2. 年初以公允價值$40,000，帳面金額$30,000之機器交換一本書之著作權，其公允價值無法可靠衡量，且此交換交易具有商業實質。該著作權按生產數量法攤銷，×1年度此本書共銷售了20,000本，預期未來年度可再銷售60,000本
   3. 6月1日控告E公司侵犯(1)小題中的專利權，支付訴訟費用$2,000
   4. 8月1日支付廣播節目中為公司提升品牌形象之廣告費$30,000

   試為上述交易作×1年所有相關分錄。

9. 【研究階段與發展階段之區分】下列研發活動，哪些屬研究階段？哪些屬發展階段？
   (1) 取得關於電路學新知識的過程
   (2) 新電路生產前之原型的建造
   (3) 設計有關新技術之夾具
   (4) 尋求器械替代方案
   (5) 評估核酸萃取知識
   (6) 建造未達規模經濟可行性以供商業化量產之試驗工廠
   (7) 對改良流程之已選定方案所為之測試
   (8) 草擬新系統可能替代方案

10. 【內部產生之無形資產】下列哪些項目可計入企業內部產生無形資產之成本？
    (1) 為發展無形資產所支付之利息
    (2) 可直接歸屬於為使無形資產達到使用狀態之成本
    (3) 法定權利之登記費
    (4) 因產生無形資產所支付之員工福利成本
    (5) 產生無形資產所消耗之原料
    (6) 訓練員工操作無形資產之支出
    (7) 資產達預期績效前，所辦認之初期營運損失

11. 【商譽】丙公司於×6年1月1日購買丁公司，取得其100%之股權。當時丁公司資產負債表項目之帳面金額及公允價值如下：

項目	帳面金額	公允價值
現金	$1,000,000	$1,000,000
應收款項	2,000,000	3,000,000
存貨	5,000,000	4,000,000
不動產、廠房及設備	8,600,000	8,400,000

項目	帳面金額	公允價值
商譽	2,000,000	?
應付款項	2,500,000	2,400,000
應付公司債	3,000,000	5,000,000
股本	7,000,000	?
保留盈餘	6,100,000	?

另外，丁公司尚存在符合無形資產定義但未認列之無形項目 A，丙公司經評估後，認為無形項目 A 之公允價值為 $1,800,000。請分別依下列情況為丙公司作取得丁公司的分錄。

(1) 以現金 $10,000,000 進行收購

(2) 以現金 $11,000,000 進行收購

12. 【成本模式與重估價模式】A 公司於 ×3 年初以現金 $20,000,000 購買無形資產甲，預期耐用年限為 10 年，採直線法作攤銷。×5 年底，A 公司決定將無形資產甲之衡量方式改成重估價模式。×5 年底，無形資產甲之公允價值為 $11,998,000。×6 年底，無形資產甲之公允價值為 $13,000,000。A 公司在上述期間內，不具有與無形資產甲相同類別之其他資產。請問：

(1) 依據 IAS 38 之規定，無形資產甲必須滿足哪些條件，才可使用重估價模式？

(2) 試作 ×3 年至 ×6 年與無形資產甲相關之分錄，重估價模式依消除累攤淨額法處理。

(3) 承上，假設 A 公司於 ×7 年初出售無形資產甲，收到現金 $13,000,000。試作相關分錄。

13. 【後續衡量】B 公司 ×7 年 12 月 31 日時有以下無形資產：

種類	說明
(1) 商標權	×7 年 1 月 1 日以 $3,000,000 向外取得，在可預見之未來此商標權將持續為 B 公司產生淨現金流入。
(2) 商標權	×6 年 4 月 1 日透過合併 C 公司取得，×6 年 4 月 1 日於 C 公司上之帳面金額為 $2,000,000，公允價值為 $1,500,000。B 公司於合併時評估，在可預見之未來，此商標權將持續為 B 公司產生淨現金流入。B 公司於 ×12 年初評估，商標權將不再具有未來經濟效益。
(3) 著作權	×7 年 5 月 31 日繳交規費 $120,000 取得，法定年限 10 年，B 公司評估之經濟耐用年限為 12 年。
(4) 商譽	於 ×6 年 4 月 1 日透過合併 D 公司所認列，計 $500,000。B 公司認為此商譽連同公司其他資產至少可為公司帶來 50 年之經濟效益。
(5) 發展中之無形資產	係由內部之研發活動甲產生，此活動於 ×7 年 9 月 1 日起達到 IAS38 第 57 段之所有條件，至 ×7 年 12 月 31 日共認列發展中之無形資產 $300,000。研發活動甲預計將進行至 ×8 年 6 月 30 日。

假設 B 公司對應攤銷之無形資產皆採直線法作攤銷，試作 ×7 年 12 月 31 日應有之攤

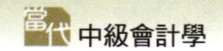

銷分錄。

14. 【研究發展計畫】E 公司於 ×5 年進行研究與發展的相關工作，以下為相關工作之成本：

購買用於研究發展計畫之設備(計畫完成可另作使用)	$1,500,000
前項設備之折舊	$740,000
使用之原料	$510,000
員工薪資	$460,000
外部諮詢之費用	$210,000
間接成本(已適當分攤)	$540,000
新商品上市前廣告費用	$140,000

上述研究與發展支出皆不符資本化之條件，試求 ×5 年認列此計畫之研究發展費用之總金額。

[改編自 99 年會計師]

15. 【商譽可以合理且一致之基礎分攤之減損】×1 年底，A 公司以 $1,000,000 取得 B 公司之全部股權。B 公司有甲、乙、丙與丁四個現金產生單位，×1 年底各現金產生單位淨資產之公允價值分別為 $250,000、$250,000、$200,000 與 $100,000。×4 年底，因有減損跡象而作減損測試，此時各現金產生單位相關資訊如下：

×4 年底	甲	乙	丙	丁
帳面金額(不含商譽)	$200,000	$200,000	$160,000	$80,000
公允價值	200,000	190,000	160,000	100,000
使用價值	180,000	170,000	150,000	90,000
處分成本	10,000	10,000	20,000	20,000

若商譽可以各現金產生單位於收購時之公允價值作合理且一致之分攤，試作 ×4 年底相關分錄。

16. 【商譽無法以合理且一致之基礎分攤之減損】×2 年底，C 公司以 $2,000,000 取得 D 公司之全部股權，此時 D 公司之可辨認淨資產帳面金額為 $1,700,000，公允價值為 $1,800,000。D 公司有甲、乙、丙與丁四個現金產生單位。×3 年底，因有減損跡象而作減損測試，此時各現金產生單位相關資訊如下：

×3 年底	甲	乙	丙	丁
帳面金額(不含商譽)	$400,000	$500,000	$600,000	$300,000
公允價值	410,000	500,000	600,000	330,000
使用價值	380,000	470,000	600,000	295,000
處分成本	10,000	20,000	30,000	30,000

若商譽無法以合理且一致之基礎分攤，試作 ×3 年底相關分錄。

17. 【商譽相關減損之迴轉】承第 17 題，現金產生單位乙有以下無法單獨衡量公允價值或使用價值之資產：

	應收帳款	存貨	土地	建築物	專利權
×3 年底減損前帳面金額	$150,000	$50,000	$75,000	$150,000	$75,000
剩餘耐用年限	—	—	—	10	10
攤銷方式	—	—	—	直線法	直線法
估計殘值	—	—	—	0	0

減損後，C 公司相關資產之會計政策皆未改變。×6 年初，×3 年底減損之原因已不存在，此時尚有以下資訊：

×6 年初	甲	乙	丙	丁
帳面金額 (不含商譽)	$500,000	$300,000	$400,000	$250,000
可回收金額	510,000	350,000	400,000	290,000

試作：×6 年初應有之分錄。

Chapter 10 金融工具投資

學習目標

研讀本章後,讀者可以了解:

1. 何謂債務工具投資?債務工具投資會計處理有哪些選擇?
2. 債務工具投資減損及其迴轉之會計處理為何?
3. 何謂營運模式改變?債務工具投資是否可進行重分類?會計處理為何?
4. 何謂權益工具投資?權益工具投資會計處理有哪些選擇?
5. 權益工具投資減損之會計處理為何?
6. 何謂有重大影響之股權投資?會計處理為何?
7. 何謂有聯合控制之股權投資?會計處理為何?
8. 何謂衍生工具?會計處理方法為何?
9. 何謂混合工具?會計處理方法為何?

本章架構

金融工具投資

- **債務工具投資**
  - 攤銷後成本衡量
  - 透過其他綜合損益按公允價值衡量
  - 強制—透過損益按公允價值衡量
  - 指定—透過損益按公允價值衡量

- **債務工具減損、及重分類分類**
  - 預期信用損失模式(三階段減損模式)
  - 攤銷後成本衡量之減損及迴轉
  - 透過其他綜合損益衡量之減損及迴轉
  - 營運模式改變
  - 重分類

- **權益工具投資**
  - 透過損益按公允價值衡量
  - 透過其他綜合損益按公允價值衡量
  - 權益工具投資之減損及重分類

- **採用權益法之投資**
  - 有重大影響
  - 有聯合控制

- **衍生工具及混合工具**
  - 衍生工具之定義
  - 衍生工具之會計處理
  - 混合工具之定義
  - 混合工具之會計處理

俗話說「年輕就是財富」，應用在個人投資更是正確。美國股神巴菲特 (Warren Buffett) 累積了驚人的財富，他可是從小就有商業頭腦及投資行動。在巴菲特 11 歲時，就知道用 0.20 美元買入 6 罐裝的可口可樂，再以零售每瓶 0.05 美元賣出，毛利率高達 50%。同時，他也買入二手的彈珠台放在撞球場，賺取遊戲費。在「經商」一段期間累積足夠的第一桶金後，他也在 11 歲時買入生平的第一檔股票，獲利 25% 後賣出。有人曾問巴菲特為何能夠累積如此多的財富，他的回答是：「這其實一點都不困難，你只要在一個積雪的山丘上，做一個小小的雪球，然後把它往下放，雪球就會慢慢地往山下滾動，雪球自動會愈滾愈大。財富的累積也正是如此。」所以年輕就是財富。

再舉另一例：甲、乙兩人是雙胞胎，他們都想存退休金。甲從 25 歲剛踏入社會工作就開始行動，每月投資 $3,000，連續不斷投資 10 年，之後不再加碼讓雪球自己滾動。乙也是 25 歲就踏入社會工作，但乙是「月光族」，每月都把薪水花光光，直到 35 歲時，乙才想通要開始存退休金。乙也是每月存入 $3,000，連續不斷投資 31 年。假定兩人的每年投資報酬率均為 10%。當甲、乙兩人 65 歲屆齡退休時，請問誰的退休金帳戶金額較高？甲年紀輕就開始存錢，但僅投入 10 年而已，之後讓錢滾錢，而乙則晚 10 年才開始行動，但急起直追連續投入 31 年。

信不信由你，甲到 65 歲時雪球會滾到 $11,012,712，但乙只能累積到 $6,549,963。甲比乙可多出將近 68%。所以年輕就是財富。

人要理財，否則財不理人，要想投資必須要先有積蓄。根據上述例子，每月存 $3,000 其實一點都不困難。只要在花錢時，能夠區分何者為需要 (need)、何者為想要 (want) 就可以省下很多錢。有人也許需要咖啡來提神，喝伯朗咖啡每罐 $20 也許是「需要」(甚至辦公室免費提供的咖啡，或許不夠好喝但仍可達到提神之目的)，但是喝星巴克的焦糖瑪奇朵每杯約 $150 通常是「想要」，這個差價每天就是 $130，每月就能省下 $3,900。甚至如果能戒掉一些不良的嗜好如抽菸、飲酒等，不但省錢，身體還可以更健康。同樣的道理，假日時「需要」到郊外走一走是 OK，但是如果只「想要」出國才能輕鬆下來，每次花費數萬元，1 個月薪水就這樣花掉是很可惜的。年輕人，請記住：只要年輕時就開始捏一個小雪球，投資讓它自己滾動，財富自然就會滾滾而來。

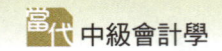

章首故事引發之問題

- 投資的工具有哪些種類？
- 投資債券有哪些會計處理可供選擇，以衡量其價值及投資績效？
- 投資股票有哪些會計處理可供選擇，以衡量其價值及投資績效？

10.1　金融資產之定義

　　根據 IAS 32「金融工具之表達」，**金融工具** (financial instrument) 係指一方產生金融資產，另一方同時產生金融負債或權益工具之任何合約。前述金融資產共包含下列六類金融工具[1]：

1. 現金。
2. 表彰對某一企業擁有所有權之憑證，例如權益工具投資等。
3. 企業有權利自另一方收取現金或其他金融資產之合約，通常指債務工具投資，例如債務工具投資、放款、應收帳款及應收票據等。
4. 企業有權利按潛在有利於己之條件與另一方交換金融資產或金融負債之合約，通常係指衍生工具資產，例如有選擇權權利之一方。舉例來說，企業如果持有 (購買) 台積電為**標的買權** (call option)，履約價格 $70，並支付了買權權利金 $5，使得該買權持有人 (購買人) 在台積電股價超過 $70 時，有權利按有利於己的履約價格 $70 買進台積電股票。本章附錄 A 討論衍生工具之會計處理。
5. 企業必須收取或可能收取變動數量企業本身權益工具之非衍生工具。例如，元大金控若與債務人約定，未來將向債務人收取總價值 $100,000 元大金控本身的股票以抵銷債務，試問這個合約對元大金控而言，是權益工具 (權益減項) 還是金融資產？因為元大金控控股價若為每股 $20，元大金控會收取 5,000 股；若股價漲

---

[1] 金融負債在第 11 章及第 12 章討論，而權益工具則在第 13 章討論。

至 $25，元大金控只能收取 4,000 股。總價款不變，但收取股數數量會變動，所以應視為應收性質的金融資產，而不是權益工具。事實上，這個合約可視為元大金控願意接受債務人支付 $100,000 來清償債務，只不過不收取現金，而是向債務人收取元大金控本身股票。

6. 企業有權利非以或可能非以固定金額現金或其他金融資產交換固定數量企業本身權益工具方式交割之衍生工具。上述有權利非以固定金額現金換取固定數量企業本身權益工具之衍生合約，也應視為金融資產，詳細的討論請參閱第 13 章「權益」。

本章將針對上述第 2. 權益工具投資、第 3. 債務工具投資及第 4. 衍生工具述其分類與會計處理。另外，投資如果預計在 12 個月內到期回收或處分時，則該投資應分類為流動資產，否則應分類為非流動資產。

> 投資預計在 12 個月內到期回收或處分時，應分類為流動資產，否則為非流動資產。

10.2 債務工具投資

依 IFRS 9 之規定，企業在決定金融資產的**分類** (classification) 與**衡量** (measurement) 時，必須同時考量下列兩個因素（如圖 10-1）：

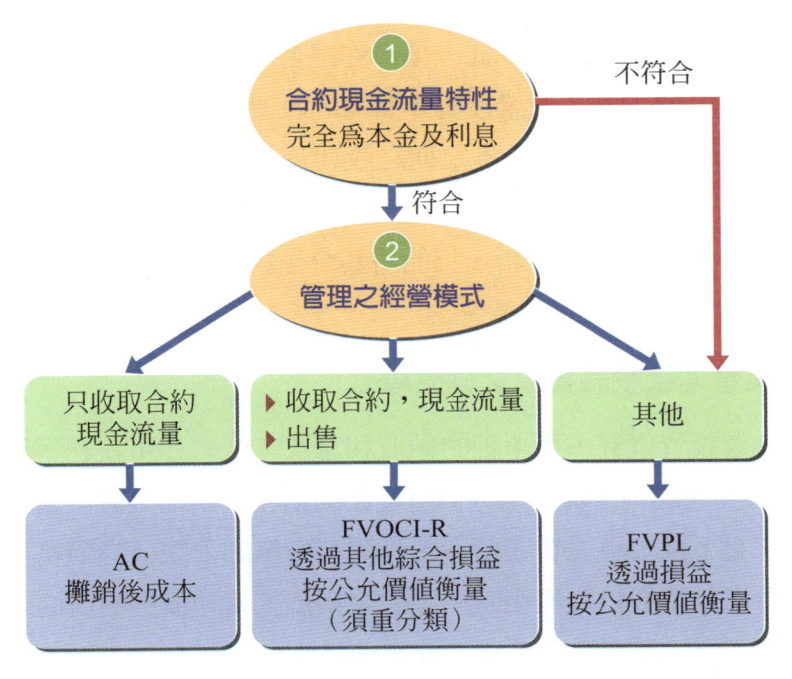

```
           ① 合約現金流量特性
              完全為本金及利息
                    │
          符合 ↓          不符合 →
           ② 管理之經營模式
         ┌────────┼────────┐
      只收取合約   收取合約,現金流量   其他
      現金流量     出售
         ↓          ↓          ↓
         AC        FVOCI-R      FVPL
      攤銷後成本   透過其他綜合損益  透過損益
                 按公允價值衡量   按公允價值衡量
                  （須重分類）
```

圖 10-1　金融資產分類與衡量之評估流程

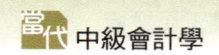

1. 金融資產之合約現金流量特性

該金融資產之合約條款產生特定日期之現金流量，該等現金流量必須完全為收取本金及**流通在外本金之利息** (solely payments of principal and interest，亦簡稱 SPPI 測試)。所謂**本金** (principal) 係指金融資產於原始認列時之公允價值。而所謂**利息** (interest) 可包括下列四項相關之對價：

- 貨幣時間價值 (無風險利率)
- 與特定期間內流通在外本金相關之信用風險
- 其他基本放款風險 (例如流動性風險)
- 管理成本及利潤邊際

例如，A 銀行放款給台積電 $100，利率為郵局 1 年期定存利率固定加碼 3%。每年重新計息一次。台積電未來必須支付利息及本金給 A 銀行，且該利率只包括前述四項對價 (無風險利率、客戶之信用風險貼水、流動性風險、與銀行之管理作業成本及要求之放款利潤)，則該放款符合「完全為本金及利息」之條件，A 銀行對該放款之分類，須進一步再依 A 銀行的營運模式始能決定。又例如，B 企業購買台積電的 5 年期債券，每年可收取 4% 的利息，到期時亦可收取公司債面額 $100，則此一債券亦符合「完全為本金及利息」之條件。反之，如果 C 企業投資台積電的股票，由於投資股票並未產生特定日期之現金流量 (不定期之股利及出售之價款並非完全為前述的利息及本金)，所以投資股票不符合「完全為本金及利息」之條件，依圖 10-1 的流程分析，只能將其分類為強制**透過損益按公允價值衡量** (FVPL) 之金融資產。

2. 企業管理該金融資產之經營模式

企業投資債券，可單純的領取利息及本金，亦可在利率波動時 (尤其是金融業)，賺取債券價格變動的價差。例如金融業若預期利率未來會下跌，會先買入債券，等到利率真的下跌債券價格上漲之後，再出售債券以賺取價差。因此企業依其管理債券的目的有所不同，有下列三種**經營模式** (business model)：

1. **只以收取合約現金流量為目的之經營模式**

　　此經營模式係以於債券的存續期間,收取合約的利息及本金為主要目的。在決定此一經營模式時,必須考量以前各期出售債券的頻率、金額、時點及出售之理由,同時並考量未來出售活動之預期。亦即,企業債券的管理過去很少發生出售債券的情況,且預期未來出售債券的情況也會很少發生,才符合此一管理模式。

　　但是,企業如果為了因應債券的信用風險增加、為了避免債券信用風險集中,或者在接近債券到期日之前出售,則仍可符合以收取合約現金流量為目的之經營模式。

2. **以同時收取合約現金流量及出售為目的之經營模式**

　　此經營模式不但以收取債券合約的利息及本金為目的,同時也會伺機出售該債券。例如,企業將多餘現金投資於各種長、短期債券,企業平常會持有該債券以收取合約現金流量,並伺機出售,以將該資金投資於較高報酬之金融資產。在此一經營模式下,出售發生的頻率或金額並無任何限制,亦即企業可隨時賣出任何金額之債券。

3. **其他經營模式**

　　凡非屬前面兩種分類的經營模式,即掉入此一分類之經營模式。亦即,屬於此一分類的債券,通常會進行活絡的買賣,而收

IFRS 一點通

經營模式之決定

　　經營模式係由主要管理人員 (key management personnel) 所決定。主要管理人員係指直接或間接擁有規劃、指揮及控制該企業之權力及責任者 (如總經理、營運長、財務長),也包括該企業之任一董事(不論是否執行業務)。在判斷金融資產的歸屬分類模式時,並非以逐項工具認定 (not instrument by instrument) 的方式,而是以整個營運模式所管理的債券範圍而定。在進行營運模式的評估時,並非依據「最差狀況」或「壓力狀況」(畢竟在這些狀況下,所有債券都有可能賣掉),而係根據在評估時,考量當時所有可得資訊的正常情況。故即使事後(例如多賣或少賣)與原先評估有所不同,不會認定是會計錯誤,同時也不影響該經營模式下仍持有剩餘債券之分類。

　　企業可同時擁有一個以上的經營模式(最多可同時擁有三種經營模式);同一批創始或買入的債券有可能分屬不同之經營模式管理。

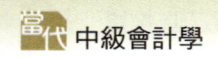

取合約的現金流量，只是偶發事項。例如，**持有供交易** (held for trading) 之債券。

因此，債務工具投資的會計處理依企業之經營模式，有下列三種可能的會計處理方式 (詳見表 10-1)。

表 10-1　債務工具投資之會計處理方式

經營模式	後續評價會計處理	折溢價攤銷	原始取得之交易成本	出售頻率	出售時之交易成本
1. 只收取合約現金流量(利息及本金)	攤銷後成本 (AC)	必須攤銷	納入取得成本	應該很低	當期費損
2. 收取合約現金流量及出售	須重分類之透過其他綜合損益按公允價值衡量 (FVOCI-R)	必須攤銷	納入取得成本	沒有限制	當期費損或其他綜合損失(註)
3. 其他	強制透過損益按公允價值衡量 (FVPL)	可攤銷，亦可不攤銷	當期費用	高	當期費損

註：臺灣財務報導準則委員會 (TIFRS) 對於 FVOCI 出售之交易成本，無法形成共識，所以該出售成本作為當期費損或其他綜合損失實務上皆可。

從上表可看出：債券之衡量基本上有兩種基礎：**攤銷後成本**及**公允價值**。由於以公允價值表達較具攸關性及財報透明度，IASB 原則上偏愛公允價值，但是財報上的數字也比較具有波動性。相對地，採用攤銷後成本衡量，財報數字會比較穩定，比較不會大起大落。因應實務界的需求，IASB 規定只有收取利息及本金的債券，才可採用攤銷後成本法。

10.2.1　按攤銷後成本衡量之債務工具投資

企業持有債券投資，若該債券合約現金流量特性符合完全為利息及本金 (SPPI) 之特性，且該債券係採取只收取合約現金流量的經營模式管理，則該債券投資應採用**攤銷後成本** (amortized cost, AC) 衡量。原始評價時，以取得時之公允價值加計交易成本作為原始入帳金額。交易成本僅包含與交易直接相關之交易稅、規費及經紀商之手續費等。但交易成本不包含債券之溢價或折價、融資成本及內部管理成本。若發行時的原始有效利率大於**票面利率** (coupon rate)

時，債券的入帳金額會小於債券的面額，所以會產生**折價** (discount)。相反地，若發行時的原始有效利率小於**票面利率** (coupon rate) 時，債券的入帳金額會大於債券的面額，因此會產生**溢價** (premium)。

至於後續評價，係以減除已收取的本金，再用原始入帳金額按**原始有效利率** (original effective interest rate) 攤銷債券折溢價之後，先得到**總帳面金額** (gross carrying amount)；然後金融資產的總帳面金額再減除**備抵損失** (loss allowance) 之後得到的金額，即為**攤銷後成本** (amortized cost)。出售時，應將交易成本作為當期費損。

```
    總帳面金額      ← 原始入帳金額 – 已收取本金 ± 折溢價攤銷
  – 備抵損失        ← 預期信用減損損失
  ─────────
    攤銷後成本(淨額)
```

釋例 10-1　按攤銷後成本衡量之債務工具投資

假定復興公司於 ×1 年 1 月 1 日，買入大方公司三年期的公司債，復興公司對該債券將採只收取利息及本金之管理經營模式，故應將其作為按攤銷後成本衡量之金融資產。面額 $1,000,000、票面利率 3%，每年 1 月 1 日付息一次，假定與該債券同信用等級的市場利率為 5.01%，則該公司債的公允價值為 $945,273，復興公司另外支付了交易成本 $262，合計共支付 $945,535。

試作：復興公司所有相關分錄。(在不考慮減損損失的情況下)

解析

×1 年 1 月 1 日該債券的公允價值等於未來本金及利息的折現值，計算如下：

$$債券的公允價值 = \frac{\$30,000}{(1+5.01\%)} + \frac{\$30,000}{(1+5.01\%)^2} + \frac{\$1,030,000}{(1+5.01\%)^3} = \$945,273$$

該債券的公允價值 $945,273 小於面額 $1,000,000，產生折價的原因，係因市場利率 (5.01%) 大於票面利率 (3%) 之緣故。由於復興公司在取得該債券時，另外支付了交易成本 $262，故該債券的原始帳面金額為 $945,535 (取得時之公允價值 $945,273 加計交易成本 $262)。根據此一帳面金額可以去反推該債券的原始有效利率 (r)：

$$\frac{\$30,000}{(1+r)} + \frac{\$30,000}{(1+r)^2} + \frac{\$1,030,000}{(1+r)^3} = \$945,535$$

所以原始有效利率 r = 5% (因交易成本的關係，殖利率由 5.01% 下降到 5%)。

根據該原始有效利率 5%，及原始帳面金額 $945,535，依照有效利息法之計算步驟 (以

折價為例)如下：

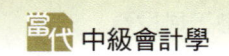

(1) 首先，計算收現利息＝面額×票面利率
(2) 其次，計算本期利息收入＝期初帳面金額×有效利率
(3) 其次，計算本期折價攤銷＝利息收入－收現利息
(4) 其次，計算本期未攤銷折價＝上期未攤銷折價－本期折價攤銷
(5) 最後，計算本期帳面金額＝上期帳面金額＋本期折價攤銷

即可得下列折溢價攤銷表：

折價攤銷表 (有效利率為 5%)

	(1) 收現利息＝ 面額×票面利率	(2) 利息收入＝ 期初帳面金額× 有效利率	(3) 本期折價攤銷＝ (2)－(1)	(4) 未攤銷折價＝ 上期(4)－(3)	(5) 帳面金額*
×1/1/1				$54,465	$945,535
×1/12/31	$30,000	$47,277	$17,277	$37,188	$962,812
×2/12/31	$30,000	$48,141	$18,141	$19,047	$980,953
×3/12/31	$30,000	$49,047	$19,047	0	$1,000,000

*本釋例因為不考慮減損損失，所以帳面金額＝總帳面金額＝攤銷後成本。

×1 年 1 月 1 日，取得債券之分錄如下：

按攤銷後成本衡量之金融資產　　　　945,535
　　現金　　　　　　　　　　　　　　　　　945,535

×1 年、×2 年及 ×3 年 12 月 31 日調整分錄分別如下：

	×1/12/31	×2/12/31	×3/12/31
應收利息	30,000	30,000	30,000
按攤銷後成本衡量之金融資產	17,277	18,141	19,047
利息收入	47,277	48,141	49,047

×2 年及 ×3 年 1 月 1 日，收到利息之分錄如下：

現金　　　　　　　　　　　　　　　　30,000
　　應收利息　　　　　　　　　　　　　　　30,000

×4 年 1 月 1 日，債券持有至到期日，可收到本金及最後一期利息之分錄如下：

現金　　　　　　　　　　　　　　　　1,030,000
　　應收利息　　　　　　　　　　　　　　　30,000
　　按攤銷後成本衡量之金融資產　　　　　　1,000,000

釋例 10-2　除列按攤銷後成本衡量之債務工具投資

沿釋例 10-1 假定復興公司於 ×3 年 6 月 30 日以公允價值 $991,000（含應計利息）出售該債務工具投資，出售交易成本為 $100，試問復興公司應作分錄為何？（在不考慮減損損失的情況下）

解析

- 復興公司應先認列持有 6 個月之應收利息 = $1,000,000 × 3% × 6/12 = $15,000
- 再認列從 ×3 年 1 月 1 日到 ×3 年 6 月 30 日之間 6 個月的利息收入：
  期初帳面金額 ($980,953) × 原始有效利率 (5%) × 持有期間 (6/12) = $24,524
- 債務工具投資 6 個月之折價攤銷 = $24,524 – $15,000 = $9,524
- 調整後債務工具投資的帳面金額 = 期初帳面金額 $980,953 + 6 個月之折價攤銷 $9,524
  = $990,477
- 除列投資損益 = $999,100 – $990,477 – $15,000（應收利息）= $(6,377)。分錄如下：

×3/6/30	應收利息 ($1,000,000 × 3% × 6/12)	15,000	
	按攤銷後成本衡量之金融資產 ($24,524 – $15,000)	9,524	
	利息收入 ($980,953 × 5% × 6/12)		24,524
×3/6/30	現金	999,000	
	手續費*	100	
	除列按攤銷後成本衡量之金融資產損益	6,377	
	按攤銷後成本衡量之金融資產 ($980,953 + $9,524)		990,477
	應收利息		15,000

*手續費亦可納入為「除列按攤銷後成本衡量之金融資產損益」，本期損益之表達不受影響。

10.2.2　透過其他綜合損益按公允價值衡量之債務工具投資

分類為**透過其他綜合損益按公允價值衡量** (fair value through other comprehensive income-recycle, FVOCI-R) 之債務工具投資，係透過其他綜合損益 (OCI) 按公允價值衡量。雖以公允價值衡量，但是債務工具原始買入時所產生的折溢價還是須先攤銷到總帳面金額之後，再將其調整至衡量時之公允價值。透過其他綜合損益按公允價值衡量之債務工具投資可隨時處分，沒有任何限制，且在出售時須將先前認列的其他綜合損益**重分類** (recycle) 至本期損益中，且將交易成本作為當期費損或其他綜合損失。

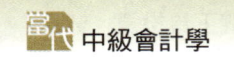

釋例 10-3　透過其他綜合損益按公允價值衡量之債務工具投資

假定復興公司於 ×1 年 1 月 1 日，買入大方公司三年期的公司債作為透過其他綜合損益按公允價值衡量 (FVOCI-R) 之投資，面額 $1,000,000、票面利率 3%，每年 1 月 1 日付息一次，復興公司共支付 $945,535（含交易成本），原始有效利率為 5%。

試作（在不考慮減損損失的情況下）：
(1) ×1 年 1 月 1 日買入債券之分錄。
(2) ×1 年 12 月 31 日之分錄，該債券期末公允價值為 $987,000。
(3) ×2 年 12 月 31 日之分錄，該債券期末公允價值為 $980,000。
(4) ×3 年 6 月 30 日，以公允價值 $991,000（含應計利息）出售該債務工具投資，出售交易成本為 $100。

解析

(1) ×1 年 1 月 1 日，取得債券之分錄如下：

　　　透過其他綜合損益按公允價值衡量之債務工具投資　945,535
　　　　　現金　　　　　　　　　　　　　　　　　　　　　　　945,535

折溢價攤銷表如下：

折價攤銷表（有效利率為 5%）

	(1) 收現利息 = 面額 × 票面利率	(2) 利息收入 = 期初帳 面金額 × 有效利率	(3) 本期折價攤銷 = (2) – (1)	(4) 未攤銷折價 = 上期 (4) – (3)	(5) 帳面金額
×1/1/1				$54,465	$ 945,535
×1/12/31	$30,000	$47,277	$17,277	$37,188	$ 962,812
×2/12/31	$30,000	$48,141	$18,141	$19,047	$ 980,953
×3/12/31	$30,000	$49,047	$19,047	0	$1,000,000

(2) ×1 年 12 月 31 日，先作 ×1 年折價攤銷之分錄，得到總帳面金額 $962,812 之後，再將其調整至期末公允價值 $987,000。「透過其他綜合損益按公允價值衡量之債務工具投資評價調整」係 FVOCI-R 之資產評價調整項目，「其他綜合損益—透過其他綜合損益按公允價值衡量之債務工具投資損益」係其他綜合損益之項目，而「其他權益—透過其他綜合損益按公允價值衡量之債務工具投資損益」係其他權益項目。

　　　應收利息　　　　　　　　　　　　　　　　　　　30,000
　　　透過其他綜合損益按公允價值衡量之債務工具投資　17,277
　　　　　利息收入　　　　　　　　　　　　　　　　　　　　　47,277
　　　透過其他綜合損益按公允價值衡量之債務工具投資
　　　　　評價調整 ($987,000 – $962,812)　　　　　　　24,188
　　　　　其他綜合損益—透過其他綜合損益按公允價值
　　　　　　衡量之債務工具投資評價損益　　　　　　　　　　　24,188

結帳分錄：

其他綜合損益—透過其他綜合損益按公允價值衡量之債務工具投資評價損益	24,188	
其他權益—透過其他綜合損益按公允價值衡量之債務工具投資評價損益		24,188

在上述三個分錄後，該投資於 ×1 年 12 月 31 日有關財務報表資料如下：

綜合損益表	
本期淨利	$×× ×
其他綜合損益：透過其他綜合損益按公允價值衡量之債務工具投資評價損益	24,188
本期綜合損益	$×× ×

資產負債表			
資產：		其他權益：	
透過其他綜合損益按公允價值衡量之債務工具投資	$962,812	透過其他綜合損益按公允價值衡量之債務工具投資評價損益	$24,188
透過其他綜合損益按公允價值衡量之債務工具投資評價調整	24,188		
	$987,000		

(3) ×2 年 12 月 31 日，先作 ×2 年折價攤銷之分錄，得到總帳面金額 $980,953 之後，再將其調整至期末公允價值 $980,000。由於公允價值下跌，低於總帳面金額，所以「透過其他綜合損益按公允價值衡量之債務工具投資評價調整」期末應有貸方餘額 $953 (= $980,953 − $980,000)，調節金額應從上期的借方餘額 $24,188 調整至貸方餘額 $953，故為 $25,141。

應收利息	30,000	
透過其他綜合損益按公允價值衡量之債務工具投資	18,141	
利息收入		48,141
其他綜合損益—透過其他綜合損益按公允價值衡量之債務工具投資評價損益 ($24,188 + $953)	25,141	
透過其他綜合損益按公允價值衡量之債務工具投資評價調整		25,141

結帳分錄：

其他權益—透過其他綜合損益按公允價值衡量之債務工具投資評價損益	25,141	
其他綜合損益—透過其他綜合損益按公允價值衡量之債務工具投資評價損益		25,141

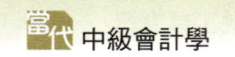

在上述三個分錄後，該投資於 ×2 年 12 月 31 日有關財務報表資料如下：

綜合損益表	
本期淨利	$×××
其他綜合損益：透過其他綜合損益按公允價值衡量之債務工具投資評價損益	(25,141)
本期綜合損益	$×××

資產負債表			
資產：		其他權益：	
透過其他綜合損益按公允價值衡量之債務工具投資	$980,953	透過其他綜合損益按公允價值衡量之債務工具投資評價損益	$(953)
透過其他綜合損益按公允價值衡量之債務工具投資評價調整	$(953)		
	$980,000		

(4) ×3 年 6 月 30 日，以 $991,000 公允價值 (含應計利息) 出售該債務工具投資。復興公司應先認列從 ×3 年 1 月 1 日到 ×3 年 6 月 30 日之間 6 個月的應收利息 $15,000、利息收入及調整總帳面金額成為 $990,477 (計算過程請參照釋例 10-2)；因為 6 月 30 日的公允價值 $999,100，內含有 $15,000 的應收利息，所以只能將攤銷後成本調整至出售時之公允價值減除應收利息後之金額 $984,100 (= $999,100 – $15,000)，「透過其他綜合損益按公允價值衡量之債務工具投資評價調整」此時應有貸方餘額 $6,377 (= $984,100 – $990,477) 出售交易成本 $100 作為當期費損；最後再予以除列，並將有關透過其他綜合損益按公允價值衡量之債務工具投資先前已認列於其他綜合損益之金額重分類調整至損益中。

×3/6/30	應收利息 ($1,000,000 × 3% × 6/12)	15,000	
	透過其他綜合損益按公允價值衡量之債務工具投資	9,524	
	利息收入 ($980,953 × 5% × 6/12)		24,524
	其他綜合損益—透過其他綜合損益按公允價值衡量之債務工具投資評價損益 ($6,377 – $953)	5,424	
	透過其他綜合損益按公允價值衡量之債務工具投資評價調整		5,424
	現金	999,000	
	手續費	100	
	透過其他綜合損益按公允價值衡量之債務工具投資評價調整	6,377	
	應收利息		15,000
	透過其他綜合損益按公允價值衡量之債務工具投資		990,477
	透過其他綜合損益按公允價值衡量之債務工具投資處分調整[註]	6,377	
	其他綜合損益—透過其他綜合損益按公允價值衡量之債務工具投資評價損益—重分類調整		6,377

×3/12/31 另作結帳分錄如下：

其他綜合損益—透過其他綜合損益按公允價值衡量之債
務工具投資評價損益—重分類調整　　　　　　6,377
　　其他權益—透過其他綜合損益按公允價值衡量之債
　　務工具投資評價損益　　　　　　　　　　　　　　953
　　其他綜合損益—透過其他綜合損益按公允價值衡量
　　之債務工具投資評價損益　　　　　　　　　　　5,424

註：本釋例(採用 FVOCI-R)處分金融資產損失 $6,377，與釋例 10-2(採用攤銷後成本法)之處分損失完全相同。

10.2.3　透過損益按公允價值衡量之債務工具投資

透過損益按公允價值衡量 (Fair value through profit or loss, FV-PL) 之債務工具投資，係透過損益按公允價值衡量，是讓財務報表透明度最高的一種方法。它不但用公允價值衡量，而且公允價值的變動直接進入本期損益中，讓投資人可以儘早知道金融工具價值之變化。就債券而言，它有強制及指定兩種類別：

1. 強制透過損益按公允價值衡量者，可包括：
   (1) 凡非屬「收取合約現金流量」與「收取合約現金流量及出售」兩者以外之「其他」經營模式管理之債券。
   (2) **持有供交易** (held for trading)[2] 之債券，包括
      - 短期內出售或再買回者
      - 屬合併管理一組可辨認金融工具投資的一部分者，該組投資係短期獲利的操作模式。
2. **自願指定** (designated) 為透過損益按公允價值衡量者。

至於原始取得及除列時之交易成本，應列為當期費用。而債券原始買入時所產生的折溢價有兩種處理方式：第一、完全不攤銷，直接按公允價值衡量，其變動進入本期損益中。第二、先攤銷得到總帳面金額之後，再將其調整至衡量時之公允價值，其變動進入本期損益中。不論用那一種折溢價處理方式，對於損益影響數字是相同的。當然透過損益按公允價值衡量之債務工具投資更可以隨時處分，無任何限制。

---

[2] 衍生工具資產亦屬持有供交易之金融資產。

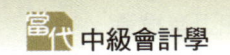

釋例 10-4　透過損益按公允價值衡量之債務工具投資

假定復興公司於 ×1 年 1 月 1 日，買入大方公司 3 年期的公司債作為透過損益按公允價值衡量之債務工具投資，面額 $1,000,000、票面利率 3%，每年 1 月 1 日付息一次，假定與該債券同信用等級的市場利率為 5.01%，則該公司債的公允價值為 $945,273，復興公司另外支付了交易成本 $262，合計共支付 $945,535。

×1 年 12 月 31 日，該債券期末公允價值為 $987,100。

×2 年 1 月 1 日，收到利息後，以公允價值 $987,100 出售，出售交易成本為 $100。

試作復興公司相關分錄 (假定公司有攤銷債券折溢價)。

解析

(1) ×1 年 1 月 1 日以 $945,273 買入債券，交易成本 $262 作為本期費用

透過損益按公允價值衡量之債務工具投資	945,273	
手續費	262	
現金		945,535

(2) 因交易成本已經列為本期費用，所以原始有效利率仍為 5.01%，無須往下調整。×1 年 12 月 31 日，先作 ×1 年折價攤銷之分錄，得到總帳面金額 $962,631 之後，再將其調整至期末公允價值為 $987,100。「透過損益按公允價值衡量之債務工具投資評價調整」係資產之評價調整項目，而「透過損益按公允價值衡量之債務工具投資評價損益」係損益表中項目。

折價攤銷表 (有效利率為 5.01%)

	(1) 收現利息 = 面額 × 票面利率	(2) 利息收入 = 期初帳面金額 × 有效利率	(3) 本期折價攤銷 = (2) – (1)	(4) 末攤銷折價 = 上期 (4) – (3)	(5) 帳面金額
×1/1/1				$54,727	$945,273
×1/12/31	$30,000	$47,358	$17,358	$37,369	$962,631
×2/12/31	$30,000	$48,228	$18,228	$19,141	$980,859
×3/12/31	$30,000	$49,141	$19,141	0	$1,000,000

×1/12/31	應收利息	30,000	
	透過損益按公允價值衡量之債務工具投資	17,358	
	利息收入		47,358
	透過損益按公允價值衡量之債務工具投資評價調整	24,469*	
	透過損益按公允價值衡量之債務工具投資評價損益		24,469
	*($987,100 – $962,631)		

在上述兩個分錄後，該投資於 ×1 年 12 月 31 日有關資產負債表之表達如下：

資產負債表	
資產：	
透過損益按公允價值衡量之債務工具投資	$962,631
透過損益按公允價值衡量之債務工具投資評價調整	24,469
	$987,100

(3) ×2 年 1 月 1 日，收到利息後，以 $987,000（扣除交易成本後）出售。復興公司應作分錄如下：

×2/1/1	現金	30,000	
	應收利息		30,000
	現金	987,000	
	手續費	100	
	透過損益按公允價值衡量之債務工具投資		962,631
	透過損益按公允價值衡量之債務工具投資評價調整		24,469

10.3　債務工具投資之減損及減損迴轉

學習目標 2
債務工具投資之減損及減損迴轉

由於以往 IAS 39 對於金融資產之減損係採用已發生**損失模式** (incurred loss model)，該模式需要金融資產有明顯的跡象顯示有減損時，才開始認列減損損失。在歷經 2008 年的全球金融危機時，發現已發生損失模式明顯地太晚認列損失，因此 IFRS 9 改採預期損失模式，以期在債券整個投資期間內，能夠較早將預期可能會發生之信用減損損失 (及其減損之迴轉)，認列於損益中。要強調的是：IFRS 9 的預期信用損失模式僅適於「攤銷後成本 (AC)」及「須重分類之透過其他綜合損益按公允價值 (FVOCI-R)」衡量之債務工具投資，因為這兩類債務工具投資的預期信用損失平常並未馬上認列於損益中，故須要 IFRS 9 訂定特別的規定來加以處理。至於「透過損益按公允價值 (FVPL)」衡量之債務工具投資，因為在債券公允價值下跌時，不論是因為利率上漲或信用風險的增加，都已經立即認列於損益中，所以無須額外再適用 IFRS 9 的減損規定。

10.3.1　三階段減損模式

IFRS 9 的預期信用損失模式，將債券減損損失必須認列的金額，

依該債券於財務報導日之信用風險狀況與原始認列時之信用風險狀況相比較，並分成三個階段(如圖10-2)。如果信用風險沒有顯著增加，則屬於第一階段，只須認列較低的未來12**個月預期信用損失**(12-month expected credit losses)即可。但如果在財務報導日時，該債券的信用風險已經較原始認列時顯著增加，則應認列整個**存續期間預期信用損失**(life-time expected credit losses)此時為第二階段。在第一及第二減損階段時，該債券應依其總帳面金額(未扣除備抵損失前之金額)認列利息收入。如果該債券信用繼續惡化，已經到達減損之地步，則將進入第三階段，除應認列存續期間預期信用損失外，未來的利息收入只能就該債券的攤銷後成本(總帳面金額扣除備抵損失後之金額)認列[3]。

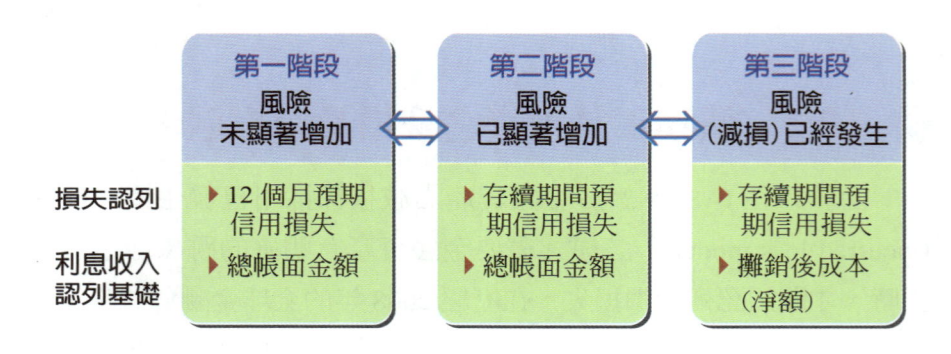

	第一階段 風險 未顯著增加	第二階段 風險 已顯著增加	第三階段 風險 (減損)已經發生
損失認列	▶ 12個月預期 信用損失	▶ 存續期間預 期信用損失	▶ 存續期間預 期信用損失
利息收入 認列基礎	▶ 總帳面金額	▶ 總帳面金額	▶ 攤銷後成本 (淨額)

圖 10-2　三階段減損模式

12個月預期信用損失，係指金融資產於報導日後12個月內可能**違約**(default)事項所產生的整體預期信用損失。而存續期間預期信用損失，係指金融資產在整個存續期間所有可能違約事項(不論是12個月內，或超過12個以上)所產生之整體預期信用損失。通常債務工具投資的期間愈長，違約的機率愈高，因此根據上述定義，12個月預期信用損失，只是整個存續期間預期信用損失的一部分而已，如圖10-3，所以12個月預期信用損失金額會比存續期間預期信用損失較小。

---

[3] 當然如果債券的信用風險下降時，則亦可能由第三階段回到第二階段，甚至回到第一階段，此時即為減損之迴轉。

圖 10-3　12 個月 vs 存續期間預期信用損失

表 10-2 說明債務型金融資產三階段減損的判斷依據。這些判斷依據，主要係根據具前瞻性、合理且可佐證，且無須過度成本或投入即可取得的資訊。只要金融資產在財務報導日，其信用風險並未比原始認列時顯著增加，此時屬第一階段，只須提列 12 個月預期信用損失作為「備抵損失 (或累計減損)」即可。為了簡化實務上的運作，如果債務型金融資產在財務報導日同時滿足下列三個要件時，可被視為維持在**低信用風險** (low credit risk)，只須提列 12 個月預期信用損失即可：

1. 該金融資產違約風險低；
2. 債務人近期內履行合約現金流量義務之能力強；及
3. 較長期經濟期間及經營狀況之不利變化，只可能但未必會降低債務人履行合約現金流量義務之能力。

但是，如果於財務報導日信用風險已經比原始認列之信用風險顯著增加時 (例如外部信用評等大幅調低時)，此時即屬第二階段，須將「備抵損失 (或累計減損)」調高至存續期間預期信用損失。最後，如果該金融資產已經違約而產生減損的情況 (例如債務人發生重大財務困難)，此時應認列違約之後的存續期間預期信用損失。

有時企業 (尤其是非金融業者) 依表 10-2 的判斷依據能力是有所不足的，因此 IASB 明確提出判斷各減損階段的最低要求[4]：如果債務人逾期付款超過 30 天，此時應將該金融資產判定為進入減損第二階段。如果債務人逾期付款達 90 天，此時應將該金融資產判定為進入減損第三階段。惟上述規定為可反駁的前提假設，但企業須有合理且可佐證的資訊來反駁。

---

[4] 逾期付款通常為落後指標，在逾期付款之前債務人的信用風險通常已經大幅增加。

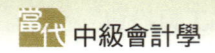

表 10-2　各減損階段之判斷依據

第一階段 信用風險未顯著增加	第二階段 信用風險已顯著增加	第三階段 已經減損
• 債務人違約機率與原始認列時相比較，並無顯著增加	• 債務人違約機率大幅增加，並非預期信用損失金額大幅增加 • 亦即只考量債務人本身之信用風險，擔保品價值的高低以及第三方信用保證的有無，不影響此處之判斷	債務人已經違約
	綜合判斷指標： • 新創始之金融資產，條款更為嚴格(信用價差、擔保品、利息保障倍數) • 外部信用價差變大、債務人信用違約交換價格變高、債務人之股價下跌 • 內部或外部信用評等調降 • 經營、財務或經濟狀況已經或預期會有不利變化 • 擔保品或第三方保證品質惡化，使得債務人有誘因會違約 • 放款條件預期朝向更為寬鬆的變動，例如寬限期間加強	綜合判斷指標： • 債務人發生重大財務困難 • 違約，諸如延滯或逾期事項 • 債權人因債務人財務困難之理由，給予債務人原不可能考量之讓步 • 債務人很有可能聲請破產或財務重整 • 因財務困難而使該金融資產自活絡市場中消失

IASB 最低要求：(可反駁之前提假設)

正常付款　開始逾期　　　逾期付款超過30天　　　　逾期付款達90天以上

第一階段　　　　　　　　第二階段　　　　　　　　　第三階段

　　例如，甲公司於第 1 年 1 月 1 日時，買入英國 A 公司 5 年期的公司債，此時該公司債的信用評等為 A 級 (屬投資等級)，於第 1 年 12 月 31 日時，因英國公投決定「脫歐」，該債券信用評等被調降

IFRS 一點通

信用損失、預期信用損失

信用損失 (credit loss)，係指債務型金融資產(如應收款、放款及債券等)根據合約可收取之所有合約現金流量，與預期可收取之所有合約現金流量之差額(亦即未折現之現金短收)，按原始有效利率折現後之金額。在考量可收取之所有現金流量之金額時，亦應包括出售擔保品或其他信用加強(如第三方保證)之現金流量。

預期信用損失 (expected credit loss) 則是以各種情境下違約發生之機率作為權重，加權平均計算後之信用損失。例如 A 銀行放款給 B 客戶 $1,000，放款期間為兩年期，每年年底支付 $100 利息，到期一次還清本金 $1,000，原始有效利率為 10%。A 銀行對 B 客戶未來違約機率及信用損失，發現有以下三種可能情境，分析計算如下表：

情境	(1)機率	第1年底現金流量	第2年底現金流量	(2)可收取現金流量之現值	(3)合約現金流量之現值	(4)信用損失=(3)-(2)	(5)機率加權之信用損失=(1)×(4)
1. 繳息及還本都正常	97%	100	1,100	1,000(註2)	1,000	0	0
2. 第1年繳息即違約	1%	0	363(註1)	300	1,000	700	7 （12個月預期信用損失）
3. 第1年繳息正常，第2年違約	2%	100	616	600	1,000	400	8 （存續期間預期信用損失）
						合計	15

其中情境 1 (第 1 年繳息即違約) 係客戶在未來 12 個月即產生違約的情況，所以這個放款考量 12 個月違約機率後的預期信用損失之金額為 $7。至於存續期間的預期信用損失，須再多考量超過 12 個月以後 (在此為情境 3)，才開始違約所產生的信用損失 $8 (考量違約機率後)，所以這個放款整個存續期間預期信用損失為 $15 (= $7＋$8)。從這個例子可以明顯看出：12 個月預期信用損失，只是整個存續期間預期信用損失的一部分而已。

註1：情境 2 的 $363 係假定 A 銀行在進行催收 (包括拍賣擔保品及向保證人求償後)，在第 2 年底可收回的金額，其餘放款則無法收回。情境 3 的 $616 係假定 A 銀行在進行催收後，在第 3 年底可收回的金額，其餘放款亦無法收回。

註2：情境 1：$1,000 = (100) \div (1+10\%) + (1,100) \div (1+10\%)^2$；情境 2 及 3 依相同方式計算。

到 BBB 等級 (但仍屬投資等級)，因信用風險並未顯著增加，故甲公司只須認列金額較小的 12 個月預期信用損失即可 (只須考量在第 2 年內違約所造成的信用損失，不必考量第 3 年至第 5 年違約所造

成的損失)。在第 2 年 12 月 31 日時，該英國債券的信用等級被調降到 BB 等級 (已屬垃圾債券等級)，但並未違約，此時因信用風險已顯著增加 (與原始認列時，信用評等為 A 級相比較)，甲公司須認列金額較大的存續期間預期信用損失 (第 3 年至第 5 年之間違約所造成的信用損失，而不是只有在第 3 年違約所造成的預期信用損失)。如果在第 3 年 12 月 31 日時，該英國債券已經正式違約，此時甲公司須認列債務工具投資的存續期間預期信用損失。

減損之評估程序 —— 個別及集體評估基礎

以往在 IAS 39 的已減損損失模式下，企業應採用下列兩個程序，來決定金融資產之減損損失：

1. 計算已經減損之個別金額**重大** (significant) 金融資產的減損損失。
2. 尚未減損之個別金額重大金融資產，與所有金額非重大金融資產合併成一組，再計算該組的減損損失。

但是在 IFRS 9 已經採用預期信用損失模式下，金融資產認列減損的時點必須大幅提前，甚至如果在財務報導日購入或創始新金融資產，在認列金融資產的首日，就要認列金融資產的預期信用損失，才能符合預期信用損失模式之目的。因此，以往僅以**個別評估** (individual assessment) 金融資產之信用風險，可能無法及時補捉這些金融資產早期的信用風險之變動。因此 IFRS 9 要求：企業在必要時須以**集體評估** (collective assessment)，進行信用風險是否顯著增加的評估，即使個別金融資產層級風險顯著增加的證據，尚未可得。此乃因為集體評估金融資產時，他們共通的信用風險 (如信用評等、產業、地區等) 比較容易及早辨認出來。企業得根據金融資產共用的信用風險，將金融資產分組。例如，銀行對於房貸的管理，依擔保品所在的地區 (如淡水新市鎮等)，予以分類，再計算該地區房貸的預期信用損失。例如，銀行對該區原有 100 筆房貸，但隨著該區房價開始顯著下跌，此時雖然不知道有那些個別房貸會違約，無法使用個別基礎去分析，但是根據經濟預測分析，違約戶整體會增加到 5 戶，因此只能用集體分析基礎，才可及時提早計算預期信用損失。當然有關採用個別或集體之信用資訊，可能會隨時間經過而有

所改變,因此企業有時會採用集體基礎去計算預期信用損失,有時會改用個別基礎去計算預期信用損失。

10.3.2 金融資產之減損及迴轉

債務型金融資產採用攤銷後成本 (AC)、或透過其他綜合損益按公允價值衡量 (FVOCI-R) 時,其減損及迴轉會計處理彙整如表 10-3:

表 10-3 債務型金融資產之減損及迴轉

採用之會計方法類別	「備抵損失」之衡量基礎(其變動認列於損益中)	「備抵損失」在資產負債表中之表達	損失之迴轉
攤銷後成本 (AC)	以原始認列時之有效利率衡量預期信用損失	資產之減項	可迴轉於損益中,認列迴轉利益
透過其他綜合損益按公允價值衡量(須重分類)(FVOCI-R)	以原始認列時之有效利率衡量預期信用損失	其他權益之加項	可迴轉於損益中,認列迴轉利益

釋例 10-5 按攤銷後成本衡量之金融資產及其減損

假定三峽公司於 ×0 年 12 月 31 日,買進騙人布公司三年期無追索權的公司債,該債券面額 $1,000、票面利率 10%,每年 12 月 31 日付息一次,三峽公司以 $1,000 (含交易成本) 買入該債券,所以該債券的原始有效利率為 10%,當日該債券的 12 個月預期信用損失估計金額為 $8。三峽公司對該債券將採只收取利息本金的管理經營模式,故應將其作為按攤銷後成本衡量之金融資產。

▸ ×1 年 12 月 31 日,收到利息 $100,該債券的信用風險已顯著增加,當日存續期間預期信用損失的金額應為 $90。

▸ ×2 年 12 月 31 日,雖然有收到利息 $100,但該債券已自活絡市場中消失,已經達到減損的地步,當日存續期間預期信用損失的金額應為 $300。

▸ ×3 年 12 月 31 日,只收到 ×3 年的利息及本金共 $790,其餘款項無法收回。

試作:三峽公司所有相關分錄。

解析

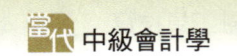

(1) 買入債券，並認列 12 個月預期信用損失

×0/12/31　　按攤銷後成本衡量之金融資產　　　　　　　1,000
　　　　　　信用減損損失　　　　　　　　　　　　　　　　8
　　　　　　　現金　　　　　　　　　　　　　　　　　　　　　1,000
　　　　　　　備抵損失　　　　　　　　　　　　　　　　　　　　8

在上述分錄後，該投資於 ×0 年 12 月 31 日有關資產負債表之表達如下：

資產：		
按攤銷後成本衡量之金融資產	總帳面金額	$1,000
備抵損失	攤銷後成本 = 總帳面金額 − 備抵損失	(8)
		$ 992

因此，該金融資產的總帳面金額為 $1,000，備抵損失 $8，攤銷後成本為 $992。

(2) 依總帳面金額認列利息收入 $100（= $1,000 × 10%），也收到利息 $100，因為信用風險已顯著增加，故應將「備抵損失」認列至整個存續期間預期信用損失 $90，故本期信用減損損失為 $82（$90 − $8）。

×1/12/31　　現金　　　　　　　　　　　　　　　　　　　100
　　　　　　信用減損損失（$90 − $8）　　　　　　　　　82
　　　　　　　利息收入　　　　　　　　　　　　　　　　　　　100
　　　　　　　備抵損失　　　　　　　　　　　　　　　　　　　　82

在上述分錄後，該投資於 ×1 年 12 月 31 日有關資產負債表之表達如下：

資產：	
按攤銷後成本衡量之金融資產	$1,000
備抵損失	(90)
	$ 910

因此，該金融資產的總帳面金額為 $1,000，備抵損失 $90，攤銷後成本為 $910。

(3) 依總帳面金額認列利息收入 $100（= $1,000 × 10%），收到利息 $100，因為債券已經減損，故應將「備抵損失」認列至整個存續期間預期信用損失 $300，故本期信用減損損失為 $210（= $300 − $90）。

×2/12/31　　現金　　　　　　　　　　　　　　　　　　　100
　　　　　　信用減損損失（$300 − $90）　　　　　　　210
　　　　　　　利息收入　　　　　　　　　　　　　　　　　　　100
　　　　　　　備抵損失　　　　　　　　　　　　　　　　　　　210

在上述分錄後，該投資於 ×2 年 12 月 31 日有關資產負債表之表達如下：

資產：	
按攤銷後成本衡量之金融資產	$1,000
備抵損失	(300)
	$ 700

因此，該金融資產的總帳面金額為 $1,000，備抵損失 $300，攤銷後成本為 $700。

(4) 依攤銷後成本認列利息收入 $70（= $700 × 10%），只收到 ×3 年的利息 $70 及本金 $720（本金較原先預期 $700，多了 $20，為信用減損損失之迴轉，認列於利益中），合計共收 $790，並除列該金融資產。

×3/12/31	現金		790	
	備抵損失		300	
		信用減損損失之迴轉		20
		利息收入		70
		按攤銷後成本衡量之金融資產		1,000

釋例 10-6 透過其他綜合損益按公允價值衡量 (FVOCI-R) 之債務工具投資及其減損

假定三峽公司於 ×0 年 12 月 31 日，買入小明公司三年期無追索權的公司債，該債券面額 $1,000、票面利率 10%，每年 12 月 31 日付息一次，三峽公司以 $1,000（含交易成本）買入該債券，所以該債券的原始有效利率為 10%，當日該債券的 12 個月預期信用損失估計金額為 $8。三峽公司對該債券將採收取利息本金及出售的管理經營模式，故應將其作為透過其他綜合損益按公允價值衡量 (FVOCI-R) 之債務工具投資。

▸ ×1 年 12 月 31 日，收到利息 $100，該債券的信用風險已顯著增加，當日存續期間預期信用損失的金額應為 $90，公允價值為 $900。
▸ ×2 年 12 月 31 日，雖然有收到利息 $100，但該債券因財務困難已自活絡市場中消失，已經達到減損的地步，當日存續期間預期信用損失的金額應為 $300，公允價值為 $696。
▸ ×3 年 12 月 31 日，只收到 ×3 年的利息及本金共 $770，其餘款項無法收回。

試作：三峽公司所有相關分錄。

解析

(1) 買入債券，並認列 12 個月預期信用損失 $8，並認列等額的變動於其他綜合損益（備抵損失部分）。

×0/12/31	透過其他綜合損益按公允價值衡量之債務工具投資	1,000	
	信用減損損失	8	
	現金		1,000
	其他綜合損益—透過其他綜合損益按公允價值		
	衡量之債務工具投資備抵損失		8
(結帳分錄)	其他綜合損益—透過其他綜合損益按公允價值之債務		
	工具投資備抵損失	8	
	其他權益—透過其他綜合損益按公允價值衡量		
	之債務工具投資備抵損失		8

在上述分錄後，該投資於 ×0 年 12 月 31 日有關資產負債表之表達如下：

資產：		其他權益：	
透過其他綜合損益按公允價值衡量之 　債務工具投資	$1,000	透過其他綜合損益按公允價值衡量之 　債務工具投資備抵損失	$8
透過其他綜合損益按公允價值衡量之 　債務工具投資評價調整	0		
	$1,000		

(2) 依總帳面金額認列利息收入 $100 (= $1,000 × 10%)，收到利息 $100，因為信用風險

IFRS 一點通

奇怪?! 明明才剛用公允價值買入，為何馬上認列減損損失

　　有讀者可能會覺得奇怪，明明才剛用公允價值買入債券 $1,000，公允價值不是應該已經反應公司債券的信用風險，為什麼還要馬上額外再認列公司債券的預期信用損失 ($8)？

　　這是因為 IFRS 9 係採用預期信用損失模式，希望較早認列將來會發生的預期信用損失，即使在財務報導日用公允價值買入債券，當日也馬上要認列減損損失。這樣才符合預期信用損失模式的精神。就財務理論而言，在原始認列日馬上認列減損損失的確會高估減損損失，但是隨著債券持有的期間拉長，債券信用風險變動所造成的公允價值變動，會逐漸與所提列的預期信用損失相趨近。

　　另外，由於 FVOCI-R 的精神係用公允價值來衡量債務工具投資的資產價值 $1,000，但是又要馬上提列備抵損失 $8，所以 IASB 「很聰明地」要求將備抵損失之變動，提列等額的變動於其他綜合損益 (OCI)，期末再結轉至其他權益 (AOCI)，做為其他權益的加項。讀者不要誤以為其他綜合損益 (及其他權益) 虛增 $8，事實上企業已先認列減損損失 $8，保留盈餘也減少了 $8。

　　IFRS9 這個「很聰明地」作法，同時滿足了預期信用損失模式及資產用公允價值衡量的兩個要求。

已顯著增加，故應將「備抵損失」提列至整個存續期間預期信用損失 $90，認列信用減損損失 $82 (= $90 – $8)，並認列等額的變動於其他綜合損益 (備抵損失部分)。同時，並認列該債券公允價值的變動 (下跌 $100) 於其他綜合損益 (評價調整部分)。

×1/12/31	現金	100	
	信用減損損失 ($90 – $8)	82	
	利息收入		100
	其他綜合損益—透過其他綜合損益按公允價值衡量		
	之債務工具投資備抵損失		82
	其他綜合損益—透過其他綜合損益按公允價值衡量之債		
	務工具投資評價損益 ($1,000 – $900)	100	
	透過其他綜合損益按公允價值衡量之債務工具投資評價調整		100
(結帳分錄)	其他權益—透過其他綜合損益按公允價值衡量之債務工		
	具投資評價損益	100	
	其他綜合損益—透過其他綜合損益按公允價值衡量之債		
	務工具投資備抵損失	82	
	其他綜合損益—透過其他綜合損益按公允價值衡量之		
	債務工具投資評價損益		100
	其他權益—透過其他綜合損益按公允價值衡量之債		
	務工具投資備抵損失		82

在上述分錄後，該投資於 ×1 年 12 月 31 日有關資產負債表之表達如下：

資產：		其他權益：	
透過其他綜合損益按公允價值衡量		透過其他綜合損益按公允價值衡量之	
之債務工具投資	$1,000	債務工具投資評價損益	$(100)
透過其他綜合損益按公允價值衡量		透過其他綜合損益按公允價值衡量之	
之債務工具投資評價調整	(100)	債務工具投資備抵損失	90
	$900		$(10)

(3) 依總帳面金額認列利息收入 $100 (= $1,000 × 10%)，收到利息 $100，因為債券已經減損，故應將「備抵損失」認列至整個存續期間預期信用損失 $300，亦即認列信用減損損失 $210 (= $300 – $90)，並認列等額的其他綜合損益 (備抵損失部分)。同時，認列該債券公允價值的變動下跌 $204 (由 $900 下跌至 $696) 於其他綜合損益 (評價調整部分)。

×2/12/31	現金	100	
	信用減損損失 ($300 – $90)	210	
	利息收入		100
	其他綜合損益—透過其他綜合損益按公允價值衡量		
	之債務工具投資備抵損失		210

	其他綜合損益—透過其他綜合損益按公允價值衡量之 　債務工具投資評價損益 ($900 – $696)	204
	透過其他綜合損益按公允價值衡量之債務工具投資評價調整	204
(結帳分錄)	其他綜合損益—透過其他綜合損益按公允價值衡量之 　債務工具投資備抵損失	210
	其他權益—透過其他綜合損益按公允價值衡量之債務 　工具投資評價損益	204
	其他綜合損益—透過其他綜合損益按公允價值衡 　　量之債務工具投資評價損益	204
	其他權益—透過其他綜合損益按公允價值衡量之 　　債務工具投資備抵損失	210

在上述分錄後，該投資於×2年12月31日有關資產負債表之表達如下：

資產：		其他權益：	
透過其他綜合損益按公允價值衡量 　之債務工具投資	$1,000	透過其他綜合損益按公允價值衡量之 　債務工具投資評價損益	$(304)
透過其他綜合損益按公允價值衡量 　之債務工具投資評價調整	(304)	透過其他綜合損益按公允價值衡量之 　債務工具投資備抵損失	300
	$ 696		$(4)

(4) 以攤銷後成本 $700 (總帳面金額 $1,000 – 備抵損失 $300) 認列利息收入 $70 (= $700 × 10%)，只收到 ×3 年的利息及本金共 $770，亦即該債券在不包含利息的公允價值為 $700。先認列利息收入及公允價值的調整 (由 $696 上漲至 $700，增加了 $4)。再除列該債務工具投資。

×3/12/31	現金 (利息部分)	70
	透過其他綜合損益按公允價值衡量之債務工具投資評價調整	4
	利息收入 ($700 × 10%)	70
	其他綜合損益—透過其他綜合損益按公允價值衡量之 　　投資評價損益 ($700 – $696)	4
	現金 (本金部分)	700
	透過其他綜合損益按公允價值衡量之債務工具投資評價調整	300
	透過其他綜合損益按公允價值衡量之債務工具投資	1,000
(結帳分錄)	其他綜合損益—透過其他綜合損益按公允價值衡量之債 　務工具投資評價損益	4
	其他權益—透過其他綜合損益按公允價值衡量之債務工具 　投資備抵損失	300
	其他權益—透過其他綜合損益按公允價值衡量之債務 　　工具投資評價損益	304

註：本例因為持有至到期日，所以沒有出現重分類調整。

10.4 權益工具投資

學習目標 3
權益工具投資可供選擇之會計處理

股票(權益工具)係表彰對某一企業擁有所有權之憑證，投資後不但可領取現金股利，也可能獲得股價增值的利益。會計有關權益工具投資的會計方法，端視投資公司對被投資公司的影響程度高低而定。如圖 10-4。

投資公司對被投資公司之影響程度

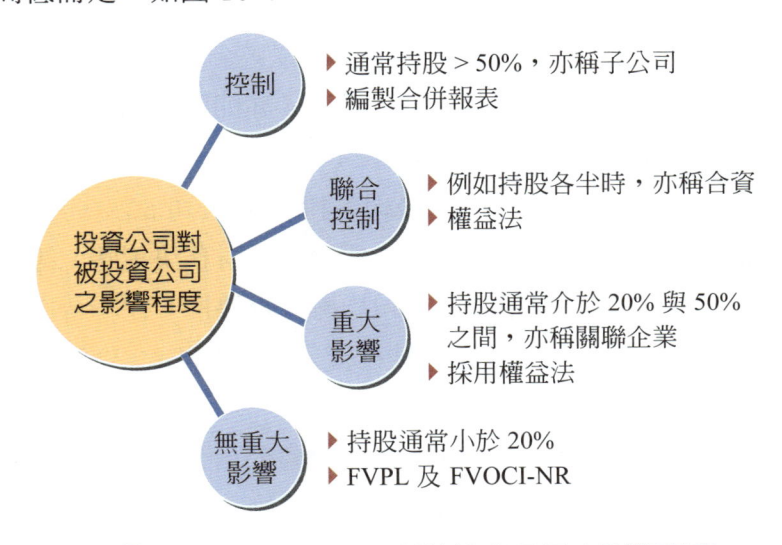

- **控制**
  - 通常持股 > 50%，亦稱子公司
  - 編製合併報表
- **聯合控制**
  - 例如持股各半時，亦稱合資
  - 權益法
- **重大影響**
  - 持股通常介於 20% 與 50% 之間，亦稱關聯企業
  - 採用權益法
- **無重大影響**
  - 持股通常小於 20%
  - FVPL 及 FVOCI-NR

圖 10-4　投資公司對被投資公司之影響程度

控制 (control) 係指投資公司暴露於來自於可參與被投資公司的**變動報酬** (variable returns) 或對該等變動報酬享有權利，且透過其對被投資公司之權力有能力影響該等報酬。亦即，僅於投資公司同時具有下列各項條件時，投資公司方始控制被投資公司：

1. 對被投資公司，具有**權力** (power)。該權力賦予投資公司現時能力，可主導重大影響被投資公司報酬之活動 (例如財務及營運等攸關活動)。
2. 有來自參與被投資公司變動報酬之暴險或權利。投資公司所享有之參與報酬會隨被投資公司之績效而變動，該參與之報酬可能僅為正數、僅為負數或者正負數兼具。及
3. 具有使用其對被投資公司之權力，以影響投資公司報酬金額之能力。

通常，當投資公司直接 (或間接) 持有被投資公司有表決權之股份超過 50% 者，即控制被投資公司 [此時稱為**子公司** (subsidiary)]，

但有證據顯示其持股未具有控制能力者，不在此限。反之，若投資公司持有被投資公司之股份雖未超過 50%，但若同時滿足上述三項條件時，仍應視為可控制被投資公司。投資公司應將子公司之所有財務資訊(收益、費損、資產及負債)都納入其合併報表中，合併報表之編製係屬高等會計學之範疇。

聯合控制 (joint control) 係指有關被投資公司其攸關活動(如財務及營運)之決策，必須取得其他分享控制者 [**合資者** (joint venturer)] 各方全體一致同意時，方可進行。亦即擁有聯合控制能力尚無法主導被投資公司 [此時稱為**合資** (joint venture)]，但擁有否決的權力。最佳的例子為甲、乙兩公司各持有 A 公司 50% 的股權。甲、乙兩公司均無法主導，想進行主要營運及財務決策時，雙方必須取得共識才能進行，但甲及乙公司均擁有否決權。在聯合控制的情況下，投資公司(合資者)對於被投資公司(合資)之淨資產，應採用**權益法** (equity method)。

重大影響 (significant influence) 係指投資公司有參與被投資公司財務及營運政策之權力，但無法控制或聯合控制該等政策。投資公司持有被投資公司有表決權之股份介於 20% (含) 及 50% 之間，通常對被投資公司 [此時亦稱**關聯企業** (associate)] 之財務及營運政策具有重大影響。投資公司若具重大影響，通常會以下列一種或多種方式顯現：

1. 在被投資者之董事會或類似治理單位擁有代表者；
2. 參與政策制定過程，包括參與股利或其他分配案之決策；
3. 投資公司與被投資公司間有重大交易；
4. 管理階層人員之互換；或
5. 重要技術資訊之提供。

但如有反證，例如被投資公司可拒絕提供報表，或投資公司連一席董事都選不上時，投資公司無法重大影響被投資公司。有時，投資公司持有被投資公司有表決權之股份雖然低於 20%，但有足以證明投資公司具有重大影響之事項時，仍應視為具重大影響。投資公司對於關聯企業應採用權益法。

投資公司在評估是否具有重大影響時，應考量目前可執行或可轉換潛在表決權(包括認股權證、可轉換公司債等)之存在及影

響。投資公司評估潛在表決權是否導致重大影響時，應檢視所有影響潛在表決權之事實及情況，但不必考量管理階層執行或轉換之意圖及企業之財務能力。例如甲公司持有乙公司的股權只有 10%，但甲公司同時持有乙公司所發行的可轉換公司債，該可轉換公司債目前已可隨時轉換，只要甲公司將其轉換，對乙公司的持股會增加到 35%，所以即使目前甲公司只持有 10% 的股權，仍應對乙公司採用權益法。但是，如果該潛在表決權須等到未來特定日期 (例如 2 年後) 或未來特定事件發生才能進行轉換，則該潛在表決權不屬目前可執行或可轉換，甲公司不得對乙公司採用權益法。

投資公司若對被投資公司無重大影響，亦即連參與被投資公司財務及營運政策之重大影響力都沒有時，此時只是一位被動的投資人，原則上應採用透過損益按公允價值衡量 (FVPL) 該權益工具的投資。惟在該權益工具投資 (1) 非屬持有供交易時，或 (2) 非企業合併中之或有對價時，企業可在原始認列時，作一**不可撤銷之選擇** (irrevocable election)，選擇將該權益工具投資後續的公允價值變動 (包含減損時)，認列於其他綜合損益。且在出售該權益工具投資時，不得認列出售損益 (no recycle)，只能調整保留盈餘。本書稱此法為不得重分類之透過其他綜合損益按公允價值衡量 (FVOCI-NR)。權益工具採用這個方法時，得以個別工具認定 (instrument by instrument)，亦即同時買入兩張台積電的股票時，一張可以用 FVPL 衡量，另一張用 FVOCI-NR 衡量。權益工具投資不論採用 FVPL 或 FVOCI-NR 衡量，股利收入均應認列於本期損益中。表 10-4 列出權益工具投資二種可能的會計方法：

表 10-4　無重大影響之權益工具投資會計處理方式

分類	後續評價會計處理	原始取得之交易成本	現金股利收入	除列時之交易成本
1. 透過損益按公允價值衡量 (FVPL)	透過損益按公允價值衡量	當期費損	認列於損益	當期費損
2. 不得重分類之透過其他綜合損益按公允價值衡量 (FVOCI-NR)	透過其他綜合損益按公允價值衡量	納入取得成本	認列於損益	當期費損或其他綜合損失

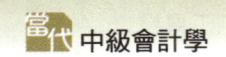

10.4.1 透過損益按公允價值衡量之權益工具投資

權益工具投資採透過損益按公允價值衡量 (FVPL)，是讓財務報表透明度最高的一種方法。它不但使用公允價值衡量，並且將公允價值的變動直接進入損益中，讓投資人可以儘早知道金融工具價值之變化。它有兩種類別：(1) 持有供交易，及 (2) 原始認列時決定採透過損益按公允價值衡量。至於原始取得及出售時之交易成本，應列為當期費損。至於現金股利收入亦認列為投資收入，除非該現金股利明顯是投資成本的回收。

釋例 10-7　透過損益按公允價值衡量之權益工具投資

復興公司有下列透過損益按公允價值衡量之權益工具投資，資訊如下：

(1) 於 ×1 年 12 月 1 日，以每股 $180 買入台積電股票 1,000 股，手續費 $200，共支付 $180,200。
(2) ×1 年 12 月 31 日，台積電收盤價為 $170。
(3) ×2 年 7 月 15 日，收到現金股利每股 $3，股票股利 10%。
(4) ×2 年 12 月 31 日，台積電收盤價為 $182。
(5) ×3 年 3 月 1 日，將台積電持股以公允價值 $187,100 全數出售，扣除出售手續費 $100，得款 $187,000。

試作：復興公司相關分錄。

解析

(1) 於 ×1 年 12 月 1 日，以每股 $180 買入台積電股票 1,000 股，手續費 $200，共支付 $180,200。

透過損益按公允價值衡量之權益工具投資	180,000	
手續費	200	
現金		180,200

(2) ×1 年 12 月 31 日，台積電收盤價為 $170。由於今日持股的公允價值只有 $170,000 (= $170 × 1,000)，所以須有「透過損益按公允價值衡量之權益工具投資評價調整」貸方餘額 $10,000 (= $180,000 – $170,000)，並認列「透過損益按公允價值衡量之權益工具投資評價損失」$10,000 於損益表中。

透過損益按公允價值衡量之權益工具投資評價損失	10,000	
透過損益按公允價值衡量之權益工具投資評價調整		10,000

該投資於 ×1 年 12 月 31 日資產負債表中之表達如下：

資產負債表	
資產：	
透過損益按公允價值衡量之權益工具投資	$180,000
透過損益按公允價值衡量之權益工具投資評價調整	(10,000)
	$170,000

(3) ×2 年 7 月 15 日，收到現金股利每股 $3，合計 $3,000，應作為股利收入。至於股票股利 10%（可增加持股 1,000×10% = 100 股），則僅須註記股數增加為 1,100 股即可，無須分錄。

    現金   3,000
      股利收入   3,000

(4) ×2 年 12 月 31 日，台積電收盤價為 $182。由於今日持股的公允價值高達 $200,200（= $182×1,100），所以須有「透過損益按公允價值衡量之權益工具投資評價調整」借方餘額 $20,200（= $200,200 – $180,000），但因前期有貸方餘額 $10,000，所以本期應調節金額為 $30,200 [= $20,200 – (–$10,000)]，並相對調整「透過損益按公允價值衡量之權益工具投資評價利益」$30,200 於損益表中。

    透過損益按公允價值衡量之權益工具投資評價調整 30,200
      透過損益按公允價值衡量之權益工具投資評價利益   30,200

該投資於 ×2 年 12 月 31 日資產負債表中之表達如下：

資產負債表	
資產：	
透過損益按公允價值衡量之權益工具投資	$180,000
透過損益按公允價值衡量之權益工具投資評價調整	20,200
	$200,200

(5) ×3 年 3 月 1 日，將台積電以公允價值 $187,100 持股全數出售，出售手續費 $100，故先將該投資調整至出售後的公允價值 $187,100，所以評價項目應調整至借方餘額 $7,100，但因前期有借方餘額 $20,200，所以本期應調節金額為 –$13,100（= $7,100 – $20,200），並認列 ×3 年 1 月 1 日至 3 月 1 日之跌價損失 $13,200 於損益表中後，再將該投資予以除列。

調整 ×3 年 1 月 1 日至 ×3 年 3 月 1 日公允價值之變動：

    透過損益按公允價值衡量之權益工具投資評價損失 13,100
      透過損益按公允價值衡量之權益工具投資評價調整   13,100

除列投資：
現金		187,000
手續費		100
透過損益按公允價值衡量之權益工具投資		180,000
透過損益按公允價值衡量之權益工具投資評價調整		7,100

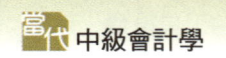

10.4.2　透過其他綜合損益按公允價值衡量之權益工具投資

不得重分類之透過其他綜合損益按公允價值衡量 (FVOCI-NR) 之權益工具投資，雖然使用公允價值衡量，但將公允價值的變動先

IFRS 實務案例

To be or not to be? That is the question!

由於以往 IAS 39 允許企業對於權益工具及債務工具投資採用備供出售 (available for sale, AFS) 的作法，亦即先將公允價值的變動先暫時放進其他綜合損益，等到處分時再予以重分類至損益中。造成不少企業投機取巧，企業可先將買進之投資 (不論是股票或債券) 放入備供出售投資之類別，如果下跌就不出售，反正投資人在損益中看不到評價損失；如果上漲再將其出售，處分利益此時會重分類調整 (recycle) 到損益中，產生 gain trading, loss hiding 的現象。

IASB 對此投機作法，知之甚詳，因此在 2009 年版 IFRS 9 的草案中，取消 AFS 的作法，不再讓企業有機可趁。但是許多企業 (尤其是保險業者) 反對聲浪極大，IASB 只好退讓一步，允許符合本金利息定義的債務工具投資，得分類為須重分類之透過其他綜合損益按公允價值衡量 (FVOCI-R)，該類之會計處理允許債務工具投資處分時，應重分類調整 (recycle) 至本期損益 (因而影響每股盈餘)，與 IAS 39 的備供出售作法其實是相當類似的，只有在減損的會計處理有所不同。

「但是在權益工具投資部分，IASB 就堅持不再退讓，強制企業要有「願賭服輸」的精神，只允許兩條路讓企業抉擇：第一條路是採用透過損益按公允價值衡量 (FVPL)，所有權益工具投資公允價值的變動都會馬上影響本期損益 (因而影響每股盈餘)。第二條路是採用不得重分類之透過其他綜合損益按公允價值衡量 (FVOCI-NR)，所有權益工具投資公允價值的變動都不會影響損益，只會影響其他綜合損益，即使處分或減損時也不得將公允價值變動重分類調整 (recycle) 至損益 (也因而不影響每股盈餘)。不同道路的抉擇會影響企業未來的每股盈餘甚鉅，因此在 IFRS 9 實施之後，企業在買入股票時必須要好好思考一下：要採用 FVPL？還是不要？ That is the question!」

目前臺灣公司大多採用 FVOCI-NR，因為現金股利可認列為收益，但下跌或賠本出售皆不會認列於損益。

Chapter 10 金融工具投資

暫時放進其他綜合損益，等到處分時不得重分類調整 (recycle) 至損益中，只能直接調整保留盈餘。至於原始取得之交易成本，應納入原始取得成本之中。惟現金股利收入仍然可以認列為投資收入，除非該現金股利明顯是投資成本的回收。至於除列時之交易成本應作為本期費損或本期綜合損失。

釋例 10-8　透過其他綜合損益按公允價值衡量之權益工具投資

復興公司有下列透過其他綜合損益按公允價值衡量之權益工具投資，資訊如下：

(1) 於 ×1 年 12 月 1 日，以每股 $180 買入台積電股票 1,000 股，手續費 $200，共支付 $180,200。
(2) ×1 年 12 月 31 日，台積電收盤價為 $170。
(3) ×2 年 7 月 15 日，收到現金股利每股 $3，股票股利 10%。
(4) ×2 年 12 月 31 日，台積電收盤價為 $182。
(5) ×3 年 3 月 1 日，將台積電持股以公允價值 $187,100 全數出售，扣除出售手續費 $100，得款 $187,000。

試作：復興公司所有相關分錄。

解析

(1) 於 ×1 年 12 月 1 日，以每股 $180 買入台積電股票 1,000 股，手續費 $200，共支付 $180,200。透過其他綜合損益按公允價值衡量投資的手續費須作為取得成本，所以原始成本為 $180,200。

　　透過其他綜合損益按公允價值衡量之權益工具投資　180,200
　　　　現金　　　　　　　　　　　　　　　　　　　　　　　　180,200

(2) ×1 年 12 月 31 日，台積電收盤價為 $170。由於今日持股的公允價值只有 $170,000 (= $170 × 1,000)，所以須有「透過其他綜合損益按公允價值衡量之權益工具投資評價調整」貸方餘額 $10,200 (= $180,200 – $170,000)，並認列「其他綜合損益—透過其他綜合損益按公允價值衡量之權益工具投資評價損益」借方餘額 $10,200。

　　其他綜合損益—透過其他綜合損益按公允價值衡量
　　　之權益工具投資評價損益　　　　　　　　　　10,200
　　　　透過其他綜合損益按公允價值衡量之權益工具投資評價調整　10,200

另作結帳分錄如下：

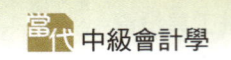

其他權益—透過其他綜合損益按公允價值衡量之權益工具投資評價損益	10,200	
其他綜合損益—透過其他綜合損益按公允價值衡量之權益工具投資評價損益		10,200

該投資於×1年12月31日有關財務報表資料如下：

綜合損益表	
本期淨利	$×××
其他綜合損益：透過其他綜合損益按公允價值衡量之權益工具投資評價損益	(10,200)
本期綜合損益	$×××

資產負債表			
資產：		其他權益：	
透過其他綜合損益按公允價值衡量之權益工具投資	$180,200	透過其他綜合損益按公允價值衡量之權益工具投資評價損益	$(10,200)
透過其他綜合損益按公允價值衡量之權益工具投資評價調整	(10,200)		
	$170,000		

(3) ×2年7月15日，收到現金股利每股$3，合計$3,000，應作為股利收入。至於股票股利10%(可增加持股1,000×10%＝100股)，則僅須註記股數增加為1,100股即可，無須分錄。

現金	3,000	
股利收入		3,000

(4) ×2年12月31日，台積電收盤價為$182。由於今日持股的公允價值高達$200,200 (＝$182×1,100)，所以須有「透過其他綜合損益按公允價值衡量之權益工具投資評價調整」借方餘額$20,000 (＝$200,200－$180,200)，但因前期有貸方餘額$10,200，所以本期應調節金額為$30,200 [＝$20,000－(－$10,200)]。

透過其他綜合損益按公允價值衡量之權益工具投資評價調整	30,200	
其他綜合損益—透過其他綜合損益按公允價值衡量之權益工具投資評價損益		30,200

另作結帳分錄如下：

其他綜合損益—透過其他綜合損益按公允價值衡量之權益工具投資評價損益	30,200	
其他權益—透過其他綜合損益按公允價值衡量之權益工具投資評價損益		30,200

該投資於×2年12月31日有關財務報表資料如下：

綜合損益表	
本期淨利	$×××
其他綜合損益：透過其他綜合損益按公允價值衡量之權益工具投資評價損益	30,200
本期綜合損益	$×××

資產負債表			
資產：		其他權益：	
透過其他綜合損益按公允價值衡量之權益工具投資	$180,200	透過其他綜合損益按公允價值衡量之權益工具投資評價損益	$20,000
透過其他綜合損益按公允價值衡量之權益工具投資評價調整	20,000		
	$200,200		

(5) ×3年3月1日，將台積電持股以公允價值 $187,100 全數出售，扣除手續費 $100 之後得款 $187,000，故先將該投資調整至出售後的公允價值 $187,100，所以評價項目應調整至借方餘額 $6,900，但因前期有借方餘額 $20,000，所以本期應調節金額為 –$13,100 (= $6,900 – $20,000)，並相對調整其他綜合損益中的「透過其他綜合損益按公允價值衡量之權益工具投資評價損益」後，再將該投資予以除列，並將有關透過其他綜合損益按公允價值衡量權益工具投資先前已認列於其他綜合損益的評價損益金額 $6,900 直接結轉至保留盈餘，不得認列於損益中。

調整×3年1月1日至×3年3月1日公允價值之變動：

其他綜合損益—透過其他綜合損益按公允價值衡量之權益工具投資評價損益	13,100	
透過其他綜合損益按公允價值衡量之權益工具投資評價調整		13,100

再除列該權益工具投資。最後將當期產生相關的其他綜合損益 $13,100 轉入其他權益後，其他權益的餘額為出售價款與原始投資成本間之差額 $6,900 再結轉至「保留盈餘」，不得於損益中認列處分損益：

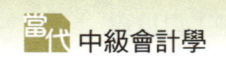

手續費	100	
現金	187,000	
透過其他綜合損益按公允價值衡量之權益工具投資		180,200
透過其他綜合損益按公允價值衡量之權益工具投資評價調整		6,900

結帳分錄：

其他權益—透過其他綜合損益按公允價值衡量之權益		
工具投資評價損益	13,200	
其他綜合損益—透過其他綜合損益按公允價值衡		
量之權益工具投資評價損益		13,200
其他權益—透過其他綜合損益按公允價值衡量之權益		
工具投資評價損益	6,900	
保留盈餘 ($20,000 − $13,100)		6,900

10.4.3　權益工具投資之減損、減損迴轉及重分類

學習目標 4
權益工具投資之減損、減損迴轉及重分類

　　權益工具投資只有兩種會計方法可供選擇：透過損益按公允價值衡量 (FVPL) 及不得重分類之透過其他綜合損益按公允價值衡量 (FVOCI-NR)。權益工具投資若採用透過損益按公允價值衡量 (FVPL) 時，公允價值下跌 (包括減損) 時，已立即認列損失；而公允價值上升 (包括減損迴轉) 時，也馬上認列利益，所以無須其他特別減損及減損迴轉的會計處理。

IFRS 一點通

成本是否可以用來衡量權益工具投資

　　IFRS 9 認為：權益工具投資通常都可以按公允價值加以衡量。但是在資訊有限的情況下，例如無足夠的近期資訊以供衡量公允價值，或者公允價值衡量區間頗大而成本可代表該區間內公允價值的最佳估計值 (例如成交量不多的未上市櫃股票)，此時原始購買成本可成為一個公允價值的適當估計值。另外，IFRS 9 特別強調：具有報價 (quoted price) 的權益工具，成本絕非公允價值的最佳估計。例如，證券商有時會發行一些具權益性質的投資工具，如果證券商對該投資工具有提供買進報價 (bid price) 及賣出報價 (ask price)，此時最少應以較低的買進報價 (適當時，亦可使用買進報價及賣出報價的平均價格) 作為公允價值的估計值。

權益工具投資若採用不得重分類之透過其他綜合損益按公允價值衡量 (FVOCI-NR) 時，由於後續公允價值的變動，只會認列於其他綜合損益，永遠不會認列於損益中。所以其減損時，只會認列其他綜合損失；而減損迴轉時，也只會認列其他綜合利益。

由於權益工具投資只能在原始認列時，有一次機會選擇透過其他綜合損益按公允價值衡量 (FVOCI-NR)。在原始認列之後，該選擇是不可以事後撤銷的，所以權益工具投資是不得進行**重分類** (reclassification) 的，這與債務工具投資在營運模式改變時，可以重分類是不同的。

10.5 採用權益法之投資

> 學習目標 5 及 6
> 重大影響及聯合控制投資之會計處理——權益法

會計原則對於沒有重大影響力的被投資公司的權益工具投資，認為採用公允價值衡量 (如 FVPL 及 FVOCI-NR) 較具資訊的攸關性。但是會計原則對於母公司的權益，不會採用公允價值來衡量自己的權益，而是盡量對自己的資產及負債採用公允價值衡量。同樣地，邏輯也延伸到具有控制能力的被投資公司 (子公司)，子公司的權益並不是衡量的重點，只有子公司的資產及負債才是衡量的重點，所以將子公司全部資產及負債一起納入，共同編製母公司及子公司之合併報表。但是對介於前述兩個極端之間有重大影響力的關聯企業及有聯合控制能力的合資，會計原則也是採用公允價值與全部合併之間的會計方法——權益法。

10.5.1 權益法之定義

權益法 (equity method) 係指原始投資時先依成本 (含交易成本) 認列，之後被投資公司的權益 (淨資產) 如有變動，投資公司依其持股比率認列可享有之被投資公司權益 (淨資產) 份額之變動。亦即投資公司的「採用權益法之投資」資產項目與被投資公司的權益產生連動，同時投資公司也依其所享有之被投資公司的損益份額認列投資損益。投資公司認列之損益，包括其對被投資公司本期損益及其他綜合損益 (例如透過其他綜合損益按公允價值衡量之權益工

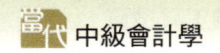

具投資評價損益、不動產、廠房及設備之重估價及外匯換算差異數等) 之份額。舉例來說，投資公司持有被投資公司 30% 的股份，被投資公司本期歸屬於普通股東之淨利 (扣除應認列之特別股股利後) 若為 $100、其保留盈餘也會增加 $100，投資公司此時可因此認列 $30 之投資利益，自己的保留盈餘也會增加 $30，「採用權益法之投資」資產項目也會增加 $30。若被投資公司本期透過其他綜合損益按公允價值衡量之權益工具投資的公允價值增加了 $50，被投資公司其他權益項下的透過其他綜合損益按公允價值衡量之權益工具投資評價利益會直接 (不透過本期損益) 增加 $50，投資公司也可因此在自己的其他權益項下之「採用權益法之關聯企業或合資之其他權益份額」項目直接 (不透過本期損益) 增加 $15，投資公司「採用權益法之投資」也會增加 $15。投資公司與被投資公司 (關聯企業或聯合控制個體) 藉由權益法產生亦步亦趨的連動關係，如圖 10-5 所示。

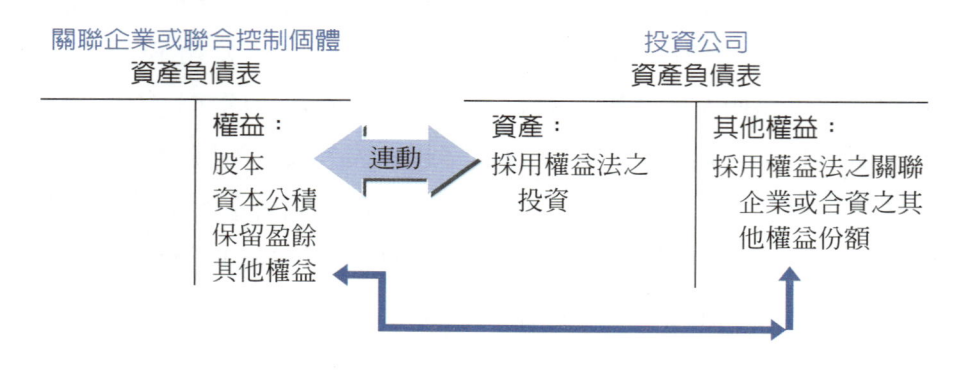

圖 10-5　權益法產生亦步亦趨的連動關係

　　投資公司於適用權益法時，應使用關聯企業或合資最近期可得之財務報表，且該報表須對相似交易採用與投資公司相同之會計政策。如兩者採用會計政策有所差異時，關聯企業或合資之財務報表必須予以調整之後，始能適用權益法。

　　原則上，投資公司與關聯企業或合資財務報表兩者之結束日應當相同。如果投資公司與關聯企業或合資之財務報表結束日期不同，且於實務上可行時，關聯企業或合資應重新編製與投資公司財

務報表日期相同之財務報表，以供投資公司使用。但若於實務上不可行時，投資公司應對關聯企業或合資財務報表日期與投資公司財務報表日期之間所發生之重大交易之影響予以調整。在任何情況下，關聯企業或合資與投資公司之報導期間結束日的差異不得超過三個月。報導期間之長度與報導期間結束日間之差異應每期相同。

釋例 10-9 採用權益法之投資（投資成本與股權淨值之間無差額）

復興公司於 ×1 年 1 月 1 日與他人共同創立魯夫公司。復興公司投資 $300,000 以取得魯夫公司 30% 的股權，並具有重大影響力。(本章所提到的特別股均假設符合權益的定義，詳細的討論，請參考第 13.1 節)

魯夫公司 ×1 年本期淨利為 $56,000。該年度應發放之累積特別股股利為 $6,000。
魯夫公司 ×2 年 4 月 1 日宣告並發放現金股利 $30,000。
魯夫公司 ×2 年的本期淨損為 $14,000。該年度應發放之累積特別股股利為 $6,000。

但魯夫公司持有的須重分類之透過其他綜合損益按公允價值衡量之債務工具投資有評價利益增加了 $40,000 利益。

試作：復興公司採用權益法之相關分錄。

解析

(1) ×1 年 1 月 1 日以 $300,000 取得關聯企業魯夫公司 30% 的股權，並取得重大影響力。

| 採用權益法之投資 | 300,000 | |
| 現金 | | 300,000 |

(2) 關聯企業 ×1 年的本期淨利為 $56,000，須先減除該年度應發放之累積特別股股利 (不論該年度是否有實際發放) 為 $6,000，得到歸屬於關聯企業普通股股東之本期淨利為 $50,000。因此，復興公司可認列 $15,000 (= $50,000 × 30%) 的「採用權益法認列損益之份額」，並相對增加「採用權益法之投資」。

| 採用權益法之投資 | 15,000 | |
| 採用權益法認列損益之份額 | | 15,000 |

註：若該特別股係屬非累積，則須視關聯企業是否意圖發放該特別股股利。若關聯企業不意圖發放特別股股利，此時無須減除。

(3) ×2 年 4 月 1 日關聯企業宣告並發放現金股利 $30,000，復興公司應將現金股利 $9,000 (= $30,000 × 30%) 視為成本的回收，而非投資收益。

| 現金 | 9,000 | |
| 採用權益法之投資 | | 9,000 |

(4) 關聯企業×2年的本期淨損為 $14,000，但關聯企業之「透過其他綜合損益按公允價值衡量之債務工具投資評價損益」增加了 $40,000。由於特別股股利係屬累積，即使關聯企業因×2年虧損，暫時不發放該特別股股利，復興公司仍應將其減除。故復興公司應認列 $6,000 [= (–$14,000 – $6,000) × 30%) 的「採用權益法認列損益之份額」，並相對減少「採用權益法之投資」。另外，復興公司亦應增加認列「採用權益法之關聯企業之其他綜合損益份額」$12,000 (= $40,000 × 30%)，並相對增加「採用權益法之投資」。

採用權益法認列損益之份額 (= $20,000 × 30%)	6,000	
採用權益法之投資		6,000
採用權益法之投資 (= $40,000 × 30%)	12,000	
採用權益法之關聯企業之其他綜合損益份額		12,000

（結帳分錄）

採用權益法之關聯企業之其他綜合損益份額	12,000	
其他權益—採用權益法之關聯企業		12,000

10.5.2　投資成本與股權淨值之間有差額時

投資取得關聯企業或合資的股權時，若取得成本與當時可享有被投資公司權益的份額（亦稱股權淨值）有差額時，應分析差異產生之原因並予以適當處理，如果投資成本大於股權淨值時，其處理方法如下：

1. 如係折舊、折耗或攤銷性之資產所產生者，應自取得之年度起，依其估計剩餘經濟年限分年攤銷。差額之攤銷，一方列記「採用權益法之投資」，另一方列記「採用權益法損益之份額」。
2. 如係商譽而產生者，則不攤銷。
3. 如確定係因資產之帳面金額高於或低於公允價值所發生者，則於高估或低估情形消失時（如資產重估價、資產減損或出售資產），將其相關之未攤銷差額一次沖銷。

反之，若投資成本小於股權淨值時，兩者之差額應視為**廉價購買利益** (bargain purchase gain)，於購買取得股權時將廉價購買利益認列為本期利益。

釋例 10-10　採用權益法之投資（投資成本大於股權淨值）

復興公司於 ×6 年 1 月 1 日以 $8,500 買進索隆公司 25% 的股權，索隆公司的淨資產為 $30,000，所以復興公司購入時所享有的股權淨值份額為 $7,500，與投資成本之間有 $1,000 的差額。經過分析產生該差異 $1,000 之原因，發現係因為索隆公司的股權淨值中：

(1) 土地低估 $300
(2) 折舊性資產低估 $600，經濟年限還有 10 年
(3) 有未入帳商譽 $100

×6 年 6 月 30 日，索隆公司共發放 $500 現金股利。
×6 年 12 月 31 日，索隆公司本期淨利為 $2,800（包括停業單位損失 $400)。
試作：復興公司採用權益法之相關分錄。

解析

(1) ×6 年 1 月 1 日以 $8,500 買進索隆公司 25% 的股權。

採用權益法之投資	8,500	
現金		8,500

(2) ×6 年 6 月 30 日，領到索隆公司 $125 (= $500 × 25%) 現金股利。

現金	125	
採用權益法之投資		125

(3) ×6 年 12 月 31 日，索隆公司本期淨利為 $2,800（包括停業單位損失 $400)，故復興公司應享有本期繼續營業單位淨利及停業單位損失之份額分別為利益 $800 [= ($2,800 + $400) × 25%] 及損失 $100 (= $400 × 25%)，兩者應分別列示。

採用權益法之投資	700	
停業單位損失	100	
採用權益法認列損益之份額		800

(4) ×6 年 12 月 31 日，因為取得股權時，索隆公司折舊性資產的公允價值高於其帳面金額，表示索隆公司的折舊費用低估，所以應攤銷對索隆公司投資成本與股權淨值之差額 $60 (= $600 ÷ 10 年)，以免高估採用權益法所認列的投資收益。

採用權益法認列損益之份額	60	
採用權益法之投資		60

釋例 10-11　採用權益法之投資（投資成本小於股權淨值，產生廉價購買利益）

復興公司於 ×1 年 1 月 1 日以 $10,000 買進羅賓公司 30% 的股權，羅賓公司的淨資產為 $40,000，所以復興公司購入時所享有的股權淨值份額為 $12,000，經審慎重新評估

之後該份額之公允價值亦為 $12,000，高於投資成本。羅賓公司 ×1 年之淨利為 $3,000。試作：復興公司採用權益法之相關分錄。

解析

(1) ×1 年 1 月 1 日以 $10,000 買進關聯企業 30% 的股權，復興公司購入時所享有的股權淨值份額之公允價值為 $12,000，高於投資成本，因此產生廉價購買利益 (= $2,000)，必須立即認列本期損益。

採用權益法之投資	12,000	
現金		10,000
廉價購買利益		2,000

註：「廉價購買利益」係本期損益表之項目，應以單行列示，不得納入「採用權益法投資之份額」中。

(2) 關聯企業 ×1 年之淨利為 $3,000。復興公司可認列 $900 (= $3,000 × 30%) 的「採用權益法認列損益之份額」，並相對增加「採用權益法之投資」。

採用權益法之投資	900	
採用權益法認列損益之份額		900

10.5.3　處分採用權益法之投資

投資公司處分其對關聯企業或合資之股份時，投資公司之會計處理依其是否有喪失重大影響，而有不同之會計處理。

已喪失重大影響

當投資公司對於被投資公司之關係，不再具有重大影響時，應停止採用權益法，並認列處分投資損益。即使投資公司仍保留部分股權，但由於 IASB 認為：因為喪失重大影響對於投資公司係屬重大經濟事項，所以該保留之部分股權，應按喪失重大影響時之公允價值衡量，該公允價值與停止採用權益法當日之帳面金額兩者間之差額，應認列為本期損益。亦即視同將權益法投資先出售，然後再同時按公允價值買回部分股權投資。

投資公司對於先前認列於其他綜合損益中與該投資有關之所有金額，其會計處理應按假使關聯企業或合資若直接處分相關資產或負債時，採用相同的基礎來決定是否應該作為重分類調整。亦即，若先前關聯企業或合資認列為其他綜合損益之利益或損失，於處分

相關資產或負債時將被重分類至損益,則當投資公司停止採用權益法時,亦應將該利益或損失自「其他權益—採用權益法之投資」重分類至本期損益。例如,若關聯企業或合資具有與國外營運機構有關之累計兌換差額時,則當投資公司停止採用權益法時,應將該其先前已認列於「其他權益—採用權益法認列之關聯企業或合資」之金額,重分類至損益。

另外,要強調的是:對關聯企業之投資(重大影響)即使提升至成為對合資之投資(聯合控制),或者對合資之投資(聯合控制)下降成為對關聯企業之投資(重大影響),投資公司仍應持續適用權益法,不得對保留之股權依公允價值作再衡量。

仍保有重大影響

投資公司處分其對關聯企業或合資之部分股權時,但因仍保有重大影響而持續適用權益法時,對於已處分之股權部分,應認列處分損益。至於與該股權之減少有關而先前已認列於其他綜合損益之利益或損失,依減少比例重分類至損益(若該利益或損失於關聯企業或合資本身處分相關資產或負債時須被重分類至損益,例如持有須重分類之透過其他綜合損益按公允價值 (FVOCI-R) 之債務工具投資時。反之,則應減少比例重分類至適當權益項目,例如持有不得重分類之透過其他綜合損益按公允價值衡量 (FVOCI-NR) 之權益工具投資或不動產、廠房及設備之重估增值時。

釋例 10-12 處分採用權益法之投資(全數處分、部分處分且喪失重大影響、部分處分但仍保留重大影響)

復興公司於 ×1 年 1 月 1 日以 $40,000 買進喬巴公司 40% (4,000 股) 的股權,喬巴公司的淨資產為 $100,000,所以復興公司購入時所享有的股權淨值亦為 $40,000,與投資成本並無差額。

×1 年 12 月 31 日,喬巴公司本期淨利為 $0。該年度因國外營運機構財務報表換算而產生兌換利益 $1,500。

情況一:×2 年 1 月 1 日,復興公司以每股 $15 全數處分對喬巴公司之持股 (40%)。

情況二:×2 年 1 月 1 日,復興公司以每股 $15 部分處分對喬巴公司之 30% 持股,但仍保留 10% 之持股,因持股比率大幅下降,因此喪失了對喬巴公司之重大影響。×2 年 12 月 31 日喬巴公司之股價為 $12,復興公司將保留對喬巴公司之投資

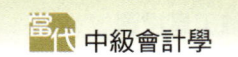

作為透過其他綜合損益按公允價值衡量 (FVOCI-NR) 之權益工具投資。

情況三：×2 年 1 月 1 日，復興公司以每股 $15 部分處分對喬巴公司之 10% 持股，但仍保留 30% 之持股，持股比率雖有大幅下降，但仍保有對喬巴公司之重大影響。

試作：復興公司採用權益法之相關分錄。

解析

(1) ×1 年 1 月 1 日以 $40,000 買進喬巴公司 40% 的股權。

採用權益法之投資	40,000	
現金		40,000

(2) ×1 年 12 月 31 日，喬巴公司該年因國外營運機構財務報表換算而產生兌換利益 $1,500，故復興公司應認列「採用權益法認列之其他綜合損益份額」$600（= $1,500 × 40%），並增加「採用權益法之投資」。

採用權益法之投資	600	
採用權益法認列之其他綜合損益份額		
－國外營運機構換算之兌換差額		600

復興公司亦應於 ×1 年 12 月 31 日，另作相關之結帳分錄：

採用權益法認列之其他綜合損益份額		
－國外營運機構換算之兌換差額	600	
其他權益－採用權益法之投資		
－國外營運機構換算之兌換差額		600

情況一：全數處分

×2 年 1 月 1 日，復興公司以每股 $15 全數處分對喬巴公司之持股 4,000 股 (40%)，故應認列處分損益。由於喬巴公司 (被投資公司) 假使處分該國外營運機構時，先前認列為其他綜合損益之利益或損失，於處分相關資產或負債時將被重分類至損益，因此當復興公司 (投資公司) 停止採用權益法時，亦應將該利益或損失重分類至本期損益。

現金 (= $15 × 4,000)	60,000	
採用權益法認列之其他綜合損益份額		
－國外營運機構換算之兌換差額－重分類調整	600	
採用權益法之投資 (= $40,000 + $600)		40,600
處分投資利益		20,000

復興公司亦應於 ×2 年 12 月 31 日，另作相關之結帳分錄：

其他權益－採用權益法之投資		
－國外營運機構換算之兌換差額	600	
採用權益法認列之其他綜合損益份額		
－國外營運機構換算之兌換差額－重分類調整		600

情況二：部分處分且喪失重大影響

×2 年 1 月 1 日，復興公司以每股公允價值 $15 部分處分對喬巴公司之 30% 持股，但仍保留 10% 之持股，因此喪失了對喬巴公司之重大影響。復興公司必須以喪失重大影響當時之公允價值，作為保留下來持股之帳面金額，並加計處分之價款，以計算處分損益。復興公司亦應將先前認列為其他綜合損益之利益或損失 (國外營運機構換算之兌換差額)，重分類至損益。因此處分投資利益為 $20,000，與情況一相同。

現金 (= $15 × 3,000)	45,000	
透過其他綜合損益按公允價值衡量之權益工具投資		
(= $15 ×1,000)	15,000	
採用權益法認列之其他綜合損益份額		
—國外營運機構換算之兌換差額—重分類調整	600	
採用權益法之投資 (= $40,000 + $600)		40,600
處分投資利益		20,000

於 ×2 年 12 月 31 日，喬巴公司之股價為 $12，每股下跌了 $3，復興公司應作調整分錄：

其他綜合損益—透過其他綜合損益按公允價值衡量		
之權益工具投資評價損益 (= $3 × 1,000)	3,000	
透過其他綜合損益按公允價值衡量之權益工具投資評價調整		3,000

復興公司亦應於 ×2 年 12 月 31 日，另作相關之結帳分錄：

其他權益—採用權益法之投資		
—國外營運機構換算之兌換差額	600	
採用權益法認列之其他綜合損益份額		
—國外營運機構換算之兌換差額—重分類調整		600
其他權益—透過其他綜合損益按公允價值衡量之權益		
工具投資評價損益	3,000	
其他綜合損益—透過其他綜合損益按公允價值衡		
量之權益工具投資評價損益		3,000

情況三：部分處分但保有重大影響

×2 年 1 月 1 日，復興公司以每股 $15 部分處分對喬巴公司之 10% 持股，但仍保留 30% 之持股，因此仍保有對喬巴公司之重大影響，所以保留下來之股份仍須採用權益法評價。並根據處分之價款，與採用權益法投資之帳面金額兩者間之差額，計算處分損益。復興公司亦應將先前認列為其他綜合損益之利益或損失 (國外營運機構換算之兌換差額)，依減少比例 1/4 (= 10% ÷ 40%) 重分類至損益。因此處分投資利益只有 $5,000，與情況一及情況二不同。

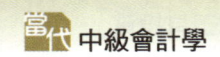

現金 (= $15 × 1,000)	15,000	
採用權益法認列之其他綜合損益份額—國外營運機構		
換算之兌換差額—重分類調整 (= 600 × 1/4)		150
採用權益法之投資 (= $40,600 × 1/4)		10,150
處分投資利益		5,000

復興公司亦應於 ×2 年 12 月 31 日，作相關之結帳分錄：

其他權益—採用權益法之投資		
—國外營運機構換算之兌換差額	150	
採用權益法認列之其他綜合損益份額		
—國外營運機構換算之兌換差額—重分類調整		150

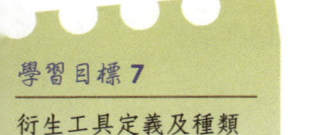

附錄 A　衍生工具定義及會計處理

學習目標 7
衍生工具定義及種類

衍生工具 (derivatives) 係指同時具有下列三項特性之金融工具：

1. 其價值之變動係反映特定變數 [亦稱為**標的** (underlying)] 之變動，例如利率、匯率、金融工具價格、商品價格、信用等級、信用指數、價格指數、費率指數或其他變數之變動。
2. 相對於對市場情況之變動有類似反映之其他類型合約，僅須小額之原始淨投資或原始淨投資金額為零。
3. 於未來日期交割。

衍生工具大約可分成兩大類：

第一類　選擇權類別，亦即一方有權利、另一方有義務，如**選擇權** (option) 及**交換選擇權** (swaption) 等。

第二類　非選擇權類別，亦即雙方同時擁有權利及義務，例如**期貨** (futures)、**遠匯** (forwards) 及**交換** (swaps) 等。

茲舉表 10A-1 三個例子作為說明。

　　由於在一開始進行衍生工具交易時，從買方的觀點 (有權利的一方) 來看，最多只需要小額原始淨投資，甚至不用錢也可進行交易，所以係屬高財務槓桿的金融操作。但是從賣方的觀點來看 (有義務的一方)，只能在交易時收到一筆小額的**權利金** (premiums)，但是將來有可能賠大錢，只要操作一不小心沒有做好**停損** (stop loss)，會造成極大的金融災難。美國知名投資人巴菲特早在 2005 年即提出警告，他戲稱衍生工具就像核子武器一樣，都是**大規模的毀滅武器** (weapons of mass destruction)。不幸言中，2008 年的金融海嘯證明了巴菲特的先見之明。又例如 2016 年人民幣衍生

表 10A-1　衍生工具

衍生工具名稱	第一類：選擇權 ⓐ 台指選擇權	第二類：非選擇權 ⓑ 原油期貨	ⓒ 威力彩
1. 有標的 (underlying)	交易所加權股價指數	原油期貨價格	跑出來的7個號碼球
2. 零或小額原始淨投資	小額	零	小額
3. 未來交割	是	是	是

性金融產品**目標可贖回遠期契約** (Target Redemption Forward, TRF) 產生的風暴，使得許多臺灣參與這個商品的個別交易人遭受到巨額虧損，而出售這個TRF「假理財商品」的臺灣各銀行也因為客戶無法交割，遭受到不少的損失。

企業操作衍生工具通常有兩種動機：**投機** (speculation) 及**避險** (hedging)。避險之會計處理通常於高等會計學討論，不屬中會之範圍。對於**投機** [亦稱**非避險** (non-hedging)] 之衍生工具操作，會計準則採用了透明度最高的表達方式來處理衍生工具：透過損益按公允價值衡量，並將其視為**持有供交易** (held for trading) 之金融資產或金融負債。

IFRS 實務案例

霸菱案

李森 (Nick Leeson) 是英國霸菱銀行 (Barings Bank) 的一位衍生工具交易員。霸菱銀行創立於 1762 年，比美國獨立建國還要再早 14 年。李森為了追求個人績效，私下進行未授權之衍生工具交易。於 1995 年時，他偷偷進行日經指數交易選擇權交易，由於李森係採出售選擇權方式，意圖賺取小額的權利金收入，但因為日本神戶發生大地震，造成日經指數重挫，使得該交易蒙受高達 14 億美元的鉅額損失，導致霸菱銀行宣告破產，最後以 1 英鎊的象徵性價格出售給荷蘭的 ING 集團。李森後來被新加坡政府判刑 6 年 6 個月，但因為癌症於 1999 年假釋出獄。他的故事後來也拍成電影《A錢大玩家》(Rogue Trader)。

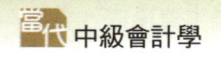

釋例 10A-1　非避險衍生工具之會計處理

復興公司 (持有人)	忠孝公司 (發行人)

▶ ×1 年 12 月 5 日，復興公司向忠孝公司買入台積電 1,000 個單位的買權 (call option)，履約價格為 $80，當日台積電的股價為 $78，×2 年 1 月 15 日到期。台積電買權的市價為 $2.5。雙方應作分錄如下：

透過損益按公允價值之金融資產			現金		2,500
—選擇權	2,500		透過損益按公允價值衡量之		
現金		2,500	金融負債—選擇權		2,500

▶ ×1 年 12 月 31 日，台積電的股價為 $86，台積電買權之市價為 $7

透過損益按公允價值之金融資產			透過損益按公允價值衡量之金融		
—選擇權	4,500		負債評價損失—選擇權	4,500	
透過損益按公允價值之金融資產			透過損益按公允價值衡量之		
評價利益—選擇權		4,500	金融負債—選擇權		4,500

▶ ×2 年 1 月 15 日，台積電的股價為 $81，台積電買權之市價為 $1，雙方淨額結算，忠孝公司支付 $1,000 給復興公司。

透過損益按公允價值之金融資產評價損失			透過損益按公允價值衡量之金融		
—選擇權	6,000		負債—選擇權	7,000	
現金	1,000		現金		1,000
透過損益按公允價值之金融資產			透過損益按公允價值衡量之		
—選擇權		7,000	金融負債評價利益—選擇權		6,000

附錄 B　混合工具定義及會計處理

學習目標 8
混合工具定義及會計處理

　　混合工具 (hybrid instrument) 包含非衍生工具之**主契約** (host contract) 及**嵌入式衍生工具** (embedded derivatives)。嵌入式衍生工具會造成混合工具之部分現金流量與獨立之衍生工具相似，使得主契約之部分或全部之現金流量，隨特定利率、匯率、金融工具價格、商品價格、信用等級、信用指數或其他變數之變動而調整。附加於金融工具之衍生工具，若依合約得單獨移轉，或其交易對方與該金融工具之交易對方不同者，則非屬嵌入式衍生工具，而係單獨之衍生工具，例如附可分離認股權公司債中可單獨分離交易之**認股權** (detachable warrant)。

　　為了簡化混合工具的會計處理，IFRS 9 規定：如果混合工具的主契約係屬 IFRS 9 範圍內的金融資產時[5]，應先判斷 (如圖 10-1) 整個混合工具

---

[5] 如果混合工具 (或複合工具) 的主契約非屬金融資產時，例如屬金融負債或權益時，則必須判斷是否要分離主契約及嵌入式衍生工具，詳細的討論請參見第 12 及 13 章。

合約現金流量是否全部為本金及利息 (SPPI)。如果不符合時，此時整個混合工具應以透過損益按公允價值衡量 (FVPL)。如果符合全部為本金及利息的規定，此時應依企業的營運模式不同，有三種可能的會計方法：(1) 攤銷後成本法 (AC)；(2) 須重分類之透過其他綜合損益按公允價值衡量 (FVOCI-R)；(3) 透過損益按公允價值衡量 (FVPL)。

金融資產符合全部本金及利息定義之債務工具投資釋例，可能包括：

金融資產類別	判斷的過程
變動 (浮動) 利率債券或放款	如果浮動利率之決定僅包括：貨幣時間價值、信用風險、其他基本放款風險、成本及利潤邊際。故符合本金及利息之定義。
有上限 (或下限) 之變動利率債券	此種合約條款可藉由對變動利率設定限制（例如利率上限或下限）以減少現金流量之變異性，故仍符合本金及利息之定義。
本金及利息與通貨膨脹指數連結之債券	該工具之利率係反應「實質」利息，故仍符合本金及利息之定義。
有完全追索權且有擔保品之放款	具完全追索權之放款其已被擔保之事實，並不會影響本金及利息的判斷，故仍符合本金及利息之定義。
附有買回權 (提前清償 call) 或賣回權 (put) 之放款	若提前還款金額幾乎包括尚未支付之本金及利息。該金額得包含提前終止合約之合理額外補償，故仍符合本金及利息之定義。
債權人或債務人有展延 (extension) 權利之放款	展期選擇權之條款導致展期期間只有支付本金及利息，該金額可能包含合約展期之合理額外補償，故仍符合本金及利息之定義。

金融資產不符合全部本金及利息定義之債務工具投資釋例，可能包括：

金融資產類別	判斷的過程
可轉換公司債	報酬與發行人股票的價值相連結，故非全部為本金及利息，不符合本金及利息之定義。
反浮動利率之債券	支付利率與市場利率呈現反向的變動，市場利率愈高，債券支付的利息愈低，故不符合本金及利息之定義。
無到期日、可買回公司債。發行人僅在付息之後仍有償債能力，始須支付利息。	債券無到期日這個條件，本身未必表示不符合本金及利息之規定，只要利息支付具強制性且永續支付，還是有可能符合本金及利息之定義。
積欠利息不再加計利息 (無息上息)	因為積欠的利息不再加計利息 (無「息上息」的約定)，故不符合本金及利息之定義。

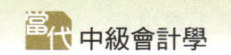

釋例 10B-1　買入混合工具——附賣回權之可轉換公司債

復興公司於 ×1 年 1 月 1 日以 $102,000 (不含交易成本 $1,020) 買入台塑公司所發行的附**賣回權** (put) 之**可轉換** (convertible) 公司債，該可轉換公司債之相關條件如下：

- 面額 $100,000、無票面利率、×3 年 12 月 31 日到期。
- 復興公司得於 ×2 年 12 月 31 日將該公司債以 $109,000 賣回給台塑公司，逾期該賣回權會消失。
- 復興公司亦得於 ×3 年 12 月 31 日前，以每股 $100 轉換成台塑公司股票 (可轉換 1,000 股)。

復興公司經過評估之後，該附賣回權之可轉換公司債之主契約為金融資產，但是整個可轉換公司債不符合全部本金及利息的定義。復興公司對於採用透過損益按公允價值衡量 (FVPL) 的投資並不攤銷折溢價。

×1 年 12 月 31 日，整個可轉換公司債市價為 $108,000。
×2 年 12 月 31 日，整個可轉換公司債市價為 $109,000。

情況一：復興公司於 ×2 年 12 月 31 日將整個可轉換公司債賣回給台塑公司，得款 $109,000。

情況二：復興公司於 ×3 年 12 月 31 日，整個可轉換公司債市價為 $130,000，轉換成台塑公司股票 1,000 股 (作為透過其他綜合損益按公允價值衡量 (FVOCI-NR) 之權益工具投資)，台塑公司當日股價為 $130。

試作：復興公司相關分錄。

解析

(1) 復興公司於 ×1 年 12 月 31 日以 $102,000 (不含交易成本 $1,020) 買入台塑公司所發行的附賣回權之可轉換公司債，此一混合工具包括三個金融工具：(a) 主契約 3 年期零息公司債；(b) 嵌入式賣回權資產；及 (c) 嵌入式轉換權資產。但因為該附賣回權之可轉換公司債不符合本金及利息的定義，所以只能用透過損益按公允價值衡量 (FVPL)。至於交易成本 $1,020 則作為本期費用。復興公司 ×0 年 12 月 31 日應作分錄如下：

透過損益按公允價值衡量之金融資產	102,000	
手續費	1,020	
現金		103,020

(2) ×1 年 12 月 31 日，整個可轉換公司債市價為 $108,000，上漲了 $6,000 (= $108,000 − $102,000)。

透過損益按公允價值衡量之金融資產評價調整	6,000	
透過損益按公允價值衡量之金融資產利益		6,000

(3) ×2年12月31日,整個可轉換公司債市價為 $109,000,又上漲了 $1,000 (= $109,000 – $108,000)。

透過損益按公允價值衡量之金融資產評價調整	1,000	
透過損益按公允價值衡量之金融資產利益		1,000

情況一:復興公司於 ×2年12月31日將整個可轉換公司債賣回給台塑公司,得款 $109,000。復興公司應作下列賣回之分錄:

現金	109,000	
透過損益按公允價值衡量之金融資產		102,000
透過損益按公允價值衡量之金融資產評價調整		7,000

情況二:復興公司於 ×3年12月31日,整個可轉換公司債市價為 $130,000,轉換成台塑公司股票1,000股(作為透過其他綜合損益按公允價值衡量之權益工具投資),台塑公司當日股價為 $130。復興公司應先認列 ×3年上漲的利益 $21,000 (= $130,000 – $109,000),再除列該可轉換公司債。

透過損益按公允價值衡量之金融資產評價調整	21,000	
透過損益按公允價值衡量之金融資產利益		21,000
透過其他綜合損益按公允價值衡量之權益工具投資	130,000	
透過損益按公允價值衡量之金融資產		102,000
透過損益按公允價值衡量之金融資產評價調整		28,000

本章習題

問答題

1. 何謂金融資產?
2. 何謂債務工具投資?債務工具投資會計處理有哪些選擇?
3. 何謂權益工具投資?權益工具投資會計處理有哪些選擇?
4. 債券金融資產減損分為哪些階段?各階段分別有哪些跡象可供判斷?
5. 何謂有重大影響力之股權投資?
6. 何謂衍生工具?非避險之衍生工具會計處理方法為何?
7. 何謂混和工具?混合工具的會計處理為何?

選擇題

1. 甲公司於 ×9年4月1日支付 $937,300 (含交易成本及應計利息)購入乙公司面額 $900,000 公司債,票面利率3%,每年12月31日付息,有效利率為2%。甲公司採用攤銷後成本衡量對乙公司債務工具投資。請問甲公司 ×9年4月1日該筆公司債投資帳面金額為何

（不考慮預期信用減損損失）？

(A) $937,300　　　　　　　　　　(B) $932,800
(C) $930,550　　　　　　　　　　(D) $900,000　　　　　　　[109 年普考財稅]

2. 甲公司於 ×1 年 1 月 1 日以市場利率 5%，買入面額 $100,000，×5 年 12 月 31 日到期的公司債，票面利率 4%，每年 12 月 31 日付息，甲公司將此債務工具投資分類為按攤銷後成本衡量之債務工具投資。若甲公司當初將此債務工具投資分類為透過其他綜合損益按公允價值衡量之債務工具投資，且 ×1 年 12 月 31 日的市場利率為 4%，則二種會計處理影響 ×1 年權益總額的差異額為何？

(A) $0　　　　　　　　　　　　　(B) $1,000
(C) $3,545　　　　　　　　　　　(D) $4,784　　　　　　　[108 年地特財稅三等]

3. 甲公司於 ×1 年 1 月 1 日以 $500,000（含交易成本）買入乙公司 5 年期的公司債，面額 $500,000、票面利率 5%，每年 12 月 31 日付息一次。甲公司將該公司債投資分類為按攤銷後成本衡量之金融資產，當時該公司債之信用評等為投資等級，甲公司對該債券之 12 個月預期信用損失估計金額為 $15,000，存續期間預期信用損失估計金額為 $50,000。×1 年底，該債券的信用風險已顯著增加，其信用評等降為投機等級，甲公司對該公司債之 12 個月預期信用損失估計金額為 $55,000，存續期間預期信用損失估計金額為 $100,000。×2 年底，該債券的信用有顯著改善，信用評等提高為投資等級，甲公司對該公司債之 12 個月預期信用損失估計金額為 $30,000，存續期間預期信用損失估計金額為 $80,000。則甲公司於 ×2 年 12 月 31 日之會計處理何項正確？

(A) 借記預期信用減損損失 $30,000　　(B) 借記備抵損失 $20,000
(C) 貸記預期信用減損利益 $70,000　　(D) 貸記備抵損失 $25,000 [108 年地特會計四等]

4. 甲公司於 ×1 年 1 月 1 日買入面額 $100,000，×5 年 12 月 31 日到期的公司債，票面利率 4%，每年 12 月 31 日付息，有效利率 5%，甲公司將此債務工具分類為透過其他綜合損益按公允價值衡量之金融資產。×1 年 12 月 31 日收到利息 $4,000，經判斷自原始認列後該債務工具之信用風險已顯著增加，當日存續期間預期信用損失金額為 $9,000，12 個月預期信用損失金額為 $3,000。若甲公司原始認列時將此債務工具分類為透過損益按公允價值衡量之金融資產，且 ×1 年 12 月 31 日的市場利率為 4%，則二種會計處理對 ×1 年底權益影響之差異為何？（不考慮所得稅之影響，四捨五入取至元）

(A) $0　　　　　　　　　　　　　(B) $3,545
(C) $9,000　　　　　　　　　　　(D) $12,545　　　　　　　[109 年地特財稅三等]

5. 乙公司債務工具投資相關資料如下：

	成本	市價 ×6 年底	×7 年底
透過損益按公允價值衡量	$360,000	$330,000	$420,000
按攤銷後成本衡量	280,000	230,000	260,000

(A) 損失 $20,000　　　　　　　　　　　(B) 利益 $60,000
(C) 利益 $90,000　　　　　　　　　　　(D) 利益 $120,000　　　　［109 年高考財稅］

6. 以下為民權公司證券投資之明細資料：

	成本	市價 95 年底	市價 96 年底
透過損益按公允價值衡量之金融資產	$300,000	$200,000	$310,000
透過其他綜合損益按公允價值衡量之金融資產—股票	$300,000	$315,000	$360,000
按攤銷後成本衡量之債務工具之金融資產	$300,000	$240,000	$260,000

民權公司 96 年綜合損益表中未實現持有證券利益為何？
(A) $45,000　　　　　　　　　　　　(B) $60,000
(C) $110,000　　　　　　　　　　　　(D) $175,000　　　　　［改編自 96 年會計師］

7. 臺北公司於 ×4 年底以 $100,000 (含交易成本) 買入臺中公司 3 年期無追索權的公司債 (作為按攤銷後成本衡量之金融資產)，面額 $100,000、票面利率 5%，每年 12 月 31 日付息一次，有關該公司債的預期信用損失估計金額如下：

	12 個月預期信用損失	存續期間預期信用損失
×4 年底	$1,500	$5,000
×5 年底	$5,500	$10,000
×6 年底	$25,000	$25,000

若 ×5 年底，該債券的信用風險已顯著增加，且 ×6 年底該債券已自活絡市場中消失，達到減損的地步，則臺北公司於 ×4 年底、×5 年底、×6 年底應認列之預期信用損失金額為何？
(A) $1,500、$5,500、$25,000　　　　(B) $5,000、$5,000、$15,000
(C) $1,500、$8,500、$15,000　　　　(D) $1,500、$10,000、$25,000

8. 承上題，若臺北公司於 ×7 年底收到 ×7 年的利息及本金共 $80,000，其餘款項無法收回，則應認列之減損損失迴轉金額為何？
(A) $0　　　　　　　　　　　　　　(B) $1,250
(C) $3,750　　　　　　　　　　　　(D) $5,000

9. 甲公司於 ×8 年 9 月 30 日以 $300,000 購入乙公司普通股作為透過其他綜合損益按公允價值衡量之權益工具投資，×8 年底該投資之公允價值為 $360,000。×9 年 10 月 1 日甲公司以 $200,000 出售半數的乙公司普通股，×9 年底未出售之乙公司普通股之公允價值為 $230,000，則該股票投資對甲公司 ×9 年度稅前其他綜合利益之影響為：
(A) 增加 $20,000　　　　　　　　　(B) 增加 $50,000
(C) 增加 $70,000　　　　　　　　　(D) 減少 $130,000　　　　［108 年高考會計］

10. 宜蘭公司於 ×0 年底以 $600,000（含交易成本）買入花蓮公司三年期的公司債作為按攤銷後成本衡量之金融資產，面額 $600,000、票面利率 4%，每年 12 月 31 日付息一次，有關該公司債的預期信用損失估計金額如下：

	12 個月 預期信用損失	存續期間 預期信用損失
×0 年底	$3,000	$8,000
×1 年底	$12,000	$24,000
×2 年底	$90,000	$90,000

若 ×1 年底，該債券的信用風險已顯著增加，且 ×2 年底該債券已自活絡市場中消失，達到減損的地步。若宜蘭公司於 ×3 年底收到 ×3 年的利息及本金共 $550,000，其餘款項無法收回，則應認列之減損損失迴轉金額為何？
(A) $0
(B) $24,000
(C) $19,600
(D) $16,000　　　　　　　　　　［109 年地特會計三等］

11. 甲公司於 ×1 年 1 月 1 日以 $100,000（含交易成本）買入乙公司 5 年期的公司債，面額 $100,000、票面利率 5%，每年付息一次。甲公司將該公司債投資分類為透過其他綜合損益按公允價值衡量之金融資產，當時該公司債之信用評等為投資等級，甲公司對該債券之 12 個月預期信用損失估計金額為 $1,500，存續期間預期信用損失估計金額為 $5,000。×1 年底，該公司債的公允價值為 $97,000，同時該債券的信用風險已顯著增加，其信用評等降為投機等級，甲公司對該公司債之 12 個月預期信用損失估計金額為 $5,500，存續期間預期信用損失估計金額為 $10,000。則甲公司 ×1 年底資產負債表之「其他權益」項目列報金額應為何？
(A) $3,000 借餘
(B) $4,500 借餘
(C) $7,000 貸餘
(D) $10,000 貸餘　　　　　　　　　　［108 年地特會計四等］

12. 東學公司 ×6 年 1 月 1 日買入際商公司面額 $500,000，票面利率 5%，每年 12 月 31 日付息一次之四年期公司債，作為持有按攤銷後成本衡量之債務工具投資（以有效利息法作折溢價攤銷），當時市場利率 4%，該債券備抵損失應有 $1,000。東學公司於 ×7 年 1 月 1 日將上述債務工具投資重分類為透過其他綜合損益按公允價值衡量之債務工具投資，重分類時公允價值為 $520,000，備抵損失應有金額亦為 $1,000。有關該公司此債務工具投資 ×7 年 1 月 1 日的重分類分錄，下列何者有誤？
(A) 借記「透過其他綜合損益按公允價值衡量之債務工具投資」總帳面金額 $513,876
(B) 借記「透過其他綜合損益按公允價值衡量之債務工具投資評價調整 $6,124
(C) 貸記「其他綜合損益—透過其他綜合損益按公允價值衡量之債務工具投資」$6,124
(D) 借記「備抵損失」$1,000

13. 東坪公司於 ×7 年初平價購入 5 年期，面額 $1,200,000，每年底付息，票面利率 5% 公司債，分類為透過其他綜合損益按公允價值衡量之金融資產；×7 年初購入及年底所估計之預期信用損失金額分別為 $7,000 及 $9,000，×7 年該投資認列公允價值

變動之評價損失為 $60,000。×7 年東坪公司列報本期淨利 $600,000，本期綜合淨利 $500,000。若該債務工具投資於購入時分類為透過損益按公允價值衡量之金融資產，則 ×7 年度本期淨利為何？

(A) $549,000　　　　　　　　　　(B) $584,000
(C) $540,000　　　　　　　　　　(D) $524,000　　　〔108 年地特會計三等〕

14. 北方公司 ×2 年以每股 $31 購入東一公司普通股股票 200,000 股，並分類為透過其他綜合損益按公允價值衡量之權益工具投資。該股票於 ×2 年底公允價值為每股 $34。北方公司於 ×3 年 2 月初以每股 $31 將該股票全數賣出。上述交易對北方公司 ×2 年之本期淨利之影響為：

(A) $600,000（利益）　　　　　　(B) $600,000（損失）
(C) $200,000（利益）　　　　　　(D) $ 0　　　〔108 年地特會計三等〕

15. A 公司持有 B 公司 35% 股權，且 A 公司可掌控 B 公司過半之董事席次，試問 A 對 B 具有？

(A) 控制能力　　　　　　　　　　(B) 重大影響力
(C) 以上皆非

16. A 公司持有 B 公司 12% 股權，但 A 公司同時亦持有 B 公司之可轉換公司債，該可轉換公司債 3 年後才可進行轉換，轉換價格為 $40，目前 B 公司股價只有 $30。若加以轉換，A 公司持有 B 公司股權將超過 25%，試問目前 A 公司對 B 公司是否應採用權益法？

(A) 應該　　　　　　　　　　　　(B) 不應該
(C) 等到 B 公司股價漲到 $40 才開始採用

17. 甲公司持有乙公司 40% 普通股並分類為採用權益法之投資（投資之原始成本等於股權淨值），甲公司 ×1 年初關於此權益投資之帳面金額為 $100,000。乙公司 ×1 年之本期淨損 $1,000,000（無本期綜合損益），若 ×1 年底甲公司對乙公司另有長期應收款 $100,000，則關於此權益投資，甲公司 ×1 年應認列之投資損失金額為何（不考慮所得稅）？

(A) $100,000　　　　　　　　　　(B) $160,000
(C) $200,000　　　　　　　　　　(D) $400,000　　　〔108 年地特會計四等〕

18. ×3 年 1 月 1 日嘉義公司以 $30,000,000 購買明德公司流通在外 30% 股權 1,000,000 股。購入時所享有的股權淨值份額為 $20,000,000，買價高於公司價值部分係為公司折舊性資產低估，耐用年限 10 年。明德公司在 ×3 年淨利為 $20,000,000，支付股利 $2,000,000。嘉義公司 ×3 年 12 月 31 日資產負債表中應報導對明德公司投資為：

(A) $30,000,000　　　　　　　　(B) $34,400,000
(C) $35,400,000　　　　　　　　(D) $36,000,000

19. 甲公司 ×1 年 10 月 1 日以 $300,000 購入乙公司股份之 30%，乙公司 ×1 年 1 月 1 日股東權益總額為 $900,000，投資成本超過取得股權淨值部分係乙公司設備價值低估，該設備可用 5 年，無殘值，採直線法折舊，×1 年度乙公司之淨利為 $80,000，假設於年度平均發生，×1 年 7 月 1 日宣告並發放 $40,000 之現金股利，則 ×1 年度甲公司認列之投資

收益為何？

(A) $4,800　　　　　　　　　　　(B) $4,950
(C) $5,100　　　　　　　　　　　(D) $18,000　　　　[100 年地方政府特考]

20. 2019 年甲公司進行以下採權益法之長期股權投資活動：
- 9 月 16 日，以每股 $70 購買 2,000 股乙公司股票，外加 $1,400 的手續費。
- 10 月 14 日，收到乙公司每股 $4 的現金股利。
- 12 月 31 日，乙公司的本期淨利是 $100,000，乙公司流通在外普通股股票為 8,000 股。

甲公司採用權益法乙公司長期股權投資於 2019 年 12 月 31 日的餘額應為多少？
(A) $157,000　　　　　　　　　　(B) $158,400
(C) $174,400　　　　　　　　　　(D) $233,400　　　　[108 年地特財稅三等]

21. 甲公司 ×5 年 8 月 1 日支付 $15,000 購買乙公司普通股認股權證，此權證持有人可於 ×6 年 4 月 1 日以每股 $60 買入乙公司普通股 3,000 股。若甲公司並未指定此衍生性商品為避險工具，且 ×5 年 12 月 31 日乙公司普通股認股權證之公允價值為 $13,000，則有關甲公司 ×5 年財務報表表達，下列何者正確？
(A) 透過其他綜合損益按公允價值衡量之金融資產 $15,000
(B) 透過損益按公允價值衡量之金融資產 $15,000
(C) 金融資產評價損失 $2,000
(D) 金融資產評價損失 $2,000　　　　[改編自 100 年地方特考]

22. 甲公司於 98 年 11 月 1 日以 $15,000 購入乙公司上市股票之賣權，此賣權持有人可於 99 年 11 月 1 日以每股 $60 賣出乙公司股票 20,000 股，甲公司並未指定此衍生性商品作為避險工具，98 年 11 月 1 日乙公司股票之市價為 $60，98 年底乙公司股票之市價為 $58。假設此賣權於 98 年 12 月 31 日之價值為 $50,000。甲公司 98 年底應認列之透過損益按公允價值之金融資產之損益為何？
(A) 利益 $35,000　　　　　　　　(B) $0
(C) 損失 $5,000　　　　　　　　(D) 損失 $45,000　[改編自 98 年公務人員升等考試]

23. 下列金融資產符合全部本金及利息定義之債務工具投資有幾項：(a) 可轉換公司債；(b) 有上限之變動利率債券；(c) 有完全追索權且有擔保品之放款；(d) 反浮動利率之債券；(e) 利息及本金與通貨膨脹指數連結之債券。
(A) 2 項　　　　　　　　　　　　(B) 3 項
(C) 4 項　　　　　　　　　　　　(D) 5 項

24. 甲公司於 103 年初以 $198,000 購買乙公司發行的可轉換公司債，公司債的面額為 $200,000，票面利率 8%，105 年 12 月 31 日到期。甲公司得於到期日前以每股 $40 之價格將其轉換為乙公司股票。甲公司對於採用透過損益按公允價值衡量的投資不攤銷折溢價。103 年底、104 年底整個可轉換公司債的市價分別為 $208,000、$205,000。若甲公司於 105 年 12 月 31 日將全數公司債轉換為乙公司普通股 (作為透過其他綜合損益按公允

價值衡量之金融資產)，乙公司當日普通股每股市價為 $42，則該公司債轉換的分錄中應包含：
(A) 借：透過損益按公允價值衡量之金融資產 $198,000
(B) 借：透過其他綜合損益按公允價值衡量之金融資產 $198,000
(C) 貸：透過損益按公允價值衡量之金融資產利益 $5,000
(D) 貸：透過損益按公允價值衡量之金融資產利益 $12,000

練習題

1. 【按攤銷後成本衡量之債務工具投資】×8 年 1 月 1 日暴龍公司支付 $645,489 (債券公允價值為 $643,105，交易成本為 $2,384) 的價格，購買利率 12%，到期值 $600,000 的債券作為按攤銷後成本衡量之債務工具投資，與此債券原始有效利率為 10.1%。債券於 ×8 年 1 月 1 日發行，×13 年 1 月 1 日到期，付息日為每年的 12 月 31 日，暴龍公司使用有效利息法攤銷折溢價。

    試作：(在不考慮減損損失的情況下)
    (1) 債券購買日的分錄。
    (2) 編製債券折溢價攤銷表。
    (3) 記錄 ×8 年收到利息及折溢價攤銷的分錄。
    (4) 記錄 ×9 年收到利息及折溢價攤銷的分錄。

2. 【透過其他綜合損益按公允價值衡量之債務工具投資】資料同上題，但假設該債務工具投資被歸類為透過其他綜合損益按公允價值衡量之債務工具投資，且每年年底債券的公允價值如下：

年度	公允價值	年度	公允價值
×8	$641,000	×11	$620,000
×9	$618,000	×12	$600,000
×10	$616,000		

    試作：(1) 債券購買日的分錄。
    (2) 記錄 ×8 年底的分錄及與權益相關之結帳分錄。
    (3) 記錄 ×9 年底的分錄及與權益相關之結帳分錄。

3. 【按攤銷後成本衡量之債務工具投資及其減損】阿咪公司於 103 年 12 月 31 日以 $95,026 (含交易成本) 買進小偉公司三年期公司債，面額 $100,000，票面利率 8%，每年 12 月 31 日付息一次，原始有效利率為 10%，該債券當日的 12 個月預期信用損失估計金額為 $1,126。阿咪公司對該債券將採只收取本金及利息的管理經營模式，故應將其作為按攤銷後成本衡量之金融資產。

    • 104 年 12 月 31 日，收到利息 $8,000，該債券的信用風險已顯著增加，當日存續期間

預期信用損失的金額應為 $6,612。

- 105 年 12 月 31 日，雖有收到利息 $8,000，但小偉公司發生重大財務困難，使該債券已達減損的地步，當日存續期間預期信用損失的金額應為 $31,818。
- 106 年 12 月 31 日，只收到 106 年的利息及本金共 $75,000，其餘款項無法收回。

試作：阿咪公司所有相關分錄。

4. 【**透過其他綜合損益按公允價值衡量之債務工具投資及其減損及到期前出售**】凱蒂公司於 ×0 年 12 月 31 日以 $2,103,084（含交易成本）買入一公司債，面額 $2,000,000，票面利率 10%，每年 12 月 31 日付息一次，×3 年 12 月 31 日到期，原始有效利率為 8%，該債券當日的 12 個月預期信用損失估計金額為 $18,000。凱蒂公司對該債券將採收取利息本金及出售的管理經營模式，故應將其作為透過其他綜合損益按公允價值衡量之債務工具投資。

- ×1 年 12 月 31 日，收到利息 $200,000，該債券的信用風險並未顯著增加，當日 12 個月預期信用損失的金額應為 $23,500，公允價值為 $2,050,000。
- ×2 年 12 月 31 日，收到利息 $200,000，該債券的信用風險已顯著增加，當日存續期間預期信用損失的金額應為 $75,000，公允價值為 $1,968,000。同日，凱蒂公司將該債券出售。

試作：凱蒂公司所有相關分錄。

5. 【**透過其他綜合損益按公允價值衡量之債務工具投資及其減損**】包子公司於 ×2 年 12 月 31 日以 $308,325（含交易成本）買入饅頭公司三年期公司債，面額 $300,000，票面利率 5%，每年 12 月 31 日付息一次，原始有效利率為 4%，該債券當日的 12 個月預期信用損失估計金額為 $3,500。包子公司對該債券將採收取利息本金及出售的管理經營模式，故應將其作為透過其他綜合損益按公允價值衡量之債務工具投資。

- ×3 年 12 月 31 日，收到利息 $15,000，該債券的信用風險已顯著增加，當日存續期間預期信用損失的金額應為 $12,500，公允價值為 $295,000。
- ×4 年 12 月 31 日，雖有收到利息 $15,000，但因饅頭公司聲請財務重整，該債券已達減損的地步，當日存續期間預期信用損失的金額應為 $68,000，公允價值為 $235,000。
- ×5 年 12 月 31 日，只收到 ×5 年的利息及本金共 $244,279，其餘款項無法收回。

試作：包子公司所有相關分錄。

6. 【**透過其他綜合損益按公允價值衡量之權益工具投資**】×4 年初，新光公司有以下的透過其他綜合損益按公允價值衡量之權益工具投資：

股票	成本	×3 年 12 月 31 日收盤價
A	$40,000	$50,000
B	$60,000	$58,000
總計	$100,000	$108,000

在 ×4 年間，公司發生下列交易：

5 月 3 日　　買入 C 公司股票 $27,000 作為透過其他綜合損益按公允價值衡量之權益工具投資，並另支付手續費 $1,000

7 月 16 日　　賣掉 A 公司全部的股票，並收到現金 $55,000

12 月 31 日　　收到 B 公司和 C 公司的股利共計 $2,400

×4 年 12 月 31 日資料如下：

股票	×4 年 12 月 31 日收盤價
B	$64,000
C	$25,000

試作：依據前述資訊，做出 ×4 年所需要的分錄及與權益相關之結帳分錄。

7. 【權益工具投資】臺南公司 96 年 7 月 1 日購買安平公司股票 300,000 股，購買時每股市價 $30，另加手續費 $21,375，臺南公司 96 年 12 月 31 日仍持有股票，該股票當時市場價格為每股 $35。臺南公司於 97 年 3 月 1 日以每股 $34 賣出安平公司 300,000 股之股票，手續費及交易稅共計 $42,075。

   試作：請依下列假設為臺南公司作 96 年 7 月 1 日購入股票、96 年 12 月 31 日股票評價及 97 年 3 月 1 日出售股票之分錄。

   (1) 假設臺南公司將持有安平公司股票分類為透過其他綜合損益按公允價值衡量之權益工具投資。

   (2) 假設臺南公司將持有安平公司股票分類為透過損益按公允價值衡量之權益工具投資。

8. 【權益法】×3 年 1 月 1 日宏亞公司以每股 $60 購買亞通公司流通在外 24,000 股的 20%，並具有重大影響力。購買日當天，亞通公司的淨資產如下：

項目	帳面金額	公允價值	差異
非折舊性資產	$120,000	$148,000	$28,000
折舊性資產	320,000	392,000	72,000
總資產	$440,000	$540,000	$100,000
總負債	$160,000	$160,000	

其餘之投資成本與股權淨值差額則為未入帳之商譽。×3 年間，亞通公司淨利為 $140,000（包括停業單位損失 $20,000）並支付 $36,000 的現金股利，折舊性資產剩餘年限為 10 年，無殘值。此外，亞通公司 ×3 年之透過其他綜合損益按公允價值衡量之權益工具投資有評價利益增加了 $25,000。

試作：宏亞公司 ×3 年有關投資的相關分錄。

9. 【採用權益法投資】頌依公司於 ×3 年 5 月 1 日以 $30,000 買進敏竣公司 25% 的股權，當日敏竣公司的淨資產為 $160,000。敏竣公司 ×3 年之淨利為 $60,000，該年度應發放之累

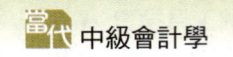

積特別股股利為 $10,000。

試作：頌依公司採用權益法之相關分錄。

10. 【處分採用權益法投資─全部處分與部分處分】長泰公司於 ×6 年 1 月 1 日以 $72,000 買進銅仁公司 40% (4,000 股) 的股權，銅仁公司的淨資產為 $180,000。

　　×6 年 12 月 31 日，銅仁公司本期淨利為 $40,000。該年透過其他綜合損益按公允價值衡量之債務工具投資評價利益增加了 $6,000。

情況一：長泰公司於 ×7 年 1 月 1 日，以每股 $24 全數處分對銅仁公司之持股。

情況二：長泰公司於 ×7 年 1 月 1 日，以每股 $24 部分處分對銅仁公司之 30% 持股，因持股比率大幅下降，因此喪失了對銅仁公司之重大影響。×7 年 12 月 31 日銅仁公司之股價為 $20，長泰公司將保留對銅仁公司之投資作為透過其他綜合損益按公允價值衡量之權益工具投資。

情況三：長泰公司於 ×7 年 1 月 1 日，以每股 $24 部分處分對銅仁公司之 15% 持股，但仍保有對銅仁公司之重大影響。

試作：分別依上述情況完成長泰公司 ×6 年及 ×7 年之相關分錄。(假設各情況為獨立情況)

11. 【非避險衍生工具】×6 年 7 月 7 日，傑立公司向濱江公司買入鴻海 2,000 個單位的買權，履約價格為 $160，當日鴻海的股價為 $140，×7 年 1 月 31 日到期。鴻海買權的市價為 $15,000。此項交易不符合避險交易的認定，其他相關資料如下：

日期	鴻海每股市價	買權市價
×6/09/30	$145	$10,000
×6/12/31	$160	$18,000
×7/01/31	$165	$10,000

試作：

(1) ×6 年 7 月 7 日買入選擇權之分錄。
(2) ×6 年 9 月 30 日編製季報表之調整分錄。
(3) ×6 年 12 月 31 日編製年度財務報表之調整分錄。
(4) ×7 年 1 月 31 結算選擇權之分錄。

12. 【非避險衍生工具】甲公司於 98 年 3 月 1 日購買以乙公司股票為標的之賣權共 6,000 股，每股行使價格為 $30，98 年 9 月 1 日到期，當日乙公司股票市價為 $30，賣權的市價為 $15,000。此項交易不符合避險交易的認定，其他相關資料如下：

日期	乙公司每股市價	賣權市價
98/3/31	$31	$10,000
98/6/30	$29	$11,000
98/7/10	$28	$8,000

甲公司於 98 年 7 月 10 日將該賣權出售，假設甲公司按季編製財務報表。

試作：

(1) 98 年 3 月 1 日之購買分錄。
(2) 98 年 3 月 31 日應有之評價分錄。
(3) 98 年 6 月 30 日應有之評價分錄。
(4) 98 年 7 月 10 日出售賣權應有之分錄。　　　　　　　　　　[改編自 98 年會計師]

13. 【混合工具】甲公司於民國 95 年 1 月 1 日投資乙公司之 5 年期轉換公司債，投資金額 $2,000,000（公司債每張金額 $100,000，票面利率 0%，於民國 95 年 1 月 1 日平價發行）。該債券之持有人得於債券發行之日起屆滿 45 日後，至到期日前 10 日止，隨時請求依當時之轉換價格，將債券轉為發行公司普通股。發行時之轉換價格為每股新台幣 $40（可轉換 50,000 股）。該債券另附有賣回權：持有人得於 98 年 1 月 1 日以債券面額 110% 之價格賣回公司債。甲公司對於透過損益按公允價值衡量之金融資產不攤銷其折溢價。

　　購入當時甲公司估計之公允價值資訊如下：債券不附轉換權時，賣回權公允價值 $70,000。賣回權與轉換權兩種選擇權若視為單一之複合嵌入式衍生工具，其公允價值為 $200,000。該公司債之市價交易非常活絡。

95 年至 97 年該複合金融商品估計公允價值如下表：

	95/12/31	96/12/31	97/12/31
含賣回權及轉換權之公司債公允價值	$2,095,000	$2,100,000	$2,200,000
賣回權及轉換權資產公允價值	$250,000	$300,000	$260,000

試作：

(1) 甲公司 95 年之分錄。
(2) 假設甲公司於 96 年 12 月 31 日將整個可轉換公司債轉換成乙公司股票 50,000 股（視為透過其他綜合損益按公允價值衡量之權益工具投資），乙公司當日股價為 $42，試作轉換日之相關分錄。
(3) 假設甲公司於 98 年 1 月 1 日將整個可轉換公司債賣回給乙公司，得款 $2,200,000，試作 98 年賣回之分錄。　　　　　　　　　　　　　　　　[改編自 95 年地方政府特考]

Chapter 11 流動負債、負債準備及或有事項

學習目標

研讀本章後,讀者可以了解:
1. 流動負債定義及包括項目為何?
2. 金額確定的流動負債為何?
3. 金額依營業結果決定的流動負債為何?
4. 如何判斷是負債準備?
5. 負債準備如何估計?
6. 負債準備包括項目為何?
7. 如何判斷是或有負債?
8. 如何判斷是或有資產?

本章架構

流動負債、負債準備及或有事項

流動負債
- 負債定義
- 流動負債與非流動負債之區分
- 金融負債與非金融負債之區分

金額確定的流動負債
- 應付帳款
- 應付票據
- 一年內到期之長期負債
- 短期負債預期再融資
- 預收款項／遞延收入
- 應付股利

金額依營業結果決定的流動負債
- 應付營業稅
- 應付所得稅
- 代扣款項
- 應付獎金及紅利

負債準備
- 訴訟損失
- 保固
- 退款
- 環境及除役
- 虧損合約
- 重組

或有事項
- 或有負債
- 或有資產

「愛地球、愛台灣」是每個人都同意的主張。隨著環保意識的普及，廢棄物的最終妥善處理，是國人一個必須面對的重要的課題。理想上，不製造任何廢棄物是最佳的解決方案，但是在現實上這是不可能。因此，次佳的方案是設立符合環保法令，並予以適當監督的廢棄物掩埋場，以解決這個現實的問題，否則連合法的掩埋場都沒有，廢棄物就一定會被任意丟棄，滋生更多的問題。

可寧衛 (Cleanway) 股份有限公司 (股市編號 8422) 創立於 1999 年，致力於提供包含一般廢棄物、一般事業廢棄物以及有害事業廢棄物一站式清除處理服務業務。該公司迄今已陸續完成 8 座掩埋場的開發營運。其中有 5 座掩埋場因為屆滿掩埋容量，目前正在辦理封場復育中。

因為可寧衛公司有法定義務，將來必須對這些掩埋場進行復育工作。根據 IAS 37，公司有義務現在就提列未來復育工作的負債準備。該公司對於掩埋場的復育成本的估計，係根據掩埋場滿場處理廢棄物後，廢棄物之物理特性對環境影響隨時間經過而自然衰竭，污染性會於一定時間內不再發生，估計每一掩埋場之維護時間、面積及特性，再依經驗予以估列總復育成本。可寧衛公司近年來相關復育成本準備資料，如下：

單位：千元

	2020 年度	2019 年度
年初餘額	$ 152,140	$ 68,142
年度提列復育成本	3,719	94,898
實際發生之復育成本	(31,735)	(10,900)
年底餘額	$ 124,106	$152,140

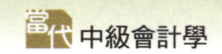

章首故事引發之問題

- 企業出售商品,是否須馬上認列保固負債準備?還是等到實際保固支出時再認列費用?
- 如須馬上認列負債準備,應如何衡量該負債準備?按現值還是未來值?折現率如何決定?
- 使用負債準備時,會計應如何處理?

11.1　流動負債

學習目標 1
流動負債之定義

　　IASB 將負債定義為:因過去**已發生事件** (past event),使得企業**現有義務** (present obligation),會造成未來經濟資源的流出。例如,企業向供應商賒帳買入存貨後,未來即有付款的義務。此外,企業銷售商品並提供產品保固時,由於商品已經銷售出去,目前雖尚無任何保固支出,但企業現在已有義務在未來商品需保固維修時,提供經濟資源去滿足該義務,故現在必須提列負債準備。又例如,以運輸業而言,若公司的車輛由於已發生交通事故,造成業者現在已有義務未來要賠償,因此該賠償負債已經成立。但運輸業不可針對經營的**一般隱含風險** (general inherent risk),例如向尚未發生之交通事故去提列負債準備。

　　與營運有關的負債如果必須或預計在 12 個月 (或當企業營運週期超過 12 個月時,則以營運週期之期間) 內清償,則該負債應分類為流動負債,否則應分類為非流動負債 (或長期負債)。

　　負債可依其性質,再區分為**金融負債** (financial liability) 及**非金融負債** (non-financial liability)。IASB 有給予金融負債清楚的定義,就本章目的而言,金融負債係指「企業有合約義務交付現金或其他金融資產者」。根據此一定義,應付帳款、應付票據、應付股利等因都有合約義務交付現金給債權人或股東,所以屬金融負債。金融負債之原始衡量,均以公允價值入帳,至於後續會計處理有下列兩個選擇,一經選擇不得改變會計處理方法:

1. 攤銷後成本。

2. 透過損益按公允價值衡量。

　　凡非屬金融負債的其他負債，即為非金融負債，例如合約負債 (遞延收入)、保固負債等，這些負債雖然不必支付現金給債權人，但未來必須提供商品、勞務或維修服務，所以是非金融負債。合約負債 (遞延收入) 之後續會計須依第 15 章「收入」相關規定處理，而勞保證型保固負債則須依本章之負債準備相關規定處理。

　　本章將流動負債依照未來發生機率的高低，分類為四大類，如圖 11-1 所示。(1) 金額確定的流動負債；(2) 金額依營運結果決定的流動負債；(3) 負債準備；及 (4) 或有負債。

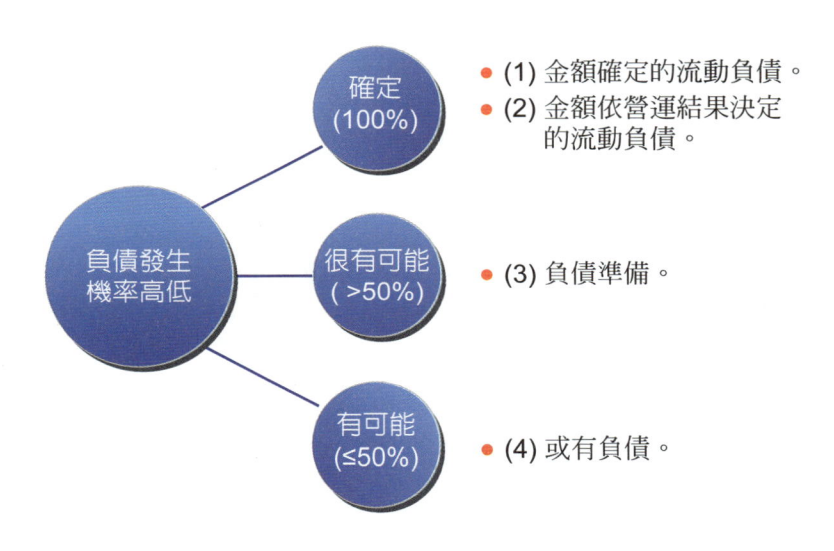

- (1) 金額確定的流動負債。
- (2) 金額依營運結果決定的流動負債。
- (3) 負債準備。
- (4) 或有負債。

圖 11-1　負債發生機率

11.2　金額確定的流動負債

11.2.1　應付帳款及應付票據

　　應付帳款係企業於賒帳採購時所產生之金融負債，通常在營運週期內即須付款，所以屬流動負債。應付帳款的會計處理在第 6 章「存貨」已有詳細的說明。至於應付票據係企業開立票據，承諾未來特定日期將支付因進貨或借款應付之金額。因進貨而開立之應付票據，通常以面額為入帳基礎。至於因借款而開立之應付票據，不

學習目標 2

金額確定的流動負債

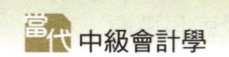

論有無附息，通常以現值為入帳基礎。

釋例 11-1　應付票據

民權公司於 ×1 年 9 月 1 日開立票據給銀行，面額為 $100,000，無票面利率，×2 年 1 月 1 日到期，取得現金 $98,000。試作相關分錄。

解析

×1 年 9 月 1 日分錄如下：

現金	98,000	
應付票據折價	2,000	
應付票據		100,000

×1 年 12 月 31 日應作利息費用調整分錄如下：

利息費用	2,000	
應付票據折價		2,000

×2 年 1 月 1 日到期時，民權公司應作還款分錄如下：

應付票據	100,000	
現金		100,000

11.2.2　一年內到期之長期負債

有些負債(如應付公司債)如果發行期間超過一年，會先列為長期負債。但隨著時間經過，償付本金的到期日逐漸逼近，只要到期期間在 12 個月內，就必須改列為流動負債。例如，民生公司於 ×1 年 6 月 30 日發行 3 年期到期的公司債，公司債本金到期日為 ×4 年 6 月 30 日。民生公司在 ×1 年 12 月 31 日及 ×2 年 12 月 31 日的資產負債表年報中，均應將該公司債視為長期負債。但是自 ×3 年 6 月 30 日半年報起及 ×3 年 12 月 31 日年報，因為到期期間在 12 個月內，所以應改列為流動負債。

11.2.3　短期負債預期再融資

企業於報導期間結束日時，若在現有貸款機制下預期 (expect) 且擁有能夠**無條件的** (unconditional) 裁量能力 (例如已經與金融機構

完成再融資協議)，將某原始分類為長期但目前分類為流動之負債再融資或展期至報導期間後 12 個月以上時，應將其重分類為長期負債。即使企業在期後期間 (報導期間結束日之後，通過發布財報之前) 有完成再融資協議，仍應將該負債分類為流動負債，因為於報導期間結束日，企業未具無條件可將該負債展延至少 12 個月以上才償還的權利。

釋例 11-2　短期負債預期再融資

民生公司有一筆負債將於 ×2 年 3 月 1 日到期，如下圖，公司打算與銀行完成再融資協議，將該負債續借到 ×3 年才須清償。若 (a) 民生公司在 ×1 年 12 月 28 日即已完成再融資協議，則該筆負債可於 ×1 年財報重分類為長期負債；相反地，若 (b) 民生公司在期後期間如 ×2 年 2 月 16 日才完成再融資，雖然有在董事會通過 ×1 年財報之前，但已經在財務報表結束日之後，仍應將該筆負債於 ×1 年財報分類為流動負債。因為資產負債表係表達報表結束日之財務狀況，而非期後期間。

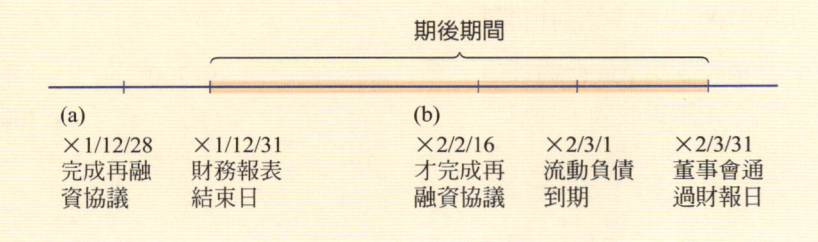

```
                          期後期間
─────────┼─────────┼─────────┼─────────┼─────────
  (a)              (b)
×1/12/28   ×1/12/31   ×2/2/16    ×2/3/1    ×2/3/31
完成再融    財務報表    才完成再    流動負債   董事會通
資協議     結束日     融資協議    到期      過財報日
```

此外，企業若於報導期間結束日或之前，已經違反長期借款合約的條款 (default)，例如未按期清償本金或利息、自有資本維持比率不足等，致使該負債變成要求**立即償還** (due on demand) 的負債，應將該違約的長期負債改分類為流動負債。即使於期後期間，債權人已經同意不因違反條款而隨時要求即須清償，企業仍應將該長期負債重分類為流動負債。除非在報導期間結束日之前，債權人已經同意提供寬限期至報導期間後至少 12 個月，且於寬限期內企業預期可改正違約情況 (如辦理現金增資，提高自有資本比率)，而且債權人在寬限期內亦不得要求立即償還，企業始能將該負債繼續分類為長期負債。

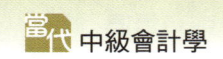

11.2.4 預收款項／合約負債／遞延收入

已經預收但尚未提供勞務的款項，亦稱為「合約負債」，請參閱第 15 章。

有時企業會要求客戶必須先付款，然後在未來才提供商品或勞務。此時，該預先收取之款項，不得貸記：「收入」，因為商品或勞務目前尚未提供，不得提早認列收入，必須貸記負債項目「預收款項／合約負債／遞延收入」。

釋例 11-3　預收款項／合約負債／遞延收入

統一超商發行 icash 儲值卡，客戶必須先儲值現金後，才能憑 icash 卡至相關商店刷卡消費，不用再支付現金。因此，當客戶儲值現金 $1,000 於 icash 卡時，統一超商應先認列預收款項(合約負債)之流動負債，分錄如下：

解析

現金	1,000	
預收款項(或合約負債)		1,000

俟後，客戶消費 $700 時，才認列相關收入。

預收款項(或合約負債)	700	
銷貨收入		700

11.2.5 應付股利

企業營運如果有盈餘時，通常會發放現金股利給特別股及普通股股東。但由於企業有選擇發放與否的權利，因此必須等到企業**宣告** (declare) 發放股利後，企業才需要認列應付股利之流動負債。即使特別股是具有**累積** (cumulative) 性質，亦即企業積欠特別股股利時，未來若想發放股利給普通股股東，必須優先發放以前積欠和當期的特別股股利之後，才可發放給普通股股東。但是即使企業對累積特別股已有積欠股利的情況下，只要不宣告發放任何股利，企業就不必認列任何應付股利之負債。

學習目標 3
應付營業稅

11.3　金額依營運結果決定的流動負債

企業有些流動負債係依營運結果，例如營業額高低、稅前損益、

薪資費用高低及員工紅利與獎金等，才能依相關法律規定及公司管理章程來決定。

11.3.1 應付營業稅

企業在臺灣如果有提供商品或勞務之營業行為，通常必須繳交加值型營業稅，亦即不是依營業收入來繳交營業稅 (例如美國)，而是依提供商品或勞務時所創造的**加值部分** (value added) 來繳交加值型營業稅。計算方式如下：

加值型營業稅 ＝ 收取之銷項稅額 － 支付之進項稅額

- 銷項稅額：指企業銷售商品或勞務時，依規定稅率 (目前為 5%) 應收取之營業稅額。
- 進項稅額：指企業購買商品或勞務時，依規定稅率 (目前為 5%) 應支付之營業稅額。

期末若銷項稅額大於進項稅額，差額應貸記：「應付營業稅」；相反地，若銷項稅額小於進項稅額，差額應借記：「留抵稅額」，或於符合營業稅法可退稅之規定時，才借記：「應退營業稅」。

釋例 11-4　應付營業稅

萬萬稅公司適用加值型營業稅，稅率為 5%，於 ×1 年 12 月有下列交易：

(1) 進貨 $52,500，內含進項稅額 $2,500。
(2) 發生各項費用 $31,500，內含進項稅額 $1,500。
(3) 銷貨 $105,000，內含銷項稅額 $5,000。
(4) 12 月底扣抵營業稅款。

解析

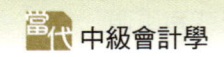

(1) 進貨時：
　　　進貨　　　　　　　　　　　　50,000
　　　進項稅額　　　　　　　　　　 2,500
　　　　應付帳款　　　　　　　　　　　　　　52,500

(2) 發生各項費用時：
　　　各項費用　　　　　　　　　　30,000
　　　進項稅額　　　　　　　　　　 1,500
　　　　應付費用　　　　　　　　　　　　　　31,500

(3) 銷貨時：
　　　應收帳款　　　　　　　　　 105,000
　　　　銷貨收入　　　　　　　　　　　　　 100,000
　　　　銷項稅額　　　　　　　　　　　　　　 5,000

(4) 12月底扣抵營業稅款時：
　　　銷項稅額　　　　　　　　　　 5,000
　　　　進項稅額 ($2,500 + $1,500)　　　　　 4,000
　　　　應付營業稅　　　　　　　　　　　　　 1,000

11.3.2　應付所得稅

　　企業營運如果今年有獲利，根據營利事業所得稅法必須於隔年5月繳交營利事業所得稅，但是根據會計應計基礎，企業仍應在今年認列所得稅費用及應付所得稅之負債。詳細的所得稅費用及所得稅負債之會計處理，請參閱第16章「所得稅會計處理」。

11.3.3　代扣款項

　　企業聘用員工時，企業須支付薪資費用(包含勞保及健保)。但是政府亦規定：企業必須就源先扣繳員工部分之薪資，以作為員工個人薪資所得扣繳、代扣勞保費員工自付額、代扣健保費員工自付額。此外，企業亦應認列雇主應負擔之勞保費及健保費。前述項目均為企業之流動負債。

釋例 11-5　代扣款項

萬萬稅公司 ×1 年 12 月有關員工薪資及相關項目資料如下：

應付薪資 (在扣除勞保費、健保費及員工薪資扣繳之後)：$399,000
員工薪資扣繳：$25,000 (只有個人綜合所得稅部分)
勞保費：員工負擔 $22,000，雇主負擔 $44,000
員工健保費：員工負擔 $20,000，雇主負擔 $40,000

解析

萬萬稅公司應作下列分錄：

×1/12/31	薪資費用	550,000	
	員工薪資扣繳		25,000
	代扣勞保費		22,000
	代扣健保費		20,000
	應付勞保費		44,000
	應付健保費		40,000
	應付薪資		399,000

11.3.4　應付獎金及紅利

　　企業為了獎勵員工優異的表現，通常在年度盈餘結算後，會根據獎勵或紅利條款上的獎金和紅利計算基礎以及分紅比率，去計算員工該年度應發放的獎金及紅利 (含董監酬勞)。雖然隔年春節前才會發放年終獎金，但企業仍應在員工提供服務期間，借記：「獎金及紅利費用」，與貸記：「應付獎金及紅利」。

$$\boxed{應付獎金及紅利} = \boxed{獎金及紅利計算基礎} \times \boxed{分紅比率}$$

　　獎金及紅利計算基礎，通常有四種可能的情況：

1. 考量所得稅及紅利費用之前的盈餘，
2. 考量紅利費用後，所得稅之前的盈餘，
3. 考量所得稅後，紅利費用之前的盈餘，
4. 考量所得稅及紅利費用之後的盈餘。

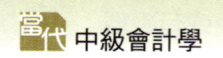

例如大方公司 ×1 年，在考量所得稅及紅利費用之前的盈餘為 $11,000。

(1) 章程規定：員工分紅的比率為考量所得稅及紅利費用之前盈餘的 10%。

紅利費用 = $11,000 × 10% = $1,100

(2) 章程規定：員工分紅的比率為考量紅利費用後，所得稅之前盈餘的 10%。

假定紅利費用金額為 B，根據上述條件可得到下列計算式：

B = ($11,000 − B) × 10%

求解上式後，可得紅利費用 B = $1,000

(3) 章程規定：員工分紅的比率為考量所得稅後，紅利費用之前盈餘的 10%。公司所得稅率為 20%。

假定紅利費用金額為 B，所得稅費用金額為 T。根據上述條件可得到下列計算式：

B = ($11,000 − T) × 10%

另外，因為發放紅利可作為費用，導致公司的稅前盈餘為 $11,000 − B，所以公司所得稅：

T = ($11,000 − B) × 20%

求解上面兩個聯立方程式後，可得紅利費用 B = $898

(4) 臺灣最普遍的章程規定：員工分紅的比率為考量紅利費用及所得稅後盈餘的 10%。公司所得稅率為 20%。

假定紅利費用金額為 B，所得稅費用金額為 T。根據上述條件可得到下列計算式：

B = ($11,000 − B − T) × 10%

另外，因為發放紅利可作為費用，導致公司的稅前盈餘為 $11,000 − B，所以公司所得稅：

T = ($11,000 − B) × 20%

求解上面兩個聯立方程式後，可得紅利費用 B = $815

至於紅利費用之認列期間，應考量員工可領取紅利之**既得服務期間**

(vesting period),詳細討論請參見第 17 章。

11.4 負債準備

學習目標 4
負債準備之判斷

負債準備 (provisions) 與應付帳款及應計費用等確定負債性質並不相同,因為負債準備在清償時,未來支付之**時點** (timing) 或**金額** (amount),目前並不確定,例如保固支出、訴訟賠償損失、除役成本等,必須用估計的方式去推估負債準備的金額。負債準備之認列,必須同時滿足下列三個條件,方須認列:

1. 因過去事件所產生之現時義務。
   [包括法定義務或**推定義務** (constructive obligation)]

2. 於清償義務時,很有可能需要流出具經濟效益之資源。
   [**很有可能** (probable) 係指機率大於 50%]

3. 義務之金額能可靠估計。
   [應使用**最佳估計** (best estimate)]

1. 因過去事件所產生之現時義務

由於資產負債表係反映企業於報導期間結束日之財務狀況,而非企業未來可能之狀況,因此未來營運所發生之成本(或損失)不得認列為負債準備。唯有於報導期間結束日已經存在之現時義務,方須於企業之資產負債表上予以認列負債準備。負債準備可能是流動負債,亦可能是長期負債,端視企業預期清償的時間是否超過 12 個月或營運週期而定。

法定義務 (legal obligation) 係指因有明確或隱含條款之合約、法律規定事項所產生的義務。例如,環保法規要求企業若有污染環境,必須負責清理並繳納罰款。

推定義務 (constructive obligation) 係指企業透過以往慣例已建立之模式、已發布之政策,或目前相當確定之聲明,向他方表示其

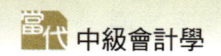

將承擔特定之責任，因此已使他方對其將履行該責任產生**有效預期** (valid expectation)。例如，塑膠工廠如因為過去多次爆炸起火後，都有給予附近居民賠償或補助。雖然並無法定義務，但只要公司不做賠償，會有很不利的後果產生，所以通常都會承擔起這個推定義務。

但是企業不可針對經營**一般隱含風險** (general inherent risk) 去提列負債準備。例如台電雖然有核能發電廠，如果有任何一個核能發電廠發生像 2011 年日本福島核電廠一樣的事故，絕對是臺灣的一大浩劫。但是由於此一事件並未發生（祈禱永遠不要發生），台電不得對此一事故，提撥任何負債準備。

2. 於清償義務時，很有可能需要流出具經濟效益之資源

所謂很有可能需要流出具經濟效益之資源，係指企業有大於 50% 的機率必須去清償義務。例如宏達電如果被蘋果公司控告侵犯專利，若宏達電公司敗訴的機率超過一半時，即須認列訴訟負債準備。但如果有多個相似之義務（例如產品保固），於判斷義務之類別時應以清償整體義務時之經濟資源流出之可能性高低來判斷。即使其中個別義務經濟資源流出之可能性很小，但清償整體義務很有可能需要流出一些資源，在此情況下仍應認列負債準備。例如，大同公司出售液晶電視 10,000 台，雖然每一台電視出現瑕疵的機率只有 1% 必須提供保固維修，但根據期望值將有 100 台需要維修，所以大同公司仍須提列 100 台的保固負債準備。

3. 義務之金額能可靠估計

負債準備雖比資產負債表的其他項目更具不確定性，但除極少數之情況外，企業通常能決定可能結果之範圍，進而對義務作出可靠估計以認列負債準備。

若因無法可靠估計導致該負債無法認列時，應視之為或有負債揭露相關資訊。

負債準備之衡量、變動、使用及歸墊

學習目標 5
負債準備之估計

負債準備之認列金額，應為報導期間結束日清償現時義務所需支出金額之**最佳估計** (best estimate)。所謂最佳估計係指：

1. 企業於報導期間結束日清償該義務，或

2. 於該日將該義務移轉給第三方而需合理支付之金額。

最佳估計取決於企業管理階層之判斷，同時佐以類似交易之經驗，甚至獨立專家之報告。企業亦應考慮任何於報導期間後事件所提供之額外證據。

在考量單一項目負債準備之最佳估計時，應以個別之最有可能之結果作為該負債之最佳估計。例如，民族公司在面對侵犯專利權訴訟時，可能有下列四種情境：

> 單一項目最佳估計係最有可能之結果。

情境	發生機率	損失金額
I	20%	0
II	35%	20,000
III	30%	40,000
IV	15%	80,000

因為情境 II 是最有可能的結果，所以民族公司應認列 $20,000 負債準備。惟即使在這種情況下，企業仍應考量其他可能之結果。若其他可能之結果大部分均比最可能之結果較高或較低時，則最佳估計應為較高或較低之金額。例如，若企業須改正其為客戶建造主要廠房中存在之嚴重失誤，則個別最可能之結果係第一次即成功修復，其成本為 $10,000，但如果存在一個發生機率雖然較低，但修復

IFRS 一點通

風險、折現率與現值（最佳估計）

若貨幣時間價值之影響係屬重大時，應以清償義務預期所需支出之現值認列負債準備。折現率應使用稅前折現率，其反映目前市場對貨幣時間價值之評估及負債特定之風險。該折現率不得再反映未來現金流量估計已經調整之風險，以免重複。

前述風險係指可能結果之變異性，此乃因為許多事項及情況存在不可避免之風險及不確定性，企業應予以考量。於衡量負債時，風險之調整可能會增加其金額。在不確定之情況下係需要謹慎判斷，以使收益或資產不會高估，費用或負債不會低估。

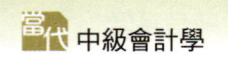

成本金額很重大,則應提列一個較大金額之負債準備。

在考量多個相似義務(較大樣本)之負債準備的最佳估計時,應以其相關之發生機率對各種可能之結果加權計算,而得到**期望值** (expected value)。例如上表之損失金額若以期望值作為最佳估計,會得到 $31,000 (= 20% × 0 + 35% × $20,000 + 30% × $40,000 + 15% × $80,000)。因此,負債準備金額將隨著損失之機率高低不同(例如 35% 或 30%)而有所不同。若結果可能性係屬連續範圍,且該範圍內之每一點與其他各點之可能性相同,則採用該範圍之中間值作為最佳估計。

另外有兩點值得強調:第一,負債準備係以稅前基礎 (before tax) 衡量。因負債準備及其改變之租稅效果係依 IAS 12 所得稅會計處理。第二,於衡量負債準備時,不應考量預期處分資產之利益。即使預期處分與產生負債準備之事項係屬緊密關聯,仍不得考量預期處分資產之利益,企業仍應依相關準則認列預期處分資產之利益。例如,企業在認列關廠後的裁員重組損失時,即使預期關廠後出售工廠土地會有利益,仍不得預先估列利益以降低負債準備。

1. 負債準備之變動及使用

於每個報導期間結束日,企業應對負債準備進行複核並予以調整,以反映目前的最佳估計。若最佳估計金額提高(降低),企業應提高(降低)負債準備。甚至未來發生資源流出的機率變成小於 50% 時,則整個負債準備應予以迴轉。另外,採用折現之現值時,應於每期增加負債準備之帳面金額,以反映時間的經過。增加的金額應認列為利息(融資)成本。

至於負債準備之使用,僅有與原先認列負債準備有關之支出才能抵銷該負債準備。因為若將支出抵銷原先為其他目的而認列之負債準備,將會隱藏對兩個不同事件之影響。

2. 歸墊

清償負債準備所需支付之一部分或全部金額,若預期將會從另一方得到歸墊(例如透過保險合約、賠償條款或賣方之保固),且企業於清償義務時,**幾乎確定** (virtually certain) 可收到該歸墊,則該歸墊應予以認列為資產。企業認列之歸墊金額不應超過負債準備之金

額。該歸墊應視為一個單獨資產，不得於資產負債表中與相關的負債準備互抵。但於損益表中，企業得將負債準備所認列之費用及取得歸墊所認列之金額以互抵後之淨額表達。

11.4.1　訴訟損失準備

學習目標 6
負債準備包括之項目

企業若已經發生足已被提告要求賠償之事件時，不論控方是否已經提告，企業應評估該事件對企業的不利影響。若評估結果顯示敗訴是很有可能的，企業應認列訴訟損失準備。

例如，×0 年 12 月 31 日天天客運公司的駕駛肇事，天天客運評估很有可能必須賠償受害人，而且賠償金額的最佳估計是 $3,000,000。幸好天天客運有投保第三人責任險，幾乎確定可獲理賠歸墊 $2,500,000。天天客運應作下列分錄：

×0/12/31	訴訟損失	3,000,000	
	訴訟損失準備		3,000,000
	應收理賠款	2,500,000	
	保險理賠收入 (或訴訟損失)		2,500,000

由於天天客運幾乎確定可獲得理賠，所以可單獨認列歸墊資產「應收理賠款」$2,500,000，但不可與「訴訟損失準備」$3,000,000 於資產負債表中互抵，必須分別列示。但是保險理賠 $2,500,000 得與訴訟損失 $3,000,000 在損益表中互抵，而出現訴訟損失淨額 $500,000。

×1 年 12 月 31 日，由於訴訟進行不利，天天客運預期賠償金額將會由 $3,000,000 提高到 $4,000,000，但歸墊金額還是只有 $2,500,000。所以天天客運應作分錄如下：

×1/12/31	訴訟損失	1,000,000	
	訴訟損失準備		1,000,000

×2 年 1 月 31 日判決確定，天天客運支付判賠金額 $3,600,000，並收到保險公司之理賠 $2,500,000，天天客運應作下列分錄：

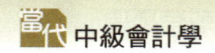

×2/1/31	訴訟損失準備	4,000,000	
	現金		3,600,000
	訴訟損失迴轉利益		400,000
	現金	2,500,000	
	應收理賠款		2,500,000

11.4.2　保　固

> 保固會因不同的交易內容，而有不同的會計處理及入帳金額

企業出售產品如電腦、汽車時，為了遵守法令規定或增加消費者的購買意願，會向消費者保證產品的運作如果與企業所承諾的產品規格不符 (如有瑕疵或故障) 時，願意免費負責維修，此即為**保證型保固** (assurance type warranty)。保證型保固通常隨著產品的出售而提供給消費者，消費者是無法單獨購買的。企業在提供保證型保固時，即使未來產品需要免費維修的頻率及金額有不確定性，企業仍應依 IAS 37「負債準備」去估計未來所需的保固成本 (只有成本，不含合理利潤)，將其認列為保固費用，並提列保固負債準備。

> 保證型保固：保證所提供的產品與規格相符

相對地，有時企業在產品銷售時，除了保證型保固之外，會另外再提供其他有關產品的保固服務，例如維修範圍擴大的加強保固或保固期間更長的延長保固，此即為**服務型保固** (service type warranty)。消費者通常必須另外出錢購買，才能享有這些服務型的保固，因此是一個單獨的履約義務，企業應依 IFRS 15「客戶合約之收入」，在收到服務型保固的對價時，先將其認列為「合約負債 [遞延保固收入 (或合約負債)]」，然後再依其保固義務的履約狀況，認列為保固收入。

> 服務型保固：另外提供服務的保固

企業對於所提供的某一保固，若無法明顯區分其為保證型保固或服務型保固時，應將整個保固視為單一的履約義務，亦即按服務型保固的會計處理。

保固負債準備及合約負債 (遞延保固收入)

例如，水果公司於 ×0 年 12 月 31 日，出售 100 支手機，每支售價 $20,000，並提供保證型保固一年，公司預估每支手機未來保證型保固的成本 (人工及零件) 將需 $300 (共計 $30,000)。在銷售手機時，水果公司另外有出售服務型保固，一年內只要手機鏡面有裂痕，

不論原因都予以「免費」維修，計有 30 位消費者 (每人支付 $1,200) 購買服務型保固。水果公司 ×0 年 12 月 31 日應作分錄如下：

現金 ($20,000×100+$1,200×30)	2,036,000	
保固費用 ($300×100)	30,000	
銷貨收入		2,000,000
保固負債準備 ($300×100)		30,000
合約負債 (遞延保固收入) ($1,200×30)		36,000

至 ×1 年底，水果公司保證型保固的實際支出為 $37,000 (多出來的 $7,000 作為估計變動，增加 ×1 年的保固費用)。服務型保固的實際支出為 $33,000。水果公司 ×1 年 12 月 31 日，應分別認列保固收入及除列保固負債準備，分錄如下：

合約負債 (遞延保固收入)	36,000	
保固收入		36,000
保固負債準備	30,000	
保固費用 ($37,000 − $30,000)	7,000	
保固成本	33,000	
應付薪資 / 零組件 ($37,000+$33,000)		70,000

11.4.3　退　款

有時公司在商品銷售或勞務提供後，雖然已向客戶收款，但是如果公司答應客戶不滿意可退錢，或者基於行銷理由採取先收款再**退款** (rebate) 方式銷貨，雖然客戶要求退款的比率有不確定性，企業仍須在期末估計退款負債準備。

例如，勁兔電池於 ×0 年 12 月 31 日出售電池 1,000 組，每組售價 $200。消費者只要將電池組包裝上那隻精力旺盛的兔子剪下寄回給公司，每隻兔子公司會退款 $15，公司預計 30% 的消費者會寄回。勁兔電池於 ×0 年 12 月 31 日應作分錄如下：

×0/12/31	現金 ($200 × 1,000)	200,000	
	銷貨收入		200,000

銷貨收入 ($15 × 1,000 × 30%)	4,500	
退款負債準備		4,500

上述認列退款負債準備的分錄，其借方項目以借記「銷貨收入」較為允當，而非退款費用。否則會有高估 ×0 年的銷貨收入之嫌。

11.4.4　環境負債及除役負債

　　環境負債係指企業之營運污染到生態及環境，因此負有法定或推定義務，必須負責清理環境及賠償。例如，在 2010 年英國石油公司 (BP) 在墨西哥灣的漏油事件，為支應墨西哥灣漏油所造成現在及未來可能的各項支出及賠償，BP 提列了高達 200 億美元 (現值估計) 的環境負債準備，亦即 BP 在 2010 年有作下列分錄：

2010 年　環境清理及賠償費用	20,000,000,000	
環境負債準備		20,000,000,000

除役成本
係指拆卸、移除該項目及復原其所在地點之原始估計成本。

　　另外，所謂不動產、廠房及設備的 **除役成本** (decommissioning cost)，係指拆卸、移除該項目及復原其所在地點之原始估計成本。該義務係於企業取得該項目時，或於特定期間非供生產存貨之用途 (如拆卸、移除及復原) 而使用該項目所發生者。例如台電的核電廠在將來除役後，需要拆卸、移除及復原等各項支出，但這些未來支出的金額及時點有不確定性，所以台電應估計這些成本之現值，認列除役負債準備並將除役成本納入不動產、廠房及設備之原始取得成本之一部分，逐期提列折舊費用。由於除役負債係為估計現值，所以隨時間經過，須認列財務成本，該財務成本不得借款成本資本化。

　　除役成本若因估計清償所須之未來現金流量或折現率有所變動，造成除役負債準備變動時，當與除役成本相關的資產係採成本模式衡量時，應依下列規定處理：

1. 除役負債準備之變動原則上應於當期增加或減少相關資產之成本。
2. 但若因調低除役負債準備而造成相關資產成本減少時，須自資產減除之金額不得超過相關資產的帳面金額，因為資產帳面金額通常不會是負數。至於因除役負債準備金額減少，其減少數超過資產相關資產帳面金額之部分，應立即認列於本期利益。此乃因為

原先除役負債認列過多，造成之前折舊費用認列過多，而須於當期予以適度迴轉，故超過數於當期認列為利益。

3. 若因調高除役負債準備而造成相關資產成本增加時，企業應考量該資產之新帳面金額是否可完全回收。若有跡象顯示該新帳面金額可能無法回收時，應進行減損測試並認列任何可能之資產減損（參閱圖 11-2）。

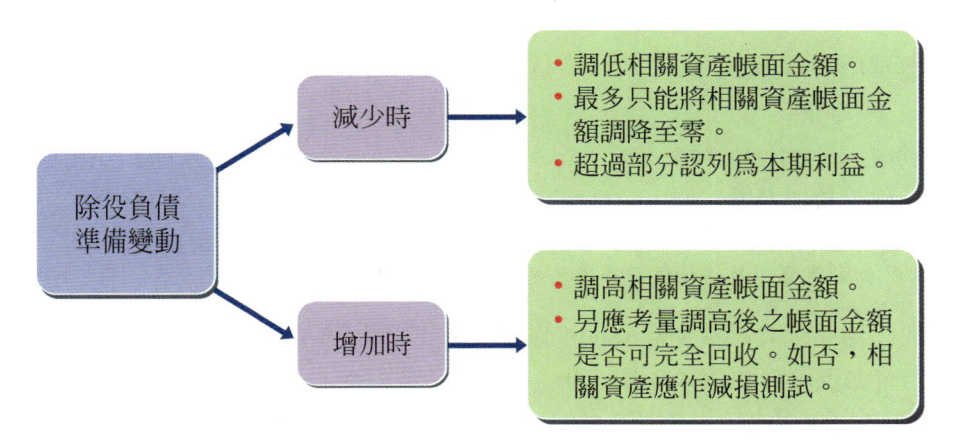

除役負債準備變動

減少時：
- 調低相關資產帳面金額。
- 最多只能將相關資產帳面金額調降至零。
- 超過部分認列為本期利益。

增加時：
- 調高相關資產帳面金額。
- 另應考量調高後之帳面金額是否可完全回收。如否，相關資產應作減損測試。

圖 11-2　除役負債準備變動

釋例 11-6　除役負債準備

中央環保公司於 ×1 年 1 月 1 日在中壢交流道附近花費 $10,000 設立一個垃圾掩埋場，預計可使用 5 年。在垃圾掩埋場使用年限期滿後，中央環保公司必須進行復原美化工作，預計將支出 $2,000（以 ×5 年底之物價估計），公司採直線法提列折舊，假定無殘值，折現率為 10%。

試作：

(1) ×1 年 1 月 1 日分錄。
(2) ×1 年 12 月 31 日分錄。
(3) 另外，於 ×1 年 12 月 31 日時，復原工作成本預期會大幅下降至 $800（以 ×5 年底之物價估計），試作相關之分錄。
(4) ×2 年 12 月 31 日分錄。
(5) 於 ×6 年 1 月 1 日，中央環保公司實際支付 $800 進行復原美化工作。試作支付復原美化工作之分錄。

解析

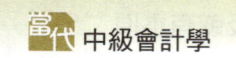

(1) ×1 年 1 月 1 日時，公司支出了 $10,000 設立垃圾掩埋場，並承擔現值為 $1,242 [= $2,000/(1+10%)^5] 的除役成本。所以應作分錄如下：

×1/1/1	不動產、廠房及設備 ($10,000 + 1,242)	11,242	
	現金		10,000
	除役負債準備		1,242

(2) ×1 年 12 月 31 日，公司須提列折舊，並依有效利率調整除役負債的現值及認列財務成本。

×1/12/31	折舊費用 ($11,242 ÷ 5)	2,248	
	累計折舊		2,248
	財務成本 * ($1,242 × 10%)	124	
	除役負債準備		124

* 長期的負債準備係採折現後之現值估計，故隨著時間經過必須逐漸進行**現值展開** (un-winding)，逐期認列利息費用及增加負債準備之帳面金額。

(3) 因為復原工作成本預期會大幅減少至 $800（以 ×5 年底之物價估計），故除役負債準備於 ×1 年底應有之現值為 $546 [= $800/(1 + 10%)^4]，與調整前之除役負債準備金額 $1,366 (= $1,242 + $124) 相比較，減少了 $820，該金額並未超過相關資產之帳面金額，故應作相關分錄如下：

×1/12/31	除役負債準備	820	
	不動產、廠房及設備		820

(4) ×2 年 12 月 31 日，公司須提列折舊，並依有效利率調整除役負債的現值及認列財務成本。

×2/12/31	折舊費用 [($11,242 − $2,248 − $820) ÷ 4]	2,044	
	累計折舊		2,044
	財務成本 ($546 × 10%)	55	
	除役負債準備		55

(5) ×6 年 1 月 1 日支付 $800 進行復原美化工作。

×6/1/1	除役負債準備	800	
	現金		800

11.4.5　虧損合約

Onerous contract 原意是費力繁重的合約，IASB 用來表示為履行合約義務所發生**不可避免之成本** (unavoidable cost)，超過預期從

該合約所獲得經濟效益之合約,故中文意譯為「虧損合約」。已經簽約的虧損合約雖然目前未必產生損失,但未來會對企業的營運產生不利的影響,所以 IASB 要求企業現在就要認列合約不可避免成本作為負債準備。所謂合約之不可避免成本,係指退出合約的最小淨成本,其決定方法如下:

$$\text{不可避免成本} = \text{孰低者} \begin{cases} \text{繼續履行該合約發生之淨成本} \\ \text{終止合約所發生補償金或違約金} \end{cases}$$

虧損合約的一個可能的例子為**購買承諾** (purchase commitment) 合約。購買承諾係指買賣雙方對於採購的數量、價格及運送時點已達成協議的不可撤銷承諾或合約[1]。由於採購的數量及價格均已確定,若現貨價格下跌低於存貨之淨變現價值,使得不可避免之成本超過預期從該合約所獲得經濟效益,致使該採購承諾變成虧損合約。

例如,大成長城公司 ×0 年 11 月 30 日向供應商簽訂購買承諾合約,在 1 年後購買玉米 10,000 噸,每噸 $2,000。大成長城公司在出售玉米時,每噸售價均得以現貨價格加計毛利 $50 售出。在簽約時,僅須備忘分錄,無須正式分錄。×0 年 12 月 31 日,玉米價格每噸下跌到 $1,650。由於無法避免的成本 $2,000 大於其預期經濟效益 $1,700 (= $1,650 + $50),故為虧損合約,須認列下跌損失,應作分錄如下:

×0/12/31	購買承諾損失	3,000,000*	
	購買承諾負債準備		3,000,000

*[($2,000 − $1,700) × 10,000]

「購買承諾損失」係 ×0 年之損失。俟後於 ×1 年 11 月 30 日,玉米現貨價格反彈至每噸 $1,850,大成長城公司仍依約定採購價格 $2,000 買入,由於價格有反彈,「購買承諾負債準備」可因此減少,同時可沖回部分購買承諾之損失。由於現貨價格為每噸 $1,850,再加計預估毛利 $50,因此存貨的入帳金額為預期經濟效益 (亦即淨變

---

[1] 假定此一購買承諾符合 IFRS 9 衍生工具的例外規定,不適用 IFRS 9 衍生工具之會計處理規定。

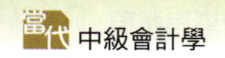

現價值) 每噸 $1,900，而非現金支付價格 (每噸 $2,000)。公司應作下列分錄：

| ×1/11/30 | 購買承諾負債準備 | 2,000,000* | |
| | 　購買承諾損失之迴轉利益 | | 2,000,000 |

*[($1,900 – $1,700) × 10,000]

進貨 ($1,900 × 10,000)	19,000,000	
購買承諾負債準備	1,000,000*	
現金 ($2,000 × 10,000)		20,000,000

*($3,000,000 – $2,000,000)

　　但假定於 ×1 年 11 月 30 日，玉米現貨價格大幅漲到每噸 $2,300，大成長城公司仍可依約定採購價格 $2,000 買入，由於價格有反彈，不但「購買承諾負債準備」可因此全數沖轉，甚至有未實現利益產生。雖然現貨價格為每噸高達 $2,300，但買入之存貨仍只能以現金支付價格 (每噸 $2,000，此時無須另行考量估計毛利 $50) 入帳。公司應作下列分錄：

| ×1/11/30 | 購買承諾負債準備 | 3,000,000 | |
| | 　購買承諾損失之迴轉利益 | | 3,000,000 |

| 進貨 ($2,000 × 10,000) | 20,000,000 | |
| 　現金 ($2,000 × 10,000) | | 20,000,000 |

　　除了進貨合約有可能變成虧損合約之外，銷貨合約也有可能變成虧損合約。例如，企業與客戶已簽署不可撤銷之銷貨合約，將銷貨 100 個客製化的產品給該客戶，每個售價為 $70。假定這 100 個客製化產品的單位成本為 $80，所以企業應認列 $1,000 之虧損合約損失及負債準備。

11.4.6　重　組

　　重組 (restructuring) 係指由管理階層所規劃及控制之計畫，且 (1) 企業從事之業務範圍；或 (2) 業務經營之方式已有實質改變。例如，企業將某一業務項目出售或停止 (例如美國運通銀行曾將其在臺灣

信用卡業務全部停止，只保留簽帳卡業務)；結束位於某國家或地區之業務，或將位於某國家或地區之業務活動移轉至另一個國家或地區；或對企業之營運性質及重點有重大影響之主要改組。

重組成本 (restructuring cost) 僅於符合對負債準備之認列條件時，始予以認列為負債準備。企業重組應於同時符合下列兩個條件時，始能認定已產生推定義務：

1. 有詳細正式之重組計畫，以及
2. 已開始進行重組計畫或已通知受影響人員該計畫之主要內容，而使受影響之人員對企業將進行重組產生**有效預期** (valid expectation)。

重組負債準備應僅包括由重組所產生之直接支出，包括下列兩項：

1. 重組所必須負擔者；及
2. 與企業繼續經營活動無關者。

屬於重組負債準備之成本，列舉如下：

- 遣散員工之相關費用；
- 因重組所產生之虧損合約 (如因關店中止租約，所須繳付之違約金)。

不屬於重組負債準備之成本，列舉如下：

- 再培訓或重新安置留用員工之成本；
- 行銷成本；

研究發現

洗大澡 (Big Bath)

有人可能會感覺奇怪：會計不是一向要求保守，為何 IFRS 在規定認列負債重組準備時採取較嚴格的定義，不讓企業認列過多的負債準備呢？此乃企業界在面臨重大虧損或管理階層更換時，會過度認列重組準備，以高估現在損失低估未來費用的方式，來進行盈餘管理或操縱，此一現象會計學術界稱之為洗大澡 (Big Bath)。

- 投資新系統及銷售通路之成本。

由於這些支出與未來繼續經營活動有關，於報導期間結束日非屬重組義務。這些支出應與重組無關之支出採相同基礎予以認列。

11.5 或有事項

或有事項 (contingency) 有兩種：**或有負債** (contingent liability) 及**或有資產** (contingent asset)。或有負債在 IFRS 中，是狹義的或有負債，專指發生可能性介於很有可能及可能性極小之間的負債，或者（在極少的情況下）雖然發生可能性是很有可能（大於 50%），但是金額卻無法可靠估計的負債。例如，其他企業控訴企業有侵權行為要求賠償損失時，企業若評估敗訴可能性雖然有但並非很有可能時，即為或有負債。

或有負債不得於資產負債表中認列為負債，但須在附註中揭露。或有負債之發展可能與原先預期不同，因此企業應持續評估，以判斷具經濟效益資源流出之可能性是否變為很有可能。若或有負債事項之未來經濟效益資源流出之可能性變成很有可能，企業應在可能性發生改變當期之財務報表認列負債準備。反之，原先企業已提列負債準備，但隨後發展對企業有利而經濟資源流出變成不是很有可能時，企業亦應迴轉已提列之負債準備，而將其視為或有負債揭露即可。

非金融負債依其發生可能性高低加以分類，及其相關會計處理彙總如表 11-1：

表 11-1　非金融負債依發生可能性分類

發生可能性	分類	會計處理
幾乎確定	確定負債	認列為負債，並揭露
很有可能 (> 50%)	負債準備	認列為負債，並揭露
有可能	或有負債	僅須揭露，不必認列負債
可能性極小	都不是	無須認列與揭露

Chapter 11 流動負債、負債準備及或有事項

或有資產係指企業有可能取得之資產(獲得經濟資源流入)。例如,企業控告其他企業有侵權行為,要求賠償損失。如果發生的可能性是**幾乎確定**(virtually certain)的,則其不再是或有資產,而應直接認列為資產,並加以揭露。如果其發生可能性為很有可能(大於 50%),企業僅須揭露不得認列資產。至於其他情況(有可能或可能性極小)時,企業連揭露都不用。或有資產會計處理,彙總如表 11-2:

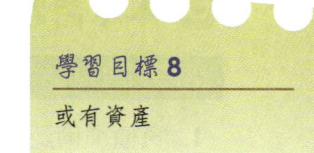

學習目標 8
或有資產

表 11-2 或有資產依發生可能性分類

發生可能性	分類	會計處理
幾乎確定	資產(不再是或有資產)	認列為資產,並揭露
很有可能 (> 50%)	或有資產	僅須揭露,不得認列資產
有可能	都不是	不得認列與揭露
可能性極小	都不是	不得認列與揭露

IFRS 實務案例

宏達電與 Apple 公司之訴訟揭露

雖然 IAS 37 要求企業須依照發生可能性高低,來決定是否應認列負債,但是在法律訴訟上很少會有企業主動認列負債準備,因為這是示弱的表現,對方律師一定會拿企業的報表向法官說:「報告法官,判我們勝訴吧,被告都已經提好負債準備給我們了。」但是企業也不會連揭露都沒有,因為若是敗訴,會計師及企業將會被投資人提告隱匿重大訊息,所以企業最安全的策略是將其視為「或有負債」,揭露即可。宏達電 2013 年與 **Nokia** 公司之間有關訴訟之揭露如下:

芬蘭商 Nokia Corporation 與合併公司自 100 年 5 月起,分別於美國國際貿易委員會 (ITC)、美國德拉瓦州聯邦地方法院、德國地方法院以及英國法院相互提出專利侵權訴訟,雙方已於 103 年 2 月 8 日達成和解,和解內容包括撤回雙方現有訴訟以及簽訂專利與技術合作契約。依契約規定,合併公司將支付價金予 Nokia;雙方合作範圍並將涵蓋合併公司之 4G LTE 專利組合以強化 Nokia 公司未來的專利權授權業務。同時,雙方將探尋將來技術之開發合作。

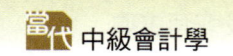

本章習題

問答題

1. 負債準備認列之金額如何估計？
2. 有關短期負債預期再融資，應符合什麼情況才可將短期負債重分類為長期負債？
3. 負債準備之認列，必須同時具備哪些條件方須認列？
4. 清償負債準備所需支付之一部分或全部金額，若預期將會從另一方得到歸墊，應如何處理？
5. 試簡述不動產、廠房及設備的除役成本之會計處理。
6. 重組成本於符合哪些條件時，始予以認列為負債準備？重組負債準備應包括哪些支出？

選擇題

1. 吉諾公司於 ×6 年 11 月 1 日購買價值 $300,000 之存貨，並簽發一張 3 個月到期，不附息，金額 $304,410 之票據支付貨款，×6 年 12 月 31 日之調整分錄應包括：
   (A) 借記應付票據 $1,470
   (B) 借記利息費用 $2,940
   (C) 貸記應付票據 $1,470
   (D) 貸記利息費用 $2,940

2. ×3 年 3 月 1 日甲公司向乙銀行借款 $4,000,000，到期日為 ×8 年 3 月 1 日。甲公司於 ×5 年 12 月 10 日違反該借款合約條款，按合約需立即清償借款之 50%。甲公司於 ×5 年 12 月 25 日取得乙銀行同意，提供清償寬限期至 ×7 年 6 月 1 日。在寬限期內，乙銀行不得要求甲公司立即清償該借款，且甲公司預期可於寬限期內改正違約情況。則甲公司於 ×5 年 12 月 31 日對此借款之分類應為何？
   (A) 分類為非流動負債 $4,000,000
   (B) 分類為流動負債 $2,000,000、非流動負債 $2,000,000
   (C) 分類為流動負債 $4,000,000

3. 下列有關財務報表表達之敘述，何者正確？
   (A) 公司於 20×1 年 8 月 1 日購買將於 20×2 年 3 月 31 日到期之國庫券，該國庫券在 20×1 年 12 月 31 日之資產負債表中應以約當現金表達
   (B) 甲公司有一長期銀行借款將於 20×1 年 6 月 1 日到期，甲公司在 20×1 年 1 月 15 日即與原債權銀行達成協議，將該借款展期至 20×3 年 2 月 1 日。甲公司於 20×1 年 5 月 10 日公布之 20×1 年第一季 (3 月底) 財務報表中，該負債應被歸類為長期負債
   (C) 甲公司在 20×1 年底向乙銀行借款，乙銀行要求甲公司在乙銀行設立存款帳戶並維持 $300,000 之最低餘額直至該借款到期，該借款將於 3 年後到期。甲公司在 20×1 年資產負債表中，應將存放於乙銀行之 $300,000 存款歸類為流動資產
   (D) 甲公司有一長期銀行借款將於 20×1 年 2 月 1 日到期。甲公司在 20×1 年 1 月 15 日即與原債權銀行達成協議，將該借款展期至 20×3 年 2 月 1 日。甲公司於 20×1 年 3

月 31 日公布之 20×0 年財務報表中，該負債應被歸類為長期負債　　【109 年會計師】

4. 惠妮公司於 ×5 年 9 月 30 日開立票據給銀行進行借款，票據面額為 $300,000，無票面利率，×6 年 10 月 1 日到期，惠妮公司的借款利率為 12%，則 ×5 年 9 月 30 日惠妮公司的分錄中會包含：

(A) 借記現金 $300,000　　　　　　　　(B) 借記應收票據 $300,000
(C) 借記應付票據折價 $32,142　　　　 (D) 借記利息費用 $32,142

5. 正泰公司 ×1 年 12 月 31 日有一短期應付票據 $2,000,000 於 ×2 年 2 月 28 日到期，×1 年 12 月 23 日正泰公司與新加坡銀行完成洽商，新加坡銀行同意借款給正泰公司 $1,500,000，利率為高於原始利率 1%，3 年期。×2 年 2 月 2 日正泰公司以向新加坡銀行之借款 $1,500,000 外加 $500,000 現金去償付短期應付票據，×1 年 12 月 31 日的資產負債表於 ×2 年 3 月 15 日發布，有關此一短期應付票據其中流動負債金額應為：

(A) $0　　　　　　　　　　　　　　　(B) $500,000
(C) $1,500,000　　　　　　　　　　　(D) $2,000,000

6. 聯華電腦公司透過主要零售商銷售的電子設備提供服務型延長保固的合約。標準合約是 3 年。聯華電腦 ×4 年出售平均售價 $1,800 的 210 份保固合約。公司 ×4 年與此合約相關花費為 $75,000，並預期未來將再花費 $170,000。今年公司可認列多少與此合約有關之淨利？

(A) $51,000　　　　　　　　　　　　　(B) $208,000
(C) $303,000　　　　　　　　　　　　(D) $133,000

7. ×4 年間 BOBO 公司銷售一新型洗衣機，該機器附有 3 年的售後保證型保固。根據過去經驗，售後保證型保固的成本估計第一年為銷貨收入的 2%，第二年為銷貨收入的 3%，第三年為銷貨收入的 5%。×4 年到 ×6 年之銷貨與實際售後保固費用如下：

年度	銷貨	實際售後保固費用
×4	$ 800,000	$ 12,000
×5	2,000,000	60,000
×6	2,800,000	180,000
	$5,600,000	$252,000

×6 年 12 月 31 日 BOBO 公司應報導的產品保固負債準備金額為多少？

(A) $0　　　　　　　　　　　　　　　(B) $100,000
(C) $280,000　　　　　　　　　　　　(D) $308,000

8. 甲公司於 100 年開始銷售一種附有 2 年保固維修期限之玩具狗，依據公司過去經驗得知有 50% 之玩具狗不會發生損壞，30% 之玩具狗會發生小瑕疵，20% 之玩具狗則會發生重大瑕疵。每隻玩具狗發生小瑕疵與重大瑕疵時的平均修理費用分別為 $200 及 $500。甲公司 100 年度共銷售 100 隻玩具狗，每隻售價為 $3,000，100 年實際發生的免費維修支出為 $10,000。甲公司 100 年 12 月 31 日估計產品保固負債準備餘額為多少？

(A) $0　　　　　　　　　　　　　　　(B) $6,000
(C) $10,000　　　　　　　　　　　　　(D) $16,000　　　　　　　　　[102年高考]

9. 臺北公司有一個很有可能發生的損失，但是無法以一個單一的金額來合理估計此損失，因此只能以一個可能的區間來表示，且該範圍內之每一點與其他各點之可能性相同。試問該以下列何者來作為該項損失入帳的金額？

   (A) 0　　　　　　　　　　　　　　　(B) 最大值
   (C) 最小值　　　　　　　　　　　　　(D) 中間值

10. 紅海公司於×1年因產品設計不良，面臨客戶要求索賠金額$7,000,000之訴訟。該公司律師評估，公司在此訴訟案件中很可能敗訴，且賠償金額介於$3,000,000至$6,000,000之間。該公司事前已經投保產品責任險，公司律師預估此一案件幾乎可以獲得理賠，最高可以獲得$4,800,000的賠償。試問：×1年認列之訴訟損失與保險理賠收益各為多少(公司在認列保險理賠時，以保險理賠收益項目入帳)？

    (A) $7,000,000、$4,800,000　　　　(B) $6,000,000、$4,800,000
    (C) $4,500,000、$4,800,000　　　　(D) $4,500,000、$4,500,000　　[106稅務特考]

11. 佳泰公司於×5年10月1日簽發面額$6,000,000應付票據向高雄銀行借款，雙方約定利率10%，並於×6年10月1日起分3年，每年同一日償還$2,000,000並支付利息，若高雄銀行一般借款利率為9%，則佳泰公司×6年12月31日帳列應付利息為何？

    (A) $90,000　　　　　　　　　　　　(B) $100,000
    (C) $135,000　　　　　　　　　　　　(D) $150,000　　　　　　　[98年會計師]

12. 大成公司於×6年10月15日簽發一張一年期，附息10%，面額$2,000,000的應付票據，向華南銀行借款，本息均於×7年10月15日支付，該應付票據及相關的應付利息在×6年12月31日的資產負債表上應如何表示，下列何者正確？

	應付票據	應付利息
(A)	流動負債	流動負債
(B)	流動負債	非流動負債
(C)	非流動負債	流動負債
(D)	非流動負債	無須入帳

    　　　　　　　　　　　　　　　　　　　　　　　　　　　　　　　[98年會計師]

13. 我國營業稅採加值型，稅率為5%，某公司92年1月開始營業。1月至2月總計銷貨收入(不含稅)為$525,000；1至2月總計進貨(不含稅)為$415,000，則該公司2月底應付營業稅為若干？

    (A) $5,500　　　　　　　　　　　　　(B) $5,250
    (C) $25,000　　　　　　　　　　　　 (D) $26,250　　　　　　　　[94年會計師]

14. 利銘公司取得客戶開立之不附息票據(Non-interest bearing note)一張，面額$10,000，3年到期，隱含利率為9%。試問利銘公司於取得該票據後第二年底需要認列之利息收入為何？

(A) $758　　　　　　　　　　　　　(B) $826
(C) $957　　　　　　　　　　　　　(D) $695　　　　　　　[100 年升等考試]

15. 甲公司於 ×6 年初推出一項新產品，並為這項產品提供三年保證型保固。該項產品的保固成本和銷售金額相關，甲公司預估三年保固支出占銷售金額比例，分別為第一年的保固支出為銷售金額的 3%，第二年為 4%，第三年為 5%。×6 年、×7 年及 ×8 年三年之總銷售金額和實際的保固總支出各為 $10,500,000 與 $240,000，而各年度的銷售金額與保固支出則分別為：×6 年銷售金額 $3,000,000，實際保固支出 $60,000；×7 年銷售金額 $3,500,000，實際保固支出 $80,000；及 ×8 年銷售金額 $4,000,000，實際保固支出 $100,000。試問 ×8 年 12 月 31 日甲公司應該報導的保固負債準備金額為何？

(A) $240,000　　　　　　　　　　　(B) $1,020,000
(C) $1,240,000　　　　　　　　　　(D) $0　　　　　　　[108 年高考會計]

16. 大成公司 ×5 年 12 月 31 日相關負債餘額如下：

應付帳款	$300,000	應付票據，×6 年 5 月 1 日到期	$500,000
應付費用	$100,000	遞延所得稅負債	$150,000
或有負債	$800,000	應付公司債，×6 年 9 月 1 日到期	$1,000,000

或有負債係估列之訴訟損失，預估損失金額在 $800,000 至 $2,000,000 之間，且於 ×7 年 3 月可以確認；因折舊產生的遞延所得稅負債預估於 ×8 年間迴轉。則大成公司 ×5 年度財務報表中流動負債合計數應為下列何者？

(A) $1,050,000　　　　　　　　　　(B) $1,700,000
(C) $1,900,000　　　　　　　　　　(D) $2,700,000　　　[97 年會計師]

17. 甲公司銷售 2 年期的設備維修服務，每一紙契約的銷售價格為 $6,000。依據過去的經驗，每 $1 銷售金額中，有 40% 的維修服務會在第一年內平均發生，60% 的服務在第二年內平均發生。甲公司於 2008 年內平均銷售 1,000 份合約。試問於 2008 年 12 月 31 日，甲公司應於資產負債表上列示多少合約負債 (遞延服務收入)？

(A) $5,400,000　　　　　　　　　　(B) $4,800,000
(C) $3,600,000　　　　　　　　　　(D) $2,400,000　　　[100 年會計師]

18. 華塑石油公司在 ×1 年 1 月 1 日花費 $40,000,000 購買石油鑽機，估計耐用年限為 10 年，預計 10 年後應花費 $1,000,000 的拆除費用 (現值為 $385,550，10%)，10% 為該公司認為適當的利率。有關此一事件，公司 ×1 年應認列什麼費用？

(A) 折舊費用 $3,900,000
(B) 折舊費用 $4,038,555 和利息費用 $38,555
(C) 折舊費用 $4,000,000 和利息費用 $100,000
(D) 折舊費用 $4,100,000 和利息費用 $38,555

19. 20×7 年甲公司被控而成為訴訟案的被告。依據甲公司律師的估計，甲公司於 20×7 年 12 月 31 日認列 $50,000 的負債準備。於 20×8 年 11 月，法院判甲公司勝訴，原告應賠

償甲公司 $30,000 的訴訟費用，但原告決定提起上訴，而甲公司律師無法預測上訴後的結果。請問就此一訴訟案件，甲公司於 20×8 年 12 月 31 日資產負債表中應如何列示？

(A) 應認列資產 $30,000 及負債 $50,000
(B) 應認列資產 $30,000 及負債 $0
(C) 應認列資產 $0 及負債 $20,000
(D) 應認列資產 $0 及負債 $0　　　[103 年會計師]

20. ×7 年 5 月 15 日旺旺貨運公司的駕駛肇事，旺旺貨運評估很有可能必須賠償受害人，而且賠償金額的最佳估計是 $2,000,000。幸好旺旺貨運有投保第三人責任險，幾乎確定可獲理賠歸墊 $1,500,000。試問 ×7 年旺旺貨運公司的資產負債表上應報導的負債金額為：

(A) $0
(B) $500,000
(C) $1,500,000
(D) $2,000,000

21. 甲公司 ×2 年銷貨 18,000 台設備並提供 1 年售後保證型保固服務，依據過去經驗約有 9% 會需要提供售後服務，維修成本每一台平均為 $60。另外出售一特殊規格設備，也提供客戶 1 年內免費維修的保證型保固服務，估計維修成本 $1,000 的機率為 10%，維修成本 $2,500 的機率為 60%，維修成本 $3,500 的機率為 30%。試問甲公司 ×2 年須認列之負債準備為多少？

(A) $97,200
(B) $98,700
(C) $99,700
(D) $99,850　　　[109 年地特會計]

22. 根據新頒法令規定，自 ×2 年初起若甲公司未安裝成本 $1,000,000 之污水處理系統而繼續營運，將處以每月 $20,000 之罰款。甲公司因預期將於 ×3 年底結束營運，故於 ×1 年底並未安裝該系統而擬以繳交罰款之方式因應。關於此新頒法令，甲公司於 ×1 年應認列之負債金額為：

(A) $0
(B) $240,000
(C) $480,000
(D) $1,000,000　　　[106 年稅務特考]

23. ×1 年初甲公司買入高污染性設備，估計耐用 5 年，無殘值，採直線法折舊，認列後之衡量採成本模式。依法令規定該設備 5 年後須委請專業機構予以拆卸處理，該公司估計 5 年後需花 $500,000 拆卸處理費，並以年利率 5% 折現，認列 $391,763 之除役負債準備。×3 年初甲公司估計至 ×5 年底拆卸處理成本將增加為 $550,000，若折現率未變動，且可回收金額超過帳面金額，則 ×3 年初估計拆卸處理成本增加 $50,000，將使該設備之帳面金額：

(A) 增加 $25,915
(B) 增加 $43,192
(C) 增加 $50,000
(D) 不變　　　[101 年高考]

練習題

1. 【流動與非流動負債】×2 年 5 月 1 日 NBA 公司發行面額 $2,000,000、5 年期、可買回公司債，到期日為 ×7 年 4 月 30 日，發行人 (NBA 公司) 可於 ×5 年 3 月 1 日以面額

買回。NBA 公司在各報導期間結束日 (12 月 31 日) 對此可買回公司債尚流通在外部分之分類應為何？

2. 【流動與非流動負債】×1 年 7 月 1 日甲公司向乙銀行借款 $1,500,000，到期日為 ×6 年 6 月 30 日。若甲公司於 ×5 年 11 月 1 日與乙銀行達成協議，該筆借款到期後，得由甲公司選擇是否延後還款期限至 ×8 年 6 月 30 日。若 ×5 年 12 月 31 日時甲公司預期將會選擇延後該借款還款期限至 ×8 年 6 月 30 日，甲公司於 ×5 年 12 月 31 日對此借款之分類應為何？若 ×5 年 12 月 31 日時甲公司預期將不會選擇延後該借款還款期限至 ×8 年 6 月 30 日，甲公司於 ×5 年 12 月 31 日對此借款之分類應為何？

3. 【應付帳款與應付票據】柯騰公司 ×7 年部分交易如下：

   9 月 1 日　向精誠公司賒購存貨，金額 $75,000，柯騰公司使用總額法記錄進貨，並採用定期盤存制。
   10 月 1 日　開立面額 $75,000，12 個月，8% 的票據給精誠公司以償付帳款。
   10 月 1 日　向遠通銀行借款 $150,000，並開立面額 $162,000，12 個月，無附息之票據給銀行。

   試作：
   (1) 完成上述交易之分錄。
   (2) 完成 ×7 年 12 月 31 日之調整分錄。
   (3) 計算下列兩張票據於 ×7 年 12 月 31 日資產負債表中應報導之總負債淨額：
   　　(a) 附息票據；(b) 無附息票據。

4. 【短期負債預期再融資】×4 年 12 月 31 日尼克公司有 ×5 年 2 月 2 日到期的短期應付票據 $2,400,000。×5 年 1 月 21 日公司以每股 $76 發行 25,000 股普通股，扣除手續費和其他發行成本之後收到 $1,900,000 之價款。×5 年 2 月 2 日，將發行股票的價款，再加上 $500,000 現金用以償還 $2,400,000 的負債。×4 年 12 月 31 日的資產負債表在 ×5 年 2 月 23 日發布。

   試作：×4 年 12 月 31 日的資產負債表上 $2,400,000 的短期債務應如何表達，包括附註揭露。

5. 【應付營業稅】景騰公司適用加值型營業稅，稅率為 5%，×5 年有下列交易：
   (1) 3 月發生銷貨 $262,500 (現銷 $105,000，賒銷 $157,500)，內含銷項稅額。
   (2) 3 月時進貨 $204,750，內含進項稅額。
   (3) 4 月發生銷貨 $210,000 (現銷 $84,000，賒銷 $126,000)，內含銷項稅額。
   (4) 4 月時進貨 $136,500，內含進項稅額。
   (5) 4 月發生各項費用 $23,100，內含 5% 進項稅額。
   (6) 4 月底結算 3、4 月之營業稅。

   試作：完成上述交易之分錄。

6. 【保證型保固負債準備】Lin 公司在 ×3 年以每台 $8,000 出售 300 台相同的相機，並有 1 年期保證型保固。公司預估保固期間平均每台相機的維護費是 $350。

   試作：

   (1) 完成出售相機及與保固成本相關的分錄，假設 ×3 年實際發生的保固支出是 $52,000。
   (2) 假設 ×4 年實際發生的保固支出是 $60,000，完成相關的分錄。

7. 【保固負債與遞延保固】錢得樂公司在 ×6 年 1 月 1 日以現金銷售方式賣出 800 組伴唱機，每台 $5,000，錢得樂公司為此組伴唱機提供 2 年的保固，×6 年公司發生了共 $45,000 的保固費用。錢得樂公司另有出售額外 2 年延長保固，可以以每個售價 $200 單獨出售的，每組伴唱機的預計保固成本為 $150，其延長保固共出售 300 份。公司 ×6 年 1 月 1 日共收到 $4,060,000。

   試作：

   (1) 錢得樂公司 ×6 年至 ×9 年之相關分錄。
   (2) 假設錢得樂公司 ×6 年 1 月 1 日共收到 $4,000,000，其他條件與上述相同。

8. 【重組負債準備】安東尼公司正進行有關停止能源部門之重組，相關成本如下：

   1. 部門設備之長期租賃合約尚未到期，公司估計若終止合約需支付違約金 $600,000，若繼續承租，則後續租金折現後現值為 $750,000。
   2. 公司評估停止能源部門後，分攤到其他部門之製造費用會增加 $2,000,000。
   3. 重組後，有部分員工將會分派到其他部門，重新培訓員工之成本估計約 $400,000。
   4. 公司委託 555 人力公司，介紹工作給因重整而解雇之員工，預估支付之仲介費約 $500,000。
   5. 因重整遣散員工相關費用約 $2,500,000。
   6. 公司預估將繼續使用之設備由能源部門移至其他部門之搬運與安裝費用約 $300,000。

   試作：公司應認列之重組負債準備之金額為何？

9. 【負債準備與或有事項】下列為三個獨立狀況：

   (1) ×3 年，歐尼爾公司正在進行一項稅務訴訟。歐尼爾公司的律師已指出他們相信歐尼爾公司很有可能輸掉這場訴訟。他們也相信歐尼爾公司將付給國稅局 $800,000 至 $1,200,000 (該範圍內每一個金額的可能性皆相同)。在 ×3 年財務報表發布之後，訴訟判決確定，公司判賠金額為 $1,100,000。試問 ×3 年 12 月 31 日歐尼爾公司，若有的話，應報導多少負債於報表中？
   (2) ×5 年 10 月 1 日，巴克理化學公司被環保署認定為有潛在責任的一方。巴克理公司之管理當局與其法律顧問評估公司很有可能要為損害負責，並合理估計賠償金額為 $4,000,000。同時巴克理公司幾乎確定可從保險公司獲得理賠歸墊約 $2,500,000。巴克理化學公司應在 ×5 年 12 月 31 日之財務報表如何報導上述資訊？
   (3) 爾文公司在伊朗有一間工廠，於伊朗內戰中損毀。目前並不確定誰可補償爾文公司之損失，但是伊朗政府確保爾文公司將會收到一筆確定金額的補償。補償的金額將

低於工廠之公允市價，但高於工廠之帳面金額，爾文公司在年底財務報表上應如何報導上述資訊？

10. 【除役負債準備】僑登公司於 ×1 年 1 月 1 日以 $1,200,000 購買油槽，預估可使用 10 年，同時公司必須依法於 10 年後進行復原工作，公司預估將支出 $140,000 (以 10 年後之物價估計) 進行復原。

試作：

(1) 完成僑登公司 ×1 年 1 月 1 日購買油槽與認列相關除役負債之分錄，假設折現率為 6%。
(2) 完成僑登公司 ×1 年 12 月 31 日必要之調整分錄，假設公司使用直線法提列折舊，油槽估計之殘值為零。
(3) ×11 年 1 月 1 日，公司實際支付 $160,000 完成復原工作，作僑登公司支付復原工作之分錄。

11. 【獎金與紅利】高雄公司執行總裁的年終獎金取決於會計盈餘，獎金提撥比率為 15%，年終獎金申報所得稅時可當費用減除，稅率 20%，假設民國 100 年扣除獎金及所得稅前的盈餘為 $3,000,000，試依下列各種不同情況，計算該年終獎金與所得稅費用的金額：
(1) 獎金依未扣除所得稅及獎金的純益為基礎。
(2) 獎金依扣除獎金但未扣除所得稅的純益為基礎。
(3) 獎金依扣除所得稅但未扣除獎金的純益為基礎。
(4) 獎金依扣除所得稅及獎金的純益為基礎。　　　　　　　　　　　　[100 年鐵路特考]

12. 【負債準備】利維公司發生下列情況：
(1) 利維公司針對公司銷售的商品提供售後保證型保固。公司預計於 ×1 年底前共銷售 500,000 件商品，銷貨收入為 $50,000,000。此外，公司並預估 60% 的銷售商品不會發生產品損壞，30% 會發生嚴重損壞，而 10% 則會發生輕微損壞。每個輕微損壞商品的保固成本約為 $5，嚴重損壞商品的保固成本約為 $15。公司預估產品服務保證費用至少 $1,000,000，至多為 $5,000,000。
(2) 利維公司與稅務主管機關發生稅務相關訴訟問題。根據公司法律顧問的評估，該爭議的最終結果，利維公司很有可能會面臨損失並賠償 $800,000。最低的損失金額為 $40,000，最高者為 $5,000,000。
(3) 利維公司針對不滿公司商品之顧客提供退貨的服務。退貨的金額很有可能發生且可合理預期為銷貨金額的 5% 至 9%，每件商品的平均退款金額為 $12。×1 年間利維公司的銷貨收入為 $40,000,000。

試作：根據上述相關資料，作 ×1 年 12 月底適當之調整分錄。

13. 【訴訟負債準備與歸墊】×4 年 12 月 4 日清新農產運銷公司的貨車司機因闖紅燈與其他車輛發生碰撞，12 日 15 日對方駕駛控告清新農產運銷公司並要求賠償 $2,500,000，清新農產運銷公司律師評估公司很有可能必須賠償受害人，賠償的金額與機率如下：

情況	發生機率	損失金額
一	10%	$ 500,000
二	55%	2,000,000
三	20%	1,500,000
四	15%	1,000,000

此外，因清新農產運銷公司有投保第三責任險，幾乎確定可獲保險公司理賠歸墊 $1,500,000。×5 年 10 月 1 日，由於訴訟進行順利，清新農產運銷公司律師評估公司很有可能必須賠償 $1,500,000 給受害人，但理賠歸墊金額仍然維持 $1,500,000。×6 年 6 月 8 日判決確定，清新農產運銷公司支付判賠金額 $1,800,000，×6 年 6 月 30 日收到保險公司的理賠 $1,500,000。

試作：有關上述資料 ×4 年至 ×6 年必要之分錄。

14. **【虧損合約】** 溫妮公司 ×2 年 10 月 1 日向供應商簽訂購買承諾合約在 ×3 年 10 月 1 日購買小麥 15,000 噸，每噸 $1,000。(假定此一購買承諾符合 IFRS9 衍生工具的例外規定，不適用 IFRS 9 衍生工具之會計處理規定。) ×2 年 12 月 31 日，小麥價格每噸下跌到 $870，×3 年 10 月 1 日，小麥現貨價格持續下跌至每噸 $820，溫妮公司仍依約定採購價格 $1,000 買入。假定溫妮公司均得以現貨價格加計每噸 $30 毛利出售。

試作：
(1) 溫妮公司有關上述交易之必要分錄。
(2) 假設 ×3 年 10 月 1 日，小麥現貨價格反彈至每噸 $920，作 ×3 年 10 月 1 日之分錄。
(3) 假設 ×3 年 10 月 1 日，小麥現貨價格反彈至每噸 $1,100，作 ×3 年 10 月 1 日之分錄。

Chapter 11

流動負債、負債準備及或有事項

Chapter 12 長期負債

學習目標

研讀本章後,讀者可以了解:
1. 長期金融負債如何採用攤銷後成本之方法
2. 發行公司債之會計處理
3. 發行長期應付票據之會計處理
4. 除列金融負債之要件
5. 金融負債除列之會計處理
6. 債務協商時之會計處理
7. 金融負債採用公允價值選項之功用及爭議
8. 金融資產與金融負債之互抵目的及條件

本章架構

長期負債

- **應付公司債**
  - 公司債種類
  - 發行固定利率債券
  - 發行利率逐期增加債券
  - 兩個付息日之間發行

- **長期應付票據**
  - 取得財產、商品或勞務
  - 分期清償
  - 提前清償及買回權

- **負債除列（清償）**
  - 現金清償
  - 非現金資產清償
  - 發行權益證券清償
  - 簽訂新約或修改條件

- **公允價值之選擇**
  - 功用
  - 爭議

- **金融資產與金融負債之互抵**
  - 目的
  - 條件

英國知名的總體經濟學家凱因斯 (John M. Keynes)，曾在 1936 年出版的曠世巨著 *General Theory of Employment, Interest and Money* 的序文中提到：「如果你欠英格蘭銀行 (如左圖) 一千英鎊時，你是銀行的奴隸；但是當你欠英格蘭銀行一百萬英鎊時，就換成英格蘭銀行是你的奴隸。」

2007 年在新加坡上市的馬可波羅海業公司 (Marco Polo Marine Limited，股票代號 SGX:5LY，簡稱海業公司) 係由董事長李雲通及執行長李雲峰 (其夫人為臺灣知名女星徐若瑄) 所創立，上市股價為星幣 $0.28。該公司係以能源 (如煤礦、原油及天然氣) 運送結合之航運業，有拖船 (tugboat) 及駁船 (barge) 等船隻。上市之後，原本營運平順，但因 2015 年原油價格大幅下跌 50% 以上，馬可波羅公司 2016 年產生財務缺口約星幣 $2.81 億 (約新台幣 $59 億)，12 個月內即將到期的債務約星幣 $2.05 億，因此與債權人協商債務展延。由於公司財務持續惡化，公司於 2017 年向新加坡法院申請破產保護，與債權人 (公司債持有人及銀行) 進行債務整理協商。

海業公司管理階層積極向外尋找資金挹注，前後拜訪了 150 位潛在的投資人，被拒絕了 141 次，只有 9 位投資人願意出來擔任「白衣武士」，共同挹注新資金星幣 $0.60 億，但前題是公司必須和現有債權人先完成債務整理。於是公司於 2017 年 11 月先獲得持有星幣 $0.50 億公司債約 90% 的持有人投票同意，以支付現金星幣 $35,868，及發行 102 萬股 (每股發行價 $0.035) 以債做股的方法，清償此一公司債 (還款率 15%，亦即每 $100 公司債，可獲得償還 $15)。然後，公司以類似的方法，和債權銀行也完成總金額星幣 $2.02 億的債務整理協議。海業公司在 2018 年的綜合損益表認列一次性的債務重整利益星幣 $1.799 億，在財務上也獲得了一個重新出發的機會。但該公司將該重整利益列在營業利益之中 (與台灣的公開發行公司財務報告編製準則規定不同，台灣認列在營業外利益，且須於報表附註中特別說明，此一作法讓投資人對公司的營業利益分析比較不會誤解)。

2021 年 11 月 22 日，馬可波羅公司的股價為星幣 $0.029。

章首故事引發之問題

- 企業如果有長期貸款時，會計處理為何？
- 企業清償貸款時，會計處理為何？
- 企業若向銀行申請債務協商獲得同意時，是否視為舊債務已消滅並同時認列新債務？還是應視為舊債務之延續？判斷依據為何？

12.1　金融負債之會計處理

學習目標 1
長期金融負債如何採用攤銷後成本？

企業僅於成為金融負債合約條款的一方時，始應於資產負債表認列該金融負債。例如，企業若發行公司債，則應認列該金融負債。但如果企業僅向供應商下訂單，但供應商尚未供貨，此時企業尚未成為負債合約的一方，不得認列未來可能付款的義務為金融負債。金融負債如須於 12 個月或一個營業循環內清償者，應分類為流動負債；反之，若超過 12 個月才須清償者，則為本章討論之長期負債。

關於金融負債認列與衡量，企業通常有兩種方法可供選擇：

1. 攤銷後成本 (amortized cost)

企業若採用攤銷後成本法，原始認列時應按公允價值減除可直接歸屬之交易成本後之金額衡量。該公允價值通常為交易價格，亦即所收取對價之公允價值。而交易成本係指直接可歸屬於發行金融負債之增額成本。增額成本係指企業若未發行該金融工具，即不會發生之成本。直接交易成本會減少負債原始認列時之帳面金額。

後續衡量時，企業應採有效利息法按攤銷後成本衡量之金融負債。**有效利息法** (effective interest method) 係計算一個金融負債之攤銷後成本並將利息費用分攤於相關期間之一種方法。有效利率係指於金融工具到期期間或預估較短期間 (在可提前還款時)，將估計未來現金支付金額折現後，恰等於該金融負債發行時帳面金額之利

率。計算有效利率時，企業應考量金融工具所有合約條款 (如提前還款、買回權或賣回權) 以估計現金流量。該計算尚應包含合約交易間支付或收取屬整體有效利率之一部分之所有費用、交易成本及所有其他溢價或折價。

2. 透過損益按公允價值衡量 (FVPL)

企業若採用透過損益按公允價值衡量 (FVPL) 法，原始認列時應按公允價值衡量，交易成本可列為當期費用。後續衡量時，原始認列時所產生的折溢價可選擇攤銷或不攤銷亦可，然後將金融負債的帳面金額調整至其公允價值，所產生之公允價值變動認列為當期損益。

亦即，金融負債的會計處理與第 10 章有關債務工具投資其中的兩種會計處理 (攤銷後成本及 FVPL) 方法完全相同，只是第 10 章處理債券金融資產，而本章則討論金融負債。由於金融負債通常採用攤銷後成本法衡量，除非依透過損益按公允價值衡量 (FVPL)，因此本章首先以攤銷後成本法來處理長期負債，然後在第 12.5 節才專門討論以 FVPL 法處理長期負債之相關會計議題及其所產生之爭議。

12.2　應付公司債

公司債 (bond) 係企業在資本市場直接發行債券給投資人，以籌措長期資金，並依公司債發行期間，按期支付利息及本金。發行公司債係企業採用**直接金融** (direct financing) 方式，無須透過中間金融機構 (如銀行)，直接向投資大眾取得資金，因此可降低借款利率，並取得較穩定之長期資金 (較不會受到銀行雨天收傘之影響)。

企業亦可嵌入其他衍生工具 (如轉換權、買回權或賣回權等) 於公司債，以利用這些**複合工具** (compound instrument) 或**混合工具** (hybrid instrument) 所帶來降低資金成本或增加資金彈性之優點。

學習目標 2
發行公司債之會計處理

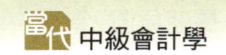

公司債之種類

依擔保品之有無
- 有擔保品公司債 (secured bond)：有特定資產如土地或廠房提供擔保，若發行人無法還款，出售擔保品之所得款項須直接支付有擔保品之公司債。因較有保障，所以有擔保品公司債利率較低。
- 無擔保品公司債 (unsecured bond)：沒有特定資產提供擔保，若發行人無法還款，只能與一般債權人分享資產拍賣後之剩餘所得（在支付有擔保債務後）。

依記名之有無
- 有記名公司債 (registered bond)：有記名，必須過戶方能保障債權人之權利。
- 無記名公司債 (unregistered bond)：無記名。

依還本情況
- 一次到期公司債 (term bond)：到期時，如 5 年到期時一次還清本金。
- 分期還本公司債 (serial bond)：分期清償本金，如 5 年到期，但第 3、4 及 5 年底必須分期清償 20%、30% 及 50% 之本金。通常利息較一次到期公司債利息為低，但是資金調度較無彈性。

釋例 12-1　固定利率公司債（攤銷後成本）

大方公司於 ×0 年 12 月 31 日，發行 3 年期的公司債以籌措資金，面額 $10,000、票面利率 12%，每年 12 月 31 日付息一次，假定與該債券同信用等級的市場利率為 9.9%，則該公司債的公允價值為 $10,523，大方公司為了發行公司債支付直接交易成本 $26，合計淨收取現金 $10,497 (= $10,523 − $26)。

試作：大方公司所有相關分錄。

解析

×0 年 12 月 31 日該債券的公允價值等於未來本金及利息按市場利率折現後之現值，計算如下：

$$債券公允價值 = \frac{\$1,200}{(1+9.9\%)} + \frac{\$1,200}{(1+9.9\%)^2} + \frac{\$11,200}{(1+9.9\%)^3} = \$10,523$$

> 債券之公允價值係按市場利率折現

該公司債的公允價值 $10,523 大於面額 $10,000，產生溢價的原因係因市場利率 9.9% 小於票面利率 12% 之緣故。由於大方公司在發行債券時，另外支付了交易成本 $26。大方公司採用攤銷後成本法，原始認列時應按公允價值 $10,523 減除可直接歸屬之交易成本 $26 後之金額衡量，故該債券的原始帳面金額為 $10,497。根據此一帳面金額可以去反推該債券的原始有效利率 (r)：

$$原始帳面金額 = \frac{\$1,200}{(1+r)} + \frac{\$1,200}{(1+r)^2} + \frac{\$11,200}{(1+r)^3} = \$10,497$$

> 原始有效利率應考量交易成本

所以原始有效利率 r = 10%（因交易成本的關係，殖利率由 9.9% 上升到 10%）。即可得下列溢價攤銷表：

溢價攤銷表（原始有效利率 10%）

	支付利息 ＝面額 × 票面利率	利息費用 ＝期初帳面金額 × 有效利率	本期 溢價攤銷	未攤銷溢價	帳面金額
×0/12/31				$497	$10,497
×1/12/31	$1,200	$1,050	$150	347	10,347
×2/12/31	1,200	1,035	165	182	10,182
×3/12/31	1,200	1,018	182	0	10,000

×0 年 12 月 31 日，發行債券之分錄如下：

現金	10,497	
應付公司債		10,000
應付公司債溢價		497

×1 及 ×2 年 12 月 31 日分錄分別如下：

	×1/12/31	×2/12/31
利息費用	1,050	1,035
應付公司債溢價	150	165
現金	1,200	1,200

×3 年 12 月 31 日，應付公司債到期，支付本金及最後一期利息之分錄如下：

應付公司債	10,000	
利息費用	1,018	
應付公司債溢價	182	
現金		11,200

兩個付息日之間發行債券

企業若於兩個付息日之間發行債券，此時發行所得之價金會包含預收從上個付息日至發行日之已累積應付利息，其餘的款項才是發行該債券之原始入帳金額。

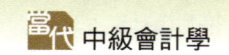

學習目標 3
發行長期應付票據之會計處理

12.3　長期應付票據

企業若發行長期應付票據，以取得現金、財產、商品或勞務時，若採用攤銷後成本法，原始認列時應按公允價值減除可直接歸屬之交易成本後之金額衡量。該公允價值通常為交易價格，亦即所收取對價（現金、財產、商品或勞務）之公允價值為優先考量，然後再考量交易成本後，得到原始認列之帳面金額去推算該票據之原始有效利率。

惟所收取對價為財產、商品或勞務，且其公允價值不易衡量時，應以用該長期應付票據折現後之現值作為衡量基礎，折現率應為企業發行該票據相同條件及信用等級之市場利率。得到折現值之後，然後再考量交易成本，得到原始認列之帳面金額，再去估計該票據之原始有效利率。

釋例 12-2　分期還本之長期應付票據

合歡公司於 ×0 年 12 月 31 日發行 5 年分期清償、總面額 $100,000、票面利率為 10% 之應付票據，合歡公司每年 12 月 31 日須支付 $26,380，以取得公允價值為 $100,000 之設備。

試作：
(1) 合歡公司 ×0 年 12 月 31 日之分錄。
(2) 合歡公司 ×1 年 12 月 31 日之分錄及該長期應付票據於資產負債表中之表達。

解析

(1) 因所收取設備之對價公允價值為 $100,000，而未來 5 年每年底須支付 $26,380，所以設算利率為 10%，等於票面利率。在交易成本為零的情況下，原始有效利率亦為 10%。可得下列攤銷表，並作分錄：

攤銷表（原始有效利率 10%）

	每期付款	利息 (10%)	本金減少	帳面金額
×0/12/31				$100,000
×1/12/31	$26,380	$10,000	$16,380	83,620
×2/12/31	26,380	8,362	18,018	65,602
×3/12/31	26,380	6,560	19,819	45,783
×4/12/31	26,380	4,578	21,801	23,982
×5/12/31	26,380	2,398	23,982	0

×0/12/31	不動產、廠房及設備	100,000	
	長期應付票據		100,000

(2) 合歡公司於 ×1 年 12 月 31 日支付第一筆款項 $26,380。其中利息部分為 $10,000，而本金清償部分為 $16,380，分錄如下：

×1/12/31	長期應付票據	16,380	
	利息費用	10,000	
	現金		26,380

於 ×1 年 12 月 31 日，長期應付票據之帳面金額為 $83,620，其中 $18,018 在未來 12 個月內須清償，故須列為流動負債項下，只有其餘之 $65,602 始能列為非流動負債，列示如下：

資產負債表
×1 年 12 月 31 日

資產	流動負債	
	一年內到期長期應付票據	$18,018
	非流動負債	
	長期應付票據	$65,602

如果債務人有**提前還款** (prepayment) 或**買回** (call) 債務之權利，亦即債務人可較原先預期還款更早地清償相關本金及利息，相關會計處理較為複雜，請參閱本章附錄 A。

12.4 金融負債除列

金融負債之除列規定，與金融資產之除列規定有很大的差異。金融資產即使在法律上已符合「出售」之形式要件，仍須考量金融資產之風險與報酬是否已經移轉 (請參照第 5.4 節)，才能決定是否可以除列。但是金融負債之除列規定比較直接，只要金融負債合約所載之義務已經消滅時 (亦即當合約所載之義務履行、取消或到期)，即能自資產負債表除列該負債。

債務人可採用下列方式，將金融負債 (或其部分) 消滅：
1. 藉由償還 (通常以現金、其他金融資產、商品或勞務) 債權人，而解除該負債。債務工具之發行人如買回該工具，則該金融負債已

> **學習目標 4**
> 除列金融負債之要件

經消滅，即使發行人為該債務工具之**造市者** (market maker) 或意圖於短期內再出售該債務工具。

2. 藉由法律程序 (如法院同意債務人宣告破產) 或債權人同意，而**法定解除** (legal release) 對負債之主要責任。即使債務人有提供保證，此條件仍可能符合。若債務人付款予第三方使第三方承擔義務，並自債權人取得合法解除，則債務人已消滅該債務。相反地，若債務人未自債權人取得法定解除，即使債務人付款予第三方 (包含信託)。此種安排亦稱**視同清償** (in-substance defeasance)，而使第三方承擔義務，並告知債權人該第三方已承受其債務，債務人仍然不得除列該債務。

雖然合法解除 (不論透過司法程序或由債權人) 可導致金融負債之除列，但若已移轉金融資產不符合金融資產之除列條件，則已移轉資產不得除列，且企業應認列與該已移轉資產相關之新負債。例如，甲公司以移轉其轉投資來清償其負債，但甲公司要求未來有權依約定價格買回該轉投資，即可能屬此一情況 (請參照第 5.4 節)。

金融負債除列損益之計算

> **學習目標 5**
> 金融負債除列之會計處理

除列金融負債時，應將下列兩者之差額，認列為損益：

1. 已消滅或移轉金融負債之帳面金額；
2. 所支付的對價 (包括任何移轉之非現金資產、發行股票或承擔之負債)。

企業若再買回金融負債之一部分，應以再買回日持續認列部分與除列部分之相對公允價值為基礎，將該金融負債買回前之帳面金額分攤給這兩部分。再比較下列兩者之差額，認列為損益：

1. 除列部分金融負債之帳面金額；
2. 對除列部分所支付的對價 (包括任何移轉之非現金資產或承擔之負債)。

企業清償債務之方式，有下列方式可以進行：

清償方式	是否可以除列
1. 現金	可以
2. 非現金資產	可以
3. 發行權益工具	可以
4. 簽訂新約或修改條件	視情況而定： • 有實質差異，應予以除列 • 無實質差異，不得除列

12.4.1　現金清償

企業用現金清償金融負債是最常見的方式。如果金融負債係於到期時清償，且企業採用攤銷後成本法，則在除列該金融負債時，不會有除列損益產生，因為金融負債之折溢價在到期時會攤銷完畢。但是，如果企業在到期前清償，則會產生金融負債除列損益。

釋例 12-3　自公開市場以市價提前買回公司債（發行人在發行時無買回權）

×0 年 12 月 31 日，金鋼公司發行面額 $10,000，票面利率 8%，5 年期之公司債，每年 12 月 31 日付息一次，×2 年 12 月 31 日該公司債之帳面金額 $9,600（發行時之直接成本已納入考量）。

試作：

(1) 金鋼公司於 ×3 年 1 月 1 日，以 $10,300（含交易成本）提前買回全部公司債之分錄。
(2) 金鋼公司於 ×3 年 1 月 1 日，以 $6,180（含交易成本）提前買回面額 $6,000 公司債之分錄。

解析

(1) ×3 年 1 月 1 日，以 $10,300（含交易成本）提前買回全部公司債，故應予除列該負債。

公司債帳面金額	$ 9,600
支付價金	(10,300)
除列金融負債損失	$ (700)

分錄如下：

應付公司債	10,000	
除列金融負債損失	700	
現金		10,300
應付公司債折價		400

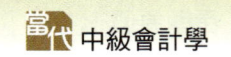

(2) ×3 年 1 月 1 日，以 $6,180（含交易成本）提前買回面額 $6,000 公司債，因為只買回金融負債之一部分，應以再買回日持續認列部分與除列部分之相對公允價值為基礎，將該金融負債買回前之帳面金額分攤給這兩部分。再比較下列兩者之差額，認列為損益：

已買回公司債帳面金額	$ 5,760 (= $9,600 × 6,000/10,000)
支付價金	(6,180)
除列金融負債損失	$ (420)

分錄如下：

應付公司債	6,000	
除列金融負債損失	420	
現金		6,180
應付公司債折價		240

12.4.2　非現金資產清償

有時債務人會以非現金資產（通常在有財務困難時），去沖抵原先的債務。債權人（金融機構）在別無選擇的情況下，也只好被迫接受。若債權人同意接受債務人以非現金資產清償債務，債務人通常視為已處分該非現金資產，先認列其處分損益（非現金資產帳面金額與公允價值之差額），然後再認列金融負債之除列利益（負債帳面金額與非現金資產公允價值之差額）。至於債權人則應以所收取資產之公允價值為入帳基礎，除列金融資產並認列除列損益（金融資產帳面金額與收取資產之公允價值間之差額）。

釋例 12-4　以非現金資產清償債務

×2 年 12 月 31 日林森建設向中興銀行之銀行借款，其帳面金額為 $10,000，雙方協商之後，林森建設將以其投資性不動產（帳面金額 $8,000，公允價值 $7,000），清償該銀

行借款。假定中興銀行協商之前針對此放款已提列備抵損失(備抵呆帳)$500。

試作:林森建設及中興銀行相關之分錄。

解析

(1) 債務人(林森建設),應先認列除列投資性不動產損益,再認列金融負債除列利益。

處分投資性不動產損失 ($8,000 – $7,000)	1,000	
投資性不動產		1,000
銀行借款	10,000	
投資性不動產		7,000
除列金融負債利益		3,000

(2) 債權人(中興銀行),則應除列該放款,並計算除列損益,如下:

放款金額	$10,000
備抵損失(備抵呆帳)	(500)
放款之帳面金額	$ 9,500
收取資產之公允價值	(7,000)
除列金融資產損失	$ 2,500

投資性不動產	7,000	
備抵損失(備抵呆帳)	500	
金融資產除列損失	2,500	
放款		10,000

12.4.3 發行權益工具清償

　　有時債務人會主張「以債作股」,希望債權人接受債務人所發行之新股,去沖抵原先的債務。若債權人同意接受債務人發行新股以清償債務,債務人可除列該金融負債,認列金融負債之除列利益。若所發行股票之公允價值能夠可靠衡量,則其與負債帳面金額之差額,應認列為除列金融負債損益。若股票之公允價值無法可靠衡量,則應以金融負債公允價值與帳面金額間之差額,認列金融負債除列利益。同樣地,債權人應優先考量以所收取股票之公允價值為入帳基礎,除列金融資產並認列除列損益(金融資產帳面金額與收取股票之公允價值間之差額)。在收取股票公允價值無法可靠衡量的情況下,則應採用原金融資產之公允價值作為計算除列之基礎。

釋例 12-5　以發行權益工具清償債務

×5年12月31日力捷公司向中興銀行之銀行借款，其帳面金額為 $10,000，雙方協商之後，力捷公司將發行1,200股普通股給中興銀行(每股面額 $10，公允價值 $4)，以清償該銀行借款。假定中興銀行協商之前針對此放款已提列備抵損失(備抵呆帳) $500，並將收取之股票作為透過損益按公允價值衡量之金融資產。

試作：力捷公司及中興銀行相關之分錄。

解析

(1) 債務人(力捷公司)，應視為發行新股清償負債，並認列金融負債除列利益。

銀行借款	10,000	
資本公積—普通股股票溢價	7,200	
普通股股本		12,000
除列金融負債利益		5,200

(2) 債權人(中興銀行)，則應除列該放款，並計算除列損益，如下：

放款金額	$10,000
備抵損失(備抵呆帳)	(500)
放款之帳面金額	$ 9,500
收取資產之公允價值	(4,800)
除列金融資產損失	$ 4,700

透過損益按公允價值衡量之金融資產—股票	4,800	
備抵損失(備抵呆帳)	500	
金融資產處分損失	4,700	
放款		10,000

12.4.4　債務協商──簽訂新合約或修改條件

不論債務人是否有陷入財務危機，債務人時常與其債權人協商有關現有債務。例如，企業會利用利率下跌時，與銀行簽訂新借款合約，來償還舊借款合約(借新還舊)以降低利息負擔。又例如，台灣高鐵在建造期間向銀行團借款，利率高達8%，但是在開始營運之後，由於整體利率下跌，經向銀行團積極協商爭取後，銀行團終於同意修改現有借款合約，將借款利率降至4.5%以下，減輕了不少利息負擔。當然，如同章首故事所述，力晶公司因虧損多年陷入財

務困難，無力清償到期本金及利息，因此多次向銀行團申請債務協商。

陷入財務危機的企業，在債務協商時通常會提出下列條件：

1. 將本金償還期間展延(展期)；
2. 調降借款利率；或
3. 調降本金或積欠利息之金額(打折)。

債務人若與債權人協商簽訂新合約以取代原借款合約，且新合約條款與原合約條款具**重大差異**(substantial difference)，債務人應視為原金融負債已消滅，且須認列新金融負債。同樣地，現存金融負債之全部或部分條款若有修改，且修改前後之條款具**重大差異**，債務人亦應按前述方式處理。無論是否涉及債務人有無財務困難，簽訂新借款合約與修改舊借款合約，債務人均應按前述方式處理。

> **學習目標 6**
> 債務協商有無重大差異之會計處理

因此，不論是簽訂新借款合約，還是舊借款合約條款做修改，債務人都需要判斷是否有產生重大差異，來決定會計處理之方法。所謂「重大差異」，係指新合約條款之未來現金流量(含所收付之手續費[1])依原始有效利率折現後之現值，與原金融負債之剩餘現金流量所計算現值(通常為原帳面金額)間之差異若至少有10%，則其條款具實質差異。若差異小於10%，則應視為原金融負債之延續，不得除列原金融負債，並依新還款條件(此時，不含收付的手續費)按原始有效利率折現計算新的折現值，並將原金融負債之帳面金額調整至該新折現值，且將調整金額認列於損益。債務協商簽訂新合約或條款修改若視為負債消滅，相關手續費應認列為負債消滅之相關損益。若視為原負債之延續，相關手續費應作為負債帳面金額之調整，並於修改後負債之剩餘期間攤銷。圖12-1彙整債務人債務協商之會計處理方法。

---

[1]「國際財務報導準則2018~2022之年度改善」將相關手續費僅限定計入債務人與債權人之間所收付之費用，包括債務人或債權人代替對方所收付之費用。

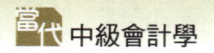

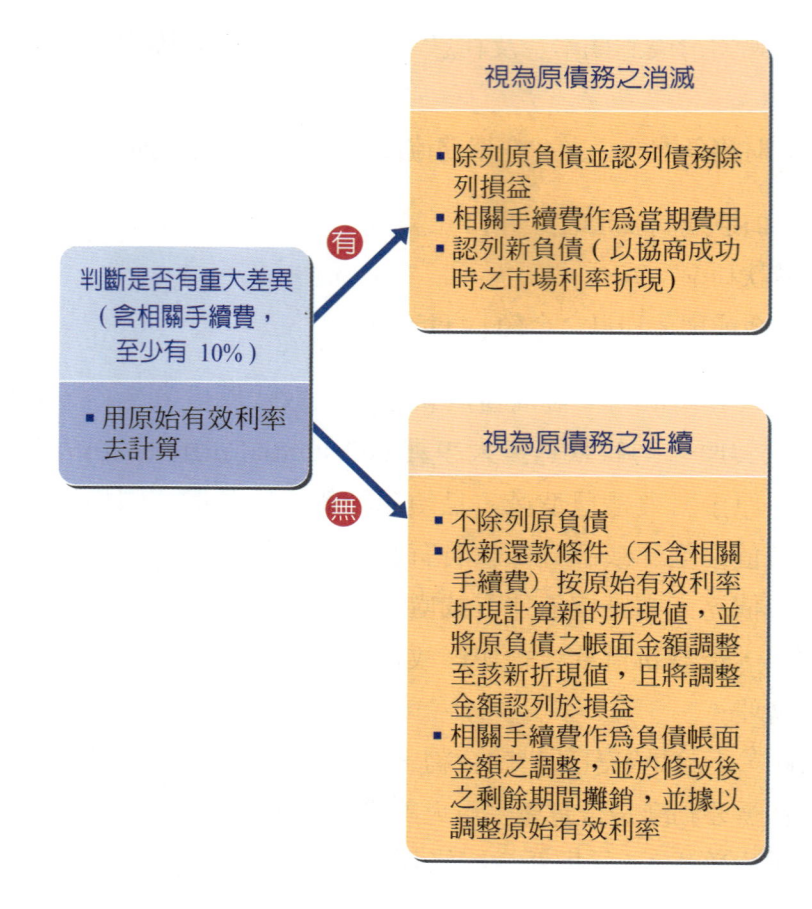

```
                                        ┌─────────────────────────┐
                                        │   視為原債務之消滅        │
                                        ├─────────────────────────┤
                                        │ ▪ 除列原負債並認列債務除   │
                                        │   列損益                 │
                              ┌─有─▶    │ ▪ 相關手續費作為當期費用   │
┌─────────────────┐           │         │ ▪ 認列新負債（以協商成功   │
│ 判斷是否有重大差異 │           │         │   時之市場利率折現）       │
│ （含相關手續費，  │           │         └─────────────────────────┘
│   至少有 10%）   │
├─────────────────┤                     ┌─────────────────────────┐
│ ▪ 用原始有效利率  │           │         │   視為原債務之延續        │
│   去計算         │           │         ├─────────────────────────┤
└─────────────────┘           │         │ ▪ 不除列原負債            │
                              └─無─▶    │ ▪ 依新還款條件（不含相關   │
                                        │   手續費）按原始有效利率   │
                                        │   折現計算新的折現值，並   │
                                        │   將原負債之帳面金額調整   │
                                        │   至該新折現值，且將調整   │
                                        │   金額認列於損益          │
                                        │ ▪ 相關手續費作為負債帳面   │
                                        │   金額之調整，並於修改後   │
                                        │   之剩餘期間攤銷，並據以   │
                                        │   調整原始有效利率        │
                                        └─────────────────────────┘
```

圖 12-1　債務人債務協商之會計處理

　　至於債權人部分，如果重新協商或修改金融資產的合約條款（例如收取現金流量的權利失效或無法合理預期可回收），而導致符合必須除列（沖銷）整體或部分「原」金融資產時，則必須先除列該金融資產整體或部分，並認列除列損益。

　　然後，該金融資產之未除列部分，此時應視為原金融資產之延續，企業應依原始有效利率重新計算金融資產總帳面金額，並將修改損益認列於損益。企業不得直接認定該未除列金融資產仍屬於低信用風險（只評估 12 個月預期信用損失），而應評估該未除列金融資產信用風險是否已經顯著增加，若有顯著增加者，須評估存續期間預期信用損失。圖 12-2 彙整債權人債權協商之會計處理方法。

Chapter 12 長期負債

```
判斷該金融資產
整體或部分是否
必須除列（沖銷）
• 收取合約現金流
  量失效
• 無法合理預期可
  回收
```

有 → **視為原金融資產之除列**
- 除列（沖銷）原資產之整體或部分之總帳面金額，並認列債權除列損益

無 → **視為原金融資產之延續**
- 不除列原金融資產
- 依新還款條件按原始有效利率折現計算新總帳面金額，並將調整金額認列債權修改損益

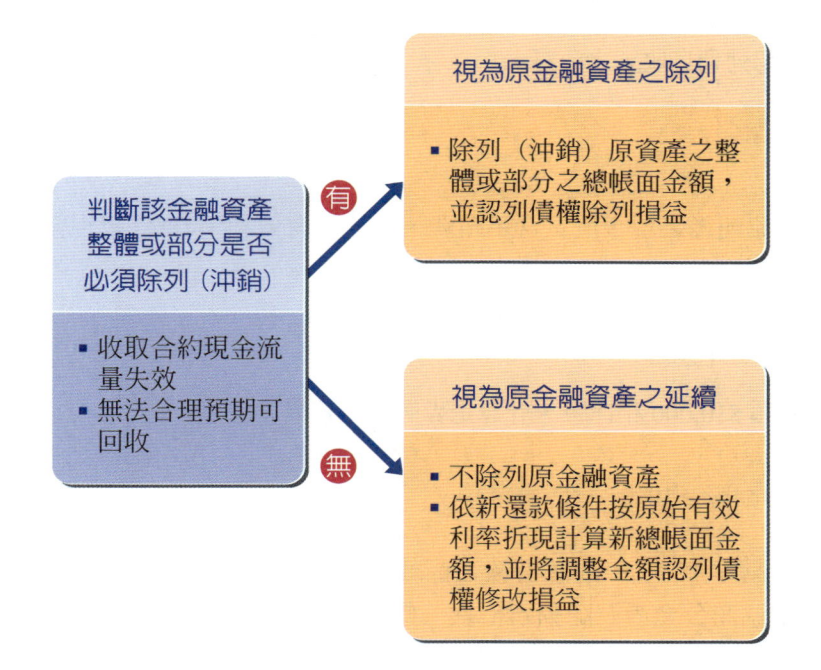

圖 12-2　債權人債權協商之會計處理

釋例 12-6　債務協商（有重大差異）

力晶公司於 ×1 年 12 月 31 日向中興銀行借款 $10,000，利率固定為 8%，每年底付息一次，該借款於 ×4 年底到期。力晶公司計算該借款之有效利率為 8%，並將其認列為「長期借款」。

隨後，力晶公司 ×2 年因營運情況不佳，財務開始出現困難，在支付 ×2 年利息 $800 之後，向中興銀行申請債務協商。雙方於 ×2 年 12 月 31 日同意未來將借款利率降為 2%，到期日延至 ×5 年底，到期本金只要清償 $9,000。力晶公司支付中興銀行協商手續費 $500（符合 IFRS 9 合約修改所發生之成本之定義）。中興銀行在 ×1 年 12 月 31 日已提列相關備抵損失（備抵呆帳）$300。

試作：

(1) 力晶公司 ×2 年 12 月 31 日債務協商之分錄。假定力晶公司在 ×2 年 12 月 31 日借款之市場利率為 15%。另試作力晶公司 ×3 年認列利息費用之分錄。

(2) 若此一債務修改，其中部分金融資產（總帳面金額 $1,100）因為收取現金流量的權利失效或無法合理預期可回收，符合除列的要件。中興銀行 ×2 年 12 月 31 日債務協商之分錄，及提列備抵損失之分錄（假定中興銀行對此放款所需之備抵損失為 $600）。另試作中興銀行 ×3 年認列利息收入之分錄。

(3) 若此一債務修改，完全不符金融資產除列之要件，中興銀行 ×2 年 12 月 31 日債務協商之分錄，及提列備抵損失之分錄（假定中興銀行對此放款所需之備抵損失為 $1,500）。

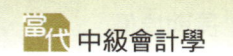

另試作中興銀行 ×3 年認列利息收入之分錄。

解析

(1) 力晶公司(債務人)

首先，先計算債務協商後之現金流量含手續費，按原始有效利率(8%)折現後之現值：

$$\$500 + \frac{\$180}{(1.08)} + \frac{\$180}{(1.08)^2} + \frac{\$9,180}{(1.08)^3} = \$8,108$$

再與金融負債之帳面金額 $10,000 相比較，計算是否有重大差異：

$$\frac{(\$10,000 - \$8,108)}{\$10,000} = 18.9\% \geq 10\%$$

因此，因差異比率高達 18.9%，故該借款之條款已有重大修改，力晶公司應視為原借款已消滅，並依協商公允價值認列新借款。此時相同條件借款之市場利率為 15%，故新借款之公允價值計算如下：

$$\frac{\$180}{(1.15)} + \frac{\$180}{(1.15)^2} + \frac{\$9,180}{(1.15)^3} = \$6,329$$

原銀行借款帳面金額	$10,000
支付手續費	(500)
新銀行借款之公允價值	(6,329)
債務協商利益	$ 3,171

力晶公司 ×2 年 12 月 31 日，應作下列債務協商分錄：

銀行借款(原)	10,000	
銀行借款(新)		6,329
現金		500
債務協商利益		3,171

由於新的長期借款利率為 15%，是新長期借款的原始有效利率，故可得下列折價攤銷表：

折價攤銷表

	(1) 現金	(2) 利息費用	(3) 本期折價攤銷	(4) 未攤銷折價	(5) 帳面金額
×3/1/1				$2,671	$6,329
×3/12/31	$180	$ 949	$ 769	1,902	7,098
×4/12/31	180	1,065	885	1,017	7,983
×5/12/31	180	1,197	1,017	0	9,000

力晶公司 ×3 年 12 月 31 日，應作下列利息支出分錄：

利息費用	949	
現金		180
銀行借款		769

從上述釋例可看出，財務困難之債務協商在將金融負債視為除列時，若債務人信用狀況愈差（市場利率愈高），認列之債務協商利益會愈大，看起來是有點奇怪，但是未來每年的利息費用也會愈多。

(2) 中興銀行（債權人）

若此一債務修改，符合除列部分金融資產（金額 $1,100）之要件。中興銀行應先直接減少（沖銷）這一部分金融資產的總帳面金額，除列分錄如下：

債權除列損失（註）	1,100	
放款		1,100

註：亦可使用「備抵損失（備抵呆帳）」項目，惟期末調整預期信用減損損失（呆帳費用）會因此增加 $1,100

剩餘尚未除列原資產 $8,900（= $10,000 − $1,100），並依新還款條件按原始有效利率折現計算新總帳面金額，並將調整金額認列修改損益。因此，中興銀行先計算債務協商後之現金流量，按原始有效利率 8% 折現後之現值：

$$\$500 + \frac{\$180}{(1.08)} + \frac{\$180}{(1.08)^2} + \frac{\$9,180}{(1.08)^3} = \$8,108$$

根據該現值 $8,108 與剩餘尚未除列放款之總帳面金額 $8,900 做比較，中興銀行必須調降總帳面金額 $792，並認列債權修改損失，中興銀行 ×2 年 12 月 31 日，應作下列債務協商分錄：

債權修改損失	792	
放款		792

中興銀行收到協商手續費 $500，相關分錄：

現金	500	
放款		500

中興銀行另須針對此一協商後之放款，提列預期信用減損損失（呆帳費用）$300（= $600 − $300），分錄如下：

預期信用減損損失（呆帳費用）	300	
備抵損失（備抵呆帳）		300

在作完上述分錄後，放款之總帳面金額 $7,608（= $8,108 − $500），在原始有效利率為 8% 情況下，可得下列折價攤銷表：

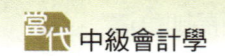

折價攤銷表 (原始有效利率 8%)

	(1) 現金	(2) 利息收入	(3) 本期折價攤銷	(4) 未攤銷折價	(5) 帳面金額
×3/1/1				$1,392(註)	$7,608
×3/12/31	$180	$609	$429	963	8,037
×4/12/31	180	643	463	500	8,500
×5/12/31	180	680	500	0	9,000

註：$9,000 − $7,608 = $1,392。

中興銀行 ×3 年 12 月 31 日，應作下列利息收入分錄：

現金	180	
放款	429	
利息收入		609

(3) 若此一債務修改，完全不符金融資產除列之要件。中興銀行不得除列原資產，須依新還款條件按原始有效利率折現計算新總帳面金額，並將調整金額認列修改損益。因此，中興銀行先計算債務協商後之現金流量，按原始有效利率 8% 折現後之現值 $8,108 與先前放款之總帳面金額 $10,000 做比較，中興銀行必須調降總帳面金額 $1,892，並認列債權修改損失，中興銀行 ×2 年 12 月 31 日，應作下列協商分錄：

| 債權修改損失 | 1,892 | |
| 　放款 | | 1,892 |

中興銀行收到協商手續費 $500，相關分錄：

| 現金 | 500 | |
| 　放款 | | 500 |

中興銀行另須針對此一協商後之放款，提列預期信用減損損失 (呆帳費用) $1,200 (= $1,500 − $300)，分錄如下：

| 預期信用減損損失 (呆帳費用) | 1,200 | |
| 　備抵損失 (備抵呆帳) | | 1,200 |

在作完上述分錄後，×2 年底放款之總帳面金額 $7,608 (= $8,108 − $500)。因此中興銀行 ×3 年 12 月 31 日，應作下列利息收入分錄：

現金	180	
放款	429	
利息收入		609

釋例 12-7　債務協商（無重大差異）

沿釋例 12-6，假定中興銀行於 ×2 年 12 月 31 日同意將借款利率降為 4%，到期日延至 ×5 年底，到期本金仍須清償 $10,000。力晶公司支付中興銀行協商手續費 $500（符合 IFRS 9 合約修改所發生之成本之定義）。

試作：力晶公司 ×2 年 12 月 31 日債務協商之分錄。假定力晶公司在 ×2 年 12 月 31 日借款之市場利率為 15%。另試作力晶公司 ×3 年認列利息費用之分錄。

解析

力晶公司（債務人）

首先，先計算債務協商後之現金流量（含手續費），按原始有效利率 8% 折現後之現值：

$$\$500 + \frac{\$400}{(1.08)} + \frac{\$400}{(1.08)^2} + \frac{\$10,400}{(1.08)^3} = \$9,469$$

再與金融負債之帳面金額 $10,000 相比較，計算是否有重大差異：

$$\frac{(\$10,000 - \$9,469)}{\$10,000} = 5.31\% < 10\%$$

因此，因差異比率只有 5.31%，故該借款之條款條件並無重大修改，力晶公司應視為原借款之延續，並依新還款條件（不含相關手續費），按原始有效利率 8% 折現計算新的折現值 $8,969，

$$\frac{\$400}{(1.08)} + \frac{\$400}{(1.08)^2} + \frac{\$10,400}{(1.08)^3} = \$8,969$$

並將原金融負債之帳面金額 $10,000 調整至該新折現值，且將調整金額 $1,031（= $10,000 − $8,969) 認列於損益。故力晶公司於 ×2 年 12 月 31 日，應先作下列債務修改分錄：

銀行借款	1,031	
債務修改利益		1,031

由於 ×2 年 12 月 31 日，力晶公司支付手續費 $500，相關手續費應作為負債帳面金額之調整，並於修改後負債之剩餘期間攤銷，同時據以調整原始有效利率，故力晶公司於 ×2 年 12 月 31 日，再作下列分錄：

銀行借款	500	
現金		500

在作完上述分錄後，長期借款的帳面金額 = $10,000 − $1,031 − $500 = $8,469，因此所隱

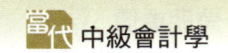

含新的有效利率 (r) 等於 10.175%，計算如下：

$$\frac{\$400}{(1+r)} + \frac{\$400}{(1+r)^2} + \frac{\$10,400}{(1+r)^3} = \$8,469$$

依新的有效利率 10.175%，可得下列折價攤銷表：

折價攤銷表 (原始有效利率 10.175%)

	(1) 現金	(2) 利息收入	(3) 本期折價攤銷	(4) 未攤銷折價	(5) 帳面金額
×2/12/31				$1,531 *	$ 8,469
×3/12/31	$400	$862	$462	$1,069	8,931
×4/12/31	400	909	509	561	9,439
×5/12/31	400	960	560	0	10,000

* $10,000 − $8,469 = $1,531。

力晶公司 ×3 年 12 月 31 日，應作下列利息支出分錄：

利息費用	862	
現金		400
銀行借款		462

註：中興銀行的作法請比照釋例 12-6 及練習題第 12 題。

12.5　金融負債係透過損益按公允價值衡量

　　金融負債必須在符合下列條件之一時，始能透過損益按公允價值衡量 (FVPL)：

1. 符合**持有供交易** (held-for-trading) 定義者，須強制透過損益按公允價值衡量。

2. 於原始認列時符合第 12.5.2 節條件且被企業自願**指定** (designate) 為透過損益按公允價值衡量者，亦稱為**公允價值之選擇** (fair value option)。

　　金融負債若非透過損益按公允價值衡量，則應依攤銷後成本法處理。

12.5.1 持有供交易之金融負債

前述持有供交易之金融負債,包括:

1. 非作為避險工具處理之衍生負債;
2. 空方(即出售借入且尚未擁有該金融資產之企業)未來交付所借入金融資產之義務;
3. 金融負債於發生時即意圖於短期內將其再買回者(例如,發行人依據其公允價值變動可能於短期內再買回之具報價債務工具);及
4. 金融負債屬合併管理之可辨認金融工具組合之一部分,且有近期該組合為短期獲利之操作型態之證據。

但是負債用以支應交易之事實,本身並不使該負債成為持有供交易負債。例如,企業融資買進股票,只要該股票非屬持有供交易之投資,則該融資負債仍非屬持有供交易之金融負債。

12.5.2 指定為透過損益按公允價值衡量

金融負債若不符合前述持有供交易之定義時,惟有下列情況之一時,始得指定該金融負債透過損益按公允價值衡量:

1. 係屬混合工具(有包含一個或多個嵌入式衍生工具),企業通常可指定整體混合工具為透過損益按公允價值衡量之金融負債,除非:
   (1) 嵌入式衍生工具並未重大修改合約原規定之現金流量;或
   (2) 當首次考量類似混合工具時,僅稍加分析或無須分析即明顯可知嵌入式衍生工具之分離係被禁止。例如,嵌入於放款中之提前還款選擇權允許持有人得以幾乎等於該放款之攤銷後成本提前還款者(請參照本章附錄 A 相關釋例)。
2. 一組金融負債或金融資產及金融負債,係依書面之風險管理或投資策略,以公允價值基礎管理並評估其績效,且有關該組資訊有提供給主要管理階層(例如企業之董事會及執行長);或
3. 該指定可消除或重大減少**會計配比不當** (accounting mismatch),亦即若不指定將會因採用不同基礎衡量資產或負債,或認列其利益

> **學習目標 7**
> 金融負債採用公允價值選項之功用及爭議

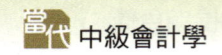

及損失而產生之衡量或認列之不一致。

可能發生會計配比不當之情況

1. 企業持有同受一種會產生相反方向公允價值變動且其變動會相互抵銷之風險之金融資產、金融負債或兩者，惟僅某些該等工具將透過損益按公允價值衡量。例如，我國證券商發行台積電之認購權證（衍生工具負債）時，因為擔心台積電股價如果大漲，證券商會蒙受巨大損失，因此證券商通常會買入台積電現股，以規避台積電上漲之風險。但是如果證券商所持有之台積電股票，若視為透過其他綜合損益按公允價值衡量之權益工具投資 (FVOLI)，台積電上漲之利益會認列於其他綜合損益，而認購權證之損失則會認列於當期損益中，使得兩者認列損益的時點不一致，因此證券商只有將台積電投資，指定以透過損益按公允價值衡量，才可有效消除會計配比不當。

2. 銀行於資本市場發行債券，以支應一組特定放款，兩者受利率影響之公允價值變動，會同時相互抵銷。若該銀行常態性地買賣該債券（負債），但極少買賣其放款（資產），若將債券及放款兩者均按攤銷後成本衡量，由於債券經常地買回，每次都會認列損益，但由於放款極少買賣，造成兩者認列損益的時點不一致。因此，只有將債券及放款兩者均指定以透過損益按公允價值衡量，才可有效消除會計配比不當。

3. 保險公司之保險負債，若以透過損益按公允價值衡量，但保險公司的金融資產如按攤銷後成本衡量，會造成兩者認列損益的時點不一致。同樣地，如果保險公司的金融資產透過損益按公允價值衡量，但保險負債並未透過損益按公允價值衡量，也會造成兩者認列損益的時點不一致。

當企業在原始認列，將金融負債指定為透過損益按公允價值衡量時，必須決定若將該負債之信用風險變動認列於其他綜合損益時，是否會引發或加劇損益之會計配比不當。若會引發或加劇會計配比不當，企業應將負債之信用風險變動認列於損益中。反之，若不會引發或加劇會計配比不當，企業應將負債之信用風險變動認列於其他綜合損益中，如圖 12-3。該認列於其他綜合損益中之金額後續不得移轉至損益，惟企業可於權益內移轉相關之累積利益或損失。

至於該金融負債所有其他剩餘之公允價值變動（亦即信用風險以外之公允價值變動，例如來自於指標利率或流動性風險等之公允價值變動），一律應認列於損益中。

Chapter 12 長期負債

IFRS 一點通

金融負債採用公允價值之爭議

若企業之金融負債採用公允價值之選項 (fair value option)，將金融負債指定為透過損益按公允價值衡量，在很多情況下，可以消除會計配比不當 (accounting mismatch)，也能中和金融資產及金融負債同時受到無風險利率變動之影響。但是由於計算金融負債公允價值時，必須將企業本身的信用風險 (credit risk) 也一併納入考量，此時就會造成一個很奇怪的現象：假定在無風險利率不變的情況下，金融負債的市場利率若因企業本身信用開始惡化，該金融負債的公允價值會降低，但是金融資產的公允價值卻是不變的，因此造成企業的本期利益變大。由於這種因企業信用狀況變壞，所造成之損益實在不合理。因此，IASB 在 IFRS 9 中，已經規定企業金融負債因信用風險變動所造成之公允價值變動，不再強制規定納入損益，而應視其是否會引發或加劇會計配比不當，而分別認列於其他綜合損益，或者認列於本期損益。

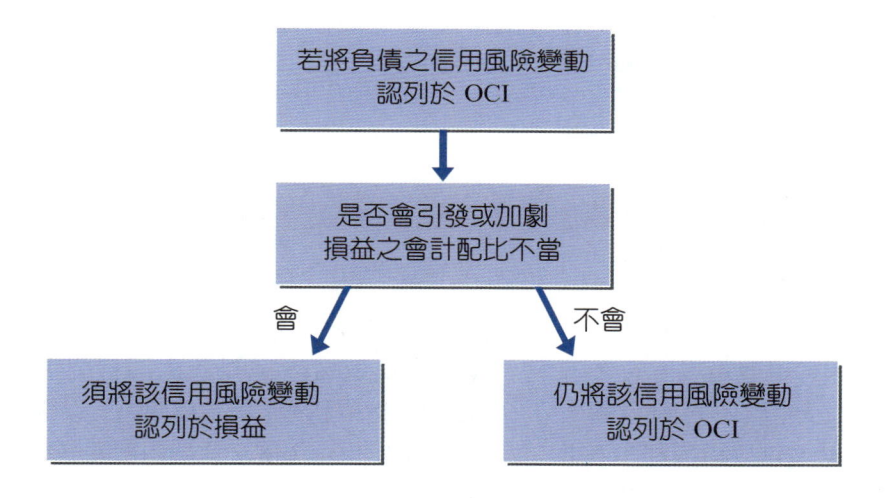

圖 12-3　金融負債信用風險之會計處理

至於該金融負債所有其他剩餘之公允價值變動 (亦即信用風險以外之公允價值變動，例如來自於指標利率或流動性風險等之公允價值變動)，一律應認列於損益中。

在作前述決定時，企業必須評估其是否預期金融負債之信用風險變動，會被另一透過損益按公允價值衡量之金融工具的公允價值變動 (例如包含有相同信用風險之變動) 於損益中抵銷。此種預期必須基於該金融負債之特性及其他金融工具特性間之經濟關係。此一決定必須在原始認列時完成，且後續不得再重新評估，亦即後續

不得變更對該金融負債信用風險變動之會計處理方法。

企業無須對所有導致衡量或認列不一致之金融資產或金融負債同步交易。倘每一交易均於原始認列時被指定為透過損益按公允價值衡量，且在當時即預期其餘交易短期內將會發生，則允許其餘交易有合理之延遲(時間差)。

企業在指定金融資產或金融負債依透過損益按公允價值衡量(FVPL)時，係以**個別金融工具** (instrument by instrument) 為單位進行指定，無須相類似之金融資產或金融負債同時一起進行指定。但是個別金融資產或負債進行指定時，必須指定其全體個別資產或負債，不得僅指定其一部分。例如，企業發行 2 個單位之公司債，每單位為 $100，企業可以指定其中一個單位公司債透過損益按公允價值衡量，而不指定另一個單位的公司債。相反地，企業不可指定一個單位公司債其中的 70% 透過損益按公允價值衡量，剩下的 30% 公司債按攤銷後成本衡量。

IFRS 一點通

如何決定金融負債之信用風險變動

企業在決定金融負債信用風險變動之金額時，係以辨認非歸因於導致市場風險之市場狀況變動所造成之公允價值變動金額。前述所謂市場狀況變動，包括指標利率(如 LIBOR、無風險利率)、另一企業之金融工具價格(如股價)、商品價格、匯率、價格或費率指數等之變動。換言之，在計算金融負債因信用風險變動所造成之公允價值變動時，首先必須排除市場狀況變動所造成公允價值之變動後，剩下之公允價值變動才算是屬於因信用風險變動所造成之公允價值變動。

若金融負債唯一重大攸關之市場狀況變動，係來自於可觀察到之指標利率(或無風險利率)之變動時，企業可依下列程序，計算因信用風險變動所造成之公允價值變動：

(1) 以金融負債期初之公允價值及合約之現金流量去反推該負債之期初內部報酬率(假定為 10%)，並以此內部報酬率減除期初之指標利率(假定為 6%)，以得到該負債特定信用風險之原始內部報酬率(即信用風險貼水) 4% (= 10% − 6%)。

(2) 其次，假定該負債特定信用風險貼水之內部報酬率不變(維持 4%)，若期末的指標利率變成 7%，則利用前述兩者合計之折現率 11% (= 4% + 7%)，去試算該負債期末有關現金流量之現值(假定為 $90)。

(3) 最後，期末該負債觀察到之公允價值(假定為 $87，係由期末的指標利率 7% 及期末新的信用風險貼水(不等於 4%)兩者合計之折現率所決定)，減除 (2) 所試算之現值 ($90) 後，即可決定該負債因信用風險變動所造成之公允價值變動(減少 $3)。

企業採用透過損益按公允價值衡量之金融負債時，原始取得之交易成本應列為當期費用。而債券發行時所產生的折溢價有兩種處理方式：第一，完全不攤銷，直接按公允價值衡量，其變動進入損益表中；第二，先攤銷得到攤銷後成本之後，再將其調整至衡量時之公允價值，其變動進入損益表中。不論用哪一種折溢價處理方式，對於損益影響數字是相同的。

釋例 12-8　指定透過損益按公允價值衡量之金融負債

民生公司於 ×0 年 12 月 31 日發行 3 年期的公司債，為消除會計配比不當，民生公司將其指定為透過損益按公允價值衡量之金融負債，面額 $10,000、票面利率 8%，每年 12 月 31 日付息一次，發行公司債取得的價金 $9,503，民生公司另外支付了直接交易成本 $100，合計得到現金 $9,403。於原始認列時，民生公司認定將該公司債之信用風險公允價值變動認列於其他綜合損益並不會引發或加劇會計配比不當。此外，民生公司將直接交易成本作為當期費用，該公司債之原始有效利率為 10%，此時指標利率為 6%。(因交易成本已認列為費用，該原始有效利率不考量交易成本)。

- ×1 年 12 月 31 日，該債券期末公允價值為 $9,300。此時指標利率為 7%。
- ×2 年 12 月 31 日，該債券期末公允價值為 $9,950。此時指標利率為 5%。
- ×3 年 1 月 1 日，以 $9,950 買回。
- ×3 年 12 月 31 日，該金融負債有關之結帳分錄。

試作：民生公司相關分錄 (假定公司有攤銷債券折溢價)。

解析

(1) ×0 年 12 月 31 日發行公司債取得的價金 $9,503，民生公司另外支付了直接交易成本 $100，合計得到現金 $9,403。直接交易成本作為當期費用。原始有效利率為 10%，此時指標利率為 6%，所以信用風險之原始風險貼水為 4% (= 10% − 6%)。

現金	9,403	
手續費	100	
指定為透過損益按公允價值衡量之金融負債		9,503

(2) 因交易成本已經列為當期費用，原始有效利率為 10%。×1 年 12 月 31 日，先作 ×1 年折價攤銷之分錄，得到攤銷後成本 $9,653 之後，再將其調整至期末公允價值為 $9,300。「指定為透過損益按公允價值衡量之金融負債評價調整」係負債之評價調整項目。該項目期末需有借方餘額 $353 (= $9,653 − $9,300)，由於期初餘額為 $0，故本期須調整之金額為 $353，其中包括：

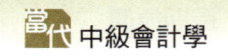

(a) 因信用風險變動所造成之公允價值變動，此部分須認列於其他綜合損益 (OCI)，計算如下：

[($800 ÷ 1.11) + (10,800 ÷ (1.11)^2)] – $9,300 = $9,486 – $9,300
 = $186 期末累積 OCI (利益)

折現率 11% = 此時之指標利率 7% + 原始信用風險貼水 4%，用 11% 去折現該負債未來 2 年之現金流量。

×1 年 OCI 之變動 = $186 (期末累積 OCI) – $0 (期初累積 OCI)
 = $186 (信用風險 上升，產生 OCI 利益)

(b) 指標利率變動造成公允價值之變動，此部分須認列於損益中，計算如下：

$353 – $186 = $167 本期利益 (基準利率上升，產生利益)

折價攤銷表 (有效利率 10%)

	(1) 利息支出	(2) 利息費用	(3) 本期折價攤銷	(4) 未攤銷折價	(5) 帳面金額
×0/12/31				$497	$9,503
×1/12/31	$800	$950	$150	347	9,653
×2/12/31	800	965	165	182	9,818
×3/12/31	800	982	182	0	10,000

×1/12/31　利息費用　　　　　　　　　　　　　　　　　　950
　　　　　　指定為透過損益按公允價值衡量之金融負債　　　　150
　　　　　　現金　　　　　　　　　　　　　　　　　　　　　800

　　　　　指定為透過損益按公允價值衡量之金融負債評價調整
　　　　　　($9,653 – $9,300)　　　　　　　　　　　　353
　　　　　　其他綜合損益—金融負債信用風險變動　　　　　　186
　　　　　　指定透過損益按公允價值衡量金融負債之利益　　　167

(結帳分錄)　其他綜合損益—金融負債信用風險變動　　　　186
　　　　　　其他權益—金融負債信用風險變動　　　　　　　　186

在上述三個分錄後，該金融負債於×1 年 12 月 31 日有關資產負債表之表達如下：

非流動負債：	
指定為透過損益按公允價值衡量之 　金融負債	$9,653
指定為透過損益按公允價值衡量之 　金融負債評價調整	(353)
	$9,300
其他權益—金融負債信用風險變動	$ 186

(3) ×2 年 12 月 31 日，先作 ×2 年折價攤銷之分錄，得到攤銷後成本 $9,818 之後，再將其調整至期末公允價值為 $9,950。負債之評價項目期末須有 $132 貸方餘額 (= $9,950 – $9,818)。由於期初餘額為 $353 借方餘額，故本期須調整之金額為 $485 [= $132 – (–$353)]，其中包括：

(a) 因信用風險變動所造成之公允價值變動，此部分須認列於其他綜合損益 (OCI)，計算如下：

[$10,800 ÷ (1.09)] – $9,950 = $9,908 – $9,950 = –$42 期末累積 OCI (損失)

折現率 9% = 此時之指標利率 5% + 原始信用風險貼水 4%，用 9% 去折現該負債未來一年之現金流量。

×2 年 OCI 之變動 = –$42 (期末累積 OCI) – $186 (期初累積 OCI) = –$228 (信用風險下降，產生 OCI 損失)

(b) 指標利率變動造成公允價值之變動，此部分須認列於損益中損益，計算如下：

$485 – $228 = $257 本期損失 (基準利率上升，產生損失)

×2/12/31	利息費用	965	
	指定為透過損益按公允價值衡量之金融負債		165
	現金		800
	其他綜合損益―金融負債信用風險變動	228	
	指定透過損益按公允價值衡量金融負債之損失	257	
	指定為透過損益按公允價值衡量之金融負債評價調整		485
(結帳分錄)	其他權益―金融負債信用風險變動	228	
	其他綜合損益―金融負債信用風險變動		228

在上述三個分錄後，該金融負債於 ×1 年 12 月 31 日有關資產負債表之表達如下：

非流動負債：		
指定為透過損益按公允價值衡量之金融負債		$9,818
指定為透過損益按公允價值衡量之金融負債評價調整		132
		$9,950
其他權益―金融負債信用風險變動		$ (42)

(4) ×3 年 1 月 1 日，以 $9,950 買回。民生公司應作分錄如下：

×3/1/1	指定為透過損益按公允價值衡量之金融負債	9,818	
	指定為透過損益按公允價值衡量之金融負債評價調整	132	
	現金		9,950

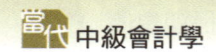

(5) ×3/12/31 因該金融負債已消滅，但因認列於其他權益中之金額後續不得重分類至損益，故應移轉至保留盈餘，結帳分錄如下：

保留盈餘　　　　　　　　　　　　　　　　　42
　　其他權益—金融負債信用風險變動　　　　　　　　42

12.5.3　重分類

　　在原始認列之後，金融負債不得進行重分類（不得取消指定），亦即採用透過損益按公允價值衡量(FVPL)之金融負債不得改用攤銷後成本法。即使當初一起同時指定之金融資產及金融負債，其中有部分已經除列，剩下的部分仍不得取消指定。同樣地，原始認列時採用攤銷後成本法之金融負債，也不得重分類為透過損益按公允價值衡量(FVPL)。

12.6　金融資產與金融負債之互抵

學習目標 8
金融資產與負債互抵目的及條件

　　當甲公司與乙公司有業務往來，甲公司向乙公司銷貨 $100（產生應收帳款 $100），也向乙公司進貨 $80（產生應付帳款），在此情況下，甲公司的資產負債表應分別列示應收帳款 $100、應付帳款 $80；還是用金融資產與金融負債互抵(offset)後之金額，應收帳款淨額 $20 列示，較能表達甲公司未來預期之現金流量？

　　根據 IAS 32，企業只有同時符合下列條件時，始能將金融資產及金融負債互抵，並於資產負債表中以淨額表達：

- **客觀條件**：企業目前有法律上可執行之權利（legally enforceable right）將所認列之金額互抵（客觀條件），且
- **主觀條件**：企業意圖(intend)以淨額基礎交割（settle on a net basis）或同時實現資產及清償負債（主觀條件）。

　　亦即當企業對兩項以上之金融資產及金融負債，有權且意圖收取或

支付單一淨額時，企業實質上只擁有單一金融資產或單一金融負債。因此用互抵後之金額，較能表達企業未來預期的現金流量。

　　金融資產與金融負債之**互抵** (offset) 及**除列** (derecognition) 並不相同。互抵只是金融資產和金融負債在資產負債表中，以淨額表達，這些資產及負債依舊存在，互抵也不會產生利益或損失。但是金融資產或金融負債之除列，係表示其已符合自資產負債表中移除（不再繼續認列）之條件，且除列會產生利益或損失。

　　當可抵銷金融資產及金融負債之可執行權利存在時，會影響相關金融資產及金融負債之權利及義務，也會降低企業之信用及流動性風險。沿上述甲公司的例子，在有**抵銷權** (right to set off) 的情況下，甲公司應收帳款之暴險可由原先 $100 下降到 $20。但是光有抵銷權，並不足以構成互抵之基礎。當企業缺乏意圖執行該權利或不意圖同時交割，將不會影響企業未來現金流量之金額及時點，所以不得互抵，仍應分別列示金融資產及金融負債。但是企業仍須依 IFRS 7 之規定，將此一有利之事實於財務報表附註中揭露。

　　兩項金融工具之同時交割，可透過如金融市場中類似交易所的機構（如臺灣證券交易所、櫃檯買賣中心、期貨交易所）完成。在此情況下，現金流量相當於單一淨額，且無信用風險或流動性風險。但是在其他情況下，企業若以收取及支付個別金額之方式交割兩項以上之金融工具，而同時承擔金融資產總額所暴露之信用風險及金融負債總額所暴露之流動性風險。即使該等暴險時間很短暫，但卻可能有重大影響。因此，僅於金融資產之變現及金融負債之清償於同一時點發生，始能視為同時交割。

　　企業與同一交易對方進行多項金融工具交易時，有時會與該交易對方簽訂**淨額交割總約定** (master netting arrangement)。亦即，於任一合約發生違約或解約時，該總約定允許對所有涵蓋之金融工具以單一淨額交割。金融機構常使用該等約定以減少破產事件及其他情況導致交易對方無法履行義務所造成之損失。淨額交割總約定通常產生抵銷權，該抵銷權僅於特定違約事件或其他於正常營業過程中預期不會發生之情況發生後，始可執行而影響個別金融資產之變現及個別金融負債之清償。因此，淨額交割總約定之互抵權利只有

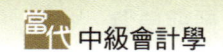

在交易對方違約時，方可執行，所以通常不會符合互抵之條件。當淨額交割總約定下之金融資產及金融負債，沒有互抵而分別列示時，該淨額交割總約定對企業信用風險之影響應依 IFRS 7 之規定於財務報表附註中揭露。

除前述淨額交割總約定外，尚有下列交易通常不會符合互抵的兩個條件，因此應於資產負債表分別列示金融資產及金融負債：

1. **合成工具** (synthetic instrument)，合成工具係為模仿另一工具的特性而取得並持有，屬個別金融資產及負債之組合。例如，浮動利率之長期負債若與包含收取浮動利息及支付固定利息之**利率交換** (interest rate swap) 結合，可合成單一固定利率之長期負債。由於構成「合成工具」之每一財務工具，代表各自擁有其條款及條件之合約權利或義務，且每一工具均可單獨移轉或交割，因此所暴露之風險會與其他金融工具不同。因此，「合成工具」中金融資產與金融負債，兩者不得互抵用淨額基礎表達。

2. 有相同之主要暴險（例如，遠期合約或其他衍生工具之投資組合中之資產及負債）但涉及不同之交易對方之金融工具所產生之金融資產及金融負債。

3. 將金融資產或其他資產質押作為無追索權金融負債之擔保品，因該擔保品只有在債務人違約時，債權人才可進行互抵，故不符互抵之條件。

4. 債務人為解除債務將金融資產交付信託，但債權人並未同意以該等資產清償該債務，例如，償債基金之協議未獲債權人同意（實質清償）。

5. 產生損失之事件所發生之義務，預期可憑保險合約向第三人請求保險理賠而回收（請參閱第 11.4 節）。

附錄 A　買回權及提前清償

混合工具 (hybrid instrument) 包含**主契約** (host contract) 及**嵌入式衍生工具** (embedded derivatives)。例如，**可買回公司債** (callable bond) 允許發行人得依事先約定之買回價格向投資人買回該公司債，因此係屬混合工具。對發行人而言，發行可買回公司債實際上同時產生應付公司債負債（主契約）及買回權資產（嵌入式衍生工具），如圖 12A-1：

長期負債

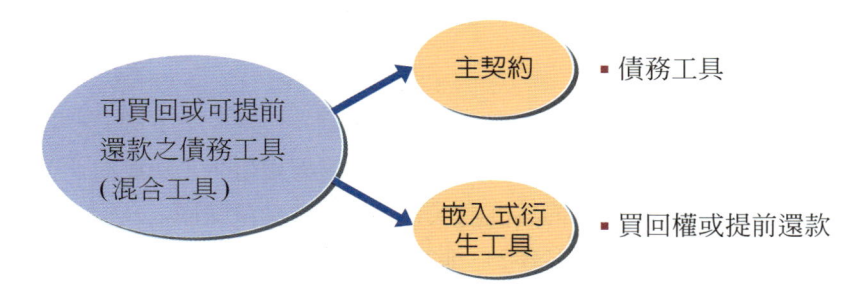

```
                    ┌─── 主契約 ──── ▪ 債務工具
可買回或可提前       │
還款之債務工具 ─────┤
（混合工具）        │
                    └─── 嵌入式衍 ── ▪ 買回權或提前還款
                         生工具
```

📖 圖 12A-1　可買回或提前還款債務工具之組成（對發行人而言）

企業可以將主契約非屬 IFRS 9 金融資產的混合工具，整體直接指定為透過損益按公允價值衡量，除非該混合工具：

1. 嵌入式衍生工具並未重大修改合約原規定的現金流量；或者
2. 當首次考量該混合工具時，僅稍加分析或無須分析即明顯可以知道分離嵌入式衍生工具是被禁止的。例如，嵌入於放款中的提前還款選擇權允許借款人得以幾乎等於該放款的攤銷後成本提前還款者。

否則，嵌入式衍生工具在同時符合下列所有條件時，應與主契約分離並以衍生工具分別認列 (詳見圖 12A-2)。

1.
- 整個混合工具非屬透過損益按公允價值衡量 (FVPL)
- 因為若整個混合工具 (主契約與嵌入式衍生工具) 已按 FVPL 處理，嵌入式衍生工具也按 FVPL 處理，會計應用已經一致，故無須再拆解。

2.
- 嵌入式衍生工具符合衍生工具之定義。
- 這是要單獨認列嵌入式衍生工具的必要條件

3.
- 嵌入式衍生工具之經濟特性 (economic characteristics) 及風險 (risk) 與主契約之經濟特性及風險並非緊密關聯 (not closely related)
- 因為兩者之經濟特性與風險並不相同，故應該拆解分別認列。

📖 圖 12A-2　混合工具 (主契約非為金融資產) 是否須分離之判斷流程

嵌入式衍生工具自混合工具分離後，應視為透過損益按公允價值衡量之金融資產或金融負債，而主契約應按金融工具或非金融工具之性質，

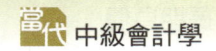

依相關公報之規定處理。

分離嵌入式衍生工具

嵌入式選擇權衍生工具（例如嵌入式賣權、買權、上下限及交換選擇權）與主契約分別認列時，應先決定嵌入式選擇權衍生工具應有之公允價值。主契約之原始帳面金額為混合工具之發行金額減除嵌入式衍生工具公允價值後之餘額（詳見圖12A-3）。此乃因為衍生工具原始認列時須採用公允價值入帳，故須先決定其公允價值，剩餘之金額方為主契約之入帳金額。若在原始認列採用兩者之相對公允價值比例來分攤嵌入式衍生工具及主契約之入帳金額，會造成原始認列時，嵌入式衍生工具馬上須認列損益的不合理現象。

主契約入帳金額 = 混合工具公允價值 − 嵌入式選擇權衍生工具公允價值

圖 12A-3　嵌入式衍生工具為選擇權

嵌入式非選擇權衍生性工具（例如嵌入式遠期合約或交換）與主契約分別認列時，宜以合約明定或隱含之實質條款衡量，而使其原始認列之公允價值為零。此時主契約之入帳金額等於混合工具之發行金額（詳見圖12A-4）。

主契約入帳金額 = 混合工具公允價值 − 嵌入式選擇權衍生工具 $0

圖 12A-4　嵌入式衍生工具為非選擇權

多項嵌入式衍生工具若共存於單一混合工具中，通常會被視為一個複合嵌入式衍生工具，不必再繼續拆解各單項嵌入式衍生工具。除非分類為權益之嵌入式衍生工具應與分類為金融資產或負債者分別認列；或者前述多項嵌入式衍生工具若各有不同之暴險 (exposures)、可輕易分離且彼此獨立者，亦應分別認列。

企業若無法依嵌入式衍生工具之條款及條件可靠衡量其公允價值(例如，嵌入式衍生性工具之標的物係無公開報價之權益工具)，則其公允價值為混合工具公允價值與主契約公允價值間之差額。企業若無法依前述方法衡量嵌入式衍生工具之公允價值時，應將整體混合工具指定為透過損益按公允價值衡量 (FVPL)。

買權及提前還款

買權 (call option) 及**提前還款** (prepayment) 雖然名稱不同，但是它們的經濟本質是相同的，都是債務人(發行人)得以在債務到期前，選擇提早還清債務之本金及利息，尤其是在固定利率的債務合約中，因為利率下跌，債務人可借新還舊以減輕利息的負擔，所以對債務人而言，買回權及提前還款的權利都是衍生性資產。

但是對債權人(持有人)而言，買權及提前還款都是衍生性負債，因為它們都會讓債權人有義務依不利於己之條件與債務人交易金融資產或金融負債。例如，在 20 年期固定利率 8% 款合約中，3 年後如果利率下跌，固定利率債務工具之公允價值會增加，債權人也可預期在未來 17 年仍可收取高利息收入，即使現在市場利率已經下跌。可是在債務人有買回權及提前還款權利的情況下，債務工具的公允價值無法超過買回價格或提前還款之金額(即使可再另加提前解約之罰金)，債權人也無法再繼續收取高額利息收入，因此買權及提前還款，對於債務人有利，對債權人不利。

由於買權及提前還款權利會使得債務工具雖然有**到期期間** (maturity)，但是其**流通在外的期間** (outstanding period) 有可能會短於到期期間，因此債務工具(不論是金融資產或金融負債)如果適用攤銷後成本法計算原始有效利率時，應該採用較長的到期期間之現金流量、還是預計可能流通在外之估計現金流量？

依據有效利息法之定義，原則上應優先採用預計流通在外之估計現金流量，以計算有效利率、但如果估計的現金流量的**時點** (timing) 及**金額** (amount) 有所變動時，企業應調整金融資產或金融負債(或一組金融工具)之帳面金額，以反映實際及修改後之估計現金流量。企業按金融工具之原始有效利率，計算估計未來現金流量之現值，以重新計算帳面金額，其調整數應認列於損益表中做為收益或費損(請參見釋例 12A-2)。

企業若發行混合債務工具，可將整個債務工具，全部**指定透過損益按公允價值衡量** (designated PVPL)。否則，必須依圖 12A-1，先去判斷主契約(應付公司債負債)與嵌入式衍生工具(如買回權資產)兩者間經濟特性與風險是否緊密關聯。IFRS 9 指出：

買權 (call)、**賣權** (put)、或**提前還款** (prepayment) 之選擇權嵌入於

主債務工具，通常與主債務工具並非緊密關聯，除非

(1) 選擇權之執行價格幾乎等於債務工具於每一執行日之攤銷後成本之帳面金額；或
(2) 提前還款選擇權之行使價格補償債權人之金額接近於主契約剩餘期間利息損失之現值。

例如發行人得以 $110 買回面值 $100 的公司債時，必須在可買回期間之每一日攤銷後成本必須都很接近 $110，才能滿足前述條件。否則嵌入式衍生工具 (買權)，應與主契約 (公司債負債) 拆解，分別認列。買權資產視為衍生工具，依「持有供交易之金融資產」之會計處理，而應付公司債，則按攤銷後成本處理。

釋例 12A-1　發行可買回公司債 (混合工具)

品田公司於 ×0 年 12 月 31 日以 $8,900 (不含交易成本 $95) 發行可買回公司債，該可買回公司債之相關條件如下：

- 面額 $10,000、票面利率 8%、×6 年 12 月 31 日到期。
- 每年 12 月 31 日支付利息。
- 品田公司得於 ×2 年 12 月 31 日起，以 $10,500 (另加應計利息) 買回該公司債。

發行時經評價之結果，嵌入式之買回權資產的公允價值為 $300。因買回權之執行價格並不等於每一執行日之攤銷後成本，故品田公司認為買回權與公司債兩者經濟特性及風險並未緊密關聯。品田公司決定分拆此一混合工具，單獨認列嵌入衍生工具，並對公司債採用攤銷後成本法，因主契約和嵌入衍生工具已經分拆，故依公司債之到期期間 (6 年)，而非預計之買回期間去計算原始有效利率，得到原始有效利率為 10.05%。

×1 年 12 月 31 日，嵌入式之買回權公允價值為 $500。

×2 年 12 月 31 日，因利率大幅下跌，嵌入式之買回權公允價值增加為 $1,400。品田公司決定買回該公司債。

解析

(1) 品田公司於 ×0 年 12 月 31 日以 $8,900 (不含交易成本 $95) 發行可買回公司債，此一混合工具包括兩個金融工具：

　① 6 年期 8% 公司債之負債；及
　② 嵌入式買回權資產。

因兩者經濟特性與風險並未緊密關聯，故應拆解，主契約採用攤銷後成本法，而嵌入式衍生工具則視為持有供交易 (TS)。

因為嵌入式衍生工具係屬選擇權類別，應先決定其公允價值 $300 (借方餘額)，然後

再決定主契約的公允價值 $9,200 [= $8,900 − (−$300)] 貸方餘額。至於交易成本 $95 應依兩者之公允價值之絕對值分攤。採攤銷後成本衡量之公司債所分攤之交易成本 $92 應減少公司債之帳面金額；而持有供交易部分分攤之交易成本 $3 則作為當期費用[註]。

附買回公司債之拆解及認列金額

		採用之會計方法	公允價值	交易成本	帳面金額	附註
主契約	6年期8%公司債負債	攤銷後成本	$(9,200)	$92	$(9,108)	公允價值減除交易成本作為帳面金額。有效利率等於10.05%
嵌入式衍生工具	買回權 (call) 資產	持有供交易 (TS)	300	3	300	交易成本作為當期費用。
		合計	$(8,900)	$95		

品田公司 ×0 年 12 月 31 日應作分錄如下：

現金 ($8,900 − $95)	8,805	
透過損益按公允價值衡量之金融資產─選擇權	300	
手續費	3	
應付公司債折價 ($10,000 − $9,108)	892	
應付公司債		10,000

(2) ×1 年 12 月 31 日，嵌入式之買回權公允價值為 $500。品田公司應先作公司債相關分錄，公司債攤銷表如下。再將買回權調至公允價值並認列利益 $200 (= $500 − $300)。

(原始有效利率 10.05%)

	(1) 支付現金	(2) 利息費用	(3) 本期折價攤銷	(4) 未攤銷折價	(5) 帳面金額
×0/12/31				$892	$ 9,108
×1/12/31	$800	$915	$115	777	9,223
×2/12/31	800	927	127	650	9,350
×3/12/31	800	940	140	510	9,490
×4/12/31	800	954	154	356	9,644
×5/12/31	800	969	169	187	9,813
×6/12/31	800	987	187	0	10,000

註：亦可作為取得成本之一部分。

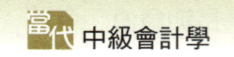

主契約：

利息費用	915	
現金		800
應付公司債折價		115

嵌入式衍生工具：

透過損益按公允價值衡量之金融資產—選擇權	200	
透過損益按公允價值衡量之金融資產利益—選擇權		200

(3) ×2年12月31日，因利率大幅下跌，嵌入式之買回權公允價值增加為$1,400。公司決定買回該公司債。品田公司應先作公司債相關分錄，將買回權調至公允價值並認列利益$900 (= $1,400 – $500)，最後再作除列公司債之分錄，並認列除列損益。

主契約：

利息費用	927	
現金		800
應付公司債折價		127

嵌入式衍生工具：

透過損益按公允價值衡量之金融資產—選擇權	900	
透過損益按公允價值衡量之金融資產利益—選擇權		900

除列負債：

應付公司債	10,000	
除列金融負債損失	2,550	
現金		10,500
應付公司債折價		650
透過損益按公允價值衡量之金融資產—選擇權		1,400

註：除列金融負債損失 = $10,500 + 1,400 – ($10,000 – $650) = $2,550，但品田公司因持有買回權，在×1年及×2年總共認列$1,100之「透過損益按公允價值衡量之金融資產—選擇權」之利益，損失及利益應在損益表中分別列示。

釋例 12A-2　可提前清償之銀行借款（屬混合工具）

品田公司於×0年12月31日向雪山銀行借入以$10,000 (不含交易成本$43)，該借款之相關條件如下：

- 固定利率10%、×6年12月31日到期。
- 每年12月31日支付利息。
- 品田公司得於×2年1月1日起，得隨時提前還清尚未清償本金之全部或部分。

發行時經評估之結果，品田公司認為提前還款選擇權之執行價格很明顯幾乎等於債

務工具於每一執行日之攤銷後成本。品田公司不可分拆此一混合工具,並對該長期借款整體採用攤銷後成本法,品田公司不打算提前還款,得到原始有效利率為 10.1%。

- ×2 年 1 月 1 日,因利率大幅下跌,品田公司打算在 ×2 年底及 ×3 年底分別提前還清本金 $2,000 及 $3,000。
- ×2 年 12 月 31 日,品田公司提前清償本金 $2,000。
- ×3 年 12 月 31 日,品田公司提前清償本金 $3,000。

試作:品田公司 ×1 年至 ×3 年所有分錄。

解析

(1) ×0 年 12 月 31 日,品田公司向雪山銀行借款 $10,000,借款之直接交易成本 $43,該借款雖可提前還款,但因符合「提前還款之執行價格幾乎等於債務工具於每一執行日之攤銷後成本」的條件,所以不必分拆該借款之提前還款選擇權。在考量借款之直接成本後,該借款之原始帳面金額等於 $9,957 (= $10,000 − $43),原始有效利率等於 10.1%。此時,品田公司並不認為會提前還清借款,故可以得到下列借款帳面金額之攤銷表,並作分錄如下:

折價攤銷表 (原始有效利率 10.1%)

	(1) 支付現金	(2) 利息費用	(3) 本期折價攤銷	(4) 未攤銷折價	(5) 帳面金額
×0/12/31				$43	$ 9,957
×1/12/31	$1,000	$1,006	$6	37	9,963
×2/12/31	1,000	1,006	6	31	9,969
×3/12/31	1,000	1,007	7	24	9,976
×4/12/31	1,000	1,008	8	16	9,984
×5/12/31	1,000	1,008	8	8	9,992
×6/12/31	1,000	1,008	8	0	10,000

    現金   9,957
    長期借款折價   43
        長期借款*   10,000
    * 亦可不用「長期借款折價」項目,而作下列分錄:
    現金   9,957
        長期借款   9,957

(2) ×1 年 12 月 31 日,品田公司支付 ×1 年利息。

利息費用	1,006	
現金		1,000
長期借款折價		6

(3) ×2年1月1日，因利率大幅下跌，品田公司打算在×2年底及×3年底分別提前還清本金$2,000及$3,000。因此，品田公司應使用原始有效利率，去重新估計最新預期未來現金流量之現值。如下表，由於第2年底提前還清本金$2,000，所以第3年的利息現金支出，只有$800。第3年底提前還清本金$3,000，所以第4、5及6年的利息現金支出，都只有$500，最後到期時清償剩餘本金$5,000。依據前述現金流量，於第×2年1月1日依原始有效利息法去折現之後，應有之期初帳面金額為$9,974，與原先×1年12月31日之帳面金額$9,963，淨增加$11，所以長期借款之帳面金額應該增加$11，並將其認列於本期損益中（註）。品田公司應作分錄如下：

按攤銷後成本衡量之金融負債損失	11	
長期借款折價		11

帳面金額及利息費用計算表 (原始有效利率 10.1%)

	期初 帳面金額	利息費用 (原始有效利 率 10.1%)	年底現金流量 (利息+償還本金)	期末 帳面金額
×2年	$9,974	$1,007	$3,000 (= 1,000 + 2000)	$7,981
×3年	7,981	806	3,800 (= 800 + 3,000)	4,987
×4年	4,987	504	500 (= 500 + 0)	4,991
×5年	4,991	504	500 (= 500 + 0)	4,995
×6年	4,995	505	5,500 (= 500 + 5,000)	0

用原始有效利率 10.1% 折現後之總額 = $9,974

(4) ×2年12月31日，品田公司提前清償本金$2,000，並支付×2年利息。

利息費用	1,007	
長期借款	2,000	
現金		3,000
長期借款折價		7

(5) ×3年12月31日，品田公司提前清償本金$3,000，並支付×3年利息。

註：企業若未將估計提前還款之現值相關變動予以調整，而繼續沿用原先的攤銷表，在到期時將會有折溢價沒有攤銷完畢，有剩餘金額產生的現象。

利息費用	806	
長期借款	3,000	
現金		3,800
長期借款折價		6

本章習題

問答題

1. 金融負債認列與衡量，企業有哪兩種方法可供選擇，試簡述之。
2. 簡要說明除列金融負債之要件與方式。
3. 債務協商時，不論是簽訂新借款合約，還是舊借款合約條款做修改，債務人都需要判斷是否有產生重大差異，來決定會計處理之方法。試說明何謂「重大差異」，並說明債務協商有無重大差異之會計處理為何。
4. 金融負債須符合哪些條件，始能透過損益按公允價值衡量。
5. 若企業之金融負債採用公允價值衡量時，則當公司信用風險增加，可能會造成公司之利益愈大，試說明其中之邏輯為何？
6. 根據 IAS 32，企業如何能將金融資產及金融負債互抵，並於資產負債表中以淨額表達。

選擇題

1. 集集公司於 ×1 年 7 月 1 日以 $99 之價格加計應計利息出售 5 年期的公司債以籌措資金，公司債之發行日期為 ×1 年 4 月 1 日，面額 $500,000、票面利率 10%，每年 4 月 1 日與 10 月 1 日付息，試問出售債券時，集集公司收到的現金為？
   (A) $507,500　　　　　　　　　　　(B) $500,000
   (C) $495,000　　　　　　　　　　　(D) $482,500

2. 假設 A、B 二債券之面額與票面利率相同，但 A 債券為 10 年期，B 債券為 20 年期，且發行時市場利率與票面利率相同，則：
   (A) B 債券之發行價格將較 A 債券大　　(B) A 債券之發行價格將較 B 債券大
   (C) A、B 二債券之發行價格相等　　　(D) 無足夠的資料比較 A、B 二債券之發行價格

   [100 年公務員升等考試]

3. 甲公司於 ×1 年初發行面額 $100,000，票面利率 10%，有效利率 8%，每年 6 月 30 日及 12 月 31 日付息之五年期公司債。該公司債於 ×4 年底之帳面金額為何？（答案四捨五入至整數）
   (A) $104,452　　　　　　　　　　　(B) $103,630

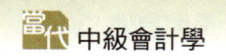

(C) $102,775　　　　　　　　　　(D) $101,886　　　　　　　　[108 年稅務特考]

4. 甲公司於 ×1 年初以 $8,648,870 的價格發行面額 $8,000,000，5% 之 10 年期公司債，每年底付息，當時有效利率為 4%。×2 年 4 月 1 日甲公司於公開市場以 $99 的價格加計利息買回面額 $2,000,000 的債券，則償債損益為何？（答案四捨五入至整數）

　　(A) 利益 $20,000　　　　　　　(B) 利益 $165,193
　　(C) 損失 $151,001　　　　　　(D) $0　　　　　　　　　　[108 年稅務特考]

5. 甲公司 ×1 年初開立面額 5 千萬，票面利率為 10% 之票據向銀行進行 5 年期之借款，利息每年底支付，當時該借款之有效利率為 8%。甲公司於 ×3 年初出現財務困難，因此與銀行進行債務協商並支付協商手續費 30 萬元，銀行同意延長到期日並調降利率為 6%，且免除積欠利息。協商日甲公司借款之市場利率為 15%。經判斷新、舊借款合約不具有重大差異。針對甲公司債務協商，下列敘述何者正確？

　　(A) 甲公司 ×3 年度應認列債務協商利益
　　(B) 甲公司 ×3 年度損益表應認列協商手續費 30 萬
　　(C) 甲公司 ×3 年度以後認列之利息費用，利率將等於 8%
　　(D) 甲公司應除列原有負債之所有帳面金額　　　　　　　　[110 年會計師]

6. 甲公司於 ×9 年底發行 5 年期之可買回、可轉換公司債，該可買回、可轉換公司債整體公允價值為 $927,000，公司債面額為 $900,000，票面利率 3%，每年年底付息，轉換價格為 $50。已知發行當日各組成部分單獨之公允價值如下：

組成部分	單獨之公允價值
有買回權無認股權之公司債	$870,000
只有買回權	(45,000)
只有認股權	75,000

則有關甲公司 ×9 年底發行可買回、可轉換公司債之分錄，下列敘述何者正確？
　　(A) 借記透過損益按公允價值衡量之金融資產－買回權 $45,000
　　(B) 貸記透過損益按公允價值衡量之金融負債－買回權 $45,000
　　(C) 借記應付公司債折價 $75,000
　　(D) 貸記資本公積－認股權 $75,000　　　　　　　　　　[108 年高考會計]

7. 甲公司於 ×6 年 1 月 1 日向乙銀行借款 $1,000,000，利率 10%，每年年底付息，×10 年底到期，該借款之有效利率為 10%。甲公司因經營不善，遂於 ×8 年底支付利息後向乙銀行申請債務協商。乙銀行於 ×9 年 1 月 1 日同意未來每年年底支付之利息降為 $60,000，到期日延長至 ×12 年底，到期本金只要清償 $800,000，甲公司支付債務協商費用 $20,000。假設債務協商當時市場利率為 12%，則甲公司 ×9 年度應認列的利息費用為何？（四捨五入計算至整數）

508

4 期，利率 10%，$1 普通年金現值 = 3.16987，$1 複利現值 = 0.68301
4 期，利率 12%，$1 普通年金現值 = 3.03735，$1 複利現值 = 0.63552

(A) $75,660 (B) $80,479
(C) $82,879 (D) $85,279 〔108 年高考會計〕

8. 甲公司帳上有開立給丁公司之到期日為 ×9 年 12 月 31 日，面額 $5,000,000 之票據未清償，且甲公司另外積欠丁公司利息 $500,000 尚未償還。因甲公司發生財務困難，於 ×8 年 12 月 31 日進行債務整理，丁公司同意承受甲公司以增發普通股 300,000 股方式抵償全部債權。甲公司普通股每股面額 $10，公允價值每股 $12，股票發行成本 $200,000，則甲公司 ×8 年應認列之債務整理利益金額為何？

(A) $1,400,000 (B) $1,900,000
(C) $2,100,000 (D) $2,600,000 〔108 年高考會計〕

9. 企業若採用攤銷後成本法，則有關發行公司債之發行成本會計處理為：
(A) 於發生當期作為費用
(B) 自發行公司債之面額中減除
(C) 作為公司債發行取得金額之減項，並於公司債剩餘期間攤銷
(D) 直到公司債到期時，才轉為費用

10. 丙公司 ×1 年底發生財務困難，於該年底與債權人第一公司就下列債務進行協商：應付票據帳面金額 $1,500,000 (等於面額) 及積欠一年利息 $150,000。達成債務重整協議之條件如下：
(1) 本金降為 $1,050,000，(2) 免除積欠利息 $150,000，(3) 到期日延至 ×3 年 12 月 31 日，(4) 利率降為 6%，每年底支付。目前相同條件的票據有效利率為 6%，另支付 $10,000 協商支出。試問丙公司 ×2 年度應認列之利息費用應為何？

(A) $0 (B) $63,000
(C) $97,711 (D) $105,000 〔108 年高考財稅〕

11. ×7 年 7 月 1 日甲公司因財務困難，無法清償乙公司及丙公司分別已到期之債務 $1,000,000。乙公司同意甲公司以其所持有列為透過損益按公允價值衡量之 40,000 股丁公司普通股抵償債務；丙公司同意甲公司以其於 ×6 年按每股 $30 買回之庫藏股票 40,000 股抵償債務。若甲公司及丁公司 ×6 年底股價均為 $35，×7 年 7 月 1 日股價均為 $22，則甲公司對乙公司及丙公司之債務清償應分別認列多少債務清償損益？

(A) 損失 $400,000 及損失 $200,000
(B) 損失 $400,000 及 $0
(C) 利益 $120,000 及 $0
(D) 利益 $120,000 及利益 $120,000

〔107 年高考會計〕

12. ×1 年 1 月 1 日舒豪公司購買一組機器設備，耐用年限估計 8 年，無殘值。但該機器之公允價值不易衡量，舒豪公司開立一張 $315,000 之無息票據，並自 ×1 年 12 月 31 日起，連續 3 年，每年年底支付 $105,000，舒豪公司的借款利率為 8%。假設舒豪公司對

該機器採用直線法折舊，則舒豪公司 ×1 年損益表中有關此一長期應付票據與機器設備列示之利息費用與折舊費用分別為：

(A) $21,648、$33,825
(B) $21,648、$90,198
(C) $25,200、$39,375
(D) $5,250、$26,250

13. 麗山公司 ×5 年 1 月 1 日以 105 買回公司債，該公司債面額 $300,000，每年 7 月 1 日及 12 月 31 日付息，買回時公司債之帳面金額為 $311,235，則 ×5 年 1 月 1 日買回公司債之分錄應包括：

(A) 借：除列金融負債損失 $3,765
(B) 借：應付公司債 $315,000
(C) 貸：除列金融負債利益 $3,765
(D) 借：應付公司債 $11,235

14. ×8 年 12 月 31 日若希公司積欠馬爾泰銀行 $300,000 之銀行借款與 $30,000 應計利息，若希公司因經濟衰退導致營運惡化，經與銀行協商後，馬爾泰銀行同意接受若希公司一設備而撤銷全部欠款。該設備成本 $265,000，累計折舊 $65,000，公允價值 $295,000。

(1) 若希公司應認列之設備處分損益為：
(A) 0
(B) 處分利益 $95,000
(C) 處分利益 $30,000
(D) 處分損失 $35,000

(2) 若希公司應認列之金融負債除列利益為：
(A) 0
(B) $5,000
(C) $30,000
(D) $35,000

15. 佑琳公司 ×2 年 12 月 31 日資產負債表上之應付公司債帳面金額為 $2,840,000，該公司債面額 $3,000,000，×3 年 1 月 1 日佑琳公司以 $1,535,000 買回面額 $1,500,000 之公司債，此交易將產生之金融負債除列損失為：

(A) 0
(B) $35,000
(C) $80,000
(D) $115,000

16. 甲公司帳上有開立給丁公司之到期日為 ×9 年 12 月 31 日，面額 $5,000,000 之票據未清償，且甲公司另外積欠丁公司利息 $500,000 尚未償還。因甲公司發生財務困難，於 ×8 年 12 月 31 日進行債務整理，丁公司同意承受甲公司以增發普通股 300,000 股方式抵償全部債權。甲公司普通股每股面額 $10，公允價值每股 $12，股票發行成本 $200,000，則甲公司 ×8 年應認列之債務整理利益金額為何？

(A) $1,400,000
(B) $1,900,000
(C) $2,100,000
(D) $2,600,000

[108 年高考會計]

17. 甲公司於 ×7 年 12 月 31 日開立票據一紙向乙銀行借款 $1,000,000，票面利率 8%，每年底付息一次，×10 年 12 月 31 日到期，有效利率為 8%。×8 年甲公司面臨財務危機，在支付 ×8 年利息 $80,000 之後，向乙銀行申請債務協商。雙方於 ×8 年 12 月 31 日同意到期本金降為 $900,000，利率降為 2%，到期日延長至 ×11 年 12 月 31 日，利息每年年底支付。甲公司支付第三方協商手續費 $5,000，假設債務整理當時有效利率為 10%，

試問甲公司 ×9 年應認列之利息費用是多少？

($1，8%，3 期普通年金現值因子 2.57710；$1，8%，3 期複利現值因子 0.79383；$1，10%，3 期普通年金現值因子 2.48685；$1，10%，3 期複利現值因子 0.75131)

(A) $0　　　　　　　　　　　　　　(B) $60,867
(C) $72,094　　　　　　　　　　　　(D) $76,084　　　　　　　[109 高考財稅]

18. 花蓮公司於 ×2 年 1 月 1 日按面額發行 500 張可賣回可轉換公司債，並支付 1.2% 之發行成本。可賣回可轉換公司債為 3 年期，每張面額 $1,000，票面附息 4%，每半年付息一次 (付息日為 6 月 30 日及 12 月 31 日)。自發行日後一年起至到期日前二十日止，投資人可按每股 $40 的價格將公司債轉換成花蓮公司的普通股。投資人亦可於 ×3 年 12 月 31 日要求花蓮公司按 109 加應計利息買回公司債，逾期賣回權即失效。公司債發行當日，採用選擇權定價模式評估，賣回權的公允價值為 $18,500，且經分析花蓮公司發行的公司債若不附賣回權及認股權，其有效利率為 6%。假設 ×2 年 12 月 31 日賣回權之公允價值為 $21,200，試問花蓮公司 ×2 年 12 月 31 日資產負債表上，應報導與該可賣回可轉換公司債有關的資本公積－認股權金額為何？

(A) $8,483　　　　　　　　　　　　(B) $8,528
(C) $8,586　　　　　　　　　　　　(D) $8,253　　　　　　　[109 年地特會計]

19. 仁愛公司於 ×0 年 12 月 31 日發行 2 年期的公司債，仁愛公司將其指定為透過損益按公允價值衡量之金融負債，面額 $10,000、票面利率 10%，每年 12 月 31 日付息一次，發行公司債取得的價金 $10,000。於原始認列時，仁愛公司認定將該公司債之信用風險公允價值變動認列於其他綜合損益並不會引發或加劇會計配比不當。該公司債之原始有效利率為 10%，此時指標利率為 4%。

×1 年 12 月 31 日，該債券期末公允價值為 $9,500。此時指標利率為 5%。

試問：仁愛公司 ×1 年 12 月 31 日有關該公司債本期之公允價值變動，應認列於其他綜合損益之金額為何 (計算至整數元，以下四捨五入)？

(A) $0　　　　　　　　　　　　　　(B) 利益 $90
(C) 利益 $410　　　　　　　　　　　(D) 利益 $500

練習題

1. **【應付公司債—攤銷後成本】** 白揚公司於 ×1 年 1 月 1 日，發行 6 年期的公司債以籌措資金，面額 $500,000、票面利率 10%，每年 12 月 31 日付息一次，假定與該債券同信用等級的市場利率為 11.9%，則該公司債的公允價值為 $460,831，白揚公司為了發行公司債支付直接交易成本 $1,945。假設公司採用有效利息法按攤銷後成本衡量之金融負債。

試作：
(1) 白揚公司發行公司債之原始有效利率。
(2) 編製白揚公司公司債折溢價攤銷表。

(3) 完成白揚公司 ×1 年、×2 年有關公司債之分錄。

2. 【應付公司債—攤銷後成本】下列為三種獨立情況：

(1) 欣銓公司於 ×0 年 1 月 1 日，發行 10 年期的公司債，面額 $500,000、票面利率 11%，每年 1 月 1 日與 7 月 1 日付息一次，在支付發行公司債之交易成本後，欣銓公司淨收取現金 $531,155（原始有效利率為 10%）。公司採用攤銷後成本法，並以有效利息法攤銷債券折溢價。則 ×0 年 7 月 1 日之半年報與 ×0 年 12 月 31 日之年度報表中，應認列的利息費用分別多少？

(2) 達群公司於 ×0 年 6 月 30 日，發行 10 年期的公司債，面額 $900,000、票面利率 9%，每年 6 月 30 日與 12 月 31 日付息一次，在支付發行公司債之交易成本後，達群公司淨收取現金 $843,920（原始有效利率為 10%）。公司採用攤銷後成本法，並以有效利息法攤銷債券折溢價。則 ×0 年 10 月 31 日之報表中，應認列的利息費用為多少？

(3) 學勤公司於 ×0 年 10 月 1 日，出售公司債，面額 $400,000、票面利率 12%，每年 12 月 31 日付息一次，發行日為 ×0 年 1 月 1 日，到期日為 ×5 年 1 月 1 日。在支付發行公司債之交易成本後，學勤公司淨收取現金 $466,326（含應計利息），原始有效利率為 9.7075%。公司採用攤銷後成本法，並以有效利息法攤銷債券折溢價。試完成學勤公司出售公司債與第一次付息日之分錄。

3. 【應付公司債—攤銷後成本】大成公司於 ×0 年 6 月 30 日，發行 10 年期的公司債，面額 $3,000,000、票面利率 13%，每年 6 月 30 日與 12 月 31 日付息一次，在支付發行公司債之交易成本後，大成公司淨收取現金 $3,172,049（原始有效利率為 12%）。公司採用攤銷後成本法，並以有效利息法攤銷債券折溢價。

試作：

(1) 完成下列交易之分錄：
   (a) ×0 年 6 月 30 日公司債的發行。
   (b) ×0 年 12 月 31 日利息支付及折溢價攤銷。
   (c) ×1 年 6 月 30 日利息支付及折溢價攤銷。
   (d) ×1 年 12 月 31 日利息支付及折溢價攤銷。

(2) 列示在 ×0 年 12 月 31 日資產負債表上應付公司債的適當表達。

4. 【應付公司債－攤銷後成本、期中買回】興星公司於 20×1 年 1 月 1 日，以 $1,536,698 發行面額 $1,600,000、票面利率 6%、20×5 年 12 月 31 日到期之公司債，該債券每年 6 月底與 12 月底各付息一次。當時有效利率 7%，公司依有效利息法作攤銷。至 20×3 年 6 月 1 日，興星公司又以 101 價格發行 10 年期、票面利率 6% 的公司債 $1,800,000，新發行的公司債每年 5 月底、11 月底各付息一次，發行新債券所得之現金於 20×3 年 6 月 30 日依 107 市場價格買回舊債券。（利息費用計算至整數，小數點以下四捨五入）

試作：

(1) 20×1 年 1 月 1 日發行債券分錄。

(2) 20×3 年 6 月 1 日發行債券分錄。

(3) 20×3 年 6 月 30 日買回舊債券分錄。　　　　　　　　　　　[108 年高考財稅]

5. 【透過損益按公允價值衡量之負債】臺北公司於 11 年 1 月 1 日以 $108,530 發行面額 $100,000，票面利率 8%，有效利率 6%，16 年 1 月 1 日到期之公司債，付息日為每年 1 月 1 日及 7 月 1 日。為減少會計配比不當的問題，臺北公司指定該公司債為透過損益按公允價值衡量。於原始認列時，臺北公司認定將該公司債之信用風險公允價值變動認列於其他綜合損益會引發或加劇會計配比不當。11 年底公司債之市價為 $105,000。

試作：

(1) 臺北公司於 11 年 7 月 1 日及 11 年 12 月 31 日對於上述公司債應有的分錄為何？

(2) 由於臺北公司將該公司債指定為透過損益按公允價值衡量，因此，「當公司違約風險增加，有效利率上升，負債公允價值下跌，價值下跌之變動將為公司之利益」。前述說明中違約風險增加導致企業認列會計利益之邏輯為何？請簡要說明。

[101 年臺北大學碩士班試題]

6. 【長期應付票據】×8 年 1 月 1 日，梅西公司發生了下列兩項交易：

1. 發行了一張 5 年期無息面額 $337,012 的票據以購買一筆公允價值 $200,000 的土地。
2. 發行面額 $250,000，年利率 6%，8 年期的票據購買設備 (每年付息一次)。梅西公司的借款利率為 11%。

試作：

(1) 梅西公司 ×8 年 1 月 1 日兩項購買交易的分錄。

(2) 記錄兩項票據第一年底的利息。

7. 【負債除列—現金清償】×3 年 1 月 1 日，臺北公司發行面額 $1,500,000，票面利率 10%，10 年期之公司債，每年 12 月 31 日付息一次，發行時扣除發行成本後得款 $1,596,265 (原始有效利率 9%)。

試作：(下列各情況獨立)

(1) 臺北公司於 ×4 年 12 月 31 日，以 $1,580,000 (含交易成本) 在公開市場以市價提前買回全部公司債，試完成 ×4 年 12 月 31 日有關分錄。

(2) 臺北公司於 ×5 年 12 月 31 日，以 $516,000 (含交易成本) 在公開市場以市價提前買回面額 $500,000 公司債，試完成 ×5 年 12 月 31 日有關分錄。

8. 【負債除列—非現金清償、發行權益證券】×1 年 12 月 31 日永建公司積欠華東銀行 $200,000 之銀行借款與 $18,000 應計利息，永建公司因經濟衰退導致營運惡化，試依下列獨立情況完成永建公司與華東銀行相關分錄：

(1) 華東銀行同意接受一部機器而撤銷全部欠款。該機器成本 $590,000，累計折舊 $350,000，公允價值 $190,000。假設華東銀行協商之前已提列備抵損失 (備抵呆帳) $5,000。

(2) 永建公司發行 16,000 股普通股給華東銀行 (每股面額 $10，公允價值 $12)，以清償該銀行借款。假定華東銀行協商之前已提列備抵損失 (備抵呆帳) $6,000，並將收取之股票作為透過損益按公允價值衡量之金融資產。

9. 【負債除列—非現金清償、修改債務條件】下列為二件獨立事件：

(1) 吉諾公司積欠華北公司 $399,600 之借款，吉諾公司因營運惡化陷入財務困難，經與華北公司協商後，華北公司願意接受一機器而撤銷全部欠款。該機器成本 $500,000，累計折舊 $320,000，公允價值 $280,000。試完成吉諾公司清償該負債之分錄。

(2) 維多公司於 ×1 年 1 月 1 日向中西銀行借款 $500,000，利率固定為 12%，每年底付息一次，該借款於 ×6 年底到期。維多公司計算該借款之原始有效利率為 12%。維多公司因營運情況不佳，財務出現困難，因此向中西銀行申請債務協商。中西銀行於 ×4 年 1 月 1 日同意將未來每年之借款利息由原先之 $60,000 降為 $25,000，到期日延至 ×8 年底，到期本金只要清償 $450,000。維多公司支付第三方協商手續費 $2,000。假設維多公司在 ×4 年 1 月 1 日借款之市場利率為 16%。試完成維多公司 ×4 年與 ×5 年有關之分錄。

10. 【負債除列—修改債務條件 (具重大差異)】良品公司以票面利率等於公平利率之票據，向萬國銀行借款 $6,000,000，每年付息一次，嗣後良品公司發生財務困難情事，無力清償於 20×1 年底到期之本金，且已積欠一期的利息 $480,000 (原始有效利率為 8%)，遂與萬國銀行商議修改債務條件 (此時市場利率為 10%)，雙方同意將該票據的到期日延至 20×6 年底，免除已積欠之利息，本金不變，利率降為 3%，良品公司另須於每年年底支付本金 1% 作為手續費，協商時所發生之費用 $100,000 由良品公司負擔。

試問：

(1) 前述協商結果是否具有實質差異？
(2) 試依 (1) 之正確結論，作良品公司 20×1 年 12 月 31 日債務整理及 20×2 年 12 月 31 日支付利息之分錄。

[103 年會計師依 IFRS 9 改編]

11. 【負債除列—修改債務條件 (具重大差異)】甲公司於 ×0 年 12 月 31 日向乙銀行借款 $10,000，利率固定為 10%，每年年底付息一次，該借款於 ×4 年底到期。甲公司計算該借款之有效利率為 10%，並將其認列為「長期借款」。隨後，甲公司 ×2 年因營運情況不佳，財務開始出現困難，在支付 ×2 年利息 $1,000 之後，向乙銀行申請債務協商。雙方於 ×2 年 12 月 31 日同意未來將借款利率降為 1%，到期日延至 ×5 年底，到期本金仍要清償 $10,000。甲公司支付乙銀行協商手續費 $200。乙銀行 ×1 年 12 月 31 日已提列相關備抵損失 (備抵呆帳) $300。

試作：

(1) 甲公司 ×2 年 12 月 31 日債務協商之分錄。假定甲公司在 ×2 年 12 月 31 日借款之市場利率為 15%。另試作甲公司 ×3 年認列利息費用之分錄。
(2) 若此一債務修改，其中部分金融資產 (總帳面金額 $900) 因為收取現金流量的權利失

效或無法合理預期可回收，符合除列的要件。乙銀行 ×2 年 12 月 31 日債務協商之分錄，及提列備抵損失之分錄 (假定乙銀行對此放款所需之備抵損失為 $500)。另試作乙銀行 ×3 年認列利息收入之分錄。

(3) 若此一債務修改，完全不符金融資產除列之要件，乙銀行 ×2 年 12 月 31 日債務協商之分錄，及提列備抵損失之分錄 (假定乙銀行對此放款所需之備抵損失為 $1,300)。另試作乙銀行 ×3 年認列利息收入之分錄。

12. 【負債除列—修改債務條件 (不具重大差異)】甲公司於 ×0 年 12 月 31 日向乙銀行借款 $10,000，利率固定為 10%，每年底付息一次，該借款於 ×4 年底到期。甲公司計算該借款之有效利率為 10%，並將其認列為「長期借款」。隨後，甲公司 ×2 年因營運情況不佳，財務開始出現困難，在支付 ×2 年利息 $1,000 之後，向乙銀行申請債務協商。雙方於 ×2 年 12 月 31 日同意未來將借款利率降為 8%，到期日延至 ×5 年底，到期本金仍要清償 $10,000。甲公司支付乙銀行協商手續費 $200。乙銀行 ×1 年 12 月 31 日已提列相關備抵損失 (備抵呆帳) $300。

試作：

(1) 甲公司 ×2 年 12 月 31 日債務協商之分錄。假定甲公司在 ×2 年 12 月 31 日借款之市場利率為 15%。另試作甲公司 ×3 年認列利息費用之分錄 (假設此時新的有效利率是 10.84%)。

(2) 若此一債務修改，其中部分金融資產 (總帳面金額 $100) 因為收取現金流量的權利失效或無法合理預期可回收，符合除列的要件。乙銀行 ×2 年 12 月 31 日債務協商之分錄，及提列備抵損失之分錄 (假設乙銀行對此放款所需之備抵損失為 $500)。另試作乙銀行 ×3 年認列利息收入之分錄。

(3) 若此一債務修改，完全不符金融資產除列之要件，乙銀行 ×2 年 12 月 31 日債務協商之分錄，及提列備抵損失之分錄 (假設乙銀行對此放款所需之備抵損失為 $1,300)。另試作乙銀行 ×3 年認列利息收入之分錄。

13. 【負債除列—修改債務條件】甲公司於 20×1 年 1 月 1 日向乙銀行借款 $50,000,000，年利率為 6% (有效利率亦為 6%)，每年年底付息一次，於 20×5 年 12 月 31 日到期。甲公司於前 2 年之付息正常，但 20×3 年 12 月 31 日因為營運已發生困難致無法支付當年度之利息，乙銀行同意接受甲公司機器一部抵付積欠之利息，該機器成本 $10,000,000，已提列累計折舊 $9,000,000，於當日該機器之公允價值為 $1,500,000。

請分別依下列情況作甲公司於 20×3 年 12 月 31 日、20×4 年 1 月 1 日、12 月 31 日及 20×5 年 12 月 31 日應有之分錄（計算至元位）：

(1) 情況一：20×4 年 1 月 1 日乙銀行同意未來 2 年之利息為零 (假設是日相同條件之市場利率為 8%)。

(2) 情況二：20×4 年 1 月 1 日乙銀行同意未來 2 年之年利率降為 3% (假設是日相同條件之市場利率為 8%)。

[102 年會計師依 IFRS 9 改編]

14. **【附錄 A—可買回公司債】** 甲公司於 20×1 年 1 月 1 日以公允價值 $105,000（忽略交易成本）發行三年期之可轉換公司債 100 張，每張面額 $1,000，票面利率 5%，每年 12 月 31 日付息一次。該公司債之轉換價格為 $20 轉換甲公司 1 股普通股。經客觀評價得知，當甲公司於 20×1 年 1 月 1 日發行不含轉換權之三年期公司債的公允價值為 $92,269，市場利率為 8%，同時，轉換權之公允價值為 $15,000。此外，甲公司在 20×2 年 12 月 31 日付息後，自公開市場以市價 $53,000 買回上述可轉換公司債之半數（亦即，50 張，面額共計 $50,000）。直至 20×4 年 1 月 1 日，即可轉換公司債之到期日，持有人將面額 $50,000 之可轉換公司債以約定之轉換價格轉換為甲公司之 2,500 股普通股，每股面值 $10，當日之每股市價為 $25。甲公司之不含轉換權公司債與認股權於各年底之公允價值，列示如下：

	不含轉換權之公司債 (面額 $100,000)	認股權
20×1年12月31日	$91,323	$25,000
20×2年12月31日	$96,330	$30,000

試作：

(1) 20×1 年 1 月 1 日之發行日，20×2 年 12 月 31 日及 20×3 年 12 月 31 日之相關分錄。
(2) 20×4 年 1 月 1 日可轉換公司債轉換為甲公司普通股之分錄。　　　　【109 年高考會計】

Chapter 12 長期負債

Chapter 13 權益及股份基礎給付交易

學習目標

研讀本章後，讀者可以了解：

1. 權益之定義及判斷
2. 權益之主要項目
3. 發行普通股及特別股之會計處理
4. 發行複合金融工具（可轉換公司債等）之會計處理
5. 庫藏股票之定義及會計處理
6. 股份基礎給付交易之定義及範圍
7. 權益交割之股份基礎給付交易之會計處理
8. 現金交割之股份基礎給付交易之會計處理
9. 得選擇用現金交割之股份基礎給付交易之會計處理
10. 股份基礎給付協議之修改條件、取消或交割之會計處理

本章架構

權益及股份基礎給付交易

- **權益**
  - 定義
  - 判斷
  - 主要項目
- **發行權益工具**
  - 普通股
  - 特別股
  - 複合金融工具
  - 可轉換公司債
  - 可轉換特別股
  - 其他衍生工具
- **庫藏股票**
  - 定義
  - 會計處理
- **股份基礎給付交易**
  - 定義及範圍
  - 權益交割
  - 現金交割
  - 得選擇用現金交割
  - 修改條件、取消或交割

知名的大陸手機公司小米於 2018 年 7 月 9 日以每股發行價港幣 17 元，在香港交易所掛牌上市。小米創辦人雷軍在上市時致辭說：「在 2008 年，我有一個瘋狂的想法，要用互聯網方式做手機，當時幾乎沒有人相信這個瘋狂的想法。」小米開張第一天只有 13 個人，一起喝一碗小米粥就開工了。

從小米公司的上市公開說明書(如下表)可以看出，營業收入從 2015 年的 668 億元，成長至 2017 年的 1,146 億元，同期間營業利益也由 14 億元大幅成長至 122 億元。但是本期稅後損益卻由 2015 年的虧損 88 億元，增加到 2017 年的虧損 439 億元。乍看之下，是很奇怪，但在進一步分析之後，發現造成虧損的主要理由：在於小米公司所發行的可轉換可贖回優先股，公允價值變動所造成的結果。

單位：人民幣億元，每股盈餘除外

	2017 年	2016 年	2015 年
營業收入	$1,146	$684	$668
營業利益	122	38	14
可轉換可贖回優先股公允價值變動*	(541)	(25)	(88)
本期稅後損益	(439)	5	(76)
基本每股盈餘(單位：人民幣元)	(44.91)	0.57	(7.83)
資產負債表之長期負債項下：			
可轉換可贖回優先股公允價值	1,615	1,158	1,059

* 僅包括人民幣公允價值變動，匯率變動部分納入匯兌損益

讀者可能會覺的奇怪，公司發行的優先「股」不是「權益」嗎？為何其公允價值變動會造成公司產生損失？又為何將這些可轉換可贖回的優先股列入長期負債？原來小米公司從創立時及成長時，為了吸引創投基金的入資，自 2010 年起，發行了許多系列的可轉換可贖回的優先股，這些優先股的持有人自 2019 年 12 月 23 日起得以下列兩項較高的金額，要求小米公司買回這些優先股：

(1) 優先股的原始發行價格，加計每年複利 8% 的利息及任何相關應分派但未付股利；或
(2) 優先股當時的公允價值(未來經估價師評價之後)。

另外，同時在轉換價格的計算時，係以美元為計算基礎，而非人民幣，所以未來轉換的股數會因匯率變動而改變。因此，這些優先股被 IFRS 視為金融負債。IFRS 為什麼要把這些特別股視為金融負債？本章借用禪師知名的偈語，回應如下：

「各位在未上本章時，見股是股，見債是債。
及至後來親見知識，有個入處，見股不是股，見債不是債。
而今得個了解處，依前見股祇是股，見債祇是債。」

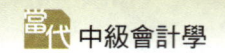

章首故事引發之問題
- 權益的本質是什麼？
- 如何判斷金融工具是金融資產、金融負債或權益？
- 如何判斷具有某些特性的特別股是權益、負債，還是兩者都有？
- 如何判斷可轉換公司債是權益、負債，還是兩者都有？

13.1 權益

13.1.1 權益之定義

學習目標 1　權益之定義及判斷

　　在討論前面金融資產 (第 5 章及第 10 章) 及金融負債 (第 11 章及第 12 章) 之後，接下來要討論的議題就是**權益** (equity)。所謂**權益工具** (equity instrument)，係指表彰企業於資產減除所有負債後剩餘權益之任何合約。亦即，權益等於資產減除負債後剩餘之金額，有時亦稱**淨資產** (net asset)。

　　同樣地，IASB 亦比照前述方式，來分別定義金融資產、金融負債及權益工具：

1. IASB 首先定義金融工具如下：**金融工具** (financial instrument) 係指某一企業產生金融資產，另一企業同時產生金融負債或 (及) 權益工具之任何合約。
2. 然後，IASB 再以正面表列的方式，分別定義金融資產 (請參見第 10.1 節) 及金融負債 (請參見第 11.1 節)。
3. 最後，凡不屬於金融資產，也不屬於金融負債的金融工具，就是權益工具 (如圖 13-1 所顯示之橘黃色區域)。

　　由於過去有不少企業，以發行權益工具之名，行發行金融負債之實 (如章首故事小米公司所發行之特別股)，造成企業的自有資金比率有虛增之嫌，因此 IASB 基於經濟實質重於法律形式的原則，回到權益工具的本質，要求權益工具必須**同時符合下列**兩個條件：

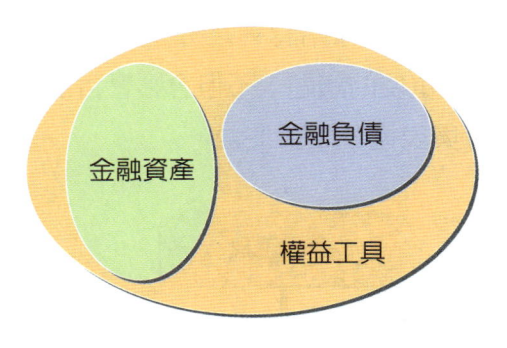

Chapter 13 權益及股份基礎給付交易

📘 圖 13-1　金融工具之分類

條件一：發行人可無條件避免

(1) 交付現金或其他金融資產；或
(2) 按潛在不利於發行人之條件與另一企業交換金融資產或金融負債之合約義務。

說明：
- 重點是發行人可無條件，有自主裁量權的方式決定是否會有現金流出。
- 真正的權益工具不能要求發行人必須定期支付股利或買回該權益工具。凡是讓發行人失去能夠無條件避免現金流出的金融工具，都不是權益工具，而是金融負債。例如，強制贖回特別股或有盈餘即須發放股利之特別股。
- 本書稱此一條件為不可主動抽公司銀根，此條件可確保發行人無支付義務。

條件二：將以或可能以發行人本身之權益工具交割，且該工具係下列二者之一

(1) 發行人無合約義務交付變動數量發行人本身權益工具之非衍生工具。
(2) 發行人僅能以固定金額現金或其他金融資產交換固定數量發行人本身權益工具之方式交割之衍生工具合約。

說明：
- 本書稱此一條件為有福同享、有難同當。此條件使該金融工具持有人之風險和報酬與普通股股東相類似。
- 以 (1) 之非衍生工具為例，甲企業願意支付乙企業 $100，若甲企業股價為 $25，須支付乙公司 4 股，但如果甲企業股價跌到 $20，則必須支付 5 股。因為無論甲公司股價為何，乙公司都可以實拿價值 $100 甲公司的股票，所以乙公司並無有福同享、有難同當，所以此一合約是金融負債，不是權益工具。
- 以 (2) 之衍生工具為例，丙公司發行認股權給投資人，投資人得以用每股 $15 執行價格，認購 1 股，丙公司並因此收到 $3。因為此時雙方已約定以固定金額換取固定股數 (fixed for fixed)，已經符合有福同享、有難同當的條件，所以此一認股權合約是權益工具，丙公司所收到之 $3，應作為權益之增加。
- 再以 (2) 之衍生工具為例，丁公司發行可重設 (reset) 價格之認股權給投資人，投資人原則上得以用每股 $15 執行價格，認購 1 股，但如果丁公司股價跌破 $12，則投資人可改用 $12，認購 1 股，丁公司並因此收到 $5。因為雙方係以約定非以固定金額 ($15 或 $12) 換取固定股數 (not fixed for fixed)，不符合有福同享、有難同當的條件，所以此可重設價格之認股權不是權益工具，丁公司所收到之 $5，應作為 (衍生) 金融負債之增加。

金融工具發行時，其原始認列之分類 (金融資產、金融負債或權益工具) 是一個很重要的議題，不但會影響目前財務報表之表達，也會影響後續衡量與表達，如圖 13-2。

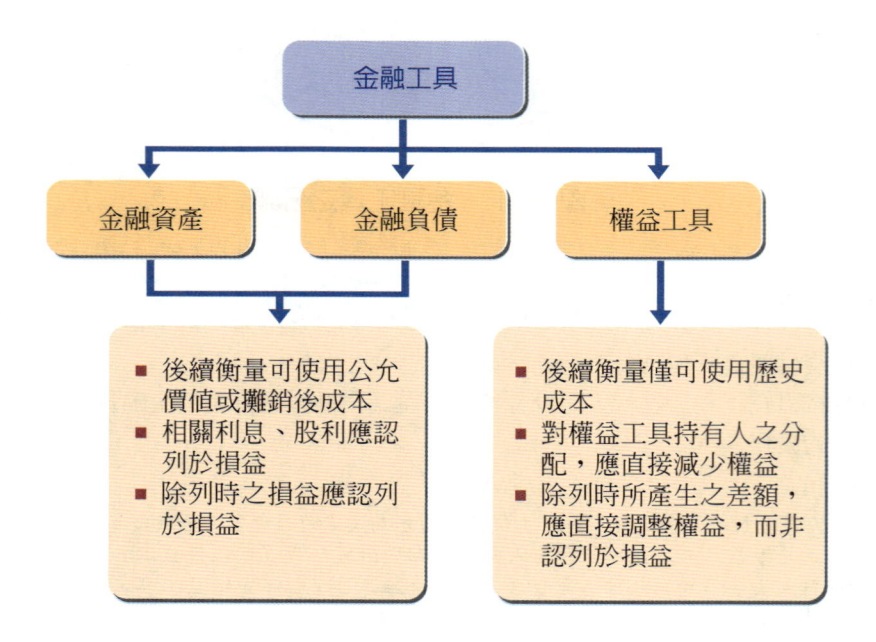

```
                    金融工具
          ┌────────────┼────────────┐
       金融資產      金融負債      權益工具
```

金融資產／金融負債：
- 後續衡量可使用公允價值或攤銷後成本
- 相關利息、股利應認列於損益
- 除列時之損益應認列於損益

權益工具：
- 後續衡量僅可使用歷史成本
- 對權益工具持有人之分配，應直接減少權益
- 除列時所產生之差額，應直接調整權益，而非認列於損益

圖 13-2　金融工具分類及會計處理

除了上述可重設價格之認股權被視為是金融負債之外，有些**特別股** (preferred share) 因為分別違反前述認定為權益工具之條件如下：

1. 有裁量權、可無條件避免現金流出之條件；或
2. 固定金額換取固定股數之條件。

所以被分類為金融負債，茲例舉下列具有不同特性的特別股，分別討論如下：

特別股之特性	說明	判斷
強制贖回 (mandatory redemption)	有到期日，到期時發行人強制贖回。	有負債組成部分，因發行人未來一定有現金流出。
持有人可請求贖回，但發行人有權拒絕	因發行人可自由決定是否接受請求贖回，即使發行人過去的記錄顯示從未拒絕贖回。	仍為權益工具，因發行人仍可主動選擇不將該特別股贖回。
可賣回 (puttable)	持有人可選擇將該特別股賣回給發行人。	有負債組成部分，因發行人已不再可無條件避免現金流出。
可買回 (callable)	發行人可選擇將該特別股買回。	仍為權益工具，因發行人仍可主動選擇不將該特別股買回。
以變動數量之普通股轉換 (清償)	發行人約定到期 (例如3年) 會發行總金額固定，但股數不確定之普通股以轉換 (清償)。	有負債組成部分，因為不符合無合約義務交付變動股數之條件。
同時具有可賣回及可買回	持有人可選擇將該特別股賣回給發行人，同時發行人亦可主動選擇將該特別股買回。	有負債組成部分，因發行人已不再可無條件避免現金流出。

13.1.2　權益之主要項目

我國「財務報告編製準則」對於歸屬於母公司業主之權益，要求至少需細分為五個主要項目，分述如下：

1. 股本

股本係股東對發行人所投入之資本，並向公司登記主管機關經濟部申請登記者。可包括普通股股本及特別股股本。

2. 資本公積

資本公積係指發行人發行權益工具，以及發行人與股東間之股本交易所產生之溢價 (但有時候也會產生折價)，通常包括超過票面金額發行股票溢價、受領贈與之所得等所產生者等。

3. 保留盈餘

保留盈餘係指營業結果透過損益表之本期損益，所產生之權益增減，可包括：(1) 法定盈餘公積；(2) 特別盈餘公積；(3) 未分配盈

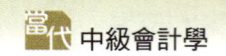

餘。保留盈餘之金額均以稅後金額作為表達。

4. 其他權益

其他權益係指資產或負債因為透過較特殊之會計處理，其變動之金額未透過損益表，而係透過綜合損益表中之「其他綜合損益」之變動，造成其影響數累積在其他權益項下。換個角度來說，其他權益係指尚未認列損益之累積評價利益或評價損失（須考量所得稅之影響）。其他權益通常包括下列項目：

① 不動產、廠房及設備與無形資產之重估增值　請參照第 8.2 節
② 透過其他綜合損益按公允價值衡量之金融資　請參照第 10.2, 10.3 及 10.4 節
　　產評價損益
③ 國外營運機構財務報表換算之兌換差額　　　屬高會範圍
④ 現金流量避險中屬有效避險部分之避險工具　屬高會範圍
　　利益或損失之累計餘額

5. 庫藏股票

庫藏股票係指企業買回其已發行、但尚未註銷之股份。庫藏股票並非企業之投資，而是權益的減項。

13.2　發行權益工具

企業發行權益工具時，應優先考量所取得對價（如現金、商品或非員工所提供之勞務）之公允價值作為衡量基礎。惟有當取得之對價公允價值無法可靠衡量時，始能用所發行權益工具之公允價值作為衡量基礎。後續權益工具之公允價值變動，不得認列於財務報表中，亦即發行之權益工具只能採用**歷史成本**衡量。

企業於發行或取得其本身之權益工具時，通常會發生各種成本，包括登記費與其他規費、支付予法律會計與其他專業顧問之費用、印刷成本及印花稅。權益工具之交易成本（直接可歸屬於該權益交易之可避免增額成本），應按扣除所有相關所得稅利益後之淨額，作為權益之減少處理。例如企業發行股票的直接成本為 $100，

但因為發行成本在所得稅法上，可作為企業費用扣抵，因此產生所得稅利益 $17，因此企業應將 $83 作為權益之減少處理。至於已取消的權益交易之直接成本則應認列為費用。於當期作為權益減少處理之交易成本，應單獨揭露。

企業若同時發行兩種以上類別之股份 (如普通股及特別股) 所產生之共同直接交易成本，應以合理且與類似交易一致之分攤基礎 (例如，相對公允價值法、差額法等)，分攤到這些類別之股份。

將金融工具分類為金融負債或權益工具，將決定該工具相關利息、股利、損失及利益是否於損益中認列為收益或費損。因此，對認列為負債之股份所支付之股利，應比照債券之利息，將其認列為費用。同樣地，有關金融負債之贖回或再融資之利益及損失應認列為損益，權益工具之贖回或再融資則應認列為權益之變動。

13.2.1　普通股及特別股

股份通常可分為**普通股** (common share) 及**特別股** (preferred share)。股份亦可依面額之有無，區分為有面額及無面額兩種。但依我國公司法規定，只能發行有面額之股份，且每股面額為 $10。普通股股東可享有下列權利：

1. 有選舉及被選舉為董事或監察人之權利。
2. 對公司重大議案有表決權。
3. 現金增資時，有優先認股權。
4. 清算時，剩餘財產分配權 (分配順位在最後)。

普通股股東不可要求公司定期支付現金股利及到期還本，所以符合權益工具之定義。但是特別股則在某些條件上比較特別，例如在分配盈餘或清算時，可以優先分配特別股股利，也可能會外加一些額外的特性 (如強制贖回、買回權、賣回權等)，因此特別股未必符合權益工具之定義，也有可能是金融負債，須個別檢視判斷才能決定。有些特別股更加特別，它會同時具有權益組成部分及負債組成部分。

學習目標 3
發行普通股及特別股之會計處理

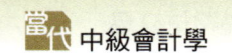

釋例 13-1　發行普通股取得現金及其他資產

銘傳公司於 ×1 年初開始設立，預計發行 10,000 股普通股，每股面額 $10，每股認購價格為 $11，已認購 10,000 股。×1 年 3 月 1 日，收足股款，並發行股票。銘傳公司另支付股份發行之直接成本 $200。×1 年 6 月 1 日，發行 2,000 股普通股，取得自用不動產，該不動產之公允價值為 $21,000。

試作：銘傳公司相關分錄。

解析

×1 年 1 月 1 日，投資人認購 10,000 股，每股 $11，應作下列分錄，其中「已認購普通股股本」係權益項目。

應收款股 ($11×10,000)	110,000	
已認購普通股股本 ($10×10,000)		100,000
資本公積－普通股股票溢價		10,000

×1 年 3 月 1 日，銘傳公司收足股款，並發行股票，另支付股份發行之直接成本 $200，應作為「資本公積－普通股股票溢價」之減少(註)。

現金	109,800	
資本公積－普通股股票溢價	200	
應收款股		110,000

×1 年 6 月 1 日，發行 2,000 股，取得自用不動產，該不動產之公允價值為 $21,000。

不動產、廠房及設備	21,000	
普通股股本 ($10 × 2,000)		20,000
資本公積－普通股股票溢價		1,000

註：企業若以面額發行但又產生發行成本時，或者企業以低於面額（折價）發行股本時，此時「資本公積－發行溢價」可能會暫時有借方餘額產生或者會減少保留盈餘。

釋例 13-2　發行特別股取得現金

中科公司 ×1 年 1 月 1 日，發行 5,000 股特別股，每股面額 $10，每股認購價格為 $14，該特別股符合權益之定義。

試作：中科公司發行之分錄。

解析

×1 年 1 月 1 日，發行 5,000 股特別股，每股面額 $10，每股認購價格為 $14。

現金 ($14 × 5,000)	70,000
特別股股本 ($10 × 5,000)	50,000
資本公積—特別股股票溢價	20,000

13.2.2　複合金融工具

學習目標 4
發行複合金融工具之會計處理

在原始認列時，非衍生金融工具發行人應評估該金融工具之條款，以決定其是否同時包含負債及權益組成部分。例如，企業發行可轉換公司債，即為**複合金融工具** (compound financial instrument) 的最佳實例。可轉換公司債包含兩項組成部分：金融負債 (交付現金或另一金融資產之合約協議) 及權益工具 (在一特定期間內，給與持有人有權以固定數量債券轉換為企業固定數量普通股之買權)。發行該金融工具之經濟實質，相當於同時發行具提前清償條款之債務工具及可認購普通股之認股證，或發行一項附可分離認股權證之債務工具。因此，企業應將其於資產負債表分別表達負債組成部分及權益組成部分。

可轉換工具並不因轉換選擇權是否執行之可能性變動，而修正對其負債及權益組成部分之分類，例如，企業股價目前遠大於轉換價格，對於可轉換工具持有人目前看來一定會轉換，因此似乎有將負債組成部分轉列為權益之空間，但是並非所有持有人都會以預期之方式執行選擇權，例如因轉換產生之稅負效果對不同之持有人可能有所差別。再者，轉換之可能性亦將隨時間經過而改變，企業未來支付之合約義務依然存在。該支付義務會等到該轉換選擇權經由轉換、工具之到期或其他交易才會消失。

由於權益工具為表彰某一企業於資產減除所有負債後剩餘權益之工具，因此在分攤複合金融工具之原始帳面金額至其權益及非權益組成部分 (含負債及資產) 時，權益組成部分之金額等於該複合工具整體之公允價值減除經單獨決定之非權益組成部分金額後之剩餘金額。原始分別認列複合工具之組成部分並不會產生利益或損失。作法如下：

整個複合金融工具公允價值 − 非權益（含負債及資產）組成部分公允價值 = 權益組成部分原始衡量金額

然後，若非權益組成部分有包括嵌入式衍生金融資產或衍生金融負債時，還要再依第10章附錄B，拆解混合工具之相關判斷及作法，去拆解非權益組成部分，作法如下：

非權益（含負債及資產）組成部分公允價值 − 嵌入式衍生工具公允價值 = 主契約原始衡量金額

發行複合金融工具之相關交易成本，應按價款分攤比例分攤至該工具之負債及權益組成部分。

釋例 13-3　可轉換公司債──發行人及持有人之會計處理（註）（含交易成本）

實踐公司（發行人）於×1年1月1日發行可轉換公司債給真理公司（持有人），該可轉換公司債的公允價值為 $117,000，公司債面額為 $100,000，票面利率為 1%，每年12月31日付息一次，發行期限為 5 年，轉換價格為 $50。經客觀評價之後，得知：發行時不含轉換權之公司債公允價值為 $90,000，轉換權之公允價值為 $30,000。實踐公司在發行時，發生 $468 直接交易成本（不考慮所得稅利益之效果），而真理公司在買入時，發生 $240 直接交易成本。

試作：
(1) ×1年1月1日，實踐公司（發行人）發行可轉換公司債之分錄。
(2) 真理公司於×1年1月1日之分錄。

解析

註：本釋例如果改成發行附分離型認股權之公司債，作法完全相同。IASB 認為發行附分離型認股權之公司債，以及不可分離之可轉換公司債在經濟實質上是相同的。

本釋例重點主要在說明：
1. 對於可轉換公司債 (複合金融工具) 之拆解，發行人與持有人有不同的作法。
2. 在分攤交易成本時，發行人與持有人也有不同作法。

(1) 對於發行人而言，應先決定非權益組成部分之公允價值，然後再去計算權益組成部分之公允價值。至於發行複合金融工具之相關交易成本，應按價款拆解比例分攤至該工具之負債及權益組成部分。計算如下表：

	公允價值	整體公允價值 $117,000 價款之拆解	交易成本之分攤	入帳基礎
非權益組成部分(公司債)	$90,000	①先決定是 $90,000	$360 (= $468 × $90,000/$117,000)	$89,640 (= $90,000 − $360)
權益組成部分(認股權)	30,000	②$27,000 (= $117,000 − $90,000)	$108 (= $468 × $27,000/$117,000)	$26,892 (= $27,000 − $108)
合計	$120,000	$117,000	$468	$116,532

×1 年 1 月 1 日，所以實踐公司 (發行人) 於 ×1 年 1 月 1 日，應作分錄如下：

現金 ($117,000 − $468)	116,532	
應付公司債折價 ($100,000 − $89,640)	10,360	
應付公司債		100,000
資本公積—認股權		26,892

(2) 對於持有人而言，依第 10 章附錄 B 之作法，應先判斷整個可轉換公司債的現金流量是否全部符合利息及本金的定義，由於可轉換公司債的報酬與發行人股票的價值相連結，故不符合全部為本金及利息之定義，整個可轉換公司債應按透過損益按公允價值衡量 (FVPL)。

×1 年 1 月 1 日，所以真理公司 (持有人) 於 ×1 年 1 月 1 日，應作分錄如下：

透過損益按公允價值衡量之金融資產	117,000	
手續費	240	
現金 ($117,000 + $240)		117,240

釋例 13-4　可買回、可轉換公司債——發行人及持有人之會計處理 (不考慮交易成本)

中商公司 (發行人) 於 ×1 年 1 月 1 日發行可買回、可轉換公司債給高雄公司 (持有人)，該可買回、可轉換公司債整體的公允價值為 $102,000，公司債面額為 $100,000，票面利率為 3%，每年 12 月 31 日付息一次，發行期限為 5 年，轉換價格為 $40。經客觀評價之後，得知各組成部分單獨之公允價值如下表：

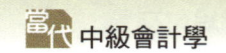

組成部分	單獨之公允價值
有買回權但無認股權之公司債	$85,000
只有買回權	(5,000)
只有認股權	20,000

試作：

(1) ×1年1月1日，中商公司(發行人)於發行此可買回、可轉換公司債之分錄。
(2) 高雄公司於×1年1月1日之分錄。

解析

本釋例重點主要在說明：較複雜的可買回、可轉換公司債之拆解，發行人與持有人有不同的作法。

- 對於發行人而言，應先決定非權益組成部分之公允價值 $85,000，然後再去計算權益組成部分之公允價值 $17,000。若非權益組成部分有包括嵌入式衍生金融資產或衍生金融負債時，還要依拆解混合工具之相關判斷及作法，去拆解非權益組成部分。嵌入式衍生工具公允價值 $5,000 應先拆解，剩餘的金額則為主契約(公司債) $90,000。
- 對於持有人而言，因該可買回可轉換公司債不符合全部為利息及本金之定義，故應整體用透過損益按公允價值 $102,000 衡量。

組成部分	對發行人而言	發行人衡量金額	對持有人而言	持有人衡量金額
公司債(無買回權、亦無認股權)	負債	③ $85,000 − (−$5,000) = $90,000 貸方	資產	不分拆，整體用公允價值 $102,000 衡量
買回權	資產	② 即為 ($5,000) 借方	負債	
認股權	權益	① $102,000 − $85,000 = $17,000 貸方	資產	
合計		$102,000	合計	$102,000

(1) ×1年1月1日，所以中商公司(發行人)於×1年1月1日，應作分錄如下：

現金	102,000	
應付公司債折價 ($100,000 − $90,000)	10,000	
透過損益按公允價值衡量之金融資產—買回權	5,000	
應付公司債		100,000
資本公積—認股權		17,000

(2) ×1年1月1日，所以高雄公司(持有人)於×1年1月1日，應作分錄如下：

透過損益按公允價值衡量之金融資產　　　102,000
　　現金　　　　　　　　　　　　　　　　　　　102,000

可轉換公司債

可轉換公司債提前或到期轉換時，企業應將負債組成部分轉列為權益。原權益組成部分仍為權益(但可自權益的一個類別轉換為另一類別)，提前或到期轉換並不會產生利益或損失(亦稱帳面金額法)。

但如果發行人將可轉換公司債買回，該應予以除列。除列公司債(負債組成部分)之利益及損失應認列為損益，但除列認股權(權益組成部分)則應視為權益之變動。

釋例 13-5　可轉換公司債──到期買回、到期轉換、提早轉換、公開市場提早買回

銘傳公司(發行人)於×0年12月31日發行可轉換公司債，該可轉換公司債的公允價值為$104,000，公司債面額為$100,000，票面利率為2%，每年12月31日付息一次，發行期限為3年，轉換價格為$50，亦即可轉換2,000股。經客觀評價之後，得知：發行時不含轉換權之公司債公允價值為$80,105，轉換權之公允價值為$25,000。公司債的原始有效利率為10%。

試作：
(1) ×0年12月31日發行之分錄。
(2) ×1年12月31日支付第一期利息之分錄。

以下各情況獨立：

(3) 若於×3年12月31日，到期買回可轉換公司債，持有人並未轉換。
(4) 若於×3年12月31日，持有人到期將可轉換公司債轉換成股票。
(5) 若於×2年1月1日，持有人提早將可轉換公司債轉換成股票。
(6) 若於×2年1月1日，發行人提早將可轉換公司債在公開市場依市價$110,000買回，此時公司債(不含轉換權)之公允價值為$90,000。

解析

對於發行人而言，應先決定非權益組成部分之公允價值，然後再去計算權益組成部分之公允價值。計算如下表：

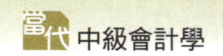

	公允價值	整體公允價值 $104,000 價款之拆解
非權益組成部分 (公司債)	$80,105	① 先確定是 $80,105
權益組成部分 (認股權)	25,000	② $104,000 − $80,105 = $23,895
合計		$104,000

至於公司債原始有效利率 (r) 之計算如下：

$$\frac{\$2,000}{(1+r)}+\frac{\$2,000}{(1+r)^2}+\frac{\$102,000}{(1+r)^3}=\$80,105$$

所以 r = 10%，可得公司債攤銷表如下：

	(1) 利息支出	(2) 利息費用	(3) 本期折價攤銷	(4) 未攤銷折價	(5) 帳面金額
×0/12/31				$19,895	$ 80,105
×1/12/31	$2,000	$8,011	$6,011	13,885	86,115
×2/12/31	2,000	8,612	6,612	7,273	92,727
×3/12/31	2,000	9,273	7,273	0	100,000

所以銘傳公司 (發行人) 應作分錄如下：

(1) ×0 年 12 月 31 日，應作分錄如下：

　　現金　　　　　　　　　　　　　　　　　　　104,000
　　應付公司債折價 ($100,000 − $80,105)　　　　 19,895
　　　應付公司債　　　　　　　　　　　　　　　　　　　　100,000
　　　資本公積—認股權　　　　　　　　　　　　　　　　　 23,895

(2) ×1 年 12 月 31 日，支付第一期利息。至於「資本公積—認股權」係屬權益，無須調整。

　　利息費用　　　　　　　　　　　　　　　　　　8,011
　　　現金　　　　　　　　　　　　　　　　　　　　　　　　2,000
　　　應付公司債折價　　　　　　　　　　　　　　　　　　　6,011

(3) ×3 年 12 月 31 日，到期買回可轉換公司債，持有人並未轉換。至於「資本公積—認股權」轉列「資本公積—已失效認股權」。

　　應付公司債　　　　　　　　　　　　　　　　100,000
　　　現金　　　　　　　　　　　　　　　　　　　　　　　100,000
　　資本公積—認股權　　　　　　　　　　　　　 23,895
　　　資本公積—已失效認股權　　　　　　　　　　　　　　 23,895

(4) ×3年12月31日,持有人到期將可轉換公司債轉換成股票。轉換不認列損益,亦即用公司債之帳面金額 $100,000 轉換。

應付公司債	100,000	
資本公積—認股權	23,895	
普通股股本 ($10×2,000)		20,000
資本公積—普通股股票溢價		103,895

(5) ×2年1月1日,持有人提早將可轉換公司債轉換成股票。轉換不認列損益,亦即用當日公司債之帳面金額 $86,115 轉換。與 (4) 相比較,「資本公積—普通股股票溢價」金額較小。

應付公司債	100,000	
資本公積—認股權	23,895	
應付公司債折價		13,885
普通股股本 ($10×2,000)		20,000
資本公積—普通股股票溢價		90,010

(6) ×2年1月1日,發行人提早將可轉換公司債在公開市場依市價 $110,000 買回,此時公司債(不含轉換權)之公允價值為 $90,000,所以認股權之公允價值為 $20,000。因為發行人已將可轉換公司債買回,該可轉換公司債應予以除列。除列公司債(負債組成部分)之利益及損失應認列為損益,但除列認股權(權益組成部分)則視為權益之變動。

	整個可轉換公司債	公司債(負債組成部分)	認股權(權益組成部分)
×2/1/1 之公允價值	$110,000	$90,000	$20,000
×2/1/1 之帳面金額		86,115	23,895
差額		認列損失 $3,885	差額 $3,895 不認列損益,直接調整權益

×2年1月1日,用 $90,000 買回公司債之分錄:差額要認列損益。

應付公司債	100,000	
除列金融負債損失	3,885	
現金		90,000
應付公司債折價		13,885

用 $20,000 買回認股權之分錄:差額直接調整權益,增加「資本公積—庫藏股票交易」$3,895。

資本公積－認股權	23,895	
現金		20,000
資本公積－庫藏股票交易		3,895

誘導轉換

有許多企業為了降低負債比率或降低利息費用，會向可轉換公司債的持有人提出優惠：在限期內 (例如 1 個月) 轉換者，可以比原先約定的轉換股數更多，此稱為**誘導轉換** (induced conversion)。例如於特定日前轉換，企業會提供更有利之轉換比率或支付其他額外對價。於修改條款之日，持有人依修訂後條款將工具轉換可收取對價之公允價值，與持有人若依原條款可收取對價之公允價值兩者之差額，應於損益表中認列為費損。至於原先約定可轉換之股份仍屬權益。

釋例 13-6　可轉換公司債──誘導轉換

致理公司於 ×0 年 12 月 31 日發行可轉換公司債，公司債面額為 $100,000，可轉換 4,000 股，發行後該可轉換公司債相關之「資本公積－認股權」金額為 $18,000。

於 ×3 年 1 月 1 日，致理公司為了改善財務比率，向持有人提出轉換者，換股數可由 4,000 股增加到 5,000 股。當日公司股價為 $30，公司債之帳面金額為 $97,000。該日持有人全數轉換完畢。

試作：致理公司誘導轉換之相關分錄。

解析

×3 年 1 月 1 日，因誘導轉換而承諾多給的 1,000 股之公允價值 $30,000，必須作為費用。

修改轉換條件費用	30,000	
應付公司債	100,000	
資本公積－認股權	18,000	
應付公司債折價 ($100,000 – $97,000)		3,000
普通股股本 ($10 × 5,000)		50,000
資本公積－普通股股票溢價		95,000

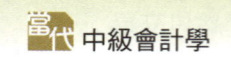

可轉換特別股

可轉換特別股允許持有人得選擇將特別股轉換成普通股，故可轉換特別股也是複合金融工具，它有兩個組成部分：特別股及認股權。此時，只要特別股及認股權均符合權益工具的兩個條件：

1. 有裁量權、可無條件避免現金流出之條件。
2. 固定金額換取固定股數之條件。

可轉換特別股則屬權益工具，認股權不必與特別股分別認列。

釋例 13-7　可轉換特別股

元智公司於×0年12月31日發行可轉換特別股3,000股，每股面額$10，發行價格為$14，未來該特別股之持有人得選擇轉換成元智公司的普通股，一股換一股。該特別股及認股權均符合權益工具之條件。

×2年12月31日可轉換特別股之持有人全數將特別股轉換成3,000股普通股。

試作：元智公司相關分錄。

解析

×0年12月31日，發行可轉換特別股3,000股。

現金	42,000	
特別股股本 ($10 × 3,000)		30,000
資本公積—特別股股票溢價		12,000

×2年12月31日，可轉換特別股之持有人全數將特別股轉換成3,000股普通股。

特別股股本 ($10 × 3,000)	30,000	
資本公積—特別股股票溢價	12,000	
普通股股本 ($10 × 3,000)		30,000
資本公積—普通股股票溢價		12,000

強制贖回之特別股

發行人如果發行強制贖回之特別股，因為不能無條件避免現金流出，所以應屬金融負債，而非權益。但有時候，由於某些特殊條款之規定，強制贖回的特別股會同時包含負債組成部分及權益組成部分。

13.3 庫藏股票

學習目標 5
庫藏股票之定義及會計處理

庫藏股票係指企業買回其已發行、但尚未註銷之股份。庫藏股票並非企業之投資，而是權益的減項。基於「股東間交易不得認列損益」之原則，企業本身權益工具之發行、買回、再出售或註銷，均不得於損益中認列利益或損失。庫藏股票可能由企業或合併集團之其他成員取得並持有，所支付或收取之對價應直接認列於權益之減項。

有關庫藏股票之交易，企業應採用**成本法** (cost method)，亦即企業將買入及賣出庫藏股票視為一個完整交易，買入時即打算將來會再度出售。企業買入庫藏股票時，應先依買回成本入帳。俟後再出售時，如果再出售價格高於買回成本，不得認列利益，而應增加「資本公積—庫藏股票交易」；反之，如果再出售價格低於買回成本，應先沖減原先「資本公積—庫藏股票交易」之貸方餘額，若仍有不足，則應減少「保留盈餘」。

企業在註銷庫藏股票時，應依下列順序進行：

1. 先依比例銷除「資本公積—普通股股票溢價」。
2. 再沖減原先「資本公積—庫藏股票交易」之貸方餘額。
3. 若仍有不足，則應減少「保留盈餘」。

釋例 13-8　庫藏股票

北商公司於 ×1 年 1 月 1 日，發行普通股 200,000 股，每股發行價格 $12。

於 ×3 年 2 月 1 日，以每股 $20，買回 30,000 股。
於 ×3 年 3 月 1 日，以每股 $22，再出售 10,000 股。
於 ×3 年 4 月 1 日，以每股 $13，再出售 8,000 股。
於 ×3 年 5 月 1 日，以每股 $25，再出售 5,000 股。
於 ×3 年 6 月 1 日，將剩餘庫藏股票 7,000 股，予以註銷。

試作：北商公司相關分錄。

解析

×1 年 1 月 1 日，發行普通股 200,000 股，每股發行價格 $12。

現金 ($12 × 200,000)	2,400,000	
普通股股本 ($10 × 200,000)		2,000,000
資本公積—普通股股票溢價		400,000

×3 年 2 月 1 日，以每股 $20，買回 30,000 股。

庫藏股票 ($20 × 30,000)	600,000	
現金		600,000

×3 年 3 月 1 日，以每股 $22，再出售 10,000 股。

現金 ($22 × 10,000)	220,000	
庫藏股票 ($20 × 10,000)		200,000
資本公積—庫藏股票交易		20,000

×3 年 4 月 1 日，以每股 $13，再出售 8,000 股。因為再出售價格低於買回成本，應先沖減「資本公積—庫藏股票交易」之貸方餘額 $20,000，仍有不足，應減少「保留盈餘」$36,000。

現金 ($13 × 8,000)	104,000	
資本公積—庫藏股票交易	20,000	
保留盈餘	36,000	
庫藏股票 ($20 × 8,000)		160,000

×3 年 5 月 1 日，以每股 $25，再出售 5,000 股。

現金 ($25 × 5,000)	125,000	
庫藏股票 ($20 × 5,000)		100,000
資本公積—庫藏股票交易		25,000

×3 年 6 月 1 日，將剩餘庫藏股票 7,000 股，予以註銷。

普通股股本 ($10 × 7,000)	70,000	
資本公積—普通股股票溢價 ($2 × 7,000)	14,000	
資本公積—庫藏股票交易	25,000	
保留盈餘	31,000	
庫藏股票 ($20 × 7,000)		140,000

＊公司若有多次買回庫藏股票，應以加權平約法決定其持有成本。

13.4　股份基礎給付

13.4.1　股份基礎給付交易之定義及範圍

股份基礎給付 (share-based payment) 交易，係指企業取得商品或勞務之交易，其對價係以本身之權益工具 (含股票或認股權等) 支付或係產生負債，該負債之金額由企業本身之股票或其他權益工具價值所決定。例如，企業為激勵員工，發放認股權給員工，只要員

> 學習目標 6
>
> 股份基礎給付交易之定義及範圍

工努力工作讓企業績效蒸蒸日上，股價自然上漲，員工就可以用較低的認購價格買進企業的股票，達到企業與員工雙贏的目標。再例如，除了給與權益工具外，企業也可承諾員工，只要公司的股價超過 $100，就會加發 3 個月獎金。又例如，企業以發行新股的方式，取得存貨或設備等商品。這些交易均屬股份基礎給付交易。

若企業之員工持有該企業之權益工具，且以該權益工具持有者之身分與企業交易時，則此交易非屬股份基礎給付交易。例如，研華電子辦理現金增資，目前其股價每股為 $100，股東得以每股 $90 參與現金增資，另外基於我國公司法之規定，必須保留部分現金增資的機會給員工，如果研華電子的員工本身持有研華電子的股票，因此有得以股東的身分參與認購 900 股，另外亦得以員工的身分參與認購 100 股，即使該認股權可以用低於公允價值之價格，取得研華電子增資之股票，但由於員工基於股東身分所取得的認股權 (900 股)，非屬股份基礎交易之範圍，只有基於員工身分所取得的認股權 (100 股)，才屬股份基礎給付交易之範圍。

企業亦得以股份基礎給付之交易方式取得商品或勞務。前述商品包括存貨、固定資產、無形資產及其他非金融資產。但若因合併交易所取得之商品，符合 IFRS 3「企業合併」中定義之企業合併或業務合併，應適用 IFRS 3 之規定。因此，企業合併發行權益工具以交換對被合併者之控制權，非屬本章所討論的股份基礎給付交易。但權益工具若係給與被合併企業之員工，以換取其繼續提供勞務時，則屬本章討論之範圍。另外，因企業合併或其他企業股權重組所產生之股份基礎給付協議，其取消、重訂或修改，亦屬本章討論之範圍。

股份基礎給付交易包括下列三種交割方式：

1. **權益交割**：企業取得商品或勞務，係以本身權益工具 (含認股權) 作為對價。
2. **現金交割**：企業取得商品或勞務所產生之負債，係依企業本身之股票或其他權益工具價值決定，並以現金或其他資產償付。
3. **得選擇權益或現金交割**：企業取得商品或勞務之協議，允許企業或交易對方選擇權益交割或現金交割。

Chapter 13 權益及股份基礎給付交易

以股份基礎給付交易，取得商品或收取勞務時，依交割方式來劃分，其會計處理概述如下：

	借方項目	貸方項目
1. 權益交割	資產或費用	權益
2. 現金交割	資產或費用	負債
3. 得選擇權益或現金交割	資產或費用	負債或(及)權益

常見的股份基礎給付交易，包括下列項目：

- 員工認股權
- 現金增資保留給員工認購
- 員工認股計畫
- 以庫藏股票轉讓給員工
- 限制性股票
- 股份增值權

在適用股份基礎給付會計時，有下列重要名詞之定義：

給與日 (grant date)：企業與交易對方(含員工及其他提供類似勞務之人員，以下簡稱員工)同意股份基礎給付協議(含條款及條件)日。於給與日企業同意給與交易對方若符合約定既得條件，則可取得現金、其他資產或企業本身權益工具之權利。若該協議須經核准(如須經董事會通過)，則核准日為給與日。

衡量日 (measurement date)：衡量所給與權益工具公允價值之日。對於與員工之交易而言，衡量日即給與日；對於與非員工之交易而言，衡量日係指企業取得商品或對方提供勞務之日。

既得條件 (vesting condition)：在股份基礎給付協議下，為有權取得現金、其他資產或企業權益工具，交易對方應符合之條件。既得條件包括服務條件及績效條件，其中**服務條件**係要求交易對方完成特定期間服務之條件；**績效條件**則為要求達成特定績效目標之條件，包括**市價條件** (market condition，係指權益工具之履約價格、取得既

539

IFRS 一點通

衡量所給與權益工具之公允價值

在衡量所給與權益工具之公允價值時，企業於衡量日應優先以可得之市價為基礎，並考量該權益工具給與所依據之條款及條件，衡量所給與權益工具之公允價值。例如企業給與員工限制性股票，要求員工3年內不得移轉，若企業的股價於衡量日為$35，因為限制性股票有移轉限制，所以其公允價值應小於$35。

若市價不可得，企業應以適當評價技術估計所給與權益工具，在已充分了解並有成交意願雙方間之公平交易中於衡量日之價格，以估計該權益工具之公允價值。前述評價技術須與金融工具定價之一般公認評價技術一致，並應納入已充分了解且有成交意願之市場參與者，於決定價格時所考量之所有因素及假設。

於衡量日估計股份或認股權之公允價值時，不得考量市價條件以外之既得條件（如服務條件及非市價之績效條件），這是因為既得條件會藉由調整權益工具數量而納入交易金額衡量之考量，以使最終認列所收取商品或勞務之金額，依實際既得之權益工具數量為基礎，所以無須在估計股份或認股權之公允價值時，予以重複考量。例如，員工未滿服務年限之要求，則其認列金額為零。

但是市價條件（例如以目標股價$100作為既得或可執行性之條件）於估計所給與權益工具之公允價值時應納入考量。正因為市價條件已經納入公允價值之考量，權益工具之給與附有市價條件者，無論該市價條件是否滿足，企業應認列自滿足所有其他既得條件之對方所收取之商品或勞務（例如自於特定服務期間仍繼續服務之員工所收取之勞務），不論未來市價條件是否有達成。

彙整上述討論如下圖：

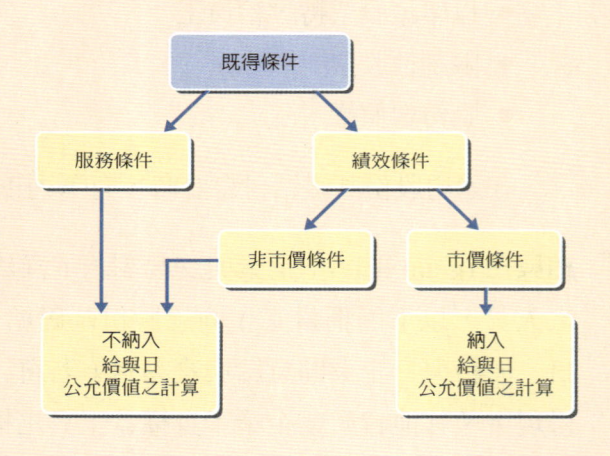

```
              既得條件
              /     \
         服務條件   績效條件
            |      /      \
            |  非市價條件  市價條件
             \    /          |
           不納入           納入
           給與日           給與日
         公允價值之計算   公允價值之計算
```

得權利或執行之依據條件，係與企業權益工具市價有關者。如在特定期間內，企業之股價應上漲30%)；及**非市價條件**（如在特定期間內，企業之盈餘應成長30%）。

既得期間 (vesting period)：達成股份基礎給付協議所有既得條件之期間。

學習目標7
權益交割之股份基礎給付交易之會計處理

13.4.2 權益交割

企業對權益交割之股份基礎給付交易，宜以所取得商品或勞務

之公允價值衡量，並據以衡量相對之權益增加。但所取得商品或勞務之公允價值若無法可靠估計，宜依所給與權益工具之公允價值衡量。

由於**員工所提供的勞務**，其公允價值通常不易衡量，因此通常以所給與權益工具之公允價值為衡量基礎，對於與員工之交易而言，衡量日即給與日。至於由**非員工提供之商品或勞務**，除非另有反證，則通常以它們的公允價值為衡量基礎，此時衡量日係指企業取得商品或非員工提供勞務之日。

以權益交割之股份基礎給付交易取得員工勞務時，視權益工具公允價值之有無，有下列兩種不同的會計處理方法：

1. **公允價值法** (fair value method)
2. **內含價值法** (intrinsic value method)

公允價值法會計處理

企業應於既得期間，以預期給與權益工具之最佳估計數，認列相關金額。若後續資訊顯示最佳估計數有所修正，應修正原估計數。至既得日，應依最後既得之權益工具數，予以調整。惟市價條件是否達成不在此限。市價條件不論是否達成，對於已符合所有其他既得條件者，企業應予以認列。

但於既得日之後，企業依前述規定已經認列所收取之商品或勞務並及權益者，不得對總權益作後續調整。例如，若已既得之權益工具隨後喪失，或在認股權之情況，該認股權未被執行，企業後續不得迴轉已認列自員工所收取勞務之金額，此乃因為給與員工之權益工具符合權益之定義，所以後續已既得的權益工具(包含股票及認股權)之公允價值變動，不再予以考量。例如，發行時公司的股價為 $30，認股權之認購價格也是 $30，認股權的公允價值是 $12。如果將來公司上漲至 $100，員工還是用 $30 即可認購一股，表面上公司少收取了 $70，但是因為認股權符合權益之定義，所以還是用給與日之歷史成本 $12 去認列員工之薪資費用，並不會用續後之公允價值而多認列薪資費用。同樣的道理，如果公司股價後來下跌到認購價值之下 ($30)，員工會放棄認股權，因為直接到市場去買公司

股票會比較划算，因此公司並未發行任何新股，表面上公司賺到了，但是公司原先已經認列認股權之薪資費用後續也不得迴轉。

但是企業於既得期間之後，可以將某一類別已經認列之權益項目，移轉至另一類別之權益項目，例如由「資本公積－員工認股權」轉列至「資本公積－已失效認股權」。

下表彙整企業收取勞務時，股份基礎交易之既得時間與不同服務條件、不同績效條件下，於既得期間之相關會計處理：

表 13-1　員工股份基礎交易（公允價值法）之會計處理

既得時間	可能發生之例子	既得期間會計處理
馬上既得	給與時，隨時可行使權利，無須再提供任何服務。	企業應於給與日全數認列所取得之勞務，並增加權益。（釋例 13-12、13-13、13-14）
固定既得時間但無績效條件	須服務滿 3 年。	企業應於未來 3 年既得期間，以最佳估計數逐期認列收取之勞務，並增加權益。（釋例 13-9、13-15）
固定既得時間但有績效條件	市價條件：須服務滿 3 年且股價上漲 50%。	企業應於未來 3 年既得期間，以最佳估計數逐期認列收取之勞務，並增加權益，即使市價條件在既得期間並未達成。（釋例 13-11）
	非市價條件：服務滿 3 年且每股盈餘成長 30%。	企業應於未來 3 年既得期間，每期以有關績效之最佳估計數（可修正原估計數）逐期認列收取之勞務，並增加權益。（釋例 13-10）

● 員工認股權

釋例 13-9　員工認股權──固定既得期間、無績效條件

德明公司於 ×1 年初給與 20 位員工各 600 股之認股權。給與之條件係員工必須繼續服務滿 3 年，方能取得認股權。德明公司當日的股價為 $40，認股權之認購價格為每股 $50，估計每一個認股權之公允價值為 $15。認股權於 ×5 年 12 月 31 日到期。

試作：下列分錄：
(1) ×1 年 12 月 31 日。在考慮未來離職率後，德明公司估計有 3 位員工將於 ×3 年 12 月 31 日前離職。
(2) ×2 年 12 月 31 日。德明公司估計有 7 位員工將於 ×3 年 12 月 31 日前離職。

權益及股份基礎給付交易

(3) ×3 年 12 月 31 日。共有 6 位員工於既得期間前實際離職,其餘 14 位員工各取得 600 單位認列權。
(4) ×4 年 12 月 31 日,公司股價為 $70,員工行使了 5,000 個認股權。
(5) ×5 年 12 月 31 日,公司股價為 $30。剩下的 3,400 個認股權過期失效。

解析

德明公司應於既得期間認列所取得勞務成本,該勞務之衡量,係以給與日認股權公允價值為衡量基礎。各年度員工之勞務成本計算如下:

年度	估計既得期間離職率	認股權既得數量	累積薪資費用	當期薪資費用
×1	3 人	0	$15×(20−3)×600×1/3 = $51,000	$51,000
×2	7 人	0	$15×(20−7)×600×2/3 = $78,000	$27,000
×3	6 人(實際)	14 人 × 600 股 = 8,400 股	$15×(20−6)×600×3/3 = $126,000	$48,000
×4			$126,000	$0
×5			$126,000	$0

於 ×1 年 1 月 1 日,德明公司給與員工認股權,雙方已達成共識,所以當日是給與日,也是衡量日(用 $15 去衡量認股權),但是無須作相關分錄,只須註記相關事項即可。

(1) ×1 年 12 月 31 日,德明公司估計有 3 位員工將於 ×3 年 12 月 31 日前離職。德明公司應用此時員工離職率的最佳估計,去計算應有之薪資費用(認列 1/3):

　　薪資費用　　　　　　　　　　　51,000
　　　資本公積—員工認股權　　　　　　　　　51,000

(2) ×2 年 12 月 31 日,德明公司估計有 7 位員工將於 ×3 年 12 月 31 日前離職。德明公司應用此時員工離職率的最佳估計,去計算應有之薪資費用(認列 2/3):

　　薪資費用　　　　　　　　　　　27,000
　　　資本公積—員工認股權　　　　　　　　　27,000

(3) ×3 年 12 月 31 日,共有 6 位員工於既得期間前實際離職,其餘 14 位員工各取得 600 單位認列權。德明公司應用最後確定的員工離職率,去計算應有之薪資費用(認列 3/3):

　　薪資費用　　　　　　　　　　　48,000
　　　資本公積—員工認股權　　　　　　　　　48,000

(4) ×4 年 12 月 31 日,公司股價為 $70,員工以每股 $50,行使了 5,000 個認股權。雖然員工只有支付 $50,但是員工實際支付之對價為:

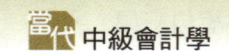

支付現金 ($50) + 提供 3 年服務的價值 ($15) = $65

德明公司應作下列分錄：

現金 ($50 × 5,000)	250,000	
資本公積—員工認股權 ($15 × 5,000)	75,000	
普通股股本 ($10 × 5,000)		50,000
資本公積—普通股股票溢價		275,000

(5) ×5 年 12 月 31 日，公司股價為 $30。剩下的 3,400 個認股權過期失效。德明公司得將「資本公積—員工認股權」中之 $51,000（＝$15×3,400）轉列為「資本公積—已失效認股權」，分錄如下：

資本公積—員工認股權 ($15 × 3,400)	51,000	
資本公積—已失效認股權		51,000

釋例 13-10　員工認股權——固定既得期間、非市價之績效條件

中正公司於 ×1 年初給與 10 位員工認股權。員工未來須服務滿 3 年，可認購股數視未來 EPS 成長幅度而定：

績效條件：×3 年 EPS 成長幅度	每位員工可認購股數
小於 10%	200 股
介於 10% 與 20% 之間	500 股
大於 20%	1,000 股

中正公司當日的股價為 $40，認股權之認購價格為每股 $50，估計每一個認股權之公允價值為 $15。認股權於 ×5 年 12 月 31 日到期。

試作：下列分錄：

(1) ×1 年底，中正公司認為 ×3 年 EPS 應會成長 25%，預計有 3 位員工將於 ×3 年底前離職。

(2) ×2 年底，中正公司認為 ×3 年 EPS 應會成長 25%。估計有 4 位員工將於 ×3 年 12 月 31 日前離職。

(3) ×3 年底，中正公司 ×3 年實際 EPS 成長 8%。共有 5 位員工離職。

解析

中正公司應於既得期間認列所取得勞務成本，該勞務之衡量，係以給與日認股權公允價值為衡量基礎。各年度員工之勞務成本計算如下：

年度	估計既得期間離職率	認股權既得數量	累積薪資費用	當期薪資費用
×1	3人	0	$15×(10−3)×1,000×1/3 = $35,000	$ 35,000
×2	4人	0	$15×(10−4)×1,000×2/3 = $60,000	$ 25,000
×3	5人（實際）	5人×200股 = 1,000股	$15×(10−5)×200×3/3 = $15,000	($45,000)

於 ×1 年 1 月 1 日，中正公司給與員工認股權，雙方已達成共識，所以當日是給與日，也是衡量日 (用 $15 去衡量認股權)，但是無須作相關分錄，只須註記相關事項即可。

(1) ×1 年 12 月 31 日，認列 ×1 年薪資費用：

　　薪資費用　　　　　　　　　　　　　　　　　　　　　　　35,000
　　　資本公積—員工認股權　　　　　　　　　　　　　　　　　　　35,000

(2) ×2 年 12 月 31 日，認列 ×2 年薪資費用：

　　薪資費用　　　　　　　　　　　　　　　　　　　　　　　25,000
　　　資本公積—員工認股權　　　　　　　　　　　　　　　　　　　25,000

(3) ×3 年 12 月 31 日，因績效不如預期，迴轉 ×3 年薪資費用：

　　資本公積—員工認股權　　　　　　　　　　　　　　　　　45,000
　　　薪資費用　　　　　　　　　　　　　　　　　　　　　　　　　45,000

釋例 13-11　員工認股權——固定既得期間、市價條件

×1 年初，中正公司給與 10 位主管各 1,000 個認股權，條件為必須在中正公司繼續服務至 ×3 年底。然而，若 ×3 年底之股價未自第 1 年初之 $30，上漲至超過 $50，則該認股權將失效。若 ×3 年底之股價高於 $50，則可於往後 4 年之任何時點執行該認股權。

中正公司採用選擇權評價模式，考慮股價在 ×3 年底超過 $50 (認股權因而可執行) 及未超過 $50 (認股權因而失效) 之可能性，估計認股權在此市價條件下之公允價值為每單位認股權 $18。

×1 年底時，有 1 位主管離職，中正公司預估至 ×3 年底時，共有 3 位主管離職。
×2 年底時，累計有 2 位主管離職，中正公司預估至 ×3 年底時，共有 4 位主管離職。

(a) ×3 年底時，中正公司股價若為 $70，共有 3 位主管離職。
(b) ×3 年底時，中正公司股價若為 $40，共有 3 位主管離職。

試計算中正公司各年度應認列之薪資費用？

解析

股份基礎交易不論市價條件是否達成，企業應認列自滿足所有其他既得條件之對方所收取之勞務（例如已滿特定服務期間之員工）。因此，不論最後股價是否有超過 $50，並不影響應認列之薪資費用。此乃因在給與日估計認股權之公允價值時，已將無法達到目標股價之可能性納入考量。但是中正公司仍須考量其他非市價條件是否有達成（例如，員工是否仍然在職）。不論中正公司 ×3 年底股價為何（$70 或 $40），中正公司都應該分別於 ×1 年至 ×3 年認列下列金額：

年度	估計既得期間離職率	認股權既得數量	累積薪資費用	當期薪資費用
×1	3 人	0	$18×(10−3)×1,000×1/3 = $42,000	$42,000
×2	4 人	0	$18×(10−4)×1,000×2/3 = $72,000	$30,000
×3	3 人（實際）	7 人 × 1,000 股 = 7,000 股	$18×(10−3)×1,000×3/3 = $126,000	$54,000

● 現金增資保留給員工認購

根據公司法第 267 條規定，公司發行新股時，應保留發行新股總數 10% 至 15% 之股份由公司員工承購。該條之規定主要是未來讓勞方也有機會成為資方，以促進勞資和諧。但是，企業如果在辦理現金增資時，為了吸引現有股東（有 85% 至 90% 現金增資權利）及員工繳款，通常認購價格會大約在市價的 9 折左右。現有股東現金增資的認股權利，係按持股比率計算而得，故非屬股份基礎給付交易。但是現金增資保留給員工認股之權利，則是基於員工的身分所取得，故屬股份基礎給付交易。由於該認股權利，沒有任何服務期間之限制，故視為立即既得，在給與日馬上認列為費用。

釋例 13-12　辦理現金增資保留給員工認購

淡江公司之董事會於 ×1 年 7 月 1 日決議辦理現金增資，保留供員工認購股數為 10,000 股，當日員工與公司對認購計畫已有共識，股價為每股 $20，認購價格為每股 $18。員工繳款日為 ×1 年 8 月 1 日。由於員工認購價格已確定 $18，認購股數也已經確定，員工有 1 個月的時間得以決定是否行使該認股權，所以淡江公司辦理現金增資，保留給員工之認購股數，符合認股權的定義。淡江公司採選擇權評價模式，估計所給與認購新股權利之給與日每單位公允價值為 $3，員工繳款日為 ×1 年 8 月 1 日。發放股票日

為 ×1 年 8 月 15 日。

情況一：現金增資順利成功，淡江公司之員工最終認購現金增資發行新股 8,000 股。

情況二：淡江公司之員工雖有認購現金增資 2,000 股，但現金增資失敗，淡江公司退回股款。

試作：淡江公司有關現金增資保留由員工認購之會計分錄。

解析

因為員工於給與日馬上既得，未來無須再提供勞務，故淡江公司應於給與日立即認列費用。即使員工未來因股價下跌而不參與現金增資，仍不得迴轉已認列之薪資費用。

情況一：現金增資順利成功，淡江公司之員工最終認購現金增資發行新股 8,000 股，相關分錄如下。

×1 年 7 月 1 日，給與日立即認列薪資費用。

薪資費用 ($3 × 10,000)	30,000	
資本公積—員工認股權		30,000

×1 年 8 月 1 日，員工繳款日之分錄。

現金 ($18 × 8,000)	144,000	
預收股款		144,000

×1 年 8 月 15 日，發放股票日之分錄。

預收股款	144,000	
資本公積—員工認股權 ($3 × 8,000)	24,000	
普通股股本 ($10 × 8,000)		80,000
資本公積—普通股股票溢價		88,000
資本公積—員工認股權 ($3 × 2,000)	6,000	
資本公積—已失效認股權		6,000

情況二：淡江公司之員工雖有認購現金增資 2,000 股，但現金增資失敗，淡江公司退回股款並沖轉原先認列之薪資費用。有關淡江公司現金增資保留由員工認購之會計分錄如下：

×1 年 7 月 1 日，給與日立即認列薪資費用。

薪資費用 ($3 × 10,000)	30,000	
資本公積—員工認股權		30,000

×1 年 8 月 1 日，員工繳款日之分錄。

現金 ($18×2,000)	36,000	
預收股款		36,000

×1 年 8 月 15 日，退回股款之分錄。

預收股款	36,000	
現金		36,000
資本公積—員工認股權 ($3 × 10,000)	30,000	
薪資費用		30,000

● **員工認股計畫**

員工認股計畫 (employee share purchase plan) 係國內企業較少用、國外企業較常用之員工獎酬計畫。該計畫允許符合資格之員工得依薪資比例，按企業股價之 8 折或 9 折，認購企業之股份。員工認股計畫通常對於持股期間有一定之限制。員工認股計畫不一定符合認股權之特性，端視員工認股計畫之條款而定。

釋例 13-13　員工認股計畫（無既得期間、非認股權）

長榮公司於 ×1 年初提供全體 3,000 位員工參加員工認股計畫之機會，員工有 1 個月考慮是否接受該提議。該計畫之條件為每位員工有權購買至多 100 股，購買價格為接受提議日該公司股份市價之 80%，且必須於接受提議當日立即支付。所有員工認購之股份必須交付信託且 5 年內不得出售。員工於該期間內不得退出該計畫。例如，若員工於這 5 年期間內離職，股份仍須保留於計畫中直至 5 年期滿。此外，5 年中所發放之股利亦應為員工交付信託至 5 年期滿。

共有 2,500 位員工接受此提議，平均每人認購 80 股，故員工購買之總股數為 200,000 股。認購日之股份加權平均市價為每股 $50，故加權平均認購價格為每股 $40 (= $50 × 80%)。

由於認購日後 5 年內不得出售。因此，長榮公司應考量該 5 年期間之轉出限制對評價（流動性較差）之影響。此須使用評價技術以估計該受限股份在與已充分了解且有成交意願之市場參與者之公平交易中之價格。假設長榮公司估計受限股份之每股公允價值為 $46，未受限股票之每股公允價值為 $50。

試問：
(1) 該認股計畫是否符合認股權之特性？

(2) 該認股計畫之既得期間有多久？
(3) 該認股計畫每一個認股權利之公允價值為何？
(4) 長榮公司×1年因該員工認股計畫，應認列之薪資費用金額為何？

解析

(1) 長榮公司首先必須決定該給與員工權益工具之類型。雖然該計畫被稱為員工認股計畫，但不是所有的員工認股計畫都具有選擇權之特性。要符合選擇權之特性，必須該認股權利的認購價格、認購數量及選擇權存續期間都已經確定。以本例而言，雖然員工有1個月的時間考量是否接受該認股計畫，由於在考量期間，認購價格尚未確定。而且接受認購計畫後，當日立即支付價格，沒有退出的機會，因此本例之員工認股計畫與釋例 13-12 不同，非屬選擇權之認購計畫。

釋例 13-12 企業增資保留給員工，員工也有1個月的時間考量是否參與現金增加，但是認購價格早已確定，故符合選擇權之認購計畫，員工放棄未認列之認股權，仍應視為薪資費用。

(2) 由於員工未來無須提供勞務，即可取得認購權利，所以本例無既得期間。

(3) 每一個認股權利(非選擇權、無時間價值)之公允價值 = 受限股票之公允價值 $46 － 認購價格 $40 = $6。

(4) 因為無既得期間，長榮公司應立即認列薪資費用 $6 × 200,000 = $1,200,000。員工放棄未認列的 100,000 股 (=3,000 × 100 － 200,000)，無須認列薪資費用，因為該認股權利無選擇權之特性。

● 以庫藏股票轉讓與員工

　　有些企業會趁股價低迷時，買進庫藏股票。由於我國企業目前買進庫藏股票之後，並不能在股票市場公開出售，該庫藏股票只能註銷，或者轉讓給員工，再由員工在股票市場出售。企業以庫藏股票轉讓與員工，通常沒有未來服務期間之限制，因此屬於立刻即得，須馬上認列為費用。另外，轉讓庫藏股票給員工時，應比照第 13.3 節之作法，如果轉讓價格高於庫藏股票買回成本，不得認列利益，而應增加「資本公積－庫藏股票交易」；反之，如果轉讓價格低於庫藏股票買回成本，應先沖減原先「資本公積－庫藏股票交易」之貸方餘額，若仍有不足，則應減少「保留盈餘」。

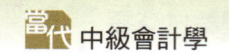

釋例 13-14　企業以庫藏股票轉讓與員工

亞洲公司於 ×1 年 12 月 31 日經過董事會決議後，買回庫藏股票 10,000 股，每股 $30，準備轉讓給員工作為獎酬。

情況一：轉讓價格不低於實際買回價格。

×2 年 3 月 31 日，經過董事會決議後，將已買回之庫藏股票 10,000 股轉讓員工，當日亞洲公司股價為 $40，員工得以用 $35 認購，採用選擇權評價模式得到此一認股權利之公允價值為 $6。繳款日為 ×2 年 4 月 15 日。

試作：亞洲公司相關分錄。

情況二：轉讓價格低於實際買回價格。

×2 年 3 月 31 日，經過董事會決議後，將已買回之庫藏股票 10,000 股轉讓員工，當日亞洲公司股價為 $25，員工得以用 $21 認購，採用選擇權評價模式得到此一認股權利之公允價值為 $5。繳款日為 ×2 年 4 月 15 日，該日亞洲公司原先帳上「資本公積—庫藏股票交易」有貸方餘額 $15,000。

試作：亞洲公司相關分錄。

解析

情況一：轉讓價格不低於實際買回價格。

×1 年 12 月 31 日，買回庫藏股票之分錄。

庫藏股票 ($30 × 10,000)	300,000	
現金		300,000

×2 年 3 月 31 日，給與員工認股權之分錄。

薪資費用 ($6 × 10,000)	60,000	
資本公積—員工認股權		60,000

×2 年 4 月 15 日，員工繳款並取得股票之分錄。亞洲公司應沖轉「庫藏股票」、「資本公積—員工認股權」之金額，並將其與收取現金之差額 $110,000 (= $350,000 + $60,000 − $300,000)，增加「資本公積—庫藏股票交易」。

現金 ($35 × 10,000)	350,000	
資本公積—員工認股權 ($6 × 10,000)	60,000	
庫藏股票 ($30 × 10,000)		300,000
資本公積—庫藏股票交易		110,000

情況二：轉讓價格不低於實際買回價格。

×1 年 12 月 31 日，買回庫藏股票之分錄。

庫藏股票 ($30 × 10,000)	300,000	
現金		300,000

Chapter 13 權益及股份基礎給付交易

×2 年 3 月 31 日，給與員工認股權之分錄。

薪資費用 ($5 × 10,000)	50,000	
資本公積—員工認股權		50,000

×2 年 4 月 15 日，員工繳款並取得股票之分錄。沖轉「庫藏股票」、「資本公積—員工認股權」之金額，並將其與收取現金之差額 $40,000 (= $300,000 − $210,000 − $50,000)，先沖減先前「資本公積—庫藏股票交易」之貸方餘額 $15,000，剩餘 $25,000 則減少保留盈餘。

現金 ($21 × 10,000)	210,000	
資本公積—員工認股權 ($5 × 10,000)	50,000	
資本公積—庫藏股票交易	15,000	
保留盈餘	25,000	
庫藏股票 ($30 × 10,000)		300,000

● 限制性股票

限制性股票 (restricted stock) 係企業為了獎酬員工，直接發行股份給員工 (但仍會交付信託保管)，但該股票有受到既得條件 (可能包括服務條件及績效條件) 之限制。如果後來員工未能滿足既得條件，企業會將該股票收回。與員工認股權相比較，限制性股票有兩個優點：

1. 員工不必出資，即可成為股東。
2. 對股本稀釋效果較低。

另外，與員工認股權不同之處，在於限制性股票在給與日時已經發行股份，所以當日必須借記「員工未賺得酬勞」，該項目為過渡項目，於資產負債表中作為權益減項，未來並依既得條件轉列薪資費用。

釋例 13-15　企業給與員工限制性股票 (固定既得期間、無績效條件)

德明公司與員工於 ×1 年 1 月 1 日協議以發行限制性股票作為獎酬計畫，雙方約定由 10 位員工各無償取得 1,000 股，限制性股票發放日為 ×1 年 1 月 2 日。既得條件為員工必須服務滿 3 年，×1 年 1 月 1 日至 ×3 年 12 月 31 日閉鎖期內，發放給員工的股票應由德明公司交付信託，不得轉讓，惟仍享有投票權及股利分配等權利，員工若於既得期間內離職，則應返還該限制性股票。自 ×4 年 1 月 1 日起，可自由轉讓這些股票。德明

551

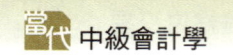

公司一般沒有受任何限制的股票，於 ×1 年 1 月 1 日每股市價為 $50，但是這些限制性股票因為有閉鎖期，公允價值每股只有 $45。

×1 年底及 ×2 年底，德明公司估計將有 3 位員工於 3 年內離職，×2 年底有 2 位員工離職。累計至 ×3 年，德明公司總共有 2 位員工離職。

試作：德明公司限制性股票相關分錄。

解析

由於這些限制性股票有服務期間之限制，故應依相關離職率之最佳估計，計算 ×1 年至 ×3 年各期應認列之薪資費用，計算如下：

年度	估計既得期間離職率	認股權既得數量	累積薪資費用	當期薪資費用
×1	3 人	0	$45 × (10 − 3) × 1,000 × 1/3 = $105,000	$105,000
×2	3 人	0	$45 × (10 − 3) × 1,000 × 2/3 = $210,000	$105,000
×3	2 人（實際）	8 人 × 1,000 股 = 8,000 股	$45 × (10 − 2) × 1,000 × 3/3 = $360,000	$150,000

×1 年 1 月 1 日，德明公司與員工雙方同意限制性股票之約定 (給與日)，並依當日限制性股票之公允價值 $45，及離職率之最佳估計，計算「員工未賺得酬勞」$315,000 (= $45 × 7 人 × 1,000 股)，該項目為過渡項目，於資產負債表中作為權益減項，並依時間經過轉列薪資費用。

　　員工未賺得酬勞　　　　　　　　　　315,000
　　　資本公積─受限制股票　　　　　　　　　　315,000

×1 年 1 月 2 日，發放限制性股票 10,000 股給員工。若「資本公積─受限制股票」與給與日之貸方餘額互抵為借餘，則保持為借方餘額，無須沖減保留盈餘。

　　資本公積─受限制股票　　　　　　　100,000
　　　股本 ($10 × 10,000)　　　　　　　　　　100,000

×1 年 12 月 31 日，認列限制性股票第 1 年薪資費用。

　　薪資費用　　　　　　　　　　　　　105,000
　　　員工未賺得酬勞　　　　　　　　　　　　105,000

×2 年 12 月 31 日，認列限制性股票第 2 年薪資費用。

　　薪資費用　　　　　　　　　　　　　105,000
　　　員工未賺得酬勞　　　　　　　　　　　　105,000

×2 年 12 月 31 日，有 2 位員工離職，將其限制性股票收回並註銷。

股本 ($10 × 2,000)	20,000	
資本公積—受限制股票		20,000

×3 年 12 月 31 日，因為估計離職率由 3 人變成 2 人，故應增加「員工未賺得酬勞」及「資本公積—受限制股票」$45,000（＝$45 × 1 人 × 1,000 股）。

員工未賺得酬勞	45,000	
資本公積—受限制股票		45,000

×3 年 12 月 31 日，認列限制性股票第 3 年薪資費用。

薪資費用	150,000	
員工未賺得酬勞		150,000

×3 年 12 月 31 日，因限制性股票已符合既得條件，沖轉相關資本公積。

資本公積—受限制股票	280,000	
資本公積—普通股股票溢價 [($45 − $10) × 8,000]		280,000

內含價值法會計處理（無法可靠估計權益工具之公允價值）

在罕見之情況下，企業可能無法於衡量日可靠估計所給與權益工具之公允價值。例如企業發行的股票未在活絡市場交易，或與前述股票連動且其清償須交付該等股票之衍生工具（如認股權），若其公允價值合理估計數之變異區間並非很小，且無法合理評估不同估計之機率。企業僅在此等罕見情況下，才能採用**內含價值法** (intrinsic value method) 來處理股份基礎給付交易。

以認股權為例，如果其公允價值（包括內含價值及時間價值）在衡量日能可靠估計，企業以衡量日之公允價值作為衡量基礎，即使衡量日之後，認股權的公允價值不論上漲或下跌，都不予以考量，不會增加或減少未來的薪資費用。但是如果認股權的公允價值在衡量日無法可靠衡量，此時當然無法採用公允價值法，因此 IASB 根據「願賭服輸」的精神，允許企業完全不用考量認股權的時間價值，表面上看起來企業可認列較低的薪資費用，但是未來如果認股權之內含價值增加，必須增列薪資費用；反之，若內含價值下跌，則可減少認列或甚至完全不必認列薪資費用。此外，企業採用內含價值法之後，即使將來權益工具的公允價值變成能夠可靠衡量（例如，未上市公司後來已經上市上櫃之後），根據「願賭服輸」的精神，亦不得改用公允價值法。

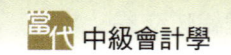

內含價值之作法，如下：

1. 自企業收取商品或勞務之日起、後續每一報導期間結束日、至最終交割日，以內含價值為認列每一單位權益工具之計價（單價）基礎。

   就認股權之給與而言，當認股權執行、喪失（例如於終止聘僱關係時）或失效（例如於認股權存續期間終了）時，即為股份基礎給付協議之最終交割。

2. 以最終交割日之權益工具數量為基礎，認列所收取之商品或勞務。

   以認股權為例，除市價條件外，企業應於既得期間逐期認列所收取之商品或勞務，並以預期既得之認股權數量（最佳估計）為基礎。於既得日時，企業應調整至實際既得數量。在既得日之後，若認股權喪失或於認股權存續期間終了時失效，企業應將所認列之已收取商品或勞務之金額迴轉。

釋例 13-16　內含價值法（無法可靠衡量認股權之公允價值）

×1年初，臺中公司以繼續服務3年為條件，給與10位員工各1,000單位之認股權，服務之既得期間為3年，該認股權之存續期間為5年。執行價格為$12，而臺中公司於給與日之價值亦為$12。但臺中公司於給與日認為其無法可靠估計所給與認股權之公允價值。

下表係臺中公司×1年至×5年之股價、認股權執行數量及預期或實際離職人數之資料，假設於某特定年度執行之認股權均係於該年度之年底執行。

試作：臺中公司各年度應認列之薪資費用及作相關分錄。

年度	年底價值	年底執行之認股權數量	預期或實際離職人數
×1	$15	0	3
×2	18	0	3
×3	20	0	2
×4	25	6,000	—
×5（情況一）	32	2,000	—
×5（情況二）	9	0	—

解析

臺中公司於 ×1 年至 ×5 年應分別認列之薪資費用，計算如下：

年度	估計既得期間離職人數	年底股價	年底流通在外認股權數量	當期薪資費用	累積薪資費用
×1	3	$15	0	($15 − $12) × (10 − 3) × 1,000 × 1/3 = $7,000	$7,000
×2	3	18	0	($18 − $12) × (10 − 3) × 1,000 × 2/3 − $7,000 = $21,000	$28,000
×3	2（實際）	20	(10 − 2) × 1,000 = 8,000	($20 − $12) × (10 − 2) × 1,000 × 3/3 − $28,000 = $36,000	$64,000
×4	—	25	8,000 − 6,000 = 2,000	($25 − $20) × 6,000 + ($25 − $20) × 2,000 = $40,000	$64,000 + $40,000 = $104,000
×5（情況一）	—	32	0	($32 − $25) × 2,000 = $14,000	$104,000 + $14,000 = $118,000
×5（情況二）		9	0	($12 − $25) × 2,000 = −$26,000	$104,000 − $26,000 = $78,000

×1 年 12 月 31 日，認列 ×1 年薪資費用。

薪資費用	7,000	
資本公積—員工認股權		7,000

×2 年 12 月 31 日，認列 ×2 年薪資費用。

薪資費用	21,000	
資本公積—員工認股權		21,000

×3 年 12 月 31 日，認列 ×3 年薪資費用，最後既得 8,000 單位認股權。

薪資費用	36,000	
資本公積—員工認股權		36,000

×4 年 12 月 31 日，將 ×4 年內含價值增加的部分，於 ×4 年認列薪資費用，可分為兩部分，其中 6,000 單位認股權已經交割並發行新股，應認列 $30,000 [= ($25 − $20) × 6,000] 薪資費用，剩下 2,000 單位認股權，亦應認列薪資費用 $10,000 [= ($25 − $20) × 2,000]，共須認列薪資費用 $40,000。

薪資費用	40,000	
資本公積—員工認股權		40,000
現金 ($12 × 6,000)	72,000	
資本公積—員工認股權 [($25 − $12) × 6,000]	78,000	
普通股股本 ($10 × 6,000)		60,000
資本公積—普通股股票溢價		90,000

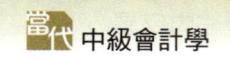

情況一

×5 年 12 月 31 日，將 ×5 年內含價值增加之部分，於 ×5 年認列薪資費用，剩餘 2,000 單位認股權，應增加認列薪資費用 $14,000 [= ($32 − $25) × 2,000]，並作發行新股之分錄。

薪資費用	14,000	
資本公積—員工認股權		14,000
現金 ($12 × 2,000)	24,000	
資本公積—員工認股權 [($32 − $12) × 2,000]	40,000	
普通股股本 ($10 × 2,000)		20,000
資本公積—普通股股票溢價		44,000

情況二

×5 年 12 月 31 日，由於 ×5 年時股價大跌，只剩 $9，低於認購價格 $12，所以員工放棄認購，因為此時內含價值為 $0 (不是 $9 − $12 = −$3)，應將 ×5 年內含價值減少之部分，於 ×5 年迴轉減少薪資費用，剩餘 2,000 單位認股權，應減少薪資費用 $26,000 [= ($12 − $25) ×2,000]，並轉列「資本公積—員工認股權」之餘額。

資本公積—員工認股權	26,000	
薪資費用		26,000

13.4.3　現金交割

學習目標 8
現金交割之股份基礎給付交易之會計處理

　　對於現金交割之股份基礎給付交易，企業應以所承擔負債之公允價值衡量所取得之商品或勞務及負債。企業應於每一報導期間結束日及交割日再衡量負債之公允價值，並將公允價值之任何變動認列於當期損益直至負債交割。

　　例如，企業可能給與**員工股份增值權** (stock appreciation rights) 以作為激勵員工之用。股份增值權和認股權有點相像，它們都是特定期間內，以企業之股價為履約標的。但它們相同之處，例如股份增值權和認股權的履約價格都是 $20，只要企業的股價 (例如是 $35) 超過 $20，對於股份增值權和認股權都是有利的。但是兩者不同之處，在於對認股權而言，員工須先準備 $20 來認購企業的股份，再予以出售才能獲得該 $15 內含價值的利益，但是對股份增值權而言，員工無須準備 $20 去認股，即可直接要求企業支付 $15，對於員工比較方便。

　　除了股份增值權之外，企業亦可能藉由給與員工可賣回股份 (包

括因執行認股權而認購之股份)的權利,該股份可由企業強制(例如於終止聘僱關係時)贖回,或由員工主動要求賣回,而成為現金交割之股份基礎給付交易。

　　現金交割之股份基礎給付交易(如股份增值權)若屬立即既得,除有反證外,企業應推定已收取員工所提供之勞務。因此,企業應立即認列所收取之勞務及為支付該勞務之負債。若股份增值權須等到員工已完成特定期間之服務方為既得,企業應於該期間隨著員工勞務之提供,逐期認列所收取之勞務及為支付該勞務之負債。

　　股份增值權負債應藉由運用選擇權評價模式,考量股份增值權給與所依據之條款及條件,以及員工至今已提供勞務之程度,於原始及後續之每一報導期間結束日直至交割止,按股份增值權之公允價值衡量。值得強調的是,股份增值權負債在交割時,係以較低的內含價值交割,而非較高的公允價值交割。亦即,股份增值權若在到期之前行使,會使時間價值變成零,此即財務學上常說的一句名言「*option is more valuable alive than dead*」。提早行使選擇權對於員工不利,但是員工基於個人選擇(如需要資金、準備跳槽,或看壞公司未來等理由)還是會提早行使。雖然股份增值權負債係以內含價值實際交割,但 IASB 為了會計衡量的一致性,要求員工認股權或股份增值權負債在原始認列及後續衡量時,都同樣必須使用公允價值。但是企業若提前清償股份增值權負債時,只須依內含價值支付現金,並予以認列。

釋例 13-17　現金交割之股份增值權──固定既得期間

　　×1 年初,元智公司以繼續服務 3 年為條件,給與 10 位員工各 1,000 單位之股份增值權,服務之既得期間為 3 年,該股份增值權之存續期間為 5 年。執行價格為 $15,而元智公司於給與日之股價亦為 $15。

　　下表係元智公司 ×1 年至 ×5 年之股份增值權之公允價值、內含價值、股份增值權執行數量及預期或實際離職人數之資料,假設於某特定年度執行之股份增值權均係於該年度之年底執行。試計算元智公司各年度應認列之薪資費用及作相關分錄。

年度	年底股份增值權之公允價值	年底股份增值權之內含價值	年底執行之股份增值權數量	預期或實際離職人數
×1	$9	$5	0	3
×2	3	0	0	3
×3	4	0	0	4
×4	8	7	4,000	—
×5	5	5	2,000	—

解析

元智公司於 ×1 年至 ×5 年應分別認列之薪資費用，計算如下：

年度	估計既得期間離職人數	年底股份增值權之公允價值	年底股份增值權之內含價值	年底流通在外認股權數量	當期薪資費用	年底股份增值權負債
×1	3	$9	$5	0	$9 × (10 − 3) × 1,000 × 1/3 = $21,000	$21,000
×2	3	3	0	0	$3 × (10 − 3) × 1,000 × 2/3 − $21,000 = −$7,000	$21,000 − $7,000 = $14,000
×3	4 (實際)	4	0	(10 − 4) × 1,000 = 6,000	$4 × (10 − 4) × 1,000 × 3/3 − $14,000 = $10,000	$14,000 + $10,000 = $24,000
×4	—	8	7	6,000 − 4,000 = 2,000	流通在外(用公允價值)： $8 × 2,000 − $24,000 = −$8,000 已經行使(用內含價值支付現金)： $7 × 4,000 = $28,000 本年度薪資費用： −$8,000 + $28,000 = $20,000	$24,000 − $8,000 = $16,000
×5	—	5	5		流通在外(用公允價值)： $5 × 0 − $16,000 = −$16,000 已經行使(用內含價值支付現金)： $5 × 2,000 = $10,000 本年度薪資費用： −$16,000 + $10,000 = −$6,000	$16,000 − $16,000 = $0

根據上表，應作分錄如下：

×1 年 12 月 31 日，認列 ×1 年薪資費用。

　　薪資費用　　　　　　　　　　　21,000
　　　股份增值權負債　　　　　　　　　　　21,000

×2 年 12 月 31 日，因 ×2 年股份增值權負債金額下降，調降負債金額並迴轉薪資費用。

股份增值權負債	7,000	
薪資費用		7,000

×3 年 12 月 31 日，認列 ×3 年薪資費用，最後既得 6,000 股份增值權。

薪資費用	10,000	
股份增值權負債		10,000

×4 年 12 月 31 日，於 ×4 年認列薪資費用，可分為兩部分，其中 4,000 單位股份增值權已經行使，支付現金及認列薪資費用 $28,000（= $7 × 4,000），剩下 2,000 單位股份增值權負債年底餘額只有 $16,000（= $8 × 2,000），亦應調降股份增值權負債及減少薪資費用 $8,000（= $24,000 − $16,000），因此兩部分合計應認列薪資費用 $20,000（= $28,000 − $8,000）。

薪資費用	20,000	
股份增值權負債	8,000	
現金		28,000

×5 年 12 月 31 日，於 ×5 年認列薪資費用，可分為兩部分，其中 2,000 單位股份增值權已經行使，支付現金及認列薪資費用 $10,000（= $5 × 2,000），剩下 0 單位股份增值權負債年底餘額應該歸零，故應調降股份增值權負債及減少薪資費用 $16,000（= $0 − $16,000），因此兩部分合計應減少薪資費用 $6,000（= $16,000 − $10,000）。

股份增值權負債	16,000	
薪資費用		6,000
現金		10,000

本章習題

問答題

1. 試說明 IASB 基於經濟實質重於法律形式的原則，要求權益工具必須同時符合哪兩個條件？
2. 試說明發行人發行可買回、可轉換公司債時，該可買回、可轉換公司債整體的公允價值應如何拆解？
3. 有關誘導轉換而產生之額外對價，應如何處理？
4. 何謂庫藏股票？並說明庫藏股票之會計處理。
5. 何謂股份基礎給付交易？有哪些交割方式？試說明之。
6. 簡述給與日、衡量日、既得條件與既得期間之定義。
7. 說明權益交割股份基礎給付公允價值法之會計處理。

8. 說明權益交割股份基礎給付內含價值法之會計處理。

9. 說明現金交割股份基礎給付之會計處理。

選擇題

1. 公司發行股票時發生之各種直接成本 (登記費與其他規費等) 應
   (A) 扣除所有相關所得稅利益後之淨額，作為權益之減項處理
   (B) 作為發行股票當期之費用
   (C) 列為無形資產
   (D) 作為遞延費用並逐期攤銷

2. 甲公司於 2019 年 10 月 17 日擁有 20,000 股流通在外面值 $10 的普通股，市價每股 $12，2019 年 10 月 24 日該公司以每股 $18 買回 2,000 股流通在外普通股股票，2019 年 11 月 1 日公司以每股 $22 再發行 1,000 股之庫藏股票。請問 11 月 1 日公司再發行庫藏股票的分錄包括：
   (A) 貸記資本公積—庫藏股票 $4,000
   (B) 貸記保留盈餘 $4,000
   (C) 借記庫藏股票 $18,000
   (D) 借記其他權益 $4,000　[108 年地特財稅三等]

3. 清交公司 ×3 年 1 月 1 日有關股東權益之資料如下：

普通股股本—面額 $10，核准發行 200,000 股，	
已發行 180,000 股	$1,800,000
資本公積—普通股股票溢價	1,800,000
保留盈餘	1,520,000
合計	$5,120,000

   ×3 年公司交易如下：

   2 月 1 日，以每股 $60，買回 2,500 股。
   3 月 1 日，以每股 $70，再出售 2,000 股。
   4 月 1 日，以每股 $40，再出售 500 股。

   假設公司 ×3 年沒有其他有關股票之交易，則清交公司 ×3 年底財務報表中資本公積之表達金額為：
   (A) $1,790,000
   (B) $1,800,000
   (C) $1,810,000
   (D) $1,830,000

4. 中興公司於 ×3 年 12 月 1 日以 4,000 股庫藏股票購入一機器，該庫藏股票係於 ×2 年以每股 $62 買回，公司 ×3 年 12 月 1 日之股價為每股 $58，該機器之公允價值為 $230,000，此交易對於公司之保留盈餘的影響為：
   (A) 增加 $16,000
   (B) 增加 $18,000
   (C) 減少 $16,000
   (D) 減少 $18,000

5. 甲公司成立於 ×1 年初，核准發行面額 $10 之普通股 1,000,000 股。×1 年 12 月 31 日的

資產負債表顯示，普通股股本為 $8,000,000、普通股發行溢價為 $4,800,000 與保留盈餘為 $1,550,000。×2 年期間，甲公司以 $12 收回庫藏股票 30,000 股，其後依序將該批庫藏股票分別以 $9 出售 8,000 股與 $14 出售 15,000 股。請問 ×2 年 12 月 31 日資產負債表的權益部分顯示之流通在外股數、資本公積餘額合計數與庫藏股票餘額為何？

(A) 770,000 股、$4,788,000 與 $0
(B) 793,000 股、$4,830,000 與 $84,000
(C) 800,000 股、$4,830,000 與 $70,000
(D) 793,000 股、$4,788,000 與 $0

[109 年普考財稅]

6. 乙公司 ×4 年 3 月 1 日以 $28,000 買進 4,000 股庫藏股票，5 月賣出 1,500 股庫藏股票，售得 $12,000，7 月再將剩下的庫藏股票全數售出，售得 $15,000。此筆庫藏股票交易對乙公司 ×4 年財務報表之影響為何？

(A) 增加出售庫藏股票損失 $2,500
(B) 增加出售庫藏股票損失 $1,500
(C) 增加資本公積—庫藏股票交易 $1,500
(D) 減少保留盈餘 $1,000

[101 年特考]

7. 吉利公司 ×0 年 1 月 1 日發行可轉換公司債，該可轉換公司債的公允價值為 $3,020,000，公司債面額為 $3,000,000，票面利率為 8%，每年 12 月 31 日付息一次，發行期限為 5 年，轉換價格為 $60，亦即可轉換 50,000 股。經客觀評價之後，得知：發行時不含轉換權之公司債公允價值為 $2,883,310 (有效利率為 9%)，轉換權之公允價值為 $150,000。

(1) 發行可轉換公司債時，發行分錄應包括：
   (A) 貸：資本公積—認股權 $149,341
   (B) 貸：資本公積—認股權 $136,690
   (C) 貸：公司債溢價 $20,000
   (D) 貸：資本公積—認股權 $150,000

(2) ×3 年 1 月 1 日持有人行使 $1,500,000 可轉換公司債的轉換權，轉換日可轉換公司債的帳面金額為 $1,462,080，可轉換公司債的市價為 $1,518,000，公司的股價為 $68。則轉換時之分錄應包括：
   (A) 貸：資本公積—普通股股票溢價 $1,280,425
   (B) 借：公司債轉換損失 $182,000
   (C) 借：資本公積—認股權 $55,920
   (D) 借：資本公積—認股權 $182,000

8. 甲公司 ×5 年 1 月 1 日以 105 之價格發行面額 $1,000,000、利率 6% 之 5 年期可轉換公司債，該公司於每年 12 月 31 日付息一次，每 $1,000 公司債可轉換為面額 $10 普通股 30 股。發行當時不含轉換權之公司債公允價值為 $1,040,000，甲公司以直線法攤銷折溢價。×6 年 12 月 31 日付息後有面額 $200,000 之公司債行使轉換權，轉換日普通股市價為每股 $50，則甲公司應貸記資本公積若干？

(A) $145,000
(B) $146,800
(C) $164,000
(D) $240,000

[100 年特考]

9. 甲公司於 ×5 年初平價發行 $1,000,000 可轉換公司債,轉換價格為 $20。×7 年 12 月 1 日為誘導轉換,將轉換價格降為 $16,當時甲公司股價為 $25。若普通股面額為 $10,×7 無公司債進行轉換,則甲公司修改轉換價格對 ×7 年度綜合損益之影響為:(不考慮所得稅影響)
   - (A) 減少 $125,000
   - (B) 減少 $312,500
   - (C) 減少 $562,500
   - (D) 無影響 [101 年高考]

10. 試計算甲公司 101 年 12 月 31 日資產負債表中,與下列交易相關之資本公積及公司債折價金額各為何?(1) 公司於 101 年 1 月 1 日發行 5 年期附賣回權可轉換公司債 50 張,每張面額 $100,000,票面利率 0%,收到總現金為 $5,000,000。(2) 賣回權於 101 年 1 月 1 日,以選擇權評價模式計算之公允價值為 $495,000。(3) 發行時,相同條件但不附賣回權及轉換權之公司債公平利率為 4%。
    - (A) 資本公積為 $495,000;公司債折價為 $890,365
    - (B) 資本公積為 $890,365;公司債折價為 $164,385
    - (C) 資本公積為 $99,635;公司債折價為 $4,109,635
    - (D) 資本公積為 $395,365;公司債折價為 $725,980 [100 年會計師]

11. 甲公司於 ×6 年 8 月 1 日以 104 的價格發行利率 6%,每張面額 $1,000 的公司債 5,000 張,每張債券附一張可單獨轉讓的認股證,可認甲公司普通股 10 股。發行當天,不附認股證的公司債市價為 $95,每一認股證市價為 $75,發行所得現金應分攤至公司債者為何?
    - (A) $4,625,000
    - (B) $4,750,000
    - (C) $4,819,512
    - (D) $5,200,000 [100 年會計師]

12. 下列有關附賣回權可轉換公司債及附認股權公司債之敘述,何者正確?① 附賣回權可轉換公司債之發行對價,須分攤予賣回權、轉換權與公司債時,應採增額法;② 附認股權公司債之發行對價,須分攤予認股權與公司債時,應採增額法;③ 附賣回權可轉換公司債持有人行使轉換權時,轉換權將轉列為股本,賣回權及公司債無須消滅;④ 附認股權公司債持有人行使認股權時,認股權將轉列為股本,公司債無須消滅。
    - (A) ①④
    - (B) ②③
    - (C) ①②④
    - (D) ①②③ [100 年高考]

13. 當可轉換特別股轉換成普通股時,其會計處理之結果(假設該可轉換特別股及認股權均符合權益工具之條件),下列敘述何者正確?
    - (A) 股東權益總額可能產生變動
    - (B) 保留盈餘不可能產生變動
    - (C) 保留盈餘可能減少
    - (D) 保留盈餘可能增加 [改編自 99 年會計師]

14. 企業與員工之股份基礎給付交易(權益交割),應於何時認列所取得之商品或勞務?
    - (A) 取得商品或勞務時
    - (B) 權益工具之給與日
    - (C) 權益工具之既得日
    - (D) 權益工具之執行日 [101 年會計師]

15. 丁公司於 ×1 年 1 月 1 日與經理人約定:現在給予經理人 20,000 股普通股的認股權,服務滿 2 年後,得於 ×3 年 1 月 1 日至 12 月 31 日按每股 $30 的價格行使認股權。若普通

股的市價在給與日為每股 $42，認股權公允價值為每股 $10，既得日普通股市價為每股 $38，認股權公允價值為每股 $8。丁公司估計 2 年內經理人喪失認股權比率為 15%，丁公司 ×1 年度應認列的酬勞成本為若干？

(A) $20,000　　　　　　　　　　(B) $68,000
(C) $85,000　　　　　　　　　　(D) $100,000　　　　　[109 年地特財稅三等]

16. 和平公司於 99 年 1 月 1 日給與 10 位高階經理人員以每股 $20 認購和平公司普通股之權利，並規定自該日起每位經理人需服務滿 3 年始能取得該權利。每位經理人可認購之股數決定於未來 3 年服務期間該公司產品之市場占有率：市場占有率達 10%，每位經理人可獲得 20,000 股認股權；市場占有率達 15%，每位經理人可獲得 50,000 股認股權。給與日當天按選擇權評價模式計算出之每股認股權公允價值為 $15。其餘資料如下：

	市場占有率	普通股每股公允價值	預估 101 年底前離職人數
99 年 12 月 31 日	12%	$29	0
100 年 12 月 31 日	14%	$32	3

試問 100 年和平公司該計畫應認列之酬勞成本為何？

(A) $0　　　　　　　　　　　　(B) $400,000
(C) $420,000　　　　　　　　　(D) $520,000　　　　　[改編自 101 年高考]

17. 以下有關股份基礎給付交易之敘述，何者錯誤？
(A) 若企業取得商品或勞務之交易，其對價係以本身之權益工具（含股票或認股權等）支付，係屬於股份基礎給付交易
(B) 若企業取得商品或勞務之交易，其對價係產生負債，該負債之金額由企業本身之股票或其他權益工具價值所決定，係屬於股份基礎給付交易
(C) 若企業員工持有某企業之權益工具，且以該權益工具持有者之身分與該企業交易，係屬於股份基礎給付交易
(D) 若企業取得商品或勞務之交易，其對價係以本身之權益工具（含股票或認股權等）支付，惟含選擇交割條款，可允許企業或交易對方有權利選擇以權益交割或現金交割時，係屬於股份基礎給付交易　　　　　　　　　　　　　　　　　　　　[108 年會計師]

18. 甲公司於 ×1 年年初給與 25 位高階經理人每人 1,000 股，存續期間 5 年之認股權，若甲公司每股股價由 $20 上漲至 $40，且高階經理人於達成目標股價時仍繼續服務，則認股權將既得且可立即執行。給與日認股權之公允價值為 $18，甲公司估計 ×3 年底時，最有可能達成每股股價 $40 的目標。其他相關資料如下：

年度	估計未來尚可能離職人數	實際離職人數	年底認股權公允價值
×1 年	2	1	$21
×2 年	2	2	$24
×3 年	0	1	$27

試就以上資訊，計算甲公司 ×2 年應認列之酬勞成本爲何？

(A) $240,000   (B) $108,000

(C) $280,000   (D) $148,000   [109 年地特會計三等]

19. 丁公司於 ×4 年 1 月 1 日給與銷售部門經理 5,000 股之股票增值權，規定該經理於服務滿 3 年後，得於 1 年內就預設價格 $30 與行使權利日股票市價之差額領取現金，若該經理於 ×7 年 7 月 1 日行使權利換取現金，丁公司運用選擇權評價模式決定之股票增值權之公允價值如下：

×4 年 1 月 1 日	$12	×6 年 12 月 31 日	$12
×4 年 12 月 31 日	$10	×7 年 7 月 1 日	$14
×5 年 12 月 31 日	$15		

則丁公司 ×5 年度應認列之酬勞成本爲：

(A) $25,000   (B) $33,333

(C) $50,000   (D) $75,000   [改編自 101 年高考]

20. 星光公司於 ×3 年 7 月 15 日決議辦理現金增資，保留員工認股數為 15,000 股，當日員工與公司對認購計畫已有共識。星光公司採用選擇權評價模式，估計所給與認購新股權利之給與日每單位公允價值爲 $7，當時公司股價每股 $65，員工認購價每股 $60，星光公司之員工共認購現金增資 5,000 股，但現金增資失敗，星光公司亦退回股款。試問星光公司 ×3 年應認列之薪資費用爲：

(A) $0   (B) $35,000

(C) $75,000   (D) $105,000

21. 小玲公司於 ×2 年初給與 100 位員工各 600 單位之認股權，給與之條件係員工必須繼續服務 2 年，該認股權之存續期間爲 5 年。執行價格爲 $20，給與日當日公司的股價亦爲 $20。但公司於給與日無法可靠估計所給與認股權之公允價值。×2、×3 年底公司預估（實際）離職人數爲 15 位與 16 位，×2、×3 與 ×4 年底公司股價分別爲 $30、$28 與 $32，同時 ×4 年底有 30,000 股認股權執行。試問小玲公司 ×4 年認列之薪資費用若干？

(A) $0   (B) $100,800

(C) $80,640   (D) $201,600

練習題

1. **【發行股票取得現金及其他資產】** 山陽公司於 ×3 年初設立，預計發行 50,000 股普通股與 10,000 股特別股，該特別股符合權益之定義。普通股與特別股每股面額皆爲 $10，普通股每股認購價格爲 $25，已認購 50,000 股。特別股每股認購價格爲 $30，已認購 10,000 股。×3 年 3 月 31 日，收足股款，並發行股票。山陽公司另支付股份發行之直接成本 $1,500（其中 $1,000 爲普通股之發行成本、$500 爲特別股之發行成本）。另公司於 ×3 年 9 月 1 日，發行 5,000 股，取得自用不動產，該不動產之公允價值爲 $140,000。

試作：山陽公司 ×3 年相關分錄。

2. 【可買回、可轉換公司債——發行人及持有人之會計處理】清新公司於 ×3 年 12 月 31 日發行可買回、可轉換公司債給福全公司，該可買回、可轉換公司債整體的公允價值為 $618,000，公司債面額為 $600,000，票面利率為 2%，每年 12 月 31 日付息一次，發行期限為 6 年，轉換價格為 $30。經客觀評價之後，得知各組成部分單獨之公允價值如下表：

組成部分	單獨之公允價值
有買回權但無認股權之公司債	$580,000
只有買回權	(30,000)
只有認股權	50,000

試作：

(1) ×3 年 12 月 31 日，清新公司於發行此可轉換公司債之分錄。
(2) 福全公司於 ×3 年 12 月 31 日之分錄。

3. 【可轉換公司債——發行、提早買回、提早轉換、誘導轉換】智遠公司 2011 年 1 月 1 日按面額發行可轉換公司債 2,000 張，每張面額 $1,000，該債券 3 年到期，合約利率 2%，每年底付息一次。公司債流通期間，持有人得以 $250 的轉換價，轉換為智遠公司面額 $10 的普通股 1 股。該公司債發行時相同條件但不可轉換的公司債，其市場利率為 4%。

試作：

(1) 智遠公司 2011 年 1 月 1 日發行公司債分錄。
(2) 假設 2012 年 1 月 1 日智遠公司按 106 的價格從公開市場買回 500 張可轉換公司債，不可轉換的公司債當日公允價值為 $501,000，請作此分錄。假設買回當日公司帳上之「資本公積—庫藏股票交易」有貸方餘額 $5,000。
(3) 假設 2012 年 1 月 1 日投資人行使 500 張可轉換公司債的轉換權，請作轉換分錄。
(4) 假設智遠公司為誘導轉換，在 2013 年 1 月 1 日宣布將轉換價降為 $200，當日普通股每股市價為 $260。該日持有人全數轉換完畢。請作剩下 1,000 張可轉換公司債的誘導轉換分錄。

[改編自 101 年鐵路特考]

4. 【可轉換公司債——誘導轉換】成功公司於 ×3 年 1 月 1 日發行可轉換公司債，公司債面額為 $300,000，可轉換 6,000 股，發行後該可轉換公司債相關之「資本公積—認股權」金額為 $40,000。×5 年 12 月 31 日，成功公司向持有人提出若轉換者，可轉換股數可由 6,000 股增加到 7,500 股。當日公司股價為 $56，公司債之帳面金額為 $312,000。該日持有人全數轉換完畢。

試作：成功公司誘導轉換之相關分錄。

5. 【可轉換特別股】大元公司於 ×2 年 1 月 1 日發行可轉換特別股 5,000 股，每股面額 $10，發行價格為 $40，未來該特別股之持有人得選擇轉換成大元公司的普通股，一股換一股。該特別股及認股權均符合權益工具之條件。×4 年 1 月 1 日 50% 之可轉換特別股之持有人將特別股轉換成 2,500 股普通股。

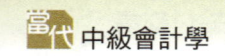

試作：大元公司相關分錄。

6. 【強制贖回特別股──但對特別股股利有自主裁量權】達利公司於 ×1 年 1 月 1 日發行 30,000 股特別股，取得價款 $320,000，該特別股 4 年後達利公司會依面額強制贖回，特別股股利率為 6%，每年 12 月 31 日付息一次。特別股股利非累積，且達利公司有絕對的自主裁量權決定是否要發放特別股股利，依過去之記錄，達利公司為了讓普通股股東能夠領到股利，所以預期未來每年都會發放特別股股利。發行時，達利公司發行類似品質之 4 年期零息債券之市場利率為 8%。×1 年底至 ×4 年底，達利公司都有支付特別股股利。

試作：達利公司相關分錄。

7. 【強制贖回特別股】臺北公司於 20×1 年 1 月 1 日以 $6,000,000 發行 5 年期特別股，臺北公司可自主裁量股利是否發放，但 5 年期間屆滿時臺北公司須以現金 $8,000,000 強制贖回該特別股。臺北公司發行類似信用品質之 5 年期零息債券之年利率為 10%。

試求：

(1) 臺北公司 20×1 年 1 月 1 日發行該特別股時，應認列負債及權益之金額各為多少元？

(2) 臺北公司於 20×2 年度宣告並發給該特別股股利金額 $120,000，臺北公司應認列 20×2 年度之利息費用及股利金額各為多少元？　　　　　　　　　　　　[102 年特考]

8. 【強制贖回特別股──特別股股利為累積】德明公司於 ×1 年 1 月 1 日發行 50,000 股特別股，取得價款 $511,666，並支付發行股票成本 $30,000，該特別股 2 年後德明公司會強制贖回，特別股股利率為 4%，每年 12 月 31 日付息一次，且特別股股利為累積。德明公司預期未來每年都會發放特別股股利。德明公司發行類似品質之 2 年期 4% 債券之市場利率為 6%。×1 年底及 ×2 年底，德明公司都有支付特別股股利。

試作：德明公司相關分錄。

9. 【員工認股權──固定既得期間、無績效條件】家福公司於 ×5 年 1 月 1 日給與 15 位員工各 1,000 股之認股權。給與之條件係員工必須繼續服務滿 4 年，方能取得認股權。家福公司當日的股價為 $65，認股權之認購價格為每股 $55，估計每一個認股權之公允價值為 $20。認股權於 ×9 年 12 月 31 日到期。

試完成下列分錄：

(1) ×5 年 1 月 1 日分錄。

(2) ×5 年 12 月 31 日，家福公司預估有 2 位員工將於 ×8 年 12 月 31 日前離職。

(3) ×6 年 12 月 31 日，家福公司預估有 5 位員工將於 ×8 年 12 月 31 日前離職。

(4) ×7 年 12 月 31 日，家福公司預估有 4 位員工將於 ×8 年 12 月 31 日前離職。

(5) ×8 年 12 月 31 日。共有 5 位員工於既得期間前實際離職，其餘 10 位員工各取得 1,000 單位認股權。

(6) ×9 年 12 月 31 日，公司股價為 $68，員工行使了 9,000 個認股權，剩下的 1,000 個認股權過期失效。

10. **【員工認股權──固定既得期間、非市價之績效條件】** 莒光公司於 ×3 年初給與 24 位員工認股權。員工未來須服務滿 3 年，可認購股數視未來 EPS 成長幅度而定：

績效條件：×5 年 EPS 成長幅度	每位員工可認購股數
小於 10%	1,000 股
介於 10% 與 20% 之間	2,000 股
大於 20%	3,000 股

莒光公司當日的股價為 $55，認股權之認購價格為每股 $40，估計每一個認股權之公允價值為 $21。認股權於 ×7 年 12 月 31 日到期。

試依下列資料完成 ×3 年至 ×5 年有關之分錄：

(1) ×3 年底。莒光公司認為 ×5 年 EPS 應會成長 15%，預計有 6 位員工將於 ×5 年底前離職。

(2) ×4 年底，莒光公司認為 ×5 年 EPS 應會成長 21%。估計有 4 位員工將於 ×5 年 12 月 31 日前離職。

(3) ×5 年底，莒光公司 ×5 年實際 EPS 成長 9%，並有 6 位員工離職。

(4) ×6 年 12 月 31 日，公司股價為 $50，員工行使了 12,000 個認股權。

(5) ×7 年 12 月 31 日，公司股價為 $38。剩下的 6,000 個認股權過期失效。

11. **【員工認股權──固定既得期間、市價條件】** 木柵公司於民國 98 年 1 月 1 日給與三位主管各 500,000 股認股權，條件為必須繼續在公司服務滿 3 年，且公司股票每股股價在民國 100 年底必須超過 $80，認股權才得執行。符合上述既得條件後，認股權可於其後 5 年內任何時間執行。民國 98 年 1 月 1 日時，木柵公司股價為每股 $50。給與認股權時，木柵公司預估三位主管均會服務滿三年，但民國 100 年底股價超過 $80 的機率大約為 60%。木柵公司考慮員工離職率及達成既得條件下，認股權評價為每股 $20。

試問： 下列三種情況下，計算木柵公司在民國 98 年、99 年及 100 年度，各應認列員工認股權薪資費用之金額為多少？

(1) 三位主管均實際服務滿 3 年，民國 98 年底、99 年底及 100 年底，木柵公司股票每股市價分別為：$70、$65 及 $95。

(2) 有一位主管於民國 100 年中離職，其餘二位主管實際服務滿 3 年，民國 98 年底、99 年底及 100 年底，木柵公司股票每股市價分別為：$70、$65 及 $95。

(3) 三位主管均實際服務滿 3 年，民國 98 年底、99 年底及 100 年底，木柵公司股票每股市價分別為：$70、$65 及 $75。

〔98 年稅務特考〕

12. **【員工認股權──固定既得期間、非市價條件】** 瑞凡公司 ×2 年初給與 20 位主管各 1,000 個認股權，條件必須繼續在公司服務滿 3 年。認股權的履約價格為 $40，但若公司在這 3 年間的平均盈餘成長超過 15%，則認股權的履約價格將降至 $30。瑞凡公司採用選擇權評價模式，考慮員工離職率與達成既得條件之可能性後，估計若履約價格為 $40，則認股權公允價值為每單位認股權 $25，若履約價格為 $30，則認股權公允價值為每單位認股

權$30。×2年底時公司盈餘成長率為16%，且公司預期未來2年均能維持15%以上之盈餘成長率，×2年有2位主管離職，瑞凡公司預估至×4年底時，共有5位主管離職。×3年底時公司平均盈餘成長率為17%，且公司預期未來1年均能維持15%以上之盈餘成長率，×3年累計有3位主管離職，瑞凡公司預估至×4年底時，共有4位主管離職。×4年底公司3年平均盈餘成長率為14%，實際有5位主管離職。

試計算： 瑞凡公司×2年至×4年度應認列之薪資費用？

13. **【辦理現金增資保留給員工認購】** 安新公司之董事會於×3年8月1日決議辦理現金增資，保留供員工認購股數為30,000股，當日員工與公司對認購計畫已有共識，股價為每股$40，認購價格為每股$36。員工繳款日為×3年10月1日。安新公司採選擇權評價模式，估計所給與認購新股權利之給與日每單位公允價值為$5，員工繳款日為×3年10月1日。發放股票日為×3年11月1日。

試分別依下列情況，完成安新公司有關現金增資保留由員工認購之會計分錄。

(1) 情況一：現金增資順利成功，安新公司之員工最終認購現金增資發行新股25,000股。

(2) 情況二：安新公司之員工認購現金增資5,000股，但現金增資失敗，安新公司退回股款。

14. **【企業以庫藏股票轉讓與員工】** 元廷公司於×2年10月31日以每股$40買回庫藏股票50,000股，×2年11月30日以每股$38出售10,000股，×2年12月23日又以每股$45再出售20,000股。×3年3月31日，經過董事會決議後，將未出售之庫藏股票20,000股轉讓員工，當日公司股價為$56，員工得以用$50認購，採用選擇權評價模式得到此一認股權利之公允價值為$8。繳款日為×3年4月20日，當日員工共認購15,000股。

試作： 元廷公司×2年與×3年有關上述交易之相關分錄。

15. **【內含價值法（無法可靠衡量認股權之公允價值）】** 藝翔公司於×2年1月1日給與公司一位高階主管5,000股之認股權，執行價格為$30。給與之條件係須繼續服務滿3年，認股權之存續期間為5年。給與日當天藝翔公司無法估計所給與認股權之公允價值，當天藝翔公司股價為$30。藝翔公司×2年至×6年之股價分別為$36、$42、$48、$38、$24，假設該主管於×5年底執行4,000股之認股權，其餘1,000股未執行。

試作： 藝翔公司各年度應認列之薪資費用及相關分錄。

16. **【現金交割之股份增值權──固定既得期間】** 麗山公司於×2年1月1日給與12位員工各3,000股之股份增值權。給與之條件係員工必須繼續服務滿3年，方能取得認股權。公司當日的股價為$30，股份增值權之執行價格亦為$30。認股權於×6年12月31日到期。麗山公司×2年至×6年底之股價、股份增值權公允價值、執行數量與預期或實際離職人數之資料如下表：(假設於某特定年度執行之股份增值權均係於該年度之年底執行。)

年度	年底股份增值權之公允價值	年底股價	年底執行之股份增值權數量	預期或實際離職人數
×2	$16	$38	0	3
×3	20	45	0	2
×4	15	42	0	2
×5	12	40	16,000	—
×6	16	46	14,000	—

試作：麗山公司各年度應認列之薪資費用及作相關分錄。

17. **【企業給員工限制性股票】** 甲公司於 ×0 年 12 月 31 日之流通在外普通股數為 1,000,000 股，該公司 ×1 年 1 月 1 日與 10 位擔任管理職能之高階主管達成協議，約定每位主管將可無償領取每股面額 $10 之限制型股票 10,000 股作為酬勞計畫，並於同日發放該限制型股票。但激勵計畫之既得條件為員工需於 ×2 年底前仍在職服務，故該限制型股票於 ×2 年底前由甲公司交付信託，不得轉讓，如果員工在閉鎖期間內離職，應返還該限制型股票。自 ×3 年 1 月 1 日起，該批股票則可由員工自由轉讓流通。相關資料如下：

	×1 年 1 月 1 日	×1 年 12 月 31 日	×2 年 12 月 31 日
甲公司無任何限制股票之每股市價	$100	$110	$107
甲公司限制型股票之每股公允價值	$90	$105	$107
估計×2年底前將離職主管之人數	2	3	1
截至該年底前實際離職主管之人數	NA	1	1
當年度之稅後淨利	NA	$17,000,000	$19,620,000
該年度股票之平均市價	NA	$105	$108
限制型股票於該年度期末尚須提供勞務每股之公允價值	NA	$80	$0

試作：

甲公司 ×1 年 1 月 1 日、12 月 31 日及 ×2 年 12 月 31 日應有之分錄。　　【108 年高考會計】

Chapter 14 保留盈餘及每股盈餘

學習目標

研讀本章後,讀者可以了解:
1. 保留盈餘包含之項目
2. 各類股利之會計處理
3. 基本每股盈餘之計算
4. 稀釋每股盈餘之計算
5. 每股盈餘之追溯調整
6. 每股淨值之計算

華碩電腦股份有限公司提供

本章架構

保留盈餘及每股盈餘

保留盈餘
- 法定資本公積
- 特別盈餘公積
- 未分配盈餘

股利
- 特別股股利
- 現金股利
- 股票股利 vs. 股票分割
- 財產股利
- 清算股利

基本每股盈餘
- 定義
- 分子(盈餘)之計算
- 分母(股數)之計算

稀釋每股盈餘
- 定義
- 控制數
- 分子(盈餘)之計算
- 分母(股數)之計算

每股盈餘之追溯調整
- 必要性
- 調整方法
- 每股淨值之計算

華碩公司於 1996 年上市，早期以電腦主機板為主，後來進入桌上型及筆記型電腦產業，1996 年的每股盈餘 (earnings per share, EPS) 高達 $31.73，股價也於 1997 年 4 月最高曾達 $890，是當時的股王。剛上市時，華碩公司在幾乎沒有現金增資的情況下，連續多年大量發放股票股利，股本由 1996 年的 12 億元迅速增加到 $228.2 億，但 EPS 也由 1996 年的 $31.73 到 2003 年下降到 $5.07，表面上「衰退」幅度達 84%，但是若從稅後利益金額來看，卻是由 1996 年的 $38.1 億，增加到 2003 年的 $115.7 億，其實還是大幅成長，這是因為 EPS 沒有因為無償配股而去追溯調整之緣故，造成有些投資人的誤解。

華碩公司為了電腦品牌與代工事業兩者未來之發展，在 2010 年 6 月 1 日將代工業務事業群 (原對和碩公司 100% 之股權投資) 相關之營業分割讓與，華碩公司及其全體股東拿到和碩公司之股票作為財產股利。華碩公司同時辦理減資，分割後持有和碩公司 25% 之股權，華碩公司的股東則按持股比例分配剩餘 75% 的股權。在分割和碩之後，華碩公司的 EPS 也由 2009 年的 $2.94，「大幅增加」到 2020 年的 $35.76，表面上經營績效有大幅提升，但其實主要是靠股本減資 83% 造成股數大幅減少，EPS 才會大幅增加的假象。

華碩公司

年度	期末股本（億）	稅後利益（億）	稅後EPS	現金股利	股票股利	股本變化情形	平均股價
1996	12.0	38.1	31.73	0	15.00		286
⋮	⋮	⋮	⋮	⋮	⋮	⋮	⋮
2003	228.2	115.7	5.07	1.50	1.00		81
⋮	⋮	⋮	⋮	⋮	⋮		⋮
2007	372.8	272.8	7.32	2.49	0.99	海外可轉債 $3 億	94
2008	424.6	164.6	3.88	2.00	0.02	庫藏股票 $2.6 億	69
2009	424.7	124.8	2.94	2.10	0		45
2010	62.7	164.9	26.30	14.00	2.20	分割和碩，減資 $362 億	265
⋮	⋮	⋮	⋮	⋮	⋮		⋮
2019	74.3	130.2	16.34	14.00	0		209
2020	74.3	283.9	35.76	26.00	0		250

每股盈餘之主要目的是提供公司每一股普通股於報導期間之營運績效，以使不同企業在同一時間可以做營運績效比較。例如華碩及宏碁在 2020 年基本每股盈餘分別為 $35.76 及 $1.98，而每股股價 (華碩 $279.5、宏碁 $23.90) 也相對反映華碩的績效明顯較佳；該資訊也可以作為使同一企業在不同時間 (過去與現在)，做了適當之追溯調整之後，進行歷史性之績效比較。

章首故事引發之問題

- 企業發放各類股利（現金、股票及財產），對於財務報表有何影響？
- 企業的股本（數）如果有增減變動，要如何正確地分析每股盈餘？

學習目標 1
保留盈餘包含之項目

14.1 保留盈餘

保留盈餘係指營業結果透過損益表之本期損益，所產生之權益增減，保留盈餘之金額均以稅後金額作為表達。表 14-1 列示保留盈餘增減變動的可能來源：

表 14-1 保留盈餘變動之可能來源

保留盈餘會減少	保留盈餘會增加
1. 本期淨損	1. 本期淨利
2. 追溯適用及追溯重編之影響數（請參見第 20 章）	2. 追溯適用及追溯重編之影響數（請參見第 20 章）
3. 分派股利	3. 以股本或資本公積彌補虧損
4. 與股東間交易（普通股及特別股庫藏股票）造成淨資產減少	4. 其他
5. 其他	

保留盈餘依其有無限制，可再細分成下列三項，如圖 14-1。

1. 法定盈餘公積[1]

依公司法之規定，企業在完納一切稅捐後，在分派盈餘之前，應先提列稅後淨利的 10% 作為法定盈餘公積直至與實收資本總額相等為止。法定盈餘公積通常僅能彌補虧損。但是，若法定盈餘公積

---

[1] 「盈餘公積」與「資本公積」不同，資本公積係發行人發行權益工具，以及發行人與股東間之股本交易所產生之溢價（但有時候也會產生折價，因而減少保留盈餘），通常包括超過票面金額發行股票溢價、受領贈與之所得等所產生者等。

保留盈餘及每股盈餘

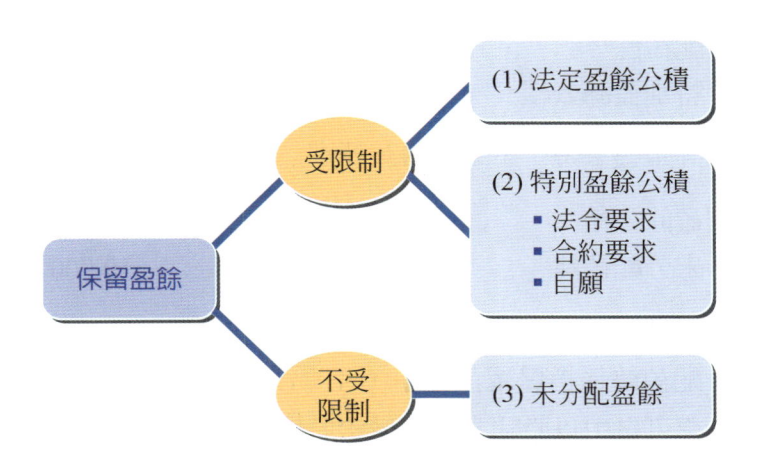

▶ 圖 14-1 保留盈餘之圖解細分

超過實收股本 25% 之部分，得以發給新股或現金。亦即，法定盈餘公積在實收股本 25% 的範圍內，有受到限制只能用來彌補虧損，超出部分企業才可以運用。

2. 特別盈餘公積

特別盈餘公積係企業依特別之事項，而提列之盈餘公積。企業必須在該特別事項之原因已經解除後，才能將特別盈餘公積轉列為未分配盈餘。前述特別事項可分為三類：

(1) 法令規定。例如，企業有買入「庫藏股票」，已經列為股東權益減項時，或透過其他綜合損益按公允價值衡量之金融資產期末已經產生「透過其他綜合損益按公允價值衡量之金融資產評價損失」，列於其他權益之減項，此時股東權益實際上已經下降，若不要求企業提列特別盈餘公積，會讓企業誤以為有足夠的未分配盈餘可分派給股東。

(2) 合約要求。例如，在簽訂借款合約時，債權人因為擔心企業若將未分配盈餘全數分派出去，未來企業營運如果反轉，債權人會比較沒有保障，因此會要求企業提列足夠之特別盈餘公積。

(3) 自願。例如，企業若有擴充之計畫，董事會可自願通過決議要求將提列特別盈餘公積，因而減少未分配盈餘。例如，成功公司計畫未來有擴充之需求，因此提列 $10,000 特別盈餘公積，分錄如下：

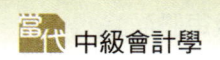

未分配盈餘	10,000	
特別盈餘公積		10,000

擴充計畫結束時，企業應將該特別盈餘公積轉回，分錄如下：

特別盈餘公積	10,000	
未分配盈餘		10,000

3. 未分配盈餘

未分配盈餘係指保留盈餘中，完全沒有受到任何限制或指撥之金額，企業可自由以股利方式分派給股東。

14.2　股　利

學習目標 2
各類股利之會計處理

股利(dividends)係指企業對於普通股股東及符合權益定義的特別股股東，按持股比率分派的報酬。企業對於股東之分派，應按稅後淨額直接借記權益，並且列示於權益變動表中。至於屬金融負債之金融工具(如特別股負債)或可轉換債券之負債組成部分，其相關之利息、損失及利益，應於損益中認列為收益或費損。特別股負債所發放之「股利」，應視為「負債性特別股股息」於損益表中認列為費用。

企業如果想發放現金股利，通常有下列三個要件：

1. 有足夠的保留盈餘得以發放股利(但企業減資退還股本，不視為盈餘之分派)。
2. 有足夠的現金發放。企業有保留盈餘不一定表示有足夠的現金發放股利，有可能這些盈餘已經又投入去購買其他資產(如存貨、不動產等)。
3. 經權責單位(如董事會或股東會)**宣告**(declare)通過。美國的企業發放股利，只須經董事會通過後宣告即可。至於臺灣的企業要發放股利，不但要先經過董事會通過，還要再經股東會確認後，才算是宣告完成。

14.2.1　特別股股利

本章(含釋例及習題)所提到之特別股，除有特別說明之外，均假定符合權益之定義。

普通股股東及符合權益定義之特別股股東都享有分配股利之權

利。但是特別股股東會享有優先領取股利的權利，亦即只要特別股股東沒有領到應有之股利，普通股股東一毛錢都分派不到。特別股之發行條款，通常會載明其股利有下列幾種特性：

1. 累積及非累積

特別股於發行時通常會訂定股利分派之金額或股利率，因企業盈餘不足或其他原因而未能發放股利，若可先暫時積欠，但未來仍有發放補足之義務，則稱之為**累積** (cumulative)。反之，若未來沒有補足發放積欠股利之義務，則為**非累積** (non-cumulative)。

2. 完全參加、部分參加及非參加

當普通股股東分配之股利率超過特別股明訂之股利率時，**完全參加** (fully participating) 之特別股股東可再與普通股股東一起分配多餘的利潤，以使雙方所領取的股利率完全相等。至於**部分參加** (partially participating) 之特別股股東雖然可再和普通股股東一起分配多餘的利潤，但有一個參加分配比率的上限，可能會使得特別股股東所領取的股利率會高於原先約定之最小股利率，但還是低於普通股股東可領取的股利率。最後，**非參加** (non-participating) 之特別股股東只能領取原先約定之特別股股利率，不可以和普通股股東一起分配多餘的利潤。

釋例 14-1　特別股股利

屏東公司 ×6 年有下列資料：
- 屏東公司宣告發放 ×6 年股利 $180,000 給特別股及普通股。
- 100,000 股普通股流通在外，每股面額 $10。
- 20,000 股 10% 特別股流通在外，每股面額 $10。

試分別依下列狀況，計算 ×6 年特別股及普通股個別可領到之現金股利總額：

(1) 特別股為累積、非參加、積欠股利 1 年。
(2) 特別股為非累積、完全參加。
(3) 特別股為非累積、可參加至 12%。

解析

(1) 特別股為累積、非參加、積欠股利 1 年。

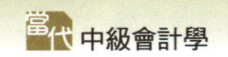

	特別股	普通股
特別股積欠 1 年股利 ($10×10%×20,000)	$20,000	
特別股 ×6 年當年 10% 股利	20,000	
普通股可領取之股利 (因為非參加，剩下 $140,000 全部歸屬普通股)		$140,000
各類股東可領取之金額	$40,000	$140,000
股數	÷20,000 股	÷100,000 股
每股可領取股利之金額	$2.00	$1.40

(2) 特別股為非累積、完全參加。

	特別股	普通股
特別股 ×6 年當年 10% 股利	$20,000	
普通股可領取 10% 之股利		$100,000
因特別股完全參加，故將剩餘的 $60,000 依比例分配給特別股及普通股	10,000	50,000
各類股東可領取之金額	$30,000	$150,000
股數	÷20,000 股	÷100,000 股
每股可領取股利之金額	$1.50	$1.50

註：在情況 2，特別股及普通股都領到 15% 的股利。

(3) 特別股為非累積、可參加至 12%。

	特別股	普通股
特別股 ×6 年當年 10% 股利	$20,000	
普通股可領取 10% 之股利		$100,000
特別股及普通股都再領到 2% 之股利	4,000	20,000
因為特別股只能參加至 12%，剩下 $36,000 全部歸屬普通股		36,000
各類股東可領取之金額	$24,000	$156,000
股數	÷20,000 股	÷200,000 股
每股可領取股利之金額	$1.20	$1.56

註：在此例中，特別股只能參加至 12%、普通股可領到 15.6% 的股利。

14.2.2 普通股股利

現金股利

企業以現金分派盈餘，是目前最受投資人歡迎的方式，尤其是當企業宣告比過去還要更高的**現金股利** (cash dividends) 後，隱含公司未來獲利會持續增加，因此造成股價的上漲。企業在尚未**宣告**

(declare) 發放現金股利之前,無須作任何分錄。一旦公司股東會宣告盈餘後,必須貸記「應付股利」負債項目,俟**發放** (distribute) 現金股利之後,才沖銷「應付股利」。

釋例 14-2　現金股利

彰化公司 ×2 年 5 月 31 日於股東會決議發放 ×1 年特別股股利每股 $1、普通股股利每股 $3,彰化公司有特別股 20,000 股、普通股 100,000 股。彰化公司於 ×2 年 6 月 30 日發放現金股利。

試作:彰化公司相關分錄。

解析

×2 年 5 月 31 日宣告現金股利。

保留盈餘	320,000	
應付股利—特別股 ($1 × 20,000)		20,000
應付股利—普通股 ($3 × 100,000)		300,000

×2 年 6 月 30 日發放現金股利。

應付股利—特別股	20,000	
應付股利—普通股	300,000	
現金		320,000

股票股利 vs. 股票分割

企業如果有獲利,想要將企業未來成長所需的資金留在企業內,但又為了滿足股東對股利的需求,此時企業可選擇發放**股票股利** (share dividends)。發放股票股利不會影響企業的資產及負債,只會增加企業發行的股數而已,也不影響每一股東原先的持股比率。有關股票股利之會計處理,有兩種方法:

(1) **面額法** (par value method):以面額 ($10) 作為入帳基礎。
(2) **公允價值法** (fair value method):以宣告時之公允價值作為入帳基礎。

釋例 14-3　股票股利

南華公司 ×2 年 5 月 31 日於股東會決議以股票股利之方式,發放 ×1 年股利,每股 $2,亦即每 1 股普通股可領到 0.2 股,宣告當日股價為 $60。南華公司在除權之前有普通

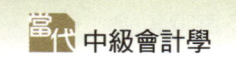

股 100,000 股。南華公司於 ×2 年 6 月 30 日發放股票股利。

試作：分別依 (1) 面額法及 (2) 公允價值法作南華公司相關分錄。

解析

(1) 面額法

×2 年 5 月 31 日宣告股票股利。

保留盈餘 ($10 × 20% × 100,000)	200,000	
待分配股票股利		200,000

註：「待分配股票股利」係屬股本項下的一個子項目。

×2 年 6 月 30 日發放股票股利。

待分配股票股利	200,000	
普通股股本		200,000

(2) 公允價值法

×2 年 5 月 31 日宣告股票股利。

保留盈餘 ($60 × 20% × 100,000)	1,200,000	
待分配股票股利 ($10 × 20,000)		200,000
資本公積—普通股股票溢價 ($50 × 20,000)		1,000,000

×2 年 6 月 30 日發放股票股利。

待分配股票股利	200,000	
普通股股本		200,000

　　　　IASB 對於股票股利，究竟應採面額法或市價法並未有明確規範。若依美國 FASB 之規定，小額股票股利 (小於 20% 或小於 25%) 應採用公允價值法，但是大額股票股利 (大於 20% 或大於 25%)，則應採用面額法。至於我國實務一般之作法，則都是採用面額法。

　　　　至於**股份分割** (share split)，則不是股利之發放，它只是將原先之股數依原先持股比例，一起等比例增加股數，因此無須作任何分錄，只要註記股數增加即可。例如，中山公司有一位股東原先持有 1,000 股，占中山公司 1% 之股份。中山公司因為業績蒸蒸日上，股價不斷上漲，造成股價過高，小額投資人不方便買進，因此中山公司決定 **1 股分割成 3 股** (3-for-1)，該位投資人手上的持股會變成 3,000 股，但是持股比率還是只有 1%。股份分割和股票股利都是會影響企業的普通股總數，但不影響投資人原先的持股比率，也不影響資產及負債的金額。

保留盈餘及每股盈餘 Chapter 14

財產 (非現金股利) 股利

在少見的情況下，企業會發放**現金以外的財產** (non-cash assets) 給與股東，例如章首故事提到的華碩公司，以發放轉投資和碩公司的股票給華碩的股東 (但華碩公司係以減資、發放財產股利之方式進行)。企業應依 IFRIC 17 之下列規定，處理財產股利之相關議題：

- 企業應按待分配之非現金資產之公允價值，衡量其「應付財產股利」之負債金額。
- 企業應於每一報導期間結束日及發放 (清償) 日，依當時之公允價值調整「應付財產股利」之帳面金額，並將其變動認列於權益，作為該分配金額之調整。
- 最後在發放 (清償) 日時，應將該非現金資之產帳面金額與「應付財產股利」之帳面金額間之差額，認列於本期損益。

釋例 14-4 財產股利

東海公司 ×2 年 11 月 30 日於股東會決議將其採用權益法之投資—南海公司，以財產股利之方式，按股東持股比率全數發放給股東，有關轉投資南海公司之相關資料如下：

	公允價值	帳面金額
×2/11/30	$750,000	
×2/12/31	870,000	
×3/1/31	950,000	$450,000

試作：東海公司有關財產股利之分錄。

解析

×2 年 11 月 30 日應按待分配之非現金資產之公允價值，衡量其「應付財產股利」之負債金額。

保留盈餘	750,000	
應付財產股利		750,000

註：「應付財產股利」係屬負債項目。

×2 年 12 月 31 日於報導期間結束日，依公允價值調整「應付財產股利」之帳面金額，並將其變動認列於權益，作為該分配金額之調整。

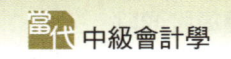

保留盈餘 ($870,000 − $750,000)	120,000	
應付財產股利		120,000

×3 年 1 月 31 日於發放日，依當時之公允價值調整「應付財產股利」之帳面金額，並將其變動認列於權益，作為該分配金額之調整。同時應將該非現金資之產帳面金額與「應付財產股利」之帳面金額間之差額，認列於本期損益。

保留盈餘 ($950,000 − $870,000)	80,000	
應付財產股利		80,000
應付財產股利	950,000	
採用權益法之投資		450,000
處分投資利益		500,000

清算股利

有時企業為了淡出營運，或為了提高淨值報酬率，會以來自保留盈餘以外的股本或資本公積，發放現金或財產股利給股東，此種股利稱之為**清算股利** (liquidating dividends)。清算股利通常是**投資成本之收回** (return of investment)，而非**投資報酬** (return on investment)。

釋例 14-5　清算股利

暨南公司 ×2 年 5 月 31 日於股東會決議宣告發放現金股利 $30,000，其中 $20,000 來自保留盈餘，其餘的 $10,000 來自資本公積—普通股股票溢價。暨南公司於 ×2 年 6 月 30 日發放現金股利。

解析

×2 年 5 月 31 日宣告發放股利。

保留盈餘	20,000	
資本公積—普通股股票溢價	10,000	
應付股利		30,000

×2 年 6 月 30 日發放股利。

應付股利	30,000	
現金		30,000

14.3 基本每股盈餘

> **學習目標 3**
> 基本每股盈餘之計算

企業的資本結構，可分為**簡單資本結構** (simple capital structure) 及**複雜資本結構** (complex capital structure)。兩者之區分在於企業是否有發行**潛在普通股** (potential share)，例如可轉換工具及認股證等。這些潛在普通股，雖然目前不是普通股，但未來可能會變成普通股，造成股數有潛在增加的可能，進而使得**每股盈餘** (earnings per share, EPS) 被稀釋掉。簡單資本結構沒有包含潛在普通股，而複雜資本結構則有包含潛在普通股。對於只有簡單資本結構之企業，只要計算基本每股盈餘即已足夠[2]，但對於複雜資本結構之企業，則應分別計算基本每股盈餘及稀釋每股盈餘。

基本每股盈餘之計算公式如下：

$$基本每股盈餘 = \frac{分子（盈餘）}{分母（股數）}$$

$$= \frac{歸屬於母公司普通股之損益 - 特別股股利稅後金額 + 買回特別股之差額}{當期流通在外普通股加權平均股數}$$

14.3.1 基本每股盈餘之分子──盈餘

在計算基本每股盈餘時，盈餘 (分子) 有三項，分別討論如後：

1. 歸屬於母公司普通股之損益。
2. 特別股股利稅後金額。
3. 買回特別股之差額。

1. 歸屬於母公司普通股之損益

由於每股盈餘主要係以母公司普通股為考量基礎，因此須將歸屬於非控制股權之稅後損益予以排除，只考量歸屬於母公司普通股權益之稅後損益[3]。如果企業損益表中，有「停業單位損益」時，

---

[2] 但仍須表達稀釋每股盈餘，只是此時稀釋每股盈餘與基本每股盈餘相同。

[3] 如果企業沒有子公司時，一定沒有非控制權益，此時所有損益均歸屬於公司股東所有。本章假設企業沒有非控制權益。

企業應分別就「歸屬於母公司之繼續營業單位損益」及「歸屬於母公司之損益」，計算基本每股盈餘。亦即，在綜合損益表應作下列表達：

基本每股盈餘：
　　繼續營業單位淨利（淨損）　　　×.××
　　停業單位淨利（淨損）　　　　　×.××
　　歸屬於母公司之損益　　　　　　×.××

2. 特別股股利稅後金額

由於特別股股東所領取之特別股股利不屬於普通股股東，故下列三種特別股股利稅後金額應自本期損益中扣除：

A. 累積特別股股利、非累積但已宣告之特別股股利

　(1) 與當期有關之已宣告、非累積特別股股利之稅後金額。
　(2) 不論有無宣告發放，當期應付之累積特別股股利之稅後金額。

　　換言之，非累積特別股如果當期沒有宣告發放股利，因為未來沒有支付義務，所以不必扣除。至於與先前期間有關而於當期支付或宣告之累積特別股股利，當期也不要再扣除，否則會重複扣除。

B. 遞增（或遞減）股利率特別股

　　有些特別股具有遞增股利率 (increasing rate) 特性，例如企業剛開始時不發放或發放較低之股利，在後續期間才提高到符合市場行情之股利，因此該特別股會以折價發行。反之，有些特別股具有遞減股利率 (decreasing rate) 特性，例如企業剛開始時發行高於市場行情之股利，但在後續期間才降低到符合市場行情之股利，因此該特別股會以溢價發行。遞增（或遞減）股利率特別股於原始發行時之任何折價（或溢價），基於「股東間交易不認列損益」之原則，應採用有效利息法攤銷至「保留盈餘」，並於計算每股盈餘時，將該折溢價視為特別股股利予以調整。

釋例 14-6　遞增股利率特別股

元智公司於 ×1 年 1 月 1 日發行面值 $10、無到期日的累積特別股 1,000 股，該特別股第 1 及第 2 年股利率為 5.5%，但自第 3 年起，該特別股每年年底可領取 10% 股利。該

特別股發行時，其他相同等級特別股的市場股利率為 10%，發行所得之價款為 $9,219。

元智公司 ×1 年的稅後淨利為 $40,000，普通股全年流通在外股數為 20,000 股。

試作：元智公司有關。
(1) 特別股在 ×1 年之相關分錄，假設第 1 年底有發放股利。
(2) ×1 年之基本每股盈餘。

解析

該特別股第 1 及第 2 年股利率低於發行時的市場股利率 10%，自第 3 年起才可領取正常的股利，所以係屬遞增股利率特別股，故該特別股發行時之公允價值為 $9,219，係屬折價發行，其折價攤銷表如下：

年度	特別股 1 月 1 日帳面金額	實質股利 (10%)	支付股利	特別股 12 月 31 日帳面金額
×1	$9,219	$922	550	$9,591
×2	$9,591	$959	550	$10,000
×3 及以後	$10,000	$1,000	$1,000	$10,000

(1) 元智公司 ×1 年特別股應作分錄如下：

×1 年 1 月 1 日發行特別股。

現金	9,219	
資本公積—特別股股票溢價	781	
特別股股本		10,000

×1 年 12 月 31 日設算 ×1 年特別股實質股利 $922 ($9,219 × 10%)，該設算股利應減少保留盈餘，並在計算每股盈餘時，視為特別股股利。

保留盈餘	922	
現金		550
資本公積—特別股股票溢價		372

(2) ×1 年之基本每股盈餘 = ($40,000 − $922) ÷ 20,000 = $1.9539

釋例 14-7　遞減股利率特別股

中原公司於 ×1 年 1 月 1 日發行面值 $10、無到期日的累積特別股 600 股，該特別股第 1 及第 2 年股利率為 12.5%，但自第 3 年起，該特別股每年年底只可領取 10% 股利。該特別股發行時，其他相同等級特別股的市場股利率為 10%，發行所得之價款為 $6,260。

中原公司 ×1 年的稅後淨利為 $30,000，普通股全年流通在外股數為 10,000 股。

試作：中原公司有關。

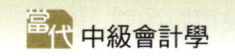

(1) 特別股在 ×1 年之相關分錄，假設第 1 年底有發放股利。
(2) ×1 年之基本每股盈餘。

解析

該特別股第 1 及第 2 年股利率高於發行時的市場股利率 10%，自第 3 年起才下降至正常的股利，所以係屬遞減股利率特別股，故該特別股發行時之公允價值為 $6,260，係屬溢價發行，其溢價攤銷表如下：

年度	特別股 1 月 1 日帳面金額	實質股利 (10%)	支付股利	特別股 12 月 31 日帳面金額
×1	$6,260	$626	$750	$6,136
×2	$6,136	$614	$750	$6,000
×3 及以後	$6,000	$600	$600	$6,000

(1) 中原公司 ×1 年特別股應作分錄如下：

×1 年 1 月 1 日發行特別股。

　　現金　　　　　　　　　　　　　　　6,260
　　　　特別股股本　　　　　　　　　　　　　　6,000
　　　　資本公積—特別股股票溢價　　　　　　　　260

×1 年 12 月 31 日設算 ×1 年特別股實質股利 $626 ($6,260 × 10%)，該設算股利應減少保留盈餘，並在計算每股盈餘時，視為特別股股利。

　　保留盈餘　　　　　　　　　　　　　626
　　資本公積—特別股股票溢價　　　　　124
　　　　現金　　　　　　　　　　　　　　　　　750

(2) ×1 年之基本每股盈餘 = ($30,000 – $626) ÷ 10,000 = $2.9374

C. 參加特別股（參加權益工具）

無法轉換為普通股之參加特別股（參加權益工具），應依其對股利之權利或參加未分配盈餘之其他權利，將本期損益分配予普通股與參加特別股。在計算每股盈餘的分子時：

(a) 歸屬於母公司之稅後損益，應先以減少淨利或增加損失的方式，調整當期對各類型股份已宣告的股利金額，及按合約規定應於當期支付的股利金額（例如未支付的累積股利）；

(b) 再將前述剩餘未分配損益分配予普通股及參加特別股，每類權益工具分享盈餘至如同已將本期損益全數分配完畢為止。亦

Chapter 14 保留盈餘及每股盈餘

即，分配至每類權益工具之損益總額，為加總分配股利之金額 (a) 及按參加特性所分配的金額 (b)。

至於可轉換為普通股之參加特別股，在計算基本每股盈餘時，除非該特別股已轉換為普通股，否則不應考量該特別股之轉換，其仍屬上述之參加權益工具。而在計算稀釋每股盈餘時，該特別股若具稀釋效果，則應假設其會轉換。

釋例 14-8 參加特別股（參加權益工具）

中正公司於 ×1 年初以每股 $15 的價格發行不可轉讓、不可贖回的累積、參加特別股 4,000 股，每股面額 $10。特別股的發行條件為第一及第二年年底各支付 14% 股利，第三年底起則每年支付 10% 股利，特別股 ×1 年初時的市場股利率為 10%。而在中正公司的普通股獲配 $2.0 之後，亦即在第一或第二年特別股及普通股分別獲配 $1.4 及 $2.0 的股利後，或在第三年特別股及普通股分別獲配 $1.0 及 $2.0 的股利之後，特別股依任何支付予普通股每股金額額外的二分之一比率，完全參與額外股利的分配。

中正公司於 ×1 年度稅後淨利為 $110,000，普通股全年流通在外股數為 20,000 股，每股面額 $10。

試作：中正公司 ×1 年度普通股基本每股盈餘。

解析

現金增資認購價格為每股 $30。
×1 年特別股累積部分實質股利 = $15 × 4000 × 10% = $6,000

本期淨利	$110,000
減：特別股股利 $15 × 4,000 × 10% =	(6,000)
普通股股利 $10 × 20,000 × 20% =	(40,000)
尚未分配盈餘	$64,000

尚未分配盈餘之再分配：
假設對普通股每股之分配為 A，
對特別股每股之分配為 B，且 B = (1/2) × A

$A × 20,000 + (1/2 × A × 4,000) = \$64,000$

$A = \$64,000 ÷ (20,000 + 4,000 × 1/2)$

$A = \$2.91$

未分配盈餘分配給普通股 EPS	$2.91
已分配盈餘分配給普通股 EPS	2.00
×1 年普通股基本 EPS =	$4.91

585

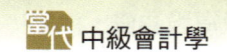

3. 買回特別股之差額

企業如果向持有人公開收購而買回特別股，所支付對價之公允價值高於特別股帳面金額之部分，代表對特別股持有人之報酬，應作為「保留盈餘」之減項，而不是損益表中之損失，因為這屬於普通股股東與特別股股東間之交易。該金額在計算基本每股盈餘之分子時，應予以減除。反之，所支付對價之公允價值如果低於特別股帳面金額之部分，該金額應予以加回。

有時候，企業會比照對可轉換債券誘導轉換之方式，透過對原始轉換條件作有利之變更，或支付額外對價，以誘導可轉換特別股提早轉換。該所給與之普通股或其他對價之公允價值，超過按原始轉換條件可發行普通股公允價值之部分，係普通股股東給與特別股股東之報酬，在計算基本每股盈餘之分子時應予以減除。

釋例 14-9 各類「特別股股利」、買回特別股之差額對計算基本每股盈餘之盈餘（分子）之影響

北商公司 ×3 年度歸屬於母公司之稅後淨利為 $180,000，該公司於 ×3 年度有下列四種在形式上為特別股流通在外，所有特別股均年底支付股利（如有時）：

- 甲特別股，面額 $100,000，票面利率 5% 之**可賣回** (puttable) 且非累積之特別股，×3 年度已宣告支付 5% 股利。
- 乙特別股，面額 $200,000。乙特別股係於 ×1 年 1 月 1 日以折價發行之遞增股利率特別股，不可賣回，前 5 年不得領取股利，自第 6 年起可開始領取股利，股利可累積。×3 年度依據有效利息法計算特別股折價應攤銷之金額為 $14,000。
- 丙特別股，面額 $300,000，票面利率 9%，不可賣回且股利非累積。於 ×3 年 6 月 30 日在公開市場以折價 $8,000 買回面額及帳面金額均為 $150,000 之特別股。北商公司於 ×3 年並未宣告發放丙特別股之股利。
- 丁特別股，面額 $400,000 之累積且可轉換之特別股，票面利率 8%。北商公司於 ×3 年 12 月 31 日誘導投資人轉換，投資人在當日額外多取得公允價值總計 $5,000 的 100 股普通股。北商公司並於 ×3 年 12 月 31 日支付當年度股利。

試作：北商公司 ×3 年在計算基本每股盈餘時，所用分子之金額為何？

解析

北商公司 ×3 年在計算基本每股盈餘時，所用分子之金額計算如下：

歸屬於母公司之稅後淨利	$180,000	
甲特別股負債	不調整	甲特別股因為持有人可賣回，北商公司沒有辦法無條件避免現金流出，所以是金融負債，其股利發放已視為利息費用納入歸屬於公司稅後淨利之計算中，不必另外調整。
乙特別股	－$14,000	乙特別股屬權益工具。 遞增股利率特別股×3年度依據有效利息法計算特別股折價應攤銷之金額$14,000，應視為特別股股利予以減除。
丙特別股	＋$8,000	丙特別股屬權益工具。 買回丙特別股之折價$8,000，屬股東間之交易，應該加回（如為溢價則應該減除）。 至於特別股股利因為屬非累積，又未宣告發放，故不予以調整。
丁特別股	－$5,000 －$32,000	丁特別股屬權益工具。 特別股誘導轉換之代價$5,000，屬股東間之交易，應該減除。 北商公司支付×3年之特別股股利$32,000（＝$400,000×8%），應該減除。
計算基本每股盈餘所用之分子	$137,000	

IFRS 一點通

特別股權益及特別股負債

　　本章所討論之特別股，通常假定符合第13章有關「權益」之定義，因此才有討論特別股股利是否須自母公司損益予以扣除之必要。符合負債定義之「特別股負債」，因為已視為負債，所以該特別股負債所產生之「負債性質特別股股利」，必須視為利息費用，早已經納入公司損益之計算中，不必再考量是否在計算每股盈餘時必須扣除。

　　同樣的道理，也只有被視為權益之特別股，企業在將其買回或誘導轉換時所產生之差額，才可將其視為股東間之交易，不將該差額認列為損益，而僅須調整權益項目（如保留盈餘）。符合負債定義之「特別股負債」，因為已視為負債，所以買回或誘導轉換時所產生之差額，也已經納入公司損益之計算中，不必再考量是否在計算每股盈餘時必須扣除或加回。

14.3.2 基本每股盈餘之分母──股數

計算基本每股盈餘所使用之分母，應為當期之**流通在外普通股加權平均股數** (weighted average number of ordinary shares outstanding)。使用當期流通在外普通股加權平均股數，主要在反映企業在同一期間內股數有增加或減少而導致股本變動，並以股份流通在外期間占當期期間之比率作為權數。

下列各事項，會影響到流通在外普通股加權平均股數之計算，故予以分別討論：

1. 企業新發行普通股（有資源流入）或買入庫藏股票（有資源流出）。
2. 股票股利、紅利因子、股份分割及股利反分割（沒有資源變動）。
3. 具強制性之轉換工具。
4. 有選擇性之可轉換工具。
5. 或有發行股份。
6. 或有可退回股份。

1. 企業新發行普通股（有資源流入）或買入庫藏股票（有資源流出）

新發行之普通股計入之時點，決定於普通股之發行條款及條件，企業應充分考量與發行有關之任何合約之實質。股份通常自可收取對價之日（通常指股份發行日）起計入加權平均股數，例如：

(1) 以現金發行之普通股，於可收取現金時計入。
(2) 對普通股或特別股自願性股利再投資所發行之普通股，於股利再投資時計入。
(3) 因債務工具轉換為普通股所發行之普通股，自停止計息日起計入。
(4) 為替換其他金融工具之利息或本金所發行之普通股，自停止計息日起計入。
(5) 為清償企業負債所發行之普通股，自清償日起計入。
(6) 作為收購非現金資產之對價所發行的普通股，自收購認列之日起計入。
(7) 因對企業提供服務所發行之普通股，於服務提供時計入。

(8) 作為企業合併移轉對價之一部分所發行之普通股，自收購日起計入加權平均股數，此乃因收購者自收購日起將被收購者之損益列入其綜合損益表中。

前述第 (1) 項至第 (8) 項都是在企業增資時發行新股，同時企業的資源也相對應地增加情況下，使得流通在外的股數增加。相反地，如果企業以現金買回庫藏股票，也會使得企業資源有相對應地減少，使得流通在外的股數減少。

2. 股票股利、紅利因子、股份分割及股份反分割 (沒有資源變動)

下列事項雖會造成股數之增減，但企業資源並沒有因此產生相對應之變動：

(1) **股票股利** (share dividend)。
(2) **紅利因子** (bonus element)，例如給與現有股東得以顯著的低價去認購新股權利中，所含有之紅利因子。
(3) **股份分割** (share split)。
(4) **股份反分割** (reverse share split)，亦稱**股份合併** (share consolidation)。股份反分割與股份分割恰好是相反，股份分割是一股分割成多股，而股份反分割是多股合併成一股。

在股票股利或股份分割下發行普通股給現有股東時，企業並未收取額外對價，因此流通在外普通股股數雖然增加，但資源並未增加。所以，在該事項發生前之流通在外普通股股數，應依流通在外普通股股數變動之比例調整，如同該事項於最早表達期間之期初即已發生。例如，企業決定普通股每 1 股可配發 0.5 股股票股利，發放股票股利之後的流通在外股數已經增加 50%，而且發放股票股利之前的流通在外的股數也應該乘上 1.5，才能得出正確的發行之前的流通在外普通股股數。

企業在現金增資時，現有股東對發行之股份通常都有股份**認購權利** (rights issues)。現金認購之價格通常低於股份之公允價值，因此產生紅利因子。若股份認購權利係提供給所有現有股東，則在計算股份認購權利之前各期的基本及稀釋每股盈餘時所使用之普通股股數，必須乘以下列紅利因子：

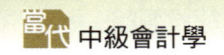

$$紅利因子 = \frac{現金增資前之每股公允價值}{理論上每股權後之公允價值}$$

$$= \frac{現金增資前之每股公允價值}{(除權前總市值 + 現金增資收到款項) / (現金增資後之總股數)}$$

現金增資前之每股公允價值係通常採用除權前一天的收盤價。

釋例 14-10　紅利因子之計算

中科公司於 ×1 年 6 月 30 日流通在外普通股股數為 100,000 股。中科公司於該日辦理現金增資 20,000 股，中科公司除權前一天的收盤價為 $60。

試作：下列兩情況下，紅利因子為何？

(1) 現金增資認購價格為每股 $30。
(2) 現金增資認購價格為每股 $0，亦即是股東不用出資即可領取股票，效果等同股票股利。

解析

(1) 現金增資認購價格為每股 $30。

$$紅利因子 = \frac{現金增資前之每股公允價值}{(除權前總市值 + 現金增資收到款項) / (現金增資後之總股數)}$$

$$= \frac{\$60}{(\$60 \times 100,000 + \$30 \times 20,000) / (100,000 + 20,000)}$$

$$= \frac{\$60}{\$55} = \underline{1.0909}$$

(2) 現金增資認購價格為每股 $0。

$$紅利因子 = \frac{現金增資前之每股公允價值}{(除權前總市值 + 現金增資收到款項) / (現金增資後之總股數)}$$

$$= \frac{\$60}{(\$60 \times 100,000 + \$0 \times 20,000) / (100,000 + 20,000)}$$

$$= \frac{\$60}{\$50} = \underline{1.2}$$

從上述之計算可看出：在認購價格為 $0 的情況下，此時紅利因子的調整因子等於 1.2，與中科公司發放 20%（100,000 股發放股票股利 20,000 股）的股票股利效果是相同的。此乃因為 IASB 為使觀念上要一致，既然股票股利須要調整以前的股數，有紅利因子的現金增資也要比照相同方式調整以前的股數。

Chapter 14 保留盈餘及每股盈餘

相反地，普通股之股份反分割 (例如，企業有累積虧損時，用股本去減資) 則會減少流通在外股數，但資源並未減少。因此，若有股份反分割時，以前之流通在外普通股股數，應依流通在外普通股股數變動之比例調整，如同該事項於最早表達期間之期初即已發生。例如，企業決定普通股每 3 股合併成 1 股，減資後股數只剩 1/3，因此減資之前的流通在外的股數也應該乘上 1/3，以得出正確發行之前的流通在外普通股股數。

釋例 14-11 加權平均流通在外股數之計算 (發行新股、買回庫藏股票、股票股利及股份反分割)

輔仁公司有關 ×1 年度普通股資料如下：

	股數增減	流通在外股數
1/1		100,000
2/1 現金增資 (無紅利因子)	+10,000	110,000
4/1 股票股利 20%	+22,000	132,000
7/1 買回庫藏股票	−20,000	112,000
10/1 股份反分割，5 股合併成 4 股	−22,400	89,600

試作：計算輔仁公司 ×1 年度之加權平均流通在外股數。

解析

現金增資及買回庫藏股票只會影響股數，不必追溯調整。但是，股票股利及股份反分割不但會影響股數，也必須追溯調整以前之股數。計算如下：

	流通在外股數	追溯調整 20% 股票股利	股份合併 (5：4)	流通期間比例	加權股數
1/1	100,000	×1.2	×0.8	1/12	8,000
2/1	110,000	×1.2	×0.8	2/12	17,600
4/1	132,000		×0.8	3/12	26,400
7/1	112,000		×0.8	3/12	22,400
10/1	89,600			3/12	22,400
			×1 年度之加權平均流通在外股數 =		96,800

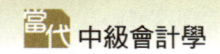

3. 具強制性之轉換工具

具強制性之轉換工具 (mandatorily convertible instrument)，如到期須強制轉換為普通股之特別股或債券，因為隨著時間經過，到期時必須轉換成普通股，不論是發行人或持有人都沒有選擇的權利，因此視同發行時即已發行普通股，必須自發行簽約日起即納入基本每股盈餘股數之計算。由於已納入基本每股盈餘之計算，自然也同時納入稀釋每股盈餘股數之計算。例如，崑山公司於×1年初發行3年後須強制轉換成普通股之可轉換特別股，未來會轉換1,000股普通股。因此，即使×1年還是處於特別股之狀況，但因為視同於簽約日即已發行普通股，崑山公司在計算×1年計算基本每股盈餘之股數（分母）時，普通股股數須增加1,000股。要強調的是，在計算基本每股盈餘之盈餘（分子）時，×1年特別股股利不得加回。

4. 有選擇性之可轉換工具

至於可由發行人或持有人自由選擇是否要將換成普通股之可轉換工具，須等到這些工具實際轉換時，才開始納入計算基本每股盈餘之股數（分母）中。在未轉換之前，只能納入稀釋每股盈餘考量。（更進一步的討論請參見第14.4.4節。）

5. 或有發行股份

在**企業合併** (business combination) 時，**收購者** (acquirer) 為了讓**被收購者** (acquiree) 在合併之後，有繼續努力的動機，或者為了保護收購者自己不要付出不必要的高價併購被收購者，因此有時雙方會簽署**或有發行股份** (contingently issuable share) 協議。所謂或有發行股份，係指滿足該協議之特定條件（例如未來盈餘或獲利達到條件）時，只收取少量或未收取現金或其他對價，就會發行給被收購者額外的普通股。或有發行股份僅自滿足所有必要特定條件（即事項已發生）之日起，始視為流通在外並計入基本每股盈餘之計算。僅隨時間經過即應發行之股份，非屬或有發行股份，因為時間之經過係屬確定。更詳細的討論在第14.4.4節。

6. 或有退回股份

保留盈餘及每股盈餘

有些股份,例如給與員工之限制性股票,雖然已實際發行也流通在外,在計算基本每股盈餘時,因為持有限制性股票之員工若在未既得之前離職,企業得將其買回,所以係屬**或有退回股份**(contingently returnable share),視同未發行,不得作為流通在外股份處理。(詳細的釋例,請參見第 14.4.3 節的釋例 14-14。)

釋例 14-12　基本每股盈餘之計算

實踐公司 ×1 年度相關資料如下:

1. 本期淨利 $180,000(包括繼續營業單位本期淨利 $240,000 及停業單位本期損失 $60,000)。
2. 期初流通在外普通股股數 120,000 股,3 月 1 日現金增資發行新股 60,000 股,7 月 1 日股份分割,每 1 股分割成為 2 股,10 月 1 日購買庫藏股票 50,000 股。
3. ×1 年度有流通在外之累積特別股 50,000 股,股利率 5%,每股面額為 $10。

試作:計算實踐公司 ×1 年之基本每股盈餘。

解析

普通股加權平均流通在外股數計算如下:

	流通在外股數	追溯調整股份分割	流通期間比例	加權股數
1/1 期初股數 120,000 股	120,000	×2	2/12	40,000
3/1 現金增資 60,000 股	180,000	×2	4/12	120,000
7/1 股份 1 股分割成 2 股	360,000		3/12	90,000
10/1 購買庫藏股票 50,000 股	310,000		3/12	77,500
		×1 年度之加權平均流通在外股數 =		327,500

特別股股利 = $10 × 50,000 × 5% = $25,000

基本每股盈餘之計算如下:

基本每股盈餘:
　　繼續營業單位淨利　　　$0.66　 = ($240,000 − $25,000)/327,500
　　停業單位淨損　　　　　(0.19)　= $0.47 − $0.66
　　歸屬於母公司之損益　　$0.47　 = ($180,000 − $25,000)/327,500

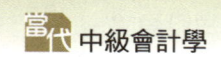

學習目標 4
稀釋每股盈餘之計算

14.4 稀釋每股盈餘

企業若有發行**稀釋性潛在普通股** (potential dilutive ordinary share) 時，只計算企業的基本每股盈餘未必能表達實際的經營績效，因為這些具有稀釋性的潛在普通股 (例如，認股證、員工認股權、可轉換特別股、可轉換債券等) 未來很有可能會造成股數增加，讓基本每股盈餘減少。為考量這些稀釋性潛在普通股對基本每股盈餘的影響，並將其稀釋效果極大化以求得一個很保守的績效衡量指標，因此企業必須計算**稀釋每股盈餘** (dilutive EPS)。

雖然所有的稀釋性潛在普通股都會造成股數增加，但是它們未必都是具有**稀釋性** (dilutive)。所謂「稀釋性」，係指潛在普通股僅當其轉換為普通股會減少繼續營業單位之每股盈餘，或增加繼續營業單位之每股損失時，才算有稀釋性。反之，潛在普通股當其轉換為普通股會增加繼續營業單位之每股盈餘，或減少繼續營業單位之每股損失時，則其具有**反稀釋性** (anti-dilutive)。為達到最大的稀釋效果，在計算稀釋每股盈餘時，不得考量具有反稀釋效果之潛在普通股之轉換、執行或發行。

如果企業損益表中，有「停業單位損益」時，企業應分別就「歸屬於母公司之繼續營業單位損益」及「歸屬於母公司之損益」，計算稀釋每股盈餘。亦即，在綜合損益表應作下列表達：

稀釋每股盈餘：
  繼續營業單位淨利 (淨損)   ×.××
  停業單位淨利 (淨損)   ×.××
  歸屬於母公司之損益   ×.××

由於稀釋每股盈餘係假定稀釋性潛在普通股如果轉換時，所計算而得之每股盈餘。因此稀釋性潛在普通股如果真的有轉換，有可能會影響到損益或 / 及股數，所以企業應就所有稀釋性潛在普通股的可能影響數，分別調整：

1. 分子──歸屬於母公司普通股權益持有人之損益。
2. 分母──流通在外加權平均股數。

Chapter 14
保留盈餘及每股盈餘

IFRS 一點通

計算稀釋每股盈餘的控制數

根據稀釋性之定義，企業應該使用歸屬於母公司繼續營業單位之損益，作為確定潛在普通股具有稀釋性與否之**控制數** (control number)。因此有關停業部門相關損益項目並不納入稀釋與否之考量。

因為控制數係根據母公司繼續營業單位之損益，而非歸屬於母公司之損益，來考量潛在普通股的稀釋效果，但如此一來，有可能會造成某一潛在普通股對於繼續營業單位的稀釋每股盈餘是稀釋性，但是對於母公司整體的稀釋每股盈餘是反稀釋性。舉例說明，嶺東公司的損益表資料如下：

繼續營業單位淨利	$12,000
停業單位（淨損）	(18,000)
本期淨損	$(6,000)

嶺東公司有普通股 2,000 股，潛在普通股 1,000 股（如果轉換時），而且潛在普通股不影響損益。嶺東公司基本每股盈餘：

繼續營業 EPS	$ 6.00	(=$12,000/2,000)
停業單位 EPS	(9.00)	(=$18,000/2,000)
基本每股盈餘	$(3.00)	

因為潛在普通股對對於繼續營業單位的稀釋每股盈餘是稀釋性（由 $6 下降至 $4），所以嶺東公司的稀釋每股盈餘：

繼續營業 EPS	$4.00	(=$12,000/3,000)
停業單位 EPS	(6.00)	(=$18,000/3,000)
稀釋每股盈餘	$(2.00)	

但是對於母公司整體的稀釋每股盈餘是反稀釋性（由 –$3 減少至 –$2）。

14.4.1 稀釋每股盈餘之分子──盈餘

為計算稀釋每股盈餘之分子（盈餘），企業應先根據計算基本每股盈餘所採用之分子（盈餘），再調整下列各項之稅後金額：

1. 與稀釋性潛在普通股（如特別股等）有關之股利及買回之差額。
2. 與稀釋性潛在普通股（如可轉換債券等）有關之利息。前述與潛在普通股有關之利息費用，應包括按有效利息法處理之折價及交易成本。
3. 因稀釋性潛在普通股轉換所造成之任何其他收益或費損之變動。例如潛在普通股如果轉換，可能會造成員工分紅費用增加，因此須將此連帶變動一起納入調整。

14.4.2 稀釋每股盈餘之分母──股數

為計算稀釋每股盈餘之分母（股數），企業應先根據計算基本每

股盈餘所採用之分母(股數)，再加上如果具稀釋性的潛在普通股轉換為普通股時，將發行普通股的加權平均股數。為求最大的稀釋效果，稀釋性潛在普通股應視為當期期初(或發行日，兩者較晚者)即已轉換為普通股。

潛在普通股應按其流通在外期間加權計算。於當期註銷或失效之潛在普通股，則僅就其流通在外的期間計入稀釋每股盈餘之計算。於當期轉換為普通股之潛在普通股，應自期初至轉換日計入稀釋每股盈餘之計算；自轉換日起所發行之普通股應同時計入基本及稀釋每股盈餘中。

每一表達期間(不論是年度報表或期中報表)之稀釋性潛在普通股應獨立決定，不受前期判斷之限制，也不必因後期有不同之決定而更改原先當期之決定。舉例來說，包含在年初至當期期末間之稀釋性潛在普通股股數，並非各期中期間所計算之稀釋性潛在普通股之加權平均股數，而係各期獨立計算而得。另外，若潛在普通股存在有超過一種之轉換基礎，則應該假設從潛在普通股持有人之觀點最有利之轉換率或執行價格計算之，以求最大的稀釋效果。

14.4.3　選擇權、認股證及其他類似權利

為計算稀釋每股盈餘，企業應假設其具稀釋性之選擇權、認股證及其他類似權利會在期初(或發行日，兩者較晚者)執行認購而發行之股份。該可發行之股份可分為兩部分：

1. **假設按平均市價有償取得之股數，無稀釋性。**

    例如，僑光公司於×1年度，有認股證1,000股整年流通在外，執行價格為每股$20，僑光公司×1年股份平均市價為$25，因此認股權執行認購可收取之$20,000 (= $20 × 1,000)，可視為僑光公司按平均市價$25作為發行價格，只要發行800股即可取得$20,000。由於這800股係假設按公允價值發行，不具稀釋性亦不具反稀釋性，在計算稀釋每股盈餘時應予以忽略。

2. **以無對價方式，發行其餘股數，有稀釋性。**

    但僑光公司其實假定有認股證1,000股要求執行認購，所以應會發行1,000股，因此多出來的200股 (= 1,000 − 800)，應視為

無對價發行之普通股。此種普通股並不產生價款,且對歸屬於流通在外普通股之損益並無影響。因此,這些股數 (200 股) 具稀釋性,在計算稀釋每股盈餘時應加至流通在外普通股股數[4]。先前報導之每股盈餘也不必追溯調整以反映普通股價格之變動。

要強調的是,只有當普通股當期平均市價超過選擇權或認股證之執行價格 (即其為「價內」時),選擇權及認股證才具有稀釋作用。如果平均市價低於執行價格,以無對價方式發行之股數,會變成負數,會變成反稀釋。例如接上例,若僑光公司平均市價為 $18,此時須發行 1,111 股才能取得約 $20,000 (約 $18 × 1,111),但僑光公司最多只會發行 1,000 股,因此以無對價方式發行之股數,會變成負的 111 股,而減少流通在外股數。實際上,在平均市價低於執行價格的情況下,投資人也不會要求執行認股證。

對於適用第 13 章「股份基礎給付協議」之權益工具,例如員工認股權及限制性股票等,前述所提及之執行價格及假設發行價格,還要考量這些權益工具在股份基礎給付協議下,未來尚須提供予企業之任何商品或勞務之公允價值,這是因為在股份基礎給付交易下的員工認股權,不但在既得期間必須提供勞務 (勞務有其公允價值),未來行使員工認股權時,還要另外繳交認股款項,才能取得股份。例如,僑光公司另有員工認股權之認購價格為 $20,平均市價為 $25,但員工在未來 2 年既得期間內,還要提供每股公允價值 $2 的勞務,所以在計算該員工認股權之執行價格時,須加上 $2 才能得到正確的可能稀釋股數。亦即如圖 14-2:

| 調整後員工認股權之執行價格 $22 | = | 執行價格 $20 | + | 尚須提供商品或勞務每股之公允價值 $2 |

圖 14-2　員工認股權執行價格之調整

---

[4] IASB 此一作法,本書稱之**如果發行法** (if-issued method),該方法其實與美國 FASB 的**庫藏股票法** (treasury stock method) 有異曲同工之妙,IASB 係從企業增資可取得之現金來考量必須發行之股數;但 FASB 係從收到認股證價款時,可在市場用平均股價買回的股數來考量。兩者計算出來之稀釋股數是相同的。

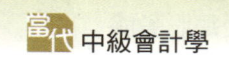

具固定或可決定條款之員工認股權，以及非既得之限制性股票，即使其最終既得與否具有不確定性，在計算稀釋每股盈餘時，仍應視為選擇權，並且在給與日即視為流通在外。

釋例 14-13　稀釋每股盈餘——認股證、非績效條件之員工認股權

銘傳公司 ×1 年度相關資料如下：

- 本期淨利 $205,000，普通股全年流通在外股數為 40,000 股。
- 全年流通在外 5% 之不可轉換累積特別股 10,000 股，面額 $10。
- ×1 年 1 月 1 日發行認股證，得按每股 $24 認購普通股 10,000 股，截至年底尚未執行。
- ×1 年 1 月 1 日發行員工股票選擇權 5,000 股，員工於服務滿 4 年後，每單位得按每股 $18 認購普通股 1 股，發行日每單位員工股票選擇權之公允價值為 $4，×1 年 12 月 31 日員工尚須提供服務每股之公允價值為 $3。
- 普通股全年平均市價為 $30。

試作：計算銘傳公司 ×1 年基本及稀釋每股盈餘。

解析

基本每股盈餘：

由於在 ×1 年時，認股證及員工認股權都沒有行使，所以在計算基本每股盈餘時不必考量。

　　特別股股利 $10 × 10,000 × 5% = $5,000
　　基本每股盈餘 = ($205,000 − $5,000) ÷ 40,000 = $5.00

稀釋每股盈餘：

認股證及非績效條件之員工認股權在計算稀釋每股盈餘時，必須假定他們期初會被執行，按執行價格去每年計算：

1. 無稀釋性之假設按平均市價有償取得之股數。
2. 有稀釋性以無對價方式，發行其餘股數。

若為員工認股權，前述執行價格及假設平均市價需要調整尚須提供勞務每股之公允價值。

×1 年：
認股證之加權平均股數 (10,000 股 × 12/12)	10,000 股
減：按平均市價發行新增之加權平均股數 (10,000 股 × $24 ÷ $30)	(8,000) 股
因認股證新增之加權平均股數	2,000 股

至於 12 月 31 日員工認股權每股調整後之執行價格 = 現金執行價格 $18 + 尚須提供商品或勞務每股之公允價值 $3 = $21。

員工認股權之加權平均股數 (5,000 股 × 12/12)	5,000 股
減：按平均市價發行新增之加權平均股數 (5,000 股 × $21 ÷ $30)	(3,500) 股
因員工認股權新增之加權平均股數	1,500 股

因為認股證及員工認股權的**每增額股份盈餘** (earnings per incremental share) 都是等於 $0，所以可以同時納入稀釋每股盈餘的計算：

×1 年稀釋每股盈餘 = ($205,000 − $5,000) ÷ (40,000 + 2,000 + 1,500)
　　　　　　　　 = $4.60

IFRS 一點通

稀釋性普通股之考量順序──每增額股份盈餘

在決定潛在普通股為具稀釋性或反稀釋性時，應針對每一個潛在普通股單獨逐一考量，而非同時一起納入考量。潛在普通股之考量順序，可能會影響其是否具稀釋性。因此，為使基本每股盈餘之稀釋極大化，應由稀釋性最高的潛在普通股先納入考量，然後再將次高稀釋效果的潛在普通股納入考量，直到納入考量的潛在普通股變成反稀釋時，才停止繼續考量。亦即最低的每增額股份盈餘之稀釋性潛在普通股應比「每增額股份盈餘」較高者，優先納入稀釋每股盈餘之計算。選擇權及認股證通常會比可轉換工具優先納入考量，因為它們只影響分母，不影響分子，亦即每增額股份盈餘為 $0，所以稀釋效果最高。

釋例 14-14　稀釋每股盈餘──非績效條件之限制性股票

東吳公司 ×1 年初流通在外普通股 100,000 股，1 月 2 日東吳公司無償給與 10 位經理，每人 1,000 股限制性股票，共 10,000 股，每股限制性股票公允價值為 $48，沒有限制股票每股市價為 $60。經理未來必須服務滿 2 年才能既得。惟在既得之前仍享有股東表決權及股利分配等權利，但若於既得期間內離職，應返還該股票及股利。假定東吳公司預期無人會提前離職。後來有 1 位經理在 ×1 年 12 月 31 日離職，另有 1 位經理於 ×2 年 3 月 31 日離職。

東吳公司 ×1 年至 ×3 年有下列相關資料：

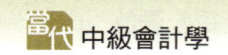

	稅後盈餘	因離職收回限制性股票之股數
×1年	$200,000	1,000股（1位經理12月31日離職）
×2年	250,000	1,000股（1位經理3月31日離職）
×3年	300,000	

	期間內普通股平均市價	期末尚須提供勞務每股之公允價值
×1/1/1	$60	$48
×1/1/1～×1/12/31	$55	$24
×2/1/1～×2/3/30	$70	$18
×2/1/1～×2/12/31	$75	$0

試作：分別計算東吳公司×1年至×3年基本及稀釋每股盈餘。

解析

基本每股盈餘：

　　限制性股票雖然已實際發行也流通在外，但在計算基本每股盈餘時，限制性股票在尚未既得之前，係屬或有退回股份（亦即發行企業可將其收回），不作為流通在外處理，所以，這些限制性股票在×1年及×2年不納入分母，只有在×3年因為已經既得，才納入分母。

　　×1年基本每股盈餘＝$200,000÷100,000＝$2.00
　　×2年基本每股盈餘＝$250,000÷100,000＝$2.50
　　×3年基本每股盈餘＝$300,000÷(100,000＋8,000)＝$2.78

稀釋每股盈餘：

　　由於非績效條件之限制性股票在尚未既得之前，須比照員工認股權處理，所以在計算稀釋每股盈餘時，這些限制性股票自×1年起即應假定會被執行（既得），按執行價格去每年計算：

(1) 無稀釋性之假設按平均市價有償取得之股數。
(2) 有稀釋性以無對價方式，發行其餘股數。

　　前述執行價格及假設平均市價須要調整尚須提供勞務每股之公允價值。

×1年：
　　12月31日限制性股票每股調整後之執行價格

　　　　= 現金執行價格 $0 (因為無償取得) + 尚須提供勞務每股之公允價值 $24
　　　　= $24

限制性股票之加權平均股數 10 人 (1 人期末才離職) × 1,000 股 × 12/12　　10,000 股
減：按平均市價發行新增之加權平均股數 10 人 × 1,000 股 × $24 ÷ $55　　(4,364) 股
　　　　　　　　　　　　因限制性股票新增之加權平均股數　5,636 股

×1 年稀釋每股盈餘 = $200,000 ÷ (100,000 + 5,636) = $1.89

×2 年：

3 月 31 日限制性股票每股調整後之執行價格
　　= 現金執行價格 $0 (因為無償取得) + 尚須提供勞務每股之公允價值 $18
　　= $18

12 月 31 日限制性股票每股調整後之執行價格
　　= 現金執行價格 $0 (因為無償取得) + 尚須提供勞務每股之公允價值 $0
　　= $0

限制性股票之加權平均股數 9,000 股 × 3/12 + 8,000 股 × 9/12　　　8,250 股
減：3/31 按平均市價發行新增之加權平均股數 1 人 × 1,000 股
　　× $18 ÷ $70 × 3/12　　　　　　　　　　　　　　　　　　　　　(64) 股
減：12/31 按平均市價發行新增之加權平均股數 8 人 × 1,000 股
　　× $0 ÷ $75 × 12/12　　　　　　　　　　　　　　　　　　　　　(0) 股
　　　　　　　　　　　　因限制性股票新增之加權平均股數　8,186 股

×2 年稀釋每股盈餘 = $250,000 ÷ (100,000 + 8,186) = $2.31

×3 年：
因為在 ×3 年，限制性股票已經既得，所以東吳公司在 ×3 年已經沒有稀釋性普通股，普通股加權平均股數為 108,000 股，所以

×3 年稀釋每股盈餘 = $300,000 ÷ 108,000 = $2.78 (與基本每股盈餘相同)

14.4.4　可轉換工具

　　可轉換工具包含可轉換特別股及可轉換債券。在計算稀釋每股盈餘時，可轉換工具係採用**如果轉換法** (if-converted method)，亦即假定可轉換工具在當期期初 (或發行日，兩者較晚者)，轉換成普通股。與認股證類之稀釋效果不同，可轉換工具如果轉換的話，不但股數 (分母) 會增加，盈餘 (分子) 也同時會增加。例如，可轉換特別股轉換時，當每股普通股可獲得之當期所宣告或當期新增可累積

之特別股每股股利金額(即其每增額股份盈餘)超過基本每股盈餘時,該可轉換特別股可能具有反稀釋性。同樣地,若可轉換債券轉換,當每股普通股因此可獲配之利息(即其每增額股份盈餘,另須扣除所得稅及收益或費損之其他變動數)超過基本每股盈餘時,該可轉換債券可能具有反稀釋性。

釋例 14-15　每股盈餘之計算——可轉換工具

大葉公司 ×1 年度相關資料如下:

- 本期稅後淨利 $80,000,全年普通股加權平均流通在外股數 20,000 股。
- 所得稅率 20%。
- ×1 年 1 月 1 日以面額發行 3% 之可轉換累積特別股 10,000 股,面額為 $10,每股特別股可轉換成 1 股普通股。該特別股全年流通在外,全年無轉換。
- ×1 年 4 月 1 日發行面額 $300,000,票面利率 7% 之可轉換債券,轉換價格為每股 $25。公司債以 $330,000 發行,其中負債組成部分為 $300,000 (即公司債有效利率亦為 7%),權益組成部分為 $30,000。該公司債全年流通在外,全年無轉換。

試作:計算大葉公司 ×1 年基本及稀釋每股盈餘。

解析

基本每股盈餘:

　　特別股股利 = $10 × 10,000 × 3% = $3,000

　　基本每股盈餘 = ($80,000 − $3,000) ÷ 20,000 股 = $77,000 ÷ 20,000 股 = $3.85

稀釋每股盈餘:

因大葉公司有兩種潛在的稀釋普通股,故須先計算個別的每增額股份盈餘:

	分子 (盈餘增加金額)	分母 (股數增加)	每增額 股份盈餘	排名
可轉換 特別股	$3,000 (全年流通在外,特別股股利已經是稅後金額)	10,000 × 1 = 10,000 股	$3,000 ÷ 10,000 = $0.3	1
可轉換 債券	$300,000 × 7% × (1 − 20%) × 9/12 = $12,600 (只有流通在外 9 個月,並須考量所得稅影響)	$300,000 ÷ $25 × 9/12 = 9,000 股	$12,600 ÷ 9,000 = $1.4	2

然後再依排名順序,將每一個具潛在稀釋性普通股逐一納入稀釋每股盈餘之計算,如下:

	分子	分母	每股盈餘
基本每股盈餘	$77,000	20,000	$3.85
可轉換特別股	3,000	10,000	稀釋性
	$80,000	30,000	$2.67
可轉換債券	12,600	9,000	稀釋性
稀釋每股盈餘	$92,600	39,000	$2.37

釋例 14-16　每股盈餘之計算──同時有認股證及可轉換工具

環球公司 ×1 年度相關資料如下：

- 本期稅後淨利 $13,200，普通股加權平均流通在外股數 2,000 股。
- 所得稅率 20%。
- 普通股全年平均股價 $75。
- 認股證可認購 3,000 普通股，執行價格 $60，全年流通在外。
- 8% 之可轉換累積特別股 4,000 股，面額為 $10，每股特別股可轉換成 1 股普通股。該特別股全年流通在外，全年無轉換。
- 面額 $100,000 之可轉換債券，可轉換成普通股 2,000 股。與可轉換債券負債組成部分有關之當期利息費用 (含折價攤銷) 為 $6,000。該債券全年流通在外，全年無轉換。

試作：計算環球公司 ×1 年之基本及稀釋每股盈餘。

解析

基本每股盈餘：

特別股股利 = $10 × 4,000 × 8% = $3,200

基本每股盈餘 = ($13,200 − $3,200) ÷ 2,000 股 = $10,000 ÷ 2,000 股 = $5

稀釋每股盈餘：

因環球公司有三種潛在的稀釋普通股，故須先計算個別的每增額股份盈餘：

	分子 (盈餘增加金額)	分母 (股數增加)	每增額 股份盈餘	排名
認股證	$0	3,000 − $60 × 3,000 ÷ $75 = 600 股	$0 ÷ 600 = $0	1
可轉換 特別股	$3,200	4,000 × 1 = 4,000 股	$3,200 ÷ 4,000 = $0.8	2
可轉換 債券	$6,000 × (1 − 20%) = $4,800	2,000 股	$4,800 ÷ 2,000 = $2.4	3

這三個潛在稀釋性普通股的每增額股份盈餘都小於基本每股盈餘 $5，但是在計算稀釋每股盈餘，還是必須依排名順序，將每一個具潛在稀釋性普通股逐一納入考量，不要三個一起納入計算，否則有時可能會產生錯誤。環球公司稀釋每股盈餘之計算，如下：

	分子	分母	每股盈餘	
基本每股盈餘	$10,000	2,000	$5.00	
認股證	0	600		稀釋性
	$10,000	2,600	$3.85	
可轉換特別股	3,200	4,000		稀釋性
稀釋每股盈餘	$13,200	6,600	$2.00	在此應該停止，因為 $2.00 已經小於可轉換債券的 $2.4
可轉換債券	4,800	2,000		反稀釋性
	$18,000	8,600	$2.09	

從上面計算可看出，若將排名第 3 的可轉換債券納入計算，稀釋每股盈餘不但不會下降，還會由 $2.00 增加至 $2.09，所以可轉換債券在此是反稀釋的，不應納入計算。

釋例 14-17　每股盈餘之計算——潛在普通股期中執行及轉換

亞洲公司 ×1 年度相關資料如下：

- 本期稅後淨利 $100,000，普通股年初流通在外股數 24,000 股。
- 所得稅率 20%。
- 普通股 1 月 1 日至 3 月 31 日平均股價 $40，全年平均股價 $50。
- 認股證年初可認購 9,000 股普通股，執行價格 $20。4 月 1 日已認購 6,000 股，其餘 3,000 單位至年底仍未執行。
- 可轉換債券面額 $400,000，票面利率 6%，每 $100,000 可轉換成普通股 2,000 股。與可轉換債券負債組成部分有關之原始有效利率亦為 6%。7 月 1 日有 $100,000 可轉換債券轉換為 2,000 股普通股，其餘債券至年底仍流通在外。

試作：計算亞洲公司 ×1 年基本及稀釋每股盈餘。

解析

基本每股盈餘：

基本每股盈餘所用之加權平均流通在外股數，計算如下：

	新發行股數	流通在外股數	權數	加權股數
1/1 流通在外股數		24,000	3/12	6,000
4/1 認股證認購 6,000 單位	+6,000	30,000	3/12	7,500
7/1 $100,000 可轉換債券轉換 2,000 股	+2,000	32,000	6/12	16,000
		加權平均流通在外股數 =		29,500

基本每股盈餘 = $100,000 ÷ 29,500 = $3.39

稀釋每股盈餘：

因亞洲公司有兩種潛在的稀釋普通股，故須先計算個別的每增額股份盈餘：

		分子（盈餘增加金額）	分母（股數增加）	每增額股份盈餘	排名
認股證	4/1 已執行：$0	(6,000 − $20 × 6,000 ÷ $40) × 3/12 = 750 股	$0 ÷ (750 + 1,800) = $0 ÷ 2,550 = $0	1
	尚未執行：$0	(3,000 − $20 × 3,000 ÷ $50) × 12/12 = 1,800 股		
可轉換債券	7/1 已轉換 $100,000 × 6% × (1 − 20%) × 6/12 = $2,400	2,000 股 × 6/12 = 1,000 股	($2,400 + $14,400) ÷ (1,000 + 6,000) = $16,800 ÷ 7,000 = $2.40	2
	尚未轉換 $300,000 × 6% × (1 − 20%) × 12/12 = $14,400	6,000 股 × 12/12 = 6,000 股		

這兩個潛在稀釋性普通股的每增額股份盈餘都小於基本每股盈餘 $3.39，但是在計算稀釋每股盈餘，還是必須依排名順序，將每一個具潛在稀釋性普通股逐一納入考量。亞洲公司稀釋每股盈餘之計算，如下：

	分子	分母	每股盈餘	
基本每股盈餘	$100,000	29,500	$3.39	
認股證	0	2,550		稀釋性
	$100,000	32,050	$3.12	
可轉換債券	16,800	7,000		稀釋性
稀釋每股盈餘	$116,800	39,050	$2.99	

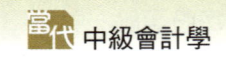

14.5 每股盈餘之追溯調整

企業流通在外普通股或潛在普通股股數，若因無償配股（保留盈餘轉增資、資本公積轉增資）、分紅因子或股份分割而增加者，或因股份合併（反分割）、減資彌補虧損而減少者，則所有表達期間之基本與稀釋每股盈餘之計算，均應追溯調整。若此等變動於報導期間後但在財務報表通過發布前發生，則所表達之當期及以前各期財務報表每股盈餘之計算，亦應以新股數為基礎追溯調整。每股盈餘之計算反映此種股數變動之事實，應予以揭露。

此外，因會計錯誤或會計政策變動而產生之追溯重編及追溯適用之影響數，而去調整前期損益者，應對所有表達期間之基本及稀釋每股盈餘予以調整。然而，企業不得因計算每股盈餘所採用之假設變動，或潛在普通股轉換為普通股，而重編任何以前表達期間之稀釋每股盈餘。

釋例 14-18　每股盈餘之追溯調整

文化公司×1年至×3年每年之盈餘均為 $36,000。文化公司×1年度時的加權平均流通在外股數為 10,000 股；於×2年1月1日，文化公司發放 20% 的股票股利；於×3年1月1日，文化公司進行股票分割，1 股分割成 2 股。文化公司沒有發行任何其他潛在普通股。試計算：

(1) 文化公司×3年之基本每股盈餘，並追溯調整×1年及×2年之基本每股盈餘。
(2) 其他資料不變，但假定文化公司係於×2年1月1日，以每股 $20 現金增資 2,000 股，而非發放 20% 的股票股利。試計算文化公司×3年之基本每股盈餘，並追溯調整×1年及×2年之基本每股盈餘。

解析

本釋例主要在說明，企業若以無對價之方式，例如保留盈餘轉增資、資本公積轉增資、分紅因子或股份分割而增加者，或因股份合併（反分割）、減資彌補虧損而減少者，則所有表達期間之每股盈餘之計算，均應追溯調整。但是，如果係以有對價的方式，例如現金增資發行新股、以現金買回庫藏股票等方式，造成股數之增減，此一部分是不得追溯調整的。

(1) 文化公司×3年之基本每股盈餘，並追溯調整×1年及×2年之基本每股盈餘。

Chapter 14 保留盈餘及每股盈餘

年度	當年度股數	追溯調整股數	當年度 EPS	追溯調整 EPS
×1	10,000 股	10,000 股 × 2 × 1.2 = 24,000 股	$36,000 ÷ 10,000 = $3.60	$36,000 ÷ 24,000 = $1.50
×2	10,000 + 2,000 × 12/12 = 12,000 股	12,000 股 × 2 = 24,000 股	$36,000 ÷ 12,000 = $3.00	$36,000 ÷ 24,000 = $1.50
×3	12,000 × 2 = 24,000 股	24,000 股	$36,000 ÷ 24,000 = $1.50	$36,000 ÷ 24,000 = $1.50

從本例可看出，文化公司 ×1 年至 ×3 年的稅後淨利都是 $36,000，但是由於股票股利及股票分割造成股數增加，當年度 EPS 由 $3.60 下降至 $1.50，表面上營運績效下滑，可是文化公司的稅後淨利是不變的，因此追溯調整 EPS (每年都是 $1.50)，才能真正衡量這段期間文化公司的績效。

(2) 假定 ×2 年是現金增資，文化公司 ×3 年之基本每股盈餘，並追溯調整 ×1 年及 ×2 年之基本每股盈餘。

年度	當年度股數	追溯調整股數	當年度 EPS	追溯調整 EPS
×1	10,000 股	10,000 股 × 2 = 20,000 股	$36,000 ÷ 10,000 = $3.60	$36,000 ÷ 20,000 = $1.80
×2	10,000 + 2,000 × 12/12 = 12,000 股	12,000 股 × 2 = 24,000 股	$36,000 ÷ 12,000 = $3.00	$36,000 ÷ 24,000 = $1.50
×3	12,000 × 2 = 24,000 股	24,000 股	$36,000 ÷ 24,000 = $1.50	$36,000 ÷ 24,000 = $1.50

從本例可看出，文化公司 ×1 年至 ×3 年的稅後淨利都是 $36,000，但是由於 ×2 有現金增資，有更多資源流入企業，但是 ×2 年及 ×3 年還是只有淨利 $36,000，獲利並未因為新資金投入而提高，所以 ×1 年追溯調整 EPS $1.80，高於 ×2 年及 ×3 年追溯調整 EPS $1.50，如此才能真正衡量這段期間文化公司的績效。

附錄 A　每股淨值

隨著 IASB 採用資產負債表法的精神去制定國際財務報導準則，對資產及負債也在可能的範圍內盡量採用公允價值，因此依 IFRS 編製的資產負債表的有用性愈來愈高，連帶使得企業的淨資產 (淨值，資產減除負債之金額) 與企業價值的關聯性也愈高，每股淨值的重要性也更加凸顯出來[5]。

學習目標 6
每股淨值之計算

---

[5] 但是自行發展之無形資產仍不得認列為資產，且有部分資產如不動產、廠房及設備等及部分負債 (採用攤銷後成本法) 仍未採用公允價值法，所以淨值與企業之價值還是會有差距。

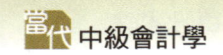

與每股盈餘之性質相類似，每股淨值係指依目前資產負債表之情況，母公司每一流通在外普通股可享有之淨資產（淨值）。因此每股淨值之計算，如下：

$$每股淨值 = \frac{股東權益總額 - 非屬母公司之股東權益項目 - 特別股調整項目}{期末流通在外股數}$$

非屬母公司之股東權益，係指已納入股東權益總額，但非屬母公司股東之權益，例如非控制權益及特別股股本等。

特別股調整項目，係指並未納入股東權益總額，但有必要扣除者，例如：(1) 約定特別股買回之金額超過特別股帳面金額之部分；以及 (2) 積欠之累積特別股股利。

釋例 14A-1　每股淨值

逢甲公司並無任何子公司，×1 年有下列資料：

- 年底股東權益總額為 $500,000，普通股期末流通在外股數為 20,000 股。
- 可買回（買回價格每股 $16）之累積特別股 5,000 股，股息 8%，每股帳面金額 $10，積欠股利 1 年，全年流通在外。

試作：計算逢甲公司 ×1 年 12 月 31 日之每股淨值。

解析

$$\begin{aligned}每股淨值 &= \frac{股東權益總額 - 非屬母公司之股東權益項目 - 特別股調整項目}{加權平均流在外股數} \\ &= \frac{\$500{,}000 - \$10 \times 5{,}000 - (\$16 - \$10) \times 5{,}000 - \$10 \times 8\% \times 5{,}000}{20{,}000} \\ &= \frac{\$416{,}000}{20{,}000} \\ &= \underline{\underline{\$20.8}}\end{aligned}$$

本章習題

問答題

1. 試說明保留盈餘包含哪些項目。
2. 說明何謂「累積特別股」、「完全參加特別股」與「部分參加特別股」。

保留盈餘及每股盈餘

3. 說明股票股利與股票分割之會計處理為何,並說明兩者之異同。
4. 說明簡單資本結構與複雜資本結構之區別。
5. 計算基本每股盈餘時,分子(盈餘)包含哪些?
6. 何謂「紅利因子」,如何計算?
7. 計算每股盈餘時,有關具強制性之轉換工具與有選擇性之可轉換工具是否納入每股盈餘計算,試說明之。
8. 稀釋性潛在普通股於計算稀釋每股盈餘時是否須全部納入,試說明之。
9. 計算稀釋每股盈餘時,選擇權與認股證應如何處理?
10. 計算稀釋每股盈餘時,稀釋性普通股之考量順序為何?

選擇題

1. 哪一種股利的發放不會減少股東權益?
   (A) 現金股利 　　　　　　　　　(B) 股票股利
   (C) 財產股利 　　　　　　　　　(D) 清算股利

2. ×2 年度發生下列交易事項:
   (1) 通過並發放 30% 股票股利,當時普通股每股市價 $22
   (2) 以每股 $20 買回公司股票 4,000 股
   (3) 出售庫藏股票 3,000 股,每股以 $18 售出
   (4) 上年度折舊費用低估 $100,000,本年度發現並更正錯誤,所得稅率 25%
   (5) 提撥保留盈餘 $500,000 作為意外損失準備
   (6) 本年度淨利 $625,000
   (7) 期初保留盈餘為 $2,500,000,已發行普通股為 200,000 股,每股面額 $10

   甲公司 ×2 年 12 月 31 日保留盈餘餘額是多少?
   (A) $2,444,000 　　　　　　　　(B) $1,944,000
   (C) $2,594,000 　　　　　　　　(D) $2,450,000　　　　　　　　〔101 年特考〕

3. A 公司普通股每股面額 $10,流通在外股數 36,000 股。因每股市價高達 $300,今決定作 2:1 之股票分割。請問 A 公司在股票分割後,其股本為多少?
   (A) $180,000 　　　　　　　　　(B) $360,000
   (C) $5,400,000 　　　　　　　　(D) $10,800,000　　　　　　　〔101 年特考〕

4. 「待分配股票股利」在資產負債表上應列於:
   (A) 資產 　　　　　　　　　　　(B) 負債
   (C) 股東權益 　　　　　　　　　(D) 以上皆非

5. 本年度錫山公司支付下列現金股利給普通股及特別股股東:
   普通股 $19,500

特別股 $13,500

流通在外特別股面額為 $50,000，普通股為 $150,000，股利分派包括特別股額外 6% 之參加股利，且係完全參加，特別股係累積，股利已積欠 2 年，求特別股之設定股利率為若干？

(A) 6% (B) 7%
(C) 8% (D) 9%　　　　　　　　　　　　　　　　　　　[102 年特考]

6. 羅東公司有普通股 2,000,000 股流通在外，面額 $10，市價每股 $13，保留盈餘 $10,000,000。公司股東常會於 95 年 5 月 3 日通過分配 30% 股票股利，假設公司採用面額法記錄股票股利，則通過分配股利日應記錄資本公積之金額為何？

(A) $0 (B) $600,000
(C) $1,200,000 (D) $1,800,000　　　　　　　　　　　　[改編自 95 年高考]

7. 創意公司 ×1 年有 120,000 股，每股面額 $10 之普通股流通在外，以及 60,000 股，8% 面額 $10 特別股。此特別股為累積，非參加。除了今年及過去兩年之外，股利均為每年發放。

(1) 假設 ×1 年將發放 $300,000 的現金股利，請問普通股股東將收到多少股利？

(A) $0 (B) $156,000
(C) $204,000 (D) $252,000

(2) 假設將發放 $312,000 的現金股利，而特別股擁有參加權。請問普通股股東將可獲得多少現金股利？

(A) $204,000 (B) $144,000
(C) $112,000 (D) $96,000

8. 甲公司 ×2 年稅後綜合淨利為 $1,500,000，其中本期淨利為 $1,054,000，×2 年全年有 200,000 股累積非參加特別股流通在外，每股面額為 $10，股利率為 5%，至 ×2 年底止已積欠 2 年之股利。×2 年 1 月 1 日普通股流通在外計 120,000 股，4 月 1 日買回庫藏股票 11,000 股，10 月 1 日現金增資 30,000 股。則甲公司 ×2 年度之基本每股盈餘為多少？

(A) $7.16 (B) $8.00
(C) $10.90 (D) $11.74　　　　　　　　　　　　　　　　[109 年普考會計]

9. 甲公司 ×9 年 1 月 1 日流通在外普通股股數為 120,000 股，×9 年 4 月 1 日發行新股 60,000 股，6 月 1 日發行新股 30,000 股，9 月 1 日發行 6%，面額 $100，可轉換公司債 300 張，每張可轉換成 10 股普通股，該公司債具稀釋作用，則在計算甲公司 ×9 年基本每股盈餘及稀釋每股盈餘時，其加權平均流通在外普通股股數分別為：

(A) 165,000 股及 183,500 股 (B) 165,000 股及 185,500 股
(C) 182,500 股及 188,500 股 (D) 182,500 股及 183,500 股　　[101 年高考]

10. 在計算本年度普通股加權平均流通在外股數時，下列何事項的發生，一定無須將流通在

610

外股數予以追溯調整？

(A) 現金股利 (B) 現金增資
(C) 股票股利 (D) 股票分割 ［100 年高考］

11. ×0 年 12 月 31 日瑞穗公司有 600,000 普通股及 20,000 股，5%，面額 $100 的累積特別股流通在外。在 ×0 年及 ×1 年未發放任何特別股股利或普通股股利。於 ×2 年 1 月 30 日發行 ×1 年財務報表前，瑞穗公司進行 1：2 股票分割 (即 1 股普通股變成 2 股)。×1 年之淨利為 $1,900,000，試問瑞穗公司 ×0 年之每股盈餘為：

(A) $0.75 (B) $0.79
(C) $1.50 (D) $1.59

12. 丙公司 102 年全年流通在外普通股為 150,000 股，淨利為 $665,000。102 年初該公司另有 6% 可轉換累積特別股，面額 $100，流通在外 10,000 股，每股可轉換成普通股 3 股。若 102 年度特別股股利已於 6 月 30 日支付，10 月 1 日有 2,000 股特別股轉換成普通股，則丙公司 102 年度稀釋每股盈餘為：(計算值四捨五入至小數點後第 2 位)

(A) $2.00 (B) $3.63
(C) $3.69 (D) $3.99 ［102 年特考］

13. 甲公司 ×2 年度全年有 200,000 股普通股流通在外，×3 年 4 月 1 日現金增資 100,000 股，增資除權前市價每股 $36，現金增資認購價每股 $24。若 ×2 年度與 ×3 年度屬於普通股權益持有人的本期淨利分別為 $500,000 與 $600,000，則 ×3 年度比較綜合損益表中，×2 年度與 ×3 年度基本每股盈餘分別為何？

(A) $2.08 與 $2.13 (B) $2.22 與 $2.13
(C) $2.5 與 $2.13 (D) $2.5 與 $2.18 ［101 年高考］

14. 哈維公司 ×1 年 4 月 30 日流通在外普通股股數為 100,000 股。哈維公司於該日辦理現金增資 20,000 股，認購價格為每股 $50，除權前一天公司股票的收盤價為 $68。有關此一現金增資之紅利因子為何？

(A) 1.360 (B) 1.047
(C) 1.056 (D) 1.026

15. 魯夫公司 ×3 年度歸屬於母公司之稅後淨利為 $450,000，該公司 ×3 年度有下列形式上為特別股流通在外：

(1) 特別股甲，面額 $300,000 之累積且可轉換之特別股，票面利率 6%。魯夫公司於 ×3 年 12 月 31 日誘導投資人轉換，額外發行公允價值總值 $20,000 之普通股。公司並於 ×3 年底支付當年度股利。

(2) 特別股乙，面額及帳面金額均為 $200,000，票面利率 8%，不可賣回且股利非累積。×3 年 7 月 1 日公司在公開市場以折價 $20,000 買回面額 $100,000 之特別股。公司於 ×3 年並未宣告發放特別股乙之股利。

(3) 特別股丙，面額 $300,000。特別股丙係於 ×2 年以折價發行之遞增股利率特別股，不

可賣回，×3年不得領取股利，×3年度依據有效利息法計算特別股折價應攤銷之金額為 $25,000。

則魯夫公司 ×3 年在計算基本每股盈餘時，所用分子之金額為何？

(A) $367,000　　　　　　　　　　(B) $407,000
(C) $417,000　　　　　　　　　　(D) $457,000

16. 彰化公司 100 年 1 月 1 日流通在外普通股 100,000 股，100 年初該公司給予現有股東新股認股權，每 5 股可認購普通股 1 股，認購價格為每股 $10，新股認購基準日為 100 年 10 月 1 日。彰化公司 100 年度之淨利為 $900,000，若新股認購權利行使日前一日普通股公允價值為每股 $22，原有股東亦全數認購，試問彰化公司 100 年之每股盈餘為何？

(A) $7.50　　　　　　　　　　　(B) $8
(C) $8.57　　　　　　　　　　　(D) $9　　　　　　　　　　　［101 年高考］

17. 甲公司 94 年 12 月 31 日有普通股 500,000 股流通在外，在 95 年 9 月 1 日又發行 300,000 股普通股。此外，94 年 12 月 31 日甲公司有面額 $1,000,000 可轉換公司債流通在外，可轉換成普通股 400,000 股。該公司債 95 年度之利息費用為 $70,000，95 年度並無任何轉換，甲公司 95 年度淨利為 $551,000。所得稅率是 30%，試計算甲公司 95 年度之稀釋每股盈餘為多少元？

(A) $0.4　　　　　　　　　　　(B) $0.5
(C) $0.6　　　　　　　　　　　(D) $0.7　　　　　　　　　　　［100 年會計師］

18. 羯敏公司 ×2 年度有下列資料：

(1) 淨利為 $700,000，稅率為 20%。
(2) 6% 可轉換公司債，面額為 $100，流通在外 20,000 張，每張可換成普通股 10 股，發行價格中的負債組成要素相當於面額。
(3) 當年初發行賣權 6,000 個，每個得依 $20 之價格賣回一股面額為 $10 的普通股給公司，普通股全年平均市價為 $12。
(4) 全年加權平均流通在外普通股。

請問 ×2 年度羯敏公司之稀釋每股盈餘為多少？

(A) $1.97　　　　　　　　　　　(B) $1.99
(C) $2.03　　　　　　　　　　　(D) $3.43　　　　　　　　　　　［102 年高考］

19. 公司買入庫藏股票時，對其股東權益及每股盈餘會產生何種影響？

(A) 股東權益減少，每股盈餘不受影響　　(B) 股東權益增加，每股盈餘不受影響
(C) 股東權益減少，每股盈餘增加　　　　(D) 股東權益增加，每股盈餘減少

［100 年高考］

20. 魯道公司 ×2 年期初流通在外普通股股數 200,000 股，4 月 1 日購買庫藏股票 50,000 股。此外，公司於 ×2 年初發行 2 年後須強制轉換成普通股之可轉換特別股，面額 $300,000，票面利率 6%，未來會轉換為 20,000 股普通股，×2 年公司已發放該特別股 $18,000 之現

金股利。假設公司 ×2 年淨利為 $500,000，則魯道公司 ×2 年之基本每股盈餘為：

(A) $2.74　　　　　　　　　　(B) $2.64
(C) $2.97　　　　　　　　　　(D) $3.08

21. 甲公司 ×9 年 1 月 1 日流通在外普通股股數為 100,000 股，×9 年初有認股權 20,000 單位流通在外，每單位得按 $30 認購普通股 1 股，4 月 1 日已認購 12,000 股，其餘 8,000 單位至 ×9 年底仍未執行。此外，×9 年初公司有可轉換公司債面額 $1,000,000，票面利率 5%，其中負債組成部分之原始有效利率亦為 5%，每 $100,000 面額可轉換成普通股 4,000 股。×9 年 10 月 1 日有 $400,000 可轉換公司債轉換成普通股 16,000 股，其餘債券至年底仍流通在外。甲公司普通股 ×9 年 1 月 1 日至 3 月 31 日平均股價為 $40，全年平均股價為 $50，×9 年稅後淨利為 $339,000，所得稅率為 20%，則在計算稀釋每股盈餘時，分母應為：

(A) 145,000 股　　　　　　　(B) 152,950 股
(C) 154,450 股　　　　　　　(D) 156,050 股　　　　[108 年高考會計]

22. 甲公司 2019 年的本期淨利為 $500,000，在 2019 年 1 月 1 日流通在外的普通股為 200,000 股，4 月 1 日發行 20,000 股，9 月 1 日甲公司買回 30,000 股庫藏股票。稅率為 40%。2019 年間，甲公司共有 40,000 股流通在外的可轉換特別股，特別股面值為 $100，每年支付 $3.50 的股息，並且每一股特別股可轉換為三股普通股。甲公司在 2018 年間發行面值 $2,000,000（且其負債組成部分亦為 $2,000,000）的 10% 可轉換公司債，每張 $1,000 的公司債可轉換為 30 股普通股。請問 2019 年稀釋每股盈餘為何？

(A) $1.11　　　　　　　　　　(B) $1.54
(C) $1.61　　　　　　　　　　(D) $1.76　　　　　[109 年鐵路人員]

23. 陶子公司 ×0 年度淨利 $360,000，普通股全年流通在外股數為 120,000 股。×0 年初有認股權 20,000 單位，每單位得按每股 $30 認購普通股 20,000 股，截至年底尚未執行。此外，×0 年 1 月 1 日公司發行員工股票選擇權 10,000 股，員工於服務滿 3 年後，每單位得按每股 $22 認購普通股 1 股，發行日每單位員工股票選擇權之公允價值為 $9，×0 年 12 月 31 日員工尚須提供服務每股之公允價值為 $6。陶子公司普通股全年平均市價為 $40。試問公司 ×0 年稀釋每股盈餘為：

(A) $2.88　　　　　　　　　　(B) $2.93
(C) $2.78　　　　　　　　　　(D) $2.81

24. 甲公司 ×7 年度淨利 $228,000，稅率為 25%，若全年加權平均流通在外普通股為 100,000 股，且有下列三種證券全年流通在外，應包括於財務報表中之稀釋每股盈餘者有幾項？

(1) 認股權證 20,000 張，每張可以 $40 認購普通股 1 股，甲公司普通股全年平均市價為 $50；

(2) 可轉換公司債面額 $1,000,000，票面利率 7%，其中負債組成部分為 $1,000,000（即公司債有效利率亦為 7%），可轉換成 40,000 股普通股；

(3) 可轉換累積特別股 24,000 股，股利率 10%，每股面額 $20，可轉換成 24,000 股普

通股，截至 ×6 年年底止已積欠 2 年股利，×7 年甲公司董事會已宣告發放 3 年股利。

(A) 認股權證、可轉換公司債及可轉換累積特別股等三項
(B) 認股權證及可轉換公司債等二項
(C) 認股權證及可轉換累積特別股等二項
(D) 可轉換公司債及可轉換累積特別股等二項

[改編自 100 年高考]

練習題

1. **【特別股股利】** 保原公司 ×2 年底流通在外的股本包括面額 $100、10,000 股 6% 的特別股，及 100,000 股面額 $10 的普通股，並有保留盈餘 $800,000。×2 年公司宣告發放現金股利 $400,000 給特別股及普通股，試分別依下列狀況，計算 ×2 年特別股及普通股分別可領到之現金股利總額：
   (1) 特別股為非累積、非參加，無積欠股利。
   (2) 特別股為累積、非參加、積欠股利 1 年。
   (3) 特別股為累積、完全參加、積欠股利 1 年。
   (4) 特別股為非累積、並可完全參加普通股股利率超過 10% 分配的部分。

2. **【現金股利分錄】** 花田公司 ×3 年底有流通在外 5,000 股面額 $100，6% 特別股，及 20,000 股面額 $10 之的普通股，並有保留盈餘 $400,000。×4 年 5 月 31 日於股東會決議發放 ×3 年特別股股利 6%、普通股股利每股 $5，並於 ×4 年 6 月 30 日支付。

   試作： 花田公司相關分錄。

3. **【股票股利與股票分割】** 老虎公司 ×4 年底有流通在外普通股 200,000 股，每股面額 $10，×5 年 3 月 1 日公司進行 1:3 之股票分割 (即 1 股分割成 3 股)，分割前之股價為 $240，5 月 31 日公司宣告發放 8% 之股票股利，宣告當日股價為 $82，股票股利發放日為 ×5 年 6 月 30 日。

   試作：
   (1) ×5 年 3 月 1 日之分錄。
   (2) 請分別依 ① 面額法及 ② 公允價值法完成老虎公司有關股票股利相關分錄。

4. **【財產股利、清算股利與股票股利】** 天衛公司 ×2 年底有流通在外普通股 50,000 股，每股面額 $10，假設各情況獨立，試分別依下列情況完成相關分錄：
   (1) 公司 ×3 年 5 月 31 日宣告將公司採權益法之股權投資以財產股利之方式，按股東持股比率發放給股東，宣告時該股權投資之公允價值 $500,000。天衛公司於 ×3 年 6 月 30 日發放財產股利，發放時該股權投資之帳面金額為 $450,000、公允價值 $520,000。
   (2) 公司 ×3 年 5 月 31 日於股東會決議宣告發放現金股利 $150,000，其中 $100,000 來自保留盈餘，其餘的 $50,000 為清算股利。天衛公司於 ×3 年 6 月 30 日發放現金股利。
   (3) 公司 ×3 年 5 月 31 日宣告發放 15% 之股票股利，宣告當日股價為 $36，股票股利發放日為 ×5 年 6 月 30 日，公司採用公允價值法作為股票股利之會計處理。

5. 【參加特別股】中央公司於 ×1 年初以每股 $12 的價格發行不可轉讓、不可贖回的累積、參加特別股 2,000 股，每股面額 $10。特別股的發行條件為第一及第二年年底分別支付 14% 及 7% 股利，第三年底起則每年支付 5% 股利，特別股 ×1 年初時的市場股利率為 5%。而在中央公司的普通股獲配 $1.2 之後，亦即在第一年特別股及普通股分別獲配 $1.4 及 $1.2 的股利後，或在第二年特別股及普通股分別獲配 $0.7 及 $1.2 的股利後，或在第三年特別股及普通股分別獲配 $0.5 及 $1.4 的股利之後，特別股依任何支付予普通股每股金額額外的九分之一比率，完全參與額外股利的分配。

    中央公司於 ×1 年度稅後淨利為 $90,000，普通股全年流通在外股數為 10,000 股，每股面額 $10。

    試作：中央公司 ×1 年度普通股基本每股盈餘為何？

6. 【基本每股盈餘】活塞公司 ×2 年度歸屬於母公司之稅後淨利為 $500,000，公司當年度計算每股盈餘的資料如下：

    1. ×2 年期初流通在外普通股股數 240,000 股，3 月 1 日購買庫藏股票 20,000 股，6 月 1 日發放 20% 股票股利，10 月 1 日再出售庫藏股票 20,000。
    2. ×2 年初有流通在外之可買回且非累積之特別股甲，面額 $200,000，票面利率 6%，×2 年度已宣告支付 6% 股利。
    3. ×2 年初有流通在外之特別股乙，面額 $200,000。特別股乙係於 ×0 年 1 月 1 日以折價發行之遞增股利率特別股，不可賣回，前 3 年不得領取股利，自第 4 年起可開始領取股利，股利可累積。×2 年度依據有效利息法計算特別股折價應攤銷之金額為 $26,000。
    4. ×2 年初有流通在外之特別股丙，面額 $500,000，票面利率 9%，不可賣回且股利非累積。於 ×2 年 9 月 30 日在公開市場以折價 $28,000 買回面額 $200,000 之特別股。活塞公司於 ×2 年並未宣告發放特別股丙之股利。

    試作：計算活塞公司 ×2 年基本每股盈餘。

7. 【加權平均流通在外股數】五福公司 ×0 年初有 200,000 股流通在外之普通股，×0 年度有關普通股資料如下：

    2 月 1 日　辦理現金增資 50,000 股，認購價格為每股 $50，除權前一天的收盤價為 $60。
    4 月 1 日　買回庫藏股票共 50,000 股。
    7 月 1 日　發放 20% 股票股利。
    10 月 1 日　發行 2 年後須強制轉換成普通股之可轉換特別股，未來會轉換 30,000 股普通股。
    12 月 1 日　進行股份反分割，2 股合併成 1 股。

    試作：計算五福公司 ×0 年度之加權平均流通在外股數。

8. 【基本每股盈餘】臺南公司 ×8 年度的淨利為 $4,960,000，其資本結構如下：

    特別股：1,000,000 股，每股面額 $10，股利率 8%，累積，全年流通在外。臺南公司未宣

告發放 ×8 年之特別股股利。

普通股：×8 年 1 月 1 日流通在外 1,000,000 股，每股面額 $10，3 月 1 日發放股票股利 10%，4 月 1 日現金增資 500,000 股，每股認購價格為 $24.4，3 月 31 日市價為每股 $28。8 月 1 日股票分割，每股分割成二股，10 月 1 日購入庫藏股票 400,000 股，至 12 月 31 日尚未出售，亦未註銷。12 月 31 日流通在外股數為 2,800,000 股。

試作：計算臺南公司 ×8 年之基本每股盈餘。　　　　　　　　　　　　　　[102 年特考]

9. 【基本每股盈餘】奈許公司 ×2 年度相關資料如下：

1. ×2 年度有流通在外之累積且可轉換特別股 30,000 股，股利率 5%，每股面額為 $10，可轉換 30,000 股普通股。×2 年公司支付該特別股股利 $15,000。×2 年 11 月 1 日公司誘導投資人轉換，全數投資人在當日全部轉換，並額外多取得公允價值總計 $50,000 的 1,000 股普通股。

2. ×2 年期初流通在外普通股股數 400,000 股，3 月 1 日購買庫藏股票 60,000 股，6 月 1 日現金增資發行新股 100,000 股（紅利因子 1.06），9 月 1 日股份反分割，每 2 股合併成為 1 股，10 月 1 日賣出庫藏股票 30,000 股。

3. ×2 年 1 月 5 日公司無償給與 5 位高階主管，每人 10,000 股限制性股票，當時每股限制性股票公允價值為 $45，沒有限制性的股票每股市價 $52，主管未來必須服務滿 2 年才能既得。

4. ×2 年淨利 $950,000，其中包括停業單位本期利益 $180,000。

試作：計算奈許公司 ×2 年之基本每股盈餘。

10. 【稀釋每股盈餘—認股證、非績效條件之員工認股權】尼克公司 ×3 年初有 400,000 股普通股與 6% 之不可轉換累積特別股 30,000 股流通在外，普通股與特別股的面額均為 $10，×3 年 1 月 1 日公司發行員工股票選擇權 40,000 股，員工於服務滿 5 年後，每單位得按每股 $36 認購普通股 1 股，發行日每單位員工股票選擇權之公允價值為 $9，×3 年 12 月 31 日員工尚須提供服務每股之公允價值為 $6。×3 年 10 月 1 日公司發行認股證，得按每股 $40 認購普通股 50,000 股，截至年底尚未執行。×3 年淨利 $840,000，普通股全年平均市價為 $48，×3 年 10 月 1 日至 12 月 31 日之平均市價為 $50。

試作：計算尼克公司 ×3 年基本及稀釋每股盈餘。

11. 【稀釋每股盈餘—非績效條件之限制性股票】喜羊羊公司 ×3 年初有普通股 250,000 股流通在外，×3 年 1 月 1 日喜羊羊公司給與 8 位主管限制性股票，若主管繼續在公司服務滿 2 年，則 2 年後每人可獲得 2,000 股限制性股票，×3 年 1 月 1 日每股限制性股票公允價值為 $48，沒有限制性的股票每股市價為 $50。在既得之前仍享有股東表決權及股利分配等權利，但若於既得期間內離職，應返還該股票及股利。假定喜羊羊公司預期無人會提前離職。後來 ×3 年 10 月 1 日有 1 位主管日離職，另有 2 位主管分別於 ×4 年 4 月 1 日與 7 月 1 日離職。

喜羊羊公司 ×3 年至 ×5 年有下列相關資料：

	稅後盈餘	因離職收回限制性股票之股數
×3 年	$600,000	2,000 股（1 位主管 10 月 1 日離職）
×4 年	500,000	2,000 股（1 位主管 4 月 1 日離職） 2,000 股（1 位主管 7 月 1 日離職）
×5 年	580,000	

	期間內普通股 平均市價	期末尚須提供勞務每股之公允價值
×3/1/1	$50	$48
×3/1/1～×3/10/1	$48	$30
×3/1/1～×3/12/31	$50	$24
×4/1/1～×4/4/1	$55	$18
×4/1/1～×4/7/1	$56	$12
×4/1/1～×4/12/31	$56	$0

試作：分別計算喜羊羊公司 ×3 年至 ×5 年基本及稀釋每股盈餘。

12. 【每股盈餘—可轉換工具】丁公司 2010 年度有關每股盈餘的資料如下：

    1. 本期純益 $5,000,000，所得稅率 25%。
    2. 期初有普通股 1,000,000 股流通在外，每股面額 $10。本年度現金增資 500,000 股，每股發行價 $20，以 5 月 1 日為除權日，4 月 30 日普通股市價為每股 $30。
    3. 本年度 4 月 1 日以平價發行 4% 公司債 600 張，每張面額 $10,000，每張公司債附認股證 200 單位，每張公司債連同認股證可另加 $2,000 認購普通股 200 股。本年度並無公司債持有人行使認股權。本年度 4 月 1 日至 12 月 31 日平均市價為 $40。

    試作：計算丁公司 2010 年之基本及稀釋每股盈餘。　　　　　　　　　　　　　　　　　　　　　【100 年特考】

13. 【每股盈餘—可轉換工具】宜靜公司 ×4 年 1 月 1 日發行 8% 之可轉換累積特別股 20,000 股，面額 $10，每股特別股可轉換成 2 股普通股，×4 年公司沒有發放現金股利，×5 年 5 月公司宣告並發放該特別股股利，×5 年 10 月 1 日面額 $100,000 之持有人將可轉換特別股轉換為普通股，其餘可轉換特別股全年流通在外。×5 年 5 月 1 日公司亦發行 1,000 張面額 $1,000，票面利率 10%，每年付息一次之可轉換債券，每張債券可轉換成 100 股普通股。可轉債發行時負債組成部分為 $1,092,458（有效利率為 8%），權益組成部分為 $80,000，公司債全年流通在外，全年無轉換。×5 年公司稅後淨利 $600,000，×5 年初有普通股 300,000 股流通在外，年中除部分可轉換特別股轉換普通股外，無其他變動，公司所得稅率為 20%。

    試作：計算宜靜公司 ×5 年基本及稀釋每股盈餘。

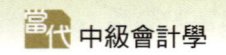

14. 【每股盈餘—認股證、可轉換工具】FIR 公司 ×7 年相關資料如下：

本期稅後淨利	$350,000
普通股年初流通在外股數	120,000 股
所得稅率	20%
1/1～12/31 普通股平均股價	$60
1/1～3/31 普通股平均股價	$65

×7 年 1 月 1 日有下列潛在普通股：

認股證	可認購 8,000 普通股，執行價格 $50，4 月 1 日認股證認購 4,000 普通股，其餘全年流通在外
6% 之可轉換累積特別股	40,000 股，面額為 $10，每股特別股可轉換成 1 股普通股。該特別股全年流通在外，全年無轉換。
可轉換公司債	可轉換成普通股 30,000 股。與可轉換債券負債組成部分有關之當期利息費用(含折價攤銷)為 $86,000。該債券全年流通在外，全年無轉換。

試作：計算 FIR 公司 ×7 年基本及稀釋每股盈餘。

15. 【每股盈餘】福氣公司在 20×8 年，稅後淨利 $2,800,000，另有下列股權相關資訊：

普通股：每股面額 $10

日期	交易	流通在外股數	累積流通在外股數
1 月 1 日	期初餘額		500,000
4 月 1 日	購回庫藏股	(50,000)	450,000
9 月 1 日	發放股票股利	90,000	540,000
11 月 1 日	現金增資	180,000	720,000

特別股：20×7 年初發行，每股面額 $10，流通在外數量 10,000 股，股利率 6%，具累積股利條件。20×8 年，該特別股符合權益定義，無積欠股利，且公司當年度有宣告股利。

假設 20×9 年，普通股有兩項交易：(a) 7 月 1 日，之前購回的庫藏股票 50,000 股，賣出 30,000 股；(b) 8 月 1 日，現金增資 150,000 股。同年 10 月 1 日，公司以 $660,000 發行一筆可轉換公司債，面額 $600,000，票面利率 8%，可轉換為 20,000 股普通股，其中負債組成部分為 $600,000，權益部分為 $60,000，且該可轉換公司債至年底尚未進行轉換。另福氣公司在 20×9 年 1 月 1 日，授予其總經理 5,000 單位的員工認股選擇權，只要繼續在公司服務滿 3 年，每單位認股權可以用 $15 認購 1 股普通股，授予當時每單位選擇權的公允價值為 $6，當年底 (12 月 31 日) 員工尚須提供服務的每股公允價值為 $5，並預估該總經理明年會繼續留任。

請回答下列問題：

(1) 計算 20×8 年的加權平均流通在外普通股的股數。

(2) 計算 20×8 年的基本每股盈餘 (四捨五入取到小數點以下 2 位)。

(3) 福氣公司於 20×9 年有關員工認股選擇權的分錄為何？

(4) 計算 20×9 年的加權平均流通在外普通股的股數。

(5) 假設 20×9 年，福氣公司的稅後淨利為 $4,600,000，所得稅率 25%，普通股全年平均市價為 $25，計算 20×9 年的基本每股盈餘與稀釋每股盈餘 (四捨五入取到小數點以下 2 位)。

[109年高考財稅三等]

16. 【附錄 A 每股盈餘之追溯調整】丸尾公司 ×3 年至 ×5 年每年之盈餘均為 $240,000。丸尾公司 ×3 年度時的加權平均流通在外股數為 60,000 股；於 ×4 年 1 月 1 日，丸尾公司發放 20% 的股票股利；於 ×5 年 1 月 1 日，丸尾公司進行股票分割，1 股分割成 2 股。×5 年 7 月 1 日丸尾公司辦理現金增資 40,000 股，紅利因子為 1.1。丸尾公司沒有發行任何其他潛在普通股。

試作：計算丸尾公司 ×5 年之基本每股盈餘，並追溯調整 ×3 年及 ×4 年之基本每股盈餘。

Chapter 15 收入

學習目標

研讀本章後,讀者可以了解:
1. 收入認列之五大步驟
2. 工程合約之收入認列
3. 「客戶忠誠計畫」之收入認列
4. 主理人與代理人

本章架構

收入

收入認列之五大步驟
- 辨認合約
- 辨認合約中的履約義務
- 決定交易價格
- 將交易價格分攤至合約中的履約義務
- 於(或隨)企業滿足履約義務時認列收入

工程合約
- 工程合約之定義與範圍
- 工程收入與成本之範圍
- 完工比例法
- 成本回收法

客戶忠誠計畫
- 自行提供獎勵
- 第三方提供獎勵

電信公司與用戶簽訂銷售手機及 24 個月電信服務合約。客戶於簽約時以 $2,000 購買手機 (單獨售價為 $5,000)，並搭配月付 $500 資費方案購買語音通話服務每月上限 200 分鐘 (單獨售價每月 $600)，總交易對價為 $14,000 (= $2,000 + $500 × 24)。客戶可於任何時間增加購買額外通話分鐘，該等額外服務之收費與未綁約用戶之費率相同。

電信公司辨認出該合約中有兩項商品或勞務之履約義務：
(1) 手機；
(2) 24 個月語音服務；

履約義務	單獨售價	分攤比例	交易價格分攤
手機	$5,000	25.77%	$ 3,608
語音服務	14,400*	74.23%	10,392
	$19,400		$14,000

電信公司於手機交付給客戶時 (控制移轉時) 認列手機銷貨收入 $3,608，未來 24 個月中隨時間經過每月認列電信服務收入 $433 (= $10,392 ÷ 24)。

電信公司另有一方案，手機售價 $2,000 (單獨售價為 $8,000) 與 24 個月之電信服務合約每月 $800 (單獨售價每月 $1,000)，但是用戶若於 24 個月後以相同資費方案續約，其購買之新手機較其他新用戶優惠 $2,000 (此未來選擇之權利單獨售價為 $1,000)，總交易對價為 $21,200 (= $2,000 + $800 × 24)。

電信公司辨認出該合約中有下三項商品或勞務之履約義務：
(1) 手機；
(2) 24 個月語音服務；
(3) 新手機折價選擇權

履約義務	單獨售價	分攤比例	交易價格分攤
手機	$8,000	24.24%	$ 5,139
語音服務	24,000**	72.73%	15,419
新手機折價選擇權	1,000	3.03%	642
	$33,000		$21,200

* $600 × 24 = $14,400
** $1,000 × 24 = $24,000

章首故事引發之問題
- 對含多項商品或勞務之合約,其收入認列應如何處理?
- 對工程合約,其收入認列應如何處理?
- 對含客戶忠誠計畫之合約,其收入認列應如何處理?

15.1　收入認列之五大步驟

學習目標 1
了解收入認列與衡量之相關議題

　　收益指企業在會計期間內增加之經濟效益,表現的方式為資產增加或負債減少等權益之增加(但持有權益的股東造成的權益增加如現金增資等則不計入)亦即於「資產負債表法」之精神下,收益之發生係與資產增加或負債減少同步。收益包含收入及利益,收入係因企業之正常活動所產生;利益則為符合收益定義之其他項目,常以減除相關費用後之淨額報導,且可能由個體之正常活動所產生,或可能非由個體正常活動所產生。收入與利益之主要差別,在收入通常以總額表達,利益則通常以淨額表達。

收入通常以總額表達,利益則以淨額表達。

　　企業有多種的收益來源。例如企業持有分類為「透過損益按公允價值衡量」或「透過其他綜合損益按公允價值衡量」之權益工具投資與債務工具投資,當投資之公允價值增加或發放股利與利息時,企業產生收益;企業將擁有的不動產、廠房及設備以營業租賃出租而收取租金時,企業亦產生收益;企業將擁有的不動產、廠房及設備出售而收取高於帳面金額之價款時,企業亦產生收益。本章討論之收入,是企業銷售商品或提供勞務給客戶而換得之對價,亦即國際財務報導準則第 15 號(以下簡稱 IFRS 15)所規範的「客戶合約之收入」。

收入的認列條件
客戶取得對商品或勞務之控制。

　　有別於先前準則以「所有權之風險及報酬已移轉給客戶」作為收入的認列條件,IFRS 15 是以「客戶取得對商品或勞務之控制」作為收入的認列條件。此條件的理論基礎在於商品或勞務均為客戶取得之資產(有些勞務可視為客戶同時取得並耗用的資產),而現行

資產定義是以控制來判定應何時認列或除列資產；而且此條件可以避免當企業對商品或勞務保留部分風險及報酬時造成之收入認列問題。例如企業出售電視機並附一年期的標準保固，此時商品的控制已移轉給客戶，但相關風險是否已移轉則不易判定。又如常見之電信業者將手機與電信服務搭配銷售，在簽約首日手機的控制已移轉，但整體合約之風險尚未移轉，此時若以風險移轉作為收入的認列條件，出售手機相關收入的認列就會有疑義。而以控制為基礎之評估，就可適切地辨認出合約中包含兩項承諾：出售手機此項商品與提供通訊此項服務；而出售手機之銷貨收入應於簽約時交付手機即認列，提供通訊之服務收入則於日後履行承諾時認列。

> 過去在風險報酬移轉時點認列收入；採用 IFRS 15 後規定以控制移轉時點認列收入，可避免公司因提供保固，使風險報酬是否移轉難以判斷。

　　在 IFRS 15 下，收入認列的核心原則為：企業認列收入以描述對客戶所承諾之商品或勞務之移轉 (以客戶取得對商品或勞務之控制為判定基礎)，且該收入之金額反映該等商品或勞務換得之預期有權取得之對價。依據此原則，企業應以下列五個步驟認列收入：

步驟 1： 辨認客戶合約。
步驟 2： 辨認合約中之履約義務。
步驟 3： 決定交易價格。
步驟 4： 分攤交易價格 ——將交易價格分攤至合約中之履約義務。
步驟 5： 決定收入認列時點 ——於 (或隨) 企業滿足履約義務時認列收入。

　　麥當勞銷售漢堡餐時前述五個步驟在顧客拿走套餐時全數完成，其銷貨收入之會計處理非常容易。事實上，大部分商品合約僅有一個履約義務、無變動對價且明確在一個時點交貨，因此在商品控制移轉時 (通常為交付時) 認列全數對價為銷貨收入，例如大潤發銷售電視機、建設公司出售已落成辦公室或住宅等。唯有在一個合約涉及多個項目，或涉及變動對價時，抑或履約義務是隨時間逐步滿足時，才會有較困難的收入認列議題。

　　圖 15-1 即以章首故事中電信業者與客戶簽訂合約將手機與電信服務搭配銷售為例，先概述此五個步驟的意義，本章後續再分節詳細說明各步驟。

當代中級會計學

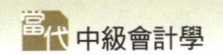

步驟 1　辨認客戶合約 → 合約係產生可執行之權利及義務之兩方(或多方)間協議。如電信業者與客戶簽訂將手機與電信服務搭配銷售之合約。

步驟 2　辨認合約中之履約義務 → 合約中移轉予客戶一項可區分商品或勞務之承諾即為一項履約義務。電信業者在手機與電信服務搭配銷售合約中對客戶承諾移轉手機與通訊服務此兩項可區分商品或勞務,故此合約中有兩項履約義務。

步驟 3　決定交易價格 → 交易價格係合約中企業移轉所承諾之商品或勞務予客戶以換得之預期有權取得之對價金額(包括固定對價與變動對價)。在手機與電信服務搭配銷售之電信合約中,交易價格為簽約日須支付之手機價格(固定對價)與合約期限內須支付之電信服務通訊費(固定或變動對價)。

步驟 4　分攤交易價格:將交易價格分攤至合約中之履約義務 → 以合約中所承諾之每一可區分商品或勞務之相對單獨售價為基礎,將交易價格分攤至每一履約義務。單獨售價為企業將所承諾之商品或勞務單獨銷售予客戶時之價格。在手機與電信服務搭配銷售之電信合約中,手機之單獨售價為不搭配電服務時空機之售價,而電信信服務之單獨售價則為不搭配空機之電信服務單獨售價。

步驟 5　決定收入認列時點:於(或隨)企業滿足履約義務時認列收入 → 於(或隨)企業將所承諾之商品或勞務移轉予客戶(即客戶取得對該商品或勞務之控制)而滿足履約義務時,將履約義務所分攤之交易價格認列為收入。在手機與電信服務搭配銷售之電信合約中,出售手機此項商品之履約義務於簽約日此一時點滿足而立刻認列收入;提供通訊此項服務之履約義務則而應逐步認列收入。在合約期限內隨時間逐步滿足,

圖 15-1

15.2　辨認履約義務

學習目標 2
了解商品銷售之收入認列

　　客戶合約可能承諾移轉予客戶一項或多項的商品或勞務,例如電信業者可與客戶簽訂僅出售手機不搭配電信服務(所謂「空機」)的合約,亦可與客戶簽訂手機與電信服務搭配銷售的合約。在認列客戶合約的收入時,企業的辨認重點在於:合約中到底包含幾項對

624

客戶**移轉**「**可區分** (distinct) **之商品或勞務**」的**承諾**，每一此種承諾即為一項**履約義務** (performance obligation)，亦即企業須辨認合約中到底包含幾項履約義務。

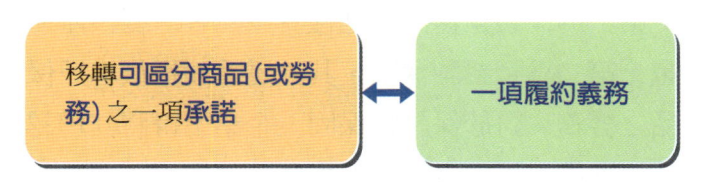

```
移轉可區分商品（或勞務）之一項承諾  ↔  一項履約義務
```

圖 15-2　可區分商品（或勞務）及一項履約義務

此項辨認非常重要，因為每一履約義務的收入認列須個別處理，亦即企業須於某履約義務滿足時才能認列此義務的相關收入；所以每一履約義務是一個「**科目單位** (unit of account)」，故每一履約義務收入認列時點與其他履約義務必須分開處理。所以若合約中包含超過一項的履約義務，整體的合約收入可能須分拆於不同時點並以不同模式認列。同理，如果企業同時（或接近同時）與同一客戶（或該客戶之關係人）簽訂之兩個（或多個）合約，但這些合約中所承諾之商品或勞務整體而言是一項履約義務，則企業應將這些合約合併，視為單一合約處理。

科目單位
應單獨作會計處理的一個會計項目。

一個合約中包含幾項可區分商品或勞務，就是合約中包含幾項履約義務。以本章一直討論的手機與電信服務搭配銷售的電信合約而言，合約中包含手機與通訊兩項可區分商品或勞務，亦即有二項履約義務。

釋例 15-1　判定商品或勞務是否係可區分 —— 安裝服務

甲公司與客戶簽訂合約銷售冷氣機並為客戶安裝冷氣機。該冷氣機無須任何客製化或修改即可運作，所需之安裝並不複雜且亦有其他公司能提供安裝服務。

解析

此合約中有兩項承諾之商品或勞務：冷氣機及安裝。

值得注意的是，即使合約中規定客戶僅能自甲公司取得安裝服務，冷氣機與安裝服務係兩項可區分之商品或勞務之結論並不受影響。此係因限制僅能自甲公司取得安裝服務之合約規定既不會改變商品或勞務本身之特性，亦不會改變該企業對客戶之承諾。

625

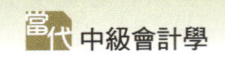

保固服務

若企業於產品出售時同時提供保固服務，對於是否應將此種合約中之保固辨認為一項履約義務，須視保固的性質而定。保固之性質有兩種：第一為保證型保固，其性質為對客戶提供產品會如預期運作之保證；第二為勞務型保固，其性質為除提供客戶保證外尚提供修理產品之勞務。對於保證型保固，企業不得將其辨認為履約義務而須依負債準備之規定處理；但對勞務型保固，企業應將所承諾之勞務辨認為一項履約義務。若該企業同時承諾保證型保固及勞務型保固，但未能合理地將兩者分別處理，企業應將兩者合併作為單一履約義務處理。

保固服務區分為：保證型保固及勞務型保固

釋例 15-2　出售產品並提供免費之訓練與保固之合約

甲機器製造商在客戶購買產品時提供一年期免費之訓練服務與保固服務。該保固服務提供產品自購買日起一年內會如所預期運作之保證，該訓練服務則提供客戶於自購買日起一年內教授如何使用所購產品之 10 小時課程。合約為重大合約，甲公司另聘請專業律師審閱此與客戶之合約。

解析

此合約所承諾之商品或勞務包括產品、訓練與保固。關於移轉保固此項承諾，因其為保證類型之保固（提供客戶該產品會如所預期運作之一年保證），甲公司不將該保固視為履約義務，而於其保證之產品認列收入時認列保固費用並提列保固負債準備。

甲公司另就產品與訓練服務評估此兩項係可區分之商品或勞務。亦即，該合約包含產品（含保證型保固）及訓練兩項履約義務。為準備合約所執行的行政事務如請律師審閱合約條款，因進行此活動時並未移轉勞務予客戶，故此準備活動並非履約義務。

釋例 15-3　合約中明定或隱含之承諾

大同銷售電鍋予大潤發，之後大潤發再將該產品轉售予消費者（大同之終端客戶）。對自大潤發購買其產品之終端客戶，大同一向提供十年期之免費保固，此保固除提供客戶產品會如預期運作之保證外（保證型保固），尚提供修理產品之勞務（勞務型保固），保證型保固與勞務型保固無法區分。但大同並未明確對大潤發承諾此保固服務，且於雙方之合約亦未明定此服務之條款或條件。但基於大同一向提供此服務之商業實務慣例，自

大潤發購買其產品之終端客戶產生大同承諾提供保固服務之有效預期。

> **解析**
>
> 　　此合約包含兩項履約義務，一項為商品（電鍋），另一項為保固服務（包括無法區分之保證型保固與勞務型保固）。另外，產品係合約明定之承諾，保固服務（保證型保固與勞務型保固）則為合約隱含之承諾。

15.3　決定交易價格

　　客戶合約之交易價格係企業移轉所承諾之商品或勞務予客戶以換得之預期有權取得之對價金額（但不包括代第三方收取之金額如營業稅），亦即此合約將認列之收入。在決定交易價格時，企業應考量合約之條款及其商業實務慣例，例如，變動對價、合約中存在之重大財務組成部分、非現金對價與付給客戶之對價等情形。

　　所謂變動對價係指合約中承諾之對價包括變動金額，例如合約中有折扣、讓價、退貨權、履約紅利等類似項目，都可能使承諾之對價包括變動對價。變動對價可能於合約中明確敘明，亦可能在因企業之商業實務慣例、已發布之政策等而使客戶有效預期企業會提供價格減讓之情況下產生。價格減讓可能稱為折扣、讓價、退款或抵減。

> 價格減讓可能稱為折扣、讓價、退款或抵減。

　　企業須於合約開始日估計變動對價，其後並於每個報導期間結束日重評估變動對價。變動對價之估計應視情況採適當方法進行，如在企業有大量之類似特性合約時，期望值可能為變動對價金額之適當估計值；而若合約僅有兩個可能結果（例如，企業可獲得或無法獲得履約紅利）時，最可能金額（即合約之單一最可能結果）可能為變動對價之適當估計值。估計收入之變動對價估計值在計入交易價格存在一門檻限制：計入交易價格中之變動對價估計值，須僅限於相關不確定性後續消除時，將高度很有可能不需重大迴轉已認列累計收入之部分。換言之，亦即企業對該變動對價之收取，應有相當程度的把握。

> **變動對價之限額：**
> 高度很有可能不需重大迴轉已認列累計收入之部分。

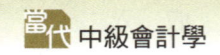

表 15-1　估計變動對價應注意事項

應注意事項	要點
估計時點	1. 合約開始日作估計 2. 財務報表日重評估
適當估計方法	1. 期望值 (大量類似合約) 2. 最可能金額 (少數可能結果時，如只有客戶能獲得或不能獲得讓價兩種結果)
變動對價之限制	變動對價估計值，須僅限於相關不確定性後續消除時，將高度很有可能不需重大迴轉已認列累計收入之部分。

釋例 15-4　變動對價─退貨權

甲圖書公司於 ×1 年 10 月 1 日收取書款 $10,000 後運送 100 冊圖書予租書店乙客戶，並移轉對該批圖書之控制予乙客戶。該批圖書每冊售價為 $100，每冊成本為 $60。合約規定乙客戶 3 個月內享有退貨權，但退貨不得超過 30 冊。×2 年 1 月 1 日退貨權屆滿日，乙客戶實際退貨 18 冊，甲公司同日退款乙客戶 $1,800。試於以下獨立狀況中，作甲公司於 ×1 年關於該批圖書銷售應作之分錄。假定甲公司存貨採用永續盤存制。

(1) ×1 年 10 月 1 日該批圖書之退貨比例無法合理估計。
(2) ×1 年 10 月 1 日該批圖書之退貨比例可合理估計為 20%，即預期退貨 20 冊。

解析

(1) 甲公司於 ×1 年 10 月 1 日已移轉對該批圖書之控制予乙客戶，已可認列出售該批圖書之收入，但享有退貨權之 30 冊存在變動對價 ($100 或 $0)，而退貨比例無法合理估計，故於 ×1 年 10 月 1 日對可退回部分僅得以 $0 作為計入交易價格的變動對價估計值 (因 $0 才是相關不確定性後續消除時將高度很有可能不需重大迴轉已認列累計收入之變動對價估計值) 因而不認列收入，至退貨權屆滿日始認列可退回部分之相關收入。

(2) 退貨比例可合理估計，故於 ×1 年 10 月 1 日對估計不會退回的 10 冊亦得以 $100 作為計入交易價格的變動對價估計值而認列收入。但對估計將可退回的 20 冊僅得以 $0 作為計入交易價格的變動對價估計值，至退貨權屆滿日始認列相關收入。

	情況 (1)		情況 (2)	
×1/10/1				
現金	10,000		10,000	
銷貨收入		7,000		8,000
銷貨退回負債準備		3,000		2,000
存貨—應收待退	1,800		1,200	
銷貨成本	4,200		4,800	
存貨		6,000		6,000
×2/1/1				
銷貨退回負債準備	3,000		2,000	
銷貨收入		1,200		200
現金		1,800		1,800
存貨	1,080		1,080	
銷貨成本	720		120	
存貨—應收待退		1,800		1,200

釋例 15-5　變動對價之估計與後續重評估—數量折扣

　　甲圖書公司於 ×1 年 1 月 1 日與租書店乙客戶簽訂銷售圖書之合約，每冊售價 $100，成本 $40。但若乙客戶於該年內購買超過 1,000 冊圖書，則合約明定每冊單價將減少為 $90（並追溯至前已售出之 1,000 冊），並應於確定超過 1,000 冊圖書時讓客戶抵繳應支付之現金。

　　甲圖書公司於 ×1 年第一季，銷售 75 冊圖書產品予乙客戶並收取現金。甲圖書公司估計，該客戶於該年不會購買超過數量折扣所需之 1,000 冊門檻。亦即當不確定性消除（即 ×1 年底購買數確定）時，以每冊 $100 所認列之累計收入金額高度很有可能不會發生重大迴轉，因此於 ×1 年第一季認列收入 $7,500（＝ 75 冊 × 每冊 $100）。

　　乙客戶於 ×1 年 5 月新開設另一租書店，甲圖書公司於 ×1 年第二季銷售額外 500 冊圖書產品予乙客戶，並收取現金 $50,000。由於此新情況，甲圖書公司估計乙客戶將於該年購買超過 1,000 冊圖書，須將單價追溯減少為 $90。因此，甲圖書公司於 ×1 年第二季認列收入 $44,250。此金額之計算為第二季銷售 500 冊之總價 $45,000（＝ 500 冊 × 每冊 $90）減除第 1 季銷售 75 冊之交易價格之變動 $750（＝ 75 冊 × 減價 $10）。甲圖書公司於 ×1 年第三季銷售額外 500 冊圖書產品予乙客戶，收取之現金為 $39,250（＝ 500 冊 × $90 － $575 冊 × 減價 $10）。

試作：甲圖書公司 ×1 年前三季銷貨分錄。

解析

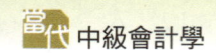

	第1季	第2季	第3季
現金	7,500	50,000	39,250
銷貨折讓負債準備			5,750
銷貨收入	7,500	44,250	45,000
銷貨折讓負債準備		5,750	
銷貨成本	3,000	20,000	20,000
存貨	3,000	20,000	20,000

所謂合約中存在之重大財務組成部分，就是合約實質上除承諾移轉商品或勞務予客戶之外，也提供借款予客戶(或向客戶借款)，無論是明訂或隱含於合約中，企業均應辨認交易價格中的利息成分。利息成分將隨時間經過而認列為收入(或費用)，剩餘的交易價格即商品或勞務之交易價格，應於商品或勞務移轉予客戶時認列為收入。惟基於成本效益考量，若企業於合約開始時，即預期移轉商品(或勞務)與客戶應付款之時間間隔為一年以內，則企業無須辨認交易價格中的利息成分。

> 重大財務組成部分應以單獨財務融資交易利率計算利息。

企業應以於合約開始時與客戶間之單獨財務融資交易之利率來計算交易價格中之利息成分與現銷價格。此利率應反映借款人(可能是客戶，也可能是企業)之信用特性及提供之擔保。若合約明定利率不相當於單獨財務融資交易利率，則須將承諾對價之名目金額按單獨財務融資交易利率折現以決定商品或勞務之交易價格。

釋例 15-6　合約中存在之重大財務組成部分——客戶為借款人

×1年12月1日，甲公司與客戶簽訂出售設備之合約，並於簽約時將該設備之控制移轉予客戶。合約明定之價格係$2,000,000另加5%之利息，付款方式為客戶自簽約當月月底起，分期60個月每月月底支付$37,742。

試作下列兩獨立情況下，甲公司×1年12月1日銷貨及12月31日收第一次分期款之分錄：

(1) 若合約明定的 5% 利率相當於甲公司與客戶間單獨融資交易之利率，則該設備之交易價格為 $2,000,000。
(2) 若甲公司與客戶間於合約開始時單獨融資交易之利率為 12%，則該設備之交易價格為 $1,696,714（= 60 個月之每月應付款 $37,742 按 12% 折現）。

解析

		情況 (1)		情況 (2)	
12/1	應收分期帳款	2,000,000		1,696,714	
	銷貨收入		2,000,000		1,696,714
12/31	現金	37,742		37,742	
	利息收入		8,333*		16,967*
	應收分期帳款		29,409		20,775

* $8,333 = $2,000,000 × 5% ÷ 12；$16,967 = $1,696,714 × 12% ÷ 12

釋例 15-7　合約中存在之重大財務組成部分─企業為借款人

甲公司於 ×1 年 1 月 1 日客戶簽訂出售設備之合約，該設備之控制將於 ×2 年 12 月 31 日移轉予客戶。合約明定之付款方式有二：其一為客戶於 ×2 年 12 月 31 日支付 $121,000，其二為客戶於 ×1 年 1 月 1 日支付 $100,000。A 客戶選擇於 ×1 年 1 月 1 日支付 $100,000，B 客戶選擇 ×2 年 12 月 31 日支付 $121,000。若甲公司之單獨財務融資交易利率為 5%，試作甲公司相關分錄。

解析

$$\frac{\$121,000}{(1+10\%)^2} = \$100,000 \Rightarrow 10\% 為兩種付款選擇之隱含利率$$

$100,000 × (1 + 5%)² = $110,250　此金額為甲公司之借入款並以單獨財務融資交易利率計算至 ×2 年 12 月 31 日之價值

交易隱含之利率係 10%（使兩種付款方式於經濟上相當之利率），但甲公司應以與客戶間於合約開始時甲公司之單獨融資交易利率（甲公司為借款人）5% 來調整承諾對價中之利息成分。

×1/1/1
　　現金　　　　　　　　　　　　　　100,000
　　　合約負債 (A 客戶)　　　　　　　　　　100,000

×1/12/31
　　利息費用 ($100,000 × 5%)　　　　　 5,000
　　　合約負債 (A 客戶)　　　　　　　　　　　5,000

×2/12/31

利息費用 ($105,000 × 5%)	5,250	
合約負債 (A 客戶)		5,250
合約負債 (A 客戶)	110,250	
現金 (B 客戶)	121,000	
銷貨收入		231,250

企業應將利息收入 (或利息費用) 與客戶合約之收入 (移轉商品或勞務之收入) 於綜合損益表分別列報。需特別注意的是，在合約中存在之重大財務組成部分且客戶為借款人時，須於可自客戶收取對價而認列相關資產 (如應收款) 時，才能認列利息收入。同樣地，在合約中存在之重大財務組成部分且企業為借款人時，須於已自客戶預先收取對價而認列相關負債 (如合約負債) 時，才能認列利息費用。

釋例 15-8　合約中存在之重大財務組成部分—客戶為借款人

甲公司於 ×1 年初以無息融資協議出售設備 $1,000,000 予乙公司，乙公司將於未來 5 年每年底支付設備價款 $200,000。該設備已運送予乙公司，惟甲公司為保障到期金額之收現性，尚未移轉該設備之法定所有權。甲公司於銷售類似設備時，若買方一次付清價款，其售價為 $750,000，兩種選擇之隱含利率為 10.4248%。乙公司之單獨財務融資交易利率為 7.9308%。

試作：甲公司 ×1 年應作之分錄。

解析

$$\frac{\$200,000}{(1+7.9308\%)^1} + \frac{\$200,000}{(1+7.9308\%)^2} + \frac{\$200,000}{(1+7.9308\%)^3} + \frac{\$200,000}{(1+7.9308\%)^4} + \frac{\$200,000}{(1+7.9308\%)^5} = \$800,000$$

其中 7.9308% 為客戶單獨財務融資交易利率

$$\frac{\$200,000}{(1+10.4248\%)^1} + \frac{\$200,000}{(1+10.4248\%)^2} + \frac{\$200,000}{(1+10.4248\%)^3} + \frac{\$200,000}{(1+10.4248\%)^4} + \frac{\$200,000}{(1+10.4248\%)^5} = \$750,000$$

其中 10.4248% 為兩種付款選擇之隱含利率

甲公司應以客戶單獨財務融資交易利率 7.9308% 折現未來 5 期收款，認列收入 $800,000。

×1/1/1	應收分期帳款	1,000,000	
	銷貨收入		800,000
	未實現利息收入—應收分期帳款		200,000
×1/12/31	未實現利息收入—應收分期帳款	63,446	
	現金	200,000	
	利息收入		63,446*
	應收分期帳款		200,000

* $63,446 = $800,000 × 7.9308%

所謂非現金對價係指合約中非現金形式之承諾對價，非現金對價可能為商品或勞務形式，但亦可能為金融工具形式或不動產、廠房及設備形式。

非現金對價應按公允價值衡量，企業並應依此公允價值調整銷貨收入金額。釋例 15-12 中，以不同個案說明如何調整所認列銷貨收入之金額。在個案一中，甲公司賣出貨品給 A 客戶，同時將一批禮券贈送給 A 客戶；則銷貨收入金額應扣除禮券之公允價值。個案二至個案四中，兩公司同時發生一買一賣兩項交易，可能同時虛增兩交易之交易價格，達到操縱銷貨收入（及損益）之效果，因而賣出交易之銷貨收入金額應作適當調整。例如，真實交易中甲公司賣一貨品 $100（公允價值）給 A 客戶，同時向 A 客戶買入一貨品 $60（公允價值）；此兩項交易若同時增加 $100，亦即甲公司以 $200（交易價格）賣貨品給 A 客戶，而同時向 A 客戶買入 $160（交易價格）貨品，則雙方仍能順利成交，但雙方皆已經達到操縱報表之目的。因此，IFRS 15 規定買入交易須以公允價值衡量，而買入交易之交易價格與公允價值之差額應調整賣出交易所認列之收入金額。

> 非現金對價應按公允價值衡量：
> 1. 企業付給客戶之非現金對價
> 2. 客戶付給企業之非現金對價

釋例 15-9　以非現金對價公允價值調整收入之衡量

×1 年 1 月 1 日，甲機器製造商與 A 客戶（機器設備銷售商）簽約銷售一台機器設備，交易價格 $1,000,000（為尚未考慮下列各自獨立狀況前之交易價格），請討論在下列各獨立案例下，甲企業銷售該機器應認列之銷貨收入金額。

個案一

×1 年 1 月 1 日甲機器製造商另給予 A 客戶 SOGO 百貨禮券 $20,000，甲機器製造商

以 $18,000 購入該批禮券。SOGO 百貨公司與前述兩企業無任何關係。

解析：甲機器製造商銷售該機器之銷貨收入金額 = $1,000,000 − $18,000 = $982,000

個案二

×1 年 1 月 1 日 A 客戶另給予甲機器製造商 SOGO 百貨禮券 $20,000，A 客戶以 $18,000 購入該批禮券。SOGO 百貨公司與前述兩企業無任何關係。

解析：甲機器製造商銷售該機器之銷貨收入金額 = $1,000,000 + $18,000 = $1,018,000

個案三

×1 年 1 月 1 日甲機器製造商另向 A 客戶購買一台特殊規格設備，該特殊規格設備交易價格 $600,000，且其公允價值 (單獨售價) 應為 $550,000。

解析：甲機器製造商銷售該機器之銷貨收入金額 = $1,000,000 + ($550,000 − $600,000) = $950,000

個案四 (續個案三)

×1 年 1 月 1 日延續個案 3，但假設甲機器製造商無法合理估計該特殊規格設備之公允價值。

解析：甲機器製造商應將付給 A 客戶之所有對價作為銷售機器設備交易價格之減少處理，即銷售該機器之銷貨收入金額 = $1,000,000 − $600,000 = $400,000

釋例 15-10　付給客戶之對價

甲製造商與乙連鎖賣場客戶簽約，於未來一年間以 1 百萬元出售 1 萬單位之產品予乙客戶。依合約規定，甲公司於合約開始時將支付乙客戶 10 萬元，以補助乙客戶日後對甲公司產品之促銷活動。此促銷活動係乙客戶為增加其本身之收益所舉辦，甲公司並未自乙客戶取得任何商品或勞務，故甲公司應將支付予乙客戶之 10 萬元作為出售產品合約之交易價格之減項，即甲公司對乙客戶出售產品之合約之交易價格應為 90 萬元，每一單位產品之交易價格為 $90。甲公司將於移轉產品予客戶時就所移轉數量按每單位 $90 認列收入。

15.4　將交易價格分攤至合約中之履約義務

以各項履約義務相對單獨售價分攤合約之交易價格

決定交易價格後，企業須將交易價格分攤至合約中各項履約義務，以便在每一履約義務滿足時，按所分攤的交易價格認列相關之收入。而將合約之交易價格分攤至各項履約義務時，企業應以各項履約義務於合約開始時之相對單獨售價 (即一履約義務之單獨售價

對所有履約義務之單獨售價總和之比例) 來進行分攤。

單獨售價係指企業將履約義務所承諾之商品或勞務單獨銷售予客戶之價格。在企業有對類似客戶於類似情況下單獨銷售某商品或勞務之情況下，企業應以所觀察到的價格作為商品或勞務之單獨售價，否則即須估計單獨售價。估計單獨售價時，企業應考量所有合理可得之資訊 (包括市場狀況、企業特定因素及有關客戶或客戶類別之資訊)，且盡量使用可觀察之輸入值。調整市場評估法 (評估銷售商品或勞務之市場並估計該市場之客戶願意為支付之價格，包括參考競爭者對類似商品或勞務之價格，並對該等價格作必要之調整以反映企業之成本及利潤) 與預期成本加利潤法 (預測其滿足履約義務之預期成本再加上商品或勞務之適當利潤) 均為估計單獨售價之可用方法。另若從過去交易或其他可觀察證據皆無法辨識具代表性之單獨售價 (即售價高度變動)，抑或企業尚未建立商品或勞務之價格且先前未曾單獨銷售過此商品或勞務 (即售價不確定)，企業尚可使用**剩餘法** (residual method)，亦即以交易價格減除合約所承諾之其他商品或勞務之可觀察單獨售價來估計商品或勞務之單獨售價。

> 單獨售價係指企業將履約義務單獨銷售予客戶之價格。估計單獨售價之可能方法為：
> 1. 觀察到的單獨售價
> 2. 估計
> 3. 剩餘法

釋例 15-11　交易價格之分攤—不存在折扣

甲公司於 ×1 年 1 月 1 日與客戶簽約以 $300 出售 A、B 及 C 三項可區分之商品，並約定甲公司須於 ×1 年 2 月 1 日移轉對 A 商品之控制予客戶，於 ×1 年 3 月 1 日移轉對 B 及 C 商品之控制予客戶，客戶則於 ×1 年 3 月 31 日支付 $300。甲公司經常以 $100 單獨銷售 A 商品，但 B 及 C 商品之單獨售價則不可直接觀察而須加以估計。甲公司以調整市場評估法與預期成本加利潤法分別估計 B 及 C 商品於 ×1 年 1 月 1 日之單獨售價為 $50 及 $150。試作甲公司之相關分錄。

解析

A、B 及 C 三項商品於 ×1 年 1 月 1 日之相對單獨售價為 $100/$300、$50/$300 及 $150/$300，甲公司按此比例將交易價格 $300 分攤至 A、B 及 C 三項商品，再於移轉商品之控制予客戶時認列所分攤之交易價格為收入。

×1/2/1
　　應收帳款　　　　　　　　　　　　　　100
　　　　銷貨收入—A 商品　　　　　　　　　　　　100

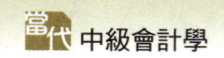

×1/3/1			
	應收帳款	200	
	銷貨收入—B 商品		50
	銷貨收入—C 商品		150
×1/3/31			
	現金	300	
	應收帳款		300

  若合約中所承諾商品或勞務之單獨售價總和超過合約中承諾之對價,則客戶獲得折扣。原則上,折扣亦係按相對單獨售價分攤至合約中所有履約義務,但當有可觀察證據顯示以下三項條件均滿足時,折扣僅與一個或多個(但非所有)履約義務相關,應以相關履約義務之相對單獨售價分攤至相關履約義務:

1. 企業經常單獨銷售合約中每一可區分商品或勞務。
2. 企業亦經常將合約中之可區分商品或勞務組合後,就組合內商品或勞務之單獨售價總和加以折扣後單獨銷售。
3. 單獨銷售上述組合時之折扣與合約之折扣幾乎相同。

釋例 15-12　交易價格之分攤—折扣分攤至所有履約義務

  同釋例 15-11,惟合約總價為 $240,該總價低於 A、B 及 C 三項商品單獨售價之總和故存在折扣,且無可觀察證據顯示此合約之折扣僅與一或兩項(但非三項)商品有關。

解析

  因無可觀察證據顯示此合約之折扣僅與一或兩項(但非三項)商品有關,甲公司按 A、B 及 C 三項商品於 ×1 年 1 月 1 日之相對單獨售價($100/$300、$50/$300 及 $150/$300)將交易價格 $240 分攤至 A、B 及 C 三項商品,再於移轉產品之控制予客戶時認列所分攤之交易價格為收入。

×1/2/1			
	應收帳款	80	
	銷貨收入—A 商品		80
×1/3/1			
	應收帳款	160	
	銷貨收入—B 商品		40
	銷貨收入—C 商品		120

×1/3/31			
	現金	240	
	應收帳款		240

釋例 15-13　交易價格之分攤─折扣分攤至一個或多個（但非所有）履約義務

同釋例 15-12，即合約總價 $240，惟甲公司經常個別地單獨銷售 A、B 及 C 三項商品，故其單獨售價均係直接觀察而得，且甲公司經常以 $190 一起銷售 A 及 C 商品。

解析

甲公司經常個別地單獨銷售 A、B 及 C 三項商品，又經常以 $60 之折扣銷售 A 及 C 商品之組合，而此合約之折扣亦為 $60，顯示此合約之折扣僅與 A 及 C 商品有關，故折扣 $60 僅分攤至 A 及 C 商品。即 B 商品所分攤之交易價格為 $50，剩餘之交易價格 $190 則以 A 及 C 商品於 ×1 年 1 月 1 日之相對單獨售價 (= $100/$250、$150/$250) 分攤至 A 及 C 商品，再於移轉產品之控制予客戶時認列所分攤之交易價格為收入。

×1/2/1			
	應收帳款	76	
	銷貨收入─A 商品 ($240 −50) × 2/5		76
×1/3/1			
	應收帳款	164	
	銷貨收入─B 商品		50
	銷貨收入─C 商品 ($240 −50) × 3/5		114
×1/3/31			
	現金	240	
	應收帳款		240

相同的，合約之變動對價可能與合約中所有履約義務相關而須分攤至所有履約義務，亦可能僅與一個或多個 (但非所有) 履約義務相關而僅應分攤至相關之履約義務。當一履約義務同時滿足以下兩項條件時，企業應將變動對價完全分攤至此履約義務：

1. 變動付款之條件與企業為滿足此履約義務或移轉此可區分商品或勞務之投入 (或特定結果) 明確相關。
2. 考量合約之所有履約義務及付款條件後，將對價之變動金額完全分攤至此履約義務或此可區分商品或勞務，將使企業分攤至每一

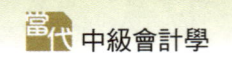

履約義務(或可區分之商品或勞務)之交易價格金額能描述移轉所承諾商品或勞務予客戶所換得之預期有權取得對價金額。

釋例 15-14　交易價格之分攤—變動對價分攤至所有履約義務

甲公司於×1年1月1日與客戶簽訂兩項智慧財產授權(A及B授權)之合約，依合約B授權之控制係於×1年1月1日移轉予客戶，A授權之控制係於×1年3月1日移轉予客戶。A授權及B授權於×1年1月1日之單獨售價分別$1,000與$4,000。合約中明定A授權之價格為固定金額$800，B授權之價格為客戶使用B授權所生產產品之未來銷售金額之3%(即變動對價)，甲公司於×1年1月1日估計此以銷售基礎計算之權利金為$4,200。甲公司於×1年1月1日自客戶收取$800，另×1年1月至3月之每月月底實際自客戶收取當月之權利金分別為$200、$600與$800。

甲公司判定，即使變動付款之條件與移轉B授權之特定結果(客戶使用B授權所生產產品之未來銷售金額)明確相關，但將變動對價完全分攤至B授權時，A授權所分攤之交易價格$800與授權所分攤之交易價格$4,200並不能合理描述移轉所承諾商品或勞務予客戶所換得之預期有權取得對價金額，亦即並非合理之交易價格分攤。試作甲公司×1年1月至3月之相關分錄。

解析

由於將變動對價完全分攤至B授權並不適當，因此甲公司將合約之所有交易價格(固定對價與變動對價)分攤至A與B授權：即以A及B授權之相對單獨售價(分別為$1,000/$5,000及$4,000/$5,000)分攤固定對價與變動對價。就固定對價$800所分攤至A授權之金額$160將於移轉該授權之控制時認列為收入。

但就固定對價$800所分攤至B授權之金額$640，因IFRS 15特別規定，當企業授權智慧財產之對價係以銷售基礎計算之權利金時，須於「發生後續銷售」及「滿足履約義務」兩者中較晚者發生時，始能將此權利金認列收入。所以就甲公司×1年1月至3月實際可自客戶收取之權利金$200、$600與$800而言，分攤至至B授權之金額($160、$480與$640)因該授權已於×1年1月1日移轉予客戶(滿足履約義務)，故應於發生後續銷售的×1年1月至3月認列為收入；但分攤至至A授權之金額($40、$120與$160)因該授權係於×1年3月1日才移轉予客戶(滿足履約義務)，故應於×1年3月才能認列為收入。

×1/1/1

現金	800	
授權收入—B授權		640
合約負債—A授權		160

×1/1/31			
	現金	200	
	授權收入—B 授權		160
	合約負債—A 授權		40
×1/2/28			
	現金	600	
	授權收入—B 授權		480
	合約負債—A 授權		120
×1/3/1			
	合約負債—A 授權	320	
	授權收入—A 授權		320
×1/3/31			
	現金	800	
	授權收入—B 授權		640
	授權收入—A 授權		160

釋例 15-15　交易價格之分攤—變動對價完全分攤至一履約義務

同釋例 15-14，惟甲公司判定將變動對價完全分攤至 B 授權為合理之交易價格分攤。試作：甲公司 ×1 年 1 月至 3 月之相關分錄。

解析

由於將變動對價完全分攤至 B 授權為合理之交易價格分攤，因此甲公司固定對價 $800 分攤至 A 授權，變動對價分攤至 B 授權。B 授權雖已於 ×1 年 1 月 1 日移轉該授權之控制予客戶，但因其所分攤之交易價格為以銷售基礎計算之權利金，故須於「發生後續銷售」及「滿足履約義務」兩者中較晚者發生時，始能將此權利金認列收入。A 授權所分攤之 $800 則於 ×1 年 3 月 1 日移轉該授權之控制時認列為收入。

×1/1/1			
	現金	800	
	合約負債—A 授權		800
×1/1/31			
	現金	200	
	授權收入—B 授權		200
×1/2/28			
	現金	600	
	授權收入—B 授權		600

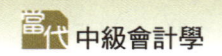

×1/3/1			
	合約負債—A授權	800	
	授權收入—A授權		800
×1/3/31			
	現金	800	
	授權收入—B授權		800

15.5 於(或隨)企業滿足履約義務時認列收入

再回到章首故事中第一類合約，電信業者出售手機及提供2年電信服務的例子，前幾節中已討論到此類合約應有兩項履約義務(交付手機及提供兩年電信服務)，並說明了如何決定交易價格及如何將交易價格分攤至兩項履約義務。本小節解釋步驟5，即決定收入認列之時點，才能在正確的會計期間完成收入之認列。在手機與電信服務搭配銷售之電信合約中，出售手機此項商品之履約義務於簽約日此一時點滿足，提供通訊此項服務之履約義務則在合約期限內隨時間逐步滿足；因此手機在客戶辦門號當天手機控制移轉時立刻認列收入，而電信服務則隨時間經過逐月認列服務收入。決定一個履約義務是在某一時點滿足或是隨時間逐步滿足，即決定了收入是在某一時點一次認列，或是按履約義務完成程度逐步認列收入。

本章開宗明義即說明了企業應於客戶取得商品(或勞務)之控制時認列收入，控制權換手、商品或勞務移轉及履約義務滿足三者之關係為何？圖15-3顯示，商品或勞務移轉與客戶取得控制時是相同的觀念，而此二者導致企業滿足履約義務，企業因而認列收入。

圖 15-3

Chapter 15 收入

客戶取得商品(或勞務)控制之可能判斷指標如下：

1. 企業對該資產之款項有現時之權利。
2. 客戶對該資產有法定所有權。
3. 企業已移轉對該資產之實體持有。
4. 客戶有該資產所有權之重大風險及報酬。
5. 客戶已接受該資產。

大多數情況此五項任一通過，通常表示客戶已經控制該商品或勞務，但實務上仍有許多反例需要注意。例如，若客戶已經取得法定所有權或實體之持有，但買賣雙方另簽定再買回協議或寄銷協議，則控制權仍未移轉，不得認列收入。又如，客戶接受了買入的設備，但重大的安裝尚未完成，則接受設備本身很可能不得認列收入。再如，企業有全額收款之現時權利，亦有可能僅係賣方為了交易之安全而對買方要求之全額預付款。

15.5.1 履約義務是在某一時點滿足

許多商品的履約義務是在某一時點滿足，例如手機、電視機、汽車、機器設備等之銷售，該等銷售之會計處理即為一般存貨之銷售。若該銷貨為賒銷，通常客戶取得商品控制時，一次認列銷貨收入及應收帳款；當然亦須處理存貨之減少及銷貨成本。

但即使在商品移轉後，亦有可能企業仍不能寄帳單給對方。若雙方約定某兩項義務都完成時始能請款，當企業完成第一項履約義務時，應借記：合約資產，貸記：銷貨收入。借方為何不是應收帳款呢？因為應收帳款之定義為無條件之收款權利，雖然時間是唯一條件(到期才能收錢)，但時間是一定會到期的，所以應收帳款被稱為無條件之收款權利。合約資產的定義中排除時間之因素，即為同樣的原因。例如，工程合約經常在資產移轉時，買方仍扣留 5% 或 10% 之尾款，必須在約定期間後，工程品質經使用確認沒有問題，賣方才能寄帳單。此 5% 或 10% 價款在收入認列時，應認列為合約資產，而非應收帳款。

IFRS 15 之定義：
合約資產
企業因已移轉商品或勞務予客戶而對所換得之對價之權利，該權利係取決於隨時間經過以外之事項(例如，該企業之未來履約)。

合約負債
企業因已自客戶收取(或已可自客戶收取)對價而須移轉商品或勞務予客戶之義務。

641

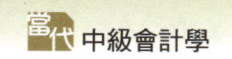

釋例 15-16　合約資產

×1年1月1日，甲公司與客戶簽訂一合約，銷售兩項存貨(A及B)予客戶，規定先於×1年3月31日先交付A存貨，並在×1年6月30日交付B存貨，且合約明定B存貨交付後甲公司才能要求在1個月後收取總價$10,000。甲公司判斷交付A及B兩商品為兩項履約義務，而A存貨單獨售價為$8,800，B存貨單獨售價為$2,200。請作下列交易之分錄(無須記錄銷貨成本及存貨之減少)：

(1) ×1年3月31日交付A存貨
(2) ×1年6月30日交付B存貨

解析

×1/3/31
　　合約資產　　　　　　　　　8,000
　　　　銷貨收入　　　　　　　　　　　8,000
　　[$10,000×$8,800÷($8,800+$2,200)]

×1/6/30
　　應收帳款　　　　　　　　　10,000
　　　　合約資產　　　　　　　　　　　8,000
　　　　銷貨收入　　　　　　　　　　　2,000
　　[$2,000 = $10,000×$2,200÷($8,800+$2,200)]

釋例 15-17　合約負債及應收款

×1年1月1日，夏普與鴻海簽訂特殊規格電視面板銷售合約(可取消)，鴻海應於×1年4月1日支付現金$100,000，夏普應於×1年9月1日交付面板。鴻海延遲至×1年7月1日交付現金$100,000，夏普則於×1年9月1日完成面板之交付。

另假設夏普與三星間發生完全相同之交易，但與三星的合約為不可取消合約。試作夏普所有相關分錄(省略認列銷貨成本之分錄)。

解析

日期	與鴻海之交易		與三星之交易	
×1/4/1			應收帳款　　　100,000	
			合約負債	100,000
×1/7/1	現金　　　　　100,000		現金　　　　　100,000	
	合約負債	100,000	應收帳款	100,000
×1/9/1	合約負債　　　100,000		合約負債　　　100,000	
	銷貨收入	100,000	銷貨收入	100,000

> 與三星的交易中，若夏普於 ×1 年 4 月 1 日 (對價可收取日) 前開立發票，在財務報表中仍不得認列 $100,000 之應收帳款及合約負債，因該日之前仍不具有無條件收款的權利。

15.5.2 隨時間逐步滿足之履約義務

　　再回到手機與電信服務搭配銷售之電信合約中，如何判斷提供通訊此項服務之履約義務在合約期限內隨時間逐步滿足？又如何判斷出售手機此項商品之履約義務於簽約日此一時點滿足？公報定義隨時間逐步滿足履約義務的三個充分條件，若都不符合，則應判斷為於某一時點滿足。即，企業之履約義務若非隨時間逐步滿足，則此義務為於某一時點滿足之履約義務。

> 履約義務若非隨時間逐步滿足，則為於某一時點滿足

　　若符合下列任一條件時，企業係隨時間逐步移轉對商品或勞務之控制，因而隨時間逐步滿足履約義務並認列收入：

(a) 隨企業履約，客戶同時取得並耗用企業履約所提供之效益；
(b) 企業之履約創造或強化一資產 (例如，在製品)，該資產於創造或強化之時即由客戶控制；或
(c) 企業之履約並未創造對企業具有其他用途之資產 (例如，特殊規格在製品)，且企業對迄今已完成履約之款項具有可執行之權利。

　　許多勞務適用 (a) 條件，例如廁所清潔服務，逐步清潔，勞務控制即逐步移轉，企業隨時間逐步滿足履約義務。(b) 條件適用於在例如客戶土地上蓋廠房之工程，建商履約時，在建工程持續被創造，而客戶隨時控制此在建工程，所以此工程隨時間逐步滿足履約義務。(c) 條件說明企業雖持續控制，但唯一能獲取利益的方式，是將已完成履約者換成法律上可執行之款項；此表示雖未移轉在製品之控制，但隨時將已完成履約者交付，都可以立刻變成客戶控制，表示控制實質上可隨時移轉，並將恰當之成本及利潤回收，實質地作到履約義務是隨時間逐步滿足的。

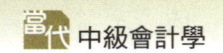

釋例 15-18　標準存貨

為特定客戶製造標準存貨時，此履約義務隨時間逐步滿足者？

解析

當企業在本身工廠為特定客戶製造標準存貨時，則前述三條件都不成立，特別是條件 (c)，因為標準存貨很容易轉作他用。但若合約禁止企業移轉該批標準存貨予其他任一客戶，且該限制具實質性，該資產對企業不具其他用途，此時「對款項之權利」若能滿足，則提供該標準存貨之履約義務係隨時間逐步滿足。

釋例 15-19　海運－同時取得並耗用勞務產生之效益－另一企業可繼續服務而無需重作

貨櫃或散裝海運業者將貨品自基隆送至洛杉磯的合約，此合約之履約義務是否隨時間逐步滿足？

解析

在商品到達洛杉磯前客戶無法自履約行動取得效益，惟客戶隨企業履約之發生確實獲益，因若商品係僅運送至途中(例如，阿拉斯加)，另一企業將無需幾乎重新執行企業迄今之履約，亦即，另一企業可繼續將貨品送至洛杉磯，無需重作已運路程。亦即，若另一企業無需幾乎重新執行迄今已完成履約部分，則履約義務是隨時間逐步滿足。此係前述 (a) 條件「同時取得並消耗」應用時須注意之觀念。貨運業者送貨之履約義務通常為隨時間滿足者。

釋例 15-20　同時取得並耗用勞務產生之效益－另一企業可繼續服務而無需重作

甲公司提供客戶按月之記帳服務一年，此服務為一系列相同勞務，因此甲公司以單一履約義務處理。

解析

因提供記帳服務時，客戶同時取得並耗用企業履約之效益，根據上述 (a) 條件，該履約義務係隨時間逐步滿足。同前一個釋例，另一企業接手服務時，無需重作甲公司已提供之服務。

釋例 15-21　其他用途－對款項之權利

甲公司與某客戶簽訂一項核後端處理諮詢服務之合約，總對價為甲公司成本加上 15% 之合理利潤；若客戶主動終止該諮詢合約，該合約要求客戶仍需支付企業至當時已

發生成本加上15%之合理利潤。根據上述(c)條件，已進行之諮詢服務並未創造對甲公司具有其他用途之資產，且甲公司對迄今已完成履約之款項具有可執行之權利，所以此合約中之履約義務係隨時間逐步滿足。

釋例 15-22　工程合約－其他用途－對款項之權利

甲建築公司以預售屋形式銷售興建中某住宅大樓 9 樓 A 單位給客戶，工程成本估計為總價之 30%。客戶於簽訂合約時支付 5% 訂金，至完工交屋時，公司客戶才須交付剩餘 95% 之款項。因此該企業對迄今已完成工作之款項不具有可執行之權利，故應將此履約義務視為於某一時點滿足之履約義務處理。

釋例 15-23　工程合約－其他用途－對款項之權利

甲工程公司與某外國政府簽訂橋樑興建合約。政府於簽訂合約時支付一筆不可退還之訂金，並將於該單位建造期間支付工程進度款。對合約載明之橋樑，甲工程公司無法私自出售給另一客戶。此外，若當地政府違約，則企業於完成建造時仍可要求收取全部對價，且當地法院已有類似先例判決支持此一論點。已進行之工程並未創造對甲工程公司具有其他用途之資產(禁止另行出售)，且甲公司對迄今已完成履約之款項具有可執行之權利，所以此合約中之履約義務係隨時間逐步滿足。

隨時間逐步滿足之履約義務──衡量履約義務完成程度

對隨時間逐步滿足之每一履約義務，企業應衡量履約義務完成程度而隨時間逐步認列收入。每一履約義務應適用單一方法衡量其完成程度，並應一致適用該方法於類似履約義務。衡量完成程度之適當方法包括產出法與投入法。

可用以衡量隨時間逐步滿足之履約義務之完成程度並據以認列收入之方法包括：

1. 產出法；
2. 投入法；及
3. 實務權宜作法。

當企業評估是否應用某一產出法衡量其完成程度時，應考量所選擇之產出是否能忠實描述企業履約義務之完成程度：

1. **產出法**：產出法包括調查已履約數量、評估已達成結果之程度、達到之里程碑、經過之時間、生產數量或交付數量等。產出法之缺點為可能需要投入過度成本始能取得應用產出法所需之資訊。
2. **投入法**：投入法以企業為滿足履約義務之努力或投入 (例如，已耗用之資源、已花費之人工時數、已發生之成本、已經過之時間或已使用之機器時數)，相對於滿足該履約義務之預期總投入為基礎認列收入；若於整個履約期間平均投入，則按直線基礎認列收入可能係屬適當。
3. **實務權宜作法**：若企業對所提供之每小時勞務 (或一定數量之勞務) 按固定金額開立帳單之勞務合約，得就其有權開立發票之金額認列收入。

釋例 15-24　智慧財產權之授權—隨時間逐步移轉或於某一時點移轉

智慧財產權可分為四類 (1) 軟體及技術；(2) 影片及音樂；(3) 專利權、商標權及著作權；及 (4) 特許權。智慧財產權之授權是否係隨時間逐步或於某一時點移轉予客戶？IFRS 15 規定企業應將授權承諾分類為：

(a) **取用權** (right to access)：取用存在於授權期間之企業智慧財產之權利；或
(b) **使用權** (right to use)：使用已存在於授權時點之企業智慧財產之權利。

若授權合約符合下列所有條件，則合約提供取用智慧財產之取用權：

(a) 合約規定 (或客戶合理預期) 企業將進行重大影響客戶享有權利之智慧財產之活動；
(b) 該等活動可影響客戶之權利；及
(c) 該等活動之發生不會導致移轉一商品或勞務予客戶。

同時符合這三個條件之授權，表示公司將持續改進該智慧財產權，而客戶得隨時取用最新版本軟體，此類型授權下客戶並未買斷特定軟體，因而稱為取用權之授權。企業對此類授權應於隨時間逐步滿足履約義務時，逐期認列收入。不能同時符合此三條件之授權即為使用權之授權，企業應於某一時點一次認列收收入。

微軟公司對消費者授權軟體時，下列兩種安排下應如何認列收入：

(1) 限定版本 (如 2022 年版本)，未來不再有重大更新且沒有使用期限。
(2) OFFICE365，未來 Microsoft 會持續更新版本，但只能用 365 天。

解析

Microsoft 公司應將所有授權合約區分為：

(1) **使用權之授權**：授權期間內客戶可以使用限定版本 OFFICE 之合約屬之。在授權之時點後，客戶可以主導該授權之使用並取得來自該授權之幾乎所有剩餘效益，因此在授權時，即認列所有收入。值得注意的是，即使限定版本授權有使用期限 (例如 1 年)，亦應分類為使用權之授權。

(2) **取用權之授權**：OFFICE365 合約屬之。所有收入應在授權期間內逐期認列收入。

另須注意的是，Microsoft 之授權合約若以銷售基礎或使用基礎計算權利金，則應於發生銷售或使用時且授權義務已滿足 (已移轉) 時，依據銷售量或使用量逐期認列。

15.6　工程合約之收入認列

15.6.1　工程合約之收入認列

> **學習目標 3**
> 了解工程合約之收入認列

工程合約係建造單項資產如橋樑、建築物、水壩、管路、道路、船舶或隧道，或為建造在設計、技術、功能或最終目的與用途等方面密切相關或相互依存的一組資產如煉油廠及多項廠房或設備等，而特別議定之合約。工程合約包括與建造資產直接相關之勞務提供合約，如專案經理或建築師之勞務提供合約，亦包括為拆除或復原資產及為拆卸資產後進行環境復原之合約。

15.6.2　工程合約收入與成本之範圍

工程合約之總收入應按 15.3 節規定衡量，而變動對價範圍包括：

1. **求償**：指承包商向客戶或另一方尋求收取之金額，以作為未包含在合約價格中成本之歸墊，其可能源於客戶造成之延誤、規格或設計之錯誤，及未達成協議之合約工作變更。
2. **獎勵金**：指若達到或超過明定之績效標準時，客戶支付予承包商之額外款項，例如，提早完成合約之獎勵金。

求償及獎勵金造成之收入增減，須依變動對價之規定處理。

工程合約成本則包括三類：第一類為直接與特定合約有關之成本，此類成本可能因未計入合約收入中之非主要收益 (例如，於合約結束時出售剩餘殘料及處分建造工程使用過之廠房及設備之收益) 而減少。此類成本包括：

- 工地人工成本,包括工地監工費用。
- 建造用材料成本。
- 用於該合約之廠房及設備之折舊。
- 將廠房、設備及材料運送至工地或從工地運離之搬運成本。
- 租用廠房及設備之成本。
- 直接與該合約有關之設計及技術支援之成本。
- 改正及保證工作之估計成本,包括預計保固成本。
- 來自第三方之求償。

　　第二類工程合約成本則為一般可歸屬於合約活動且能分攤至該合約之成本,此類成本應以建造活動之正常水準為基礎,按照有系統且合理之方法分攤,並一致應用於所有性質類似之成本。此類成本包括:

- 保險費。
- 不直接與特定合約有關之設計及技術支援之成本。
- 建造間接費用(包括建造人員薪工單之編製及處理成本)。
- 借款成本。

三類工程合約成本:
1. 直接與特定合約有關之成本
2. 一般可歸屬於合約活動且能分攤至該合約之成本
3. 根據合約條款可特別向客戶收取之其他成本

　　第三類工程合約成本則為根據合約條款可特別向客戶收取之其他成本,包括合約條款明訂可獲得歸墊之一般管理成本及發展成本。此外,為取得該合約所發生之增額相關成本,若不論是否獲得合約皆可收費,則該項成本亦應計入合約成本。惟當為取得合約所發生之成本已於發生當期認列為費用時,雖於後續期間獲得該合約,亦不得將該費用計入合約成本中。

　　值得注意的是,合約中未明定可獲得歸墊之一般管理成本及發展成本、銷售成本,及未使用於特定合約之閒置廠房及設備之折舊,則因不屬以上三類,而應排除於建造合約成本之外。

15.6.3　建造合約收入與成本之認列

　　欲確認工程合約之收入認列方式,首先須判斷該合約之履約義務究係於某一時點或隨時間逐步滿足。符合下列任一條件時,工程合約履約義務係隨時間逐步滿足:

(a) 企業之履約創造或強化一資產 (在建工程)，該資產於創造或強化之時即由客戶控制；或

(b) 企業之履約並未創造對企業具有其他用途之資產，且企業對迄今已完成履約之款項具有可執行之權利。

　　工程收入認列之最主要原則仍是控制移轉，上述 (a) 條件即說明若工程進行中，客戶持續擁有在建工程資產的控制權，則表示企業每完成一小部分工作，該部分控制權即刻移轉，因此企業之履約義務係隨時間逐步滿足，所以在完工前即可隨時間經過逐步認列收入 [**完工比例法** (percentage of completion)]。而 (b) 條件係將控制權實質移轉的觀念，即若企業已完成之部分僅能用以交付給客戶且完成了多少工作就可以收多少對價，則此在建工程可以視為企業每完成一小部分工作，該部分控制權即刻移轉，因而亦可逐步認列收入。若兩條件都不符合，則工程合約將在完工後，將資產控制權移轉時一次認列 (視為商品銷售)。

(a) 條件之釋例

　　從事工業廠房建造之 A 公司，與台積電訂立協議。台積電須於訂立協議至完工之期間內支付工程進度款，而建造所需之土地原即為台積電所擁有之廠房用地。合約進行時，所有在建工程資產均由客戶台積電控制。此協議之履約義務係隨時間逐步滿足。

(b) 條件之釋例 1──建設公司對迄今已完成履約之款項**不具**可執行之權利

　　某建設公司購入敦化南路建地興建住宅大樓，以預售屋形式銷售。某客戶與企業簽訂合約以購買建造中之頂樓 A 單位住宅。每一單位皆為 200 建坪且平面規劃類似。客戶於簽訂合約時支付訂金，僅於企業未依合約完成該單位之建造時，該訂金始可退還。客戶應於合約完成 (即客戶取得該單位之實體持有) 時支付該合約價格之餘額。若該單位完成前客戶違約，企業僅有權利保留該訂金。此案例中因為企業對迄今已完成履約之款項不具可執行之權利，因此該工程合約之履約義務係於完工時滿足。

(b) 條件之釋例 2──建設公司對迄今已完成履約之款項**具**可執行

之權利

延續前例，但客戶除於簽訂合約時支付訂金外，並須於建造期間支付工程進度款且該合約禁止建設公司將該單位轉賣給另一客戶。此外，除非企業未依承諾履約，客戶無權利終止合約。若客戶未按期支付工程進度款，則企業於完成建造該單位時，對合約承諾之全部對價具有權利且此權利具有法律效力。因為建設公司對完成之工作可以收取全額對價 (即使係在完工時才可以取全額對價)，前述 (b) 條件即已成立，此合約之履約義務係隨時間逐步滿足。建設公司將依照工程進度逐步認列收入。

若工程合約係於完工時一次認列全額收入，則其會計處理與一般存貨製造，至完成交付存貨時，一次認列收入之處理完全相同。本節後續講述之完工比例法認列工程收入，均假設工程合約之履約義務係隨時間逐步滿足，並以「**建造合約** (construction contract)」稱呼此類合約。

對履約義務係隨時間逐步滿足之工程合約，若能合理衡量工程進度時，收入認列係以完工比例法作會計處理。若企業無法合理衡量完成程度，但企業預期很有可能可回收已發生成本，則於可合理衡量履約義務結果前，僅在已發生成本之範圍內認列收入 [此為**成本回收法** (cost recovery)]。此一情況通常發生在合約之初期，後續隨著工程進展，大多數工程合約能在一定期間後變成可合理衡量進度。

在建造合約結果能可靠估計時採用之「完工比例法」，係於報導期間結束日參照合約活動之完成程度，將與該建造合約有關之合約收入認列為收入。亦即合約收入與用以達到所完成程度之已發生合約成本相配合，合約收入於進行工作之會計期間認列為本期損益之收入，合約成本則於與其相關之工作進行之會計期間認列為本期工程成本 (惟總合約成本預期超過總合約收入之預期損失部分應立即認列為工程成本)。此方法報導歸屬於完工部分之收入、成本及利潤，可提供建造合約中特定期間之合約活動進度及績效之有用資訊。

當建造合約之結果無法合理衡量時 (通常發生於工程進行之初期) 採用之「成本回收法」，即僅在已發生合約成本預期很有可能回

收之範圍內始應認列收入，合約成本則於其發生當期認列為工程成本 (惟總合約成本預期超過總合約收入之預期損失部分應立即認列為工程成本)。在此方法下，合約活動進行期間不得認列利潤，須待合約總成本回收後，即建造合約全部完成後始一次認列利潤 (或於工程進度變為可以合理衡量時，改依完工比例法)，故於建造工程進行中亦有「零利潤法」之稱。

以下先以情況較單純之乙公司簡例，說明「完工比例法」與「成本回收法」之基本運用；其後再以情況較完整之丙公司簡例，說明「完工比例法」與「成本回收法」之進階運用。

15.6.3.1　完工比例法之基本運用

乙公司於 ×1 年初以固定價格 $100,000 承包一項建造合約，預定 2 年完成某工程。該合約之結果能可靠估計，其 ×1、×2 年相關資料如下：

	×1 年	×2 年
本期發生與未來活動相關之合約成本	$　　　0	$　　　0
本期發生已完成工作之合約成本	60,000	20,000
估計總合約成本	80,000	80,000
至今完成程度*	75%	100%
當年度工程進度請款金額	70,000	30,000
實際收款金額	60,000	40,000

*本例以至今完工已發生合約成本占估計總合約成本之比例衡量完成程度。

本例中係以至今完工已發生合約成本，占估計總合約成本之比例來衡量建造合約完成程度。從客戶收到之工程進度款及預收款通常無法反映已完成工作之程度。視合約之性質，可能用於決定合約完成程度包括：(1) 至今完工已發生合約成本占估計總合約成本之比例、(2) 已完成工作之勘測，或 (3) 合約工作實體之完成比例。

此外，本例中之**工程進度請款金額** (progress billing) 係指依照合約開立帳單之金額；而「本期發生與未來活動相關之合約成本」，則指本期發生之與合約未來活動相關之合約成本，如已送達工地或留作合約使用但於施工過程中尚未安裝、使用或運用之材料成本 (但

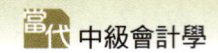

專門為該合約製造之材料則應計入完成程度)。關於該類合約成本之處理,有以下兩點易忽略誤解之處須特別注意:

1. 「本期發生與未來活動相關之合約成本」不得計入完成程度之衡量(但專門為該合約製造之材料則應計入完成程度)。採用「至今完工已發生合約成本占估計總合約成本之比例」為完成程度衡量方法時,「本期發生與未來活動相關之合約成本」非為已完成工作發生之成本,不得計入完成程度之計算。

2. 「本期發生與未來活動相關之合約成本」代表應向客戶收取之金額,若將來很有可能回收則應認列為合約資產。

在完工比例法下各期應按完成程度認列工程收入,而合約成本應於與其相關之工作進行之會計期間認列為工程成本,亦即就發生之已完成工作合約成本認列為工程成本。故本例中乙公司各期應認列之工程收入與工程成本計算列示如下:

	×1年	×2年
(1) 至今完成程度	75%	100%
(2) 至今應認列之工程收入 [$100,000 × (1)]	$75,000	$100,000
(3) 前期已認列之工程收入	–	(75,000)
(4) 本期認列之工程收入 [(2) – (3)]	$75,000	$ 25,000
(5) 至今已完成工作成本應認列之工程成本	$60,000	$ 80,000 (實際)
(6) 前期已認列之工程成本	–	(60,000)
(7) 本期認列之工程成本 [(5) – (6)]	$60,000	$ 20,000
本期認列之工程利潤(損失) [(4) – (7)]	$15,000	$ 5,000

本例中乙公司×1、×2年與該建造合約相關之分錄如下:

完工比例法

	×1年	×2年
(1) 記錄已投入成本:		
工程成本	60,000	20,000
現金	60,000	20,000
(2) 依完成程度認列工程收入:		
合約資產	75,000	25,000
工程收入	75,000	25,000

完工比例法

	×1年	×2年
(3) 記錄請款：		
應收帳款	70,000	30,000
合約資產	70,000	30,000
(4) 記錄實際收款金額：		
現金	60,000	40,000
應收帳款	60,000	40,000

上述分錄 (1) 記錄投入之成本。分錄 (2) 依據完工比例認列收入並記錄合約資產之增加，此處可參考釋例 15-18 對合約資產之解釋，該例中認列收入之同時，因為寄請款單給客戶要求付款 (認列應收帳款) 之條件尚未達成，所以借記合約資產而貸記銷貨收入，後續完成相關義務而依約寄帳單給客戶請款時，才將合約資產轉入應收帳款。此處工程合約亦同，依完工比例認列收入時僅係合約資產之增加；依據合約完成某一里程碑 (如一樓地板完成) 後才能請款，並認列應收帳款。所以分錄 (3) 記錄合約當期請款金額時，才將合約資產轉列應收帳款。最後分錄 (4) 則記錄當期收到現金之金額，此時應收帳款尚有餘額將於下期收取。

有時依據合約認列應收帳款之累計金額較大，則同時增加合約負債，例如簽約後立刻可收取 $100 頭期款而寄請款單給客戶時，分錄為：

應收帳款	100	
合約負債		100

本例中，乙公司 ×1、×2 年底資產負債表對該建造合約應認列之資產金額如下：

	×1年底	×2年底
應收帳款	$10,000	$ 0
合約資產	5,000	0

在綜合損益表部分，該合約當期按完成程度應表達之收益與費損項目，係於分錄 (2) 中之「工程收入」與分錄 (1) 中之「工程成本」數字。

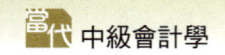

乙公司×1、×2年綜合損益表應認列該建造合約相關之工程收入、工程成本與工程損益之金額如下：

	×1年度	×2年度
工程收入	$75,000	$25,000
工程成本	(60,000)	(20,000)
本期認列之工程利潤(損失)	$15,000	$ 5,000

15.6.3.2　成本回收法之基本運用

乙公司於×1年初以固定價格$100,000承包一項建造合約，預定2年完成某工程。該合約之結果不能可靠估計，但各期均預期發生之合約成本很有可能回收，且合約總收入超過合約總成本。其×1、×2年相關資料如下：

	×1年	×2年
本期發生與未來活動相關之合約成本	$ 0	$ 0
本期發生已完成工作之合約成本	60,000	20,000
當年度工程進度請款金額	70,000	30,000
實際收款金額	60,000	40,000

當建造合約之結果無法合理衡量時，合約成本於其發生當期認列為工程成本，且僅在已發生合約成本預期很有可能回收之範圍內認列收入，惟總合約成本預期超過總合約收入之預期損失部分仍應立即認列為工程成本。此方法下，合約活動進行期間不得認列利潤，須待合約總成本回收後，即建造合約全部完成後始一次認列利潤。

成本回收法

	×1年		×2年	
(1) 記錄已投入成本：				
工程成本	60,000		20,000	
現金		60,000		20,000
(2) 依很有可能回收成本之範圍內認列收入：				
合約資產	60,000		40,000	
工程收入		60,000		40,000

成本回收法

	×1 年	×2 年
(3) 記錄請款：		
應收帳款	70,000	30,000
合約資產	70,000	30,000
(4) 記錄實際收款金額：		
現金	60,000	40,000
應收帳款	60,000	40,000

前述 ×1 年分錄 (3) 記錄請款時，合約資產為借餘 $60,000，故 ×1 年之分錄 (3) 可將貸方區分為合約資產與合約負債，則連帶影響 ×2 年分錄 (2)，記錄如下所示：

×1 年分錄 (3)
　應收帳款　　　　　　70,000
　　合約資產　　　　　　　　　　60,000
　　合約負債　　　　　　　　　　10,000

×2 年分錄 (2)
　合約資產　　　　　　30,000
　合約負債　　　　　　10,000
　　工程收入　　　　　　　　　　40,000

本章後續說明在作分錄時不區分合約資產與合約負債，即均以合約資產項目記錄，待編製財務報表時，若合約資產為貸餘，則列入負債項下「合約負債」；合約資產為借餘，則列入資產項下「合約資產」。

乙公司 ×1、×2 年綜合損益表中應認列該建造合約相關之工程收入、工程成本與工程損益之金額如下。在「成本回收法」下，活動進行期間的 ×1 年不得認列利潤，合約總利潤 $20,000 (= $100,000 – 80,000) 係於建造合約全部完成的 ×2 年始一次認列。

	×1 年	×2 年
工程收入	$60,000	$40,000
工程成本	(60,000)	(20,000)
本期認列之工程利潤 (損失)	$　　　0	$20,000

在資產負債表中，乙公司 ×1、×2 年對該建造合約應認列之資產與負債金額如下：

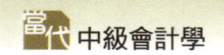

	×1 年底	×2 年底
應收帳款	$10,000	$ 0
合約資產 (合約負債)	$(10,000)	$ 0

15.6.3.3　完工比例法之進階運用

企業為履行建造合約之義務，可能已將某一批工程材料送至工地，但尚未使用該批材料。若該企業以「至今完工已發生合約成本占估計總合約成本之比例」衡量完工比例，則在計算完工進度時，應考慮該批材料是否專門為該合約製造之材料，此一問題在釋例15-25 中說明。

釋例 15-25　成本比例之完成程度衡量：與未來活動相關之合約成本

甲公司於 ×1 年初承包一項建造合約，預定 3 年完成某工程，該合約之結果能可靠估計。該合約 ×1 年發生成本 $25,000 (含已送達工地但將於 ×2 年使用之材料成本 $5,000)，且估計合約總成本為 $100,000。若甲公司採「至今完工已發生合約成本占估計總合約成本之比例」衡量該合約之完成程度，則下列獨立情況中，該工程 ×1 年之完成程度為何？
(1)　成本 $5,000 之材料係專門為該合約製造之材料。
(2)　成本 $5,000 之材料非專門為該合約製造之材料。

解析

(1)　成本 $5,000 之材料係專門為該合約製造之材料：
完成程度參照至今已發生合約成本決定時，與合約之未來活動相關之合約成本如為專門為該合約製造之材料，則包含於完成成本之計算。故 ×1 年之完成程度：$25,000 ÷ $100,000 = 25%。
(2)　成本 $5,000 之材料非專門為該合約製造之材料：
完成程度參照至今已發生合約成本決定時，與合約之未來活動相關之合約成本如非為專門為該合約製造之材料，應不包含於完成成本之計算。故 ×1 年之完成程度：($25,000 – $5,000) ÷ $100,000 = 20%。

丙公司於 ×1 年初以固定價格 $100,000 承包一項建造合約，預定 3 年完成某工程。該合約之結果能可靠估計，其 ×1、×2、×3 年相關資料如下：

	×1年	×2年	×3年
本期發生與未來活動相關之合約成本*	$ 5,000*	$ 0	$ 0
本期發生已完成工作之合約成本	24,000	31,000	30,000
至今已累積成本	24,000	60,000	90,000
估計總合約成本	80,000	120,000	90,000
至今完成程度**	30%	50%**	100%
工程進度請款金額	50,000	30,000	20,000
實際收款金額	40,000	30,000	30,000

* ×1年發生之與未來活動相關之合約成本(並非專門為該合約製造之材料,如已搬運至工地之鋼筋) $5,000,其相關部分已於×2年完成。此 $5,000 未被計入×2年發生已完成工作之合約成本 $31,000 中。

** 以至今完工已發生合約成本占估計總合約成本之比例衡量完成程度。×2年至今完工程度之計算為 ($24,000 + $5,000 + $31,000) / $120,000 = 50%。

處理本例(丙公司)時須特別注意者之一,為「本期發生與未來活動相關之合約成本」不得於發生當期計入完成程度之衡量,而係於其相關部分完工時計入完成程度之衡量。例中 ×1 年發生之與未來活動相關之合約成本 $5,000,其相關部分係於 ×2 年完成。故 ×1 年完成程度之衡量不計入此成本為 30% (= $24,000/$80,000),×2 年完成程度之衡量則計入此成本為 50% [= ($24,000 + $5,000 + $31,000) / $120,000)]。且 ×1 年發生之與未來活動相關之合約成本 $5,000 係於 ×2 年完成,故 ×1 年僅就發生之已完成工作之成本 $24,000 認列為工程成本,與未來活動相關之合約成本 $5,000 係於 ×2 年始認列為工程成本。

處理本例(丙公司)時須特別注意者之二,為 ×2 年與 ×3 年之估計總合約成本變動。完工比例法係於各會計期間,按累積基礎適用於合約收入及成本之當期估計數。因此,合約收入或成本之估計變動應依 IAS 8 作為會計估計變動處理,變動後之估計數將用以決定變動當期及以後各期認列於損益之收入與成本金額。因此至 ×2 年與 ×3 年累積認列之收入、成本與損益,應以變動後之估計總合約成本計算之完成程度為準。如 ×2 年累積認列之收入與成本,係依變動後估計總合約成本 $120,000 計算之完成程度,將總合約收入與變動後總合約成本之 50% 認列為工程收入與工程成本。

處理本例(丙公司)時須特別注意者之三,為×2年之估計總合約成本變動尚使總合約預期成本很有可能超過總合約收入,致有預期損失之發生,此預期損失應立即認列為工程成本。故本例中丙公司各期應認列之工程收入與工程成本計算列示如下:

	×1年	×2年	×3年
(1) 至今完成程度	30%	50%	100%
(2) 至今應認列之工程收入 [$100,000 × (1)]	$30,000	$ 50,000	$100,000
(3) 前期已認列之工程收入	—	(30,000)	(50,000)
(4) 本期認列之工程收入 [(2) – (3)]	$30,000	$ 20,000	$ 50,000
(5) 至今已完成工作成本應認列之工程成本	$24,000	$ 60,000	$ 90,000
(6) 前期已認列之工程成本	—	(24,000)	(70,000)
(7) ×3年之預期損失認列工程成本	—	10,000	—
(8) 本期認列之工程成本 [(5) – (6) + (7)]	$24,000	$ 46,000	$ 20,000
本期認列之工程利潤(損失) [(4) – (8)]	$ 6,000	$(26,000)	$ 30,000

需特別說明的是,上述計算中補計入為工程成本者係×3年之預期損失 $10,000,而非估計總合約成本 $120,000 超過總合約收入 $100,000 之預期損失總數 $20,000。

×2年預估之×3年預期損失金額之求得方式有二,**方法 A** 如下:

×3年將認列之收入　　　　$50,000　(總收入 $100,000 – 累積已認列收入 $50,000)
×3年估計尚須發生成本　　(60,000)　(估計總成本 $120,000 – 累積已發生成本 $60,000)
×3年預期將發生之損失　　$(10,000)

另外,×3年預期損失金額亦可計算如下(**方法 B**):

×3年預期損失 = 全部預期損失 × 未完成程度
　　　　　　 = ($100,000 – $120,000) × (100% – 50%)
　　　　　　 = $(10,000)

注意,在非成本比例(例如,實體完成比例)衡量完工進度時,方法 B 不適用(參見釋例 15-26 的說明)。

釋例 15-26　未來預期損失之計算：成本比例完成程度衡量 & 其他完成程度衡量

甲公司於 ×1 年初以固定價格 $80,000 承包一項建造合約，預定 3 年完成某工程。該合約之結果能可靠估計，×1 年至 ×3 年相關資料如下：

	×1 年	×2 年	×3 年
本期發生與未來活動相關之合約成本	$　　0	$　　0	$　　0
本期發生已完成工作之合約成本	15,000	48,000	12,000
至今已累積成本	15,000	63,000	75,000
估計總合約成本	60,000	90,000	75,000
至今完成程度 (成本比例)*	25%	70%	100%
至今完成程度 (實體完成比例)	20%	80%	100%

*成本比例係指「至今完工已發生合約成本/估計總合約成本」。

試分別在成本比例與實體完成比例衡量完工進度下，求算甲公司 ×2 年應補計入工程成本之 ×3 年未來預期損失金額。

解析

(1) 在以成本比例衡量時，×3 年未來預期損失 $3,000 可由以下兩方法求得：

[方法 A] ×3 年未來預期損失 = ×3 年將認列之收入 − ×3 年估計尚須發生成本
= [$80,000 × (100% − 70%)] − ($90,000 − $48,000 − $15,000) = $(3,000)

[方法 B] ×3 年未來預期損失 = 全部預期損失 × 未完成程度
= ($80,000 − $90,000) × (100% − 70%) = $(3,000)

(2) 在非成本比例衡量如實體完成比例衡量完工進度時，×3 年未來預期損失 $11,000 僅可以上述 [方法 A] 求得。

×3 年未來預期損失 = ×3 年將認列之收入 − ×3 年估計尚須發生成本
= [$80,000 × (100% − 80%)] − ($90,000 − $48,000 − $15,000)
= $(11,000)

綜上所述，丙公司在 ×2 年認列工程收入 $20,000，並將本期已完成工作成本 $36,000 認列為工程成本，其工程損失 $16,000 即為 ×1 年工程利潤 $6,000 之轉回並認列預期損失 $10,000 (已完成程度 50% × 全部預期損失 $20,000)，故僅需另行將未來將發生之 ×3 年預期損失 $10,000 (未完成程度 50% × 全部預期損失 $20,000) 補計入工程成本。

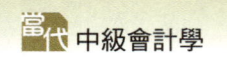

根據以上討論，本例丙公司 ×1、×2、×3 年與該建造合約相關之分錄如下：

完工比例法

	×1年	×2年	×3年
(1) 記錄已投入成本：			
合約資產	5,000		
工程成本	24,000	46,000	20,000
虧損性合約之短期負債準備			10,000
現金	29,000	31,000	30,000
合約資產		5,000	
虧損性合約之短期負債準備		10,000	
(2) 依完成程度認列工程收入：			
合約資產	30,000	20,000	50,000
工程收入	30,000	20,000	50,000
(3) 記錄請款：			
應收帳款	50,000	30,000	20,000
合約資產	50,000	30,000	20,000
(4) 記錄實際收款金額：			
現金	40,000	30,000	30,000
應收帳款	40,000	30,000	30,000

丙公司 ×1、×2、×3 年資產負債表對該建造合約應認列之資產與負債金額如下：

	×1年底	×2年底	×3年底
應收帳款	$10,000	$10,000	$ 0
合約資產(合約負債)	$(15,000)	$(30,000)	$ 0
虧損性合約之短期負債準備	—	$(10,000)	$ 0

丙公司 ×1、×2、×3 年綜合損益表應認列該建造合約相關之工程收入、工程成本與工程損益之金額如下：

	×1年	×2年	×3年
工程收入	$30,000	$ 20,000	$50,000
工程成本	24,000	46,000	20,000
本期認列之工程利潤(損失)	$ 6,000	$(26,000)	$30,000

15.6.3.4　成本回收法之進階運用

同第 15.6.3.3 節丙公司例，惟該合約之結果不能可靠估計，但各期均預期發生之合約成本很有可能回收，且 ×1 年預期合約總收入超過合約總成本，×2 年預期合約總成本超過合約總收入 $20,000。

	×1 年	×2 年	×3 年
本期發生與未來活動相關之合約成本*	$ 5,000	$ 0	$ 0
本期發生已完成工作之合約成本	24,000	31,000	30,000
工程進度請款金額	50,000	30,000	20,000
實際收款金額	40,000	30,000	30,000

* ×1 年發生之與未來活動相關之合約成本 $5,000，其相關部分已於 ×2 年完成。此 $5,000 未計入 ×2 年發生已完成工作之合約成本 $31,000 中。

處理本例時須特別注意者，為 ×2 年預期合約總成本超過合約總收入 $20,000，即有預期損失 $20,000，在成本回收法下若繼續用已發生之成本金額認列收入，則收入將超過合約價格 $100,000，且相應之合約資產總計將認列 $120,000，其中 $20,000 不合乎資產定義 (因預期不能回收)。因此，×2 年實際成本 $36,000 中僅有 $16,000 預期可回收部分認列為合約資產，當年度收入僅應認列 $16,000。待合約完成的 ×3 年，認列實際發生之工程成本 $30,000，另因已經全部完工而認列剩餘收入 $30,000 (= $100,000 − $24,000 − $16,000 − $30,000)，故 ×3 年認列工程收入為 $60,000，而當年度工程利潤為 $30,000。分錄如下：

成本回收法

	×1 年	×2 年	×3 年
(1) 記錄已投入成本：			
合約資產	5,000		
工程成本	24,000	36,000	30,000
現金	29,000	31,000	30,000
合約資產		5,000	
(2) 依很有可能回收成本之範圍內認列收入：			
合約資產	24,000	16,000	60,000
工程收入	24,000	16,000	60,000

成本回收法

	×1年	×2年	×3年
(3)記錄請款：			
應收帳款	50,000	30,000	20,000
合約資產	50,000	30,000	20,000
(4)記錄實際收款金額：			
現金	40,000	30,000	30,000
應收帳款	40,000	30,000	30,000

丙公司 ×1、×2、×3 年綜合損益表中應認列之該建造合約相關之工程收入、工程成本與工程損益之金額如下：

	×1年	×2年	×3年
工程收入	$24,000	$16,000	$60,000
工程成本	(24,000)	(36,000)	(30,000)
本期認列之工程利潤(損失)	$ 0	$(20,000)	$30,000

進一步說明，在「成本回收法」下，活動進行期間的 ×1 年不得認列利潤，但 ×2 年全部預期損失 $20,000 不得認列為合約資產，亦不得認列工程收入，待合約完成的 ×3 年，因實際之合約總成本低於合約總收入，故認列工程收入 $60,000 及實際成本 $30,000，使累積認列的工程損益為合約之總利潤 $10,000 (= $100,000 – $90,000)。

丙公司 ×1、×2、×3 年資產負債表對該建造合約應認列之資產與負債金額如下：

	×1年底	×2年底	×3年底
應收帳款	$10,000	$10,000	$ 0
合約資產(合約負債)	$(21,000)	$(40,000)	$ 0

15.6.3.5　多個建造合約於資產負債表之表達

當公司同時進行多個建造合約，應就個別建造合約為單位進行其會計處理。然須特別注意的是，在資產負債表列示建造合約相關之資產或負債項目時，須將不同建造合約之資產與負債分別列示，不得互抵。

釋例 15-27　多個建造合約於資產負債表之表達

成立於 ×1 年初之甲營造公司於 ×1 年底尚有工程結果能可靠估計之 A、B、C、D 四項建造合約進行中，其相關項目 ×1 年底餘額如下 (均為正常餘額)：

	A 合約	B 合約	C 合約	D 合約
累積已發生成本	$2,500	$2,700	$4,200*	$2,700
工程收入	3,700	2,600	4,800	2,570
工程成本	2,500	2,700	4,000	2,770
工程進度請款金額	3,400	3,000	4,700	3,000
虧損性合約之短期負債準備	–	–	–	70

＊其中 $200 為本期發生與未來活動相關之合約成本。

試作：甲營造公司 ×1 年綜合損益表與資產負債表與建造合約相關項目之金額。

解析

各合約之收入、成本與利潤或損失計算如下：

	A 合約	B 合約	C 合約	D 合約	合計
工程收入	$3,700	$2,600	$4,800	$2,570	$13,670
工程成本	(2,500)	(2,700)	(4,000)	(2,770)	(11,270)
工程利潤 (損失)	$1,200	$ (100)	$ 800	$ (200)	$ 1,700

故甲營造公司 ×1 年綜合損益表相關項目之金額為：工程收入 $13,670，工程成本 $11,270，與工程利潤 $1,700。

各合約之資產或負債計算如下：

	A 合約	B 合約	C 合約	D 合約
累積已發生成本	$2,500	$2,700	$4,200	$2,700
虧損性合約之短期負債準備	–	–	–	$ 70
工程利潤 (損失)	1,200	(100)	800	(200)
至今工程進度請款金額	(3,400)	(3,000)	(4,700)	(3,000)
合約資產 (合約負債)	$ 300	$ (400)	$ 300	$ (430)

故甲公司 ×1 年資產負債表相關項目之金額為：合約資產 $600 及合約負債 $830 (二者不得互抵)；虧損性合約之短期負債準備 $70。另外，A、B 及 D 合約的合約資產或負債，亦等於工程收入與工程進度請款金額之差額；而 C 合約，因為累積已發生成本中，有 $200 為與未來活動相關之成本，所以 C 合約的合約資產 $300 等於：工程收入與工程進度請款金額之差額 $100，再加上未來活動相關之成本 $200。

15.7　主理人或代理人

旅行社在出售中華航空或長榮航空一張桃園機場到美國洛杉磯機場的 $70,000 來回機票給客戶時，若該旅行社應該支付給航空公司 $67,000，則其應認列佣金收入 $3,000（淨額）或是應認列 $70,000（總額）收入及 $67,000 成本？EZTABLE（簡單桌）在出售十二廚自助餐券給網購客戶時，收取 $990，但是必須支付喜來登大飯店 $950，則 EZTABLE 應認列佣金收入 $40 或是應認列 $990 收入及 $950 成本？答案取決於該旅行社及 EZTABLE 是**主理人** (principal) 或**代理人** (agent)。

當企業與另一方共同提供商品或勞務予客戶，企業應判定其承諾之性質究係由其本身提供特定商品或勞務之履約義務（即企業為主理人），或係為另一方安排提供該等商品或勞務之履約義務（即企業為代理人）。

若企業於移轉所承諾之商品或勞務予客戶之前有控制該商品或勞務（機票及自助餐），則企業為主理人。惟若企業僅於移轉商品之法定所有權予客戶前短暫地取得該法定所有權，則該企業不必然為主理人，因為企業可能只是代為轉交商品給客戶。

企業為代理人（因此對尚未提供予客戶之商品或勞務不具控制）之指標包括下列各項：

(a) 另一方對完成合約負有主要責任；
(b) 企業於客戶訂購商品之前後、運送途中或退貨時並未承擔存貨風險；
(c) 企業對另一方之商品或勞務沒有訂定價格之裁量權，因此，企業可自該等商品或勞務收取之效益有限；
(d) 企業之對價係佣金形式；及
(e) 對以另一方之商品或勞務換得之可自客戶收取金額，企業並未承擔信用風險。

簡單的說，這些條件說明了主理人是主要對商品（或勞務）負責的人，也因此通常有訂定價格的權力且對需要承擔收款的信用風險，因而主理人應以總額認列收入；這些條件亦說明了代理人只是

協同幫忙安排交易的人，目的是賺取佣金，因而應該以淨額認列佣金收入。這些指標是在不容易判斷商品（或勞務）控制權是否已經移轉至企業時才會考量的指標。應注意的是，若商品（或勞務）控制權已經透過買賣交易確定移轉給企業，則企業當然是主理人。

釋例 15-28　主理人或代理人

個案一

客戶自淘寶網上某供應商購買樂高一組，淘寶網收取總價 $1,000 後可扣留 10% 作為佣金，安排供應商直接將樂高運送予客戶後，淘寶網對該等商品從未取得控制。淘寶網此項交易也符合 (a)-(d) 條件，且此交易網購客戶必須先支付 $1,000，因此並不產生信用風險，不須對 (e) 條件作判斷。即使淘寶網必須承擔信用風險，(a)-(d) 條件比 (e) 條件重要，因為供應商為主理人時，亦可同時將應收帳款賣給淘寶網，而使淘寶網這個代理人承擔信用風險（當然佣金是會增加的）。淘寶網應認列 $100 佣金收入。

個案二

旅行社先包下長榮航空 100 張機位，無論是否能轉售出去，都應支付 $6,700,000 給長榮航空。旅行社決定銷售予客戶之機票價格為每張 $70,000，買方須立刻支付對價。旅行社協助客戶解決航空服務之投訴，惟長榮航空對完成飛行義務負有責任（包括服務不周之客訴）。旅行社以固定價格、不可退票的方式購入機票，即表示移轉予客戶機票前旅行社已經取得控制，因此旅行社為主理人（無需進一步考慮代理人指標 (a)-(e)）。旅行社每出售一張機票時，應認列 $70,000 收入及 $67,000 成本。

個案三

長榮航空給旅行社 100 張機位的代銷合約，長榮規定機票價格為每張 $70,000，每出售一張，旅行社立刻收取 $70,000 後，須按月結算並轉付給長榮每張機票 $67,000。旅行社未賣出之機票，無須支付任何對價。旅行社並未先控制機票，再加以出售，因此考慮其符合 (a)-(d) 並決定其為代理人。旅行社每出售一張機票時，應認列佣金收入 $3,000。

15.8　「客戶忠誠計畫」之收入認列

現行商業活動中，公司常常採用**客戶忠誠計畫** (customer royalty program)，作為吸引客戶購買其商品或勞務的誘因。所謂「客戶忠誠計畫」，係指若客戶購買商品或勞務，公司即給與客戶獎勵積分（常被稱為「點數」），而客戶得以所獲積分兌換如免費或折扣之商品或勞務等獎勵。「客戶忠誠計畫」之運作方式甚為多樣：如公司可能自

學習目標 4
了解「客戶忠誠計畫」之收入認列

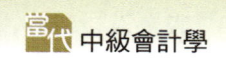

行經營或參與由第三方經營之「客戶忠誠計畫」；如客戶可能被要求累積積分達最低門檻始能兌換獎勵；如客戶須於特定期間內購買一定金額之商品或勞務始能獲得積分；又如作為獎勵之商品或勞務亦可能由公司(公司為獎勵品之主理人)或第三方提供(公司為獎勵品之代理人)。

釋例 15-29　客戶忠誠計畫：獎勵係由公司自行提供——免費兌換券

×1年12月1日，甲公司推出促銷活動，凡於12月以$2,560購買單獨售價每個$2,560的新產品即免費贈送1張兌換券，每5張兌換券可於×2年1月至9月兌換單獨售價$4,000之商品。甲公司×1年12月收取現金$1,280,000，交付新產品500個，並發出500張兌換券。公司×1年12月、×2年第1季末及×2年第2季末預期將有80% (400張)、80%及90% (450張)的兌換券被使用；且×2年第1季、第2季及第3季實際兌換張數為100張、170張及200張。

試作：×1年12月、×2年第1季、第2季及第3季銷貨收入之分錄。

解析

兌換券單獨售價(每張) = ($4,000/5) × 80% = $640
12月新產品單獨售價(每個) = $2,560

用單價比分攤總交易價格：
兌換券應分攤之總交易價格 = $1,280,000 × $640/($2,560 + $640) = $256,000
12月新產品應分攤之總交易價格 = $1,280,000 × $2,560/($2,560 + $640) = $1,024,000

×1年12月分錄：

現金	1,280,000	
銷貨收入(新產品)		1,024,000
合約負債(兌換券)		256,000

500張兌換券總計合約負債$256,000；第1季收入 = $256,000 × (已使100張/預期400張) = $64,000

×2年第1季銷貨收入分錄如下：

合約負債	64,000	
銷貨收入		64,000

第1季及2季收入 = $256,000 × (已使用270張/預期450張) = $153,600；
第2季收入 = $153,600 − 第1季已認列之收入$64,000 = $89,600

×2年第2季銷貨收入分錄如下：

合約負債	89,600	
銷貨收入		89,600

第 3 季被兌換 40 組 (200 張 / 5) 單獨售價為 $4,000 之商品，季末所有剩餘 30 張兌換券到期，所以季末剩餘之合約負債 $102,400 (= $256,000 − $153,600) 均轉列本期收入

×2 年第 3 季銷貨收入分錄如下：

合約負債	102,400	
銷貨收入		102,400

若客戶忠誠計畫為客戶每買滿 $2,560 商品 (單獨售價 $2,560)，即贈送 1 張折價券。且假設客戶購買 $2,280,000 商品，其中 $1,000,000 商品並未贈送兌換券，則該部分之分錄如下：

現金	1,000,000	
銷貨收入 (無須分攤者)		1,000,000

另外，$1,280,000 商品為有贈送兌換券，則依本釋例前述方式處理。亦即，將所有銷貨金額區分為有贈品者及無贈品者即可正確記錄。

釋例 15-30　客戶忠誠計畫：獎勵係由公司自行提供——同時出售兌換券

甲便利商店於 ×1 年第 4 季開始執行一項客戶忠誠計畫，顧客購買一個單獨售價 $26.25 之特案商品並須另外支付 $3.75 (共支付現金 $30)，商店立刻交付特案商品並另贈送 1 點兌換券。此等兌換券沒有到期日，每集滿 20 點可自 ×2 年起換取一個單獨售價 $500 之特案公仔，該特案公仔每個成本為 $280。針對此計畫，×1 年第 4 季*該商店共收取 $720,000 現金，交付特案商品並發給兌換券 24,000 點。對此計畫最終將被兌換之兌換券總點數，甲商店於 ×1 年至 ×3 年此三年底之最佳估計分別為 8,400 點、8,000 點及 6,000 點。×2 年及 ×3 年各年度累積之實際被兌換點數則分別為 2,000 點及 5,000 點。

試作：甲便利商店 ×1 年至 ×3 年應作之相關分錄。

解析

以每單位相對單獨售價分拆 $30 現金購買一個商品及一點兌換券：
每個已交付商品之單獨售價 = $26.25
每一點兌換點數單獨售價 = $500 ÷ 20 × 8,400 點 /24,000 點 = $25 × 兌換率 35% = $8.75
以相對單價分攤總交易價格 $720,000：
已交付商品應分攤之交易價格 = $720,000 × $26.25/($26.25 + $8.75) = $720,000 × 75% = $540,000
兌換券應分攤之總交易價格 = $720,000 × $8.75/($26.25+$8.75) = $720,000 × 25% = $180,000

＊理論上，應於每筆銷貨發生時，逐一以當時預期之被兌換總點數決定兌換券之單獨售價與應分攤對價。惟因帳務成本之考量，於編製報表時始以第一個報導期間結束日預期之被兌換總點數決定兌換券之單獨售價與應分攤對價，從而決定合約負債此項負債之衡量，應為實務上可接受之作法。

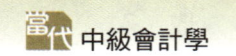

×1 年銷貨時

現金	720,000	
銷貨收入		540,000
合約負債		180,000

　　×2 年底預期尚未兌換之點數 (6,000 點) 占 ×2 年底預期之被兌換總點數 (8,000 點) 之比例 75% (6,000 點÷8,000 點)，即為 ×1 年底原認列合約負債中應持續認列之部分，故 ×2 年底合約負債之帳面金額為 $180,000 × 75% = $135,000。×1 年底合約負債 $180,000 與 ×2 年底合約負債 $135,000 之差額 $180,000 − $135,000 = $45,000 即應由合約負債中轉列為 ×2 年之銷貨收入，同時並認列 2,000 點所兌換商品帳面金額之相關費用。

×2 年兌換券兌換時

合約負債	45,000	
銷貨收入		45,000
銷貨成本	28,000	
存貨 [$280 × (2,000 ÷ 20)]		28,000

　　×3 年底尚未兌換之點數 (1,000 點) 占 ×3 年底預期之被兌換總點數 (6,000 點) 之比例 1/6 (= 1,000 點÷6,000 點)，即為 ×1 年底原認列合約負債中應持續認列之部分，故 ×3 年底合約負債之帳面金額為 $180,000 × 1/6 = $30,000。×2 年底合約負債 $135,000 與 ×3 年底合約負債 $30,000 之差額 $135,000 − $30,000 = $105,000 即應由合約負債中轉列為 ×3 年之銷貨收入，同時並認列 3,000 點可兌換商品帳面金額之相關費用。

×3 年兌換券兌換時

合約負債	105,000	
銷貨收入		105,000
銷貨成本	42,000	
存貨 [$280 × (3,000 ÷ 20)]		42,000

釋例 15-31　客戶忠誠計畫：獎勵係由第三方提供且公司係為其本身收取獎勵積分之對價

　　甲零售商於 ×1 年參與由一家航空公司經營之客戶忠誠計畫。顧客每購買 $100 商品，即贈送 1 點，顧客可用點數向航空公司兌換航空旅程，每一點數可兌換旅程之單獨售價為 $10，甲零售商預先購入 900 點旅程，每一點數支付 $8 予航空公司，若實際兌換點數超過 900 點，須另向航空公司以每一點數 $8 增加購買，此等兌換沒有到期日。×1 年甲零售商銷貨收取之對價總計 $100,000，顧客已領取商品之單獨售價為 $91,000，並給與 1,000 點數，估計共有 900 點將參與兌換，故每一點數之單獨售價為 $9 (= $10 × 900/1,000)。×1 年共有 270 點兌換券提出兌換。依交易安排，甲零售商係為其本身收取點數之對價。

試作：甲零售商 ×1 年應作之相關分錄。

解析

零售商店判斷銷售 $100,000 商品時，有兩項履約義務，其中顧客在便利商店已經領取之貨品當然應認列為 ×1 年銷貨收入，而客戶未來以兌換券兌換航空旅程的履約義務部分，因為零售商係先購入航空旅程之服務，所以其為主理人，須待服務交付時才能認列銷貨收入；兩項履約義務單獨售價加總等於總對價 $100,000（= $91,000 + $9 ×1,000），無須再以相對單獨售價分攤。

×1 年銷貨對價中應分攤至兌換券之對價 $9,000（= $9 ×1,000）須認列為合約負債

×1 年銷貨時

現金	100,000	
銷貨收入		91,000
合約負債		9,000

×1 年就點數兌換之比例 30%（= 270 點 / 900 點），將合約負債轉列為收入，並認列相關費用。

×1 年點數兌換時

合約負債	2,700	
銷貨收入 ($9,000 × 30%)		2,700
銷貨成本	2,160	
存貨 ($8 × 270)		2,160

在「客戶忠誠計畫」中，若在任何時間履行提供獎勵義務之不可避免成本，預期將超過其已收及應收之對價（即原始銷售時分攤至獎勵積分之尚未被認列為收入之對價，加上客戶兌換獎勵積分時任何應收之對價），公司即有虧損性合約。此時須依 IAS 37 將此超過部分認列為負債準備。例如當公司修改其對獎勵積分將被兌換數量之預期時，即可能為提供獎勵之預期成本增加，而須認列此類負債。

釋例 15-32　客戶忠誠計畫：虧損性合約

沿釋例 15-30，若 ×4 年並無兌換券提出兌換，惟甲便利商店於 ×4 年底將兌換券會被兌換總點數之預期提高 1,500 點，即預期共有 7,500 點兌換券會提出兌換。

試作：甲便利商店 ×4 年底應作之相關分錄。

解析

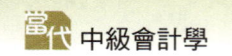

×4年並無兌換券兌換，故 ×4年底合約負債之帳面金額仍為 $30,000，而估計履行剩餘 2,500 點兌換券義務之成本為 $280 × (2,500 ÷ 20) = $35,000，為一虧損性合約，故需就預期成本超過預期收入部分 $5,000 (= $35,000 − $30,000) 認列為負債準備。

×4年 12月 31日

銷貨成本 (或虧損性合約損失)	5,000	
虧損性合約之負債準備		5,000

若獎勵由第三方提供且公司係代第三方收取對價 (即公司為第三方之代理人)，則其會計處理明顯不同。此時公司與獎勵積分相關之收入，係來自於提供代理服務給第三方，而非提供獎勵給獎勵積分持有者，故應在提供代理服務之期間認列收入。而在此類型之「客戶忠誠計畫」中，通常在公司給與獎勵積分時，第三方即負有提供獎勵之義務並有向公司收取對價之權利，即公司已提供代理服務而應立即認列收入。

此外，在代理關係中代委託人收取之金額並非收入，佣金方為收入。故代收之金額並不代表公司之收入，其代理業務應得之合理報酬 (即佣金)，才屬公司收入。此類公司代第三方出售獎勵積分之處理，請參考釋例 15-33。

釋例 15-33　客戶忠誠計畫：獎勵係由第三方提供，且公司係代第三方收取對價 (續釋例 15-31)

沿釋例 15-31，惟甲零售商係就發出之每一點數支付 $8 予航空公司，且每一點之單獨售價 $9。因甲零售商無須先購入航空旅程之點數，甲零售商判斷其為代理人。

試作：甲零售商 ×1年應作之相關分錄。

解析

甲零售商就其認列為代理佣金收入，其餘經評估，甲零售商代理航空公司交付點數並收取對價此項勞務之單獨售價為 $1,000，所銷售商品之單獨售價為 $91,000。

×1年銷貨時

現金	100,000	
銷貨收入		91,000
兌換點數代理收入*		1,000
代收款*		8,000

*代理人僅能認列代理佣金收入 $1,000 [= 1,000 × ($9 − $8)]，$8,000 為代收款。

Chapter 15 收入

本章習題

問答題

1. 企業認列收入的核心原則為何？企業應以哪五項步驟認列收入？
2. 企業簽訂之合約有多項履約義務時，應如何決定各履約義務之交易價格？
3. 何謂可區分之商品或勞務？
4. 簡要敘述判斷「移轉該等商品或勞務之承諾依合約之內涵係可區分」時，可能考慮那些因素？
5. 甲承包商簽訂為某客戶建造並裝修休閒別墅之合約。甲承包商負責該計畫之所有管理，並辨認所承諾之各種不同商品或勞務，包括工程、整地、地基、採購、結構建造、管線及電線配置、設備安裝及完工整理。甲承包商或同業經常對客戶單獨銷售上述商品或勞務。試問該合約有幾項履約義務？
6. 甲公司與客戶簽訂合約銷售設備並為客戶安裝該設備。該設備無須任何客製化或修改即可運作，所需之安裝亦並不複雜且亦有其他公司能提供安裝服務。試問該合約有幾項履約義務？
7. 保固勞務有哪兩類型？何者可能為一項履約義務？請簡述兩者之會計處理方式。
8. 何謂變動對價，其估計值有何限制？企業應於何時估計變動對價？何時再作重評估？
9. 企業銷售某商品並可獲得客戶發行之普通股 10 股，此普通股公允價值變動將如何影響企業之銷貨收入及金融資產評價損益？此非現金對價是否將受估計變動對價時之「高度很有可能不需重大迴轉」限制？
10. 企業應如何將合約之交易價格分攤至各項履約義務？企業是否可能使用剩餘法估計某履約義務之單獨售價？
11. 企業之工程合約之收入認列型態分為哪兩類合約？

選擇題

1. 甲電子公司於 ×1 年 1 月 1 日與乙電器行簽訂銷售隨身碟之合約，每個售價 $200，成本 $50。但若乙電器行於該年內購買超過 1,000 個隨身碟，則合約明定每個單價將減少為 $180（並追溯至當年度已售出之前 1,000 個），並應於確定超過 1,000 台隨身碟時讓乙電器行抵繳應支付之現金。

    甲電子公司於 ×1 年第一季，銷售 80 個隨身碟予乙電器行並收取現金。甲電子公司估計，乙電器行於該年不會購買超過 1,000 個。

    試問：甲電子公司第一季應認列的銷貨收入金額為何？

    (A) $15,000　　　　　　　　(B) $16,000
    (C) $18,000　　　　　　　　(D) $20,000

2. 承上題，乙電器行於 ×1 年 5 月新開設另一電器行，甲電子公司於 ×1 年第二季銷售額

外 500 個隨身碟予乙電器行。甲公司估計乙電器行將於該年購買超過 1,000 個隨身碟。

試問：甲電子公司第二季應認列的銷貨收入金額為何？

(A) $88,800　　　　　　　　　　(B) $88,400
(C) $86,800　　　　　　　　　　(D) $86,400

3. 承上題，甲電子公司於 ×1 年第三季銷售額外 500 個隨身碟予乙電器行。

試問：甲電子公司第三季應收取之現金金額為何？

(A) $78,600　　　　　　　　　　(B) $78,400
(C) $80,600　　　　　　　　　　(D) $80,400

4. 甲公司於 ×1 年 11 月 1 日出售一台機器給乙公司，該機器帳列成本 $720,000，現金價為 $1,029,087。雙方約定之支付條件為乙公司於交易日當天支付現金 $80,000，餘款開立 24 張票據，自 ×1 年 12 月 1 日起每月月初付 $40,000。乙公司之單獨融資交易利率為月息 1%（票據現值 $950,072）；該票據與機器現金價間之隱含利率為月息 1.1%，即該票據以月息 1.1% 折現之現值為 $949,087。

試問甲公司 ×1 年度因本筆銷貨而應認列之銷貨之總利益為何？

(A) $309,087　　　　　　　　　(B) $310,791
(C) $328,769　　　　　　　　　(D) $329,642

5. 提供隨時間逐步履約之勞務的交易而言，下列說明何者錯誤？

	完工比例法	成本回收法
(A)	適用於交易結果無法合理衡量之情況	適用於交易結果無法合理衡量之情況
(B)	收入應於勞務提供期間內認列	僅在已認列工程成本的可回收範圍內認列收入
(C)	估計總成本如有變動應作為會計估計變動	已發生的成本應於當期認列工程成本
(D)	收入認列後帳款若預期無法收現應認列預期信用損失	不可認列超過成本以外的收入，但全部勞務提供完成時或改以完工比例法後除外

6. 甲公司為一手機製造商，預計於 101 年 7 月發表新型手機 A 款與 B 款，由於市場對該兩款手機評價相當好，為因應消費者需求，甲公司於 101 年 6 月 1 日與乙客戶訂立一個銷貨合約，約定甲公司應於 7 月 1 日及 8 月 1 日將 A 款與 B 款分別完成出貨，約定之價款為 A 款手機 $600,000 及 B 款手機 $800,000；支付條件為 B 款手機交貨後，才能要求乙客戶在 1 個月後一次支付總價款。兩款新型手機於 6 月 30 日生產完成，並依約分別於 7 月 1 日及 8 月 1 日出貨。則甲公司應於何時認列 A 款手機之銷貨收入？

(A) 6 月 1 日　　　　　　　　　(B) 6 月 30 日
(C) 7 月 1 日　　　　　　　　　(D) 8 月 1 日

7. （承上題）甲公司 7 月 31 日帳上與前述手機銷售之合約資產及應收帳款餘額分別為

(A) $0；600,000　　　　　　　(B) $600,000；$0
(C) $1,400,000；$600,000　　　(D) $600,000；$1,400,000

Chapter 15 收入

8. 丙公司於 ×1 年 1 月 1 日與客戶簽約以 $700 出售 A、B 及 C 三項可區分之商品,並約定丙公司須於 ×1 年 2 月 1 日移轉對 A 商品之控制予客戶,於 ×1 年 3 月 1 日移轉對 B 及 C 商品之控制予客戶,客戶則於 ×1 年 3 月 31 日支付 $700。丙公司經常以 $300 單獨銷售 A 商品,但 B 及 C 商品之單獨售價則不可直接觀察而須加以估計。甲公司以調整市場評估法與預期成本加利潤法分別估計 B 及 C 商品於 ×1 年 1 月 1 日之單獨售價為 $300 及 $100。試作丙公司應分別於 ×1 年 2 月 1 日和 ×1 年 3 月 1 日認列多少收入?

   (A) $400；$300
   (B) $ 0；$700
   (C) $300；$400
   (D) $525；$175

9. 甲公司在一銷售合約中將 A、B 及 C 商品以 $399 之價格打包在一起出售,惟甲公司經常個別地單獨銷售 A、B 及 C 三項商品,故其單獨售價均係直接觀察而得,且甲公司經常以 $199 一起銷售 B 及 C 商品。另 A、B 及 C 商品的單獨報價分別為 $200、$180 及 $120。

   試問分攤至 A、B 及 C 商品的銷貨收入應分別為多少?

	A	B	C
(A)	$159.6、	$143.64、	$95.76
(B)	$99、	$180、	$120
(C)	$200、	$119.4、	$79.6
(D)	$200、	$180、	$19

10. 甲公司於 ×1 年 7 月 1 日簽訂一項工程合約,該合約之履約義務係隨時間逐步履約者。合約總價款為 $4,800,000,其餘相關資料如下:

    | ×1 年已發生工程成本 | $800,000 |
    | 預期很有可能回收之成本 | 680,000 |
    | ×1 年已開立帳單金額 | 600,000 |
    | ×1 年已收款金額 | 450,000 |

    甲公司對工程完成程度無法合理衡量,試問甲公司 ×1 年應認列之工程利潤或損失為何?

    (A) $0
    (B) $(120,000)
    (C) $(200,000)
    (D) $(350,000)

11. 甲公司於 ×3 年承包一長期建造工程,其合約義務為隨時間逐步履約之義務,工程總價為 $2,000,000,至 ×5 年底完工比例為 40%,×6 年當年度續投入工程成本 $300,000,至 ×6 年底完工比例為 60% 且累計請款金額為 $100,000 (完工比例採工程成本比例)。各年皆預期此工程合約並無損失,且累積之請款金額及累積之收款金額各為 $1,000,000 及 $900,000,則 ×6 年度損益表上工程毛利與 ×6 年底「合約資產」之金額分別為:

    (A) $50,000 與 $100,000
    (B) $50,000 與 $400,000
    (C) $100,000 與 $300,000
    (D) $100,000 與 $400,000　[101 年高考—會計改編]

12. 甲公司於 ×3 年初以固定價格 $500,000 承包一項建造合約,該合約之履約義務係隨時間

逐步履約者,並預定以 3 年期間完成工程。×3、×4 年相關資料如下:

	×3 年	×4 年
本期發生與未來活動相關之合約成本	$ 0	$50,000
本期發生已完成工作之合約成本	$100,000	$200,000
估計總合約成本	$400,000	$400,000
至今完成程度	?	?
當年度工程進度請款金額	$150,000	$250,000
實際收款金額	$120,000	$200,000

甲公司以至今完工已發生合約成本,占估計總合約成本之比例衡量建造合約完成程度,並假設「本期發生與未來活動相關之合約成本」將來很有可能回收。試問 ×4 年底完工比例為何?

(A) 87.5%　(B) 75%
(C) 62.5%　(D) 50%

13. 沿上題,試計算 ×4 年底合約資產或負債之金額:

(A) $25,000 (合約資產)　(B) $375,000 (合約資產)
(C) $100,000 (合約負債)　(D) $500,000 (合約負債)

14. 東雲圖書公司於 ×8 年 10 月 1 日將 200 冊圖書委予西晴書局代為銷售,約定銷售期間 2 個月。該批圖書每冊售價為 $250,每冊成本為 $180,合約規定西晴書局每銷出一冊得收取佣金 $10。代銷期間內,西晴書局共銷出 150 冊,東雲圖書公司於 11 月 30 日收回書款與剩餘圖書,並支付西晴書局佣金。試問東雲公司於 10 月 1 日認列多少銷貨收入?

(A) $37,500　(B) $36,000
(C) $1,500　(D) $0

15. 承上題,東雲公司至 11 月 30 日應認列多少銷貨收入?

(A) $37,500　(B) $36,000
(C) $1,500　(D) $0

練習題

1. 【變動對價——附退貨權之銷貨】小明音樂公司於 ×1 年 9 月 1 日收取款項 $10,000 後運送 100 張唱片予小美唱片行,並移轉對該批唱片之控制予小美唱片行。該批唱片每張售價為 $100,每張成本為 $50。合約規定小美唱片行 3 個月內享有退貨權,但退貨最多不得超過 25 張。至 12 月 1 日退貨權屆滿日,小美唱片行實際共退貨 15 張,小明音樂公司同日退款小美唱片行 $1,500。試於以下獨立狀況中,分析小明音樂公司於 ×1 年關於該批唱片銷售應作之分錄。假定小明音樂公司對存貨採用永續盤存制。
(1) 該批唱片之退貨比例無法合理估計。
(2) 該批唱片之退貨比例可合理估計為 20%,即預期退貨 20 張。

2. 【具重大財務組成部分之銷貨】臺大公司於 ×1 年 1 月 1 日簽訂出售設備之合約，該設備之控制將於 ×2 年 12 月 31 日移轉予客戶，付款方式有二：其一為客戶於 ×2 年 12 月 31 日支付 $118,810，其二為客戶於 ×1 年 1 月 1 日支付 $100,000；兩種付款方式的隱含利率為 9%。甲客戶選擇於 ×1 年 1 月 1 日支付 $100,000，乙客戶選擇 ×2 年 12 月 31 日支付 $118,810。另假設臺大公司與甲、乙客戶之單獨財務融資交易利率均為 6%。

   試作：臺大公司相關分錄。

3. 【銷貨收入之認列──非現金對價】甲公司於 ×1 年 1 月 1 日與客戶簽約出售 B 產品與 C 產品。B 產品售價 $3,000，C 產品售價 $9,000，合約約定客戶以其本身發行之普通股 1,500 股（×1 年 1 月 1 日每股公允價值 $8）支付對價。甲公司依約於 ×1 年 2 月 1 日移轉對 B 產品之控制予客戶，於 ×1 年 3 月 1 日移轉對 C 產品之控制予客戶，並於 ×1 年 3 月 10 日收到客戶之普通股 1,500 股（分類為透過損益按公允價值衡量之金融資產）。若該普通股 ×1 年 2 月 1 日、×1 年 3 月 1 日、×1 年 3 月 10 日與 ×1 年 3 月 31 日之每股公允價值分別為 $10、$4、$12 與 $18，試作甲公司之相關分錄。

4. 【變動對價之分攤──權利金】甲公司於 ×1 年 1 月 1 日與客戶簽訂兩項智慧財產授權（A 及 B 授權）之合約，依合約 A 授權之控制係於 ×1 年 1 月 1 日移轉予客戶，B 授權之控制係於 ×1 年 3 月 1 日移轉予客戶。A 授權及 B 授權於 ×1 年 1 月 1 日之單獨售價分別 $2,000 與 $3,000。合約中明定 A 授權之價格為固定金額 $1,500，B 授權之價格為客戶使用 B 授權所生產產品之未來銷售金額之 5%（即變動對價），甲公司於 ×1 年 1 月 1 日估計此以銷售基礎計算之權利金為 $6,200。甲公司於 ×1 年 1 月 1 日自客戶收取 $1,500，另 ×1 年 3 月至 5 月之每月月底實際自客戶收取當月之權利金分別為 $800、$1,000 與 $1,200。

   甲公司判定，將變動對價完全分攤至 B 授權，並非合理之交易價格分攤。試作甲公司 ×1 年 1 月至 5 月之相關分錄。

5. 【交易價格之分攤】甲公司於 ×1 年 1 月 1 日與客戶簽約以 $210 出售 A、B 及 C 三項可區分之商品，並約定甲公司須於 ×1 年 2 月 1 日移轉對 A 商品之控制予客戶，於 ×1 年 3 月 1 日移轉對 B 及 C 商品之控制予客戶，客戶則於 ×1 年 3 月 31 日支付 $210。無可觀察證據顯示此合約之折扣僅與一或兩項（但非三項）商品有關。A、B 及 C 三項商品於 ×1 年 1 月 1 日之相對單獨售價分別為：$80、$90 及 $130；於 ×1 年 2 月 1 日之相對單獨售價分別為：$80、$90 及 $130。

   試作：甲公司之相關分錄。

6. 【交易價格之分攤】甲公司在一銷售合約中將 A、B 及 C 商品以 $799 之價格打包在一起出售，惟甲公司經常個別地單獨銷售 A、B 及 C 三項商品，故其單獨售價均係直接觀察而得，且甲公司經常以 $400 一起銷售 B 及 C 商品。另 A、B 及 C 商品的單獨報價分別為 $399、$300 及 $200。試將 $799 總對價分攤至 A、B 及 C 商品。

7. 【分期付款銷售】奔馳汽車公司於 ×1 年初以零利率方式出售一輛貨車 $1,000,000 予乙公

司，乙公司將於未來 5 年每年底支付貨車價款 $200,000。該貨車已過戶並交付予乙公司，惟奔馳汽車公司為保障到期金額之收現性，要求乙公司將該貨車設定質權予奔馳汽車公司。奔馳汽車公司於銷售類似貨車時，若買方一次付清價款，其售價為 $842,473（隱含利率 6%）。乙公司之單獨財務融資交易利率 8%（現值 $798,542）。

試作：奔馳汽車公司 ×1 年應作之分錄。

8. 【建造合約——完工比例法】強固工程公司於 ×1 年初以固定價格 $500,000 承包一項建造合約，預定 2 年完成該工程。該合約之履約義務係隨時間逐步滿足且其結果能可靠估計，其 ×1、×2 年相關資料如下：

	×1 年	×2 年
本期發生已完成工作之合約成本	$180,000	$200,000
估計總合約成本	400,000	380,000
工程進度請款金額	350,000	150,000
實際收款金額	300,000	200,000

強固工程公司以至今完工已發生合約成本占估計總合約成本之比例衡量完成程度，試作強固工程公司 ×1、×2 年與該建造合約相關之分錄。

9. 【建造合約——完工比例法】沿練習題 8，試計算強固工程公司 ×1 及 ×2 年度綜合損益表中應表達之工程收入、工程成本及工程利潤（損失）金額，以及 ×1 及 ×2 年 12 月 31 日合約資產（合約負債）金額？

10. 【建造合約——成本回收法】保利新工程公司於 ×1 年初以固定價格 $500,000 承包一項建造合約，預定 2 年完成該工程。該合約之履約義務係隨時間逐步滿足且其結果不能可靠估計，但各期均預期發生之合約成本很有可能回收。其 ×1、×2 年相關資料如下：

	×1 年	×2 年
本期發生已完成工作之合約成本	$180,000	$200,000
工程進度請款金額	350,000	150,000
實際收款金額	300,000	200,000

試作：保利新工程公司 ×1、×2 年與該建造合約相關之分錄。

11. 【建造合約——成本回收法】沿練習題 10，試計算保利新工程公司 ×1 及 ×2 年度綜合損益表中應表達之工程收入、工程成本及工程利潤（損失）金額，以及 ×1 及 ×2 年 12 月 31 日合約資產（合約負債）金額？

12. 【客戶忠誠計畫——獎勵係由公司自行提供】快活便利商店於 ×1 年執行一項客戶忠誠計畫，顧客每購買 $50 商品，即贈送 1 點的兌換券，每集滿 10 點可換取該商店商品，

每一點兌換券可兌換商品之帳面金額為 $2，每一點兌換券可兌換商品之單獨售價為 $3，此等兌換券沒有到期日。×1 年該商店共售出 $200,000 商品（該等商品之 單獨售價為 $200,000)，並發出 3,600 點之兌換券，預期有 2,700 點兌換券會被兌換。×1 年共有 1,800 點兌換券提出兌換。

試作：快活便利商店 ×1 年應作之相關分錄。

13. 【客戶忠誠計畫──獎勵係由公司自行提供】沿練習題 12，若 ×2 年第 1 季並無兌換券提出兌換，惟快活便利商店於 ×2 年第 1 季末將兌換券會被兌換總量之預期提高 800 點，即預期 3,500 點兌換券會提出兌換，快活便利商店估計其履行剩餘兌換券義務之成本為 $5,000。

    試作：快活便利商店 ×2 年第 1 季末應作之相關分錄。

14. 【客戶忠誠計畫畫──獎勵係由第三方提供且公司係為其本身收取獎勵積分之對價】大大旅館於 ×1 年參與由一家航空公司經營之客戶忠誠計畫。客戶每消費 $20，即贈送紅利積點 1 點，客戶可用紅利積點點數向航空公司兌換航空旅程，每一點數可兌換旅程之單獨售價為 $1，大大旅館就兌換之每一紅利點數支付 $0.6 予航空公司，此等兌換沒有到期日。×1 年大大旅館收取之對價總計 $2,000,000，客戶已消費商品單獨售價為 $1,920,000 並給與 100,000 點數，估計共有 80,000 點參與兌換，故每一點數之單獨售價為 $0.8 (= $1 × 80,000 / 100,000)。×1 年共有 60,000 點紅利點數提出兌換。依合約協議內容，大大旅館係為其本身收取點數之對價。

    試作：大大旅館 ×1 年應作之相關分錄。

15. 【合約負債】×1 年 1 月 1 日，甲公司與客戶簽訂一 A 存貨之銷售合約，合約單價 $100，若於 ×1 年 12 月 31 日前，客戶購買超過 100 單位，則 ×1 年所有購貨均減價退回 $10，並於 ×2 年 1 月 31 日支付應有之減價。甲公司根據過去銷貨經驗，判斷每年該客戶均將購買超過 100 單位。請作下列交易之分錄：

    (1) ×1 年交付 A 存貨 200 單位，並請款 $20,000。後續收現之分錄省略。
    (2) ×1 年 12 月 31 日減價金額確定。

16. 【權利金】蘋果公司將其手機面板觸控模組專利授權予百樂公司使用，雙方於 ×1 年 10 月 31 日簽訂手機面板觸控模組專利授權使用合約，合約中約定百樂公司於簽約日須支付蘋果公司 $3,750,000 權利金，並於專利授權期間內自 ×2 年 1 月 1 日至 ×4 年 12 月 31 日止，每一年底依據百樂公司該年度之手機生產數量支付每支手機 $5 權利金予蘋果公司，每年底按生產數量計算之權利金，百利公司應於次年度 1 月 31 日支付。各年度百樂公司手機生產數量如下：

	×2 年度	×3 年度	×4 年度
生產數量	300,000	450,000	250,000

    試作：蘋果公司前述手機面板觸控模組專利授權合約之權利金收入相關分錄。

Chapter 16 租賃會計

學習目標

研讀本章後,讀者可以了解:
1. 租賃之定義
2. 租賃之主要條款與常見內容
3. 租賃之定義與辨認租賃
4. 租賃期間之評估與重評估
5. 出租人之會計處理
6. 承租人之會計處理

本章架構

租賃會計

- **租賃之定義與優點**
  - 定義
  - 優點
- **租約之重要內容與常見條款**
  - 內容
  - 常見條款
- **租賃辨認**
  - 已辨認資產
  - 使用之控制權
- **租賃期間**
  - 期間之評估
  - 期間之重評估
  - 期間之變動
- **承租人之會計處理**
  - 使用權資產
  - 租賃負債
- **出租人之會計**
  - 融資租賃
  - 營業租賃

微軟購電交易之會計處理

　　2012年綠色和平組織抗議微軟旗下資料中心能源發電方式，使用骯髒能源(dirty energy)嚴重污染環境，微軟將龐大電腦設備置於土地廉價、網路連線良好、電價較低的地點(主要座落於美國懷俄明州、維吉尼亞州等地)。雖然，微軟購買碳權抵銷能源污染量，但綠色和平組織並不滿意，要求該公司必須承諾長期使用太陽能或風力等可再生能源，供應資料中心用電所需。

　　自2012後，微軟在節能減碳上卓有成效，還因此得到美國環保署的氣候領袖獎，微軟於2012年實施內部碳價制度，在2016年，承諾透過其再生能源相關政策，擴大全球再生能源市場，特別在「以長期承諾支持再生能源市場」及「開發新的可再生能源採購方案」兩部分。2016年11月為了打造更環保、更具社會責任的雲端系統，微軟持續投資再生能源，微軟宣佈公司最新簽署了兩筆風力發電購買合約，共計237兆瓦風力發電能力，微軟與保險組織Allianz Risk Transfer簽署了協議，購買其在堪薩斯的Bloom Wind計畫，共獲得178兆瓦風力發電能力，並與Black Hills Energy簽署長期合約，從其在微軟資料中心(位於懷俄明州Cheyenne)附近的兩個風電計畫(Happy Jack和Silver Sage)購買59兆瓦的風電。微軟表示，新簽署的這兩個合約應該可以保證每年產出足夠的電量，支持其資料中心設備的運轉。

　　微軟需判定該購電合約是否包含租賃，該購電合約是有已辨認資產？即電廠是否已被明確指定於合約中，且供電廠商是否不具有替換該指定電廠之權利。微軟是否具有該電廠使用之控制權？

章首故事引發之問題

● 租賃之會計處理對財務報表有重大影響。
● 有關微軟購電交易之會計處理為何？是否應適用 IFRS 16 租賃會計？

租賃係以使用權代替所有權，強調使用價值之交易模式，租賃對許多企業係一項重要活動。企業藉由租賃同時取得所需之資產及取得融資，並可降低企業資產所有權之暴險。租賃之盛行意味著財務報表使用者需要了解企業租賃活動之完整全貌，租賃會計處理一直是會計界爭議不斷之重要議題。租賃會計準則規範之目的，係確保租賃交易在承租人和出租人雙方財務報表上的表達符合交易的商業實質。承租人將租賃所產生之權利及義務認列為資產及負債，忠實表述承租人之資產及負債，對承租人之財務槓桿及資本運用提供較高透明度之資訊。

一般之租賃合約，其法律形式與經濟實質一致，適用國際財務報導準則第 16 號 (IFRS 16)「租賃」之規範，此為本章主要介紹之內容。但實務上，因企業間常有多樣之交易設計，使得租賃會計之適用範圍存在許多爭議，由於，依循經濟實質重於法律形式之基本精神，企業間之交易不能僅依其法律形式決定是否適用 IFRS 16 租賃會計之處理。會計準則之複雜化常因實務運作之多樣與交易設計所導致，租賃會計就是一個最貼近之實例。

> 會計準則之複雜化常因實務運作之多樣與交易設計所導致，租賃會計就是一個最貼近之實例。

16.1 租賃定義與優點

學習目標 1
了解租賃之定義

租賃係指將一項資產 (標的資產) 之使用權轉讓一段時間以換得對價之合約 (或合約之一部分)。亦即**出租人** (Lessor) 將特定資產之使用權於約定期間轉讓予**承租人** (Lessee)，以收取一筆款項或一

系列款項之協議。換言之，**租賃**(Leasing)係指出租人以其所有之資產租予承租人使用，並定期向承租人收取定額或不定額(如租金以營業額之特定比例收取)之租金以為報酬之交易行為(如圖16-1所示)。

> 租賃係將特定資產之使用權轉讓一段時間以換取對價之合約。

圖 16-1　租賃交易之本質

租賃包含合約條款訂有租用人於履行協議條件後，可選擇取得該項資產所有權之資產租用合約。此類合約有時稱作**租購合約**(hire purchase contracts)。

租賃為企業取得資產使用權，以替代擁有資產所有權的先進融資觀念，為當前企業金融領域中一項重要業務，是世界各國重要產業之一。許多企業之營運設備係以租賃方式進行交易。例如：設備製造(供應)商可透過租賃達到擴展銷售之目的，租賃公司可提供企業資金，協助企業取得資產使用權，進而增加企業資金之靈活調度；此外，透過租賃亦可達到節稅目的，國內外企業已廣泛利用租賃進行財務規劃，使得租賃市場規模不斷擴大。

對承租人而言，相對於直接購置租賃資產，透過租賃可達到許多好處，例如：(1) 理財較具彈性、百分之百融資、融資成本較低，企業無需支付租賃資產的全部價款，即可以使用資產，不致於將資金凍結在廠房設備上；(2) 投資風險降低；(3) 避免資產過時。

對出租人而言，相對於直接出售租賃資產，透過租賃可達到許多好處，例如：(1) 可賺取租金收入、利息收入，若為製造商或經銷商則可以增加產品銷路，達到間接出售資產之利潤；(2) 可取得投資抵減及加速折舊等租稅上利益；(3) 經由保證殘值之約定，得避免租賃標的價值減損之風險。

IFRS 一點通

租賃定義

看似簡單之租賃定義，因實務運作，有時需運用高度之專業判斷，例如：章首故事中微軟購電交易應依合約判斷是否應適用 IFRS 16 租賃會計。在合約成立日當天，企業應該針對合約條款與條件予以評估，以決定合約是否 (或包含) 租賃。

學習目標 2
了解租約之內容與常見條款

16.2　租約之內容與常見條款

租約交易常見之合約條款主要包括下列各項：

租賃開始日 (Commencement date)

係指出租人使**標的資產** (underlying asset) 可供承租人使用之日。又稱租賃期間開始日，即承租人有權執行租賃資產使用權之日期，該日為租賃原始認列 (即適當認列因租賃所產生之資產、負債、收益或費損) 之日。通常為租賃標的交付承租人，並開始起算租金之日。

合約成立日 (Inception date)

所謂合約成立日又稱租賃成立日 (或成立日)，即為租賃協議日或雙方對租賃主要條款及條件承諾日之較早者。

不可取消之租賃 (Non-cancellable lease)

租賃合約為確保雙方之權益，常會規定租賃交易不得任意終止或取消。「不可取消之租賃」觀念係租賃交易非常重要之條款，對租賃會計之處理有重要影響，例如，對租賃使用權資產與負債認列金額之計算有重要影響。

租賃期間 (Lease term)

租賃期間始於出租人使標的資產可供承租人使用之日 (即租賃開始日)，並包含出租人提供予承租人之任何免租金期間。租賃期間為租賃之不可取消期間，併同 (1) 租賃延長之選擇權所涵蓋之期間，

若承租人可合理確定將行使該選擇權；及 (2) 租賃終止之選擇權所涵蓋之期間，若承租人可合理確定將不行使該選擇權。

履約成本 (Executory Costs)

租賃標的之保險費、維修保養費及稅捐等費用，為伴隨租賃資產使用權及所有權而必須承擔之成本，係履行租賃合約應支付之成本。為避免租約雙方產生爭議，租賃合約中應明訂履約成本由承租人或出租人負擔，若由出租人負擔，表示租金金額已包括此使用權成本，故承租人應自租金中扣除該履約成本，剩餘金額才是該租賃標的之真正租金 (純租金) 及真正的資產租用成本。

> 履約成本係租賃資產之使用成本，不是資產租用成本。

租約到期之處理方式

租賃合約到期之處理方式，大致可分為兩類：(1) 承租人將租賃標的返還出租人，結束租賃關係；(2) 承租人行使承購權，結束租賃關係。

殘值

當承租人將租賃標的返還出租人時，租賃標的仍具有價值，即所謂估計殘值，係指假設該資產已達租賃合約到期時之年限，並處於租賃合約到期時之預期狀況，企業目前自處分該資產估計所可取得金額減除估計處分成本後之餘額，代表租賃期間結束時，租賃標的之估計公允價值。

殘值保證

有時租賃合約要求承租人須承擔部分殘值變動之風險，稱為殘值保證 (residual value guarantees)，係指與出租人無關之一方向出租人所作之保證，保證於租賃結束日，標的資產價值 (或價值之一部分) 至少將為一特定金額。

> 估計殘值時不應考慮未來通貨膨脹之可能影響。

對承租人而言，殘值保證係指估計殘值中由承租人或其關係人保證之部分 (保證金額為在任何情況下所須支付之最大金額)；然而，對出租人而言，殘值保證係指估計殘值中由承租人或其他與出

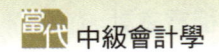

租人無關,且有財務能力履行保證義務之第三方保證之部分。

未保證殘值

未保證殘值 (unguaranteed residual value) 係指出租人對標的資產殘值之實現未獲保證或僅有出租人之關係人保證之部分。亦即租賃標的資產在租賃期間屆滿時,估計殘值中,未經承租人或第三者(與出租人無關者)保證之部分。

估計殘值 = 保證殘值 + 未保證殘值

假設 ×1 年初甲公司向乙公司承租一部機器,租期 3 年,每年年底支付租金 $100,000。估計 ×3 年底甲公司將機器返還乙公司時,該機器之殘值估計為 $15,000,但甲公司僅提供殘值之保證 $10,000,故有未保證殘值 $5,000。最常見之保證殘值如圖 16-2 情況一所示,甲公司係保證低於 $10,000 部分之責任,故若 ×3 年底該機器之殘值大於 $10,000,則甲公司無須承擔任何補償責任,但若 ×3 年底該機器之殘值低於 $10,000(例如 $4,000),則甲公司須承擔 $10,000 與殘值差異部分 ($6,000) 之補償責任。另一保證殘值之方式如圖 16-2 情況二所示,甲公司係保證低於 $15,000 部分之責任,故若 ×3 年底該機器之殘值低於 $15,000,則甲公司須承擔補償責任,惟以 $10,000 為限,例如 ×3 年底該機器之殘值為 $8,000,則甲公司須承

估計殘值		$15,000		
	$0	$5,000	$10,000	$15,000
情況一	保證殘值 $10,000 (保證低於 $10,000 至 $0 間之金額)			未保證殘值 $5,000
情況二	未保證殘值 $5,000	保證殘值 $10,000 (保證低於 $15,000 至 $5,000 間之金額)		

圖 16-2　保證殘值之意義

擔補償責任 $7,000，又若 ×3 年底該機器之殘值為 $3,000，則甲公司僅須承擔補償責任 $10,000。

租金支付方式及其他約定事項

承租人租金的給付方式得為月繳或年繳，承租人亦得以保證金之利息支付部分或全部之租金。其他約定事項包括合約之擔保金(保證金)、使用租賃標的之限制(例如，可否轉租、出借、頂讓，或以其他變相方法由他人使用)、合約是否可以取消及相關懲罰條款、出租人對承租人財務及經營上的限制、租賃改良物回復原狀及違約處罰等約定。由於租約之條款係規範承租人及出租人雙方彼此之權利與義務，為避免將來產生爭端，內容越明確越能減少未來之訴訟風險，例如，錢櫃因租賃改良物回復原狀爭議，被控賠償損失。

租賃隱含利率 (Interest rate implicit in the lease)

如圖 16-3 所示，所謂租賃隱含利率係指在租賃開始日，使 (1) 租賃給付及 (2) 未保證殘值兩者現值等於 (a) 租賃資產公允價值及 (b) 出租人所有原始直接成本兩者總和之利率。換言之，租賃隱含利率為出租人因承租人非採直接購買租賃資產而延期支付所要求之資金投資報酬率。

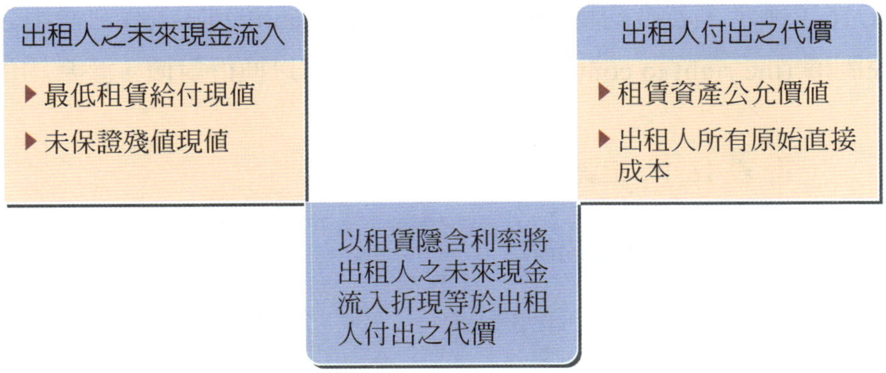

出租人之未來現金流入
- 最低租賃給付現值
- 未保證殘值現值

出租人付出之代價
- 租賃資產公允價值
- 出租人所有原始直接成本

以租賃隱含利率將出租人之未來現金流入折現等於出租人付出之代價

圖 16-3　租賃隱含利率之意義

假設乙公司於 ×1 年 1 月 1 日將設備一部 (公允價值 $342,920) 出租予甲公司，出租人所有原始直接成本共計 $10,000，每期租金

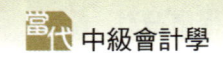

$120,000，於年初支付，租期 4 年。該設備之耐用年限為 5 年，租期屆滿日估計殘值為 $20,000，保證殘值為 $5,000。每年之履約成本 $20,000 由乙公司支付。假設乙公司之隱含利率為 X% 計算如下，可推估得出 12%：

出租人之未來現金流入		出租人付出之代價
租賃給付現值 + 未保證殘值現值	=	租賃資產公允價值 + 出租人原始直接成本
($120,000 − $20,000) × (1 + $P_{3, X\%}$) + $5,000 × $p_{4, X\%}$　　$15,000 × $p_{4, X\%}$	=	$342,920　　$10,000

承租人增額借款利率 (Lessee's incremental borrowing rate)

所謂承租人增額借款利率係指承租人於類似經濟環境中為取得與使用權資產價值相近之資產，而以類似擔保品與類似期間借入所需資金應支付之利率。

16.3 辨認租賃

學習目標 3
了解租賃之定義與辨認租賃

企業應於合約成立日評估該合約是否係屬(或包含)租賃。如表 16-1 所示，若合約轉讓對**已辨認資產** (identified asset) 之**使用之控制權** (the right to control the use) 一段時間以換得對價，該合約係

表 16-1　租賃辨認之評估與重評估

租賃之辨認	
評估日	企業應於合約成立日評估合約是否存在租賃。
評估合約是否存在租賃	若合約轉讓對已辨認資產之使用之控制權一段時間以換得對價，該合約係屬(或包含) 租賃。
	企業應就合約中每一可能之單獨租賃組成部分，評估合約是否包含租賃。區分每一租賃組成部分與非租賃組成部分
重評估日	企業僅於合約條款及條件改變時，始應重評估合約是否係屬(或包含) 租賃。

屬(或包含)租賃。所謂「一段時間」可為5年或10年，亦得以已辨認資產之使用量(例如，將一項設備用於製造所生產之產量)描述。圖16-4列示辨認租賃之要素將於以下逐一說明。

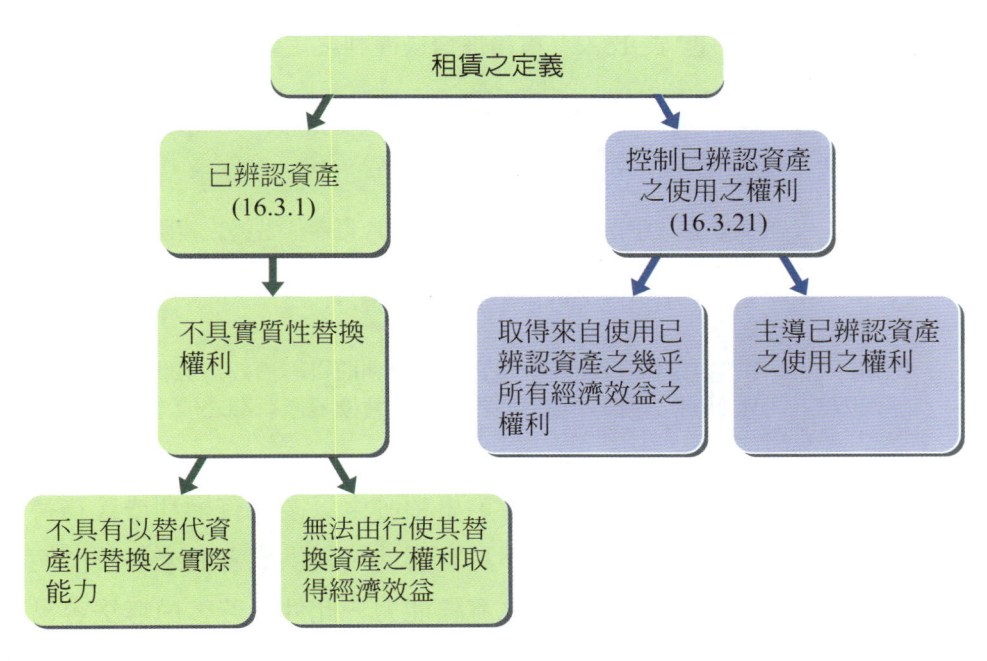

圖 16-4 辨認租賃之要素

租賃之定義
- 已辨認資產 (16.3.1)
  - 不具實質性替換權利
    - 不具有以替代資產作替換之實際能力
    - 無法由行使其替換資產之權利取得經濟效益
- 控制已辨認資產之使用之權利 (16.3.21)
  - 取得來自使用已辨認資產之幾乎所有經濟效益之權利
  - 主導已辨認資產之使用之權利

16.3.1 辨認租賃──已辨認資產

一項資產通常藉由在合約中被明確指定而被辨認，惟一項資產亦可能藉由於可供客戶使用之時被隱含指定而被辨認。針對評估資產之各部分是否屬可辨認，若資產之部分產能在實體上可區分(例如，建築物之一樓層)，其為已辨認資產。資產之產能部分或其他部分在實體上不可區分者(例如，光纖電纜之部分產能)，非為已辨認資產，除非其代表該資產幾乎所有之產能，因而提供客戶取得來自使用該資產之幾乎所有經濟效益之權利。

即使資產已被指定，若供應者在整個使用期間具有替換該資產之實質性權利(參照表16-2)，客戶並無已辨認資產之使

> **何謂「隱含指定」？**
> 企業成立日評估是否有已辨認資產時，無需能辨認將用以履行合約之特定資產(例如某特定序號)，以作出有已辨認資產之結論。企業僅需知悉自開始日起是否需要已辨認資產以履行合約。若為此種情況，該資產係被隱含指定。

用權。實質性替換權利之評估應考量資產置放場所，但無須考量於合約成立時不被視為可能發生替換者，亦無須考量修理及維護所需之替換。

表 16-2 實質性替換權利之定義

實質性替換權利：僅於同時符合「替換之實際能力」與「取得經濟效益」兩項條件時，替換資產之權利始具實質性。	
替換之實際能力	供應者在整個使用期間具有以替代資產作替換之實際能力 (例如，客戶無法防止供應者替換資產，且替代資產係供應者輕易可得或供應者可在合理時間內獲得)
取得經濟效益	供應者將由行使其替換資產之權利取得經濟效益 (即與替換資產有關之經濟效益預期將超過與替換資產有關之成本)

若供應者僅在特定日期或特定事項發生以後始有權利或義務替換資產，供應者之替換權利並不具實質性，因供應者並未在整個使用期間具有以替代資產作替換之實際能力。此外，若客戶無法容易地判定供應者是否具有實質性替換權利，該客戶應推定任何替換權利不具實質性。

16.3.2 辨認租賃——使用之控制權

為評估合約是否轉讓對已辨認資產之使用之控制權一段時間，企業應評估客戶在整個使用期間是否具有下列兩者：(1) 取得來自使用已辨認資產之幾乎所有經濟效益之權利；及 (2) 主導已辨認資產

IFRS 一點通

合約用語

IFRS 16 於辨認合約中是否包含租賃之前，使用「**供應者** (Supplier)」、「**客戶** (Customer)」與「**標的資產** (Underlying Asset)」分別替代出租人、承租人與租賃標的，因有可能法律上為租賃合約，但經判斷不符合會計上租賃之定義；同樣地，也有可能法律上不屬租賃合約，但經判斷符合會計上租賃之定義。

之使用之權利。使用期間係指用以履行客戶合約之資產使用總期間，包含所有非連續期間。若客戶僅於合約之部分期間具有對已辨認資產之使用之控制權，則該合約包含該部分期間之租賃。

條件一：取得來自使用之經濟效益之權利 (使用之控制權)

為控制已辨認資產之使用，客戶須在整個使用期間具有取得來自使用該資產之幾乎所有經濟效益之權利 (例如，藉由在整個期間專屬使用該資產)。如表 16-3，客戶得以許多方式 (諸如使用、持有或轉租資產等) 直接或間接取得來自使用該資產之經濟效益。評估來自使用資產之經濟效益時，應考量界定範圍內之經濟效益。例如，若合約限制機動車輛僅可在使用期間內於特定區域 (北部區域) 或特定里程數 (每日 400 公里) 使用，則企業應僅於使用權所界定之範圍內予以評估。

表 16-3　來自使用資產之經濟效益

經濟效益	界定範圍內之經濟效益
包括其主要產出及副產品 (包括源自此等項目之可能現金流量)，以及自與第三方之商業交易所可實現來自使用資產之其他經濟效益。	當評估取得來自使用資產之幾乎所有經濟效益之權利時，企業應考量在對客戶對資產之使用權所界定之範圍內，使用該資產所產生之經濟效益。

若合約規定客戶將源自使用資產之現金流量之一部分支付予供應者或其他方作為對價，該等作為對價所支付之現金流量應視為客戶取得來自使用資產之經濟效益之一部分。例如，若客戶須將來自使用零售攤位之銷售之某百分比支付予供應者作為使用之對價，此規定並未防止客戶具有取得來自使用該零售攤位之幾乎所有經濟效益之權利。此係因該等銷售所產生之現金流量係被視為客戶使用零售攤位所取得之經濟效益，而後將其中一部分之經濟效益支付予供應者作為該空間之使用權之對價。

條件二：主導使用之權利 (使用之控制權)

為符合使用之控制權，客戶須在整個使用期間具有主導已辨認

資產之使用之權利(除攸關決策係預先決定之例外情況)。以下說明(1)主導資產之使用方式及使用目的；及(2)攸關決策係預先決定之例外情況。

資產之使用方式及使用目的

若在合約對客戶之使用權所界定之範圍內，客戶在整個使用期間可改變資產之使用方式及使用目的，則該客戶具有主導該資產之使用方式及使用目的之權利。於作此評估時，企業應考量在整個使用期間與改變資產之使用方式及使用目的最為攸關之決策權。

當決策權影響源自使用之經濟效益時，該決策權為攸關。最為攸關之決策權就不同合約而言可能不同，此係取決於資產之性質及合約之條款及條件。

攸關決策係預先決定

當有關資產之使用方式及使用目的之攸關決策係預先決定時，若符合下述(1)操作觀點或(2)設計觀點時，則客戶主導資產使用之權利：

1. **操作觀點**：客戶在整個使用期間具有操作資產之權利(或主導他人以客戶決定之方式操作資產)，且供應者並無改變該等操作指示之權利；或
2. **設計觀點**：客戶設計該資產(或該資產之特定部分)之方式已預先決定其在整個使用期間之使用方式及使用目的。

16.4 租賃期間之評估與重評估

學習目標 4
了解租賃期間之評估與重評估

租賃期間 (lease term) 始於出租人使標的資產可供承租人使用之日(即租賃開始日)，並包含出租人提供予承租人之任何免租金期間。租賃期間為租賃之**不可取消期間** (Non-cancellable period)，併同(1)租賃延長之選擇權所涵蓋之期間，若承租人可合理確定將行使該選擇權；及(2)租賃終止之選擇權所涵蓋之期間，若承租人可合理確定將不行使該選擇權。企業於評估承租人是否可

租賃終止之權利

若僅承租人具有租賃終止之權利，則該權利被視為承租人之租賃終止之選擇權，其於企業決定租賃期間時將納入考量。若僅出租人具有租賃終止之權利，則租賃之不可取消期間包含該租賃終止之選擇權所涵蓋之期間。

合理確定將行使租賃延長之選擇權(或將不行使租賃終止之選擇權)時，應考量將對承租人產生經濟誘因以行使租賃延長之選擇權(或不行使租賃終止之選擇權)之所有攸關事實及情況，如表16-4。

表 16-4　租賃期間之定義

租賃期間 ＝ 租賃之不可取消期間		
加	租賃延長之選擇權所涵蓋之期間，若承租人可合理確定將行使該選擇權	**考量因素** 企業應於開始日評估將對承租人產生經濟誘因以行使租賃延長之選擇權（或不行使租賃終止之選擇權）之所有攸關事實及情況
加	租賃終止之選擇權所涵蓋之期間，若承租人可合理確定將不行使該選擇權	

釋例 16-1　租賃期間

甲公司與乙租賃公司簽訂租賃合約，從 ×1 年 1 月 1 日開始承租一項生產設備，至 ×5 年 12 月 31 日返還該設備，惟該租約允許甲公司於 ×5 年 12 月 31 日選擇再續租額外 2 年 (租賃延長之選擇權)，亦允許甲公司於 ×4 年 12 月 31 日選擇終止該設備之承租且無須支付任何罰款 (租賃終止之選擇權)。

該租賃合約之租賃期間取決於攸關事實及情況，有可能為下列三種情況之一：

情況一：可合理確定將行使租賃終止之選擇權，4 年；

情況二：合理確定將不行使租賃終止與租賃延長之選擇權，5 年；或

情況三：可合理確定將不行使租賃終止之選擇權並行使租賃延長之選擇權，7 年

解析

租賃期間之判斷	情況一	情況二	情況三
租賃之不可取消期間 (4 年)	是	是	是
租賃延長之選擇權所涵蓋之期間 (2 年)	否	否	是
租賃終止之選擇權所涵蓋之期間 (1 年)	否	是	是
租賃期間	4 年	5 年	7 年

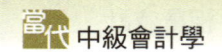

行使選擇權經濟誘因之可合理確定評估 (reasonably certain assessment)

企業應於開始日評估承租人是否可合理確定將行使租賃延長或購買標的資產之選擇權，或將不行使租賃終止之選擇權。企業應考量將對承租人產生經濟誘因以行使(或不行使)選擇權之所有攸關事實及情況，包括自開始日至選擇權行使日間所有事實及情況之預期變動。行使選擇權之**經濟誘因** (economic incentive) 應考量之因素之例包括(但不限於)以目前低於市場行情之費率行使之購買選擇權、於合約期間進行(或預期進行)之重大租賃權益改良、與租賃終止有關之成本(諸如協商成本、遷移成本)、特殊性資產、缺乏適當替代資產之可得性。此外，有時亦須考慮如下因素：

1. 結合一個或多個其他合約特性

租賃延長或租賃終止之選擇權可能結合一個或多個其他合約特性(例如，保證殘值)，以致無論是否行使選擇權，承租人皆保證給予出租人幾乎相同之最低或固定現金報酬。於此情況下，企業應假設承租人可合理確定將行使租賃延長之選擇權，或將不行使租賃終止之選擇權。

2. 不可取消期間之長短

租賃之不可取消期間越短，承租人越有可能將行使租賃延長之選擇權，或將不行使租賃終止之選擇權。此係因不可取消期間越短，與取得重置資產有關之成本可能成比例地越高。

3. 過去實務之經濟理由

承租人對特定類型資產(無論係承租或自有)之通常使用期間之相關過去實務，以及其如此作之經濟理由，對評估承租人是否可合理確定將行使(或將不行使)選擇權可能提供有用資訊。

租賃期間之重評估與變動

租賃開始日後，重大事項發生或情況重大改變發生時，承租人應重評估是否可合理確定將行使租賃延長之選擇權或將不行使租賃終止之選擇權，若該事項或情況改變係在承租人控制範圍內；且影

響承租人是否可合理確定將行使先前於決定租賃期間時所未包含之選擇權，或將不行使先前於決定租賃期間時所包含之選擇權時，承租人應重評估租賃期間。

重大事項或情況重大改變之例包括：

1. 於開始日並未預期之重大租賃權益改良(預期當租賃延長或租賃終止之選擇權或購買標的資產之選擇權成為可行使時，該租賃權益改良對承租人具有重大經濟效益)；
2. 於開始日並未預期對標的資產之重大修改或客製化；
3. 標的資產轉租成立，其轉租之期間超過先前決定之租賃期間結束日；及
4. 與是否行使選擇權直接攸關之承租人商業決策(例如，延長互補性資產之租賃、處分替代資產或處分運用使用權資產之業務單位之決策)。

若租賃之不可取消期間有變動，企業應修正租賃期間。租賃不可取消期間變動之情況例舉如下：(1) 承租人行使先前於企業決定租賃期間時所未包含之選擇權；(2) 承租人不行使先前於決定租賃期間時所包含之選擇權；(3) 發生使承租人合約上負有義務行使先前於企業決定租賃期間時所未包含之選擇權之事項；或 (4) 發生使承租人合約上禁止行使先前於企業決定租賃期間時所包含之選擇權之事項。

16.5 承租人租賃會計

租賃之經濟實質

學習目標 5
熟悉承租人之會計處理

租賃之會計處理與表達，應按其實質與財務事實，而非僅依法律形式。儘管租賃合約之法律形式，承租人可能未取得租賃資產之法定所有權，其實質與財務事實係承租人以承擔給付義務，換取使用租賃資產租賃期間內之經濟效益。

此種租賃交易若未反映於承租人之財務狀況表，企業之經濟資源與所承擔義務將被低估，從而扭曲財務比率。因此較適當之作法為，將租賃於承租人之資產負債表中同時認列為一項資產及一項對未來租賃給付之義務。在租賃期間開始日，除了承租人之所有原始

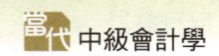

直接成本作為資產增加數外,應將租賃資產及對未來租賃給付之負債以相同之金額認列於資產負債表中。

單一承租人會計模式

IFRS 16 採用單一承租人會計模式,如表 16-5,規定承租人對所有租賃認列資產與負債,除非租賃期間不超過 12 個月之短期租賃及該標的資產為低價值 (例如,5,000 美元以下)。承租人應考量租賃合約之條款及條件與所有相關事實及情況,認列使用權資產以代表其使用標的租賃資產之權利,並認列租賃負債以代表其支付租賃給付之義務。

承租人以與衡量其他非金融資產 (諸如不動產、廠房及設備) 類似之方式衡量使用權資產,並以與衡量其他金融負債類似之方式衡量租賃負債。因此,承租人認列使用權資產之折舊及租賃負債之利息,亦將租賃負債之現金償還分為本金部分及利息部分。

表 16-5　承租人單一會計模式

使用權資產	代表承租人於租賃期間內對標的資產使用權之資產
	認列使用權資產之折舊
租賃負債	支付租賃給付之義務
	認列租賃負債之利息,亦將租賃負債之現金償還分為本金部分及利息部分

16.5.1　承租人使用權資產及租賃負債之原始衡量

使用權資產之原始衡量

承租人於開始日應**認列使用權資產** (right-of-use asset),以成本衡量使用權資產。換言之,使用權資產應反映為取得該使用權資產所有必要支出,因此,使用權資產之成本包含原始直接成本與拆卸、移除及復原等成本。

原始直接成本 (initial direct costs) 係指承租人取得租賃所產生之

增額成本，且若未取得該租賃將不會發生者，租賃原始直接成本應作為使用權資產金額之增加數。某些原始直接成本之發生，經常與特定租賃活動(例如協商及取得租賃協議等)相關聯。直接可歸屬予承租人為租賃所進行活動之成本，故應計入使用權資產金額之增加數。

若承租人於發生拆卸、移除及復原等所述成本之義務時，承租人亦應將該等成本認列為使用權資產成本之一部分。使用權資產包含之成本如表 16-6 所示。

表 16-6 使用權資產之成本

使用權資產之成本	
租賃負債之原始衡量金額	於開始日，承租人應按於該日尚未支付之租賃給付之現值衡量租賃負債
加：已支付之租賃給付	於開始日或之前已支付之任何租賃給付
減：已收取之租賃誘因	於開始日或之前已收取之任何租賃誘因
加：原始直接成本	承租人發生之任何原始直接成本
加：拆卸、移除及復原等成本	承租人拆卸、移除標的資產及復原其所在地點，或將標的資產復原至租賃之條款及條件中所要求之狀態之估計成本 (除非該等成本係供生產存貨所發生)。承租人對該等成本之義務係發生於開始日時，或於某一特定期間使用標的資產所發生者

租賃負債之原始衡量

於開始日，承租人應按於該日尚未支付之租賃給付之現值衡量租賃負債，已支付之租賃給付反映於所認列之使用權資產而非租賃負債。由於租賃負債係以現值衡量，故應使用一利率折現。於開始日，若租賃隱含利率容易確定，租賃給付應使用該利率折現。若租賃隱含利率並非容易確定，承租人應使用承租人增額借款利率。

於開始日，計入租賃負債之租賃給付，如表 16.7 所示包括與租賃期間內之標的資產使用權有關且於該日尚未支付之給付，例如：固定給付減除租賃誘因、變動租賃給付、保證殘值及罰款。但不包

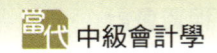

表 16-7　計入租賃負債之租賃給付

計入租賃負債之租賃給付	
固定給付減除租賃誘因	固定給付，包括**實質固定給付** (in-substance fixed payments)，減除 (未來) 可收取之**任何租賃誘因** (lease incentives receivable)
變動租賃給付	取決於某項指數或費率之**變動租賃給付** (variable lease payments)，採用開始日之指數或費率原始衡量
保證殘值	保證殘值下承租人預期支付之金額
購買選擇權	購買選擇權之行使價格，若承租人可合理確定將行使該選擇權 (考量第 B37 至 B40 段所述之因素予以評估)
罰款	租賃終止所須支付之罰款，若租賃期間反映承租人將行使租賃終止之選擇權

> 履約成本係租賃資產之使用成本，不是資產租用成本。故應作為相關履約費用，如保險費與維修費等。

括由出租人負擔之履約成本，故須將履約成本自租金中減除後，再計算租賃給付之現值。履約成本係使用權資產之使用成本，不是資產租賃之成本，故應作為相關履約費用，如保險費與維修費等。

計入租賃負債之租賃給付，反映承租人將來因取得資產使用權所需支付之代價，亦即，承租人之租賃負債反映租賃期間中承租人所有應支付及可能支付之金額 (除部分變動給付排除之例外)，租賃負債不僅包含固定給付之租金，亦包含具有金額不確定性之項目，例如：變動給付 (如隨物價指數或利率調整租金) 或保證殘值。

以下以一簡易釋例說明使用權資產與租賃負債之概念 (僅含固定給付及原始直接成本)，假設 ×1 年 12 月 31 日丙公司向丁公司承租一項機器設備，租期與其耐用年限皆為 7 年，允諾每期租金為 $70,000，×1 年起每年 12 月 31 日支付租金，合約開始日為 ×1 年 12 月 31 日。在租約起始時所產生的原始直接成本 $3,832 約定由丙公司支付。丁公司的租賃隱含利率為 10%，此利率為丙公司所知，而丙公司的增額借款利率為 12%。丙公司使用直線折舊法，無殘值。

計入租賃負債之租賃給付	
固定給付減除租賃誘因	$70,000 × (1+ $P_{6,10\%}$) = $374,868 ($P_{6,10\%}$ = 4.355261)
變動租賃給付	無
保證殘值	無
購買選擇權	無
罰款	無
合計	$374,868

使用權資產之成本	
租賃負債之原始衡量金額	$374,868
加:已支付之租賃給付	無
減:已收取之租賃誘因	無
加:原始直接成本	$3,832
加:拆卸、移除及復原等成本	無
合計	$378,700

如上表所示,×1 年 12 月 31 日丙公司應以租賃隱含利率 10% 作為折現率,計算租賃負債 $70,000 × (1+ $P_{6,10\%}$) = $374,868 ($P_{6,10\%}$ = 4.355261)。此外,丙公司應以租賃負債及原始直接成本合計數認列使用權資產,丙公司 ×1 年 12 月 31 日有關此租賃的分錄如下:

×1 年 12 月 31 日

使用權資產	378,700	
租賃負債		374,868
現金		3,832
租賃負債	70,000	
現金		70,000

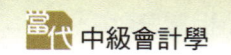

釋例 16-2　承租人──購買選擇權

甲公司 ×1 年初簽約向乙公司承租一艘船舶，租期 8 年，每年底支付租金 $350,000，甲公司於租期屆滿日得以 $35,000 買入該船舶，估計可繼續使用 2 年，且於 ×1 年初可合理確定在租期屆滿時將行使此購買選擇權。該船舶於 ×1 年初之公允價值為 $1,760,000，甲公司 ×1 年初因安排此項租賃而支付 $45,000。甲公司無法得知該租賃之隱含利率，而甲公司於類似租賃中所需支付之利率為 12%。甲公司估計該船舶無殘值，依直線法提列折舊。($P_{8,12\%}$ = 4.967640, $p_{8,12\%}$ = 0.403883; $P_{10,12\%}$ = 5.650223, $p_{10,12\%}$ = 0.321973)。

試作：×1 年初承租日之分錄。

解析

租賃給付現值 = $350,000 × 4.967640 + $35,000 × 0.403883 = $1,752,810 < $1,760,000
×1 年底應認列之利息費用 = $1,752,810 × 12% = $210,337
×2 年底應認列之利息費用 = ($1,752,810 − $350,000 + $210,337) × 12% = $193,578
每年年底應認列之折舊費用 = ($1,752,810 + $45,000) ÷ 10 = $179,781

計入租賃負債之租賃給付	
固定給付減除租賃誘因	$350,000 × 4.967640
變動租賃給付	無
保證殘值	無
購買選擇權	$35,000 × 0.403883
罰款	無
合計	$1,752,810

使用權資產之成本	
租賃負債之原始衡量金額	$1,752,810
加：已支付之租賃給付	無
減：已收取之租賃誘因	無
加：原始直接成本	$45,000
加：拆卸、移除及復原等成本	無
合計	$1,797,810

×1 年 1 月 1 日之分錄：

使用權資產	1,797,810	
租賃負債		1,752,810
現金		45,000

實質固定租賃給付

　　租賃給付包含固定租賃給付及實質固定租賃給付。所謂實質固定租賃給付，係形式上可能具變動性，但實質上係不可避免之給付。安排為變動租賃給付之給付，雖然名義上為變動租賃給付，但該等給付不具真實變動性。該等給付包含不具真正經濟實質之變動條款，例如：(1) 僅於某一事項 (該事項之不發生不具真實可能性) 發生時，始須支付該給付；或 (2) 承租人可作之給付組合超過一組，但其中僅有一組係實際可行。於此情況下，企業應將此實際可行之給付組合視為租賃給付；或 (3) 承租人可作之實際可行給付組合超過一組，但其必須至少支付其中一組。於此情況下，企業應將彙總金額 (以折現基礎) 最低之給付組合視為租賃給付。

　　例如，承租人向出租人租一台機器設備，租賃條款規定租金係依實際使用產能而變動，若每月產出低於或等於 100,000 單位，承租人支付租金 $100,000，若每月產出大於 100,000 單位，承租人支付租金 $200,000。若該機器設備之產能上限為每月 80,000 單位，承租人等同支付實質固定租賃給付 $100,000，換言之，雖然形式上為變動租賃給付，實質上，則為不可避免之固定給付 $100,000。

IFRS 一點通

實質固定給付規範之目的

　　由於部分變動租賃給付不列入租賃負債之衡量 (例如以銷售金額或使用量為基礎之給付)，企業有強烈誘因安排變動租賃給付條款而規避認列租賃負債。實質固定租賃給付之規範，即是作為因應此可能漏洞所作之額外規定。

IFRS 一點通

認列為費用之變動租賃給付

租賃負債不包括租賃給付連結至 (1) 源自標的資產之承租人績效 (如銷售金額) 及 (2) 標的資產之使用 (如使用次數) 之變動租賃給付。該等變動租賃給付應於發生時認列為本期費用。

變動租賃給付

變動租賃給付係指租賃給付中金額不固定，須依時間經過以外之其他因素之未來變動 (例如，未來銷售收入百分比、未來使用量、未來價格指數、未來市場利率等) 為依據而決定之部分。並非全部之變動租賃給付皆計入租賃負債中，租賃負債僅包含取決於某項指數或費率之變動租賃給付，採用開始日之指數或費率原始衡量，例如，連結至消費者物價指數之給付、連結至指標利率 (諸如，LIBOR) 之給付，或反映市場租金費率變動之給付。(參考本章附

IFRS 一點通

變動租賃給付會計處理爭議

有關「非取決於指數或費率」之變動租賃給付（如租金取決於銷售額），目前實務上之處理多依 IFRS 16.38 之規定，於開始日後，將不計入租賃負債衡量中之變動租賃給付於啟動該等給付之事件或情況發生之期間認列於損益。

然而，會計研究發展基金會臺灣財務報導準則委員會於討論此議題時，亦論及其他觀點，依 IFRS 16.B42 實質固定租賃給付 (形式上可能具變動性，但實質上係不可避免之給付) 列舉之說明 (a)(ii) 原先安排為連結至標的資產之使用之變動租賃給付，其變動性於開始日後之某一時點消除，致該給付於剩餘租賃期間將成為固定。該等給付於變動性消除時成為實質固定給付。在此見解中，亦獲得國際會計師事務所國際實務指引之支持。

綜上所述，關於變動租賃給付之會計處理，IFRS 16 文字欠缺詳細指引，致使學術與實務界互有多方說法，此爭議有待未來國際會計準則理事會 (IASB) 進一步之說明。詳見釋例 16.A-2「非取決於指數或費率」之變動租賃給付。

Chapter 16 租賃會計

IFRS 一點通

經濟年限與耐用年限有何差異

經濟年限係指使用資產至無經濟使用價值為止的期間或產量。換言之，經濟年限為 (1) 資產預期被使用者經濟有效地使用之期間；或 (2) 使用者預期自資產獲得之產量或類似單位數量。耐用年限係指資產所含之經濟效益預期可被企業耗用之估計期間。

錄 A)

16.5.2　使用權資產與租賃負債之後續衡量

使用權資產之後續衡量

租賃期間開始日後，承租人應適用成本模式衡量使用權資產，除非適用國際會計準則第 40 號「投資性不動產」中之公允價值模式或適用國際會計準則第 16 號之重估價模式。

成本模式

承租人適用成本模式衡量使用權資產應按成本，減除任何累計折舊及任何累計減損損失；且調整反映重評估或租賃修改，或反映修正後實質固定租賃給付之任何租賃負債之再衡量數。

承租人對使用權資產提列折舊時，若租賃期間屆滿時標的資產所有權移轉予承租人，或若使用權資產之成本反映承租人將行使購買選擇權，承租人應自開始日起至標的資產耐用年限屆滿時，對使用權資產提列折舊。否則，承租人應自開始日起至使用權資產之耐用年限屆滿時或租賃期間屆滿時兩者之較早者，對使用權資產提列折舊。承租人應適用國際會計準則第 36 號「資產減損」判定使用權資產是否發生減損並處理任何已辨認之減損損失。

租賃負債之後續衡量

開始日後，承租人應增加帳面金額以反映租賃負債之利息、減少帳面金額以反映租賃給付之支付、及再衡量帳面金額以反映重評估或租賃修改，或反映修正後實質固定租賃給付。

租賃期間內每一期租賃負債之利息，其金額應為能使按租賃負債餘額計算之各期利率為固定者。開始日後，承租人應將下列兩者認列於損益(除非該等成本依所適用之其他準則計入另一資產之帳面金額中)：租賃負債之利息；及不計入租賃負債衡量中之變動租賃給付(於啟動該等給付之事件或情況發生之期間認列)。

承租人支付租金時，租賃給付應分配予利息費用及降低尚未支付之租賃負債。利息費用應於租賃期間逐期分攤至每一期，以使按租賃負債餘額計算之期間利率固定。

茲舉例說明如下：

辛亥公司×1年初簽約向乙公司承租機器設備，租期8年，每年底支付租金$2,100,000，辛亥公司於租期屆滿日得以$200,000買入該機器設備，估計購入後仍可繼續使用2年，合計可使用10年，辛亥公司於×1年初可合理確定於租期屆滿日將行使該購買權利。估計機器設備使用10年後之殘值為零。每期之履約成本包括保險費、維修保養費及稅捐等支出約$100,000，係由出租人負擔。該機器設備於×1年初之公允價值為$10,020,000，辛亥公司×1年初因安排此項租賃而支付$400,000相關原始直接成本。辛亥公司無法得知該租賃之隱含利率，而辛亥公司於類似租賃中所需支付之利率為12%(增額借款利率)。

試作：辛亥公司×1年×2年有關之分錄。($P_{8,12\%}$ = 4.96764, $p_{8,12\%}$ = 0.40388; $P_{10,12\%}$ = 5.65022, $p_{10,12\%}$ = 0.32197)

使用權資產與折舊

步驟1：找出租賃給付之組成項目

每期租金$2,100,000及優惠購買選擇權$200,000，但須扣除履約成本$100,000

步驟2：找出租賃給付之折現率

先找租賃之隱含利率，若無法得知，則用承租人之增額借款利率。因此，甲公司以12%計算最低租賃給付現值。

步驟 3：計算租賃給付之現值

($2,100,000 – $100,000) × 4.96764 + $200,000 × 0.40388

= $10,016,056；

故以 $10,016,056 認列使用權資產與租賃負債。

×1/1/1	使用權資產	10,016,056	
	租賃負債		10,016,056

步驟 4：認列原始直接成本

承租人之所有租賃原始直接成本應作為使用權資產金額之增加數。

×1/1/1	使用權資產	400,000	
	現金		400,000

步驟 5：提列折舊

辛亥公司估計該機器設備使用 10 年後無殘值，依直線法提列折舊。×1 年及 ×2 年有關使用權資產提列折舊之分錄。

每年年底應認列之折舊費用 = ($10,016,056 + $400,000) ÷ 10 = $1,041,606

折舊費用	1,041,606	
累計折舊─使用權資產		1,041,606

租賃負債與支付租金

於 ×1 年 1 月 1 日認列租賃負債 $10,016,056，折現利率為 12%，辛亥公司 ×1 年及 ×2 年有關租賃負債與支付租金之分錄。

步驟 1：計算 ×1 年底應分配予利息費用之金額

×1 年底應認列之利息費用 = $10,016,056 × 12% = $1,201,927

×1/12/31	租賃負債	2,000,000	
	保險維修等費用	100,000	
	現金		2,100,000
	利息費用	1,201,927	
	租賃負債		1,201,927

步驟 2：計算 ×1 年底應降低尚未支付之負債之金額

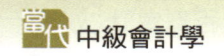

減少租賃負債之金額 = $2,000,000 – $1,201,927 = $798,073

租賃負債×1年底餘額 = $10,016,056 – $798,073 = $9,217,983

步驟 3：計算 ×2 年底應分配予利息費用之金額

×2 年底應認列之利息費用 = $9,217,983 × 12% = $1,106,158

×2/12/31	租賃負債	2,000,000	
	保險維修等費用	100,000	
	現金		2,100,000
	利息費用	1,106,158	
	租賃負債		1,106,158

16.5.3 租賃負債之重評估

開始日後，承租人應依租賃負債之重評估方式再衡量租賃負債，以反映租賃給付之變動。承租人重評估租賃負債之情況屬 (1) 租賃期間變動與 (2) 購買選擇權之評估有變動時，承租人應使用修正後折現率，若剩餘租賃期間之租賃隱含利率可容易確定，應將該利率作為修正後之折現率，若剩餘租賃期間之租賃隱含利率並非容易確定，則應將重評估日之承租人增額借款利率作為修正後之折現率。承租人重評估租賃負債之情況屬 (3) 保證殘值及 (4) 未來之變動租賃給付時，應不改變折現率 (使用原始認列之折現率)，除非該租金給付之變動係由浮動利率變動所致。在此情況下，承租人應使用修正後折現率以反映該利率之變動。

承租人重評估租賃負債時，應認列租賃負債再衡量之金額，作為使用權資產之調整。惟若使用權資產之帳面金額減至零且租賃負債之衡量有進一步之減少，承租人應將任何剩餘之再衡量金額認列於損益中。

釋例 16-3　租賃負債之重評估 (租賃期間變動)

金門公司於 ×1 年初向馬祖公司承租一項運輸設備，租期 5 年，每年之租賃給付為 $75,000，於每年年初支付。合約中並附有租賃延長 3 年之選擇權，金門公司於開始日判斷該租賃延長之選擇權之行使並非可合理確定，因此判定租賃期間為 5 年。在開始日時，馬祖公司之租賃隱含利率為 8%，且為金門公司所知，使用權資產按直線法提列折舊，金

門公司預期於租期屆滿日須就保證殘值與估計殘值之差額支付馬祖公司 $9,000。在 ×4 年初，因金門公司評估繼續承租此設備有其效益，故可合理確定將行使租賃延長之選擇權以延長其原始租賃。×4 年初時租賃隱含利率並非容易確定，金門公司此時之增額借款利率為 7%，並預期在行使延長之選擇權後，於延長後之無須就保證殘值額外支付任何款項。

試作：×1 年與 ×4 年金門公司與此租賃相關的分錄。

($P_{4,8\%}$ = 3.312127, $p_{4,8\%}$ = 0.735030; $P_{5,8\%}$ = 3.992710, $p_{5,8\%}$ = 0.680583; $P_{4,7\%}$ = 3.387211, $p_{4,7\%}$ = 0.762895; $P_{5,7\%}$ = 4.100197, $p_{5,7\%}$ = 0.712986)

解析

×1/1//1	使用權資產	329,535	
	租賃負債		254,535
	現金		75,000

$75,000 × (1+3.312127) + $9,000 × 0.680583 = $329,535

×1/12/31	折舊費用	65,907	
	累計折舊—使用權資產		65,907
	利息費用	20,363	
	租賃負債		20,363
×4/1/1	租賃負債	75,000	
	現金		75,000
	使用權資產	176,880	
	租賃負債		176,880

×2/1/1 租賃負債餘額 = $254,535 + ($254,535 × 8%) − $75,000 = $199,898

×3/1/1 租賃負債餘額 = $199,898 + ($199,898 × 8%) − $75,000 = $140,890

×4/1/1 再衡量前租賃負債餘額 = $140,890 + ($140,890 × 8%) − $75,000 = $77,161

因租賃期間變動對租賃負債重評估，應按修正後折現率折現：

×4/1/1 再衡量之租賃負債 = $75,000 × 3.387211 = $254,041

×4/1/1 再衡量前與再衡量後之差額 $254,041 − $77,161 = $176,880 應調整使用權資產

×4/1/1 再衡量後使用權資產帳面金額 = $329,535 − (3 × $65,907) + $176,880 = $308,694

×4/12/31	折舊費用	61,739	
	累計折舊—使用權資產		61,739
	利息費用	17,783	
	租賃負債		17,783

×4 年使用權資產折舊費用 = $308,694 ÷ 5 = 61,739

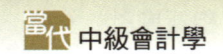

16.5.4 租期屆滿之處理

1. 返還租賃資產

承租人承諾返還租賃資產並保證殘值者，租期屆滿時，若租賃負債與實際保證殘值所需支付之金額有差異時，承租人應將所生差額列為本期損失。

2. 取得租賃資產

承租人於租期屆滿取得租賃資產所有權時，應按其性質轉入相當之財產、廠房與設備資產項目，其累計折舊亦同。

釋例 16-4　融資租賃——租期屆滿承租人取得租賃物

臺大公司於 ×1 年 1 月 1 日向政大公司承租一機器設備，租約條件內容如下：(1) 租期：5 年 (×1 年 1 月 1 日至 ×5 年 12 月 31 日)，不可取消；(2) 租金：每年 1 月 1 日支付 $60,000；(3) 資產經濟使用年限：10 年；(4) 購買選擇權：×5 年 12 月 31 日臺大公司得以 $75,000 承購該機器設備，臺大公司可合理確定將行使該選擇權。臺大公司得知政大公司之租賃隱含利率為 10%。

試作：臺大公司 ×1、×4 及 ×5 年相關分錄。

解析

因臺大公司具有購買選擇權，且可合理確定將行使該選擇權。使用權資產應按可使用年數攤銷折舊，臺大公司以直線法提列該機器設備折舊 (估計無殘值)。租賃負債 = $60,000 \times (1 + P_{4,10\%}) + 75,000 \times p_{5,10\%} = \$296,762$。

下表為臺大公司之租賃負債攤銷表：

日期	支付租金 (1)	利息費用 (2) = 上期 (4) × 10%	租賃負債 減少數 (3) = (1) − (2)	租賃負債 帳面金額 (4) = 上期 (4) − (3)
×1/1/1				$296,762
×1/1/1	$60,000	$ 0	$60,000	236,762
×2/1/1	60,000	23,676	36,324	200,438
×3/1/1	60,000	20,044	39,956	160,482
×4/1/1	60,000	16,048	43,952	116,530
×5/1/1	60,000	11,653	48,347	68,183
×5/12/31	75,000	6,817	68,183	0

臺大公司

×1年1月1日之分錄：

使用權資產	296,762	
租賃負債		296,762
租賃負債	60,000	
現金		60,000

×1年12月31日之分錄：

利息費用	23,676	
租賃負債		23,676
折舊費用 ($296,762/10)	29,676	
累計折舊—使用權資產		29,676

×4年12月31日之分錄：

利息費用	11,653	
租賃負債		11,653
租賃負債	60,000	
現金		60,000
折舊費用 ($296,762/10)	29,676	
累計折舊—使用權資產		29,676

×5年12月31日之分錄：臺大公司支付 $75,000，承購該設備。

折舊費用	29,676	
累計折舊—使用權資產		29,676
利息費用	6,817	
租賃負債		6,817
租賃負債	75,000	
現金		75,000
設備—機器	148,381	
累計折舊—使用權資產	148,381	
使用權資產		296,762

或

設備—機器	296,762	
累計折舊—使用權資產	148,381	
使用權資產		296,762
累計折舊—設備		148,381

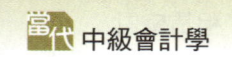

釋例 16-5　租期屆滿返還機器 (有保證殘值)

臺東公司向花蓮公司租賃機器一部，自 ×1 年 1 月 1 日起租期三年，每年年初付款 $100,000。臺東公司有保證殘值 (假設預期將因保證殘值支付 $30,000)，並由臺東公司負擔履約成本，該機器在租賃開始日之公允價值為 $311,150，臺東公司已知花蓮公司之隱含利率為 10%，機器耐用年限 6 年。租期屆滿交還租賃標的之公允價值未達保證殘值時，承租人應貼補租賃標的公允價值與保證殘值間之差額；臺東公司以直線法提列折舊。試依下列條件作臺東公司與花蓮公司 ×1 年之分錄及租期屆滿交還租賃機器之相關分錄 ($P_{2,10\%}$ = 1.736 , $p_{3,10\%}$ = 0.751)。

情況一：若 ×4 年 1 月 1 日，臺東公司因保證殘值須支付 $30,000。
情況二：若 ×4 年 1 月 1 日，臺東公司因保證殘值須支付 $35,000。

解析

租賃給付折現值 = $100,000 × (1 + $P_{2,10\%}$) + $30,000 × 0.751 = $296,130
租賃給付折現值不等於租賃資產公允價值，表示有未保證殘值

臺東公司
×1 年 1 月 1 日

使用權資產	296,130	
租賃負債		296,130
租賃負債	100,000	
現金		100,000

×1 年 12 月 31 日承租人應以使用權資產金額為折舊基礎，按租約期間提列折舊。折舊費用 = $296,130 ÷ 3 = $98,710

折舊費用	98,710	
累計折舊—使用權資產		98,710

×4 年 1 月 1 日

情況一			情況二		
累計折舊	296,130		累計折舊	296,130	
使用權資產		296,130	使用權資產		296,130
租賃負債	30,000		租賃負債	30,000	
現金		30,000	資產交還損失	5,000	
			現金		35,000

釋例 16-6　租期屆滿未購買租賃資產

承釋例 16-4，假設臺大公司於 ×5 年 12 月 31 日，因不可預期之突發原因，並未購買該設備，依約於 ×5 年 12 月 31 日返還政大公司該設備。

試作：×5 年 12 月 31 日返還設備之分錄。

解析

×5 年 12 月 31 日

利息費用	6,817	
租賃負債		6,817
未承購租賃資產損失	73,381	
租賃負債	75,000	
累計折舊—使用權資產	148,381	
使用權資產		296,762

16.6 出租人租賃會計

學習目標 6
熟悉出租人之會計處理

IFRS 16 對出租人租賃會計之處理，規定將租賃分為**融資租賃** (Finance Lease) 及**營業租賃** (Operating Lease)。其分類之原則係以附屬於標的資產所有權之風險與報酬歸屬於出租人或承租人之程度為依據。融資租賃係指移轉附屬於標的資產所有權之幾乎所有風險與報酬之租賃。標的資產所有權最終可能會移轉，也可能不會移轉。營業租賃係指融資租賃以外之租賃，亦即營業租賃並未移轉附屬於標的資產所有權之幾乎所有風險與報酬。

融資租賃	營業租賃
實質購買交易 (in-substance purchase)	待履行合約 (executory contracts)
已移轉附屬於租賃標的資產幾乎所有風險與報酬	未移轉附屬於租賃標的物所有權之幾乎所有風險與報酬

圖 16-5　出租人租賃會計分類

所謂標的資產之風險包括因閒置產能或技術過時造成損失，及因經濟環境改變造成投資報酬變動之可能性。標的資產之報酬可能表現在資產經濟年限期間獲利活動，及源自資產增值或殘值變現所

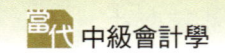

能獲取利益之預期。

對出租人而言，融資租賃實質上已接近分期付款出售該標的資產的概念。相反的，營業租賃僅代表承租人與出租人雙方互負對價之關係，尚未達到實質購買交易之條件。

16.6.1　出租人融資租賃之判斷指標

出租人租賃究竟為融資租賃或營業租賃係取決於交易實質而非合約形式，IFRS 16 羅列許多指標以協助出租人進行租賃會計分類之判斷。IFRS 16 舉出下列情形 (不論個別發生或互相結合) 通常會導致該項租賃被分類為融資租賃：

1. 所有權移轉指標

租賃將標的資產所有權於租賃期間屆滿時移轉予承租人，例如，承租人可以無條件取得標的資產所有權或出租人擁有非常可能執行之賣權；故經濟實質上，此係屬於分期付款銷售，因此應依融資租賃方式進行會計處理。

2. 購買權指標

承租人對標的資產有購買選擇權，且該購買價格預期明顯低於選擇權可行使日之該資產公允價值，致在成立日可合理確定該選擇權將被行使；此租賃雖然為有條件式移轉所有權，但因優惠價格誘因，導致該交易實質上為出售資產，屬於分期付款銷售，因此應依融資租賃方式進行會計處理。

3. 租賃期間指標

即使法定所有權未移轉，但租賃期間涵蓋標的資產經濟年限之主要部分；於此種情況下，出租人業已將使用資產主要的風險及報酬移轉與承租人。因此，此時應使用融資租賃方式處理。例如，租賃期間 9 年已達租賃標的在租賃開始時剩餘耐用年數 10 年之主要部分。

4. 租賃給付現值指標

於成立日，租賃給付現值達該標的資產幾乎所有之公允價值；租賃給付係指承租人於租賃期間內被要求或可能被要求支付之款項 (但不包括服務成本及由出租人支付且可獲得歸墊之稅金)。換言

之，租賃給付現值之計算包括承租人支付予出租人與租賃期間內之標的資產使用權有關之給付，包括下列各項：(1) 固定給付 (包含實質固定給付)，減除任何租賃誘因；(2) 取決於某項指數或費率之變動租賃給付；(3) 購買選擇權之行使價格，若承租人可合理確定將行使該選擇權；及 (4) 租賃終止所須支付之罰款，若租賃期間反映承租人將行使租賃終止之選擇權。另加上由以下任一方對出租人提供之保證殘值：(a) 承租人；(b) 承租人之關係人；或 (c) 與出租人無關且有財務能力履行保證義務之第三方。

出租人應以租賃隱含利率計算現值，惟若製造商或經銷商出租人故意低報利率導致高估利潤，則應以市場利率計算。

此外，租賃給付僅包括對租賃要素 (即資產使用權) 之給付，而排除對其他要素 (例如，服務及投入成本) 之給付。另外，如承租人有權選擇購買該租賃資產，且能以明顯低於選擇權行使日該資產公允價值之價格購買，致在租賃開始日，即可合理確定此選擇權將被行使，則最低租賃給付包括至選擇權預計行使日止之租賃期間所應支付之應付金額與行使選擇權時應支付之金額。此等金額代表出租人自出租該資產所能獲得的收入，業已相當於出售該項資產所能獲得之收入。實質上，此項交易即為分期付款銷售，僅係契約上約定為租賃。

履約成本如租賃標的之保險費、維修保養費及稅捐等費用，為伴隨租賃資產使用權及所有權而必須承擔之成本，若由出租人負擔，承租人應自每期租金中扣除該履約成本，以剩餘金額計算租賃給付現值。

5. **資產特殊性指標**

標的資產具特殊性，以致僅有承租人無須重大修改即可使用。此係指該資產是為承租人而量身打造，其他人除非經重大修改，否則無法使用該資產。因此，僅有承租人得以直接自使用該資產取得收益。換言之，出租人專為承租人建造特定之租賃資產，該租賃資產之市場價值有限，故承租人追求於租期內收回其投資。例如：具有極高特殊性之研發設備或實驗室，僅承租人無須重大修改即可使用。

下列情形無論個別發生或互相結合，亦可能導致租賃被分類為

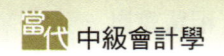

融資租賃：

6. 租約解除承擔損失指標

如承租人得取消租賃，則出租人因租約取消所產生之損失須由承租人負擔。

7. 殘值價值波動承擔指標

殘值之公允價值波動所產生之利益或損失歸屬於承租人(例如，以租賃結束時標的資產出售之大部分銷售價款作為租金回饋金)。

8. 續租權指標

承租人有能力以明顯低於市場行情之租金續租。

上述判斷指標(釋例與情形) 1 至 8 不必然具決定性。如有其他特徵能清楚地顯示，租賃並未移轉附屬於標的資產所有權之幾乎所有風險與報酬，則此租賃應分類為營業租賃。例如，標的資產所有權於租賃結束時以相等於當時公允價值之變動價格移轉或存有變動租賃給付，致使出租人未移轉幾乎所有風險與報酬。租賃之分類應於成立日決定，且僅於租賃修改時始作重評估。就會計目的而言，租賃並不因估計變動(例如標的資產經濟年限或殘值之估計變動)或情況改變(例如承租人違約)而重新分類。表 16-8 彙總出租人融資租賃判斷指標之核心精神。

表 16-8 出租人融資租賃判斷指標之核心精神

主要判斷指標	取得所有權	左列指標與情況並非為融資租賃判斷之絕對指標
所有權移轉指標	所有權移轉指標	
優惠購買權指標	優惠購買權指標	
租賃期間指標		
最低租賃給付現值指標	**取得主要經濟效益**	如有其他特徵能清楚地顯示，租賃並未移轉附屬於資產所有權之幾乎所有風險與報酬，則此租賃應分類為營業租賃
資產特殊性指標	租賃期間指標	
	最低租賃給付現值指標	
其他次要判斷指標	資產特殊性指標	
租約解除承擔損失指標	續租權指標	
殘值價值波動承擔指標		
續租權指標	**承擔主要風險**	
	租約解除承擔損失指標	
	殘值價值波動承擔指標	

營業租賃

凡是不屬於融資租賃的合約都被歸類於營業租賃，常見的實務包括事務機器及汽車租賃，承租人僅單純的支付租金取得使用權，承租人在租約期滿時，並無優先承購或續租該項租賃資產的權利。

16.6.2 融資租賃

在融資租賃下，出租人已移轉附屬於所有權之幾乎所有風險與報酬，依其是否產生製造商或經銷商損益，出租人之融資租賃又分為**直接融資型租賃** (Direct Financing Lease) 與**銷售型租賃** (Sales Type Lease)。

直接融資型之融資租賃

最常見的融資租賃型態為**直接融資** (Direct lease)，當承租企業需要某種資產時 (如機器設備)，先與租賃公司簽訂租賃契約，由租賃公司與供應商簽訂買賣契約並付款，再轉租給承租人，也就是企業所需使用的機器設備，是由租賃公司提供資金融通，而以分期收取租金方式回收全部資金及利息。在此情況下，出租人移轉其租賃標的的大部分利益與風險予承租人，承租人即應將租賃資產資本化，列為承租人的資產，承租人以逐期支付的金額，作為取得租賃資產的成本，租賃公司為該租賃資產之所有權人，租期屆滿時，企業者得以低微之殘值優先承購或以更低之租金續租該機器設備之交易契約。換言之，直接融資型之融資租賃不會產生製造商或經銷商損益，只有租賃期間之融資收益。

銷售型之融資租賃

製造商或經銷商經常提供客戶購買或租賃一項資產之選擇，先進國家中，許多企業透過融資性租賃方式促銷自己產品，甚至設立專門為其服務的租賃公司。製造商或經銷商 (出租人) 採融資租賃出租之資產將產生下列兩類收益：

1. 製造商或經銷商損益：與按正常售價 (已扣除任何適用之數量折扣或商業折扣) 賣斷租賃資產所能產生之損益相當之損益；及

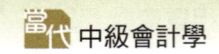

2. 租賃期間之融資收益。

換言之，製造商或經銷商(出租人)應按企業對於賣斷所遵循之政策，於本期認列銷售利潤或損失，亦即應收融資租賃款之現值(通常等於租賃資產之公允價值或售價)不等於租賃資產之成本或帳面金額者。

16.6.3 融資租賃原始認列

1. 認列應收融資租賃款：如於開始日，出租人應於其資產負債表認列融資租賃下所持有之資產，並按租賃投資淨額將其表達為應收款。出租人應使用租賃隱含利率衡量租賃投資淨額。出租人將應收融資租賃款視為本金之收回與融資收益處理，以作為對其投資及服務之歸墊與報酬。

2. 除列出租資產：出租人會先評估所出租資產的帳面金額以及其公允價值，並衡量是否有減損損失。並於租賃期間開始日除列該資產。

3. 未賺得融資收益：

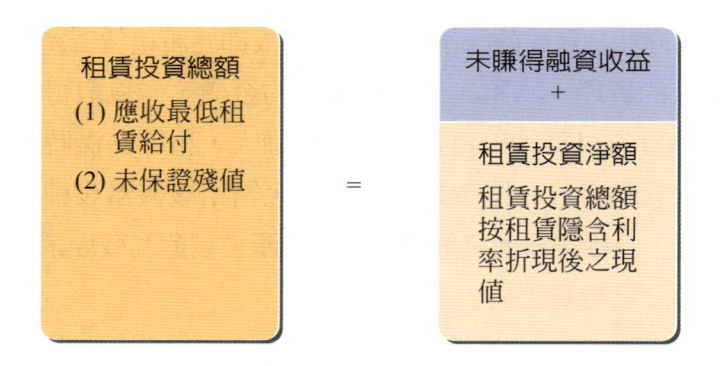

```
┌─────────────────┐       ┌─────────────────┐
│  租賃投資總額    │       │  未賺得融資收益  │
│ (1) 應收最低租   │       │        +        │
│     賃給付       │   =   │  租賃投資淨額    │
│ (2) 未保證殘值   │       │  租賃投資總額    │
│                 │       │  按租賃隱含利    │
│                 │       │  率折現後之現    │
│                 │       │  值             │
└─────────────────┘       └─────────────────┘
```

租賃投資總額 (gross investment in the lease) 為應收融資租賃款總額，係指下列彙總數：(1) 融資租賃下出租人之應收租賃給付，及 (2) 任何歸屬於出租人之未保證殘值。應收融資租賃款組成項目如下：

1. 固定給付 (包含實質固定給付)，減除任何租賃誘因；
2. 取決於某項指數或費率之變動租賃給付；
3. 購買選擇權之行使價格，若承租人可合理確定將行使該選擇權；

4. 租賃終止所須支付之罰款，若租賃期間反映承租人將行使租賃終止之選擇權；
5. 租賃給付亦包括保證殘值。可由承租人、承租人之關係人或與出租人無關且有財務能力履行保證義務之第三方對出租人提供。

　　租賃投資淨額 (net investment in the lease) 係指租賃投資總額按租賃隱含利率折現後之現值。租賃資產由承租人洽購議價，並約定出租人不付檢查試驗費用者，出租人之淨投資在租賃開始日等於該資產之成本。若按出租人隱含利率作為折現率，應收融資租賃款之現值，即為租賃標的之公允價值。

　　未賺得融資收益 (Unearned finance income) 係指下列兩者之差額：(1) 租賃投資總額，及 (2) 租賃投資淨額。即出租人在租賃期間可賺得之利息(財務)收入。

　　製造商或經銷商出租人於租賃期間開始日所認列之銷貨收入，為資產之公允價值或出租人應收租賃給付按市場利率計算之現值兩者孰低者。租賃期間開始日所認列之銷貨成本為標的資產之成本(如成本與帳面金額不同時，則為帳面金額)減除未保證殘值現值之金額。銷貨收入與銷貨成本間之差額為企業按賣斷政策所認列之銷售利潤。

原始直接成本

　　原始直接成本係指為完成租賃合約之簽訂而發生之成本，通常由出租人負擔。出租人所花費之廣告支出及一般營業支出不得列為原始直接成本。出租人經常會發生原始直接成本，包括增額與直接可歸屬於協商與安排租賃之金額，例如，佣金、法律費用和內部成本，但不包括一般費用，如銷售及行銷單位產生之費用，通常於租賃期間開始日即認列。換言之，原始直接成本包括兩部分：

- **增額直接成本** (Incremental Direct Cost)：為支付給第三者之鑑價費用、徵信費用及促成租賃交易之佣金等。
- **內部直接成本** (Internal Direct Cost)：係出租人公司內部為特定租約所投入之評估、洽談及文書處理等成本。

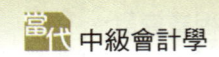

對於直接融資租賃，未涉及製造商或經銷商，出租人之原始直接成本應包括於應收融資租賃款之原始衡量中，並減少租賃期間所認列之收益金額。依租賃隱含利率之定義，於設算時已將原始直接成本自動包含於應收融資租賃款內，因此無須將此類成本另行加入。

對於銷售型融資租賃，製造商或經銷商出租人因協商或安排租賃所產生之成本應於認列銷售利潤時認列為費用。對融資租賃而言，通常於租賃期間開始日即認列費用，因為此類成本主要與賺取製造商或經銷商銷售利潤有關。

出租人直接融資租賃原始認列	
認列應收融資租賃款	租賃投資總額
未賺得融資收益	租賃投資總額及租賃投資淨額之差額
除列出租資產	租賃期間開始日除列出租資產

出租人銷售型融資租賃原始認列	
認列應收融資租賃款	租賃投資總額
未賺得融資收益	租賃投資總額及租賃投資淨額之差額
銷貨收入	為資產之公允價值或出租人應收最低租賃給付按市場利率計算之現值兩者孰低者
銷貨成本	租賃期間開始日所認列之銷貨成本為租賃資產之成本減除未保證殘值現值之金額
製造商費用	製造商或經銷商出租人因協商或安排租賃所產生之成本(原始直接成本)，應於認列銷售利潤時認列為費用。因為此類成本主要與賺取製造商或經銷商銷售利潤有關
製造商利益	製造商或經銷商出租人應按企業對於賣斷所遵循之政策，於本期認列銷售利潤或損失

16.6.4 融資租賃後續衡量

融資收益之認列,應基於能反映出租人之融資租賃投資淨額在各期間有固定報酬率之型態。出租人應採有系統且合理之基礎將融資收益分攤於租賃期間。此收益之分攤應基於能反映出租人之融資租賃投資淨額,在各期間有固定報酬率之型態。與本期有關之租賃給付沖減租賃投資總額,以減少本金及未賺得融資收益。

融資租賃之資產如按國際財務報導準則第 5 號「待出售非流動資產及停業單位」分類為待出售 (或包括於分類為待出售之處分群組中),則該資產應按該號國際財務報導準則之規定處理。

釋例 16-7 出租人銷售型租賃 (有保證殘值)

×3 年 1 月 1 日甲公司向乙公司承租設備,租期 10 年,每期租金 $1,000,000 從 ×3 年起每年 1 月 1 日支付,租期屆滿時估計殘值為 $600,000 由甲公司保證,租期屆滿時返還租賃資產。假設隱含利率為 10%。已知此租賃被歸類為銷售型融資租賃,乙公司的設備成本為 $6,000,000,公允價值等同應收最低租賃給付的現值。

試作:×3 年乙公司相關分錄。($P_{9,10\%}$ = 5.759, $p_{10,10\%}$ = 0.386)

解析

租賃投資淨額 = $1,000,000 × (1 + 5.759) + $600,000 × 0.386 = $6,990,600

租賃投資總額 (應收融資租賃款) = $1,000,000 × 10 + $600,000 = $10,600,000

未賺得融資收益 = $10,600,000 – $6,990,600 = $3,609,400

分錄如下:

×3/1/1	應收融資租賃款	10,600,000	
	銷貨收入		6,990,600
	融資租賃之未賺得融資收益		3,609,400
	銷貨成本	6,000,000	
	存貨		6,000,000
	現金	1,000,000	
	應收融資租賃款		1,000,000
×3/12/31	融資租賃之未賺得融資收益	599,060	
	利息收入		599,060 *

* ($10,600,000 – $3,609,400 – $1,000,000) ×10% = $599,060

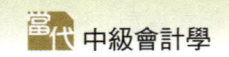

釋例 16-8　出租人直接融資租賃 (優惠購買權)

甲公司 ×0 年 1 月 1 日與乙公司簽訂不可取消之租賃合約，以承租一套生產設備，租約條件內容如下：

1. 租期為 4 年。
2. 每年的 1 月 1 日支付租金 $200,000。
3. 租期屆滿甲公司具有優惠購買權，得以 $30,000 承購租賃物標的，甲公司可合理確定將行使該選擇權。

假設該套生產設備之成本恰等於公允價值，估計使用年限為 6 年，到期無殘值。其折舊提列採直線法。乙公司之隱含利率為 8%。

試作：乙公司 ×0 年之相關分錄。

解析

因承租人具有優惠購買選擇權，可合理確定將行使該選擇權，故為融資租賃。
因租賃標的資產之成本等於公允價值，故為直接融資租賃。

公允價值 = $200,000 × (1 + $P_{3,8\%}$) + $30,000 × $p_{4,8\%}$ = $737,470
租賃投資淨額 = $200,000 × (1 + $P_{3,8\%}$) + $30,000 × $p_{4,8\%}$ = $737,470
租賃投資總額 (應收融資租賃款) = $200,000 × 4 + $30,000 = $830,000
未賺得融資收益 = $830,000 − $737,470 = $92,530

分錄如下：

×0/1/1	應收融資租賃款	830,000	
	融資租賃之未賺得融資收益		92,530
	生產設備		737,470
	現金	200,000	
	應收融資租賃款		200,000
×0/12/31	融資租賃之未賺得融資收益	42,998	
	利息收入		42,998

釋例 16-9　出租人直接融資租賃 (優惠購買權，攤銷表)

×1 年 1 月 1 日甲公司以融資租賃方式將帳面金額 $1,985,305 的機器設備出租給乙公司，租期 6 年，每年租金為 $385,000，約定於年初支付，該機器設備於租期屆滿時估計殘值為 $125,000，由乙公司全數保證。租賃開始日乙公司之增額借款利率為 7%，甲公司之隱含利率為 8%，且為乙公司所知。租期屆滿時，乙公司將得以 $100,000 優惠購買價格取得租賃資產所有權，且乙公司確實以此價格於租期屆滿時購買。

試作：甲公司租賃投資與未賺得融資收益攤銷表，以及 ×1 年及 ×6 年有關租賃的相關分錄。($P_{5,7\%}$ = 4.1, $P_{5,8\%}$ = 3.993, $P_{6,7\%}$ = 4.767, $P_{6,8\%}$ = 4.623, $p_{6,7\%}$ = 0.666, $p_{6,8\%}$ = 0.63)

Chapter 16 租賃會計

解析

租賃投資總額 = $385,000 × 6 + $100,000 = $2,410,000

租賃投資淨額 = $385,000 × (1 + 3.993) + $100,000 × 0.63 = $1,985,305

未賺得融資收益 = $2,410,000 − $1,985,305 = $424,695

×1/1/1	應收融資租賃款	2,410,000	
	融資租賃之未賺得融資收益		424,695
	出租資產		1,985,305
	現金	385,000	
	應收融資租賃款		385,000
×1/12/31	融資租賃之未賺得融資收益	128,024	
	利息收入		128,024
×6/1/1	現金	385,000	
	應收融資租賃款		385,000
×6/12/31	融資租賃之未賺得融資收益	7,268	
	利息收入		7,268
	現金	100,000	
	應收融資租賃款		100,000

租賃投資及未賺得融資收益攤銷表：

日期	租金 (1)	利息收入 (2) = 前期 (5) × 8%	租賃投資總額 (3) = 前期 (3) − (1)	未賺得融資收益 (4) = 前期 (4) − (2)	租賃投資淨額 (5) = (3) − (4)
×1/1/1			$2,410,000	$424,695	$1,985,305
×1/1/1	$385,000		2,025,000	424,695	1,600,305
×2/1/1	385,000	$128,024	1,640,000	296,671	1,343,329
×3/1/1	385,000	107,466	1,255,000	189,205	1,065,795
×4/1/1	385,000	85,264	870,000	103,941	766,059
×5/1/1	385,000	61,285	485,000	42,656	442,344
×6/1/1	385,000	35,388	100,000	7,268	92,732
×6/12/31		7,268*	100,000	0	20,000

＊尾差調整。

報價利率與市場利率有重大差異

　　製造商或經銷商(出租人)有時會故意以低利率報價吸引顧客。採用此等利率之結果將造成交易之總利益，會於銷售時即認列過多

IFRS 一點通

低利率報價

若製造商或經銷商(出租人)故意以低利率報價,造成高估應收融資租賃款之現值,進而虛增利潤,則製造商或經銷商之銷售利潤應限於採用市場利率時所能取得之利潤之部分。如故意以低利率報價,銷售利潤應限於採用市場利率時所能取得之利潤。

釋例 16-10　融資租賃出租人為經銷商

甲公司為經銷冷藏設備之公司,×7年初將一批公允價值為 $6,400,000,帳面金額(與進貨成本相同)為 $5,700,000 之冷藏設備存貨出租予乙公司,租期 4 年,每年年底收取租金 $2,000,000,此時市場利率為 15%,估計此批冷藏設備於租期屆滿時將有未經保證的殘值 $88,241,甲公司因協商與安排此項租賃所產生之法律費用 $5,000 係於 ×7 年初支付,且此項租賃符合融資租賃之條件。此項租賃合約,係甲公司故意以遠低於市場利率之利率 10% 向乙公司報價所達成之交易。

試作:甲公司 ×7 年與 ×8 年與此項租賃有關之分錄。
($P_{4,10\%}$ = 3.169865, $p_{4,10\%}$ = 0.683013; $P_{4,15\%}$ = 2.854978, $p_{4,15\%}$ = 0.571753)

解析

$2,000,000 × 2.854978 = $5,709,956 < $6,400,000,故應認列 $5,709,956 之銷貨收入

應認列之銷貨成本 = $5,700,000 − $88,241 × 0.571753 = $5,649,548

×7 年底應認列之利息收入
　= ($5,709,956 + $88,241 × 0.571753) × 15% = $864,061

×8 年底應認列之利息收入
　= [$5,709,956 + ($88,241 × 0.571753) − $2,000,000 + $864,061] × 15%
　= $693,670

×7/1/1	應收融資租賃款	8,088,241	
	銷貨成本	5,649,548	
	法律費用	5,000	
	現金		5,000
	銷貨收入		5,709,956
	存貨—冷藏設備		5,700,000
	融資租賃之未賺得融資收益		2,327,833 *

* $8,088,241 − ($5,709,956 − $5,649,548) − $5,700,000 = $2,327,833

×7/12/31	現金	2,000,000	
	應收融資租賃款		2,000,000
	融資租賃之未賺得融資收益	864,041	
	利息收入		864,041
×8/12/31	現金	2,000,000	
	應收融資租賃款		2,000,000
	融資租賃之未賺得融資收益	693,670	
	利息收入		693,670

釋例 16-11　出租人直接融資租賃（有未保證殘值）

丙公司 ×3 年初將一台車輛 (×2 年購入，×3 年初帳面金額 = 公允價值 $400,000) 以融資租賃出租予丁公司，約定每年年底收取租金 $100,000，租期 5 年，租期屆滿日該車輛之估計殘值為 $150,000，其中 $50,000 為丁公司所保證之部分。另外，丙公司因此項租賃所產生之原始直接成本為 $33,137，於 ×3 年初支付。

試作：

(1) 求出此項租賃之最低租賃給付。
(2) 求出此項租賃之租賃投資總額。
(3) 求出此項租賃之租賃投資淨額。
(4) 求出此項租賃之租賃隱含利率。(提示：請利用下方年金現值及複利現值)
(5) 丙公司 ×3 年及 ×4 年所有分錄。

($P_{5,10\%}$ = 3.79079, $p_{5,10\%}$ = 0.62092; $P_{5,11\%}$ = 3.69590, $p_{5,11\%}$ = 0.59345; $P_{5,12\%}$ = 3.60478, $p_{5,12\%}$ = 0.56743; $P_{5,13\%}$ = 3.51723, $p_{5,13\%}$ = 0.54276; $P_{5,14\%}$ = 3.43308, $p_{5,14\%}$ = 0.51937)

解析

(1) $100,000 × 5 + $50,000 = $550,000

(2) $550,000 + $100,000 (未保證殘值部分) = $650,000

(3) 租賃投資淨額 = 租賃投資總額按租賃隱含利率折現後之現值 = 租賃資產公允價值 + 出租人所有原始直接成本 = $400,000 + $33,137 = $433,137

(4) 假設租賃隱含利率為 i

　　$100,000 × $P_{5,i\%}$ + $50,000 × $p_{5,i\%}$ + $100,000 × $p_{5,i\%}$ = $400,000 + $33,137
　　將題目所提供之年金現值及複利現值代入檢驗後可算出　i = 13%

(5) ×3 年底認列之利息收入 = $433,137 × 13% = $56,308

　　×4 年底認列之利息收入 = [$433,137 – ($100,000 – $56,308)] × 13% = $50,628

×3/1/1	應收融資租賃款	650,000	
	運輸設備		400,000
	現金		33,137
	融資租賃之未賺得融資收益		216,863
×3/12/31	現金	100,000	
	應收融資租賃款		100,000
	融資租賃之未賺得融資收益	56,308	
	利息收入		56,308
×4/12/31	現金	100,000	
	應收融資租賃款		100,000
	融資租賃之未賺得融資收益	50,628	
	利息收入		50,628

未保證殘值估計變動

用於計算出租人租賃投資總額之估計未保證殘值應定期複核。如估計未保證殘值有變動,應調整剩餘租賃期間內之收益分攤,並立即認列應計金額之變動數。

釋例 16-12　出租人直接融資租賃 (未保證殘值估計變動)

戊公司 ×4 年初將一架飛機 (×1 年購入,×4 年初帳面金額 = 公允價值 $5,000,000) 以融資租賃出租予己公司,約定每年年底收取租金 $1,000,000,租期 6 年,租期屆滿日該飛機之估計殘值為 $4,000,000,皆屬未保證殘值。另外,戊公司 ×4 年初支付因此項租賃所產生之原始直接成本共 $X,而此項租賃之租賃隱含利率為 16%。×7 年初,戊公司對此架飛機之估計殘值變為 $3,000,000。

試作:

(1) 計算 X = ?
(2) ×7 年初未保證殘值之估計改變應有之分錄。
(3) 計算戊公司 ×4 年至 ×9 年每年因此項租賃所認列之利息收入。
($P_{3,16\%}$ = 2.245890, $p_{3,16\%}$ = 0.640658; $P_{6,16\%}$ = 3.684736, $p_{6,16\%}$ = 0.410442)

解析

(1) ($1,000,000 × 3.684736) + ($4,000,000 × 0.410442) = $5,000,000 + $X

　　$X = ($1,000,000 × 3.684736) + ($4,000,000 × 0.410442) − $5,000,000
　　　 = $326,504

(2) ($4,000,000 − $3,000,000) × 0.640658 = $640,658

　　×7/1/1　　金融資產減損損失　　　　　640,658
　　　　　　　　應收融資租賃款　　　　　　　　　640,658

(3) ×4 年應認列之利息收入 = ($5,000,000 + $326,504) × 16%
　　　　　　　　　　　　 = $852,241

　　×5 年應認列之利息收入 = ($5,326,504 − $1,000,000 + $852,241) × 16%
　　　　　　　　　　　　 = $828,599

　　×6 年應認列之利息收入 = ($5,326,504 − $1,000,000 × 2 + $852,241 + $828,599) × 16%
　　　　　　　　　　　　 = $801,175

　　×7 年應認列之利息收入 = ($5,326,504 − $1,000,000 × 3 + $852,241 + $828,599
　　　　　　　　　　　　　　+ $801,175 − $640,658) × 16%
　　　　　　　　　　　　 = $666,858

　　×8 年應認列之利息收入 = ($5,326,504 − $1,000,000 × 4 + $852,241 + $828,599
　　　　　　　　　　　　　　+ $801,175 − $640,658 + $666,858) × 16%
　　　　　　　　　　　　 = $613,555

　　×9 年：($5,326,504 − $1,000,000 × 5 + $852,241 + $828,599 + $801,175 − $640,658
　　　　　　+ $666,858 + $613,555) × 16%
　　　　 = $551,724

但若考量過去因四捨五入認列利息收入導致之差異，×9 年應認列之利息收入為 $551,726 [= $3,000,000 + $1,000,000 − ($5,326,504 − $1,000,000 × 5 + $852,241 + $828,599 + $801,175 − $640,658 + $666,858 + $613,555)]

出租人融資租賃租期屆滿之處理

1. 承租人交還租賃物

承租人承諾交還租賃資產且未有估計殘值未保證者，出租人應將租賃物以公允價值入帳。若估計殘值中有未經保證者，出租人仍應將租賃物以公允價值入帳，未經保證之估計殘值與收回時公允價值之差額，應列為收回出租資產損益。

2. 承租人取得租賃標的資產

若承租人無條件取得租賃標的資產，則出租人不須作任何分錄。若承租人以購買選擇權之承購價而取得租賃標的資產，則承租人於將應收融資租賃款餘額沖銷後即結束會計處理。

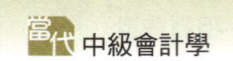

釋例 16-13　融資租賃——租期屆滿返還機器（有未保證殘值）

承釋例 16-5，假設 ×4 年 1 月 1 日租賃資產返還時，租賃資產之公允價值為 $40,000，應收融資租賃款餘額為 $75,000。

試作：花蓮公司租期屆滿交還租賃機器之相關分錄。($P_{2,10\%}$ = 1.736, $p_{3,10\%}$ = 0.751)

解析

情況一			情況二		
機器設備	40,000		機器設備	40,000	
現金	30,000		現金	35,000	
租賃資產交還損失	5,000		應收融資租賃款		75,000
應收融資租賃款		75,000			

釋例 16-14　融資租賃——租期屆滿承租人取得租賃物

承釋例 16-4，試作政大公司 ×1 年、×4 年及 ×5 年相關之分錄。

解析

應收融資租賃款現值 = $60,000 × (1 + $P_{4,10\%}$) + $75,000 × $p_{5,10\%}$ = $296,762

下表為政大公司之應收融資租賃款攤銷表：

日期	收取租金 (1)	利息收入 (2) = 前期 (4) × 10%	淨投資減少數 (3) = (1) – (2)	淨投資餘額 (4) = 前期 (4) – (3)
×1/1/1				$296,762
×1/1/1	$60,000	$　　0	$60,000	236,762
×2/1/1	60,000	23,676	36,324	200,438
×3/1/1	60,000	20,044	39,956	160,482
×4/1/1	60,000	16,048	43,952	116,530
×5/1/1	60,000	11,653	48,347	68,183
×5/12/31	75,000	6,817	68,183	0

政大公司

×1 年 1 月 1 日之分錄：

應收融資租賃款	375,000	
租賃資產		296,762
融資租賃之未賺得融資收益		78,238

現金	60,000	
應收融資租賃款		60,000

×1年12月31日之分錄：

應收利息(應收融資租賃款)	23,676	
利息收入		23,676

×4年12月31日之分錄：

應收利息(應收融資租賃款)	11,653	
利息收入		11,653
現金	60,000	
應收融資租賃款		48,347
應收利息(應收融資租賃款)		11,653

×5年12月31日之分錄：臺大公司支付 $75,000，承購該設備。

應收利息(應收融資租賃款)	6,817	
利息收入		6,817
現金	75,000	
應收融資租賃款		68,183
應收利息(應收融資租賃款)		6,817

16.6.5　營業租賃——出租人

　　出租人應將屬於營業租賃之資產，按其性質列於資產負債表中。來自營業租賃之租賃收益應按直線基礎於租賃期間內認列為收益，除非另一種有系統之基礎更能代表資產使用效益遞減之時間型態。

　　為賺取租賃收益而產生之成本(包括折舊)應認列為費用。除非另一種有系統之基礎更能代表資產使用效益遞減之時間型態，否則租賃收益(不包括提供保險及維護服務所收取之款項)應按直線基礎於租賃期間內認列，即使租金非按此基礎收取。

　　折舊性租賃資產之折舊政策應與出租人對其他類似資產所採用之正常折舊政策一致，折舊之計算應按國際會計準則第16號及國際會計準則第38號之規定。企業應採用國際會計準則第36號之規定，以決定租賃資產是否發生減損。製造商或經銷商(出租人)之營業租賃不得認列任何銷售利潤，因其非等同於銷售。

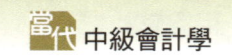

釋例 16-15　出租人之營業租賃

情況一：甲公司於 ×1 年 1 月 1 日與乙公司簽訂一份 3 年租賃合約，每年年初支付 $1,000,000 租金給乙公司。

情況二：甲公司於 ×1 年 1 月 1 日與乙公司簽訂一份 3 年租賃合約，×1 年 1 月 1 日支付租金 $1,000,000 給乙公司，依據過去通貨膨脹 (或價格指數) 之歷史經驗，×2 年 1 月 1 日與 ×3 年 1 月 1 日分別固定調高 5% 之租金，即甲公司於 ×2 年 1 月 1 日支付租金 $1,050,000 與 ×3 年 1 月 1 日支付租金 $1,102,500 給乙公司。

情況三：甲公司於 ×1 年 1 月 1 日與乙公司簽訂一份 3 年租賃合約，×1 年 1 月 1 日支付租金 $1,000,000 給乙公司，依據過去通貨膨脹 (或價格指數) 之歷史經驗，×2 年 1 月 1 日之租金依 ×1 年實際價格指數調整，×3 年 1 月 1 日之租金依 ×2 年實際價格指數再次調整，若 ×1 與 ×2 年實際價格指數之變化分別較前一年度增加 10% 與 5%。即甲公司於 ×2 年 1 月 1 日支付租金 $1,100,000 與 ×3 年 1 月 1 日支付租金 $1,155,000 給乙公司。

試計算營業租賃乙公司三種情況下之租金收入。

解析

　　情況一為標準每期固定租金之租賃合約，情況二為非每期固定租金之租賃合約，原則上應按直線基礎於租賃期間內認列為租金收入，($1,000,000 + $1,050,000 + $1,102,500)÷3 = $1,050,833，情況三為具有變動租賃之租賃合約，變動租賃給付部分應於發生時認列為本期租金收入。

租金收入	情況一	情況二	情況三
×1/1/1	$1,000,000	$1,050,833	$1,000,000
×2/1/1	1,000,000	1,050,833	1,100,000
×3/1/1	1,000,000	1,050,833	1,155,000

租賃標的

　　出租人以租賃為經常業務者，其租賃物得另設「出租資產」項目，每期應按正常方法計提折舊，約定由出租人負擔之修護費、稅捐、保險等，列為本期費用，但重大修繕足以增加資產價值或延續其耐用年數者，應作為資本支出。

原始直接成本之處理

原始直接成本 (Initial Direct Cost) 係指為完成租賃合約之簽訂而發生之成本，通常由出租人負擔。出租人因協商與安排營業租賃所產生之原始直接成本，應加計至租賃資產之帳面金額，並採與認列租賃收益相同之基礎，於租賃期間認列為費用，換言之，原始直接成本於租賃期間依收入比例攤銷為費用。

出租人收取押金及租金

出租人因營業租賃所收取之各期租金及押金，以「租金收入」及「存入保證金」項目處理，期末跨期間之租金或未收之租金，應以「預收租金」或「應收租金」項目調整。

出租人僅收取押金

出租人採押租方式，僅收押金不收租金，或另收之租金顯較公平租金為低者，其實質係以押金之利息抵充部分或全部租金，其處理除押金之收取、返還以「存入保證金」列帳外，每期結算或租約終止時應按相當於租賃期間之銀行定期存款利率計算押金之利息，以「利息費用」及「租金收入」項目列帳。

釋例 16-16　出租人之營業租賃

臺大公司(承租人)於×1年7月1日與政大公司(出租人)簽訂一份不可取消之兩年期租賃合約，約定自×1年起，每年7月1日支付 $200,000。假設出租資產於×1年7月1日之公允價值為 $600,000，估計可用6年，無殘值，又出租人隱含利率為 10%。試作：×1年政大公司之相關分錄。

解析

×1年7月1日收取各期租金：

現金	200,000	
租金收入		200,000

×1年12月31日期末調整已收未實現租金：

租金收入	100,000*	
預收租金		100,000

＊$200,000 × 6/12 = $100,000

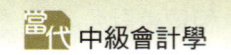

釋例 16-17　出租人之營業租賃

承釋例 16-16 資料，但臺大公司決定改採押租方式，支付押金 $3,000,000，而不支付租金。假設以簽約當時 2 年期銀行定存之利率 6% 為設算利息之基礎，試作政大公司 ×1 年及 ×3 年退還押金之分錄。

解析

×1 年 7 月 1 日收入押金：

現金	3,000,000	
存入保證金		3,000,000

×1 年 12 月 31 日期末調整或租約終止時按相當於租賃期間之銀行定期存款利率計算押金之利息：

利息費用 ($3,000,000 × 6% × 6/12)	90,000	
租金收入		90,000

×3/7/1 退還押金：

存入保證金	3,000,000	
現金		3,000,000

營業租賃：誘因

租賃誘因之總成本應於租賃期間內以直線法認列為租金收入之減少，除非另一有系統之基礎對租賃資產效益遞減之時間型態更具代表性。

釋例 16-18　營業租賃——誘因

路易威登公司 (LV 公司) 以營業租賃方式向台北金融大樓股份有限公司 (台北 101 公司) 承租辦公大樓，租期 5 年，每年租金為 $50,000,000，台北 101 公司並提供前三個月免租金的優惠，此外，為吸引 LV 公司進駐台北 101，台北 101 公司代為支付相關裝潢設施之費用 $40,000,000，請計算第一年台北 101 公司帳上應認列的租金收入。

解析

台北 101 公司

租賃期間總租金收入 = $50,000,000 × 4.75 = $237,500,000

租賃期間租賃誘因總成本 = $40,000,000

第 1 年帳上應認列的租金收入 = ($237,500,000 − $40,000,000)/5 = $39,500,000

附錄 A　變動租賃給付

釋例 16A-1　取決於指數之變動租賃給付

甲公司簽訂一機器設備合約，租賃期間 10 年，於 ×1 年 1 月 1 日起支付租賃給付 $50,000。該租約之租賃給付以過去 24 個月消費者物價指數之增加為基礎，每兩年增加一次。×1 年 1 月 1 日之消費者物價指數為 100，且租賃隱含利率無法確定，甲公司之增額借款利率為 5%，採直線法提列折舊。若 ×3 年初消費者物價指數為 108，試作：甲公司 ×1 年和 ×3 年之相關分錄。

解析

×1/1/1	使用權資產	405,391	
	租賃負債		355,391
	現金		50,000
	利息費用	17,770	
	租賃負債		17,770
	折舊費用	40,539	
	累計折舊—使用權資產		40,539
	*50,000 × $P_{9,5\%}$ = $355,391		
×3/1/1	使用權資產	27,145	
	租賃負債		27,145
	租賃負債	54,000	
	現金		54,000
	利息費用	18,323	
	租賃負債		18,323
	折舊費用	43,932	
	累計折舊—使用權資產		43,932

第三年之租賃給付調整：

$50,000 × 108/100 = $54,000
$54,000 × (1 + $P_{7,5\%}$) = $366,464
$355,391 + $17,770 + $16,158 − $50,000 = $339,319
$366,464 − $339,191 = $27,145
($324,313 + $27,145) / 8 = $43,932

釋例 16A-2　非取決於指數或費率之變動租賃給付

甲公司於 20×1 年 1 月 1 日簽訂一 10 年期不動產租賃合約，每年租賃給付為 $100,000，於每年年初支付。合約中亦規定甲公司每年另須支付該不動產於 20×1 年所產生銷售金

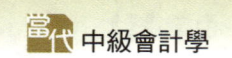

額之 1%。於 20×1 年，甲公司因該建築物所產生之銷售金額為 $750,000，故甲公司於 20×1 年底確定於租賃期間每年應支付之額外租賃給付為 $7,500。假設甲公司為之增額借款利率為 5%。

建築物之租賃期間為 10 年，無延長或終止之選擇權，甲公司發生與該租賃有關之額外租金支出如下：

日期	租金支出	日期	租金支出
20×2/1/1	7,500	20×7/1/1	7,500
20×3/1/1	7,500	20×8/1/1	7,500
20×4/1/1	7,500	20×9/1/1	7,500
20×5/1/1	7,500	20Y0/1/1	7,500
20×6/1/1	7,500	20Y1/1/1	7,500
總計			$75,000

20×1 年 12 月 31 日可能之會計處理如下：(此處僅針對額外發生之租賃給付 $7,500)

● 【觀點一】

依照 IFRS 16.38 之規定，將 20×1 年之租賃給付 $7,500 及 20×2 至 20Y0 年租賃給付之現值於 20×1 年啟動該等給付之事件或情況發生期間認列為損益，分錄如下：

20×1/12/31　　租金費用　　　　　　　　　　60,809 *
　　　　　　　　　應付租金　　　　　　　　　　　　60,809
　　　* 7,500 × (1+$P_{9,5\%}$)

● 【觀點二】

依 IFRS 16.B42，變動租金於後續某個時點變為固定租金時，應將變動因素消除後後續期間之應付金額列入租賃負債衡量。

此作法將 20×1 年租賃給付 $7,500 計入損益，而 20×2 至 20Y0 年租賃給付之現值認列為使用權資產及租賃負債，隔年開始計提折舊，分錄如下：

20×1/12/31　　租金費用　　　　　　　　　　7,500
　　　　　　　　　應付租金　　　　　　　　　　　　7,500
20×1/12/31　　使用權資產　　　　　　　　　53,309 *
　　　　　　　　　租賃負債　　　　　　　　　　　　53,309
　　　* 7,500 × $P_{9,5\%}$

註：於 20×1 年底，原先安排為連結至建築物之變動租賃給付，其變動性於 ×1 年底消除，致該給付於剩餘租賃期間 (20×2 至 20Y0) 將成為固定，成為實質固定給付 (IFRS 16.B42)。甲公司依 IFRS 16 相關規定認列使用權資產及租賃負債。

● 【觀點三】

延續觀點二之精神,於 20×1 年 12 月 31 日,將 20×1 年之租賃給付至 20Y0 年租賃給付之現值全數計入使用權資產及租賃負債,再逐期提列折舊,分錄如下:

20×1/12/31	使用權資產	60,809	
	租賃負債		60,809
20×1/12/31	折舊費用	7,500	
	累計折舊—使用權資產		7,500

*$7,500 \times (1+P_{9,5\%})$

本章習題

問答題

1. 請解釋殘值保證。

2. 請敘述租賃投資總額及租賃投資淨額的關係。

3. 出租人如何判斷一項租賃屬融資租賃或營業租賃？

4. 說明融資租賃下之承租人,應如何提列折舊性使用權資產之折舊。

5. 闡述租賃隱含利率之定義。

6. IAS 16 羅列五項指標以協助判斷合約是否屬於租賃或包含租賃,試舉出之。

7. 百合公司與薔薇公司簽訂一項 10 年期的合約,由百合公司取得薔薇公司於一廠區內所擁有的 10 座指定的天然氣儲氣槽之專屬使用權利,儲氣槽之操作與維護皆由薔薇公司負責,且若儲氣槽須保養或維修時,薔薇公司須以相同規格之儲氣槽替換。百合公司可決定儲氣槽儲存與使用天然氣的目的、時點及數量。薔薇公司有權改以同廠區內其他相同規格之儲氣槽分配予百合公司使用,薔薇公司須為儲氣槽之替換支付高額的管線建置成本,此合約是否包含租賃？若薔薇公司無須為儲氣槽之替換支付重大成本,此合約是否包含租賃？

8. 龍龍公司與忠忠公司簽訂一項 10 年期合約,由龍龍公司向忠忠公司購買特定規格的電子零組件,電子零組件的規格、品質、數量及生產與交貨時間皆按照龍龍公司之要求在合約中預先指定。忠忠公司為履行此合約須依龍龍公司為此合約之需求提出之設計新建一座新工廠,僅專供此電子零組件之生產,該工廠之操作與維護皆由忠忠公司執行。此合約是否包含租賃？若忠忠公司之工廠在簽訂合約前即已自行設計建造完成,此合約是否包含租賃？

9. 信信公司與鐵路局簽訂使用某車站內零售空間之 5 年期合約。信信公司被授與此零售空間之專屬使用權,且除非信信公司出現違約情事,鐵路局不可要求收回或替換使用之空間。此合約要求信信公司須在車站開放時間使用該零售空間以其品牌銷售商品,在合約期間,關於該零售空間使用之所有決策,如銷售之產品組合、定價、上架期間與存貨之

數量都由信信公司決定進行，依據合約規定，並要求信信公司除了每月須支付固定金額之租金外，亦須給付與按此零售空間每月銷售金額百分比計算之變動租金 (即變動給付)，鐵路局則應提供清潔、保全與廣告服務。此合約是否包含租賃？

選擇題

1. 甲公司在 ×5 年底時簽訂關於下列兩項資產的合約，這兩項標的資產的詳細資料如下：

標的資產	波音客機	商用船艦
合約期間	12 年	5 年
操作與維護者	供應者	供應者
供應者是否可替換	可，但需花費重大成本將替換之飛機改裝為甲公司在合約中指定之規格	否
是否專為甲公司設計	否	否
資產使用方式	甲公司可指定航行時間與運輸之人員、貨物	依合約規定定時航行固定航線，並運送固定貨物

兩項資產在合約期間內皆僅供甲公司使用。試問甲公司關於這兩項資產的合約中，何者屬於租賃合約？

(A) 僅商用船艦 (B) 僅波音客機
(C) 兩者皆為租賃合約 (D) 兩者皆為勞務合約

2. 甲公司與乙公司簽訂一項租賃合約，甲、乙雙方對該項租賃合約主要條款承諾日為 ×8 年 1 月 1 日，簽訂租賃協議之日為 ×8 年 2 月 1 日，承租人乙公司有權行使標的資產使用權之日為 ×8 年 3 月 1 日，乙公司並於 ×8 年 4 月 1 日支付第一筆租金給甲公司。乙公司應於何日認列該租賃所產生之使用權資產及租賃負債？

(A) ×8 年 1 月 1 日 (B) ×8 年 2 月 1 日
(C) ×8 年 3 月 1 日 (D) ×8 年 4 月 1 日

3. 承上題 (第 2 題)，甲公司應於何日將該租賃分類為營業租賃或融資租賃？

(A) ×8 年 1 月 1 日 (B) ×8 年 2 月 1 日
(C) ×8 年 3 月 1 日 (D) ×8 年 4 月 1 日

4. 在以下狀況中，何者最不可能使承租人豁免認列使用權資產？

(A) 承租一般辦公傢具，租期 5 年。
(B) 承租高價值之機器設備，租期 3 個月。
(C) 承租大樓作為會展場地，租期 2 週。
(D) 承租非全新之貨運車輛，租期 3 年。

5. 甲公司出租機器給乙公司，其估計耐用年限為 7 年，而在計算稅時所使用的折舊年限為五年。租賃年限為 6 年，乙公司在租賃期間屆滿時可用低於當時的公允價值購買該機

器，並可合理確定將行使該購買權。試問乙公司之使用權資產在財務報表上計算折舊的耐用年限為何？

(A) 5 年 (B) 6 年
(C) 7 年 (D) 無法判斷

6. 承上題 (第 5 題)，若乙公司無法合理確定將行使該購買權，則乙公司之使用權資產在財務報表上計算折舊的耐用年限為何？

(A) 5 年 (B) 6 年
(C) 7 年 (D) 無法判斷

7. 下列關於保證殘值在承租人進行租賃負債之原始衡量時如何計入租賃給付之敘述，何者正確？

(A) 應計入保證殘值全額
(B) 應計入保證殘值全額之現值
(C) 應計入保證殘值下承租人預期支付之全額
(D) 應計入保證殘值下承租人預期支付金額之現值

8. 假設承租人甲有權在租期屆滿時以優惠購買價格取得租賃標的資產的所有權，並可合理確定將行使該購買權，承租人預期在租賃結束時無須就保證殘值支付任何金額，則有關於下列各項金額是否應該計入最低租賃給付裡，下列哪個選項為正確？

	租賃期間的租金	保證殘值	優惠購買價格	與收入連結的或有租金
(A)	是	是	是	否
(B)	是	否	是	否
(C)	是	是	否	否
(D)	是	是	是	是

9. 下列項目中，承租人不應將何者計入使用權資產之成本？

(A) 固定給付減去可收取之任何租賃誘因
(B) 取決於銷售金額多寡之變動給付
(C) 取決於利率以外指數或費率之變動給付
(D) 將標的資產復原至租賃之條款及條件中所要求之狀態之估計成本

10. 阿瑞公司於 ×1 年初向阿雅公司租賃一台挖土機，簽訂 10 年期租約，每期租金 $180,000 於年初支付。阿雅公司的隱含利率為 10%，且為阿瑞公司所知，而阿瑞公司的增額借款利率為 12%。阿瑞公司在租約結束時有保證殘值 $12,000，另有權可以 $15,000 購買價格取得資產所有權 (購買選擇權)，阿瑞公司無法合理確定該購買選擇權將被行使，此挖土機在租賃結束時，阿瑞公司預期將就保證殘值支付 $10,000。試問 ×1 年初阿瑞公司帳上的使用權資產為多少？

($P_{9,10\%}$ = 5.759, $P_{9,12\%}$ = 5.328, $p_{10,10\%}$ = 0.386, $p_{10,12\%}$ = 0.322)

(A) $1,220,480 (B) $1,142,260

(C) $1,143,870　　　　　　　　　　(D) $1,222,410

11. 大同公司在×1年1月1日向大元公司租了一個電腦設備，簽訂租期5年，每期租金 $200,000 於每年12月31日支付，大同公司將該設備認列為使用權資產。5年的租金支出的現值(利率10%)為 $758,000。試問在×1年大同公司的財報上利息費用應是多少？

   (A) $75,800　　　　　　　　　　(B) $20,000
   (C) $55,800　　　　　　　　　　(D) $0

12. ×1年1月1日丁公司向戊公司簽訂九年期的租約承租一項機器設備，此設備在戊公司的帳面金額為 $666,000，公允價值為 $1,000,000，預估耐用年限為10年。雙方約定每年租金為 $168,000，於年初支付。在戊公司隱含利率10%為丁公司所知的情況下，租賃給付現值為 $999,000，丁公司使用直線法提列折舊。試問第一年丁公司的折舊費用為多少？

   (A) $99,000　　　　　　　　　　(B) $111,111
   (C) $100,000　　　　　　　　　(D) $111,000

13. ×4年3月1日小玉公司向小萬公司承租一台影印機，租期為5年，小玉公司擁有購買選擇權，可於租賃屆滿時以 $16,799 購得租賃標的資產之所有權，另有保證殘值條款，小玉公司若不執行購買選擇權，預期於該資產租賃期間結束時須就保證殘值支付 $10,000。小玉公司可合理確定將行使購買選擇權，在租賃隱含利率8%下，租賃給付現值等於公允價值 $380,000。該影印機估計耐用年限自合約開始為6年，殘值為 $20,000，而小玉公司採直線法提列折舊。試問×4年小玉公司應計的折舊費用為多少？

   (A) $50,500　　　　　　　　　　(B) $61,667
   (C) $50,000　　　　　　　　　　(D) $60,000

14. 承上題(第13題)，假設租賃之條款不變，但小玉公司無法合理確定將行使購買權選擇權，此時在租賃隱含利率8%下，租賃給付現值為 $369,990，試問×4年小玉公司應計的折舊費用為多少？

   (A) $58,332　　　　　　　　　　(B) $61,665
   (C) $69,998　　　　　　　　　　(D) $73,998

15. 小杰公司在×2年12月31日與小福公司簽訂租賃合約，承租一台機器，租期7年，每年租金 $111,000 從×2年起每年12月31日支付，該機器並非低價值標的資產。試問小杰公司在×2年底作支付租金的分錄時，借記的會計項目應該有？

	利息費用	租賃負債
(A)	○	×
(B)	○	○
(C)	×	○
(D)	×	×

16. 承租人於下列狀況中進行租賃負債之再衡量時，在何種狀況下無須改變折現率，仍將修

正後租賃給付依原始衡量時之折現率進行再衡量？

(A) 租賃之不可取消期間變動

(B) 因消費者物價指數之變動導致未來租賃給付變動

(C) 因浮動利率之變動導致未來租賃給付之變動

(D) 評估將放棄行使租賃標的資產之購買選擇權

17. 安安公司有一筆 5 年期的租賃負債，每年應繳的租金為 $40,000 且為期末付款，在到期時有 $50,000 的購買選擇權，並可合理確定將行使此購買權。安安公司在編製租賃負債還本付息表時，發現了一個錯誤。因為在 5 年租期結束時，支付最後一期 $40,000 租金後，租賃負債的餘額為 $0。請問安安公司最可能犯了下列哪個錯誤？

(A) 在計算最低租賃給付時，誤用到期年金的算法而非普通年金。

(B) 在計算租賃負債減少數時，誤將利息費用加上每年租金而非從每年租金扣除利息費用。

(C) 在計算租賃給付時，沒有將購買權之行使價格計入。

(D) 在計算利息費用時，誤用增額借款利率而非租賃隱含利率。

18. 甲公司帳上有兩個租約，甲公司皆為出租人，而在租約 A 中，該租賃標的資產經濟年限為 20 年，租賃年限則為 18 年，沒有保證殘值亦無優惠購買權，且租賃期間屆滿時標的資產所有權皆收回甲公司所有；在租約 B 中，甲公司在租賃開始日的租賃投資淨額為 $588,391，而該標的資產當天的公允價值為 $600,000，而承租人有優惠購買權。試問這兩個租約分別應分類為何？

	租約 A	租約 B
(A)	融資租賃	融資租賃
(B)	融資租賃	營業租賃
(C)	營業租賃	營業租賃
(D)	營業租賃	融資租賃

19. 下列關於出租人如何分類融資租賃與營業租賃之敘述，何者錯誤？

(A) 租賃開始日，租賃標的資產之公允價值等於租賃投資淨額時，此項租賃很有可能分類為融資租賃。

(B) 殘值之公允價值波動所產生之利益由承租人負擔，此項租賃很有可能分類為營業租賃。

(C) 租約到期時，承租人有能力以明顯低於市場行情之租金續租，可能使該項租賃分類為融資租賃。

(D) 一項租賃存在重大的或有租金時，很有可能使該項租賃分類為營業租賃。

20. 為使交易順利進行，丙公司提供丁公司前 12 個月免租金的優惠，租約為 7 年，約定每月月初支付，此租賃對丙公司符合營業租賃之條件，租賃期間開始日為 ×2 年 1 月 1 日，而丁公司在 ×2 年 12 月 31 日預先支付了下個月的租金，試問在 ×2 年丙公司的綜合損

益表上，租金收入應當是？

(A) $0
(B) 在 ×2 年 12 月 31 日當天收到的現金
(C) 六分之一的租賃期間預期總租金收入
(D) 七分之一的租賃期間預期總租金收入

21. 丙公司出租辦公室給丁公司，從 ×1 年 1 月 1 日起算 5 年的租約，假設該租賃對丙公司符合營業租賃之條件。約定第一年的租金為 $8,000，而第二年到第五年每年的租金為 $12,000。為使交易順利進行，丙公司提供前六個月免租金的優惠。則在 ×1 年的綜合損益表上，丙公司的租金收入應當計多少？

(A) $8,000   (B) $4,000
(C) $10,400   (D) $5,600

22. 丙公司 (非製造商或經銷商) 出租一架飛機予丁公司，丙公司簽約時發生以下支出：行銷費用 $300,000、安排租賃之佣金費用 $268,000 及對丁公司之徵信費用 $220,000。試問上述支出中，應包含在應收租賃款之衡量的總金額為何？

(A) $520,000   (B) $220,000
(C) $488,000   (D) $0

23. 承上題 (第 20 題)，若丙公司為該飛機之製造商，則上述支出中，應包含在應收租賃款之衡量的總金額為何？

(A) $788,000   (B) $488,000
(C) $268,000   (D) $0

24. 甲公司 ×2 年初向乙公司承租一輛汽車，租期 6 年，租金於每年年底支付。×7 年底甲公司此項租賃相關項目餘額如下：

| 使用權資產 | $0 |
| 租賃負債 | 50,000 |

另外，×2 年初，乙公司可合理預期 ×7 年底該汽車之公允價值約等同帳面金額。若 ×7 年底，乙公司之應收租賃款餘額為 $200,000，則以下敘述何者最為可能：
(A) 租約期滿甲公司得以 $50,000 購買該輛汽車。
(B) 租約期滿乙公司估計該汽車之殘值為 $200,000，但甲公司僅保證 $50,000。
(C) 租約期滿乙公司估計該汽車之殘值為 $200,000，甲公司須就保證殘值支付乙公司 $50,000。
(D) 租約期滿乙公司估計該汽車之殘值為 $50,000。

25. 承上題 (第 24 題)，若 ×7 年底，甲公司於租賃期間提列此輛汽車之折舊金額合計為 $600,000，租賃負債餘額為 $200,000，則以下敘述何者最為可能：
(A) 租約期滿甲公司將以 $200,000 購買該輛汽車。
(B) 租約期滿甲公司得以 $200,000 購買該輛汽車，但甲公司無意行使此購買選擇權。

(C) 乙公司估計租約期滿該汽車之殘值為 $200,000，甲公司須就保證殘值支付乙公司 $200,000。
(D) 乙公司估計租約期滿該汽車之殘值為 $200,000，且甲公司全數保證。

26. 海苔公司 ×3 年初向紫菜公司承租一項設備，租期 5 年，每年年底支付租金 $250,000。該設備返還時的估計殘值為 $25,000，但海苔公司僅保證其中低於 $25,000 到 $10,000 的部分責任。×7 年底時該設備之殘值為 $8,000，則海苔公司應補償責任多少？
(A) 17,000　　　　　　　　　(B) 15,000
(C) 2,000　　　　　　　　　(D) 0

27. 阿西公司於 ×7 年 7 月 1 日向阿迪公司承租辦公大樓，租期 3 年，約定每期租金為 $500,000，於每年年底支付，本租賃對阿迪公司符合營業租賃之條件。簽約時阿西公司支付押金 $12,000，於租賃期間結束時退還。簽約時 3 年期銀行定存利率為 1.5%，試問 ×7 年阿迪公司帳上的租金收入為多少？
(A) $250,090　　　　　　　　(B) $500,090
(C) $250,030　　　　　　　　(D) $500,180

28. ×4 年 1 月 1 日丁公司將帳面金額 $456,775 的煉油設備出租給乙公司，租期 6 年，每年租金為 $101,000，約定於年底支付，該煉油設備於租期屆滿時估計殘值為 $30,000，由乙公司全數保證。丁公司將本租賃分類為融資租賃，租賃開始日乙公司之增額借款利率為 8%，丁公司之隱含利率為 10%，且為乙公司所知。乙公司無購買選擇權，且使用直線法提列折舊。試問，×5 年的財報上下列各會計項目的數字相對於 ×4 年的財報而言的變化狀況何者為正確？

	丁公司的利息收入	乙公司的利息費用	乙公司的折舊費用
(A)	不變	增加	增加
(B)	增加	增加	不變
(C)	減少	減少	不變
(D)	減少	不變	減少

練習題

1. **【租金費用及租金收入】** 小強公司向小明公司承租得豁免認列使用權資產的辦公設備，租期 5 年，每季支付租金為 $250,000，此租賃對小明公司符合營業租賃之條件，小明公司並提供租賃期間首季免租金的優惠。

   試作：計算第 1 年小強公司及小明公司帳上分別應認列的租金費用及租金收入。

2. **【承租人之租賃】** 丙公司向丁公司承租一項機器設備，租期與其耐用年限皆為七年，允諾每期租金為 $70,000，×1 年起每年 12 月 31 日支付，而租約開始日即為 ×1 年 12 月 31 日。在租約起始時所產生的原始直接成本 $3,832 約定由丙公司支付。丁公司的租賃隱含利率為 10%，此利率為丙公司所知，而丙公司的增額借款利率為 12%。丙公司使用直

線法提列折舊，無殘值。

試作：×1 年到 ×2 年丙公司有關此租賃的分錄。

($P_{6,10\%}$ = 4.355261, $P_{7,10\%}$ = 4.868419, $P_{6,12\%}$ = 4.111407, $P_{7,12\%}$ = 4.563757)

3. **【租賃合約修改之租金更改】** 承上題（第 2 題），若在 ×2 年底丙公司支付完本期租金後，雙方約定 ×3 年起每期租金更改為 $75,000，丁公司之租賃隱含利率仍為 10%，且為丙公司所知，而丙公司的增額借款利率為 8%。

試作：×1 年到 ×2 年丙公司有關此租賃的分錄。

($P_{5,8\%}$ = 3.992710, $P_{5,10\%}$ = 3.790787)

4. **【承租人之租賃】** ×3 年 1 月 1 日小品公司以融資租賃方式將帳面金額 $858,141 的探勘設備出租給小艾公司，租期三年，每年租金約定於年底支付，該探勘設備於租期屆滿時估計無殘值。租賃開始日小艾公司的增額借款利率為 6%，小品公司之隱含利率為 8%，且為小艾公司所知。小艾公司在租期屆滿時無購買選擇權，使用直線法提列折舊。已知小艾公司在編製還本付息表時，×3 年年初的租賃負債的餘額為 $858,141，×3 年年底的租賃負債餘額為 $593,792。

試作：×4 年小艾公司有關租賃的分錄。

5. **【承租人之租賃】** 甲公司 ×1 年初簽約向乙公司承租一艘船舶，租期 8 年，每年底支付租金 $100,000，甲公司於租期屆滿日得以 $10,000 買入該船舶，估計可繼續使用 2 年，且於 ×1 年初可合理確定在租期屆滿時將行使此購買選擇權，甲公司 ×1 年初並因安排此項租賃而支付 $20,000。甲公司無法得知該租賃之隱含利率，而甲公司於類似租賃中所需支付之利率為 12%。甲公司估計該船舶在耐用年限屆滿時無殘值，依直線法提列折舊。經評估後發現，附屬於該船舶所有權之幾乎所有風險與報酬將移轉至甲公司。

試作：×1 年及 ×2 年甲公司有關租賃之分錄。

($P_{8,12\%}$ = 4.967640, $p_{8,12\%}$ = 0.403883; $P_{10,12\%}$ = 5.650223, $p_{10,12\%}$ = 0.321973)

6. **【出租人之銷售型融資租賃】** ×3 年 1 月 1 日小奇公司向小拉公司承租設備，租期十年，每期租金 $250,000 從 ×3 年起每年 1 月 1 日支付，該設備在租期屆滿時有小奇公司保證之估計殘值為 $150,000，租期屆滿時返還租賃標的資產，小奇公司預期在租期屆滿時須就保證殘值支付小拉公司 $30,000。假設隱含利率為 12%，市場利率及增額借款利率為 10%。已知此租賃被小拉公司歸類為銷售型融資租賃，小拉公司的設備成本為 $1,500,000，公允價值等同應收租賃給付的現值。

試作：×3 年小拉公司相關分錄。

($P_{9,10\%}$ = 5.759024, $P_{9,12\%}$ = 5.328250, $p_{10,10\%}$ = 0.385543, $p_{10,12\%}$ = 0.321973)

7. **【承租人之租賃（出租人為銷售型融資租賃）】** 承上題（第 6 題），條件不變。

試作：

(1) 若小奇公司未知小拉公司之租賃隱含利率，×3 年小奇公司相關分錄。

(2) 若小奇公司可得知小拉公司之租賃隱含利率，×3 年小奇公司相關分錄。

8. 【銷售型融資租賃】承第 5 題，假設殘值未經保證。

   試作：×3 年小拉公司帳上的銷貨成本及銷貨收入分別為多少？

9. 【預收租金】甲公司 ×6 年 1 月 1 日向乙公司承租土地，雙方約定於 ×6 年 1 月 1 日先繳付租金 $6,000,000，另外每年租金 $2,000,000，於每年年底支付，租期為 12 年。假設市場利率為 10%。

   試作：×6 年乙公司相關分錄。($P_{12,10\%}$ = 6.813692)

10. 【出租人之融資租賃】連連公司 ×5 年初將一輛卡車以融資租賃出租予暖暖公司，約定每年年底收取租金 $200,000，租期 5 年，租期屆滿日該卡車之估計殘值為 $150,000，暖暖公司保證其中 $50,000，並預期租期屆滿日會就保證殘值支付 $15,000。該卡車為連連公司 ×4 年所購入，×5 年初時的帳面金額等於公允價值 $800,000。另外，連連公司因此項租賃所產生之原始直接成本為 $6,069，於 ×5 年初支付。

    試作：
    (1) 求出此項租賃連連公司衡量之租賃給付。
    (2) 求出此項租賃之租賃投資總額。
    (3) 求出此項租賃之租賃投資淨額。
    (4) 求出此項租賃之租賃隱含利率。(提示：請利用下方年金現值及複利現值。)
    (5) 連連公司 ×5 年及 ×6 年所有分錄。
    ($P_{5,10\%}$ = 3.790787, $p_{5,10\%}$ = 0.620921; $P_{5,11\%}$ = 3.695897, $p_{5,11\%}$ = 0.593451; $P_{5,12\%}$ = 3.604776, $p_{5,12\%}$ = 0.567427; $P_{5,13\%}$ = 3.517231, $p_{5,13\%}$ = 0.542760; $P_{5,14\%}$ = 3.433081, $p_{5,14\%}$ = 0.519369)

11. 【未保證殘值估計變動】小虎公司 ×4 年初將一艘船艦以融資租賃出租予小獅公司，約定每年年底收取租金 $1,000,000，租期 6 年，租期屆滿日該船艦之估計殘值為 $4,000,000，皆屬未保證殘值。該船艦小虎公司於 ×1 年購入，×4 年初時帳面金額等於公允價值 $5,000,000。另外，小虎公司 ×4 年初支付因此項租賃所產生之原始直接成本共 $β，而此項租賃之租賃隱含利率為 16%。×7 年初，小虎公司對該船艦之估計殘值變為 $3,000,000。

    試作：
    (1) 計算 $β$ = ?
    (2) ×7 年初未保證殘值之估計改變應有之分錄。
    (3) 計算小虎公司 ×4 年至 ×9 年每年因此項租賃所認列之利息收入。
    ($P_{3,16\%}$ = 2.245890, $p_{3,16\%}$ = 0.640658; $P_{6,16\%}$ = 3.684736, $p_{6,16\%}$ = 0.410442)

12. 【出租人為經銷商之融資租賃】全全公司為經銷照明設備的公司，×2 年初將一批公允價值為 $7,150,000，進貨成本與帳面金額皆為 $6,800,000 之照明設備存貨出租予泉泉公司，租期 4 年，每年年底收取租金 $2,400,000，此時市場利率為 15%，估計此批照明設備於租期屆滿時將有未經保證的殘值 $65,888，另全全公司因協商與安排此項租賃所產生之法

律費用 $120,000 係於 ×2 年初支付，且此項租賃符合融資租賃之條件。此項租賃合約，係全全公司故意以遠低於市場利率之利率 (10%) 向泉泉公司報價所達成之交易。

試作：全全公司 ×2 年與此項租賃有關之分錄。

($P_{4,10\%}$ = 3.169865, $p_{4,10\%}$ = 0.683013; $P_{4,15\%}$ = 2.854978, $p_{4,15\%}$ = 0.571753)

13. 【返還租賃之資產】甲公司 ×3 年初向乙公司承租一部機器，租期 5 年，每年年初支付租金 $200,000。甲公司保證殘值為 $40,000，該機器在租賃開始日之公允價值為 $890,000，乙公司之隱含利率為 9%，且為甲公司所知，機器耐用年限 6 年，乙公司原始直接成本為 $10,000，且此項租賃對乙公司符合融資租賃條件。兩公司並約定租期屆滿，交還該機器時若機器之公允價值未達保證殘值，甲公司應補貼機器公允價值與保證殘值間之差額，甲公司在 ×3 年初至 ×7 年初，皆預期在交還時須支付乙公司 $20,000。

試作：分別依下列條件，作甲公司與乙公司於租期屆滿時，交還(收回)機器之相關分錄。

(1) ×7 年底該機器之公允價值為 $30,000
(2) ×7 年底該機器之公允價值為 $50,000
(3) ×7 年底該機器之公允價值為 $15,000

($P_{4,9\%}$ = 3.239720, $p_{4,9\%}$ = 0.708425; $P_{5,9\%}$ = 3.889651, $p_{5,9\%}$ = 0.649931)

14. 【租賃負債之重評估】新海公司於 ×1 年初向大漢公司承租一項機器設備，租期 5 年，每年之租賃給付為 $60,000，於每年年初支付。合約中並附有租賃延長 3 年之選擇權，新海公司於開始日判斷該租賃延長之選擇權之行使並非可合理確定，因此判定租賃期間為 5 年。在開始日時，大漢公司之租賃隱含利率為 7%，且為新海公司所知，使用權資產按直線法折舊，新海公司預期於租期屆滿日無須就保證殘值額外支付任何款項。在 ×4 年初，因新海公司評估該設備可使用於該公司新研發完成且即將投產之先進製程，故可合理確定將行使租賃延長之選擇權以延長其原始租賃。×4 年初時租賃隱含利率並非容易確定，新海公司此時之增額借款利率為 6%，並預期在行使延長之選擇權後，於延長後之租期屆滿日須就保證殘值與估計殘值之差額支付大漢公司 $6,000。

試作：×1 年與 ×4 年新海公司與此租賃相關的分錄。

($P_{4,7\%}$ = 3.387211, $p_{4,7\%}$ = 0.762895; $P_{5,7\%}$ = 4.100197, $p_{5,7\%}$ = 0.712986; $P_{4,6\%}$ = 3.465106, $p_{4,6\%}$ = 0.792094; $P_{5,6\%}$ = 4.212364, $p_{5,6\%}$ = 0.747258)

15. 【租賃負債之重評估】大福公司於 ×3 年初與麻吉公司簽訂合約，承租一項機器設備，租期 6 年，每年年底支付 $80,000，大福公司擁有於到期時可以 $120,000 購入該設備之選擇權，設備之耐用年限為 8 年，無殘值。大福公司在開始日評估該購買選擇權之行使無法合理確定，故未將購買選擇權之行使價格計入租賃給付。麻吉公司於開始日時之租賃隱含利率為 5%，且為大福公司所知，使用權資產以直線法提列折舊，無保證殘值。大福公司在 ×5 年初評估此設備用以生產之產品，其產品壽命較原預估顯著為長，因此可合理確定將行使購買選擇權。×5 年初時租賃隱含利率對大福公司並非容易確定，此時大福公司之增額借款利率為 7%。

試作：×5 年大福公司與此租賃有關的所有分錄。

($P_{5,5\%}$ = 4.329477, $p_{5,5\%}$ = 0.783926; $P_{6,5\%}$ = 5.075692, $p_{6,5\%}$ = 0.746215; $P_{4,5\%}$ = 3.545951, $p_{4,5\%}$ = 0.822702; $P_{4,7\%}$ = 3.387211, $p_{4,7\%}$ = 0.762895; $P_{3,5\%}$ = 2.723248, $p_{3,5\%}$ = 0.863838; $P_{3,7\%}$ = 2.624316, $p_{3,7\%}$ = 0.816298)

16. 【租賃負債之重評估】康昊公司於 ×1 年初向順天公司承租一運輸設備，租期 6 年，每年年初支付 $75,000，於合約簽訂時發生原始直接成本 $2,276。在合約中並約定租賃給付以每兩年消費者物價指數之變動為基礎，每兩年調整一次。順天公司在開始日之租賃隱含利率為 9%，且為康昊公司所知，使用權資產以直線法提列折舊。×3 年初時租賃隱含利率對康昊公司並非容易確定，此時康昊公司之增額借款利率為 8%。開始日時之消費者物價指數為 120，×3 年初時則為 125。

    試作：×1 年與 ×3 年康昊公司關於此租賃的所有分錄。

    ($P_{5,9\%}$ = 3.889651; $P_{6,9\%}$ = 4.485919; $P_{3,9\%}$ = 2.531295; $P_{4,9\%}$ = 3.239720; $P_{3,8\%}$ = 2.577097; $P_{4,8\%}$ = 3.465106)

Chapter 17 員工福利

學習目標

研讀本章後,讀者可以了解:
1. 員工福利之相關議題
2. 何謂確定提撥計畫
3. 何謂確定福利計畫
4. 退職後福利之會計處理
5. 其他長期員工福利之會計處理
6. 離職福利之會計處理
7. 短期員工福利之會計處理

本章架構

員工福利
- 退職後福利
  - 確定提撥計畫
  - 確定福利計畫
- 其他長期員工福利
  - 定義
  - 認列與衡量
- 離職福利
  - 定義
  - 認列與衡量
- 短期員工福利
  - 短期帶薪假
  - 利潤分享與紅利計畫

我國銀行業多有「員工優惠存款」形式之員工福利。所謂「員工優惠存款」，即就員工之定額存款，給與高於市場利率之利息報酬，且優惠期間除員工在職期間外，並往往持續至退休後，亦即員工在職期間提供之服務，同時增加其於在職期間與退休後可獲得之福利。以 IAS 19 之員工福利分類而言，在職期間給與之優惠屬短期員工福利或其他長期員工福利；退休後持續給與之優惠則屬退職後福利。

由於我國原有之財務會計準則中，對公司給與之員工退職後福利，僅就退休金部分加以規範 (財務會計準則第 18 號)，其餘並未明文規定；故我國現行實務作法，對於員工優惠福利存款採實際支付時以利息費用認列。但在國際財務報導準則適用後，退休員工超額利息屬退職後福利，應依 IAS 19 規定納入精算報告，並於員工提供服務期間即認列相關費用與負債。根據民國 100 年 6 月銀行公會估計，此調整將使我國全體銀行淨值大減 1,400 億元。為免衝擊過大，金管會於民國 100 年 12 月 26 日修正之「公開發行銀行財務報告編製準則」中規定：退休員工優惠存款超額利息適用 IAS 19 之時點得延後至員工退休時。此作法與 IAS 19 不符，但可使我國銀行業者於適用國際財務報導準則後，所需認列之相關費用與負債大幅降低。民國 101 年 3 月，金管會發文確定相關精算假設，各上市櫃與金控旗下銀行即依該參數計算，並於該年第 1 季財務報表之「事先揭露採用國際財務報導準則相關事項」記載中揭露「員工優惠存款」之相關影響數。揭露之 11 家銀行其淨值共計減少約 115 億元，其中減少數達 10 億元以上者計有合庫 (31 億元)、兆豐銀 (29 億元)、一銀 (25 億元)、彰銀 (10 億元) 等 4 家。值得注意的是，由 1,400 億元與 115 億元的倍數估計，這些歷史悠久的公股行庫若完全依照 IAS 19 之規定，受影響較大的個別銀行業者，其影響數恐怕是超過 300 億元了！

此外，亦有 13 家銀行於民國 101 年第 1 季財務報表之「事先揭露採用國際財務報導準則相關事項」記載中揭露「累積帶薪假」之相關影響數。我國原有之財務會計準則對此類福利亦無明文規定，現行實務作法通常於實際支付時認列；但 IAS 19 規定，對於可累積之帶薪假給付，應於員工提供勞務而增加其未來福利給付時認列費用與負債。揭露累積帶薪假之 IFRS 影響數之 13 家銀行其淨值共計減少 15.4 億元，其中以合庫 (5.3 億元)、台企銀 (2.6 億元) 與彰銀 (1.7 億元) 為影響金額最高之前三家銀行。2015 年金融機構開始適用 2013 年版 IAS 19，金管會對退休員工優惠存款超額利息仍維持「得延後至員工退休時始適用 IAS 19」的特別規定。

當代中級會計學

章首故事引發之問題
- 「員工福利」之範圍與分類為何？
- 除退休金外，退職後福利還包括哪些項目，其會計處理為何？
- 不屬於退職後福利的「其他長期員工福利」之會計處理為何？
- 員工帶薪假之會計處理為何？
- 員工每年的分紅獎金之會計處理為何？
- 各類「員工福利」之會計處理為何？

17.1　員工福利之相關議題

學習目標 1
了解員工福利之相關議題

IAS 19 目的在於規範公司對員工福利之會計及揭露，其所定義之員工，是以專職、兼職、正式的、不定期或臨時的方式提供服務予公司之人員，包括董事及其他管理人員。而其所適用之員工福利，包括由下列所提供者：

1. **正式計畫或其他正式協議**：由公司與員工、員工團體或其代表間所簽訂。
2. **法律規定或產業協議**：如勞動基準法規定之勞工福利。
3. **非正式慣例所產生之推定義務**：當公司除支付員工福利外，別無實際可行之其他方案時，非正式慣例即產生推定義務。推定義務發生之一例，為當公司改變非正式慣例，將導致公司與員工關係發生無法接受之損害。

IAS 19 適用於公司所有員工福利之會計處理，但適用 IFRS 2「股份基礎給付」者 (請參照第 13.4 節) 除外。IAS 19 包括之員工福利計有以下四類：

1. **短期員工福利**：預期於員工提供相關服務之年度報導期間結束日後 12 個月內全部清償之員工福利 (離職福利除外)，如在職員工之工資、薪資及社會安全提撥、帶薪年休假及帶薪病假、預期於員工提供相關服務之年度報導期間結束日後 12 個月內全部清償之利潤分享、紅利或非貨幣性之福利 (如醫療照顧、住宿、汽車，以及免費或補貼之商品或服務)。
2. **退職後福利**：如退休金、其他退休福利 (如退職後人壽保險及退

職後醫療照顧)。
3. **其他長期員工福利**：包括長期服務休假或長期輪休年假、服務滿若干年之休假或其他長期服務福利、長期傷殘福利，以及長期之利潤分享、紅利與遞延薪酬。
4. **離職福利**：在正常退職日前，企業主動解聘僱或鼓勵員工接受自願離職所給與之福利。

本章將就上述各類員工福利逐一說明會計處理。由於相較而言，退職後福利之會計規範最為繁複，故以退休金為例，首先討論退職後福利之議題，其他類之員工福利則後續為之。

17.2 退職後福利：確定提撥計畫與確定福利計畫

學習目標 2
了解確定提撥計畫與確定福利計畫之會計處理

退職後福利 (post-employment benefits) 指除**離職福利** (termination benefits) 外，公司於聘僱結束後應付之員工福利，包括退休福利 (如退休金) 及其他退職後福利 (如退職後之人壽保險及醫療照顧)。公司據以提供員工退職後福利之正式或非正式協議，即為退職後福利計畫，無論退職後福利計畫中是否成立單獨個體 (如信託基金) 以接受提撥及支付福利，其相關之會計處理均適用 IAS 19 之規範。

退職後福利計畫分為**確定提撥計畫** (defined contribution plans) 與**確定福利計畫** (defined benefit plans)。確定提撥計畫係由公司支付固定提撥金予信託基金，而累積提撥金與其所產生之投資報酬即為員工應得之福利，公司不負有支付更多金額之法定及推定義務，亦即計畫之投資風險由員工承擔。其他類型之退職後福利計畫則均為確定福利計畫，此類計畫中公司可能未支付任何提撥、支付部分提撥，或支付全部提撥，而其到期之支付福利金額之決定，除受已提撥數與其所產生投資報酬之影響外，公司有義務補償基金之不足數額，亦即計畫之投資風險由公司承擔。而無論屬哪一類型之退職後福利計畫公司，須於員工提供服務以換取未來支付之員工福利時認列費用及負債 (除非另有準則規定將其包含於資產成本中，例如，公司給與負責製造存貨員工之員工福利應列入存貨成本)。確定福利計畫之會計處理較確定提撥計畫繁複許多，以下即分別說明之。

確定提撥計畫：
公司除支付固定提撥金外，無其他支付義務；計畫資產之投資風險由員工承擔。

確定福利計畫：
不屬於確定提撥計畫之退職後福利計畫均為確定福利計畫，此類計畫下，計畫資產之投資風險通常由公司承擔。

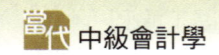

17.2.1 確定提撥計畫

確定提撥計畫中，因公司之義務僅限於其同意提撥之金額，當員工於某一期間內提供服務時，企業只要就為換取該項服務而應付之確定提撥計畫提撥金，認列退休金費用（除非另有準則規定或允許將該提撥金包含於資產成本中）與應付退休金負債；支付提撥金時則為應付退休金負債之減少（但若支付超過負債時則認列預付費用，作為資產之增加）。應付退休金負債之金額無須折現，除非應付之金額於員工提供相關服務當期期末後 12 個月內並未全部到期。

釋例 17-1　確定提撥計畫

依據當地勞工退休金條例，甲公司須於每年 1 月底就其前一年度員工薪資總額之 6%，提撥職工退休準備金至勞工保險局設立之勞工退休個人專戶。此專戶所有權為勞工本人，不因其轉換工作或事業單位關廠、歇業而受影響。甲公司於提撥前述固定提撥金至其員工之個人退休金專戶後，不負有支付更多提撥金之法定或推定義務。若甲公司於 ×1 年 1 月 1 日成立，×1 年之薪資總額為 $2,000,000。

試作：該公司 ×1 年底應作分錄及 ×2 年 1 月 31 日提撥退休金相關之分錄。

解析

該計畫為確定提撥計畫，因此該公司依其應提撥金額認列退休金費用。

×1/12/31			×2/1/31		
退休金費用	120,000		應計退休金負債	120,000	
應計退休金負債		120,000	現金		120,000

17.2.2 確定福利計畫

確定福利計畫之會計處理則相對較複雜。關於確定福利計畫，IAS 19 係規範資產負債表中須認列之項目為其計畫資產公允價值與確定福利負債現值互抵後之淨資產或淨負債，附註中始另行揭露相關資產（計畫資產公允價值）與負債（確定福利義務之現值）之總額。故於資產負債法之基本精神下，綜合損益表中關於確定福利計畫須認列之項目即為計畫資產公允價值與確定福利義務現值之增減（公司提撥之計畫資產除外）；此增減金額部分應認列於本期損益（確定福利費用），部分應認列於其他綜合損益（確定福利計畫再衡量

數)。亦即，IAS 19 對確定福利計畫相關資產與負債之處理，係規範須於發生時全數認列，不再允許遞延攤銷認列，亦即不再允許表外資產與負債的存在。本節將先討論確定福利計畫資產與負債之變動來源；而後再以逐步增加複雜性之連續年度簡例，說明應如何認列確定福利計畫相關之淨負債(或淨資產)與成本。

17.2.2.1　確定福利計畫資產與負債之變動

確定福利計畫下之退職後福利相關負債稱為**確定福利義務現值** (present value of the defined benefit obligation)，係指在不扣除任何計畫資產之情況下，為清償當期及以前期間員工服務所產生之預期未來支付義務之現值。

計算確定福利義務現值之折現率，應參考報導期間結束日高品質公司債之市場殖利率決定。在無此類債券深度市場之國家，應使用政府公債於報導期間結束日之市場殖利率。而不論係公司債或政府公債，其貨幣及期間應與確定福利義務之貨幣及估計期間一致。

確定福利計畫下之退職後福利相關資產稱為**計畫資產** (plan assets)，包括長期員工福利基金持有之資產。

確定福利義務現值之衡量涉及**精算假設** (actuarial assumptions)。所謂精算假設，係指公司用以決定提供退職後福利最終給付金額之各種變數的最佳估計，包括相關之**人口統計假設** (demographic assumptions) 與**財務假設** (financial assumptions)：前者如聘僱期間及期後之死亡率、員工離職、傷殘及提前退休率，及醫療支付之請求率等；後者如折現率、未來薪資及福利水準、未來醫療成本等。

確定福利義務現值之變動來源，計有當期服務成本、前期服務成本、利息成本、福利計畫支付、精算假設之變動與經驗調整(指先前之精算假設與實際發生情況差異)及福利計畫清償等六項。計畫資產公允價值之變動來源，則有計畫資產之提撥、計畫資產之實際報酬、福利計畫支付及福利計畫清償等四項。以下以簡例說明前述項目之意義與衡量：

甲公司於 ×1 年初開始其確定福利計畫，規定員工年滿 65 歲退職後每年年底可得「 2% × 服務年數 × 退職時年薪」之給付額。時年 40 歲之 A 員工於 ×1 年初至甲公司服務，預期其 ×25 年底退職

計算確定福利義務現值之折現率：
1. 高品質公司債之市場殖利率，或
2. 政府公債殖利率。

公司債或政府公債之貨幣及期間應與確定福利義務之貨幣及期間一致。

精算假設包括：
人口統計假設及
財務假設

時年薪為 $100,000，退職後預期可再活 10 年，折現率為 10%。A 員工預期之服務與退職時程圖示如下：

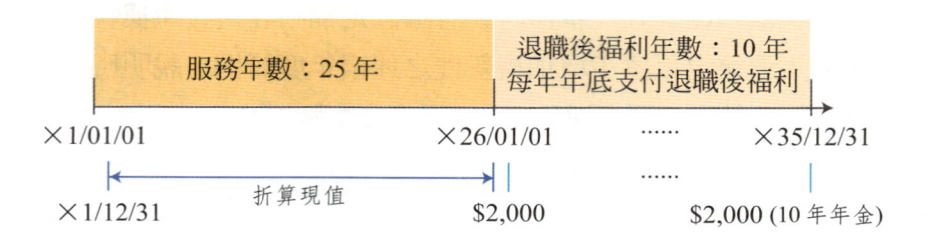

```
|——— 服務年數：25 年 ———|— 退職後福利年數：10 年 ——|
                                每年年底支付退職後福利
×1/01/01              ×26/01/01    ……    ×35/12/31
       ←—— 折算現值 ——→
×1/12/31              $2,000              $2,000 (10 年年金)
```

1. 當期服務成本

　　當期服務成本指員工當期服務所產生確定福利義務現值之增加數，當期服務成本應認列於本期損益。A 員工 ×1 年之服務，使甲公司須自 ×26 年起為期 10 年、每年年末支付其 $2,000 (= 2% × 1 × $100,000)，此 10 年期普通年金折算至 ×1 年底之現值為 $1,248：

$$\$1,248 = \frac{\$2,000}{(1+10\%)^{25}} + \frac{\$2,000}{(1+10\%)^{26}} + \cdots + \frac{\$2,000}{(1+10\%)^{34}}$$
$$= \$2,000 \times 年金現值因數(10\%, 10年) \times 複利現值因數(10\%, 24年)$$
$$= \$2,000 \times 6.14457 \times 0.10153$$

　　×2 年之當期服務成本，則為 A 員工 ×2 年服務造成之甲公司確定福利義務現值 ×2 年增加數 (以 ×2/12/31 現值計)：

$$\$1,372 = \frac{\$2,000}{(1+10\%)^{24}} + \frac{\$2,000}{(1+10\%)^{25}} + \cdots + \frac{\$2,000}{(1+10\%)^{33}}$$
$$= \$2,000 \times 年金現值因數(10\%, 10年) \times 複利現值因數(10\%, 23年)$$
$$= \$2,000 \times 6.14457 \times 0.11168$$

2. 利息成本

　　利息成本指因距離福利之支付清償更近一期，導致期初確定福利義務現值於一期間內現值之增加數，即確定福利義務現值期初餘額乘以折現率所得數：

　　×1 年利息成本 = 期初確定福利義務現值 $0 × 10% = $0
　　×2 年利息成本 = 期初確定福利義務現值 $1,248 × 10% = $125

　　歸結當期服務成本與利息成本之影響，即可得甲公司確定福利義務現值 ×1 年底與 ×2 年底之餘額如下：

×1 年底餘額
 = $0 (×1 年初餘額) + $1,248 (×1 年當期服務成本)
  + $0 (×1 年利息成本)
 = $1,248

×2 年底餘額
 = $1,248 (×2 年初餘額) + $1,372 (×2 年當期服務成本)
  + $125 (×2 年利息成本)
 = $2,745

值得特別說明的是，確定福利義務現值 ×2 年底餘額 $2,745，即表示至 ×2 年底，甲公司因 A 員工 2 年 (×1 與 ×2 年) 之服務，使甲公司須自 ×26 年起為期 10 年每年年底支付其 $4,000 之現值：

$$\$2,745 = \frac{\$4,000}{(1+10\%)^{24}} + \frac{\$4,000}{(1+10\%)^{25}} + \cdots + \frac{\$4,000}{(1+10\%)^{33}}$$
$$= \$4,000 \times 年金現值因數(10\%, 10年) \times 複利現值因數(10\%, 23年)$$
$$= \$4,000 \times 6.14457 \times 0.11168$$

確定福利義務之利息成本係認列於本期損益 (即列入確定福利費用)，但係與計畫資產利息收入互抵後之「淨利息」型態認列於本期損益。計畫資產利息收入之計算將隨後說明。

3. 前期服務成本

前期服務成本係指因修正或縮減確定福利計畫時，確定福利義務現值之增加或減少數。在本簡例中，假設甲公司於 ×3 年初修正計畫，就 A 員工已提供之 2 年 (×1 年與 ×2 年) 服務，自 ×26 年底起為期 10 年每年年底額外支付 $1,000，則甲公司確定福利義務現值將於 ×3 年初增加 $686。

歸結當期服務成本、利息成本與前期服務成本之影響，即可得甲公司確定福利義務現值 ×3 年初之餘額如下：

×3 年初餘額
 = $2,745 (×2 年底餘額) + $686 (前期服務成本)
 = $3,431

$$\$3,431 = \frac{\$5,000}{(1+10\%)^{24}} + \frac{\$5,000}{(1+10\%)^{25}} + \cdots + \frac{\$5,000}{(1+10\%)^{33}}$$
$$= \$5,000 \times 年金現值因數(10\%, 10年) \times 複利現值因數(10\%, 23年)$$
$$= \$5,000 \times 6.14457 \times 0.11168$$

前期服務成本：
計畫修正或縮減，確定福利義務之增加數 (前期服務成本為正) 或減少數 (前期服務成本為負)。

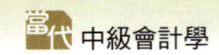

同樣可發現的是，確定福利義務現值×3年初餘額$3,431，即表示在計畫修正後，至×3年初(×2年底)，甲公司因A員工2年(×1年與×2年)之服務，使甲公司須自×26年底起為期10年每年支付其$5,000之現值。

需注意的是，無論是增加員工退職後福利(前期服務成本大於零)或減少員工福利(前期服務成本小於零)，企業均應於計畫修正或縮減發生時，將前期服務成本即列入確定福利費用。

4. 計畫資產提撥與實際報酬

計畫資產提撥係將公司資產投入計畫資產中，此將造成計畫資產公允價值之增加，惟其不影響綜合損益表中關於確定福利計畫須認列之淨收益或淨費損，即並無相關損益發生。因提撥係將公司資產投入計畫資產，雖造成計畫資產之增加，但公司資產亦同幅度減少，亦即其僅係公司資產組成之改變，並未造成公司總資產或總負債之增減，即並無造成權益之增減，故無收益或費損之發生。計畫資產提撥及福利計畫支付，係確定福利義務現值與計畫資產公允價值之變動來源中，兩項不影響確定福利計畫須認列之相關淨收益、淨費損或其他綜合損益者。福利計畫之支付請參考後續第6項之說明。

> 計畫資產提撥與福利計畫之支付兩項均不影響本期損益或其他綜合損益。

計畫資產之實際報酬視其為正數或負數，將造成計畫資產公允價值之增減。相對於計畫資產提撥，計畫資產之實際報酬除使計畫資產公允價值發生增減外，亦使公司總資產與權益發生增減，故為收益或費損之發生，將影響綜合損益表中關於確定福利計畫須認列之淨收益、淨費損者或其他綜合損益。

計畫資產之報酬係包括計畫資產之利息、股利及其他收入，連同計畫資產已實現與未實現之利益或損失，但須減除管理該計畫之成本與所有計畫本身應付之稅款。在本簡例中，假設甲公司於×1年底首次提撥計畫資產現金$1,000，×2年計畫資產實際報酬為$110，×2年底再提撥計畫資產現金$1,200，則甲公司×1年底與×2年底之計畫資產公允價值餘額如下：

×1年底餘額
= $0 (×1年初餘額) + $0 (×1年實際報酬) + $1,000 (×1年提撥)
= $1,000

×2 年底餘額
　= $1,000 (×2 年初餘額) + $110 (×2 年實際報酬) + $1,200 (×2 年提撥)
　= $2,310

惟需特別注意的是，計畫資產之實際報酬須拆分為「利息收入」與「實際報酬與利息收入之差異數」：前者係以利息收入──計畫資產期初餘額乘以折現率而得，後者則為實際報酬減去利息收入而得。雖然此兩者均造成計畫資產公允價值變動，但「利息收入」部分係以與確定福利義務之利息成本互抵後之「淨利息」認列於本期損益；「實際報酬與利息收入之差異數」則加計稍後說明之「精算損益」合稱為「再衡量數」認列於其他綜合損益。

5. **精算假設變動與經驗調整**

精算假設變動係指公司調整預期加薪幅度、殘疾率、死亡率等變數之估計；經驗調整則指先前精算假設與實際發生情況間之差異，例如去年對今年之預期加薪幅度為 5%，但今年實際加薪幅度為 6%。精算假設變動與經驗調整若造成確定福利義務現值減少，其影響數是為**精算利益** (actuarial gains)；若造成確定福利義務現值增加，其影響數是為**精算損失** (actuarial losses)。

精算損益
= 精算假設變動損益
　+ 經驗調整損益

同樣需特別注意的是，「精算損益」係與「計畫資產實際報酬與利息收入之差異數」合稱為「再衡量數」，於發生時立即認列於其他綜合損益，亦即不再有未認列之精算損益等表外負債或資產。

6. **福利計畫支付與清償**

計畫福利支付指員工退職後，公司依照福利辦法，以計畫資產支付定期支付 (或一次支付) 退職後福利，所以支付時計畫資產公允價值減少，確定福利義務也同額減少。

福利計畫之**清償** (settlement) 則係公司從事一項交易以消除確定福利計畫所提供之部分或全部福利之所有未來法定或推定義務，例如透過購買保單一次移轉計畫下之重大雇主義務予保險公司，即屬清償。但清償須為非屬計畫條款所定之給付支付。簡言之，若員工工作至正常退休年限 60 歲時退休，公司支付其退休金或其他退職後福利之作業，即為福利支付；而若員工仍然在工作，公司與員工協議結算員工過去累積之退職後福利，因為此一協議並非計畫原定之

福利支付，所以其為福利計畫之清償。

若公司福利計畫中明定，員工退休時，可選擇一次提領所有退休金或以年金方式領取，此狀況下若公司原先預計員工退休時會以年金方式提領，但實際退休時，員工選擇一次提領，則實際提領與預計提領間之差額並非計畫清償，而屬計畫支付，因為選擇提領方式是計畫辦法中之規定，只要是訂在計畫辦法中即非屬清償。

福利計畫支付時，計畫資產公允價值與確定福利義務均等額減少，公司之淨確定福利負債並無變動(請參考下一小節)，不影響公司確定福利費用及其他綜合損益。第4項中之計畫資產提撥與此處福利計畫之支付兩者均不影響損益及其他綜合損益。

福利計畫清償時，公司應精算被清償之確定給付義務現值，此金額與用以清償價格(移轉計畫資產的公允價值或公司額外支付之現金)間之差額即為清償損益，公司應立即將清償之利益或損失列入確定福利費用，因此若為清償利益則會減少費用。

7. 計畫資產實際報酬與精算損益之會計處理彙總

計畫資產之實際報酬與確定福利義務之利息成本兩者，如何列入「確定福利費用」及其他綜合損益(列入「其他綜合損益－確定福利計畫再衡量數」)，又確定福利計畫之淨利息費用(或淨利息收益)如何計算、再衡量數包括哪些項目，這些關聯的觀念再度整理如下：

計畫資產實際報酬

= 計畫資產利息收入 + (計畫資產實際報酬 − 計畫資產利息收入)
= 期初計畫資產公允價值 × 折現率 + 計畫資產實際報酬與利息收入之差額
= 計畫資產利息收入 [列入損益] + 再衡量數之一部分 [列入其他綜合損益]

確定福利計畫之淨利息 [列入損益；即列入確定福利費用]

= 確定福利義務利息成本 − 計畫資產利息收入
= 期初確定福利義務現值 × 折現率 − 期初計畫資產公允價值 × 折現率
= (期初確定福利義務現值 − 期初計畫資產公允價值) × 折現率

若此數額大於零，為淨利息費用；小於零，則為淨利息收益

確定福利計畫再衡量數 [列入其他綜合損益－確定福利計畫再衡量數]

= 精算損益 + 計畫資產實際報酬與利息收入之差額
= (精算假設變動損益 + 經驗調整損益) + (計畫資產實際報酬 − 計畫資產利息收入)

精算損益大(小)於零表示精算利益(精算損失);計畫資產實際報酬大(小)於利息收入為其他綜合利益(其他綜合損失);兩者加總之整體再衡量數大(小)於零為其他綜合利益(其他綜合損失)。

17.2.2.2　淨確定福利負債(資產)與確定福利成本之認列

歸結而言,確定福利義務現值與計畫資產公允價值之變動來源,計有當期服務成本、利息成本、前期服務成本、計畫資產提撥與實際報酬、精算假設變動與經驗調整、福利計畫支付及福利計畫清償等項目。而其中計畫資產提撥一項雖造成計畫資產公允價值之增加,但同幅度減少其他資產,即最終並未造成公司權益變動,故認列此項變動並未導致認列確定福利計畫相關之成本;福利計畫支付則使計畫資產公允價值及確定福利義務現值等額減少,亦不認列確定福利成本。

而其他與確定福利義務現值與計畫資產公允價值變動相關之項目,即當期服務成本、利息成本、計畫資產利息收入、前期服務成本、精算損益及福利計畫清償損益六項,則因認列其變動而導致認列確定福利計畫相關之成本。此六項項目中,當期服務成本、利息成本與計畫資產利息收入合計之淨利息、前期服務成本、及福利計畫清償損益四項係於發生時立即全數認列於本期損益。精算假設變動與經驗調整造成之精算損益,則與計畫資產實際報酬扣除其利息收入之「實際報酬與利息收入之差異數」合稱為「再衡量數」,於發生時立即全數認列於其他綜合損益(列入「其他綜合損益—確定福利計畫再衡量數」)。

確定福利費用(成本)
　　= 當期服務成本 + **淨利息費用** + 前期服務成本 + 清償損益　　----- 綜合損益表

淨利息費用
　　= 利息成本 – 計畫資產利息收入
　　= 期初確定福利義務現值 × 折現率 – 期初計畫資產公允價值 × 折現率
　　= (期初確定福利義務現值 – 期初計畫資產公允價值) × 折現率

此數額若小於零,代表計畫資產利息收入大於確定福利義務利息成本,則可能出現淨利息收益情形(列為確定福利費用之減項)

其他綜合損益—確定福利計畫再衡量數
　　= 精算損益 + 計畫資產實際報酬與利息收入之差額
　　= (精算假設變動損益 + 經驗調整損益) + (計畫資產實際報酬 – 計畫資產利息收入)

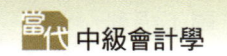

因所有項目皆為發生時全數認列,並無任何相關之表外負債或資產,故於資產負債表須認列者,為確定福利義務現值高於或低於計畫資產公允價值之金額,即代表該確定福利計畫為短絀或剩餘狀態之淨確定福利負債或資產。

資產負債表
確定福利淨負債
= 確定福利義務現值 – 計畫資產公允價值

此數額大於零,表示計畫提撥不足,或稱計畫短絀;數額小於零,表示計畫超額提撥,或稱計畫有剩餘。此提撥狀況通常於公司財務報表附註中揭露,以確定福利義務現值 $30 及計畫資產公允價值 $20 為例,揭露格式如下:

確定福利義務現值	$(30)	以貸方金額表示此項為義務
計畫資產公允價值	20	以借方金額表示此項為資產
提撥狀況	$(10)	貸方餘額表示短絀(應認列淨確定福利負債 $10)

17.2.3　確定福利計畫之例釋

在進入 17.2.3 正式例釋前,先以簡例及圖形解釋最簡單情況下,確定福利之退職後福利會計處理之整體觀念,例中並無提撥與福利給付:

確定福利之退職後福利會計處理之整體架構簡例圖

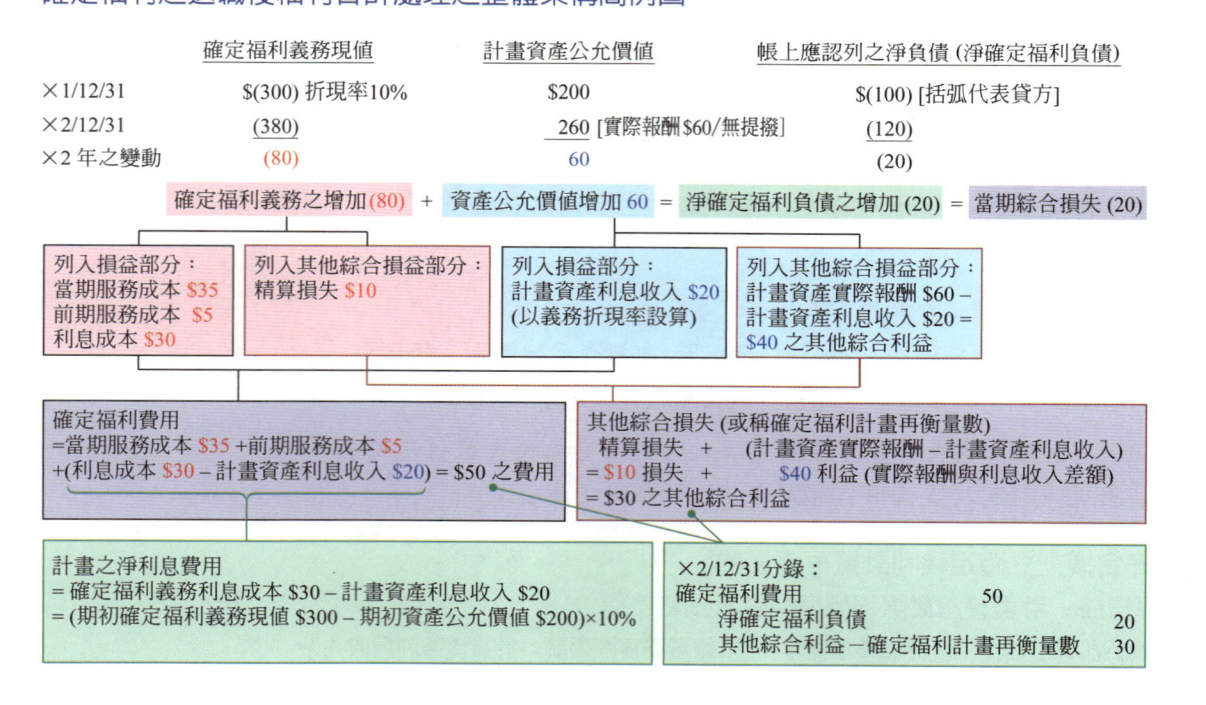

	確定福利義務現值	計畫資產公允價值	帳上應認列之淨負債(淨確定福利負債)
×1/12/31	$(300) 折現率10%	$200	$(100) [括弧代表貸方]
×2/12/31	(380)	260 [實際報酬$60/無提撥]	(120)
×2年之變動	(80)	60	(20)

確定福利義務之增加(80) + 資產公允價值增加 60 = 淨確定福利負債之增加(20) = 當期綜合損失(20)

列入損益部分:
當期服務成本 $35
前期服務成本 $5
利息成本 $30

列入其他綜合損益部分:
精算損失 $10

列入損益部分:
計畫資產利息收入 $20
(以義務折現率設算)

列入其他綜合損益部分:
計畫資產實際報酬 $60 –
計畫資產利息收入 $20 =
$40 之其他綜合利益

確定福利費用
= 當期服務成本 $35 + 前期服務成本 $5
+ (利息成本 $30 – 計畫資產利息收入 $20) = $50 之費用

其他綜合損失(或稱確定福利計畫再衡量數)
精算損失　　+ 　(計畫資產實際報酬 – 計畫資產利息收入)
= $10 損失　+ 　　　　$40 利益(實際報酬與利息收入差額)
= $30 之其他綜合利益

計畫之淨利息費用
= 確定福利義務利息成本 $30 – 計畫資產利息收入 $20
= (期初確定福利義務現值 $300 – 期初資產公允價值 $200)×10%

×2/12/31分錄:
確定福利費用　　　　　　　　　　50
　淨確定福利負債　　　　　　　　　　20
　其他綜合利益 – 確定福利計畫再衡量數　30

17.2.3.1 當期服務成本之認列

甲公司成立於 ×1 年初,並於同日設立一確定福利計畫,其運作方式遵照政府規定之退休金制度,因此同時設立員工福利信託基金。該公司 ×1 年度與該確定福利計畫相關之資訊如下:當期服務成本為 $250 (折現率 10%),×1 年底提撥現金 $100 至員工福利基金。

由上述資料可知,該公司 ×1 年度確定福利義務現值之唯一變動,為當期服務成本 $250,且當期服務成本應發生時全數認列為當期損益,故該公司 ×1 年底之確定福利義務現值餘額為 $250,而該公司 ×1 年度計畫資產公允價值之唯一變動來自 ×1 年底提撥現金 $100,故該公司 ×1 年底之計畫資產公允價值為 $100。該公司 ×1 年底與確定福利計畫相關之負債餘額 $250 高於資產餘額 $100,應認列之淨負債為其差額 $150,因期初淨負債為 $0,故認列淨負債 $150。其圖示關係與應作分錄如下:

確定福利計畫費用 (成本)
= 當期服務成本 + 前期服務成本 + 淨利息費用 + 清償損益
= $250 + $0 + ($0 – 0) × 10% + $0 = **$250 (借方)**
  [$250 費用]

淨確定福利負債之變動
= 期末淨確定福利負債 – 期初淨確定福利負債
= 期末確定福利義務現值 – 期末計畫資產公允價值 – 期初確定福利義務現值 – 期初計畫資產公允價值
= ($250 – $100) – ($0 – $0) = **$150 (貸方)**
  [淨負債增加 $280]

提撥 = $100 = **100 (貸方)**
  [提撥現金至退休基金]

×1/12/31
確定福利費用	250	
淨確定福利負債		150
現金		100

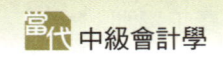

```
本期（變動）  ×1年          ×1年         ×1/12/31認列應計
              服務成本      確定福利費用  淨確定福利負債$150      確定福利費用    250
              $250          $250                                 淨確定福利負債         150
                                         ×1/12/31                現金                   100
                                         提撥基金 $100

上期期末
×1/12/31   確定福利           計畫資產公    淨確定福利
           義務現值$250   =   允價值$100  +  負債$150

工作底     淨確定福利     確定福利           計畫資產公
稿格式     負債$150    =  義務現值$250   -   允價值$100
```

亦得以工作底稿格式表達如下。工作底稿中之正式分錄之項目，係認列於財務報表之確定福利計畫之淨負債與確定福利費用；備忘記錄之項目則係揭露所需之確定福利義務現值與計畫資產公允價值總額資訊。工作底稿中無括號者是借記金額，括號者則為貸記金額。每一事項之記錄可能影響正式分錄項目或備忘記錄項目，但必定借記金額等於貸記金額。

	正式分錄			備忘記錄	
	確定福利費用	現金	淨確定福利負債	確定福利義務現值	計畫資產公允價值
×1/1/1 餘額			$ (0)	$ (0)	$ 0
當期服務成本	$250			$(250)	
提撥退休基金		$(100)			$100
帳上分錄	$250	$(100)	$(150)		
×1/12/31 餘額			$(150)	$ (250)	$100

17.2.3.2　當期服務成本、淨利息之認列

沿 17.2.3.1 例，甲公司 ×2 年度相關資料為當期服務成本為 $175（折現率 10%），計畫資產實際報酬為 $10，×2 年底提撥現金 $100 至員工福利基金。

由上述資料可知，該公司 ×2 年度確定福利義務現值之變動只有兩項：當期服務成本 $175 與 ×1 年底確定福利義務現值餘額 $250 乘上折現率 10% 的利息成本 $25 全數認列，故該公司 ×2 年底之確定福利義務現值餘額為 $450。而該公司 ×2 年度計畫資產公允價值

之變動來自計畫資產之實際報酬 $10，與 ×2 年底提撥現金 $100，故該公司 ×2 年底之計畫資產公允價值為 $210。

在確定福利成本部分，認列於本期淨利者有當期服務成本 $175，與確定福利義務現值利息成本 $25（期初確定福利義務現值 $250 乘以折現率 10%) 減除計畫資產利息收入 $10（期初計畫資產公允價值 $100 乘以折現率 10%) 之淨利息費用 $15（亦即期初淨確定福利負債 $150 乘以折現率 10%)，故共計確定福利費用 $190。另因計畫資產實際報酬 $10 與計畫資產利息收入 $10（期初計畫資產公允價值 $100 乘以折現率 10%) 相等並無差異，故應認列於其他綜合損益之再衡量數為 $0。

$$
\begin{aligned}
\text{淨利息} &= \text{利息成本} - \text{計畫資產利息收入} \\
&= \text{期初確定福利義務現值} \times \text{折現率} - \text{期初計畫資產公允價值} \times \text{折現率} \\
&= \$250 \times 10\% - \$100 \times 10\% \\
&= \$25 - \$10 \\
&= \$15 \text{（正數代表淨利息成本，負數代表淨利息收益）}
\end{aligned}
$$

該公司 ×2 年之確定福利費用 $190，等於服務成本 $175，加上利息成本 $25，減計畫資產利息收入 $10（實際報酬亦為 $10，無應計入再衡量數之部分）；此 $190 費用在年底提撥 $100 現金後，使負債增加 $90。其圖示關係與應作分錄如下：

×2/12/31

確定福利費用	190	
現金		100
淨確定福利負債		90

當代 中級會計學

	×2年當期服務成本 $175	×2年確定福利費用 = $190 = 服務成本 + (淨利息) = $175 + ($25 − $10)	×2年認列淨確定福利負債 $90	確定福利費用　　190
本期（變動）				現金　　　　　100
			×2年提撥基金 $100	淨確定福利負債　90
	×2年利息成本 $25		×2年初資產×折現率10% = $10	計畫資產利息收入 $10 實際報酬亦為$10，無再衡量數
上期期末	×1/12/31 確定福利義務現值 $250		×1/12/31 淨確定福利負債 $150	計畫資產利息收入 $10 = 100 × 10%
			×1/12/31 計畫資產公允價值 $100	

利息成本 $250 × 10%

×2/12/31　確定福利義務現值 $450 = 計畫資產公允價值 $210 + 淨確定福利負債 $240

工作底稿格式　淨確定福利負債 $240 = 確定福利義務現值 $450 − 計畫資產公允價值 $210

所有紫色加總為 $240　　所有土黃色加總為 $450　　所有粉紅色加總為 $210

確定福利淨利息 = $25 + $(10) = $15 淨利息費用

計畫資產實際報酬等於利息收入，無再衡量數。

	正式分錄			備忘記錄	
	確定福利費用	現金	淨確定福利負債	確定福利義務現值	計畫資產公允價值
×2/1/1 餘額			$(150)	$(250)	$100
當期服務成本	$175			(175)	
利息成本	25			(25)	
計畫資產利息收入	(10)				10
提撥退休基金		$(100)			100
帳上分錄	$190	$(100)	$ (90)		
×2/12/31 餘額			$(240)	$ (450)	$210

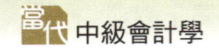

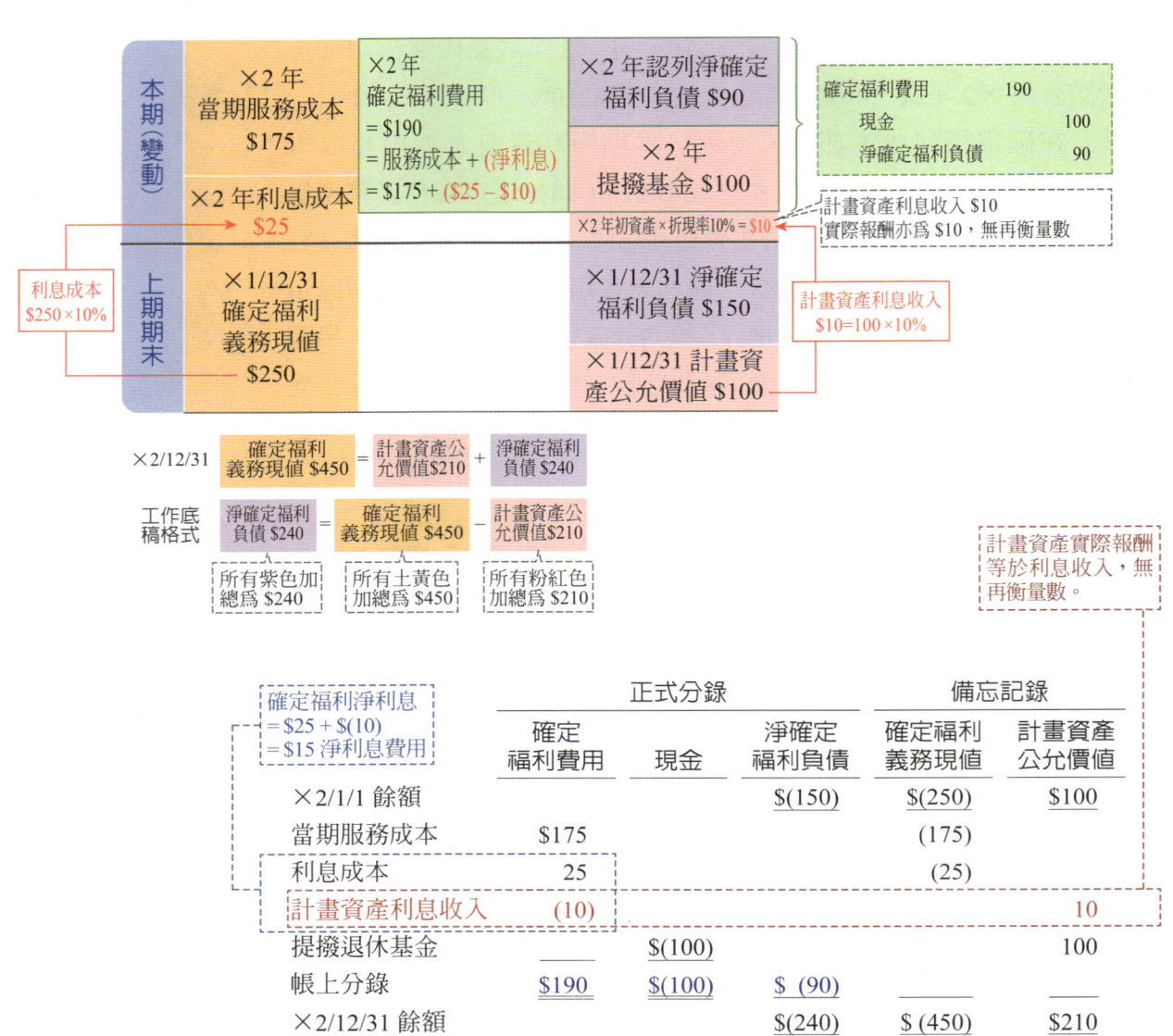

17.2.3.3　當期服務成本、前期服務成本、淨利息、再衡量數之認列

沿 17.2.3.1 例，若甲公司 ×2 年度相關資料為當期服務成本為 $175（折現率 10%），計畫資產實際報酬為 $30，另有 ×2 年 12 月 31 日因未來薪資水準假設調整使確定福利義務現值增加 $110，×2 年底提撥現金 $100 至員工福利基金。甲公司並於 ×2 年底修改確定福利計畫，確定福利義務現值因而增加 $100，因計畫資產利息收入為 $10（期初計畫資產 $100 乘以折現率 10%），而計畫資產實際報酬為 $30，即有應計入再衡量數之利益 $20（即實際報酬與利息收

入之差額)；另未來薪資水準假設之調整使確定福利義務現值增加 $110，即有精算損失 $110；故共計再衡量數為損失 $90 (= $110 損失 – $20 利益)。

為方便閱讀，將此變更後之情況彙總於下表：

×1/12/31 確定福利義務現值	$(250)
×1/12/31 計畫資產公允價值	100
×1/12/31 淨確定福利負債	$(150)

×2 年度折現率為 10%，×2 年之相關資訊如下：

當期服務成本	$175
精算損失 (12/31 精算假設變動增加福利義務)	110
計畫資產之實際報酬	30
前期服務成本 (12/31 計畫修正增加福利義務)	100
×2 年提撥	100
×2 年基金支付確定福利	0

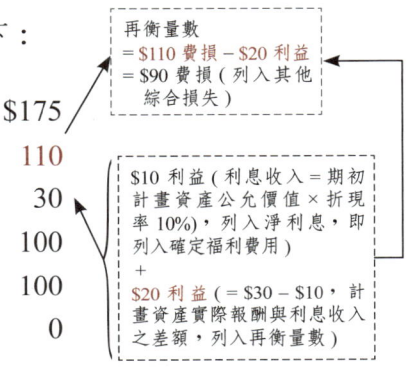

再衡量數
= $110 費損 – $20 利益
= $90 費損 (列入其他綜合損失)

$10 利益 (利息收入 = 期初計畫資產公允價值 × 折現率 10%)，列入淨利息，即列入確定福利費用)
+
$20 利益 (= $30 – $10，計畫資產實際報酬與利息收入之差額，列入再衡量數)

確定福利費用 (成本)

= 當期服務成本 + 前期服務成本 + 淨利息費用 + 清償損益

= $175 + $100 + ($250 – 100) × 10% + $0 = **$290 (借方)**
[$290 費用]

其他綜合損益—確定福利計畫再衡量數

= 精算損失 + 計畫資產實際報酬與利息收入之差額

= **$110 損失** – **$20 利益** = **$90 (借方損失)**
[$90 其他綜合損失]

淨確定福利負債之變動

= 期末淨確定福利負債 – 期初淨確定福利負債

= (期末確定福利義務現值 – 期末計畫資產公允價值) – (期初確定福利義務現值 – 期初計畫資產公允價值)

= ($660 – $230) – ($250 – $100) = **$280 (貸方)**
[淨負債增加 $280]

提撥 = $100 = **100 (貸方)**
[提撥現金至退休基金]

綜合上述計算 (確定福利義務現值與計畫資產公允價值餘額之計算可參考工作底稿)，應作分錄如下：

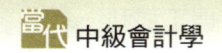

×2/12/31

確定福利費用	290	
其他綜合損益—確定福利計畫再衡量數	90	
現金		100
淨確定福利負債		280

本期（變動）

- ×2年底精算損失 $110
- ×2年前期服務成本 $100
- ×2年當期服務成本 $175
- ×2年利息成本 $25

×2年底再衡量損失 $90

×2年確定福利費用 $290
= 當期服務成本 + 前期服務成本 + (淨利息)
= $175 + $100 + ($25 − $10)

×2年認列淨確定福利負債 $90
×2實際報酬$30−利息收入$10 = $20

×2年認列淨確定福利負債 $190

×2年提撥基金 $100
×2年初資產 × 折現率10% = $10

其他綜合損益—確定福利計畫再衡量數　90
  淨確定福利負債　　　　　　　　　　　　90

＋

確定福利費用　　　　　　　　　　　　290
  現金　　　　　　　　　　　　　　　　100
  淨確定福利負債　　　　　　　　　　　190

＝

確定福利費用　　　　　　　　　　　　290
其他綜合損益—確定福利計畫再衡量數　90
  現金　　　　　　　　　　　　　　　　100
  淨確定福利負債　　　　　　　　　　　280

實際報酬 $30 = $10 + $20

先計算利息收入 $10 列入確定福利費用

實際報酬與利息收入之差額 $20 列入其他綜合損益

上期期末

- ×1/12/31 確定福利義務現值 $250
- ×1/12/31 淨確定福利負債 $150
- ×1/12/31 計畫資產公允價值 $100

×2/12/31

確定福利義務現值 $660　＋　計畫資產公允價值 $230　＝　淨確定福利負債 $430

工作底稿格式

淨確定福利負債 $430　＝　確定福利義務現值 $660　−　計畫資產公允價值 $230

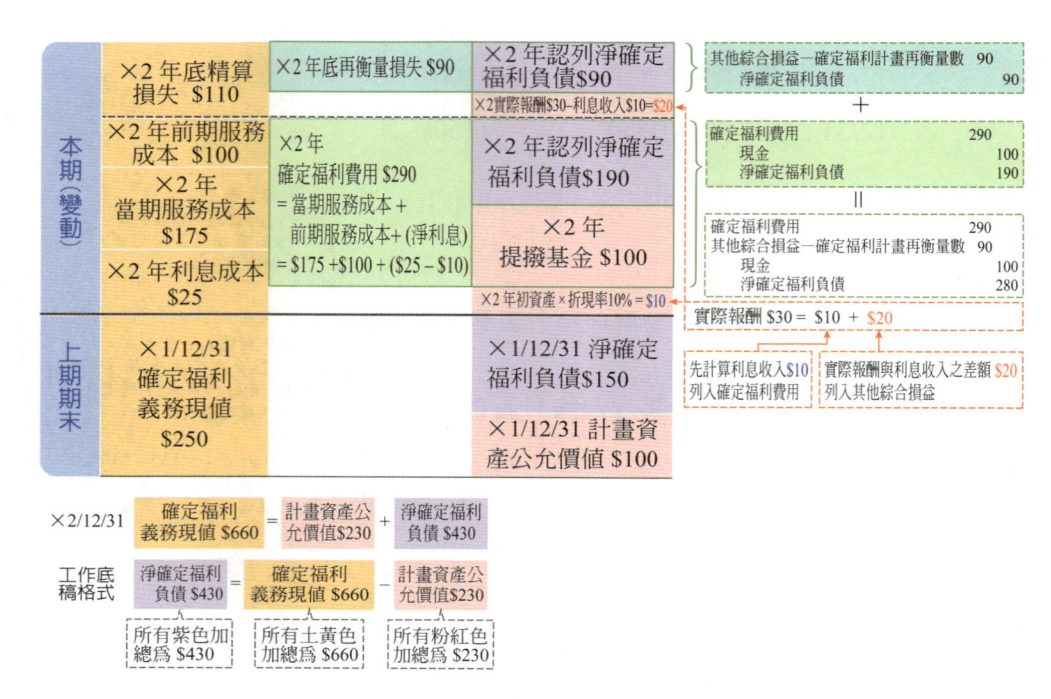

所有紫色加總為 $430　　所有土黃色加總為 $660　　所有粉紅色加總為 $230

	正式分錄				備忘記錄	
	確定福利費用	其他綜合損益—確定福利計畫再衡量數	現金	淨確定福利負債	確定福利義務現值	計畫資產公允價值
×2/1/1 餘額				$(150)	$ (250)	$100
當期服務成本	$175				(175)	
前期服務成本	100				(100)	
利息成本	25				(25)	
計畫資產利息收入	(10)					$10
確定福利計畫再衡量數		$90			(110)	20
提撥確定福利 (12/31)			$(100)			100
確定福利正式分錄	$290	$90	$(100)	$(280)		
×2/12/31 餘額				$(430)	$ (660)	$230

確定福利計畫再衡量數 $90（損失）= $110（損失）− $20（利益）
= 精算損失（確定福利義務因精算假設變動而增加）− 計畫資產實際報酬超過利息收入（利益）
註：確定福利計畫再衡量數應列入其他綜合損益。

計畫資產實際報酬 $30
= 利息收入 $10
＋ 計畫資產實際報酬與利息收入之差額 $20

員工福利

IFRS 一點通

確定福利計畫中計算淨利息費用之公式

確定福利計畫中計算淨利息費用之公式如下：

淨利息費用
= 利息成本 – 計畫資產利息收入
= 期初確定福利義務現值 × 折現率
　– 期初計畫資產公允價值 × 折現率
= (期初確定福利義務現值
　– 期初計畫資產公允價值) × 折現率

其中折現率為計算確定福利義務現值時所用之折現率，而計畫資產之獲利決定於計畫基金中之資產類型，似乎應該規定公司用計畫資產之預期報酬計算計畫資產之利息收入。則為何 IASB 規定計畫資產利息收入為期初計畫資產公允價值乘以義務之折現率？

答：假設有甲、乙兩確定福利計畫，兩者條件幾乎完全相同，唯一之差異在於，甲計畫基金持有之資產為股票投資，而乙計畫基金持有之資產為政府公債。股票投資之風險較高，因此有較高之預期報酬；政府公債預期報酬較低。如果規定公司用資產的預期報酬計算計畫資產之利息收入，則甲公司利息收入較高 (因預期報酬較大)，使其淨利息費用較低，進一步造成較低之確定福利費用。因此，若以資產預期報酬計算利息收入，基金投資在較高風險資產的甲公司會有較低之費用，此將變相鼓勵公司投資在高風險資產。

×2 年度其他綜合損益—確定福利計畫再衡量數 $90 應如何結轉至權益項目呢？公司可選擇將再衡量數結轉至其他權益或保留盈餘，以下兩結轉分錄分別以 ×2 年度再衡量數 $90 列示此兩種選擇：

×2/12/31(結帳分錄)
　　其他權益—確定福利計畫再衡量數　　　90
　　　　其他綜合損益—確定福利計畫再衡量數　　90

或

　　保留盈餘　　　　　　　　　　　　　　90
　　　　其他綜合損益—確定福利計畫再衡量數　　90

×2 年底確定福利義務現值為 $(660)，計畫資產公允價值 $230，使帳上之淨確定福利負債為 $(430)；若另假設 ×2 年 12 月 31 日公司以計畫資產支付退休員工之退休金 $50，則 ×2 年底自計畫資產支付 $50 退休金後，確定福利義務現值及計畫資產公允價值各為 $(610) 及 $180；而淨確定福利負債仍為 $(430)。自計畫資產支付退

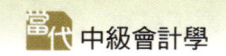

休金給退休員工，只同幅度影響帳外揭露之確定福利義務現值及計畫資產公允價值，不影響帳上紀錄之淨負債，也不影響確定福利費用。但若有年中支付或年中提撥之情形，則利息收入與利息成本將受到影響。

釋例 17-2　確定福利計畫綜合釋例

乙公司於 ×1 年 1 月 1 日，新設一確定員工福利退職後福利計畫，當日該計畫之預計福利義務現值及計畫資產公允價值均為 $0。假設公司所有確定福利退職後福利計畫之提撥均發生於各年度之年底，3 年度內並未支付員工退職福利。

×1 年、×2 年及 ×3 年相關資料如下：

	×1 年	×2 年	×3 年
折現率	10%	10%	10%
1 月 1 日確定福利義務現值	$0	$100	$400
當期服務成本	$100	$180	$200
前期服務成本 (×3 年12月31日增加福利義務)	$0	$0	$60
12 月 31 日確定福利義務現值	$100	$400	$650
當年度精算損失（利益）	$0	$110	$(50)
1 月 1 日計畫資產公允價值	$0	$100	$210
當年度計畫資產實際報酬	$0	$10	$22
提撥現金至計畫資產	$100	$100	$100
12 月 31 日計畫資產公允價值	$100	$210	$332

試作：
(1) ×1 年底與 ×3 年底帳列之淨確定福利負債？
(2) ×1 年至 ×3 年之確定福利費用 (假設無可列入資產成本情形) ？
(3) ×1 年至 ×3 年各應認列多少其他綜合損益 [即淨確定福利負債 (資產) 再衡量數] ？

解析

(1) 帳列之淨確定福利負債金額為確定福利義務現值與計畫資產公允價值之差額。而確定福利義務現值與計畫資產公允價值於各年底之資料如下：

	×1 年	×2 年	×3 年
12 月 31 日確定福利義務現值	$100	$400	$650
12 月 31 日計畫資產公允價值	$100	$210	$332

故 ×1 年底帳列之淨確定福利負債 = $100 − $100 = $0
×3 年底帳列之淨確定福利負債 = $650 − $332 = $318

(2) 與 (3) ×1 年、×2 年與 ×3 年應認列之確定福利費用與其他綜合損益計算如下：

	×1 年	×2 年	×3 年
當期服務成本	$100	$180	$200
利息成本	0	10	40
計畫資產利息收入	(0)	(10)	(21)
前期服務成本	−	−	60
確定福利費用	$100	$180	$279
精算損失 (利益)	0	$110	(50)
未列入淨利息之計畫資產報酬	0	0	(1)
其他綜合損失 (利益)	$0	$110	$(51)

17.2.3.4　清償損益之認列

假設甲公司以計畫資產購買保單，一次移轉確定福利計畫中之重大雇主義務於保險公司，故屬清償。確定福利義務現值與計畫資產於清償前後之變化如下：

	確定福利義務現值	計畫資產公允價值	淨確定福利負債
清償前 (已作再衡量)	$(990)	$327	$(663)
清償影響數	110	(108)	2
清償後	$(880)	$219	$(661)

福利計畫之清償，係公司從事一項交易以消除確定福利計畫所提供之部分或全部福利之所有未來法定或推定義務，例如以一次性現金給付支付予計畫參與者換取其收取退職後福利之權利。福利計畫之清償則同時影響確定福利義務現值與計畫資產公允價值。按 IAS 19 之規定，公司應於福利計畫清償發生時，立即認列清償損益於本期淨利。而清償損益為於清償日所決定之被清償之確定給付義務現值與清償價格 (與清償有關的任何移轉之計畫資產及支付)。本例中，被清償之確定給付義務現值為 $110，與清償有關移轉之計

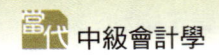

畫資產為 $108，即以 $108 資產清償 $110 義務，發生清償利益 $2，應立即認列於本期淨利 (列入確定福利費用)。清償應作分錄如下：

×3/12/31

  淨確定福利負債   2
    確定福利費用   2

17.3　其他長期員工福利

學習目標 8
了解其他長期員工福利之會計處理

　　其他長期員工福利係指除短期員工福利、退職後福利及離職福利外之員工福利。其他長期員工福利包括以下項目：

1. 長期帶薪假，如長期服務休假或長期輪休年假。
2. 服務滿若干年之休假或其他長期服務福利。
3. 長期傷殘福利。
4. 應付利潤分享及紅利 (長期)。
5. 遞延薪酬。

　　其他長期員工福利之相關義務仍須以現值衡量，惟其不確定程度通常低於退職後福利之相關義務，故 IAS 19 對其他長期員工福利之會計處理方法較為簡化，即並不將其他長期員工福利之再衡量數認列於其他綜合損益中 (應列入員工福利費用)，而係將相關負債與資產之所有變動造成之損益認列於本期淨利。換言之，其他長期員工福利之再衡量數係全數列入當期之員工福利費用。

　　值得討論的是，若長期傷殘福利支付之福利水準，與傷殘員工之服務期間長短有關，則當員工提供服務時即產生義務而應予認列。此部分規定與其他長期員工福利項目一致，亦即須對員工發生傷殘事件之機率、與傷殘福利支付期間等加以預估，而將相關淨負債與淨費損認列於員工提供服務之期間。但 IAS 19 亦規定，若不論服務年數對任何傷殘員工支付之福利水準均相同，則該傷殘福利之預期成本應於傷殘事件項發生時認列，此部分規定為與其他長期員工福利項目處理有不同的特殊規範。

釋例 17-3 　其他長期員工福利

甲公司成立 ×1 年 1 月 1 日，該公司並設立一其他長期員工福利計畫 (非退職後福利)，其運作方式仿照政府規定之退休金制度，因此同時設立員工福利基金，至 ×1 年底之相關資料如下：

確定福利義務現值	$30	(×1/12/31 之精算現值)
長期員工福利基金資產之公允價值	$12	(假設於 ×1/12/31 提撥)

×2 年相關資料如下：

利息成本	$3	精算利益	$7
當期服務成本	$12	福利資產實際報酬	$1
前期服務成本	$5	本期年底提撥	$20

試作：該公司相關之 ×1 年與 ×2 年分錄。

解析

×1/12 /31

員工福利費用	30	
員工福利負債 ($30 – $12)		18
現金		12

×2/12 /31

員工福利費用 ($12 + $3 + $5 – $7 – $1)	12	
員工福利負債 ($20 – $12)		8
現金		20

員工福利費用＝當期服務成本＋利息成本＋前期服務成本－精算利益－實際報酬

17.4　離職福利

學習目標 4
了解離職福利之會計處理

　　離職福利之目的在換取終止員工之聘僱，係公司決定在正常退休日前終止對員工之聘僱，或員工決定接受公司之福利要約以換取聘僱之終止所產生之應付員工福利。離職福利來自於公司決定終止聘僱或員工決定接受公司之福利要約以換取聘僱之終止，故其不包括來自於員工提出且非公司要約之聘僱終止之員工福利，或由強制性退休規定產生之員工福利，該等福利應屬退職後福利。

離職福利並不提供企業未來經濟效益，故其為一項費用而非資產，而退職後福利可能資本化為資產 (如存貨)。

離職福利與其他員工福利不同,其使公司產生義務之事件係員工聘僱之終止而非員工之服務。離職福利通常為一次性給付,但有時亦包括間接透過員工福利計畫或直接提高退職後福利;及若員工不再提供具經濟效益之進一步服務時,支付薪資至特定通告期間之期末。但須特別注意的是,不能僅以員工福利之型式決定所提供之福利係用以換取服務或用以換取員工聘僱之終止,如所提供之福利係以所提供之未來服務為條件(包括若提供進一步服務所增加之福利),則該福利之提供係用以換取服務,不得視為離職福利。另如所提供之福利係以依員工福利計畫之條款提供,則須視該福利之提供是否係以員工聘僱之終止且非以提供未來之服務為條件,以決定其是否屬離職福利。另無論員工離開之理由為何均須提供之福利,係屬退職後福利而非離職福利。

　　離職福利負債須於公司不再能撤銷該等福利之要約時認列。關於無法撤銷離職福利要約之時點,對員工接受前公司可自行裁量撤銷之離職福利要約而言,係員工接受要約時;對公司不得撤銷之離職福利要約而言,係公司之離職計畫符合特定條件,且已與受影響員工溝通時。所謂離職計畫須符合特定條件包括完成計畫所需之行動顯示不太可能對計畫作重大改變;計畫辨認將被終止聘僱之員工人數,其工作類別或職能及工作地點,以及預期聘僱結束日;計畫建立足夠詳細之員工可獲得之離職福利,使員工於聘僱終止時,能判定其將收取福利之類型及金額。

　　若預期於離職福利認列之年度報導期間結束日後 12 個月內全部清償,則適用短期員工福利之衡量;若不預期於離職福利認列之年度報導期間結束日後 12 個月內全部清償,則適用其他長期員工福利之衡量。須特別注意的是,雖適用其他類型員工福利之相關衡量規定,但因離職福利之提供並非用以換取服務,故無須如其他類型員工福利將福利歸屬分攤於各服務期間,而係認列於不再能撤銷離職福利要約之期間。

> 離職福利認列於不再能撤銷離職福利要約之期間。

Chapter 17 員工福利

釋例 17-4　離職福利

甲公司於 ×1 年 12 月 1 日宣布計畫在 10 個月內關閉某一工廠，屆時將終止聘僱所有留存員工。因該公司終止聘僱計畫如下：留下並提供服務直至工廠關閉之每一員工，可領取 $30,000 離職金，工廠關閉前離開之員工則可領取 $10,000 離職金。×1 年底該公司預期總計將有 20 位員工於工廠關閉前離開，其餘 100 位將服務直至工廠關閉；另 ×1 年底實際情況為已有 10 位員工離職。

乙公司於 ×1 年 12 月 1 日宣布裁員計畫在 10 個月 (×2 年 9 月 30 日) 減少 120 位員工，若自願離職者將給予 $30,000 離職金，而屆時若離職人數未達 120 人，將解聘部分員工使總離職人數達 120 人，被解聘者可獲得 $10,000 離職金。×1 年底該公司預期總計將有 20 位員工於 ×2 年 9 月 30 日前離開，而其餘 100 位將服務直至 ×2 年 9 月 30 日；另 ×1 年底實際情況為已有 10 位員離職。

試作：甲、乙兩公司 ×1 年 12 月應認列之相關費用。

解析

甲公司：		乙公司：	
離職福利費用	1,200,000*	離職福利費用	1,600,000*
薪資費用	200,000 **	現金	300,000
離職福利負債	1,100,000	離職福利負債	1,300,000
現金	100,000		
應付薪資	200,000		

* 120 × $10,000
** 100 × $20,000/10

*$160,000＝100 × $10,000 + 20 × $30,000

甲公司宣布終止聘僱計畫時即有 $1,200,000 必須支付，此為離職福利費用；增額之支付 $200,000 係為取得員工未來繼續 10 個月服務，使工廠能持續運作至關廠，此為 10 個月內須逐月認列之薪資費用。乙公司計畫宣布時，預期之支付均為離職費用，該公司之計畫沒有提供使員工繼續服務之誘因。IAS 19 並未對費用或負債科目有強制規範，分錄中之費用均屬員工福利費用，而負債均屬員工福利負債。

17.5　短期員工福利

短期員工福利係指除離職福利外，員工提供相關服務當期期末 12 個月內預期全部清償之員工福利。短期員工福利包括以下項目：

1. 工資、薪資及健保勞保費等提撥。
2. 帶薪年休假及帶薪病假。
3. 利潤分享及紅利 (短期)。

學習目標
了解短期員工福利之會計處理

4. 在職員工之非貨幣性福利，如醫療照顧、住房、汽車、免費或補貼之商品或服務。

若公司對清償時點之預期暫時改變，則無須重分類短期員工福利。但若福利特性改變 (如由非累積變為累積) 或清償時點預期之改變非為暫時性者，應考量是否仍符合短期員工福利定義。所有短期員工福利項目之會計處理原則為，當員工提供服務時，公司應就為換取該項服務而預期支付之短期員工福利金額 (無須折現)，認列為費用 (除非另有準則規定或允許將該福利包含於資產成本中)，並就該福利金額扣除任何已付金額後，認列為應計費用 (負債)。而若已付金額超過福利金額，則將超過部分認列為預付費用 (資產)。以下即就帶薪假、利潤分享及紅利計畫等短期員工福利項目，詳細說明其如何適用此會計處理原則。若利潤分享與紅利計畫以公司股份為基礎，則請參閱第 13 章。

17.5.1 短期帶薪假

公司可能對各種原因引起之員工缺勤，包括休假、生病、短期傷殘、產假、陪產假等情形，仍給與薪資，且此給付係全部預期於期末 12 個月內清償，即為短期帶薪假。短期帶薪假有累積及非累積兩類：累積帶薪假係指若當期應得之休假權利未全數用完，遞轉後期而可於未來期間使用者。

公司應於員工提供服務從而增加其未來帶薪假之應得權利時，認列累積帶薪假之預期額外支付金額，即所謂累積帶薪假之預期成本，亦即係於累積帶薪假將導致未來支付額外增加時，始須認列負債。此外，累積帶薪假可能為既得 (亦即員工若未使用休假即離開公司，有權獲得現金支付之補償)，亦可能為非既得。而不論累積帶薪假為既得或非既得，均須於員工提供服務從而增加其未來應得之帶薪假權利之期間認列全數負債。累積非既得帶薪假之情形中，雖有員工在使用權利前即離開公司因而權利失效之可能性，但公司仍應認列考慮失效機率後的員工福利負債。

是以，若員工因當年度之服務而獲得可遞延至次年度使用之短期累積帶薪假時，雖然員工若於使用遞延帶薪假前即離開公司將使

權利失效且無任何現金補償，公司仍應於當年度認列全數之相關帶薪假負債，不得分攤至次年度。但公司於當年度認列之帶薪假負債金額，須將員工次年度在使用遞延帶薪假前即離開公司之可能性納入員工福利負債之衡量。

釋例 17-5　累積帶薪假

以下為獨立狀況：

情況一：根據甲公司之休假辦法，每名員工於其提供服務年度之次年，可獲得 5 天帶薪假，且此帶薪假須於提供服務之次年使用完畢。該公司 ×1 年底有 100 名員工，預期 ×2 年每名員工平均日薪為 $500。考慮員工未使用此帶薪假即離職之可能性後，預期 ×2 年平均每名員工將使用 ×1 年賺得之帶薪假天數為 4.8 天。

情況二：根據甲公司之休假辦法，每名員工每年可獲得 5 天帶薪假，且此帶薪假須於提供服務之當年與次年內使用完畢。員工休假首先從當年度權利扣除，其次從上年結轉餘額中扣除 (後進先出基礎)。該公司 ×1 年底有 100 名員工，每名員工平均日薪為 $500，每名員工平均未使用帶薪假為 2 天。該公司預期有 90 名員工於 ×2 年將使用不超過 5 天之帶薪假，其餘 10 名員工每人平均將使用 7 天帶薪假。

試於各情況下，計算甲公司於 ×1 年底應認列之相關負債金額。

解析

公司應於員工提供服務從而增加其未來帶薪假權利時，認列累積帶薪假之預期成本。累積帶薪假之預期成本為公司因已累積未使用之休假權利而導致之預期額外支付金額。

情況一：預期 ×2 年平均每名員工將使用 ×1 年賺得之帶薪假 4.8 天，故 ×1 年底未使用之帶薪假將使公司於 ×2 年之預期額外支付金額 = $500 × 100 × 4.8 = $240,000。故甲公司於 ×1 年底應認列之相關負債金額 = $240,000。

情況二：就於 ×2 年將使用不超過 5 天帶薪假之 90 名員工部分，×1 年 2 天未使用帶薪假將使公司於 ×2 年之預期額外支付金額 = $0。

就於 ×2 年將使用 7 天帶薪假之 10 名員工部分，×1 年未使用帶薪假預期將使公司於次年平均每人多給付 2 天帶薪假，即 ×2 年之預期額外支付金額 = $500 × 10 × (7 − 5) = $10,000。

故甲公司於 ×1 年底應認列之相關負債金額 = $0 + $10,000 = $10,000。

> **IFRS 一點通**
>
> **短期員工福利之認列期間**
>
> 　　根據 IAS 19.13 與 IAS 19.18 對累積帶薪假與利潤分享計畫與分紅等短期員工福利項目之規定，若員工因某年度之服務而獲得累積帶薪假或該年度利潤之分享權利時，即令於該年度年底仍為非既得，亦即若員工於使用帶薪假前或分紅發放前離職將無任何現金補償，公司仍應於該年度認列全數之相關帶薪假負債，不得分攤至次年度。但公司須將員工於使用帶薪假前或分紅發放前離職之可能性，於認列之帶薪假負債衡量中納入考慮。

　　非累積帶薪假不可遞延至後期，因若當期休假權利未於期末前全部行使完畢即失效，且員工離開公司時對未行使之權利亦不會給與現金補償。因員工之服務並不能增加其福利金額，故公司僅在員工休假時才認列非累積帶薪假之相關負債或費用。在此情況下，員工若未缺勤，公司須認列其出勤提供服務之相關負債或費用；員工若休假，公司須認列非累積帶薪假之相關負債或費用；不論缺勤或工作時，兩者的會計記錄事實上毫無差異。

17.5.2　利潤分享及紅利計畫

　　利潤分享及紅利計畫之義務起因於員工之服務，而非公司與其業主之交易。因此，公司應將利潤分享及紅利計畫之成本認列為費用而非淨利之分配。利潤分享及紅利若預期於員工提供相關服務當期期末後 12 個月內支付者即屬短期員工福利；若預期超過 12 個月始支付則應歸類為其他長期員工福利。

　　公司僅於由於過去事項使公司負有現時義務（法定義務或推定義務），且該義務能可靠估計時，始應認列利潤分享及紅利支付之預期成本。所謂現時義務，係指企業除支付外別無實際可行之其他方案之義務。而公司僅於下列任一情況下，始能可靠估計其利潤分享或紅利計畫之法定或推定義務：

1. 計畫之正式條款包括決定福利金額之公式。
2. 企業於通過發布財務報表前決定將支付之金額。
3. 過去慣例為企業之推定義務金額提供明確之證據。

Chapter 17 員工福利

> **釋例 17-6　利潤分享及紅利計畫**
>
> 以下為獨立狀況：
>
> 情況一：甲公司之紅利計畫要求其將當年度稅前分紅前淨利之 3% 支付給為公司提供服務之員工。無論有無員工離職，3% 之稅前分紅前淨利將全數支付。
>
> 情況二：甲公司之紅利計畫要求其將當年度稅前分紅前淨利之 3% 至 10% 支付給為公司提供服務之員工。無論有無員工離職，3% 之稅前分紅前淨利依計畫規定將全數支付，而過去之實際分紅通常為稅前分紅前淨利之 5%。公司將於次年度 5 月決定實際分紅金額。
>
> 若甲公司 ×2 年初自行結算當年度稅前、分紅前淨利為 $1,000,000，此金額於 ×2 年 3 月經會計師查核與董事會通過，試於各情況下，計算該公司於 ×1 年底關於其紅利計畫應認列之應計費用金額。
>
> **解析**
>
> 情況一：根據 IAS 19.19，公司僅於由於過去事項使公司負有現時義務且該義務能可靠估計時，始應認列利潤分享及紅利支付之預期成本。本情況中，×1 年底時雖尚未確定 ×1 年度稅前淨利，但符合 IAS 19.20(b)「在財務報表核准發出前決定將支付之金額」，紅利計畫之推定義務能可靠估計，故該公司應於 ×1 年底認列應計費用 $30,000 (= $1,000,000 × 3%)。
>
> 情況二：本情況另符合 IAS 19.22(c)「過去慣例為企業之推定義務金額提供明確的證據」，紅利計畫之推定義務能可靠估計，故該公司應於 ×1 年底認列應計費用 $50,000 (= $1,000,000 × 5%)。

在某些利潤分享計畫下，僅當員工在公司留任一定期間才能分享利潤，且此留任期間可能超過分享利潤之所屬期間。例如公司於每年之第 1 季始發放前年度之分紅，而若員工於發放前即離職，即使前 1 年度全年均在職服務，仍無法獲得任何分紅。此情形與前述非既得累積帶薪假一致，即員工於全年在職服務之當年底時，雖已提供服務增加公司應付之福利金額，但尚未既得，亦即服務期間與既得期間不相同。

IAS 19 中對此類情形，均採應於服務期間認列全數相關負債與費用，但將未既得即失效之可能性反映於衡量的規定。故同於 IAS 19.15 對非既得累積帶薪假之規定，IAS 19.20 揭示：某些利潤分享計畫下，僅當員工在企業留任一定期間才能分享利潤。此時公司負

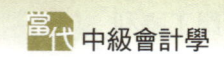

有推定義務,因為員工若留任至特定期間終了,當其提供服務時即增加應付金額。部分員工未取得利潤分享即離職之可能性則應反映於此推定義務之衡量中。此方式與 IFRS 2 對以股份支付員工福利時將總費用攤計在整個服務期間之作法(詳見第 13.4 節)有所差異,需特別注意。

同樣地,IAS 19.21 亦說明公司雖不一定有支付紅利之法定義務。然而當有支付紅利之慣例時,公司即負有推定義務,因為企業除支付紅利外別無實際可行之其他方案。對此推定義務之衡量同樣應反映部分員工未取得紅利即離職之可能性。例如,若某公司之利潤分享計畫規定將當年度淨利之一定比例支付給全年為企業提供服務之員工。估計如當年度沒有員工離職,當年度全部利潤分享支付比例為淨利之 3%,但人員流動將使支付比例降低至淨利之 2.5%。則公司應認列淨利之 2.5% 為負債及費用。

釋例 17-7　利潤分享及紅利計畫

以下為獨立狀況:

情況一:甲公司 ×1 年度未考慮當年分紅前之稅前淨利為 $100,000。該公司紅利計畫要求之紅利金額為當年度稅前淨利之 1/8,該紅利將於次年度 5 月底發放,若員工於發放前離職,將無法獲得任何分紅。根據該公司紅利計畫,離職員工之未獲得紅利將分配給其他員工,即實際發放紅利仍為稅前淨利之 1/8。

情況二:甲公司 ×1 年度未考慮當年分紅前之稅前淨利為 $100,000。該公司紅利計畫要求之紅利金額為當年度稅前淨利之 1/8,該紅利將於次年度 5 月底發放,若員工於發放前離職,將無法獲得任何分紅。根據該公司紅利計畫,離職員工之未獲得紅利將不會分配給其他員工,×1 年底估計自當時至 ×2 年 5 月底前將共有 10% 員工離職。

情況三:甲公司 ×1 年度未考慮當年分紅前之稅前淨利為 $100,000。該公司紅利計畫要求之紅利金額為當年度稅前淨利之 1/8,該紅利將於次年度 5 月底發放,若員工於發放前離職,將無法獲得任何分紅。根據該公司紅利計畫,離職員工之未獲得紅利將不會分配給其他員工,×1 年底估計人員流動將使將實際發放紅利之比例降低至稅前淨利之 1/9。

試於各情況下,計算該公司於 ×1 年度應認列之紅利負債金額。

解析

甲公司於 ×1 年底應認列之紅利負債金額為考慮離職率後，預期 ×2 年 5 月底將實際發放紅利之金額。各情況分別計算如下：

情況一：($100,000 – 紅利) × 1/8 = 紅利

紅利 = $11,111

情況二：($100,000 – 按計畫公式計算之紅利) × 1/8 = 按計畫公式計算之紅利

按計畫公式計算之紅利 = $11,111

將實際發放紅利 = $11,111 × (1 – 10%)

= $10,000 = 稅前淨利之 1/9

情況三：($100,000 – 將實際發放紅利) × 1/9 = 將實際發放紅利

將實際發放紅利 = $10,000

實務上之紅利計畫中條款規定係同情況二之描述，本情況中「人員流動將使將實際發放紅利之比例降低至稅前淨利之 1/9」之估計，實際上是公司先估計 ×1 年底至 ×2 年 5 月底員工離職率為 10% 後，經過情況二中之計算方式才得知，因此本情況與情況二實際上是完全一樣的狀況，紅利數字自然完全相同。

本章習題

問答題

1. IAS 19 將員工福利分為哪幾類？
2. 依據橘子公司當地勞工退休金條例，公司須於每月底就其上個月員工薪資總額之 6%，提撥職工退休準備金至勞工保險局設立之勞工退休個人專戶。此專戶所有權為勞工本人，不因員工轉換其他工作或橘子公司關廠、歇業而受影響。橘子公司依法令規定按月提撥固定提撥金至員工之個人退休金專戶後，不負有支付更多提撥金之義務。惟橘子公司基於保障員工之理由且為使公司相較其他業界更具競爭力，保障員工所提撥之職工退休準備金能對抗通貨膨脹，試問橘子公司提供之退休金係屬確定福利計畫或確定提撥計畫？
3. 何謂精算假設？何謂確定福利負債之淨利息？
4. 試簡要說明確定福利義務現值之變動來源與計畫資產公允價值之變動來源？
5. 莎莎是開心企業新聘任之會計小姐，她收得準精算顧問公司對開心企業之確定福利計畫所出具之精算報告。上面提到開心企業 ×3 年度之當期服務成本為 $530,000；前期服務成本為 $880,000，莎莎覺得這兩項費用看起來好像，竟然叫作成本，因此把這兩項費用全數作為開心企業 ×3 年度確定福利費用的一部分。請問身為莎莎的主管，應該如何跟她解釋這兩者之不同？

6. 身為快樂天堂的查帳員卡卡小姐發現在 ×2 年間該公司共計提撥現金 $1,000,000 至確定福利計畫之計畫資產信託專戶，但是快樂天堂之資產餘額卻未有任何增減變動，試說明快樂天堂之會計處理是否有誤？

7. 火箭公司認列於綜合損益表中與確定福利計畫相關之淨費損 (收益)，為哪些項目加總後之淨額 (假設不考慮另有其他準則規定或允許包括於資產之成本)？

8. 阿里巴國際公司因遭逢金融海嘯與受到全球經濟疲弱不振影響，擬裁撤許多位於新興市場之駐點。因此一併要資遣許多員工。阿里巴的財務長不是很確定應於何時認列可能之離職福利於其即將提出之半年報中，請告訴他依據 IAS 19 應如何認列離職福利？

9. 何謂前期服務成本？其衡量與認列之原則為何？

10. IAS 19 之規定：公司須將員工退休後可領取之退休金平均分攤至服務年數內，但員工服務不會增加確定福利的年數內則不得分攤。本章 17.2.2.1 節中甲公司之 A 員工，其每一個工作年 (至 65 歲退休) 均可增加退休後領取之確定福利，因此釋例中將退休金福利平均分攤至 25 年之工作期間內。如果公司規定對 60 歲生日仍在職且以在公司連續工作 20 年的員工才會支付退休金，則 23 歲加入公司的員工，其退休金福利將平均分攤在該員工幾歲至幾歲的工作年？

選擇題

1. 下列哪一個情況係屬公司所提供員工福利之範圍？
   (A) 因公司與員工簽訂之正式協議　　(B) 法令規定公司需提供予員工之福利
   (C) 非由正式協議所產生之推定義務　(D) 以上皆屬之

2. 公司應將利潤分享及紅利計畫之成本認列為何？
   (A) 淨利之分配　　(B) 資產
   (C) 費用　　　　　(D) 收益

3. 勞工退休金條例規定每個公司須於每月底就其上個月員工薪資總額之 6%，提撥職工退休準備金至勞工退休個人專戶。此專戶所有權為勞工本人，不因其轉換工作或事業單位關廠、歇業而受影響。勇緯公司於按月提撥前述固定提撥金至其員工之個人退休金專戶後，不負有支付更多提撥金之法定或推定義務。若勇緯公司 4 月之薪資總額為 $4,500,000。請問該公司 4 月應認列之退休金費用金額為何？
   (A) $4,770,000　　(B) $4,500,000
   (C) $270,000　　　(D) 0

4. 確定福利計畫之計畫資產公允價值之變動來源不包括下列哪一項？
   (A) 計畫資產之提撥　　(B) 計畫資產之實際報酬
   (C) 福利計畫清償　　　(D) 精算假設之變動與經驗調整

5. 昀儒公司 ×5 年度發生精算損失 $10,000，試問 ×5 年發生之精算損失如何影響當年之確

定福利費用？

(A) 使確定福利費用增加 $10,000
(B) 使確定福利費用減少 $10,000
(C) 無法判斷影響金額
(D) 0

6. 下列何者不屬於短期員工福利？

   (A) 工資
   (B) 超過 12 個月始支付之利潤分享及紅利
   (C) 健保勞保費
   (D) 提供在職員工住宿之福利

7. 關於短期員工福利之會計處理何者有誤？

   (A) 累積帶薪假可能為既得，亦可能為非既得。而不論累積帶薪假為既得或非既得，公司之會計處理皆相同
   (B) 公司應於員工提供服務從而增加其未來帶薪假權利時，認列累積帶薪假之預期成本
   (C) 公司應將員工離開之可能性納入非既得累積帶薪假義務之衡量
   (D) 在員工缺勤前公司並不認列非累積帶薪假之負債或費用

8. 婷淳公司紅利計畫規定之紅利金額為當年度稅前淨利之 5%，估計人員流動將使支付比例降低至 4%。該紅利將於次年度 4 月底發放，若員工於發放前離職，將無法獲得任何分紅。×2 年度未考慮當年分紅前之稅前淨利為 $500,000。請問該公司於 ×2 年度應認列之紅利負債金額為何？

   (A) $20,000
   (B) $25,000
   (C) $23,810
   (D) $19,231

9. 小戴公司有 300 名員工，每人每年有 7 天帶薪假，未使用者可以遞延至次年度使用，但若未使用休假即離開公司並無現金支付之補償。員工休假首先從當年度權利扣除，其次從上年結轉餘額中扣除。×7 年底每個員工平均未使用權利是 3 天，但考慮預期員工在使用遞延之帶薪假前即離開公司因而權利失效之可能性後，每個員工平均未使用權利降為 2.5 天。若每名員工平均日薪為 $600，試問小戴公司於 ×7 年底應認列與短期帶薪假相關之負債金額？

   (A) $1,050,000
   (B) $540,000
   (C) $450,000
   (D) $360,000

10. 麟洋公司員工每人每年有 20 天帶薪休假，年中離職者依工作日數比率核給休假福利，此福利可累積至次年度，但每年休假須先使用當年度休假權利，不足時再使用前一年度尚未使用之天數(按後進先出基礎)。全體 200 名員工 ×1 年度平均日薪 $2,000，且自 ×2 年初即調增薪資 20%。麟洋預期 ×2 年度將有：70% 員工在 ×2 年底仍在職且休假超過 20 天，這些員工平均休假 25 天；20% 員工之休假均低 ×2 年當年度獲得之休假日數；另有 10% 員工將於 ×2 年初休假後立刻離職，該等員工平均休假 4 天。則 ×1 年底該公司帶薪假福利負債餘額應為若干？

    (A) $0
    (B) $1,400,000
    (C) $1,680,000
    (D) $1,872,000

11. 甲公司給予平均日薪為 $2,000 之 100 名員工每年 7 天累積帶薪休假。第 1 季內實際發生帶薪休假 50 天，第 1 季末公司預估 80% 休假權利將在本年度被行使，則該公司第 1 季末應認列多少帶薪假福利負債？
    (A) $0
    (B) $180,000
    (C) $250,000
    (D) $280,000

練習題

1. 【確定提撥計畫】甲公司依據當地勞工退休金條例，於每年 1 月底就其前一年度員工薪資總額之 5%，提撥職工退休準備金至勞工退休個人專戶，此專戶所有權為勞工本人。甲公司於提撥前述固定提撥金至其員工之個人退休金專戶後，不負有支付更多提撥金之法定或推定義務。若甲公司 ×1 年之薪資總額為 $1,000,000。

   試作：
   (1) 此退休制度對甲公司而言，屬於確定提撥或確定福利計畫？
   (2) 該公司 ×1 年 12 月 31 日認列確定福利費用及 ×2 年 1 月 7 日提撥退休金之分錄。

2. 【服務成本及確定福利義務之計算】甲公司於 ×1 年 1 月 1 日開始其確定福利計畫，規定員工年滿 65 歲退職後每年年底可得「2% × 服務年數 × 退職時年薪」之給付額。時年 40 歲之 A 員工於 ×1 年初至甲公司服務，其當年度年薪為 $31,006.79，預期 A 員工將在甲公司工作至退休，其至退職前可加薪 24 次，預計與實際加薪幅度均為每年 5%，退職後之預期餘命為 10 年，折現率為 10%。×1 年度至 ×2 年度所有精算假設都不變。

   試作：
   (1) ×1 年度甲公司對 A 員工退職後福利應認列多少服務成本？×1 年底對 A 員工之確定福利義務之現值為若干？
   (2) ×2 年度甲公司對 A 員工退職後福利應認列多少當期服務成本？×2 年度對 A 員工退職後福利應認列多少利息成本？
   (3) 若精算假設都不變，×2 年底確定福利義務之現值是否等於 ×1 年度服務成本加 ×2 年度利息成本，再加上 ×2 年度當期服務成本？

3. 【前期服務成本】延續第 2 題，若甲公司在 ×2 年 12 月 31 日給與 A 員工於退休後每年年底多領 $1,000 之退休金。此項 ×2 年底增加之前期服務成本，應如何認列？在本題假設下，×2 年度之利息成本為若干？

4. 【前期服務成本】延續第 2 題，若甲公司在 ×2 年 1 月 1 日給與 A 員工於退休後每年多領 $1,000 之退休金。此項 ×2 年初增加之前期服務成本，應如何認列？在本題之假設下，×2 年度之甲公司利息成本為若干？

5. 【精算損益】延續第 2 題，若甲公司在 ×2 年 12 月 31 日對 A 員工之預計加薪幅度改為每年 6% (至退職前可加薪 23 次)，則
   (1) ×2 年底對 A 員工之確定福利義務之現值為若干？
   (2) 加薪幅度由 5% 改為每年 6%，使 ×2 年 12 月 31 日的確定福利義務之現值增加了多

Chapter 17 員工福利

　　少 (此為精算假設變動之影響數)？

(3) 此精算假設變動之影響應如何認列？

6. 【確定福利費用、淨確定福利資產或負債】甲公司於成立 ×1 年初，並於同日設立一確定福利之員工退職後福利計畫，並同時設立員工福利基金。該公司 ×1 年度與該確定福利計畫相關之資訊為當期服務成本為 $800 (折現率 10%)，×1 年底提撥現金 $500 至員工福利基金。公司 ×2 年度相關資料為當期服務成本為 $800 (折現率 10%)，計畫資產實際報酬為 $80，×2 年底提撥現金 $300 至員工福利基金。此兩年度內，員工福利基金均未支付員工退職後福利。

試作：

(1) ×1 年與 ×2 年底確定福利費用認列及提撥之分錄。
(2) ×1 年與 ×2 年底帳列退休金資產或負債之金額各為若干？

7. 【確定福利費用、淨確定福利資產或負債——再衡量數】甲公司於成立 ×1 年初，並於同日設立一確定福利之員工退職後福利計畫，並同時設立員工福利基金。該公司 ×1 年度與該確定福利計畫相關之資訊為當期服務成本為 $800 (折現率 10%)，×1 年底提撥現金 $500 至員工福利基金。×2 年度相關資料為當期服務成本為 $800 (折現率 10%)，計畫資產實際報酬為 $20，另因員工離職率之假設調整使確定福利義務現值增加 $200，×2 年底提撥現金 $400 至員工福利基金。此兩年度內，員工福利基金均未支付員工退職後福利。

試作：×2 年底確定福利費用認列及提撥之分錄，並計算 ×2 年底確定福利義務現值、計畫資產公允價值及淨確定福利負債。

8. 【確定福利費用、淨確定福利資產或負債——再衡量數】延續第 7 題並假設 ×3 年度相關資料為當期服務成本為 $800 (折現率 10%)，計畫資產實際報酬為 $50，另於 ×3 年底提撥現金 $400 至員工福利基金。此 ×3 年度內，員工福利基金亦未支付員工退職後福利。

試作：×3 年底確定福利費用認列及提撥之分錄。

9. 【確定福利費用、淨確定福利資產或負債——前期服務成本】甲公司於成立 ×1 年初，並於同日設立一確定福利之員工退職後福利計畫，並同時設立員工福利基金。該公司 ×1 年度與該確定福利計畫相關之資訊為當期服務成本為 $800 (折現率 10%)，×1 年底提撥現金 $500 至員工福利基金。×2 年度相關資料為當期服務成本為 $800 (折現率 10%)，計畫資產實際報酬為 $50，×2 年底提撥現金 $400 至員工福利基金。此兩年度內，員工福利基金均未支付員工退職後福利。

試作：×2 年底確定福利費用認列及提撥之分錄，並計算 ×2 年底確定福利義務現值及計畫資產公允價值。

10. 【確定福利費用、淨確定福利資產或負債——再衡量數與前期服務成本】甲公司於成立 ×1 年初，並於同日設立一確定福利之員工退職後福利計畫，並同時設立員工福利基金。該公司 ×1 年度與該確定福利計畫相關之資訊為當期服務成本為 $800 (折現率 10%)，×1

777

年底提撥現金 $500 至員工福利基金。×2 年度相關資料為當期服務成本為 $800（折現率 10%），計畫資產實際報酬為 $20，另 ×2 年底因員工離職率之假設調整使確定福利義務現值增加 $200，×2 年底提撥現金 $400 至員工福利基金。公司並於 ×2 年初給與精算現值為 $100 之前期服務成本。此兩年度內，員工福利基金均未支付員工退職後福利。

試作：×2 年底確定福利費用認列及提撥之分錄。

11. **【確定福利義務之縮減】** 甲公司於 ×1 年 12 月 31 日停止在越南之營運部門，且除已既得之福利外，公司不再給與該地員工退職後福利。縮減時公司確定福利義務之淨現值為 $2,400、計畫資產公允價值為 $1,000。縮減使確定福利義務之淨現值減少 $300。相關資料整理如下：

    試作：針對此項縮減，×1 年底公司應作分錄為何？

12. **【確定福利義務之清償】** 甲公司於 ×1 年 12 月 31 日以 $200 購買年金合約之方式清償員工退職後福利中之既得福利。清償時公司確定福利義務之淨現值為 $2,400、計畫資產公允價值為 $1,000。清償使確定福利義務之淨現值減少 $300。

    試作：公司清償員工應認列之清償損益為若干？清償福利後，帳上此確定福利義務所認列之淨負債為若干？相關分錄為何？

13. **【其他長期員工福利】** 甲公司於 ×1 年初成立，並於同日設立一非屬確定福利之其他長期員工福利計畫，並同時設立員工福利基金。該公司 ×1 年度與該計畫相關之資訊為當期服務成本為 $800（折現率 10%），×1 年底提撥現金 $500 至員工福利基金。×2 年度相關資料為當期服務成本為 $800（折現率 10%），計畫資產實際報酬為 $20（預期報酬率 10%），另因員工離職率之假設調整使確定福利義務現值增加 $200，×2 年底提撥現金 $400 至員工福利基金。公司並於 ×2 年初給與精算現值為 $100 前期服務成本。此兩年度內，員工福利基金均未支付此項其他長期員工福利；且 ×2 年底員工預期平均剩餘工作年限為 10 年，退職福利既得前之平均期間為 5 年。

    試作：×1 年及 ×2 年底此項其他長期員工福利之費用認列及提撥之分錄。

14. **【離職福利】** 甲公司進行與員工達成協議，於 ×1 年 12 月起 3 個月內將減少員工 1,000 名，自願離職者每名可獲資遣費 $50,000，但若自願離職者不足 1,000 名，公司將終止部分員工之聘僱，使員工總人數減少 1,000，非自願離職者每名可獲得資遣費 $30,000。截至 ×1 年底，已有 300 名員工自願離職，尚無非自願離職者，且該公司預期自願離職者將共計 400 名。

    試作：該公司 ×1 年底與該離職福利相關之分錄。

15. **【帶薪假福利】** 甲公司有 100 名員工，每人每年有 5 天帶薪假，未使用者可以遞延一個日曆年，但若未使用休假即離開公司並無現金支付之補償。員工休假首先從當年度權利扣除，其次從上年結轉餘額中扣除。公司預期此 100 名員工在 ×2 年將有 9 名員工休假超過 5 天，這 9 名員工之平均休假天數為 7 天，其平均日薪為 $500，但預期 ×2 年這 9 名

員工之平均日薪為 $600。

×2 年底，公司有 110 名員工，並預期在 ×3 年將有 10 名員工休假超過 5 天，這 10 名員工之平均休假天數為 6.5 天，其平均日薪 $600，但預期 ×3 年這 10 名員工之平均日薪為 $700。

試作：求甲公司於 ×1 年底及 ×2 年底應認列之相關負債金額。

16. 【員工紅利計畫】

    情況一：甲公司之紅利計畫要求其將當年度稅前且分紅前淨利之 5% 支付給為公司提供服務之員工。無論有無員工離職，5% 之稅前且分紅前淨利將全數支付。

    情況二：甲公司之紅利計畫要求其將當年度稅前且分紅前淨利之 5% 至 15% 支付給為公司提供服務之員工。無論有無員工離職，3% 之稅前且分紅前淨利將全數支付，而過去之實際分紅通常為 9%。公司將於次年度 5 月決定實際分紅金額。甲公司 ×1 底自行結算當年度稅前淨利為 $1,000,000，惟該數字尚未經會計師查核與董事會通過。

    試作：於兩情況下，計算該公司於 ×1 年底關於其紅利計畫應認列之應計費用金額。

17. 【員工紅利計畫】延續第 16 題情況二，若 ×2 年 5 月公司決定實際分紅百分比為 8%，且 ×1 年底公司自行結算淨利與董事會通過之最終數字一致。此外公司於 ×2 年底自行結算當年度稅前淨利為 $2,000,000，公司判斷 9% 仍為次年度決議分紅之最佳估計基礎。

    試作：計算該公司於 ×2 年度內關於其紅利計畫總計應認列之費用金額。

18. 【紅利計畫】甲公司 ×1 年度未考慮當年分紅前之稅前淨利為 $100,000。該公司紅利計畫要求之紅利金額為當年度稅前淨利之 1/8，估計人員流動將使支付比例降低至 1/9。該紅利將於次年度 5 月發放，若員工於發放前離職，將無法獲得任何分紅。

    試作：試計算該公司於 ×1 年度應認列之紅利負債金額。

Chapter 18 所得稅會計

學習目標

研讀本章後，讀者可以了解：

1. 永久性差異和暫時性差異
2. 會計利潤與課稅所得不一致的來源
3. 遞延所得稅資產和遞延所得稅負債之分類及會計處理
4. 營業虧損扣抵及所得稅抵減之會計處理

本章架構

所得稅會計

認列與衡量
- 本期所得稅資產及負債
- 遞延所得稅資產及負債

差異
- 會計利潤與課稅所得
- 永久性與暫時性
- 帳面金額與課稅基礎

本期及未來租稅後果
- 企業合併
- 未分配盈餘加徵所得稅之會計處理
- 股份基礎給付交易

未使用課稅損失及未使用所得稅抵減
- 虧損遞轉之會計處理
- 所得稅抵減之會計處理
- 可回收性之評估

表達與互抵條件
- 本期所得稅資產及負債
- 遞延所得稅資產及負債

合併商譽稅務攤銷爭議不斷

依據企業併購法第 35 條，公司併購而產生之商譽，稅法上得於 15 年內平均攤銷。從財務會計觀點而言，商譽雖然無須攤銷，但須進行減損測試。從稅法觀點而言，商譽攤銷之計算看似簡單明瞭，然而在稽徵實務上，過去引發許多的行政爭訟；其主要原因為稅捐稽徵機關對於併購案件的收購成本及可辨認淨資產的公允價值有所質疑，進而否准「納稅義務人所取得的商譽得適用攤銷」之規定。依據財政部於民國 98 年 7 月 7 日發布新聞稿表示，公司依企業併購法進行合併，採購買法者，列報因合併而取得商譽之攤銷費用，需有取得商譽價值之評估資料如獨立專家之估價報告，以資證明出價取得商譽之事實及價值，方可於稅法上認列商譽之攤銷費用。此外，最高行政法院於民國 100 年 12 月第 1 次庭長法官聯繫會議決議，認定商譽價值應由納稅義務人負客觀舉證責任，並認為舉證的範圍包含收購成本及可辨認淨資產的公允價值兩者。由於上述規定使得國內許多企業併購過程所產生之合併商譽，稅法上是否可以攤銷之爭議不斷。

近年來國內銀行、證券、科技、保險及文化等產業，申報營所稅時，依現有稅法規定分年提列商譽攤銷金額，都被國稅局全部刪除，業者打行政官司敗訴率高達 97%，只有少數案例上訴後，最高行政法院最後判決業者勝訴 (如遠傳併購和信、新光銀行併購岡山合作社，及凱基證券併購豐源證券)。

例如：台新金控子公司台新銀行在民國 91 年 2 月 18 日與大安銀合併，收購成本為 94 億 7,501 萬元，遠超過大安銀行當時淨值近 57 億元，因此將超過部分 37 億元列為商譽，依規定按 5 年攤銷，91 年度攤提 6 億元，92 年度列報其中商譽攤銷金額 7 億 5,851 萬元。台新金向臺北市國稅局申報營所稅時，列報這項鉅額商譽攤銷，但遭到財政部「全數刪除」，因而徵納雙方對簿公堂，纏訟多年。繼 101 年 5 月關於 91 年度攤提 6 億元，被法院判敗確定後；92 年度攤提的 7.5 億元，101 年 11 月 14 日再度被最高行政法院判敗確定，其餘 3 年度的攤提部分，未來也難以樂觀。

法院認為，台新金沒有提出足夠的證據，證明所主張收購大安銀的必要及合理成本，因此無從據以進一步計算、確認有商譽存在。法院質疑，大安銀每股淨值分別在 90 年 12 月 31 日、91 年 2 月 17 日依序遽降為 3.97 元及 3.61 元，其所列商譽價值，占收購成本 40% 比例甚高，因而認定台新金以每股淨值 7.46 元評估換股，顯然不合理。

台新金主張，併大安銀案業依金融機構合併法取得監理機關准予合併之許可，收購成本合理性已經主管機關審查，不容質疑。但法院認為，這是兩回事，課稅核定與目的事業主管機關的許可，不能混為一談。

章首故事引發之問題

- 因財務會計處理規範與稅法規範間的差異,導致過去合併商譽稅務攤銷之爭議不斷。請問實務上是否有較佳之方法,可以減少徵納雙方之歧見?
- 所得稅之繳納對企業現金流量與資產負債表有重大影響。

為了簡化所得稅會計之觀念及釋例之說明,本章所得稅稅率與課稅所得之計算,不一定與臺灣現時稅法規定完全一致。

　　財務會計準則和稅法規定常因會計學理與租稅政策不同而使兩者有許多不一致,導致財務會計及稅務上處理的方法不同,加深了所得稅會計處理的複雜度。所得稅會計是一個實務性很高的主題,讀者不僅須了解財務會計之基本原則與規範,也需要對稅法之內容與實務有基本之認識,才能學好所得稅會計。本章之主要重點在介紹財務報表所得稅之計算與組成要素。

18.1　所得稅會計處理之目的

學習目標 1

了解所得稅會計處理之目的,並了解本期及未來租稅後果

　　所得稅會計處理之主要議題係如何處理下列事項之本期租稅後果 [即**本期所得稅** (current income tax)] 及未來租稅後果 [即**遞延所得稅** (deferred income tax)]:

1. 於企業資產負債表中所認列資產 (負債) 帳面金額未來之回收 (清償)。
2. 於企業財務報表中認列之本期交易及其他事項。

「應付所得稅」於證交所會計項目表以「本期所得稅負債」會計項目表達。

　　換言之,所得稅費用係指本期所得稅費用及遞延所得稅兩項目合計之金額,故企業應依下列結果決定所得稅費用:(1) 依本期**課稅所得** (taxable profit) 決定本期所得稅 [**應付所得稅** (income tax payable) 或**應收退稅款** (income tax receivable)];(2) 若帳面金額之回收或清償很有可能使未來所得稅支付額大於 (小於) 在回收或清償沒有租稅後果下之支付額時,企業應認列**遞延所得稅負債** (deferred tax liabilities)[或**遞延所得稅資產** (deferred tax assets)]。另外,本章

亦會探討虧損扣抵 (未使用課稅損失) 及所得稅抵減之會計處理。

所得稅費用 (income tax expense) 之計算過程可以透過下列公式表達 (以下章節將會逐一介紹)：

所得稅費用係由本期所得稅與遞延所得稅兩大項目所組成。

所得稅費用 (利益)
= 本期所得稅費用 (利益) ± 遞延所得稅費用 (利益)
= 本期應付所得稅或應收退稅款 + 遞延所得稅負債增加數 (或減遞延所得稅負債減少數) + 遞延所得稅資產減少數 (或減遞延所得稅資產增加數)

例如，以下為甲公司 ×0、×1 年底之所得稅相關資料：

	×0/12/31	×1/12/31
所得稅費用		?
遞延所得稅資產	$25,000	$15,000
遞延所得稅負債	$40,000	$45,000
本期應付所得稅		$75,000

甲公司 ×1 年所得稅費用
= $75,000 + 遞延所得稅負債增加數 ($45,000 − $40,000)
　　　　 + 遞延所得稅資產減少數 ($25,000 − $15,000)
= $75,000 (本期所得稅費用) + $15,000 (遞延所得稅費用)
= $90,000

由於所得稅費用係由本期所得稅與遞延所得稅所組成，本章之會計分錄有時直接以所得稅費用 (利益) 替代，「本期所得稅費用 (利益)」及「遞延所得稅費用 (利益)」項目。

本章目的係透過本章之其他各節，使讀者能逐步學習以下計算所得稅之步驟：

1. 計算本期應付所得稅或應收退稅款：課稅所得 × 稅率 − 所得稅抵減
2. 辨認及衡量暫時性差異、虧損扣抵及所得稅抵減之遞延所得稅
3. 計算遞延所得稅費用 (利益)

　遞延所得稅費用：遞延所得稅負債增加數 (− 遞延所得稅負債減少數)
　　　　　　　　 + 遞延所得稅資產減少數 (− 遞延所得稅資產增加數)
　遞延所得稅調整數：期末暫時性差異 × 預計迴轉年度稅率
　　　　　　　　　 + 尚未使用所得稅抵減 − 期初帳上遞延所得稅餘額

自 2018 年 1 月 1 日起，2019 年 5 月申報 2018 年營利事業所得稅適用稅率由 17% 調整為 20%。

18.2 本期所得稅負債及本期所得稅資產之認列

> **學習目標 2**
> 了解本期所得稅的會計處理與計算，並了解會計利潤與課稅所得差異之來源，以及辨別永久性差異與暫時性差異

所謂**會計利潤** (accounting profit) 係指依據財務會計準則計算一期間內減除所得稅費用前之損益，亦即**稅前淨利** (pretax income)。課稅所得 [**課稅損失** (taxable loss)] 係指依稅捐機關所制定之法規決定之本期所得 (損失)，據以計算企業之應付 (可回收) 所得稅。

所謂本期所得稅係指與某一期間課稅所得 (課稅損失) 有關之應付 (可回收) 所得稅金額。本期及前期之本期所得稅尚未支付之範圍應認列為負債。若與本期及前期有關之已支付金額超過該等期間應付金額，則超過之部分應認列為資產。

18.2.1 會計利潤與課稅所得差異之來源

> 會計利潤與課稅所得因稅法及財務會計準則的認列與衡量不同而有所差異，可分為永久性差異及暫時性差異兩類。

本期應付所得稅或應收退稅款，通常包括本期財務報表所認列大部分事項之所得稅影響數。然因稅法與財務會計準則對資產、負債、權益、收益、費用、利得與損失之認列與衡量可能不同，以致產生永久性差異或暫時性差異。

永久性差異

> 永久性差異不會於未來迴轉，因此僅影響本期課稅所得，不影響未來課稅所得，因此無須認列遞延所得稅資產或負債。

指由於租稅政策、社會政策及經濟政策之考量，致使財務報表上認列之基礎與稅法規定發生差異，而其影響僅及於本期課稅所得者，稱為**永久性差異** (permanent differences)。永久性差異之主要類型 (如圖 18-1) 包括：

		會計利潤	
		本期或未來認列	永不認列
課稅所得	本期或未來認列		類型 2、類型 4
	永不認列	類型 1、類型 3	

圖 18-1　永久性差異之主要類型

1. 財務報表上認列之收益依稅法規定免稅者 (即免稅所得)。
2. 財務報表上不認列為收益但依稅法規定作為收益課稅者。如銷貨

退回，統一發票因誤開作廢，其收執聯未予保存且未能證明確無銷貨事實者。
3. 財務報表上之費用依稅法規定不予認定為費用者。如違規罰款或依法免稅的利息收入。
4. 財務報表上不認列為費用但依稅法規定認列為費用者。如某些遞耗資產報稅採用百分比折耗法，其累計折耗超過成本部分。

由於會計利潤與課稅所得之永久性差異不會於未來迴轉，僅影響本期課稅所得，不會影響未來期間之課稅所得，故不會產生未來之**應課稅金額** (taxable amount) 或**可減除金額** (deductible amount)，即無須認列遞延所得稅資產或負債。

暫時性差異 (屬時間性差異)

當收益或費損於某一期間計入會計利潤，但於不同期間計入課稅所得時，會產生**暫時性差異** (temporary differences)。此類暫時性差異常被稱為**時間性差異** (timing differences)。換言之，時間性差異係因財務會計準則與稅法對收入與費用之認列時間不一致 (即對資產與負債之認列基礎暫時不一致) 而產生。

時間性差異可分為應課稅暫時性差異與可減除暫時性差異，將於未來帳列資產回收或負債清償時產生應課稅金額或可減除金額者 (後面章節再詳細說明)。應課稅暫時性差異之實例，例如：利息收入按時間比例基礎計入會計利潤中，但稅法可能於收現時方計入課稅所得；可減除暫時性差異之實例，例如：於決定會計利潤時，退休福利成本可能在員工提供服務時即減除，但於決定課稅所得時，則當企業支付提撥金至基金或當企業支付退休福利時，方予減除。

時間性差異之類型，如表 18-1 及圖 18-2 所示：

> 暫時性差異將於未來迴轉，因此將影響未來課稅所得，須認列遞延所得稅資產或負債。

		會計利潤	
		本期認列	未來認列
課稅所得	本期認列		類型 3、類型 4
	未來認列	類型 1、類型 2	

圖 18-2　時間性差異之主要類型

表 18-1　時間性差異之主要類型

類型 1	**收益** 在財務報表上於本期認列，而依稅法規定於以後期間申報納稅。	例如，資產負債表日之貨幣性之外幣資產或外幣負債，按該日之即期匯率予以調整，因調整而產生之兌換利益，應列為本期損益；但依稅法規定該項未實現兌換利益於以後年度時實現時，方須申報納稅，因而產生時間性差異。
類型 2	**費損** 在財務報表上於本期認列，而依稅法規定於以後期間申報減除。	例如，產品售後服務保證之成本，財務報表上應於銷貨時估列費用，而依稅法規定則須俟實際發生時，始准作費用減除，因而產生時間性差異。
類型 3	**收益** 依稅法規定於本期申報納稅，而在財務報表上於以後期間認列。	例如，應付費用逾 2 年尚未給付者，依稅法規定，應轉列其他收入；財務報表上則可能依公司政策或付款之可能性，於以後期間再轉列收入，因而產生時間性差異。
類型 4	**費損** 依稅法規定於本期申報減除，而在財務報表上於以後期間認列。	例如，不動產、廠房及設備之折舊，報稅時採定率遞減法，而財務報表上則採直線法，在不動產、廠房及設備使用之初期，報稅之折舊費用較財務報表上認列之折舊費用為多，因而產生時間性差異。

暫時性差異（非屬時間性差異）

　　某些財務報表上所認列之事項雖未能歸屬於財務報表所列之資產或負債，但根據稅法規定，將於未來產生應課稅金額或可減除金額者，導致資產或負債之課稅基礎與帳面金額產生差異，此為非屬時間性差異之暫時性差異。所謂課稅基礎係指根據稅法規定，報稅上歸屬於該資產或負債之金額（後面章節再詳細說明課稅基礎）。

　　例如企業創業期間因設立所發生之必要支出（開辦費），在財務報表上之處理，於發生本期認列為費用；然而報稅時則將上述開辦費支出予以資本化[1]認列為資產，因而使開辦費之課稅基礎大於帳面金額，而產生暫時性差異。此外，依資本額一定比率提撥之職工福

---

[1] 依據我國 98 年 5 月 28 日公布修正所得稅法第 64 條之規定，營利事業創業期間發生之費用，應作為本期費用，免逐年攤提。所稱創業期間，指營利事業自開始籌備至所計畫之主要營業活動開始且產生重要收入前所涵蓋之期間。換言之，我國營利事業於 98 年 5 月 28 日前已發生之開辦費尚未攤提之餘額，得依剩餘之攤提年限繼續攤提，或於 98 年度一次轉列為費用。

利金在財務報表上認列為本期費用,但依稅法規定應予遞延分年攤銷之,亦產生暫時性差異。

又例如,企業合併採購買法時,被合併企業資產與負債在財務報表上按公允價值入帳,報稅時若按被合併企業原帳面金額認列,亦將產生暫時性差異。

18.2.2　本期所得稅之計算

本期所得稅之計算(如表 18-2)可透過以會計利潤為基礎,調整永久性差異及暫時性差異(即俗稱帳外調整),並扣除前期未使用之課稅損失(虧損扣抵),以求得課稅所得;再將課稅所得乘以適用稅率,並調整所得稅抵減金額,以求得本期應付所得稅(本期所得稅)。

表 18-2　本期所得稅之計算

會計利潤	收益(=收入+利得)-費損(=費用+損失)
課稅所得	會計利潤 ± 永久性差異 ± 暫時性差異 - 虧損扣抵
本期應付所得稅	課稅所得 × 稅率 - 所得稅抵減

若課稅損失可被用以回收以前期間之本期所得稅時,企業應於課稅損失發生期間將該未來退稅之利益認列為資產,因該利益很有可能流入企業並能可靠衡量。

所得稅抵減係指企業購置設備、研究發展支出及股權投資等,合於有關法令規定,得抵減應納之所得稅。故企業本期應付所得稅(或應收退稅款)之計算,係以某一期間課稅所得(課稅損失)乘以適用稅率並減除所得稅抵減金額。

18.3　遞延所得稅負債及遞延所得稅資產之認列

本期所得稅費用之組成包括本期應付所得稅及遞延所得稅,有關計算遞延所得稅之觀念,可分為以下幾個步驟:

1. 決定帳面金額。

> **學習目標 3**
> 了解遞延所得稅的會計處理與來源,並了解帳面金額與課稅基礎的差異所產生的後續會計處理,以及暫時性差異的例外情形

2. 決定課稅基礎。
3. 計算暫時性差異。
4. 辨認例外情況。
5. 決定稅率。
6. 考量遞延所得稅資產之可回收性。
7. 認列遞延所得稅。

18.3.1 帳面金額、課稅基礎與暫時性差異

如表 18-3 所示，資產與負債之**帳面金額** (carrying amount) 係指資產與負債於資產負債表中所認列之金額；資產或負債之**課稅基礎** (tax base) 係指報稅上歸屬於該資產或負債之金額。暫時性差異係指資產或負債於資產負債表之帳面金額與其課稅基礎之差異。

表 18-3　暫時性差異之意義

帳面金額	課稅基礎	暫時性差異
資產與負債於資產負債表中所認列之金額	報稅上歸屬於該資產或負債之金額	資產或負債於資產負債表之帳面金額與其課稅基礎之差異

暫時性差異包括**應課稅暫時性差異** (taxable temporary differences) 與**可減除暫時性差異** (deductible temporary differences) 兩大類型。所謂「應課稅暫時性差異」，係指當資產或負債之帳面金額回收或清償，於決定未來期間之課稅所得 (課稅損失) 時，將產生應課稅金額之暫時性差異。此項與應課稅暫時性差異有關之未來期間應付所得稅金額，稱為遞延所得稅負債。

所謂「可減除暫時性差異」，係指當資產或負債之帳面金額回收或清償，於決定未來期間之課稅所得 (課稅損失) 時，將產生可減除金額之暫時性差異。此項與可減除暫時性差異有關且能產生可減除金額之暫時性差異，稱為遞延所得稅資產。此外，未使用課稅損失遞轉後期及未使用所得稅抵減遞轉後期，亦會產生遞延所得稅資產。表 18-4 彙總列示產生遞延所得稅負債與遞延所得稅資產之原因。

> 應課稅暫時性差異將造成未來課稅所得增加，因此需認列遞延所得稅負債。可減除暫時性差異將造成未來課稅所得減少，因此認列遞延所得稅資產。

Chapter 18 所得稅會計

IFRS 一點通

所得稅會計處理之重要假設

從財務會計而言，所得稅會計處理之重要假設，係假設企業認列於資產負債表上之資產或負債，隱含報導個體預期將回收或清償該資產或負債之帳面金額。

表 18-4　產生遞延所得稅負債與資產之原因

產生遞延所得稅負債之原因	產生遞延所得稅資產之原因
應課稅暫時性差異	可減除暫時性差異 未使用課稅損失遞轉後期 未使用所得稅抵減遞轉後期

由表 18-4 可知，課稅基礎是決定遞延所得稅資產與遞延所得稅負債之重要元素，遞延所得稅資產與遞延所得稅負債之計算係比較資產或負債於資產負債表之帳面金額與其課稅基礎之差異，並乘以適用之稅率。

18.3.2　資產之課稅基礎

某項資產之課稅基礎，係指報稅上可以減除之金額，以抵銷當企業回收該資產之帳面金額所流入之**應課稅經濟效益** (taxable economic benefits)。應課稅經濟效益之型態包括處分資產產生之所得及持續使用資產所賺得之收益。若該等資產產生之所得為免稅項目，即其經濟效益不予課稅，則該資產之課稅基礎等於其帳面金額，換言之，企業回收免稅項目資產之帳面金額不會產生遞延所得稅後果。為了讓讀者更清楚各類型資產之課稅基礎如何計算，將以下列計算公式說明。

課稅基礎 ＝ 帳面金額 － 未來應課稅金額 ＋ 未來可減除金額

資產之課稅基礎等於資產於資產負債表之帳面金額，減除企業回收該資產時屬未來應課稅之金額，再加上企業回收該資產時屬未來可減除之金額。對於資產產生之所得若為免稅項目，因未來應課稅金額與未來可減除金額皆為零，故該資產之課稅基礎等於其帳面金額。此外，在計算資產之未來稅負後果時，係假設資產將回收之經濟效益等於帳面金額，事實上，資產實現之經濟效益有可能會大於其帳面金額。資產課稅基礎情況之計算，舉例說明如表 18-5 所示：

表 18-5　資產之課稅基礎計算實例說明

	課稅基礎 =	帳面金額 −	未來應課稅金額 +	未來可減除金額
應收利息之帳面金額為 $10,000，相關之利息收入將按現金基礎課稅。	$ 0	$10,000	$10,000	0
應收帳款之帳面金額為 $10,000。相關之收入已包含在課稅所得 (課稅損失) 中。	10,000	10,000	0	0
應收子公司股利之帳面金額為 $10,000。該股利不課稅。實質上，該資產之全部帳面金額均可減除以抵銷其經濟效益。因此，該應收股利之課稅基礎為 $10,000。依此種分析，不存在應課稅暫時性差異 (亦即為永久性差異)。 另一種分析是應收股利之課稅基礎為零，相對產生之應課稅暫時性差異 $10,000，適用零稅率。 根據這兩種分析，皆不產生遞延所得稅負債。	10,000	10,000	0	0
機器成本為 $10,000，帳面金額為 $7,000。報稅上折舊 $4,000 已於本期及前期減除，剩餘成本將可於未來期間以折舊或透過處分之減項予以減除。報稅上使用該機器所產生之收入應課稅；該機器之任何處分利益將予課稅，任何處分損失將可減除。	6,000	7,000	7,000	$6,000 = $10,000 − $4,000
建築物成本為 $5,000，重估增值至 $7,000，報稅上折舊 $1,000 已於本期及前期減除，報稅上使用該建築物所產生之收入應課稅；建築物處分利益將予課稅 (惟以稅上已提列累計折舊之金額為限)。	6,000	7,000	5,000	$4,000 = $5,000 − $1,000

18.3.3 負債之課稅基礎

　　某項負債之課稅基礎，係指其帳面金額減去未來期間報稅上與該負債有關之任何可減除金額。收入若為預收，其所產生負債之課稅基礎係其帳面金額減去未來期間不必課稅之任何收入金額。在計算負債之未來稅負後果時，係假設負債將以帳面金額清償負債，事實上，有可能未來負債清償之金額與帳面金額不相等(例如：折溢價因素)。為了讓讀者更清楚各類型負債課稅基礎之計算，將以下列計算公式說明。

$$\text{課稅基礎} = \text{帳面金額} - \text{未來期間不必課稅之任何收入金額}$$

　　屬預收收入之負債，其課稅基礎等於負債於資產負債表之帳面金額，減除預收收入已課稅之金額。

　　預收收入負債課稅基礎之計算，舉例如表18-6所示：

表 18-6　預收收入負債課稅基礎之計算實例

	課稅基礎	=	帳面金額	−	未來期間不必課稅之任何收入金額
預收利息收入帳面金額為 $100，相關之利息收入已按現金基礎課稅。	$ 0		$100		$100
預收收入帳面金額為 $200，相關收入待認列於損益表時才予以課稅。	200		200		0
政府補助認列遞延收入 $500，收到政府補助時及續後攤銷皆不予以課稅，但資產成本稅上准予認列。	500		500		0

　　非屬預收收入之負債，其課稅基礎等於負債於資產負債表之帳面金額，減除未來可減除之金額。

$$\text{課稅基礎} = \text{帳面金額} - \text{未來可減除金額}$$

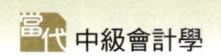

非屬預收收入之其他負債課稅基礎之計算，舉例如表 18-7 所示：

表 18-7　非屬預收收入之其他負債課稅基礎之計算實例

	課稅基礎	=	帳面金額	−	未來可減除金額
產品保證負債帳面金額為 $100。報稅上相關之費用將按現金基礎減除。	$ 0		$100		$100
應付薪資帳面金額為 $200，報稅上相關之費用已減除。	200		200		0
應付罰金及罰款帳面金額為 $100，報稅上罰金及罰款不得減除。依此種分析，不存在可減除暫時性差異 (屬永久性差異)。另一種分析是應付罰金及罰款之課稅基礎為零，相對產生之可減除暫時性差異 $100 適用零稅率。根據這兩種分析，皆不產生遞延所得稅資產。	100		100		0
應付借款之帳面金額為 $300。該借款之償還無租稅後果。	300		300		0

18.3.4　未於資產負債表中認列為資產及負債

有些項目有課稅基礎，但未於資產負債表中認列為資產及負債。例如，研究成本 $1,000 於發生本期認列為費用以決定會計利潤，但於決定課稅所得 (課稅損失) 時，可能須待以後期間方可減除。該研究成本之課稅基礎 (即稅捐機關允許於未來期間減除之金額 $1,000) 與帳面金額 (零) 間之差額 $1,000，為可減除暫時性差異，將產生遞延所得稅資產。

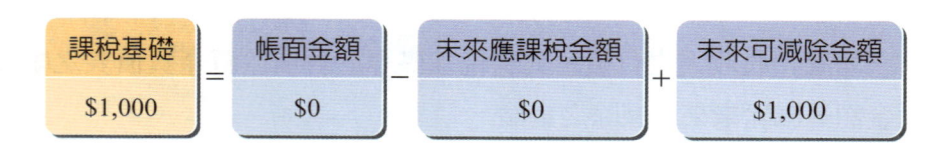

課稅基礎	=	帳面金額	−	未來應課稅金額	+	未來可減除金額
$1,000		$0		$0		$1,000

再舉一例，若企業之開辦費於發生本期認列為費用以決定會計利潤，但於決定課稅所得 (課稅損失) 時，可能須待以後期間方可

減除。該開辦費之課稅基礎(即稅捐機關允許於未來期間減除之金額)與帳面金額(零)間之差額,為可減除暫時性差異,將產生遞延所得稅資產。

若資產或負債之課稅基礎並非顯而易見,則考量基本原則將有所幫助,只要資產或負債帳面金額之回收或清償有可能使未來所得稅支付額大於(小於)在回收或清償沒有租稅後果下之支付額時,則除少數例外,企業應認列遞延所得稅負債(資產)。

18.3.5 計算暫時性差異

應課稅暫時性差異係由於過去之交易或其他事項所產生,將於未來相關資產回收或負債清償時,轉為應課稅金額而增加所得稅負。依現行稅法規定所得稅負為企業無可避免應予清償之債務,故應課稅暫時性差異之遞延所得稅影響數符合負債定義,應認列為遞延所得稅負債。

可減除暫時性差異係由於過去之交易或其他事項所產生,將於未來相關資產回收或負債清償時,轉為可減除金額而減少所得稅負;虧損扣抵及所得稅抵減亦由於過去之交易或其他事項產生,而能減少企業未來之所得稅負,皆具有經濟效益,故可減除暫時性差異、虧損扣抵及所得稅抵減之遞延所得稅影響數符合資產定義,應認列為遞延所得稅資產。

企業於計算遞延所得稅時,應辨認所有暫時性差異,並比較資產與負債之帳面金額與課稅基礎。暫時性差異係指資產或負債於資產負債表之帳面金額與其課稅基礎之差異。如表18-8所示,彙總比較帳面金額與課稅基礎之關係與遞延所得稅後果。資產之帳面金額若大於課稅基礎,則有應課稅暫時性差異,產生遞延所得稅負債;資產之帳面金額若小於課稅基礎,則有可減除暫時性差異,產生遞延所得稅資產;負債之帳面金額若大於課稅基礎,則有可減除暫時性差異,產生遞延所得稅資產;負債之帳面金額若小於課稅基礎,則有應課稅暫時性差異,產生遞延所得稅負債。

當資產的帳面金額大於課稅基礎及負債的帳面金額小於課稅基礎時,將產生遞延所得稅負債。反之則產生遞延所得稅資產。

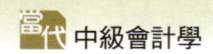

表 18-8　比較帳面金額與課稅基礎之關係與遞延所得稅後果

	帳面金額 – 課稅基礎	暫時性差異類型	產生
資產	大於零	應課稅暫時性差異	遞延所得稅負債
資產	小於零	可減除暫時性差異	遞延所得稅資產
負債	大於零	可減除暫時性差異	遞延所得稅資產
負債	小於零	應課稅暫時性差異	遞延所得稅負債

例如，×0年12月31日甲公司以$100,000購買一項資產A（非屬企業合併），資產A財務會計上係以5年提列折舊，假設甲公司所在地稅法規定，該資產A報稅係以2年提列折舊，稅率20%。應課稅暫時性差異及遞延所得稅負債計算如下：

	帳面金額	課稅基礎	暫時性差異	遞延所得稅負債
×0/12/31	$100,000	$100,000	$　　0	—
×1/12/31	80,000	50,000	30,000	$ 6,000
×2/12/31	60,000	0	60,000	12,000
×3/12/31	40,000	0	40,000	8,000
×4/12/31	20,000	0	20,000	4,000
×5/12/31	0	0	0	—

例如，×0年12月31日甲公司以分期付款方式出售商品，共計$500,000，甲公司認列銷貨收入$500,000及銷貨成本$300,000，銷貨毛利$200,000，但報稅則須等到收現時才認列。因此，×0年12月31日甲公司帳上有應收帳款$500,000，課稅基礎為零，有應課稅暫時性差異$500,000，帳上該批存貨已轉為銷貨成本，課稅基礎為$300,000。假設稅率20%，甲公司收現情形如下：

年度	收現數
×1	$160,000
×2	140,000
×3	75,000
×4	125,000

暫時性差異及遞延所得稅負債計算如下：

	應收帳款			存貨			暫時性差異合計數	遞延所得稅負債
	帳面金額	課稅基礎	暫時性差異	帳面金額	課稅基礎	暫時性差異		
×0	$500,000	$ 0	$500,000	$ 0	$300,000	$(300,000)	$200,000	$40,000
×1	340,000	0	340,000	0	204,000	(204,000)	136,000	27,200
×2	200,000	0	200,000	0	120,000	(120,000)	80,000	16,000
×3	125,000	0	125,000	0	75,000	(75,000)	50,000	10,000
×4	0	0	0	0	0	0	0	—

×0年遞延所得稅負債
  ＝應收帳款與存貨暫時性差異合計數 × 稅率
  ＝($500,000 − $300,000) × 20%
  ＝$40,000；其他年度之遞延所得稅負債可類推。

漸進式教學釋例

(A) 丙公司 ×4 年帳上認列一筆分期付款銷貨毛利 $250,000，但報稅則須等到收現時才認列，該批分期付款銷貨收入為 $1,000,000，該批銷貨丙公司 ×4 年與 ×5 年收現數分別為 $600,000 及 $400,000。假設丙公司 ×4 年及 ×5 年會計利潤分別為 $2,500,000 及 $1,780,000，且無其他會計利潤與課稅所得間的差異存在，稅率維持 20%。

試作：丙公司 ×4 年及 ×5 年所得稅相關分錄。

解析：

×4/12/31	所得稅費用	500,000	
	應付所得稅		480,000 *
	遞延所得稅負債		20,000 **

  * [$2,500,000 − ($250,000/$1,000,000) × $400,000] × 20% = $480,000
  ** ($250,000/$1,000,000) × $400,000 × 20% = $20,000

×5/12/31	所得稅費用	356,000	
	遞延所得稅負債	20,000	
	應付所得稅		376,000 *

  * [$1,780,000 + ($250,000/$1,000,000) × $400,000] × 20% = $376,000

(B) 丙公司成立於 ×1 年。×3 年到 ×5 年底帳上的產品保固負債準備餘額分別為 $400,000、$650,000、$500,000。假設丙公司 ×4 年及 ×5 年會計利潤分別為 $2,500,000 及 $1,780,000，且無其他會計利潤與課稅所得間的差異存在，稅率維持 20%。

試作：丙公司 ×4 年及 ×5 年所得稅相關分錄。

解析：

×4/12/31	所得稅費用	500,000	
	遞延所得稅資產	50,000 *	
	應付所得稅		550,000 **

* ($650,000 − $400,000) × 20% = $50,000
** [$2,500,000 + ($650,000 − $400,000)] × 20% = $550,000

×5/12/31	所得稅費用	356,000	
	遞延所得稅資產		30,000 *
	應付所得稅		326,000 **

* ($650,000 − $500,000) × 20% = $30,000
** [$1,780,000 − ($650,000 − $500,000)] × 20% = $326,000

(C) 丙公司 ×4 年帳上認列一筆分期付款銷貨毛利 $250,000，但報稅則須等到收現時才認列，該批分期付款銷貨收入為 $1,000,000，該批銷貨丙公司預計 ×4 年與 ×5 年收現數分別為 $600,000 及 $400,000。另外丙公司 ×3 年到 ×5 年底帳上的產品保固負債準備餘額分別為 $400,000、$650,000、$500,000。假設丙公司 ×4 年及 ×5 年會計利潤分別為 $2,500,000 及 $1,780,000，且無其他會計利潤與課稅所得間的差異存在，稅率維持 20%。

試作：(1) 丙公司 ×4 年及 ×5 年所得稅相關分錄；
　　　(2) 遞延所得稅相關的項目在 ×4 年資產負債表上的表達。

解析：
(1)

×4/12/31	所得稅費用	500,000	
	遞延所得稅資產	50,000 *	
	遞延所得稅負債		20,000 **
	應付所得稅		530,000 ***

* ($650,000 − $400,000) × 20% = $50,000
** ($250,000/$1,000,000) × $400,000 × 20% = $20,000
*** [$2,500,000 − ($250,000/$1,000,000) × $400,000 + ($650,000 − $400,000)] × 20% = $530,000

×5/12/31	所得稅費用	356,000	
	遞延所得稅負債	20,000	
	遞延所得稅資產		30,000 *
	應付所得稅		346,000 **

* ($650,000 − $500,000) × 20% = $30,000
** [$1,780,000 − ($650,000 − $500,000) + ($250,000/$1,000,000) × $400,000] × 20% = $346,000

(2)

丙公司
×4 年度
資產負債表 (部分)

資產	
非流動資產	
遞延所得稅資產	$60,000 *

* ($80,000 − $20,000) = $60,000，參閱本章 18.7 節之說明

(D) 承上題，假設丙公司 ×4 年及 ×5 年另各有慈善捐款 $70,000 及 $40,000，且 ×4 年及 ×5 年稅報上的折舊費用皆比帳列數高 $100,000。

試作：丙公司 ×4 年及 ×5 年所得稅相關分錄。

解析：

×4/12/31	所得稅費用	514,000	
	遞延所得稅資產	50,000 *	
	遞延所得稅負債		40,000 **
	應付所得稅		524,000 ***

* ($650,000 − $400,000) × 20% = $50,000
** [($250,000/$1,000,000) × $400,000+$100,000] × 20% = $40,000
*** $[2,500,000 + $70,000 − ($250,000/$1,000,000) × $400,000 − $100,000 + ($650,000 − $400,000)] × 20% = $524,000

×5/12/31	所得稅費用	364,000	
	遞延所得稅負債	20,000	
	遞延所得稅負債		20,000
	遞延所得稅資產		30,000 *
	應付所得稅		334,000 **

* ($650,000 − $500,000) × 20% = $30,000
** [$1,780,000 + $40,000 − ($650,000 − $500,000) + ($250,000/$1,000,000) × $400,000 − $100,000] × 20% = $334,000

18.3.6　所得稅費用衡量之考量因素

　　如表 18-9 所示，所得稅費用衡量之考量因素，包括決定稅率、暫時性差異預期迴轉期間、考量遞延所得稅資產之可回收性、認列遞延所得稅，及遞延所得稅資產可回收性之評估等。

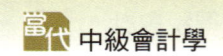

表 18-9 所得稅費用衡量之考量因素

1. 使用已立法或已實質性立法之稅率；
2. 使用暫時性差異預期迴轉期間之預期平均稅率；
3. 考量企業預期回收或清償其資產及負債帳面金額之方式；
4. 遞延所得稅資產及負債不得折現；
5. 遞延所得稅資產可回收性之評估。

稅　率

本期及前期之本期所得稅負債(資產)，應以報導期間結束日已立法或已實質性立法之**稅率** (tax rate)(及稅法)計算之預期應付稅捐機關(自稅捐機關退款)金額衡量。遞延所得稅資產及負債應以預期資產實現或負債清償本期之稅率衡量，該稅率應以報導期間結束日已立法或已實質性立法之稅率(及稅法)為基礎。換言之，IAS 12 採用資產負債法之精神，衡量遞延所得稅負債或資產時，以預期未來遞延所得稅負債或資產清償或回收年度之稅率，作為**適用稅率** (applicable tax rate)。

本期及遞延所得稅資產及負債通常係以已立法之稅率(及稅法)衡量。惟在某些轄區，政府宣布之稅率(及稅法)有實際立法之實質效果，雖然實際立法可能在數月之後。在此情況下，所得稅資產及負債係以已宣布之稅率(及稅法)衡量。當不同稅率適用於不同課稅收益級距時，遞延所得稅資產及負債應採用暫時性差異預期迴轉期間適用於課稅所得(課稅損失)之預期平均稅率衡量。

管理者預期回收或清償其資產及負債帳面金額方式

遞延所得稅負債及遞延所得稅資產之衡量，應反映企業於報導期間結束日**預期回收或清償** (expected manner of recovery or settlement) 其資產及負債帳面金額之方式所產生之租稅後果。資產(負債)帳面金額回收(清償)方式之可能影響如表 18-10 所示。

企業衡量遞延所得稅負債及遞延所得稅資產所採用之稅率及課稅基礎，應與預期回收或清償之方式一致。

情況一：只影響適用之稅率

甲公司擁有某項不動產、廠房及設備之帳面金額為 $50,000 而

所得稅會計

表 18-10　資產(負債)帳面金額回收(清償)方式之可能影響

情況一	影響資產(負債)帳面金額回收(清償)時所適用之稅率。
情況二	影響資產(負債)之課稅基礎。
情況三	同時影響資產(負債)帳面金額回收(清償)時所適用之稅率與資產(負債)之課稅基礎。

課稅基礎為 $30,000，若依當地稅法之規定，該項目若出售，其所適用之稅率為 20%，使用該項目之收益則所適用之稅率為 30%。

若甲公司預期不再使用該項目並將其出售，則認列之遞延所得稅負債為 $4,000（= $20,000 × 20%）；若甲公司預期持續持有該項目並透過使用回收其帳面金額，則認列之遞延所得稅負債為 $6,000（= $20,000 × 30%）。

舉另一例，乙公司擁有某項成本為 $50,000，帳面金額為 $40,000 之不動產、廠房及設備，於 ×0 年 1 月 1 日重估價至 $75,000。報稅上並未作相應之調整。過去報稅上提列之折舊累計為 $15,000，稅率為 30%。若該項目以高於成本之金額出售，已提列之累計折舊 $15,000 將計入課稅收益，但出售價款高於原始成本 ($50,000) 之部分則不課稅。該項目之課稅基礎為 $35,000，並有應課稅暫時性差異 $40,000（= $75,000 − $35,000）。

若乙公司預期以使用該項目之方式回收帳面金額，則必須產生 $75,000 之課稅收益，但僅能減除折舊 $35,000。在此基礎上，有遞延所得稅負債 $12,000（= 40,000 × 30%）。

若乙公司預期立即以 $75,000 之價款出售該項目回收帳面金額，則遞延所得稅負債之計算如下：

	應課稅暫時性差異	稅率	遞延所得稅負債
報稅已提之累計折舊	$15,000	30%	$4,500
出售價款超過成本金額	25,000	零	—
合計	$40,000[2]		$4,500

此外，因重估價而產生之額外遞延所得稅應認列於其他綜合損

---

[2] 在此例中，出售價款高於原始成本之部分不課稅，有另一分析認為此部分非為暫時性差異，故應課稅暫時性差異為 $15,000。

益。

情況二、三：同時影響適用之稅率與課稅基礎

設同上述乙公司情況，但若該項目以高於成本之金額出售時，已提列之累計折舊將計入課稅收益中(按30%課稅)，出售價款於減除調整通貨膨脹後之成本 $55,000 後將按 40% 課稅。若乙公司預期以使用該項目之方式回收帳面金額，必須產生 $75,000 之課稅收益，但僅能減除折舊 $35,000。在此基礎上，課稅基礎為 $35,000，有暫時性差異 $40,000，並有遞延所得稅負債 $12,000 (= $40,000 × 30%)。

若乙公司預期立即以 $75,000 之價款出售該項目回收帳面金額，將可減除調整通貨膨脹指數後之成本 $55,000。淨價款 $20,000 將按 40% 課稅。此外，報稅提列之累計折舊 $15,000 將計入課稅收益並按 30% 課稅。在此基礎上，課稅基礎為 $40,000 (= $55,000 − $15,000)，而有應課稅暫時性差異 $35,000 及遞延所得稅負債 $12,500 (= $20,000 × 40% + $15,000 × 30%)。

折現

遞延所得稅資產及負債不得折現。暫時性差異之決定係參考資產或負債之帳面金額。即使帳面金額本身按折現基礎決定亦然，例如，退職後福利義務(參見第 17 章「員工福利」)。

遞延所得稅資產可回收性之評估

> 遞延所得稅資產的可回收性之評估原則即未來是否有足夠的課稅所得以供減除。

可減除暫時性差異之迴轉及虧損扣抵將產生未來期間決定課稅所得時之減除金額，此外，所得稅抵減可於未來減少所得稅負，惟上述以所得稅支付減少之方式所帶來之經濟效益，僅於企業賺取足夠之課稅所得以供減除金額之抵銷或減少所得稅負時，方會流入企業。因此，企業應評估所有可取得之證據，僅於很有可能有課稅所得以供可減除暫時性差異、虧損扣抵及所得稅抵減使用時，才可以認列遞延所得稅資產。

與同一稅捐機關下同一納稅主體有關之遞延所得稅資產之認列，僅限於：

1. 企業於可減除暫時性差異迴轉之同一期間(或於遞延所得稅資產

Chapter 18 所得稅會計

IFRS 一點通

同時透過使用與出售回收資產帳面金額

企業衡量遞延所得稅負債及遞延所得稅資產所採用之稅率及課稅基礎，應考量管理者預期回收之方式，有時企業會同時透過使用與出售回收帳面金額，例如企業持有投資性不動產，預期出租 3 年後再予以出售，或自用辦公大樓，預期使用 5 年後再予以出售。如果當地稅法規定之「適用之稅率」與「課稅基礎」會因資產回收之方式而有差異，則企業衡量遞延所得稅負債及遞延所得稅資產應加以考量。

產生之課稅損失遞轉前期或後期之期間)，很有可能有足夠之課稅所得，且該所得係與同一稅捐機關下之同一納稅主體有關。在評估未來期間是否有足夠之課稅所得時，企業：

(1) 比較可減除暫時性差異與未來課稅所得 (該未來課稅所得係排除因該等可減除暫時性差異迴轉所產生之課稅減除金額)。此比較顯示未來課稅所得足供企業減除因迴轉該等可減除暫時性差異產生之金額之程度。

(2) 不考量預期於未來期間原始產生之可減除暫時性差異所形成之應課稅金額，因為該可減除暫時性差異產生之遞延所得稅資產其本身須有未來期間之課稅所得以供使用；或

2. 企業有稅務規劃機會於適當期間產生課稅所得。

稅務規劃機會係指企業在課稅損失或所得稅抵減遞轉後期逾期前將採取之行動，以產生或增加某一特定期間之課稅所得。例如，在某些轄區，課稅所得可能藉由以下方式產生或增加：

1. 選擇使利息收入於收現時或應收時課稅；
2. 延後某些可對課稅所得減除金額之請求權；
3. 出售 (或許再租回) 已增值但課稅基礎尚未調整以反映該增值之資產；及
4. 出售某一產生免稅收益之資產 (例如，在某些轄區之政府公債)，以購買產生課稅收益之另一投資。

當稅務規劃機會將後期之課稅所得推進至較早期間時，遞轉後

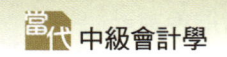

研究發現

遞延所得稅資產可回收性評估與盈餘管理

由於遞延所得稅資產可回收性評估具有相當高的裁量與判斷空間，過去會計文獻顯示管理當局有利用此裁量性會計項目進行盈餘管理的跡象。

期之課稅損失或所得稅抵減之使用，仍取決於未來有非源自未來原始產生暫時性差異之課稅所得存在。

遞延所得稅資產可回收性之重評估

企業應於每一報導期間結束日檢視遞延所得稅資產之帳面金額。若已不再很有可能有足夠之課稅所得以供遞延所得稅資產之部分或全部之利益使用，針對無法使用之部分應減少遞延所得稅資產之帳面金額。在變成很有可能有足夠課稅所得之範圍內，任何原已減少之金額應予以迴轉。換言之，當環境改變以致影響有關遞延所得稅資產可回收性之判斷時，應重新計算遞延所得稅資產，因而產生之調整數應列入本期所得稅費用(利益)。例如，交易情況之改善可能使企業更有可能在未來期間產生足夠之課稅所得，而使遞延所得稅資產符合認列條件。另一例為，在企業合併當日或後續，企業重評估遞延所得稅資產。

釋例 18-1　遞延所得稅資產的回收性評估

甲公司成立於×5年，×5年底帳上估列產品保固負債準備$100,000，假設稅法規定，產品保固費用於實際發生時方可認列，其適用稅率均為20%，甲公司無其他所得稅差異。

試作：
(1) 假設×5年底評估僅有80%的遞延所得稅資產會實現，×5年遞延所得稅的相關分錄。
(2) 假設×6年底產品保固負債準備餘額$110,000，甲公司無其他財稅差異，甲公司重新評估後，認為有50%的遞延所得稅資產可能不能實現，×6年遞延所得稅的相關分錄。

解析

(1)	遞延所得稅資產	16,000	
	所得稅費用		16,000
	$$100,000 \times 20\% \times 80\% = \$16,000$		
(2)	所得稅費用	5,000	
	遞延所得稅資產		5,000
	$$110,000 \times 20\% \times 50\% = \$11,000$		
	$11,000 - \$16,000 = -\$5,000$		

18.4 本期及遞延所得稅之認列於損益或損益外

學習目標 4
了解認列於損益或損益之外的交易及其他事項的租稅後果之會計處理

由於企業對交易及其他事項租稅後果之處理，應與對該交易及其他事項本身之會計處理相同。因此，如圖18-3所示，對於認列於損益之交易及其他事項，其任何相關之所得稅影響數亦認列於損益。對於認列於損益之外(列入其他綜合損益或直接計入權益)之交易及其他事項，其任何相關之所得稅影響數亦認列於損益之外(分別列入其他綜合損益或直接計入權益)。同樣地，企業合併中所認列之遞延所得稅資產及負債影響該企業合併所產生之商譽金額或所認列之廉價購買利益金額。

本期及遞延所得稅之認列	
交易及其他事項本身之會計處理	相關所得稅後果之處理
認列於損益 →	認列於損益
列入其他綜合損益 →	列入其他綜合損益
直接計入權益 →	直接計入權益

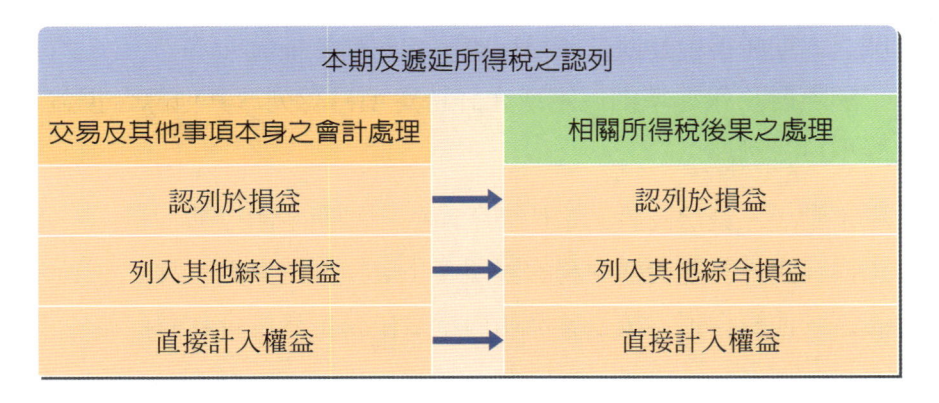

圖 18-3　所得稅後果之處理

認列於損益項目

除下列情況所產生者外，本期及遞延所得稅應認列為收益或費損並計入本期損益：

1. 於同期或不同期認列於損益之外 (列入其他綜合損益或直接計入權益) 之交易或事項；或
2. 企業合併 (投資個體，如國際財務報導準則第 10 號「合併財務報表」所定義，收購其應透過損益按公允價值衡量之投資子公司除外)。

　　大部分之遞延所得稅負債及遞延所得稅資產，係因收益或費損於某一期間計入會計利潤但於不同期間計入課稅所得 (課稅損失) 而產生，其所產生之遞延所得稅應認列於損益。舉例如下：

1. 當利息、權利金或股利收入延遲收現，並依 IAS 18 之規定按時間比例基礎計入會計利潤，但按現金基礎計入課稅所得 (課稅損失) 時；及
2. 當無形資產之成本依 IAS 38 之規定予以資本化並攤銷至損益，但報稅上於發生當時即予以減除時。

認列於損益之外之項目

　　若所得稅與同期或不同期認列於損益之外之項目有關時，本期所得稅及遞延所得稅亦應認列於損益之外。因此，(1) 與同期或不同期認列於其他綜合損益之項目有關之本期所得稅及遞延所得稅應認列於其他綜合損益；或 (2) 與同期或不同期直接認列於權益之項目有關之本期所得稅及遞延所得稅應直接認列於權益。

　　國際財務報導準則規定或允許特定項目認列於其他綜合損益。此等項目之例為：

1. 由不動產、廠房及設備重估價所產生之帳面金額變動；
2. 由換算國外營運機構財務報表所產生之換算差異數；及
3. 透過其他綜合損益按公允價值衡量之債務工具投資評價損益。

　　國際財務報導準則規定或允許特定項目直接貸記或借記權益。此等項目之例為：

1. 因會計政策變動追溯適用或錯誤更正而對保留盈餘初始餘額之調整；及
2. 原始認列複合金融工具之權益組成部分所產生之金額。

　　在極端情況下，可能難以決定與認列於損益之外 (列入其他綜

合損益或直接計入權益)之項目有關之本期及遞延所得稅金額。舉例如下：

1. 當存在所得稅累進稅率，且無法決定課稅所得(課稅損失)中之特定組成部分按哪一稅率課稅；
2. 當稅率或其他稅法之變動影響與先前認列於損益之外之項目(全部或部分)有關之遞延所得稅資產或負債；或
3. 當企業決定遞延所得稅資產應予認列或不應再全數認列，且該遞延所得稅資產與先前認列於損益之外之項目(全部或部分)有關。

在此等情況下，與認列於損益之外之項目有關之本期及遞延所得稅，應以企業所屬課稅轄區內本期及遞延所得稅合理之比例分攤為基礎，或以能在該等情況下達成更適當分攤之其他方法為基礎。

當企業支付股利予股東時，可能須代股東將股利之一部分支付予稅捐機關。在許多轄區，此金額稱為扣繳稅款。已付或應付予稅捐機關之扣繳稅款應借記權益作為股利之一部分。

釋例 18-2　認列於其他綜合損益之項目

甲公司之員工退休計畫屬於確定福利計畫。依據稅法規定，在計算課稅所得時，該確定福利計畫僅實際提撥至計畫資產之金額得認列為可減除費用。甲公司適用稅率為20%。對相關精算損益，甲公司選擇於發生期間即立即認列於其他綜合損益。其確定福利義務於 ×0 年之變動情形如下：

年初餘額	$1,000,000
本期服務成本(認列於損益中)	250,000
利息費用(認列於損益中)	150,000
精算損失(認列於其他綜合損益中)	85,000
福利支付數	(470,000)
年底餘額	$1,015,000

依稅法規定，該確定福利計畫僅實際提撥至計畫資產之金額得認列為可減除費用。假設甲公司很有可能有足夠之課稅所得以供可減除暫時性差異使用，試計算確定福利義務於 ×0 年所產生之相關暫時性差異及遞延所得稅之金額？

解析

該確定福利計畫僅實際提撥至計畫資產之金額得認列為可減除費用，故 ×0 年期初

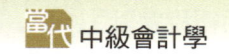

及期末課稅基礎皆為零。該確定福利義務於 ×0 年所產生之相關暫時性差異及遞延所得稅資訊如下：

	確定福利義務帳面金額	課稅基礎	暫時性差異	遞延所得稅資產
期初	$1,000,000	$ 0	$1,000,000	$200,000
期末	1,015,000	0	1,015,000	203,000

假設甲公司很有可能有足夠之課稅所得以供可減除暫時性差異使用，故應認列由確定福利義務當年度因服務成本、利息費用及精算損失所產生之相關遞延所得稅。服務成本及利息費用係認列於損益之交易及其他事項，故其任何相關之所得稅影響數亦認列於損益；服務成本及利息費用之遞延所得稅共計 $80,000 [= ($250,000 + $150,000) × 20%]，應認列於損益。由於精算損失 $85,000 係認列於其他綜合損益，故相關所得稅 $17,000 (= $85,000 × 20%) 亦應認列於其他綜合損益。甲公司於 ×0 年底帳上與確定福利義務相關之遞延所得稅分錄如下：

×0 年底	遞延所得稅資產	97,000	
	遞延所得稅利益 (所得稅費用)		80,000
	與其他綜合損益組成部分相關之所得稅		17,000

認列當年度福利支付 $470,000 所產生之遞延所得稅變動如下：

×0 年底	遞延所得稅利益 (所得稅費用)	80,000	
	與其他綜合損益組成部分相關之所得稅	26,000	
	遞延所得稅資產		106,000

當精算損益認列於其他綜合損益時，須考量該等精算損益相關本期或遞延所得稅。此外，企業通常不可能決定福利支付數係關於認列於損益之過去或本期服務成本，或關於精算損益。當認列於財務報表之退休金費用與本期取得之所得稅減除額之間缺乏明確關係，本期及遞延所得稅費用應根據合理基礎分攤至損益及其他綜合損益。假設甲公司之會計政策為先將所得稅減除額分攤至認列於損益之所得稅影響數 (上個分錄之 $80,000)，剩餘金額再分攤至認列於其他綜合損益之所得稅影響數* ($470,000 × 20% − $80,000 = $14,000)。

---

* 企業亦得以其他合理基礎分攤之，例如：

(1) 全數分攤至損益

借：遞延所得稅利益 (所得稅費用)	106,000	
貸：遞延所得稅資產		106,000

或　(2) 先分攤至其他綜合損益，剩餘金額再分攤至損益

借：與其他綜合損益組成部分相關之所得稅	17,000	
遞延所得稅利益 (所得稅費用)	89,000	
貸：遞延所得稅資產		106,000

Chapter 18 所得稅會計

釋例 18-3　資產原始認列所產生之遞延所得稅負債

甲公司於 ×0 年 12 月 31 日購買一項資產成本 $15,000,000，稅上僅 $12,500,000 符合支出條件，估計並無殘值，採用直線法計提折舊。該資產之帳面金額預計將透過使用回收，甲公司適用稅率為 20%。試作下列各種情況下相關之遞延所得稅分錄：

情況一：假設資產折舊基於課稅目的與會計目的皆採相同折舊率 20%，採直線法提列折舊。

情況二：資產基於課稅目的與會計目的採不同折舊率，會計目的之折舊率為 20%，課稅目的之折舊率為 25%，採直線法提列折舊。

情況三：資產基於課稅目的與會計目的採不同折舊率，會計目的之折舊率為 20%，課稅目的之折舊率為 25%，採直線法提列折舊，但於 ×3 年 12 月 31 日出售，處分所適用之稅率亦為 20%。

解析

情況一：

與該資產有關之暫時性差異及其所產生之遞延所得稅計算如下：

年度	期末 帳面金額	期末 課稅基礎	不得認列之 暫時性差異	遞延所得稅 負債
×0	$15,000,000	$12,500,000	$2,500,000	—
×1	12,000,000	10,000,000	2,000,000	—
×2	9,000,000	7,500,000	1,500,000	—
×3	6,000,000	5,000,000	1,000,000	—
×4	3,000,000	2,500,000	500,000	—
×5	—	—	—	—

由於該資產相關之應課稅暫時性差異係於交易中原始認列產生，屬例外之情況，不得認列遞延所得稅負債，故甲公司帳上無相關所得稅分錄，不得認列之暫時性差異則隨後續提列折舊而縮減。

情況二：

與該資產有關之暫時性差異及其所產生之遞延所得稅計算如下：

年度	期末帳面金額	期末課稅基礎	暫時性差異	不得認列遞延所得稅負債之暫時性差異	應認列遞延所得稅負債之暫時性差異	遞延所得稅負債
×0	$15,000,000	$12,500,000	$2,500,000	$2,500,000	$ 0	$ —
×1	12,000,000	9,375,000	2,625,000	2,000,000	625,000	125,000
×2	9,000,000	6,250,000	2,750,000	1,500,000	1,250,000	250,000
×3	6,000,000	3,125,000	2,875,000	1,000,000	1,875,000	375,000
×4	3,000,000	—	3,000,000	500,000	2,500,000	500,000
×5	—	—	—	—	—	—

　　該資產相關之不得認列遞延所得稅負債之暫時性差異產生原因與情況一相同。除了不得認列遞延所得稅負債之暫時性差異外，該資產於原始認列後，因耐用年限財稅差異產生之暫時性差異，應認列其遞延所得稅負債。因此，如上表所示，每期期末應自暫時性差異中，扣除資產帳面金額中屬於取得日不得認列遞延所得稅負債之暫時性差異，餘額依照所適用之稅率計算應認列之遞延所得稅負債。

　　甲公司於 ×0 年至 ×4 年帳上相關之所得稅分錄如下：

×0/12/31　　　　　　　無分錄
說明：應課稅暫時性差異係於交易中原始認列產生，故不得認列遞延所得稅負債。

×1/12/31～×4/12/31　　所得稅費用　　　　　　125,000
　　　　　　　　　　　　遞延所得稅負債　　　　　　　　125,000
說明：於原始認列後產生額外之應課稅暫時性差異，應認列遞延所得稅負債。

×5/12/31　　　　　　　遞延所得稅負債　　　　500,000
　　　　　　　　　　　　所得稅費用　　　　　　　　　　500,000
說明：迴轉相關遞延所得稅負債。

情況三：

　　與該資產有關之暫時性差異及其所產生之遞延所得稅計算如下：

年度	期末帳面金額	期末課稅基礎	暫時性差異	不得認列遞延所得稅負債之暫時性差異	應認列遞延所得稅負債之暫時性差異	遞延所得稅負債
×0	$15,000,000	$12,500,000	$2,500,000	$2,500,000	$ 0	$ —
×1	12,000,000	9,375,000	2,625,000	2,000,000	625,000	125,000
×2	9,000,000	6,250,000	2,750,000	1,500,000	1,250,000	250,000
×3	6,000,000	3,125,000	2,875,000	1,000,000	1,875,000	375,000

IFRS 一點通

暫時性差異所得稅後果之衡量方法

原 IAS 12 規定企業採用遞延法或負債法 (有時稱為損益表負債法) 處理遞延所得稅。但目前 IAS 12 已禁止採用遞延法，而規定另一種負債法 (有時稱為資產負債表負債法)。損益表負債法著重時間性差異，而資產負債表負債法則著重暫時性差異。時間性差異係指在一期間產生，而於後續之一個或多個期間迴轉之課稅所得與會計利潤間之差額。暫時性差異係指資產或負債之課稅基礎與其於資產負債表帳面金額間之差額。所有時間性差異皆為暫時性差異。暫時性差異亦產生於部分不會產生時間性差異之項目。

甲公司於 ×0 年至 ×2 年帳上相關之所得稅分錄如下：

×0/12/31　　　　　　　　無分錄
說明：應課稅暫時性差異係於交易中原始認列產生，故不予認列遞延所得稅負債。

×1/12/31 ～ ×3/12/31　　所得稅費用　　　　125,000
　　　　　　　　　　　　　遞延所得稅負債　　　　　125,000
說明：於原始認列後產生額外之應課稅暫時性差異，應認列遞延所得稅負債。

×3/12/31　　　　　　　　遞延所得稅負債　　375,000
　　　　　　　　　　　　　所得稅費用　　　　　　　375,000
說明：甲公司於 20×3 年底出售該資產，故迴轉相關遞延所得稅負債。

18.5　我國未分配盈餘加徵所得稅之會計處理

學習目標 5
了解未分配盈餘加徵所得稅的會計處理

依所得稅法規定，未分配盈餘加徵百分之五營利事業所得稅部分，其盈餘分配在公司章程內已有明確規定者，得從其規定於所得發生年度估列為當年度費用。嗣後股東會若有變更盈餘分配時，再按會計估計變動之規定處理。其盈餘分配在公司章程內未有明確規定者，應俟股東會決議後方可列為所得稅費用。未分配盈餘加徵百分之五所產生之所得稅費用應分攤至繼續營業單位損益。

例如，甲公司於 ×0 年度認列所得稅費用 $600 後之稅後淨利為 $100,000，其盈餘分配比率在公司章程內未有規定。×1 年 6 月 1 日股東會決議 ×0 年度之盈餘分配如下：提列法定盈餘公積 $10,000 並發放現金股利 $44,000，故甲公司 ×0 年度依據所得稅法第 66

條之 9 規定計算之未分配盈餘為 $46,000 [= $100,000 − ($10,000 + $44,000)]，應於 ×2 年度就該未分配盈餘辦理申報，並計算應加徵之稅額 $2,300 自行繳納。企業於盈餘產生年度 (第 1 年) 僅須認列 20% 之所得稅，尚無須就未分配盈餘部分估列 5% 所得稅費用。當年盈餘俟次年度 (第 2 年) 股東會通過盈餘分配案後，企業始就實際盈餘之分配情形，認列 5% 之未分配盈餘所得稅費用。據此，對於 ×0 年認列所得稅費用以及 ×1 年加徵百分之五營利事業所得稅部分，甲公司應作分錄如下：

×0/12/1	所得稅費用	600	
	應付所得稅		600
×1/6/1	所得稅費用	2,300	
	應付所得稅		2,300

18.6　未使用課稅損失及未使用所得稅抵減

學習目標 6
了解虧損遞轉及所得稅抵減的會計處理，並了解遞延法及本期認列法的差異，以及遞延所得稅資產可回收性之評估條件

為符合公平原則，許多國家之稅法規定某一年度之營業虧損可與其他年度之課稅所得互相抵銷，而減少後期有所得年度之應納稅額，或退回前期有課稅所得年度已繳納之所得稅，此種規定通稱為**營業虧損扣抵** (operation loss carryforward or carryback)。另外，許多國家為鼓勵特定產業或經營活動，制定稅法予以獎勵，常見之例子包括企業購置設備、從事研究發展支出及進行股權投資等，合於有關法令規定，得抵減應納之所得稅，此種規定稱為**所得稅抵減** (income tax credit) 或**投資抵減** (investment tax credit)。

營業虧損遞轉後期

為考量企業永續經營及正確衡量課稅能力，世界各國之稅法多有營業虧損扣抵之規定，企業發生營業虧損時，允許企業未來若有利潤時，可扣抵該企業前期營業虧損。依我國稅法規定，公司組織之營利事業，合於一定條件者，可將稽徵機關核定之前 10 年內各期虧損，自本年度淨利額中扣抵後，再行核課所得稅。亦即本年度之虧損可以遞轉於以後 10 年，用以抵銷課稅所得。此種虧損扣抵，僅在計算課稅所得時適用之，於計算會計利潤時並不適用，因而使會計利潤與課稅所得發生差異。

我國所得稅法第 39 條對企業以往年度虧損扣除有額外限制規定[3]，此外，有些國家 (如法國、德國、香港、馬來西亞) 允許無限期之扣抵，無年限之限制。

營業虧損遞轉前期及遞轉後期

有些國家之稅法規定 (如美國、新加坡與英國)，允許企業某一年度之虧損可選擇先**遞轉前期** (carryback) (如 1 年或 2 年)，再依序**遞轉後期** (carryforward) (如 20 年或無限制年數)，或直接遞轉後期。

虧損遞轉之會計處理

企業之營業虧損若符合當地稅法規定，得以遞轉前期時，依前期之稅率決定所得稅利益之金額。分錄為：

借：應收退稅款　　　　　　　　　　　×××
　　貸：所得稅利益—營業虧損遞轉前期　　×××

企業之營業虧損若符合當地稅法規定，尚有未使用課稅損失可遞轉後期時，依未來有課稅所得時可能適用之稅率，決定所得稅利益之金額。承認遞延所得稅資產及營業虧損遞轉後期之所得稅利益。分錄為：

借：遞延所得稅資產　　　　　　　　　×××
　　貸：所得稅利益—營業虧損遞轉後期　　×××

將來有課稅所得時依當年可少付之所得稅金額沖銷遞延所得稅資產。惟遞延所得稅資產之認列應評估遞延所得稅資產可回收性。

所得稅抵減之會計處理

所得稅抵減可使用之會計處理方法有**遞延法** (deferred method) 及**本期認列法** (flow-through method)。所謂遞延法，係指將所得稅抵減數遞延於設備使用期間攤銷；而本期認列法則將所得稅抵減數於投資當年全數認列。對不同之所得稅抵減項目，選擇不同之會計處

> 遞延法與本期認列法的差異在於遞延法將其所得稅抵減數逐年攤銷，而本期認列法將其所得稅抵減數於當年全數認列。

---

[3] 以往年度營業之虧損，不得列入本年度計算。但公司組織之營利事業，會計帳冊簿據完備，虧損及申報扣除年度均使用第 77 條所稱藍色申報書或經會計師查核簽證，並如期申報者，得將經該管稽徵機關核定之前 10 年內各期虧損，自本年淨利額中扣除後，再行核課。

理方法：(1) 屬購置設備資產之所得稅抵減，得按遞延法或本期認列法處理；(2) 屬研究發展支出 (未來經濟效益極不確定) 及股權投資 (持有期間難以確定) 之所得稅抵減應按本期認列法處理。

企業若使用遞延法作為所得稅抵減之會計處理，於設備購置年度，符合稅法之規定，購置成本之特定比例得抵減應納之所得稅，企業認列可抵減之稅額，惟若有未使用所得稅抵減數時，應於發生所得稅抵減之年度 (非實際抵減年度)，評估遞延所得稅資產可回收性後，認列遞延所得稅資產。分錄為：

借：遞延所得稅資產　　　　　　　　　×××
　　貸：遞延所得稅抵減利益　　　　　　　　×××

「遞延所得稅抵減利益」應作為資產負債表之遞延收入項目。各年遞延所得稅抵減攤銷時，就全部可抵減 (含未來) 之稅額於設備使用年限逐年攤銷。分錄為：

借：遞延所得稅抵減利益　　　　　　　×××
　　貸：遞延所得稅利益—所得稅抵減 (所得稅費用)　×××

企業若使用本期認列法作為所得稅抵減之會計處理，設備購置或投資年度，就全部可抵減稅額認列遞延所得稅資產，並減少所得稅費用。分錄為：

借：遞延所得稅資產　　　　　　　　　×××
　　貸：遞延所得稅利益—所得稅抵減 (所得稅費用)　×××

遞延所得稅資產可回收性之評估 (未使用課稅損失及未使用所得稅抵減)

對於**未使用課稅損失** (虧損扣抵) (unused tax losses) 及**未使用所得稅抵減遞轉後期** (carryforward of unused tax credits)，企業在很有可能有未來課稅所得以供未使用課稅損失及未使用所得稅抵減使用之範圍內，應認列遞延所得稅資產。未使用課稅損失及未使用所得稅抵減遞轉後期所產生遞延所得稅資產之認列條件，與可減除暫時性差異所產生遞延所得稅資產之認列條件相同。惟未使用課稅損失之存在係未來可能不會有課稅所得之強烈證據。因此，當企業過去

曾有近期虧損之歷史時，僅於有足夠之應課稅暫時性差異，或有具說服力之其他證據顯示將有足夠之課稅所得以供未使用課稅損失或未使用所得稅抵減使用之範圍內，對未使用課稅損失或未使用所得稅抵減認列遞延所得稅資產。

企業應考量下列條件，以評估將有課稅所得以供未使用課稅損失或未使用所得稅抵減使用之可能性：

1. 企業是否有足夠之應課稅暫時性差異，該應課稅暫時性差異係與同一稅捐機關下之同一納稅主體有關，且將產生應課稅金額以供未使用課稅損失或未使用所得稅抵減於逾期前使用；
2. 在未使用課稅損失或未使用所得稅抵減逾期前，企業是否很有可能將有課稅所得；
3. 產生未使用課稅損失之可辨認原因，是否不太可能再發生；及
4. 企業是否有稅務規劃機會，於未使用課稅損失或未使用所得稅抵減可使用之期間產生課稅所得。

在非很有可能有課稅所得以供未使用課稅損失或未使用所得稅抵減使用之範圍內，不可認列遞延所得稅資產。

釋例 18-4 所得稅抵減——本期認列法

甲公司於 ×7 年 1 月 1 日購入一項設備 $666,000，此設備符合產業創新條例故得以享有 10% 所得稅抵減，但抵減數以當年度應納稅額之半數為限，且須於 5 年內使用完未使用之抵減數。該設備估計可使用 5 年，無殘值，使用直線法提列折舊。甲公司 ×7 年的課稅所得為 $600,000，稅率為 20%。甲公司有充分證據顯示 ×7 年底未使用之抵減數將於 ×8 年全數使用完畢。假設甲公司無其他會計利潤與課稅所得間的差異情形。

若採用本期認列法，試作：甲公司 ×7 年及 ×8 年應作的所得稅相關分錄。

解析

×7/1/1	遞延所得稅資產	66,600	
	遞延所得稅利益 (所得稅費用)		66,600
	$666,000 × 10% = $66,600		
×7/12/31	所得稅費用	120,000	
	應付所得稅		120,000

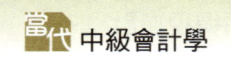

		應付所得稅	60,000	
		遞延所得稅資產		60,000
		$600,000 × 20% = $120,000；$120,000 × 50% = $60,000		
	×8/12/31	應付所得稅	6,600	
		遞延所得稅資產		6,600

釋例 18-5　所得稅抵減──遞延法

承釋例 18-4，若改採用遞延法，試作：甲公司 ×7 年及 ×8 年應作的所得稅相關分錄。

解析

×7/1/1	遞延所得稅資產	66,600	
	遞延所得稅抵減利益		66,600
×7/12/31	所得稅費用	120,000	
	應付所得稅		120,000
	應付所得稅	60,000	
	遞延所得稅資產		60,000
	遞延所得稅抵減利益	13,320	
	遞延所得稅利益 (所得稅費用)		13,320
	$66,600 × 1/5 = $13,320		
×8/12/31	應付所得稅	6,600	
	遞延所得稅資產		6,600
	遞延所得稅抵減利益	13,320	
	遞延所得稅利益 (所得稅費用)		13,320

釋例 18-6　虧損扣抵

文山公司自民國 ×3 年成立後會計利潤如下，且無任何永久性差異與暫時性差異：

年度	會計利潤 (損失)	稅率
×3	$ 90,000	20%
×4	170,000	22%
×5	80,000	24%
×6	50,000	25%
×7	(400,000)	25%
×8	120,000	25%

試問：

(1) 假設文山公司選擇損失可先扣抵以前 3 年再扣抵以後 15 年之所得，假設 ×7 年預計很有可能有未來課稅所得以供未使用課稅損失 (虧損扣抵) 使用，故應認列遞延所得稅資產。試作 ×7 年、×8 年所得稅有關的分錄。

(2) 假設文山公司選擇損失可扣抵以後 5 年之所得，假設 ×7 年預計很有可能有未來課稅所得以供未使用課稅損失 (虧損扣抵) 使用，故應認列遞延所得稅資產，試作 ×7 年、×8 年所得稅有關的分錄。

解析

(1) ×7 年

應收退稅款	69,100	
所得稅利益—虧損遞轉以前年度		69,100

$\$170,000 \times 22\% + \$80,000 \times 24\% + \$50,000 \times 25\% = \$69,100$

遞延所得稅資產	25,000	
所得稅利益—虧損遞轉以後年度		25,000

$(\$400,000 - \$170,000 - \$80,000 - \$50,000) \times 25\% = 100,000 \times 25\% = \$25,000$

×8 年

所得稅費用	30,000	
遞延所得稅資產		25,000
應付所得稅		5,000

$\$120,000 \times 25\% = \$30,000$

(2) ×7 年

遞延所得稅資產	100,000	
所得稅利益—虧損遞轉以後年度		100,000

$\$400,000 \times 25\% = \$100,000$

×8 年

所得稅費用	30,000	
遞延所得稅資產		30,000

註：尚有遞延所得稅資產 $70,000 可供 ×9 年虧損扣抵之用。

18.7　表　達

非流動資產及非流動負債

　　依據 IAS 1 第 56 段規定，當企業於財務狀況表中按流動與非流動資產及流動與非流動負債之分類分別表達時，不得將遞延所得稅

學習目標 7

了解遞延所得稅資產及負債在財務報表上的表達，以及所得稅資產及負債的互抵條件

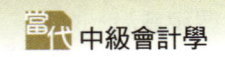

資產 (負債) 分類為流動資產 (負債)，亦即只能分類為非流動資產 (負債)。

所得稅資產及所得稅負債之互抵

企業僅於同時符合下列條件時，始應將本期所得稅資產及本期所得稅負債互抵：

1. 企業有法定執行權將所認列之金額互抵；且
2. 企業意圖以淨額基礎清償或同時實現資產及清償負債。

若本期所得稅資產及本期所得稅負債與由同一稅捐機關課徵之所得稅有關，且該稅捐機關允許企業支付或收受單筆淨付款時，企業通常有法定執行權將本期所得稅資產及本期所得稅負債互抵。於合併財務報表中，集團內某一個體之本期所得稅資產與集團內另一個體之本期所得稅負債，僅於涉及之各個體有法定執行權以支付或收受單筆淨付款，且各個體意圖支付或收受此一淨付款或同時回收資產及清償負債時，始可互抵。

遞延所得稅資產及遞延所得稅負債之互抵

企業僅於同時符合下列條件時，始應將遞延所得稅資產及遞延所得稅負債互抵：

1. 企業有法定執行權將本期所得稅資產及本期所得稅負債互抵；且
2. 遞延所得稅資產及遞延所得稅負債與下列由同一稅捐機關課徵所得稅之納稅主體之一有關：

(1)同一納稅主體；或
(2)不同納稅主體，但各主體意圖在重大金額之遞延所得稅負債或資產預期清償或回收之每一未來期間，將本期所得稅負債及資產以淨額基礎清償，或同時實現資產及清償負債。

為避免需對每一暫時性差異迴轉之時點作詳細表列，本準則規定企業僅當遞延所得稅資產及遞延所得稅負債與由同一稅捐機關課徵之所得稅有關，且企業有法定執行權將本期所得稅資產及本期所得稅負債互抵時，同一納稅主體之遞延所得稅資產及遞延所得稅負

債始應互抵。

在罕見情況下，企業可能在某些期間有互抵之法定執行權並意圖以淨額清償，而其他期間則否。在此等罕見情況下，企業可能須作詳細表列，以可靠地確立某一納稅主體之遞延所得稅負債將導致增加所得稅支付，是否與另一納稅主體之遞延所得稅資產將導致該第二納稅主體減少支付，兩者在同一期間。

附錄 A　非暫時性差異導致之遞延所得稅資產及負債金額變動

遞延所得稅資產及負債之帳面金額可能變動，即使相關暫時性差異之金額並未變動。此種變動可能導因於諸如：

1. 稅率或稅法之變動；
2. 遞延所得稅資產可回收性之重評估；或
3. 資產預期回收方式之變動。

除與先前認列於損益之外之項目有關者外，上述變動所產生之遞延所得稅應認列於損益。

釋例 18A-1　稅率變動

甲公司 ×6 年有課稅所得 $750,000，稅率為 20%。甲公司會計利潤與課稅所得間有以下差異：

1. 鑽井設備於 ×6 年 1 月 1 日購入時成本為 $40,000，估計可使用 4 年，無殘值。會計帳上使用直線法提列折舊，報稅時使用年數合計法，亦無殘值。
2. ×6 年底時外幣應收帳款依期末匯率重新評價，帳上認列兌換損失 $12,000，依稅法規定收現時方可認列，甲公司於 ×7 年收現該筆應收帳款。

假設 ×7 年初時稅法修訂調低稅率至 17%，並於同年開始適用。×7 年甲公司的課稅所得為 $800,000，且無發生其他造成會計利潤與課稅所得間差異的交易。

試作：×6 年到 ×7 年認列所得稅費用相關分錄。

解析

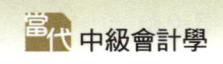

折舊費用差異：

	×6年	×7年	×8年	×9年
帳列折舊費用	$10,000	$10,000	$10,000	$10,000
報稅折舊費用	16,000	12,000	8,000	4,000
差異數	$(6,000)	$(2,000)	$ 2,000	$ 6,000

兌換損失差異：

	×6年	×7年
帳列金額	$12,000	$ 0
報稅金額	0	12,000
差異數	$12,000	$(12,000)

×6年所得稅之計算：

		預計迴轉年度		
	×6年	×7年	×8年	×9年
會計利潤	$750,000			
暫時性差異：				
折舊費用差異	(6,000)			
迴轉年度				
兌換損失差異		$ (2,000)	$2,000	$6,000
迴轉年度	12,000	(12,000)		
課稅所得	$756,000	$(14,000)	$2,000	$6,000
稅率	20%	20%	20%	20%
應付所得稅	$151,200			
遞延所得稅負債			$ 400	$1,200
遞延所得稅資產		$ 2,800		

所得稅費用之計算：

應付所得稅	$151,200
遞延所得稅負債	1,600
遞延所得稅資產	(2,800)
所得稅費用	$ 150,000

×7年所得稅之計算：

	預計迴轉年度		
	×7年	×8年	×9年
會計利潤	$800,000		
暫時性差異：			
折舊費用差異	(2,000)		
迴轉年度		$2,000	$6,000
兌換損失差異	(12,000)		
課稅所得	$786,000	$2,000	$6,000
原稅率	20%	20%	20%
新稅率	17%	17%	17%
原稅率下遞延所得稅負債		$ 400	$1,200
新稅率下遞延所得稅負債		340	1,020
減少之所得稅費用		$ 60	$ 180
所得稅費用之計算：			
應付所得稅			$133,620
期末遞延所得稅負債	1,360		
期初遞延所得稅負債	(1,600)		
本期遞延所得稅負債之減少			(240)
期末遞延所得稅資產	0		
期初遞延所得稅資產	2,800		
本期遞延所得稅資產之減少			2,800
所得稅費用			$136,180

×6/12/31	所得稅費用	150,000	
	遞延所得稅資產	2,800	
	遞延所得稅負債		1,600
	應付所得稅		151,200
×7/12/31	所得稅費用	136,180	
	遞延所得稅負債	240	
	應付所得稅		133,620
	遞延所得稅資產		2,800

附錄 B　依照 IAS 12 觀念計算遞延所得稅及從損益表觀點方法計算的差異

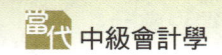

依照 IAS 12 觀念計算暫時性差異時，是從資產及負債的帳面金額及課稅基礎來衡量，其概念與以往習慣從損益表觀點的計算方法不同。雖然在許多情況下，兩種方法的計算結果相同，但遇到特別情況時，就可看出兩種方法不同觀點下造成的差異，試舉前述課文提過的兩個例子來呈現差異。

釋例 18B-1　IAS 12 觀念與損益表觀念計算暫時性差異

×0 年 12 月 31 日甲公司以 $300,000 購買一項資產 A（非屬企業合併），假設甲公司所在地稅法規定，該資產 A 於未來只能以 $180,000 透過使用作為報稅時之扣減項目。資產 A 財務會計以每年提列 25% 之折舊，但是報稅上以每年提列 1/3 之折舊。假設稅率為 20%，其暫時性差異及遞延所得稅為何？

解析

依照 IAS 12 規定該情形，原始認列造成之差異為未認列暫時性差異，其計算：

	帳面金額	課稅基礎	未認列暫時性差異	遞延所得稅負債
×0/12/31	$300,000	$180,000	$120,000	—
×1/12/31	225,000	135,000	90,000	—
×2/12/31	150,000	90,000	60,000	—
×3/12/31	75,000	45,000	30,000	—
×4/12/31	0	0	0	—

	帳面金額	課稅基礎	暫時性差異	未認列暫時性差異	應認列暫時性差異	遞延所得稅負債
×0/12/31	$300,000	$180,000	$120,000	$120,000	$ 0	—
×1/12/31	225,000	120,000	105,000	90,000	15,000	$3,000
×2/12/31	150,000	60,000	90,000	60,000	30,000	6,000
×3/12/31	75,000	0	75,000	30,000	45,000	9,000
×4/12/31	0	0	0	0	0	—

若依以前觀念計算暫時性差異，容易忽略原始認列差異造成之暫時性差異是不應計算在內，其作法如下：

	×1年	×2年	×3年	×4年
帳列折舊費用	$75,000	$75,000	$75,000	$75,000
報稅折舊費用	60,000	60,000	60,000	0
差異數	$15,000	$15,000	$15,000	$75,000

	暫時性差異	遞延所得稅負債
×1/12/31	$105,000	$21,000
×2/12/31	90,000	18,000
×3/12/31	75,000	15,000
×4/12/31	0	0

由以上可知兩種方法會造成的差異。

釋例 18B-2　IAS 12 觀念與損益表觀念計算暫時性差異

甲公司於 ×2 年初購買投資性不動產，其組成成本及年底公允價值如下表，已知該投資性不動產係採 IAS 40 中公允價值模式衡量，土地為無限耐用年限，且報稅上，每年折舊率為 1/3，故 ×2 年底建築物之累計折舊為 $200，該投資性不動產之未實現公允價值變動並不影響課稅所得。

	原始成本	公允價值
土地	$400	$ 600
建築物	600	900
投資性不動產金額	$1,000	$1,500

若該投資性不動產以高於成本之金額出售，出售價款超過成本之部分，稅法明定持有資產少於 2 年之稅率為 25%，持有資產 2 年以上之稅率為 20%，其他影響按一般稅率 30% 課稅，請依據下列情況試算 ×2 年底該投資性不動產產生之暫時性差異及遞延所得稅資產 (負債)。

試作：該投資性不動產以出售回收帳面金額 (預期 2 年後出售)。

解析

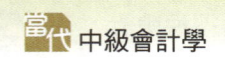

依 IAS 12 觀念計算暫時性差異：

	原始成本 (1)	稅上累計折舊 (2)	課稅基礎 (1)－(2)	公允價值 （帳面金額）	應課稅暫時性差異 （帳面金額－課稅基礎）
土地	$ 400	—	$400	$ 600	$200
建築物	600	(200)	400	900	500*
合計	$1,000	$(200)	$800	$1,500	$700

*若假設該投資性不動產以高於成本之金額出售，則建築物之暫時性差異應區分：
累計課稅折舊迴轉計入課稅所得＋出售價款超過成本之部分
＝$200＋[($900－$600)]＝$500

因該投資性不動產以出售回收帳面金額(預期2年後出售)，若前提假設該投資性不動產之帳面金額將透過出售而回收成立，稅率為預期投資性不動產實現本期應適用之稅率。因此，若企業預期在持有該不動產超過2年之後出售，則所產生之遞延所得稅負債之計算如下：

	應課稅暫時性差異	稅率	遞延所得稅負債
出售價款超過成本金額—土地	$200	20%	$40
出售價款超過成本金額—建築物	300	20%	60
累計課稅折舊—建築物	200	30%	60
合計	$700		$160

若依以前方法計算：

	×2年	×3年	×4年
帳列折舊費用	$ 0	$ 0	$ 0
報稅折舊費用	200	200	200
差異數	$(200)	$(200)	$(200)

年度	暫時性差異	遞延所得稅資產
×2	$(400)	$(120)

	應課稅暫時性差異	稅率	遞延所得稅負債 （資產）
出售價款超過成本金額—土地	$200	20%	$40
出售價款超過成本金額—建築物	300	20%	60
累計課稅折舊—建築物	(400)	30%	$(120)

所得稅會計

本章習題

問答題

1. 試問在哪些情況下有可能產生遞延所得稅資產？
2. 在什麼情況下遞延所得稅負債可與遞延所得稅資產互相抵銷僅列淨額？
3. 考量未使用課稅損失及未使用所得稅抵減時，應考慮哪些條件？
4. 哪些情況下所得稅抵減得以採遞延法或本期認列法處理？哪些情況下所得稅抵減僅可採用本期認列法處理？
5. 請說明暫時性差異與遞延所得稅資產及遞延所得稅負債之關係。
6. 所有應課稅暫時性差異皆應認列遞延所得稅負債，除了哪些情形？
7. 為何企業合併時所產生的商譽不得認列遞延所得稅負債？
8. 請解釋暫時性差異，並回答其可分為哪兩類，並解釋兩種暫時性差異的不同。

選擇題

1. 下列哪個選項會產生會計利潤與課稅基礎的永久性差異？
    (A) 設備資產折舊使用的年限，在帳上使用 15 年，報稅上使用稅法規定 20 年。
    (B) 工程噪音超標罰鍰
    (C) 預收租金
    (D) 售後服務保固成本，帳上使用應計基礎，報稅上使用現金基礎

2. 下列哪個選項所產生的會計利潤與課稅基礎間的差異不是永久性的？
    (A) 在稅法規定限定範圍內的公債利息
    (B) 企業受領股東之贈與
    (C) 交際費超過稅法規定限額的部分
    (D) 分期付款銷貨

3. 下列何者會產生遞延所得稅負債？
    (A) 慈善捐贈超過稅法規定之限額
    (B) 產品保固負債於會計帳上及稅法認列基礎不同，會計帳上採預估認列，報稅時於實際發生時才認列
    (C) 長期工程合約於會計帳上採完工百分比法認列收益，報稅上於全部完工時才認列收益
    (D) 空氣汙染罰鍰

4. 以下為美美公司 ×2 及 ×3 年底之所得稅相關資料：

	×2/12/31	×3/12/31
應付所得稅	$250,000	$150,000
遞延所得稅資產	75,000	95,000
遞延所得稅負債	60,000	25,000

假設 ×2 年底的應付所得稅已於 ×3 年初支付，試計算美美公司 ×3 年應認列之所得稅費用？

(A) $95,000　　(B) $205,000　　(C) $165,000　　(D) $135,000

5. 以下為妮妮公司 ×4 及 ×5 年底之所得稅相關資料：

	×4/12/31	×5/12/31
所得稅費用	$75,000	$90,000
遞延所得稅資產	25,000	15,000
遞延所得稅負債	40,000	45,000

試計算妮妮公司 ×5 年應認列之應付所得稅：

(A) $75,000　　(B) $150,000　　(C) $95,000　　(D) $60,000

6. 下列哪一項不會造成會計利潤與課稅基礎之差異？

(A) 暫時性差異　　(B) 稅率變動　　(C) 永久性差異　　(D) 虧損扣抵

7. 下列哪一項並不是永久性差異？

(A) 稅法規定投資於國營事業之所得免稅　　(B) 交際費超限
(C) 法定限度內之捐贈　　(D) 噪音汙染罰鍰

8. 小魚公司於 ×7 年成立，×7 年底會計利潤為 $100,000，帳列投資收益 $4,000 依法免稅，×7 年稅率為 20%，×8 年稅率為 17%，則小魚公司 ×7 年底所得稅費用為：

(A) $16,320　　(B) $17,000　　(C) $19,200　　(D) $20,000

9. 阿雅公司於 ×2 年初成立，×2 年底會計利潤為 $185,000，其中包括外幣資產產生的未實現兌換利益 $30,000，依稅法規定此兌換利益於處分時方需申報納稅，預計於 ×3 年實現；另有分期付款銷貨毛利 $50,000，依稅法規定於每期收現時才須就該部分利潤申報納稅，阿雅公司預計 ×2 年、×3 年、×4 年申報之銷貨毛利分別為 $8,000、$16,000、$26,000，假設稅率維持在 20%，則阿雅公司 ×2 年認列之應付所得稅為：

(A) $17,850
(B) $22,600
(C) $24,990
(D) $29,410

10. 承上題 (第 9 題)，阿雅公司 ×2 年認列的遞延所得稅負債及所得稅費用分別為：

(A) $13,600、$32,810
(B) $2,040、$21,250
(C) $6,460、$25,670
(D) $14,400、$37,000

11. 小洛公司 ×7 年會計利潤為 $450,000，其中包括折舊費用 $15,000，以及公債利息所得 $17,000 未超過限定範圍，在報稅上折舊金額為 $18,000，公債利息依稅法規定為免稅，稅率為 20%，試問小洛公司 ×7 年的所得稅費用及應付所得稅分別為多少？

(A) $86,600、$86,000
(B) $73,610、$74,120
(C) $73,100、$76,500
(D) $74,120、$73,610

12. 米米公司在 ×2 年底時帳上有產品保固負債準備 $765,000，×3 年底時，產品保固負債準備的餘額為 $1,000,000，假設稅率為 20%，若無其他影響會計利潤與課稅所得的差異，就該項變動而言，米米公司 ×3 年應記：
    (A) 遞延所得稅負債 $170,000
    (B) 遞延所得稅負債 $39,950
    (C) 遞延所得稅資產 $170,000
    (D) 遞延所得稅資產 $47,000

13. 下列何者不是造成會計利潤及課稅所得產生差異之原因？
    (A) 會計帳上及稅法規定的資產折舊方法不同
    (B) 虧損遞轉後期
    (C) 所得稅抵減
    (D) 銷貨發票作廢未取具合法憑證，且無法證明該事實者

14. 甲公司 ×3 年在帳上認列一筆分期銷貨毛利 $120,000，但報稅上則須等到收現時才認列，該批分期銷貨收入為 $300,000，×3 年的稅率為 17%。甲公司預估收現情形以及各年度稅率如下：

年度	收現數	稅率
×4	$100,000	17%
×5	40,000	17%
×6	50,000	20%
×7	110,000	20%

    則該交易產生的遞延所得稅負債或資產下列何者正確？
    (A) 遞延所得稅資產 $20,400
    (B) 遞延所得稅資產 $22,320
    (C) 遞延所得稅負債 $20,400
    (D) 遞延所得稅負債 $22,320

15. 試問下列何種虧損遞轉方法符合我國稅法規定？
    (A) 遞轉後期最多 10 年
    (B) 遞轉後期最多 20 年
    (C) 遞轉前期最多 2 年
    (D) 遞轉前期最多 5 年

16. 乙公司成立於 ×2 年，年底時在計算 ×2 年會計利潤與課稅所得時列了以下計算：

會計利潤	$78,000
加計	
會計帳上的折舊費用	4,000
交際費超額部分	7,500
減除	
公債利息	(5,000)
報稅帳上的折舊費用	(4,500)
課稅所得	$80,000

    ×2 年的稅率為 20%，試問乙公司 ×2 年的所得稅費用為多少？

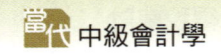

(A) $13,260 (B) $16,100
(C) $13,600 (D) $13,175

17. 丙公司×7年購入的一項煉油設備在×7年底時會計帳上的帳面金額比稅報上課稅基礎高出$250,000，假設此差異並非原始認列產生且會在未來迴轉，且丙公司無其他會計帳面金額與課稅基礎不同的差異情形。×7年的稅率為20%，×8年後稅率皆改為17%，試問在×7年資產負債表上此差異應認列
    (A) 遞延所得稅資產 $50,000 (B) 遞延所得稅負債 $50,000
    (C) 遞延所得稅資產 $42,500 (D) 遞延所得稅負債 $42,500

18. 承上題（第17題），假設×8年底時此差異擴大為$500,000，×8年無發生其他影響會計利潤與課稅所得間差異情形，試問×8年時丙公司所作的相關分錄下列何者正確？
    (A) 所得稅費用　　　　　　42,500
    　　　遞延所得稅負債　　　　　　　42,500
    (B) 所得稅費用　　　　　　85,000
    　　　遞延所得稅負債　　　　　　　85,000
    (C) 遞延所得稅資產　　　　42,500
    　　　所得稅費用　　　　　　　　　42,500
    (D) 遞延所得稅資產　　　　85,000
    　　　所得稅費用　　　　　　　　　85,000

19. 小迪公司在×7年底時有下列幾項遞延所得稅資產或負債：
    (1) ×7年帳上認列了一筆分期銷貨毛利$150,000，但稅法規定須等到收現時才可認列，該批分期銷貨收入為$600,000，小迪公司預估×8年收現$200,000，×9年收現$400,000。
    (2) ×7年底時外幣應收帳款依期末匯率重新評價，帳上認列兌換損失$15,000，而稅法規定收現時方可認列，小迪公司將於×8年收現該筆應收帳款。

    假設小迪公司成立於×7年初，且無其他財稅差異，且小迪公司符合互抵條件。稅率維持20%。

    試問：×7年底資產負債表上，有關遞延所得稅的表達下列何者正確？
    (A) 遞延所得稅負債 $30,000
    　　遞延所得稅資產 $3,000
    (B) 遞延所得稅負債 $27,000
    (C) 遞延所得稅資產 $27,000
    (D) 遞延所得稅負債—流動 $10,000
    　　遞延所得稅負債—非流動 $20,000
    　　遞延所得稅資產—流動 $3,000

20. 甲公司×4年底認列了遞延所得稅負債$250,000，預計其中$150,000將於×5年迴轉，

另認列了遞延所得稅資產 $10,000，預計全數將於 ×5 年迴轉。假設前一年度並無遞延所得稅負債或資產的餘額，且甲公司符合遞延所得稅資產與負債互抵的條件，試問在 ×4 年甲公司的資產負債表上，在非流動負債部分有關遞延所得稅負債的金額應為：

(A) $100,000   (B) $250,000
(C) $140,000   (D) $240,000

21. 甲公司 ×6 年底時的遞延所得稅負債餘額為 $130,000。×7 年課稅所得與會計利潤僅有一項差異為交通罰鍰 $15,000，假設 ×6 年的稅率為 20%，而 ×7 年的稅率降為 17%，試問 ×7 年底甲公司資產負債表上遞延所得稅負債的餘額為多少？

(A) $132,550   (B) $133,000
(C) $130,000   (D) $127,000

22. 乙公司成立於 ×7 年，當年度乙公司出租一棟辦公大樓每年租金收入為 $72,000，×7 年 7 月 1 日簽訂租約並收取租金。假設此租金為乙公司當年度唯一收入來源，且無其他會計利潤與課稅所得間的差異存在，而假設租金收入在報稅上收現時即課稅。×7 年稅率為 20%，×8 年起改為 17%。試問 ×7 年乙公司資產負債表上遞延所得稅資產的金額為多少？

(A) 遞延所得稅資產 $6,120   (B) 遞延所得稅資產 $7,200
(C) 遞延所得稅資產 $13,320   (D) 遞延所得稅資產 $12,240

23. 甲公司有一應收利息其帳面金額為 $150,000，其相關的利息收入將以現金基礎課稅。另有一建築物成本為 $80,000，重估增值至 $120,000，報稅上的累計折舊為 $20,000 已於前期減除，報稅上使用該建築物所產生之收入及建築物處分利益將予課稅，惟以報稅上已提列累計折舊之金額為限。另外，尚有應付借款其帳面金額為 $50,000 且該借款之償還無租稅後果。試問甲公司之應收利息、建築物及應付借款之課稅基礎分別為：

(A) $0、$60,000、$0   (B) $0、$100,000、$50,000
(C) $150,000、$100,000、$50,000   (D) $150,000、$80,000、$0

24. 甲公司 ×4 年度稅前會計淨利與課稅所得調節如下：

稅前會計淨利	$560,000
暫時性差異	
售後服務保證費用（1 年期）	14,000
折舊費用	(60,000)
課稅所得	$514,000

×4 年初遞延所得稅負債餘額為 $25,600，×4 年初無遞延所得稅資產，每年稅率均為 20%。×4 年底折舊所產生之累計應課稅金額為 $188,000，預計售後服務保證費之可減除暫時性差異將於 ×5 年全部迴轉，甲公司評估未來年度有足夠的課稅所得可供減除，則 ×4 年有關所得稅之分錄應包括：

(A) 借記所得稅費用 $112,000　　　　(B) 借記所得稅費用 $137,600
(C) 貸記遞延所得稅資產 $92,000　　(D) 貸記遞延所得稅負債 $92,000

練習題

1. **【認列所得稅費用分錄】** 小康公司在×2年初承接一項建設工程，預計工程耗時3年，且總工程利益為 $750,000。假設小康公司在×2年到×4年分別依完工百分比法認列工程利益 $300,000、$250,000 及 $200,000，而報稅時按稅法規定使用全部完工法在×4年認列全部工程利益。若×2年到×4年的會計淨利分別為 $1,700,000、$1,400,000 及 $2,300,000，3年的所得稅率皆為 20%，且此工程利益為小康公司課稅所得與會計淨利的唯一差異處。

   試作：×2年到×4年與所得稅費用相關的分錄。

2. **【認列所得稅費用分錄】** 阿西公司的一項機器設備購入成本為 $240,000，在×2年初時，帳面金額為 $180,000，×2年底時，帳面金額為 $160,000。在報稅上其累積折舊由×2年初的 $60,000 增加為 $90,000。另外，阿西公司×2年底資產負債表上的產品保固負債準備較上年度增加了 $25,000。阿西公司×2年度的會計利潤為 $1,280,000，假設稅率一直維持 20%。假設阿西公司無其他影響會計利潤與課稅所得差異的其他事項。

   試作：×2年有關認列所得稅費用的分錄。

3. **【遞延所得稅之計算】** 小萬公司於×6年初以 $1,000,000 購入一部機器，會計帳上採直線法提列折舊，估計耐用年限為4年，殘值為成本的 1/10，報稅時採年數合計法提列折舊。假設所得稅率為 20%。

   試作：小萬公司認列×6年度之所得稅時，因機器產生之遞延所得稅資產或負債淨值為多少？

4. **【遞延所得稅之計算】** 甲公司在×1年在帳上認列一筆分期銷貨毛利 $200,000，但報稅則須等到收現時才認列，該批分期銷貨收入為 $500,000，甲公司預估收現情形以及各年度稅率如下：

年度	收現數	稅率
×2	$160,000	17%
×3	$140,000	20%
×4	$75,000	20%
×5	$125,000	25%

   試作：計算甲公司×1年底所認列的遞延所得稅負債或資產為多少？

5. **【所得稅抵減】** 甲公司於×9年帳列會計利潤 $250,000，當年度相關資料如下：
   - 帳列交際費超過稅法限額 $50,000。
   - 公債利息收入 $40,000 依稅法規定免稅。

Chapter 18 所得稅會計

- 全年度各種罰鍰總額 $128,000。
- 當年度研究發展支出,依稅法享有租稅抵減 $28,000。
- ×9 年稅率為 20%。

試作:×9 年所得稅相關分錄。

6. 【原始認列】小艾公司於 ×4 年 12 月 31 日購入照明設備 $5,000,000,報稅上僅 $3,000,000 符合支出條件,估計無殘值,且小艾公司採用直線法提列折舊。該照明設備帳面金額預計將透過使用回收,小艾公司適用稅率為 20%。假設於會計帳上及報稅上該照明設備皆以 20% 的折舊率提列折舊。

試作:試完成下表,並作相關所得稅分錄。

年度	期末帳面金額	期末課稅基礎	暫時性差異	遞延所得稅負債(資產)
×4				
×5				
×6				
×7				
×8				
×9				

7. 【折舊年限差異之遞延所得稅認列】承上題(第6題),假設會計帳上的折舊率改為 25%,報稅上仍用 20% 折舊率,其餘條件不變。

試作:完成下表,並作 ×4 年及 ×9 年所得稅相關分錄。

年度	期末帳面金額	期末課稅基礎	暫時性差異	不得認列遞延所得稅負債之暫時性差異	應認列遞延所得稅資產之暫時性差異	遞延所得稅負債(資產)
×4						
×5						
×6						
×7						
×8						
×9						

8. 【資產提前處分之所得稅處理】承上題(第7題),假設小艾公司在 ×7 年 12 月 31 日出售該照明設備,其餘條件不變。

試作:×7 年所得稅相關分錄。

9.【同期間所得稅分攤】依依公司 ×5 年的稅前損益資料如下：

繼續營業單位淨利	$543,000
停業單位損失	(77,000)
追溯適用及追溯重編之影響數—會計錯誤更正	(88,000)
追溯適用及追溯重編之影響數—會計政策變動	135,000
課稅所得	$513,000

假設依依公司無其他會計利潤與課稅所得之間的差異存在，稅率為 20%，期初的調整前保留盈餘為 $412,000。

試作：

(1) 各項利益或損失應分攤的所得稅費用或利益及其稅後淨利或淨損。

(2) 在綜合損益表及保留盈餘表上的表達。

10.【所得稅抵減—遞延法】小聯公司於 ×2 年 1 月 1 日購入一項設備 $370,560，此設備符合產業創新條例故得以享有 10% 所得稅抵減，但抵減數以當年度應納稅額之 60% 為限。該設備估計可使用 8 年，使用直線法提列折舊，無殘值。小聯公司 ×2 年的課稅所得為 $180,000，稅率為 20%。小聯公司有充分證據顯示 ×2 年底未使用之抵減數將於 ×3 年全數使用完畢。假設小聯公司無其他會計利潤與課稅所得間的差異情形。

試作：若採用遞延法，小聯公司 ×2 年及 ×3 年應做的所得稅相關分錄。

11.【所得稅抵減—本期認列法】承上題 (第 11 題)，若改採用本期認列法。

試作：小聯公司 ×2 年及 ×3 年應做的所得稅相關分錄。

12.【稅率計算】小莉公司 ×4 年底資產負債表上的應付所得稅為 $750,000，小莉公司會計帳上與稅報上有兩項差異，其中一處差異為依法免稅利息收入 $40,000，另一處差異為小莉公司在 ×4 年初承接的一項工程，總工程利益為 $500,000，預計耗時 2 年，×4 年帳上依完工百分比法認列工程利益，而稅法規定使用全部完工法，將於 ×5 年認列所有工程利益。小莉公司 ×4 年的會計利潤為 $4,090,000，資產負債表上有關遞延所得稅的項目餘額為遞延所得稅負債 $60,000。

試作：(1) ×4 年的稅率？ (2) ×4 年會計帳上認列的工程利益為多少？

13.【永久性差異計算】甲公司成立於 ×6 年，其 ×6 年的課稅所得為 $1,200,000，而會計利潤較課稅所得高 $100,000，分析後發現差異來源為依法免稅的利息收入，以及本期帳上估列的產品保固負債準備因在稅報上實際發生時方可認列而產生差異。已知 ×6 年的稅率為 20%，而 ×6 年底資產負債表上的遞延所得稅資產金額為 $100,000。

試作：(1) 依法免稅的利息收入金額為多少？ (2) 認列所得稅的相關分錄。

14.【虧損扣抵】甲公司自 ×1 年成立後各年度會計利潤與稅率如下表所示，假設各年度皆無任何永久性差異與暫時性差異。

年度	會計利潤（損失）	稅率
×1	$ 50,000	20%
×2	120,000	20%
×3	80,000	17%
×4	30,000	17%
×5	(300,000)	17%
×6	150,000	17%

試作：

(1) 假設甲公司選擇損失可先扣抵以前 3 年再扣抵以後 10 年之所得，且 ×5 年時預計很有可能有未來課稅所得以供未使用課稅損失 (虧損扣抵) 使用。試作 ×5 年及 ×6 年所得稅有關的分錄。

(2) 假設甲公司選擇損失可扣抵以後 15 年之所得，且 ×5 年時預計很有可能有未來課稅所得以供未使用課稅損失 (虧損扣抵) 使用。試作 ×5 年及 ×6 年所得稅有關的分錄。

15. 【適用稅率及課稅基礎之變動】小倫公司擁有一處廠房其成本為 $150,000，帳面金額為 $120,000，重估價至 $200,000，報稅上未做相對應調整。假設報稅上的累計折舊為 $50,000，所得稅率為 25%，且稅法規定若出售資產的售價超過成本時，累計課稅折舊將依 25% 稅率補稅，而售價減除依通貨膨脹率 110% 調整後的成本的餘額則依 30% 課稅。而若選擇繼續使用資產以回收帳面金額，則稅率為 25%。

試作：

(1) 若小倫公司選擇繼續使用該廠房，該廠房的課稅基礎為多少？相關的遞延所得稅負債為多少？

(2) 若小倫公司選擇以 $200,000 價格售出該廠房，該廠房的課稅基礎為多少？相關的遞延所得稅負債為多少？

16. 【未分配盈餘加徵百分之五營利事業所得稅】小勤公司 ×8 年度的稅後淨利為 $500,000，小勤公司的公司章程無盈餘分配規定。公司法規定盈餘分配前應先提列 10% 的稅後淨利為法定盈餘公積。×9 年 6 月 30 日股東會決議發放現金股利 $110,000。

試作：有關未分配盈餘加徵百分之五營利事業所得稅部分之分錄。

Chapter 19 現金流量表

學習目標

研讀本章後，讀者可以了解：
1. 現金流量表之內容、功能與現金流量之分類
2. 以間接法與直接法編製現金流量表
3. 現金流量表編製的進階討論

本章架構

現金流量表
- 現金流量表
  - 內容
  - 現金流量分類
  - 功能
- 編製現金流量表
  - 間接法
  - 直接法
- 編製現金流量表之進階討論
  - 支付利息、所得稅之分類
  - 預期信用減損損失之調整
  - 存貨跌價損失之調整
  - 特殊之營業活動現金流量
  - 其他綜合損益項目之考量
  - 股份基礎給付之考量

由日立和 NEC 的記憶體部門合併，成立於 1999 年的日本公司爾必達 (Elpida Memory, Inc.) 是全球第三大的動態隨機存取記憶體 (DRAM) 廠商，市占率達 12%，僅次於市占率達 45% 的韓國三星電子及市占率達 22% 的韓國海力士。爾必達一直是臺灣政府與 DRAM 業者「聯日抗韓」的重要策略夥伴：2006 年爾必達與臺灣 DRAM 廠力晶半導體 (股票代號 5346，已於 2012 年下市) 在臺灣合資成立瑞晶電子；2009 年臺灣官方籌組記憶體公司時，爾必達原本要將技術轉移臺灣，但因立法院未通過而破局；2011 年 2 月 25 日，爾必達在臺灣證券交易所掛牌發行臺灣存託憑證 (TDR)(代碼 916665)，為首家發行 TDR 的日商公司。

爾必達為維持競爭力不斷擴大產能投資，但隨著 iPhone、iPad 等行動裝置相繼崛起，應用於傳統 PC 的 DRAM 晶片價格大跌，加上日圓升值壓力，在在衝擊爾必達的獲利能力。2012 年 2 月，爾必達向東京地方法院申請破產保護，高達 4,480 億日圓 (55.3 億美元) 的債務使其成為二次大戰後，日本製造業負債金額最高的破產企業。2012 年 2 月與 3 月，爾必達的股票與 TDR 相繼於東京證券交易所與臺灣證券交易所下市。2012 年 5 月 8 日，爾必達在第二輪的競標中由美國廠商美光科技 (Micron) 收購。

在爾必達 2011 年第 3 季之合併財務報表 (日本會計年度之第 3 季為 10 月 1 日至 12 月 31 日) 中顯示，2011 年前三季之稅前淨損為 1,046 億日圓，稅後淨損為 989 億日圓，但營業活動現金流量仍呈淨流入 246 億日圓，此係因折舊及其他攤銷費用高達 968 億日圓所致。值得注意的是，爾必達該期之現金流量表係以 IFRS 之間接法編製，但與我國當時採用之 ROC GAAP 間接法下之現金流量表有下列不同：其一為由稅前淨損而非稅後淨損開始調整；其二為調整項目除非現金的收益費損外，尚包括加回利息費用、減去利息收入與股利收入等有關現金的收益費損調整；其三為調整項目並包括減除支付所得稅與利息之現金流出、加回收取利息與股利之現金流入等類似直接法之項目。

章首故事引發之問題
- 營業活動現金流量與本期淨利的關聯為何？
- 間接法下之現金流量表應如何編製？
- 直接法下之現金流量表應如何編製？

學習目標 1
了解現金流量表之內容與功能

19.1　現金流量表之內容與功能

　　IFRS 規定，**整份財務報表**(a complete set of financial statements)須包括資產負債表、綜合損益表、權益變動表與現金流量表四大報表及其附註。本書之前所有內容，係就各類資產、負債與權益及其相關之收益及費損，逐一討論其會計處理，亦即完成綜合損益表、權益變動表與資產負債表之編製；現金流量表之編製則於本章說明。讀者或許疑惑，為何同屬財務報表，綜合損益表、權益變動表與資產負債表之編製顯然較為複雜，需詳細說明；現金流量表之編製則是否因相對較為簡單，故說明之篇幅明顯較少？

　　相對於其他財務報表，現金流量表具有以下特性：首先，現金流量表內容在說明特定報導期間內現金與約當現金（以下均統稱現金，現金與約當現金之定義請見第 5 章）之增減，即收取與支付現金造成之現金流入與流出。是以，現金流量表旨在說明單一資產項目（即現金）的變化，相較其他財務報表包括所有資產、負債、權益、收益及費損項目，複雜度顯然有別。其二，因現金流量表係說明特定報導期間內現金的變化，而其編製方式係自「已將各種交易與事項按應計基礎彙總表達之其他財務報表」出發，分析各種交易與事項造成之現金流入與流出，故現金流量表非按應計基礎編製。亦即所有交易與事項相關認列衡量等會計處理，均已於其他財務報表之編製詳述，現金流量表之編製並未涉及任何新交易與事項，而係僅係就其他財務報表「翻譯」出已說明過之各種交易與事項對現金之影響，複雜度自亦較低。

現金流量表之內容在描述特定報導期間內現金的變化，亦即該期間內發生哪些現金流入與流出，使現金之期末餘額與期初餘額有所差異。在表達這些現金流入與流出時，現金流量表將其分類為營業、投資與籌資三類活動造成之現金流入與流出，且投資活動及籌資活動部分之現金收取總額及現金支付總額應按主要類別分別報導，而不得僅列示各主要類別之現金流入與流出之互抵淨額。至於營業活動部分，採直接法編製時亦是按現金收取總額及現金支付總額之主要類別分別報導；但採間接法編製時則無須按現金收取或支付總額之主要類別分別報導，如何以間接法與直接法編製現金流量表將於第19.2節詳細說明之。現金流量表之格式如表19-1。

表 19-1　現金流量表之格式

甲公司
現金流量表
×2年及×1年1月1日至12月31日

	×2年	×1年
營業活動之現金流量：		
⋮		
營業活動之淨現金流入（流出）	$×××	$×××
投資活動之現金流量：		
（按現金收取總額及現金支付總額之主 　　要類別分別報導）		
⋮		
投資活動之淨現金流入（流出）	×××	×××
籌資活動之現金流量：		
（按現金收取總額及現金支付總額之主 　　要類別分別報導）		
⋮		
籌資活動之淨現金流入（流出）	×××	×××
本期現金及約當現金增加（減少）數	×××	×××
期初現金及約當現金餘額	×××	×××
期末現金及約當現金餘額	$×××	$×××

營業活動之現金流量大多為主要營收活動之現金流入與流出，即通常來自影響綜合損益表中本期淨利之交易及事項。綜合損益表

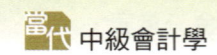

係依應計基礎認列,故營業活動現金流量之辨認,主要係就影響本期淨利之各項項目,配合與過去或未來營業現金收支之遞延或應計項目,即相關之資產與負債項目著手。應包含於營業活動之現金流量例舉如下:

1. 自銷售商品及提供勞務之現金收取。
2. 自權利金、各項收費、佣金及其他收入之現金收取。
3. 對商品或勞務提供者之現金支付。
4. 對員工及代替員工(如代扣員工需自付之健保費部分後繳付給中央健康保險署)之現金支付。
5. 保險公司因保費、理賠、年金及其他保單利益之現金收取及現金支付。
6. 所得稅之現金支付或退回(但可明確辨認屬於投資及籌資活動者應分別列入投資及籌資活動)。
7. 自持有供自營或交易目的之合約之現金收取及支付。如因交易目的買賣選擇權、期貨、遠期合約與期貨等合約之現金收付。

　　投資活動之現金流量係認列為投資資產有關現金之收付。故投資活動現金流量之辨認,主要係就影響營業活動之現金流量以外之流動資產與非流動資產項目著手。應包含於投資活動之現金流量例舉如下:

1. 因取得不動產、廠房及設備、無形資產及其他長期資產之現金支付,包括與資本化之發展成本及自建不動產、廠房及設備相關之支出。
2. 自出售不動產、廠房及設備、無形資產及其他長期資產之現金收取。
3. 因取得或出售其他企業之權益或債務工具,以及關聯企業及合資權益之現金收付(但不包括取得或出售視為約當現金或持有供自營或交易目的之金融工具之現金收付)。
4. 對他方之現金墊款及放款。但金融機構承作之墊款及放款係其主要業務,因此通常將墊款及放款之現金支付列入營業活動。
5. 自他方償還之墊款及放款之現金收取。但不包括金融機構收回、

自營商與自營活動:有價證券自營商在興櫃市場對同一股票同時報買與報賣,以增加市場流動性,此類自營活動之現金流出與流入均屬營業活動。

營業活動之墊款及放款。

6. 因期貨合約、遠期合約、選擇權合約及交換合約之現金收付(此類合約之現金收付被分類為籌資活動者除外,另注意持有供自營或交易目的之此類合約之現金收付應分類為營業活動之現金流量。)。

籌資活動之現金流量則為企業因取得長期資金而發生之相關現金收付。故籌資活動現金流量之辨認,主要係就與營業無關之流動負債、非流動負債與權益項目著手。應包含於籌資活動之現金流量例舉如下:

1. 自發行股票或其他權益工具收取之現金價款。
2. 因取得或贖回企業股票而對業主之現金支付。
3. 自發行債權憑證、借款、票據、債券、抵押借款及其他短期或長期借款收取之現金價款。
4. 借入款項之現金償還。
5. 承租人為減少租賃之未結清負債之現金支付。

常見現金流量之分類彙總如表 19-2。需特別注意的是,單一交易可能包括不同類別之現金流量。例如,企業對其借款之現金償付包括利息及本金,本金之支付分類為籌資活動,但利息之支付得分類為營業活動或籌資活動,甚或當其符合資本化之規定而予以資本化計入不動產、廠房及設備之成本時,利息之支付應分類為投資

IFRS 一點通

IAS 7.33 及 IAS 7.34 關於利息與股利現金流量分類之規定

IAS 7.33 規定,金融機構通常將支付之利息以及收取之利息與股利分類為營業現金流量。惟對其他企業而言,因支付之利息以及收取之利息與股利為損益決定之一部分,故得分類為營業活動現金流量。但因支付之利息以及收取之利息與股利亦為取得財務資源之成本或投資之報酬,故亦得分別分類為籌資活動現金流量及投資活動現金流量。IAS 7.34 則規定,支付之股利為取得財務資源之成本,故得分類為籌資活動現金流量。但為幫助使用者決定企業以營業現金流量支付股利之能力,支付之股利亦得分類為營業活動現金流量。

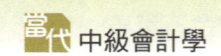

活動。相關內容將於第 19.3 節編製現金流量表之進階討論中詳細說明。

表 19-2　常見現金流量之分類

營業活動之現金流量：主要影響本期淨利項目與相關流動資產與流動負債項目

現金流入：
　銷售商品及提供勞務之現金收取
　權利金、各項收費、佣金及其他收入之現金收取
　所得稅之現金退回
　出售供自營或交易目的之合約 (如有價證券及衍生工具) 之現金收取
　利息與股利之現金收取*

現金流出：
　對商品及勞務提供者之現金支付
　對員工及代替員工之現金支付
　所得稅之現金支付
　取得供自營或交易目的之合約 (如有價證券及衍生工具) 之現金支付
　各項費用 (含利息) 之現金支付**
　股利之現金支付**

投資活動之現金流量：主要影響非流動資產項目

現金流入：
　出售不動產、廠房及設備、無形資產及其他長期資產之現金收取
　出售其他企業之權益或債務工具，以及關聯企業與合資權益之現金收取
　自他方償還之墊款及放款之現金收取
　因期貨合約、遠期合約、選擇權合約及交換合約之現金收取
　利息與股利之現金收取*

現金流出：
　取得不動產、廠房及設備、無形資產及其他長期資產之現金支付
　取得其他企業之權益或債務工具，以及關聯企業與合資權益之現金支付
　對他方之現金墊款及放款之現金支付
　因期貨合約、遠期合約、選擇權合約及交換合約之現金支付

籌資活動之現金流量：主要影響非流動負債與權益項目

現金流入：
　自發行股票或其他權益工具收取之現金價款
　自發行債權憑證、借款、票據、債券、抵押借款及其他短期或長期借款收取之現金價款

現金流出：
　因取得或贖回企業股票而對業主之現金支付
　借入款項之現金償還
　承租人為減少租賃之未結清負債之現金支付
　利息費用之現金支付**
　股利之現金支付**

* 利息及股利收取之現金流量應以各期一致之方式分類為營業或投資活動。
** 利息及股利支付之現金流量應以各期一致之方式分類為營業或籌資活動。

Chapter 19 現金流量表

當現金流量表與其他財務報表一併使用時，現金流量表所提供之資訊可供使用者評估企業之淨資產變動、財務結構(包括流動性及償債能力)，以及為適應經營狀況之變動及機會而影響現金流量金額及時點之能力。現金流量資訊有助於評估企業產生現金及約當現金之能力，並使財務報表使用者得以發展模式以評估比較不同企業之未來現金流量現值。現金流量資訊亦提高不同企業間經營績效報導之可比性，因為其消除對相同交易及事項採用不同會計處理之影響。歷史性現金流量資訊經常作為未來現金流量之金額、時點及確定性之指標，亦有助於查證過去對未來現金流量評估之精確性，並檢驗獲利能力與淨現金流量間之關係及價格變動之影響。

現金流量表中依活動分類提供之現金流量資訊，有助於使用者評估該等活動對企業財務狀況與現金及約當現金金額之影響，及評估各類活動間之關係。營業活動之現金流量金額，為企業在不借助外部籌資來源下，企業營運產生之現金流量足以償還借款、維持企業營運能力、支付股利及進行新投資之程度之重要指標。歷史性營業活動現金流量有助於預測未來營業之現金流量。投資活動之現金流量代表企業為獲得能產生未來收益及現金流量之資源而支出之程度。籌資活動之現金流量則有助於企業之資本提供者預測其對未來現金流量之請求權。企業應採最適合其業務之方式列報其來自營業、投資及籌資活動之現金流量。

> **現金流量表功能：**
> (1) 評估企業之淨資產變動、財務結構，以及為適應經營狀況之變動及機會而影響現金流量金額及時點之能力。
> (2) 評估企業產生現金及約當現金之能力。
> (3) 提高不同企業間經營績效報導之可比性。
> (4) 作為未來現金流量之金額、時點及確定性之指標。

19.2 編製現金流量表

現金流量表之編製方式，係就已將各種交易與事項按應計基礎彙總表達之綜合損益表與資產負債表為出發點，分析各種交易與事項造成之現金流入與流出，亦即就綜合損益表與資產負債表「翻譯」各種交易與事項對現金之影響，並將其分類為來自營業、投資及籌資活動之現金流量。而分析過程中，「翻譯」的項目類別即與所屬之現金流量分類有關。營業活動現金流量之辨認主要係就影響本期淨利之各項項目，配合相關之流動資產與流動負債項目(亦可能包括部分與營業活動有關之非流動資產與非流動負債)加以分析；投資活動現金流量之辨認主要係就影響營業活動之現金流量以外之

> **學習目標 2**
> 了解如何以間接法與直接法編製現金流量表

流動資產,與非流動資產項目加以分析;籌資活動現金流量之辨認則主要係就與影響營業活動之現金流量以外之流動負債、非流動負債與權益項目加以分析。

營業活動現金流量部分有間接法與直接法兩種編製

現金流量表有**間接法** (indirect method) 與**直接法** (direct method) 兩種編製方式,係營業活動現金流量部分之不同分析方式,投資與籌資活動現金流量部分在兩種編製方式下完全相同。營業活動之現金流量大多為主要營收活動之現金流入與流出,即通常來自影響本期淨利之交易及事項,故編製營業活動現金流量時,係就應計基礎下影響本期淨利之收益與費損項目分析辨認其現金影響。所謂直接法,係將應計基礎下之收益與費損分別調整後,將其轉換成營業活動之現金流入與流出,繼而相減得到營業活動現金流量淨流入(出);而間接法則係將應計基礎下收益與費損相減得到之本期淨利進行調整,得到營業活動現金流量淨流入(出)。亦即就應計基礎下「收益－費損＝本期淨利」之等式來看,直接法係由等式左方調整,間接法係由等式右方調整,調整項相同(惟間接法調整時,費損項目之調整項須正負變號),故同樣可求得營業活動現金流量淨流入(出)。直接法與間接法之概念彙示如圖 19-1。

	直接法		間接法
綜合損益表	收益 － 費損	＝	本期淨利
調整項	+W−X　　+Y−Z		+W−X−Y+Z
	‖　　　　　‖		‖
現金流量表	營業活動之現金流入 － 營業活動之現金流出	＝	營業活動現金流量淨流入(出)

直接法

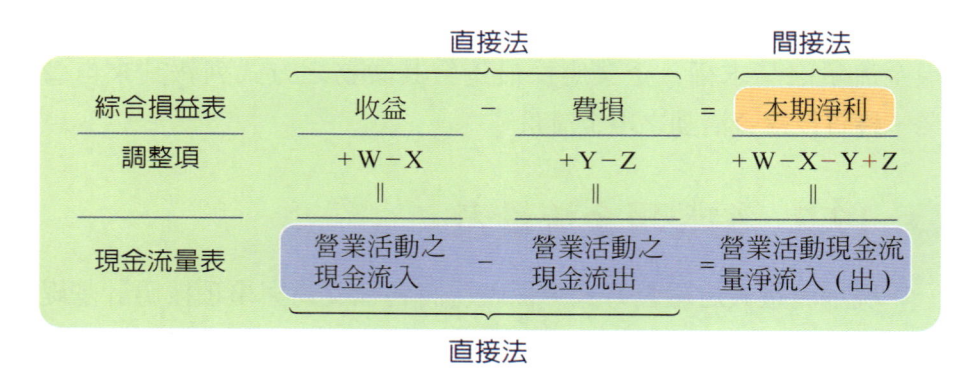

圖 19-1　直接法與間接法之概念彙示

圖 19-1 中之 W、X、Y、Z 等調整項之詳細內容,稍後將以釋例逐一說明。直接法編製之營業活動現金流量部分中,營業活動現金流量按收取總額之主要類別及現金支付總額之主要類別個別列示,其表達即現金基礎下之損益表。目前國際會計準則鼓勵(但不強制)企業採用直接法報導營業活動之現金流量,因直接法較間接法更可能提供有助於估計未來現金流量之資訊。然而,絕大多數企

業仍以間接法報導營業活動之現金流量。

以下即以成立於 ×1 年初之甲公司為例，以複雜度逐年增加的方式，介紹其 ×1 年至 ×3 年現金流量表之編製過程。

19.2.1 甲公司 ×1 年現金流量表之編製

甲公司 ×1 年相關資訊如下：

甲公司
比較資產負債表

資產	×1 年底	×1 年初	×1 年增（減）
現金	$ 58,000	$0	$ 58,000
應收款項	8,000	0	8,000
預付費用	3,000	0	3,000
機器設備	100,000	0	100,000
累計折舊	(10,000)	(0)	10,000
資產總計	$159,000	$0	
負債與權益			
應付費用	$ 2,000	$0	$ 2,000
合約負債	7,000	0	7,000
普通股	140,000	0	140,000
保留盈餘	10,000	0	10,000
負債與權益總計	$159,000	$0	

甲公司
×1 年損益表

營業收入		$120,000
營業費用		
折舊費用	$10,000	
其他費用	90,000	(100,000)
稅前淨利		20,000
所得稅費用		(3,400)
本期淨利		$ 16,600

其他相關資訊
1. ×1 年初以相同價格購入相同之機器設備 10 台，估計耐用年限均為 10 年，均無殘值，均採成本模式衡量與直線法提列折舊。
2. ×1 年所有普通股均以現金發行，且 ×1 年僅宣告並發放現金股利 $6,600，並未宣告或發放股票股利。

如前所述,現金流量表之編製方式,係從應計基礎下之綜合損益表與資產負債表出發,分析各種交易與事項造成之現金流入與流出,並將其分類為來自營業、投資及籌資活動之現金流量。以下即就甲公司×1年現金流量表之編製,按營業、投資及籌資活動之現金流量逐步說明之。

19.2.1.1　甲公司×1年之營業活動現金流量

營業活動之現金流量來自影響本期淨利之交易及事項,故編製營業活動現金流量時,係將應計基礎下影響本期淨利之收益與費損進行調整,將其轉換成營業活動之現金流入與流出。而收益與費損項目之調整項,均包括以下三類:

1. 非現金性質之交易。
2. 與投資活動或籌資活動現金流量相關之項目。
3. 與過去或未來營業現金收支之遞延或應計項目,即相關之資產與負債項目。

先說明上述 1. 及 2.。非現金性質交易之收益費損項目本身完全不影響現金流量(如折舊費用),與投資活動或籌資活動現金流量相關項目之現金流量則不應歸屬營業活動(如處分不動產損益),故該兩類項目之調整項,均為該項目本身,亦即此兩類項目在轉換成營業活動之現金流入與流出時,係將其全數消除(折舊費用全數加回、處分損益亦全數消除),營業活動下之相關現金流入與流出均為零。非現金性質交易之收益費損項目包括按權益法認列之投資收益、折舊等;與投資或籌資現金流量相關之收益費損項目則如不動產、廠房及設備之處分損益等。

相較於前兩類項目,與過去或未來營業現金收支之遞延或應計項目,即相關之資產與負債項目之調整項(上述 3.)則較為複雜,茲以營業收入與需以現金支付之營業費用此兩項收益費損項目為例說明之。

營業收入之調整項,需考慮與應收款項與合約負債之收現情形。營業收入為企業出售商品或勞務予客戶產生,但其現金收取時點有「以前已收」、「當時收」與「以後再收」三種;亦即本期淨利

中認列之營業收入，其形式包含「合約負債減少」、「現金增加」與「應收款項增加」。從另一角度而言，即企業之所以可由客戶收取現金，係因「以後再」出售商品或勞務、「當時」出售商品或勞務與「以前」已出售商品或勞務三種；其中第一及第三種即分別為「與合約負債相關之收現」及「與應收款項相關之收現」。其關聯可彙示如圖 19-2 (假設無沖銷呆帳，加入沖銷呆帳之詳細討論見 19.3.3)。

應收款項		合約負債	
期初餘額 營業收入	收現	營業收入	期初餘額 收現
期末餘額			期末餘額

圖 19-2

而由圖 19-2 可清楚了解，因：

$$\text{應收款項期初餘額} + \text{營業收入} - \text{與應收款項相關之收現} = \text{應收款項期末餘額}$$

$$\text{合約負債期初餘額} + \text{與合約負債相關之收現} - \text{營業收入} = \text{合約負債期末餘額}$$

即：

$$\text{與應收款項相關之收現} = \text{營業收入} - (\text{應收款項期末餘額} - \text{應收款項期初餘額}) \quad \cdots (1)$$

$$\text{與合約負債相關之收現} = \text{營業收入} + (\text{合約負債期末餘額} - \text{合約負債期初餘額}) \quad \cdots (2)$$

式 (1) 與式 (2) 以直觀解釋亦十分易解。以式 (1) 而言，若「應收款項期末餘額－應收款項期初餘額」為正數，顯示應收款項增加，即代表有本期營業收入增加未收現，故計算收現數時應由營業收入數中減除；反之，若「應收款項期末餘額－應收款項期初

餘額」為負數,顯示應收款項減少,即代表收現數超過本期營業收入之增加,故計算收現數時應由營業收入數中加入。以式(2)而言,若「合約負債期末餘額－合約負債期初餘額」為正數,顯示合約負債增加,即代表收現數超過本期營業收入之增加,故計算收現數時應由營業收入數中加入;反之,若「合約負債期末餘額－合約負債期初餘額」為負數,顯示合約負債減少,即代表本期營業收入之部分增加係由合約負債轉入而未收現,故計算收現數時應由營業收入數中減少。

歸結以上式(1)、(2),辨認「營業收入」相關營業活動現金流入之調整方式為:

$$\text{本期收現數} = \text{營業收入} - \left(\begin{array}{c}\text{應收款項}\\\text{期末餘額}\end{array} - \begin{array}{c}\text{應收款項}\\\text{期初餘額}\end{array}\right) + \left(\begin{array}{c}\text{合約負債}\\\text{期末餘額}\end{array} - \begin{array}{c}\text{合約負債}\\\text{期初餘額}\end{array}\right) \quad \ldots (3)$$

費損項目中需以現金支付之費用類之調整項,則需考慮與應付款項與預付費用相關之收現。費用為企業購入商品或勞務而產生,但其現金支付時點有「以前已付」、「當時付」與「以後再付」三種;亦即本期淨利中認列之費用,其形式包含「預付費用減少」、「現金減少」與「應付款項增加」。從另一角度而言,即企業所以須支付現金,係因「以後再」購入商品或勞務、「當時」購入商品或勞務與「以前已」購入商品或勞務三種;其中第一及第三種即分別為「與預付費用相關之付現」及「與應付款項相關之付現」。其關聯可彙示如圖19-3。

應付費用		預付費用	
付現	期初餘額 營業費用	期初餘額 付現	營業費用
	期末餘額	期末餘額	

圖 19-3

而由圖 19-3 可清楚了解，因：

$$\text{應付款項期初餘額} + \text{營業費用} - \text{與應付款項相關之付現} = \text{應付款項期末餘額}$$

$$\text{預付費用期初餘額} + \text{與預付費用相關之付現} - \text{營業費用} = \text{預付費用期末餘額}$$

即：

$$\text{與應付款項相關之付現} = \text{營業費用} - (\text{應付款項期末餘額} - \text{應付款項期初餘額}) \quad \ldots (4)$$

$$\text{與預付費用相關之付現} = \text{營業費用} + (\text{預付費用期末餘額} - \text{預付費用期初餘額}) \quad \ldots (5)$$

式 (4) 與式 (5) 以直觀解釋亦十分易解。以式 (4) 而言，若「應付款項期末餘額－應付款項期初餘額」為正數，顯示應付款項增加，即代表有本期費用之部分增加未付現，故計算付現數時應由費用數中減除；反之，若「應付款項期末餘額－應付款項期初餘額」為負數，顯示應付款項減少，即代表付現數超過本期費用之增加，故計算付現數時應由費用數中加入。以式 (5) 而言，若「預付費用期末餘額－預付費用期初餘額」為正數，顯示預付費用增加，即代表付現數超過本期費用之增加，故計算付現數時應由費用數中加入；反之，若「預付費用期末餘額－預付費用期初餘額」為負數，顯示預付費用減少，即代表費用之部分增加係由預付費用轉入而未付現，故計算付現數時應由費用數中減少。

結以上式 (4)、(5)，辨認「營業費用」相關營業活動現金流出調整方式為：

$$\text{本期付現數} = \text{營業費用} - (\text{應付款項期末餘額} - \text{應付款項期初餘額}) + (\text{預付費用期末餘額} - \text{預付費用期初餘額}) \quad \ldots (6)$$

而如本節一開始即提及，營業活動現金流量之編製，有分別將

收益與費損調整成營業活動之現金流入與流出,繼而相減得到營業活動淨現金流量之直接法,與就本期淨利進行調整得到營業活動淨現金流量之間接法。兩法下之調整項其實完全相同,惟於間接法下調整時,費損項目之相關調整項與直接法時相較須正負變號。表19-3即將彙示直接法與間接法下,各類調整項之調整方向與調整幅度。

表 19-3　直接法與間接法下,各類調整項之調整方向與調整幅度

		調整項類別	調整之方向與幅度
直接法	收益	非現金性質之收益	－非現金性質之收益
		與投資或籌資現金流量相關之利益	－與投資或籌資現金流量相關之利益
		與過去或未來營業現金收支之遞延或應計項目,即相關之資產與負債項目	－應收款項之增加 ＋應收款項之減少
			＋合約負債之增加 －合約負債之減少
	費損	非現金性質之費損	－非現金性質之費損
		與投資或籌資現金流量相關之費損	－與投資或籌資現金流量相關之損失
		與過去或未來營業現金收支之遞延或應計項目,即相關之資產與負債項目	－應付費用之增加 ＋應付費用之減少
			＋預付費用之增加 －預付費用之減少
間接法	本期淨利	非現金性質之收益費損	－非現金性質之收益
			＋非現金性質之費損
		與投資或籌資現金流量相關之收益費損	－與投資或籌資現金流量相關之利益
			＋與投資或籌資現金流量相關之損失
		與過去或未來營業現金收支之遞延或應計項目,即相關之資產與負債項目	－應收款項之增加 ＋應收款項之減少
			＋合約負債之增加 －合約負債之減少
			＋應付費用之增加 －應付費用之減少
			－預付費用之增加 ＋預付費用之減少

值得特別注意的是，由表 19-3 間接法下之調整可發現，與過去或未來營業現金收支之遞延或應計項目，即相關遞延資產（預付費用）、遞延負債（合約負債）、應計資產（應收款項）、應計負債（應付費用）之調整方向與幅度可以發現：資產類之增加（減少）均應由本期淨利中減去（加入）；負債類之增加（減少）均應由本期淨利中加入（減去）。此一結論亦十分直觀易解，可簡化如下以供記憶：資產之增加需消耗現金購置，故在本期淨利轉換成營業活動淨現金流量時需減去；負債之增加則表示借入現金，故在本期淨利轉換成營業活動淨現金流量時需加入。

> 資產增加需消耗現金：淨現金流量減少；負債增加時，淨現金流量增加。

根據以上討論，甲公司 ×1 年之營業活動現金流量為營業活動現金流入 $24,600，其於直接法與間接法下之詳細計算過程呈現如下，實際之報表表達格式，則待說明投資與籌資活動現金流量後，一併呈現於甲公司 ×1 年完整之現金流量表。

			調整之方向與幅度	營業活動現金流入（出）
直接法	收益	營業收入 $120,000	−$8,000（應收款項之增加） +$7,000（合約負債之增加）	$119,000
	費損	折舊費用 $10,000	−$10,000（非現金性質之費損）	$(0)
		其他費用 $90,000	+$3,000（預付費用之增加） −$2,000（應付費用之增加）	$(91,000)
		所得稅費用 $3,400		$(3,400)
	編表	營業活動現金流入（出）= $119,000 − $0 − $91,000 − $3,400 = $24,600		
間接法		本期淨利 $16,600	+$10,000（非現金性質之費損） −$8,000（應收款項之增加） −$3,000（預付費用之增加） +$2,000（應付費用之增加） +$7,000（合約負債之增加）	$24,600

19.2.1.2　甲公司 ×1 年之投資活動現金流量

投資活動之現金流量須為認列為資產之資本支出。故投資活動現金流量之辨認，主要係就影響營業活動之現金流量以外之流動資產與非流動資產項目著手。甲公司 ×1 年之資產項目中，非與營業活動相關者僅有機器設備增加 $100,000，且由其他相關資訊中可知，該機器設備係於 ×1 年初購入，耐用年限 10 年，無殘值，採成本模式衡量與直線法提列折舊，故 ×1 年累計折舊增加 $10,000。故知甲公司 ×1 年之投資活動現金流量為投資活動現金流出 $100,000，其實際之報表表達格式亦於甲公司 ×1 年完整之現金流量表一併呈現。

19.2.1.3　甲公司 ×1 年之籌資活動現金流量

籌資活動之現金流量為企業因取得長期資金而發生之相關現金收付。故籌資活動現金流量之辨認，主要係就與影響營業活動之現金流量無關之負債與權益項目著手。甲公司 ×1 年並無非流動負債項目，權益項目之變動則為普通股增加 $140,000，與保留盈餘增加 $10,000。由其他相關資訊中可知：普通股增加 $140,000 係因現金發行普通股；而保留盈餘增加 $10,000，配合甲公司 ×1 年本期淨利 $16,600，可知該年宣告股利 $6,600，且由其他相關資訊中可知，該年所有股利均為現金股利並已發放。本釋例選擇將支付股利分類為籌資活動現金流量，故甲公司 ×1 年籌資活動之現金流量計有發行普通股之現金流入 $140,000，與發放現金股利之現金流出 $6,600，籌資活動現金流量為籌資活動現金流入 $133,400，其實際之報表表達格式亦於甲公司 ×1 年完整之現金流量表一併呈現。

19.2.1.4　甲公司 ×1 年之直接法與間接法現金流量表

綜合以上討論，甲公司 ×1 年之直接法與間接法現金流量表表達如下：

現金流量表　Chapter 19

甲公司
×1 年現金流量表 (直接法)

營業活動之現金流量：		
從客戶收取現金	$119,000	
支付其他費用	(91,000)	
支付所得稅	(3,400)	
營業活動之淨現金流入 (流出)		$ 24,600
投資活動之現金流量：		
購買機器設備	(100,000)	
投資活動之淨現金流入 (流出)		(100,000)
籌資活動之現金流量：		
發行普通股	140,000	
發放現金股利*	(6,600)	
籌資活動之淨現金流入 (流出)		133,400
本期現金及約當現金增加 (減少) 數		$ 58,000
期初現金及約當現金餘額		0
期末現金及約當現金餘額		$ 58,000

* 利息及股利支付之現金流量應以各期一致之方式，選擇分類為營業或籌資活動。

IFRS 一點通

　　本章介紹之現金流量表解釋了公司的三種營業、投資及籌資三種活動，分別使本期現金增加或減少之金額；公報定義現金包括庫存現金及活期存款，另包括即期支票、即期票據、銀行本票及郵政匯票等。但現金流量表中「現金」實際上包括現金及約當現金，約當現金係指短期並具高度流動性之投資，該投資可隨時轉換成定額現金且價值變動之風險甚小，例如三個月內到期之定期存款或附買回債券 (此為短期應收款，以公債或信用評級高的公司債作質押，因此其類似定期存款)。所以，現金流量表事實上解釋了現金及約當現金之本期變動金額。下表為鴻海精密工業股份公司 109 年度財務報告中揭露之現金及約當現金組成部分。

現金及約當現金	109 年 12 月 31 日	108 年 12 月 31 日
庫存現金週轉金	$146,814	$216,905
支票存款及活期存款	1,008,741,819	649,335,476
約當現金		
定期存款	215,392,563	208,182,131
附買回債券	8,512,819	129,850
合計	$1,232,794,015	$857,864362

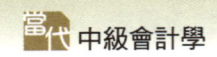

甲公司
×1 年現金流量表 (間接法)

營業活動之現金流量：		
本期淨利		$ 16,600
調整		
收益費損項目：		
折舊費用	$ 10,000	
與營業活動相關之資產/負債變動數：		
應收款項增加	(8,000)	
預付費用增加	(3,000)	
應付費用增加	2,000	
合約負債增加	7,000	8,000
營業活動之淨現金流入 (流出)		$24,600
投資活動之現金流量：		
購買機器設備	(100,000)	
投資活動之淨現金流入 (流出)		(100,000)
籌資活動之現金流量：		
發行普通股	140,000	
發放現金股利*	(6,600)	
籌資活動之淨現金流入 (流出)		133,400
本期現金及約當現金增加 (減少) 數		$ 58,000
期初現金及約當現金餘額		0
期末現金及約當現金餘額		$ 58,000

＊ 利息及股利支付之現金流量應以各期一致之方式，選擇分類為營業或籌資活動。

19.2.2　甲公司 ×2 年現金流量表之編製

甲公司 ×2 年相關資訊如下：

甲公司
比較資產負債表

資產	×1年底	×2年底	×2年增(減)
現金	$ 58,000	$196,340	$138,340
應收款項	8,000	10,000	2,000
存貨	0	30,000	30,000
預付費用	3,000	4,000	1,000
機器設備	100,000	590,000	490,000
累計折舊	(10,000)	(40,500)	30,500
資產總計	$159,000	$789,840	
負債與權益			
應付帳款	$ 0	$ 9,000	$ 9,000
應付費用	2,000	6,000	4,000
合約負債	7,000	5,000	(2,000)
長期借款	0	300,000	300,000
普通股	140,000	435,000	295,000
保留盈餘	10,000	34,840	24,840
負債與權益總計	$159,000	$789,840	

甲公司
×2年損益表

營業收入		$590,000
營業成本		(310,000)
營業毛利		$280,000
營業費用		
利息費用	$ 7,500	
折舊費用	32,000	
其他費用	192,000	(231,500)
處分設備損失		(500)
稅前淨利		$ 48,000
所得稅費用		(8,160)
本期淨利		$ 39,840

其他相關資訊

1. ×2年出售設備，帳面金額為$8,500(成本$10,000減累計折舊$1,500)。
2. ×2年1月1日以$500,000購入設備一台，耐用年限20年，殘值$50,000，採成本模式衡量與直線法提列折舊。
3. ×2年7月1日以5%平價舉借長期借款$300,000。
4. 發行之普通股除宣告發放股票股利之500股外，均為現金發行。股票股利以每股面額$10認列。
5. 宣告並發放現金股利$10,000。

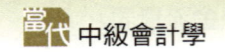

19.2.2.1　甲公司 ×2 年之營業活動現金流量

　　甲公司 ×2 年之營業活動現金流量計算方式，與 ×1 年大致相同，但「營業成本」此一費損項目需額外說明。甲公司之「營業成本」為銷貨成本，故係將其轉換成「支付給供應商之現金」此一營業活動現金流出，但其轉換過程較其他收益費損項目略微繁複，其涉及「存貨」、「應付帳款」與「預付貨款」等資產負債項目之兩階段轉換如下：

　　首先，由「存貨」項目之變化，將「銷貨成本」轉換成「本期進貨數」。因：

$$存貨期初餘額 + 本期進貨數 - 銷貨成本 = 存貨期末餘額$$

即：

$$本期進貨數 = 銷貨成本 + (存貨期末餘額 - 存貨期初餘額) \quad \ldots (7)$$

　　其次，由「應付帳款」與「預付貨款」之變化，將「本期進貨數」轉換成「本期付現數」。因：

$$應付帳款期初餘額 + 本期進貨數 - 本期付現數 = 應付帳款期末餘額$$

$$預付貨款期初餘額 + 本期付現數 - 本期進貨數 = 預付貨款期末餘額$$

即：

$$本期付現數 = 本期進貨數 - (應付帳款期末餘額 - 應付帳款期初餘額) \quad \ldots (8)$$

$$本期付現數 = 本期進貨數 + (預付貨款期末餘額 - 預付貨款期初餘額) \quad \ldots (9)$$

　　歸結以上式 (7)、(8)、(9)，辨認「銷貨成本」相關營業活動現金流出之調整方式為：

$$\begin{aligned}本期付現數 =\ & 銷貨成本 + (存貨期末餘額 - 存貨期初餘額) \\ & + (預付貨款期末餘額 - 預付貨款期初餘額) \\ & - (應付帳款期末餘額 - 應付帳款期初餘額)\end{aligned} \quad \ldots (10)$$

而於間接法下調整時，費損項目之相關調整項與直接法相較時須正負變號。故於間接法下，本期淨利之調整項中，關於「銷貨成本」此項費損之相關調整為：

存貨與預付貨款之增加(減少)由本期淨利中減去(加入)；應付帳款之增加(減少)均應由本期淨利中加入(減去)。

與前述「資產類之增加(減少)均應由本期淨利中減去(加入)；負債類之增加(減少)均應由本期淨利中加入(減去)」之結論一致。

甲公司×2年之營業活動現金流量為淨流入$50,340，其於直接法與間接法下之詳細計算過程呈現如下。實際之報表表達格式，則待說明投資與籌資活動現金流量後，一併呈現於甲公司×2年完整之現金流量表。

			調整之方向與幅度	營業活動現金流入(出)
直接法	收益	營業收入 $590,000	– $2,000 (應收款項之增加) – $2,000 (合約負債之減少)	$586,000
	費損	營業成本 $310,000	+ $30,000 (存貨之增加) – $9,000 (應付款項之增加)	$(331,000)
		利息費用 $7,500		$(7,500)
		折舊費用 $32,000	– $32,000 (非現金性質之費損)	$(0)
		其他費用 $192,000	+ $1,000 (預付費用之增加) – $4,000 (應付費用之增加)	$(189,000)
		處分設備損失 $500	– $500 (與投資活動有關之費損)	$(0)
		所得稅費用 $8,160		$(8,160)
	編表	營業活動現金流入(出) = $586,000 – $331,000 – $0 – $7,500 – $189,000 – $0 – $8,160 = $50,340		
間接法	本期淨利 $39,840		+ $32,000 (非現金性質之費損) + $500 (與投資活動有關) – $2,000 (應收款項之增加) – $1,000 (預付費用之增加) – $30,000 (存貨之增加) + $9,000 (應付款項之增加) + $4,000 (應付費用之增加) – $2,000 (合約負債之減少)	$50,340

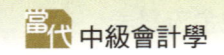

19.2.2.2　甲公司 ×2 年之投資活動現金流量

甲公司 ×2 年之資產項目變動中，非與營業活動相關者為機器設備增加 $490,000，累計折舊增加 $30,500。其中需首先注意到的是，×2 年既認列折舊費用 $32,000，故累計折舊必相應增加 $32,000，但期末餘額係增加 $30,500，此顯示另存在有使累計折舊減少 $1,500 之交易，加以綜合損益表中有出售設備損失項目 $500，故本期有處分機器設備之發生。另同步注意到的是，機器設備期末餘額增加 $490,000，但新購入機器設備數 ($500,000) 大於 $490,000，因處分機器設備之交易亦將減少機器設備，即機器設備此帳戶之變化包括因處分之減少，和新購之增加。

由其他相關資訊中可知，×2 年 7 月 1 日出售帳面金額為 $8,500 之機器設備一台，而綜合損益表中出售設備損失為 $500，故知處分機器設備得款 $8,000。另出售之機器設備為 ×1 年初購入，其耐用年限 10 年，無殘值，採成本模式衡量與直線法提列折舊，故其出售時之帳面金額為 $8,500 (成本 $10,000，累計折舊 $1,500)。

另其他相關資訊中亦說明 ×2 年 1 月 1 日以 $500,000 新購入機器設備，故流出現金 $500,000。該機器設備耐用年限 20 年，殘值 $50,000，採成本模式衡量與直線法提列折舊，故 ×2 年應提列折舊 $22,500 [= ($500,000 − $50,000) ÷ 20]，加上原有之機器設應提列折舊 $9,500 [= ($100,000 ÷ 10 年 × 0.5) + ($90,000 ÷ 10 年 × 0.5)]，即為 ×2 年認列之折舊費用 $32,000。

19.2.2.3　甲公司 ×2 年之籌資活動現金流量

甲公司 ×2 年長期借款項目增加 $300,000，其他相關資訊中說明係於 ×2 年 7 月 1 日向銀行舉借之 5 年期借款，利率 5%，故有 $300,000 之籌資活動現金流入。另該負債相關之利息費用為 $7,500 (= $300,000 × 5% × 0.5)，本釋例係選擇將其分類為營業活動現金流量，故其現金影響已於營業活動現金流量部分說明。

權益項目之變動則為普通股增加 $295,000，與保留盈餘增加 $24,840。由其他相關資訊中可知：普通股增加數中之 $5,000 係因宣告並發放以面額認列之股票股利之 500 股，其他則來自現金發行普通股，故得款 $290,000。而保留盈餘增加 $24,840，配合甲公司 ×2

年本期淨利 $39,840，可知該年宣告股利 $15,000，即扣除股票股利 $5,000 後，係宣告並發放現金股利 $10,000。而利息及股利支付之現金流量應以各期一致之方式分類為營業、投資或籌資活動，故本釋例同 ×1 年選擇將支付股利分類為籌資活動現金流量，有籌資活動之現金流出 $10,000。

19.2.2.4 甲公司 ×2 年之直接法與間接法現金流量表

綜合以上討論，甲公司 ×2 年之直接法與間接法現金流量表表達如下：

甲公司
×2 年現金流量表 (直接法)

營業活動之現金流量：		
從客戶收取現金	$586,000	
支付存貨供應商	(331,000)	
支付其他費用	(189,000)	
支付利息*	(7,500)	
支付所得稅	(8,160)	
營業活動之淨現金流入 (流出)		$ 50,340
投資活動之現金流量：		
出售機器設備	8,000	
購買機器設備	(500,000)	
投資活動之淨現金流入 (流出)		(492,000)
籌資活動之現金流量：		
舉借長期借款	300,000	
發行普通股	290,000	
發放現金股利*	(10,000)	
籌資活動之淨現金流入 (流出)		580,000
本期現金及約當現金增加 (減少) 數		138,340
期初現金及約當現金餘額		58,000
期末現金及約當現金餘額		$196,340

* 利息及股利支付之現金流量應以各期一致之方式，選擇分類為營業或籌資活動。

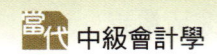

甲公司
×2年現金流量表（間接法）

營業活動之現金流量：		
本期淨利		$ 39,840
調整		
收益費損項目：		
折舊費用	$ 32,000	
處分設備損失	500	
與營業活動相關之資產/負債變動數：		
應收款項增加	(2,000)	
存貨增加	(30,000)	
預付費用增加	(1,000)	
應付帳款增加	9,000	
應付費用增加	4,000	
合約負債減少	(2,000)	10,500
營業活動之淨現金流入(流出)		$50,340
投資活動之現金流量：		
出售機器設備	8,000	
購買機器設備	(500,000)	
投資活動之淨現金流入(流出)		(492,000)
籌資活動之現金流量：		
舉借長期借款	300,000	
發行普通股	290,000	
發放現金股利*	(10,000)	
籌資活動之淨現金流入(流出)		580,000
本期現金及約當現金增加(減少)數		138,340
期初現金及約當現金餘額		58,000
期末現金及約當現金餘額		$196,340

＊利息及股利支付之現金流量應以各期一致之方式，選擇分類為營業或籌資活動。

19.2.2.5　甲公司 ×2 年之「改良式間接法」現金流量表

對特定類別之現金流量，國際財務報導準則有應單獨揭露之規定：如 IAS 7.31 要求收取與支付利息及股利之現金流量應單獨揭露；

IAS 7.35 要求來自所得稅之現金流量應單獨揭露。而同時國際財務報導準則亦規定，利息及股利之收付得以各期一致之方式，選擇分類為營業、投資或籌資活動；來自所得稅之現金流量應分類為營業活動，除非其可明確辨認屬於籌資及投資活動。

> **中華民國金融監督暨管理委員會認可之 IFRS**
>
> **財務報告編製準則附表中之間接法現金流量表**
>
> 我國財務報告編製準則附表中，提供之現金流量表格式為「改良式間接法」下編製之現金流量表，且其於營業活動現金流量部分，係單行列示「繼續營業單位稅前淨利(損失)」與「停業單位稅前淨利(損失)」，而後加總得到「本期稅前淨利(淨損)」後，再就「本期稅前淨利(淨損)」進行相關調整。

故針對利息及股利之收付與所得稅支付之現金流量，若將其分類為投資活動及籌資活動時，因該兩部分之現金收取總額及現金支付總額需按主要類別分別報導，自能達成單獨揭露之要求；但若將其分類為營業活動時，直接法編製下亦是按現金收取總額及現金支付總額之主要類別分別報導；但採間接法編製時則無法於報表本體表達，需另行於附註揭露該等現金流量。

為使報表本體表達能兼顧此一揭露規範，國際財務報導準則提供一種稍有改良之以間接法編製之現金流量表，我國財務報告編製準則之附表亦採相同格式，本書以下以「改良式間接法」現金流量表稱之。

「改良式間接法」現金流量表與原本間接法現金流量表之主要差異，在其調整方式係先將與利息、股利與所得稅相關之收益費損項目對本期淨利之影響消除，再另就利息、股利與所得稅相關之現金流量單獨列示為營業活動現金流入或流出。

「改良式間接法」編製之現金流量表係由稅前淨利，亦即加回所得稅費用之本期淨利開始，其調整項目除包括間接法之原有項目外，尚須加回利息費用、減去利息與股利收入後，得到「營運產生之現金」一項，之後再加上收取股利與利息之現金流入，減去支付所得稅、股利與利息之現金流出後，即為營業活動之現金流量。

需特別注意的是，「改良式間接法」現金流量表在消除利息、股利與所得稅相關之收益費損項目對本期淨利之影響時，所採用的方式有二：利息、股利收入與利息費用係採個別減除與加回之方式；所得稅費用則係以「由稅前淨利開始調整」之方式予以加回。間接法與「改良式間接法」之差異彙示如表 19-4。

表 19-4　間接法與改良式間接法之差異

		調整項類別	兩方法下之表達	
間接法	本期淨利	非現金性質之收益費損	營業活動之淨現金流入（出）	
		與投資或籌資現金流量相關之收益費損		
		與過去或未來營業現金收支之遞延或應計項目，即相關之資產與負債項目		
改良式間接法	稅前淨利	非現金性質之收益費損	營運產生之現金	營業活動之淨現金流入（出）
		與投資或籌資現金流量相關之收益費損	＋收取之股利 ＋收取之利息 －支付之股利 －支付之利息 －支付之所得稅	
		＋利息費用－利息收入 －股利收入		
		其他與過去或未來營業現金收支之遞延或應計項目，即相關之資產與負債項目		

甲公司×2年之營業活動現金流量為 $50,340，其於間接法與改良式間接法下之詳細計算過程呈現如下。另甲公司×2年之「改良式間接法」現金流量表亦列示如下以供比較。

		調整項類別	兩方法下之表達		
間接法	本期淨利 $39,840	＋$32,000（非現金性質之費損） ＋$500（非現金性質之費損） －$2,000（應收款項之增加） －$1,000（預付費用之增加） －$30,000（存貨之增加） ＋$9,000（應付帳款之增加） ＋$4,000（應付費用之增加） －$2,000（合約負債之減少）	$50,340（營業活動之淨現金流入）		
改良式間接法	稅前淨利 $48,000	＋$32,000（非現金性質之費損） ＋$500（非現金性質之費損） ＋$7,500（利息費用） －$2,000（應收款項之增加） －$1,000（預付費用之增加） －$30,000（存貨之增加） ＋$9,000（應付帳款之增加） ＋$4,000（應付費用之增加） －$2,000（合約負債之減少）	＝$66,000（營運產生之現金）	－支付利息 $7,500 －支付所得稅 $8,160	＝$50,340（營業活動之淨現金流入）

註：本例並無「應付利息」或「所得稅負債」之變動。

甲公司
×2年現金流量表（改良式間接法）

營業活動之現金流量：		
稅前淨利		$48,000
調整		
收益費損項目：		
折舊費用	$ 32,000	
利息費用	7,500	
處分設備損失	500	
與營業活動相關之資產/負債變動數：		
應收帳款增加	(2,000)	
存貨增加	(30,000)	
預付費用增加	(1,000)	
應收款項增加	9,000	
應付費用增加	4,000	
合約負債減少	(2,000)	18,000
營運產生之現金		66,000
支付利息*		(7,500)
支付所得稅		(8,160)
營業活動之淨現金流入（流出）		50,340
投資活動之現金流量：		
出售機器設備	8,000	
購買機器設備	(500,000)	
投資活動之淨現金流入（流出）		(492,000)
籌資活動之現金流量：		
舉借長期借款	300,000	
發行普通股	290,000	
發放現金股利*	(10,000)	
籌資活動之淨現金流入（流出）		580,000
本期現金及約當現金增加（減少）數		138,340
期初現金及約當現金餘額		58,000
期末現金及約當現金餘額		$196,340

* 利息及股利支付之現金流量應以各期一致之方式，選擇分類為營業或籌資活動。

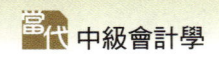

19.2.3　甲公司 ×3 年現金流量表之編製

甲公司 ×3 年相關資訊如下：

甲公司
比較資產負債表

資產	×2 年底	×3 年底	×3 年增(減)
現金	$196,340	$150,528	$(45,812)
應收款項	10,000	6,000	(4,000)
存貨	30,000	40,000	10,000
預付費用	4,000	2,000	(2,000)
以攤銷後成本衡量之債務工具投資	0	120,000	120,000
遞延所得稅資產	0	3,200	3,200
投資性不動產	0	56,380	56,380
機器設備	590,000	590,000	0
累計折舊	(40,500)	(94,500)	54,000
資產總計	$789,840	$873,608	
負債與權益			
應付帳款	$9,000	$ 4,000	$ (5,000)
應付費用	6,000	7,000	1,000
合約負債	5,000	2,000	(3,000)
本期所得稅負債	0	1,870	1,870
長期借款	300,000	300,000	0
應付公司債	0	100,000	100,000
應付公司債折價	0	(8,162)	8,162
普通股	435,000	435,000	0
保留盈餘	34,840	91,900	57,060
庫藏股票	0	(60,000)	60,000
負債與權益總計	$789,840	$873,608	

甲公司
×3 年損益表

營業收入		$870,000
營業成本		(490,000)
營業毛利		380,000
營業費用		
利息費用	$16,820	
折舊費用	54,000	
其他費用	237,000	(307,820)
營業利益		72,180
營業外收入及支出		
利息收入	3,440	
投資性不動產評價利益	6,380	9,820
稅前淨利		82,000
所得稅費用		(13,940)
本期淨利		$68,060

其他相關資訊

1. ×3 年初以 $50,000 購入土地,分類為投資性不動產且 ×3 年底仍繼續持有。
2. ×3 年初以 $120,000 購入 1.2%,每年底付息,5 年到期之平價發行公司債,分類為按攤銷後成本衡量之債務工具投資。
3. ×3 年 7 月 1 日以 $91,018 之價格發行票面利率 2%,每年 6 月 30 日與 12 月 31 日付息之 5 年期公司債 $100,000。
4. ×3 年僅宣告並發放現金股利 $11,000,未宣告或發放股票股利。
5. ×3 年買回庫藏股 5,000 股,年底仍全數尚未售出。

19.2.3.1　甲公司 ×3 年之營業活動現金流量

　　甲公司 ×3 年之營業活動現金流量計算方式,和 ×1 年與 ×2 年大致相同,但增加了「投資性不動產評價利益」、「利息收入」、「應付公司債折價」、「遞延所得稅資產」與「本期所得稅負債」等影響營業活動現金流量之項目。「利息收入」係甲公司持有金融資產「按攤銷後成本衡量之債務工具投資」之收益,且假設其利息收入與所取之現金利息相等。購入與出售該等債券與不動產屬投資活動,但前者產生之利息得選擇歸類為營業或投資活動,甲公司選擇

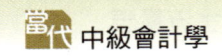

將其歸類為營業活動。甲公司×3年綜合損益表中之「利息收入」為$3,440，因無相關資產負債項目調整項，故其現金流量影響即為現金流入$3,440。「投資性不動產評價利益」$6,380則為非現金性質之收益，現金流量影響為$0。

「應付公司債折價」涉及利息費用之現金流量影響。「應付公司債折價」之攤銷，即損益表認列之利息費用高於支付之現金數。由其他相關資訊可知，甲公司於×3年7月1日以$91,018之價格發行票面利率2%，每年6月30日與12月31日付息之5年期公司債$100,000，即發行時折價數為$8,982。而×3年底之應付公司債折價餘額為$8,162，$820之折價攤銷數即為利息費用高於支付現金數，亦即×3年12月31日有相關分錄如下：

利息費用	1,820	
應付公司債折價		820
現金		1,000

採間接法調整時，則得依照先前歸納之直觀概念，「應付公司債折價」為負債減項，其減少數為負債之增加數，應由本期淨利中加入。

「遞延所得稅資產」與「本期所得稅負債」則涉及所得稅費用之現金流量影響。×3年「遞延所得稅資產」餘額增加$3,200，「本期所得稅負債」餘額增加$1,870，亦即×3年支付所得稅之現金流出為$15,270，故×3年認列所得稅費用之相關分錄如下：

遞延所得稅資產	3,200	
所得稅費用	13,940	
本期所得稅負債		1,870
現金		15,270

採間接法調整時，則得依照先前歸納之直觀概念，「遞延所得稅資產」為資產，其增加數應由本期淨利中減去，「本期所得稅負債」為負債，其增加數應由本期淨利中加入。

甲公司×3年之營業活動現金流量為$104,170，其於直接法與間接法下之詳細計算過程呈現如下。實際之報表表達格式，則待說

明投資與籌資活動現金流量後,一併呈現於甲公司×3年完整之現金流量表。

			調整之方向與幅度	營業活動現金流入(出)
直接法	收益	營業收入 $870,000	＋$4,000(應收款項之減少) －$3,000(合約負債之減少)	$871,000
		利息收入 $3,440		$3,440
		投資性不動產評價利益 $6,380	－$6,380(非現金性質之收益)	$0
	費損	營業成本 $490,000	＋$10,000(存貨之增加) ＋$5,000(應付帳款之減少)	$(505,000)
		利息費用 $16,820	－$820[應付公司債之增加(折價攤銷)]	$(16,000)
		折舊費用 $54,000	－$54,000(非現金性質之費損)	$(0)
		其他費用 $237,000	－$2,000(預付費用之減少) －$1,000(應付費用之增加)	$(234,000)
		所得稅費用 $13,940	＋$3,200(遞延所得稅資產之增加) －$1,870(本期所得稅負債之增加)	$(15,270)
	編表	營業活動現金流入(出)＝$871,000＋$1,440＋$2,000－$505,000－$0－$16,000－$234,000－$15,270＝<u>$104,170</u>		
間接法		本期淨利 $68,060	＋$54,000(非現金性質之費損) －$6,380(非現金性質之收益) ＋$4,000(應收款項之減少) ＋$2,000(預付費用之減少) －$10,000(存貨之增加) －$5,000(應付帳款之減少) ＋$1,000(應付費用之增加) －$3,000(合約負債之減少) ＋$820[應付公司債之增加(折價攤銷)] －$3,200(遞延所得稅資產之增加) ＋$1,870(本期所得稅負債之增加)	<u>$104,170</u>

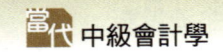

19.2.3.2　甲公司 ×3 年之投資活動現金流量

甲公司 ×2 年之資產項目變動中，非與營業活動相關者為「以攤銷後成本衡量債務工具投資」增加 $120,000,「投資性不動產」增加 $56,380，與累計折舊增加 $54,000。累計折舊之增加數係來自 ×3 年認列之折舊費用，另兩項之增加則係購入金融資產。其他相關資訊中可知，甲公司 ×3 年初支付現金 $50,000 購入投資性不動產且 ×3 年底仍繼續持有。另 ×3 年初亦支付現金 $120,000 購入平價發行之公司債，分類為按攤銷後成本衡量債務工具投資。

19.2.3.3　甲公司 ×3 年之籌資活動現金流量

甲公司 ×3 年非流動負債之變動為「應付公司債」增加 $100,000 與「應付公司債折價」增加 $8,162。於營業活動現金流量部分分析時已說明，此係甲公司於 ×3 年 7 月 1 日以 $91,018 之價格發行公司債，其後並攤銷 $820 所致，故甲公司 ×3 年發行公司債造成現金流入 $91,018。

權益項目中保留盈餘增加 $57,060，庫藏股票增加 $60,000。保留盈餘增加數配合甲公司 ×3 年本期淨利 $68,060，且當年並未宣告發放股票股利，故知係宣告並發放現金股利 $11,000。另由其他相關資訊中可知，甲公司 ×3 年買回庫藏股票 5,000 股，且年底仍全數尚未售出，故知係以每股 $12 購入庫藏股票，共支付 $60,000。

19.2.3.4　甲公司 ×3 年之直接法與間接法現金流量表

綜合以上討論，甲公司 ×3 年之直接法與間接法現金流量表表達如下：

甲公司
×3 年現金流量表
（直接法）

營業活動之現金流量：		
從客戶收取現金	$871,000	
收取利息**	3,440	
支付存貨供應商	(505,000)	
支付其他費用	(234,000)	
支付利息*	(16,000)	
支付所得稅	(15,270)	
營業活動之淨現金流入（流出）		$104,170
投資活動之現金流量：		
購買投資性不動產	(50,000)	
購買按攤銷後成本衡量債務工具投資	(120,000)	
投資活動之淨現金流入（流出）		(170,000)
籌資活動之現金流量：		
舉借公司債	91,018	
買回庫藏股票	(60,000)	
發放現金股利*	(11,000)	
籌資活動之淨現金流入（流出）		20,018
本期現金及約當現金增加（減少）數		(45,812)
期初現金及約當現金餘額		196,340
期末現金及約當現金餘額		$150,528

*　利息及股利支付之現金流量應以各期一致之方式，選擇分類為營業或籌資活動。
**　利息及股利收取之現金流量應以各期一致之方式，選擇分類為營業或投資活動。

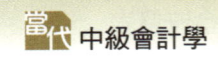

甲公司
×3年現金流量表
(間接法)

營業活動之現金流量:		
本期淨利		$ 68,060
調整		
收益費損項目:		
折舊費用	$ 54,000	
投資性不動產評價利益	(6,380)	
與營業活動相關之資產/負債變動數:		
應收款項減少	4,000	
存貨增加	(10,000)	
預付費用減少	2,000	
遞延所得稅資產增加	(3,200)	
應付帳款減少	(5,000)	
應付費用增加	1,000	
合約負債減少	(3,000)	
本期所得稅負債增加	1,870	
應付公司債增加—折價攤銷	820	36,110
營業活動之淨現金流入(流出)		104,170
投資活動之現金流量:		
購買投資性不動產	(50,000)	
購買按攤銷後成本衡量債務工具投資	(120,000)	
投資活動之淨現金流入(流出)		(170,000)
籌資活動之現金流量:		
舉借公司債	91,018	
買回庫藏股票	(60,000)	
發放現金股利*	(11,000)	
籌資活動之淨現金流入(流出)		20,018
本期現金及約當現金增加(減少)數		(45,812)
期初現金及約當現金餘額		196,340
期末現金及約當現金餘額		$150,528

＊利息及股利支付之現金流量應以各期一致之方式，選擇分類為營業或籌資活動。

19.2.3.5　甲公司 ×3 年之「改良式間接法」現金流量表

　　甲公司 ×3 年之營業活動現金流量為 $104,170，其於間接法與改良式間接法下之詳細計算過程呈現如下。另甲公司 ×3 年之「改良式間接法」現金流量表亦列示如後以供比較。

　　要特別注意的是，因「改良式間接法」現金流量表中，對利息與股利收付之現金流量係採單行揭露方式，故相關遞延資產負債(如應付公司債折溢價、遞延所得稅資產負債) 及應計資產負債(如本期所得稅資產負債) 之增減，即無須再列入調整。

表 19-5　「改良式間接法」現金流量表

		調整項類別	兩方法下之表達		
間接法	本期淨利 $68,060	+$54,000(非現金性質之費損) −$6,380(非現金性質之收益) +$4,000(應收款項之減少) +$2,000(預付費用之減少) −$10,000(存貨之增加) −$5,000(應付帳款之減少) +$1,000(應付費用之增加) −$3,000(合約負債之減少) +$820[應付公司債之增加(折價攤銷)] −$3,200(遞延所得稅資產之增加) +$1,870(本期所得稅負債之增加)	$104,170(營業活動之淨現金流入)		
改良式間接法	稅前淨利 $82,000	+$54,000(非現金性質之費損) +$16,820(利息費用) −$6,380(非現金性質之收益) −$3,440(利息收入) +$4,000(應收款項之減少) +$2,000(預付費用之減少) −$10,000(存貨之增加) −$5,000(應付帳款之減少) +$1,000(應付費用之增加) −$3,000(合約負債之減少)	=$132,000(營運產生之現金)	−支付利息 $16,000 +收取利息 $3,440 −支付所得稅 $15,270	=$104,170(營業活動之淨現金流入)

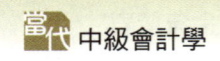

甲公司
×3 年現金流量表（改良式間接法）

營業活動之現金流量：		
稅前淨利		$82,000
調整		
收益費損項目：		
折舊費用	$ 54,000	
投資性不動產評價利益	(6,380)	
利息費用	16,820	
利息收入	(3,440)	
與營業活動相關之資產/負債變動數：		
應收款項減少	4,000	
存貨增加	(10,000)	
預付費用減少	2,000	
應付帳款減少	(5,000)	
應付費用增加	1,000	
合約負債減少	(3,000)	50,000
營運產生之現金		132,000
支付利息*		(16,000)
支付所得稅		(15,270)
收取利息**		3,440
營業活動之淨現金流入（流出）		104,170
投資活動之現金流量：		
購買投資性不動產	(50,000)	
購買按攤銷後成本衡量債務工具投資	(120,000)	
投資活動之淨現金流入（流出）		(170,000)
籌資活動之現金流量：		
舉借公司債	91,018	
買回庫藏股票	(60,000)	
發放現金股利*	(11,000)	
籌資活動之淨現金流入（流出）		20,018
本期現金及約當現金增加（減少）數		(45,812)
期初現金及約當現金餘額		196,340
期末現金及約當現金餘額		$150,528

* 利息及股利支付之現金流量應以各期一致之方式，選擇分類為營業或籌資活動。
** 利息及股利收取之現金流量應以各期一致之方式，選擇分類為營業或投資活動。

19.3 編製現金流量表之進階討論

19.3.1 支付利息現金流量之分類

　　國際財務報導準則要求利息支付之現金流量應單獨揭露，無論係認列為費用或依 IAS 23 規定予以資本化者，均應揭露。而 IAS 23 中對符合資本化要件之資產，除定義其為必須經一段相當長期間始達到預定使用或出售狀態之資產外，亦說明存貨、廠房、無形資產、投資性不動產，均可能為符合要件之資產。在支付之利息可能認列為資產成本情況下，除直接可歸屬於符合資本化要件資產之特定借款外，一般借款之利息支付即需適當分攤於認列為費用者與資本化者。

　　當符合資本化要件之資產為存貨時，資本化利息之支付造成之現金流出須分類為營業活動，但係認列於存貨成本中，故編製直接法與「改良式間接法」之現金流量表時須於「存貨」與「銷貨成本」之調整時辨認，不列入「支付給供應商之現金」而列入「支付利息之現金」中。但當符合資本化要件之資產為廠房、無形資產、投資性不動產時，資本化利息之支付造成之現金流出則須分類為投資活動。加以國際財務報導準則原本即允許利息支付之現金流量選擇分類為營業或籌資活動，是以利息支付現金流量可能分類為營業、投資或籌資活動。

19.3.2 支付所得稅現金流量之分類

　　國際財務報導準則要求來自所得稅之現金流量應單獨揭露，且通常分類為來自營業活動之現金流量，除非其可明確辨認屬於籌資及投資活動，亦即除非實務上可辨認所得稅之現金流量與產生分類為投資或籌資活動現金流量之個別交易有關。

　　所得稅係由現金流量表中分類為營業、投資或籌資活動現金流量之交易所致，但所得稅費用可能可以立即辨認是否與投資或籌資活動有關，如出售設備利益（損失）衍生的所得稅費用（利益），但相關所得稅現金流量之辨認經常在實務上不可行，且可能發生於與相關交易現金流量不同之期間。是以在 IAS 7 釋例與我國財務報告

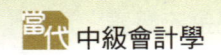

編製準則附表之現金流量表中,雖均有出售設備列示於投資活動,但通常仍將支付所得稅全數分類為營業活動之現金流量。

19.3.3 應收款項預期信用減損損失之調整

以直接法與間接法編製現金流量表時,其調整項目中均含「非現金性質的收益費損」。評價應收款項時認列之預期信用減損損失屬「非現金性質的費損」,但其是否須列為調整項,則有以下三種情形:

1. 直接法下編製之現金流量表,需將預期信用減損損失轉換成營業活動現金流出為 $0,並減除當期沖銷之應收帳款。
2. 間接法 (含改良式間接法) 下編製之現金流量表,若調整應收款項之增減時,係就應收款項總額,亦即未減去備抵損失 (備抵呆帳) 前金額之增減,與當期沖銷之應收款項 (須減除) 分別處理,則需於本期淨利 (稅前淨利) 中加回預期信用減損損失。
3. 間接法 (含改良式間接法) 下編製之現金流量表,若調整應收款項之增減時,係就應收款項淨額,亦即應收款項減去備抵損失後所得金額之增減處理,則無須調整預期信用減損損失。

以下以簡例說明此概念。

丙公司本期應收帳款與備抵損失之期初期末餘額資料如下。該公司本期銷貨收入 $100 (均為賒銷),收現 $70,沖銷無法收回之帳款 $3,提列信用減損損失 $4。假設該公司本期並無其他收益與費損項目,且不考慮所得稅,則丙公司本期淨利為 $96 (= 銷貨收入 $100 – 信用減損損失 $4)。

	期初餘額	期末餘額	本期增 (減)
應收帳款總額	$10	$37	$27
備抵損失	(5)	(6)	(1)
應收帳款淨額	$ 5	$31	$26

由上資料可知,丙公司本期應收帳款與備抵損失分類帳中之變動如下:

應收帳款			備抵損失	
$10（期初）				$5（期初）
100（賒銷）	$70（收現）	$3（沖銷）		4（提列信用減損損失）
	3（沖銷）			
$37（期末）				$6（期末）

丙公司本期之營業活動現金流量為 $70，其於直接法與間接法下之詳細計算過程如下。由其中間接法部分可知，加回信用減損損失並調整應收款項總額增減所得之調整數，與僅調整應收款項淨額增減完全相同。

			調整之方向與幅度	營業活動現金流入（出）
直接法	收益	銷貨收入 $100	－$27（應收帳款總額之增加） －$3（沖銷應收帳款）	$70
	費損	信用減損損失 $4	－$4（非現金性質之費損）	$(0)
	編表	營業活動現金流入（出）＝$70－$0＝$70		
間接法	本期淨利 $96	總額	＋$4（非現金性質之費損） －$27（應收帳款**總額**之增加） －$3（沖銷應收帳款）	$70
		淨額	－$26（應收帳款**淨額**之增加）	

由上述簡例亦可知，在以直接法或間接法且就應收款項總額調整編製現金流量表時，應收款項沖銷數亦需調整而由銷貨收入或本期淨利中減除；但以間接法且應收款項淨額調整編製現金流量表時，應收款項沖銷數則無須調整。

19.3.4　存貨跌價損失之調整

根據 IAS 2，存貨需以成本與淨變現價值孰低衡量，且沖減至淨變現價值之跌價損失金額需列入銷貨成本中。此時銷貨成本中含有無現金流出之跌價損失，金額是否需將其由銷貨成本中獨立辨認出來，而後等同其他「非現金性質的費損」進行調整？

存貨跌價損失與應收款項呆帳的性質非常類似，均為資產減損之非現金性質的費損，故其於現金流量表編製時之處理亦雷同，有以下三種情形：

1. 直接法下編製之現金流量表，在將銷貨成本轉換為「支付存貨供應商之現金流出」時，先以就存貨淨額之增減轉換為本期進貨數，再就「應付帳款」與「預付貨款」等資產負債調整。
2. 間接法 (含改良式間接法) 下編製之現金流量表，若存貨之增減時，係就存貨總額，亦即未減去備抵跌價損失前金額之增減處理，則需於本期淨利 (稅前淨利) 中加回跌價損失金額。
3. 間接法 (含改良式間接法) 下編製之現金流量表，若調整存貨之增減時，係就存貨淨額，亦即存貨減去跌價損失後所得金額之增減處理，則無須加回跌價損失。

以下亦以簡例說明此概念。

丙公司本期存貨與備抵跌價損失之期初期末餘額資料如下。該公司本期進貨 $100 均為現金購買)，銷貨成本 $74 (其中 $70 係出售商品之成本，$4 係跌價損失)。

	期初餘額	期末餘額	本期增 (減)
存貨總額	$10	$40	$30
備抵跌價損失	(5)	(9)	(4)
	$5	$31	$26

由上述資料可知，丙公司存貨、備抵跌損價損失與銷貨成本分類帳中之變動如下：

存貨		備抵跌價損失		銷貨成本	
$10 (期初)	$70 (出售商品)		$5	$70 (出售商品)	
100 (付現購貨)			4 (認列跌價損失)	4 (認列跌價損失)	
$40			$9	$74	

丙公司本期支付供應商之現金流出為 $100。故於直接法下編製現金流量表時，先將銷貨成本 $74 加計存貨淨額增加數 $26 得出本期進貨數 $100，而本期進貨均為現金購買 (即「應付帳款」與「預付貨款」並無變動)，故本期支付供應商之現金流出為 $100。

而於間接法 (含改良式間接法) 下編製現金流量表時，可減去存貨總額之增加數 $30，再加回跌價損失 $4，即將淨利中之銷貨成本 $74 轉成支付供應商之現金流出 $100 [= $(74) − $30 + $4]；亦可直接減去存貨淨額之增加數 $26，將銷貨成本 $74 轉成支付供應商之現金流出 $100 [= $(74) − $26]。

19.3.5 特殊之營業活動之現金流量

出售不動產、廠房及設備相關之現金流量，通常分類為來自投資活動之現金流量。但若企業之正常活動過程中，即包括持有以供出租之不動產、廠房及設備項目與例行性地對外銷售該資產，亦即不動產、廠房及設備項目符合 IAS 16.68A 條件時，則製造或取得該資產之現金支付，出租該資產收取之租金，後續出售該等資產之現金收取均應分類為屬來自營業活動之現金流量。如租車公司之正常活動為出租車輛及出售汰換下來的中古車，即符合此類情況。

另取得與出售金融資產之現金流量，亦通常分類為來自投資活動之現金流量。惟金融業可能因自營或交易目的而持有證券及放款。在此情形下該證券及放款與為專供再出售而取得之存貨類似，故取得及出售自營或交易目的證券之現金流量被分類為營業活動。同樣地，金融機構業之現金墊款及放款因與該企業主要營收活動相關，亦通常被分類為營業活動。

交易目的金融資產之相關現金流量既被分類為營業活動現金流量，則有間接法與直接法兩種表達方式。但須特別注意的是，交易目的金融資產之相關調整數或現金流量金額之方式，應如何由相關資產餘額變化與損益項目「翻譯」而得？交易目的金融資產在資產負債表中係以公允價值衡量，而其自買入至處分間每期均將公允價值變動數認列為評價損益計入本期淨利。一個直覺的處理是，將評價損益視為非現金之收益費損項目，故於間接法中之將評價利益由

本期淨利中減除，評價損失則由本期淨利中加回，再調整相關資產負債項目之增減。然此處理方式應用於交易目的金融資產，且該金融資產之處分損益亦列入評價損益時，將無法正確求出其相關之現金流量。

舉一簡例而言，交易目的金融資產 A 於 ×1 年中以 $10 買入，×1 年底公允價值為 $13，×2 年中以當時公允價值 $15 處分，則就該資產 ×1 年將認列評價利益 $3，×2 年將認列評價利益 $2。該資產之帳面金額 ×1 年初為 $0（尚未買入），×1 年底為 $13（公允價值），×2 年底為 $0（已處分），故以上述錯誤方式處理時，間接法中之調整為：

×1 年：本期淨利 – $3（評價利益）– ($13 – $0)（資產增加）
　　　　= 本期淨利 – $16

×2 年：本期淨利 – $2（評價利益）+ ($13 – $0)（資產減少）
　　　　= 本期淨利 + $11

然仔細觀察此調整結果之意義，本期淨利中原已包含評價損益，若暫且以「其他部分淨利」代表不含評價利益之本期淨利部分，則此調整結果意謂：

×1 年：本期淨利 – $16 = 其他部分淨利 + $3（評價利益）– $16
　　　　= 其他部分淨利 – $13

×2 年：本期淨利 + $11 = 其他部分淨利 + $2（評價利益）+ $11
　　　　= 其他部分淨利 + $13

亦即代表交易目的金融資產 A 對營業活動現金流量之影響，在 ×1 年為現金流出 $13，×2 年為現金流入 $13？然由本例背景可輕易知道，應係 ×1 年為現金流出 $10，×2 年為現金流入 $15。此簡例明白顯示，「將評價（損）益由本期淨利中（加回）減除，再調整相關資產增減」之處理方式不適用於求出交易目的金融資產之相關現金流量。

正確作法是，間接法中交易目的金融資產之相關調整數為加（減）交易目的金融資產減少（增加）數，無須（加回）減除評價（損）益。此可以上述簡例數字先行初步印證。依此調整方式，間接法中

透過損益按公允價值衡量之金融資產之相關調整此交易目的金融資產相同；但透過損益按公允價值衡量之金融資產之現金流量應屬營業活動或投資活動。

之調整如下，可正確顯示就交易目的金融資產 A 對營業活動現金流量之影響而言，×1 年為現金流出 $10，×2 年為現金流入 ×1 年 $15：

×1 年：本期淨利 − ($13 − $0)（資產增加）
　　　　= 本期淨利 − $13
　　　　= 其他部分淨利 + $3（評價利益）− $13
　　　　= 其他部分淨利 − $10

×2 年：本期淨利 + ($13 − $0)（資產減少）
　　　　= 本期淨利 + $13
　　　　= 其他部分淨利 + $2（評價利益）+ $13
　　　　= 其他部分淨利 + $15

而直接法中，交易目的金融資產之相關淨現金流量為：評價損益﹝利益為正數或損失為負數﹞−（期末交易目的金融資產 − 期初交易目的金融資產），即評價損益﹝利益為正數或損失為負數﹞減交易目的金融資產增加數，或加交易目的金融資產減少數。

此正確調整方式之導出過程說明如下：影響交易目的金融資產餘額之交易計有買入，評價與處分三個情況，其分錄分別為：

交易目的金融資產　　A	評價損失　　　　　　Y
現金　　　　　　　　A	交易目的金融資產　　Y
（買入交易目的金融資產）	（公允價值下降時之評價）
交易目的金融資產　　X	現金　　　　　　　　B
評價利益　　　　　　X	交易目的金融資產　　B
（公允價值增加時之評價）	（處分交易目的金融資產）

A，B，X，Y 分別代表本期中此類交易之總金額，則交易目的金融資產此項目本期之變化可表示為：（交易目的金融資產期末數 − 交易目的金融資產期初數）= A + X − B − Y（如下）。

交易目的金融資產

期初數	
A	B
X	Y
期末數	

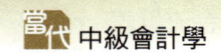

而本期交易目的金融資產相關之現金流量為本期處分之現金流入減除本期買入之現金流出，即 B – A，故將上述交易目的金融資產本期之變化式移項整理可得：

$$B - A = (X - Y) - \begin{pmatrix} 交易目的 \\ 金融資產期末數 \end{pmatrix} - \begin{pmatrix} 交易目的 \\ 金融資產期初數 \end{pmatrix} \quad \cdots (11)$$

而 (X – Y) 即為本期之評價損益淨額，若 X > Y，即淨額為評價利益 (正數)；若 X < Y，即淨額為評價損失 (負數)；故得到：

$$\begin{pmatrix} 交易目的 \\ 金融資產相關 \\ 淨現金流量 \end{pmatrix} = \begin{bmatrix} 評價損益 \\ 利益為正數 \\ 或損失為負數 \end{bmatrix} - \begin{pmatrix} 交易目的 & 交易目的 \\ 金融資產 - 金融資產 \\ 期末數 & 期初數 \end{pmatrix} \quad \cdots (12)$$

故於直接法下，直接表達以此調整方式 (式 (12)) 求出之交易目的金融資產相關淨現金流量；而於間接法下，因評價損益已計入本期淨利中，僅須調整交易目的金融資產餘額之增減即可。

此正確調整方式乍看與通常處理方式不同，然讀者可以與「第 19.3.3 節應收款項預期信用減損損失之調整」參照。預期信用減損損失亦為非現金之費損項目，然在間接法中以應收帳款淨額 (即應收帳款減備抵損失後之餘額) 調整時無須於本期淨利中加回；而交易目的金融資產在資產負債表中係以公允價值衡量，公允價值為原始成本加 (減) 備抵評價項目後之餘額，類同應收帳款之淨額，故無須於本期淨利中加回 (減除) 評價損益。

19.3.6　其他綜合損益項目於現金流量表編製時之考量

其他綜合損益項目之組成部分包括不動產、廠房及設備與無形資產之重估增值變動；透過其他綜合損益按公允價值衡量之債務工具投資評價損益；透過其他綜合損益按公允價值衡量之權益工具投資評價損益；確定福利計畫再衡量損益；現金流量避險中屬有效避險部分之避險工具利益及損失；國外營運機構財務報表換算之兌換差額等項目。其中前四項屬中級會計學之討論範圍，後兩項屬高等會計學之討論範圍，故以下即逐一討論其於現金流量表編製時之考量。

首先討論不動產、廠房及設備與無形資產之重估增值變動。因

不動產、廠房及設備與無形資產得採重估價模式衡量，故當有重估增值變動之其他綜合損益項目存在時，即須辨認不動產、廠房及設備與無形資產等資產之增減，係源自購入與出售或重估增值變動，再決定其是否屬相關之投資活動之現金流量。此外，存在重估增值變動時，綜合損益表中本期淨利部分之折舊費用與處分損益均含重估增值變動之影響在內，如重估價增加會使折舊費用提高，處分前是否先進行重估價會使處分損益不同，惟於現金流量表編製時，折舊費用與處分損益因分屬「非現金性質的費損」及「與投資或籌資現金流量相關之收益費損」均係由營業活動現金流量中全數消除者，故無須另行調整。至於重估增值變動之其他綜合損益，則因其並無現金影響，且間接法(改良式間接法)下之本期淨利現金流量表係由本期淨利(稅前淨利)開始調整，而非由綜合損益總額開始調整，故亦無須另行處理。

在現金流量表編製時之考量上，透過其他綜合損益按公允價值衡量之債務工具投資評價損益與不動產、廠房及設備與無形資產之重估增值變動十分類似。當有透過其他綜合損益按公允價值衡量之債務工具投資評價損益之其他綜合損益時，即須該類金融資產之增減，係源自購入與出售或公允價值變動，再決定其是否屬投資活動之現金流量。此外，該類金融資產之處分損益因屬「與投資或籌資現金流量相關之收益費損」，須由營業活動現金流量中全數消除。至於該類金融資產評價損益之其他綜合損益，亦同樣無須另行調整。至於透過其他綜合損益按公允價值衡量之權益工具投資則因評價及處分均不影響損益，而無須調整；其購入與處分則列入投資活動之現金流量。

確定福利計畫再衡量損益對現金流量表編製之影響較為複雜。確定福利費用與淨確定福利負債之關係如下式(13)及(14)：

$$\text{淨確定福利負債期初餘額} + \text{確定福利費用} + \text{再衡量其他綜合損失(利益)} - \text{提撥計畫資產之付現} = \text{淨確定福利負債期末餘額} \quad \ldots(13)$$

$$\text{提撥計畫資產之付現} = \text{確定福利費用} + \text{再衡量其他綜合損失(利益)} - \left(\text{淨確定福利負債期末餘額} - \text{淨確定福利負債期初餘額}\right) \quad \ldots(14)$$

此時若以直接法編製現金流量表，則應將確定福利費用金額中加上（減除）再衡量其他綜合損失（利益）金額，再減除（加上）淨確定福利負債之增加（減少）數；而間接法（含改良式間接法）下之現金流量表，則應於本期淨利（稅前淨利）中加上（減去）再衡量其他綜合利益（損失），再加上（減除）淨確定福利負債之增加（減少）數。以簡例說明此概念如下：

丁公司本期淨確定福利負債期初餘額為 $80，本期提撥計畫資產支付 $70，並發生確定福利計畫再衡量損失 $30。若該公司確定福利義務現值與計畫資產公允價值之期末餘額分別為 $600 與 $400，則期末補列淨確定福利負債之分錄如下：

確定福利費用	160	
其他綜合損益—再衡量損失	30	
現金		70
淨確定福利負債 [($600 − $400) − $80]		120

直接法下：$70（付現數）= $160（確定福利費用）+ $30（再衡量損失）− $120（淨確定福利負債增加）

間接法下：本期淨利 − $30（再衡量損失）+ $120（淨確定福利負債增加）

19.3.7　股份基礎給付於現金流量表編製時之考量

公司以股份基礎給付交易取得商品或收取勞務時，得採權益交割或現金交割方式來支付對價。權益交割係公司以本身權益工具支付；現金交割係公司以現金或其他資產償付應付對價之負債，而負債金額由公司本身之股票或其他權益工具價值所決定。

在權益交割之股份基礎給付交易中，公司須以所取得商品或勞務之公允價值衡量，並據以衡量相對之權益增加。但當商品或勞務之公允價值無法可靠估計時，則依所給與權益工具於給與日之公允價值衡量；而其認列項目為借記資產或費用，貸記權益。故以權益交割之股份基礎給付取得商品或勞務時，其相應之資產或費用增加並無現金之流出，編製現金流量表進行調整時須特別注意。例如，在以權益交割之股份基礎給付取得員工勞務時，就該員工薪資應認

列為期間費用，存貨成本，或不動產、廠房及設備成本三種情況中，現金流量表編製時其相關的調整分別討論如下：

1. 員工薪資應認列為期間費用時：薪資費用之現金支付屬營業活動，但此時薪資費用之增加並無現金之流出，故採間接法編製時應將此部分薪資費用於淨利中加回；採直接法編製時應將此部分薪資費用由支付薪資之現金流出中排除。

2. 員工薪資應認列為存貨成本時：購貨之現金支付屬營業活動，但此時存貨之增加並非來自支付現金購貨，故採間接法編製時應將此部分存貨於淨利中加回；採直接法編製時應將此部分存貨由購貨之現金流出中排除。

3. 員工薪資應認列為不動產、廠房及設備成本時：購買不動產、廠房及設備之現金支付屬投資活動，但此時不動產、廠房及設備之增加並非以現金購買，故應將此部分不動產、廠房及設備由購買不動產、廠房及設備之現金流出中排除。

在現金交割之股份基礎給付交易中，公司須以所承擔負債之公允價值衡量所取得之商品或勞務，而負債之公允價值決定於公司本身之股票或其他權益之公允價值；且公司應於每一報導期間結束日及交割日再衡量負債之公允價值，並將公允價值之任何變動認列於本期損益直至負債交割。故交割日前原始與後續衡量時，認列項目為借(貸)記資產或費用，貸(借)記負債，其相應之資產或費用增減並無現金流量影響。交割日時則支付現金以償付相應負債。

以下同樣討論在以現金交割之股份基礎給付取得員工勞務時，就該員工薪資應認列為期間費用，存貨成本，或不動產、廠房及設備成本三種情況下，現金流量表編製之相關的調整：

1. 員工薪資應認列為期間費用時：薪資費用之現金支付屬營業活動，但發生於交割日前薪資費用之增加(減少)並無相關之現金流出增加(減少)，故採間接法編製時應將此部分薪資費用於淨利中加回(減除)；採直接法編製時應將此部分薪資費用由支付薪資之現金流出中排除(加回)。至於交割日時支付現金償付相應負債造成之負債減少金額，故採間接法編製時應將其於淨利中減除；採直

接法編製時應將其計入支付薪資之現金流出中。

2. 員工薪資應認列為存貨成本時：購貨之現金支付屬營業活動，但發生於交割日前存貨之增加（減少）並無相關之現金流出增加（減少），故採間接法編製時應將此部分存貨於淨利中加回（減除）；採直接法編製時應將此部分存貨由購貨之現金流出中排除（加回）。至於交割日時支付現金償付相應負債造成之負債減少金額，故採間接法編製時應將其於淨利中減除；採直接法編製時應將其計入購貨之現金流出中。

3. 員工薪資應認列為不動產、廠房及設備成本時：購買不動產、廠房及設備之現金支付屬投資活動，但發生於交割日前不動產、廠房及設備之增加（減少）並無相關之現金流出增加（減少），故應將此部分不動產、廠房及設備由購買不動產、廠房及設備之現金流出中排除（加回）。至於交割日時支付現金償付相應負債造成之負債減少金額，則應將其計入購買不動產、廠房及設備之現金流出中。

本章習題

問答題

1. 何謂現金流量表？
2. 何謂營業活動之現金流量？投資活動之現金流量？籌資活動之現金流量？
3. 試舉出三種與現金流量無關之會計交易。
4. 公司處分一帳面金額為 $60,000 之設備，其原始成本為 $125,000，處分設備損失為 $9,000，試說明這筆交易在使用間接法之現金流量表中如何表達？
5. 企業可採取直接法或間接法報導營業現金流量，何謂直接法？間接法？
6. 何謂「改良式間接法」？為何需要「改良式間接法」？
7. 請說明在何種情況下，本期經營結果為淨利，但仍有由營業活動產生的淨現金流出？
8. 試為下列項目各舉三個例子：
   (1) 在綜合損益表中列為費用但不造成現金流出的交易。
   (2) 在綜合損益表中列為收入但不造成現金流入的交易。
   (3) 在現金流量表中列為現金流入但不出現在綜合損益表中的交易。
9. 利息收入、利息支出、股利收入及分配之股利應如何表達於現金流量表上？

Chapter 19 現金流量表

選擇題

1. 下列關於現金流量表的敘述，何者錯誤？
   (A) 現金流量表的「現金」包括約當現金
   (B) 得採用直接法或間接法編製，國際會計準則建議企業採用直接法
   (C) 營業活動的現金流量並不包括處分因「交易目的」而持有之權益證券所產生之現金
   (D) 籌資活動所產生之現金流出得包括支付股利　　　　　　　　　　　　　[改編自 99 年會計師]

2. 根據國際財務報表準則，下列項目中有幾項屬於現金流量表之投資活動？(1) 收取股利、(2) 舉借債務、(3) 賣出因交易目的而持有之選擇權合約所產生之現金、(4) 承作貸款及取得債權憑證、(5) 購買庫藏股票。
   (A) 一項　　　　(B) 二項　　　　(C) 三項　　　　(D) 四項　[改編自 95 年會計師]

3. 甲公司本年度稅前淨利 $380,000，而本年度損益表中列有折舊費用 $12,000、出售固定資產利益 $5,000 及所得稅 $38,000，則該公司本年度由營業活動所產生的淨現金流入，為：
   (A) $349,000　　(B) $373,000　　(C) $342,000　　(D) $355,000　[98 年高考]

4. 臺北公司 ×6 年及 ×7 年 12 月 31 日的存貨餘額分別為 $2,000,000 及 $1,880,000，其應付帳款分別為 $800,000 及 $840,000，而 ×7 年度之銷貨成本為 $6,200,000。試問該公司於 ×7 年度為採購存貨共支付多少的現金？
   (A) 6,040,000　(B) 6,120,000　(C) 6,200,000　(D) 6,280,000　[97 年會計師]

5. 甲公司 ×1 年期初應收帳款總額為 $5,000,000，期末應收帳款總額為 $8,000,000，×1 年賒銷 $20,000,000，沖銷無法收回之應收帳款 $500,000，試問該等交易在間接法下對營業活動現金流量之影響及直接法下之銷貨收現數分別為多少？
   (A) 列為本期淨利加項 $3,000,000，銷貨收現 $16,500,000
   (B) 列為本期淨利減項 $3,500,000，銷貨收現 $16,500,000
   (C) 列為本期淨利加項 $3,000,000，銷貨收現 $17,000,000
   (D) 列為本期淨利減項 $3,500,000，銷貨收現 $17,000,000　　　　[改編自 100 年特考]

6. 曉生企業 ×1 年度之折舊費用 $250,000，出售土地利益 $456,000，廠房徵收之利益 $380,000，稅率 25%，應付所得稅減少 $72,000，本期淨利 $2,000,000。曉生企業 ×1 年度營業活動之淨現金流量為何？
   (A) $1,581,000　(B) $1,486,000　(C) $1,437,000　(D) $1,342,000　[101 年會計師]

7. 臺北公司 ×6 年度相關資料如下：

本期淨利	$200,000
支付所得稅	35,000
支付利息	135,000
出售機器得款 (含處分資產損失 $50,000)	170,000

折舊費用	45,000
信用減損損失	20,000
應收帳款淨額增加	30,000

根據以上資料，臺北公司 ×6 年度來自營業活動之現金流量為若干？

(A) $285,000　　(B) $265,000　　(C) $225,000　　(D) $130,000

[改編自 97 年原住民特考]

8. 飛龍企業 ×4 年度現金流量表中顯示營業活動之淨現金流入 $654,000，遞延所得稅資產增加 $81,000，出售設備損失 $100,000，折舊費用 $76,000，支付股利 $98,000，發行公司債 $600,000。飛龍企業 ×4 年度淨利（損）為何？

(A) $(41,000)　　(B) $461,000　　(C) $559,000　　(D) $657,000　[100 年會計師]

9. 東方公司 ×5 年現金流量的相關資訊如下：購買辦公大樓 2,000 萬元，購買庫藏股票 500 萬元，支付利息 100 萬元，收到現金股利 200 萬元，購買北方公司股票 600 萬元，借款給南方公司 300 萬元，購買專利權 200 萬元。東方公司將利息、股利收付之現金皆列入營業活動之現金流量，試問東方公司 ×5 年投資活動之淨現金流出為何？

(A) 2,800 萬元　　(B) 2,900 萬元　　(C) 3,100 萬元　　(D) 3,500 萬元

[改編自 99 年會計師]

10. 下列事項中有幾項屬於現金流量表之籌資活動？①收取股利；②舉借債務；③賣出因交易目的而持有之選擇權合約所產生之現金；④承作貸款及取得債權憑證；⑤購買庫藏股票。

(A) 一項　　(B) 二項　　(C) 三項　　(D) 四項　[100 年會計師]

11. 下列為大甲公司 ×7 年之部分交易：

以給予債券方式取得土地	$250,000
發行債券收到之金額	500,000
購買存貨	950,000
購回庫藏股花費之金額	150,000
購買其他企業之公司債分類為按攤銷後成本衡量之投資	350,000
支付予特別股股東之股利	100,000
發行特別股收到之金額	400,000
出售設備收取之金額	50,000

大甲公司將利息、股利之收取與支付分別列入投資活動與籌資活動。

請問：×7 年大甲公司之投資活動淨現金流出為何：

(A) $50,000　　(B) $300,000　　(C) $550,000　　(D) $650,000

[改編自 97 年高考]

12. 承上題，×7 年大甲公司之籌資活動淨現金流量為？

(A) $550,000　　(B) $650,000　　(C) $800,000　　(D) $900,000

Chapter 19 現金流量表

練習題

1. 【分類】試分辨下列各項目於編製直接法下之現金流量表時，下列各項活動應如何歸類處理？對現金流量表之影響為何？

    (1) 折舊費用
    (2) 以現金買回庫藏股票
    (3) 以現金支付保險費
    (4) 應收帳款增加
    (5) 自客戶收到之現金
    (6) 支付貸款利息
    (7) 提列信用減損損失
    (8) 以現金購買機器
    (9) 合約負債減少
    (10) 出售設備利益
    (11) 來自權益法投資之損失
    (12) 發行公司債之現金收入
    (13) 出售土地所得之現金
    (14) 預付費用增加
    (15) 應付公司債折價攤銷
    (16) 支付現金股利
    (17) 以現金購買其他公司公司債作為長期投資
    (18) 應付薪資增加

2. 【分類】試分辨下列各項目於編製間接法下之現金流量表時，應歸類為何種活動中？請以 a. 至 d. 將下列各項分類，並以「+」代表現金之流入，以「−」代表現金之流出。

    a. 營業活動之現金流量 (屬本期損益調整項目)
    b. 投資活動現金流量
    c. 籌資活動現金流量
    d. 不影響投資或籌資活動現金流量，但應於附註中揭露
    e. 其他

    (1) 應付利息增加
    (2) 存貨減少
    (3) 折舊費用
    (4) 應付公司債溢價攤銷
    (5) 出售庫藏股票
    (6) 交易目的證券投資評價利益
    (7) 應付公司債轉換為普通股
    (8) 採權益法認列之投資損失
    (9) 出售透過其他綜合損益按公允價值衡量之債務工具投資
    (10) 發行負債購買機器
    (11) 合約負債增加
    (12) 應付所得稅減少
    (13) 攤銷費用
    (14) 交易目的金融資產增加
    (15) 預付保險費增加
    (16) 應收帳款減少
    (17) 透過其他綜合損益按公允價值衡量之債務工具投資評價損益
    (18) 發放現金股利
    (19) 出售專利權
    (20) 出售土地利益

3. 【直接法】甲公司 ×8 年度相關損益資料如下：

銷貨收入	$600,000
銷貨成本中原料與人工部分	450,000
銷貨成本中折舊費用部分	15,000
營業費用與所得稅費用 (不含折舊，含信用減損損失 $2,000)	65,000

該公司 ×7 年底與 ×8 年底相關資產負債資料如下：

	×7 年 12 月 31 日	×8 年 12 月 31 日
現金及約當現金	$25,000	$15,000
應收帳款 (總額)	80,000	90,000
存貨	40,000	50,000
預付費用	2,000	3,000
應付帳款	20,000	18,000
應付費用	5,000	7,000

其他相關資料如下：

(1) 發行普通股 $35,000，以換取機器設備。

(2) 以現金購買土地 $60,000。

(3) 發放現金股利 $15,000。

(4) ×8 年沖銷無法收回之應收帳款 $1,000，備抵損失之 ×7 年底與 ×8 年底餘額分別為 $5,000 及 $6,000。

試作：根據上列資料，採直接法編製現金流量表。　　　　　　　　[改編自 98 年關稅特考]

4. 【編製損益表】下列是高雄牙醫診所 ×6 年度現金基礎下編製之損益表及相關資料：

高雄牙醫診所
損益表
×6 年度

門診收入	$ 310,000
營業費用	(152,000)
稅前淨利	158,000
所得稅費用	(58,000)
本期淨利	$100,000

根據帳冊，高雄牙醫診所營業用資產皆係低價值標的資產之租賃，且公司選擇不予以資本化，×6 年度相關資料如下：

	期初餘額	期末餘額
應收帳款	$ 50,000	$ 25,000
合約負債	24,000	38,000
應付費用	15,000	18,000
預付費用	3,000	5,000
本期淨利	100,000	100,000

試作：編製高雄牙醫診所 ×6 年度應計基礎 (權責發生基礎) 下之損益表。

[改編自 96 年高考]

5. 【間接法】三民公司會計年度採曆年制，該公司 ×2 年度之簡明損益表如下：

收入		$26,000
營業費損 (含出售設備損失 $10,000，不含折舊費用)	$15,000	
折舊費用	5,000	(20,000)
稅前淨利		$ 6,000
所得稅費用		(1,000)
本期淨利		$ 5,000

又該公司 ×2 及 ×1 兩年底比較資產負債表中的相關資訊如下：

	×1 年	×2 年
現金	$2,000	$1,000
應收帳款	2,000	1,000
存貨	8,000	9,000
應付帳款	4,000	5,000
應付所得稅	1,000	1,000

試作：以間接法列示三民公司 ×2 年營業活動之現金流量。　　[改編自 101 年特種身心會計]

6. 【不動產、廠房及設備】美新公司 ×8 年度廠房設備之變動彙總如下：

	×7 年 12 月 31 日	×8 年 12 月 31 日
廠房設備	$650,000	$801,250
減：累計折舊	(215,000)	(312,750)
廠房設備淨額	$435,000	$488,500

美新公司 ×8 年度與廠房設備有關之交易如下：

(1) 一部於 ×6 年以 $34,000 購入之機器，以 $5,000 的價格出售，出售時機器之帳面金額為 $5,100。
(2) 以 3 年期票據支付購買新設備之價款。
(3) 本期支付 $35,000 對設備進行增添。

試分析在間接法下，上述交易對美新公司 ×8 年度現金流量表之影響。

7. 【應收帳款】魯卡公司 ×9 年度應收帳款餘額如下，已知魯卡公司 ×9 年賒銷金額為 $20,650,000，×9 年間共沖銷無法收回之應收帳款 $650,000，請分析在直接法及間接法

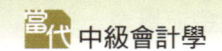

下應收帳款對現金流量表之影響。

	×9年1月1日	×9年12月31日
應收帳款	$7,120,000	$8,950,000
備抵損失	(622,000)	(790,000)
	$6,498,000	$8,160,000

8. 【退職後福利】甲公司所採行確定福利退休金計畫於×2年1月1日之相關資訊如下：

預計福利義務	$(100,000)
退休金計畫資產之公允價值	80,000

公司用以計算確定福利義務現值之折現值為10%。

×2年之相關資訊如下：

服務成本	$60,000
確定福利計畫資產之實際報酬	4,000
再衡量利益(12/31決定之金額)	18,000
×2年基金支付員工退休金	30,000

試作：以下為獨立狀況

(1) 若甲公司×2年提撥計畫資產$40,000，其直接法下×2年現金流量表營業活動現金流量部分之相關金額為何？其間接法下×2年現金流量表營業活動現金流量部分之相關調整為何？

(2) 若甲公司×2年底之淨確定福利負債餘額為$18,000，其直接法下×2年現金流量表營業活動現金流量部分之相關金額為何？其間接法下×2年現金流量表營業活動現金流量部分之相關調整為何？　　　　　　　　　　　　　　　[改編自100年地特會計]

9. 【間接法—改良式】下列為三順公司×5年度有關資料：

折舊和攤銷	$ 32,300
出售設備利益	1,200
發行普通股收現	50,500
利息費用	13,000
銷貨收入	745,000
其他營業費用	42,000
出售設備收現	4,000
股利收現	5,000
銷貨成本	511,200
所得稅費用	13,600
支付股利	10,000
本期淨利	55,100

運用資金增(減)數：

存貨	$55,000
應收帳款	45,800
合約負債	12,600
應付帳款	24,800
預付費用	(5,200)
應付所得稅	(6,800)
應付利息	2,500

試作：若三順公司選擇將收付之利息及收取之股利列入營業活動，將支付之股利列入籌資活動，試以間接法與改良式間接法編製三順公司×5年度現金流量表之營業活動部分。

(1) 間接法。
(2) 改良式間接法。　　　　　　　　　　　　　　　　[改編自97年原民特考]

10. 【直接法 & 間接法】試依下列資料，求算平野公司：

(1) 平野公司當年沖銷無法收回之應收帳款 $5,000，其直接法呈現之營業活動現金流量。
(2) 其間接法呈現之營業活動現金流量。

平野公司當年之流動資產及流動負債當年變動如下：

	增	減
應收帳款(總額)		$16,000
備抵損失(貸餘)		1,000
存貨	$9,000	
預付費用	6,000	
應付帳款	18,000	
應計負債	3,000	

平野公司
損益表

銷貨	$540,000
銷貨成本	(285,000)
銷貨毛利	$255,000
營業費用(含信用減損損失 $4,000)	(105,000)
折舊費用	(30,000)
本期淨利	$120,000

[改編自101年特種身心特考]

Chapter 20

會計政策、會計估計值變動及錯誤

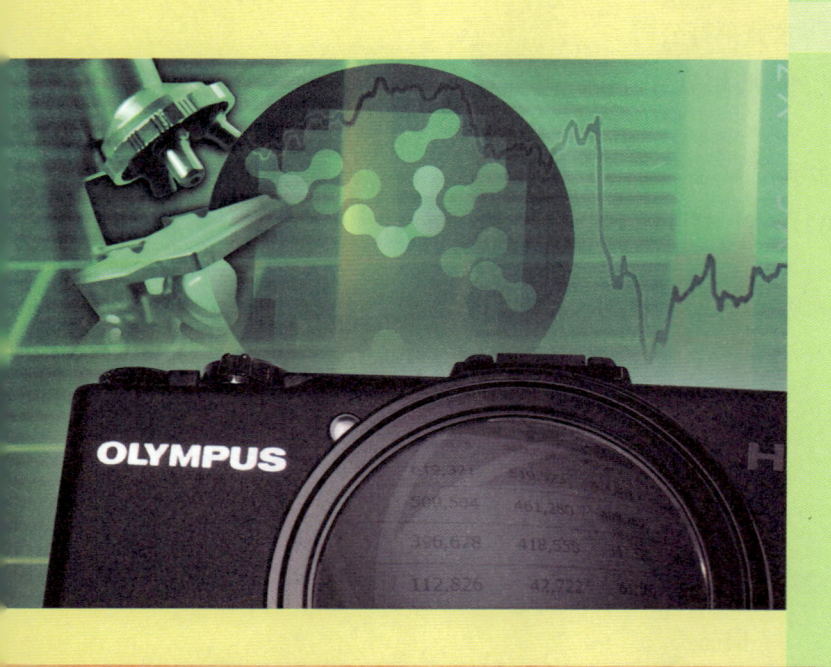

學習目標

研讀本章後，讀者可以了解：
1. 會計變動之種類
2. 會計政策變動之會計處理
3. 會計估計值變動之會計處理
4. 錯誤更正之會計處理
5. 追溯適用及追溯重編之限制

本章架構

會計政策、會計估計值變動及錯誤

會計政策
- 選擇及適用
- 會計政策變動與非會計政策變動之差異
- 追溯適用

會計估計值變動
- 來源
- 推延適用

錯誤
- 重大性
- 追溯重編

限制
- 追溯適用
- 追溯重編

錯誤更正與重編財務報表

　　日本相機及醫療設備製造商奧林巴斯公司 (Olympus Corp.)，於 2011 年底爆發長期財報舞弊事件，成為日本史上最大會計醜聞之一。奧林巴斯公司利用會計漏洞，隱藏約 15 億美元的商業及投資損失。奧林巴斯公司要求由五位律師及一位會計師所組成之獨立調查委員會進行調查，調查報告顯示，數名前奧林巴斯公司高階主管 13 年來刻意以複雜帳務手法隱瞞投資虧損、粉飾財報，導致奧林巴斯公司必須就此錯誤重編過去 5 年財務報表。

　　2011 年金管會進行一般檢查時發現，遠雄人壽將土地售出之後，買方又以該不動產向遠雄人壽貸款，但遠雄人壽在辦理放款業務，未確實考量借戶營運實績及狀況、償還來源、債權保障及放款展望等，即予核貸該鉅額資金。金管會表示，遠雄人壽出售不動產，並對買方融資提供部分的交易價款，依借戶償債能力評估，該不動產相關風險未移轉買方，其收入的認列未符合收入認列之會計處理準則，遠雄人壽必須在該項放款未回收前，應將不動產處分利益予以遞延認列並重編相關年度的財務報表。

當代中級會計學

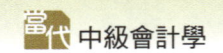

章首故事引發之問題
- 錯誤更正導致重編財務報表對市場有重大影響。
- 錯誤更正與舞弊之關係。

為提升企業財務報表之**攸關性** (relevance) 與**可靠性** (reliability)，以及該等財務報表於不同期間及與其他企業財務報表之可比性，故國際財務報導準則規範企業選擇與變更**會計政策** (accounting policies) 之標準，以及**會計估計值** (accounting estimate) 變動與**錯誤** (error) 更正之會計處理與揭露。本章將分別介紹企業之會計政策、會計估計值變動及錯誤更正之處理。

20.1 會計政策

20.1.1 會計政策之選擇及適用

所謂會計政策係指企業編製及表達財務報表所採用之特定**原則** (principles)、**基礎** (bases)、**慣例** (conventions)、**規則** (rules) 及**實務** (practices)。會計政策之選擇，企業應依圖 20-1 的方式處理。

> **學習目標 1**
> 了解會計政策的選擇及適用原則，並辨別會計政策變動與非會計政策變動之差異，以及了解會計政策變動追溯適用的會計處理

> 會計政策的選擇取決於是否明確適用於某項國際財務報導準則，若是則應適用該準則，否則依管理階層之判斷。

```
        某項交易、其他事項或
        情況會計政策之選擇與適用
                  ↓
            是否明確適用於
          某一國際財務報導準則
          ↙ 是              否 ↘
  適用該國際財務報導準則    管理階層運用其判斷
                          以訂定會計政策
```

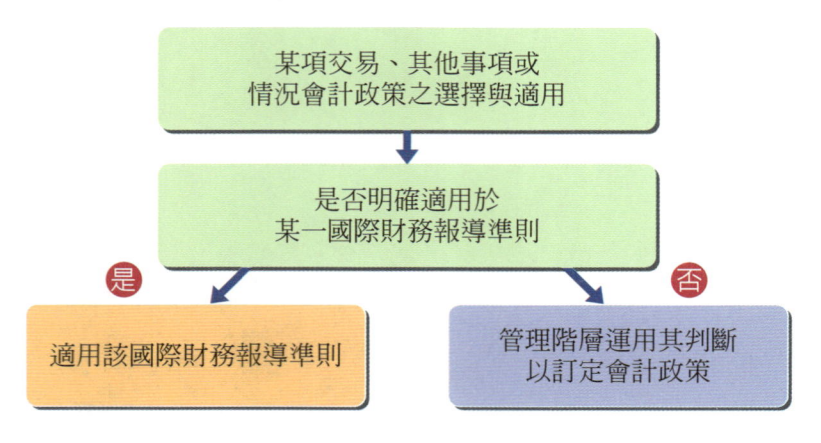

圖 20-1　會計政策之選擇與適用

依特定國際財務報導準則決定該項目應適用之會計政策

當某一國際財務報導準則明確適用於某項交易、其他事項或情況時，應依該國際財務報導準則決定適用該項目之會計政策。國際會計準則理事會 (IASB) 認為，其所產生之財務報表將包括有關適用該等政策之交易、其他事項或情況之攸關且可靠之資訊。當採用該等會計政策之影響不重大時，則無須採用。但企業若為達成特定財務狀況、財務績效或現金流量之特定表達，而蓄意作出 (或未更正) 非重大偏離國際財務報導準則規定時，則仍屬不適當之行為[1]。

管理階層應運用其判斷以訂定會計政策

若無某一特定國際財務報導準則明確可適用於企業之交易、其他事項或情況時，管理階層應運用其判斷以訂定並採用可提供下列資訊之會計政策：

1. 對使用者經濟決策之需求具攸關性；及
2. 具可靠性，即其財務報表具下列特性：

   (1) 忠實表述企業之財務狀況、財務績效及現金流量；
   (2) 反映交易、其他事項或情況之經濟實質，而非僅反映其法律形式；
   (3) 中立性 (即無偏誤)；
   (4) 審慎性；及
   (5) 於所有重大方面係屬完整。

管理階層在作上述判斷時，應依序參考下列來源並考量其適用性：

1. 國際財務報導準則對處理類似及相關議題之規定；及
2. 「財務報導之觀念架構」中對資產、負債、收益及費損之定義、認列條件及衡量觀念。

---

1 各號國際財務報導準則通常附有指引 (guidance) 以協助企業適用其規定。所有之指引均敘明其是否為國際財務報導準則整體之一部分。屬國際財務報導準則整體之一部分之指引為強制性規定。非屬國際財務報導準則整體之一部分之指引，則並非對財務報表之強制規定。

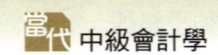

此外，管理階層作判斷時，在不與上述來源衝突之範圍內，管理階層亦可考量其他準則制定機構(惟該機構須係採類似之觀念架構制定其準則)所發布之最新公報、其他會計文獻及公認之產業實務(如我國財務會計準則委員會所發布之解釋函、問答集等)。

20.1.2 會計政策之一致性 (consistency)

企業對於類似交易、其他事項或情況應一致地選擇及適用會計政策，除非某一國際財務報導準則明確規定或允許將項目分類且不同類別宜採用不同會計政策。若某一國際財務報導準則規定或允許前述分類，則各類別應一致地選擇及採用適當之會計政策。

20.1.3 會計政策變動

會計政策變動係指由原採用之會計政策改用另一會計政策。會計政策之變動情況甚多，如存貨評價由加權平均法改為先進先出法等。企業僅於會計政策變動符合下列條件之一時，始應變動其會計政策：

1. 某一國際財務報導準則所規定；或
2. 能使財務報表提供交易、其他事項或情況對企業財務狀況、財務績效或現金流量之影響之可靠且更攸關之資訊。

財務報表使用者須能比較企業不同期間之財務報表，以辨認其財務狀況、財務績效及現金流量之趨勢。因此，除非會計政策變動符合上述之任一條件，各期內及各期間應採用相同之會計政策。

非屬會計政策變動

下列非屬會計政策變動：

> 會計政策變動或非屬會計政策變動經常混淆，讀者應審慎辨認其差異。

1. 交易、其他事項或情況之實質不同於先前發生者，所採用之會計政策；及
2. 對先前未發生或雖發生但不重大之交易、其他事項或情況，所採用之新會計政策。例如，以往性質不重要而採用權宜會計政策處理之交易事項，因交易量增加而改按更合理之會計政策處理。

值得特別注意的是，依國際會計準則第 16 號「不動產、廠房及設備」或國際會計準則第 38 號「無形資產」之規定，初次採用將資產重估價之政策亦為會計政策變動，但係應依國際會計準則第 16 號或國際會計準則第 38 號規定作為重估價處理，而非依本準則處理之會計政策變動。

釋例 20-1　非屬會計政策變動（先前不重大之交易變為重大之交易）

甲公司於 ×3 年 12 月 31 日以前購買生產設備之金額若低於 $200,000，皆以費用列報。甲公司認為生產設備用於商品之生產且預期該設備使用期間雖然超過一期，符合不動產、廠房及設備之定義。但是對於資產總額為 $8,000,000,000 之甲公司而言，將該支出列為本期費用或資產處理對財務報表整體影響並不重大，故對此不重大之交易，甲公司決定將其購買成本作為本期費用。

後續於 ×4 年因全球經濟衰退影響甲公司業務大幅衰退；為因應經營環境之變化，甲公司進行組織調整，資產總額縮減為 $5,000,000，甲公司新會計政策規定，若購入 $200,000 以下之設備仍應認列為不動產、廠房及設備，並採用適當折舊方法予以攤銷，前述甲公司組織調整後所採用之新會計政策非屬會計政策變動。

釋例 20-2　非屬會計政策變動（交易實質不同於先前發生者）

甲公司原是一個資產總額不大之小企業，於 ×3 年 12 月 31 日以前購買生產設備之金額即使低於 $200,000，皆依國際會計準則第 16 號「不動產、廠房及設備」之規定認列為不動產、廠房及設備，並採用適當折舊方法，於後續期間提列折舊費用。後續甲公司業務逐年擴展，於 ×4 年資產總額已成長至 $8,000,000,000，甲公司決定以後購買生產設備之金額若低於 $200,000，皆以費用列報，雖預期該設備使用期間超過一期，符合不動產、廠房及設備之定義，惟對於資產總額為 $8,000,000,000 之甲公司而言，將該支出列為本期費用或資產處理對財務報表整體影響並不重大，故對此不重大之交易，甲公司決定將其購買成本作為本期費用。因甲公司所購買 $200,000 之設備由實質重大變為實質不重大，針對不重大交易改採費用化之會計政策，非屬會計政策變動。

20.1.4　會計政策變動之應用

除實務上<u>不可行</u> (impracticable) 另有規定外，會計政策變動應依下列順序處理（如圖 20-2）：

1. 企業對於初次適用某一國際財務報導準則而產生之會計政策變

動，其會計應依該國際財務報導準則特定之**過渡規定** (transitional provision) 處理；及

2. 企業初次適用某一國際財務報導準則所產生之會計政策變動，如該國際財務報導準則對該變動並無特定之過渡規定，或**自願變動** (voluntary change) 一項會計政策，則應**追溯適用** (retrospective application) 該變動。

> 會計政策變動因初次適用某一國際財務報導準則而產生者，若該準則有特定之過渡規定則適用之；若無特定規定或該變動係為自願性而非因初次適用某一國際財務報導準則，則應採追溯適用。

```
                會計政策變動係因首次適用
                某一國際財務報導準則而產生
                    ↙是            否↘
    該國際財務報導準則              這是自願性
    是否有特定之過渡規定            會計政策變動
       ↙是      否↘                    ↓
  適用該國際財務報導準則          應追溯適用該
    之特定過渡規定                會計政策變動
```

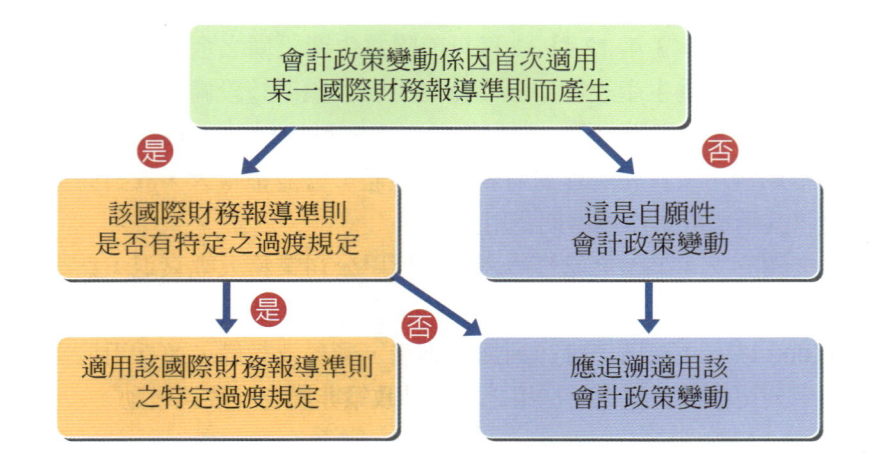

圖 20-2　會計政策變動之會計處理

所謂實務上不可行，係指當企業已盡所有合理之努力卻仍無法適用某項規定時，則適用該規定為實務上不可行。

企業提前適用某一國際財務報導準則，並非屬自願性會計政策變動。若無某一國際財務報導準則明確適用於企業之交易、其他事項或情況時，管理階層可依採類似觀念架構制定會計準則之其他準則制定機構所發布之最新公報。於此種公報修正之後，若企業選擇變動其會計政策，該變動應依自願性會計政策變動處理及揭露。

追溯適用

> 追溯適用即調整所表達最早期間及每一以前期間之其他比較金額，使前後期報表有比較性。

除實務上不可行另有規定外，企業若依上述會計政策變動之規定追溯適用其會計政策變動，則應調整所表達最早期間之各項受影響權益組成部分之初始餘額，及所表達每一以前期間之其他比較金額，視為自始即採用該新會計政策。

IFRS 一點通

會計政策變動追溯適用之理由

依國際會計準則之規定，所有會計政策變動均應採追溯適用並重編報表，其主要理由為：
(1) 追溯適用重編法能使前後期比較報表採用相同會計原則，符合財務報表之主要品質特性中之比較性。
(2) 本期調整法將會計原則變動累積影響數列入損益表，可能對本期損益造成重大影響，誤導報表使用者。

釋例 20-3　會計政策變動─追溯適用（存貨）

甲公司於 ×1 年 1 月 1 日正式成立，其存貨一直以加權平均法作為編製財務報告之會計政策，甲公司於 ×3 年 1 月 1 日決定對其存貨改用先進先出法處理。甲公司認為此會計政策變動能提供使用者更具攸關性之資訊。甲公司之稅率為 30%。甲公司 ×3 年之銷貨收入為 $16,000、營業費用為 $6,000，此會計政策變動應採追溯適用之方法，會計政策變動對存貨金額與銷貨成本之影響如下：

年度	期末存貨金額 加權平均法	期末存貨金額 先進先出法	銷貨成本 加權平均法	銷貨成本 先進先出法
×1 年	$500	$400	$4,000	$4,100
×2 年	$1,000	$1,300	$5,000	$4,600*
×3 年	$1,600	$1,750	$5,650	$5,800**

*　[($5,000 + ($400 − $500) − ($1,300 − $1,000)]
**　[($5,650 + ($1,300 − $1,000) − ($1,750 − $1,600)]

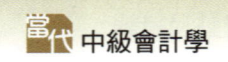

甲公司 ×1 年與 ×2 年之比較綜合損益表及比較保留盈餘表如下 (以加權平均法報導之資訊)：

甲公司
比較綜合損益表

	×1 年	×2 年
銷貨收入	$15,000	$15,000
銷貨成本	(4,000)	(4,600)
營業費用	(5,000)	(5,000)
稅前淨利	$ 6,000	$ 5,400
所得稅費用	(1,800)	(1,620)
本期淨利	$ 4,200	$ 3,780

甲公司
比較保留盈餘表

	×1 年	×2 年
期初餘額	$ –	$4,200
淨利	4,200	3,500
期末餘額	$4,200	$7,700

試編製甲公司 ×2 年與 ×3 年之比較綜合損益表 (假設無其他綜合損益項目) 與比較保留盈餘表。

解析

甲公司 ×2 年與 ×3 年之比較綜合損益表：

甲公司
比較綜合損益表

	×2 年 (重編)	×3 年
銷貨收入	$15,000	$16,000
銷貨成本	(4,600)	(5,800)
營業費用	(5,000)	(6,000)
稅前淨利	$ 5,400	$ 4,200
所得稅費用	(1,620)	(1,260)
本期淨利	$ 3,780	$ 2,940

會計政策、會計估計值變動及錯誤

甲公司 ×2 年與 ×3 年之比較保留盈餘表：

甲公司
比較保留盈餘表

	×2 年 (重編)	×3 年
期初餘額	$ 4,200	$ 7,910
追溯適用及追溯重編之影響數—會計政策變動*	(70)	
重編後之期初餘額	$ 4,130	–
淨利**	3,780	2,940
期末餘額	$7,910	$10,850

* ×2 年 (調整後) 之追溯適用及追溯重編之影響數—會計政策變動為 ×1 年銷貨成本變動之稅後金額 [($4,000 – $4,100) × 70%]。

** ×2 年原報導之淨利為 $3,500，採新存貨會計政策減少銷貨成本 $400，以致增加淨利 $280，故 ×2 年採用先進先出法之淨利為 $3,780。

追溯適用之限制

企業依會計政策變動之規定應追溯適用時，除對於該變動在特定期間之影響數或累積影響數之決定，在實務上不可行以外，應追溯適用該會計政策之變動。反之，企業於表達以前一期或多期比較資訊時，若對於會計政策變動在特定期間影響數之決定，在實務上不可行時，則應自實務上可追溯適用最早期間 (可能為本期) 之開始日，對資產及負債帳面金額開始適用新會計政策，並對該期間每項受影響權益組成部分之初始餘額作相對應之調整。該項調整通常調整至保留盈餘，惟亦可能調整至另一權益組成部分 (如為遵循某一國際財務報導準則)。任何前期之其他資訊 (如財務資料之歷史彙總) 亦應調整至實務上最早可行之日。

企業於本期之開始日，若對於採用新會計政策之所有前期累積影響數之決定，在實務上不可行時，應調整比較資訊，以自實務上最早可行之日起**推延適用** (prospective application) 該新會計政策。例如，乙公司於 ×6 年間改變其對折舊性不動產、廠房及設備之會計政策，使其能採用更完整之組成部分作法並同時採用重估價模式。乙公司 ×6 年之前之資產帳冊記錄不夠詳細，故無法採用較完整之

當實務上不可行時，對於會計政策變動在特定期間的影響數以可追溯適用最早期間之開始日為基準；而對於會計政策變動之所有前期累積影響數則自最早可行之日起推延適用。

組成部分作法。於 ×5 年底，乙公司委託外界專業人士進行調查，以提供公司所持有之各資產組成部分之資訊，及 ×6 年 1 月 1 日各組成部分之公允價值、耐用年限、估計殘值及可折舊金額。惟該調查對之前未個別處理之組成部分之成本，無法提供足夠且可靠之估計基礎，且該調查之前的現存記錄亦無法提供重建之資訊。乙公司考量應如何處理此二方面之會計政策變動。乙公司確認追溯適用更完整之組成部分作法，或在 ×6 年之前之任一時點推延適用，在實務上均屬不可行。同時，根據 IAS 16，自成本模式改為重估價模式之變動亦須推延適用。因此，乙公司自 ×6 年起開始推延適用新會計政策。

釋例 20-4　推延適用新會計政策

甲公司於 ×5 年期間決定改採專案計畫方式作為生產及行銷之策略，並安裝一套全新之電腦自動化存貨管理資訊系統，使得甲公司第一次得以用個別認定之方式決定 ×5 年期末存貨之成本，但是無法以個別認定之方式決定 ×5 年以前期末存貨之成本；甲公司於 ×5 年決定改變其會計政策，從先進先出法改為個別認定法，甲公司認為此會計政策變動能提供更攸關的資訊。稅率為 50%，其他資訊如下：

	×4 年	×5 年
期末存貨金額 (先進先出法)	$500	$550
期末存貨金額 (個別認定法)	無法獲知	$ 650
銷貨成本 (先進先出法)	$1,500	$1,650
銷貨成本 (個別認定法)	無法獲知	$1,550
保留盈餘 (先進先出法)	$5,500	$6,000
保留盈餘 (個別認定法)	無法獲知	無法獲知

試問：甲公司如何報導此會計政策變動？

解析

因甲公司無法以個別認定之方式決定 ×5 年以前期末存貨之成本，故無需重編 ×4 年期末保留盈餘及 ×5 年期初保留盈餘，因此，此會計政策變動最早可行之日為 ×5 年期末資產負債表。此會計政策變動減少 ×5 年銷貨成本 $100，稅後損益與保留盈餘則會因此增加 $50 (= 100 × 50%)。

20.2 會計估計值變動

會計估計值係財務報表中受衡量不確定性影響之貨幣金額，會計政策可能使財務報表中之項目須以涉及衡量不確定性之方式衡量——亦即，會計政策可能使此等項目將須以無法直接觀察而必須估計之貨幣金額衡量。如表 20-1 貨幣金額無法直接觀察之原因，在此情況下，企業發展會計估計值以達成該會計政策所訂定之目的。

學習目標 2
了解會計估計值變動的來源，以及其會計處理

表 20-1　貨幣金額無法直接觀察之原因

類型一	類型二	類型三
實體或經濟障礙 (Physical or Economic barrier)	事前無法直接觀察，但事後可以直接觀察	性質與特性
石油蘊藏量 火災損失	產品保證 信用損失 訴訟損失 存貨過時	公允價值 減值損失 折舊費用

發展會計估計值涉及以最新可得且可靠之資訊為基礎之判斷或假設之運用。會計估計值之例包括：

1. 預期信用損失之備抵損失；
2. 存貨項目之淨變現價值；
3. 資產或負債之公允價值；
4. 不動產、廠房及設備項目之折舊費用；及
5. 保固義務之負債準備。

會計估計值係「財務報表中受衡量不確定性影響之貨幣金額」，企業發展會計估計值以達成會計政策所訂定之目的，會計估計值係衡量技術之產出而該衡量技術使企業須運用判斷或假設，並明定該等判斷或假設本身並非會計估計值。將「衡量不確定性」之用語引進會計估計值定義中，使該定義更加清楚其且與「2018 觀念架構」一致。此定義提及貨幣金額以與衡量不確定性之定義一致，無須提

及非貨幣數額 (例如,折舊性資產之耐用年限)。企業使用非貨幣數額作為輸入值以估計財務報表中之貨幣金額,例如,企業使用資產之耐用年限 (非貨幣數額) 作為估計該資產折舊費用 (貨幣金額) 之輸入值。因發展會計估計值所使用之輸入值變動之影響數係會計估計值變動,因此,無須將非貨幣數額納入會計估計值之定義中。

> 會計估計值變動並非屬錯誤更正,亦非會計政策變動,讀者應明辨三者不同。

如圖 20-3 及圖 20-4,企業採用衡量技術及輸入值以發展會計估計值。衡量技術包括估計技術 (例如,適用國際財務報導準則第 9 號衡量預期信用損失之備抵損失所採用之技術) 及評價技術 (例如,適用國際財務報導準則第 13 號衡量資產或負債之公允價值所採用之技術)。

圖 20-3　發展會計估計值所需之工具

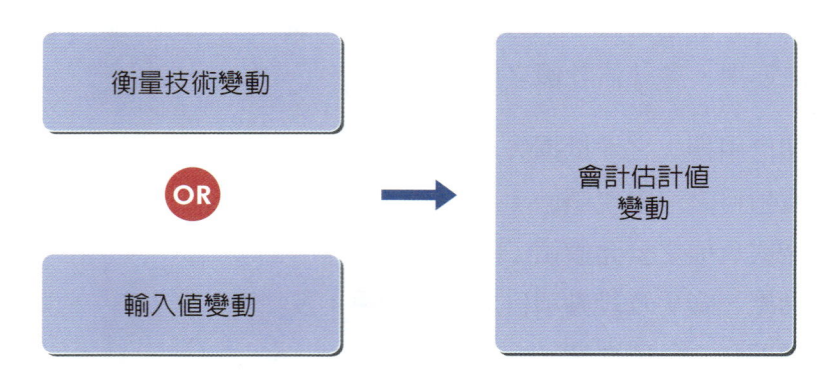

圖 20-4　會計估計值變動之內涵

合理會計估計值之使用係編製財務報表之必要部分,並不損害其可靠性。企業於作為會計估計值之基礎情況發生變動時或因新資訊、新發展或更多經驗,可能須改變會計估計值。就性質而言,會計估計值變動非與前期有關且非錯誤更正。若一項會計變動無法明顯區分是會計政策變動,還是會計估計值變動時,該變動應視為會

計估計值變動。

會計估計值變動之影響數應於下列期間推延認列於損益：

1. 變動本期，若變動僅影響本期；或
2. 變動本期及未來期間，若變動影響本期及未來期間。

但是，若會計估計值變動造成資產及負債之變動或與權益之某一項目有關，則應於變動本期透過調整相關資產、負債或權益項目之帳面金額，並加以認列。

會計估計值變動之影響數之推延認列，意指該變動自變動日起適用於交易、其他事項及情況。一項會計估計值變動可能僅影響變動本期之損益，或本期及未來期間之損益。例如，預期信用損失之備抵損失之變動僅影響本期損益且因而係於本期認列。

然而，折舊性資產之估計耐用年限或所含未來經濟效益之預期消耗型態變動，影響本期及該資產剩餘耐用年限內未來各期之折舊費用。於前述兩種情況下，變動之影響數與本期有關者於本期認列為收益或費損。對未來期間之影響（如有時），則應於未來期間認列為收益或費損。

例如，×1 年甲公司以 $1,120,000 購入耐用年限 7 年的設備，採年數合計法提列折舊，估計無殘值。若 ×4 年初將折舊方法改為直線法，稅率為 25%，則甲公司 ×4 年與折舊有關之分錄為：

×4/12/31

  折舊費用   100,000
    累計折舊—設備   100,000

×4 年初累計折舊為 $720,000 [= $1,120,000 × (7 + 6 + 5) ÷ 28]
($1,120,000 − $720,000) ÷ (7 − 3) = $100,000

例如，甲公司於 ×1 年初購置機器一部，成本 $2,200,000，原估耐用年限 10 年，殘值 $220,000，按直線法計提折舊。使用 4 年後於 ×5 年初發現該機器尚可使用 8 年，無殘值，假設折舊方法、耐用年限及殘值改變後並無財稅差異。此項估計變動影響本期及以後數期，其處理方式如下：

1. 不調整以前各期折舊，亦不計算累積影響數。

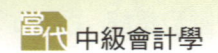

2. 本期及以後受影響各期按新估計值計提折舊：

按原估計數每年折舊額 $=\dfrac{\$2,200,000-\$220,000}{10}=\$198,000$，已提 4 年折舊，共計 $792,000，未折舊之帳面金額為 $1,408,000，因此改按新估計值每年應提之折舊（$\dfrac{\$1,408,000-0}{8}$）為 $176,000，故自第 5 年起每年應提折舊 $176,000。

3. 附註說明估計值變動對本期及未來淨利之影響：「本公司於 ×5 年初變更機器設備耐用年限之估計，以反映該機器之現時估計耐用年限，此估計值變更使本年度稅後淨利增加 $13,200（所得稅稅率為 40%）[$13,200 = ($198,000 − $176,000) × (1 − 40%)]」。

會計估計值——投資性不動產之公允價值

甲公司擁有投資性不動產通用國際會計準則第 40 號「投資性不動產」中之公允價值模式作會計處理。自其取得該投資性不動產，甲公司已採用與國際財務報導準則第 13 號「公允價值衡量」所述之收益法一致之評價技術衡量該投資性不動產之公允價值。

然而，因前一報導期間後之市場狀況變動，甲公司將其採用之評價技術改變為與國際財務報導準則第 13 號所述之市場法一致之評價技術。甲公司已作出結論：所產生之衡量更能代表該投資性不動產於本報導期間結束日所存在之情況下之公允價值，且因此國際財務報導準則第 13 號允許此變動。甲公司亦已作出結論：評價技術變動並非前期錯誤更正。

投資性不動產之公允價值係會計估計值，因：

1. 投資性不動產之公允價值係財務報表中受衡量不確定性影響之貨幣金額。公允價值反映市場參與者間在假定性之出售或購買交易中所能收取或所需支付之價格。據此，其無法直接觀察而必須估計。

2. 投資性不動產之公允價值係適用會計政策（公允價值模式）時所採用之衡量技術（評價技術）之產出。

3. 於發展該投資性不動產之公允價值之估計值時，A 企業運用判斷

及假設例如：
(1) 於選擇衡量技術時：選擇於情況下適當之評價技術；及
(2) 於採用衡量技術時：建立市場參與者於採用該評價技術時將會使用之輸入值，諸如涉及可類比資產之市場交易所產生之資訊。

於此事實型態下，該評價技術變動係估計該投資性不動產公允價值所採用之衡量技術變動。此變動之影響數係屬會計估計值變動，因為按公允價值衡量該投資性不動產之會計政策並未改變。

現金交割之股份基礎給付負債之公允價值

於 20×0 年 1 月 1 日，甲公司給與員工每人 100 單位之股份增值權，其條件為員工未來三年於企業中繼續服務。現金股份增值權使員工有權取得未來之現金給付，其金額係以 20×0 年 1 月 1 日起 3 年既得期間內企業股價之上漲為基礎。適用國際財務報導準則第 2 號「股份基礎給付」，甲公司按現金交割之股份基礎給付交易對該股份增值權之給與作會計處理，其將股份增值權認列為負債並按其公允價值 (如國際財務報導準則第 2 號所定義) 衡量該負債。甲公司採用 Black-Scholes-Merton 公式 (一種選擇權定價模式) 衡量該股份增值權負債於 20×0 年 1 月 1 日及報導期間結束日之公允價值。

於 20×1 年 12 月 31 日，甲公司因自前一報導期間結束日後之市場狀況變動，於結束日估計該股份增值權負債之公允價值時，改變其對股價預期波動率之估計值——選擇權定價模式之輸入值。甲公司已作出結論：該輸入值變動並非前期錯誤更正。

該負債之公允價值係會計估計值，因：

1. 該負債之公允價值係財務報表中受衡量不確定性影響之貨幣金額。該公允價值係在假定性之交易中得以清償該負債之金額，據此，其無法直接觀察而必須估計。
2. 該負債之公允價值係適用會計政策 (按公允價值衡量現金交割之股份基礎給付負債) 時所採用之衡量技術 (選擇權定價模式) 之產出。
3. 為估計該負債之公允價值，甲公司運用判斷及假設，例如：

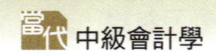

(1) 於選擇衡量技術時：選擇該選擇權定價模式；及
(2) 於採用衡量技術時：建立市場參與者於採用該選擇權定價模式時將會使用之輸入值，諸如股價預期波動率及股票之預期股利。

於此事實型態下，該股價預期波動率變動係衡量該股份增值權負債於 20×1 年 12 月 31 日之公允價值所使用之輸入值變動。此變動之影響數係屬會計估計值變動，因為按公允價值衡量該負債之會計政策並未改變。

20.3　錯　誤

錯誤可能發生於財務報表要素之認列、衡量、表達或揭露。財務報表若含有重大錯誤，或蓄意造成非重大錯誤以呈現企業特定財務狀況、財務績效或現金流量之特定表達時，均屬未遵循國際財務報導準則；常見之錯誤包括計算錯誤、會計原則使用錯誤、忽略事實條件、解讀事實資料錯誤及舞弊。錯誤更正與會計估計值變動有所區別。會計估計值其性質而言係屬近似值，可能因得知額外資訊而須加以修正。例如，對或有事項之結果所認列之利益或損失，並非錯誤更正。

所謂重大，係指某些項目之**遺漏** (omission) 或**誤述** (misstatement) 如果可能個別或集體影響使用者根據財務報表所作之經濟決策，則該遺漏或誤述為重大。**重大性** (materiality) 的評估應取決於其所處情況所判斷遺漏或誤述之大小及性質。遺漏或誤述項目之大小或性質（或兩者之組合），可能為重大性之決定因素。評估遺漏或誤述是否影響使用者之經濟決策（如是則為重大）時，須考量使用者之特性。

潛在本期錯誤於本期發現者，應於財務報表通過發布前更正。惟重大錯誤有時於後續期間始發現，該等**前期錯誤** (prior period error) 應於該後續期間財務報表所表達之比較資訊中予以更正。

除實務上不可行另有規定外，企業應於發現錯誤後之初次通過發布之整份財務報表中，按下列方式追溯更正重大前期錯誤：

1. 重編錯誤發生之該前期所表達之比較金額；或

2. 若錯誤發生在所表達最早期間之前，則應重編所表達最早期間之資產、負債及權益之初始餘額。

20.3.1 追溯重編之限制

除錯誤對於特定期間影響數或累積影響數之決定，在實務上不可行外，應以**追溯重編** (retrospective restatement) 方式更正前期錯誤。

特定期間影響數之重編限制

企業於表達以前一期或多期比較資訊時，若錯誤對於特定期間影響數之決定，在實務上不可行時，應重編比較資訊，則應自實務上可追溯重編之最早期間(可能為本期)，重編資產、負債及權益之初始餘額。因此，企業不考慮於該日之前所產生之資產、負債及權益之累積重編部分。

> 追溯重編在實務上不可行時的處理方式與追溯適用類似。

累積影響數之重編限制

企業於本期之開始日，若認為某項錯誤對所有前期之累積影響數之決定在實務上不可行時，應重編比較資訊，以自實務上最早可行之日起推延更正該錯誤來重編比較資訊。前期錯誤之更正應排除於發現錯誤本期之損益之外。任何表達之前期資訊，包括歷史性彙總資訊，應重編至實務上最早可行之日。

20.3.2 會計錯誤之類型

1. 僅資產負債表錯誤
   (1) 通常不影響損益。
   (2) 若係記錄有誤，於發現時作更正分錄並重編報表。
   (3) 若僅為報表表達或**會計項目分類之錯誤** (classification errors)，如將廠房設備列為存貨，則不需作更正分錄，只需以**重分類** (reclassification) 方式重編報表。

2. 僅綜合損益表錯誤
   (1) 通常不影響損益，多為會計項目分類之錯誤，如將租金收入列為利息收入。

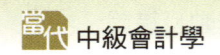

(2) 本期之錯誤視情況作必要更正分錄。

(3) 前期錯誤不必作更正分錄，但編比較報表時，錯誤年度報表需重新更正編製。

3. 同時影響資產負債表及綜合損益表

(1) **互相抵銷之錯誤** (counterbalancing errors)

係指該錯誤之影響將於兩個會計年度內互相抵銷，例如應計事項期末未予調整之錯誤。若於第二個會計年度結帳後才發現錯誤，因已自動抵銷，故不需作更正分錄，但仍須重編兩個期間之財務報表。若於第二個會計年度結帳前發現錯誤，需作更正分錄並重編前一年度之報表。常見互相抵銷之錯誤，例如：應付費用漏記、預付費用誤作本期費用、預收收入低估、應計收入高估、期末存貨低估、進貨高估、進貨與存貨同時高估。

(2) **非互相抵銷之錯誤** (non-counterbalancing errors)

係指該錯誤需經兩個以上會計期間方能自動更正，例如，資本支出誤為收益支出這類的錯誤需作更正分錄，常見類型有折舊費用、預期信用損失的提列。或有時永遠不會自動更正，例如銷貨收到現金從未入帳。

互相抵銷之錯誤，例如，甲公司更正前期錯誤前×4年及×3年之比較綜合損益表如下：

	×3年	×4年
銷貨收入	$1,600,000	$2,000,000
銷貨成本	(1,360,000)	(1,500,000)
銷貨毛利	$ 240,000	$ 500,000
營業費用	(104,000)	(125,000)
稅前淨利	$ 136,000	$ 375,000
所得稅 (40%)	(54,400)	(150,000)
本期淨利	$ 81,600	$ 225,000

設甲公司×3年期末存貨漏記$100,000（該公司採用永續盤存制），則×3年銷貨成本虛增$100,000，稅後淨利減少$60,000。

甲公司於 ×4 年結帳前發現存貨錯誤時，應即作前期損益更正之分錄，如下：

存貨 (期初)	100,000	
追溯適用及追溯重編之影響數[2]—錯誤更正		60,000
遞延所得稅負債 (或應付所得稅)		40,000

  ×4 年之綜合損益表應按正確之存貨數額編製，「追溯適用及追溯重編之影響數」則列於保留盈餘表中作為期初餘額之調整。若甲公司編製 ×4 年及 ×3 年之比較財務報表時，×3 年之綜合損益表及保留盈餘表均應重編，×4 年期初保留盈餘亦應以按重編後餘額列示，或先列示原列報餘額，再加以調整，得出重編餘額。×3 年及 ×4 年流通在外普通股股數均為 1,000,000 股。×3 年及 ×4 年之比較報表列示如下：

甲公司
比較綜合損益表
×3 年及 ×4 年

	×3 年 (重編)	×4 年
銷貨收入	$1,600,000	$2,000,000
銷貨成本	(1,260,000)	(1,600,000)
銷貨毛利	$ 340,000	$ 400,000
營業費用	(104,000)	(125,000)
稅前淨利	$ 236,000	$ 275,000
所得稅 (40%)	(94,400)	(110,000)
本期淨利	$ 141,600	$ 165,000
每股盈餘	$ 0.14	$ 0.17

---

2 IAS 8 並未明確規定該項目之使用文字，但我國證券發行人財務報告編製準則已將之前的「前期損益調整」項目名稱修改為「追溯適用及追溯重編之影響數」，故本文將使用該項目表達。

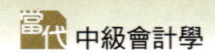

甲公司
比較保留盈餘表
×3年及×4年

	×3年(重編)	×4年
期初餘額	$40,000	$51,600
加：追溯適用及追溯重編之影響數—×3年度存貨錯誤更正(減除所得稅$40,000後淨額)		60,000
調整後期初餘額		$111,600
加：本期淨利	141,600	165,000
減：股利	(70,000)	(150,000)
期末餘額	$111,600	$126,600

有時錯誤更正之情況較繁瑣時，可運用工作底稿方式進行前期損益調整之分析，例如，大安公司於×8年底發現×6、×7、×8年之帳務處理發生下列錯誤：(假設不考慮所得稅影響。)

年底列報之錯誤金額

	×6年	×7年	×8年
未更正前之淨利	$520,000	$750,000	$820,000
(1) 預付保險費少計	1,000	800	1,600
(2) 預收租金少計	1,500	2,000	3,600
(3) 應收利息少計	500	900	700
(4) 應付薪資多列	1,400	1,600	1,000
(5) 折舊費用多列	1,500	1,500	1,500

對於以上錯誤，可用工作底稿來協助分析。如下所示：

會計政策、會計估計值變動及錯誤

	綜合損益表之調整數				資產負債表之正確餘額		
	×6年	×7年	×8年	合計	借方	貸方	項目
未更正前淨利	$520,000	$750,000	$820,000	$2,090,000			
預付保險費	1,000	(1,000)		0			
		800	(800)	0			
			1,600	1,600	1,600		預付保險費
預收租金	(1,500)	1,500		0			
		(2,000)	2,000	0			
			(3,600)	(3,600)		3,600	預收租金
應收利息	500	(500)		0			
		900	(900)	0			
			700	700	700		應收利息
應付薪資	1,400	(1,400)		0			
		1,600	(1,600)	0			
			1,000	1,000		1,000	應付薪資
折舊費用	1,500	1,500	1,500	4,500		4,500	累計折舊
正確淨利	$522,900	$751,400	$819,900	$2,094,200			

若大安公司於結帳前發現錯誤，則更正分錄如下：

(1) 預付保險費　　　　　　　　　　　　　　1,600
　　　保險費　　　　　　　　　　　　　　　　　　　800
　　　追溯適用及追溯重編之影響數—錯誤更正　　　　800

(2) 租金收入　　　　　　　　　　　　　　　1,600
　　追溯適用及追溯重編之影響數—錯誤更正　2,000
　　　預收租金　　　　　　　　　　　　　　　　　3,600

(3) 應收利息　　　　　　　　　　　　　　　　700
　　利息收入　　　　　　　　　　　　　　　　200
　　　追溯適用及追溯重編之影響數—錯誤更正　　　900

(4) 應付薪資　　　　　　　　　　　　　　　1,000
　　薪資費用　　　　　　　　　　　　　　　　600
　　　追溯適用及追溯重編之影響數—錯誤更正　　1,600

(5) 累計折舊　　　　　　　　　　　　　　　4,500
　　　折舊費用　　　　　　　　　　　　　　　　1,500
　　　追溯適用及追溯重編之影響數—錯誤更正　　3,000

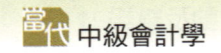

若大安公司於結帳後發現錯誤,則更正分錄如下:

(1) 預付保險費 　　　　　　　　　　　　　　　　1,600
　　　追溯適用及追溯重編之影響數—錯誤更正　　　　　1,600

(2) 追溯適用及追溯重編之影響數—錯誤更正 　　　3,600
　　　預收租金 　　　　　　　　　　　　　　　　　　3,600

(3) 應收利息 　　　　　　　　　　　　　　　　　　700
　　　追溯適用及追溯重編之影響數—錯誤更正　　　　　700

(4) 應付薪資 　　　　　　　　　　　　　　　　　1,000
　　　追溯適用及追溯重編之影響數—錯誤更正　　　　1,000

(5) 累計折舊 　　　　　　　　　　　　　　　　　4,500
　　　追溯適用及追溯重編之影響數—錯誤更正　　　　4,500

釋例 20-5　錯誤更正——追溯適用及追溯重編之影響數

數位公司 ×7、×8、×9 年的淨利分別為 $17,400、$20,200、$11,300。×9 年底在檢查過去 3 年的會計帳後,發現下列錯誤:

1. 各年度 12 月份之員工薪資均於次年給付時才計入薪資費用中。×7、×8、×9 年底漏列之 12 月員工薪資分別為 $1,000、$1,400、$1,600。
2. ×7 年之期末存貨高估 $1,900。
3. ×8 年底預付 ×9 年之保險費 $1,200,全數認列為 ×8 年的保險費。
4. ×8 年底漏記應收利息 $240。
5. ×8 年 1 月初時出售一台機器,成本為 $3,900,累計折舊為 $2,400。得款 $1,800,簿記員以其他收入入帳,並且在 ×8 年及 ×9 年另按機器成本的 10% 提列折舊。

試作:
(1) 以如下工作底稿分析上述錯誤:(假設不考慮所得稅影響)

	綜合損益表之調整數				資產負債表之正確餘額		
	×7 年	×8 年	×9 年	合計	借方	貸方	影響項目
調整前淨利	$17,400	$20,200	$11,300	$48,900			
應付薪資—×7 年	(1,000)	1,000		0			

(2) 未結帳前之更正分錄。
(3) 結帳後之更正分錄。

解析

	綜合損益表之調整數				資產負債表之正確餘額		
	×7年	×8年	×9年	合計	借方	貸方	影響項目
調整前淨利	$17,400	$20,200	$11,300	$48,900			
應付薪資—×7年	(1,000)	1,000		0			
—×8年		(1,400)	1,400	0			
—×9年			(1,600)	(1,600)		$1,600	應付薪資
存貨高估	(1,900)	1,900		0			
預付保險費		1,200	(1,200)	0			
利息收入			240	(240)			應收利息
機器出售		(1,500)*		(1,500)	$2,400		累計折舊
						3,900	機器
折舊費用—×8年		390		390	390		累計折舊
—×9年			390	390	390		累計折舊
正確淨利	$14,500	$22,030	$10,050	$46,580			

```
*  成本            $3,900
   累計折舊        (2,400)
   帳面金額        $ 1,500
   售價            $ 1,800
     出售利得      $   300
   其他收入        (1,800)
   調整數          $(1,500)
```

(2) 未結帳前之更正分錄如下：

    a. 追溯適用及追溯重編之影響數—錯誤更正　　1,400
        薪資費用　　　　　　　　　　　　　　　　　　　1,400

    b. 薪資費用　　　　　　　　　　　　　　　　　1,600
        應付薪資　　　　　　　　　　　　　　　　　　　1,600

    c. 保險費　　　　　　　　　　　　　　　　　　1,200
        追溯適用及追溯重編之影響數—錯誤更正　　　　　1,200

    d. 利息收入　　　　　　　　　　　　　　　　　240
        追溯適用及追溯重編之影響數—錯誤更正　　　　　　240

    e. 追溯適用及追溯重編之影響數—錯誤更正　　1,500
       累計折舊　　　　　　　　　　　　　　　　　2,400
        機器　　　　　　　　　　　　　　　　　　　　　3,900

    f. 累計折舊　　　　　　　　　　　　　　　　　780
        追溯適用及追溯重編之影響數—錯誤更正　　　　　　390
        折舊費用　　　　　　　　　　　　　　　　　　　　390

(3) 結帳後之更正分錄如下：

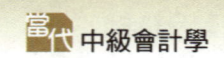

a.	追溯適用及追溯重編之影響數—錯誤更正	1,600	
	應付薪資		1,600
b.	追溯適用及追溯重編之影響數—錯誤更正	1,500	
	累計折舊	2,400	
	機器		3,900
c.	累計折舊	780	
	追溯適用及追溯重編之影響數—錯誤更正		780

釋例 20-6　錯誤更正——追溯適用及追溯重編之影響數

　　成立於 ×0 年初之萬利公司是一小規模採定期盤存制之零售商，×1 年底未結帳前檢查過去 2 年帳簿時，發現以下錯誤：

a. ×1 年漏記現金銷貨 $1,000。

b. 各年度 12 月份之管理職員工薪資均於次年 1 月給付時才計入薪資費用中。×0、×1 年底漏計之 12 月員工薪資分別為 $2,500、$3,200。

c. ×0 年底有一批在途存貨未列入盤點，使得 ×1 年期初存貨低估 $5,400，但進貨分錄已於 ×0 年正確記錄。

d. 該公司自成立以來預期信用損失原採直接沖銷法，自 ×1 年度起決定改採備抵法，估計屬 ×0、×1 年之應收帳款其評價項目 (備抵損失) 於 ×1 年底應有之餘額分別為 $700、$1,500，即 ×1 年底備抵損失餘額共計 $2,200。×0、×1 年採直接沖銷法提列之預期信用損失如下：

	×0 年預期信用損失	×1 年預期信用損失
×0 年應收帳款	$400	$2,000
×1 年應收帳款		1,600

e. ×0 年底預付 ×1 年保險費 $600、×1 年底預付 ×2 年保險費 $400。全部的保險費於支付年度列入管理費用。

f. 應付票據 $6,000 誤以應付帳款入帳。

g. ×0 年 1 月初時出售一台機器，成本為 $10,000，帳面金額為 $4,000。得款 $7,000，簿記員以其他收入 $7,000 入帳。

h. 簿記員仍對 ×0 年初出售之管理用機器提列折舊，×0、×1 年分別為 $800、$1,200。

i. ×1 年底期末存貨 $40,000。

試作：以試算表格式表現 ×1 年有關更正錯誤後之綜合損益表與資產負債表 (更正前試算表如以下解析提供之資訊)。

解析

Chapter 20 會計政策、會計估計值變動及錯誤

×1 年有關更正錯誤後之綜合損益表與資產負債表如下：

	試算表 借方	試算表 貸方	調整數 借方		調整數 貸方		更正後綜合損益表 借方	更正後綜合損益表 貸方	更正後資產負債表 借方	更正後資產負債表 貸方
現金	3,100		a	1,000					4,100	
應收帳款	17,600								17,600	
應收票據	8,500								8,500	
存貨	34,000		c	5,400			39,400			
不動產、廠房及設備	112,000				g	10,000			102,000	
累計折舊		83,500	g	6,000						75,500
			h	2,000						
投資	24,300								24,300	
應付帳款		14,500	f	6,000						8,500
應付票據		10,000			f	6,000				16,000
股本		43,500								43,500
保留盈餘		20,000	d	2,700	c	5,400				17,600
			g	4,000	e	600				
			b	2,500	h	800				
銷貨收入		94,000			a	1,000		95,000		
進貨	21,000						21,000			
銷售費用	22,000				d	500	21,500			
管理費用	23,000		b	700	e	400	22,700			
			e	600	h	1,200				
小計	265,500	265,500								
應付薪資					b	3,200				3,200
備抵損失					d	2,200				2,200
預付保險費			e	400					400	
期末存貨							i	40,000	i	40,000
淨利							30,400			30,400
總計				31,300		31,300	135,000	135,000	196,900	196,900

d.

	×0 年應收帳款	×1 年應收帳款
已認列預期信用損失	$2,400	$1,600
備抵損失	700	1,500
總額	$3,100	$3,100
已沖銷預期信用損失	(400)	(3,600)
調整數	$ 2,700	$ (500)

說明：(1) ×0 年應收帳款已認列預期信用損失為 $400 + $2,000 = $2,400；(2) ×1 年應收帳款已認列預期信用損失為 $1,600；(3) 屬 ×0 年應認列之預期信用損失總額為 $3,100，但 ×0 年只認列 $400，故差異之 $2,700 應調整前期損益 (保留盈餘)；(4) 屬 ×1 年應認列之預期信用損失總額為 $3,100，但 ×1 年認列 $3,600，故差異之 ($500) 應調整當年之預期信用損失 (假設列為銷售費用之減項)；(5) 備抵損失 ×1 年底之餘額為 $1,500 + $700 = $2,200。

g.

機器售價	$7,000
帳面金額	(4,000)
處分資產利得	$3,000
誤記其他收入	(7,000)
保留盈餘調整數	$4,000

h. 累計折舊多提 $800 + $1,200 = $2,000，×0 年之 $800 調整前期損益，×1 年之 $1,200 調整 ×1 年之折舊費用 (管理費用)。

20.4 關於追溯適用及追溯重編之實務上不可行

學習目標 4
了解追溯適用及追溯重編在實務上可能不可行的原因

在某些情況下，調整以前一期或多期之比較資訊以達成與本期之可比性在實務上係不可行。例如，資料於前期並非按照足以使企業追溯適用新會計政策 (包括對前期之推延適用) 或追溯重編以更正前期錯誤之方式蒐集，而重建該資訊可能於實務上不可行。

採用某項會計政策於針對交易、其他事項或情況所認列或揭露之財務報表要素時，經常須作估計值。估計值在本質上是主觀的，且可能於報導期間之後才作。當追溯適用會計政策或更正前期錯誤而追溯重編時，由於受影響之交易、其他事項或情況自發生後可能已經過一段較長時間，因此發展作估計值時或許更加困難。惟對前期有關之估計值，其目的與對本期之估計值相同，亦即都是在使估計值能反映交易、其他事項或情況發生時所存在之情況。因此，追溯適用新會計政策或更正前期錯誤時，應區分出具下列性質之資訊：

1. 對交易、其他事項或情況發生之日已存在之情況提供證據，且
2. 該前期財務報表原先通過發布時已可得。

實務上不可行與否的判斷應以財報發布當時為基準。

對於某些估計值之類型而言 (例如使用重大之不可觀察之輸入值之公允價值衡量)，將前述類型之資訊與其他資訊區分在實務上不可行。當追溯適用或追溯重編須作重大估計值，而企業無法區分前述二類資訊時，則追溯適用新會計政策或更正前期錯誤在實務上

係不可行。

當對前期採用新會計政策或更正金額時，不論對管理階層在前期之意圖究屬如何作假設，或對前期所認列、衡量或揭露之金額作估計時，均不應有後見之明。例如，企業更正前期依國際會計準則第 19 號「員工福利」所計算之員工累積病假給付負債之錯誤時，應不考慮前期財務報表通過發布後始可取得關於次期發生異常嚴重流感季節之資訊。修正所表達前期比較資訊時經常須作重大估計值之事實並不妨礙對該比較資訊之可靠調整或更正。

本章習題

問答題

1. 何謂會計政策？什麼情況下企業始應變動其會計政策？
2. 原始採用之會計政策不符合國際財務報導準則，之後變動為符合國際財務報導準則，則此情況是屬於會計政策變動或屬於錯誤更正？
3. 何謂會計估計值變動？試舉出一個會計估計值變動的例子。
4. 採用追溯適用法有何優缺點？本期調整法有何優缺點？兩者之差異為何？
5. 什麼情況下可以採用推延適用法？亦即不計算以前年度累積影響數，亦不重編以前年度報表，自變動年度起，就剩餘帳面金額改按新原則或新估計處理。
6. 企業在哪兩種情況下始應變動會計政策？
7. 在評估會計錯誤時，何謂「重大」？
8. 會計估計值係財務報表中受衡量不確定性影響之貨幣金額。試舉出導致貨幣金額無法直接觀察之原因類型。

選擇題

1. 下列何者為會計政策變動？
    (A) 存貨計價基礎由先進先出法 (FIFO) 改為加權平均法
    (B) 不動產、廠房及設備折舊方法由年數合計法改為直線法
    (C) 資產總額超過 5 億元的公司原定金額低於 10 萬元的設備採費用化處理，後因金融風暴組織調整後資產總額縮減為 300 萬元，認定即使低於 10 萬元的設備亦為重大交易，故更改會計政策訂定皆須資本化
    (D) 應收帳款提列呆帳方式由帳齡分析法改為應收帳款餘額百分比法
2. 所適用之衡量基礎變動時，應視為什麼？若會計政策變動及會計估計值變動同時發生

且兩者無法截然劃分時，應視為什麼？

(A) 會計估計值變動，會計估計值變動
(B) 會計政策變動，會計估計值變動
(C) 會計政策變動，會計政策變動
(D) 會計估計值變動，會計政策變動

3. 下列何者非為會計估計值變動的條件？

(A) 因新事項的發生、新資訊的獲得或新經驗的累積而修正以往的估計者
(B) 原估計係經審慎判斷，後來發生變動者
(C) 原估計時因蓄意或缺乏專業素養而發生估計偏差者
(D) 以上皆是

4. 依照 IAS 8 規定，會計政策變動的損益調整方式為：

(A) 原則上採用本期調整法，例外情況採用追溯適用法
(B) 原則上採用追溯適用法，例外情況採用本期調整法
(C) 一律採用追溯適用法
(D) 一律採用本期調整法

5. 根據 IAS 8 規定，下列哪個情形應於綜合損益表上認列會計政策變動累積影響數？

	後進先出法 改為加權平均法	先進先出法 改為加權平均法
(A)	是	是
(B)	是	否
(C)	否	否
(D)	否	是

6. 根據目前財務會計準則，下列何者不是追溯適用及追溯重編之影響數項目？

(A) 更正前期財務報表錯誤
(B) 初次辦理公開發行而改變會計政策
(C) 不動產、廠房及設備耐用年限之估計變動
(D) 存貨計價方法由後進先出法改為加權平均法

7. 下列哪一項屬於前期財務報表錯誤之更正？

(A) 存貨評價由先進先出法改為加權平均法
(B) 暖氣設備剩餘耐用年限由原先會計帳上使用的 7 年改為報稅上同樣的 5 年
(C) 由現金基礎改為應計基礎
(D) 前期應付所得稅之變動

8. 甲公司於 ×1 年初購入 $260,000，耐用年限 5 年，殘值 $50,000 之設備，採年數合計法折舊。×3 年改採直線法，並修正該設備的耐用年限為 7 年，殘值仍為 $50,000。若稅率為 30%，則此一折舊變動，對 ×3 年淨利影響為何？

(A) 增加淨利 $11,760　　　　　　　(B) 增加淨利 $17,640
(C) 增加淨利 $25,200　　　　　　　(D) 增加淨利 $42,000

9. 甲公司在 ×1 年初決定將存貨計價基礎由先進先出法 (FIFO) 改為加權平均法。下列列出採用各法之存貨餘額：

	先進先出法 (FIFO)	加權平均法
×1/1/1	$71,000	$77,000
×1/12/31	79,000	83,000

假設不考慮所得稅之影響，試問甲公司對存貨計價方法改變，應作何調整？

(A) 保留盈餘表：追溯適用及追溯重編之影響數—會計政策變動 $4,000
(B) 綜合損益表：追溯適用及追溯重編之影響數—會計政策變動 $4,000
(C) 保留盈餘表：追溯適用及追溯重編之影響數—會計政策變動 $6,000
(D) 綜合損益表：追溯適用及追溯重編之影響數—會計政策變動 $6,000

10. 甲公司的存貨計價方法原採加權平均法，×1 年改採先進先出法，相關資料如下：

	加權平均法	先進先出法
×1 年期初存貨	$2,200,000	$2,400,000
×1 年期末存貨	2,250,000	2,500,000

若稅率為 30%，且報稅時皆一貫採用先進先出法，則此一存貨計價方法之改變，下列敘述何者正確？

(A) 遞延所得稅負債增加 $75,000　　(B) 遞延所得稅負債減少 $460,000
(C) 遞延所得稅資產增加 $75,000　　(D) 遞延所得稅資產減少 $60,000

11. 甲公司的存貨計價方法原採加權平均法，×1 年改採先進先出法，相關資料如下：

	加權平均法	先進先出法
×1 年期初存貨	$ 400,000	$ 500,000
×1 年期末存貨	450,000	600,000

若稅率為 30%，則此一存貨計價方式改變，對 ×1 年淨利影響為何？

(A) 增加淨利 $105,000　　　　　　(B) 減少淨利 $105,000
(C) 增加淨利 $35,000　　　　　　　(D) 減少淨利 $35,000

12. 甲公司於 ×1 年 1 月 2 日購入機器一部，估計耐用年限 5 年，帳上採定率遞減法提列折舊，報稅則用直線法提列折舊。×4 年 1 月 3 日，甲公司決定改用直線法提列折舊，報稅則續用直線法。則此會計變動對高雄公司 ×4 年報表之影響為何？

(A) 增加遞延所得稅資產　　　　　(B) 減少遞延所得稅資產
(C) 增加遞延所得稅負債　　　　　(D) 減少遞延所得稅負債

13. 甲公司於 ×1 年 1 月 1 日以現金 $900,000 購入機器一部,估計耐用年限 5 年,殘值 $100,000。帳上採年數合計法提列折舊,報稅則以直線法提列折舊。×4 年 1 月 1 日該公司決定改用直線法提列折舊,報稅則續用直線法。假設稅率為 20%,且無其他所得稅差異,則該公司 ×4 年底財務報表中所得稅相關項目之餘額何者正確?
    (A) 遞延所得稅負債 $21,333
    (B) 遞延所得稅資產 $16,000
    (C) 遞延所得稅資產 $32,000
    (D) 遞延所得稅資產或負債皆無餘額

14. 甲公司於 ×1 年 1 月 3 日以現金 $300,000 購入機器一部,估計耐用年限 5 年,無殘值,採倍數餘額遞減法折舊。×3 年 1 月 3 日甲公司決定改用直線法提列折舊,假設稅率為 30%,甲公司 ×3 年折舊前之稅前淨利為 $800,000,則甲公司 ×3 年之淨利應為:
    (A) $560,000
    (B) $518,000
    (C) $534,800
    (D) $568,400

15. 甲公司於 ×1 年 1 月 1 日取得一機器設備,並採用直線法提列折舊,估計耐用年限為 15 年,無殘值。×6 年 1 月 1 日,甲公司估計此機器設備的耐用年限只剩下 6 年,無殘值。試問此估計變動應採用何種會計處理?
    (A) 作為錯誤更正
    (B) 在 ×6 年財務報表上表達為追溯適用及追溯重編之影響數—會計政策變動
    (C) 將未來每年折舊金額設為 ×6 年 1 月 1 日帳面金額的 1/6
    (D) 繼續以原本估計 15 年的耐用年限提列折舊費用

16. 甲公司為一公開發行公司,其於 ×1 年度決定將銷貨收入認列方式,由不符合國際會計準則之現金基礎制,改正為應計基礎制,其累積影響數應如何列示?
    (A) 列示於保留盈餘表,為追溯適用及追溯重編之影響數—錯誤更正
    (B) 列示於綜合損益表,為追溯適用及追溯重編之影響數—錯誤更正
    (C) 列示於保留盈餘表,為追溯適用及追溯重編之影響數—會計政策變動
    (D) 列示於綜合損益表,為追溯適用及追溯重編之影響數—會計政策變動

17. 可自動抵銷之錯誤,其特性為何?
    (A) 影響次期綜合損益表,但不影響本期綜合損益表
    (B) 影響本期及次期資產負債表
    (C) 影響本期綜合損益表,但不影響次期綜合損益表
    (D) 影響本期資產負債表,但不影響次期資產負債表

18. 甲公司於 ×3 年 1 月 1 日以 $500,000 取得一台設備,該設備採直線法折舊且估計使用年限 5 年,無殘值。由於記帳疏忽,甲公司 ×3 年沒有提列折舊,這項疏失在甲公司編製 ×4 年財務報表時被發現,則此台機器在甲公司 ×4 年財務報表上的折舊費用為若干?
    (A) $0
    (B) $100,000
    (C) $125,000
    (D) $200,000

19. 永潔公司於 ×3 年底結帳前發現錯誤如下:

	×2/12/31	×3/12/31
期末存貨	高估 $1,000	低估 $8,000
折舊費用	低估 $2,000	低估 $2,000

若不考慮所得稅，試問以上錯誤對淨利影響為何？

(A) ×2 年淨利低估 $1,000　　　(B) ×3 年淨利低估 $6,000
(C) ×3 年淨利低估 $7,000　　　(D) ×2 年淨利低估 $3,000

20. 漏列應收收益將對財務報表產生何種影響？

(A) 低估收入、本期淨利及流動資產
(B) 低估本期淨利、權益及流動負債
(C) 高估收入、權益及流動負債
(D) 低估流動資產及高估權益

21. 涓涓公司原以直接沖銷法處理減損損失，自公司成立至 ×4 年底已認列預期信用損失 $1,300,000。該公司於 ×5 年初發現，採直接沖銷法處理減損損失不符國際財務報導準則。若估計損失率為期末應收帳款餘額之 6%，×4 年與 ×5 年底應收帳款餘額分別為 $2,100,000 與 $1,600,000，不考慮所得稅影響，則涓涓公司 ×5 年初發現此一事項之會計分錄應借記「追溯適用及追溯重編之影響數—錯誤更正」多少？

(A) $96,000　　　(B) $126,000
(C) $48,000　　　(D) $18,000

22. 明星公司以寄銷方式委請蘭舟公司代售商品，其售價為成本加計 25%，×3 年 12 月 29 日明星公司將一批寄銷品運送給蘭舟公司，並立即認列銷貨收入 $180,000，且未將該批商品列入 ×3 年期末存貨。若蘭舟公司於 ×4 年 1 月 6 日將該批商品出售，則明星公司 ×3 年度財務報表：

(A) 應收帳款高估 $180,000；期末存貨低估 $180,000；稅前淨利高估 $36,000
(B) 銷貨收入高估 $180,000；期末存貨低估 $144,000；稅前淨利高估 $36,000
(C) 應收帳款與稅前淨利皆高估 $180,000
(D) 期末存貨與稅前淨利皆低估 $150,000

23. 詠安公司採定期盤存制，×5 年底盤點時，漏點一批在途進貨，其交貨條件為起運地交貨。但已收到廠商的發票並已入帳，請問對於財務報表之影響下列選項何者正確？
（＋：高估；－：低估；×：無影響）

	資產	負債	權益	淨利
(A)	－	＋	×	－
(B)	×	－	×	×
(C)	－	×	－	－
(D)	－	－	×	－

24. 承上題(第23題)，若詠安公司之進貨分錄亦尚未編製且未收到發票，則下列選項何者正確？(＋：高估；－：低估；×：無影響)

	資產	負債	權益	淨利
(A)	－	×	－	－
(B)	×	－	×	－
(C)	×	＋	×	＋
(D)	－	－	×	×

25. 泰山公司×5年共支付廣告費$107,000，並全數列為當年度的廣告費用。但經會計師查核後認為，應計基礎下相關項目金額為：

	×4/12/31	×5/12/31
應付廣告費	$12,000	$9,000
預付廣告費	$10,000	$8,600

請問×5年財務報表上，下列項目之正確數字應該為何？

	廣告費用	預付廣告費	應付廣告費
(A)	$108,600	$8,600	$9,000
(B)	$107,000	$12,000	$10,000
(C)	$107,400	$10,000	$9,000
(D)	$105,400	$8,600	$9,000

26. 宏婕公司於×3年12月30日銷售一批商品，交貨條件為目的地交貨，依據過去經驗估計商品將於×4年1月12日送達客戶指定地點。該公司進行期末存貨盤點時，未將此批商品計入。會計部門則將此筆交易列為×3年銷貨。請問該公司×3年度財務報表會產生哪些錯誤？

    (A) 期末存貨正確，本期損益正確　　(B) 期末存貨高估，本期損益高估
    (C) 期末存貨低估，本期損益低估　　(D) 期末存貨低估，本期損益高估

27. 大亨公司×2年淨利高估$150,000，已知係由三種錯誤造成，其一為未認列預付費用$70,000，另一為折舊費用低列$80,000，試問第三個錯誤可能為下列何者？

    (A) 期末存貨低估$140,000　　(B) 期末存貨高估$140,000
    (C) 應收收益低估$140,000　　(D) 應付費用高估$140,000

28. 以下資料為優美公司×3年度及×4年度財務報表中之錯誤，優美公司採用曆年制：

	×3/12/31	×4/12/31
期末存貨	低估 $70,000	高估 $90,000
應付保險費	低估 $55,000	低估 $85,000

假設×3年度錯誤已更正，但×4年度錯誤尚未發現，試計算優美公司×4年度稅前淨

利高估或低估多少？

(A) 低估 $175,000　　　　　　　(B) 高估 $175,000
(C) 低估 $105,000　　　　　　　(D) 高估 $140,000

29. 承上題(第28題)，假設所有錯誤皆未發現且未更正以前，試計算優美公司×4年度保留盈餘高估或低估多少？

(A) 低估 $105,000　　　　　　　(B) 高估 $140,000
(C) 低估 $175,000　　　　　　　(D) 高估 $175,000

30. 承第28題，假設所有錯誤未發現且未更正以前，若×5年度以來未再發生任何錯誤，試計算優美公司×5年12月31日流動資產高估或低估多少？

(A) 低估 $160,000　　　　　　　(B) 正確無誤
(C) 低估 $175,000　　　　　　　(D) 高估 $160,000

31. 下列何者為會計估計值？

(A) 不動產、廠房及設備項目之殘值　　(B) 不動產、廠房及設備項目之折舊年限
(C) 不動產、廠房及設備項目之折舊方法　(D) 不動產、廠房及設備項目之折舊費用

32. 下列何者為會計估計值之輸入值？

(A) 不動產、廠房及設備項目之殘值　　(B) 存貨項目之淨變現價值
(C) 預期信用損失之備抵損失　　　　　(D) 保固義務負債準備

33. 若會計估計值變動造成資產及負債之變動或與權益之某一項目有關，則應作何處理？

(A) 追溯調整前期相關資產、負債或權益項目之帳面金額，並加以認列
(B) 於本期透過調整相關資產、負債或權益項目之帳面金額，並加以認列
(C) 僅需調整會計估計值變動對本期，或本期及未來期間損益之影響數
(D) 無需調整

34. 下列何者並非導致貨幣金額無法直接觀察之原因？

(A) 實體或經濟障礙　　　　　　　(B) 性質與特性
(C) 技術限制　　　　　　　　　　(D) 事前無法直接觀察，但事後可以直接觀察

練習題

1. 【會計估計值變動】×1年德德公司購入耐用年限7年的設備，採年數合計法提列折舊，估計無殘值。×4年初累計折舊為 $360,000。若×4年初將折舊方法改為直線法，稅率為 17%。

試作：德德公司×4年與折舊有關之分錄。

2. 【會計政策變動】閔閔公司自×1年初開業，過去存貨計價方法一直採加權平均法，報稅亦採加權平均法。今因事實需要，決定自×5年起改採先進先出法評價存貨，各年期

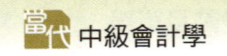

末存貨資料如下：

	×1年	×2年	×3年	×4年	×5年
加權平均法	$30,000	$50,000	$70,000	$60,000	$30,000
先進先出法	68,000	48,000	106,000	120,000	100,000

閔閔公司 ×5 年度若採「加權平均法」，則比較綜合損益表如下：

	×5年	×4年
繼續營業單位淨利	$150,000	$250,000
停業單位損益	50,000	(50,000)
本期淨利	$200,000	$200,000

假設閔閔公司採定期盤存制，稅率為 20%。

試作：

(1) 會計政策變動之分錄。
(2) 編製 ×4 年與 ×5 年之比較綜合損益表。

3. 【會計估計值變動】允允公司於 ×1 年初購入一套設備，原採年數合計法提列折舊，估計耐用年數為 8 年，殘值 $120,000。自 ×3 年起決定改採直線法提列折舊，並評估該設備僅能再使用 4 年，殘值為 $80,000。已知會計變動後 ×3 年之折舊費用為 $45,000。

試作：

(1) 計算設備之成本。
(2) 計算 ×3 年底設備累計折舊項目之餘額。

4. 【會計估計值變動】勝勝公司 ×1 年 5 月 1 日購買一套設備，成本為 $316,800，當時估計可使用 8 年，且無殘值，採用直線法提列折舊。×4 年初重新估計，認為該設備之使用年限少於 8 年，殘值為 $43,200，自 ×4 年起改按新估計之使用年限提列折舊，×4 年結帳後，該設備累計折舊餘額為 $177,600。

試作：推算該設備新估計之使用年限。

5. 【會計政策變動】小林公司設於 ×1 年，其存貨計價方式採先進先出法，但報稅採加權平均法。×4 年小林公司認為同業間皆採加權平均法評價存貨，為增加財務報表可比較性，遂將存貨計價方法亦改為加權平均法。兩種存貨計價方式下各年期末存貨資料如下：

年度	加權平均法	先進先出法
×1	$60,000	$ 90,000
×2	70,000	120,000
×3	80,000	150,000
×4	90,000	180,000

假設小林公司普通股流通在外股數為 100,000 股；所得稅稅率為 20%。

試作：

(1) 會計政策變動應有之分錄。
(2) 若 ×3 年小林公司列報稅後營業利益及淨利皆為 $100,000；×4 年稅後營業利益為 $200,000。根據上述資料，編製小林公司 ×3 年及 ×4 年比較綜合損益表，包括附註說明部分。

6. 【錯誤更正及會計估計值變動】軒軒公司 ×2 年初發現 ×1 年初購入的機器設備是以雜項費用項目入帳，該機器成本為 $740,000，估計耐用年限 8 年，殘值 $20,000，依公司會計政策應採年數合計法提列折舊，軒軒公司於 ×3 年初發現該機器每年之效益與維修費用大致相等，且估計剩餘可使用年限為 5 年而非 6 年，5 年後殘值僅剩 $10,000，遂決定由當年度起改用直線法提列折舊，假設所得稅率為 20%。

試作：×2 年及 ×3 年之有關錯誤更正及估計值變動之分錄。

7. 【錯誤更正】大義公司於 ×2 年發現以下事項：
   1. ×0 年 12 月 31 日之應收利息漏列了 $65,000。
   2. ×1 年底之折舊 $54,000 重複記錄。
   3. ×2 年底未提列預期信用損失，應收帳款因此高估了 $82,000。
   4. ×2 年 4 月 1 日支付設備重大檢修費用 $400,000，誤以修理費用入帳，該公司採直線法計提折舊，機器預計自重大檢修日起，尚有 8 年之服務年限。

   ×2 年 1 月 1 日之保留盈餘為 $560,000，×2 年度未調整上述錯誤前之淨利為 $350,000。×2 年度發放了 $150,000 的股利。

試作：

(1) 假設 ×2 年度尚未結帳，×2 年錯誤更正的分錄。
(2) 編製 ×2 年度之保留盈餘表。

8. 【錯誤更正】詠潔公司專營皮鞋之製造與銷售，採曆年制，最近 3 年帳載之銷貨收入與稅前淨利如下：

	×2 年	×3 年	×4 年
銷貨收入	$500,000	$350,000	$460,000
稅前淨利	84,000	95,000	68,000

會計師於查核過程發現以下事項：

1. ×2 年底有牛皮商品一批交付於承銷商店時，並立即認列該批商品之銷貨收入 $7,200，銷貨價格為成本之 120%，詠潔公司各年底尚存之寄銷貨品均於次年出售。
2. ×2 年 7 月 1 日購置機器設備之成本為 $40,000，應採直線法提列折舊，估計使用年限為 8 年，殘值 $8,000，但購置當時將該筆支出費用化。
3. 詠潔公司之會計政策載明以銷貨百分比法提列預期信用損失，且損失率為銷貨之 3%，

但會計人員採直接沖銷法沖銷減損損失，各年度之沖銷金額分別為 ×2 年 $10,600；×3 年 $9,400；×4 年 $12,000。

試作：×2 年、×3 年及 ×4 年度正確之稅前淨利。

9. 【錯誤更正】美嘉公司於 ×3 年 1 月 1 日購置機器一部，成本 $650,000，原估耐用年限 8 年，殘值 $110,000，按年數合計法計提折舊。該公司在 ×6 年 1 月 1 日重大檢修該機器支出 $297,000，該項支出可增強機器產能，產生額外經濟效用，並不延長耐用年限，但當時帳上誤列為修理費用，此項錯誤於 ×7 年初發現。假設無須考慮所得稅影響，且估計殘值不變。

試作：(1) 計算 ×6 年折舊費用。(2) ×7 年初之更正分錄。

10. 【錯誤更正】東台公司設立於 ×3 年初，會計師於 ×5 年底未結帳前進行查帳發現下列事項：

1. ×3 年 7 月 1 日發行利率 9%，面額 $500,000 之 5 年期公司債，發生折價 $50,000，該公司記作本期利息費用，付息日為 6 月 30 日及 12 月 31 日，折價採直線法攤銷。
2. ×4 年底存貨高估 $70,000。

若 ×3 年度帳上淨利為 $450,000，×4 年度淨利為 $630,000，×5 年度淨利為 $800,000。

試作：計算各年度正確淨利。

11. 【錯誤更正】下列為泰林公司之情況，假設所得稅率為 15%。該公司在 ×1 年初取得精英公司 40% 股權，應採權益法處理，但該公司歷年來皆以成本法處理該投資項目。精英公司各年度淨利及股利資料列示如下：

年度	淨利(損)	股利
×1 年	$1,500,000	$600,000
×2 年	700,000	500,000
×3 年	(300,000)	400,000
×4 年	700,000	360,000

另外，泰林公司過去 3 年來期末存貨發生下列錯誤：

×2 年低估 $200,000

×3 年低估 360,000

×4 年高估 540,000

請根據下列狀況試作 ×4 年必要之更正分錄：

試作：

(1) 假設 ×4 年度的錯誤金額已入帳但尚未結帳，所得稅率 15%。
(2) 假設 ×4 年度的錯誤金額已入帳但尚未結帳，不考慮所得稅影響數。
(3) 假設 ×4 年度的錯誤金額已入帳已結帳，所得稅率 15%。

(4) 假設 ×4 年度的錯誤金額已入帳已結帳，不考慮所得稅影響數。

12. 【錯誤更正】嘉美公司近 3 年帳務處理有下列錯誤：

    1. 期末漏列預付保險費 (下一年度)，×1 年 $50,000；×2 年 $35,000；×3 年 $70,000。
    2. 期末應付薪資漏列，×1 年 $95,000；×2 年 $35,000；×3 年 $75,000。
    3. 折舊 ×1 年少列 $55,000；×2 年多提 $40,000；×3 年少列 $65,000。
    4. 期末存貨 ×1 年少計 $60,000；×2 年多計 $90,000；×3 年正確無誤。

    假設上述錯誤是發現於 ×3 年結帳前，且不考慮所得稅影響。

    試作：

    (1) 計算上述錯誤共使 ×1 年度到 ×3 年度淨利高估或低估多少？
    (2) 上述錯誤之更正分錄。

13. 【錯誤之影響】×3 年度與 ×4 年度傑柏公司財務資料有下述錯誤事項：

    1. ×3 年底存貨高估 $45,000，×4 年底存貨高估 $30,000。
    2. ×3 年底折舊費用高列 $25,000。
    3. ×3 年初預付 3 年保險費 $15,000，該筆金額全數列為該年度之費用。
    4. ×4 年底出售已提盡折舊之機器設備乙部，得款 $50,000，該事項至 ×5 年初始入帳。

    假設皆不考慮所得稅影響，且 ×4 年尚未結帳。

    試作：

    (1) 以上錯誤對傑柏公司 ×4 年度「淨利」之影響數。
    (2) 以上錯誤對傑柏公司 ×4 年度保留盈餘表中「期初保留盈餘」之影響數。

14. 【錯誤更正】思婕公司 ×2 年、×3 年、×4 年及 ×5 年帳列淨利依序為 $45,850、$75,400、$85,200、$32,100。該公司於 ×5 年底發現各年底資產負債表項目有下列錯誤：

年度	期末存貨高估	期末存貨低估	預付費用漏列	預收收入漏列
1. ×2	$5,600			$ 250
2. ×3		$7,500	$1,250	15,000
3. ×4	6,900		3,700	3,250
4. ×5		1,600		5,150

    試作：思婕公司 ×2 年度至 ×5 年度正確之淨利。

附表一 $1 複利終值表

(折現率 1% 至 15%)

期數	1%	2%	3%	4%	5%	6%	7%	8%	9%	10%	12%	15%
1	1.010000	1.020000	1.030000	1.040000	1.050000	1.060000	1.070000	1.080000	1.090000	1.100000	1.120000	1.150000
2	1.020100	1.040400	1.060900	1.081600	1.102500	1.123600	1.144900	1.166400	1.188100	1.210000	1.254400	1.322500
3	1.030301	1.061208	1.092727	1.124864	1.157625	1.191016	1.225043	1.259712	1.295029	1.331000	1.404928	1.520875
4	1.040604	1.082432	1.125509	1.169859	1.215506	1.262477	1.310796	1.360489	1.411582	1.464100	1.573519	1.749006
5	1.051010	1.104081	1.159274	1.216653	1.276282	1.338226	1.402552	1.469328	1.538624	1.610510	1.762342	2.011357
6	1.061520	1.126162	1.194052	1.265319	1.340096	1.418519	1.500730	1.586874	1.677100	1.771561	1.973823	2.313061
7	1.072135	1.148686	1.229874	1.315932	1.407100	1.503630	1.605781	1.713824	1.828039	1.948717	2.210681	2.660020
8	1.082857	1.171659	1.266770	1.368569	1.477455	1.593848	1.718186	1.850930	1.992563	2.143589	2.475963	3.059023
9	1.093685	1.195093	1.304773	1.423312	1.551328	1.689479	1.838459	1.999005	2.171893	2.357948	2.773079	3.517876
10	1.104622	1.218994	1.343916	1.480244	1.628895	1.790848	1.967151	2.158925	2.367364	2.593742	3.105848	4.045558
11	1.115668	1.243374	1.384234	1.539454	1.710339	1.898299	2.104852	2.331639	2.580426	2.853117	3.478550	4.652391
12	1.126825	1.268242	1.425761	1.601032	1.795856	2.012196	2.252192	2.518170	2.812665	3.138428	3.895976	5.350250
13	1.138093	1.293607	1.468534	1.665074	1.885649	2.132928	2.409845	2.719624	3.065805	3.452271	4.363493	6.152788
14	1.149474	1.319479	1.512590	1.731676	1.979932	2.260904	2.578534	2.937194	3.341727	3.797498	4.887112	7.075706
15	1.160969	1.345868	1.557967	1.800944	2.078928	2.396558	2.759032	3.172169	3.642482	4.177248	5.473566	8.137062
16	1.172579	1.372786	1.604706	1.872981	2.182875	2.540352	2.952164	3.425943	3.970306	4.594973	6.130394	9.357621
17	1.184304	1.400241	1.652848	1.947900	2.292018	2.692773	3.158815	3.700018	4.327633	5.054470	6.866041	10.761264
18	1.196147	1.428246	1.702433	2.025817	2.406619	2.854339	3.379932	3.996019	4.717120	5.559917	7.689966	12.375454
19	1.208109	1.456811	1.753506	2.106849	2.526950	3.025600	3.616528	4.315701	5.141661	6.115909	8.612762	14.231772
20	1.220190	1.485947	1.806111	2.191123	2.653298	3.207135	3.869684	4.660957	5.604411	6.727500	9.646293	16.366537
21	1.232392	1.515666	1.860295	2.278768	2.785963	3.399564	4.140562	5.033834	6.108808	7.400250	10.803848	18.821518
22	1.244716	1.545980	1.916103	2.369919	2.925261	3.603537	4.430402	5.436540	6.658600	8.140275	12.100310	21.644746
23	1.257163	1.576899	1.973587	2.464716	3.071524	3.819750	4.740530	5.871464	7.257874	8.954302	13.552347	24.891458
24	1.269735	1.608437	2.032794	2.563304	3.225100	4.048935	5.072367	6.341181	7.911083	9.849733	15.178629	28.625176
25	1.282432	1.640606	2.093778	2.665836	3.386355	4.291871	5.427433	6.848475	8.623081	10.834706	17.000064	32.918953
26	1.295256	1.673418	2.156591	2.772470	3.555673	4.549383	5.807353	7.396353	9.399158	11.918177	19.040072	37.856796
27	1.308209	1.706886	2.221289	2.883369	3.733456	4.822346	6.213868	7.988061	10.245082	13.109994	21.324881	43.535315
28	1.321291	1.741024	2.287928	2.998703	3.920129	5.111687	6.648838	8.627106	11.167140	14.420994	23.883866	50.065612
29	1.334504	1.775845	2.356566	3.118651	4.116136	5.418388	7.114257	9.317275	12.172182	15.863093	26.749930	57.575454
30	1.347849	1.811362	2.427262	3.243398	4.321942	5.743491	7.612255	10.062657	13.267678	17.449402	29.959922	66.211772
35	1.416603	1.999890	2.813862	3.946089	5.516015	7.686087	10.676581	14.785344	20.413968	28.102437	52.799620	133.175523
40	1.488864	2.208040	3.262038	4.801021	7.039989	10.285718	14.974458	21.724521	31.409420	45.259256	93.050970	267.863546
45	1.564811	2.437854	3.781596	5.841176	8.985008	13.764611	21.002452	31.920449	48.327286	72.890484	163.987604	538.769269
50	1.644632	2.691588	4.383906	7.106683	11.467400	18.420154	29.457025	46.901613	74.357520	117.390853	289.002190	1083.657442

附表二 $1 複利現值表

(折現率 1% 至 15%)

期數	1%	2%	3%	4%	5%	6%	7%	8%	9%	10%	12%	15%
1	0.990099	0.980392	0.970874	0.961538	0.952381	0.943396	0.934579	0.925926	0.917431	0.909091	0.892857	0.869565
2	0.980296	0.961169	0.942596	0.924556	0.907029	0.889996	0.873439	0.857339	0.841680	0.826446	0.797194	0.756144
3	0.970590	0.942322	0.915142	0.888996	0.863838	0.839619	0.816298	0.793832	0.772183	0.751315	0.711780	0.657516
4	0.960980	0.923845	0.888487	0.854804	0.822702	0.792094	0.762895	0.735030	0.708425	0.683013	0.635518	0.571753
5	0.951466	0.905731	0.862609	0.821927	0.783526	0.747258	0.712986	0.680583	0.649931	0.620921	0.567427	0.497177
6	0.942045	0.887971	0.837484	0.790315	0.746215	0.704961	0.666342	0.630170	0.596267	0.564474	0.506631	0.432328
7	0.932718	0.870560	0.813092	0.759918	0.710681	0.665057	0.622750	0.583490	0.547034	0.513158	0.452349	0.375937
8	0.923483	0.853490	0.789409	0.730690	0.676839	0.627412	0.582009	0.540269	0.501866	0.466507	0.403883	0.326902
9	0.914340	0.836755	0.766417	0.702587	0.644609	0.591898	0.543934	0.500249	0.460428	0.424098	0.360610	0.284262
10	0.905287	0.820348	0.744094	0.675564	0.613913	0.558395	0.508349	0.463193	0.422411	0.385543	0.321973	0.247185
11	0.896324	0.804263	0.722421	0.649581	0.584679	0.526788	0.475093	0.428883	0.387533	0.350494	0.287476	0.214943
12	0.887449	0.788493	0.701380	0.624597	0.556837	0.496969	0.444012	0.397114	0.355535	0.318631	0.256675	0.186907
13	0.878663	0.773033	0.680951	0.600574	0.530321	0.468839	0.414964	0.367698	0.326179	0.289664	0.229174	0.162528
14	0.869963	0.757875	0.661118	0.577475	0.505068	0.442301	0.387817	0.340461	0.299246	0.263331	0.204620	0.141329
15	0.861349	0.743015	0.641862	0.555265	0.481017	0.417265	0.362446	0.315242	0.274538	0.239392	0.182696	0.122894
16	0.852821	0.728446	0.623167	0.533908	0.458112	0.393646	0.338735	0.291890	0.251870	0.217629	0.163122	0.106865
17	0.844377	0.714163	0.605016	0.513373	0.436297	0.371364	0.316574	0.270269	0.231073	0.197845	0.145644	0.092926
18	0.836017	0.700159	0.587395	0.493628	0.415521	0.350344	0.295864	0.250249	0.211994	0.179859	0.130040	0.080805
19	0.827740	0.686431	0.570286	0.474642	0.395734	0.330513	0.276508	0.231712	0.194490	0.163508	0.116107	0.070265
20	0.819544	0.672971	0.553676	0.456387	0.376889	0.311805	0.258419	0.214548	0.178431	0.148644	0.103667	0.061100
21	0.811430	0.659776	0.537549	0.438834	0.358942	0.294155	0.241513	0.198656	0.163698	0.135131	0.092560	0.053131
22	0.803396	0.646839	0.521893	0.421955	0.341850	0.277505	0.225713	0.183941	0.150182	0.122846	0.082643	0.046201
23	0.795442	0.634156	0.506692	0.405726	0.325571	0.261797	0.210947	0.170315	0.137781	0.111678	0.073788	0.040174
24	0.787566	0.621721	0.491934	0.390121	0.310068	0.246979	0.197147	0.157699	0.126405	0.101526	0.065882	0.034934
25	0.779768	0.609531	0.477606	0.375117	0.295303	0.232999	0.184249	0.146018	0.115968	0.092296	0.058823	0.030378
26	0.772048	0.597579	0.463695	0.360689	0.281241	0.219810	0.172195	0.135202	0.106393	0.083905	0.052521	0.026415
27	0.764404	0.585862	0.450189	0.346817	0.267848	0.207368	0.160930	0.125187	0.097608	0.076278	0.046894	0.022970
28	0.756836	0.574375	0.437077	0.333477	0.255094	0.195630	0.150402	0.115914	0.089548	0.069343	0.041869	0.019974
29	0.749342	0.563112	0.424346	0.320651	0.242946	0.184557	0.140563	0.107328	0.082155	0.063039	0.037383	0.017369
30	0.741923	0.552071	0.411987	0.308319	0.231377	0.174110	0.131367	0.099377	0.075371	0.057309	0.033378	0.015103
35	0.705914	0.500028	0.355383	0.253415	0.181290	0.130105	0.093663	0.067635	0.048986	0.035584	0.018940	0.007509
40	0.671653	0.452890	0.306557	0.208289	0.142046	0.097222	0.066780	0.046031	0.031838	0.022095	0.010747	0.003733
45	0.639055	0.410197	0.264439	0.171198	0.111297	0.072650	0.047613	0.031328	0.020692	0.013719	0.006098	0.001856
50	0.608039	0.371528	0.228107	0.140713	0.087204	0.054288	0.033948	0.021321	0.013449	0.008519	0.003460	0.000923

附表三　$1 普通年金終值表

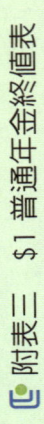

(折現率 1% 至 15%)

期數	1%	2%	3%	4%	5%	6%	7%	8%	9%	10%	12%	15%
1	1.000000	1.000000	1.000000	1.000000	1.000000	1.000000	1.000000	1.000000	1.000000	1.000000	1.000000	1.000000
2	2.010000	2.020000	2.030000	2.040000	2.050000	2.060000	2.070000	2.080000	2.090000	2.100000	2.120000	2.150000
3	3.030100	3.060400	3.090900	3.121600	3.152500	3.183600	3.214900	3.246400	3.278100	3.310000	3.374400	3.472500
4	4.060401	4.121608	4.183627	4.246464	4.310125	4.374616	4.439943	4.506112	4.573129	4.641000	4.779328	4.993375
5	5.101005	5.204040	5.309136	5.416323	5.525631	5.637093	5.750739	5.866601	5.984711	6.105100	6.352847	6.742381
6	6.152015	6.308121	6.468410	6.632975	6.801913	6.975319	7.153291	7.335929	7.523335	7.715610	8.115189	8.753738
7	7.213535	7.434283	7.662462	7.898294	8.142008	8.393838	8.654021	8.922803	9.200435	9.487171	10.089012	11.066799
8	8.285671	8.582969	8.892336	9.214226	9.549109	9.897468	10.259803	10.636628	11.028474	11.435888	12.299693	13.726819
9	9.368527	9.754628	10.159106	10.582795	11.026564	11.491316	11.977989	12.487558	13.021036	13.579477	14.775656	16.785842
10	10.462213	10.949721	11.463879	12.006107	12.577893	13.180795	13.816448	14.486562	15.192930	15.937425	17.548735	20.303718
11	11.566835	12.168715	12.807796	13.486351	14.206787	14.971643	15.783599	16.645487	17.560293	18.531167	20.654583	24.349276
12	12.682503	13.412090	14.192030	15.025805	15.917127	16.869941	17.888451	18.977126	20.140720	21.384284	24.133133	29.001667
13	13.809328	14.680332	15.617790	16.626838	17.712983	18.882138	20.140643	21.495297	22.953385	24.522712	28.029109	34.351917
14	14.947421	15.973938	17.086324	18.291911	19.598632	21.015066	22.550488	24.214920	26.019189	27.974983	32.392602	40.504705
15	16.096896	17.293417	18.598914	20.023588	21.578564	23.275970	25.129022	27.152114	29.360916	31.772482	37.279715	47.580411
16	17.257864	18.639285	20.156881	21.824531	23.657492	25.672528	27.888054	30.324283	33.003199	35.949730	42.753280	55.717472
17	18.430443	20.012071	21.761588	23.697512	25.840366	28.212880	30.840217	33.750226	36.973705	40.544703	48.883674	65.075093
18	19.614748	21.412312	23.414435	25.645413	28.132385	30.905653	33.999033	37.450244	41.301338	45.599173	55.749715	75.836357
19	20.810895	22.840559	25.116868	27.671229	30.539004	33.759992	37.378965	41.446263	46.018458	51.159090	63.439681	88.211811
20	22.019004	24.297370	26.870374	29.778079	33.065954	36.785591	40.995492	45.761964	51.160120	57.274999	72.052442	102.443583
21	23.239194	25.783317	28.676486	31.969202	35.719252	39.992727	44.865177	50.422921	56.764530	64.002499	81.698736	118.810120
22	24.471586	27.298984	30.536780	34.247970	38.505214	43.392290	49.005739	55.456755	62.873338	71.402749	92.502584	137.631638
23	25.716302	28.844963	32.452884	36.617889	41.430475	46.995828	53.436141	60.893296	69.531939	79.543024	104.602894	159.276384
24	26.973465	30.421862	34.426470	39.082604	44.501999	50.815577	58.176671	66.764759	76.789813	88.497327	118.155241	184.167841
25	28.243200	32.030300	36.459264	41.645908	44.645908	54.864512	63.249038	73.105940	84.700896	98.347059	133.333870	212.793017
26	29.525631	33.670906	38.553042	44.311745	51.113454	59.156383	68.676470	79.954415	93.323977	109.181765	150.333934	245.711970
27	30.820888	35.344324	40.709634	47.084214	54.669126	63.705766	74.483823	87.350768	102.723135	121.099942	169.374007	283.568766
28	32.129097	37.051210	42.930923	49.967583	58.402583	68.528112	80.697691	95.338830	112.968217	134.209936	190.698887	327.104080
29	33.450388	38.792235	45.218850	52.966286	62.322712	73.639798	87.346529	103.965936	124.135356	148.630930	214.582754	377.169693
30	34.784892	40.568079	47.575416	56.084938	66.438848	79.058186	94.460786	113.283211	136.307539	164.494023	241.332684	434.745146
35	41.660276	49.994478	60.462080	73.652225	90.320307	111.434780	138.236878	172.316804	215.710755	271.024368	431.663496	881.170156
40	48.886373	60.401983	75.401260	95.025516	120.799774	154.761966	199.635112	259.056519	337.882445	442.592556	767.091420	1779.090308
45	56.481075	71.892710	92.719861	121.029392	159.700156	212.743514	285.749311	386.505617	525.858734	718.904837	1358.230032	3585.128460
50	64.463182	84.579401	112.796867	152.667084	209.347996	290.335905	406.528929	573.770156	815.083556	1163.908529	2400.018249	7217.716277

附表四 $1 普通年金現值表

(折現率 1% 至 15%)

期數	1%	2%	3%	4%	5%	6%	7%	8%	9%	10%	12%	15%
1	0.990099	0.980392	0.970874	0.961538	0.952381	0.943396	0.934579	0.925926	0.917431	0.909091	0.892857	0.869565
2	1.970395	1.941561	1.913470	1.886095	1.859410	1.833393	1.808018	1.783265	1.759111	1.735537	1.690051	1.625709
3	2.940985	2.883883	2.828611	2.775091	2.723248	2.673012	2.624316	2.577097	2.531295	2.486852	2.401831	2.283225
4	3.901966	3.807729	3.717098	3.629895	3.545951	3.465106	3.387211	3.312127	3.239720	3.169865	3.037349	2.854978
5	4.853431	4.713460	4.579707	4.451822	4.329477	4.212364	4.100197	3.992710	3.889651	3.790787	3.604776	3.352155
6	5.795476	5.601431	5.417191	5.242137	5.075692	4.917324	4.766540	4.622880	4.485919	4.355261	4.111407	3.784483
7	6.728195	6.471991	6.230283	6.002055	5.786373	5.582381	5.389289	5.206370	5.032953	4.868419	4.563757	4.160420
8	7.651678	7.325481	7.019692	6.732745	6.463213	6.209794	5.971299	5.746639	5.534819	5.334926	4.967640	4.487322
9	8.566018	8.162237	7.786109	7.435332	7.107822	6.801692	6.515232	6.246888	5.995247	5.759024	5.328250	4.771584
10	9.471305	8.982585	8.530203	8.110896	7.721735	7.360087	7.023582	6.710081	6.417658	6.144567	5.650223	5.018769
11	10.367628	9.786848	9.252624	8.760477	8.306414	7.886875	7.498674	7.138964	6.805191	6.495061	5.937699	5.233712
12	11.255077	10.575341	9.954004	9.385074	8.863252	8.383844	7.942686	7.536078	7.160725	6.813692	6.194374	5.420619
13	12.133740	11.348374	10.634955	9.985648	9.393573	8.852683	8.357651	7.903776	7.486904	7.103356	6.423548	5.583147
14	13.003703	12.106249	11.296073	10.563123	9.898641	9.294984	8.745468	8.244237	7.786150	7.366687	6.628168	5.724476
15	13.865053	12.849264	11.937935	11.118387	10.379658	9.712249	9.107914	8.559479	8.060688	7.606080	6.810864	5.847370
16	14.717874	13.577709	12.561102	11.652296	10.837770	10.105895	9.446649	8.851369	8.312558	7.823709	6.973986	5.954235
17	15.562251	14.291872	13.166118	12.165669	11.274066	10.477260	9.763223	9.121638	8.543631	8.021553	7.119630	6.047161
18	16.398269	14.992031	13.753513	12.659297	11.689587	10.827603	10.059087	9.371887	8.755625	8.201412	7.249670	6.127966
19	17.226008	15.678462	14.323799	13.133939	12.085321	11.158116	10.335595	9.603599	8.950115	8.364920	7.365777	6.198231
20	18.045553	16.351433	14.877475	13.590326	12.462210	11.469921	10.594014	9.818147	9.128546	8.513564	7.469444	6.259331
21	18.856983	17.011209	15.415024	14.029160	12.821153	11.764077	10.835527	10.016803	9.292244	8.648694	7.562003	6.312462
22	19.660379	17.658048	15.936917	14.451115	13.163003	12.041582	11.061240	10.200744	9.442425	8.771540	7.644646	6.358663
23	20.455821	18.292204	16.443608	14.856842	13.488574	12.303379	11.272187	10.371059	9.580207	8.883218	7.718434	6.398837
24	21.243387	18.913926	16.935542	15.246963	13.798642	12.550358	11.469334	10.528758	9.706612	8.984744	7.784316	6.433771
25	22.023156	19.523456	17.413148	15.622080	14.093945	12.783356	11.653583	10.674776	9.822580	9.077040	7.843139	6.464149
26	22.795204	20.121036	17.876842	15.982769	14.375185	13.003166	11.825779	10.809978	9.928972	9.160945	7.895660	6.490564
27	23.559608	20.706898	18.327031	16.329586	14.643034	13.210534	11.986709	10.935165	10.026580	9.237223	7.942554	6.513534
28	24.316443	21.281272	18.764108	16.663063	14.898127	13.406164	12.137111	11.051078	10.116128	9.306567	7.984423	6.533508
29	25.065785	21.844385	19.188455	16.983715	15.141074	13.590721	12.277674	11.158406	10.198283	9.369606	8.021806	6.550877
30	25.807708	22.396456	19.600441	17.292033	15.372451	13.764831	12.409041	11.257783	10.273654	9.426914	8.055184	6.565980
35	29.408580	24.998619	21.487220	18.664613	16.374194	14.498246	12.947672	11.654568	10.566821	9.644159	8.175504	6.616607
40	32.834686	27.355479	23.114772	19.792774	17.159086	15.046297	13.331709	11.924811	10.757360	9.779051	8.243777	6.641778
45	36.094508	29.490160	24.518713	20.720040	17.774070	15.455832	13.605522	12.108402	10.881197	9.862808	8.282516	6.654293
50	39.196118	31.423606	25.729764	21.482185	18.255925	15.761861	13.800746	12.233485	10.961683	9.914814	8.304498	6.660515

索 引

1 股分割成 3 股　3-for-1　578
12 個月預期信用損失　12-month expected credit losses　386

一劃

一次到期公司債　term bond　472
一致性　consistency　17, 892
一般公認會計原則　Generally Accepted Accounting Principles, GAAPs　8
一般用途財務報導　general purpose financial reporting　4
一般特性　general feature　5
一般費用成本　general overhead costs　215
一般擔保借款　general assignment　141
一般隱含風險　general inherent risk　434, 444

二劃

人力資源　human resources　328
人口統計假設　demographic assumptions　747
人事　staff　48

三劃

大規模的毀滅武器　weapons of mass destruction　416
子公司　subsidiary　397
已發生事件　past event　434
已辨認資產　identified asset　686
工程進度請款金額　progress billing　651
不可行　impracticable　893
不可取消之租賃　Non-cancellable lease　682
不可取消期間　Non-cancellable period　690
不可退還之進項稅額　nonrefundable taxes　215
不可撤銷之選擇　irrevocable election　399
不可避免之成本　unavoidable cost　452
不可觀察輸入值　unobservable inputs　123

不動產、廠房及設備　Property, Plant and Equipment　213, 268
不動產、廠房及設備類別　class of property, plant and equipment　282
不履約風險　non-performance　125

四劃

中立　neutral　15
互抵　offset (offsetting)　5, 149, 153, 496
互相抵銷之錯誤　counterbalancing errors　906
內含價值法　intrinsic value method　541, 553
內部直接成本　Internal Direct Cost　715
內部產生　internally generated　337
公允價值　fair value　122, 335
公允價值之選擇　fair value option　488
公允價值法　fair value method　541, 577
公允價值減處分成本　fair value less costs of disposal　276, 354
公司債　bond　471
分期還本公司債　serial bond　472
分類　classification　373
分類之錯誤　classification errors　905
反稀釋性　anti-dilutive　594
日常之維修成本　day-to-day servicing costs　250
毛利率法　gross profit method　182

五劃

立即償還　due on demand　437
主契約　host contract　418, 498
主理人　principal　664
代理人　agent　664
以服務量為基礎　activity method、use method　237
出版品名稱　publishing titles　333
出租人　lessor　292, 680
刊頭　mastheads　333

中文	英文	頁碼
加工成本	Processing Cost	173
加值部分	value added	439
加速折舊法	Accelerated Depreciation	239
加價	markup	185
加價取消	markup cancellation	185
加權平均法	weighted average method	174
可了解性	understandability	14
可分離	separable	330
可比性	comparability	14
可立即出售	available for immediate sale	301
可合理確定評估	reasonably certain assessment	692
可回收金額	recoverable amount	229, 270, 353
可供銷售商品成本	cost of goods available for sale	170
可區分	distinct	625
可減除金額	deductible amount	785
可減除暫時性差異	deductible temporary differences	788
可買回	callable	523
可買回公司債	callable bond	498
可賣回	puttable	523, 586
可靠性	reliability	890
可辨認性	identifiability	330
可避免成本	avoidable costs	228
可轉換	convertible	420
可驗證性	verifiability	14
可觀察輸入值	oberservable inputs	123
市場占有率	market share	328
市場法	Market method	123
市場知識	market knowledge	328
市場參與者	market participants	122, 123
市價條件	market condition	539
未兌現支票	outstanding check	155
未使用所得稅抵減遞轉後期	carryforward of unused tax credits	812
未使用課稅損失	unused tax losses	812
未來經濟效益	future economic benefits	332
未保證殘值	unguaranteed residual value	684
未賺得融資收益	Unearned finance income	715
本金	principal	374
本期所得稅	current income tax	782
本期認列法	flow-through method	811
永久性差異	permanent differences	784
永續盤存制	perpetual inventory system	171
由上往下	top-down	276, 354
由下往上	bottom-up	276, 354
目的地交貨	FOB destination	168
目標可贖回遠期契約	Target Redemption Forward, TRF	417

六劃

中文	英文	頁碼
交換	swaps	416
交換選擇權	swaption	416
仲介費	placement fees	226
任何租賃誘因	lease incentives receivable	696
企業合併	business combination	592
企業特定價值	entity specific value	177
企業特定層面	entity-specific	15
企業資源規劃系統	Enterprise Resource Planning, ERP	350
先進先出法	first-in, first-out method, FIFO	174
全面採用	fully adoption	8
全部成本法	Full-Costing Method	248
共用資產	corporate assets	272
再循環	recycling	51
合約成立日	Inception date	682
合約或其他法定權利	contractual or other legal rights	330
合約資產	contract asset	139
合資 (企業)	joint venture	268, 398
合資者	joint venturer	398
因營業交易所產生之應收款	trade receivables	136
在途存款	deposit in transit	155
在製品存貨	work-in-process inventory	167
如果發行法	if-issued method	597
如果轉換法	if-converted method	601
存貨	Inventory	166
存貨成本	Inventory Cost	173
存款不足 (存款不足退票)	not sufficient fund	155

中文	英文	頁碼
存續期間	life time	139
存續期間預期信用損失	life-time expected credit losses	386
安裝及組裝成本	installation and assembly cost	215
年金	annuity	110
年數合計法	Sum-of-the Years'-Digits, SYD	239
成本之分攤	cost allocation	235
成本回收法	cost recovery	650
成本折耗法	Cost Depletion	246
成本法	cost method	123, 536
成本法衡量之投資性不動產	investment property with cost-based measurement	268
成本流程假設	cost flow assumption	174
成本要素	elements of cost	214
成本與淨變現價值孰低	Lower of Cost or Net Realizable Value, LCNRV	177
成本模式	cost model	282, 343
收益	income	20
收益法	Income method	123
收購者	acquirer	592
有用	useful	14
有完全追索權方式出售	factor with full recourse	149
有限追索權方式出售	factor with limited recourse	151
有效利息法	effective interest method	470
有效預期	valid expectation	444, 455
有記名公司債	registered bond	472
有擔保品公司債	secured bond	472
自用不動產	owner-occupied property	289
自建資產	self-constructed assets	224
自然資源	natural resource	243
自願指定	designated	383
自願變動	voluntary change	894
行銷權	marketing rights	328

七劃

中文	英文	頁碼
低信用風險	low credit risk	387
免於錯誤	free from error	15
利息	interest	374
即收轉付	pass through	146
訂單	backlog	69
完工比例法	percentage of completion	649
完全正確	accurate	16
完全參加	fully participating	575
完整	complete	15
投入項目	input	238
投資成本之收回	return of investment	580
投資抵減	investment tax credit	810
投資報酬	return on investment	580
投機	speculation	417
折耗	depletion	244
折現率	discount rate	271
折價（現）	discount	153, 377
折舊	Depreciation	235
攸關性	relevance	14, 890
每股盈餘	earnings per share, EPS	581
每增額股份盈餘	earnings per incremental share	599
使用之控制權	the right to control the use	686
使用價值	value in use	31, 125, 270, 354
供應者	Supplier	688
其他綜合損益	other comprehensive income	283
初期營運損失	initial operating losses	216

八劃

中文	英文	頁碼
油料	fuel	48
到期年金	annuity due	110
到期期間	maturity	501
取得成本	Acquisition Cost	246
固定金額換取固定股數	fixed for fixed	521
固定資產	Fixed Assets	213
定率遞減法	Fixed-Percentage-on-Declining-Base Method	239
定期盤存制	periodic inventory system	170
忠實表述	faithful representation	14
或有事項	contingency	456
或有負債	contingent liability	456
或有資產	contingent asset	456
或有退回股份	contingently returnable share	593
或有發行股份	contingently issuable share	592

中文	英文	頁碼
所得稅抵減	income tax credit	810
所得稅費用	income tax expense	783
承租人	Lessee	680
承租人增額借款利率	Lessee's incremental borrowing rate	686
承諾費	commitment fees	226
拒付證書費用	protest fee	154
放款及應收款	loans and receivables	135
服務型保固	service type warranty	448
服務負債	servicing asset or servicing liability	148
法定義務	legal obligation	443
法定解除	legal release	476
直接人工	direct labor	167
直接可歸屬成本	directly attributable costs	214
直接法	direct method	840
直接金融	direct financing	471
直接原料	direct material	167
直接融資	Direct lease	713
直接融資型租賃	Direct Financing Lease	713
直接歸屬	directly attributable	228
直線法	Straight-Line Method	239
股份分割	share split	578, 589
股份反分割	reverse share split	589
股份合併	share consolidation	589
股份基礎給付	share-based payment	537
股利	dividends	574
股票股利	stock dividend(s)	577, 589
表達之一致性	consistency of presentation	5
表達之架構	presentation of financial statements	78
金融工具	financial instrument	434, 520
金融負債	financial liability	434
金融資產	financial asset	135
金額	amount	146, 443, 501
長期之經濟效益	long-term economic benefit	328
附息	interest bearing	152
附屬成本	ancillary costs	226
附屬服務	ancillary services	291
非互相抵銷之錯誤	non-counterbalancing errors	906
非以固定金額換取固定股數	not fixed for fixed	521
非因營業交易所產生之應收款	non-trade receivables	136
非金融負債	non-financial liability	434
非參加	non-participating	575
非累積	non-cumulative	575
非貨幣性資產	non-monetary assets	328
非貨幣性資產交換	non-monetary assets exchange	221
非避險	non-hedging	417
非競業合約	Non-Competition Agreement	328
具強制性之轉換工具	mandatorily convertible instrument	592

九劃

中文	英文	頁碼
保證	guarantee	150
保證型保固	assurance type warranty	448
信用損失	credit loss	389
信用連結	credit linked	144
前期錯誤	prior period error	904
品牌	brands	333
客戶	Customer	688
客戶名單	customer lists	328
客戶忠誠計畫	customer royalty program	665
宣告	declare	438, 574, 576
建造合約	construction contract	650
待分配予業主	held for Distribution to Owners	305
待出售	held for sale	293
待出售非流動資產	non-current assets held for sale	300
待出售非流動資產及停業單位	Non-current Assets Held for Sale and Discontinued Operations	293
待履行合約	executory contracts	709
很有可能	probable	443
後進先出法	last-in, first-out method, LIFO	174
持有供交易	held for trading	376, 383, 417, 488
持續參與	continuing involvement	147
指定	designate	488
指定透過損益按公允價值衡量	designated PVPL	501
既得（服務）期間	vesting period	442, 540
既得條件	vesting condition	539
活絡市場	active market	272

流通在外本金之利息	solely payments of principal and interest, SPPI	374
流通在外的期間	outstanding period	501
流通在外普通股加權平均股數	weighted average number of ordinary shares outstanding	588
盈餘品質	earnings quality	42
盈餘管理	earnings management	43
盈餘操控	earnings manipulation	43
研究階段	research phase	337
研發專案承包商	R&D contractors	336
科目單位	unit of account	23, 625
約當現金	cash equivalent	132
紅利因子	bonus element	589
美國會計學會	American Accounting Association	4
背書	endorse	153
衍生工具	derivatives	416
計畫資產	plan assets	747
負債	liability	20
負債準備	provisions	443
重大	significant	390
重大性	materiality	15, 904
重大差異	substantial difference	481
重大財務組成部分	significant financing component	136
重大影響	significant influence	398
重大檢查	major inspection	251
重分類	reclassification (recycle)	379, 407, 904
重分類調整	reclassification adjustment	51
重估價模式	revaluation model	282, 343
重估增值	revaluation surplus	273
重組	restructuring	270, 454
重組成本	restructuring cost	455
重設	reset	521
重新配置	redeploying	214
重置	replacement(s)	251, 333
重置成本	replacement cost	282
限制性股票	restricted stock	551
面額法	par value method	577
託管責任	stewardship	13

十劃

秘方	Secret Formula	329
個別金融工具	instrument by instrument	399, 492
個別評估	individual assessment	390
個別認定法	specific identification method	174
借款成本	borrowing costs	226
原始交貨及處理成本	initial delivery and handling cost	215
原始有效利率	original effective interest rate	377
原始直接成本	initial direct cost(s)	694, 727
原則	principles	890
原則基礎	principle-based	43, 71
原料存貨	raw material inventory	167
員工股份增值權	stock appreciation rights	556
員工認股計畫	employee share purchase plan	548
捕魚證	fishing licenses	328
時效性	timeliness	14
時間性差異	timing differences	785
時點	timing	146, 443, 500
消耗性資產	wasting assets, decaying assets	243
被收購者	acquiree	592
特別股	preferred share	522, 525
特定擔保借款	specific assignment	141
特許權	franchises	328
真實出售	true sale	143
租金	rentals	289
租賃	Leasing	681
租賃投資淨額	net investment in the lease	715
租賃投資總額	gross investment in the lease	714
租賃期間	Lease term	682, 690
租賃開始日	Commencement date	682
租賃隱含利率	Interest rate implicit in the lease	685
租購合約	hire purchase contracts	681
討論稿	discussion paper	10
財務狀況表	Financial Position Statement	5
財務資本	financial capital	40
財務資本維持	financial capital maintenance	42
財務假設	financial assumptions	747

中文	英文	頁碼
財務報告	financial reports	5
財務報告語言	eXtensible Business Reporting Language, XBRL	46
財務報表	financial statements	5
財務報導	Financial Reporting	5
財務報導之觀念架構	The Conceptual Framework for Financial Reporting	5, 78
起運點交貨	FOB shipping point	168
倍數餘額遞減法	Double Declining Balance Method, DDB	239
迴轉	reversal	268
迴轉利益	gain on reversal	352
追溯重編	retrospective restatement	905
追溯適用	retrospective application	894
退出價格	exit price	122
退貨權	right to return	138
退款	rebate	449
退職後福利	post-employment benefits	745
除列	derecognition	141, 144, 359, 497
除役成本	decommissioning cost	450
高度很有可能	highly probable	301
庫藏股票法	treasury stock method	597

十一劃

中文	英文	頁碼
停損	stop loss	416
偶發性	incidental operations	215
售價	sale price	125
商品存貨	merchandise inventory	167
商業折扣	trade discounts	215
商業實質	commercial substance	221, 302, 336
商業語言	business language	4
商標	trademarks	328
商標權	Trademarks and Tradenames	328
商譽	goodwill	268, 329
國際財務報導準則	International Financial Reporting Standards, IFRS	8
國際會計準則	International Accounting Standards, IAS	8
國際會計準則委員會	International Accounting Standards Board, IASB	8
國際會計準則理事會	International Accounting Standards Committee, IASC	8
基本品質特性	fundamental qualitative characteristics	14
基礎	bases	890
專利權	patents	328
專業技能之團隊	a team of skilled staff	331
專業服務費	professional fees	215
帳面金額	carrying amount	270, 343, 788
強化性品質特性	enhancing qualitative characteristics	14
強制贖回	mandatory redemption	523
探勘及評估資產	exploration and evaluation assets	281
探勘成本	Exploration Cost	246
探勘成功法	Successful-Efforts Method	249
探礦權	right to explore	281
接軌	converge	8
控制	control	147, 331, 397
控制數	control number	595
推定義務	constructive obligation	443
推延適用	prospective application	897
淨加價	net markup	185
淨減價	net markdown	185
淨資產	net asset	520
淨變現價值	net realizable value	177, 229
混合工具	hybrid instrument	418, 471, 498
清算股利	liquidating dividends	580
清償	settlement	751
現有義務	present obligation	434
現金以外的財產	non-cash assets	579
現金股利	cash dividends	576
現金流量表	Statement of Cash Flows	5
現金產生單位	Cash Generating Unit, CGU	271, 353
現值	present value, PV	106, 152
現值展開	unwinding	452
現時價值	current value	30
產出項目	output	238
產能不足	inadequacy	236
票面利率	coupon rate	376, 377

935

移動平均法	moving average method	175
移轉	transfer	144
移轉人	transferor	144
符合要件之資產	qualifying asset	226
累計折舊	accumulated depreciation	282
累計減損損失	accumulated impairment loss(es)	282, 343
累計攤銷	accumulated amortization	343
累積	cumulative	438, 575
終值	future value, FV	106
處分	disposals	359
處分群組	disposal group	300
規則	rules	890
規則基礎	rule-based	43, 71
貨幣的時間價值	Time Value of Money	104, 271

十二劃

透支額度	overdraft limit	133
透過其他綜合損益按公允價值衡量	fair value through other comprehensive income-recycle, FVOCI-R	379
透過損益按公允價值衡量	Fair value through profit or loss, FVPL	374, 383, 471
部分參加	partially participating	575
陳舊過時	obsolescence	236
備抵法	allowance method	138
備抵損失	loss allowance	377
剩餘法	residual method	635
單獨取得	separate acquisition	335
報廢	retirements	359
報導期間結束日	end of the reporting period	283
嵌入式衍生工具	embedded derivatives	418, 498
幾乎確定	virtually certain	446, 457
復原成本	Restoration Cost	246
提前還款	prepayment	475, 501
普通年金	ordinary annuity	110
普通股	common share	525
智慧財產權	intellectual property	332
替換	supersession	236
最佳估計	best estimate	443, 444
期望值	expected value	446
期貨	futures	416
殘值	residual value	235, 349
殘值保證	residual value guarantees	683
減損	impairment	138
減損測試	impairment test	268
減損損失	impairment loss	268, 352
減損跡象	indicator of impairment	268
減價	markdown	185
減價取消	markdown cancellation	185
無形資產	intangible assets	268, 328
無法觸摸實體	without physical substance	328
無記名公司債	unregistered bond	472
無追索權	factoring without recourse	131
無追索權方式出售	factor without recourse	148
無條件的	unconditional	436
無擔保品公司債	unsecured bond	472
發放	distribute	577
發展階段	development phase	337
稀釋每股盈餘	dilutive EPS	594
稀釋性	dilutive	594
稀釋性潛在普通股	potential dilutive ordinary share	594
稅前淨利	pretax income	784
稅率	tax rate	798
給與日	grant date	539
著作權	copyrights	328
視同清償	in-substance defeasance	476
訴訟費用	litigation expense	333
買回	call	475
買權	call option	418, 501
費損	expense	20
貼現	discount	153
進入價格	entry price	122
進口配額	import quotas	328
進口關稅	import duties	215
進貨	Purchase	170
進貨折讓	Purchase Allowance	170
進貨退回	Purchase Return	170

開發成本　Development Cost	246
間接法　indirect method	840
集團　group	292
集體評估　collective assessment	390
廉價購買利益　bargain purchase gain	410
彙總　aggregation	5

十三劃

意見草案　exposure draft	10
損失模式　incurred loss model	385
損益及其他綜合損益表　Statement of profit or loss and other comprehensive income	51
會計估計值　accounting estimate	71, 890
會計利潤　accounting profit	784
會計政策　accounting policies	227, 890
會計配比不當　accounting mismatch	489
準備矩陣　provision matrix	139
溢價　premium	377
經濟誘因　economic incentive	692
經營模式　business model	374
補償性回存　compensated balance	133
國際財務報導準則解釋　IFRIC	8
資本化　capitalization	226
資本維持　capital maintenance	40
資本增值　capital appreciation	289
資產　asset	20
資產負債表　Financial Position Statement	5
資產減損　impairment of assets	268
資產群組　group of assets	271
農業　agriculture	190
運費　Freight-In	170
過渡規定　transitional provision	894
違約　default	386
零用金　petty cash fund	134
電腦軟體　computer software	328
預期回收或清償　expected manner of recovery or settlement	798
預期信用損失　expected credit loss	136, 389
預測價值　predictive value	14

十四劃

實務　practices	890
實質固定給付　in-substance fixed payments	696
實體資本　physical capital	40
實質購買交易　in-substance purchase	709
慣例　conventions	890
滾動基礎　rolling basis	282
管理成本　administration costs	215
精算利益　actuarial gains	751
精算假設　actuarial assumptions	747
精算損失　actuarial losses	751
綜合損益表　Comprehensive Income Statement	5
製成品存貨　finished goods inventory	167
製造費用　manufacturing overhead	167
與負債連結之投資性不動產　investment property backing liabilities	292
認列使用權資產　right-of-use asset	694
認股權　detachable warrant	418
認購權利　rights issues	589
誘導轉換　induced conversion	534
誤述　misstatement	904
遞延支付　Deferred Payment	218
遞延年金　deferred annuities	118
遞延所得稅　deferred income tax	782
遞延所得稅負債　deferred tax liabilities	782
遞延所得稅資產　deferred tax assets	782
遞延法　deferred method	811
遞耗資產　depletable assets	243
遞減折舊法　Decreasing Charge Method	239
遞減股利率　decreasing rate	582
遞增股利率　increasing rate	582
遞轉前期　carryback	811
遞轉後期　carryforward	811
遠匯　forwards	416
銀行存款調節表　bank reconciliation	154
銀行定期存款　certificate of deposit	132

十五劃

增添　additions	333

增額直接成本	Incremental Direct Cost	715
履約成本	Executory Costs	683
履約價值	fulfillment value	31
履約義務	performance obligation	625
影片	motion picture films	328
摩爾定律	Moore's Law	211
暫時性差異	temporary differences	785
暴險	exposures	500
標的	underlying	416
標的買權	call option	372
標的資產	underlying asset	682, 688
潛在普通股	potential share	581
確定提撥計畫	defined contribution plans	745
確定福利計畫	defined benefit plans	745
確定福利義務現值	present value of the defined benefit obligation	747
確認價值	confirmatory value	14
複合金融工具	compound financial instrument	527
複雜資本結構	complex capital structure	581
課稅所得	taxable profit	782
課稅基礎	tax base	788
課稅損失	taxable loss	784
課責性	accountability	12
審慎性	prudence	15
賣(回)權	put	419, 501
適用稅率	applicable tax rate	798
銷售型租賃	Sales Type Lease	713

十六劃

擔保借款	secured borrowing	144
擔保貸款服務權	mortgage servicing rights	328
整份財務報表	a complete set of financial statements	834
整批購買	Lump Sum Purchase	219
歷史成本	historical cost	29
歷史成本原則	Historical Cost Principle	214
融資租賃	Finance Lease	709
融資業務	factoring	131
衡量	measurement	373
衡量日	measurement date	539
選擇權	option	416
遺漏	omission	904
錯誤	error	890

十七劃

償債基金	sinking fund	133
應付所得稅	income tax payable	782
應收退稅款	income tax receivable	782
應收帳款	account receivable	131, 136
應收票據	note receivables	136
應收款項	receivables	135
應課稅金額	taxable amount	785
應課稅經濟效益	taxable economic benefits	789
應課稅暫時性差異	taxable temporary differences	788
營業租賃	Operating Lease	709
營業週期	operating cycle	72
營業資產	Operational Assets	213
營業虧損扣抵	operation loss carryforward or carryback	810
營運部門	operating segments	271
總帳面金額	gross carrying amount	377
聯合控制	joint control	398
購買成本	Purchase Cost	173
購買承諾	purchase commitment	453
避險	hedging	417
簡單資本結構	simple capital structure	581

十八劃

轉列	transfers	295
離職福利	termination benefits	745

十九劃

礦產資源探勘及評估活動	Exploration for and Evaluation of Mineral Resources	244
關聯企業	associate	398
關聯負債	associated liability	150, 151

二十一劃

顧客名單　Customer List　328
顧客忠誠度　customer loyalty　328
顧客或供應商關係　customer or supplier relationships　328

二十二劃

攤銷後成本　amortized cost, AC　153, 376, 377, 470

二十三劃

權力　power　397
權利金　premiums　416
權益　equity　20, 520
權益工具　equity instrument　520
權益法　equity method　268, 398, 407
權益變動表　Statement of Changes in Equity　5
變動折舊法　Variable Charge Approach　238
變動租賃給付　variable lease payments　696
變動報酬　variable returns　397

二十四劃

讓價　rebates　215

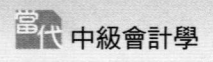